作者简介
About the authors

许仰曾，教授，博导，享受国务院特殊津贴专家
中国液压气动密封件工业协会专家委员会顾问，上海液压气动密封行业协会专家委员会委员，液压气动数智化产业论坛创始人，上海豪高机电科技有限公司创建人。曾任上海交通大学、上海理工大学、上海工程技术大学、兰州理工大学、燕山大学兼职教授、博士/硕士研究生导师，中国机械工程学会流体传动与控制分会液压专委会副主任/高级顾问，中国液压气动密封件工业协会专家委员会委员，Vickers、Eaton、Danfoss等（中国）公司CTO、高级顾问。

斯蒂芬·哈克，博士、教授（Prof. Dr. Steffen Haack）
于德国爱尔福特大学获机械工程博士学位。
德国博世力士乐股份有限公司执行总裁，德国机械设备制造业联合会流体动力协会董事会主席，德国德累斯顿工业大学、浙江大学、燕山大学客座教授。

王兆强，博士
于浙江大学获机械电子工程博士学位。
上海工程技术大学机械与汽车工程学院机械电子工程系教授。
研究方向：流体传动及控制、工业自动化及运动控制、车辆自动驾驶及远程控制、电力检修机器人、特种车辆电液伺服及比例控制。

许益民，教授
武汉科技大学机械电子工程系教授，长期从事机电液计算机技术的教学与科研工作。参与和主持了多项科研课题，发表了多篇科研论文，出版专著《电液比例控制系统分析与设计》，完成了多个大型进口设备的国产化和升级改造工程，在电液控制工程、电磁理论与应用、计算机辅助测试及其软件开发等方面的研究成果显著。

单建峰，博士（Dr. Jianfeng Shan）
于德国亚琛工业大学获机械工程博士学位。
曾任中国矿业大学（北京）机械工程及液压传动与控制副教授。曾在国际著名轴承公司任机械设备故障诊断技术高级技术顾问、服务经理。
现任德国博世力士乐股份有限公司工业液压亚太区区域管理和销售协调总负责人。

《现代液压气动手册》总览

国际合作创新重点项目
Key Project of International Cooperation & Innovation

现代液压气动手册

Handbook of Modern Hydraulics and Pneumatics

第3卷

主　编　许仰曾　［德］斯蒂芬·哈克（Steffen Haack）
副主编　王兆强　许益民　［德］单建峰（Jianfeng Shan）

机械工业出版社
CHINA MACHINE PRESS

《现代液压气动手册》分 3 卷、12 篇、58 章。本卷是第 3 卷，主要内容包括：第 8 篇现代气动技术（第 36 章气动技术基础，第 37 章基于数字终端的气动技术与基本回路，第 38 章气动系统机电一体化设计，第 39 章气动技术的智能化应用实例）；第 9 篇现代气动元件（第 40 章气动数字控制终端，第 41 章气动阀岛，第 42 章气动控制阀，第 43 章气动执行器，第 44 章真空、气电液转换与延时气动元件，第 45 章高压气动控制元件及气动汽车）；第 10 篇液压气动技术标准（第 46 章液压气动标准分类查询目录，第 47 章液压气动常用标准）；第 11 篇液压工业 4.0 发展与展望（第 48 章中国液压的发展途径，第 49 章创建数智液压行业公共服务平台，第 50 章中国液压根技术与培育生态，第 51 章世界级液压企业发展之路，第 52 章发展行走机械数智液压技术）；第 12 篇液压工业智能制造（第 53 章智能制造改变液压行业发展格局，第 54 章智能制造的基本概念与关键技术，第 55 章中国液压工业智能制造之路，第 56 章智能制造国家战略与液压工业实践，第 57 章智能制造中的数据链对液压工业的影响，第 58 章液压气动产业的数字化转型）。

本手册还开发了相关数字资源，包括可实现计算的公式、可查询的表格、视频资源等，读者可通过扫描二维码进行使用，这大大提升了本手册的实用价值。

本书适合液压气动领域的工程技术人员使用，也可供高等院校相关专业师生、行业管理人员、企业家及投资人参考。

北京市版权局著作权合同登记　图字：01-2023-4241 号。

图书在版编目（CIP）数据

现代液压气动手册．第 3 卷／许仰曾，（德）斯蒂芬·哈克（Steffen Haack）主编．—北京：机械工业出版社，2023.12
ISBN 978-7-111-74297-5

Ⅰ．①现…　Ⅱ．①许…②斯…　Ⅲ．①液压系统－手册②气压系统－手册　Ⅳ．①TH137-62②TH138-62

中国国家版本馆 CIP 数据核字（2023）第 225172 号

机械工业出版社（北京市百万庄大街 22 号　邮政编码 100037）
策划编辑：王春雨　雷云辉　　　责任编辑：王春雨　雷云辉
责任校对：樊钟英　梁　静　陈　越　　封面设计：鞠　杨
责任印制：邓　博
北京盛通印刷股份有限公司印刷
2024 年 4 月第 1 版第 1 次印刷
169mm×239mm · 66.25 印张 · 2 插页 · 1356 千字
标准书号：ISBN 978-7-111-74297-5
定价：399.00 元

电话服务　　　　　　　　　网络服务
客服电话：010-88361066　机　工　官　网：www.cmpbook.com
　　　　　010-88379833　机　工　官　博：weibo.com/cmp1952
　　　　　010-68326294　金　书　网：www.golden-book.com
　机工教育服务网：www.cmpedu.com

序

工业 4.0 是信息技术（Information Technology，IT）与操作技术（Operational Technology，OT）的深度融合，旨在实现工业领域机器和流程的联网。工业 4.0 是一个广泛而复杂的体系，涉及众多领域，包括机械、电子、信息技术、自动化、生产、仓储物流、企业管理等，同时又与多样性的应用技术有直接关联，如感知技术、控制技术、机器人、人工智能、云计算等。

工业 4.0 用于智能制造及智能工厂，本质目标是提高生产率，改善质量，降低成本，优化价值链资源，合理化库存和降低对劳动力的依赖。它有助于提高透明度，以适应市场动态变化以及产品生命周期缩短的趋势。流体动力领域正面临着技术转型和来自机电驱动竞争的严峻挑战，需要对其技术本身进行升级，如互联、数据管理和能源效率。

在德国机械设备制造业联合会（VDMA) 的推动下，德国组成了一些工业 4.0 联盟，包括国际著名的流体动力元部件制造商在内的许多龙头企业参加了这些联盟。以“工业 4.0 参考架构模型（RAMI4.0)”为指导性框架，VDMA 流体动力“数字化”工作组系统性地推动流体动力技术通信标准化工作，使用案例包括产品从设计 / 工程、调试到生产和服务的整个生命周期的数字化。主要的流体动力公司研发并推出了一系列具有互联、识别和通用通信能力的产品和技术。这些最先进的产品和技术现已积极应用于不同的工业领域。这些产品和技术的新特性也为流体动力技术提供了新的创造力。

互联数字流体动力技术时代已经开始！它将为机器制造商及最终用户带来更多好处。

希望本手册能够帮助读者了解流体动力最新的产品和技术，并提供一些指导和启发。

斯蒂芬 · 哈克教授
德国美因河畔洛尔

Foreword

Industry 4.0 is the deep integration of information technology (IT) and operational technology (OT), to realize the networking of machines and processes in the industry. Industry 4.0 is a broad and complex system involving many fields such as mechanics, electronics, information technology, automation, production, warehousing and logistics, enterprise management, etc. At the same time diverse application technologies are directly related, such as perception technology, control technology, robotics, artificial intelligence and cloud computing.

Industry 4.0 applies to smart manufacturing and smart factories. The essential goal is to increase productivity, improve quality, reduce costs, optimize value chain resources, rationalize inventory and dependence on working labor. It helps to increase transparency in order to adapt to changing market dynamics and the trend towards shorter product life cycles. Fluid Power Technology is facing severe challenges of technological transformation and competition from electromechanical drives. This requires a technical upgrade of the Fluid Power Technology itself, e. g. regarding connectivity, data management and energy efficiency.

Under the impetus of Mechanical Engineering Industry Association (VDMA), Germany found a couple of Industry 4.0 alliances. Many leading companies, including internationally renowned manufacturers of fluid power components are participating in these alliances. With the "Industry4.0 Reference Architecture Model (RAMI4.0) " as a guiding framework, the VDMA Fluid Power Working Group "Digitalization" systematically works on the standardization for communication of fluid power technology. The use cases include digitalization of the entire lifecycle of products, from design/engineering over commissioning towards to production and service. All major fluid power companies develop and launch a series of products and technologies with connectivity, identification and common communication capabilities. Such state-of-the-art products and technologies are now actively applied in different industrial fields. These products also add new technical features and provide new creative power for fluid power technology.

The era of connected and digital fluid power technology has begun! It will bring more benefits to machine manufacturers as well as end users.

I hope that the handbook will help readers to understand state-of-the-art products and technology of fluid power and provide some guidance and inspiration.

Prof. Dr. Steffen Haack
Lohr am Main, Germany

前　　言

液压气动技术在自动化、数字化、智能化中占有非常重要的地位，尤其在当今工业4.0的时代，液压气动技术的作用更加突出。为此组织了国内外专家、学者和企业家60余人，历时五年，编撰了本手册。

根据《中国制造2025》的指导精神，本手册力求反映工业4.0时代液压气动行业技术与产品的新趋势、新发展、新思维、新成果，以使本手册体现下列五个特点：

1）发展是要素（前景）——前瞻性（未来视野）、前沿性（热点思路）、前行性（结合中国实际发展途径）。

2）产品是核心（产业）——产业（发展模式）、产品［数字芯片与智能软件（简称数芯智软）换代］、生产（智能制造）。

3）思变是根本（变革）——变思维（更换液压八大传统思维）、变向4.0产品（即液压4.0“数芯智软”产品）、变手册作用（即创新工具书）。

4）创新是内容（创新）——产品创新（技术产品双结合）、技术全新（数字互联智能）、应用新方向（供创新发展与适合大众查阅）。

5）实在是风格（实际）——技术实用（供工程技术人员采纳）、行业发展实际（供企业家寻求方向）、产业投资实况（供行业投资者了解实情）。

为此，通过本手册的阐述，可以归纳出行业“弃仿兴创”与产品“更新换代”的八大要点：

第一要改变传统纯液压技术思维，建立液气元件的换代新形态是使机电液软“融合”，即机械、电气、芯片、软件融合液压。

第二要改变传统液压性能提高仅靠液压硬件的思路，建立发展液压性能要靠软件编程的认识，即通过液压元件软件定义元件功能与性能。

第三要改变传统液压系统集中式管路连接形态，建立液压分布式系统总线连接形态，即电静液压作动器（EHA）。

第四要改变传统液压故障诊断依靠经验或仪器的观念，建立依靠互联网闭环技术的液压元件健康管理体系，即液压数字孪生工业软件。

第五要改变传统液压技术标准仅限于液压元件的做法，建立具有液压生态（芯片/互联/软件）技术在内的标准，即液压具有生态技术的元件标准体系。

第六要改变传统液压企业的孤岛生产模式，建立云地合一、产用合一全生命周期管理的互联智能模式，即“云化”下的液压智能制造企业。

第七要改变传统液压创业自身循环发展的生态，建立创新企业总部，依靠市场整合框架发展经济，即建立总部企业经济平台模式。

第八要改变传统液压回路碎片化分类体系，建立性能参数控制回路分类体系，即液压性能参数控制回路分类法。

本手册首次提出我国在液压“根技术”上的贡献：液压球形工艺制造、2D液压数字伺服阀与3D微型液压球形泵，特别是“2D液压数字伺服阀”与“3D微型液压球形泵”。同时也比较全面地展示了当今液压气动领域的跨国企业，如博世力士乐（Bosch Rexroth）、丹佛斯（Danfoss）、费斯托（FESTO）、SUN、BarDyne、SMC等的技术与产品，阐述了这些企业已经达到的技术高度与产品高度。对我国江苏恒立液压股份有限公司等企业的技术和产品进行了介绍。

本手册不再过多列出通过各企业网站可以方便获得的产品样本性内容，而主要展现出“数智液压气动技术的产品化”与“液压气动数智产品的市场化”，并且给出了这些技术与产品所展现的优势与应用价值。因此本手册可为产业人员在以下方面的需求提供参考：

1）为产品开发、系统应用、生产制造、检测维护等工程技术人员提供新方向、新技术、新产品与新应用。

2）为液压气动行业与有关主机行业的工程技术设计人员、管理技术人员、企业研发人员与企业产品技术服务人员提供具体创新的涉足领域。

3）为产业企业家、行业投资者提供企业未来布局与定位，驱动企业发展；也可以供行业政策制定者了解实际情况。

4）为液压气动专业与主机应用方面的本科生、研究生的就业与研究提供市场需求与方向。

5）可供液压技术相关行业（工程机械、冶金、塑料机械、船舶、军工、航空航天、医疗器械、机床等）的系统设计者、选用者、装置使用者与系统维修者了解产品应用的发展阶段，并为今后选用产品提供方向。

本手册共有12篇：液压技术基础，现代液压系统设计方法与应用，数字与数智一体化液压控制元件，液压建模、仿真与数字孪生，液压4.0生态技术与产品，液压元件新型分类方法及新型产品，水液压传动与控制，现代气动技术，现代气动元件，液压气动技术标准，液压工业4.0发展与展望，以及液压工业智能制造。

本手册的顺利出版得益于全体作者的精诚合作与辛勤付出，在此对参与本手册编写工作的全体作者表示衷心感谢！此外，上海工程技术大学的研究生赵佳伟、韩博、马思群、张娇、陆阳钧、侯现昭、高伟、孙令涛、董壮壮等参与了液压元件与系统以及气动元件与系统相关章节前期的资料收编整理工作，在此一并表示致谢。

本手册的内容难免会有“偏颇”与“挂一漏万”的局限，还望广大读者与专家批评指正。

主编　许仰曾

上海万源城

数字化手册配套资源说明

本手册是机械工业出版社“数字化手册项目”中的一种。机械工业出版社（以下简称机工社）建社以来，立足工程科技，积累了丰富的手册类工具书资源，历经几十年的传承和迭代，机工社的手册类工具书形成了专业、权威、系统、实用等突出特色，受到广大专业读者的一致好评。

随着移动互联技术的发展，制造业企业正在或即将进行数字化转型，而数字化转型将在技术、管理、商业层面，以及挖掘新价值层面发挥出不可估量的作用，帮助企业应对未来的竞争和挑战。企业数字化转型带来的工作方式变化，给专业读者阅读和获取知识的方式带来了翻天覆地的变化，特别是手册类工具书使用方式的变化。为此，机工社与时俱进，针对本手册开发了数字化配套资源，期望在以下五个方面提升读者阅读体验。

1. 丰富资源：为读者提供更丰富、全面的学习资料。

2. 使用方便：查询资源快速准确。

3. 效率提高：对于常用的工程计算，提供合适的计算工具以帮助读者提高工作效率。

4. 直观学习：提供相关视频供读者参考。

5. 持续增值：作者将对内容持续更新，不断提升数字资源使用价值。

本手册属于“纸数复合类”富媒体产品，手册内容通过“纸质书＋移动互联网”呈现给读者。为了便于读者使用，本手册提供一个二维码，作为数字化配套资源的入口，供广大读者使用。

请扫描下方二维码使用数字资源

本手册实现了以下四大数字资源功能。

1. 电子表格：读者可全表及部分检索查询。

2. 电子公式：读者可输入参数直接进行计算。

3. 视频资源：有关液压行业发展的重要知识，读者可直接观看。

4. 相关资料：作者精选书中配套资料，扩展纸质手册篇幅，读者可以直接阅读。

未来，本手册的数字化资源会不断更新，读者只需扫码即可查看更新的资源。

数字化手册的制作是一项创新性工作，为了向读者提供更加优质、便捷的服务，后期机工社还会持续生产数字化手册产品，期待收到各位读者中肯、专业的完善意见。

目　录

序

Foreword

前言

数字化手册配套资源说明

第 8 篇　现代气动技术

第9篇　现代气动元件

第10篇　液压气动技术标准

第11篇　液压工业4.0发展与展望

第12篇　液压工业智能制造

现代气动技术

主　编　王兆强

第36章　气动技术基础

作　　者　王兆强

主　　审　王雄耀　许仰曾

第37章　基于数字终端的气动技术与基本回路

作　　者　王兆强

主　　审　王雄耀　许仰曾

第38章　气动系统机电一体化设计

作　　者　王兆强

主　　审　王雄耀　许仰曾

第39章　气动技术的智能化应用实例

作　　者　王兆强

主　　审　王雄耀　许仰曾

第36章 气动技术基础

气动技术是流体传动与控制的一个组成部分，也是工厂和过程自动化的主要组成部分之一。气动前沿技术的发展超出人们的预期，其中之一是在2006年以来每年在汉诺威工业博览会上展示的FESTO仿生学习网络项目，该项目成为气动发展的新关注点，如图36-1所示。从欧洲流体动力协会统计数据可知，我国气动产品在2021年国内市场销售额已跃居世界第二位，仅低于美国0.63个百分点，从中可知我国是气动大国。

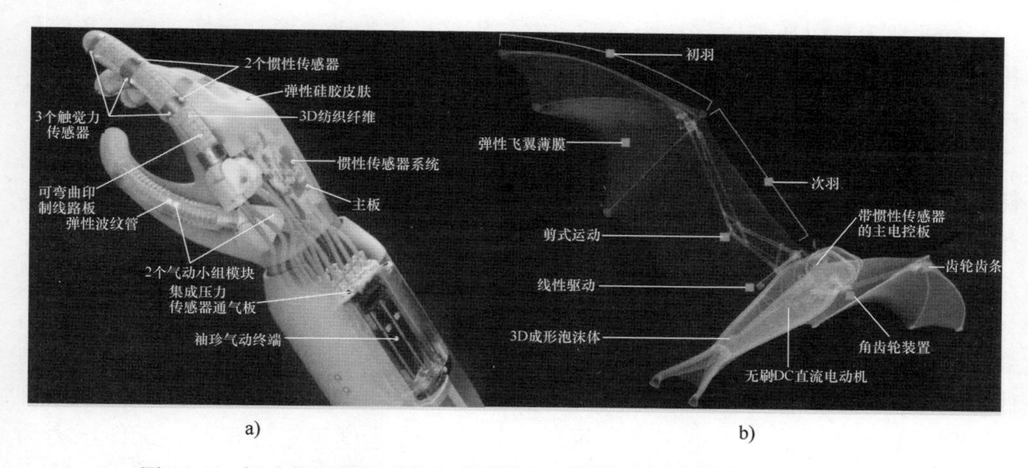

图36-1 气动仿生柔软手指与装有智能运动装置的超轻飞行器仿生狐蝠
a）仿生柔软手指 b）仿生狐蝠

气动数控仿生装置已经达到数十个品种。图36-1a所示的仿生柔软手指无骨骼，利用手指中的气动波纹管结构控制运动，共有12个自由度。当气室有空气时手指弯曲，无空气时手指竖直。拇指和食指还配备了一个旋转模块，使这两个手指也可以横向移动。手指下方有个小型数字控制阀组，通过一个供气和排气的气动管连接比例压电阀，从而精确控制手指的运动。

装有智能运动装置的超轻飞行器仿生狐蝠如图36-1b所示。该系统是电控气动伺服系统，起飞和着陆由操作员手动操控，飞行过程则由自动驾驶仪负责控制。仿生狐蝠由运动跟踪系统进行通信，持续检测它的位置，因此可在限定的空域内半自主地飞行。安装在云台上的两台可移动式红外摄像系统可以实现精确定位与运动跟踪，摄像机借助贴附在腿部和翅膀末端的四个主动红外标记来识别仿生狐蝠。摄像机捕捉的图像被发送到中央主机，对理想飞行轨迹数据进行机器学习并不断改进，在飞行过程中优化其行为，按主机上存有预先编程的路径协调飞行路径，与此同时，计算必要的翅膀运动行为模式，达到期望的轨迹飞行。此外，通过腿部的运动与由此调节的翅膀面积对飞行进行操控。

这些开拓性的产品与样机打开了人们对气动技术的认识与想象，在工业 4.0 时代将会有新的更大进展。这些仿生产品的应用也各有表述，在技术与产品发展与进步的基础上，可以有想象的空间。

36.1 气动技术的优缺点与应用的拓展

36.1.1 气动技术的优缺点

气动技术是以压缩空气作为介质，空气压缩机作为动力源，以实现能量和信号传递与控制的技术，是实现工业自动化和机电一体化的重要途径。现代自动化生产过程中约 30% 是用气动系统来实现的。

气动技术与传统的液压技术相比，有以下优点：①空气易获得与排放，系统轻便，安装维护方便，无回收容器和管道，无污染问题。②工作速度调节简单。直线运动速度一般为 50 ~ 500mm/s，速度快于液压和电气方式。最高可达 17m/s，最低可达 5mm/s。③对冲击负载和负载过载的适应能力较强。④可靠性高、使用寿命长、安全无污染且成本较低。⑤工作环境适应性好，特别在易燃、易爆、多尘埃、强磁、辐射、振动等恶劣工作环境中，与液压、电子、电气控制对比，具有明显的优势。

气动技术的缺点在于空气具有可压缩性，工作速度稳定性稍差；工作压力为 0.3 ~ 1.0MPa，输出功率小，总输出力不宜大于 10 ~ 40kN，结构尺寸较大；噪声较大，在高速排气时要加装消声器；信号传递在音速以内，比电子及光速慢，元件级数不宜过多。

气动执行机构可以分为以下四大类：

1） 靠执行器（做机械功）完成机械作业。

2） 靠执行器和真空吸盘等产生力。

3） 喷嘴射流作业。

4） 气力输送。

目前气动传动与控制技术已经与电子电控电动技术融合在一起发展，而且遵循工业 4.0 的发展方向。气动元件也已经与计算机微处理器集成，打破了过去纯气动系统的概念，气动元件更多承担整个控制的执行部分，而控制基本由微处理器来实施。工程上是否使用气动系统，对于有经验的设计者来说是熟悉的，但为了加强读者对气动的认识，表36-1列出了它与其他传动技术的对比。

表36-1 气压传动与其他传动技术的对比

项目	气动	液压	电气
输出部分	中小功率输出，可高速动作，输出力偏小，功率密度偏低，可完成直线、振动、旋转运动	大功率输出有优势，输出力大，功重比高，直线运动为主	输出范围非常宽，功重比中等，转动惯量较大，以旋转运动为主
控制性能	气体有压缩性，在位置控制中易受负载变动影响，力控制容易	液压刚度很好，可控性良好，位置和速度控制容易，动态响应好	伺服电动机使控制性能提高，中等输出的位置与速度可精确控制，大输出的响应下降
效率	低	中等	高
信号处理	已在微处理器基础上实现网络化，传动回路的信号处理功能弱化		
传送部分	管路传送功率和低速信号，不需要回气管，距离可达数百米	靠管路传送功率，不宜超长距离配管	靠线路传送功率，信号可以依靠网络长距离传送
易燃、易爆危险性	气罐易爆	矿物液压油可燃，充气蓄能器易爆	火花易引起火灾或爆炸
维护保养	易泄漏，无污染，空气压缩机要管理	漏油是污染，需管理防范	漏电危险
温度和噪声	工作温度范围宽，空气压缩机和排气噪声大	油温有一定使用范围泵的噪声稍大	电动机一般不能在高温下使用，噪声小

36.1.2 气动技术的应用领域

近年来，气动技术结合了电子、液压、机械、电气传动的众多优点，发展异常迅速。气动主要应用在工厂自动化、过程自动化与生命科学领域。

工厂自动化方面的应用包括：与智能制造机床有关的装夹工具、机床挡门、冷却与润滑、机床用压缩空气、垂直物件平衡、上下料，以及工件在位检测、搬运、转位、定位、加工、组装等工序。

在3D打印方面的应用包括：机床的自动脱粉技术、智能运输、抓取系统、最优物料流在线质量监控，不同生产地点的云联网用于分散式按需制造，其他工厂自动化所用工业机器人等。

在过程自动化方面的应用包括：石油和天然气、炼油、石化、聚合物、基础、特种和消费化学行业的过程自动化。例如石油海上平台与管道、罐区/地下贮藏库、车队运输、反应炉、介质供应、搅拌器、蒸馏器、干燥器/冷却器、灌装等方面。

包装过程自动化方面的应用包括：化肥、食品、药品等实现粉末、粒状、块状物料的自动计量包装。用于烟草工业的自动化卷烟和自动化包装等许多工业气动系统。用于对黏稠液体（如化妆品、牙膏等）和有毒气体（如煤气等）的自动计量灌装。

在生命科学自动化方面的应用包括：自动化实验室样品制备、液体搬运、流式细胞分析、色谱分析、体外检测等。

在医疗技术方面的应用包括：氧气治疗、呼吸设备/医疗呼吸机、麻醉、牙钻和介质处理、加压疗法和医疗垫等。

就不同行业而言，在汽车、轮船等制造业的应用包括：焊装生产线、夹具、机器人、输送设备、组装线等方面。在冶金工业的金属冶炼、烧结、冷轧、热轧，线材和板材的打捆、包装以及连铸连轧的生产线等应用。还有在轻工、纺织、食品工业、缝纫机、纺织机械、皮鞋制革、卷烟、食品加工等生产线上的应用。在化工、军工企业中，有化工原料的输送、有害液体的灌装、炸药的包装、石油钻采等设备上的应用。在交通运输行业，有列车的制动闸、车辆门窗的开闭、气垫船、鱼雷的自动控制装置等应用。在电子半导体、家电制造业，有硅片的搬运、元器件的插入与锡焊，彩色电视机、冰箱的装配生产线等应用。在航天领域，气动装置除能承受辐射、高温外，还能承受大的加速度，在飞机、火箭、导弹的控制装置中广泛应用。

36.1.3　气动技术发展趋势

进入了工业4.0时代，气动工业4.0到底有怎样的发展？与工业3.0时代有什么变化？下面通过六个方面来阐述。

1. 建立以物联网（IoT）形成的气动大系统为个性化服务的概念

工业3.0时代，处理的数据量相对局限，与互联网的关联比较少。以气缸数据为例，它只有2个气动位置输入信号和1个运动输出信号，几乎没有元器件之间的交互，没有物联网（IoT）这一概念。一旦进入工业4.0时代，通过互联网就产生一个大系统的概念，这个气缸跟几千公里之外的设备之间会建立信息关联，处理的数据会越来越多，就不仅仅是2个位置，而是整个运行过程当中的一些信息，比如压力、速度信息都会进入中央控制器或者关联元件，能够进行大数据的分析并导出决策。还不仅仅局限在某一动作过程，还体现在设备的整个生命周期，比如维护、维修、更新等环节。因此一个气缸就演变为一个气动大系统，如图36-2a所示。从图中的最底层，气动元件需要通过现场总线和以太网建立现场气动控制阀控制信号、气动执行元件运动状态信号与上级PLC控制器之间的双向通信，控制器算法也需要嵌入现场气动元件之中，这也是智能气动元件。

此外，进入数字化网络化时代，用户可以根据自己的要求来配置购买的产品。生产设备的柔性度就必然越来越高。具体到气动技术领域，完成一个动作的执行元件数量大幅增加。这样，对整个气动控制系统的要求就会发生变化：第一是执行元件的数量会大幅度增加；第二是被控对象的运行状态信号数量会有大幅度增加，对执行元件进行更多的状态监视和故障诊断；第三是需要能够进行快速切换运动顺序。所以从工业 3.0 到工业 4.0 时代的变化为用户的要求从原来单一、大批量转变为能够进行用户化定制。为此气动自动化技术发展会集中在数字化、节能、更多的个性化。

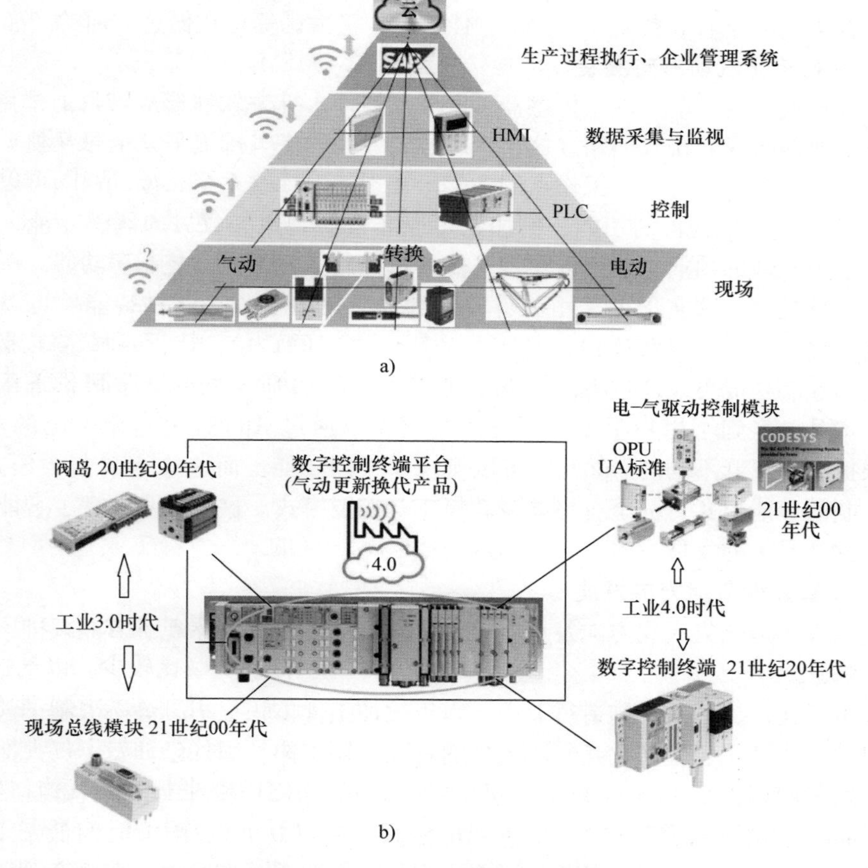

图 36-2　工业 4.0 下的气动技术发展

a）以物联网（IoT）形成的气动大系统　b）智能气动元件嵌入到数字控制平台上

2. 向电－气一体化数字自动控制终端平台的数字化方向发展

数字化主要体现在物联网上面，通过物联网使得大量的现场数据与上级（不管是控制器，还是再高一层的，或者到整个企业管理系统）有一个非常便利的双向通信；第二个是智能化嵌入到气动元件，进一步把一些算法嵌入现场的控制器里，如 FESTO CPX 自动化平台，如图 36-2b 所示。在图 36-2b 中能够看到气动数字控制终端是从 1989 年开发出来的阀岛开始出现的，阀岛首先把现场的所有气阀集成，后来发现只集中气阀还不够，因为每个控制单元都有它的反馈信号输入，所以又产生了 I/O 模块，随着控制点、控制信号越来越多，就有了现场总线的概念。发展到了物联网阶段，不仅是数量的大量增加，空间（IoT）也在扩充。由于单个信号的传输距离是有限的，所以就先把一些信号传到了某个点上，通过 I/O 接口这种方式可以远距离传输。最近几年在 CPX 平台上又出现了一些智能的、带可编程控制器、带特殊算法的元器件，例如 CODESYS 兼容的控制器，或者是数字控制终端等。各大气动企业如费斯托、SMC、佳尔灵、亿太诺等也在做这方面的产品。

3. 向智能化气动方向发展

智能化气动由气动元件 + 传感器 + 电子元器件 + 算法软件形成。目前采用了 4 个二位二通阀组成的桥式回路，这 4 个二位二通阀的进气排气是完全相互独立控制的，可以达到压力、速度、工作点的匹配。在理论上，这 4 个二位二通阀可以实现 50 个不同的气、电元件的功能，例如它可以非常便利地完成方向阀的功能，二位五通、三位五通的功能，还可以实现比例流量控制、比例压力控制等功能。所有的功能由软件控制，即实现了“由软件定义功能”的智能性。这种智能性可以支持不同的总线方式，可以实现设备与工业物联网之间的通信，让设备接入工业物联网；它的控制功能可以通过不同的 App 来实现，有 10 种不同的 App 可供下载。即使这个产品已经到了用户手中，研发人员还可以通过 App 改变这个产品的功能。只需根据需求下载不同的 App，就可以实现需要的功能。而这些 App 包含压力阀、压力控制的节能模式，甚至有终端位软停止等控制模式。这进一步体现了智能化在气动元件产品上的发展。

4. 向智能性节能方向发展

气动向小型化集成化方向发展，重量更轻，功耗更低，体现了节能减排达到碳中和的需求。

在电子元件、药品等制造行业中，由于被加工件体积很小，势必限制了气动元件的尺寸，小型化、轻型化是气动元件的首要发展方向。国外已开发了仅大拇指大小、有效截面积为 0.2mm^2 的超小型电磁阀；SMC 的 CJ1 系列针笔型气缸缸径可小至 2.5mm。它的三通直动式 V100 系列电磁阀功率仅 0.1W，响应时间低于 10ms，寿命超过 1 亿次、抗污能力极强。说明小型化、低功耗、高速化、高精度、高输出力、高可靠性和高寿命是气动元件的发展趋势。我国的气动产品多数处在 20 世纪 90 年代国外企业的产品水平，少数主导产品可以达到当代国外企业产品水平，这方面的发展有待加强。

目前节能技术发展有以下新特点：①由气动系统自动识别运行工况，如果是待机工况就会自动切断气源，达到节能目的。②能够辨识气控系统元器件与管道有没有出现泄漏，进行过程状态监控，自动识别异常状态，让上层的计算机辨识出目前子系统的工作是否正常，是否需要进行一些维护。③带比例功能，可以实现输出气源压力的比例调节。根据动作顺序自动调节气压，不仅可以控制执行元件的输出力、力矩，还可以有效地节省气源消耗，从而达到节能效果。

日本试制成功一种新型智能电磁阀，这种阀搭配带有传感器的逻辑回路，是气动元件与光电子技术结合的产物。它能直接接受传感器的信号，当信号满足指定条件时，不必通过外部控制器即可自行完成动作，达到控制目的。它已经应用在物体的传送带上，能识别搬运物体的大小，使大件直接下送，小件分流。

5. 向环保与绿色方向发展

人类需要良好的生态环境、能源状况与碳排放等，气动技术应用是其中一个重要组成部分，必须节能环保。气动系统的效率较低，能量损失较大，节能是一个重要的研究课题。各公司在元件上进行了改进和创新，降低能量消耗，诸如节能型电磁阀、数字式流量开关 PFA、薄型气压测定仪 PPA，冷却液回收免维护型过滤器等众多产品。在环境保护方面，最典型的气动产品就是压缩空气动力汽车的研究。在国内，浙江大学机械电子控制工程研究所与厦门大学已经率先开发出了压缩空气动力汽车，它不消耗石油等化石燃料，零污染，是真正的绿色能源汽车，如图 36-3 所示。

图 36-3　气动技术的新发展成果
（厦门大学空气动能发动机，2021 年 4 月）

6. 向综合性能更好的方向发展

（1）向高性能方向发展　气缸的高速、无油、提高定位精度是气动技术发展的又一个趋势，它对提高设备的生产率非常重要。但气缸高速会带来一系列技术问题，如密封材料、密封形状、气缸的驱动方式以及缓冲等。目前 SMC 开发的正弦气缸最高运行速度达 500mm/s，加速度小于 $5m/s^2$，有效地解决了高速和低冲击的矛盾。

为了提高气缸的定位精度，采用带伺服系统的气缸，压力和载荷变化也可获得 ±0.1mm 的定位精度，这需要执行元件的刚度增加，活塞杆不回转。

（2）向多功能方向发展　气动执行元件（气缸、摆动气马达）的多样化和多功能化势在必行，除了安装形式要多样化（具有各种导向机构和连接形式），还要适应多样化环境（如抗腐蚀、耐污染、耐高低温、抗振动等），产品系列也要多样化（适应特殊速度、超高速和低速元件等），结构上也要多样化（如异型截面缸筒，活塞杆不回转，无须附加导向装置），还有多种活塞杆、无活塞杆、双活塞杆、磁性活塞、椭圆活塞、带阀气缸、带行程开关或传感器等的执行机构。

(3) 真空元器件的开发研制　真空技术是气动技术领域中的一个重要分支，在工业生产中，作为吸盘机械手得以广泛的应用，因此很多气动企业都非常重视真空元器件的开发研制工作。

36.2　空气的物理性质

36.2.1　空气的组成

在基准状态下（温度为0℃、压力为0.1013MPa时）干空气的组成见表36-2。

表36-2　干空气的组成

成分	氮	氧	氩	二氧化碳	其他气体
体积分数（%）	78.03	20.93	0.93	0.03	0.08
质量分数（%）	75.06	23.10	1.286	0.046	0.508

36.2.2　空气的密度

空气具有一定质量，密度是单位体积内空气的质量，用ρ表示，即

$$\rho=\frac{m}{V} \tag{36-1}$$

或

$$\rho=\rho_0\frac{273}{273+t}\frac{p}{0.1013} \tag{36-2}$$

式中　ρ——在温度t与压力p状态下干空气的密度（kg/m^3）；

m——空气的质量（kg）；

V——空气的体积（m^3）；

ρ_0——在0℃，压力为0.1013MPa状态下干空气的密度，$\rho_0=1.293kg/m^3$；

p——绝对压力（MPa）；

t——温度（℃）。

式（36-2）是对干空气密度的计算式，对于含有水蒸气的湿空气的密度用式（36-3）计算。

$$\rho'=\rho_0\frac{273}{273+t}\frac{p'-0.0378\varphi p_b}{0.1013} \tag{36-3}$$

式中　p'——湿空气的全压力（MPa）；

φ——空气的相对湿度（%）；

p_b——温度t时饱和空气中水蒸气的分压力（MPa），压力为0.1013MPa时的p_b值见表36-3。

表36-3 饱和水蒸气的分压力、饱和绝对湿度、饱和容积含湿量和温度的关系

温度/℃	饱和水蒸气分压力 p_b/MPa	饱和绝对湿度 χ_b/g·m^{-3}	饱和容积含湿量 d'_b/g·m^{-3}	温度/℃	饱和水蒸气分压力 p_b/MPa	饱和绝对湿度 χ_b/g·m^{-3}	饱和容积含湿量 d'_b/g·m^{-3}
100	0.1013	—	597.0	21	0.0025	18.3	18.3
80	0.0473	290.8	292.9	20	0.0023	17.3	17.3
70	0.0312	197.0	197.9	19	0.0022	16.3	16.3
60	0.0199	129.8	130.1	18	0.0021	15.4	15.4
50	0.0123	82.9	83.2	17	0.0019	14.5	14.5
40	0.0074	51.0	51.2	16	0.0018	13.6	13.6
39	0.0070	48.5	48.8	15	0.0017	12.8	12.8
38	0.0066	46.1	46.3	14	0.0016	12.1	12.1
37	0.0063	43.8	44.0	13	0.0015	11.3	11.4
36	0.0059	41.6	41.8	12	0.0014	10.6	10.7
35	0.0056	39.5	39.6	11	0.0013	10.0	10.0
34	0.0053	37.5	37.6	10	0.0012	9.4	9.4
33	0.0050	35.6	35.7	8	0.0011	8.27	8.37
32	0.0045	33.8	33.8	6	0.0009	7.26	7.30
31	0.0045	32.0	32.0	4	0.0008	6.14	6.40
30	0.0042	30.4	30.4	2	0.0007	5.56	5.60
29	0.004	28.7	28.7	0	0.0006	4.85	4.85
28	0.0038	27.2	27.2	-2	0.0005	4.22	4.23
27	0.0036	25.7	25.8	-4	0.0004	3.66	3.50
26	0.0034	24.3	24.4	-6	0.00037	3.16	3.00
25	0.0032	23.0	23.0	-8	0.0003	2.73	2.60
24	0.0030	21.8	21.8	-10	0.00026	2.25	2.20
23	0.0028	20.6	20.6	-16	0.00015	1.48	1.30
22	0.0026	19.4	19.4	-20	0.0001	1.07	0.90

36.2.3 空气的黏性

空气的黏性是空气质点做相对运动时产生阻力的性质。空气黏度的变化主要受温度变化的影响，压力变化对其影响甚微，可忽略不计。表36-4列出了空气的运动黏度和温度的关系。

表 36-4　空气的运动黏度和温度的关系（压力为 0.1013MPa）

t/℃	0	5	10
$v/m^2\cdot s^{-1}$	0.133×10^{-4}	0.142×10^{-4}	0.147×10^{-4}
t/℃	20	30	40
$v/m^2\cdot s^{-1}$	0.157×10^{-4}	0.166×10^{-4}	0.176×10^{-4}
t/℃	60	80	100
$v/m^2\cdot s^{-1}$	0.196×10^{-4}	0.21×10^{-4}	0.238×10^{-4}

36.3　理想气体状态方程

不计黏性的气体为理想气体。理想气体的状态方程为

$$\left.\begin{aligned}\frac{pV}{T}&=\text{常数}\\ pv&=RT\\ \frac{p}{\rho}&=RT\end{aligned}\right\}\tag{36-4}$$

式中　p——绝对压力（Pa）；

V——气体体积（m^3）；

T——热力学温度（K）；

v——气体比容（m^3/kg）；

R——气体常数[J/(kg·K)]，干空气，$R=287.1$J/(kg·K)；水蒸气，$R=462.05$J/(kg·K)；

ρ——气体密度（kg/m^3）。

除高压、低温状态外（如压力不超过20MPa、绝对温度不低于253K），对于空气、氧、氮、二氧化碳等气体，该方程均适用，p、v、T 的变化决定了气体的不同状态和过程。

36.3.1　基准状态和标准状态

基准状态：温度为0℃、绝对压力为101.3kPa（1个标准大气压）时，干空气的状态。基准状态下空气的密度 $\rho_0=1.293kg/m^3$。

标准状态：温度为20℃、相对湿度为65%，绝对压力为0.1MPa时，湿空气的状态。在单位后常标注“ANR”。如自由空气的流量为 $30m^3/h$，常记为 $30m^3/h$(ANR)。标准状态空气的密度为 $\rho\;=1.185kg/m^3$。

36.3.2　空气的热力过程

1. 等容过程

$$\frac{p_1}{T_1}=\frac{p_2}{T_2}\tag{36-5}$$

$$q_m = c_V(T_2 - T_1) \tag{36-6}$$

式中 p_1——状态1下的绝对压力（MPa）；

p_2——状态2下的绝对压力（MPa）；

T_1——状态1下的热力学温度（K）；

T_2——状态2下的热力学温度（K）；

q_m——单位质量气体所增加的内能（J/kg）；

c_V——质量定容热容[J/(kg·℃)]，其含义为气体容积保持不变，单位质量的气体温度升高1℃所需的热量，对于空气，c_V=717J/(kg·℃)。

2. 等压过程

$$\left.\begin{aligned}\frac{v_1}{T_1}&=\frac{v_2}{T_2}\\ Q_p&=c_p(T_2-T_1)\\ W&=R(T_2-T_1)\end{aligned}\right. \tag{36-7}$$

式中 v_1——状态1下的气体比容（m^3/kg）；

v_2——状态2下的气体比容（m^3/kg）；

Q_p——单位质量气体所得到的热量（J/kg）；

c_p——质量定压热容[J/(kg·K)]，其含义为气体压力保持不变，单位质量的气体自由膨胀，温度升高1℃所需的热量，对于空气，c_p=1005J/(kg·K)；

W——单位质量气体膨胀所做的功（J）。

3. 等温过程

$$\left.\begin{aligned}W&=p_1v_1\ln\frac{p_2}{p_1}\\ W&=p_2v_2\ln\frac{p_2}{p_1}\end{aligned}\right\} \tag{36-8}$$

式中 W——单位质量气体所需的压缩功（J）。

4. 绝热过程

$$\left.\begin{aligned}pv^{\kappa}&=C_1(\text{常数})\\ \frac{p}{\rho^{\kappa}}&=C_2(\text{常数})\end{aligned}\right. \tag{36-9}$$

$$W=\frac{R}{\kappa-1}(T_2-T_1)$$

$$\frac{T_2}{T_1}=\left(\frac{p_2}{p_1}\right)^{\frac{\kappa-1}{\kappa}}=\left(\frac{v_1}{v_2}\right)^{\kappa-1} \tag{36-10}$$

式中 κ——等熵指数，$\kappa=1.4$；

W——单位质量气体的绝热压缩功或膨胀功（J）。

5. 多变过程

$$\left.\begin{aligned} p_1 v_1^n &= p_2 v_2^n \\ \frac{T_2}{T_1} &= \left(\frac{p_2}{p_1}\right)^{\frac{n-1}{n}} = \left(\frac{v_1}{v_2}\right)^{n-1} \\ W &= \frac{R}{n-1}(T_2 - T_1) \end{aligned}\right\} \tag{36-11}$$

式中 n——多变指数；

W——多变过程气体所做的功（J）。

36.4 湿空气

含有水蒸气的空气称为湿空气。空气中的水蒸气在一定条件下会凝结成水滴，水滴不仅会腐蚀元件，而且对系统的稳定性带来不良影响。因此常采取一些措施防止水蒸气被带入系统。湿空气中所含水蒸气的程度用湿度和含湿量来表示。

36.4.1 湿度

1. 绝对湿度

$1m^3$ 湿空气中所含水蒸气的质量称为湿空气的绝对湿度，常用χ表示，即

$$\chi = \frac{m_s}{V} \tag{36-12}$$

由式（36-4）气体状态方程得

$$\chi = \rho_s = \frac{p_s}{R_s T} \tag{36-13}$$

式中 m_s——水蒸气的质量（kg）；

V——湿空气的体积（m^3）；

ρ_s——水蒸气的密度（kg/m^3）；

p_s——水蒸气的分压力（Pa）；

R_s——水蒸气的气体常数，$R_s = 462.05 J/(kg \cdot K)$；

T——热力学温度（K）。

2. 相对湿度

在某一温度和某一压力下，其绝对湿度与饱和绝对湿度之比称为该温度下的相对湿度，用φ表示，即

$$\varphi = \frac{\chi}{\chi_b} \times 100\% = \frac{d'}{d_{b'}} \times 100\% \tag{36-14}$$

式中 χ、χ_b——绝对湿度与饱和绝对湿度（kg/m^3）；

d'、d'_b——湿空气的容积含湿量与饱和容积含湿量（g/m^3）。

气动技术中规定通过各种阀的空气相对湿度不得大于90%。

36.4.2　含湿量

1. 质量含湿量

在含有1kg质量干空气的湿空气中，所含的水蒸气质量，称为该湿空气的质量含湿量，用d表示，即

$$d=\frac{m_s}{m_g}=622\frac{\varphi p_b}{p-\varphi p_b} \tag{36-15}$$

式中　m_s——水蒸气的质量（g）；

m_g——干空气的质量（kg）；

p_b——饱和水蒸气的分压力（MPa）；

p——湿空气的全压力（MPa）；

φ——相对湿度。

2. 容积含湿量

在含有$1m^3$干空气的湿空气中，所含的水蒸气质量，称为该湿空气的容积含湿量，用d'表示，即

$$d'=d\rho \tag{36-16}$$

式中　ρ——干空气的密度（kg/m^3）。

表36-3为在0.1013MPa绝对压力下，饱和空气中水蒸气的分压力、容积含湿量与温度的关系。

36.5　自由空气流量、标准额定流量及析水量

36.5.1　自由空气流量、标准额定流量

1. 自由空气流量

气压传动中所用的压缩空气是由空气压缩机获得的，经空气压缩机压缩后的空气称为压缩空气，未经压缩处于自由状态下（大气压为0.1013MPa）的空气称为自由空气。空气压缩机铭牌上注明的是自由空气流量，按此流量选择空气压缩机。自由空气流量可由式（36-17）计算。

$$q_z=q\frac{p}{p_z}\frac{T_z}{T} \tag{36-17}$$

忽略温度影响，则

$$q_z=q\frac{p}{p_z} \tag{36-18}$$

式中　p_z、p——压缩空气和自由空气的绝对压力（MPa）；

T_z、T——压缩空气和自由空气的热力学温度（K）；

q_z、q——压缩空气流量和自由空气流量（m^3/min）。

2. 标准额定流量

在选择国外气动元件（如FESTO元件）时，经常会遇到标准额定流量的概念。

若忽略温度变化的影响，则

$$q_b = q_e \frac{p_e}{p_b} \tag{36-19}$$

式中 q_e——额定流量，是最高工作压力状态下供给元、辅件的最大压缩空气流量（m^3/min）；

p_e、p_b——额定状态、标准状态下的绝对压力（MPa）。

36.5.2 析水量

湿空气被压缩后，单位容积中所含水蒸气的量增加，同时温度也升高。当压缩空气冷却时，其相对湿度增加，当温度降到露点后便有水滴析出。压缩空气中析出的水量可由式（36-20）计算。

$$q_m = 60q_z\left[\varphi d'_{1b} - \frac{(p_1 - \varphi p_{b1})T_2}{(p_2 - \varphi p_{b2})T_1}d'_{2b}\right] \tag{36-20}$$

式中 q_m——每小时的析水量（kg/h）；

φ——空气没被压缩时的相对湿度；

d'_{1b}——温度为 T_1 时饱和容积含湿量（kg/m^3）；

d'_{2b}——温度为 T_2 时饱和容积含湿量（kg/m^3）；

p_{b1}、p_{b2}——温度 T_1、T_2 时饱和空气中水蒸气的分压力（绝对压力）（MPa）；

T_1——压缩前空气的温度（K）；

T_2——压缩后空气的温度（K）。

例1：将15℃的空气压缩至0.7MPa（绝对压力），压缩后的空气温度为40℃，已知空气压缩机的流量 $q'_z = 6m^3/min$，相对湿度 $\varphi = 0.85$，求空气压缩机每小时的析水量。

解：由表36-3可查得，15℃时，$d'_{1b} = 12.8g/m^3$，$p_{b1} = 0.0017MPa$；40℃时，$d'_{2b} = 51.2g/m^3$，$p_{b2} = 0.0074MPa$。

已知：$q_z' = 6m^3/min$，$p_1 = 0.1MPa$，$p_2 = 0.7MPa$。

由式（36-20）得

$$\begin{aligned} q_m &= 60q'_z\left[\varphi d'_{1b} - \frac{(p_1 - \varphi p_{b1})T_2}{(p_2 - \varphi p_{b2})T_1}d'_{2b}\right] \\ &= 60 \times 6 \times \left[0.85 \times 0.0128 - \frac{0.1 - 0.85 \times 0.0017}{0.7 - 0.85 \times 0.0074} \times \frac{273 + 40}{273 + 15} \times 0.051\right]kg/h \\ &= 1.082kg/h \end{aligned}$$

36.6 气体流动的基本方程

36.6.1 连续性方程

流体在连续管道中稳定流动时，同一时间内流过管道每一截面的质量流量相等，即

$$\rho_1 A_1 v_1 = \rho_2 A_2 v_2 = q_m = \text{常数} \tag{36-21}$$

式中 ρ_1、ρ_2——截面1、2上流体的密度（kg/m^3）；
A_1、A_2——截面1、2的截面积（m^2）；
v_1、v_2——截面1、2上流体运动速度（m/s）；
q_m——质量流量（kg/s）。

36.6.2 能量方程

如果流体流动为稳定流，由能量守恒关系可求得下述几种形式的能量方程。

$$h_1 + \frac{p_1}{\rho g} + \frac{v_1^2}{2g} = h_2 + \frac{p_2}{\rho g} + \frac{v_2^2}{2g} + h_w \tag{36-22}$$

式中 h_1、h_2——截面1、2处的位置高度（m）；
p_1、p_2——截面1、2处的压力（Pa）；
ρ——流体的密度（kg/m^3）；
g——流体的自由落体加速度（m/s^2）；
v_1、v_2——截面1、2处的平均流速（m/s）；
h_w——截面1、2间损失的水头（m）。

如果忽略位置高度 h 的影响，式（36-22）乘以 ρg 可得

$$\left.\begin{aligned} p_1 + \frac{1}{2}\rho v_1{}^2 &= p_2 + \frac{1}{2}\rho v_2{}^2 + \sum \rho g h_w \\ \sum \rho g h_w &= \sum \Delta p_1 + \sum \Delta p_\xi \end{aligned}\right\} \tag{36-23}$$

式中 $\sum \rho g h_w$——截面1、2间总压力损失（Pa）；
$\sum \Delta p_1$——截面1、2间沿程压力损失（Pa）；
$\sum \Delta p_\xi$——截面1、2间局部压力损失（Pa）。

$$\sum \Delta p_1 = \sum \rho g \lambda \frac{l}{d} \frac{v^2}{2g} \tag{36-24}$$

式中 λ——管路沿程阻力系数；
l、d——管路长度和管内径（m）。

λ值与气体的流动状态和管壁的相对粗糙度$\frac{\varepsilon}{d}$有关，对于层流流动状态的空气和水，有

$$\lambda = \frac{64}{Re}$$

式中 Re——雷诺数。

当气体为湍流流动状态时，$\lambda = f\left(Re, \frac{\varepsilon}{d}\right)$，λ的值可根据$\frac{\varepsilon}{d}$和$Re$的值从本手册第1卷第1章表1-2与表1-3中查得。

$$\sum \Delta p_{\xi} = \sum \rho \xi \frac{v^2}{2} \tag{36-25}$$

式中 ξ——局部压力损失系数，ξ值可从本手册第1卷第1章表1-4～表1-9中查得。

1. 可压缩气体绝热流动的伯努利方程

如果忽略气体流动时的能量损失和位能变化，则得

$$\left.\begin{aligned} \frac{k}{k-1}\frac{p_1}{\rho_1} + \frac{{v_1}^2}{2} &= \frac{k}{k-1}\frac{p_2}{\rho_2} + \frac{{v_2}^2}{2} \\ \frac{k}{k-1}\frac{p_1}{\rho_1 g} + \frac{{v_1}^2}{2g} &= \frac{k}{k-1}\frac{p_2}{\rho_2 g} + \frac{{v_2}^2}{2g} \end{aligned}\right\} \tag{36-26}$$

式中 k——等熵指数。

2. 有机械功的压缩性气体能量方程

若在所研究的管道两截面1－1与2－2之间有流体机械（如空气压缩机、鼓风机等）对单位质量气体做功L，则绝热过程能量方程为

$$\frac{\kappa}{\kappa-1}\frac{p_1}{\rho_1} + \frac{{v_1}^2}{2} + L = \frac{k}{k-1}\frac{p_2}{\rho_2} + \frac{{v_2}^2}{2} \tag{36-27}$$

由式（36-27）可得：

对绝热过程

$$L_{\mathrm{h}} = \frac{\kappa}{\kappa-1}\frac{p_1}{\rho_1}\left[\left(\frac{p_2}{p_1}\right)^{\frac{k-1}{k}} - 1\right] + \frac{{v_2}^2 - {v_1}^2}{2} \tag{36-28}$$

对多变过程

$$L_n = \frac{n}{n-1}\frac{p_1}{\rho_1}\left[\left(\frac{p_2}{p_1}\right)^{\frac{n-1}{n}} - 1\right] + \frac{{v_2}^2 - {v_1}^2}{2} \tag{36-29}$$

式中 L_{h}、L_n——绝热、多变过程流体机械对单位质量气体所做的全功（J/kg）；

n——绝热指数。

如果忽略速度 v 的影响，则得：

对绝热过程

$$L'_{\mathrm{h}}=\frac{\kappa}{\kappa-1}\frac{p_1}{\rho_1}\left[\left(\frac{p_2}{p_1}\right)^{\frac{k-1}{k}}-1\right] \tag{36-30}$$

对多变过程

$$L'_{n}=\frac{n}{n-1}\frac{p_1}{\rho_1}\left[\left(\frac{p_2}{p_1}\right)^{\frac{n-1}{n}}-1\right] \tag{36-31}$$

式中 L'_{h}、L'_n——忽略速度 v 的影响后，绝热、多变过程流体机械对单位质量气体所做的压缩功（J/kg）。

36.7 声速及气体在管道中的流动特性

36.7.1 声速、马赫数

声速是指声波在空气介质中传播的速度。声波是一种微弱的扰动波，通常将一切微弱扰动波的传播速度都称为声速。因微弱扰动传播速度很快，可视为绝热过程。绝热过程的声速为

$$a=\sqrt{kRT} \tag{36-32}$$

式（36-32）说明气体的声速决定于介质的压力 p、密度 ρ、热力学温度 T，把 $k=1.4$，$R=287.1\mathrm{J/(kg\cdot K)}$ 代入式（36-32）得

$$a=20\sqrt{T} \tag{36-33}$$

当温度为274K（15℃）时，空气中的声速 a =340m/s。工程上将气流的速度 v 与声速 a 之比称为马赫数，用符号 Ma，表示

$$Ma=\frac{v}{a}=\frac{v}{\sqrt{kRT}} \tag{36-34}$$

当 $v<a$ 时，气体的流动为亚声速流动；

当 $v>a$ 时，气体的流动为超声速流动；

当 $v=a$ 时，气体的流动称为声速流动或临界状态流动。

36.7.2 气体在管道中的流动特性

气体沿着变截面管道流动时，其流速符合

$$\frac{1}{A}\frac{\mathrm{d}A}{\mathrm{d}s}=(Ma^2-1)\frac{1}{v}\frac{\mathrm{d}v}{\mathrm{d}s} \tag{36-35}$$

由式（36-35）可得出表36-5的结论。

表 36-5　管道中流速、压力与截面变化的关系

流动区域		几何条件	管子截面沿管轴 s 方向变化	结论		
				截面 A	速度 v	压力 p
亚声速流动	$Ma<1$ ($v<a$)	$\frac{dA}{ds}\propto-\frac{dv}{ds}$	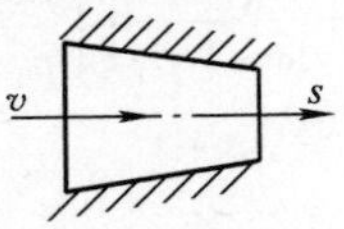	减小	增大	减小
			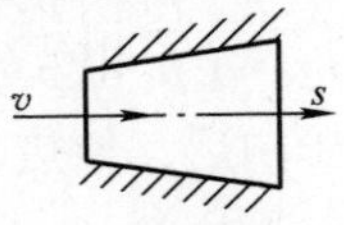	增大	减小	增大
超声速流动	$Ma>1$ ($v>a$)	$\frac{dA}{ds}\propto\frac{dv}{ds}$	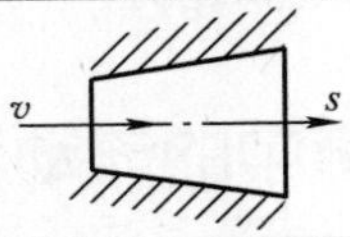	增大	减小	增大
			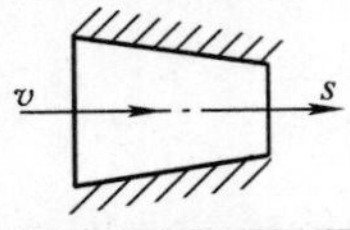	减小	增大	减小
声速（临界状态）流动	$Ma=1$ ($v=a$)	$\frac{dA}{ds}=0$	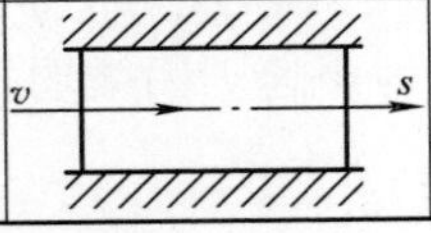	不变	不变	不变

36.8　气动元件的流通能力

36.8.1　流通能力 K_V 值、C_V 值

1. 流通能力 K_V 值

当被测元件全开时，元件两端压差为 0.1MPa，用密度为 1g/cm³ 的水介质实验时，若通过阀的流量值为 q，则流通能力 K_V 值为

$$K_V=q\sqrt{\frac{\rho\Delta p_0}{\rho_0\Delta p}}$$

式中　q——实测水介质的流量（m³/h）；

ρ——实测水介质的密度（g/cm³）；

Δp——实测被测元件前后的压差（MPa），$\Delta p=p_1-p_2$；

p_1、p_2——被测元件上、下游的压力（MPa）；

ρ_0、Δp_0——规定的水介质密度和压差，$\rho_0=1\text{g/cm}^3$，$\Delta p_0=0.1\text{MPa}$。

2. 流通能力 C_V 值

当被测元件全开，元件两端压差为 1lbf/in²（1lbf/in² = 6.89kPa），温度为 60℉（15.5℃）的水，通过元件的流量为 1gal（美）/min［1gal（美）/min =

3.785L/min］时，则流通能力 C_V［gal（美）/min］值为

$$C_V = q_V\sqrt{\frac{\rho\Delta p_0}{\rho_0\Delta p}}$$

式中　q_V——实测时水的流量［gal（美）/min］；

Δp_0——被测元件前后的压差，$\Delta p_0 = 1\text{lbf/in}^2$；

ρ_0——60℉水的密度，$\rho_0 = 1\text{g/cm}^3$；

ρ、Δp——实测时水的密度（g/cm^3）和被测元件前后的压差（1lbf/in^2）。

36.8.2　有效截面积 S

1. 定义及简化计算

气体流经孔（如阀口等）时，由于实际流体存在黏性，使流束收缩得比节流孔名义截面积 S_0 还小，此最小截面积 S 称为有效截面积（见图 36-4），它代表了节流孔的流通能力。S/S_0 称为收缩系数，以 α 表示，即

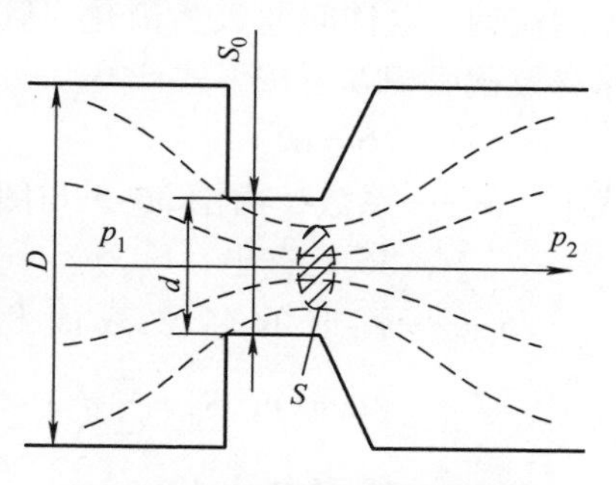

图 36-4　节流孔的有效截面积

$$\alpha = \frac{S}{S_0} \tag{36-36}$$

式中　S——有效截面积（mm^2）；

S_0——节流孔的名义截面积（mm^2），对圆形节流孔，$S_0 = \frac{\pi}{4}d^2$。

薄壁节流孔 α 值可根据节流孔直径 d 与节流孔上流直径 D 的比值 β $\left[\beta = \left(\frac{d}{D}\right)^2\right]$，由图 36-5 查得。

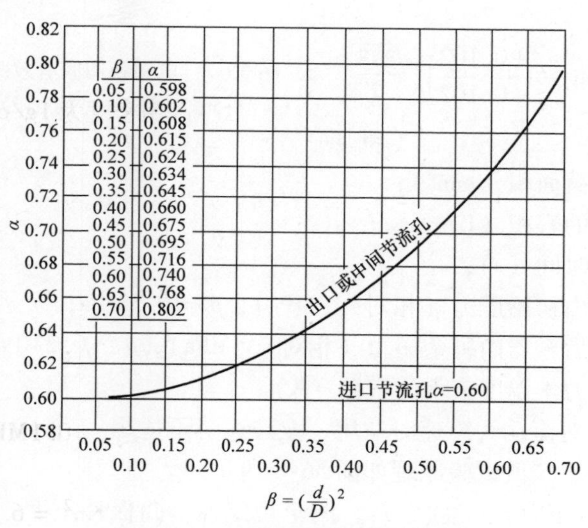

β	α
0.05	0.598
0.10	0.602
0.15	0.608
0.20	0.615
0.25	0.624
0.30	0.634
0.35	0.645
0.40	0.660
0.45	0.675
0.50	0.695
0.55	0.716
0.60	0.740
0.65	0.768
0.70	0.802

图 36-5　薄壁节流孔收缩系数

细长孔的 α 值可根据孔径 d 与孔长 l 的比值 $\beta\left[\beta=\left(\frac{l}{d}\right)^2\right]$，由图36-6查得。

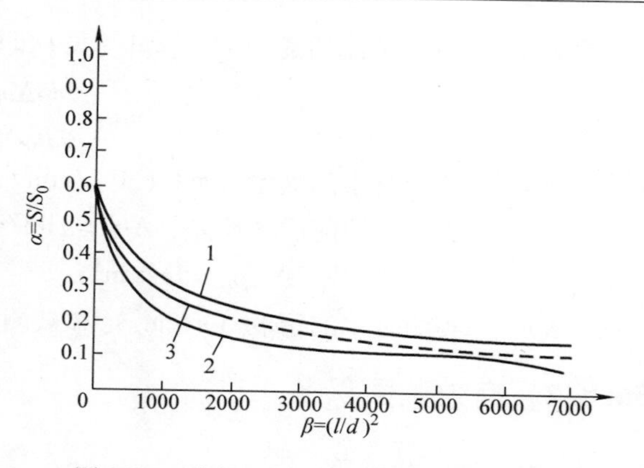

图36-6 孔径 d 与孔长 l 的比值 β 与有效截面积的关系曲线

1—d=11.6mm 具有涤纶编织物的乙烯软管

2—d=2.52mm 的尼龙管

3—d=6.35～25.4mm 的瓦斯管

气动元件的流通能力也常用 S 值来表示，即把气体通过气动元件的流动看成类似条件下通过节流孔板的流动，这使问题大为简化。管路有效截面积 S 可按下式计算。

$$S=\alpha S_0$$

式中 α——系数，由图36-5与图36-6查出；

S_0——管道的名义截面积（mm^2），$S_0=\frac{\pi}{4}d^2$；

d——管道内径（mm）。

2. 有效截面积的测试方法

气动元件的有效截面积 S 值可通过测试确定。

1）声速排气法测定 S 值。图36-7所示为电磁换向阀 S 值的测定装置。

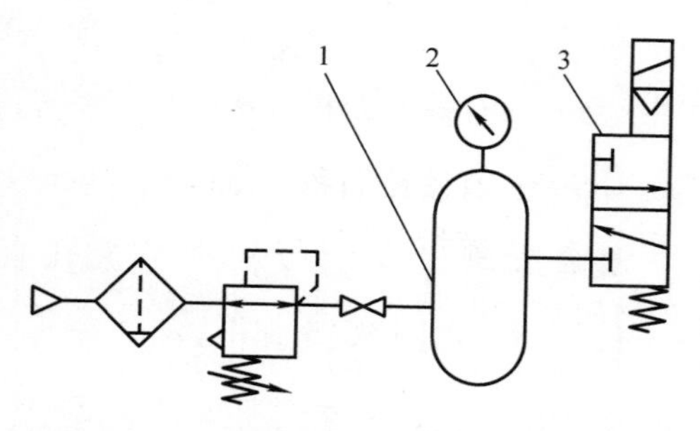

图36-7 电磁换向阀有效截面积 S 值的测试

1—储气罐 2—电接点压力表 3—被测阀

由容器放气特性测定放气时间，算出 S 值，即

$$S=\left(12.9V\frac{1}{t}\lg\frac{p_1+0.102}{p_2+0.102}\right)\sqrt{\frac{273}{T}} \tag{36-37}$$

式中 S——有效截面积（mm^2）；

V——容器的容积（L）；

t——放气时间（s）；

p_1——容器内初始压力（相对）（MPa），p_1=0.5MPa；

p_2——放气后容器内剩余压力（相对）（MPa），p_2=0.2MPa；

T——以热力学温度表示的室温（K）。

式（36-37）对流动为声速时适用，亚声速时不适用。

2）定常流法测 S 值试验原理如图36-8所示。

被测元件上游压力 p_1、温度 T_1，调至规定值，并保持不变。调节节流阀的开度，测量被测元件上下游压力 p_1、p_2 和通过的流量 q，按式（36-38）或

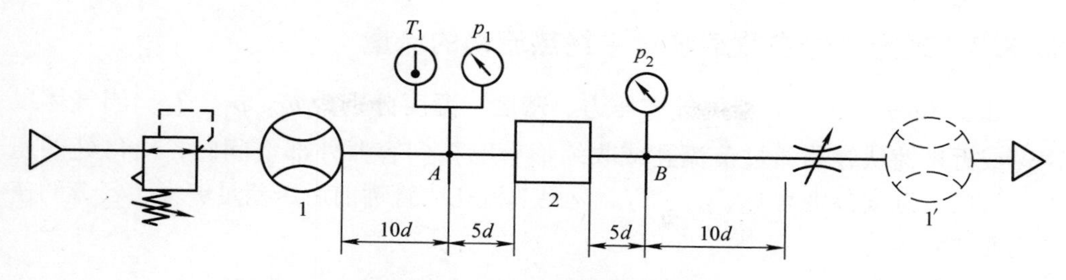

图36-8　定常流法测S值试验原理

1（或1′）—流量计　2—被测元件　d—管径　A、B—测压孔

式（36-39）计算有效截面积S值。

当$p_1/p_2=1\sim1.893$（亚声速区）时，有

$$S=\frac{q\sqrt{\dfrac{T_1}{273}}}{7.31\sqrt{\left(\dfrac{p_2}{p_1}\right)^{1.43}-\left(\dfrac{p_2}{p_1}\right)^{1.71}}} \tag{36-38}$$

当$p_1/p_2\geqslant1.893$（声速区）时，有

$$S=\frac{q}{1.893p_1}\sqrt{\frac{T_1}{273}} \tag{36-39}$$

式中　S——有效截面积（mm^2）；

q——流量（L/s）；

p_1、p_2——被测元件上、下游压力（MPa）；

T_1——温度（K）。

应指出：在亚声速流动范围内，上述计算基本正确。但用定常流法测S值是不可取的，因式（36-38）的来源p_1和p_2分别是被测元件内最大流速处的总压力$\left(p_1+\frac{1}{2}\rho v_1^2\right)$和静压力$p_2$，而实测却是被测元件上下游的静压力。

3. 系统中多个元件合成的S值

1）系统中若干个元件并联时，合成的有效截面积S_R由式（36-40）计算，即

$$S_R=S_1+S_2+\cdots+S_n=\sum_{i=1}^{n}S_i \tag{36-40}$$

2）系统中若干个元件串联时，合成的有效截面积由式（36-41）计算，即

$$\frac{1}{{S_R}^2}=\frac{1}{{S_1}^2}+\frac{1}{{S_2}^2}+\cdots+\frac{1}{{S_n}^2}=\sum_{i=1}^{n}\frac{1}{{S_n}^2} \tag{36-41}$$

式中　S_R——合成有效截面积（mm^2）；

S_1、S_2、…、S_n——各元件的有效截面积（mm^2）。

36.8.3　理想气体在收缩喷管中绝热流动的流量

如图36-9所示，容器内气体压力、密度、温度分别为p_1、ρ_1、T_1。当气体以声速或近声速从容器通过节流孔或收缩形管嘴排到容器外部空间时，出口处的压力、密度、温度分别为p_2、ρ_2、T_2。只要节流孔或管嘴前后压差足够大，气流的速度就能达到声速。

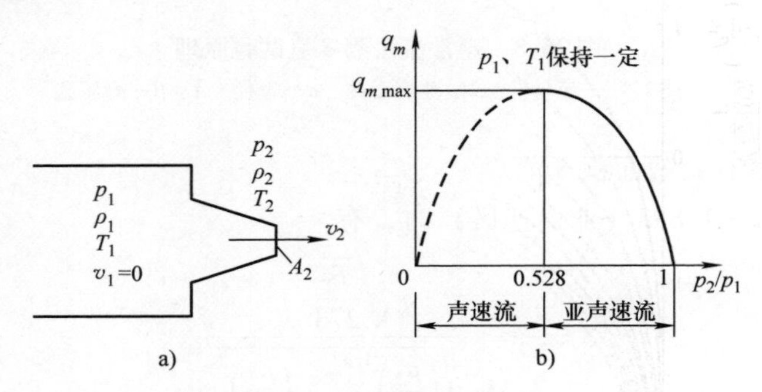

图36-9　容器气体通过管嘴排放

当$p_2/p_1<0.528$或$p_1>1.893p_2$时，有

$$q_m=0.04\frac{p_1}{\sqrt{T_1}}A_2 \tag{36-42}$$

式中　q_m——气体的质量流量（kg/s）；

p_1——容器中的绝对压力（MPa）；

T_1——容器中的温度（K）；

A_2——收缩喷管最小截面积（mm^2）。

由式（36-42）可以看出，只要$p_2/p_1<0.528$或$p_1>1.893p_2$，喷管最小截面积处气流达到声速后，容器内压力p_1保持不变，无论怎样降低出口压力p_2（直到p_2为0），排气的质量流量都保持不变，即仍然是声速时的最大值$q_{m\max}$，这种流动称为壅塞流。这是因为达到声速时气流向管外的传播速度与向上游传播的压力波相平衡，使流速保持不变。压力比p_2/p_1与流量q_m的关系如图36-9b所示。压力比$p_2/p_1=0.528$时有最大流量$q_{m\max}$，此时的压力比称为临界压力比。

经测试可知，气动元件的临界压力比$p_2/p_1=0.2\sim0.5$。

如果容器内最初的压力为p_{10}，则容器放气的时间可用图36-10表达。

36.8.4　可压缩性气体通过节流小孔的流量

1）当$p_2/p_1<0.528$或$p_1>1.893p_2$时，流速在声速区的自由（标准）状态流量为

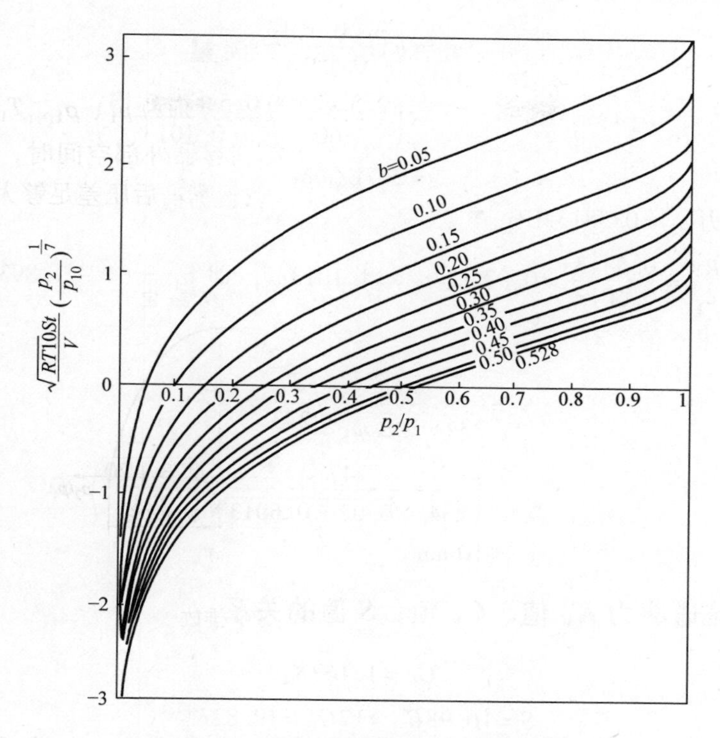

图 36-10 在容器中绝热放气的时间曲线

$$q_z = 113Sp_1\sqrt{\frac{273}{T_1}} \tag{36-43}$$

2）当 $p_1 = (1 \sim 1.893)p_2$ 时，流速在亚声速区，有

$$q_z = 113Sp_1\sqrt{\frac{273}{T_1}}$$

$$q_z = 234S\sqrt{\Delta pp_1}\sqrt{\frac{273}{T_1}} \tag{36-44}$$

式中 q_z——自由（标准）状态流量（L/min）；

S——有效截面积（mm^2）；

p_1——节流孔上游绝对压力（MPa）；

Δp——压差（MPa），$\Delta p = p_1 - p_2$；

T_1——节流孔上游热力学温度（K）。

例 2：已知通径为 6mm 的气控阀在环境温度为 20℃、气源压力为 0.5MPa（相对）的条件下进行试验，测得阀进出口压降 $\Delta p = 0.02$MPa，额定流量 $q = 2.5m^3/h$，试计算该阀的有效截面积 S 值。

解：按式（36-18）求自由空气流量，有

$$
\begin{aligned}
q_z &= q\frac{p+0.1013}{0.1013}\\
&= \left(\frac{2.5\times1000}{60}\frac{0.5+0.1013}{0.1013}\right)\text{L/min}\\
&= 247\text{L/min}
\end{aligned}
$$

出口压力 $p_2=0.5813\text{MPa}$。

压力比 $\frac{p_2}{p_1}=\frac{0.5813}{0.6013}=0.97$ 或 $p_1=1.1013p_2$，即 $p_1=(1\sim1.893)p_2$，可按式（36-44)求 S 值，有

$$
\begin{aligned}
S &= \frac{q_z}{234S\sqrt{\Delta pp_1}}\sqrt{\frac{T_1}{273}}\\
&= \left(\frac{247}{234\sqrt{0.02\times0.6013}}\sqrt{\frac{273+20}{273}}\right)\text{mm}^2\\
&= 10\text{mm}^2
\end{aligned}
$$

36.8.5　流通能力 K_V 值、C_V 值、S 值的关系

$$C_V=1.167K_V$$

$$S=16.98C_V\approx17C_V=19.82K_V$$

$$1000C_V\approx q_z\text{（空气）}$$

式中　C_V——流通能力［gal(美)/min］；

K_V——流通能力（m^3/h）；

S——有效截面积（mm^2）；

q_z——自由（标准）状态流量（L/min）。

第 37 章　基于数字终端的气动技术与基本回路

37.1　运动控制的数字化气动技术

数字化气动技术是将压力控制、流量控制与运动控制结合起来，借助成熟的轴控技术（循环周期短、设置灵活、目标可设置、运动平稳、位置控制不受外负载影响），实现气动技术的数字化，如图 37-1 所示。

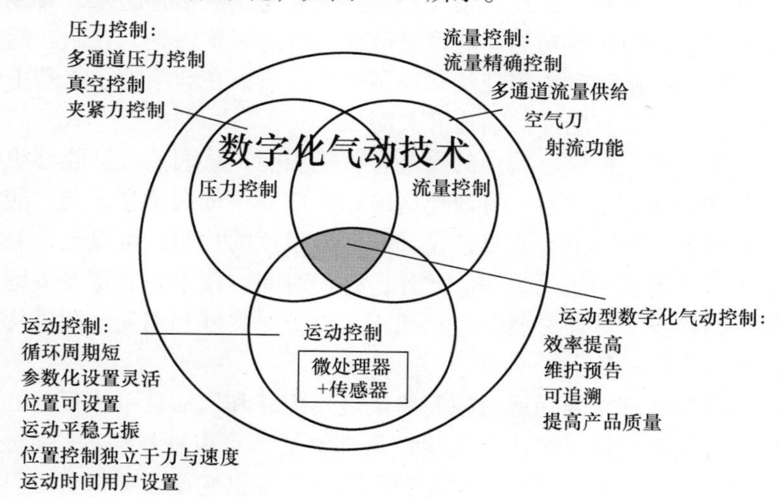

图 37-1　数字化气动技术概念

轴控的核心是微处理器进入气动领域，这对气动技术的设计和气动元件的概念产生了深刻的影响，特别是高速开关数字气动阀正在取代已有的传统气动阀，并将气动领域的数字控制终端装置成功推向市场。

图 37-2 所示为 FESTO 带有控制终端应用程序控制的标准化气动数字化平台 VTEM，在运动、压力和流量控制方面开启了气动工业 4.0 时代。对用户而言，它使工程设计更简单、调试更快与操作更高效灵活，这个优点是集成传感器的智能化带来的。

数字控制终端由四大部分组成：总线节点与I/O模块、以微处理器为核心的强大集成控制器、集成传感器、集成输入端，如图37-2所示。

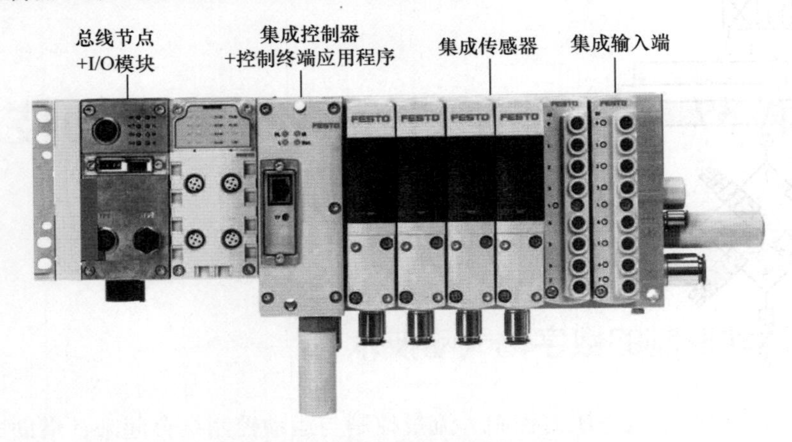

图37-2　数字控制终端装置（FESTO VTEM）

集成控制器是硬件基础，它必须与控制终端应用程序结合起来，才能形成可以标准化或定制化的应用程序功能。这种分散式的智能装置将气动控制功能首次与机械硬件分离，通过应用程序来实现气动控制功能，所以在数字控制终端中就只使用一种类型的阀——起节流功能的高速开关阀。

集成传感器使数字控制终端中的阀具有智能功能，从而使气缸能够执行新的任务，并可以非常个性化地建模，有效地适应相关任务，带来了显著的性能提升，降低成本，更加容易实现以前需要复杂设计和耗时设置的功能，可以创建有明显差异的运动，也可以设置新的运动顺序。此外，行程时间、压力和流量等关键参数可通过通信方式进行检查，并在必要时自动纠正，以及对控制和相关过程进行分析，评估结果可以传到上位机等。

智能数字控制终端功能是通过控制终端应用程序和灵活且可编程的处理器实现的。这种集成智能装置使系统比有线硬件更加灵活，可以在系统内进行分散调整，通信所需的带宽大大减少，同时整个控制和编程系统也变得不那么复杂。控制终端应用程序提供简单的功能配置，将加快调试、重新配置和系统适配。

带有集成传感器的桥接电路由四个比例控制的二位二通阀组成，在数字控制终端中创造了智能驱动器技术。压电先导阀和膜片式提动阀执行独立的增压和泄压的核心工作。这意味着可以在一个阀中实现各种常见的阀功能，甚至是比例压力调节或复杂的控制解决方案，例如软停止等。图37-3所示为集成传感器中的桥式基本回路，表达了以各种阀的状态来实现不同阀的功能。

集成传感器结合基于软件的灵活压力和流量调节，使系统能够自行评估和调整。在运转过程中，不再需要外部测压元件进行状态监视，可以通过更改过程参数来缩短周期时间，这不仅节省了成本，还简化了整个系统。内置传感器在智能、灵

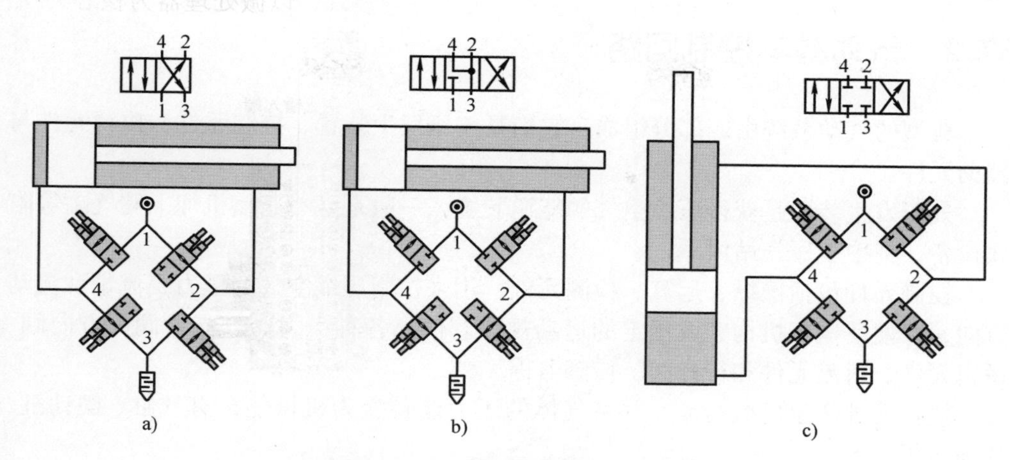

图 37-3　集成传感器中桥式基本回路

活、能够学习的系统中不可或缺。它们可用于适应环境条件或系统参数的变化，如气源压力的波动，或读取大数据过程的所有相关信息。

独立集成的输入端是在某些应用中，从外部传感器实时获取数据，从而实现内部控制。可以用它来开发所搭载的气动装置的优化应用。数字控制终端可提供多个带用户界面的通信通道，通过传输通道读取数据，快捷方便地直接通过以太网连接、网络浏览器、直观的 WebConfig 界面或传统机器控制系统对过程数据进行调整。

用户通过界面可进行简单配置，完成设定值或自调整参数的设置。如图 37-4 所示，开放的全球通信接口使 FESTO 数字控制终端能够适应未来的开发，如软件服务和全球网络。还可以使用 CPX－CEC 上的 OPC UA 接口来创建一个面向服务的架构，该体系架构对平台和制造商是中立的，这是工业 4.0 的理想先决条件。与此同时，CPX 总线节点和大量可用的 I/O 模块为机器和生产网络中的通信提供了良好的标准应用先决条件。

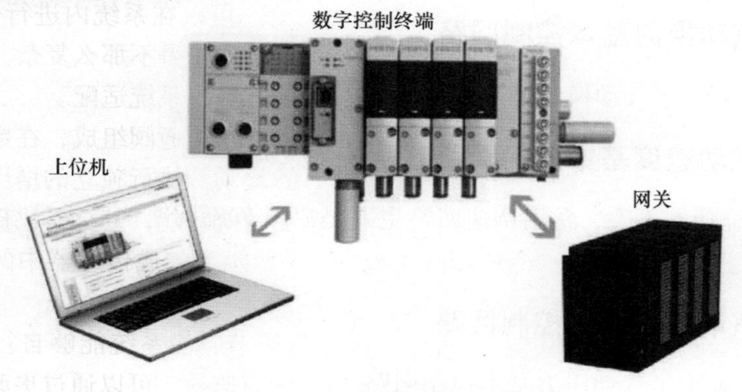

图 37-4　数字控制终端的通信架构

37.2　气动基本控制回路

典型的气动系统由四部分组成，它们是气压发生装置、控制元件、执行元件与辅助元件。

气压发生装置是获得压缩空气的能源装置，一般是空气压缩机加上储气罐等附属设备，集中于压气站内。

控制元件包括操纵、运算、检测元件，用来控制压缩空气的压力、流量和流动方向，以便使执行机构完成预定的运动规律。例如各种压力阀、流量阀、方向阀、逻辑元件、射流元件和行程阀、传感器等。

执行元件产生机械运动，并将气体的压力能转变为机械能，有气缸、摆动缸、气马达等。

辅助元件包括空气净化、润滑、消声以及连接件等。如分水过滤器、油雾器、消声器及管件等。

这四部分要联系起来完成一定功能，需要组合成具有特定功能的回路，即基本控制回路。控制回路是传统的利用气动元件实现某种功能的元件组合，现在从采用数字控制终端的角度看，这个概念已经由计算机编程来实施，但是基本概念仍然不变，目前还是系统设计的基础，故在本节将此气动基本回路汇总，便于查看。

37.2.1　基本控制回路分类

气动系统一般由最简单的基本回路组成。高性能的气动系统是在基本回路的基础上，结合长期生产实践的应用形成的。这些基本回路的分类如图37-5所示。

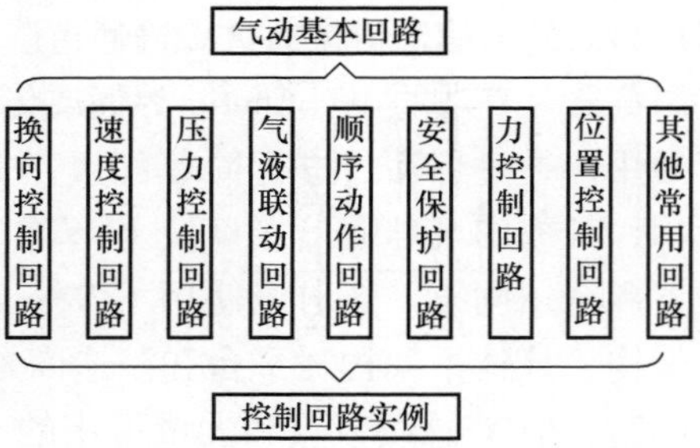

气动基本回路

换向控制回路　速度控制回路　压力控制回路　气液联动回路　顺序动作回路　安全保护回路　力控制回路　位置控制回路　其他常用回路

控制回路实例

图37-5　气动基本控制回路的分类

37.2.2　气动换向基本控制回路

表37-1列出了气动换向基本控制回路。

37.2.3　气动速度基本控制回路

气动系统功率不大，常用调速回路主要是出口节流调速构成的速度控制回路，详见表37-2。

37.2.4　气动压力基本控制回路

表37-3列出了气动压力基本控制回路。

表 37-1　气动换向基本控制回路

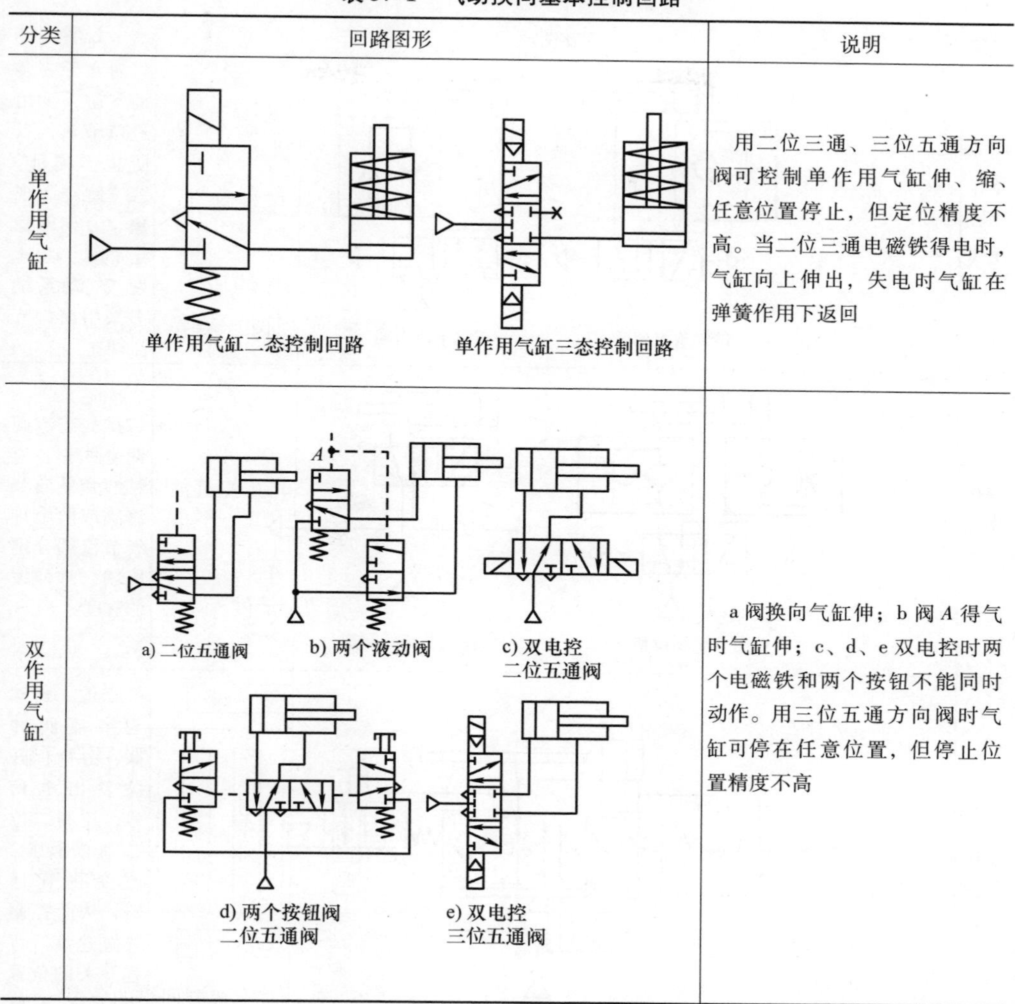

分类	回路图形	说明
单作用气缸	单作用气缸二态控制回路　单作用气缸三态控制回路	用二位三通、三位五通方向阀可控制单作用气缸伸、缩、任意位置停止，但定位精度不高。当二位三通电磁铁得电时，气缸向上伸出，失电时气缸在弹簧作用下返回
双作用气缸	a) 二位五通阀　b) 两个液动阀　c) 双电控二位五通阀　d) 两个按钮阀二位五通阀　e) 双电控三位五通阀	a 阀换向气缸伸；b 阀 A 得气时气缸伸；c、d、e 双电控时两个电磁铁和两个按钮不能同时动作。用三位五通方向阀时气缸可停在任意位置，但停止位置精度不高

表 37-2　气动速度基本控制回路

分类	回路图形	说明
单作用气缸	a)　b)	a 回路升降速度分别由两个节流阀控制；b 快返回路，活塞返回时，气缸下腔通过快速排气阀排气

（续）

分类	回路图形	说明
双作用缸单速	供气节流调速　排气节流调速	对水平安装的气缸，少用进口节流，以防止“爬行”或“跑空”现象。为获得稳定的运动速度，气动系统多采用出口节流调速
双作用缸双速	单向节流阀调整　排气节流阀调速	排气节流阀调速回路：通过两个单向节流阀或两个排气节流阀分别控制气缸伸缩的速度
速度换接		二位二通阀与节流阀并联，由行程开关发出电信号，控制二位二通阀换向，改变排气通路，从而控制气缸速度。行程开关的位置可根据需要选定

分类	回路图形	说明	分类	回路图形	说明
缓冲回路		活塞快速向右运动接近末端，压下机动方向阀，气体经节流阀排气，活塞低速运动到终点。适用于活塞惯性力大的场合	快速往返运动		用两个快排阀实现双作用气缸的快速往返运动，可达到节省时间的目的

表 37-3　气动压力基本控制回路

分类	回路图形	说明
一次压力控制	电接点压力表 溢流阀	储气罐压力不超过规定压力；采用溢流阀简单可靠，但气量浪费大；电接点压力表对电动机及控制要求高，小型空气压缩机常用
二次压力控制	a) b)	气源压力控制回路：由气动三联件——空气过滤器（分水滤气器）、减压阀与油雾器组成。采用溢流式减压阀对气源实行定压控制，是气动系统必不可少的回路
高低压力控制	p_1 p_2	由两个减压阀控制，同时输出高低压力 p_1、p_2
高低压力切换	p_1或p_2	由方向阀控制分时输出高低压力 p_1、p_2

37.2.5　气液联动速度基本控制回路

气液联动速度控制回路不需要液压动力即可实现传动平稳、定位精度高、无级调速等目的，从而克服了气动难以实现精密速度控制的缺点。一般在低速、传动负载变化大的场合采用气液联动速度控制回路，详见表 37-4。

表37-4　气液联动速度基本控制回路

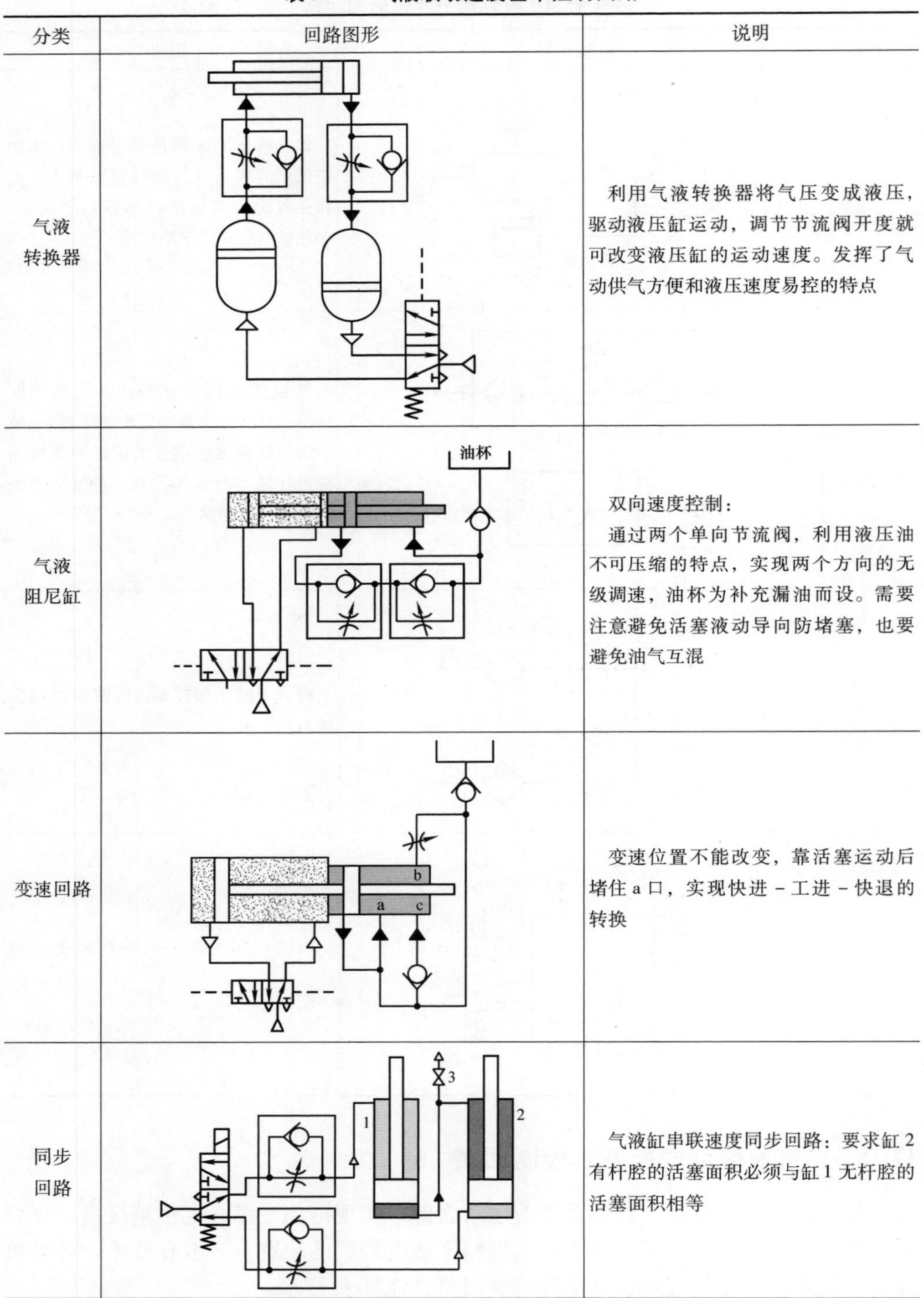

分类	回路图形	说明
气液转换器		利用气液转换器将气压变成液压，驱动液压缸运动，调节节流阀开度就可改变液压缸的运动速度。发挥了气动供气方便和液压速度易控的特点
气液阻尼缸		双向速度控制： 通过两个单向节流阀，利用液压油不可压缩的特点，实现两个方向的无级调速，油杯为补充漏油而设。需要注意避免活塞液动导向防堵塞，也要避免油气互混
变速回路		变速位置不能改变，靠活塞运动后堵住a口，实现快进－工进－快退的转换
同步回路		气液缸串联速度同步回路：要求缸2有杆腔的活塞面积必须与缸1无杆腔的活塞面积相等

37.2.6　顺序动作基本控制回路

各个气缸按一定的程序完成各自的动作，表 37-5 以单缸为例列出了顺序动作基本控制回路。

表 37-5　顺序动作基本控制回路

分类	回路图形	说明
单缸往复动作	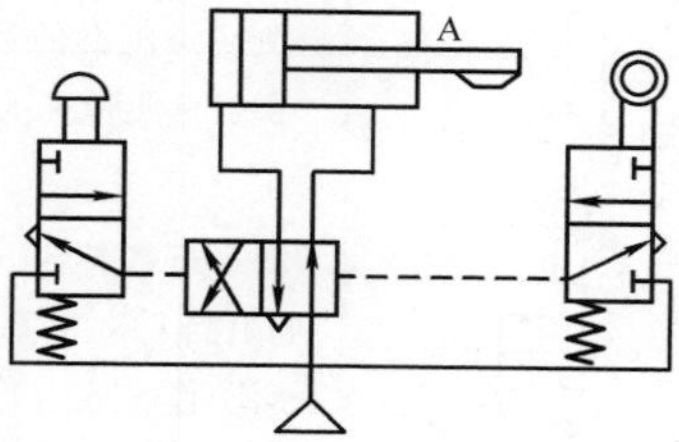	用行程阀控制的单缸单往复动作回路
阻容延时往复	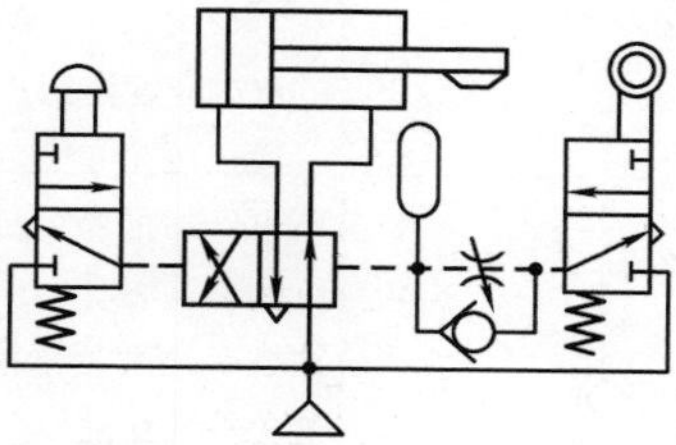	用阻容控制的单缸单往复延时返回回路
压力阀控制往复	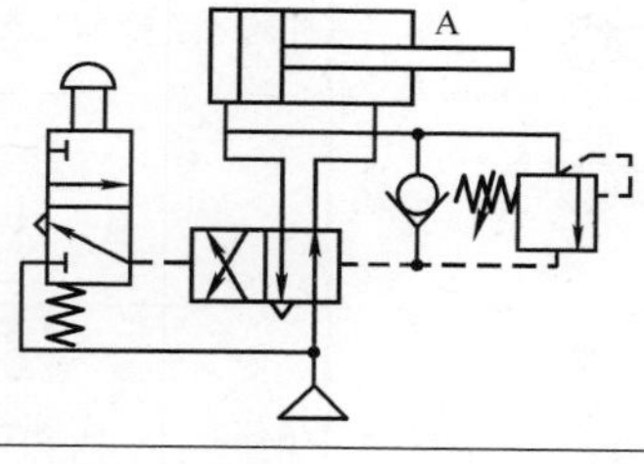	用气缸到位后压力升高使压力阀动作而控制的单缸单往复动作回路
单缸多往复	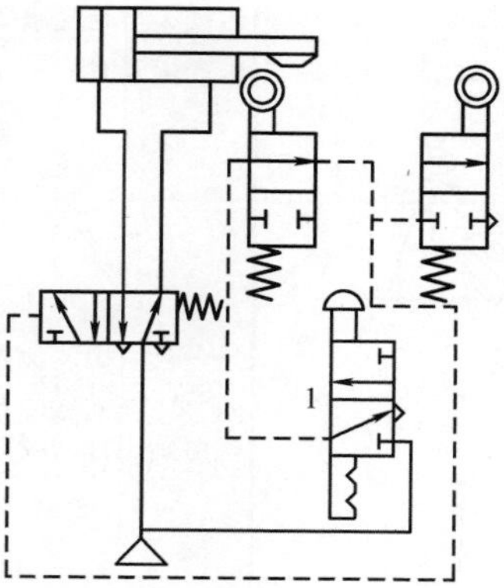	按下带定位装置的手动阀 1：连续往复运动 松开带定位装置的手动阀 1：下位工作，气缸停止运动

37.2.7　安全保护基本控制回路

由于气动机构负荷的过载、气压的突然降低以及气动执行机构的快速动作等原因，都可能危及操作人员或设备的安全，需要设计安全保护回路，安全保护基本控制回路见表37-6。

表37-6　安全保护基本控制回路

分类	回路图形	说明
过载保护	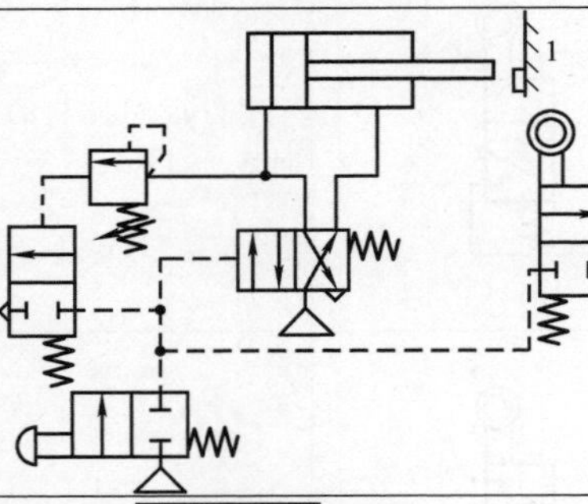	活塞杆在伸出过程中，系统过载时（遇阻挡1），活塞杆在溢流阀过载保护下而动作，放空控制气压后气缸立即缩回
互锁保护	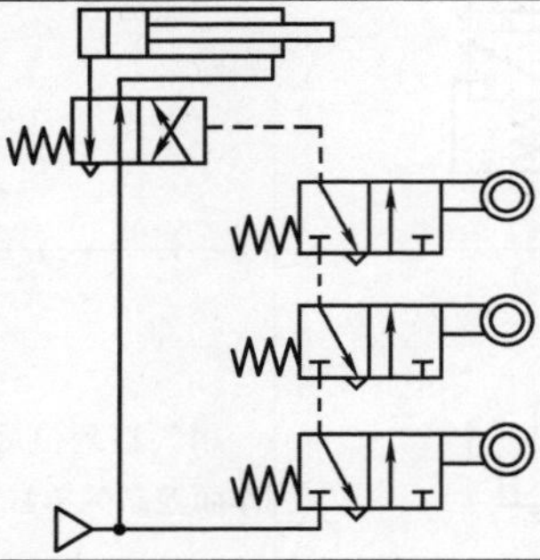	只有三个机动方向阀同时动作，主控阀才能换向，气缸才能伸出
延时安全	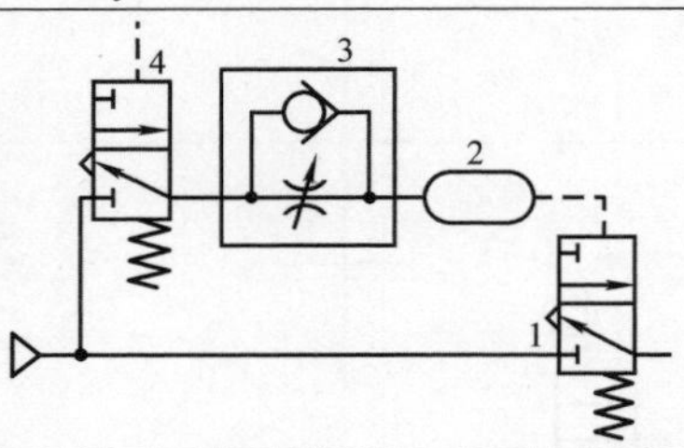	延时输出回路，阀4输出后，由于节流阀3与储气罐2的作用，使阀1的输出产生延时
防活塞杆飞出	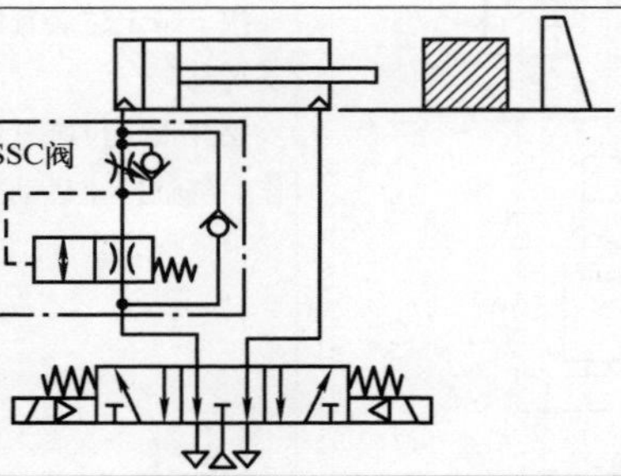	SSC阀控制气缸在起动时低速伸出，接触到工件后瞬时加大流量

（续）

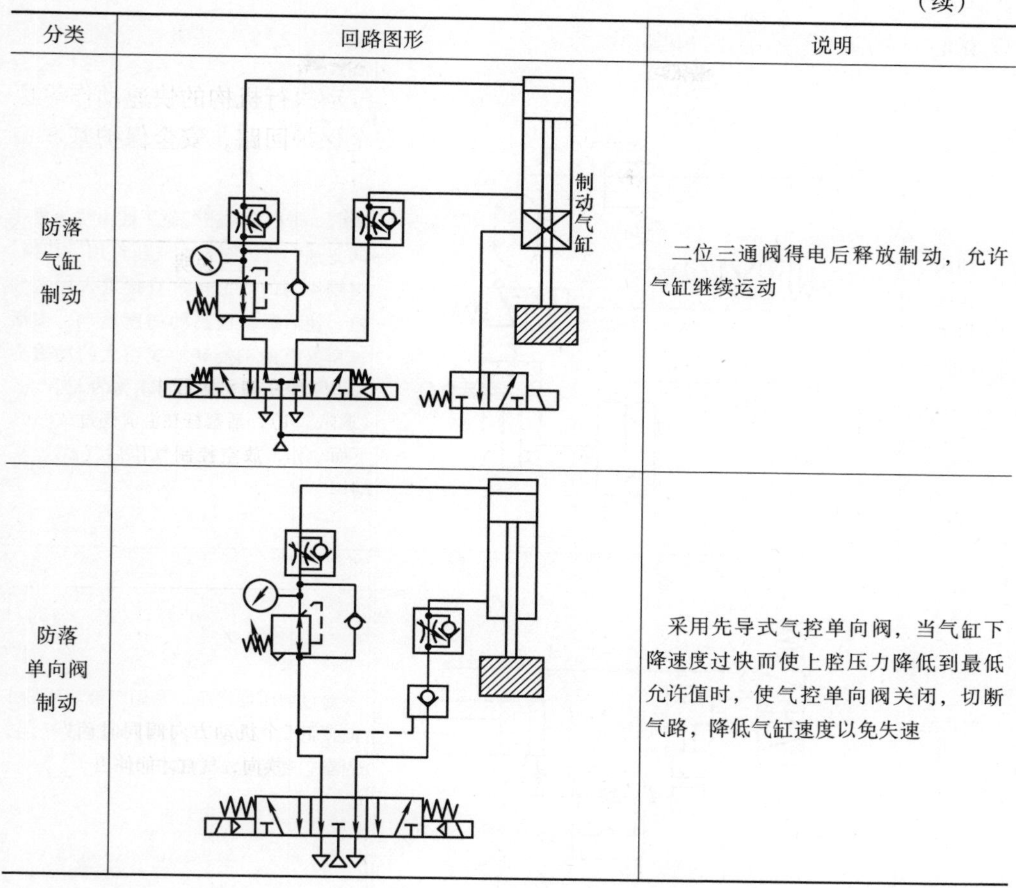

分类	回路图形	说明
防落气缸制动		二位三通阀得电后释放制动，允许气缸继续运动
防落单向阀制动		采用先导式气控单向阀，当气缸下降速度过快而使上腔压力降低到最低允许值时，使气控单向阀关闭，切断气路，降低气缸速度以免失速

37.2.8　力基本控制回路

控制气缸输出力的方法有以下三种：改变供气压力，改变排气压力，改变活塞受压面积，力基本控制回路见表 37-7。

表 37-7　力基本控制回路

分类	回路图形	说明
变面积增力	3　2　1	通过改变气缸接受气压的面积增加气缸输出力的大小 串联气缸回路：通过控制电磁阀 1、2、3 的得电个数，实现对分段式活塞缸的活塞杆输出推力的控制

（续）

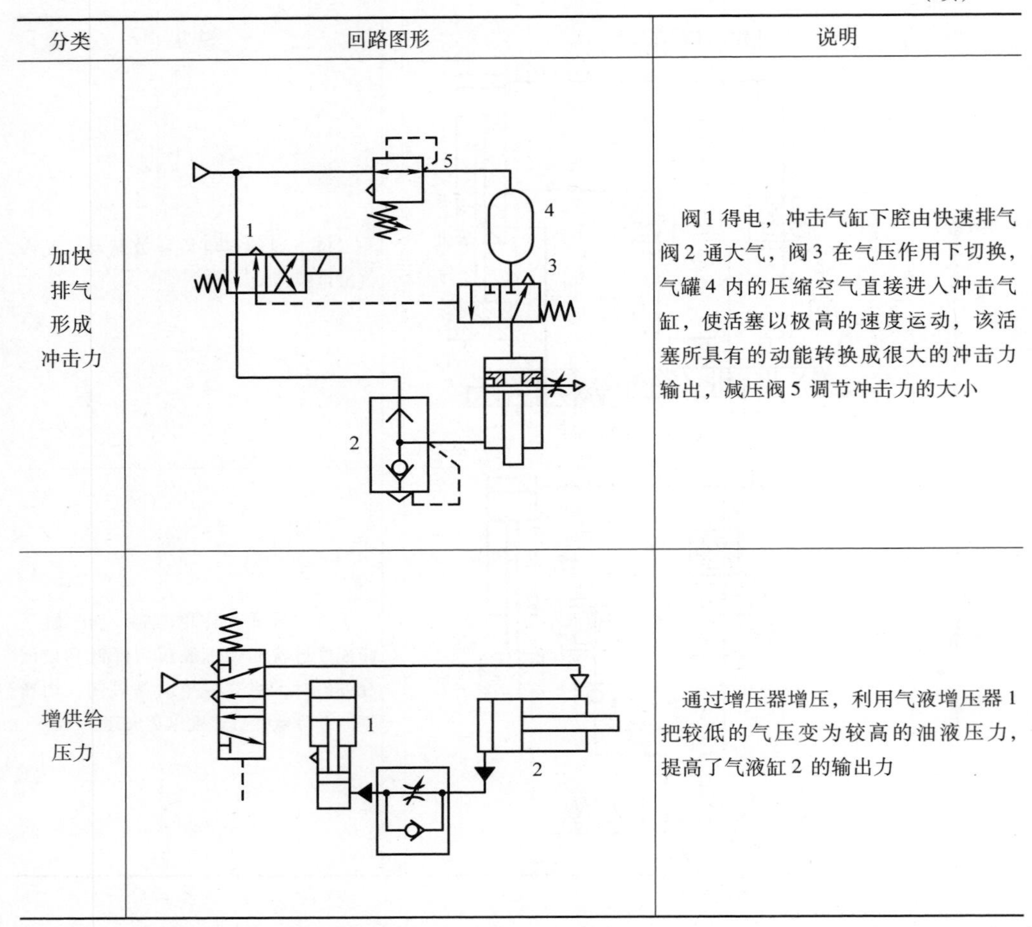

分类	回路图形	说明
加快排气形成冲击力		阀1得电，冲击气缸下腔由快速排气阀2通大气，阀3在气压作用下切换，气罐4内的压缩空气直接进入冲击气缸，使活塞以极高的速度运动，该活塞所具有的动能转换成很大的冲击力输出，减压阀5调节冲击力的大小
增供给压力		通过增压器增压，利用气液增压器1把较低的气压变为较高的油液压力，提高了气液缸2的输出力

37.2.9　位置基本控制回路

由于空气的可压缩性，很难实现精确的位置控制。要想使气动执行机构在运行中精确停止几乎是不可能的。为实现位置控制，一般使用以下方法：采用制动器的位置控制回路，也有带制动机构的气动缸，但会增加缸的复杂性；采用缓冲挡铁，简单易行，停止精度取决于机械加工精度。但使用时应注意到，为防止停止系统压力过高应考虑设置安全阀。为保持停止精度应考虑冲击的吸收及挡铁的刚性；采用气－液转换的方法可以获得高精度位置控制。

37.2.10　电－气动比例基本控制回路

电－气动比例控制技术已经成功应用在许多压力（力）、速度和定位控制系统中，基本控制回路见表37-8。

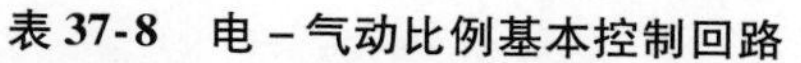

表 37-8 电–气动比例基本控制回路

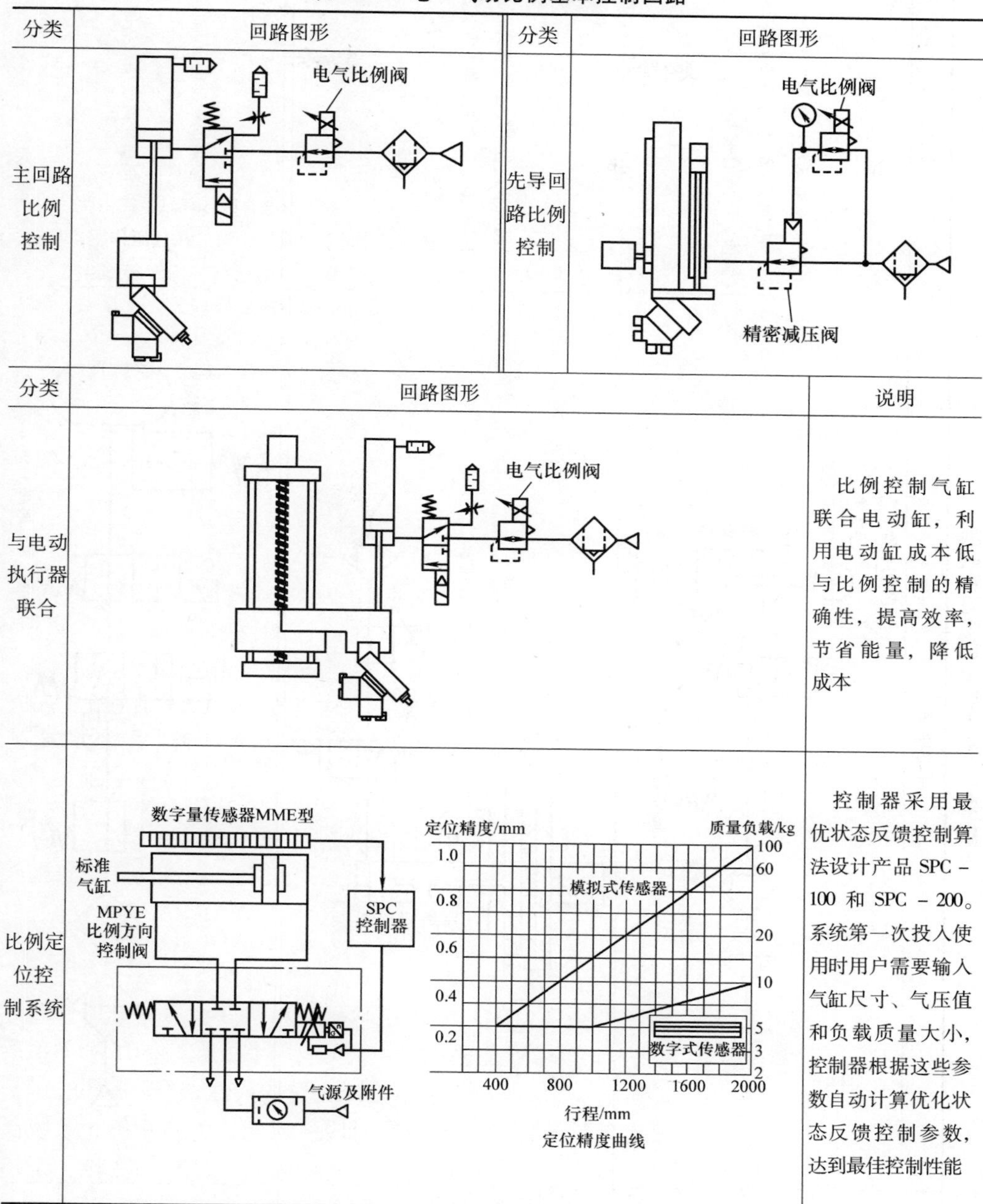

分类	回路图形	分类	回路图形
主回路比例控制		先导回路比例控制	

分类	回路图形	说明
与电动执行器联合		比例控制气缸联合电动缸，利用电动缸成本低与比例控制的精确性，提高效率，节省能量，降低成本
比例定位控制系统		控制器采用最优状态反馈控制算法设计产品 SPC－100 和 SPC－200。系统第一次投入使用时用户需要输入气缸尺寸、气压值和负载质量大小，控制器根据这些参数自动计算优化状态反馈控制参数，达到最佳控制性能

37.3 气动控制应用回路实例

表 37-9 列出了工程实践中的一些典型回路。

表 37-9　气动控制应用回路实例

分类	回路图形	说明
张力控制回路	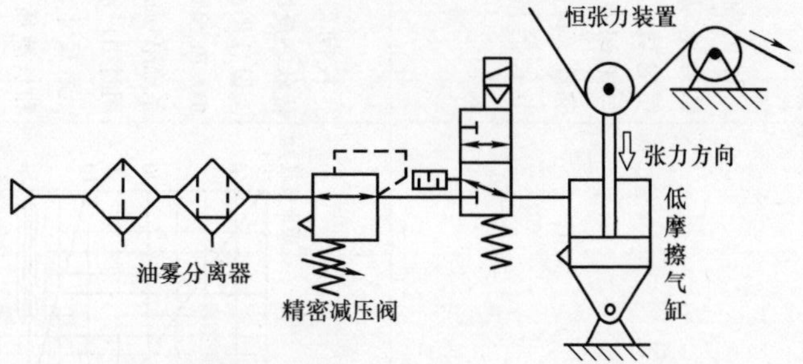 恒张力装置 张力方向 低摩擦气缸 油雾分离器 精密减压阀	比例控制系统：准确的压力设定，达到灵敏度为 0.2% F.S.（满值）以内的张力控制
接触压力控制	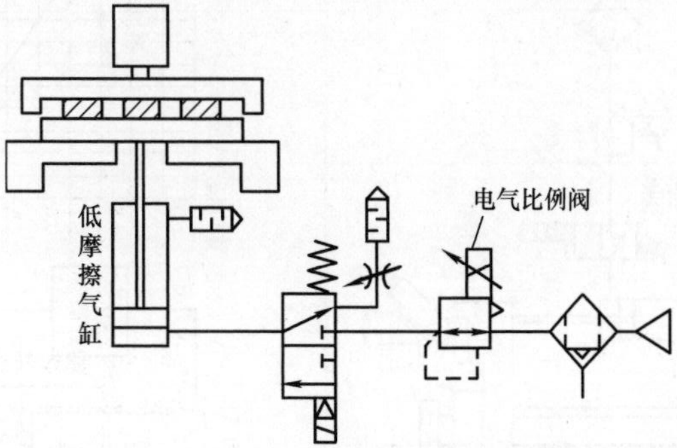 电气比例阀 低摩擦气缸	控制研磨过程中的工件和磨石之间的接触压力。通过定盘上气缸的压力进行控制。控制空气压力就得到气缸需要的接触压力
泄漏测试回路	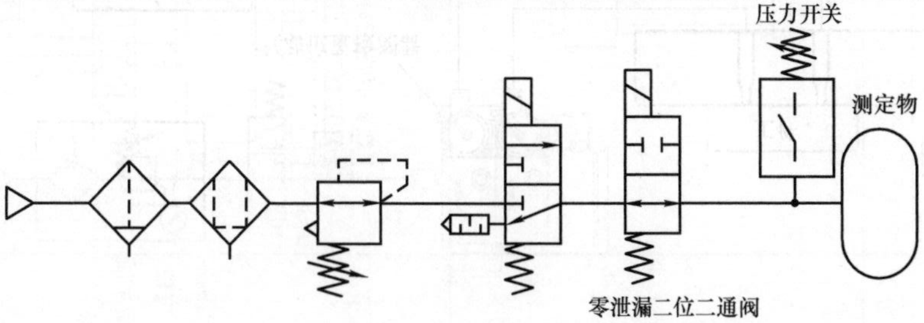 压力开关 测定物 零泄漏二位二通阀	压力开关必须低于设定压力值时切换。关键需要零泄漏二位二通阀。零泄漏阀后任何连接处必须无泄漏

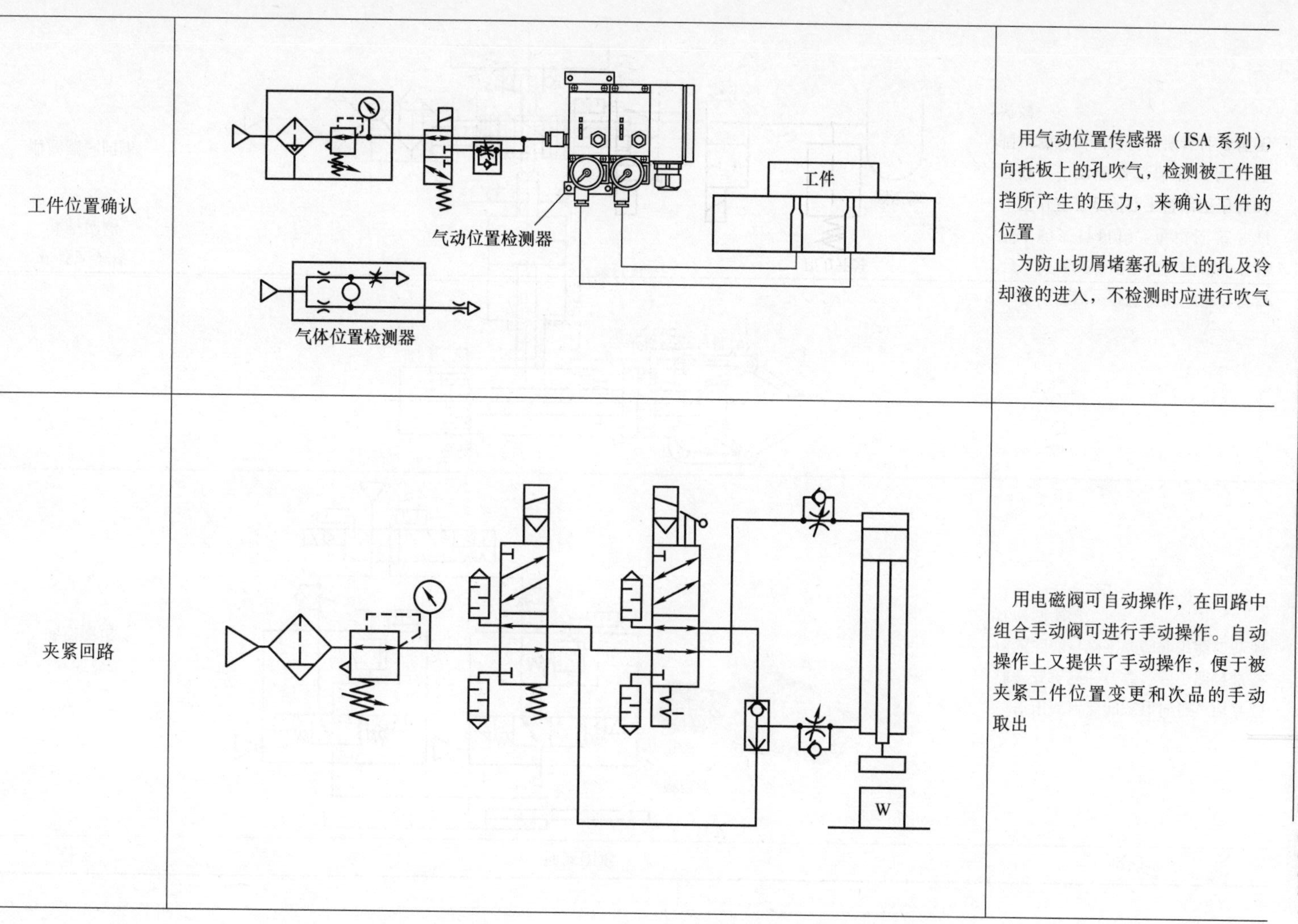

工件位置确认		用气动位置传感器（ISA系列），向托板上的孔吹气，检测被工件阻挡所产生的压力，来确认工件的位置 为防止切屑堵塞孔板上的孔及冷却液的进入，不检测时应进行吹气
夹紧回路		用电磁阀可自动操作，在回路中组合手动阀可进行手动操作。自动操作上又提供了手动操作，便于被夹紧工件位置变更和次品的手动取出

（续）

分类	回路图形	说明
用减速器的高速搬送	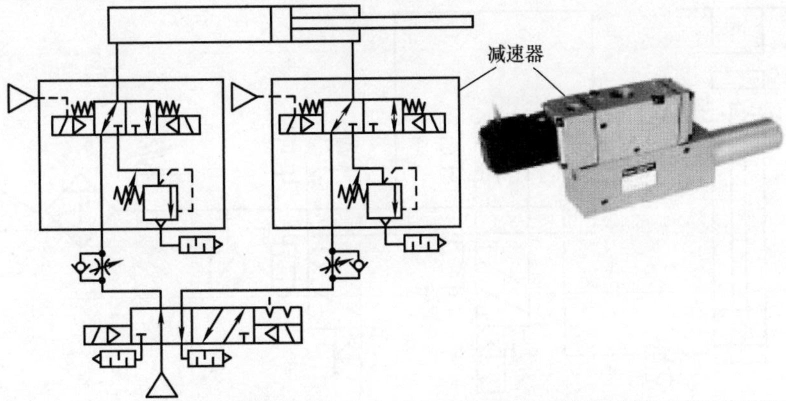 减速器	使用减速器的减速回路，适合高速、高负载的终端控制。能吸收高速驱动的行程末端的冲击能，故循环时间缩短
机器人夹持执行回路	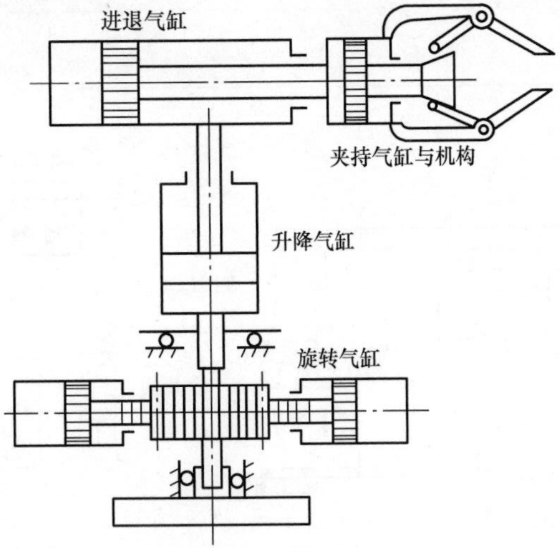 进退气缸 夹持气缸与机构 升降气缸 旋转气缸	旋转气缸、升降气缸、进退气缸与夹持气缸共四个气缸组成一个机器人的夹持机构，可以实现5自由度

电动执行器和气缸组合 Z 轴	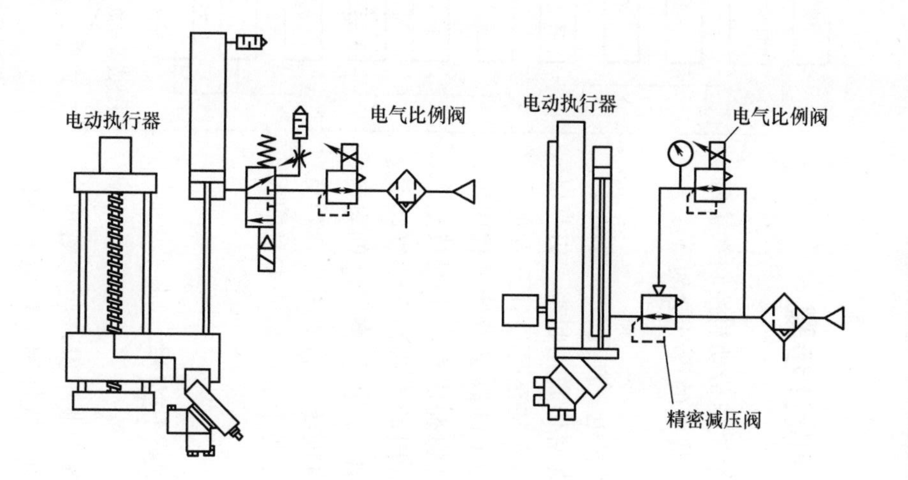	Z 轴上使用的电动执行器上组合了气缸，让工件的负载与气缸保持平衡，则使用的电动执行器的电动机输出力可变小。电动执行器的电动机输出力变小，不但节能，而且设备成本降低

第 38 章　气动系统机电一体化设计

38.1　气动系统的设计步骤

图 38-1 所示为一个气压传动与控制系统的设计步骤，图中也标出其中的设计会对下一步带来的影响。

随着工业 3.0 时代机电一体化技术的发展，设计已经与计算机仿真密切联系起来，仿真已经成为设计的辅助工具，甚至是设计开发的一部分，软件的发展也在不断满足设计过程中的需求。不过工具再发展也替代不了工程技术人员的最后决策与把握，因此本章在介绍气动系统有关设计软件的基础上，仍然将设计的思考与流程加以梳理，这有助于正确使用与选择气动系统设计软件，也有助于这类软件本身的发展与进步。

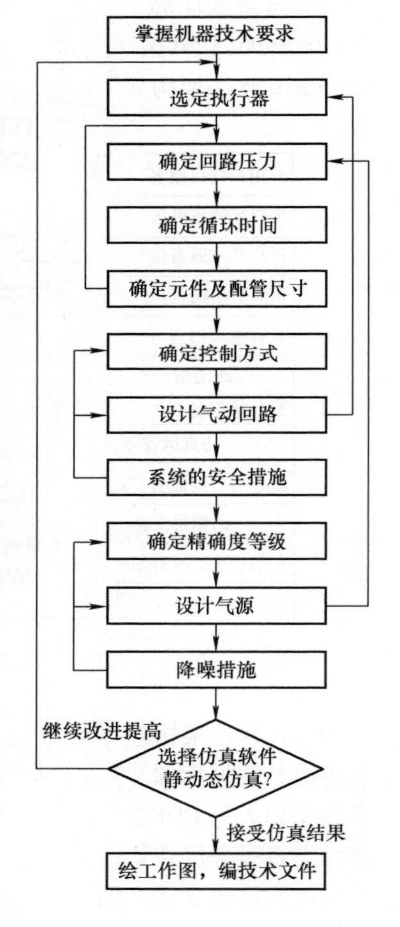

图 38-1　气动系统设计步骤

38.2　气动系统设计软件

工业软件已经在各行业中发挥越来越重大的作用。FESTO FluidSIM 软件用于机电一体化设计或培训。

38.2.1　xProPneu 气动智能选型与仿真软件

1. 气动智能选型与仿真软件简要功能

ProPneu 气动软件是由 FESTO 公司开发的，是气动领域中智能选型与仿真得到国内认可的软件之一。ProPneu 软件运用流体力学原理，对用户提出的系统设计要求，如气缸的行程、安装的角度、气缸的个数、运动的质量等，通过优化算法选出符合系统要求的气缸、阀和附件并对其进行动态性能的仿真，具有准确性高、仿真时间短等优点。

FESTO 公司将 ProPneu 系统进行了网络化的升级，基于 Web Service 系统集成技术，形成全新的 xProPneu 网络服务系统，以 Intenet 和 Intranet 的网络软件服务方式提供软件服务，并进行了两个升级，一是软件系统进行了模块化的封装，为使用者提供独立的功能性服务，也具备了更好的扩展性、伸缩性和兼容性；另外是通过与网络电子样本 xDKI 系统的集成，使软件服务更快速便捷。xProPneu 也将借助网络平台及其本身的优势，对工业自动化领域产生很好的经济和社会效益。

2. xProPneu 软件架构

xProPneu 软件架构如图 38-2 所示。

5. 用户接口服务			
用户系统服务区	系统基本参数	系统执行部件	系统智能配置
用户基本服务区	用户验证服务	语言选择服务	产品查询服务
系统手动配置	文档服务	仿真结果输出	其他服务
4. 智能选型服务			
阀选型	流量阀选型	消声器选型	气管选型
3. 计算服务			
仿真运算服务		选型计算服务	
2. 核心支持服务			
产品信息支持	加密解密支持	用户配置支持	语言翻译支持
1. 数据库、文件服务			
文档	用户配置数据库	产品数据库	语言支持数据库

图 38-2 xProPneu 软件架构

xProPneu 软件架构按照服务的性质分为五层：

最底层是数据库和文件服务层，该层包括产品数据库、语言支持数据库、用户配置数据库和产品 PDF 格式的技术文档。

核心支持服务层在数据库和文件服务层的基础上提供基本的产品信息支持，用户配置应用和修改支持，语言翻译支持和加密解密支持。产品信息支持可以提供产品本身的相关信息和与之配套的附件信息；用户配置支持可以让用户选择和配置不同的界面风格；语言翻译支持可以将产品的信息按照用户设置的语言显示出来。核心支持服务层提供了供系统设计开发所使用的核心服务。

在核心支持服务层的上面是计算服务层与智能选型服务层。计算服务层有选型计算服务和仿真运算服务；选型计算服务可以输入相应的系统参数，输出相关元件应达到的技术参数，以用于选择部件；仿真运算服务提供了设计的动静态仿真结果。

用户接口服务层中有系统基本参数和系统执行部件服务，直观地输入系统的设计要求，如气缸的行程、安装的角度、气缸的个数、负载的质量等，然后通过智能选型服务层调用系统参数，并查询公司产品信息，优选出系统所使用的阀、缓冲器和连接各个部件的气管和接头，形成完整的系统。同时用户可在系统手动配置中选择不同的部件，仿真结果输出可以将系统全过程运行中的状态图显示在用户客户端的浏览器中。

同时用户还可以通过基本服务区的 FESTO 公司网络电子样本服务中的产品查询和文档服务等，快速地查询到系统所选择的产品相关技术参数信息。通过这种可扩充的软件服务架构，实现了 xProPneu 和网络电子样本的无缝集成。

3. xProPneu 硬件架构

xProPneu 采用客户端和服务器的形式。硬件架构如图 38-3 所示。服务器端包括 WWW 服务器、数据库服务器和应用服务器。各类不同的服务器组采用服务器集群技术，能够提高响应能力，并提高可靠性。xProPneu 系统服务和公司网络电子样本服务都部署在应用服务器上，数据库根据使用方式的不同有 Access、SQLServer 和 Oracle 三种可选，存放在数据库服务器上，文档存放在 WWW 服务器上。用户只需使用浏览器就可以在网络上不依赖具体的某个操作系统而使用 xProPneu 的服务。

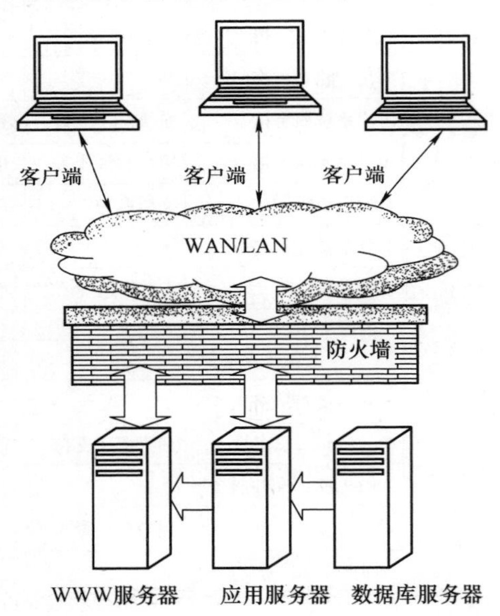

图 38-3 xProPneu 硬件架构

4. xProPneu 关键技术

（1）Web Service 技术 Web Service 是一种新的 Web 应用程序，它是自包含、自描述、模块化的应用，可以在网络中被描述、发布、查找并通过 Web 来调用。xProPneu 软件的实现采用了 Web Service 方式，它采用与平台无关的 XML 为表示数据的基本格式，然后通过简单对象访问协议（Simple Object Access Protocol, SOAP）包裹起来，供公司其他服务使用。SOAP 有三个方面：SOAP - envelope 为描述信息内容和如何处理内容定义了框架，将程序对象编码成为 XML 对象的规则，执行远程过程调用（RPC）的约定，xProPneu 中的服务调用其他服务采用了 RPC 方式。最后 xProPneu 接口采用 WSDL（Web Service 描述语言）描述，供机器和用户阅读。使用 Web Service 方式可以方便快捷地将新的服务扩充到原有的系统中，优化其中某个服务时也不会对其他的服务产生影响。

（2）可扩充的内部交换模型　公司定义了可扩充的内部统一交换模型，如图 38-4所示。

xProPneu 和公司其他软件服务的接口都能输入和输出统一变换模型中与自身服务相关的 XML 段。通过统一交换模型，就可以便捷地调用分布在不同国家分公司的服务。

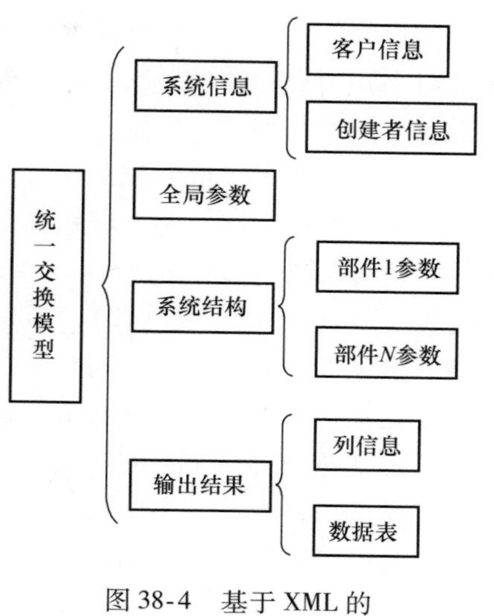

图 38-4　基于 XML 的统一交换模型

系统信息主要包括该服务的创建者信息和用户信息，全局参数包括环境参数和物理常数，系统结构是嵌套式的，系统的每个部件也可以是另外一个系统，通过部件参数信息就可以连接多个部件成为一个完整的气动系统。xProPneu 检索部件参数后，就可以将形成的系统信息传递给仿真计算服务，输出结果的方式是表格，包含列信息和数据库，列信息包含结果的标题，数据类型和单位，而数据表存储着服务输出的数据，比如仿真结果的项可用列信息表示，不同时刻的值采用数据表的方式表示。

38.2.2　气动设计领域的工业软件与应用

1. 气动设计领域的工业软件

计算机软件在气动领域的应用集中在以下几个方面：绘制原理图、元件选型、性能仿真、回路设计等方面。这里对知名气动企业在气动设计方面开发的软件进行概要汇总。

我国气动原理图绘制软件最早是在 AutoCAD 等通用绘图平台上进行二次开发的，利用内嵌的 AutoLisp 语言或 AutoCAD 高级开发工具 ADS 实现原理图的绘制；提取 DX 文件或用 ADS 实现原理图信息的自动提取。图形符号库大多是现存幻灯片或者是用 AutoLisp 编写的图形库；元件参数的管理往往借用通用数据库软件 FoxPro来完成。目前，针对气动原理图的绘制已经开发了专业性工业软件，国外各知名气动企业均有开发。

元件选型软件主要是气动元件企业针对自己产品自行开发，结合本公司的产品样本数据库，用户输入简单需求信息，就能自动选出符合要求的气缸、方向阀、调速阀等产品的型号。FESTO 公司已经开发出云端的 xProPneu 气动智能选型与仿真软件，与本公司线上产品选型样本有机结合，为用户提供多种选择方式，非常方便，直接订货就可以了。

控制回路设计与动态仿真软件是基于回路图进行控制行为的仿真，是新的发展方向。在这方面，Automation Studio 集成软件包应用比较多，影响比较大，它可以帮助用户设计、仿真，动画模拟由气动、液压、机械、电气等系统组成的回路。可以针对不同用户的需求形成不同层次的版本，可以用于计算机辅助设计和仿真、工程设计、技术培训等。此软件是基于回路图，基本元素是丰富的图形符号库，它包括气动液压符号库、电器控制符号库、PLC 梯形图、逻辑库、数字电路符号库等，由单一的辅助绘制回路图发展到现在，已经成为一种广泛应用的编程语言，其编程适用于所有标准语言：Automation Basic、ANSI、C。此软件还符合 IEC61131－3 的梯形图（LAD）、指令表（IL）、结构文本（ST）、顺序功能图（SFC）、数据模块编辑器、数据类型编辑器等，同时还带有丰富的函数库，无论是简单的逻辑和数学运算，还是通信协议的编写和复杂的控制算法，都作为标准的功能块集成在其中，此外还可创建和管理自定义的功能块。

传统的设计方法，主要是根据工作机器的工作节拍，设计出气动原理图，交给电气工程师来选定电气控制方案，再根据工作的节拍编写控制程序，然后将控制程序输入可编程控制器中，联机调试程序，直到满足用户的使用要求为止。这种方法有以下缺点：①程序的编制依赖于经验，无法预知效果，一旦方案失误易造成浪费；②调试程序须在机器制造后进行，如果改动设计方案，修改程序比较困难。因此电－气顺序控制系统设计工业软件应运而生，该软件的主要功能：根据用户的要求组态时序图，然后自动生成气动回路，再仿真时序图的控制效果。一旦仿真效果达到设计要求，将根据时序图自动生成控制梯形图程序，顺序自动生成的梯形图程序经文件格式转化后，可以直接下载到可编程控制器中，实现实时控制，从而实现了无编程控制。

2. SMC 气动设计工业软件

提供选型程序的指导与软件，如图 38-5 所示。提供的软件列于表 38-1 中。SMC 公司提供或使用的工业软件包括四类：气动元件的选型程序软件、气动系统性能计算软件、气动回路图绘制软件与其他软件，以及绘图软件 SMC new CAD SYSTEM（CADENAS），工业软件的数量已达几十种。

3. FESTO 气动设计与生产软件

FESTO 气动工业软件种类与数量繁多，汇总于表 38-2，涉及每一个从搜索、设计、计算、维护、选型、仿真到 App 的方方面面。现在可以有搜索引擎、设计程序、计算软件、选型软件、现场维护工业软件、仿真与建模六部分，再加上可用于计算机、移动设备或 FESTO 产品的 App 及软件共七大部分。该公司还提供气动方面的智能生产制造有关的软件，气动工业软件比较齐全。

图 38-5　SMC 公司选型程序指导图

表 38-1　SMC 气动工业软件

1. 气动元件的选型程序软件					
带导杆气缸	强力夹紧气缸	摆动气缸	气爪	液压缓冲器	增压阀
真空吸附搬运系统	电动执行器	温控器	后冷却器	气罐	冷冻式空气干燥器
流体控制二位三通阀	空气组合元件	压缩空气净化过滤器		数字式开关	
2. 气动系统性能计算软件					
空气流量特性计算/合成计算/检索软件		空气消耗量/空气量计算软件		转动惯量/重心位置计算软件	
气罐的充气、放气计算软件		空气状态变化计算软件		主管路压降/建议流量计算软件	
湿度换算/冷凝水量计算软件	液体、饱和水蒸气、气体流量特性计算/合成计算/检索软件				
3. 气动回路图绘制软件与其他软件					
气动回路图绘制软件	节能程序	数字开关选型/设定步骤制作软件			
4. 绘图软件 SMC new CAD SYSTEM（CADENAS）					
SMC 的 2D/3D CAD 数据库收录了 SMC 主要产品、新产品及准标准品的 2D/3D CAD 资料，可从网络上免费获取。可直接生成带有可选项、集装底座等信息的文件					

表 38-2　FESTO 气动工业软件

<table>
<tr><td colspan="3">1. 搜索引擎　Quick Search Plus——快速查询产品资讯
在线查询所有产品资讯，标有核心产品范围的 CAD 数据等</td></tr>
<tr><td colspan="3">2. 设计程序</td></tr>
<tr><td>PARTdataManager
快速查询 33000 多种产品的 2D/3D 模型，支持 45 种 CAD 格式，同时可以链接现有设计软件</td><td>FluidDraw
绘制电气线路图和气动回路图，设计完整系统，查询各种元件</td><td>FESTO Design Tool 3D
产品配置工具，以 CAD 格式构建产品模块</td></tr>
<tr><td>Pneumatic Sizing
输入负载、行程、定位时间将得到完整设计结果</td><td>真空设计
帮助完成真空条件下的设计</td><td>Automation Suite
从机械系统到控制器的完整驱动系统进行参数设置、编程和维护</td></tr>
<tr><td>SMS 简易运动系列方案搜索
具有电动自动化，选择简单电动产品，控制简单的运动与定位应用，带编程</td><td>气动元件选型
简单快速配置气动控制元件链接</td><td>气源处理装置组合
配置气源处理装置，输入空气洁净度，帮助得到 ISO 代码，选择过滤器</td></tr>
<tr><td>气缸模拟（GSED）
模拟现场测试并选择和配置气动控制序列</td><td>气缓冲（PPS）检查
估算出 PPS 气缓冲的气缸功能</td><td>耗气量
确定耗气量</td></tr>
<tr><td>Configuration Tool
适合电动机控制器 CMMS - ST 的配置与调试</td><td>PositioningDrives
对电动缸和电动机快速选型，根据相关数据得到适合的解决方案</td><td>过程自动化产品选型工具
选择摆动驱动器，达到蝶阀和球阀自动化</td></tr>
<tr><td>适合用户 CAD 系统的 FESTO 插件</td><td colspan="2">过程阀模块配置软件
对手动过程阀、电磁阀、传感器盒或定位器模块找到合适解决方案，配置正确的 CAD 数据，直接下载文件</td></tr>
<tr><td colspan="3">3. 计算软件</td></tr>
<tr><td>转动惯量
计算所有转动惯量，可以存储、发送和打印</td><td colspan="2">软停止
阻止软停止可以缩短多达 30% 的气缸行程时间，并由程序自动执行</td></tr>
<tr><td>应用场景 CO_2 值和总成本
对电动缸与气缸比较</td><td colspan="2"></td></tr>
</table>

（续）

4. 选型软件		
平行抓手 确定合适的平行抓手与尺寸	摆动抓手 确定合适的摆动抓手与尺寸	三点抓手 确定合适的三点抓手与尺寸
旋转抓手 确定合适的旋转抓手与尺寸	进给分类器 选择适合的进给分类器	抓取系统在线选型工具 输入轴定义与负载，配置抓取系统、单轴系统、3D门架
真空元件选型 选择真空吸盘	旋转分度盘 正确选择 FESTO 旋转分度盘	液压缓冲器 正确选择 FESTO 液压缓冲器
电驱动选型 选择电动机与电动机驱动器，达到最好的成本效益	蝶阀单元 KVZA 对蝶阀进行配置，以及选择连接方式	球阀单元 KVZB 对球阀进行配置，以及选择连接方式
摆动气缸单元 KDFP - DFPD 指定尺寸，解决方案		介质耐受性 确定气管、弹性材料、不锈钢是否与周围气体、化学物品相容
5. 现场维护工业软件		
Field Device Tool 维护与调试多功能工具软件。为现场基于以太网的设备提供功能。有配备阀岛的 CPX 控制模块、CPCC 控制器与电动机控制器	阀岛维护工具 CPX - FMT 用于对阀岛调试、配置和高级诊断的工具	备件目录
6. 仿真与建模		
FluidSIM 系统图设计和仿真 在气动技术、液压技术和电子技术领域居有领先地位	CIROS 3D 仿真 PLC 仿真和离线编程软件，PLC 可以通过 EasyPort 连接到 CIROS	Robotino SIM Robotino SIM 是环境体验仿真，虚拟实验环境中提供了一个虚拟的 Robotino，完成与机器人技术有关的各种练习。交互式图形编程环境，可执行控制程序
气动仿真软件 代替昂贵的气动测试，可以帮助完成选择与配置		
EasyVeep PLC 培训软件 图形化 2D 过程仿真工具，提供大量令人感兴趣的实例	机电系统仿真软件 LVSIM 属于 EMS 工业软件的机电学习系统，结合了模块化方法，可进行数据采集和控制	RoboCIM 用于仿真和控制，其中包含的机器人和伺服机器人系统的操作，以及它们可选的外部设备，如重力输送机、带式输送机和线性滑轨
LVProSim 仿真软件（免费使用） 对各种过程控制场景以及实际过程的数据采集和 PID 控制进行仿真，专门为连接 I/O 接口而开发。此 I/O 接口连接计算机的模块，在过程的数据采集和 PID 控制中提供过程设备和计算机之间的互联，可以对模拟信号和数字信号进行转换，并将信息发送到接口中嵌入的 LVProSim 中		

（续）

7. 可用于计算机、移动设备或 FESTO 产品的 App 及软件	
FESTO 数字控制终端 App 包括下列功能：漏气诊断；预设气动驱动行程时间；ECO 气驱动节能运行；比例压力阀功能	FESTO 伺服压力机 YJKP 用 App 包括模块化操作软件和匹配的标准 FESTO 部件

38.3　HyPneu 液气工业软件应用于排气仿真示例

HyPneu 软件是一款集液压、气动分析为一体的流体动力与运动控制设计仿真与过程可视化的软件。现以此软件建立排气系统仿真示例，软件提供了在气动系统的虚拟仿真环境中搭建系统模型的方法，然后求解排气系统各处的压力、流量等性能变化曲线。同样可以用于气动、电气、机械三个系统集成下的整体仿真与设计。

1. 利用 HyPneu 软件对供氧系统设计的建模

参考软件中航空供氧系统原理示范，在 HyPneu 工业软件的元件库中找到合适的元件模型（如储气罐、减压阀、节流阀、单向阀等），搭建排气系统仿真模型。HyPneu 软件的元件库如图 38-6 中粗线框中所示，将所需的元件选中后，用鼠标将其从库中拖到空白区域，并将光标移至元件的端口，然后单击鼠标，即可连接各个气动元件之间的管路。因此建模过程极其简单。

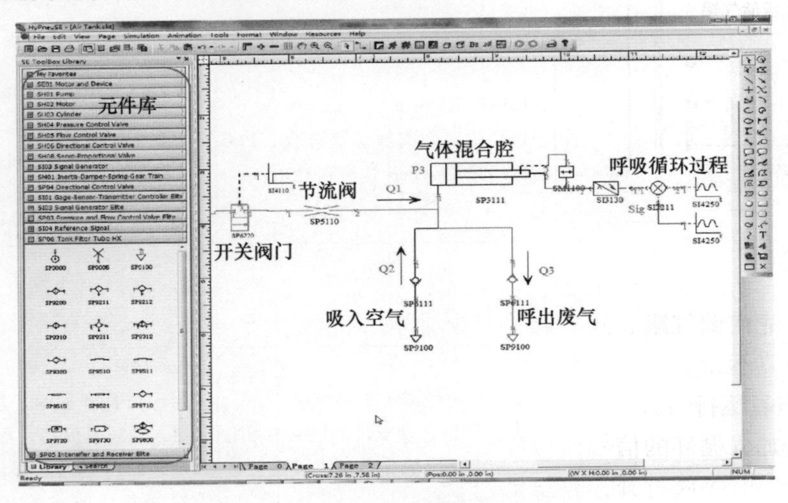

图 38-6　HyPneu 软件建模环境（元件库）

在 HyPenu 软件中建立排气系统仿真模型，如图 38-7 所示，系统图与仿真图形合一。模型主要由储气罐、开关阀、节流阀等元件构成。

该仿真模型中，当信号使二位二通阀切换后，气体从充压储气罐通过未充压储

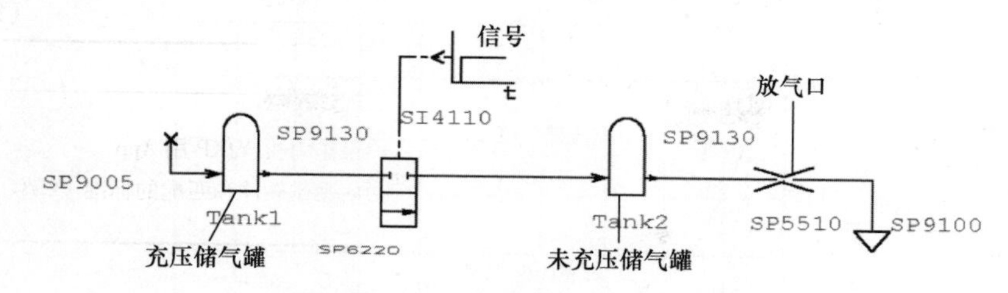

图 38-7　排气系统仿真模型（系统原理图）

气罐，经过放气口排放。

2. 输入仿真参数

系统原理图搭建好以后，就可以输入参数。选中某个元件，例如充压储气罐，在其下方就会出现一些按钮，如图 38-8 中左侧图所示。点击这些按钮可以完成参数输入。点击“DB”按钮调出参数输入对话框，如图 38-8 中右侧图所示，在参数输入界面中，输入该元件的参数，例如储气罐的容积等。

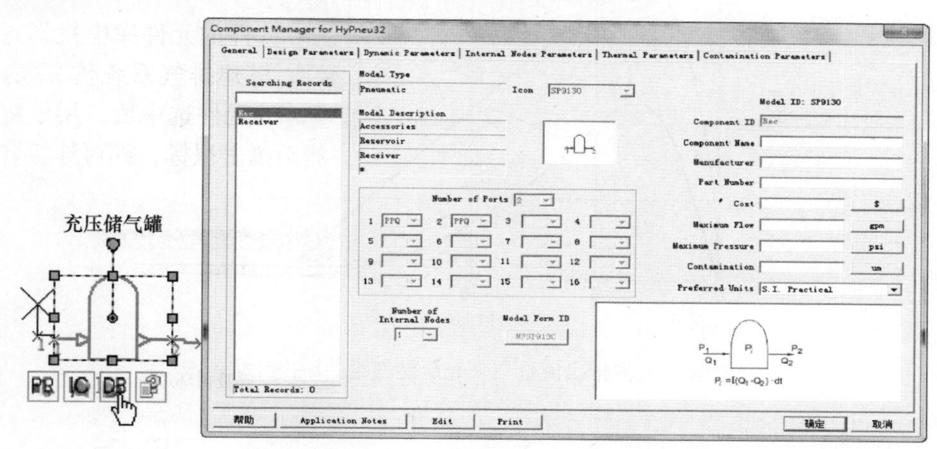

图 38-8　参数输入过程

逐一完成储气罐、开关阀、节流阀等元件的参数输入，此时软件可以进行模型计算的仿真运行。

3. 仿真运行

通过加入循环的信号（SI4110）来设置二位二通方向阀换向通气的过程。这时仿真开始，开关阀打开，高压储气罐开始排气，压力逐渐降低。

HyPneu 仿真结果如图 38-9、图 38-10 所示。图 38-9 所示为两个储气罐在放气过程中压力动态变化的情况，图 38-10 所示为气体流量动态变化的情况。

4. 分析仿真结果

通过仿真可以充分了解充气储气罐向未充气储气罐排放压力的整个过程。可以通过调节节流阀的开度（节流面积大小），从而达到需要的理想排放时间。

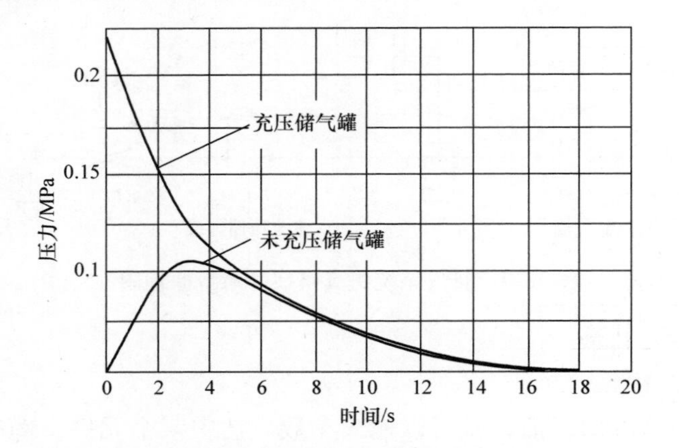

图 38-9　充压储气罐与未充压储气罐的压力变化曲线

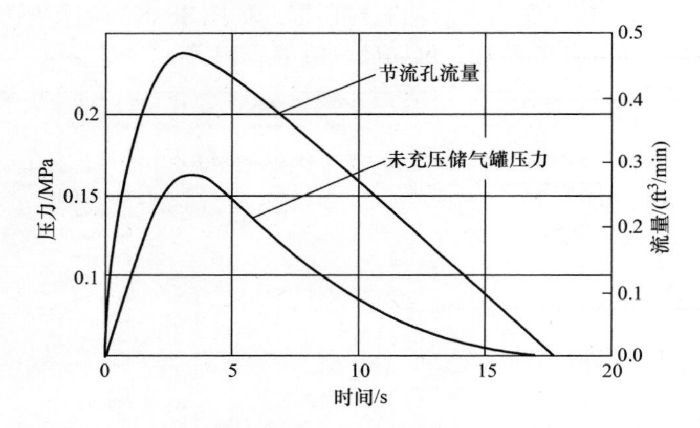

图 38-10　气体排出流量与未充压储气罐的压力变化曲线

38.4　气压传动系统设计

38.4.1　明确技术要求

1. 装置的技术要求

1）装置的用途或动作目的见表 38-3。

表 38-3　装置的用途或动作目的

装置用途或动作目的	实际示例
移动载荷等机械作业	吊车、起重机
产生恒定输出力	平衡机
产生冲击	凿岩机、振捣机、冲击扳手

（续）

装置用途或动作目的	实际示例
支撑	空气弹簧、减振器
吸附、吸引	产生真空和真空吸盘
利用射流	除尘器、喷丸机、涂装
气力输送	气力输送机、给料机
气膜	空气轴承、空气悬浮、空气导轨
传感和计量	传感器、气动量仪
混合	气泡泵、搅拌
冷却、加热	热管

2）装置的机能要求见表 38-4。

表 38-4　装置的机能要求

机能	物理量
载荷种类	推力、惯性力
动作特性	时间、速度、加速度、频率、动量
运动距离、路径	直线、旋转、摆动、振动、复合
摩擦力	静摩擦、动摩擦、黏性摩擦
精度	压力、速度、力、力矩、停止位置

3）结构包括：①被驱动部分的结构。②与气动部分结合的结构。③安装限制条件。

4）驱动方式：驱动源的种类、空气量、供给余力。

5）控制方式见表 38-5。

表 38-5　控制方式

控制方式	分类
操作方式	手动控制、微型计算机自动控制
自动控制方式	顺序控制、反馈控制
信号处理方式	继电器、PLC、专用电路、气动回路
动作检测方式	传感器的种类

6）循环时间：各执行器的动作顺序、工作时间及相互关系。

2. 使用条件

1）工作时间、动作频率。

2）设置场所。

3）设置环境见表 38-6。

表 38-6　设置环境

环　境	对应内容
室内外的区别	耐水、耐光
周围温度、湿度	高温、寒冷、输送环境
粉尘、腐蚀性气体	有无有机溶剂、盐水（材质、表面处理）
易爆气氛	防爆结构
振动、地震对策	抗震结构或振动噪声限制
超静间	噪声衰减、防火

4）维修条件：①维修的程度和周期。②维修技术水平、培训的必要性。③维修所需要的空间、作业性、消耗品。

3. 适用法规、标准（见表 38-7）

表 38-7　适用法规、标准

<table>
<tr><th colspan="2">环　境</th><th>对应内容</th></tr>
<tr><td colspan="2">国内法规、标准</td><td>GB、JB 等（包括安全、环保、噪声等）</td></tr>
<tr><td colspan="2">国际标准</td><td>ISO、IEC</td></tr>
<tr><td rowspan="2">用户、制造商标准</td><td>船级标准</td><td>NK、JG、ABS、LR 等</td></tr>
<tr><td>国外标准</td><td>ANSL、ASME、ASTM、CETOP、DIN、BS、JIS 等</td></tr>
</table>

4. 安全性

安全性包括用户的安全规定、适用的安全标准、安全方面的特殊要求。

5. 经济性

1）初始投资：初始投资包括装置费、运输费、安装费、检查费及培训费等。

2）运行费用：运行费用包括电气材料、消耗品、维修人工费等。

3）使用年限。

6. 保证

保证包括保证条件、保证期、保证方面的特殊要求等。

7. 随机文件

随机文件包括规格书、图样、合格证、使用说明书等。

38.4.2　根据动作要求选定执行器

在掌握了装置的技术要求之后，首先根据所需要的机能和性能选定直接作业的执行器。

1. 执行器种类确定

为使执行器适应装置技术要求，一般要考虑以下事项。

1）运动路径（见表 38-8）。

表38-8 运动路径及执行器选择

路径	对应执行器
直线运动、压紧、冲击	气缸
旋转运动	气马达、涡轮机
摆动运动	摆动马达、缸与连杆机构
卷扬运动	马达或摆动马达与棘轮、钢丝绳
振动运动	气动振动器
射流	喷嘴
吸引	真空吸盘

2）输出机能（见表38-9）

表38-9 输出机能及执行器选择

输出机能	对应执行器
中间停止	气缸（两级、带制动器、气液转换），摆动马达（气液转换），气马达（带制动器）
位置保持	气缸（带液阻尼缸、气液转换），摆动马达与棘轮 摆动马达（气液转换）
精密输出	气缸（膜片式、波纹管式、低摩擦式）

3）复合机构（见表38-10）。

表38-10 复合机构及执行器选择

复合机构	对应执行器
精密导向	气缸（带直线导轨）
旋转限制	气缸（带防转动机构、非圆形活塞式）
增　力	气缸（带闸、气液增压转换）

4）速度要求（见表38-11）。

表38-11 速度要求及执行器选择

速度要求	对应执行器
低速、匀速运动	气缸（膜片式、波纹管武、低摩擦式、带液阻尼缸、气液转换） 摆动马达（非纹管式、气液转换）
高速能转	气马达、涡轮机
高速运动	气缸（高速型、带减速机构、链轮组增速）

5）设置空间要求（见表38-12）。

表 38-12 设置空间要求及执行器选择

设置空间要求	对应执行器
长度限制	气缸（无杆式、套筒式、薄型）
宽度限制	气缸（偏平型、串联）、摆动马达（螺旋式）
体积限制	气缸、摆动马达与气-气或气-液增压器 气缸、摆动马达与卷扬机构

6）设置环境要求（见表 38-13）

表 38-13 设置环境要求及执行器选择

设置环境要求	对应执行器
高、低温	耐热、耐寒式
超静间	防灰尘式
腐蚀	耐腐蚀式

2. 安装方式的选择

选择安装方式时，应考虑以下事项：

1）偏心等安装精度和作业性。

2）安装和缓冲调整所需空间。

3）与负载连接及执行器安装的结构完整性。

3. 润滑方式的选定

表 38-14 列出了执行器可采用的几种润滑方式。在给油式润滑的情况下，如果从油雾器到最远的配管之间容积很大的话，则供给空气与执行器内的空气无法交换，因此可以给油的配管长度是有限的。另外要注意，在无给油式和无润滑式执行器中，有的是不允许给油的。

表 38-14 润滑方式

润滑方式	对应执行器
给油式	需要长时间的耐久性 大型、高负载 高温、排水及粉尘等引起油膜早期污染的环境
无给油式	希望无给油保养 希望不产生排气油雾污染 长距离或分支配管使喷雾给油无法保证
无润滑式	防止油雾污染的要求比无给油式更高 低摩擦运动

4. 使用限制条件的确认

确认所选执行器是否满足固有限制事项。主要限制项目如下：

1）最低工作压力。

2）气缸活塞杆的稳定性。

3）摆动马达允许的静转矩。

4）气马达无负载高速旋转的转速。

5）输出轴的弯矩。

6）行程末端允许的冲击能量。

38.4.3　回路压力的确定

由于回路压力的大小关系到执行器、阀和配管等的尺寸，所以必须首先确定。回路压力可由以下条件确定：

1）由厂内管线供气压力确定。

2）可选的空气压缩机排气压力范围。

3）执行器所需压力。

实际上，设计时应兼顾上述所有条件来确定。确定回路压力时的有关事项说明将在下面进行论述。

1. 回路压力与气动元件尺寸的关系

执行器的静态输出力等于压力乘以受压面积。针对必要的输出力，回路压力选取得越高，则执行器尺寸可以越小，而且配管、阀、有效截面积等都大致成比例减小，整个系统所占空间也小。这样对初期投资费用等方面也有利。然而，当设置超过常规的高压时，必须适当地考虑结构的强度和配管的耐压程度等问题。

2. 运行费用与回路压力的关系

回路压力的大小除了与气动元件尺寸有关外，还与包括气源在内的气动系统的整体运行费用有关。因此在确定回路压力时，也需考虑多年使用寿命内的总费用。对于回路压力与费用的问题，以及气动节能的研究也有必要进行深入讨论。

3. 空气压缩机的压力范围

目前供应的空气压缩机压力范围见表 38-15，在确定回路压力时要考虑这个选择界限。

表 38-15　空气压缩机的压力范围

压力范围	压力/MPa	压力范围	压力/MPa
一般通用空气压缩机的额定压力值	0.7～0.8	往复式两级空气压缩机的压力上限	2.0～3.0
往复式单级空气压缩机的压力上限	1.0	高压气体管制法的压力	5.0 以上
通用空气压缩机的压力上限	1.4～1.5	—	—

4. 气源压力与回路压力的关系

气源压力与回路压力的关系见表 38-16。

表 38-16　气源压力与回路压力的关系

变动原因	回路压力的确定
空气压缩机排气压力	取决于运行方式的排气压力变动的下限，为有效排气压力
配管的压降 消耗的变化	由于厂内管道用气端压力随时变化，其最小值为管道端供气压力
减压阀的特性	应选取流量特性无影响的规格。尤其当一次压力与二次压力之差很小时，以及在设定压力下限附近使用时，变动很大

在考虑了前面所述诸因素后，其空气压缩机排气压力与回路压力的选择见表 38-17，在初步讨论时也可以使用这些值。

表 38-17　空气压缩机排气压力与回路压力的选择　　（单位：MPa）

公称排气压力	回路压力	公称排气压力	回路压力
0.5	0.3 ~ 0.4	1.0	0.55 ~ 0.75
0.7	0.4 ~ 0.55	1.4	0.75 ~ 1.0

38.4.4　循环时间的确定

在往复作业的机械装置中，若分配给气动系统的时间充分，只要确定执行器的动作顺序就可以了。但是，当所分配的时间较少时，以及在执行器能力极限附近使用的场合，则有必要逐个详细讨论。气动元件的滞后因素见表 38-18。通常不成问题的电气元件滞后，在高速运动、小负载的场合也可能产生影响。

表 38-18　滞后因素

动作滞后部位	滞 后 因 素
执行器	负载惯性引起的滞后 减速制动滞后 设备刚度不够时，等待制动振动衰减的滞后
气动控制元件	气管内空气流入、流出滞后 阀的响应滞后（电磁阀为 10 ~ 200ms）
电控元件	开关/继电器的滞后（无触点式为几毫秒，有触点式为几十毫秒） PLC 的输入和运算滞后（与触点数有关，可达几十毫秒）

在讨论、估算了表 38-18 中的项目，并进行了最佳组合，仍无法满足时间分配的情况，则应在总体分配中进行调整。另外，设备的总循环时间是根据设备的目标能力确定的，所以往往不能轻易变动。

38.4.5　元件和配管尺寸的确定

在确定了输出元件的种类、回路压力和循环时间之后，可以算出系统内所用元件的尺寸。下面通过几个例子说明计算步骤。

1. 执行器排气速度控制的一般特性

用控制阀供气、排气来控制往复执行器的速度，一般采用排气侧流量调节的出口节流方式，其理由是执行器内部的压力变动引起的速度变动很小。这种控制由如下的力来决定：

执行器输出力 = 负载推力 + 负载惯性力 + 排气侧背压力

执行器一个行程的总功中各力所做功的分配可表示为：

$$\text{总功} = \text{推力功} + \text{动能} + \text{背压力功} = A + B + C = 1$$

如果把无载（$C=1$）时的速度定义为额定速度 v，根据功的分配可以把动作方式分成五类（见表 38-19）。

表 38-19　执行器的动作方式

B、C 的关系	$C<0.5B$	$0.5B<C<5B$	$C>5B$
$C>0.4$	⑤等加速运动	③终速 v 的非匀速运动	①以速度 v 的匀速运动
$C<0.4$		④终速 $<v$ 的非匀速运动	②以速度 $<v$ 的匀速运动
惯性力	大	中	小

这个分类是非常粗略的，但便于理解执行器的特性。尤其是在不打算用数字控制阀进行准确控制的情况下，在表 38-19 中①的范围内使用排气节流方式比较常用。

另外，在气马达中因为多行程做功，这种分类方式不成立。

2. 确定气缸尺寸的步骤

（1）所需速度很小或需要静态出力的场合（表 38-19 中④、⑤的范围），其活塞面积按式（38-1）选取。

$$\eta pA > F \tag{38-1}$$

式中　η——气缸效率；

p——供气压力（Pa）；

A——活塞面积（m^2）；

F——负载推力（N）。

当 η 不明的场合，有

$$\eta = (p - p_{min})/p \tag{38-2}$$

式中　p_{min}——气缸的最低工作压力（Pa）。

（2）往复缸的场合（表 38-19 中①的场合除外）活塞面积按式（38-3）选取。

$$\alpha pA > F \tag{38-3}$$

α 是负载率，要得到定常速度时，取表 38-20 的值。若速度不成问题时，$\alpha<\eta$ 就可以了。

表 38-20 获得定常速度所需的负载率

供气压力/MPa	负载率
$0.2\leqslant p<0.3$	$\alpha\leqslant0.4$
$0.3\leqslant p<0.6$	$\alpha\leqslant0.6$
$p\geqslant0.6$	$\alpha\leqslant0.7$

（3）惯性力的修正　以惯性力影响较小的①、②（表 38-19 中的①、②）方式工作时，按式（38-4）增加修正值 F' 对负载推力 F 进行重新计算。

$$F'=5ml/t^2 \tag{38-4}$$

式中　F'——修正惯性力（N）；

m——负载质量（kg）；

l——行程（m）；

t——计划动作时间（s）。

（4）根据起动滞后对恒定速度修正　通常，出口节流控制的气缸排气时，当活塞输出力大于负载时气缸才开始动作。因此在计划动作时间中包含此滞后时间，定常速度按式（38-5）计算。

$$v=\frac{l}{t}(1+2\alpha) \tag{38-5}$$

式中　v——定常速度（m/s）。

（5）所需有效截面积　在表 38-19 的方式①中得到定常速度所需要的排气管道有效截面积按式（38-6）计算。

$$S=5.21\times10^3vA \tag{38-6}$$

式中　S——气缸排气侧的有效截面积（mm^2）。

3. 摆动气马达尺寸的确定步骤

基本上与气缸相同，但以角运动表达。

（1）所需角速度较小或需要静止力矩时（在表 38-19 中④、⑤）理论力矩按式（38-7）选取。

$$\eta T_s>T \tag{38-7}$$

式中　η——力矩效率；

T_s——供气压力下的理论力矩（N·m）；

T——负载力矩（N·m）。

当 η 不明的场合，有

$$\eta=\frac{p-p_{min}}{p} \tag{38-8}$$

式中 $p_{\min}$——执行器的最低动作压力（Pa）。

（2）往复摆动的场合（表38-19中①的场合除外） 理论力矩按式（38-9）选取。

$$\alpha T_s > T \tag{38-9}$$

式中 α——负载率，与缸的场合相同。

（3）惯性力矩的修正 以表38-19中的①、②方式工作时，在前项 T 上加式（38-10）的 T'，重新计算。

$$T' = \frac{5I\theta}{t^2} \tag{38-10}$$

式中 T'——修正惯性力矩（N·m）；

I——负载惯性矩（$N \cdot m \cdot s^2$）；

θ——回转角度（rad）；

t——计划动作时间（s）。

（4）根据起动滞后对定常角速度的修正 定常角速度按式（38-11）进行计算。

$$\omega = \frac{\theta}{t}(1 + 2\alpha) \tag{38-11}$$

式中 ω——定常角速度（rad/s）。

（5）所需有效截面积 在表38-19中的①方式中，为得到定常角速度 ω 所需的有效截面积按式（38-12）计算。

$$S = 5.21 \times 10^3 V \frac{\omega}{\theta} \tag{38-12}$$

式中 S——执行器排气侧有效截面积（mm^2）；

V——执行器的容积（m^3）。

4. 气马达尺寸的确定步骤

（1）气马达尺寸的确定 主要确定方法见表38-21。

表38-21 气马达尺寸的主要确定方法

确定因素	步骤
转矩	根据表示压力－转速－转矩关系的转矩曲线和制造厂规定的余量大小来选定
功率	根据表示压力－转速－功率关系的功率曲线来选择
效率	根据功率曲线和耗气量曲线，在两者之比最大的范围内选择。另外，由于该转速略低于最大功率转速，因此所选的气马达本身较大

（2）控制元件的确定 根据耗气量曲线的耗气量来选择。在正反两个方向动作时，虽然速度控制是靠出口节流，但是一般来说耗气量曲线表示排气侧没有背压时的状态。在使用到性能极限时，选择控制元件的大小要使在耗气量曲线的空气量下也不产生很高背压。

动作时间短的气马达在克服惯性矩达到定常速度之前结束动作，所以把余量取为式（38-13）的值。

$$T = I\omega / t \tag{38-13}$$

式中 T——惯性力矩（N·m）；

I——负载惯性矩（$N \cdot m \cdot s^2$）；

ω——定常角速度（rad/s）；

t——加速时间（s）。

5. 配管尺寸的确定步骤

气动配管分为主管、支管和控制管（控制阀与执行器之间）。按表38-22所列准则确定配管的直径。另外，所需配管有效截面积按式（38-14）计算。

表38-22 配管直径的确定准则

配管部位	准　　则
主管	工厂内的主管为了能均等地输送空气，取有较大的余量。作为大致的基准，每10m管长产生2～4kPa的压降。如果换算成0.5MPa左右压力下的流速，则公称通径25A时流速为12m/s，50A时流速为17m/s，100A时流速为24m/s
支管	支管引入装置中，由于走管的路径比较复杂，如果尺寸过大，则增加费用和空间。公称通径15A以下的小直径配管把流速取为20m/s以下，超过15A以上的直径的配管流速取为30m/s以下
控制管	由于这部分配管是执行器远距离操作或回路的构成所需要的，必须从响应性出发选取必要的最小尺寸。虽然没有特别的基准，但通常的做法是取为所接阀的有效截面积的2倍左右

$$S = \frac{A}{\sqrt{\lambda C_P + 1}} \tag{38-14}$$

式中 S——配管有效截面积（mm^2）；

A——配管截面积（mm^2）；

λ——管件摩擦因数（不明的场合取 $\lambda = 0.02$）；

C_P——管件长径比。

6. 控制元件尺寸的确定

控制元件尺寸的确定条件如下：

执行器动作所需的有效截面积<以控制元件构成回路时的组合有效截面积

通常，元件连接的组合有效截面积按式（38-15）计算。

$$S = \frac{1}{\sqrt{\frac{1}{S_V^2} + \frac{1}{S_C^2} + \frac{1}{S_P^2}}} \tag{38-15}$$

式中 S——组合有效截面积（mm^2）；

S_V——方向阀有效截面积（mm^2）；

S_C——速度控制阀有效截面积（mm^2）；

S_P——配管有效截面积（mm^2）。

7. 长距离配管对滞后的影响

如果用长距离配管进行执行器的远距离控制，则伴随着配管内部的供、排气要产生滞后，因此原则上应当尽量避免长距离配管。

另外，配管本身的滞后为

$$t=\frac{5.21\times10^{3}VS_{P}}{2} \tag{38-16}$$

式中　t——流量达到90%定常流量的时间（s）；

V——配管的容积（m^3）；

S_P——配管有效截面积（mm^2）。

如果配管出口处再节流的话，将进一步增加滞后。

38.4.6　控制方式的选择

对气动系统而言，控制包含对气动控制元件动力管路的控制及对传送控制信号管路的控制。

1. 电气顺序控制

一般，气动系统的控制方式是以电气回路为主的顺序控制，用电磁阀实现电－气转换。另外，在顺序动作的行程数较多时，采用PLC可以使控制部分小型化，并且很容易实现联锁等信号处理。这种方式应用较多。

2. 程序器控制

PLC是程序器控制的代表。在程序控制中，很容易建立控制内容及进行变更，而且能在其内部用程序控制器处理各种控制，气动回路也可以大大简化。

但是，如果维修人员对控制器内容不了解，则排除故障有困难。因此，在气动回路中必须考虑维修性和安全措施等。

另外，如果内装具有高精度位置和压力控制的专用控制单元，使用时需要输入程序器运行必需的数据。

3. 连续控制

在位置、压力的连续控制中，使用电－气转换器及电－气比例阀等，用模拟信号或数字信号进行连续控制。在进行自动控制时，通过信号转换器在PLC等器件中给出输入，并根据需要进行反馈。一般来说，在这种情况下控制器所给出的是适合用户需要的输入。

4. 全气动控制回路

在以下有特殊条件和要求的场合，可考虑采用全气动控制回路。使用“与”“或”“非”等逻辑元件及定时元件等气动信号处理元件。

1）比电气防爆系统更简单。

2）元件数较少的小型系统。

3）耐水或在水中使用。

4）不允许有电磁噪声。

38.4.7 气动执行器控制回路设计的注意事项

1. 执行器动作的平稳性

施加于活塞上的压力（压差）的变动会直接影响到执行器的动作，所以一般来说，要构成压力和压差没有突变的回路，往复式执行器应采用出口节流控制方式。但是，由于负载条件的不同，有时采用进口节流方式或是两种节流方式同时采用效果会更好些。这要根据回路内部压力变动过程作出判断。

2. 固有振动周期的限制

在负载惯性很大的场合，由于空气压缩性引起装置运动部分的固有振动周期变长，回路实施的控制很难再比此周期更短的时间内完成，因此限制了控制响应。由于此限制与执行器的尺寸及供气压力有关，当存在问题时需要改变这些参数。

气缸采用出口节流控制方式时，固有振动周期按式（38-17）计算。

$$t=(1\sim1.4)\times\frac{\pi}{A}\sqrt{\frac{mV}{p+1}} \tag{38-17}$$

式中 t——固有振动周期（s）；

A——活塞面积（m^2）；

m——质量（kg）；

V——执行器容积（m^3）；

p——压力（Pa）。

摆动气马达的场合，按式（38-18）计算。

$$t=(1\sim1.4)\times\frac{\pi}{T}\sqrt{\frac{IVp^2}{p+1}} \tag{38-18}$$

式中 T——静转矩（N·m）；

I——惯性矩（$N\cdot m\cdot s^2$）。

3. 力控制的精度

在气动系统中，通过精密减压阀、大容量储气罐等元件即可实现压力恒定，进而实现高精度的力控制。当执行器内摩擦很大时，有时不易实现压力控制精度，所以在要求压力控制精度的场合应使用低摩擦执行器组成回路。必要时应选用带电信号压力闭环控制的减压阀。

38.4.8 气动系统的安全措施

气动系统安全方面的基本措施应符合 GB/T 7932—2017《气动 对系统及其元件的一般规则和安全要求》中的有关规定。与此相关的事项见表 38-23。

表 38-23 系统安全措施

安全项目	示 例
位置检测	实现顺序动作原则上依位置检测
联 锁	机构、回路无控制信号即不能动作
压力导致危险	避免压力过高、过低及检修时系统内有残留气压
保 护	防止调整过度、调整的锁定防止混合操作及有压状态拆卸

（续）

安全项目	示　例
紧停装置	设置必要的紧急停止按钮，并防止再起动事故
安全隔离	装置的动作部分应与操作部分隔离

38.4.9　气动净化等级的确定

对作为工作介质的压缩空气要求如下：

1）温度符合元件的使用条件，通常为 5～50℃。

2）运动元件内部不产生排水。

3）不含有影响元件动作的杂质。

4）排气和漏气不得引起周围环境污染。

5）在给油式气动回路中，给油量和油雾滴直径应适当。

气动系统用于食品工业等场合时，压缩空气的清洁度必须符合要求，并要针对这些要求选择元件。

设计时，有关气动元件及系统污染控制可参考 JB/T 5967—2007。

为了提高气动系统的使用寿命和可靠性，最好完全清除压缩空气中的污染物。然而，在许多场合存在一定数量的杂质，实际上并不致影响到系统的工作性能。为实现经济合理，应向元件和系统提供合适的压缩空气。图 38-11 所示的压缩空气净化系统所产生的压缩空气适用于不同使用目的、特性和机能的气动系统。

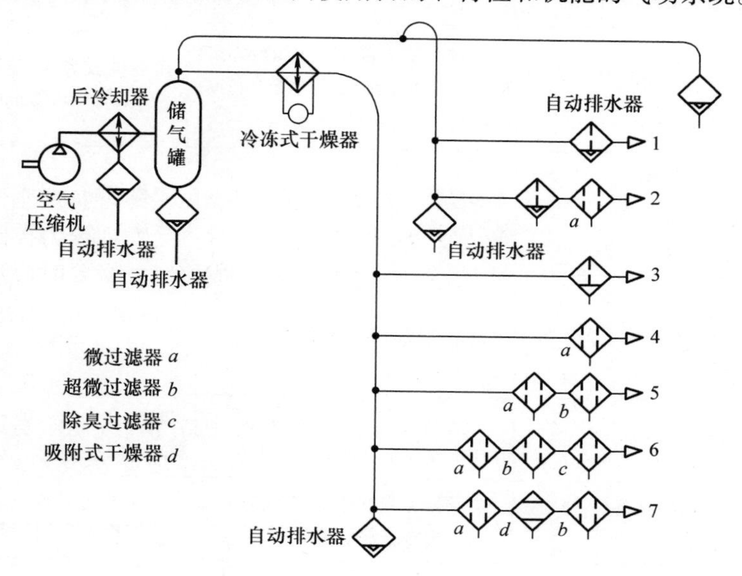

图 38-11　压缩空气净化系统

从空气压缩机排出的空气通过带自动排水器的后冷却器，除去冷凝水和污物，随着空气进一步在储气罐中冷却，更多的冷凝水从自动排水器排出。所以要在管道的所有下流点，安装额外的自动排水器。

此系统分为三个主要部分：支路1和2用于空气直接从储气罐中提供。支路3~7空气经过冷冻式干燥器供给。支路7再经过额外的吸附式干燥器供给。

在支路1和2中标准过滤器装有自动排水器去除冷凝水；因在支路2中有微过滤器，所以空气有较高的清洁度。在支路3~5中应用冷冻式干燥器，因此支路3不需要自动排水器，支路4无预过滤器，以及支路5用一个微过滤器和一个超微过滤器改善空气的品质，水分由冷冻式干燥器除去。

在支路6中，增加一个除臭过滤器。在支路7中，吸附式干燥器能达到更低的露点干燥程度，排除了冷凝水存在的危险。

空气的七种品质和典型用途见表38-24。

表38-24 空气的七种品质和典型用途

支路	去除程度	应 用	典型用途
1	尘埃粒子 >5μm 油 >99% 饱和状态的湿度 <96%	允许有一点固态杂质、湿度和油的场景	用于车间的气动夹具、夹盘、吹扫压缩空气和简单的气动设备
2	尘埃粒子 >0.3μm 油雾 >99.9% 饱和状态的湿度 <99%	要去除灰尘、油，但可存在相当量冷凝水	一般工业用的气动元件和气动控制装置，驱动无密封金属关节、气动工具和气马达
3	湿度到大气压露点为 -17℃，其他同支路1	绝对必要去除空气中的水分，但可允许少量细颗粒的灰尘和油的场景	用途同支路1，但空气是干燥的，也可用于一般的喷涂
4	尘埃粒子 >0.3μm 油雾 >99.9% 湿度到大气压露点为 -17℃	无湿度，允许有细小的灰尘和油的场景	过程控制、仪表设备、高质量的喷涂、冷铸压铸模
5	尘埃粒子 >0.01μm 油雾 >99.9999% 湿度同支路4	清洁空气需要去除任何杂质	气动精密仪表装置、静电喷涂、清洁和干燥电子组件
6	同支路5，并除臭	绝对清洁空气，同支路5，且用于需要完全没有臭气的地方	制药、食品工业包装、输送机和啤酒制造设备、空气呼吸
7	所有的杂质同支路6 大气压露点 < -30℃	必须避免当气体膨胀和降低温度时出现冷凝水的场景	干燥电子元件、储存药品、船用仪表装置、使用空气输送粉末

38.4.10 气源的设计

气源的设计步骤见表38-25。

表 38-25 气源的设计步骤

项 目	内 容
编制耗气量图表	根据顺序图表、回路压力、执行器和配管尺寸来编制耗气量图表，由此求出最大耗气量和平均耗气量
储气罐的确定	决定是否设置储气罐以适应短期集中耗气。设置时储气罐要尽量靠近耗气位置
确定空气压缩机容量	扣除储气罐残留部分后的最大耗气量的 1.3～1.5 倍定为空气压缩机排气量。而对通用气源，考虑到无法确定耗气量，可根据需要进一步增加裕量
确定空气压缩机压力	根据回路压力确定空气压缩机的额定排气压力
确定空气压缩机台数	在气源规模很大的场合，考虑到安全储备和轮流停机检修等因素，通常选择若干台空气压缩机组成气源
外围元件的确定	确定主储气罐、后冷却器及空气干燥器等的尺寸

当使用现有气源时，要查明空气压缩机的排气量，计算供气裕度。

储气罐的容积按式（38-19）计算。

$$V=(q-q_c t)\Delta p \tag{38-19}$$

式中 V——气罐容积（m^3）；

q——集中耗气量（m^3）；

q_c——空气压缩机排气量或供给储气罐的配管流量（m^3/s）；

t——集中耗气时间（s）；

Δp——集中耗气时储气罐压力的下降量（Pa）。

38.4.11 系统的噪声对策

气动元件随着其功率和速度的提高，噪声污染也日益严重。气动系统工作时，会产生机械性噪声和气体动力性噪声。气动系统中的噪声源种类见表 38-26。

表 38-26 噪声源种类

噪声源	噪声级/dB	噪声源	噪声级/dB
气动电磁阀等的排气噪声	85～130	使用排气消声器时的噪声	60～100
往复式空气压缩机噪声	70～90	装置及电磁阀等的冲击噪声	70～100

机械性噪声是装置等受到冲击和振动时产生的，要消除它可以采用优化元件结构参数或采用制动和缓冲装置来实现。而降低气体动力性噪声，相对而言就复杂多了，下面介绍一些降噪对策。

1. 往复式空气压缩机的降噪对策

往复式空气压缩机数百赫兹以下的低频成分是吸气噪声，高频成分是机械噪声，可采用以下对策：

1）对于小型空气压缩机来说，把空气压缩机系统装入防振机壳内，正确选择机壳可降噪10～15dB。

2）对于大型空气压缩机来说，空气压缩机房和防振基础是必不可少的，在满足压力规格的前提下选用回转式空气压缩机。

3）装在空气压缩机上的吸收型消声器对听域附近的低频噪声无效，成为低频公害源。为此，可装设大容量的膨胀型消声器。

2. 回转式空气压缩机的降噪对策

空气压缩机装在机壳内噪声已经较低，为了进一步消除噪声还应将空气压缩机设置在隔音室内。另外，对带有空冷式散热器的空气压缩机必须充分换气。

3. 用消声器降低排气噪声的对策

一般使用的吸收型消声器具有10～25dB的消声效果。消声效果是靠阻抗整流和吸声材料吸取声能取得的，所以如果在阻抗较小的小流量下使用时，在高频区域消声效果下降，为此在消声效果不佳的场合采用集合排气管、加厚吸收层的排气过滤器等措施消声，同时把排气引向影响小的场所。另外，在寒冷条件下频繁排气的场合，有时因为结冰而无法使用消声器，这时也可以对配管做同样处理。

4. 冲击噪声降低的对策

（1）电磁阀的切换噪声　为减轻电磁阀切换时产生的冲击噪声的影响，一般的做法是在内壁贴有吸声材料的密闭性良好的操作箱内使用。对于医疗器械应用场合，此类噪声更应引起重视。

（2）装置的冲击噪声　该噪声主要是运动部件引起的，为降低此类噪声可单独或并用以下方法：

1）减少冲击能量，尽可能使装置在低速下运动。当做不到这一点时，应采用减速回路以便在停止之前减速。气缸内部的气动缓冲装置，虽然也能实现缓冲，但能力有限。

2）增设缓冲装置，在负载一侧设置冲击吸收器或防振橡胶垫。液压冲击吸收器可理想地使冲击最小而停止。考虑到成本，不可能处处使用，对停止精度要求不严的场合可使用防振橡胶垫。

38.4.12　气动回路的设计

气动系统设计中一个很重要的内容是回路设计。在回路设计中，将着重介绍行程程序回路的设计方法。

1. 信号—动作（X—D）线图设计法

X—D线图法设计行程程序回路是最常用的一种设计方法。设计步骤如下：

1）根据生产工艺流程要求列出行程程序框图。

2）绘制信号—动作状态线图，判别障碍信号，消除障碍并写出消除表达式。

3）根据信号—动作状态线图，列出所有执行元件的控制信号的逻辑表达式。

4）根据逻辑表达式绘出逻辑原理方框图。

5）根据逻辑原理方框图绘出气动逻辑控制回路图。

例：有一生产工艺过程要求是：夹紧→车端面→车端面退→钻孔→钻孔退→松卡。

根据这一生产过程的要求，确定执行元件的数目及动作顺序。

根据工艺过程的要求，可设 3 个气缸：夹紧缸、车削缸、钻孔缸。由此写出动作程序框图，如图 38-12 所示。

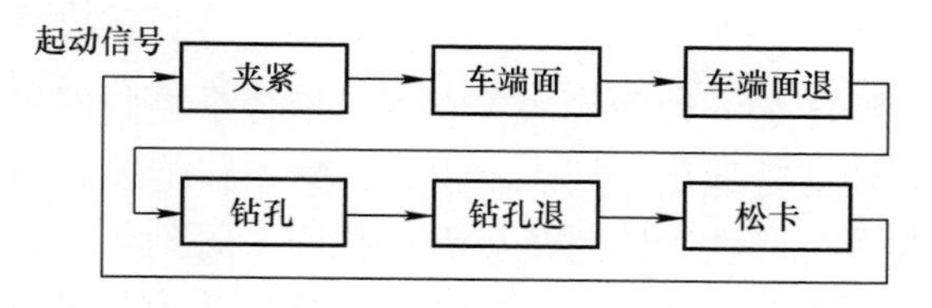

图 38-12　程序框图

把所用的气缸排列次序用 A、B、C、D…表示，字母下标“1”或“0”（“1”表示气缸活塞杆伸出，“0”表示活塞杆退回）。用与各气缸相对应的小写字母 a、b、c、d…表示相应的行程阀发出的信号（下标“1”表示活塞杆伸出所发的信号，下标“0”表示活塞杆退回时发出的相应信号）。可将程序框图简化：

$$\rightarrow A_1 \xrightarrow{a_1} B_1 \xrightarrow{b_1} B_0 \xrightarrow{b_0} C_1 \xrightarrow{c_1} C_0 \xrightarrow{c_0} A_0 \xrightarrow{a_0}$$

如把相应气缸行程阀所发信号省略可使程序进一步简化：

$$A_1 \quad B_1 \quad B_0 \quad C_1 \quad C_0 \quad A_0$$

按照上述工作程序，并把控制气缸动作的方向阀（用字母 F 表示）加进去。每个气缸都有一方向阀，F 的下标用相应控制的气缸字母表示，即 F_A、F_B、F_C…，可以初步绘出气动程序回路图，如图 38-13 所示。

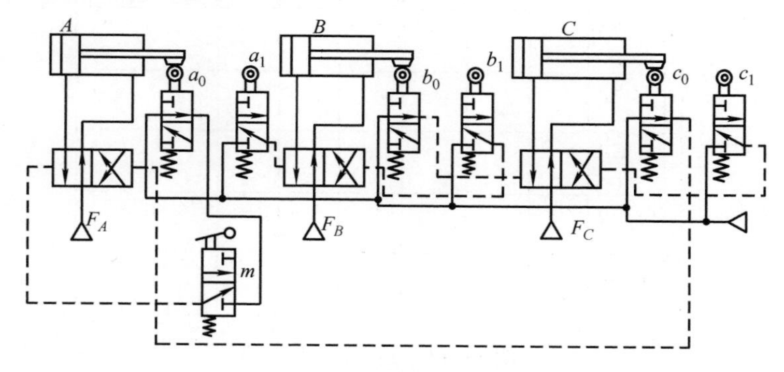

图 38-13　气动程序回路图

由图 38-13 可看出，只要按照程序把各行程阀的输出信号直接接到控制下一步动作的主控阀的控制口上就可以画出控制回路图。但实际上这样连成的回路能否正常工作，还是不清楚的。图38-13所画回路并不能正常工作，这是因为回路中存在障碍需检查。

所谓障碍是指同一时刻主控阀的两个控制端同时存在气控信号，使主控阀换向存在障碍，而这个妨碍主控阀按预定程序换向的信号称为障碍信号。要保证行程程序回路按预定程序协调地动作，就必须找出障碍信号并消除它。

在信号—动作状态线图设计法中，障碍信号的判别主要是由线图中的线段来判断。

信号—动作状态线图是一种图解法，它可以把各个控制信号的存在状态和气动执行元件的工作状态较清楚地用图线表示出来。它不仅能展示障碍的存在状态，还能显示消除障碍的各种可能性，同时还可看出在同一时刻各个程序执行元件所处的状态。可用它来检查回路的正确性、可靠性及管路的连接是否正确。此外，还能准确地显示气动回路处于静止状态时，每个元件和气缸所处的状态，根据它可准确而迅速地绘出气动回路。

信号—动作状态线图绘制方法如下。

（1）绘制信号—动作线图方格　方格上方按工作程序由左至右填入动作状态程序，方格最右侧一格填写执行信号（包括消障信号）。方格的最左侧一格填写控制信号及其控制的动作状态的程序。即每一横格的第一行为控制该动作状态的行程信号，第二行为该信号控制的动作状态。如果一个信号同时控制两个动作应分两格填写。本例的X—D线图方格如图38-14所示。

	信号 动作	程序						执行信号 表达式
		1	2	3	4	5	6	
		A_1	B_1	B_0	C_1	C_0	A_0	
1	$a_0(A_1)$ A_1							
2	$a_1(B_1)$ B_1							
3	$b_1(B_0)$ B_0							
4	$b_0(C_1)$ C_1							
5	$c_0(C_0)$ C_0							
6	$c_0(A_0)$ A_0							

图38-14　X—D线图方格

（2）绘信号、动作状态线　在图38-14的方格图上，绘出原始信号线和动作状态线。

1）绘出原始信号线：用细实线表示，通常把信号线画在每一列横方格的上半部。原始信号是由相应的气缸动作使各行程阀产生的，例如原始信号a_1是由A缸缸活塞伸出将要到终点发出的信号，而该信号要在A缸缸活塞开始退回才消失，因此信号线应从符号相同的行程末端开始，到符号相异的行程开始后前端结束。信号线的起点和终点不与纵格线一行程分界线对齐，而是两端都出头，因为信号总比它所指挥的动作早一瞬间开始，而在动作反向切换后一瞬间才结束。

2）绘出动作状态线：用粗实线表示，动作线画在其所控制的信号线同一列横格下半部。线的长短由方格上方程序而定。由行程开始画起，一直画到行程终点为止。动作状态线也代表主控阀的相应输出信号。表格上的纵线是各行程的分界线。任一主控阀的两个输出是互为反相的。例如，$A_1=\overline{A}_0$，$A_0=\overline{A}_1$。

所以控制系统按程序运行时，任何时刻总有阀的两个输出状态之一存在。因此绘出其中之一就可根据互为反相这一性质迅速绘出另一输出的状态线。

根据以上原则把动作线和信号线画在X—D线图方格内，如图38-15所示。

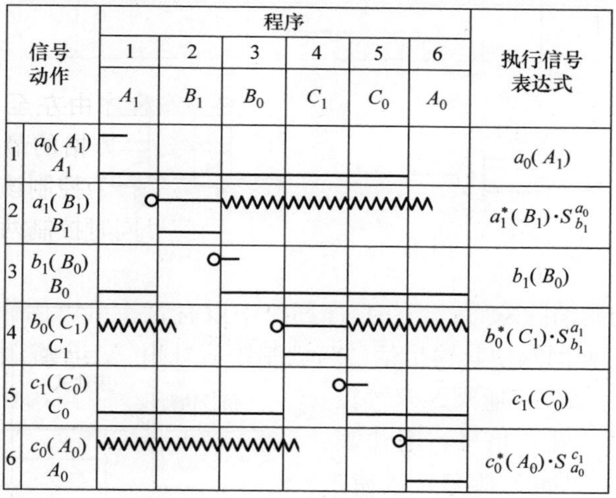

	信号 动作	程序						执行信号 表达式
		1	2	3	4	5	6	
		A_1	B_1	B_0	C_1	C_0	A_0	
1	$a_0(A_1)$ A_1							$a_0(A_1)$
2	$a_1(B_1)$ B_1							$a_1^*(B_1)\cdot S_{b_1}^{a_0}$
3	$b_1(B_0)$ B_0							$b_1(B_0)$
4	$b_0(C_1)$ C_1							$b_0^*(C_1)\cdot S_{b_1}^{a_1}$
5	$c_1(C_0)$ C_0							$c_1(C_0)$
6	$c_0(A_0)$ A_0							$c_0^*(A_0)\cdot S_{a_0}^{c_1}$

图38-15　X—D线图

（3）用X—D线图判别障碍　判别方法很简单，信号线比所指挥的动作状态线短即没有障碍。因为动作结束换向时，前一控制信号早已消失；相反，信号线比所指挥的动作状态线长为有障碍，这表明在某行程段有两个控制信号同时作用于一个主控阀，长于被控制动作线的信号线就是妨碍反相动作的障碍信号。把障碍段信号用波浪线表示。在设计程序回路时，必须消除它，系统才能按预定程序正常工作。有时信号线与动作状态线基本等长，只是信号线比所指挥的动作状态线长一小部分。这一小部分也是障碍信号——称为滞消障碍。因为它存在短暂时间就会自行消失，因此通常不需要消除。

（4）障碍段信号的消除　障碍信号段在X—D线图中的表现是控制信号线长于其所控制的动作状态存在时间。所以常用的消除障碍办法就是缩短信号线长度，使其短于此信号所控制的动作线长度。

消除控制信号障碍段的实质是使障碍段失效或消失。

消除障碍段的方法有以下几种：

1）利用逻辑“与”消障法：通常利用原始信号与被制约信号进行逻辑“与”消除障碍。原始信号在 X—D 线图中选取，被选取的信号作为制约信号，用 x 表示。把存在障碍段的障碍信号称作被制约信号，用 m 表示。经过制约信号和被制约信号相“与”得出消障信号称作执行信号，用m^*表示。

原始信号可作为消除障碍的制约信号条件：其长短应包括被制约信号的执行段，但不包括被制约信号的障碍段。

图 38-16 所示为逻辑“与”消障的逻辑框图及气动元件组成的回路图。

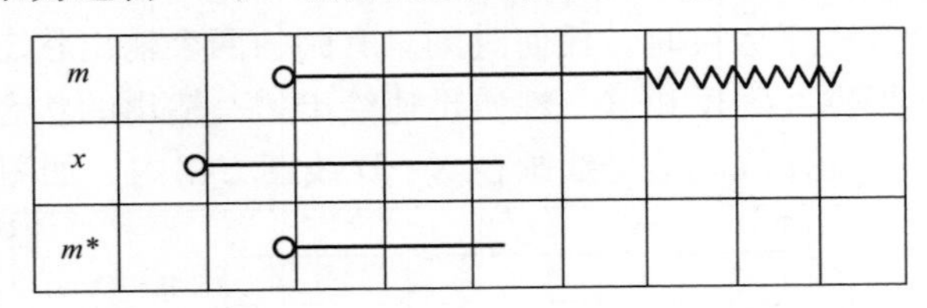

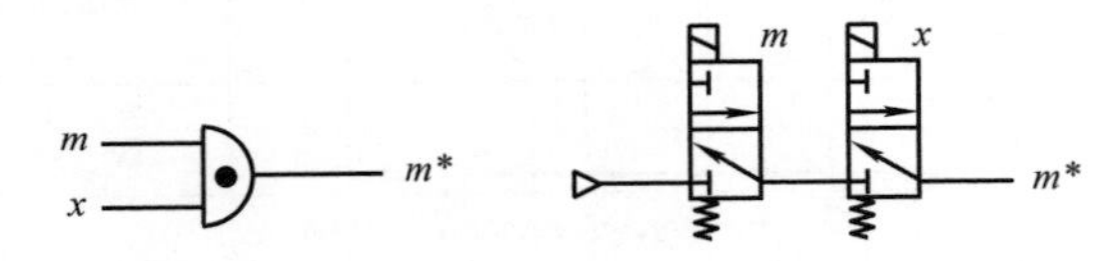

图 38-16　逻辑“与”消障

2）利用辅助阀消除障碍：当在程序回路中没有直接可以用作制约信号的原始 0 信号时，可另设辅助阀使其输出信号与被制约信号相“与”消除障碍段。

辅助阀一般为二位三通阀，双气控信号分别为“通”“断”信号，用$S_{x_0}^{x_1}$表示。x_1是辅助阀的“通”信号。“通”信号应具备的条件是其起点应在被制约信号障碍段之前。x_0是辅助阀“断”信号。“断”信号应具备的条件是其起点应在被制约信号自由段之内，而其终点应在“通”信号x_1自由段之后，但不能延长至被制约信号执行段。

在 X—D 线图中的表现形式、逻辑框图和由气动元件组成的气动回路图，如图 38-17 所示。

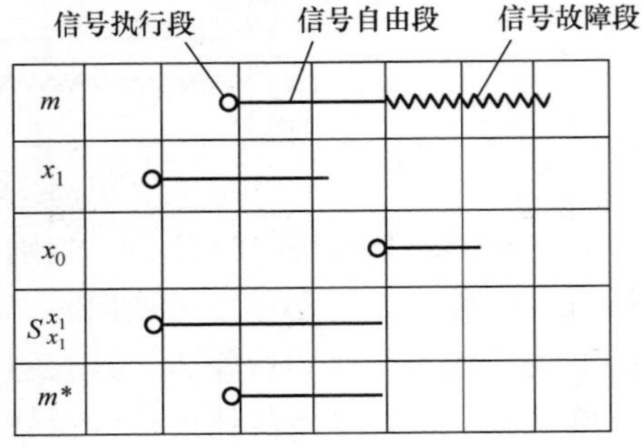

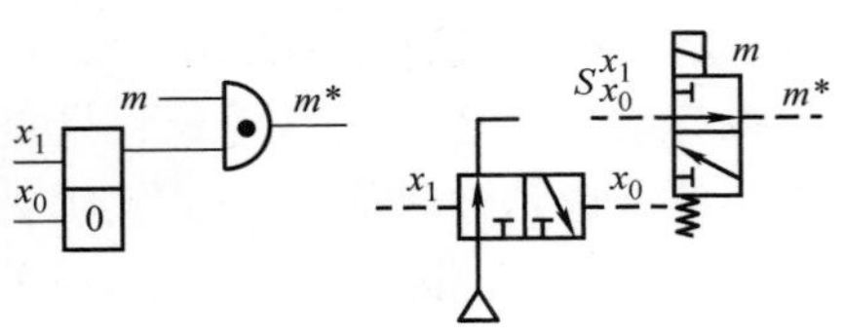

图 38-17　辅助阀消障

3）用逻辑“非”运算消除障碍：用原始信号经逻辑“非”运算得到反

相信号消除障碍。

原始信号做逻辑“非”的条件是起始点要在被制约信号的执行段之后，m 的障碍段之前；终点则要在 m 的障碍段之后，m 的执行段之前。如图38-18所示。

4）利用差压阀消障：把主控阀的气控信号作用面积做成一头大、一头小，障碍信号 m 控制“小头”，制约信号 x 控制“大头”，即当制约信号 x 一出现时，即使 m 仍然存在也会被 x 所制约，所以 m 的障碍消失了，如图38-19所示。

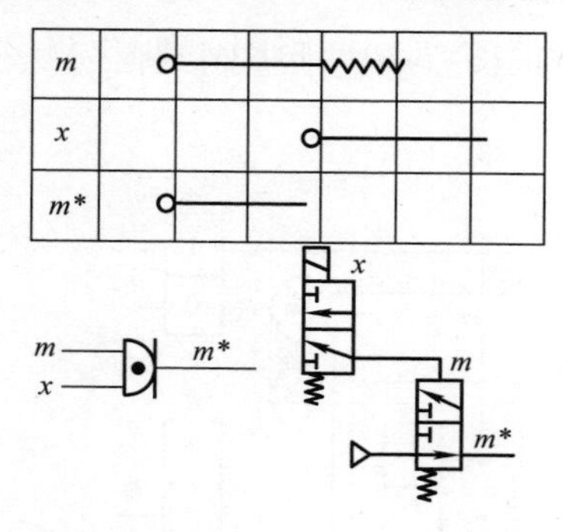

图38-18　逻辑“非”消障

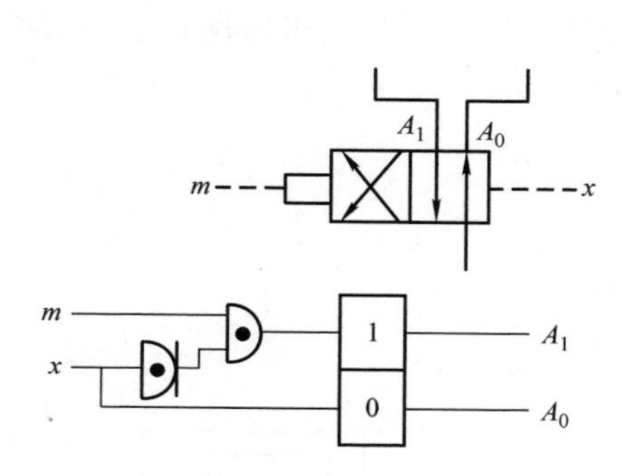

图38-19　差压阀消障

5）将控制信号变成脉冲信号：脉冲信号是只存在一个短暂时间的信号，所以不可能存在障碍段。使信号变成脉冲信号通常有三种方法：

① 利用机械式活络挡块使行程阀发出的信号变成脉冲信号，如图38-20所示。当活塞杆伸出时行程阀发出脉冲信号，而当活塞杆收回时，行程阀不发出信号。

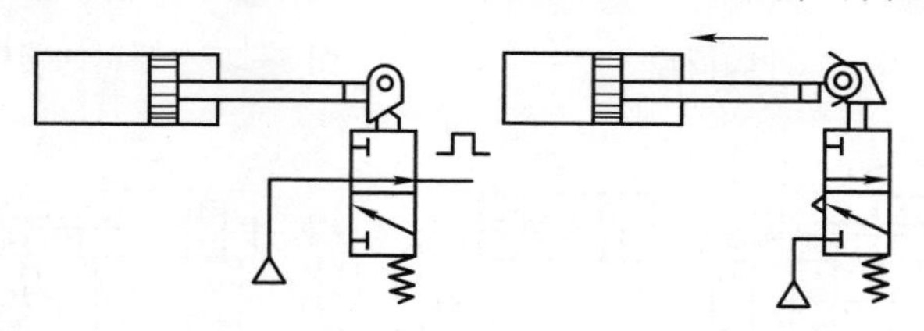

图38-20　机械式活络挡块消障

② 利用可通过式行程阀，和机械式活络挡块一样，可使行程阀发出脉冲信号，而当活塞杆收回时，行程阀不发信号，如图38-21所示。

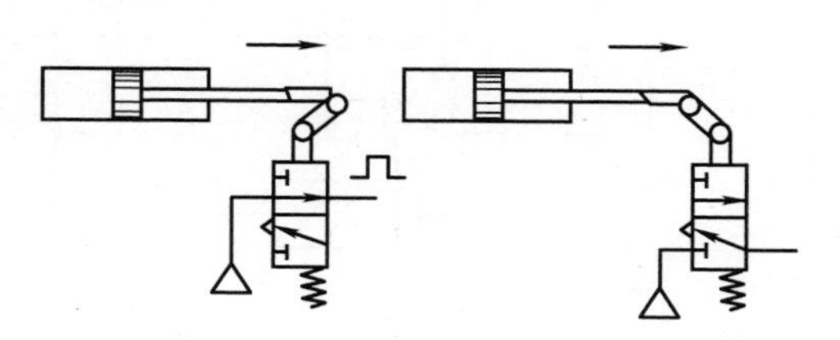

图38-21　可通过式行程阀消障

上述两种方法不能用行程阀限位。因为不可能把这类行程阀安装在活塞杆行程的末端，而必须保留一段行程以便使挡块或凸轮通过行程阀。

③ 直接用脉冲阀使长信号变成短信号，如图38-22所示。

脉冲阀发出的脉冲信号时间长短可调整脉冲阀的调节节流孔来控制，调整的合适与否要在系统中检查。

通过各种消障分析，把消障的表达式或方法写在 X—D 线图执行信号栏内。从图 38-15 可以看出有三个障碍，采用辅助阀消障法得出消障后的执行信号为：$a_1^*(B_1)\cdot S_{b_1}^{a_0}$、$b_0^*(C_1)\cdot S_{b_1}^{a_1}$和$c_0^*(A_0)\cdot S_{a_0}^{c_1}$填进表内。其他没有障碍的信号就是执行信号，这样便把整个 X—D 线图填写完毕（见图 38-15）。

X—D 线图完成后，可根据它绘制逻辑回路框图及气动回路图，如图 38-23 及图 38-24 所示。

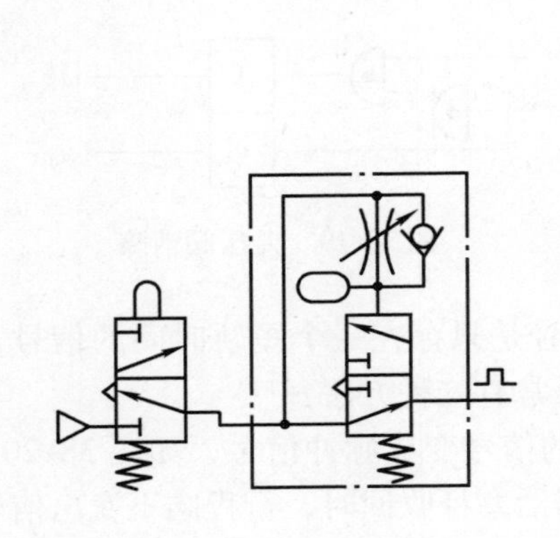

图 38-22 脉冲阀消障

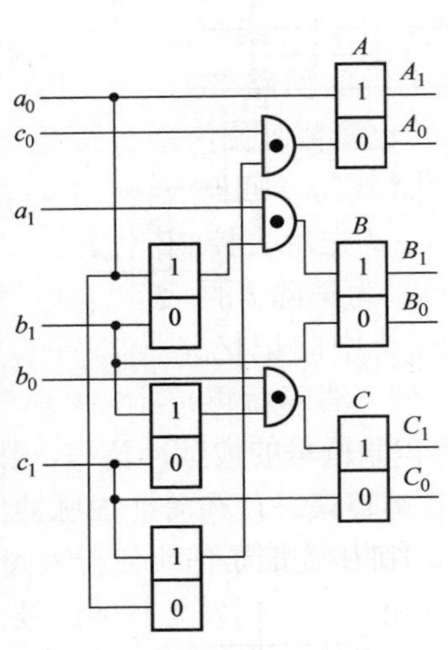

图 38-23 逻辑回路框图

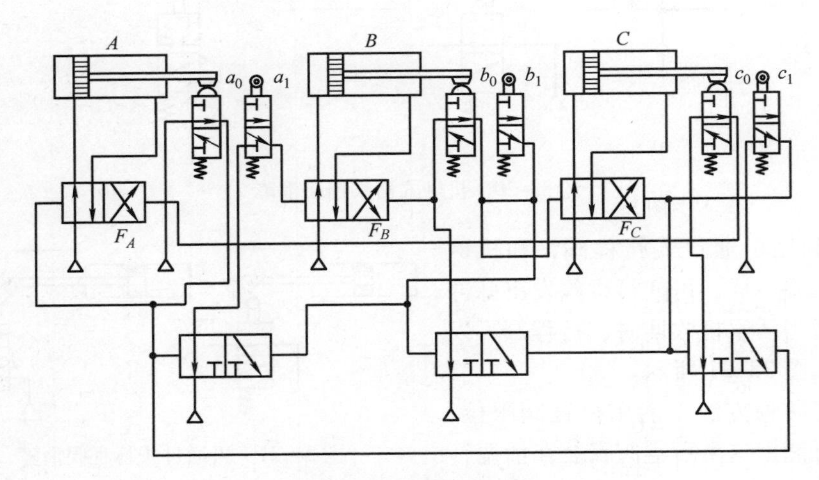

图 38-24 气动回路图

2. 回路的简化及对操作要求的考虑

控制一个动作可以有许多回路方案，需要从合理性、可靠性、经济性出发对回路进行分析、简化。为满足系统工作中的复位、起动、急停、自动、手动及联锁保护操作要求，在回路设计中也必须加以考虑。

（1）回路的简化

1）用单控阀代替双控制阀。图38-25a所示为简化前的回路，图38-25b为简化后的回路（靠弹簧复位），它适用于信号线与动作线等长的情况。简化后的回路节省了（d信号的）管路，也省去复位信号或行程阀。

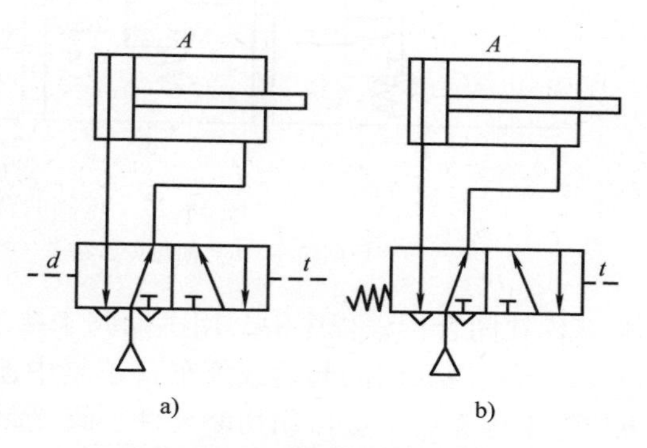

图38-25　用单控阀简化的回路

a）原回路　b）简化后的回路

2）用"禁门"回路及差压阀。一般由信号t、d先后去控制主阀时（见图38-26a），为消除t的障碍信号，常常要引入一个中间记忆元件（如二位三通阀），使t消障后再控制主阀，但采用图38-26b所示的"禁门"回路，使t的气源来自d，当d有输出时t就无输出，消除了t的障碍，从而省去了消除障碍的中间记忆元件。若用图38-26c所示的差压阀，结构就更简单了。

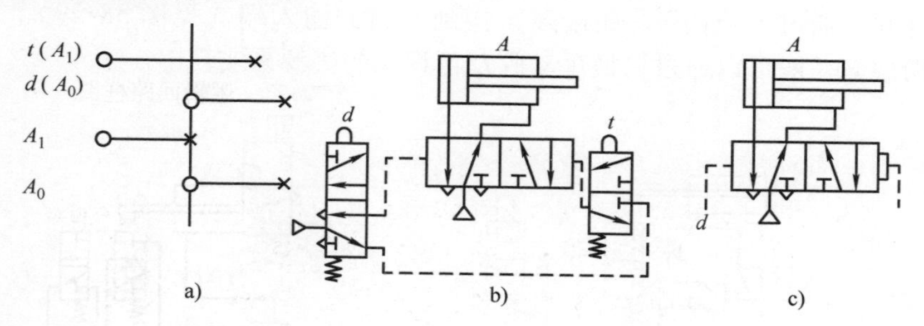

图38-26　用"禁门"回路及差压阀对回路简化

a）信号—动作状态　b）用"禁门"回路　c）用差压阀

3）用阀的合并法。如果需要"非"的信号时，可用一个二位五通阀代替两个二位三通阀。图38-27a、c所示为原回路，图38-27b、d所示为简化后的回路。使用时需注意：被代替的二位三通阀（如辅助阀或主控阀）的两个控制信号a_0、b_1需互相无障（即$a_0b_1=0$）。简化后的回路节省了元件，但是把主控阀取消，用行程阀代替时，只适用于控制小气缸的场合，因行程阀的流量小。

（2）对回路要求的设计

1）回路的复位及起动。

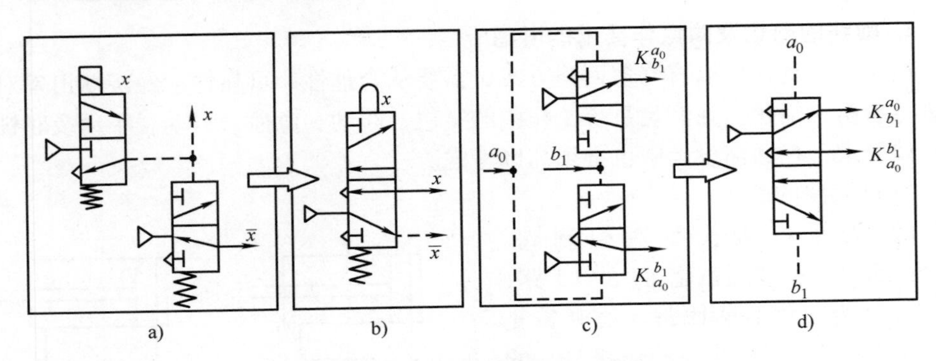

图38-27　用阀的合并法简化回路

a）原回路一　b）简化后回路一　c）原回路二　d）简化后回路二

① 在闭合行程程序中，用手动阀来接通或关断最后一个程序到第一个程序的连线，可实现回路的起动或停车（不是中途停车），如图38-28所示，若要求在任意位置上停车，一般可用切断元件主阀气源的方法来实现。

② 对气动逻辑元件组成的记忆单元或采用射流记忆元件组成回路时，一般都必须专门设置复位按钮或开关；对阀类元件，若本身已有复位机构（如弹簧复位、气复位等）也可不予考虑。

2）手动及自动操作。

① 为满足自动工作外，还能单独手动控制的要求，可将手动阀（或按钮）与行程阀并联，通过“或门”（如梭阀）接到回路的输入端（见图38-29）。手动与自动的切换，一般可以通过切换手动阀及行程阀的气源来实现。

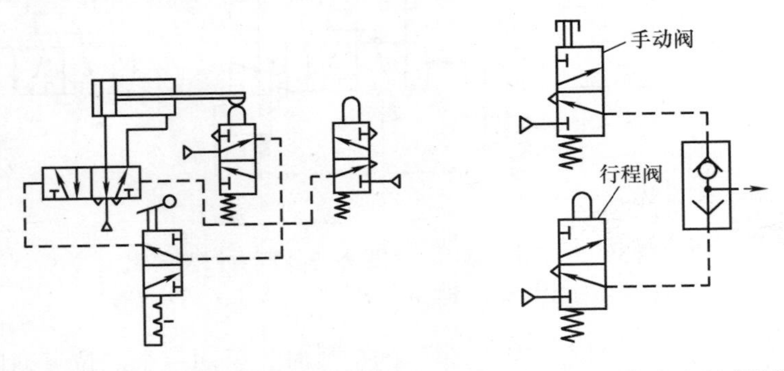

图38-28　回路的起动及停车　　　　图38-29　手动及自动操作

② 为防止自动控制失灵，可将手动阀与自动控制逻辑回路的输出管路并联，并通过“或门”接入主控阀的控制端，以实现手动控制。

③ 联锁保护：为保证人身、设备的安全，应有互锁措施。需对工作程序进行适当的修改，用“与门”实现信号互锁，或引入专用保护装置（如压力继电器等）以控制回路急停，并设置必要的显示、报警装置等。

3. 气动逻辑原理图及气动回路原理图

（1）气动逻辑原理图的绘制　气动逻辑原理图是根据X—D线图的执行信号表达式及考虑手动、起动、复位等所画出的逻辑方框图，当画出气动逻辑原理图后，再根据它可以很快地画出气动回路原理图。因此，它是由X—D线图画出气动回路原理图的桥梁。

逻辑原理图上的各元件，可由阀类元件、逻辑元件及射流元件组成，具体用哪类元件要经分析比较再确定。

1）气动逻辑原理图的基本组成及符号。

① 逻辑控制回路主要是由“或”“与”“非”“记忆”等逻辑符号表示。应注意：其中任一符号为逻辑运算符号，不一定总代表某一确定的元件，因逻辑图上的某逻辑符号在气动回路原理图上可由多种方案表示，如“与”逻辑符号可以是一种逻辑元件，也可由两个气阀串接而成。

② 行程发信装置主要是行程阀，也包括起动阀、复位阀等。这些符号加上小方框表示各种原始信号，而在小方框上方画相应的符号者表示各种手动阀。

③ 执行元件的操纵图由主控阀的输出表示。主控阀常采用双气控方式，可用逻辑记忆符号表示。

2）气动逻辑原理图的画法。主要根据X—D线图中执行信号栏的逻辑表达式，用上述符号画出。

（2）气动回路原理图的绘制　气动回路原理图是根据逻辑原理图绘制的。绘制时应注意以下几点：

1）要根据具体情况而选用气阀、逻辑元件或射流元件来实现。

2）一般规定工作程序图的最后程序终了时刻作为气动回路的初始位置（静止位置），因此回路原理图上行程阀等的供气及进出口连接位置应按回路初始静止位置的状态连接。

3）控制回路的连接一般用虚线表示，对较复杂的气控系统为防止连线过乱，建议用细实线代替虚线。

4）“与”“或”“非”“记忆”等逻辑关系的连接，可按基本回路选取。相“与”的符号在回路上常用两个阀“串接”的方式，行程阀或起动阀常采用二位三通阀，有时需要“非”的信号也可用二位五通阀。

5）绘制回路原理图时，应在图上写出工作程序对操作要求的文字说明。

气动回路原理图的表示方法有以下两种：

① 直观习惯画法，其画法特点是把系统中全部执行元件（如气缸、气马达等）水平或垂直排列，在执行元件的下面或左侧画上相对应的主控阀，而把行程阀直观地画在各气缸活塞杆伸缩状态对应的水平位置上。

② 仿逻辑原理图画法，其画法特点是：执行元件、行程阀、主控阀的布置仿照逻辑原理图的布置。各执行元件（缸）由上至下平行排列在右边，主控阀放在

相应气缸的左下方，活塞杆伸缩两端点位置标出相应行程阀的符号，各行程阀大致排列在左边。

直观习惯画法比较直观，但接线规律性差，交叉点多；仿逻辑原理图画法接线规律性较明显，连线较少，但直观性差。

38.4.13 气动系统设计的注意事项

1. 关于润滑

气动元件的摩擦表面润滑状况良好与否，直接关系到其能否可靠地工作，进而影响到设备能否有效地运转。表38-27列出了润滑前后的对比。

表38-27 润滑前后对比

项 目	润滑前	润滑后
动、静摩擦力	1	0.2～0.5
磨损速度	1	0.4～0.6
耐腐蚀	1	几十倍

润滑的目的是在运动面形成油膜，防止运动部件直接接触，减少运动阻力，防止磨损，提高元件的效率，延长寿命。

关于润滑方法，除了在装配时封入润滑油以外，一般来说，是通过油雾器将油雾混在压缩空气中到达润滑部位而实现润滑的。

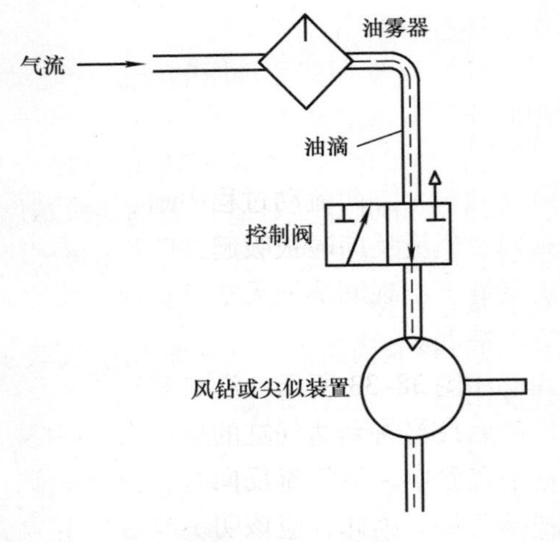

图38-30 单向油流

设计时，对润滑元件和系统的选择要考虑到系统中元件的工况、安装位置和数量等。

（1）对于单向流润滑　管道内的气流只朝一个方向，喷注在管道中的任何油液最终一定能到达设备。将油雾器安装在设备的上方，如图38-30所示。

在这样的情况下，油滴不必一直悬浮在空气中，一般可采用喷注相当大的润滑油油滴的油雾器。普通型油雾器即属此类。

单向润滑应尽可能靠近需要润滑的目标装置，这一点很重要。如图38-31所示，通常每个装置需采用一个油雾器供油。

设计时应注意消除人工油障（见图38-32），此时非悬浮状态的润滑油将不能抵达工作装置，而由此油障流走。

（2）对于双向流润滑　通过一根管道从两个方向上供气（如气缸工作时），此

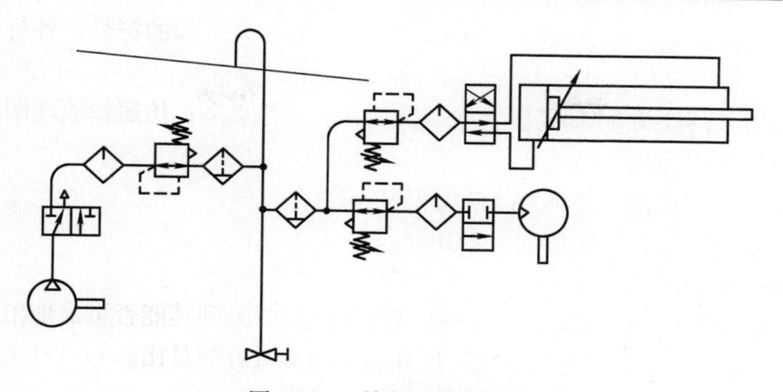

图 38-31 单向流润滑系统

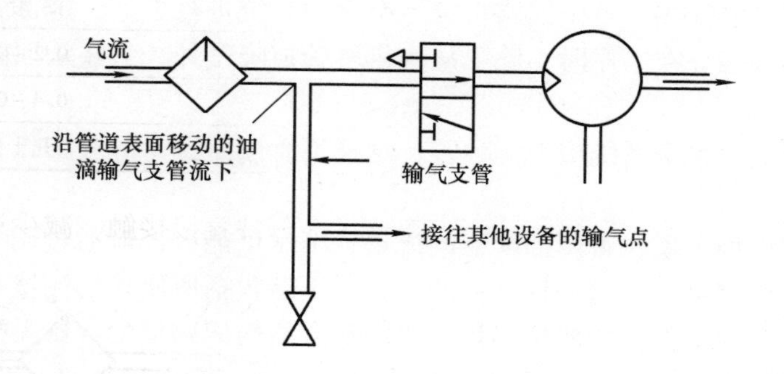

图 38-32 油障

时在向一个方向流动过程中喷注的油液可能在气流反向时被吸起并吹出。实际上甚至会出现润滑油无法到达所润滑位置的情况。

如图 38-33 所示，沿着管道被吹送的油液最终将到达气缸的连接管，在这些连接管中，当气流反向时，油就被吹往排气口。因此，应该明白喷注到空气管道内的油滴量受到严格的限制，采用这种空气管路润滑时，应小心地选择所用的油雾器。

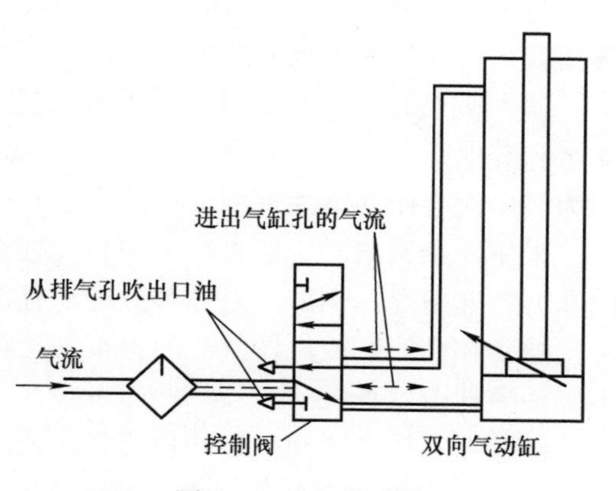

图 38-33 双向油流

同时，还应注意配管长度的确定。通常，由控制阀至气缸之间的配管最大允许长度由式（38-20）确定。

$$L < \frac{\alpha(V_3 - V_1)(p+1)}{7.85D^2} \tag{38-20}$$

式中　L——配管允许最大长度（cm）；

α——配管系数，水平配管时 $\alpha=0.5\sim0.6$；垂直配管时 $\alpha=0.2\sim0.3$（竖直高度为300mm以上）；

V_3——气缸容积（cm^3）；

V_1——油雾器到控制阀之间的容积（cm^3）；

p——使用压力（表压力）（MPa）；

D——配管内径（cm）。

（3）对于复杂气流润滑　多气动缸和阀门回路中，空气流量变化相当大，且变化方式很复杂。这是因为几个不同尺寸的工作装置在同一回路中进行工作，每个装置的流量要求各不相同，气缸速度也不同，结果造成不同的流量要求。先导控制的流量要求相对要低些。整个回路很像一个大的系统进行工作，这样就变得更为复杂，当回路的一部分在工作时，除了从主供气管道吸气外，它还从回路的其他部分吸气。

理想的做法是整个系统应充满油雾，这样不管回路哪个部分工作，它均能接收到含油的供气。

出于上述这种考虑，希望油雾器的流量范围尽可能大，应通过调节装置来达到这一点。要求相差很大，当一种规格的油雾器不能包括所要求的流量范围时，则应采用两个或更多的规格和安放位置均适当的油雾器向回路供油。常见的布置是通过一单独的油雾器将供气送入先导阀，先导阀的流量一般比回路其他部分的流量低很多。

对于先导阀供气油雾器的要求，一般认为，在550kPa时最低流量为1L/s的油雾器就可得到令人满意的结果。

（4）安装位置　最好将过滤器和油雾器一起安装，过滤器应放置在上游，防止水和其他杂质进入油雾器。应用时在油雾器的上游应安置一调压阀（减压阀），因为调压阀会使润滑油聚结，把油雾还原成油滴。

采用复杂回路时，通常每个阀和气缸组合不必另外安装一个油雾器和过滤器，除非有特殊情况，例如回路各部分之间有很长的一段管道。

通常在向回路或机器供气的主空气管路的连接管路上要装一个足够容量的过滤器和油雾器。

油雾器和设备之间推荐的最长管道长度为水平方向8m，垂直方向5m。

（5）润滑油控制装置　为了便于安装，可提供匹配的各装置的组合件，它们由过滤器、减压阀和油雾器组成。图38-34所示的典型的润滑油控制装置。

（6）润滑油　应使用设备和油雾器制造商推荐的润滑油，通常建议油雾和微雾式油雾器不要使用含有二硫化钼、石墨粉和润滑皂等杂质的油液。

油的黏度对空气管路油雾器的性能很重要。在一定的空气流量下，油雾器可吸收较多数量较低黏度的油液。采用较低黏度的油液往往可对润滑不充分进行弥补。

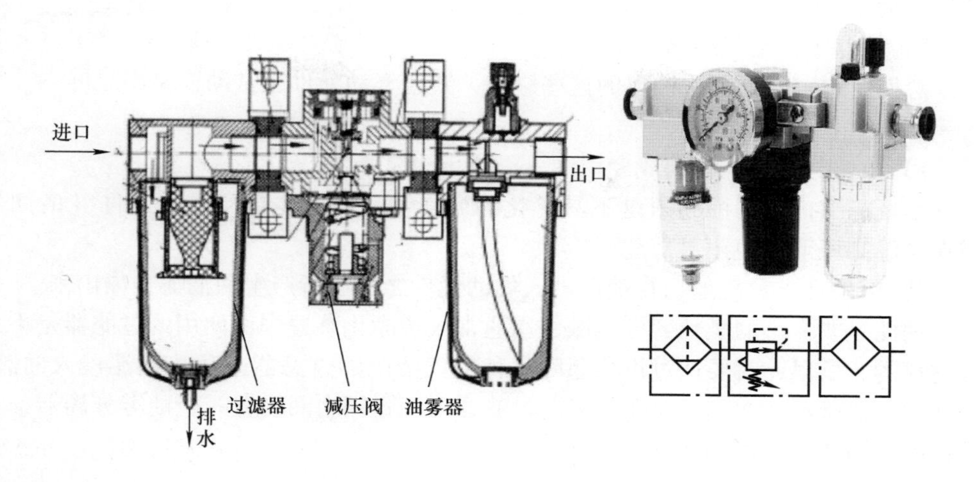

图 38-34　典型润滑油控制装置

通常建议采用在21℃时黏度为40～80mm²/s的润滑油。

2. 关于油泥的对策

空气压缩机油变成微粒混入压缩空气中，再送到配管管路里，几乎所有的油粒都是0.01～0.8μm的微粒。它们被称为油气溶胶。

此外，排出阀腔内的空气压缩机油处在120～220℃的高温下，因此送到配管中的油粒呈氧化状态混在压缩空气中。把这种氧化后的空气压缩机油叫作油泥。由于在氧化过程中变色，黏性增加，从液态逐渐固体化。

（1）油泥的外观分类

1）水溶性油泥。

2）焦炭状油泥。这是一种很硬的油泥，产生于高温部位，又称之为高温油泥。

3）粉状油泥。这是一种坚硬的粉末油泥，基本呈石墨状。

4）胶状油泥。这是一种液状的高黏度油泥，由于成因不同而有不同种类，在油泥中，胶状油泥危害最大。由于在高温时黏度降低，所以呈微粒状混入压缩空气里。其中几微米以下的微粒通过普通的过滤器（5～40μm）而附着在阀、气缸和管接头上。

（2）对气动元件的影响

1）后冷却器上集存炭末。

2）使密封件（如O形圈等）膨胀、收缩。

3）生锈。油泥的水溶液（冷凝水）是酸性的。

4）电磁阀的误动作。金属密封时出现黏合现象；软密封时，由于橡胶劣化而产生误动作。

5）堵塞小孔空气通路。

总而言之，若不消除油泥的这些影响，要让气动元件正常动作是困难的。

(3) 油泥的消除

1）将空气压缩机油换成专用油，以防止油泥产生。

空气压缩机专用油必须是不易氧化的润滑油，即使是在严酷的条件（诸如暴露在高温高压下）也不易氧化。

2）借助油雾分离器，在油泥侵入气动元件之前将所产生的油泥分离出来。

油泥呈非常小的微粒到处飞溅，用通常气源净化装置中所使用的过滤器是不可能滤掉的，所以此时要通过设置滤除这种油气溶胶的过滤器来防止油泥侵入回路。如图38-35所示，在气源净化装置的过滤器和调压阀之间设置一个油雾分离器，利用这种回路防止油泥侵入气动元件。

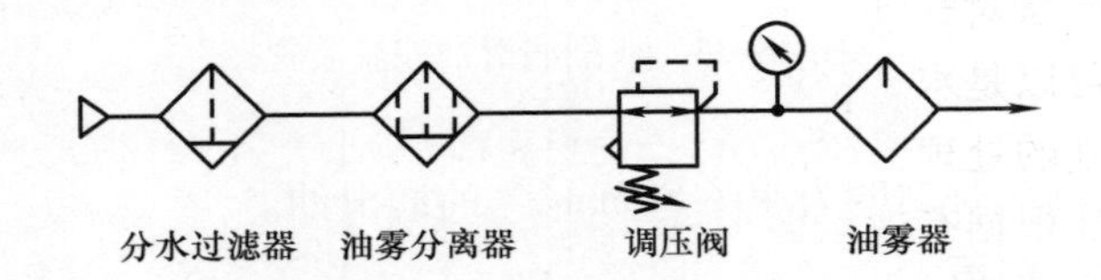

图38-35 回路中增加油雾分离器

(4) 油泥产生后的措施 首先，采取上述对策，以除去油泥。但是，光这一点还不够，也就是说，如果不除去残留在配管和元件内的油泥，不久之后还可能出现相应的后果。

通常，对配管内部及电磁阀的阀芯、阀套进行清洗，可解决问题。也可以全部重新更换配管系统。

此外，即使更换空气压缩机油，也不会立刻显示更换之后的效果，所以还是装上油雾分离器为好。

3. 关于执行元件的注意事项

(1) 关于执行元件的效率 以气缸为例来说明，缸径与效率的关系如下：如果缸内径30mm左右，且工作气压较低（仅0.2MPa），则效率η有时仅为50%。在此低压下，如把缸径加大到100mm左右，效率η可达到65%。如果缸径为100mm左右，工作压力为0.45MPa以上，则$\eta=80\%$。$\eta=80\%$是指仅能输出理论出力值的80%左右。如果忽视了这种情况而进行设计和制造的话，由于出力不足，在试运转中可能出现不能动作的故障。

(2) 关于密封 在恶劣的环境中使用执行元件时，尤其需要弄清楚执行元件的密封与工作温度的关系。

密封材料的允许工作温度为

丁腈橡胶	-35~150℃
氯丁橡胶	-35~150℃
氟橡胶	-50~200℃
聚氨酯	-20~100℃
聚四氟乙烯	-80~260℃
硅橡胶	-50~180℃

一般来说，60℃以上时密封材料的寿命就要缩短。

（3）压缩空气的问题　压缩空气送入气缸或自气缸排出时，加果负载阻力有变化，空气体积就会发生变化，所以活塞速度非常不稳定，有时会出现爬行运动和冲击运动。此时，需利用油液那样的不可压缩流体以得到均匀的活塞速度，例如采用气液阻尼缸或气液转换方式。

4. 关于方向控制阀的注意事项

所用空气的质量对气动系统的影响，集中作用于执行元件和方向控制阀上。作为故障的原因，可以是水、尘埃、空气压缩机油的碳化物等。如前所述，若不对供气源进行一定程度的处理，将成为线圈烧毁、漏气引起误动作等大事故的原因。

另外，如果在根据有效截面积算出流量及根据该流量确定执行元件的运动之前就选定阀，则往往不能输出必要的速度与力。

5. 关于流量控制阀的注意事项

在气动系统中，借助流量控制来控制执行元件的速度要比液压系统更困难，特别是低速的控制以及把行程中途开始的速度变化控制到预定的大小，单靠气动是很难实现的。但是，如果充分考虑了以下几点，则用气动进行速度控制有可能达到相当的精度。

1）应彻底防止管路中途漏气，如有漏气就不能得到准确的速度控制，速度越低则这种影响越强。

2）应特别注意气缸内表面的精度和粗糙度，最好尽可能减小气缸内表面的滑动阻力。因此在进行低速度控制的情况下，有时活塞密封不用丁腈橡胶密封圈而用聚四氟乙烯密封圈。

3）应在气缸内表面保持一定的润滑状态。若润滑状态变化，则滑动阻力也会发生变化，就无法使速度稳定。

4）应使加在活塞杆上的负载恒定。该负载在行程中途变化时，速度控制不仅困难，有时甚至是不可能的。

6. 关于配管布置的注意事项

使用气动元件进行系统设计时，必须特别注意的问题之一是配管内的水分。虽然气源中的后冷却器、过滤器、油水分离器等已经去除压缩空气中的相当数量的水分，但是剩下的水分成为雾滴在配管内流动，使管件及元件生锈，引起故障，因此必须尽量去除这些水分及其他杂质。配管布置如图38-36所示。配管布置的注意事项如下：

1）应使水平管路具有1cm/m的倾斜度，并应在下端设置油水放出口和排水元件。管件较长者应在中途设置过滤器和排水装置。

2）主气管的分支管必须在主气管上侧引出，分支管应向下方延伸。

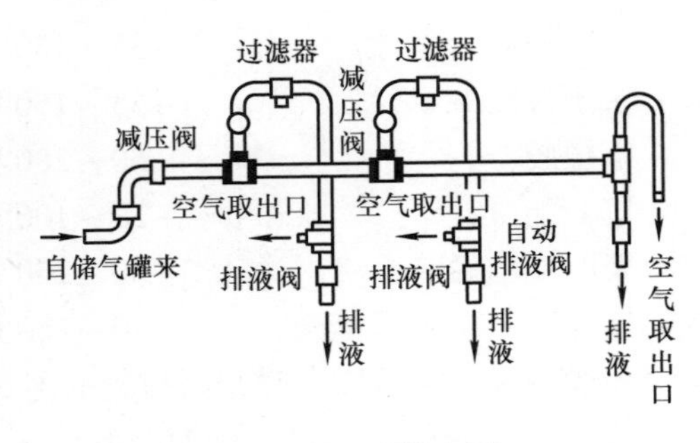

图38-36　配管布置

38.5　气-电伺服系统设计

38.5.1　概述

气动控制技术已经经历过四个发展的阶段，如图38-37所示。

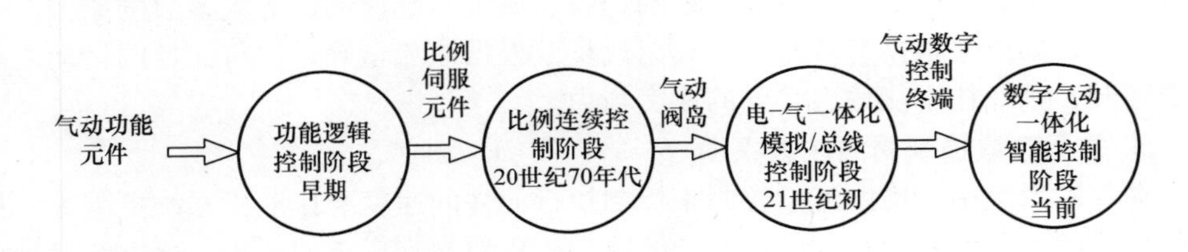

图38-37　气动控制技术发展阶段

1. 功能逻辑控制阶段

根据压力阀、流量阀、方向阀组成具有简单控制功能的气动控制系统，实现可以定位以及运动速度能靠单向节流阀单一调定的状态，达到压力流量控制的目的。这是早期的气动功能元件组成的逻辑控制、开环控制阶段。

气动功能逻辑控制仅限于对某个设定压力或某一种速度进行控制、计算。通常采用调压阀调节所需气体压力，节流阀调节所需的气体流量。这些可调量往往采用人工方式预先调制完成。而且针对每一种压力或速度，必须配备一个调压阀或节流阀与它相对应。如果需要控制多点的压力系统或多种不同的速度控制系统，则需要多个减压阀或节流阀。控制点越多，元件增加也越多，成本也越高，系统也越复杂，详见图38-38和表38-28。

上述多点压力控制系统及气缸多种速度控制系统属于逻辑控制的范畴，与比例控制的根本区别是它无法进行无级（压力、流量）控制。信号—动作（X—D）线图设计法也就是这个阶段对气动系统进行设计的一个方法。

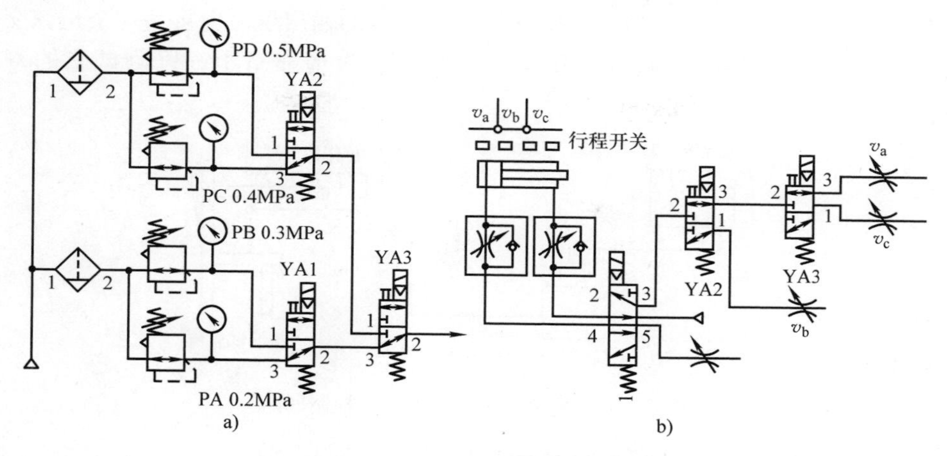

图 38-38　多点压力控制与多级速度控制比较
a）多点压力控制　b）多级速度控制

表 38-28　多点压力控制与多级速度控制程序表

多点压力控制程序表					多级速度控制程序表		
减压阀	电磁线圈 YA1	电磁线圈 YA2	电磁线圈 YA3	输出压力 /MPa	气缸进给速度	电磁线圈 YA2	电磁线圈 YA3
PA	0	1/0	0	0.2	v_a	0	0
PB	1	1/0	0	0.3	v_b	1	1/0
PC	1/0	0	1	0.4	v_c	0	1
PD	1/0	1	1	0.5			

2. 比例连续控制阶段

20 世纪 70 年代开发了气动伺服阀与气动比例阀。1979 年，联邦德国的亚琛工业大学成功地研究出第一台由电磁—喷嘴挡板式先导阀和主阀构成的气动伺服阀，使气动伺服控制技术进入到比例连续控制阶段。通过电输入信号对气体流量或压力进行连续可调控制，从而大幅简化了无级或多级速度、力输出气动执行器的气控和电控回路，并为气动伺服定位等反馈控制系统提供了必需的元件，因此在工业自动化设备中得到越来越广泛的应用。以气动伺服阀为控制元件构成系统的性能最好，但由于气动伺服阀结构复杂、价格较高、使用条件苛刻，应用受到一定限制。气动比例阀随着比例电磁铁技术的日益成熟，性价比也更高。

气动比例伺服系统包括：①位置控制系统；②速度控制系统；③力控制系统；④位置与力复合控制系统。其中，位置控制系统和力控制系统应用研究比较多，速度控制系统应用研究比较少。

在气动比例控制中有两种控制方式：开环控制与闭环控制。开环控制的输出量与输入量之间不进行比较，如图 38-39 所示。当比例压力阀接收到一个正弦交变的电子信号（0～10V 或 4～20mA 的电信号）时，它的输出压力也将是一个正弦交变波动压力。它的波动压力通过单作用气缸作用在坐椅靠背上，以测试它的寿命情况。

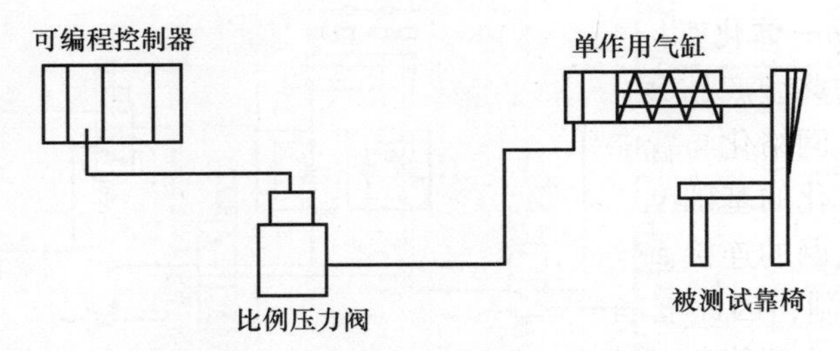

图 38-39　座椅疲劳试验的开环控制回路

闭环控制的输出量不断地被检测，并与输入量进行比较，从而得到差值信号，进行调整控制，并不断逐步消除差值，或使差值信号减至最小，因此闭环控制也称为反馈控制，如图 38-39 所示。

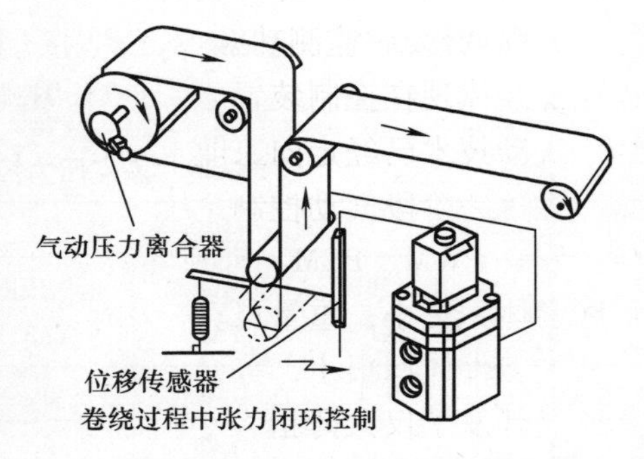

图 38-40　卷绕张力闭环控制

图 38-40 是对纸张、塑料薄膜或纺织品的卷绕过程中的张力闭环控制。比例压力阀的输出力作用在输出辊筒轴上的气动压力离合器上，以控制输出辊筒的转速。而比例压力阀的电信号来自中间张力辊筒的位移传感器的电信号。张力辊筒拉得越紧（即辊筒在上限位置），位移传感器的电信号越小。比例压力阀的输出压力越低，作用在输出辊筒轴上的压力离合力也越小，输出辊筒转速加大。反之，输出辊筒转速减慢，以控制纸张、塑料薄膜或布料的张力。

在图 38-40 所示的气动比例压力流量控制闭环系统中，包括比较元件、校正放大元件、执行元件、检测元件。其核心分为四大部分：电控制单元、气动控制阀、气动执行元件及检测元件。它们的控制工作原理方框图如图 38-41 所示。

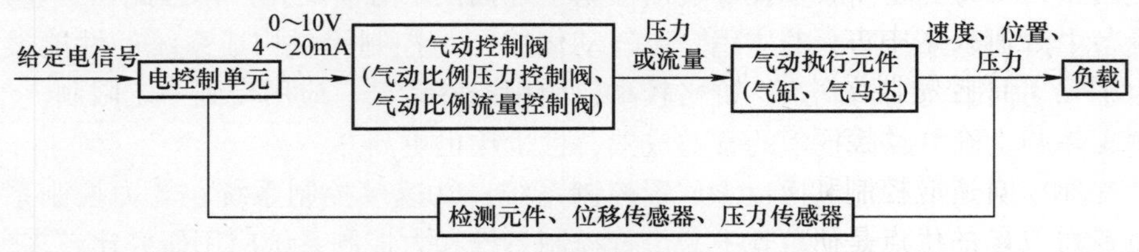

图 38-41　气动比例伺服闭环控制工作原理方框图

3. 电－气一体化模拟/总线控制阶段

随着自动化技术的发展，特别是工业发展进入工业 3.0 以来，气动控制与电子控制系统的一体化产品发展迅速，产生了以气动阀岛为典型代表的电气一体化的新型元件产品。气动元件与电控部分高度集成，气路、电路电线的连接简单，相互之间有十分简便的接口。气动阀岛将在第41章专门阐述。

4. 数字气动一体化智能控制阶段

这一阶段的典型产品是电气数字控制终端产品。在这一阶段，气动控制系统的特点是数字化、网络化与智能化。

在电气一体化的基础上，随着工业3.0信息化时代的发展，阀岛由多针连接发展到总线与以太网的连接。同时由于已经采用了计算机芯片来控制，又发展到工业4.0的智能性控制，因此当前气动控制已经发展到气动数字控制终端装置的数字化、信息化、初步智能化的阶段。其中除去使用电气驱动组合的机电一体化，电气数字控制终端有三个方向值得注意：气动元件的单一化（由软件定义硬件）、节约能量和强调诊断/监测功能。也就是说，气动控制装置中的智能性作为初步的控制策略已经体现在控制装置之中。气动技术的这些发展趋势将在今后很长的时间里延续。气动技术已经走向工业自动化整体解决方案之路。

在这一阶段气动控制系统内部元件的特点：①发展以气动开关阀为数字控制元件，配合PWM、PCM、PNM等控制方式构成数字控制系统，气动开关阀成本最为低廉，体积更小，重量更轻，功耗更低。尤其在电子元件、药品等制造行业中，由于被加工件体积很小，势必要求气动元件的尺寸小型化、轻型化成为首选。例如国外已经开发了仅大拇指大小，但流量比传统阀提高2倍的超小型产品，其宽度仅10mm，有效面积可达$5mm^2$，功耗仅为0.5W，以适应与微电子相结合。②大量使用传感器，气动元件智能化。③执行元件的定位精度提高，刚度增加，不回转，使用更方便。为了提高定位精度，附带制动机构和气缸的应用越来越普遍。带伺服系统的气缸，即使供气压力和载荷变化，仍可获得±0.1mm的定位精度。④向高速、高频响、高寿命方向发展。希望气缸工作速度将从现在的0.5m/s提高到1～2m/s，以至5m/s，电磁阀响应小于10ms，寿命提高到5000万次以上，在无须润滑的情况下，寿命高达2亿次。

目前日本试制成功一种新型智能电磁阀，这种阀配有传感器的逻辑回路，是气动元件与光电子技术结合的新产品。

气动控制技术中古典控制理论的PID控制得到了广泛应用，它简单实用易掌握。但是PID控制器设计的难点是比例、积分及微分增益系数的确定，需经过大量试验取得。在气动控制发展过程中，经历了从开环控制、闭环控制、最优控制、随机控制、自适应控制和自学习控制，直到今天的研究热点——智能控制。智能控制理论最突出的优点是研究的主要目标不再是控制对象，而是控制器本身。控制器不再是单一的数学解析器，而是包括有数学解析和直觉推理的知识库。某些控制方法还具有在线辨识、决策或总体自寻优的能力和分层信息处理、决策的功能。气动和液压技术由于其典型的非线性、低阻尼、时变性以及无法得到精确的数学模型，控制对象属于参数易变化、有干扰、系统滞后大等场合，用经典的PID控制往往不能得到满意的效果。为了得到准确的快速响应，有必要使用神经网络与PID控制并行组成控制器，利用神经网络的学习功能，在线调整增益系数，抑制因参数变化等对系统稳定性造成的影响。通过使用各种现代控制理论，如自适应控制、最优控制、鲁棒控制、H∞控制及μ控制等来设计控制器，构成具有较强鲁棒性的控制系统，对气缸的位置或力进行有效的控制。

目前智能控制被称为最新的第三代控制，是能满足气动控制系统要求的较为理想的一种控制方案与最佳的控制策略。如德国FESTO公司为气动比例/伺服定位系统设计了自适应鲁棒控制器，以及各公司关注到的气动伺服系统的模型参考自适应控制方法、模糊推理子学习算法的位置控制系统、模糊自适应控制器在电气伺服系统中较好地补偿系统滞后和摩擦力死区等非线性因素等。智能控制是自动控制发展的最新阶段，主要用于解决传统控制方法难以解决的复杂系统的控制问题。近年来各种智能控制方法如神经网络、模糊数学、专家系统、进化论等给气动智能控制注入了巨大的活力。

38.5.2　电－气比例/伺服系统的组成与工作原理

1. 电－气比例/伺服系统的组成

比例控制系统工作原理如图38-41所示，它的系统元件构成如图38-42所示。比例控制阀加上电子控制技术组成的比例控制系统，可满足各种控制要求。图中的执行元件可以是气缸或气马达、容器和喷嘴等将空气的压力能转化为机械能的元件。比例控制阀作为系统的电－气转换的接口元件，实现对执行元件供给气体压力能的控制。控制器作为人机接口，起着向比例控制阀发出控制指令的作用。它可以是模拟驱动放大器，也可以是单片机、微型计算机组成的数字控制器。比例控制阀的精度较高，一般为±(0.5～2.5)%FS。即使不用各种传感器构成负反馈系统，也能得到十分理想的控制效果，但不能抑制被控对象参数变化和外部干扰带来的影响。对于控制精度要求更高的应用场合，必须使用各种传感器构成负反馈，来进一步提高系统的控制精度。

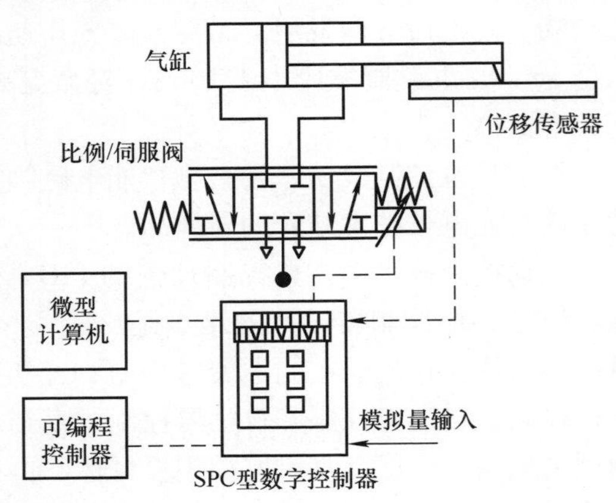

图38-42　电－气比例/伺服系统组成

(1) 电－气比例/伺服系统　电－气比例/伺服系统由控制阀（气动比例/伺服阀）、气动执行元件、位移传感器、控制器（模拟或数字控制器）组成，如图38-42所示。

（2）三位五通气动流量比例/伺服阀　气动流量比例/伺服阀可分电压型控制（0～10V）和电流型控制（4～20mA），它的主要技术特点表现在它的一个中间位置。即当气动流量比例/伺服阀的控制信号处于 5V 或 12mA 时，它的输出为零，如图 38-43 所示。

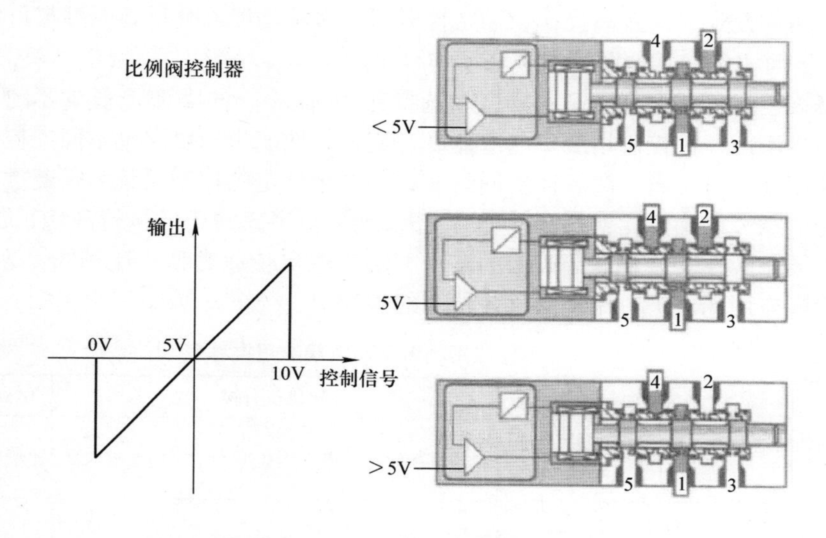

图 38-43　气动流量比例/伺服阀（三位五通）

（3）气动执行元件　气动执行元件可采用常规的普通气缸、无杆气缸或摆动气缸。为了实现它的闭环控制，这些气动执行元件必须与位移传感器连接。

（4）传感器　详见本手册第 2 卷第 20 章。

（5）控制器　模拟式或数字式比例控制器（含位置控制器）主要用于气动比例伺服阀的驱动与控制，可以是开环控制，也可以是闭环控制。对于数字式比例控制器需要通过软件编程设置参数，它采用数字式的输入/输出以及模拟量输入，往往具有 Profibus，DeviceNet、Interbus 通信接口，可控制多个定位轴（包括可控制步进气马达）。比例控制器与位移传感器、气动比例伺服阀、驱动器一起组成闭环控制，根据传感器测量的信号和设定的信号，按一定的控制规律计算并产生与气动伺服比例阀匹配的控制信号。如果是数字控制器，它可以为实现机器的工作程序通过软件程序来实现功能，包括存储程序与运动模式、补偿负载变化的位置自我优化、输入输出顺序控制等。

2. 电－气比例/伺服系统的工作原理

在图 38-42 所示的电－气比例/伺服系统中，使用了 SPC 型数字控制器，通过 D/A 转换器直接驱动比例阀。可使用标准气缸和位置传感器来组成价廉的比例伺服控制系统，也可以使用高精度的伺服系统，目标值以程序或模拟量的方式输入控制器中，由控制器向比例/伺服阀输出控制信号，实现对气缸的运动控制。气缸的位移由位置传感器检测，并反馈到控制器。控制器以气缸位移反馈量为基础，计算出速度、加速度反馈量。再根据运行条件（负载质量、缸径、行程及比例/伺服阀尺寸等），自动计算出控制信号的最优值，并作用于比例/伺服控制阀，从而实现闭环控制。控制器与微型计算机相连后，使用厂家提供的系统管理软件，可实现程序管理、条件设定、远距离操作、动特性分析等多项功能。控制器也可与可编程控器相连，从而实现与其他系统的顺序动作、多轴运动等功能。

根据被控对象的类型和应用场合来选择比例/伺服阀的类型是很重要的。被控对象的类型不同，对控制精度、响应速度、流量等性能指标要求也不同。控制精度和响应速度是一对矛盾，两者需要同时兼顾。对于已定的控制系统，以最重要的性能指标为依据，来确定比例/伺服阀的类型。然后再考虑设备的运行环境，如污染、振动、安装空间及安装姿态等方面的要求，最终选出合适类型的比例阀。表38-29列出了不同应用场合下，比例阀优先选用的类型。

表38-29　不同应用场合下比例阀选用推荐表

控制领域	应用场合	比例压力阀			比例流量阀
		喷嘴挡板型	开关电磁阀型	比例电磁铁型	比例电磁铁型
下压控制	焊接机		○	◎	
	研磨机等	◎	○	○	
张力控制	各种卷绕机	◎	○		
喷流控制	喷漆机、喷流织机、激光加工机等	◎	◎		○
先导压控制	远控主阀、各种流体控制阀等	◎	○		
速度、位置控制	气缸、气马达			○	◎

注：◎优；○良。

38.5.3　气动比例伺服控制系统设计流程与应用案例

气动比例伺服控制系统设计流程参见本手册第1卷第3章3.1节，二者相似。典型气动比例伺服控制系统应用案例详见本手册本卷第39章39.4节。

第39章　气动技术的智能化应用实例

随着智能制造时代的到来，也随着无人驾驶与无人工厂的兴起，气动技术的应用也在不断扩展，从工业制造到医疗器械等方面都有很多应用。这里介绍通过实践检验的气动技术应用实例，供设计不同要求的气动回路参考。

39.1　气动数字控制终端VTEM在汽车智能生产线上的应用

广州明珞装备股份有限公司的汽车白车身柔性总拼焊接系统生产线融入了不少气动技术与产品，包括气缸和电动缸、阀、伺服控制器、运动控制、阀岛、安装方便的连接技术、抓取和装配技术、气源处理装置、接头、真空技术、位置和质量检测、传感器和控制技术，如图39-1所示。特别在焊接生产线，阀岛闪断是个问题，作为发明阀岛的FESTO公司，其采用金属外壳的CPX/VTSA阀岛解决了这一问题。生产线也采用了具有技术革命性的数字控制终端VTEM，是世界首款由APP控制的阀，是名副其实的“数字化气动元件”，只需通过APP更改参数，就能轻松切换各种气动功能，从而提高灵活性、能源效率和生产节拍。

图39-1　汽车白车身柔性总拼焊接系统生产线的电－气装备

依托数字制造技术的总拼焊接系统，努力建立行业技术标准，推进中国汽车智能装备制造领域的数字化进程，其中气动产品也融入了这些产品，利用各自的技术体系总结成综合解决方案。共同探讨工业4.0与智能制造领域的合作，包括制订行业技术标准、推进数字化转型进程、建设汽车智能制造生态，拓展全球市场。

39.2　气动在机器人领域的新开拓

39.2.1　FESTO仿生手

FESTO仿生手（ExoHand）（见图39-2）是一种可像手套一样佩戴的外骨骼。通过这一仿生系统，不仅手指可以主动活动，还可以增强手指的力度，收集手的所有动作，并将所有信息实时传输至仿生手上。

该设备旨在提高人手的力量和耐力，拓展人类的行动空间，并确保他们即使年事已高也能独立生活。从组装到医学治疗，在单调而艰苦的装配作业以及危险环境中的远程操纵过程中，佩戴ExoHand可获得力度支持：通过力反馈系统，操作人员可以感觉到仿生手抓到的东西（见图39-3）。这样，操作人员便可在一个安全距离内感觉到物体，并无须亲自接触便可移动物体。由于其气动部件的可弯曲性，ExoHand还在服务型机器人方面具有潜力。在脑卒中病人的康复过程中，它现已被用作主动式仿生手。强有力的手，敏感的手指外骨骼（仿生手）从外部为人手提供支持，同时模仿人手的生理自由度。

仿生手由八个双作用气动驱动器驱动，使手指张开和握紧。为此，CODESYS兼容控制系统执行非线性调节算法，实现每个指关节的精确运动。同时，通过传感器收集手指的力度、角度和位置等信息。

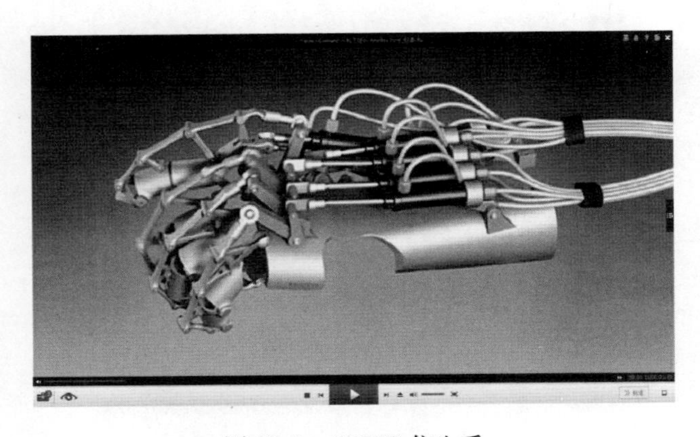

图39-2　FESTO仿生手

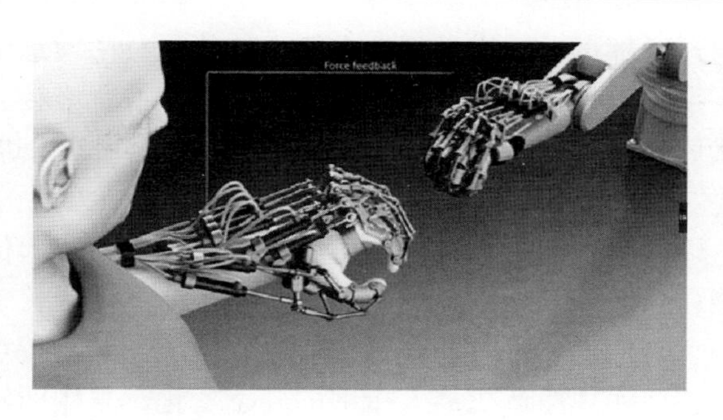

图 39-3　仿生手进行力反馈

39.2.2　电子气动搬运机器人气动系统

电子气动搬运机器人用于工业领域工件的搬运作业。图 39-4 所示为该机器人的实物外形。

该机器人综合了圆柱坐标型和极（球）坐标型工业机器人的特点，能实现体旋转、体升降、臂旋转、臂伸缩、腕旋转等多个自由度运动。结合图 39-5，可见体旋转 1、臂旋转 3 采用步进电动机驱动，以满足多工位精确定位需要；其余部分体升降 2、臂伸缩 4、腕旋转 5 采用气缸，完成工作范围内的移动和搬运任务；末端执行器（指夹持 6）则采用指夹持气缸，通过更换不同指部元件实现不同工件的夹持。

图 39-5 所示为该机器人的结构，其机座与机身合成一体。机身的回转运动（体旋转）由步进电动机 + 同步齿形带传动，以满足搬运机器人体旋转定位精度的需求。机身升降运动（体升降）采用平台式导杆气缸驱动，该缸无须外加导向装置、安装高度小、能承受偏心负载，并能通过其 T 形槽结构方便地安装附件。

图 39-4　电子气动搬运机器人实物外形

1—指夹持　2—腕旋转　3—臂旋转　4—臂伸缩　5—工件　6—体升降　7—气动阀岛　8—体旋转　9—工作台

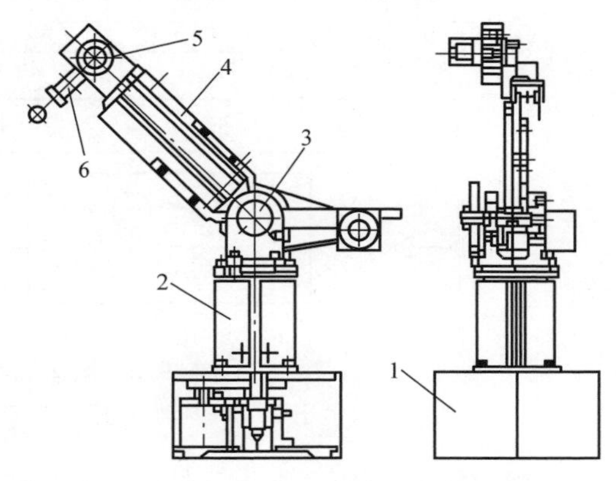

图 39-5　电子气动搬运机器人结构

1—体旋转　2—体升降　3—臂旋转　4—臂伸缩　5—腕旋转　6—指夹持

搬运机器人通过臂部运动改变手部在空间中的位置，手臂运动包括臂旋转、臂伸缩2个自由度，采用极坐标型运动方式。在结构上，将臂旋转、臂伸缩的功能执行机构模块化，然后通过连接板的组合实现。臂旋转采用“步进电动机+同步齿形带”驱动。其中，步进电动机置于手臂端部，在作为动力源的同时，与臂伸缩部分构成力平衡，以避免运动中各构件重力所引起的偏重力矩起伏过大，影响机器人定位精度和性能；臂伸缩则采用直线气缸，该缸具有高度小、内置磁环定行程、凸轮轴承摩擦力小、寿命长、带可调整行程装置、便于安装等特点。

腕旋转自由度主要实现搬运机器人指部的姿态变化，采用回转气缸驱动，通过可调整限位块来满足指部的位置调整需要。指夹持自由度主要完成对搬运物体的夹持、释放等动作，采用标准气动夹持气缸，并通过连接板安装于腕旋转的回转气缸上。

搬运机器人气动系统原理如图39-6所示，系统的执行元件有体升降、臂伸缩、腕旋转（摆动气缸）和指夹持4个气缸，各气缸的主控阀分别为三位五通电磁方向阀4～7，单向节流阀8及9、10及11、12及13、14及15分别用于上述的排气节流调速，节流背压有利于提高执行机构运行稳定性。电磁方向阀采用阀岛技术，多个电磁阀采用总线结构集成在一起。系统的气源1经截止阀2、气动三联件3及汇流板向各执行气缸提供压缩空气。

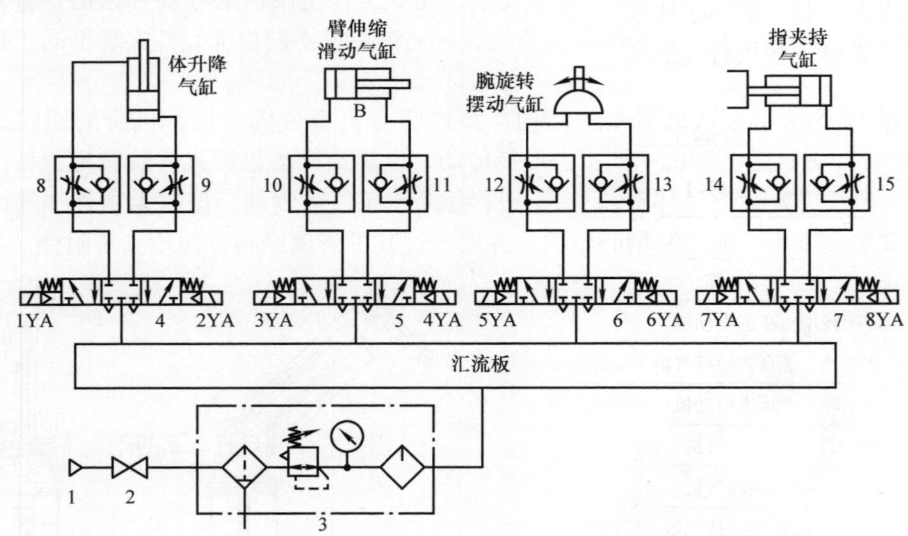

图39-6　搬运机器人气动系统原理

1—气源　2—截止阀　3—气动三联件　4～7—三位五通电磁方向阀　8～15—单向节流阀

搬运机器人PLC电控系统组成框图如图39-7所示。其控制核心为三菱公司的FX_{2N}－64MR型PLC，系统硬件还扩展2个脉冲输出模块（FX_{2N}－1PG）用于步进电动机的运动控制。PLC电控系统控制程序采用三菱公司PLC编程软件编制，具有实现系统初始化、返回原点、手动操作、自动运行、故障检测及报警等功能。

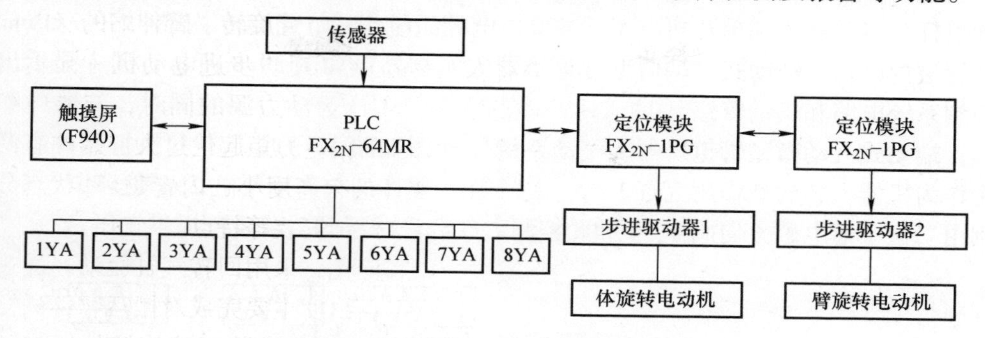

图 39-7 搬运机器人 PLC 电控系统组成框图

搬运机器人系统技术特点如下：

1）电子气动工业机器人将微电子、气动和模块化设计有机结合，能实现 5 自由度运动；对机器人中执行单元相似部件进行模块化结构设计，通过适当调整参数或快速更换可换零部件，实现系统重构，完成不同的功能需求。柔性强、设计制造周期短、适应面宽、性价比高。

2）该机器人气动系统主控阀采用阀岛技术进行安装，多个电磁阀采用总线结构集成在一起，缩小了体积，减少了控制管线，便于安装、综合布线和控制，结构紧凑、简单；各执行气缸采用单向节流阀双向排气节流调速，有利于执行机构平稳工作。

3）电子气动搬运工业机器人系统执行元件型号参数见表 39-1。

表 39-1 电子气动搬运工业机器人系统执行元件型号参数

序号	自由度	执行元件		工作参数	数值范围	单位
		名称	型号			
1	体旋转	步进电动机		回转角度	0 ~ 300	(°)
2	体升降	平台式导杆气缸	MGF40 - 100	高度	100	mm
3	臂旋转	步进电动机		回转角度	-60 ~ 120	(°)
4	臂伸缩	直线气缸	MXF20 - 100	伸缩长度	200	mm
5	腕旋转	回转气缸	MDSUB7	回转角度	90，0	(°)
6	指夹持	标准夹持气缸	MHZ2 - 16D	—	—	—

注：所有气缸均为 SMC 产品。

39.2.3 蠕动式气动微型管道机器人气动系统

管道机器人是一种可沿细小管道内部或外部自动行走，携带一种或多种传感器及操作机械，在操作人员的遥控操作或计算机的自动控制下进行一系列管道作业的光机电一体化设备。此机器人是采用气动技术的蠕动式气动微型管道机器人，它由导引杆、气动系统和单片机（MSP 430）电控系统组成，可以在内径为40～60mm的管道内爬行。蠕动式气动微型管道机器人实物外形如图39-8所示，图中显示出控制系统电路和气动管道。

蠕动式气动微型管道机器人气动系统原理图如图39-9所示，其执行元件有两个作为机器人脚的单作用气缸1、3，一个作为躯体的单作用气缸2，其运动状态分别由二位三通电磁方向阀4、6和5控制；气源经减压阀7给系统提供气压。

图39-8　蠕动式气动微型管道机器人实物外形

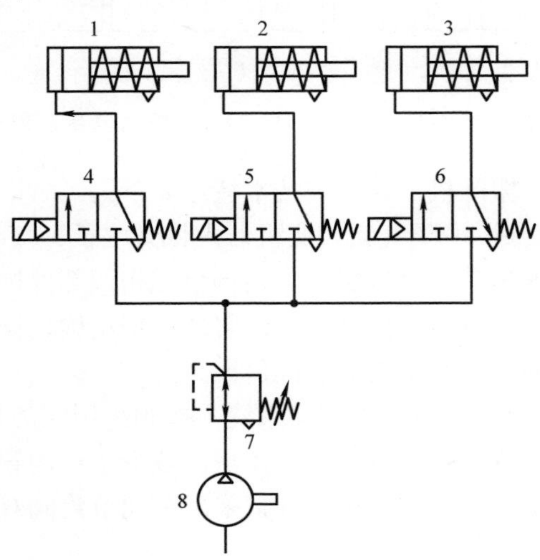

图39-9　蠕动式气动微型管道机器人气动系统原理图
1、3—双活塞单作用气缸　2—单作用气缸
4～6—二位三通电磁方向阀　7—减压阀　8—空压机

两个单作用气缸1、3在充气时两个活塞撑开，可顶住管件内壁；单作用气缸2在充气时活塞杆伸长，可实现机器人的前进动作，气缸有杆腔内置盘形螺旋弹簧，用于方向阀排气后活塞的复位，如图39-10所示。一个完整的运动周期：气缸1充气，活塞杆撑住管壁；气缸3伸长实现前进的动作；气缸2充气，活塞杆撑住管壁；气缸1放气，活塞杆在复位弹簧作用下收回；气缸3活塞杆收回；气缸1充气撑住管壁；气缸2放气，活塞收回。倒退时各气缸充放气的时序与前进时相反。

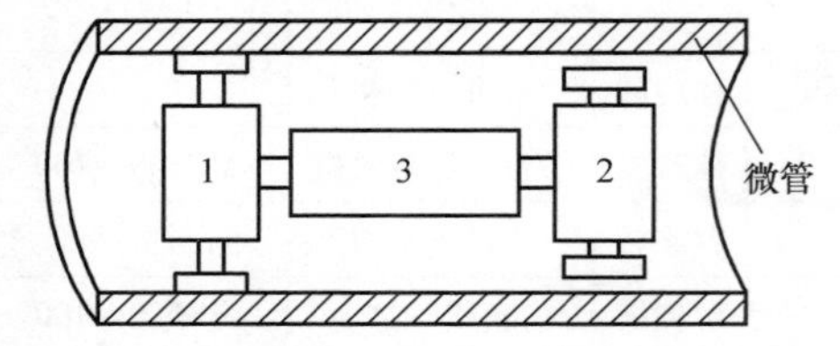

图39-10　蠕动式微型管道机器人运动原理图
1、3—双活塞单作用气缸
2—单作用气缸

该机器人采用作为控制系统核心的MSP 430单片机，其CPU如图39-11所示，在前述运动原理中，各活塞的充放气时序由一块MSP 430单片机控制的3个二位三

通电磁阀的开关时序来实现。电磁阀开关时序图如图 39-12 所示。其工作原理：来自空气压缩机的高压气体经减压阀减压后变成具有工作需要气压的气体，通入 3 个电磁阀。在单片机未上电时，3 个阀是关闭的（图 39-9 中的右位），上电后，单片机的 3 个输出端口按事先编制和写入的程序所设定的时序变化输出高低电平，控制 3 个电磁阀的开关。气动系统电磁阀的驱动电压是 24V，而单片机的输出高电平只有 5V，不足以驱动电磁阀，因此在单片机的输出端用光电隔离管和场效应管将 5V 的高电平提高到 24V，以此驱动电磁阀。为了使机器人能够实现调速的功能，使其能够根据具体情况选用合适的速度通过特定的管道，可通过在单片机程序中设定多种不同的 CP 脉冲持续时间（*T* 为 0.1s、0.3s、0.5s、1s 等）来实现。

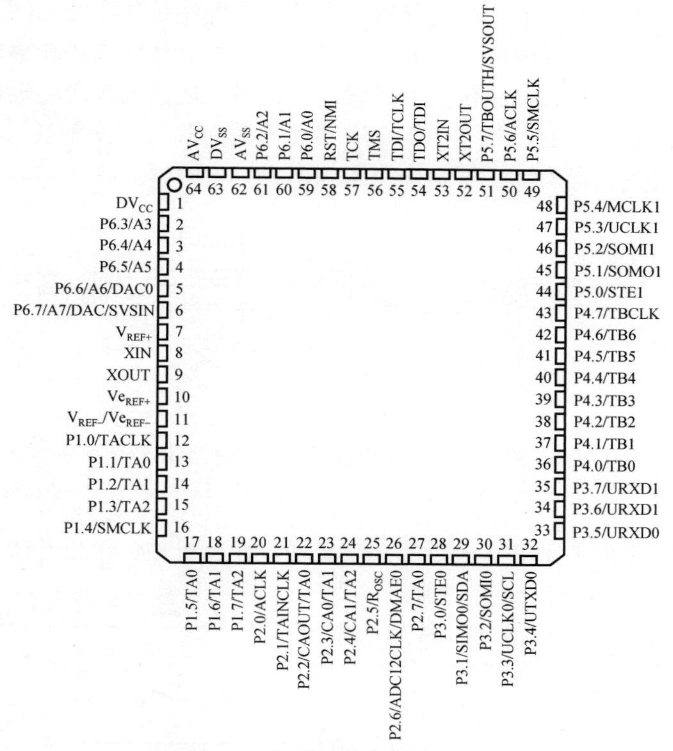

图 39-11　机器人控制单片机 CPU

该系统技术特点如下：

1）机器人采用气压传动和单片机控制，将机械、气动、电子、控制等多方面技术融为一体，功能全面、体积小巧、运行可靠，能在一定内径的管道内实现水平前进、后退，竖直上升、下降，变速运行，具有一定弧度的弯道内动作等，适应性强。

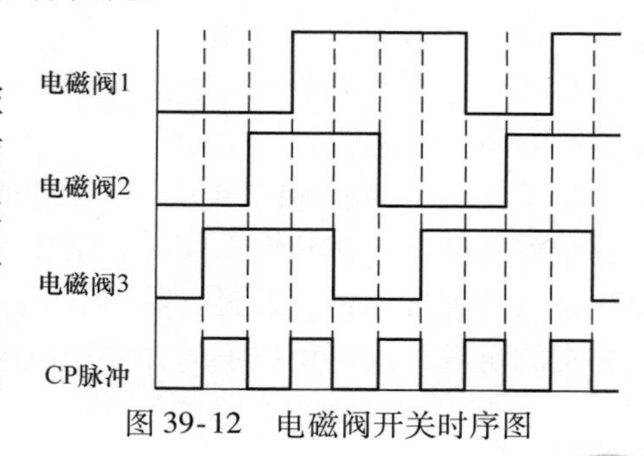

图 39-12　电磁阀开关时序图

以此机器人为载体，附加检测设备及工具，可用于管道质量检测、故障诊断及清障。

2）执行元件采用弹簧复位的单作用气缸作为执行器，并通过单片机控制阀的通断，前进与后退的转换速度快；通过在程序中设定多种不同的CP脉冲持续时间，实现机器人的调速。

39.2.4 锻造轧辊机械手

近年来，由于热锻工艺本身具有高温、粉尘及噪声大等特点，为了改善工作环境、提高工作效率，迫切地要求锻造作业的自动化。因此，使用锻造工艺自动化的装置与设备也越来越多。下述锻造轧辊机自动化装置就是其中的一例。这个装置是用于加热后的钢坯在进行模锻之前的预备成形工序中，是使锻造轧辊机自动化的一个装置。这个装置具有的机能包括：夹紧钢坯，将钢坯送至锻造轧辊机，与成形加工相配合进行前进、后退，向下一道工序移动的横向移动，使钢坯反转90°的反转等。该机构是气液联合系统，其结构简图如图39-13所示。

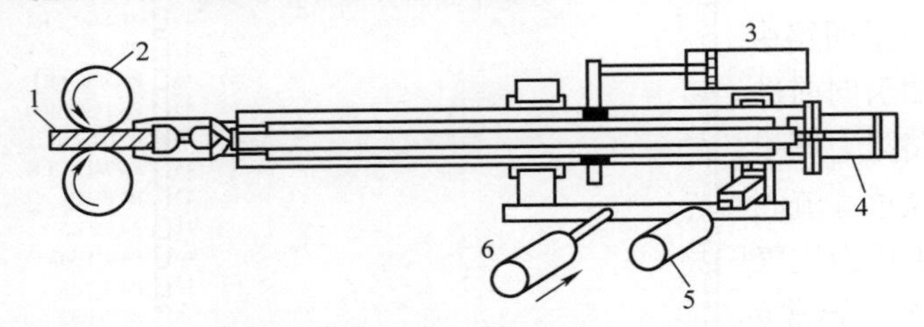

图39-13 锻造轧辊机械手结构简图

1—钢坯 2—轧辊 3—前进后退缸 4—夹紧缸 5—翻转缸 6—横行缸

钢坯的夹紧是由夹紧缸4进行的，它是通过杠杆机构使钳口开闭来实现的。前进、后退是由装在横行框架上的前进后退缸3来实现的。而后退时，首先是由轧辊成形力的作用推送回来，然后进行横向运动，但是在进行横向运动之前，首先必须靠前进后退缸3的力量再退到与其他机器设备互不相干的位置之后，再开始横向运动。其动作顺序如图39-14所示。

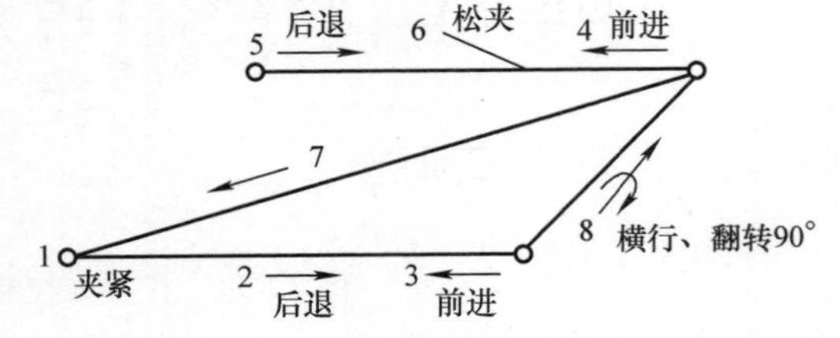

图39-14 锻造轧辊机械手动作顺序

注：图中数字为动作顺序。

为了使整个循环时间缩短，在达到能避免与其他设备相互干扰的位置之后就进行各个重复动作。在轧辊工作时，钢坯不可滑动，必须随着轧辊的旋转一起以最大750mm/s的速度后退。此外，在轧制的过程中，由于钢坯的状态不同，有可能产生异常的负载，这可用以下的办法加以解决（见图39-15）。

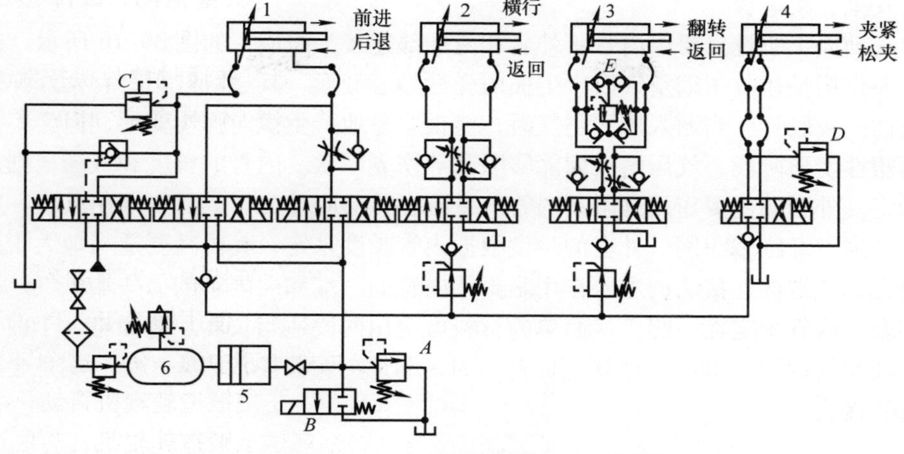

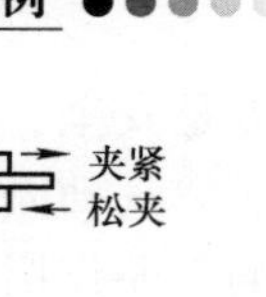

图 39-15　锻造轧辊机械手控制系统图

1—前进后退缸　2—横行缸　3—翻转缸　4—夹紧缸　5—蓄压器　6—储气罐

在前进、后退回路中，进行轧制时，为了随着轧辊的旋转使钢坯后退，将气压蓄能器的低压油引向前进、后退液压缸的活塞杆腔，以减少后退时由于运动部件的摩擦阻力以及管路阻力等引起的反作用力。在液压缸 1 前进时将活塞杆腔的油导入蓄能器。多余的油经过溢流阀 A 返回油箱。在向蓄能器充油的时候，由子管路与蓄能器动作等阻力而产生压力比气压高的液压油，可用电磁阀 B 短时间通电释放回油箱。

作为轧制时对异常负载的保护，在前进、后退回路的无杆侧加入直动型溢流阀 C，在夹紧液压缸 4 的无杆侧加入直动型溢流阀 D，翻转液压缸 3 回路中设有制动阀 E。上述装置作为锻造生产自动线的一部分正在很好地运行之中。

39.3　气动技术在仿生学方面的应用

39.3.1　气动人工肌腱

气动人工肌腱是一种具有收缩特性和采用压接技术的气密性聚合物仿生产品。用于夹紧、振动、摇动。气动人工肌腱是将弹性材料制成管状体，封闭并固定一端，由另一端输入压缩空气，管状体在气压的作用下膨胀时，径向的扩张导致其轴向的收缩，从而产生牵引力，带动负载单向运动。气动人工肌腱是一种新型的拉伸型气动执行元件，当通入压缩空气时，能像人类的肌肉那样产生很强的收缩力，所以称为气动人工肌腱。气动人工肌腱以崭新的设计构思突破了气动执行元件做功必须由压缩空气推动活塞这一传统概念。与传统的气缸相比，省略了活塞、活塞杆、缸筒、密封圈等诸多零部件，主要由弹性橡胶内管、纤维编织网外套和两端部连接头组成。气动人工肌腱具有结构简单、输出力大、无机械运动部件产生的摩擦，特点是安全、柔顺等。

气动人工肌腱主要由内管、外套和两端部连接头组成，如图39-16所示。内管的主要作用是接收压缩空气后产生横向弹性膨胀变形，其材料选用具有良好弹性的气密性硅橡胶管。当通入压缩空气时，能很容易地产生横向弹性变形，但又不至于达到塑性变形阶段，气压消失后能够顺利地恢复原状。内管的长度和直径根据用途来确定。外套的主要作用是限制内管的变形和传递收缩力，其材料选用具有一定柔性的高强度纤维编织网。外套的长度根据内管长度来定，其内径要适当地大于内管的外径。两端部连接头的主要作用是封住内管的一端和向内管的另一端供气，同时把外套、内管固定在一起。最简单的材料可选用两段适当长度、直径略大于内管内径的硬塑料软管，也可以是其他材料，如一端是金属圆柱状堵头，另一端是金属或塑料管接头。

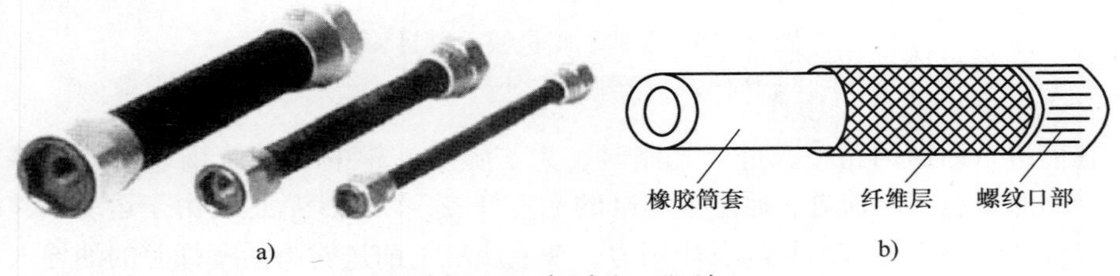

图39-16　气动人工肌腱
a）外形结构　b）内部结构

气动人工肌腱通入压缩空气后，橡胶内管在气压力作用下开始膨胀变形，并和外套编织网紧紧贴住，使栅格中的纤维网格夹角变大，在长度方向收缩，从而产生收缩力带动外负载。当气压力被释放后，橡胶材料的弹性迫使特殊纤维编织网回复原位。

气动肌腱具有以下特点。

① 结构简单、紧凑，价格低廉。其材料成本远远低于诸如形状记忆合金等其他驱动器，由于它几乎不存在加工精度的问题，制造成本也很低。

② 安装简便。与气缸等驱动器相比，它的安装不需要复杂的机构及精度要求，甚至可以沿弯角安装，并且维护也非常方便。

③ 动作平滑，响应快，可实现极慢速运动。无滑动部件，无摩擦，其运动更接近于自然生物运动。

④ 输出力/自重比很高。

⑤ 节能高效。从气动势能到机械动能的转变率达到32%～49%，理论上还能更高，而生物肌腱从化学能到机械动能的转变率仅为20%～25%。

⑥ 高度灵活，可弯曲，柔性，安全。

⑦ 能自缓冲，自带阻尼。

⑧ 防尘，抗污染。

气动肌腱也具有一些固有的缺点，如与传统的气动执行器（气缸等）比较，运动行程相对较小，另外，典型的非线性、迟滞性与柔性，使其与工业机器人的性能要求相比，精度和重复性受到了限制，但是，它却能够满足服务机器人所需要的速度、精度、柔性与安全性要求，使得它在机器人的柔性执行器，如仿人机器手臂、机器人灵巧手等应用中具有得天独厚的优势。手臂和手的动作由两个或八个不同大小的气动肌腱来实现。

FESTO气动肌腱正在进行一项完全不同的仿生任务，即仿人肌腱机器人，它是EvoLogics GmbH和柏林科技大学仿生和进化系合作完成的一个项目。从2000年开始的简单仿生手臂功能性研究，到中间若干个研究阶段，目前项目已进展到两个仿生手臂带五根手指的半成品阶段。技术改造的关键部件是FESTO气动肌腱，它的张力通过人造神经进行无转矩传送，人造神经由绝对抗拉断的Dyneema©绳索构成，甚至可将几根绳索结合在一起，连接到所需的终端控制元件。这样，驱动单元可自由放置在身体部位，运动部件也可保持较小的重量。机器人可执行程序设置好的动作或通过数据衣或数据手套进行远程控制。气动肌腱的应用示例如图39-17、图39-18所示。

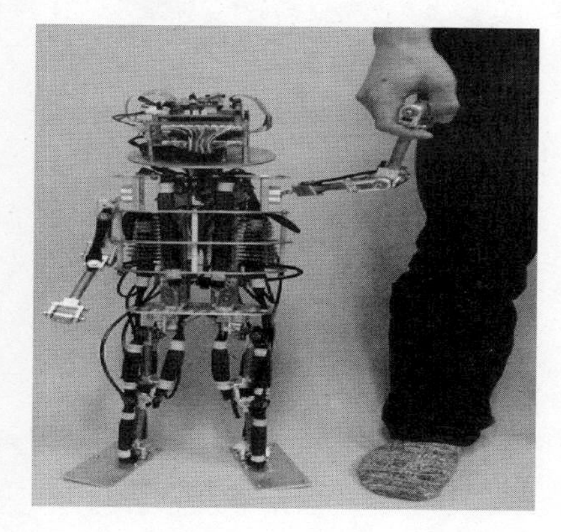

图39-17　日本气动肌腱直立行走机器人

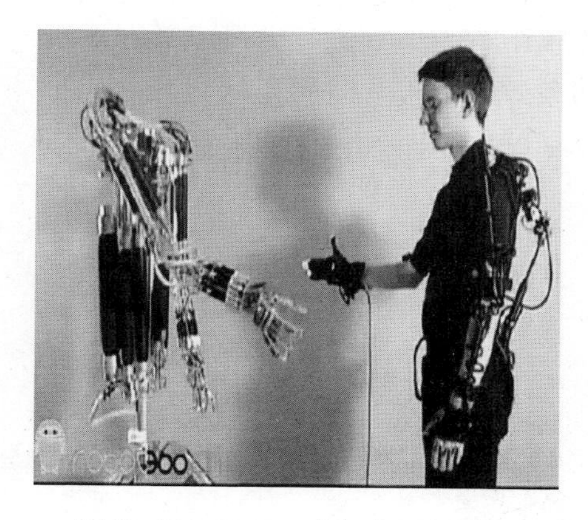

图39-18　FESTO人机交互机器人

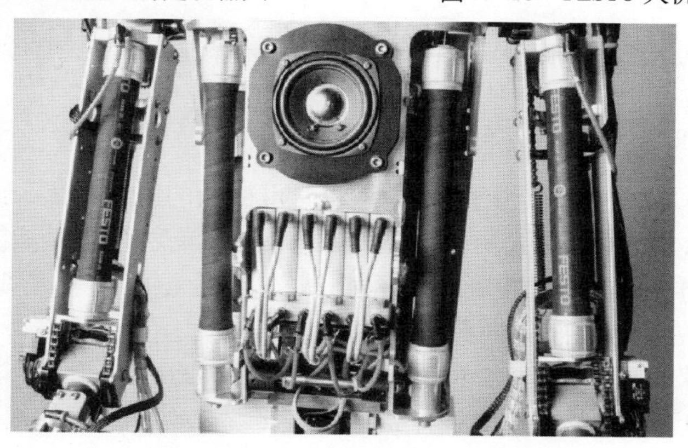

图39-19　采用压电阀VEAB进行控制

气动肌腱由 FESTO 压电阀 VEAB 等多种元件进行控制（见图 39-19）。与传统电磁阀相比，压电阀具有许多优点，特别是在需要流量和压力调节以及需要直接控制比例阀的应用场合中。它们体积很小，重量很轻，精度极高，耐用性很好，开关速度极快，且可节省多达 50% 能耗。此外，它们几乎不产生余热，并且运行时几乎无任何噪声。

39.3.2 基于气压原理的仿生鱼和仿生鸟

FESTO 仿生鱼（Airacuda）能在水中灵活游动，几乎完全不发出声响，它的设计、外形和动力遵循它的生物模型。电子和气动部件隐藏在防水的头部结构中，它们通过两根气动肌腱控制尾部的 S 形运动。另外两根气动肌腱用于掌握方向。鱼鳍由交互牵引和压力边缘构成，它们通过骨架连接。如果一个边缘受压，几何结构会自动向与作用力相反的方向弯曲。这听上去很复杂，但原理其实很简单，依据这个原理，鱼的鳍可以在水中有力地划动。这种结构被称为鳍条效应。气动肌腱是通过压缩空气驱动的，如图 39-20 ~ 图 39-22 所示。

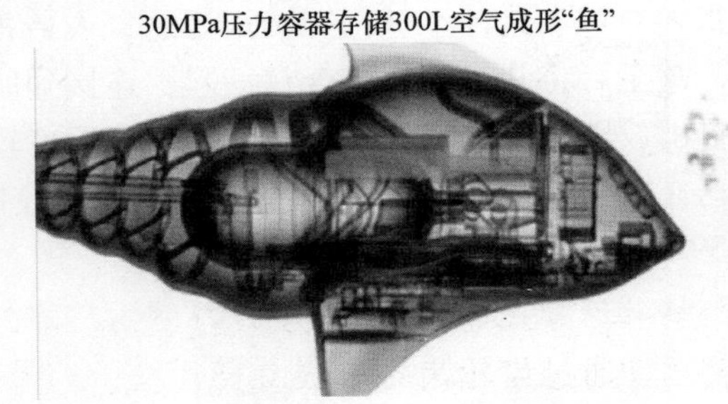

图 39-20 仿生鱼的压缩空气气囊

图 39-21 仿生鱼的尾部 S 形运动

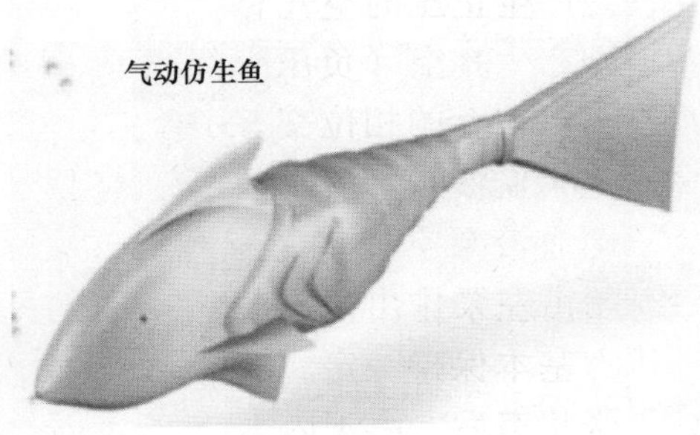

图 39-22 远程控制仿生鱼的全貌

39.3.3 人工心脏用气动源

最初研究的人工心脏都是用直流电动机、电磁铁的驱动系统，或者把血液泵放在人体内。这种方法的缺点是由于流体力学的理论，有的位置血液流动形成死区或流速减慢，这样会导致血液凝固，因此认为人工心脏以气压驱动较为理想。图 39-23所示为人工心脏及其内部构造的原理。

采用气压驱动的人工心脏，对牛或山羊的动物实验已经有一年以上的生活实例了。但是真正用于临床的问题是设计合适的气压源。现在使用的气压源如图 39-24

所示，多半是大型且不能移动的，从而使患者的活动范围受到很大限制，因此研究开发了小型便于携带而且效率高的气压源。

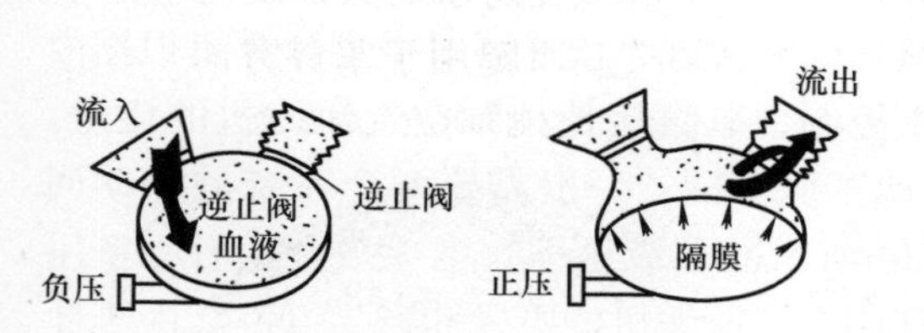

图 39-23　人工心脏及其内部构造的原理

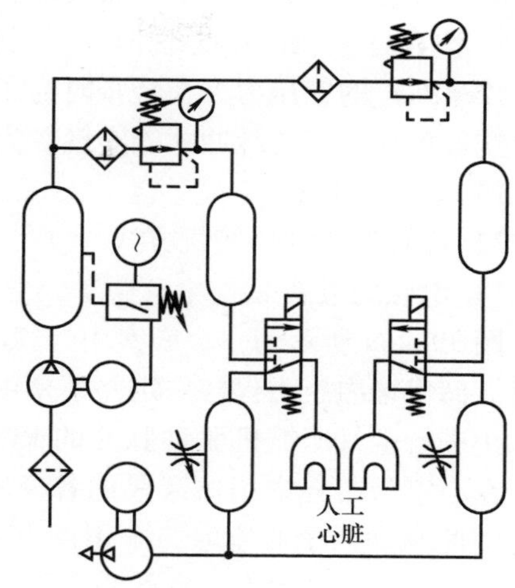

图 39-24　普通人工心脏驱动用气压源

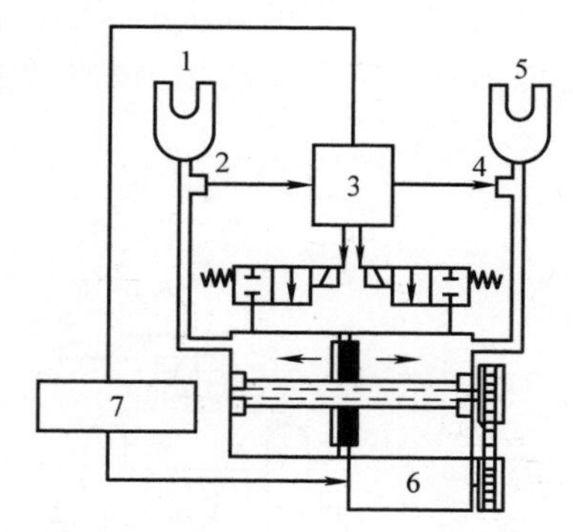

图 39-25　活塞缸式便携气压源
1、5—人工心脏　2、4—压力传感器
3—微型计算机　6—直流电动机
7—功率放大器

第一种方式如图 39-25 所示。把直流马达的旋转运动通过齿轮齿条副或螺母丝杠变成直线运动，推动活塞做往复运动。直接压缩气缸内的空气，使之产生正压的空气脉冲。而在活塞的另一侧缸内则产生真空（负压）的脉冲。如果能使左右血液泵以相反的相位交替工作，用一个装置就可驱动两个血液泵。活塞开始向左运动，如缸内压力，即血液泵空气室内压力超过动脉血压后，血液开始由左泵排出，在继续排出的时间内空气室内压力基本保持一定。血液排出结束后，隔膜变成扩张状态后，由于内压急速上升，将此信号检测出来，使安装在缸一端的电磁阀打开，通向大气。另一侧的血液泵在吸入血液结束时（一般吸入时间比排出时间长）电磁阀关闭，直流电动机反转，则活塞开始向右移动，左泵开始以真空吸引隔膜。因为活塞速度与产生正压脉冲相一致，因此以不变的速度会使左泵产生过大的真空。真空过大会导致静脉血管的闭塞，使血液流动受阻，所以通过 PWM（脉宽调制）控制使电磁阀适当地打开，以调节到合适的真空。当隔膜碰到信号板停止后，缸内真空急剧增高，检测到此信号后转向下一个排出期。以上就完成了一次循环。

第二种方式是使用旋转型空气压缩机，通过快速地进行正、反转以产生正、负的压力脉冲。左右两个血液泵分别与两个空气压缩机的入、出口相连接，使之交替地排出血液。这种装置使用模拟计算机进行控制。

第三种方式是通过与定压储气罐相连的电磁阀开闭动作而产生空气压脉冲。

一般人工心脏在收缩时为了排出血液需要几百毫米汞柱（1mmHg = 133.3224Pa）的正压力，在舒张时为了吸入血液需要几十毫米汞柱的真空，必须如此交替地加入正负脉冲才能实现。为了得到这样的空气脉冲可有以下三种方式：

1）活塞缸方式。

2）旋转型空气压缩机方式。

3）电磁阀方式。

图39-26a所示为一个心室用的气动回路，图39-26b所示为两个心室用的气动回路。储气罐内压力保持一定并不是用减压阀来实现，而是通过微型计算机根据内压大小进行空气压缩机驱动脉冲的PWM控制，以直接地控制空气压缩机的流量。由于左心室与右心室用血液泵的各个驱动正压不同，一般需要两个系统的驱动回路。因此驱动两个心室时，采用图39-26b所示的多级压缩。第1级产生右心室用的正压，第2级产生左心室的驱动压。利用空气压缩机的吸入孔产生真空。由于此系统是一个循环的封闭式回路，如要控制正压时，则回路内的空气量是一定的，而真空也就唯一地被确定下来了。因此，为了与真空的规定值一致，在给排气处装设了能够调节空气量的超小型电磁阀。

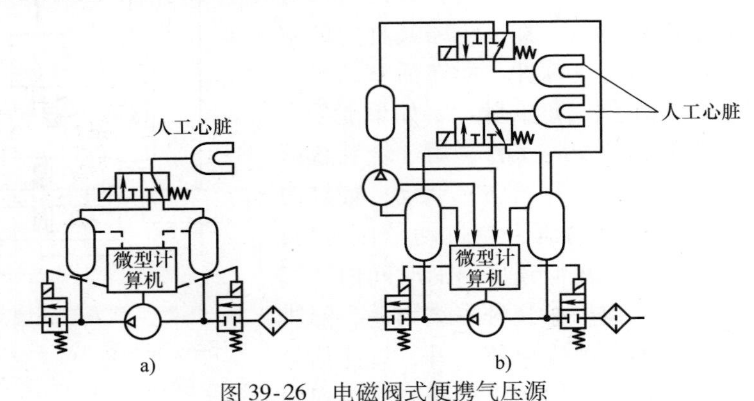

图39-26　电磁阀式便携气压源

a）一个心室用气动回路　b）左、右两心室用气动回路

人工心脏的控制问题是非常复杂的，气动驱动能源应该遵循人体心脏的实际运动规律进行动作，才能使人工心脏的可靠性得以提高，为此裴尔斯（Pierce）经过研究提出了如图39-27所示的人工心脏驱动中的空气压力波形。

当进入收缩期（排出血液的时间）时，驱动的空气压力由负压急速地上升，当减掉管路内摩擦损失和由隔膜的刚性而引起的压力损失后，剩下的有效空气压力超过动脉压之后，就开始排出血液。开始由于血液的惯性，驱动压继续上升，但是很快就下降到p_c点。此p_c点的数值与大动脉的平均空气压成线性比例关系。根据以上图形，通过改变驱动空气压、心跳数、收缩期与舒张期的时间比等以取得左右

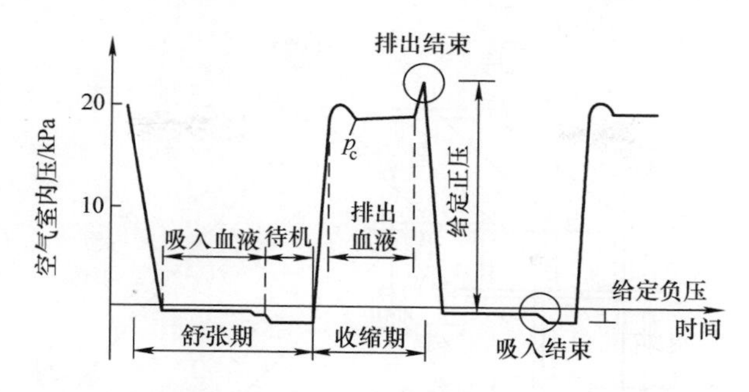

图 39-27 人工心脏驱动中的空气压力波形

血液泵排出量的平衡，根据人体的要求进行人工心脏的控制。

39.4 气动比例控制系统

39.4.1 气动比例张力控制系统

目前各类气动张力控制系统在各行业中已大量应用，它凭借张力稳定可靠、价格低廉的优势，大有取代电磁张力控制机构的趋势。

图 39-28 所示为一种印刷卷筒纸张力控制机构和系统。张力调压阀 8 与张力气缸 7 组成给定张力系统，即纸张所需张力可用张力调压阀调整。重锤 12、油柱 6 和油柱压力控制阀 5 组成一个“位置 - 压力”比例控制器，它将给定的张力与反馈张力之差产生的位移转换为气压的变化，从而控制制动气缸 4 对给纸系统 3 进行不同压力的制动，以实现恒张力控制。存纸托架 11 是一个浮动托架，在张力差的作用下进行上下浮动，以便将张力差转变为位置变动量，同时能平抑张力的波动，还能储存一定数量的纸，供不停机自动更换纸卷筒用（图中自动换纸机构未画出）。

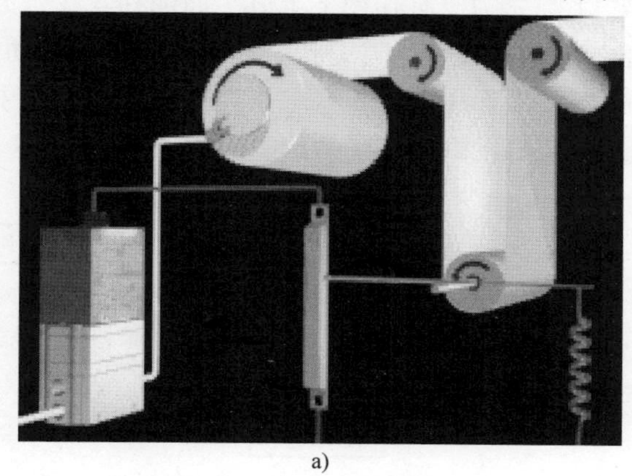

a)

图 39-28 气动张力控制系统

a）印刷卷筒纸张力控制机构实物

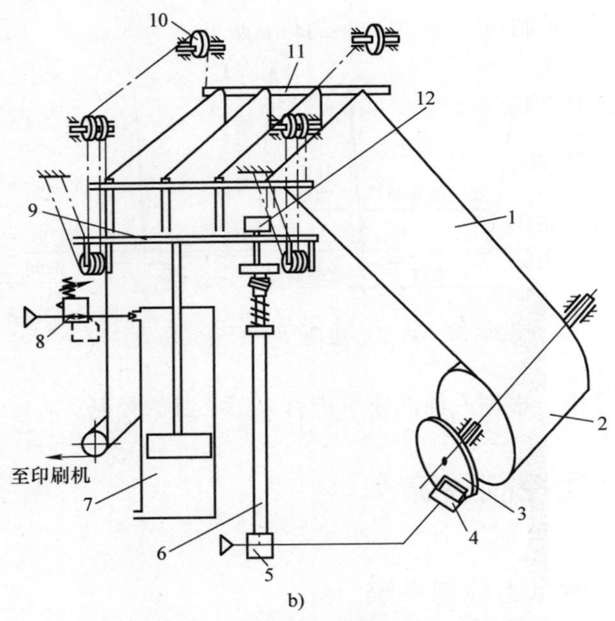

图 39-28 气动张力控制系统（续）

b）印刷卷筒纸张力控制机构原理图

1—纸张 2—卷纸筒 3—给纸系统 4—制动气缸 5—压力控制阀 6—油柱 7—张力气缸 8—张力调压阀 9—连接杆 10—链轮 11—存纸托架 12—重锤

本例中干扰来源于纸卷筒直径随时间变化而变小，从而产生旋转惯性，引起张力变化。通过该气动系统可保持张力恒定。其动作如下：如果纸张中张力增大，使存纸托架 11 下移，因为存纸托架是通过链轮和连接杆 9 连接在一起的，于是带动连接杆上升，连接杆又使油柱 6 上升。油柱上升使油柱压力控制阀 5 的输出压力按比例下降，从而使制动气缸 4 制动力减小，最后使纸张内张力下降。如果纸张内张力减小，则存纸托架 11 在张力气缸作用下上升，而油柱 6 在张力气缸作用下下降，使压力控制阀 5 的输出压力按比例上升，这样制动气缸 4 的制动力增大，使纸张的张力上升。当纸张内张力与张力气缸 7 给定张力一致时，存纸托架稳定在某一位置，此时位移变动量为零，压力控制阀输出稳定压力。图 39-29 所示为其系统原理方框图。

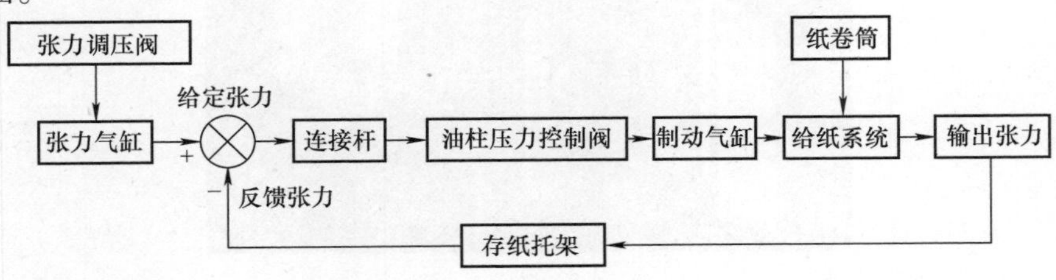

图 39-29 系统原理方框图

本例的两个压力控制阀均为普通的精密调压阀，而无须用比例控制元件。油柱是一根细长而充满油的气缸，底部装一钢球盖住下侧油柱压力控制阀的先导控制口，由存纸托架的位置在油柱中产生的阻尼力来控制喷口大小，从而控制输出压力的大小。

39.4.2 带材移动中的气动纠偏控制系统

带状材料只有一定的宽度，在长距离输送时很容易产生跑偏现象，对材料的加工带来不利影响。采用如图 39-30 所示的气动纠偏控制系统，可以有效地控制偏差。

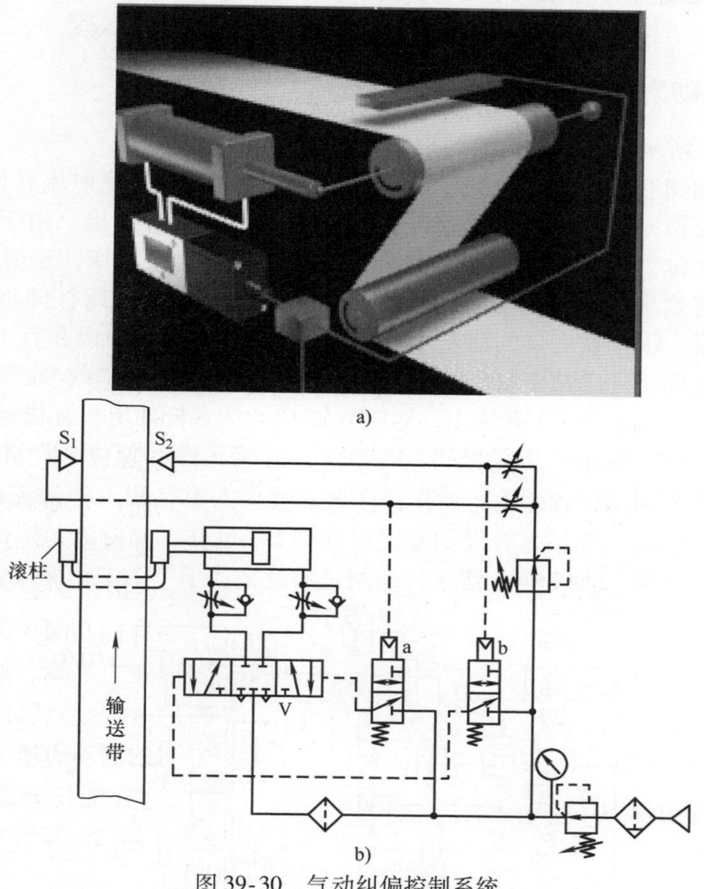

图 39-30 气动纠偏控制系统

a）气动纠偏控制系统实物 b）气动纠偏控制系统原理图

当传送带运动时，通过位移传感器对传送带的边缘进行检测，并反馈给控制器。通过计算控制器发出的信号给比例/伺服方向阀，由比例/伺服方向阀控制活塞杆的伸出或缩回，调整滚柱的角度。当传送带向左偏移时，通过传感器、控制器、比例阀使活塞杆缩回，传送带即向中心移动；当传送带向右移动时，同理使活塞杆伸出，传送带移回中心。具体来说，就是当输送带向左偏时，气动传感器 S_1 发出信号，打开阀 a 使主阀 V 切换到右位，从而使活塞杆缩回，带动输送带纠正左偏差。活塞杆缩回至 S_1 信号消失，阀 a 复位使主阀 V 恢复至中位，从而锁住气缸动作。同样，输送带向右偏时负责该侧的传感器 S_2 和阀 b 动作，活塞杆伸出带动输送带向左运动而纠正右偏差。

由于采用空气喷嘴式传感器，使系统成本较低，并且适合在灰尘多、温度高、湿度高等恶劣环境工作。

39.5　气动射流与逻辑控制系统

39.5.1　气动射流控制紧螺钉机系统

图 39-31 所示为使用射流元件控制的紧螺钉机回路图。

按下起动阀 QA 后，双稳射流元件ⓐ换向，与此同时双稳射流元件ⓑ也换向，此信号经过二位三通阀进行功率放大后使气缸 A 的活塞杆伸出。由于气缸的推动转台移动一个位置，气缸 A 的活塞杆伸出端使行程阀 LX_1 动作，这时“或/或非”射流元件 1 有输出，则双稳射流元件ⓒ换向，便气缸 B 的活塞杆伸出，则转台上的工件被夹紧。由于在夹具的前端装有背压式气动检测器，所以在有工件的时候检测器动作，说明工件已被夹紧。由检测器发出的信号，通过“或/或非”射流元件 2 而换向，所以射流元件 3 有输出，这时气缸 C 的活塞杆伸出，在供给螺钉的同时进行扭紧的动作。在扭紧后行程阀 LX_3 动作，射流元件ⓐ复位，气缸 C 活塞杆缩回，在活塞杆缩回端行程阀 LX_4 动作，则射流元件 5 有输出，使射流元件ⓒ复位。气缸 B 活塞杆缩回，在活塞杆缩回端使行程阀 LX_5 动作，使射流元件 6 有输出，因此射流元件ⓑ复位，则气缸 A 活塞杆缩回之后就完成了一个工作循环。

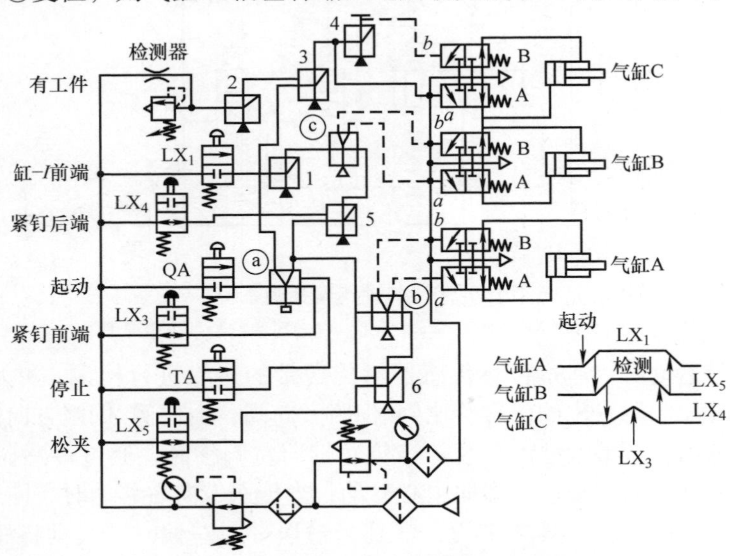

图 39-31　射流元件控制的紧螺钉机回路图

注：图中 1 ~ 6 为射流元件。

39.5.2　气动逻辑式铸件检漏装置

近年来，有的国家为了节省燃料，对汽车等元件的轻量化进行了大量的研究之后，将铸造件的壁厚改薄了，由于这种变化的结果，使得因为裂纹或多孔性造成泄漏的可能性增加了。因此在大部分汽车零件的压铸工序中加入了检漏试验工序。众所周知，常用水加压的检漏方法，试验时以肉眼观察漏水与否。这种方法虽好，但是既浪费时间与人力，其工作条件又比较差。国外有工厂为了把这项检漏工作自动化，去掉了水槽，并且不用操作者考虑与分析试验结果，开发了新的检漏系统。因为缺乏更详细的资料，下面只简单地介绍其工作原理以供参考（见图 39-32）。

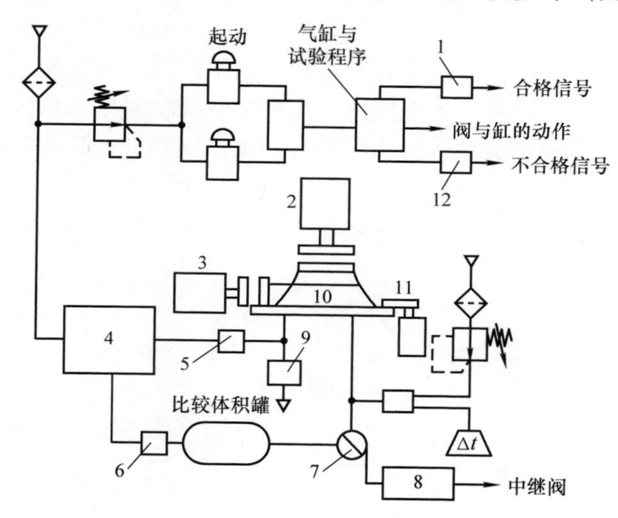

图 39-32　检漏试验装置的工作原理

1—常开中继阀　2—顶端密封气缸　3—侧面密封气缸　4—压力调节装置　5—充气阀　6—比较密封阀　7—Δp 测定器　8—放大器　9—试验用排气阀　10—被试体　11—夹紧气缸　12—常用中继阀

当被试件体内的压力降低时，将此压力与比较体积罐内的压力进行比较。根据被试件尺寸大小与参数的要求，以 35 ~ 668kPa 的压力在 5 ~ 15s 内试验即可完成。同时可以检测到 7Pa 以下的微小压力变化。为了进行这样高速、准确的试验，开发了气动逻辑元件，用以完成下述工作要求：

1）调节试验中使用的空气。

2）正确地控制加压的速度与停止加压的压力点。

3）使试验压力稳定。

4）能够迅速检测出微小的压力变化。

5）使得到的试验信号（压力差 Δp）进行放大。

试验时，把被试件安装在装置上，把夹紧气缸与密封气缸调整好后按下起动按钮，则可自动进行检查。当被试件体内与比较体积罐内的压力达到规定值时就停止供气，开始计算时间。在试验结束后，如指示灯信号为绿色则零件合格，黄色则不合格。然后用另外的气缸在合格的零件上打出合格的标记。最后夹紧缸的活塞杆缩回准备下一个试验。

39.6　气动灌装喷涂自动控制系统

39.6.1　喷涂机器人中的供液系统

近年来随着黏结剂、密封材料研究工作的进步，出现了使喷涂作业自动化的机器人，所以目前可由过去使用胶布带与成型密封垫片的作业方式变为在现场自由地喷涂成形的作业方式。这种胶接胶封工艺在工业中同焊接和机械连接具有同样的重要性。下面将介绍在喷涂机器人中使用的几种气动式材料压入系统。

在考虑黏结剂与密封材料压送的控制时，由于这些材料是非牛顿流体，所以如何更好地实现流量控制是喷涂机器人作业成败的关键所在。

图39-33所示的回路是压送聚硅氧烷、氨基甲酸乙酯及异丁橡胶等材料时使用的回路。

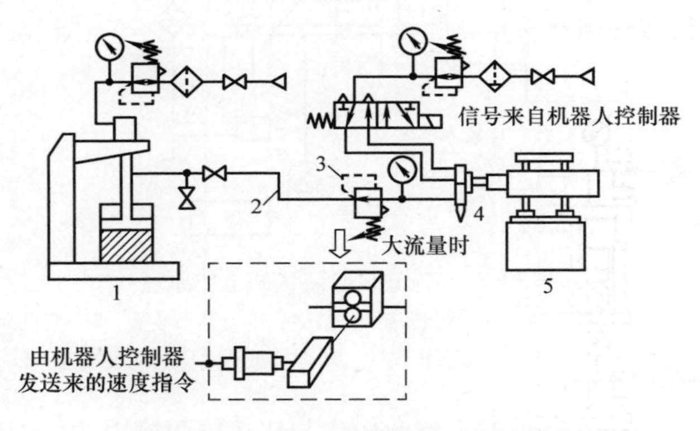

图39-33　单一密封材料压送回路

1—往复压送泵　2—高压尼龙管　3—材料压力调压阀（0～35Pa）　4—喷枪　5—喷涂机器人

充分计算到达机器人喷枪处的压力损失，尽可能以较高的压力压出，然后通过装在喷枪前面的材料压力调节器使压力降到合适的数值，这是保证工作液流量稳定的关键。但是当需要喷涂的流量很大时（900～1500mL/min），由于超过了调节器的流量调节范围，可使用图39-33虚线框内的流量调节器。

此流量调节器的工作原理：由往复压送泵压送出来的材料首先进入齿轮气马达，由于工作压力齿轮要转动，而这种转动是由伺服气马达来限制与调节的。由齿轮气马达送出来的力矩首先传到蜗轮蜗杆副，而此力矩由蜗杆的自锁作用完全承受。因此伺服气马达不承受其他反力矩，而只提供解除自锁所需的力矩，从而使齿轮气马达转动送出一定体积的工作液体。在此系统中使用两个气动回路，一个是控制自动喷枪开闭的气动回路；另一个是维持往复压送泵压力的气动回路。

图39-34所示为低黏度密封材料的压送回路。这种泵的结构较简单，把工作液体封入压送料箱内，直接以空气压力压送液体。压送流量的控制是通过电磁比例阀来实现的，电磁比例阀的输入信号是由喷涂机器人控制器发送出的示教电压指令，从而通过控制压送料箱内压力，以达到控制流量的目的。这时可以省掉前面提到的压力调节器与开闭自动喷枪的气动回路，所以系统比较简单。

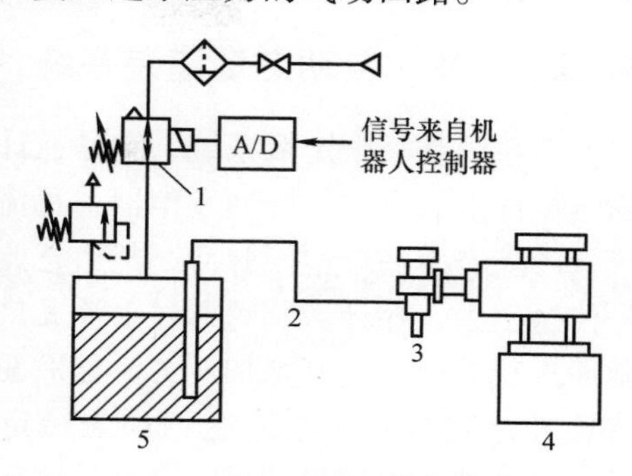

图39-34 低黏度密封材料压送回路

1—电磁比例阀 2—尼龙管 3—喷嘴 4—喷涂机器人 5—压送料箱（0～0.7MPa）

图39-35所示为压送两种密封材料的回路。由主剂泵1与硬化剂泵10压送出来的液体都送入变量泵（兼计量用）8中，用来自机器人的控制信号通过伺服电动机来控制与框架连在一起的柱塞速度。由变量泵压送出来的液体经过静止式搅拌器6混合后供给自动喷枪5。实际的应用系统除了上述回路外还包括清洗回路，是比较复杂的系统，在此就不详述了。

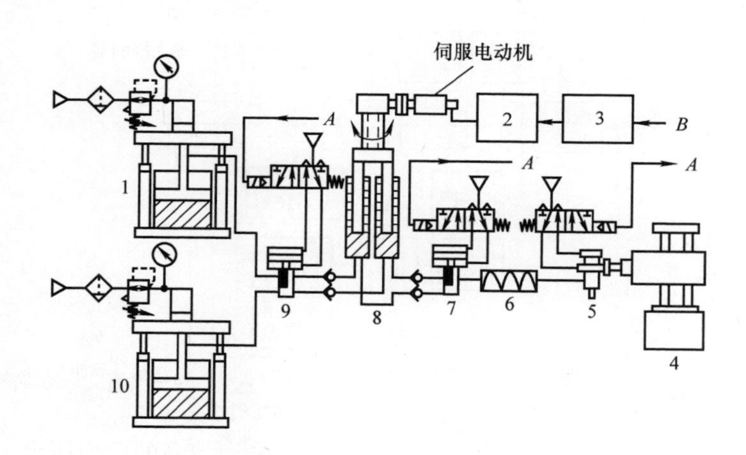

图39-35 压送两种密封材料的回路

1—主剂泵 2—伺服放大器 3—速度给定单元 4—喷涂机器人 5—自动喷枪 6—静止式搅拌器 7—出口阀 8—变量泵（兼计量用） 9—入口阀 10—硬化剂泵

A—来自机器人控制器的开闭信号 *B*—来自机器人控制器的速度信号

图39-36所示为自动喷枪的结构。自动喷枪是安装在喷涂机器人前面按示教轨迹进行喷涂的机构。它是由气缸部分3与工作液供给部分5组成的。特别是当停止供给工作液时，与滑阀1上升的同时，喷嘴6内的容积也产生变化，所以在工作液

停止供给时能吸住要滴下的工作液，也可进行小量工作液的喷涂。

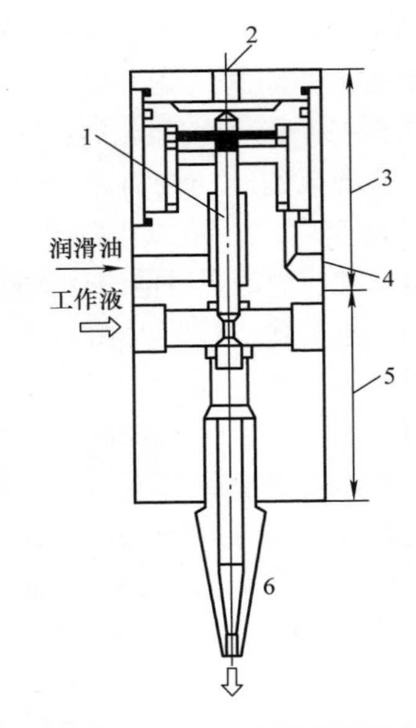

图 39-36　自动喷枪的结构

1—滑阀　2—气孔 *A*　3—气缸部分　4—气孔 *B*　5—工作液供给部分　6—喷嘴

39.6.2　液体自动定量灌装系统

本系统是一个定量系统，它是在计量液体的流量计上装有空气脉冲发信器，每流过单位流量后就产生一个空气脉冲，然后把此脉冲信号传送出去，在计数装置通过射流元件将空气脉冲进行整形后使其增加压力，然后驱动机械式预置计数器，如液体达到预先给定的流量时，向外部发出定量信号，令其关闭定量阀。

该系统是用于计量自动化的一个例子，以前这样的作业多半是由手工操作进行的。采用自动化后可防止作业时的灌装过量，同时也提高了作业效率与质量。其工作原理如图 39-37 所示。

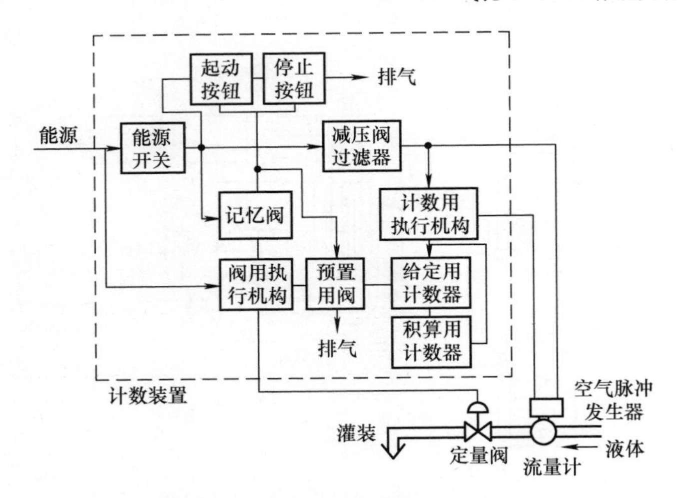

图 39-37　液体自动定量灌装系统工作原理

本系统是由测量流体量的流量计、控制流体流动或停止的定量阀、以及计数装置构成的。由流量计出来的气体脉冲信号通过计数装置内的整形放大射流元件，驱动气动计数器。给定用计数器是给定一次的定量值，积算流量计是测定总流量的。在给定用计数器中装有能够发出达到定量信号的气体开关。如按下起动按钮、通过记忆阀使起动信号得以保持，以阀用执行机构打开系统的定量阀，由流量计发出计量脉冲信号。因为定量操作的运算是减法的方式，所以在给定时点（起动前）时，给定用计数器所表示的是给定量，计量脉冲进入后，给定量开始进行减法运算，当给定量的表示为零时（即达到定量时），通过给定用计数器内的气体开关，驱动预置用阀，解除记忆阀的自保持动作，关闭系统的定量阀，而使定量动作完成。

图 39-38 所示为计数装置内的回路简图。设计本装置的控制回路，须注意以下两点：

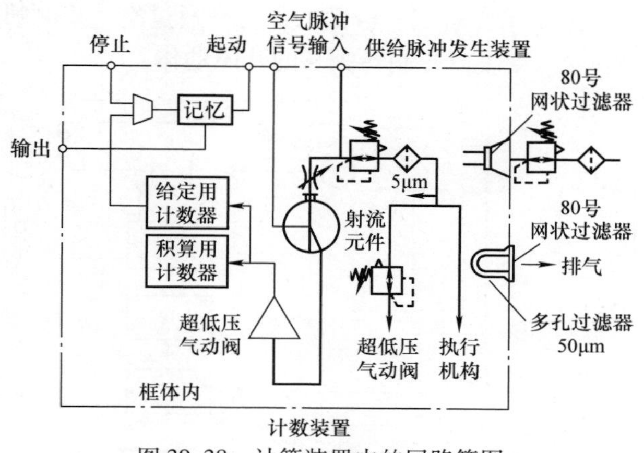

图 39-38　计算装置内的回路简图

1）在被传送的气体脉冲信号的整形回路中使用了纯流体射流元件。一般由气压传感器发出的压力信号，特别是将脉冲信号进行远距离传送时，由于传送管路的管径及管路的容量等原因，脉冲波形变得平滑了，用这样的信号不能准确地使方向阀动作。为此使用纯流体射流元件进行脉冲整形。

2）为了保护本装置，由计数装置内各种元件中排出的气体，通过过滤器排到大气中。此框体是一个密闭容器，由各机器产生的排气通过 50μm 的多孔过滤器向外面排出。因此，容器内由排气流量而在排气过滤器中产生的压力损失，容器内压力比外部正好高出此压力损失的压力值。由这种方法保护纯射流元件或其他内部机器，可使本装置工作在粉尘多的工厂或具有腐蚀性的气体中。

本系统是以谋求流体定量灌装作业的合理化与其他机器组合而构成的计量自动化装置，这一数字式装置以前是少见的。因为本系统是完全气动的，所以对易燃流体的灌装作业来说是一个非常安全的装置。

39.6.3　胶带黏着剂供给装置

本装置是生产胶带时用涂抹机进行黏着剂涂抹工序，实现以气压控制黏着剂的液面、供给黏着剂，以及停止动作的自动化与省力化装置。因为最常用的黏着剂是 3Pa · s 左右的高黏度物质，所以液面的控制很困难，用电气方法或溢流的方法很难实现，而使用气压则很容易解决这一难题，并且从实用结果来看也非常有效。

因为本装置用气压工作，所以不必担心会发生火灾。

图39-39所示为黏着剂供给与停止的自动控制原理。设在搅拌车间内的黏着剂供给箱1（5000L）内的黏着剂，由黏着剂输送泵2送到涂抹车间内的贮箱4（150L）中。贮箱4液面的上限与下限通过气体检测喷嘴来调节，接受它的信号后检测器本体10、11动作，把此信号送到气电信号转换器3中，使黏着剂输送泵2起动/停止。另外贮箱4中的黏着剂，通过循环泵5由转阀6的控制，由黏着剂供给口7向涂抹机辊子上供给黏着剂。液面的保持是通过空气检测喷嘴8来检测，把信号发送到检测器本体9，用以控制转阀6的开闭动作。

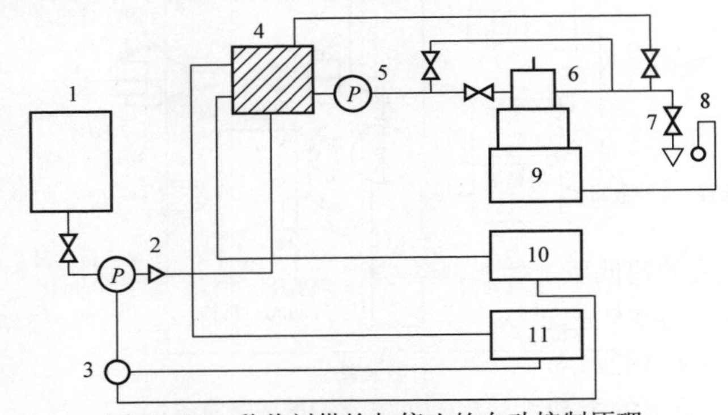

图39-39　黏着剂供给与停止的自动控制原理

1—黏着剂供给箱　2—黏着剂输送泵　3—气电信号转换器　4—贮箱　5—循环泵
6—转阀　7—黏着剂供给口　8—喷嘴　9、10、11—检测器本体

图39-40所示为本装置的气动控制回路。超低压空气用调节器1可产生50～70mmH_2O（490～686MPa）的空气压。检测器本体2将上述的超低压空气送到液面检测喷嘴5、6、7，收到此信号之后，再送到转阀3或者气电信号转换器4。

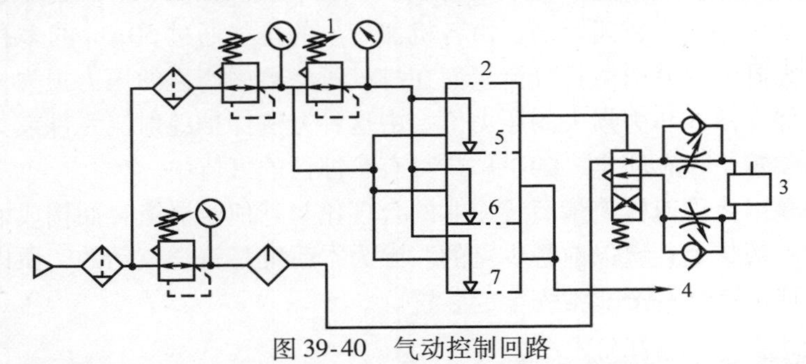

图39-40　气动控制回路

1—超低压空气用调节器　2—检测器本体　3—转阀　4—气电信号转换器　5、6、7—液面检测喷嘴

图39-41a所示为黏着剂在涂抹辊1与金属辊2上的定量填充状态图。由液面检测喷嘴5送来的超低压空气6（50～70mm水柱）被黏着剂面所阻断。因此，超低压空气的微小压力变化都被检测器本体所检测。

图 39-41b 所示为当黏着剂经使用后液面下降时，液面检测喷嘴的端部和液面间出现间隙的状态图。这时被阻断的超低压空气被释放而流出，因此压力发生变化，检测器本体就立刻动作，供给黏着剂，打开停止的转阀，向 1、2 两个辊子供给黏着剂。这时液面又重新上升，封住检测液面的喷嘴 5，关闭转阀，停止供给黏着剂。以后就反复地进行上述的动作。

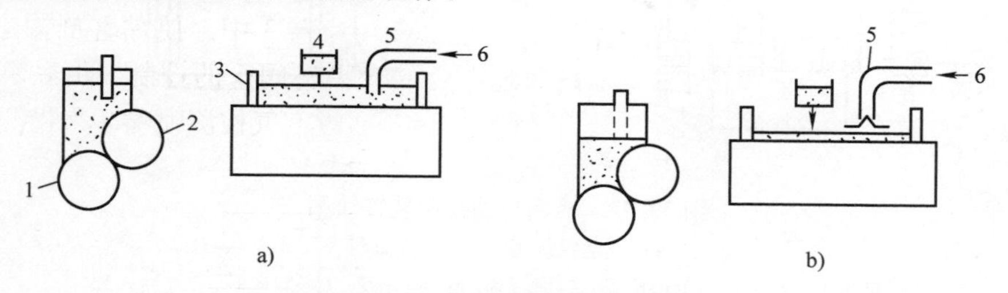

图 39-41　黏着剂的定量填充状态

a）填充状态图　b）间隙出现状态图

1—涂抹辊　2—金属辊　3—侧板　4—黏着剂　5—液面检测喷嘴　6—超低压空气

此回路中所用的超低压空气用调节器受到振动及温度的影响后容易产生波动，由此可能引起检测器本体的误动作。为解决这个问题可采用下面的措施。

1）为了减小振动的影响，可用橡胶绳将调节器悬挂起来以吸收振动。

2）为了减小温度的影响，要确定不使调节器产生误动作的压力上下限，当调节器压力超过此上下限的时候就鸣笛报警。

此装置的自动化效果是可以省去不停地操作转阀的工人，此外还解决了工人在有害气体甲苯中工作的问题。

39.7　液面自动控制装置气动系统

图 39-42 所示为液面自动控制装置简图。该装置用于容器中的液体保持在一定高度的范围内。打开起动阀 1，经气动操作阀 2 使主阀 3 换向，输出压力 p_1'，打开注入阀 7，从而向容器加水。当水低于液面下限时，液面下限检测传感器 9 产生 p_1 信号，经先导阀 5 放大后关闭气动操作阀 2，使主阀 3 右侧泄压，为换向做准备，此时仍保持记忆状态，使注入阀 7 继续向容器内注水。当水超过液面上限时，产生 p_2 信号，打开先导阀 4 使主阀 3 换向，从而压力 p_1' 消失，即关闭注入阀 7 而产生压力 p_2' 打开输出阀 8。随着液体的流出，液面下降，p_2 信号消失，先导阀 4 复位，但主阀 3 仍保持记忆状态在放水位置，直到液面下降至液面下限以下，p_1 信号消失，先导阀 5、气动操作阀 2 复位，使主阀 3 换向，再重复上述过程。

该液面控制装置具有成本低、维修方便、适应恶劣环境的优点，其缺点是液面控制精度低，液面变化速度很慢时，动作稳定性差。

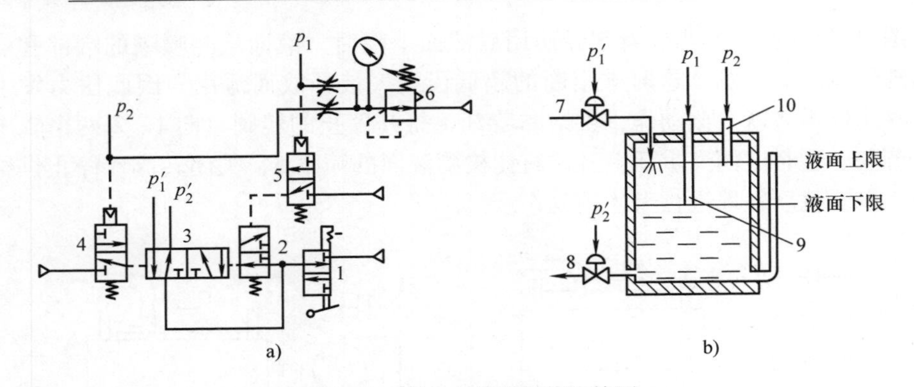

图 39-42　液面自动控制装置简图

a）气动系统图　b）装置简图

1—起动阀　2—气动操作阀　3—主阀　4、5—先导阀　6—减压阀　7—注入阀　8—输出阀　9—液面下限检测传感器　10—液面上限检测传感器

39.8　微型计算机控制的纸壳箱贮放系统

本系统是用于成品入库位置控制的例子。图 39-43 所示为存放纸壳箱工作示意图。

为了提高成品件或工件的入库效率，有必要在横向、纵向、竖向上使气缸有数个停止位置。从前都是使用很多的行程开关，通过继电器控制电磁阀的换向，从而实现带制动器气缸的位置控制。但是由于受开关安装空间、继电器的响应时间或检测元件长度的限制，改变停止位置与停止次数是比较困难的。为了解决上述问题，使用了带位置检测机构的制动气缸装置，其动作说明如图 39-44 所示。

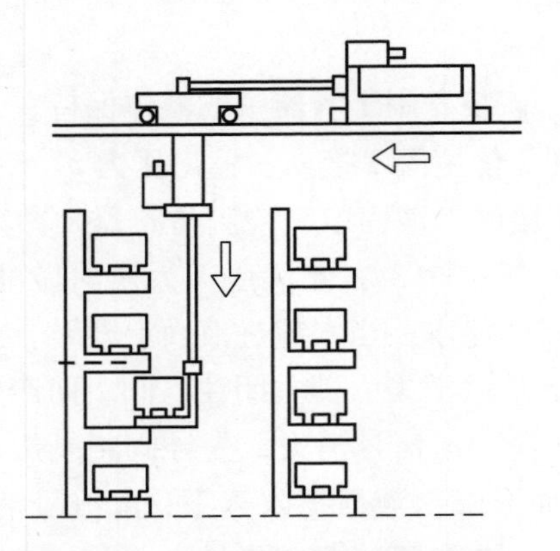

图 39-43　存放纸壳箱工作示意图

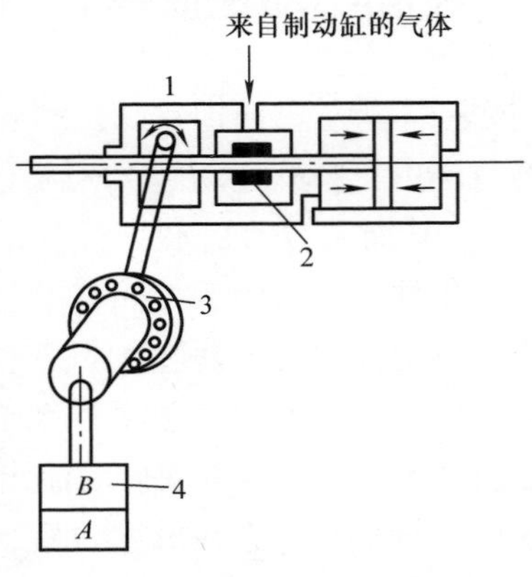

图 39-44　动作说明

1—转子　2—制动器部分

3—脉冲发生器　4—控制单元

活塞杆的直线运动通过转子 1 变成旋转运动，然后通过与转子串联的脉冲发生器 3 将脉冲信号作为输入送往控制单元 4（微型计算机），在此处根据脉冲信号得知气缸的位置，然后把信号送往制动用电磁阀以及气缸换向电磁阀，以随意地控制中途停止、前送、后退等动作。控制单元由 *A*、*B* 两种单元组成，*A* 单元内含有电源回路、工作时间回路、紧急停止回路以及只停止一次的回路；每增加一个停止回路需要增加一个 *B* 单元。但是与外界的计算机连接时不需要 *B* 单元，如图 39-45所示。

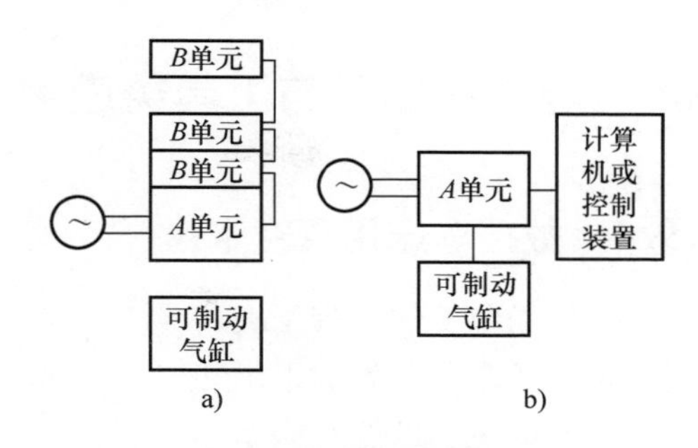

图 39-45　控制的组成原理图

a）*B* 单元组成的多点控制

b）计算机或控制装置的控制

控制带制动器气缸的方向阀是中位加压式的。按图 39-46 所示水平移动回路连接管路，在气缸停止时活塞两侧压力相等，要防止解除制动时活塞杆“弹出”的现象发生。

图 39-47 所示为垂直向下移动的回路，解除制动时，活塞杆有可能向下产生误动作，所以有必要在无杆腔安装调整器以取得平衡。

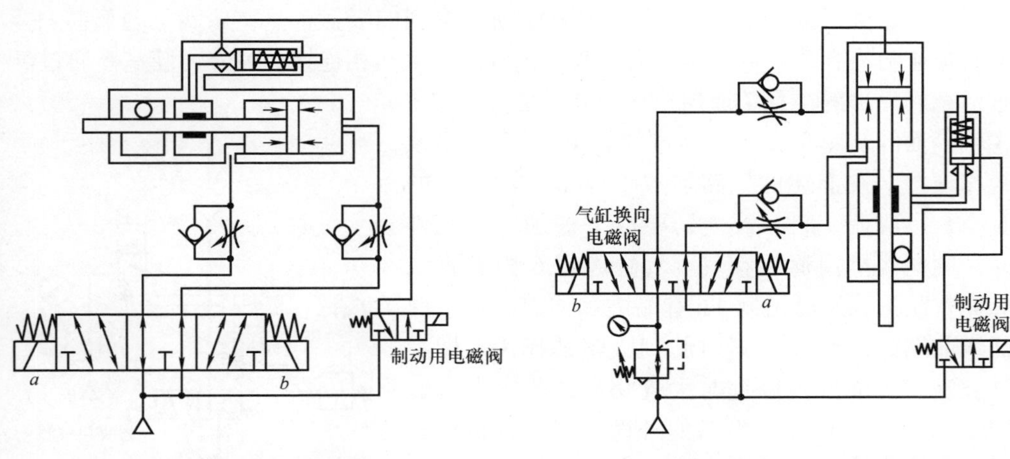

图 39-46　水平移动回路

图 39-47　垂直向下移动回路

由于停止精度及超程量（加制动信号后到停止位置的距离）随制动用电磁阀的响应性而变，所以要选择快速性好的阀。

带制动器的气缸，在活塞速度为 300mm/s 时，其停止精度为 ±1.0mm，但是带制动器气缸与制动用电磁阀间距离越短越好，最好是做成一体的。当中间停止的间距在 25mm 以下、停止精度要求在 ±0.1mm 以下时，必须与液压换流器并用以提高停止精度。

39.9 自动化加工与工具类应用

39.9.1 数控车床用真空卡盘

车削加工薄工件时难于夹紧，很久以来这已成为加工工艺中的一大难题。虽然对铁系材料的工件可以使用磁性卡盘，但是工件容易被磁化，这是一个很麻烦的问题，而真空卡盘则是较理想的夹具。真空卡盘的结构如图39-48所示，下面简单介绍其工作原理。

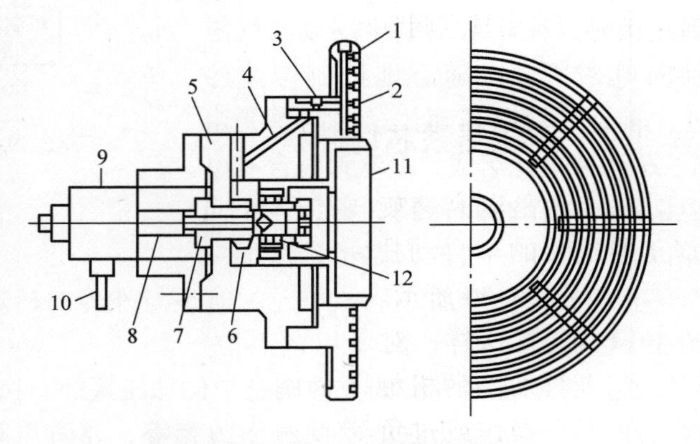

图39-48 真空卡盘的结构

1—卡盘本体 2—沟槽 3、7—小孔 4—孔道 5—转接件 6—腔室 8—连接管 9—转阀 10—软管 11—活塞 12—弹簧

在卡盘的前面装有吸盘，盘内形成真空，而薄工件靠大气压力被压在吸盘上以达到夹紧的目的。一般在卡盘本体1上开有数条圆形的沟槽2，这些沟槽就是前面提到的吸盘，这些吸盘通过转接件5的孔道4与小孔3相通，然后与卡盘体内气缸腔室6相连接。另外，腔室6通过气缸活塞杆后部的小孔7通向连接管8，然后与装在主轴后面的转阀9相通。通过软管10同真空泵系统相连接，按上述的气路造成卡盘本体沟槽内的真空，以吸附工件。反之，要取下被加工的工件时，则向沟槽内通以空气。气缸腔室6内有真空和充气状态，所以活塞11有缩进和伸出状态。此活塞前端的凹窝在卡紧时起到吸附的作用。即工件被安装之前缸内腔室与大气相通，所以在弹簧12的作用下活塞伸出卡盘的外面。当工件被卡紧时缸内造成真空则活塞头缩进。一般真空卡盘的吸力与吸盘的有效面积和吸盘内的真空度成正比。在自动化应用时，有时要求卡紧速度要快，而卡紧速度则由真空卡盘的排气量来决定。

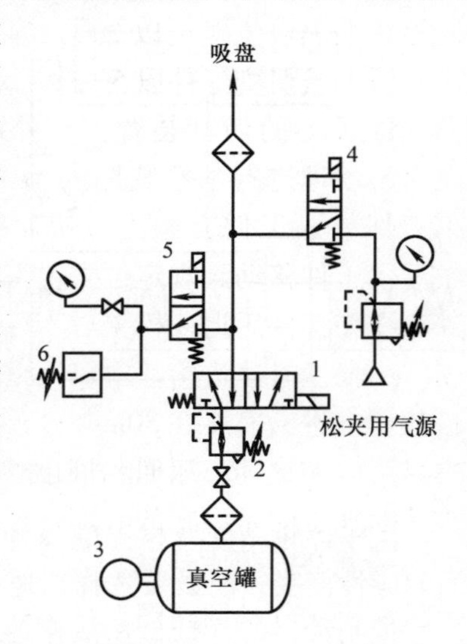

图39-49 真空卡盘气动回路

1、4、5—电磁阀 2—真空调节阀 3—真空罐 6—压力继电器

真空卡盘的夹紧与松夹是由图39-49中电磁阀1的换向来进行的。即打开包括真空罐3在内的回路以造成吸盘内的真空，实现卡紧动作。松

夹时，在关闭真空回路的同时，通过电磁阀 4 迅速打开空气源回路，以实现真空下瞬间松卡的动作。电磁阀 5 是用以开闭压力继电器 6 的回路。在卡紧的情况下此回路打开，当吸盘内真空度达到压力继电器的规定压力时，给出夹紧完毕的信号。在松卡的情况下，回路已换成空气源的压力了，为了不损坏检测真空的压力继电器，将此回路关闭。如上所述，夹紧与松卡时，通过上述的三个电磁阀自动进行操作，而卡紧力的调节是由真空调节阀 2 来进行的，根据被加工工件的尺寸、形状可选择最合适的卡紧力。

39.9.2　变压器铁芯切断机

本装置是以高速旋转的砂轮切断变压器铁芯的半自动式切断机，其工作原理如图 39-50 所示。

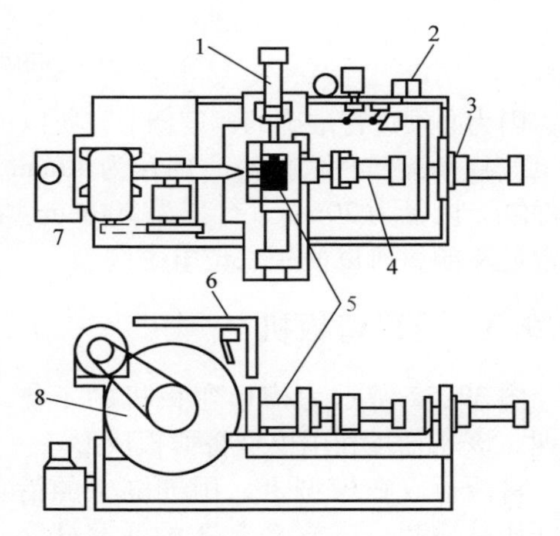

图 39-50　变压器铁芯切断机工作原理

1—气缸 *C*（移动工件支架气缸）　2—电磁阀
3—气缸 *A*（进给气缸）　4—气缸 *B*（夹紧工件气缸）
5—工件支架　6—冷却液喷嘴
7—冷却液供给源　8—砂轮切片

像本装置这样，对于以高速旋转的砂轮进行加工的机械而言，由于机械上的不当操作或过负荷面易使砂轮破坏造成事故，危及操作者的人身安全，因此对这种加工机械，人们希望其成为装入工件后只通过按钮即可实现自动或半自动化加工的装置。本装置是直径为 200mm，厚度为 1mm 的切割砂轮在固定位置上以 3000r/min 的速度旋转，被切割工件以 50mm/min 以下的低速进给的切割装置。工件的装卸完全自动地进行。本装置的动作如下：把工件放入工件支架上，按下起动按钮后，工件移动到规定位置上被锁紧，然后以进给速度送向切割砂轮进行切断。切断完毕则工件后退，松夹后工件返回最初位置等待交换新工件。这种装置必须保证工件平稳地微速进给。本机采用的是气液系统，很容易获得 30 ~ 50mm/min 的微速进给，但进给速度在 30mm/min 以下时就不稳定了。此外，此机的进给速度在行程中是可以变化的，返回和接近砂轮时快速前进，只有切断作业中是微速前进的。因为切断加工时是湿式的，即使用冷却液。为防止冷却液、砂粒以及切屑等进入机械的可动部分而引起故障，所有的（液压）气缸都用防护罩进行保护。图 39-51 所示为该机的气动回路图。

气缸 A 是工件进给缸，内径为 30mm，由气液系统驱动。只在前进方向上进行速度调节，在前进途中挡块碰到行程开关而变速。返回行程不进行变速调节，以高速返回。在切割作业中可以任意停止，且停电时可中途立即停止作业，以防发生事

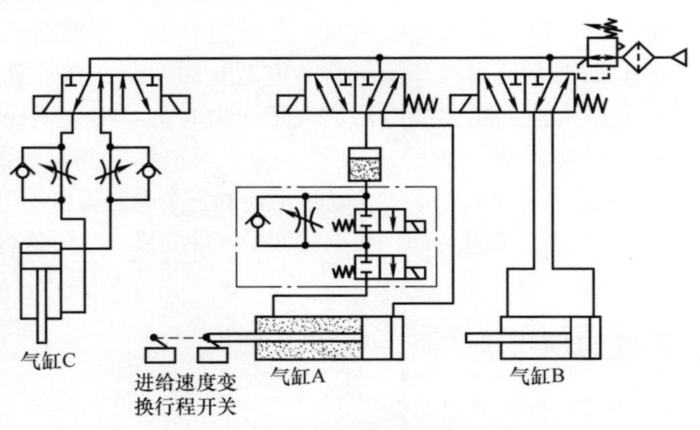

图 39-51　切断机的气动回路图

故。因为必须进行准确的速度调节，所以最好对气液组合部件增加压力与温度补偿。

气缸 B 是工件固定缸，内径为 40mm，采用专门设计的夹紧缸。气缸 C 是移动工件缸，内径为 20mm、行程为 200mm。在切割作业中，由于误动作而产生移动是非常危险的，所以使用二位电磁阀。

39.9.3　槽形弯板机

图 39-52 所示为槽形弯板机的工作原理。该装置是利用模型将薄板成形。

将薄板放在模型上，用气缸 1 的活塞杆压住之后，气缸 2 与 3 的活塞杆降下，在 a 与 a' 线处先进行折角加工后，再在 b 与 b' 处用气缸 4 与 5 在水平方向进行弯曲。气缸、弯曲工具及检测用机控行程阀的位置如图 39-52 所示，其气动回路图如图 39-53 所示。

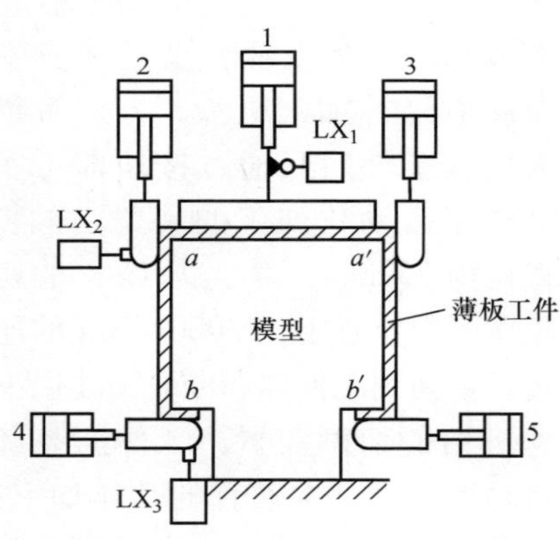

图 39-52　槽形弯板机的工作原理

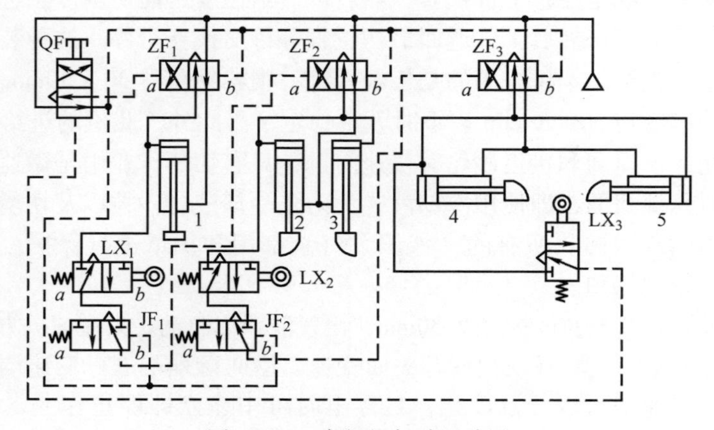

图 39-53　弯板机气动回路图

此回路的动作如下：按下起动阀 QF 后，空气信号进入主控阀 ZF_1 的 a 侧。空气进入气缸 1 的无杆腔，压头下降压住钢板。由于起动阀的换向，进入中继阀JF_1、JF_2二阀 b 侧的空气信号放入大气，ZF_2、ZF_3 阀自动复位到 a 侧。若 QF 阀不复位则主控阀ZF_2、ZF_3的 b 侧也没有信号。在此状态下，由于气缸 1 的活塞杆下降，行程阀LX_1换向到 b 侧时，则由ZF_1过来的空气信号进入ZF_2的 a 侧。这时空气进入气缸 2 与 3 的无杆腔，两缸的活塞杆下降。开始进行图 39-52 中 a 与 a'处的第一个弯曲加工，工件两端的弯角就完成了。由于气缸 2 的活塞杆下降，行程阀LX_2换向。通过LX_2与JF_2的空气信号进入主控阀ZF_3的 a 侧，使其换向到 a 侧。这时空气进入气缸 4 与 5 的无杆腔，其活塞杆开始沿水平方向伸出。即在图 39-52 中的 b 与 b'处进行第 2 个弯曲加工，在气缸 4 的活塞杆前进端处LX_3换向，起动阀则换向到原来的状态。其结果使中继阀JF_1与JF_2换向，使ZF_1、ZF_2、ZF_3的 a 侧信号全部消失。由以上的结果，主控阀ZF_1、ZF_2、ZF_3都换向到 b 侧，气缸 1 ~5 的活塞杆缩回。由于气缸杆缩回，检测用行程阀LX_1、LX_2、LX_3都关闭而自动复位。以上就完成了一个循环，恢复到如图 39-53 所示的状态。

39.9.4　采用摆动气缸的变力矩扳手

该装置的气动回路图如图 39-54 所示。

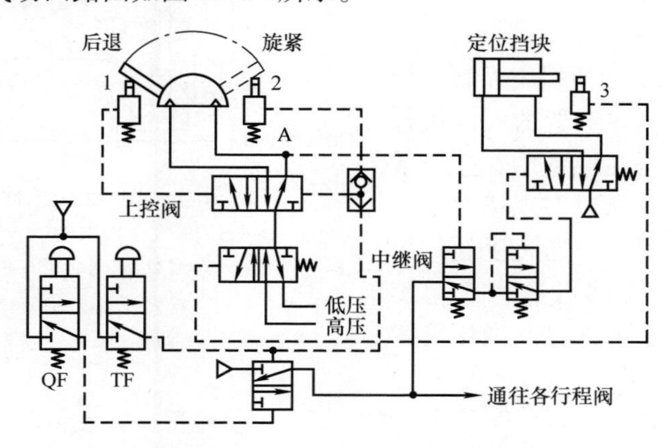

图 39-54　变力矩扳手气动回路图

此装置的作用是在装配液压（气）缸的最后工序中，在旋紧缸的两个端盖及管螺纹的同时，还要对准管路接口的位置。它可通过超越离合器把摆动气缸的摇摆运动变为旋转运动，同时还可通过改变压力的方法提供高、低的两级力矩，并能进行管路接口位置的调整。其动作的程序如下：

调整好工件后按起动按钮，摆动气缸的摆动运动传给单向超越离合器使旋转部分转动，旋紧端盖的螺钉。如端盖螺钉旋进之后，由于密封垫片的阻力作用，低力矩的旋转停止。当确知运动停止后，伸出使管路定位的挡块，使回路换向到高力矩一侧，一边继续旋紧动作，一边确定管路接口位置，当与定位挡块相碰后则旋紧动作停止。按下停止按钮取出工件。

此回路是纯气动的，所以控制较容易。其力矩换向动作如下：

按下起动阀 QF 后，由于摆动气缸的两边分别装有行程阀 1 与 2，通过两个阀的开闭来控制摇摆运动。这时由主控阀 A 口出来的信号是与中继阀相通的，所以在摇摆运动时中继阀不发出信号。如当负载增加而摆动气缸停止时，则由 A 口出来的空气被放入大气，这时中继阀复位发出信号。发出的信号控制定位气缸伸出挡块，当确知挡块已伸出后，由行程阀 3 使之换向到高力矩一侧。

39.9.5 手动阀操作的自动开闭装置

本装置不必隔除手动阀即可实现开闭阀的自动化，同时还可以实现省力、减少阀的误操作以及改善条件差的室外作业等。另外，此装置除了通过按钮进行阀的开闭外，由于装设了温度熔断器、地震计、氮气储气瓶、储气罐等，在漏油、火灾、地震或停电时，可使工厂内的全部阀门在 1 ~ 2min 以内同时切断而使损失控制在最小限度之内。因为本装置的阀门执行器部分是由气动马达驱动的，信号系统也都是气动的，所以在现场根本不需要电气元件。另外，通过手轮，用原来的手动阀门仍然可进行手动操作。图 39-55 所示为该自动操作装置的工作原理图。

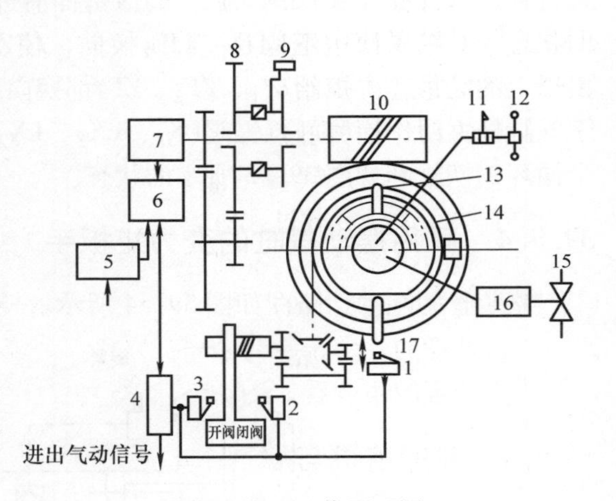

图 39-55 工作原理图

1、2、3—行程开关 4—控制阀 5—气动三联件 6—方向阀 7—气马达 8—离合器 9—自动手柄 10—蜗杆 11—换向杆 12—手动轮 13—传动键 14—传动套 15—被控阀 16—安装部 17—信号销

本装置是由减速齿轮、气马达、方向阀、手动轮部分，发信部分以及力矩给定机部分组成。气马达采用可靠性高的叶片式马达，马达轴的转动通过减速齿轮传送到手动阀的轮轴。方向阀由操作回路的信号控制马达的正反换向以及运转和停止。另外，通过操纵手动轮部分的换向杆，仍然可实现阀门的手动操作。发信部将输出轴的旋转运动传给变换齿轮，使开闭指示器的指针动作的同时，使阀门全开行程开关以及全闭行程开关动作，给出输出信号。操作回路接收开、闭的空气输入信号使气马达转动，以及通过安行程开关阀的信号使气马达自动地停止。另外、通过安装在输出轴上的力矩给定器，当负荷超过预先给定的扭紧力矩时，则输出轴不传递转动。同时由于信号销伸出，使发信部的力矩检测用行程开关阀动作，则气马达立即停止旋转。

图 39-56 所示为该装置的控制回路简图。该回路以驱动气马达为主，略去了外部输入信号的处理。

其动作是，由于开启信号使方向阀 3 换向的同时，空气通过阀 1 按规定的空气压力使马达正转，当转到规定的位置时，因与行程开关阀接触使气马达停转。关闭信号时同理，使方向阀 3 动作，空气压力使气马达反转，当碰到关闭行程开关阀时停转。该回路中，为了使气马达不论是正转还是反转，都要通过力矩给定器的力矩行程开关阀的动作而停止转动，加装了方向阀 2。因此，在气马达旋转中由于某种事故而造成负载过大时，可使气马达停止转动，可防止由于气马达的驱动力过大而造成的机器损坏。本回路的设计要点就是上述防止过负载的措施。本装置是以机械机构检测过负载的，然后将它用气动行程开关阀进行空气压力的变换后在回路中进行处理的。由于手动阀门的误操作容易造成事故，所以从安全操作、省力化以及防止公害的角度看，手动阀门的自动开闭操作是非常必要的。

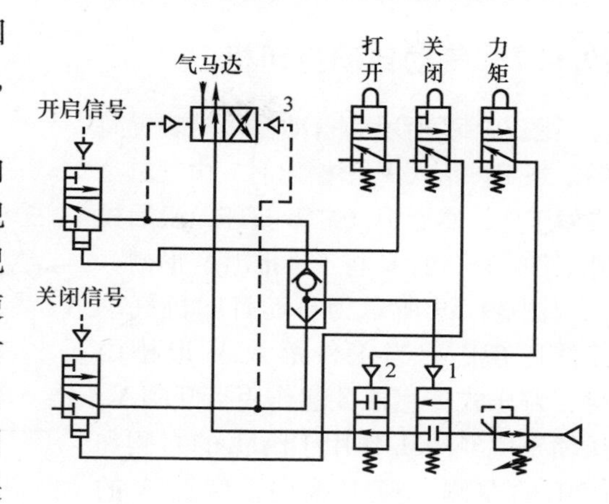

图 39-56　控制回路简图
1、2、3—方向阀

39.9.6　船舶前进与后退的转换装置

舵机转换装置是用气动装置对船舶前进、后退进行远距离控制的，该装置如图 39-57所示。

其控制操作有两种方式，一是在控制室通过遥控电磁阀 2 进行操作，二是在舵舱内通过手动方向阀3 进行操作。方向阀1 与3 都装在舵舱内。方向阀 1 是中间排气的三位方向阀，而阀 2 与 3 是中间加压型三位方向阀。其后退机构是通过三位置气缸进行操作的，其三个位置的动作由三位置气缸的活塞杆来实现。对大型船舶来说，控制室与舵舱的距离很远，一般使用电磁阀 2，但是如有防爆的要求或者是小型船，也可使用手动方向阀。此外船用机器还要考虑耐腐蚀的特点。

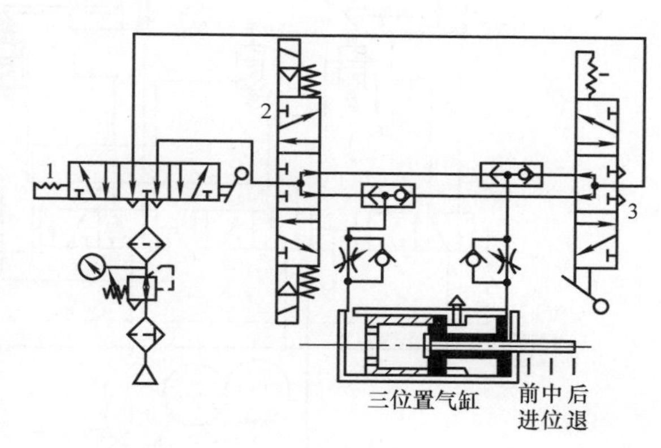

图 39-57　舵机转换装置
1、3—方向阀　2—遥控电磁阀

39.9.7 气动自动打印机

图39-58所示为自动打印机装置简图。当工件落入V形槽内时，由气缸A夹紧工作，然后由气缸B打印，最后松开工件，由气缸C将工件推出V形槽。

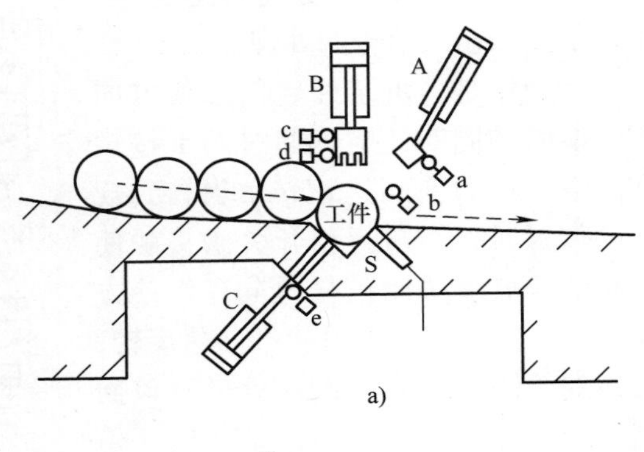

a)

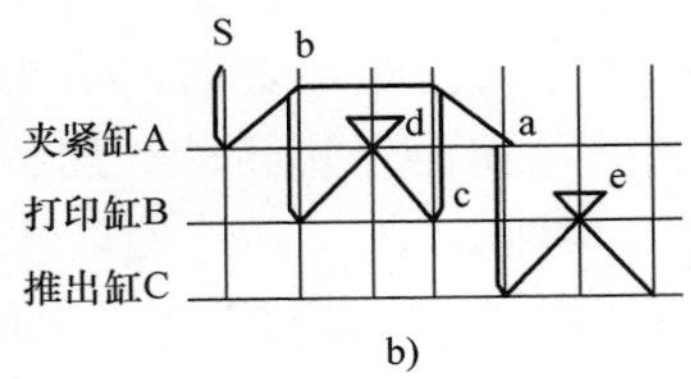

b)

图39-58 自动打印机装置简图

a）装置简图 b）动作顺序图

图39-59所示为自动打印机气动系统原理图，当工件落入V形槽内时，背压式传感器S起作用打开阀V，压缩空气经阀M_6作用于阀M_1的右侧和阀M_4的左侧，阀M_1换向，使缸A的活塞杆伸出，碰到行程阀b时，输出p_3信号，使阀M_2和M_6换向，缸B前进。当缸B碰到行程阀d时，使阀M_4与阀M_2换向，缸B的活塞杆缩回。缸B碰到行程阀c，使阀M_1与阀M_5换向，缸A后退，碰到行程阀a产生p_1信号，使阀M_3换向，缸C前进，碰到行程阀e后产生p_2信号，使阀M_3换向，缸C后退，并使阀M_5和阀M_6复位。当打印好的工件被推出V形槽后，另一工件滚入V形槽内，重复上述过程。

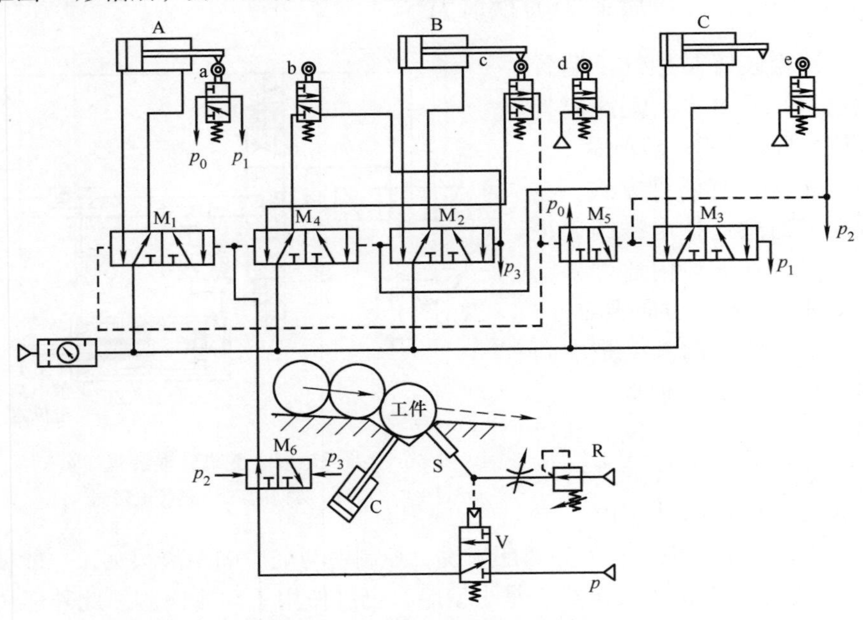

图39-59 自动打印机气动系统原理图

气动自动打印机具有回路简单、装置成本低、打印效率高、故障少、便于维护保养的优点。

39.9.8　气缸振动装置

图 39-60 所示为气缸振动装置。该装置的振动频率为 1Hz。

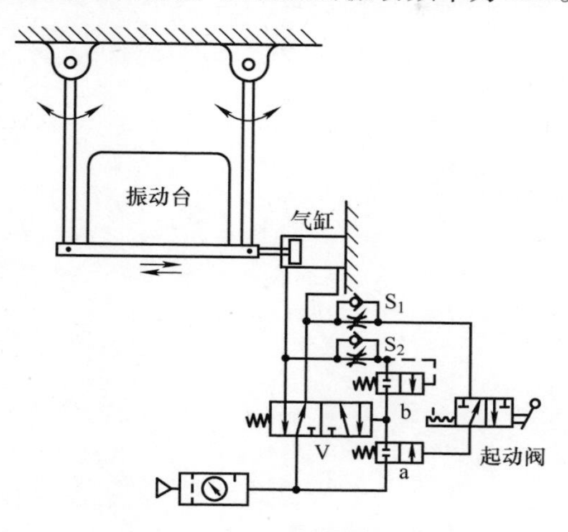

图 39-60　气缸振动装置

打开起动阀，流过单向节流阀S_1的压缩空气打开阀 a，使压缩空气进入主阀 V 的右侧使之换向，活塞杆缩回。此时从主阀 V 流出的压缩空气的一部分流过单向节流阀S_2，因而阀 b 打开，而阀 a 此时的控制信号因主阀 V 换向而排入大气中，所以阀 a 复位关闭，主阀 V 的控制信号经阀 b 排向大气中，从而主阀 V 复位，气缸向左运动。同时从主阀 V 流出的压缩空气一部分又经单向节流阀S_1打开阀 a，而阀 b 因信号消失而关闭，从而又使主阀 V 换向，活塞杆缩回。如此循环运动，形成振动回路。调节单向节流阀S_1和S_2可调节振动频率。

参 考 文 献

[1] 周洪. 气动自动化技术的发展趋势［J］. 液压气动与密封，2020，40（5）：109－112.

[2] 王祖温，熊伟. 计算机软件在气动领域的应用现状及未来发展方向［J］. 流体传动与控制，2005（2）：1－3.

[3] HONG T，TESSMANN R K. The Dynamic Analysis of Pneumatic System using HyPneu FES/Bar-Dyne Technology Transfer Publication. International Fluid Power Exposition and Technical Conference［R］.［S. l.：s. n.］，1996.

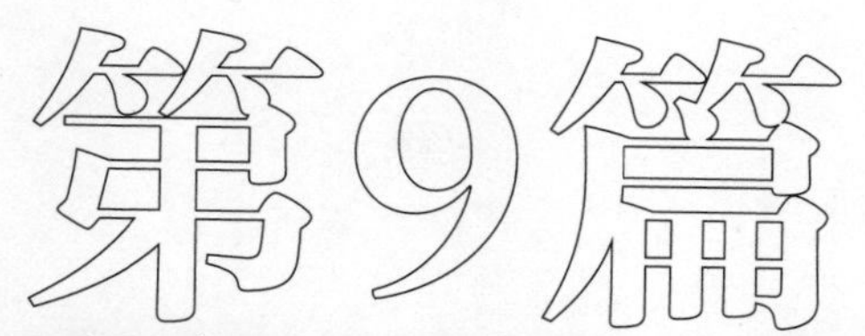

现代气动元件

主　编　王兆强

第40章　气动数字控制终端

作　　者　王兆强

主　　审　王雄耀　许仰曾

第41章　气动阀岛

作　　者　王兆强

主　　审　王雄耀　许仰曾

第42章　气动控制阀

作　　者　王兆强

主　　审　王雄耀　许仰曾

第43章　气动执行器

作　　者　王兆强

主　　审　王雄耀　许仰曾

第44章　真空、气电液转换与延时气动元件

作　　者　王兆强

主　　审　王雄耀　许仰曾

第45章　高压气动控制元件及气动汽车

作　　者　王兆强

主　　审　王雄耀　许仰曾

第40章　气动数字控制终端

“共创工业数字化未来”的数字控制终端（Motion Terminal VTEM）是FESTO公司的气动专利产品，是世界首款由App控制的阀，首款名副其实的“数字化气动元件”。该终端功能丰富强大，相当于50多个气电一体化元件的集成与融合，实现了“一阀多用”，能够满足未来高度灵活和自适应的自动化控制需求。此产品于2017年11月在中国国际工业博览会展出，属于原创性数字控制气动技术。目前在中国市场上处于专利保护与试用阶段。

依托北京理工大学，我国《数字式气动伺服控制系统的研究》在1995—1997年就作为国家自然科学基金青年科学基金项目启动。近年来我国这方面的发明专利也有呈现，例如江苏久煜智能制造股份有限公司的发明专利“气动智能控制终端、控制方法及应用”（申请号：CN202010552445.6）等。

这一产品必将推广使用，是今后气动更新换代的基本产品。这个产品的一个数字值得关注：每个产品系列最多有6×10^{12}个派生型。

40.1　工业4.0时代的气动智能产品——气动数字控制终端

40.1.1　气动数字控制终端产品概念

数字控制终端VTEM到底是气动元件还是气动系统？确切的回答：它是气动控制元件的硬件部分，是气动元件公司生产的气动产品。它同时内含功能强大的软件，通过软件对运动控制App的灵活调用，实现超过50种单个自动化经典元件的功能，使气动控制更易于应用、用途更广泛、灵活性更强，真正实现气动的数字化、柔性化、智能化。最大程度降低硬件复杂度与安装成本，缩短产品上市时间，提高利润率与能源效率，保护知识产权，真正使用户受益于整个价值链的简化。通过集成的智能传感器实现自诊断、自学习、自适应，通过互联网为云端提供精准的气动元件状态与能耗信息，真正将气动控制推进到工业4.0领域，助力我国制造业智能化及数字化转型升级。

气动数字控制终端真正的概念：它是一个信息物理系统（CPS），是气动控制用户需求的数字信息与物理现实产品的真正结合！它将机械性气动技术、电子技术和软件智能融合到一个“信息物理系统”，创建了全球范围内首个标准化平台。它是工业4.0的智能气动元件，具有新的气动产品形式、新的气动元件与系统功能、含有服务的内容和一种全新的气动产品性能。它是具有通信功能的系统，在物理世界和数字世界之间架设了一座桥梁，体现了现代生产过程和机器开发过程中展现出的灵活性和适应性，为标准化、灵活性和强化盈利能力开辟了一条新途径。这就是“气动数字控制终端”，如图40-1所示。

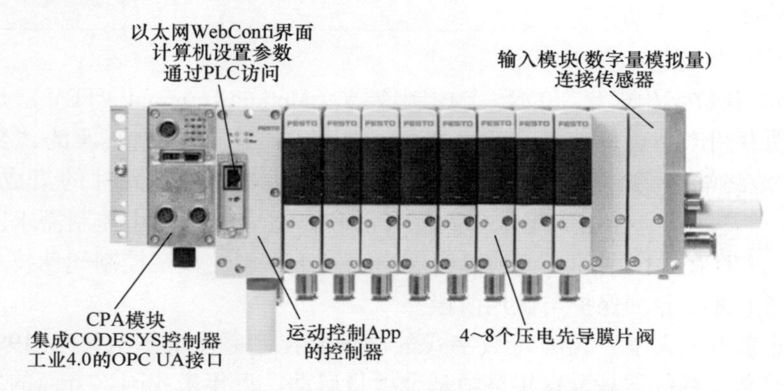

图40-1　FESTO Motion Terminal VTEM 气动数字控制终端与模块组成

40.1.2　气动数字控制终端产品特性

（1）多功能可配置特性　只有一种元件，通过软件对运动控制 App 的编程，实现超过50种单个传统元件的功能；阀连接在一起，在阀体内形成一个全桥，一个阀位上就可实现多种方向控制阀功能；集合了电控和气动两种技术的优势，多个功能通过连接的控制器分配给阀，在工作中可进行变更；阀的压力调节与集成先导控制使得数字控制终端能自主执行精确的定位任务。

（2）可靠性功能　集成传感器监控阀和4个气口内的压力；可选输入模块，以监控连接的驱动器；在数字控制终端内评估信息，并传输给上位控制器。

（3）灵活性　数字控制终端阀的部分是由四个带压电先导控制的二位二通阀组成的，这些阀连接组成一个全桥，由传感器监控。它与带传统滑阀的阀岛相比，具有灵活的激活类型，可以激活为2×二位二通阀、2×二位三通阀、二位四通阀、三位四通阀、比例压力阀、比例方向控制阀等。即使不同种类的元件功能，例如节流或压力调节，也可通过这些阀来实现。所有这些灵活性就是由 Motion App 通过软件统一分配和控制调配的，确定哪个阀承担哪种功能或哪些工作控制器可实施。不再需要手动调节过程和维护，如图40-2所示。

（4）易安装使用特性　无须更换阀元件，因为方向控制阀等功能用软件分配；

图 40-2　通过 Motion App 软件统一分配阀功能和控制实施

所需存储空间更小，一片阀提供所有功能；终端集成式结构易安装，用于墙面和 H 型导轨安装；简单易行；集成节流功能，无须手动调节；通过 Motion App 集成 50 种元件的功能，使气动控制易用、更具灵活性、适应更多用途。

（5）市场化特性　最大限度降低硬件复杂度与安装成本，缩短产品上市时间；提高利润率与能源效率，保护知识产权，真正使用户受益于整个价值链的简化。

（6）标准化特性　气动元件产品的标准化达到最高水平。

（7）节能特点　具有节能模式。

40.1.3　气动数字控制终端产品创新点

（1）真正的 App 控制工业 4.0 产品　该产品在研发中融合了机械气动元件、电子元件和软件，具备了模块化、智能化、多功能化、集成化、网络化、信息化等特性，将一款气动产品真正转变成面向智能制造与工业 4.0 的产品。用户可以通过 App 更改参数，轻松切换各种气动功能，自适应各种新的工艺参数；VTEM 控制器配合阀片内外集成的智能传感器，通过数字化 CPS 接口与界面，帮助用户轻松实现自动化控制、诊断与机器自我学习，从而真正实现柔性生产。

（2）真正的硬件设计创新　一种气动阀，实现多种功能的深度集成与融合。VTEM 集成了世界上第一种可编程、App 控制、顺应工业 4.0 气动控制理念的阀片。得益于创新的压电技术、嵌入式传感器、桥式阀气路、运动控制软件等巧妙设计，这种阀片集成与融合了至少 50 种单个元器件的功能，真正实现了“一阀多用”，能够满足未来高度灵活和自适应的气动自动化控制要求，因此使气动技术更易于使用，用途更广泛，灵活性更强。

（3）真正的气动信息物理系统（CPS）数字化与智能化　VTEM 控制器是真正的气动技术的信息物理系统（CPS），实现了气动阀的数字化与智能化，并通过 CPX 电气模块融入工业互联网。用户可通过各种 PLC 技术（如 CPX 嵌入式控制器或远程 IO 模式）、工业互联网协议（如 PROFINET 与 OPC - UA）与 WEB 技术对 VTEM 进行参数设置。VTEM 内部集成了嵌入式 FPGA 芯片，用于分散型智能控制多功能集成阀片；VTEM 控制器中集成了中央处理器，用于运行不断开发中的各种运动控制程序 App，目前可提供 10 多种功能，从最基本的可选功能方向阀到多种节能运行模式，从比例压力方向控制到各种模型化运动曲线，所有这些功能都是基于相同的 VTEM 硬件来实现的。

（4）两个创新元件　压电阀与集成控制器。用于先导控制的压电阀可以实现压力调节功能，使用寿命很长，对于能源要求很低，作为比例压力阀时泄漏量低。集成控制器可以对阀功能作周期性变更，功能集成可以通过 Motion App 实施，压电陶瓷弯曲执行器工作原理如图 40-3所示。

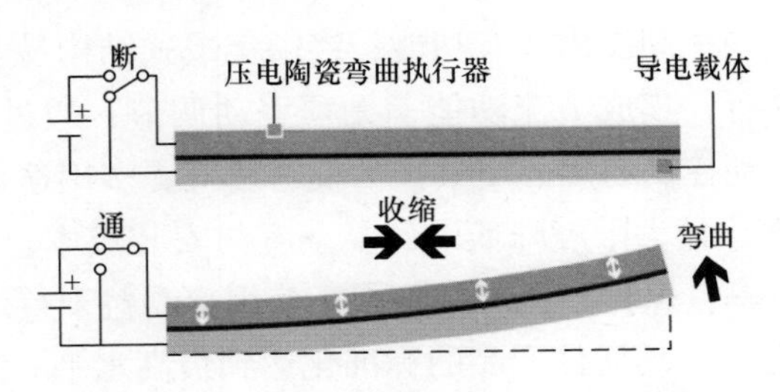

图 40-3　压电陶瓷弯曲执行器工作原理

（5）节能新模式　数字控制终端为节能开创了新的概念与途径，一是寻求新元件降低能源消耗，二是利用传感器对工况的感知，根据工况降低能源（压力）的供给。

40.1.4　气动数字控制终端产品适用范围

气动数字控制终端产品在各主流行业（汽车制造、电子轻装、食品包装、过程自动化、生命科学等）均有良好的应用前景，包括围绕智能气动控制与能源效率提升等主题，介入现有标准应用、新标准应用、特殊应用、专案应用、新商业领域应用等。几乎所有重点行业的传统气动应用，都可以通过数字控制终端进一步优化生产节拍、降低能源消耗，并将所有阀信息上传云服务工业大数据分析，真正实现气动数字化。

40.2　气动数字控制终端产品装置及其功能

40.2.1　气动数字控制终端产品结构与元件

1. 气动数字控制终端的组成结构

气动数字控制终端（VTEM）产品分解与元件说明如图 40-4 所示。

2. 产品元器件功能

表 40-1 列出了气动数字控制终端器件的功能块组成及其说明。由此表可以看到此数字控制终端是由气动元件与连接阀块、传感器部分、控制器以及 Motion App 软件包四大部分组成。

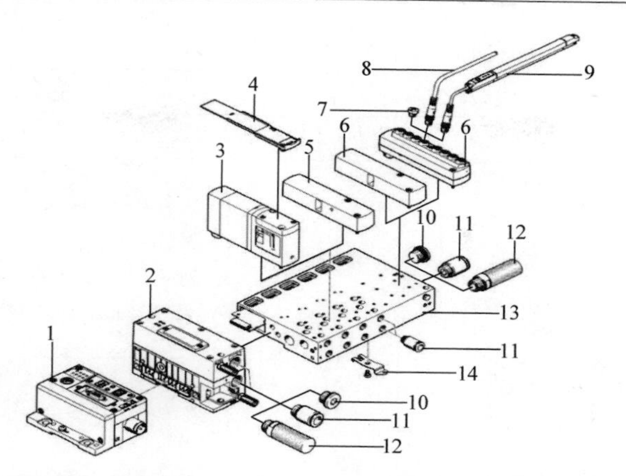

	名称		简要说明
1	CPX模块	CPX	总线节点、控制模块、输入和输出模块
2	控制器	CTMM	用于VTEM和气动接口,连接电气终端CPX
3	阀体	VEVM	含4个互连的活塞提动阀，带压电先导控制
4	标签支架	ASCF	每个阀
5	盖板	VABB	用于未占用的阀位(空位)或输入模块位置
6	输入模块	CTMM	用于将传感器连接到VTEM
7	端盖	ISK	用于密封未使用的气口
8	连接电缆	NEBU	用于连接传感器
9	位置传感器	SDAP	模拟量位置传感器，用于VTEM输入模块CTMM
10	堵头	B	用于密封未使用的气口
11	接头	QS	用于连接气管
12	消声器	U	用于排气口
13	气路板	VABM	用于接通气和电
14	H型导轨安装件	VAME	用于CPX和VTEM

图 40-4　气动数字控制终端（VTEM）产品分解与元件说明

表 40-1　气动数字控制终端器件的功能块组成及其说明

功能	类型		说　明
气动/机械	气动连通		
		固定宽度	1）4 或 8 个阀位 2）0 或 2 个位置，用于输入模块 3）带电接口，用于电气终端 CPX 4）进气/排气口和工作气口，用于已安装的阀 5）先导气源，用于已安装的阀 6）电驱动，用于已安装的阀
	阀		
		4 个二位二通阀	1）如果电源/信号出现故障，所有气口封闭 2）串联组成全桥 3）压电阀比例先导控制 4）传感器监控阀的开度 5）压力传感器位于气口 2 和 4

（续）

功能	类型		说　　明
电子元件	输入模块		
		模拟量	1）8个模拟量输入 2）M8，4针 3）独占用于控制 Motion App 提供的功能 4）通过 Motion App 将数据传输给上位控制器
		数字量	1）8个数字量输入 2）M8，3针 3）独占用于控制 Motion App 提供的功能 4）通过 Motion App 将数据传输给上位控制器
Motion App	基础包（基础包内的 Motion App 可同时用于数字控制终端的所有阀位）		
		方向控制阀功能	阀的类型和开关状态可循环分配给一个阀： 1）2个二位二通阀，常闭 2）2个二位三通阀，常开 3）2个二位三通阀，常闭 4）2个二位三通阀，1个常闭，1个常开 5）二位四通阀，单电控 6）二位四通阀，双电控 7）三位四通阀，常压 8）三位四通阀，常闭 9）三位四通阀，常泄
	初级包（初级包的所有 Motion App 可同时用于数字控制终端的所有阀位）		
		比例方向控制阀	阀类型、开关状态和连续阀打开可周期性分配给一个阀： 1）三位四通阀，常闭 2）2个三位三通阀，常闭
		进气和排气节流	节流功能： 1）进气节流 2）排气节流 3）由四位四通阀构成（阀加上节流）
		压力水平节能运行	降低压力水平，实现节能的气缸运动： 1）压力调节，用于进气 2）节流功能，用于排气

（续）

功能	类型		说　明
Motion App	附加 App		
		比例压力调节	两个阀的输出压力调节相互不影响：2 个比例压力阀
		ECO 节能运行	用于小负载或慢行程运动的应用： 1）通过气源节流实现气缸节能运动 2）可调气源节流值 3）到达末端位置时封闭气源 4）需要传感器和数字量输入模块
		行程时间预设	预设行程时间，用于返回和推进： 1）用设定参数预先计算行程曲线 2）示教系统 3）系统自动重新调节 4）需要传感器和数字量输入模块
		泄漏诊断	耗气量监控： 1）示教系统 2）用规定参数的诊断消息

（1）气动元件与连接阀板　可以具有 8 个气动二位二通电先导驱动阀，组成桥式回路，因此可以采用不同的编程方式产生不同的气动元件功能。压电阀可以作为比例先导控制阀。连接阀板既起连接阀与输出的作用，也是整个装置的安装底板。

（2）传感器部分　传感器部分对于用户而言并无关联。因此不做直接标示。但是传感器作为智能控制之中不可或缺的元件，要求可以嵌入，达到控制装置所需要的精度要求。

传感器部分是运动控制必不可少的，首先与集成传感器结合使用能调节压力和流量，可直接对气缸的运动造成影响；每个气腔可以实现独立的进气和排气比例调节软起动，还有快速起动、降噪、减振、无须排气节流阀、无须液压缓冲等特点都与传感器功能有联系。除此之外，还可以利用传感器进行监控功能，包括阀的开度（用于进气和排气的流量控制），用于每个阀的压力监控，用于每个阀接口生成系统泄漏诊断信息等。

（3）控制器部分　控制器的核心是微处理器，它是气动数字控制终端控制器硬件的核心，也是整个控制终端的核心。此控制器的一切控制功能全部的基础就是其中的微处理器。微处理器是数字控制的基础，也是实现网络化的基础。所以数字化（采用微处理器）是网络化与智能化的基础。控制器的输入可以是模拟量也可以是数字量，规定了与外设的接口，包括与上位机的通信功能等。数字控制终端微处理器对控制的运动参数与控制性能强弱有决定性的作用。

控制器的另一个重要功能是具有总线与以太网的通信功能。其采用 CODESYS 编程，一般具有 Modbus/TCP、Easy IP、CANopen 等总线协议的通信，也可以提供 PROFIBUS DP、EtherNet/IP、PROFINET 与 EtherCAT 等通信的功能。

（4）Motion App 软件包　Motion App 软件包由基础包、初级包与附加 App 三个软件包组成，如图 40-5 所示。基础包包括了最基本的各种换向功能，至于内部的控制由软件包的编程决定，与用户无关联。初级包可以实现比例、流量与压力的智能控制，体现出节能效果。附加 App 包提供进一步的性能调整与检测，包括阀的输出性能隔离、条件要求较高的节能、控制性能设置与耗气量检测、帮助判断故障情况等。

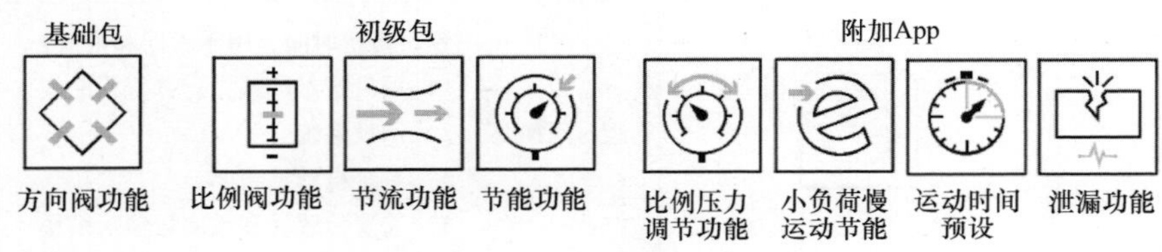

图 40-5　软件包的组成

40.2.2　气动数字控制终端的节能功能

数字控制的一个最大亮点是节能。数字控制的最直接效果是控制、检测（甚至数字孪生）与通信功能。而数字控制在运行中产生的节能效果更为明显。在本控制终端中已经体现了这方面的设计与优势。

本数字控制终端采用了两个节能措施：①在完成一个动作时不是给予恒压，而是根据运动需求提供压力；②采用能耗更低的元件。

图 40-6 所示为节能供压方式，是在加压一侧建立压力以形成维持运动（预排气）所需的压差，这就意味着每次循环所需气源更少。

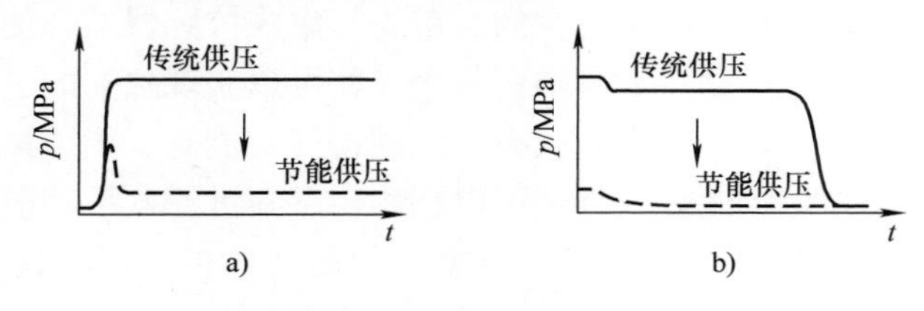

图 40-6　节能供压方式

a）进气口供压曲线　b）出气口供压曲线

动作结束后，数字控制终端 VTEM 关闭阀，仅提供足以保持气缸位置的最小静态压力。传感器同时进行监控，若出现压降，则自动重新调节位置。这种高能效是用较少的气源控制运动来实现的，减少了运行成本，提高了整体经济效益。通常用于快速运行的生产机器（如包装、装配或加工机器）、直线或旋转运动、中长行程等。

另外是采用能耗更低的元件，如压电气动元件、低能耗电源单元、自发热小的细直径电缆。压电阀的开度可自由控制，以控制通过阀的空气流量，单独调节压力。

40.3　气动数字控制终端技术参数与 App

40.3.1　气动数字控制终端技术参数

表 40-2 列出了气动数字控制终端的性能。

表 40-2　气动数字控制终端的性能

技术范围	技术参数	技术范围	技术参数
结构尺寸/mm	标准化 128.5×258.5×102.7（基型）	重量/kg	大约 <5
工作介质	压缩空气、惰性气体	介质注意事项	不可润滑工作
工作压力/MPa	0.3～0.8	额定工作电压（DC）/V	24
环境温度/℃	-5～50	相对湿度（%）	0～90（非凝结）
电控与驱动	现场总线，电驱动	许用电压波动（%）	±25
气动阀位数/个	≤8	气接口	气源与排气口 G3/8 螺纹 工作气口　G1/8 螺纹
LED 显示灯与诊断	支持用 LED 进行诊断 用总线接口和以太网接口进行诊断	1）CPX 电气终端的总线节点上的 LED 指示灯（总线通信状态、系统状态、模块状态） 2）VTEM 控制器上的 LED 指示灯（工作电压、与上位控制器的通信状态、以太网数据流） 3）以太网接口，连接 VTEM 控制器 4）VTEM 每个阀上的 LED 指示灯 5）VTEM 输入模块（数字量每个、模拟量每组）	

40.3.2　气动数字控制终端控制器 App 与输入模块性能

表 40-3 列出了气动数字控制终端控制器 App 与输入模块性能。

表 40-3　气动数字控制终端控制器 App 与输入模块性能

模块	功能	性能说明	
输入模块	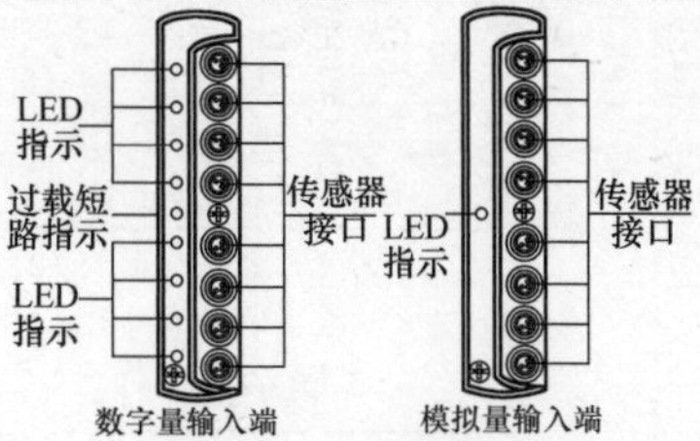 LED 指示　过载短路指示　LED 指示　传感器接口　数字量输入端 LED 指示　传感器接口　模拟量输入端	额定工作电压 24V DC 数字量输入数量：3 输出数量：8 信号 0：≤5V 信号 1：≥11V	额定工作电压 24V DC 模拟量输入数量：4 输出数量：8 信号：4 ~ 20mA
位置传感器	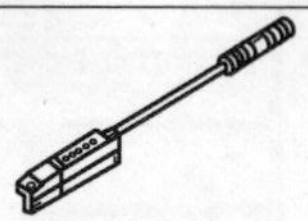 尺寸（长×宽×高）/mm，27×123×4	感测范围：0 ~ 50mm 感测范围：0 ~ 100mm 感测范围：0 ~ 160mm	电缆长度：0.1 ~ 30m
Motion App 软件“方向控制阀”功能 	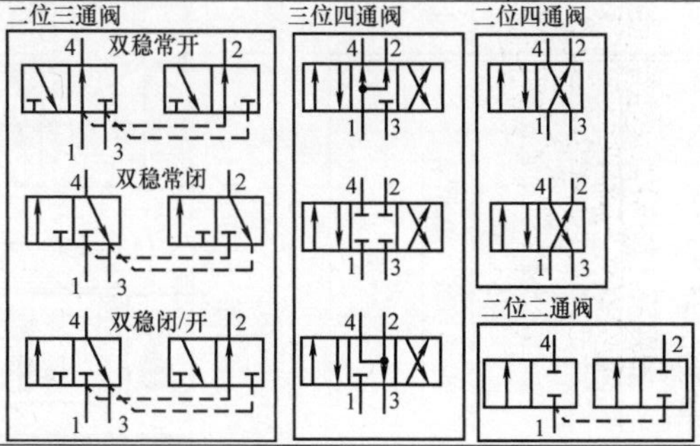 二位三通阀：双稳常开、双稳常闭、双稳闭/开（4 2 1 3） 三位四通阀（4 2 1 3） 二位四通阀（4 2 1 3） 二位二通阀（4 2 1）		“方向控制阀”功能 App 将传统气动阀的特性分配到一个阀位。集成传感器监控开关位置。如果先导气源或电源中断，所有气口封闭。输入数据由控制器传输给阀：方向控制阀功能，所在开关位置。输出数据由阀传输出给控制器：开关位置，气口 2 压力与气口 4 压力。开关时间 <8.5ms
Motion App 软件“比例方向控制阀”功能 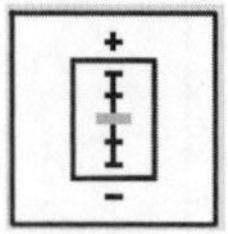	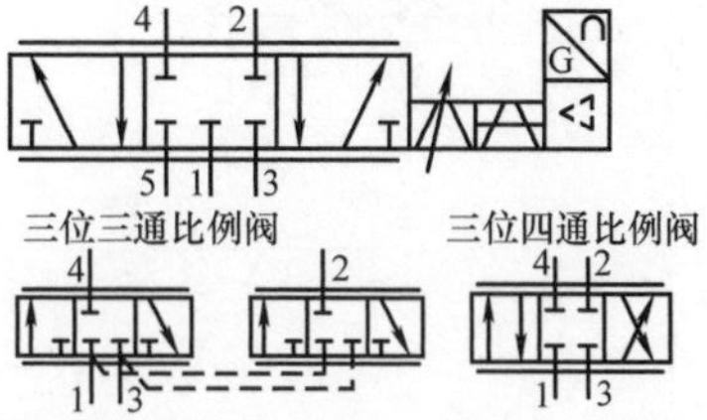 4 2 5 1 3 G 三位三通比例阀（4 2 1 3） 三位四通比例阀（4 2 1 3）	“比例方向控制阀”功能：①以方向控制阀功能分配的相同方式分配到一个阀位。②集成传感器能监控阀的开关位置以及开度 线性度 <2% 重复精度 <1.5% 迟滞 <1.5% 响应敏感度 <1.5%	输入数据由控制器传输给阀：①方向控制阀功能；②所在开关位置；③控制特性；④阀位（-100% ~ 100%）；④气口封闭 输出数据由阀传输给控制器：测量到的阀位（-100% ~ 100%）

Motion App 软件“比例压力调节”功能 	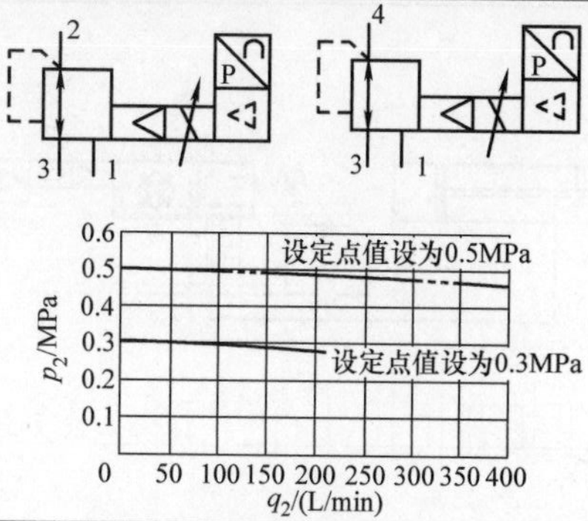 设定点值设为0.5MPa 设定点值设为0.3MPa p_2/MPa q_2/(L/min)	“比例压力调节”功能可独立调节气口2和4内的压力。得益于集成传感器，可精确监控压力 线性误差10kPa 重复精度5kPa 最大迟滞5kPa 整体精度12kPa	气源压力：0.8MPa 理想调节范围：0.07~0.7MPa 输出数据控制器传输给阀：压力气口2；压力气口4 输入数据阀传输给控制器：压力气口2；压力气口4
Motion App 软件“进气和排气节流”功能 	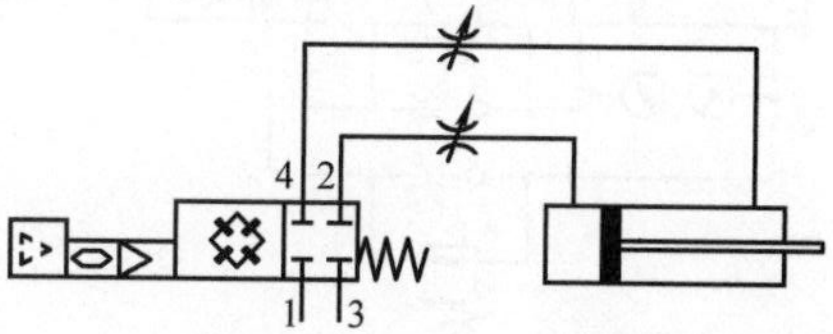	每个气口的流量可单独调节；气源和排气节流先后独立调节。在工作中节流可远程调节；因为无机械节流阀，所以就减少了元件种类。可在工作中调用节流设定	控制精度±3% 输出数据控制器传输给阀：气源节流设置0~100% 排气节流设置0~100% 增量0.01% 输出数据阀传输给控制器：气源节流设置 排气节流设置
Motion App 软件“ECO 节能运行”功能 	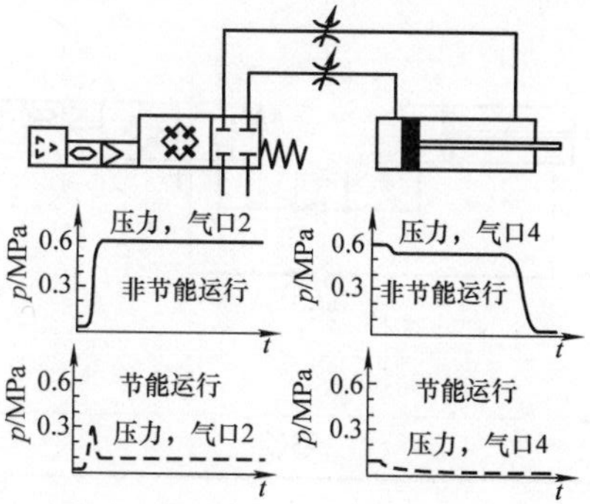 压力，气口2 非节能运行 压力，气口4 非节能运行 节能运行 压力，气口2 节能运行 压力，气口4 p/MPa	气源节流，终端位置关断；可以节能的方式实现气缸的推进和返回 要实现节能，气缸推进时气源流量受控，而排气不进行节流。达到终端位置后，气源一侧被关断，这样就能保持压力水平和气缸位置	适用于低速移动小负载。额外要求配备一个数字量输入模块 CTMM 与两个数字量传感器 输入数据控制器传输给阀：气源节流设置5%~100% 输出数据阀传输给控制器：气口2压力；气口4压力；达到终端位置

（续）

模块	功能	性能说明	
Motion App 软件“行程时间预设”功能 	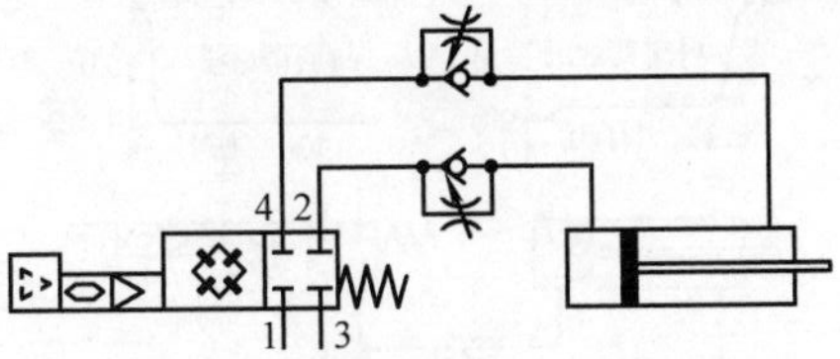	自行学习排气节流，用于调节行程时间 用终端位置开关的传感器数据自主确定真正的行程时间，调节排气节流直至达到设定行程时间	重复精度3% 还需配备一个数字量输入模块CTMM与两个传感器用于确定气缸的终端位 输入数据控制器传输给阀：推进、返回、两个气腔排气、两个气腔关断 输出数据阀传输给控制器：测量到的行程时间、达到终端位置
Motion App 软件“压力水平节能运行”功能 	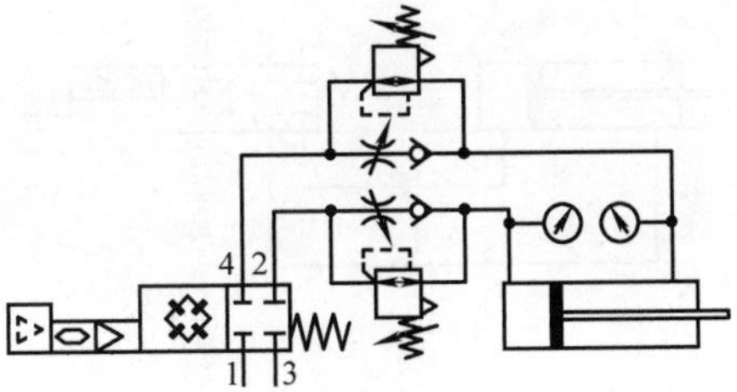	压力调节气口2对应流量调节气口4；压力调节气口4对应流量调节气口2。节能运行，降低压力；终端位置压力调节；压力可远程变更，为每个气缸和运动方向单独预设	线性误差10kPa 输入数据控制器传输给阀：气口2有压力，气口4节流打开；气口4有压力，气口2节流打开；停止、推进、返回、两个气腔排气 数据输出阀传输给控制器：气口2和气口4压力
Motion App 软件“泄漏诊断”功能 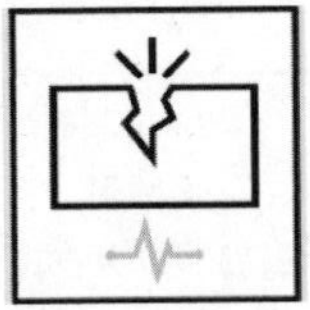	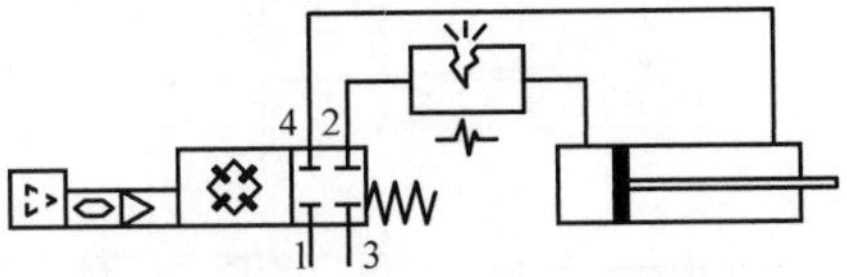	以开始时的测量值确定泄漏量参考值，将以后的测量值与该参考值进行比较。定期泄漏检测可确定突然泄漏；及时检测气缸与阀的磨损；大故障（气管损坏）或所连接源的磨损与老化会增加泄漏量	流量测量范围2～50L/h 输入数据控制器传输给阀：开始诊断、结束诊断、开始参考测量、结束参考测量 输出数据排气阀传输给控制器：检测状态、泄漏量变化，用于气口2及4泄漏量变化检测与泄漏量评估

40.3.3　气动数字控制终端气动元件性能

图 40-7 所示为气动数字控制终端气动元件的分解结构，表 40-4 列出了气动数字控制终端气动元件的性能。

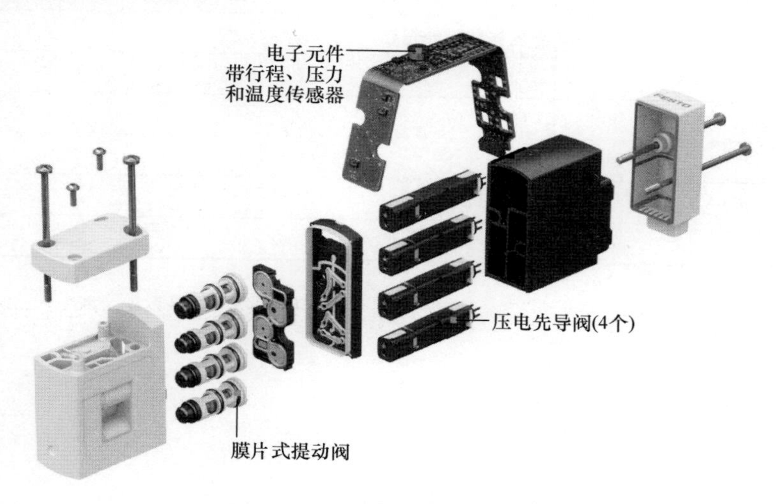

图 40-7　气动数字控制终端气动元件的分解结构

表 40-4　气动数字控制终端气动元件的性能

功能与性能	指标与参数
阀功能 4 2 14 84 1 3 (所有功能气路符号)	1）用方向控制阀功能的运动控制 App 可分配： 2×2/2C；2×3/2C；2×3/2O；3/2O+3/2C；4/2，4/3C；4/3；4/3P；4/3E C=封闭；O=打开；P=中压；E=中泄 2）其他运动控制 App： 比例方向控制阀、比例压力调节、模型化比例压力调节、泄漏诊断、进气和排气节流、ECO 节能运行、预设行程时间、可选压力水平节能运行、软停止
阀宽	28mm
标准额定流量（q_{nN}）	550L/min
阀位最大数量	4 或 8 片阀
阀开关时间	6ms
手控装置	通过以太网接口连接 WebConfig
润滑	NSF－H1（硅基）
所使用的气源过滤等级	40μm

（续）

功能与性能	指标与参数
真空适用性	是
工作压力	−0.09～0.8MPa，带外先导气源
先导气源	内先导或外先导
气口2和4	C1/8
气口1和3	C3/8
防护等级	IP65
工作电压（DC）	24V±24V×10%
环境温度	−5～50℃

第41章 气动阀岛

41.1 气动阀岛技术的发展

41.1.1 阀岛的起源和发展

“阀岛”一词来自德语，英文名为“valve terminal”。此产品是德国 FESTO 于 1989 年发明推出的，并将其应用在工程系统上。阀岛是由多个电控阀构成，它集成了信号输入/输出及信号的控制，犹如一个集成化的控制岛屿，如图 41-1 所示。

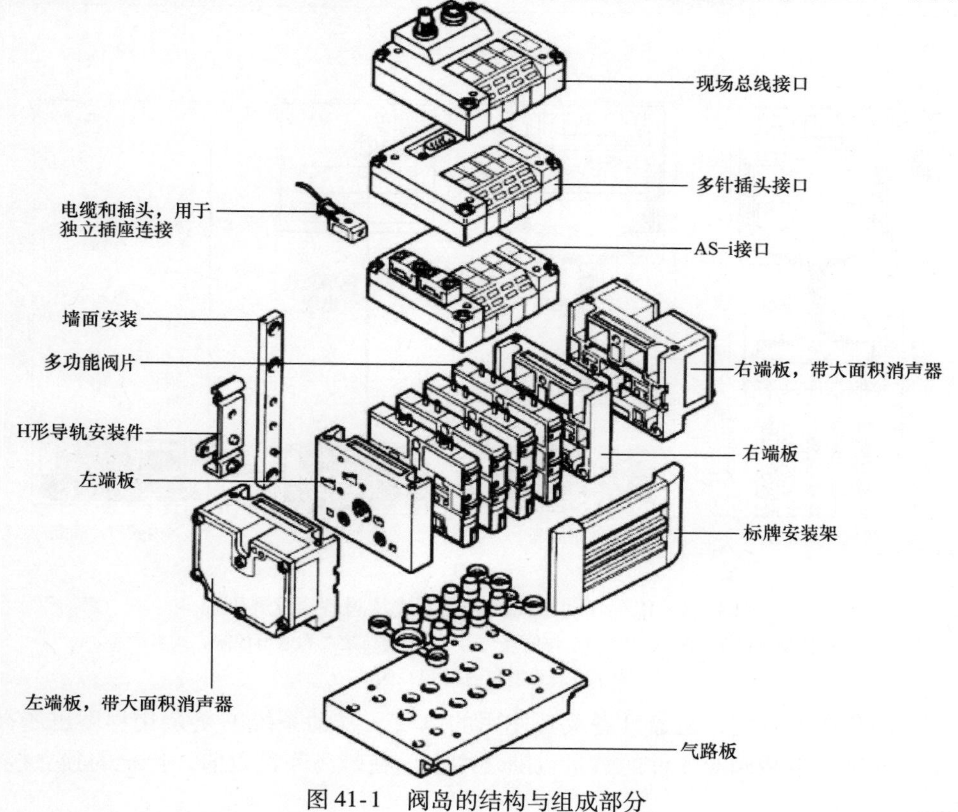

图 41-1 阀岛的结构与组成部分

阀岛作为电-气一体化的自动化终端设备，从最初只是将阀片安装在气路板底座上的集装阀形式发展到现在功能强大的模块化电-气终端，并且将朝着模块化、集成化、智能化的方向继续发展。

对于传统气动系统来说，通常采用气动执行机构（如气缸、气爪、真空吸盘等）来实现送料、抓取等工序，这些气动执行机构的动作都由电磁阀来控制（见图41-2a）。而在形成气动装置时，要对每一个电磁阀进行电气连接，也就是说每一个线圈都要逐个连接到控制系统中，然后还要安装消声器、压缩气源以及连接到气缸的管接头等，为了简化气动系统的电缆与气动管路的连接，阀岛就如图41-2所示那样，不断得到简化，并将网络与计算机的总线技术融合起来，形成了当今的阀岛。

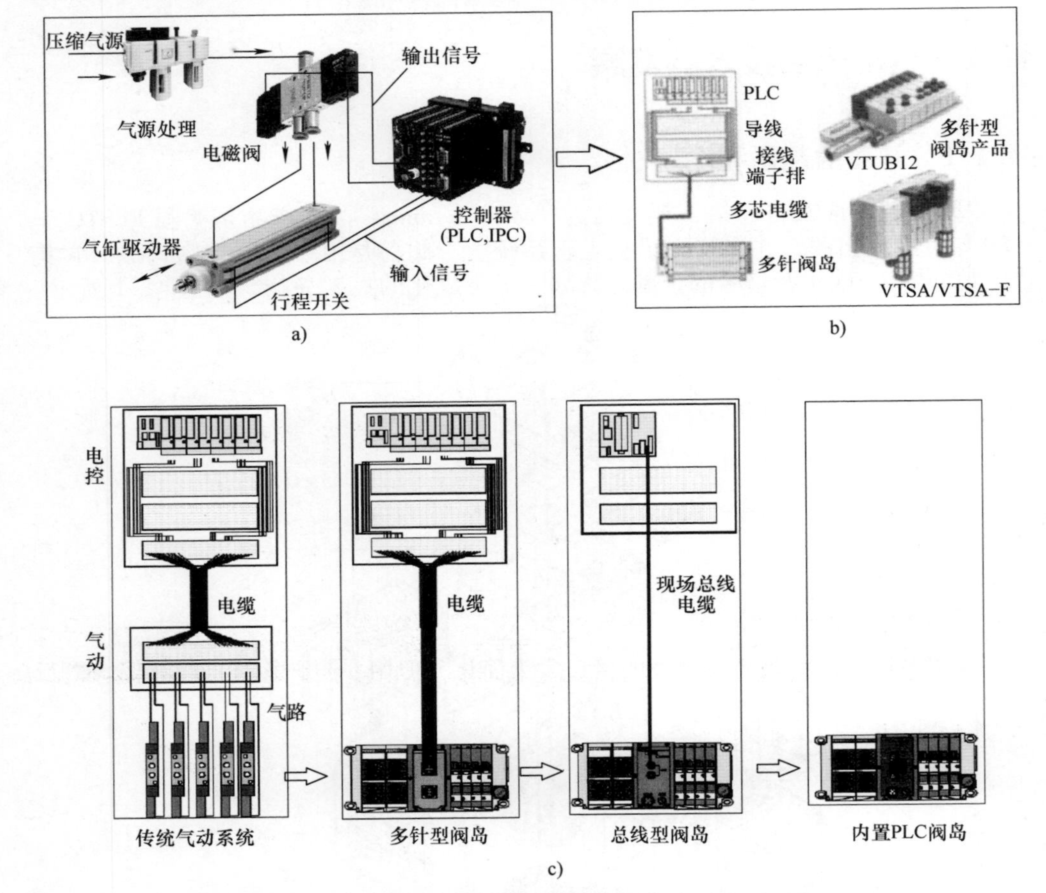

图41-2　传统气动系统的连接方式及阀岛的发展历程

a）传动气动系统接线方式与工作原理　b）多针阀岛接线和通信控制方式与产品

c）总线型与内置PLC阀岛

自动化程度越高，机器设备及其使用的电气、气动系统的复杂化程度也越高，采用的气缸、电磁阀等元件的数量也随之增多。在阀岛问世以前，传统的独立接线控制方式，即使采用集装阀形式，也需要几十根甚至上百根的控制接线、气管连接，不仅安装困难，而且存在很多故障隐患，众多的连线和管道为设备的维护和管理带来不便，此外制造这一系统元件必须花费大量的时间和人力，这使得整个设备的开发、制造周期延长，而且常常会因为人为因素出现设计和制造上的错误。

简化气动系统的安装并获得最佳的性能是气动自动化领域内厂商所面临的问题。解决这一问题的思路就是利用当时正在发展的电－气一体化控制技术，将这些阀组成模块单元，然后组装在一起形成一个集成阀块，并取名“阀岛”。随着工业互联网与总线的发展，这个气动集成所需要的信号通过总线的方式节省了大量的接线工作量，并减少了由接线产生的故障源，并且通过互联网可以与外界设备进行信息交流与沟通，图41-2b所示为当今“阀岛技术”的初衷。

41.1.2 气动阀岛的类型

阀岛技术和现场总线技术相结合，不仅确保了电控阀的布线简单，而且也大大简化了复杂系统的调试、性能的检测和诊断及维护工作。借助现场总线高水平一体化的信息系统，使两者的优势得到充分发挥，具有广泛的应用前景。

阀岛是新一代气电一体化控制元器件，已从最初的多针接口型阀岛发展为现场总线型阀岛，继而出现可编程阀岛及模块式阀岛，如图41-2c所示。

1. 多针接口型阀岛

可编程控制器的输出控制信号、输入信号均通过一根带多针插头的多股电缆与阀岛相连，而由传感器输出的信号则通过电缆连接到阀岛的电信号输入口上。因此，可编程控制器与电磁阀、传感器输入信号之间的接口简化为只需一个多针插头和一根多芯电缆，如图41-2b所示。与传统的集装气路板或者单个电磁阀安装方式实现的控制系统相比，采用多针接口阀岛，电磁阀部分不再需要接线端子排。所有电信号的处理、保护功能，如极性保护、光电隔离、防尘防水等都在阀岛上实现。

2. 现场总线型阀岛

使用多针接口型阀岛使设备的接口大为简化，但用户还必须根据设计要求自行将可编程控制器的输入/输出口与来自阀岛的电缆进行连接，而且该电缆随着控制回路的复杂化而加粗，随着阀岛与可编程控制器间的距离增大而加长。为克服这一缺点，出现了新一代阀岛——现场总线型阀岛，如图41-3a所示。

现场总线（Field bus）是一种应用于生产现场，在现场设备之间、现场设备与控制器之间实行双向、串行、多节点的数字通信技术。现场总线通信的实质是通过电信号传输方式，以一定的数据格式实现控制系统中信号的双向传输。其特点是以一对电缆之间的电位差方式传输信号。两个采用现场总线进行信息交换的对象之间只需一根两芯或四芯的总线电缆连接。这大大减少了接线时间，有效降低了设备安装空间，使设备的安装、调试和维护更加简便。在由现场总线型阀岛组成的系统中，每个阀岛都带有一个总线输入口和总线输出口，当系统中有多个现场总线型阀

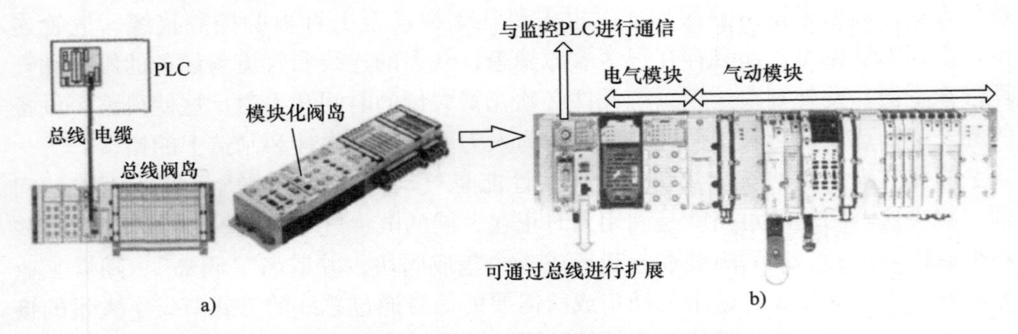

图 41-3 阀岛由现场总线型向模块化阀岛发展历程

a）现场总线型阀岛接线和通信 b）完善化的模块化阀岛（FESTO CPX - MPA）

岛或其他现场总线设备时，可以按照需要进行多种拓扑连接。现场总线型阀岛支持目前市场上所有开放式现场总线协议，可直接通过总线电缆与主要可编程控制器厂家的控制器进行连接和通信。

故障诊断是工业现场总线的另一大优势，所有连入总线的设备状态都可以清楚地反应在系统内，一旦出现故障，工程师可以及时地发现故障的位置，缩短维修检测时间，提高系统的安全性。总线阀岛具有超强的诊断功能，一目了然的 LED 状态指示灯，通过不同颜色与闪烁频率的搭配，提供了从电源故障到通信地址匹配等一系列的故障提示，立即诊断出故障节点（node）位置所在；根据协议的不同，有些甚至可以将故障点精确确认至单独的电磁阀或传感器上，可将平均排除故障时间缩短 80% 以上。

现场总线型阀岛的出现标志着气电一体化技术的发展进入一个新的阶段，为气动自动化系统的网络化、模块化提供了有效的技术手段，因此近年来发展迅速。

3. 可编程智能型阀岛

鉴于模块式生产成为目前发展趋势，同时注意到单个模块以及许多简单的自动装置往往只有十个以下的执行机构，于是出现了一种集电控阀、可编程控制器以及现场总线为一体的可编程智能型阀岛，即将可编程控制器集成在阀岛上。

所谓模块式生产是将整台设备分为几个基本的功能模块，每一基本模块与前、后模块间按一定的规律有机结合。模块化设备的优点是可以根据加工对象的特点，选用相应的基本模块组成整机。这不仅缩短了设备制造周期，而且可以实现一种模块多次使用，节省了设备投资。可编程智能型阀岛在这类设备中广泛应用，每一个基本模块使用一套可编程智能型阀岛。这样，使用时可以离线同时对多台模块进行可编程控制器用户程序的设计和调试。这不仅缩短了整机调试时间，而且当设备出现故障时可以通过调试故障的模块，使停机维修时间最短。

4. 模块式阀岛

模块式阀岛的推出，有助于用户进一步提高生产效能。因为模块化设计，使阀岛具有不同组合，可以配置生成多样化的方案来满足用户的不同需求，从而使用户以尽可能少的投入，生产尽可能多样化的产品，如图41-3b所示。模块化阀岛的基本结构具有如下特征：

1）通信/控制模块不依赖于气动阀组，可以根据具体的工艺设计选择或者更替不同的电气连接方式：多针接口型、现场总线型和可编程智能型。

2）各种电信号的输入/输出模块可以自由灵活的组合、扩展或者移除。

3）电磁阀的数量可以灵活配置，不同功能、尺寸的电磁阀可以采用气路板底座安装的方式集成在一个阀岛上。FESTO MPA型阀岛是目前世界上安装电磁阀数量最多的一款阀岛，一个阀岛上最多可安装128个二位三通电磁阀。

这种模块化结构是高度集成化与紧凑化的，极大地优化了阀岛的电气和气动安装。用户使用模块化阀岛后，不仅能有效降低现场设备的安装调试时间，而且能有效节约设备内元器件的安装空间，这样有利于缩短项目周期、降低项目成本，并使设备维护变得更加便捷。

41.1.3 阀岛的技术特点

阀岛是信息时代发展的气动产品，是工业3.0时代的技术。包含着新的气动发展理念。阀岛技术的核心是利用“积木式”集成气动技术，最大化地简化气动设备中信号接口和动力气源接口的硬件结构，使气动设备功能进一步完善，运行可靠性进一步提高。采用阀岛技术的主要优点如下：

1）包含现场总线技术在内的“积木式”组合气动阀岛技术使气动-电控系统的设计、安装和调试过程大为简化。

2）拼装“积木式”的紧凑气动阀岛结构，最大限度地缩短气动执行器与控制器件之间的控制管道长度，从而使用更小通径的气阀就可达到预定的机器节拍要求，减少能源消耗，提高气动系统效率和降低设备投资。

3）可靠性的提高，大幅度减轻了设备连接管路与电气线路的安装与维修工作量。

现将阀岛的技术特点按其组成部分分述如下。

1. 气动部分

不论是多针接口型还是现场总线型/可编程智能型阀岛，电磁阀都采用气路板底座安装形式。气路板底座安装形式是指，每1/2/4片相同尺寸的阀，安装在相应规格的气路板底座上，阀片与底座通过安装螺钉固定；而相邻的、不同规格的气路板底座则借助过渡转接板、安装螺钉等安装件组合安装在一起；阀岛的进气和排气则默认统一由阀岛的电-气接口和/或右端板来实现，该电-气接口将阀岛左侧的模块化电模块与右侧的模块化气动阀组整合在一起。在这个电-气接口和/或右端板上，有一个为整个阀岛提供气源压力的进气口，还可以根据阀岛安装现场的环境状况和工艺需要，选择阀岛电-气接口上排气口的排气方式：大面积消声器或者集中管式排气。

这两种排气方式各自的特点与适用场合如下。采用大面积消声器这种方式，阀岛的排气口是一个平板式消声器或者管式消声器，阀岛所在的环境相对来说没有较重的油雾、粉尘，不会很快污染堵塞消声器，影响它的排气性能；使用大面积消声器方式排气的优点是排气流量大，能满足气动执行机构响应速度快的要求，其缺点是经过阀岛的压缩空气直接经由消声器排放在现场，不能回收循环利用压缩空气。而采用集中管式排气这种方式，阀岛的排气口是一个螺纹接口，可以通过快换接头连接气管，这样就可以将阀岛排放的压缩空气集中收集循环再利用。如图41-4a所示，当阀岛上的阀组数量较多，对压缩空气流量要求较高时，还可以在任意相邻的气路板底座之间添加进气和排气一体化的辅助气源板，以提高阀岛的进气量。这个辅助气源板的进气和排气方式与阀岛默认的电－气接口或者右端板上的进气和排气方式一致；例如，阀岛如果选择内先导进气方式、大面积消声器排气方式，那么对应的辅助气源板上的进气和排气方式也分别是内先导进气方式、大面积消声器排气方式；此外，借助这个辅助气源板和安装在气路板底座之间的隔离密封件，可以很方便地实现压力分区，达到在一个阀岛上实现电磁阀的不同工作压力的目的。

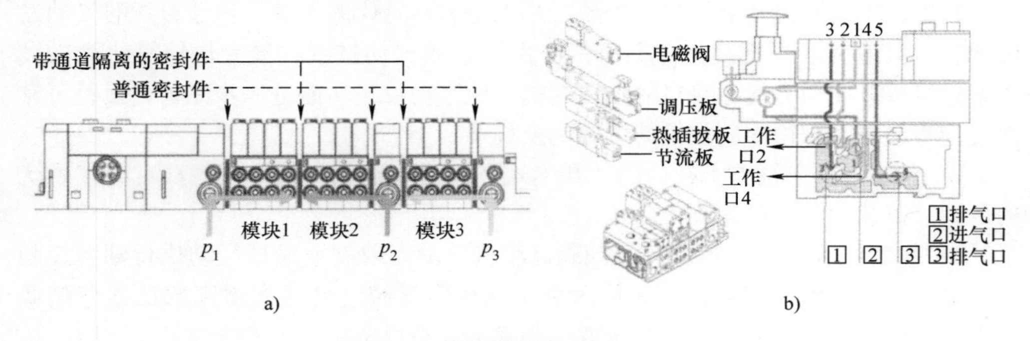

图41-4　模块化阀岛集成

a）气动阀模块化集成（平面）结构　b）气动阀模块化（叠加）结构

如图41-4b所示，模块化阀岛的气动部分还能以垂直叠加安装的方式，在阀片和气路板底座之间安装热插拔板、垂直供气板、调压板、节流板等模块，这些垂直叠加安装的功能模块可以根据要求有选择性的安装，其功能被分配在对应安装的阀片上，并且随时可以更改。虽然这种方式使阀岛的整体高度增加了，但是在一个位置上就能实现所有的气动功能，是一个非常集中和紧凑的设计。这种功能垂直叠加安装方式与传统的分别独立连接气源处理单元、减压阀、单向节流阀实现压力分区、减压、节流等功能的方式相比，不但大量减少了安装调试时间，而且极大降低了元器件的占用空间，有利于设备的小型化，从而节约设备的设计制造成本。用户在使用的时候，如果要调节多个阀片的输出工作压力或者气动执行机构的速度，只需在同一个阀岛上就能实现全部的功能调压。在设备维护改造时，不论是更换还是增加阀片以及相应的功能集成模块，都不需要拆开整个阀岛，这些都有效地缩短了设备的安装、调试和维护时间。

这些垂直叠加的功能模块的类型很齐全，例如调压板，有调压阀片的1号口，即进气口压力的调压板，有调节2、4号口即工作口压力的调压板；甚至还有可逆向操作，将排气口3、5号口作为进气口而1号口作为排气口。提高阀片进气流量的调压板，这些不同类型的调压板调压范围也有多个选择，如0~0.2MPa、0~0.6MPa、0~1MPa。以调节阀片1号口压力的调压板为例，压缩空气通过阀岛的电-气接口上的进气口或者辅助气源模块进入气路板底座上的进气通道，然后进入调压板的进气通道以后，经过集成在调压板上的调压阀进行压力的调节，达到需要的设定值以后，再进入电磁阀的进气通道，就实现了阀片1号口调压的目的。

2. 电气部分

阀岛的发展已经将气动控制的功能转移到电控，气动只是一个执行驱动部分。因此电气部分将在气动控制领域起到核心作用。

（1）多针接口型阀岛　使用多针接口型阀岛，阀岛和PLC控制器输出模块之间只需通过一根多芯（如25芯）电缆线连接，这根电缆线包括了和每一个电磁线圈相连的一根导线以及和所有的线圈相连的公共地线。用户按照相应的电磁线圈接线图将多芯电缆线与PLC控制器上的输出点连接起来以后，就可以实现PLC对阀岛上电磁阀的点对点通信控制；而阀岛这一端，所有的电磁线圈与多芯电缆的连接则是通过预装配好的电路板连接的，用户不需要再做电气接线工作。所以，在电磁阀需求数量较少（如8、16或者24个），阀岛与PLC控制器之间的距离较短时（一般不超过10m），采用多针接口型阀岛，可以较为快捷地进行电气接线工作；只是使用多针接口型阀岛时，受限于多针连接器的针脚数，每个阀岛能够集成安装的电磁阀数量有限。因此，在大型的模块化生产线上，不建议采用多针接口型阀岛，因为多针接口型阀岛难以适应动辄使用上百个电磁阀和输入/输出模块的场合。

（2）现场总线型/可编程智能型阀岛　为了满足大型模块化生产线设备的要求，现场总线型/可编程智能型阀岛正在逐渐普及并广泛地投入使用。如图41-3b所示，与PLC控制器通信的现场总线节点，以及与之衔接的输入/输出模块是一个个独立的，可以方便拆卸、快速更换与扩展的模块，如果阀岛需要使用不同的现场总线协议与不同的PLC控制器通信，只需要更换该阀岛上的总线节点以及相应的总线接口的插头即可；此外，这些模块化的输入/输出模块集成在阀岛上，直接安装在生产设备上，因此现场的输入/输出信号装置，如安装在气缸上用来检测活塞位置的接近开关，或者需要精确工作压力且可以随时任意调节的比例调压阀等，都可以直接用相应的连接电缆连接到阀岛的输入/输出模块上。这些都有效缩短了现场生产设备的输入/输出装置到控制柜内PLC控制器的连接电缆的距离，降低了布线安装的工时、人力与成本。

3. 通信部分

现场总线、工业以太网技术已经成为模块化阀岛的产品功能不可分割的一部分，模块化阀岛正在向多功能一体化终端演化。电信号模块种类和功能更丰富，能更好地满足自动化生产的即插即用要求。

（1）模拟量输入模块　2通道、4通道的模拟量输入模块，通过标准的模拟量接口来连接各种不同的模拟量传感器，如压力传感器、流量传感器、位移传感器、温度传感器等；传感器的信号类型可以是电压型、电流型，信号范围广泛，包括0～20mA，4～20mA，－20～20mA，0～10V，－5～5V，－10～10V。用来测量温度和直接读取温度值的模拟量输入模块可以连接的温度传感器类型，主要有热电偶和热电阻两种，支持的热电偶温度传感器类型有B、E、J、K、N、R、S、T等8种，支持的热电阻温度传感器类型有PT100～PT1000和Ni100～Ni1000这两大类，用户可以使用不同的模拟量温度模块和温度传感器组合，来测量不同的温度范围。

（2）模拟量输出模块　模拟量输出模块用来连接并控制比例调压阀等外围设备，其输出信号类型可以是电压型，信号范围是0～10V，也可以是电流型，信号范围是4～20mA和0～20mA。

（3）数字量输入模块　数字量输入模块可以连接标准的两线制或三线制传感器，如接近开关或电感式传感器，输入信号的数量和切换方式的组合有多种选择，如4点PNP切换、8点PNP和NPN切换、16点PNP切换。此外，具有通道诊断功能的输入模块，当模块上某个输入通道发生特定故障，如短路、断线的时候，会向PLC控制器发送故障信息，便于使用者能快速准确地找到和排除故障。

（4）数字量输出模块　数字量输出模块可以用来连接并控制电磁阀、小型液压阀、指示灯等外围设备，其输出信号的数量和切换方式的组合有4点PNP切换、8点PNP切换、大负载电流的8点PNP切换等。所有这些输入、输出模块的结构同之前的模块化阀岛相比，模块化程度更高，主要体现在这些模块从上到下是由可以自由分解、组合的三种单元组件构成的，如图41-5所示。

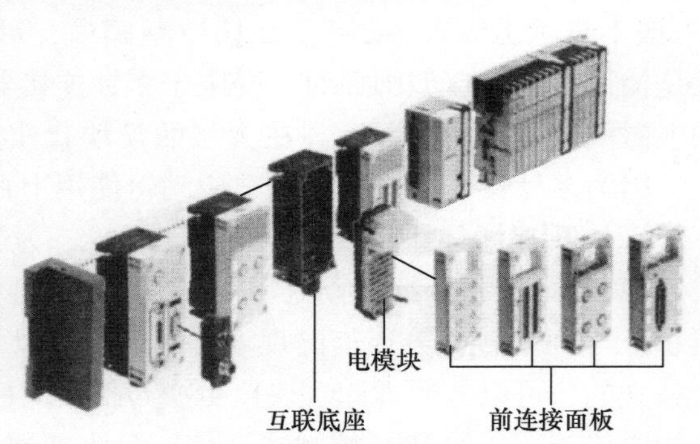

图41-5　阀岛的电模块化结构形式

最上层是连接输入/输出设备的前连接面板，中间是具体的输入/输出模块，最底层是安装这些前连接面板和输入/输出模块的互联底座。采用这种“搭积木”组合方式的模块化阀岛的电气终端部分，用户在更改或者替换某一个输入/输出模块时，只需要将前连接面板上的安装螺钉拧松，将该面板拆下来，就可以快速更换了，而安装在连接面板上的、连接输入/输出设备的电缆线插头并不需要取下来，这可以大大节省用户的设备维护时间和人力成本，减少停机时间。模块化电模块-电模块的结构与这些输入/输出模块组合的前连接面板，即输入/输出信号的连接方式有很多种，如适合在控制柜内使用，防护等级为IP20的夹紧式端子方式、适合在现场使用，防护等级为IP65/IP67的M8－3针、M8－4针、M12－5针圆形插座、Sub－D25针插座方式等；用户依据不同的应用场合和输入/输出模块的类型，选择合适的前连接面板就可以轻松实现即插即用。

（5）现场总线/工业以太网通信模块和功能模块　模块化阀岛的电气终端部分，除了不断扩充和丰富输入/输出模块的类型以外，还能配置类型多样的现场总线节点，通过相应的连接方式和上位PLC控制器进行通信，如应用广泛的开放式现场总线协议PROFIBUS－DP、DeviceNet、CC－Link、CANOpen、INTERBUS等很早就有相应的总线节点模块，而工业以太网技术，如EtherNet/IP、PROFINET、EtherCAT、Modbus－TCP的兴起和飞速发展也促成了相应的以太网节点模块的诞生。此外，更多创新的功能模块正不断地被开发出来，进一步推动和发展了模块化阀岛的多用途终端特性，如控制电驱动单元的智能模块，可以直接和电驱动控制器连接，实现单轴、多轴的运动控制，从而使模块化阀岛实现可编程柔性运动控制器的功能，极大地提高了阀岛的智能化程度；总线/工业以太网通信模块和功能模块的前连接面板虽然不能像上面介绍到的输入/输出模块那样灵活拆卸组合，而是和具体的电模块封装成一体的，但是依然可以从最底层的互联模块上拆卸下来，如此一来，用户在更换模块时，只要拧松前连接面板上的安装螺钉，就可以将旧块从互联底座上拆除进行更换，不需要像以前那样先将整个阀岛从安装支架或安装面上取下来，再将模块左右相连的电气模块拆开才可以更换。这样就有效降低了设备停机维护时间，帮助用户将产量损失减少到最小。

41.2　阀岛的硬件安装与总线连接方式

41.2.1　阀岛的硬件安装

阀岛要被安装到机器设备或者系统上，主要有两种安装方式。

1. 墙面/平面安装

阀岛安装在坚固、平坦的墙面/平面上，为此需要在安装面上加工螺纹孔，使用垫片和安装螺钉进行固定，如图41-6所示。

2. DIN导轨安装

使用标准的导轨，导轨固定安装在控制柜、墙面或者机架上，选用合适的安装支架附件就可以把阀岛牢固地卡在DIN导轨的槽架上，如图41-7所示。

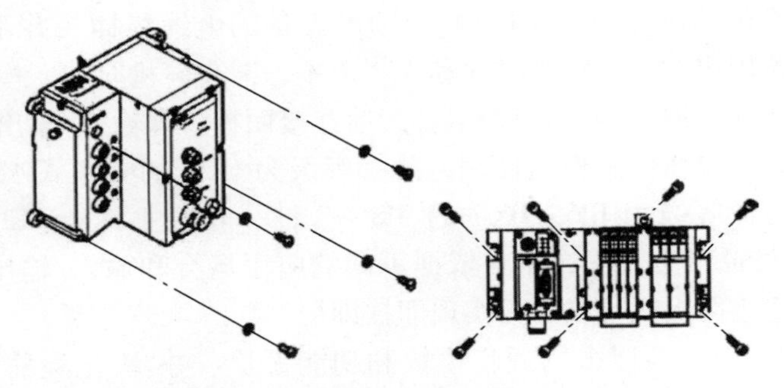

图41-6　模块化阀岛——墙面/平面固定安装

41.2.2　阀岛总线连接方式

为了确保阀岛在一个系统、一个生产线里有效发挥其功能，不仅仅需要阀岛充分发挥模块化组件的性能，还需要阀岛有灵活多样的应用控制方式，在充分发挥各个模块化组件气动和信号传输性能的基础上，有能力创建一个子系统，满足用户的各种控制安装要求。依据应用场合和阀岛安装、使用方式的不同，阀岛主要有如下几种安装控制方式。

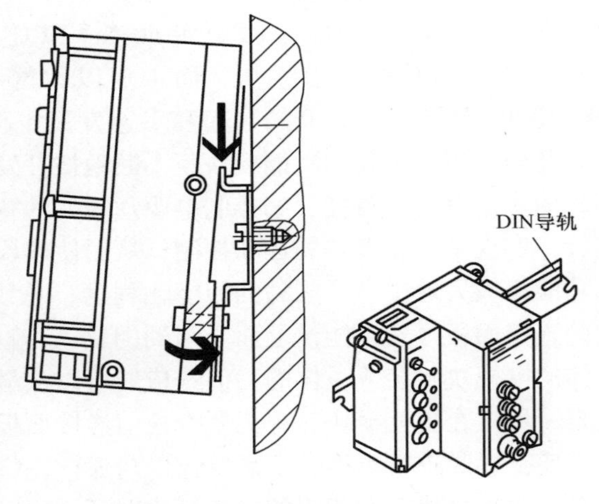

图41-7　模块化阀岛——DIN导轨安装

1. 集中安装

顾名思义，设备或者系统内所有的电气输入和输出信号，以及气动执行机构都是受一个组，即一个较大规模的、集成了数量较多的电磁阀及输入输出模块的阀岛控制的。

如图41-8所示，这些阀岛都是安装在系统中易于操作的位置上，例如在机器设备的前面或者机架上，气动控制回路只覆盖几米远。用户可以实现“一步到位”的安装、调试、操作和维护。

2. 分散安装

一个中型的设备或者系统，由多个分散的子单元或者子系统构成，每一个子系统的气动执行机构数量比较少，如8~10个。这些气动执行机构都是通过小型阀岛来驱动的，如图41-9所示。

使用这种气动控制方式，阀岛与气动执行机构之间的气管安装距离短，有效地提高了阀岛的气动性能，如优化了流量损耗，降低了能源消耗，缩短了循环时间，

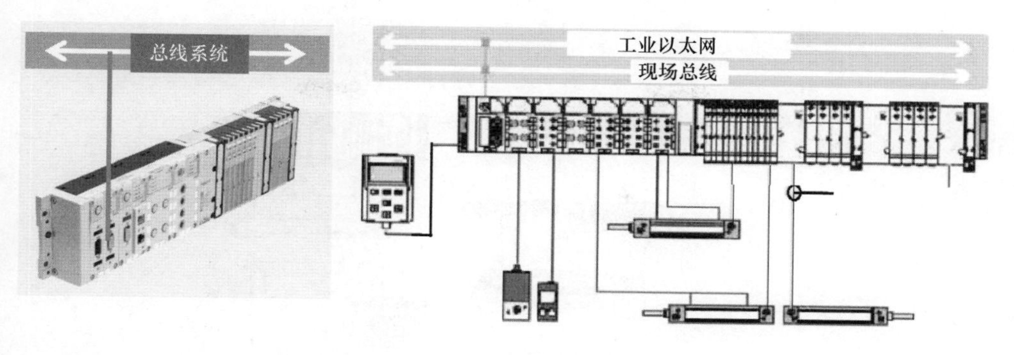

图41-8 集中安装

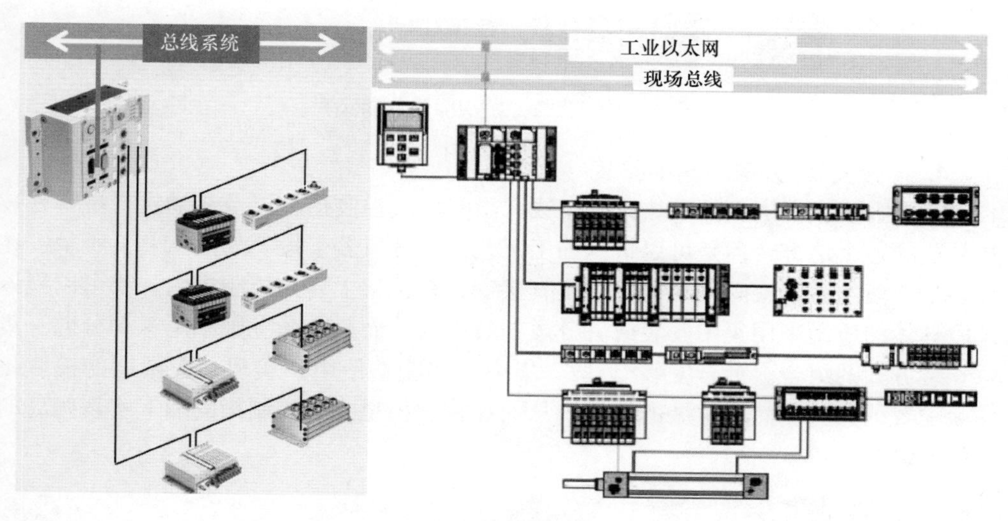

图41-9 分散安装

有效地提高了阀岛的气动性能，减少了安装量。采用分散安装控制的小型阀岛，其体积小、重量轻，适合用于移动的工位和安装空间狭小的地方，从而使设备的安装空间更加紧凑。系统中的输入、输出可以通过一个电终端来处理，这个终端可以用现场总线/工业以太网的方式连线到上位机系统中。

3. 支持上游功能的分散安装

一些单项功能，如重新定位、加载、卸载、传输等动作都是设在系统或设备的外部，例如机器人抓手或者工具架，输送线上的制动和分选通道等，往往处于整个系统功能的上游。针对这类情况，集成现场总线接口如 AS－i，或者设备总线接口如 IO－Link 的小型阀岛和电终端就成为理想的解决方案，如图 41-10 所示。

这种安装控制方式，包括了分散安装方式的所有特点，可以通过总线直接配置阀岛，实现综合的故障诊断与状态检测功能。

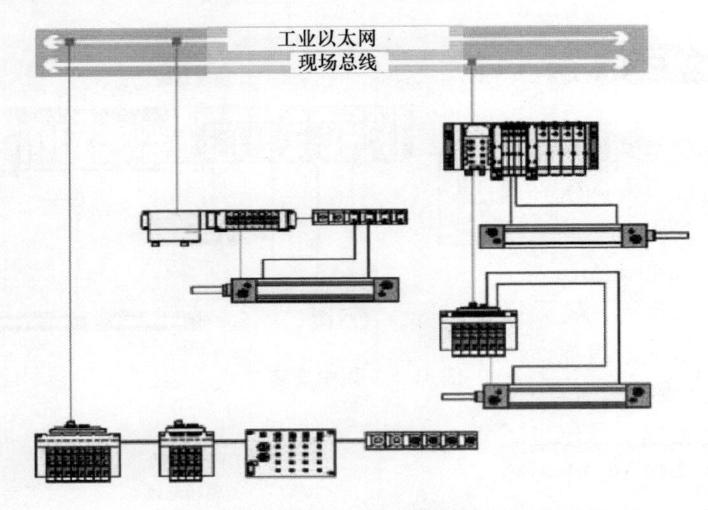

图 41-10　支持上游功能的分散安装

4. 混合安装/分散 - 集中安装

一个大型或者中型的模块化生产线，虽然电气控制信号以及气动执行机构安装在系统的各个地方，但是可以根据加工工艺流程分成若干段。如图 41-11 所示，在每一个工段内，不论阀岛和电终端是直接安装在机架上还是控制柜内，都可以视该区段具体的应用采用集中安装或者分散安装方式，而整个系统则采用这种分散 - 集中安装方式的组合。混合安装/分散 - 集中安装能够使用户实现最大限度的模块化灵活配置，并且仍然有扩展的选择，从而在控制柜里或者控制柜的墙上实现阀岛的最佳安装。

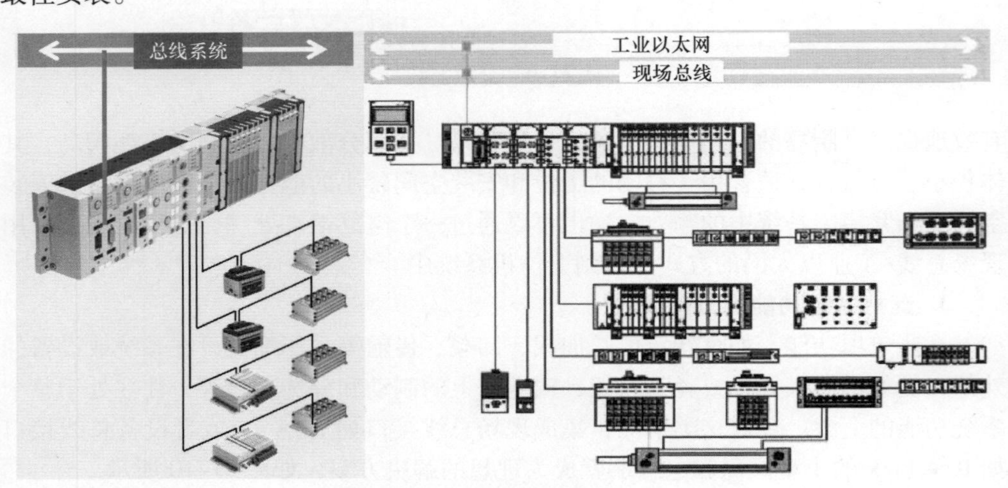

图 41-11　混合安装

41.3 阀岛 CAN 总线技术概念

智能气动集成装置是气动装置与微型计算机、现场总线、传感器等密切结合的产物，它们构成具有一定程度智能的一体化系统。在气动控制中 CAN 总线是常用的总线之一。

CAN（Controller Area Network）属于现场总线范畴。CAN 总线具有很高的实时性、可靠性和灵活性，特别适合工业过程监控设备的互联，在工业现场应用越来越广泛，并被公认为最有前途的现场总线之一。

将 CAN 总线技术引入气动系统，实现了对气动系统的统一管理调度。各种数据采集设备的数据信号传送到 CAN 智能节点上，智能节点以 CAN 报文的形式将数据信号发送到总线上，中央控制器将报文接收，恢复为原始数据，从而实现系统状况的监控；同时，中央处理器把控制信号以报文的形式发送到总线上，智能节点接收报文，向气动系统的控制元件发送指令，调整其状态，达到控制目的。

41.3.1 阀岛 CAN 总线硬件系统

图 41-12 所示为广义的 CAN 总线应用于气动系统的硬件平台。硬件系统由中央控制器、智能节点和被控的气动系统组成。中央控制器和各智能节点在总线的连接下形成网络，各智能节点分别连接气动系统中的各元件，从而实现中央控制器对气动系统的监控管理。

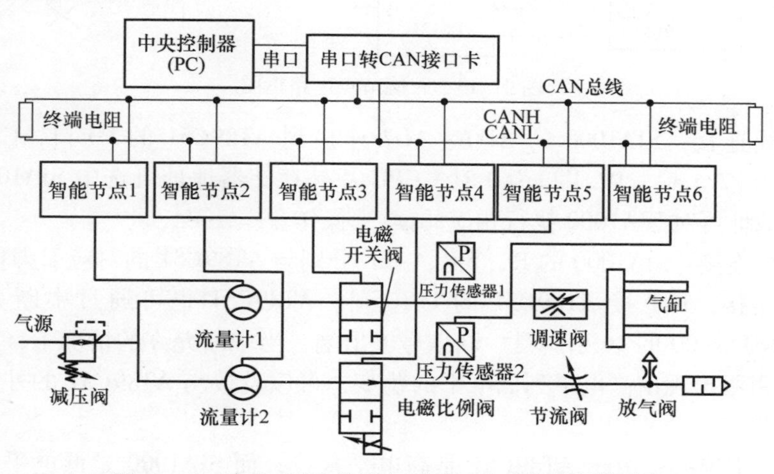

图 41-12 广义 CAN 总线应用于气动系统的硬件平台

选用一台 PC 作为中央处理器，通过串口转 CAN 接口卡连接到总线上。选取 2 条典型气动支路为例作为被控系统。第 1 条支路可以进行气缸的寿命试验，第 2 条支路可以进行元件的性能测试。系统中的开关阀、比例阀、流量计和压力传感器分别与智能节点相连，构成控制网络。

1. 智能节点

节点中实现CAN通信的核心元件是独立CAN通信控制器SJA1000。SJA1000主要用于移动目标和一般工业环境中的区域网络控制。与PCA82C200相比，引脚完全兼容，而且增加了一种新的操作模式——PeliCAN，支持CAN2.0B协议。

智能节点的CPU选用AT89C51，负责SJA1000的初始化和控制SJA1000实现数据的接收和发送等通信任务；同时，AT89C51还负责对与该节点相连接的气动元件的控制管理，如接收传感器采集的数据或控制电磁阀的状态等。

图41-13所示为智能节点电路框图。节点的电路主要由5部分组成：微控制器AT89C51、独立CAN通信控制器SJA1000、CAN总线收发器82C250、复位信号芯片DS1232和高速光电耦合器6N137。单片机主要用于系统的计算及信息处理等功能；CAN通信控制器主要用于系统的通信；CAN总线收发器主要用于增强系统的驱动能力；DS1232提供系统所需的高低电平复位信号；高速光电耦合器的作用是实现总线上各CAN节点之间的电气隔离，增强了节点的抗干扰能力。

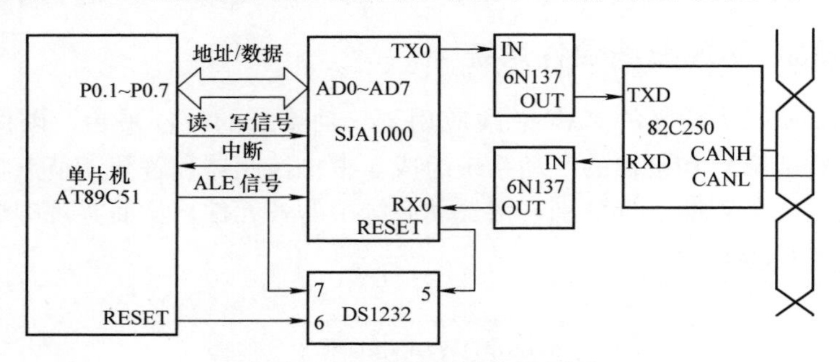

图41-13 智能节点电路框图

地址线连接：SJA1000的AD0～AD7连接到AT89C51的P0口，CS连接到AT89C51的P2.1口。P2.1口为0时，CPU片外存储器地址可选中SJA1000，CPU通过这些地址可对SJA1000执行相应的读/写操作。

读写线连接：SJA1000的R、WR、ALE分别与AT89C51的对应引脚相连。

中断连接：INT接AT89C51的INT0口，AT89C51也可通过中断方式访问SJA1000。SJA1000的16引脚是中断信号输出端，当中断允许的情况下，有中断发生时，16引脚出现由高电平到低电平的跳变，可以直接与AT89C51的外部中断输入引脚相连。

复位引脚连接：由于AT89C51是高电平复位，而SJA1000是低电平复位，因此复位信号要通过一个复位信号芯片DS1232与SJA1000的复位端相连。SJA1000的复位引脚外接发光二极管，系统上电复位成功后，发光二极管就会稳定发光，可作为系统复位成功的标志。

其他引脚：SJA1000的11引脚MODE接高电平，选择Intel二分频模式。

SJA1000 的 TX1 引脚悬空，RX1 引脚的电位必须维持在 0.5VCC 上，否则，将不能形成 CAN 协议所要求的电平逻辑。

2. 串口转 CAN 接口卡

串口转 CAN 接口卡实质上也是一个智能节点，不同之处在于节点的微控制器要进行 RS-232 和 CAN 协议间的转换，在串口与单片机之间要加上电平转换芯片 MAX232。PC 中 COM 口的 RS-232 电平，经 MAX232 转换为 TTL 电平后连接到 AT89C51 的串行口，其串行数据经 AT89C51 的串行口转为并行数据后，由地址/数据总线发给 CAN 通信控制器 SJA1000，再通过 CAN 总线收发器 82C250 连接到 CAN 总线上。

41.3.2　阀岛 CAN 总线软件系统

中央控制器软件用 VC 语言开发主监控程序和图形界面。智能节点用汇编语言进行控制、采集和通信。

CAN 总线节点的软件设计主要包括三大部分：CAN 节点初始化、报文发送和报文接收。

SJA1000 的初始化只有在复位模式下才可以进行。SJA1000 的寄存器作为 AT89C51 的片外存储器，单片机利用 MOVX 指令对这些寄存器进行设置，CAN 节点初始化流程图如图 41-14 所示。

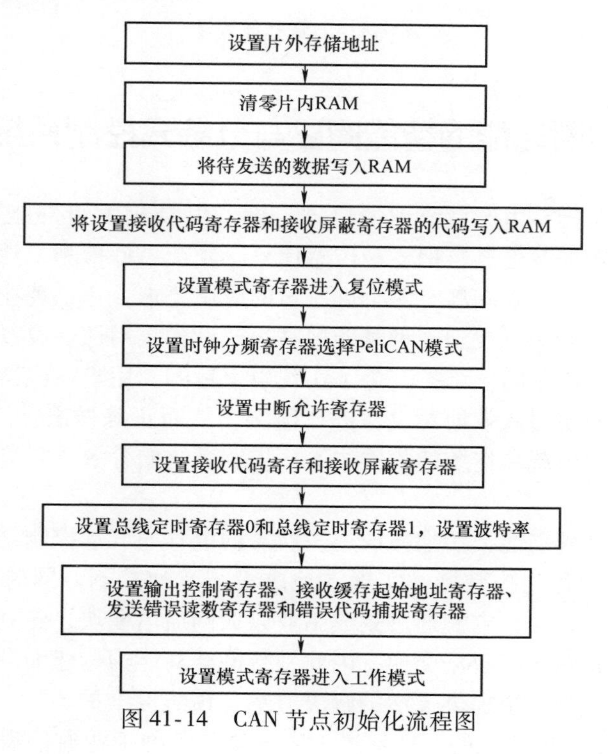

图 41-14　CAN 节点初始化流程图

发送过程就是将待发送的数据按特定格式组合成一帧报文，送入 SJA1000 发送缓冲区中，然后启动 SJA1000 发送即可。接收过程要对诸如总线关闭、错误报警、接收溢出等情况进行处理。利用查询方式进行接收，将 SJA1000 接收缓冲区的报文传送到单片机的片内 RAM 区，如图 41-15 所示。

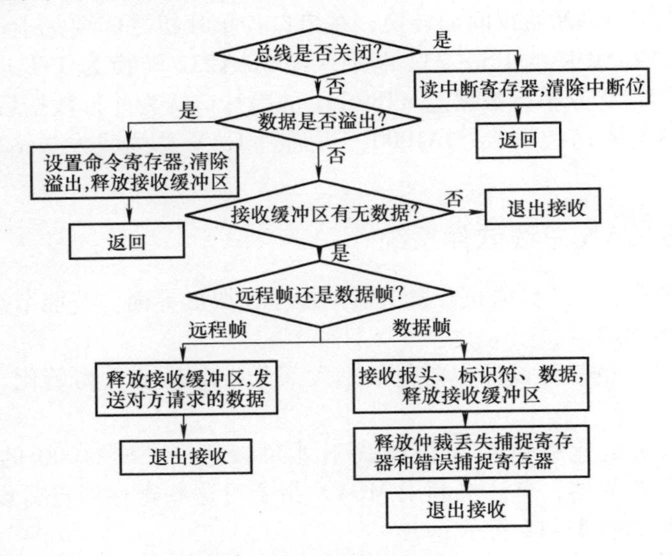

图 41-15　接收流程图

41.4　集成诊断功能的智能阀岛与分散式控制系统

在工业 4.0 时代，生产系统中的机器、设备以及相关组件能够智能互联，连续、实时地交换数据及信息，把各种传感信号、复杂事件检测、独立的本地决策和控制组合在一起。现在对阀岛有两个进一步的应用要求：一是现在的用户在使用机器设备时，总是希望能寻找到一种既能提高生产设备实用性、设备产能，又能降低维护成本的方案，即预防性维护。为了实现以上目的，用户在机器设备上安装了状态监视系统，以便实时高效地对设备进行监测，从而正确做出预防性维护的决策。二是要求工业控制系统从传统的集中式工厂控制系统向分散式智能工厂控制系统进行转变。

模块化智能型阀岛能灵活地集成用户所需的电气与气动控制功能。它能通过集成嵌入式软 PLC 与运动控制器，实现本地决策与本地控制，同时又能够监视阀岛的运转情况；另一方面，它能通过集成工业以太网通信模块，建立与上位控制系统以及其他组件的联网实时数据交换。因此，智能阀岛能为构建面向工业 4.0 时代的分散式智能工厂控制系统提供灵活的解决方案与预防性维护。

PROFINET 是目前公认的、能够最大限度满足各种工业通信需要的以太网协议之一。智能阀岛充分发挥了 PROFINET IO 的技术特性，能完美地整合到基于 PROFINET 通信网络的分散式智能控制系统中。

41.4.1 集成诊断功能的阀岛

预防性维护作为诊断系统的重要组成部分，按照效能从低到高的顺序，主要划分为以下 4 个级别，如图 41-16a 所示。

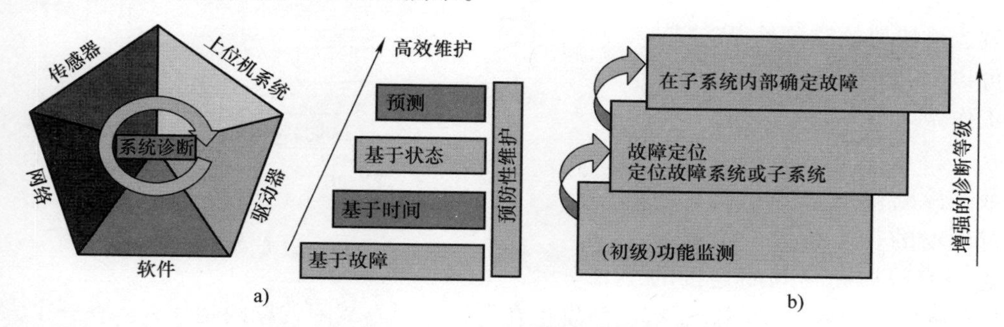

图 41-16 预防性诊断功能不同程度要求

a）系统诊断、预防性维护 b）系统诊断功能层次

①基于故障：更换任何损坏的部件，如阀片、输入/输出模块、传感器等。②基于时间：安排并集中在一定时间内更换各种损坏部件或易损部件。③基于状态：定期检测和生成诊断数据，从而使维护更好控制，基于理想的设备运行状态，预防性地更换部件。④预测：分析以前收集的数据并模拟将来可能发生的状况，使用户更及时地做出预防性维护的决策。全面的系统诊断能帮助用户更加准确地做出预防性维护的决策。在系统诊断、预防性维护系统诊断的功能要求下，诊断的等级主要分为三层，如图 41-16b 所示。

图 41-16b 所示的系统诊断功能可以分为：①（初级）功能监测，例如通过 LED 状态指示灯直观判断设备的运行状态，通过不同功能的传感器，检测系统的压力、流量、温度、位置、位移，或者通过上位机系统检测驱动器的时间参数（如循环周期、行程时间等）。②故障定位，通过第一层的监测功能，可以快速地定位故障发生的区域，判定故障系统或子系统。③在子系统内部确定故障。

阀岛作为自动化机器设备上的电－气一体化的功能集成元器件，也具有不同级别的诊断功能，便于用户快速准确地查找和排除故障。如图 41-17 所示，气缸的动作由阀岛的电磁阀来驱动，气缸运动的定位由安装在其上的接近开关检测，接近开关连接到阀岛上的输入模块，而整个阀岛作为上位机系统的一个从站，执行上位机的指令，并接收驱动执行机构（见图 41-17 中的气缸、阀岛）的状态反馈，如电磁阀的通断、气缸运动是否到位等。阀岛在现场总线/工业以太网内的系统诊断为用户提供了全面的系统诊断方案：

1）现场的初步检测与可视化监控。用户在设备现场可以通过阀岛上的电磁阀、接近开关、输入/输出模块上的LED状态指示灯判断阀岛当前的运行状态。这是最直观、最快速的监测诊断方式，可以对当前的阀岛是否正常工作做一个大致的诊断。

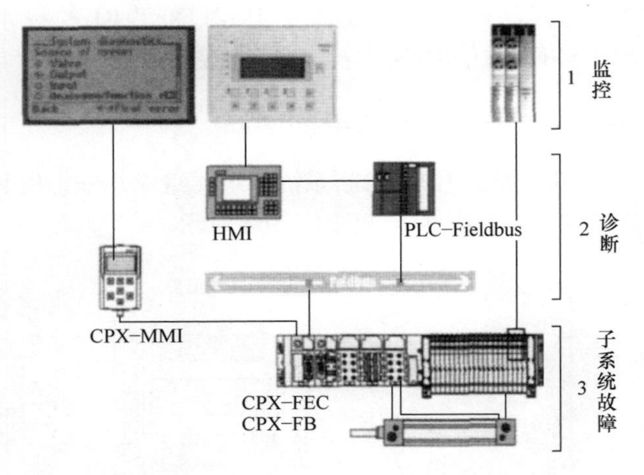

图41-17 阀岛在总线与以太网内的系统诊断

2）通过网络诊断、过程数据诊断确认故障系统。通过现场的初步检测，用户只能知道阀岛和与阀岛连接的执行机构有故障，却不能了解故障发生在哪里、引发故障的原因是什么。在一个大型的模块化生产的工厂里，现场使用的现场总线接口/可编程智能型阀岛以及执行机构的数量非常多，这些阀岛采用分散或集中安装控制的方式分布在不同的工位，彼此之间的间距可能远至上百米，如果阀岛发生故障，用户需要了解详细的故障原因才能够有针对性地快速应对。得益于现场总线/工业以太网等工业自动化网络技术，用户可以在中控室或人机操作界面实时监控诊断阀岛的工作状态，并设置阀岛的模块参数，如输入反跳时间、Fail - safe 诊断信息的存储等。当阀岛发生故障，如电磁阀线圈短路、阀岛欠电压、传感器短路等，阀岛作为上位机系统的一个从站，会向上位机系统发送诊断信息，通过这些诊断信息，用户就能快速查找到故障系统。

3）排除故障以及预防。通过上述两种诊断方式找到故障以后，用户可以根据故障表现分析造成故障的原因，在排除故障以后消除隐患，预防故障的再次发生。阀岛作为电 - 气一体化的自动化终端设备，从最初只是将阀片安装在气路板底座上的集装阀形式发展到现在功能强大的模块化电 - 气终端，摆脱了早期的结构简单、控制安装方式不灵活等缺陷。

41.4.2 分散式控制系统与智能阀岛

1. 基于PROFINET通信网络的阀岛

阀岛的核心理念在于将气动控制组件与电气控制组件整合在同一个产品中，有效降低用户的工作量和自动化成本。因此，阀岛能将制造业生产效能、装备制造与设备设计水平提升到更高层次。通过针对用户特定工艺要求的灵活选型以及模块化的装配，以往需要单独实现的功能，现在全都能集成进阀岛，如图41-18所示。

图41-18所示的阀岛中6个数字编号与以下的功能依序相对应：①推挽式接口

的PROFINET IO通信模块；②具有通道诊断功能的传感器信号输入模块；③PROFIsafe安全关断模块以及压缩空气压力安全控制模块；④软起动与快速排气阀；⑤叠加了压力调节板、压力表和排气流量控制板的方向控制阀；⑥叠加了压力关断板的方向控制阀。

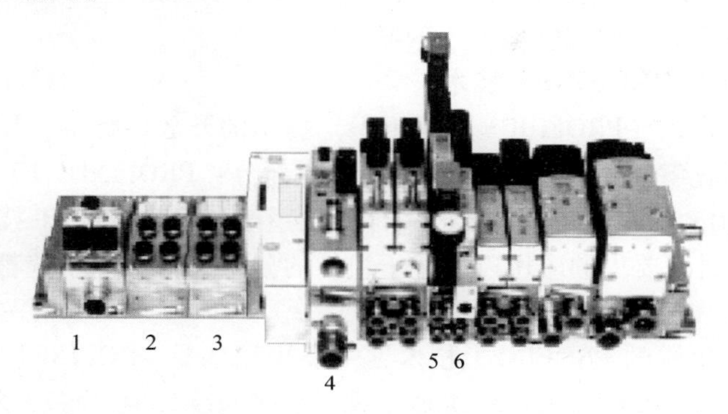

图41-18 具有PROFINET通信功能的CPX－VTSA阀岛

上述的整体化解决方案，可将采购、接收和检查产品所需的工作量降至最低，也使装配、配置和调试工作变得更为容易。相应的维护和维修时间也能大幅消减。采用这些预装配好并经过检查的阀岛组件单元还可以减少错误率。经验证，阀岛最多可有效减少60%的安装时间。

另外，更重要的是阀岛成为一个电气终端，不只是用于连接现场和主站控制层。它已具备SoftMotion运动控制功能，并配备诊断工具能为用户提供状态监测功能。

所以通过阀岛所具有的集成电气终端，阀岛能够将气缸控制与电动缸控制整合在一起：通过模块化阀岛电磁阀控制气缸动作，通过运动控制器控制电伺服与气伺服，并能集成更多功能，如图41-19所示。

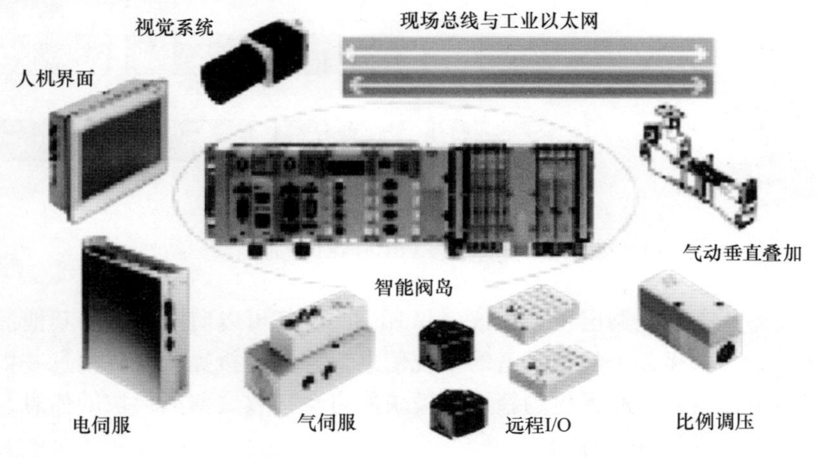

图41-19 智能阀岛的电气与气动控制功能

阀岛所具备的运动控制功能，也成为智能机械控制的重要基础。这样的阀岛具备独立的本地决策、本地逻辑控制、本地电伺服控制、本地气伺服控制能力，并且通过集成通信模块灵活地与采用不同通信协议的上位机或其他网络组件进行通信与实时数据交换。因此，阀岛将这些功能集成并发展到智能阀岛水平，能灵活地构建面向工业4.0时代的分散式智能工厂控制系统。

2. 智能阀岛的PROFINET技术

PROFINET是PI（PROFIBUS国际组织）提出的开放性标准，用于实现工业以太网的集成自动化解决方案。它包含两个主要部分：PROFINET IO（分布式I/O）和PROFINET CBA（基于组件的分布式自动化系统）。PROFINET技术使简单的分布式I/O、严格时间要求的应用以及基于组件的分布式自动化系统都能集成到以太网通信中。

智能阀岛上集成的PROFINET技术，主要采用的是PROFINET IO（分布式I/O）技术协议规范。PROFINET IO类似于现场总线系统，但是将现场总线的主从关系变为采用PROFINET IO的提供者/消费者模型。PROFINET IO包括3种不同的设备类型：IO控制器、IO设备和IO监视器。

1）智能阀岛的PROFINET IO——拓扑结构。PROFINET IO现场设备总是通过作为网络部件的交换机来连接。这样，使用单独的多端口交换机就可形成星形拓扑，或使用集成在现场设备中的交换机就形成线形拓扑。如图41-20所示，智能阀岛上集成的PROFINET通信模块集成了内部交换机，所以支持星形与线形混合的拓扑结构。

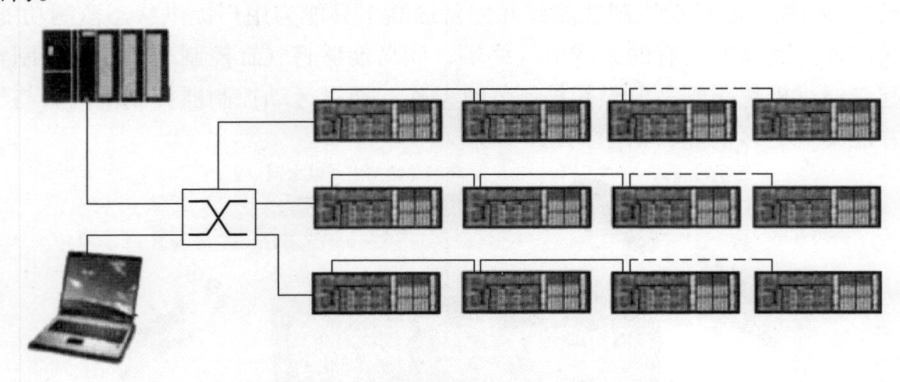

图41-20 智能阀岛支持混合PROFINET星形与线形拓扑结构

智能阀岛还支持链路层发现协议（LLDP），使其可以向网络中的其他节点公告自身的存在，并保存各个临近设备的发现信息。控制主机提取这些信息并以此创建一个详细的拓扑图，由此更换的新通信模块能自动接收之前旧模块的信息，这样能为用户显著缩短设备维护时间。

2）智能阀岛的PROFINET IO——通信方式。PROFINET的通信基础为以太网及TCP/UDP和IP。根据响应时间的不同，PROFINET支持下列三种通信方式：

① TCP/IP标准通信，使用TCP/IP和IT标准，其响应时间大概在100ms的量级，对于手动控制级的应用，这个响应时间是足够的。

② 实时（RT）通信，对于传感器和执行器设备之间的数据交换，优化了基于以太网第二层（layer2）的实时通信通道。极大减少了数据在通信栈中的处理时间，其典型响应时间是5～10ms。

③ 等时同步实时（IRT）通信，满足运动控制的高速通信需求，在100个节点下，其响应时间要小于1ms，抖动误差要小于1μs。以此保证准时确定的响应。

如图41-21所示，智能阀岛能支持工厂自动化实时（RT）通信。不仅如此，由于智能阀岛可集成嵌入式软PLC运动控制器，因此能在本地实现运动控制功能，无须控制主机通过长距离的PROFINET等时同步实时（IRT）通信来执行运动控制程序。这样的方案，有效降低了PROFINET通信网络中的数据负荷。

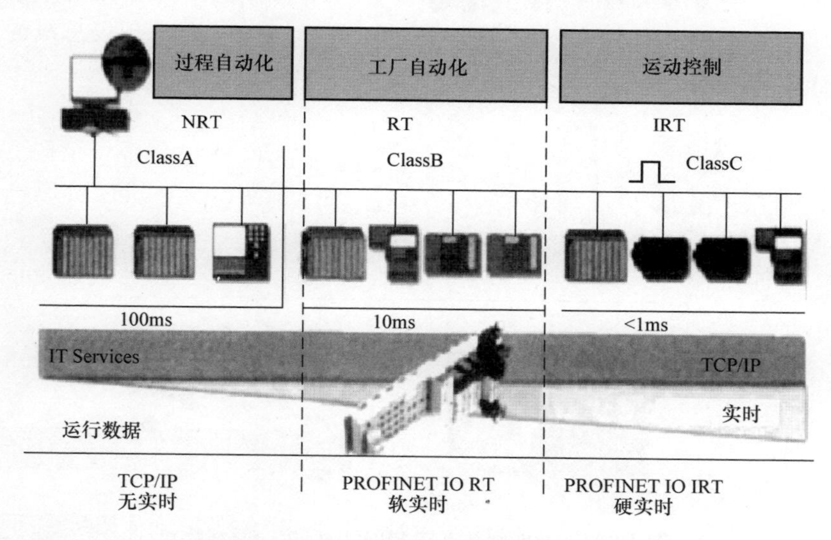

图41-21　智能阀岛的PROFINET实时通信能力

3）智能阀岛的PROFINET IO——快速起动。(Fast Start－up，FSU）快速起动的需求在AMI汽车行业尤其明显。因为标准PROFINET以太网从网线断开再重新连接后，需要过5～10s重新建立通信，在汽车行业频繁更换机器人抓手的工况下是极其影响节拍的。如图41-22所示，通过优化起动序列等方案，智能阀岛能在500ms以内完成PROFINET通信断开后再连接时的快速起动。

4）智能阀岛的PROFINET IO——PROFIsafe安全总线协议。PROFIsafe使标准现场总线技术和故障安全技术合为一个系统，即故障安全通信和标准通信在同一根电缆上共存，安全通信不通过冗余电缆实现。如图41-23所示，智能阀岛上可集成PROFIsafe关断模块，用于电动和气动元件，可以安全地关闭连接的电磁阀和外部能源消耗元件。

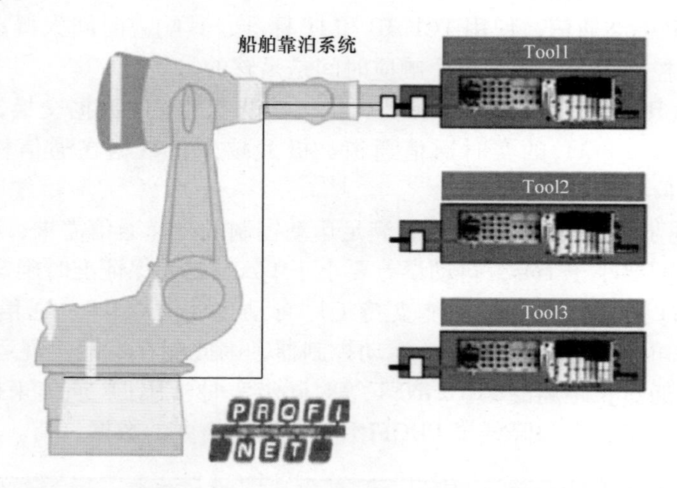

图41-22　智能阀岛支持PROFINET - FSU（Fast Start - up）

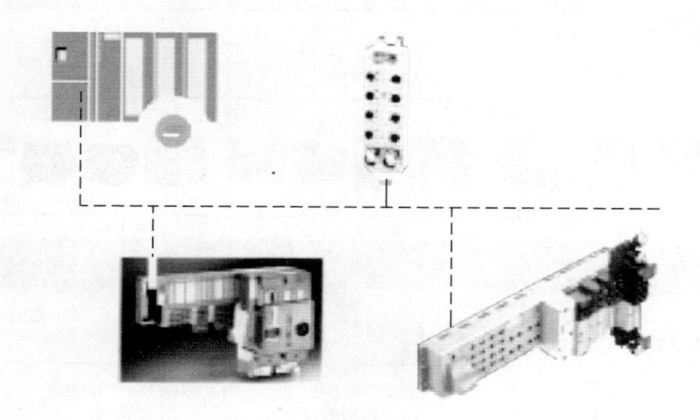

图41-23　智能阀岛支持PROFIsafe安全总线协议

5）智能阀岛的PROFINET IO——故障诊断。如图41-24所示，智能阀岛提供了4种PROFINET故障诊断方法，为用户提供全方位的诊断方案：

① 通过通信模块上的LED状态指示灯判断故障，使用户在现场的诊断更为快捷轻松。

② 通过过程映象区中8位输入的系统状态或者16位输入与16位输出的系统诊断数据交换区，使用户在I/O控制层上的诊断更为便捷。

③ 通过PROFINET报警窗口进行规范化的诊断，便于系统用户进一步处理故障信息。

④ 通过手持设备，用户在现场就能读取到故障文本信息，使现场诊断具体信

息更加直观。

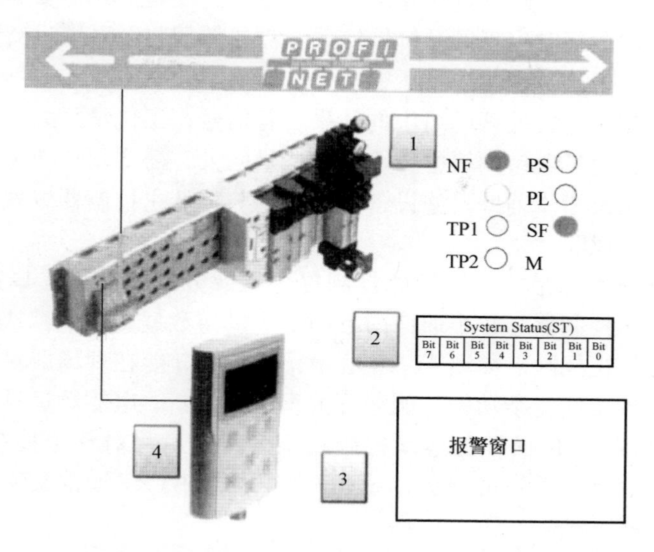

图41-24 智能阀岛 PROFINET——故障诊断

3. 智能阀岛在 PROFINET 分散式智能工厂控制系统中的作用

智能阀岛理念的核心，在于灵活地构建现场层分散式智能控制系统，有助于用户提高整个控制系统的灵活度，并降低系统性风险。

（1）传统集中式控制系统的问题 如图41-25所示，在传统的集中式工厂控制系统中，现场层几乎所有的控制信号都需要汇总到PLC层并由主控制器进行集中处理。

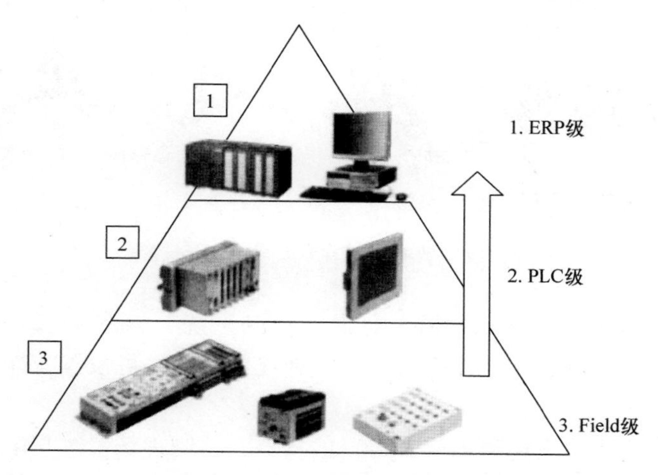

图41-25 传统的集中式工厂控制系统

集中式控制系统的最大问题是主控制器故障可能导致整个系统停止运作。虽然通过采用硬件冗余，可以降低这种情况发生的概率，但是潜在的威胁依旧存在。例如，在软件和硬件更新时出现的系统性错误，需要关闭整个系统进行更新，这些都足以影响整个工厂生产过程的正常运行。

此外，主控制器需要处理网络中的几乎所有信号，工作量巨大，需要长期处于高负荷运转状态，而且通信网络中传输的数据量巨大，需要用户花大量人力物力做好系统维护工作以及增添辅助设施设备，以控制与降低主控制器失效、数据拥塞等故障引起的系统性风险。

（2）智能阀岛为分散式现场智能控制提供有效方案　通过在局部地区设置智能阀岛，能分担主控制器与整个通信网络的工作量与数据交换量，从根本上降低整个控制系统的系统性风险。如图41-26所示，智能阀岛能在现场层对信号进行预处理，并在本地实现一些复杂功能。例如可编程逻辑判断、电驱动运动控制、气伺服运动控制，可做到2.5D插补的运动控制复杂度。然后将对整个控制系统PROFINET通信网络来说更为关键的数据，通过PROFINET IO RT通信交换给主控制器或其他网络组件成员。

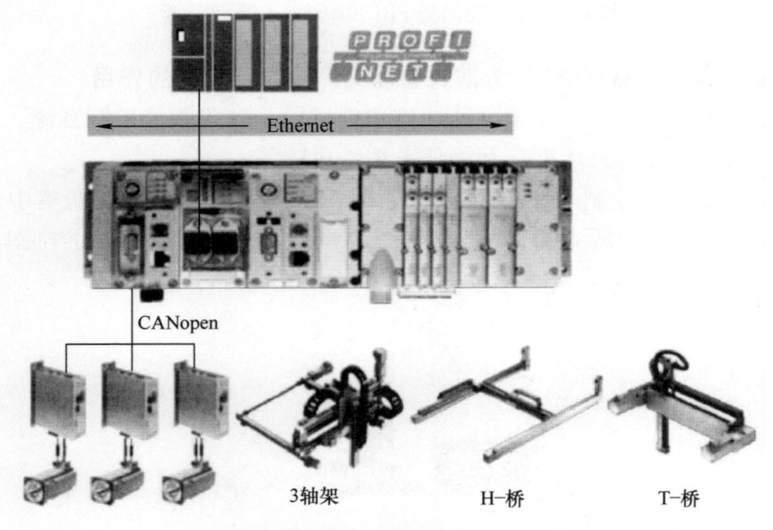

图41-26　智能阀岛在现场实现运动控制

（3）智能阀岛应用于PROFINET分散式控制系统　如图41-27所示，在现场层，例如工厂局部区域、生产设备或生产线独立工位内，可设置智能阀岛现场本地化控制与决策系统。

智能阀岛处理来自人机界面（HMI）的指令，控制现场气缸与电缸动作，执行2.5D插补复杂度的SoftMotion运动控制，执行本地化指令处理与决策判断，并通过PROFINET IO RT通信与基于PROFINET网络通信的控制系统及其他网络组件进行数据交换。这样的方案就构成了基于PROFINET的分散式智能工厂控制系统。

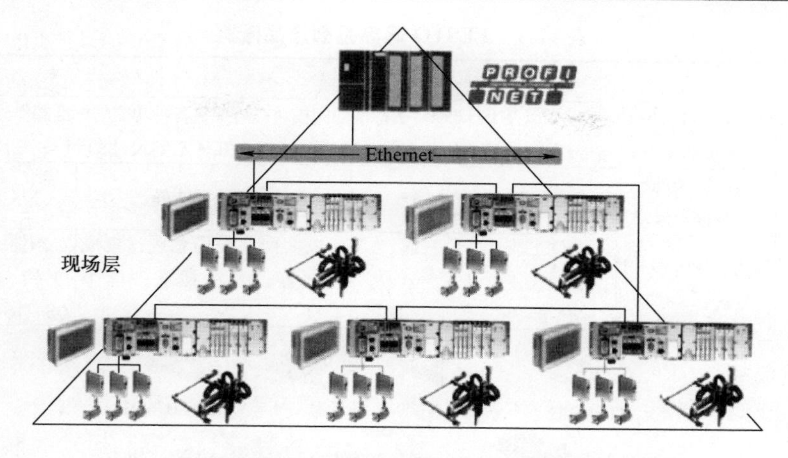

图41-27 智能阀岛构建现场层的分散式智能控制系统

采用分散式智能控制系统有利于降低整体系统性风险，因为它通过分散型智能控制终端分担了主控制器与主通信网络的工作量，并将系统性风险（足以影响到整个生产系统正常运行）分散到现场层里，从而降低整个系统潜在致命威胁的发生概率，是一种更加灵活的控制系统方案。

智能阀岛顺应工业4.0时代的发展趋势，将曾经的简单阀组合变成了现在的分散式智能控制系统，不仅能够实现整机自动化，而且通过灵活的工业通信接入各类自动化工业化网络控制系统中。

PROFINET是自动化工业网络的“未来”。集成智能阀岛的PROFINET工厂控制系统方案，是高度灵活的分散式智能控制系统，能够有效地将传统的集中式工厂控制转变为更为灵活的分散式智能工厂控制系统方案，这也是面向工业4.0的控制系统理念。

智能阀岛正在为装备制造业向工业4.0时代迈进提供更为灵活与功能丰富的控制系统解决方案，进一步激发了企业的自动化潜能。

41.5 阀岛厂商与阀岛产品

阀岛产品在市场上成为更新换代的产品。除去FESTO外，日本SMC、意大利康茂胜（Camozzi）等公司也都陆续推出有自身特色的产品。我国济南杰菲特气动液压有限公司、亚德客、宁波佳尔灵气动机械有限公司等厂商也都有气动阀岛产品的开发信息。

41.5.1 FESTO阀岛系列产品

FESTO阀岛产品主要按标准型、通用型与针对应用场合的三类区分与供应市场，有关产品型号与性能见表41-1。

表 41-1 FESTO 阀岛系列产品概览

标准型					
共性	符合 ISO 15407－1、ISO 15407－2 以及 ISO 5599－2 标准的阀模块；可配置各种功能的标准阀作为插件等 通过 CPX 系统的多针连接或现场总线的连接，一个阀岛上可组合五种不同尺寸的阀				
类型	流量/（L/min）	压力/MPa 分区/位	阀功能与阀位选择	电控种类选择	尺寸/mm
性能	550～4000	压力：－0.09～1 分区：3～20	二位二通、二位三通、二位五通、三位五通 阀位8～96	以太网；现场总线；集成控制器；多针插头；单个接口	阀体：18～65 接口：G1/8～QS－16（快插）
型号	 VTSA-FB  VTSA-MP 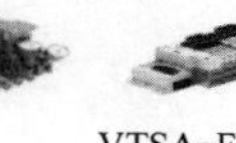 VTIA VTSA-FB-NPT VTSA-MP-NPT VTSA-ASI-NPT VTSA-ASI				
通用型					
共性	阀模块具有结构坚固、模块化特点，可适用于各种标准任务				
类型	流量/（L/min）	压力/MPa 分区/位	阀功能与阀位选择	电控种类选择	尺寸/mm
性能	170～4000	压力：－0.09～1 分区：3～20	二位二通、二位三通、二位五通、三位五通 阀位8～96	P接口；AS－1接口；CPI安装系统；以太网；现场总线；集成控制器；IO－Link；多针插头；I－Port；单个接口	阀体：10～65 接口：M7～QS－16
型号	 MPAL-VI 最高程度的模块化  VTUS-20/25/30 紧固耐用 电气单接口  VTSA-F-FB/MP 互联元件 流量优化  CPV-SC-FB-VI/MP-VI 结构小巧、适用真空 多针或总线控制  VTSA-F-CB 流量和通信优化 显示屏扩展诊断功能  MPA_FB/CPI/MPM 通用阀岛 高性能阀  VTUG/F1A 成本低、易安装 电气控制器互换  VTUG-S 阀体积小、紧凑 可更换电气连接  VTSA-F-FB/MP/ASI 阀岛流量优化 元件流量增加  VTUG-VI-EX2E 符合欧盟防爆 防护要求高达IP69K				
特殊应用型					
共性	紧凑型阀模块，用于特殊要求				
类型	流量/（L/min）	压力/MPa 分区/位	阀功能与阀位选择	电控种类选择	尺寸/mm
性能	10～780	压力：0.09～0.8 分区：32	微型、高速开关阀 阀岛、滴液头；二位二通、二位三通、二位五通、三位五通 阀位：1－32	IO－Link；多针插头；I－Port；单个接口	14
型号	 MPAC_AI 清洗型、环保型设计 耐腐蚀性强  MH1 小型座阀 多针或电气单接口  VTOC 紧凑型先导阀 锁器功能更安全性 滴液头VTOE 滴定 安装型计量解决方案				

41.5.2 其他厂商的阀岛产品

其他厂商的阀岛产品情况见表41-2。

表41-2 其他厂商的阀岛产品情况

产品名称	厂商名称	型号	典型产品	典型产品功能
SI单元	SMC	EX250-SDN1-B 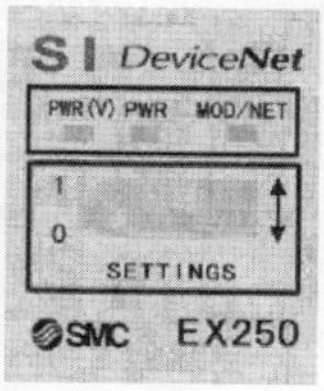	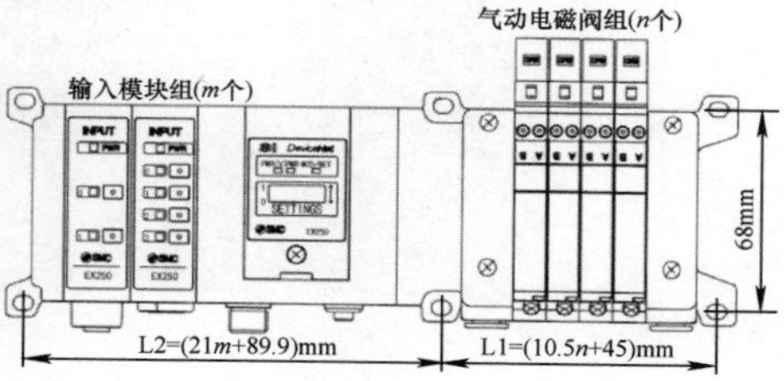	阀位：最多16个 输入控制组：最多16个
SI单元/DI单元	SMC	EX240-SPR1	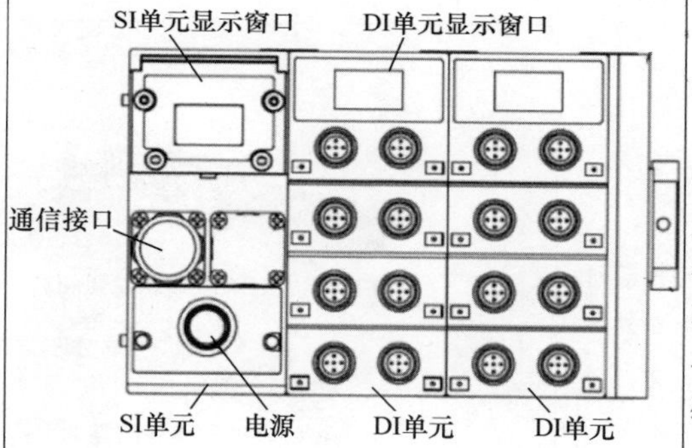	SI单元是PROFIBUS-DP的串行接口单元，开关控制电磁阀可达32点；允许数字输入传感器32个点的信号。DI单元是离散输入单元，接收8个点传感器输入
阀岛	SMC	EX245-SIBI-XXX 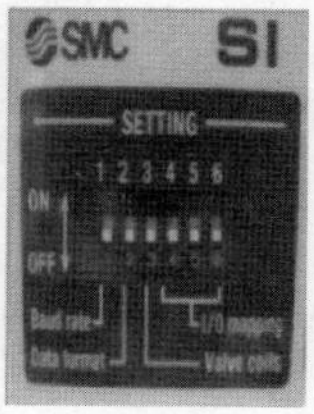	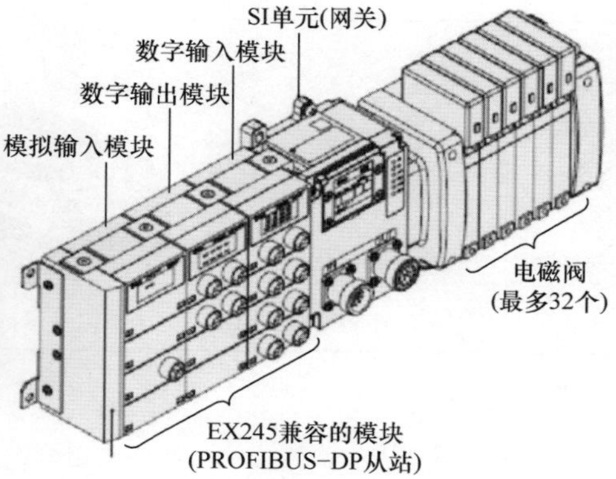	SI单元即网关，处理器。数字量输入模块接受气缸行程开关返回的信号。总线协议包括PROFIBUS-DP、DeviceNet、INTERBUS。通过通信状态可进行故障诊断与保护，或获得PLC运行参数

（续）

产品名称	厂商名称	型号	典型产品	典型产品功能
阀岛	Camozzi	D 系列	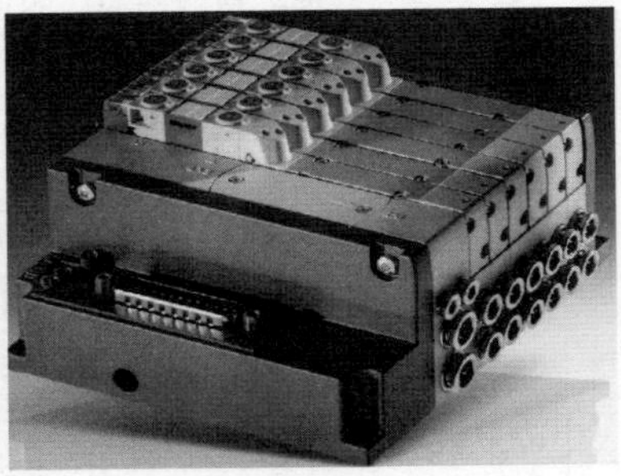	配置11~19个气动阀并与连接杆相互连接。Coilvision技术可以监控、预测各个电磁阀，获知功率消耗和线圈等信息并传送云端，做出元器件工作状态的预测，创建一个真正的数字化双胞胎
阀岛标准	无锡气动所	工业网络控制阀岛标准	无锡气动技术研究所有限公司企业标准 QB/WPI006-2019	2019年4月1日实施
阀岛	宁波佳尔灵气动	JEL-FE 系列 MCS 系列	 JEL-FE/JEL-REF现场总线阀岛  MCS/MCS2系列阀岛	更贴近中国用户需求的中国式阀岛。2008年申请了总线控制集成电磁阀岛发明（发明人：单军波，胡德成，严瑞康），公开号：CN201170354Y，公开日期：2008年12月24日
阀岛	国内代理	意大利 METALWORK 德国 Burkert 德国 Rexroth/Aventics	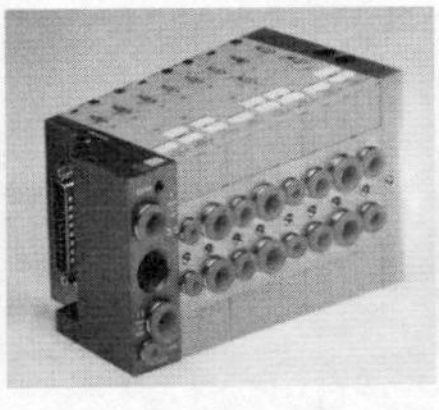   意大利 METALWORK　德国 Burkert　德国 Rexroth/Aventics	

第42章　气动控制阀

气动控制元件在气动控制系统中起着信号转换、逻辑程序控制、对压缩空气的压力、流量和流动方向进行控制的作用，以保证气动执行元件按照气动控制系统规定的程序或运动要求正确而可靠地动作。

气动控制元件分为断续控制元件和连续控制元件。断续控制元件包括压力控制阀、流量控制阀、方向控制元件及信号传感转换控制元件，其中方向控制元件还可以分为方向控制阀、气动逻辑元件及射流元件。连续控制元件包括伺服/比例压力阀、伺服/比例流量阀、伺服/比例方向阀。

气动元件品牌厂商见表42-1。

表42-1　气动元件品牌厂商（取自市场信息）

区域	知名品牌	知名厂商
欧洲	FESTO Rexroth	派克ORIGA、费斯托（FESTO）、宝德（BURKERT）、博士力士乐（Bosch Rexroth）、GSR、乐可利（LEGRIS）、ODE、杰夫伦（GEFRAN）、康茂胜（CAMOZZI）、纽曼司（Pneumax）
亚洲	SMC	PISCO、CKD、SMC、太阳铁工（TAIYO）、小金井（KOGANEI）、住友（SUMITOMO）、PMC、YSC、SANG - A
美国	Parker	霍尼韦尔（HONEYWELL）、MAC、ROSS、ASCO、ACE、CPC
英国	NORGREN	诺冠（NORGREN）、斯派莎克（SPIRAXSARCO）、欧陆（EUROTHERM）
中国	AirTAC	佳尔灵（JELPC）、天工（STNC）、亿太诺（E·MC）、宁波华益气动（XMC）、济南杰菲特气动（JPC）、新益气动（SXPC）、亚德克（AirTAC）、气立可、油顺、金器（MINDMAN）、SUNWELL、新泰（SHAKO）、中鼎（MODENTIC）、北京兴冶家，TOPAIR

42.1　压力控制阀

42.1.1　分类及作用

图42-1所示为压力控制阀的分类。

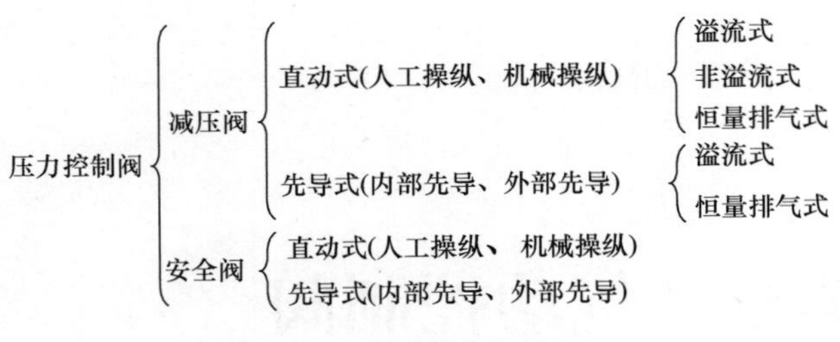

图 42-1 压力控制阀的分类

压力控制阀的调压方式有直动式和先导式两种，直动式是用弹簧力直接调压，先导式是用气压来调压。

与液压传动不同，在气压传动中，一个空气压缩机（站）输出的压缩空气通常可供多台气动装置使用。空气压缩机（站）的压力高于每台气动装置所需的压力，且压力波动大，因此，每台气动装置的供气压力需用减压阀来减压，并保持减压后的压力值稳定。

安全阀为保证气动系统工作安全，当回路中压力超过某一调定值时，实现自动向外排气，使系统压力回到调定值范围内。

42.1.2 减压阀

减压阀是输出压力低于输入压力，并保持输出压力稳定的压力控制阀。它可保证气动系统或装置的工作气源稳定，不受输出空气流量变化以及压缩空气气源压力波动的影响。这样，任何减压阀的结构应包括降低压力的节流机构和保持输出压力稳定的机构。

1. 减压阀的分类和结构原理

减压阀从调压方式上分有直动式和先导式两种。

图 42-2 所示为 SMC ARJ310－01 直动式溢流减压阀的结构原理图。直动式溢流减压阀的工作原理：靠进气阀口的节流作用减压；靠膜片上力平衡作用和溢流孔的溢流作用稳定输出压力；靠调整调节旋钮使输出压力在可调范围内任意改变。

当减压阀的输出压力较高或通径较大时，用调压弹簧直接调压，则弹簧刚度必然过大，流量变化时，输出压力波动较大，阀的结构尺寸也将较大。为克服这些缺点可采用先导式减压阀。

先导式减压阀的工作原理与直动式的基本相同。先导式减压阀所用的调压空气是由小型直动式减压阀供给的。若将小型直动式减压阀装在主阀内部，则称为内部先导式减压阀，如图 42-3 所示。该减压阀比直动式减压阀增加了由喷嘴、挡板、固定节流孔及气室 B 所组成的喷嘴挡板放大环节。提高了对阀芯控制的灵敏度，即提高了阀的稳压精度。

若将小型直动式减压阀装在主阀外部，则称为外部先导式减压阀，如图 42-4 所示。

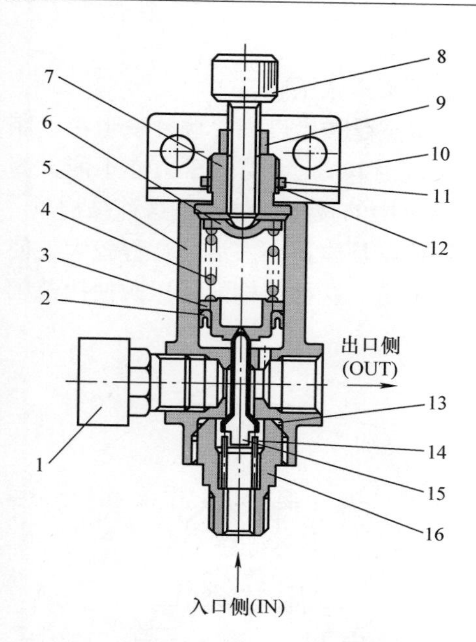

图 42-2　直动式溢流减压阀的结构原理图

1—压力表　2—微型 Y 形密封圈　3—活塞　4—调压弹簧　5—主体　6—弹簧压板　7—阀盖　8—调压螺杆　9—六角螺母　10—托架　11—面板螺母　12—锁紧垫圈　13—O 形圈　14—阀芯弹簧　15—阀芯　16—阀芯导座

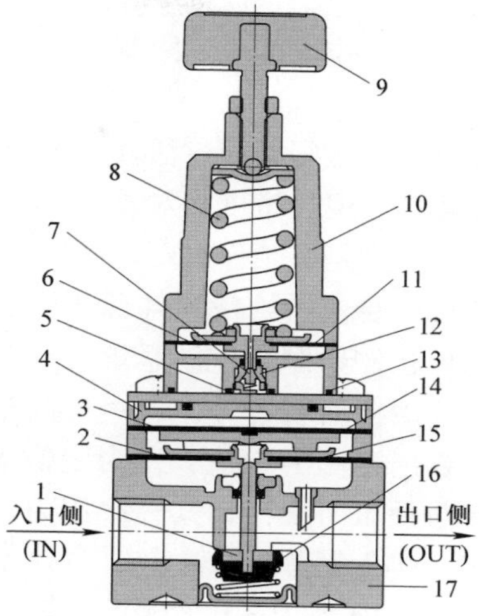

图 42-3　内部先导式减压阀的结构原理图

1—阀芯组件　2—排气膜片　3—供气膜片　4—膜片隔板　5—密封件　6—喷嘴膜片组件　7—挡板　8—调阀弹簧　9—调节手轮　10—阀盖　11—喷嘴膜片　12—喷嘴　13—密封件　14—供气膜片　15—排气膜片组件　16—阀　17—主体

阀的通径在 20mm 以上，输出压力较高时，一般宜用先导式结构。

减压阀按溢流方式分，有溢流式、非溢流式和恒量排气式三种。

溢流式减压阀有稳定输出压力的作用，当阀的输出压力超过调定压力时，压缩空气从溢流孔排出，维持输出压力不变。但减压阀正常工作时，无气体从溢流孔溢出。

非溢流式减压阀没有溢流孔，使用时要在阀的输出压力侧回路中安装一个放气阀来调节输出压力。当工作介质为有害气体时，应采用非溢流式减压阀。

恒量排气式减压阀始终有微量气体从溢流座上的小孔排出，这对提高减压

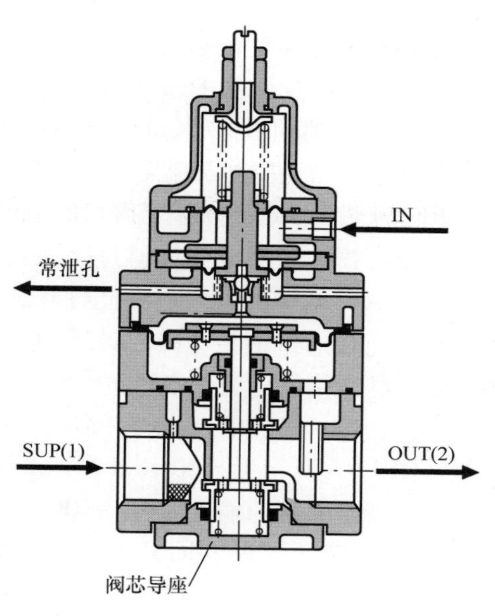

图 42-4　外部先导式减压阀的结构原理图

阀在小流量输出时的稳定性能有利。

按减压阀的平衡结构分，有膜片式减压阀和活塞式减压阀。

膜片式减压阀是通过膜片来平衡压力的。其特点是灵敏度高、膜片变形小、制造容易，但工作温度受到限制（膜片一般采用橡胶材料），承受的压力亦不能太高（若温度、压力较高时，需用金属膜片）。气动系统中的减压阀主要是这种结构。

活塞式减压阀是通过活塞来平衡压力的。其特点是体积小，活塞行程较大，使用温度较高，但灵敏度相对较低，制造工艺要求严格。这种结构的减压阀使用范围仍很广，特别是在工作温度较高的场合。

为适应要求供给精确气源压力和信号压力的场合，如射流控制系统、气动实验设备、气动自动装置等，有一种高精度减压阀主要用于压力定值，称为定值器。定值器有两种压力规格，其气源压力分别为0.14MPa和0.35MPa；输出压力范围分别为0～0.1MPa和0～0.25MPa。输出压力的波动不大于最大输出压力的±1%。

图42-5所示为定值器的结构图。由定值器内部附加了特殊的稳压装置，即保持固定节流孔14两端的压降恒定的装置，从而保持输出压力基本稳定。即定值稳压精度较高。

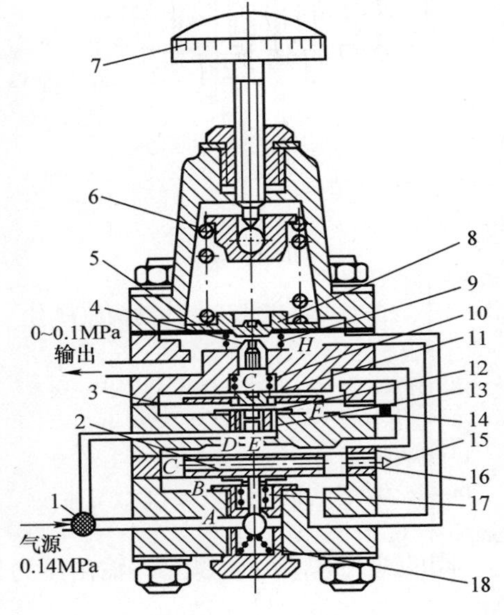

图42-5 定值器结构

1—过滤网 2—溢流阀座 3、5—膜片 4—喷嘴 6—调压弹簧 7—调节旋钮 8—挡板 9、10、13、17、18—弹簧 11—硬芯 12—活门 14—固定节流孔 15—膜片 16—排气孔

2. 减压阀主要性能参数

调压范围：减压阀的输出压力的可调范围，在此范围内要求达到规定的精度。调压范围主要与调压弹簧刚度有关。

额定流量：为限制气体流过减压阀时造成的压力损失，规定气体通过阀通道的流速在15～25m/s范围内，由此计算各种通径阀的允许通过流量，并对计算值标准化后而得的流量值称为额定流量。额定流量是设计和选择减压阀的重要依据。

流量特性：阀的输入压力一定时，由于输出流量的变化而引起输出压力的波动情况。图42-6所示为SMC IR2020－A流量特性曲线。

压力特性：阀的输出流量一定时，由于输入压力的变化而引起输出压力的波动情况。图42-7所示为SMC IR2020－A压力特性曲线。

由以上两种特性曲线可以看出，当输出压力最低，而流量处于适当范围时，减压阀的输出压力波动小，即稳压性能好。而当输出压力较高，流量过大或过小时，减压阀的输出压力波动较大，即稳压性能较差。流量特性和压力特性是减压阀的两个重要特性，这两个特性是选择和使用减压阀的重要依据。

稳压精度：阀的输出压力波动范围。定量地反映某个减压阀的稳压性能。

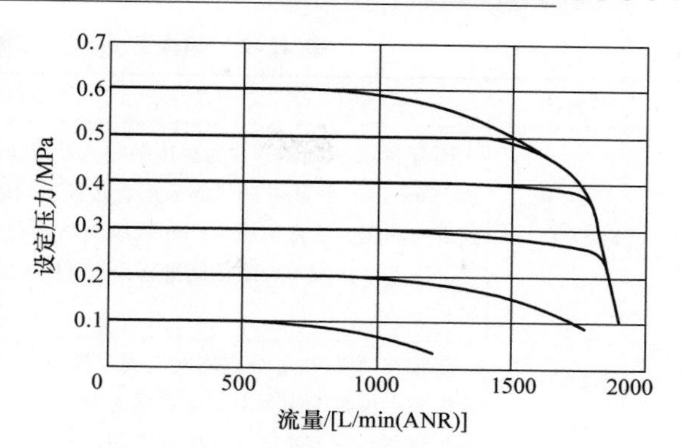

图 42-6　流量特性曲线

3. 减压阀的选择和使用

减压阀的选择应考虑以下几点：

1）根据调压精度要求，选择不同形式的减压阀。稳压精度要求较高时，应选用先导式减压阀。

2）在系统控制有要求或易爆危险场合，应选用外部先导式减压阀。遥控距离一般不大于 30m。

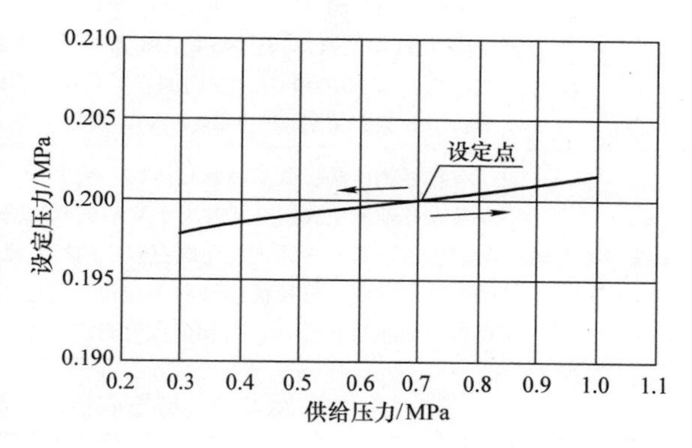

图 42-7　压力特性曲线

3）确定阀的类型后，由最大输出流量选择阀的通径。阀的气源压力应高出阀最高输出压力 0.1MPa。

4）减压阀一般都用管式连接，特殊需要时也可用板式连接。

减压阀的使用应注意以下几点：

1）一般安装顺序是沿气流流动方向顺序布置油水分离器、减压阀、油雾器或定值器等。

2）阀体上箭头方向为气流流动方向，安装时不要反装；最好能垂直安装，手柄向上，以便于操作。

3）装配前，应用压缩空气将连接管道内的铁屑等污染物吹净，或用酸洗法将铁锈等清洗干净。洗去阀上的矿物油。

4）为延长使用寿命，减压阀不使用时应将其旋钮放松，以免膜片长期受压变形。

4. 国内外公司产品特点及性能对比

表 42-2 列出了目前市场上一些知名厂商减压阀特点，表 42-3 列出了其产品性能参数对比。

表42-2　国内外知名厂商减压阀特点

厂商名称	特点
FESTO	拥有Mini减压阀、普通减压阀和压差减压阀等类型。该减压阀体积较小，最小宽度可达25mm。其中Mini减压阀采用直接控制的膜片调压，普通减压阀和压差减压阀采用贯通式供应的压力活塞调压。Mini减压阀与普通减压阀都备有二次排放功能，且可选配压力表；压差减压阀符合欧盟防爆指令（ATEX），二次排气量高，可用作单一设备或用于成组式安装
SMC	新款有油雾/微雾分离器减压阀、模块式集中供气型减压阀和内置压力计的减压/过滤减压阀。该减压阀大多采用双层透明杯体保护罩，可视性高；可选用埋入式和数字式压力传感器，埋入式可使减压阀体积减小，方便安装；模块式集中供气型减压阀可根据不同系统压力需求多路输出，提高利用率
AirTAC	有普通调压阀（SR，SDR，AR/BR，GAR系列）、精密调压阀（GPR系列）和真空调压阀（GVR系列）。其中SR系列结构小巧紧凑，安装使用方便；SDR系列采用活塞背压式结构；AR/BR和GAR系列拥有压入式自锁机构，可防止调定压力受外界干扰而产生异动；GPR系列灵敏度≤0.2%F.S.，重复精度≤±0.5%F.S.；GVR系列适用于真空环境
宁波华益气动	有普通调压阀、微型精密减压阀、精密减压阀和大口径减压阀等。所有系列元件都可安装在其他模块式组合元件上。X系列减压阀适用于小型气动装置，调压范围为0.05~0.25/0.63MPa；A系列减压阀有较广的额定流量；HA系列减压阀中按功能可再分为众多子系列，其中大口径减压阀的额定流量可达18000L/min、22000L/min，精密减压阀调节螺钉齿间距为0.5mm，可保证压力调定精确

表42-3　减压阀性能参数对比

厂商名称（型号）	FESTO（LRP-1/8-6）	SMC（ARP30-02BG）	AirTAC（GPR20006）	宁波华益气动（HIR3020-02）
压力调节范围/MPa	0.01~0.6	0.005~0.4	低压型：0.005~0.2 中压型：0.01~0.4 高压型：0.01~0.8	0.01~0.8
设定灵敏度	—	≤0.2%F.S.	≤0.2% F.S.	≤0.2%F.S.
重复精度	—	≤±1%F.S.（或±3kPa）	满值的≤±0.5%	满值的≤±0.5%
最大迟滞/MPa	0.002	—	—	—
空气消耗量	—	最大1L/min（ANR）（在0.4MPa时）	4L/min（ANR）以下	最大3.5L/min（ANR）（在1.0MPa时）
输入压力/MPa	0.1~0.8	最高0.7	最高1.0	最低为设定压力+0.05 最高1.0
工作介质	压缩空气或惰性气体	空气	空气	—
环境温度及介质温度/℃	-10~60	-5~60（未冻结）	-20~70（未冻结）	-5~60（未冻结）
重量/g	200	300	144	—

42.1.3　安全阀

1. 安全阀的分类和结构原理

安全阀是一种在系统中起过压保护的控制阀。安全阀以调压方式分，有直动式和先导式两种；从结构上分，有活塞式和膜片式两种。

图 42-8 所示为直动式安全阀。先导式安全阀与先导式减压阀在结构上相似，阀的流量特性好。

2. 安全阀的选择和使用

根据安全阀的最高使用压力和排放流量来选择安全阀（溢流阀）的型式、规格。安全阀（溢流阀）用于高低压转换回路，此时，需用安全阀和减压阀组合来实现，如图 42-9 所示；用于缓冲回路，需与快速排气阀组合来实现，如图 42-10所示。

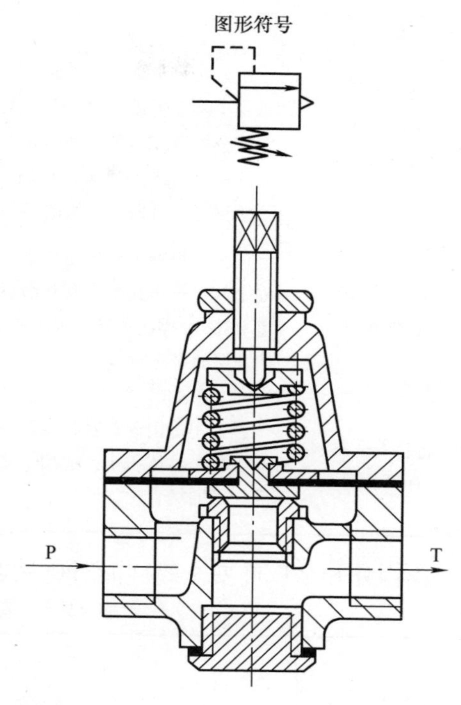

图 42-8　直动式安全阀结构原理图

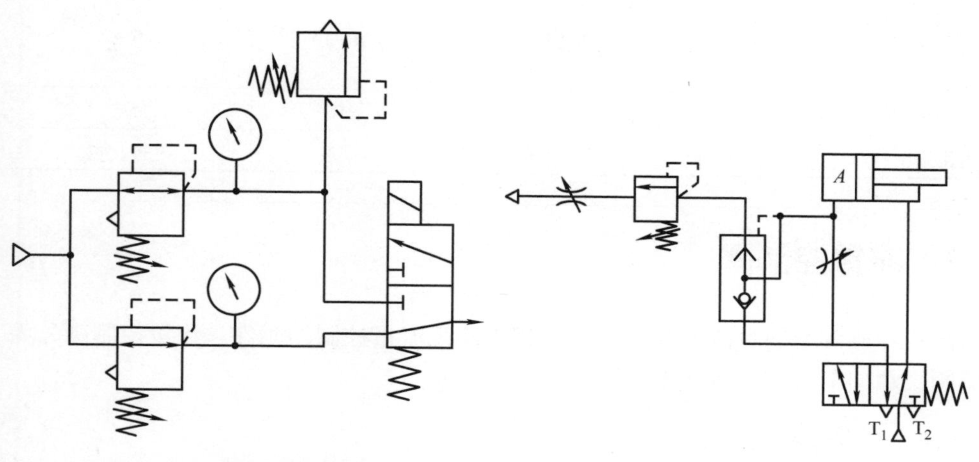

图 42-9　高低压转换回路

图 42-10　缓冲回路

3. 国内外知名厂商安全阀产品特点及性能对比

国内外知名厂商安全阀特点见表 42-4。

表 42-4　国内外知名厂商安全阀特点

厂商名称	特　　点
FESTO	该公司只有真空安全阀，阀前后两端加工有螺纹，方便安装于系统中。其作用为当多个真空吸盘中的一个发生故障时，保持系统真空状态
宇明阀门集团有限公司	该公司生成多种类气体安全阀，如弹簧全启式安全阀、弹簧微启式安全阀、带扳手弹簧全启式安全阀和全启封闭式安全阀等。主体材质包括铸铁、铸钢、耐热钢、不锈钢等，可按照新版的 GB、ANSI、API、DIN 标准设计制造
上海双泰阀门有限公司	该公司根据不同使用环境设计不同种类安全阀，如波纹管平衡式安全阀、先导式安全阀、全启式安全阀和微启式安全阀等。其中波纹管平衡式安全阀适用于工作温度≤200℃存在不稳定背压或有毒、腐蚀性介质的设备或管路上，波纹管部位能有效防止弹簧等零件腐蚀
浙江超超安全阀制造有限公司	该公司是国内首家且唯一一家同时拥有 ASME、CE、AZ、GJB 质量体系认证的企业。其产品体积小，适用于多种场合。并且种类多达 50 余种，分别适合不同认证标准和不同场合

国内外知名厂商安全阀性能对比见表 42-5。

表 42-5　安全阀性能对比

厂商名称（型号）	FESTO（ISV－M4）	宇明阀门集团有限公司（A48Y/H－16Q）	上海双泰阀门有限公司（WA42Y）	浙江超超安全阀制造有限公司（2AX4R4）
整定压力范围/MPa	-0.95～0	0.05～1.6	1.6～16	1.6～2
适用介质	气体	蒸汽、空气	气体	空气
适用温度/℃	-10～60	≤300	≤200	-40～80

42.2　流量控制阀

流量控制阀是通过改变阀的流通面积来实现流量控制的元件。流量控制阀分为节流阀、单向节流阀、排气节流阀。

42.2.1　节流阀

1. 节流阀结构原理

节流阀是安装在气动回路中，通过调节阀的开度来限制流量的控制阀。节流阀要求流量的调节范围较宽，能进行微小流量调节，调节精确、性能稳定，阀芯开度与通过的流量成正比。

图 42-11 所示为节流阀的结构原理图。阀的节流部分多采用针阀结构。由于阀的节流部分对节流阀的调节特性影响很大，根据用途不同也采用其他的节流结构，常见的有三角沟槽型和圆柱斜切型，如图 42-12 所示。其中三角沟槽型节流阀的流通面积与阀芯的位移呈线性关系；而圆柱斜切型节流阀的流通面积与阀芯位移量成指数关系，其特点是能实现小流量的精密调节。

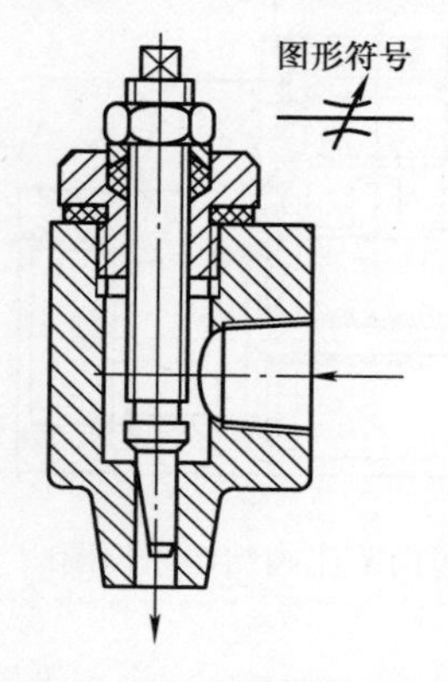

图 42-11　节流阀的结构原理图

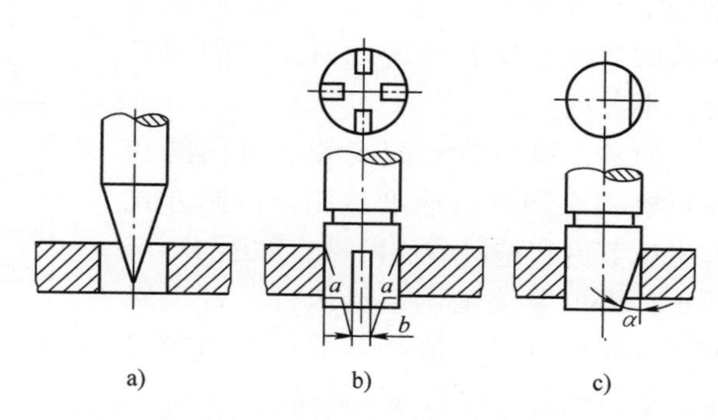

图 42-12　常用节流阀形式

a）针阀型　b）三角沟槽型　c）圆柱斜切型

2. 国外厂商产品特点及性能

表 42-6 和表 42-7 分别是 FESTO 节流阀特点以及性能参数。

表 42-6　FESTO 节流阀特点

名称	特　点
FESTO	该品牌有管式安装 GRO 系列节流阀，GRLO 系列节流阀。其中 GRO 系列节流阀是双向流量阀，采用坚固的塑料结构，可采用管式安装。可以双侧节流，属于聚合物形式。其中 GRLO 系列节流阀是可调单向/双向流量控制阀。可以双侧节流，有标准或 Mini 节流阀。可以精确调整低速和中速，属于金属构造

表 42-7　FESTO 节流阀性能参数

规格	GRO－1/4	GRO－1/8－B	GRO－M5－B	GRO－QS－3
工作介质	压缩空气	压缩空气	压缩空气	压缩空气
接气口 1	G1/4	G1/8	M5	QS－3
接气口 2	G1/4	G1/8	M5	QS－3
流量控制方向上的标准标称流量/(L/min)	350	210	105	85
工作压力/MPa	0～0.1	0～0.1	0～0.1	0～0.1
介质温度/℃	－20～60	－20～60	－20～60	－10～60

42.2.2　单向节流阀

1. 单向节流阀结构原理

单向节流阀是由单向阀和节流阀组合而成的流量控制阀。用于气缸调速和延时回路中。图 42-13 所示为单向节流阀的结构原理图。气流沿一个方向经过节流阀节流；反方向流动时，单向阀打开，不节流。

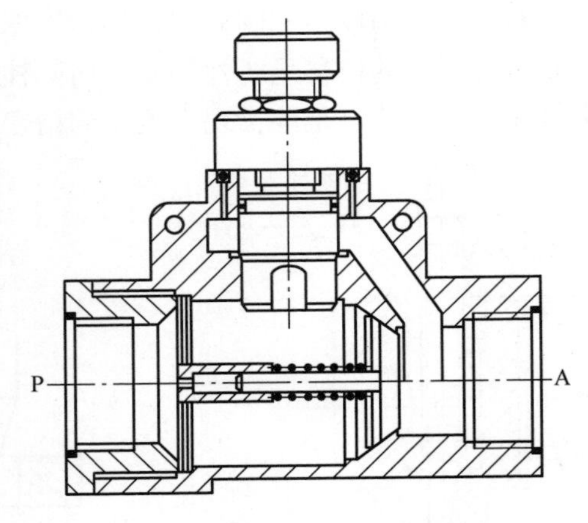

图 42-13　单向节流阀结构原理图

通常，单向节流阀安装在方向阀和执行机构之间进行速度控制，控制方式有出口节流和进口节流两种，如图 42-14 所示。出口节流是调节从执行元件出来的排气量；进口节流是调节从方向阀出来，供给执行元件的供气量。

单向节流阀还有一种单向阀开度可调结构，如图 42-15 所示。一般单向节流阀的流量调节范围为管道流量的 20% ~30%，对于要求能在较宽范围内进行速度控制的场合，可采用单向阀开度可调节的单向节流阀。

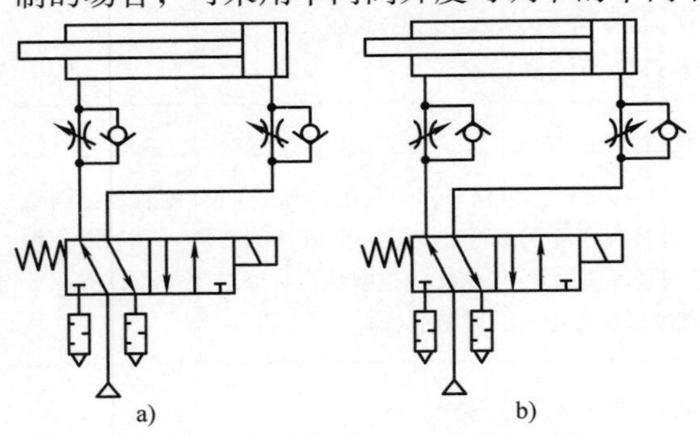

图 42-14　单向节流阀使用方法图

a）出口节流　b）进口节流

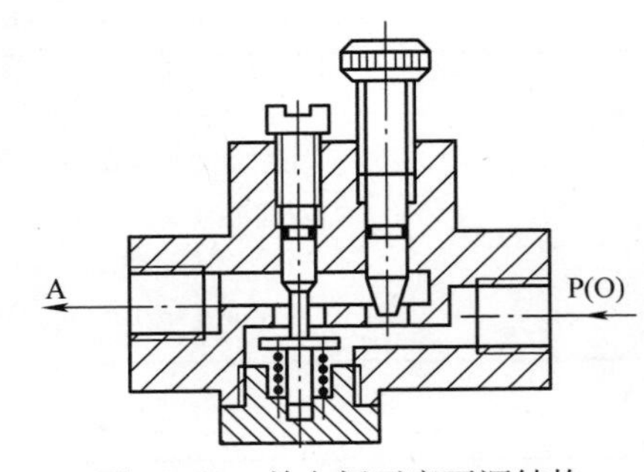

图 42-15　单向阀开度可调结构

2. 国内外厂商产品特点及性能

表 42-8 和表 42-9 分别是国内外知名厂商单向节流阀特点以及主要产品性能参数。

表 42-8　国内外知名厂商单向节流阀特点

厂商名称	产品特点
FESTO	主要包括 CRGRLA 系列和 GRLA 系列节流阀。用单向节流阀可调节气缸推进和返回时的活塞速度。通过相应地限制排气或供气的流量就可实现调节。止回功能以相反方向工作。节流功能在阀内部产生一个可调节的环状间隙。通过旋转滚花螺母或一字槽调节这个间隙

（续）

厂商名称	产品特点
AirTAC	该单向节流阀主要是 ASC 系列，结构轻巧、紧凑；排气节流，调节灵敏、精度高；多位置安装，安装使用方便
宁波华益气动	该品牌主要是 AS1000～4000 系列单向节流阀，流量范围在 80～1670L/min。随着型号的增大，流量和有效截面积逐渐增大，产品重量也在变大

表 42-9 单向节流阀主要产品性能参数

厂商名称（型号）	FESTO（CRGRLA－1/2－B）	AirTAC（ASC300－15）	宁波华益气动（AS4000－04）
气接口	G1/2	Rc1/2	G1/2
压力调节范围/MPa	0.03～0.1	0.05～0.95	0.05～1.0
保证耐压力/MPa	—	1.5	1.5
工作介质	压缩空气	空气（经 40μm 以上滤网过滤）	压缩空气
环境温度及介质温度/℃	－10～60	－20～70	5～60
重量/g	262.3	—	205
本体材质	—	铝合金	—

42.2.3 排气节流阀

1. 排气节流阀结构原理

排气节流阀就是直接安装在元件排气口（方向阀排气口）上的流量流通阀。也就是采用出口节流方式的速度控制。其结构简单、安装方便，能简化回路，故应用广泛。

图 42-16 所示为排气节流阀的结构原理图。图 42-16a 所示为带有消声器的；图 42-16b 所示为将节流阀直接安装在膜片式方向阀阀体内的一种结构，调节调整螺钉的位置就可改变节流阀芯的开度，即改变排气口的流通面积，控制排气速度。

2. 国内外厂家产品特点及性能

表 42-10 和表 42-11 分别列出了国内外知名厂商排气节流阀的特点以及性能参数。

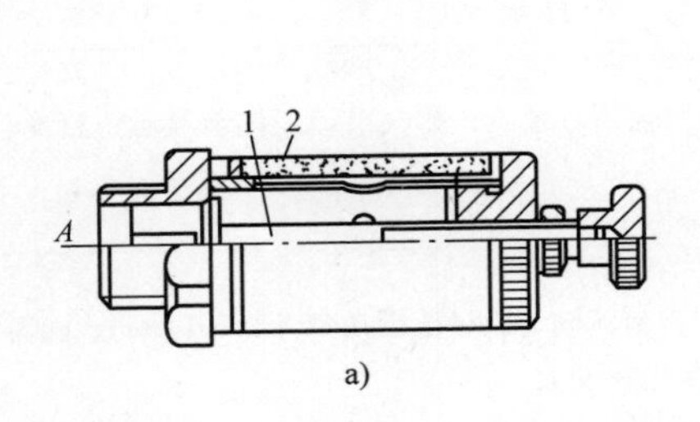

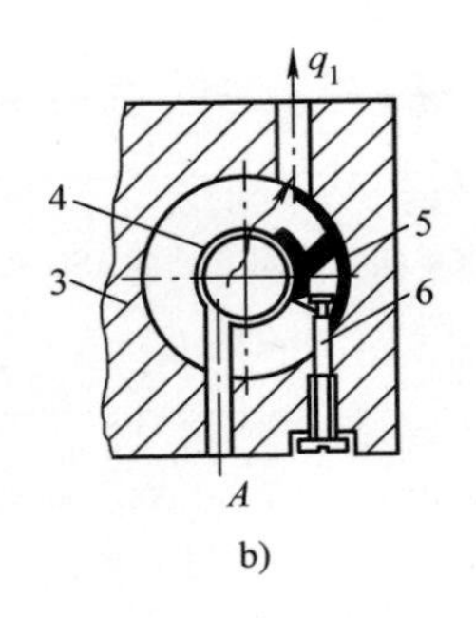

图 42-16　排气节流阀的结构原理图

a）带有消声器　b）将节流阀直接安装在膜片式方向阀阀体内

1—节流阀　2—消声套　3—阀体　4—阀座　5—节流阀芯　6—调整螺钉

表 42-10　国内外知名厂商排气节流阀的特点

厂商名称	产品特点
FESTO	该品牌主要有 GRE 系列排气节流阀，GRU 系列排气节流阀。其中 GRE 是烧结金属材质，GRU 是塑料材质。该产品的排气节流阀是带有消声功能的旋入式排气控制装置
SMC	主要型号是 ASN2 系列，它是带有消声器的排气节流阀。具有高消声效果，最大流量时消声效果达到 20dB 以上。气缸速度控制容易，和流量控制阀有同样的针阀形状，针阀有防脱机构
AirTAC	—
宁波华益气动	—

表 42-11　排气节流阀的性能参数

厂商名称（型号）	FESTO（GRE－3/8）	SMC（ASN2－04）	AirTAC	宁波华益气动
气接口	G3/8	R1/2	—	—
压力调节范围/MPa	0.01～1.0	0～1.0	—	—
流量控制方向上的标准标称流量/(L/min)	2000	110	—	—
保证耐压力/MPa	0.1～0.8	1.5	—	—
工作介质	压缩空气	压缩空气	—	—
环境温度及介质温度/℃	－10～70	－5～60（未冻结时）	—	—
消声器	有	有	—	—
重量/g	50	107	—	—

42.2.4　流量控制阀的选择和使用

气缸的速度控制有进口节流和出口节流两种方式，采用出口节流比进口节流速度稳定、动作可靠。只有在极少数的场合才采用进口节流来控制气缸的速度，如气缸推举重物等。

用流量控制阀控制气缸的速度比较平稳，但气压控制比液压困难，这是由于空气具有可压缩性，一般气缸的运动速度不得低于30mm/s。

在气缸的速度控制中，若能充分注意以下几点，则在多数场合可以达到比较满意的程度。

1）彻底防止管路中的气体泄漏，包括各元件接管处的泄漏。

2）要注意减小气缸运动的摩擦阻力，以保持气缸运动的平衡。为此，需注意气缸缸筒的加工质量，使用中要保持良好的润滑状态。要注意正确、合理地安装气缸，超长行程的气缸应安装导向支架。

3）加在气缸活塞杆上的载荷必须稳定。若载荷在行程中途有变化，其速度控制相当困难，甚至不可能。在不能消除载荷变化的情况下，必须借助液压传动，如气-液阻尼缸，有时使用平衡锤或其他方法，以达到某种程度上的补偿。

4）流量控制阀应尽量靠近气缸安装。

42.3　方向控制阀

方向控制阀是气动控制回路中用来控制气体流动方向和气流通断的气动控制元件。在各类气动元件中，方向控制阀种类最多，主要体现在结构、操纵方式、气孔数量及密封方式上。

42.3.1　分类

方向控制阀根据不同的形式可分为如图42-17所示的几种阀。

1. 按操纵方式分类

方向控制阀输出状态的改变，可以用电磁力、气压力、机械力和人力操纵（控制）来实现。

（1）电磁操纵（控制）　电磁控制方向阀是利用电磁力使阀换向的，操纵方式有直动式和先导式两种。直动式电磁阀是利用电磁力直接推动阀杆（阀芯）换向，其特点是结构简单、紧凑、切换频率高。先导式电磁阀是利用

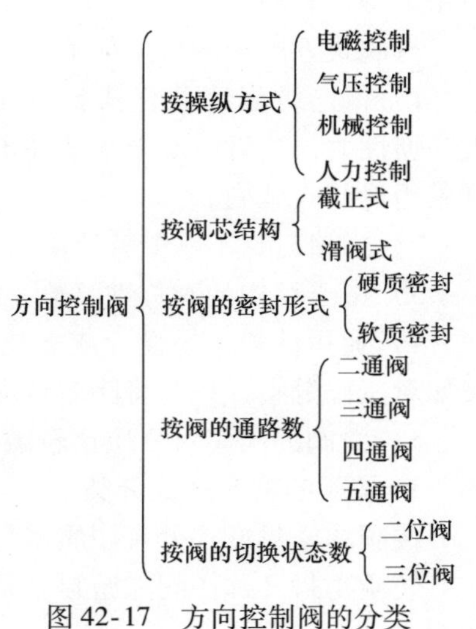

图42-17　方向控制阀的分类

电磁先导阀输出气压来控制主阀换向的。一般而言，通径较大的电磁阀都采用先导式结构。

（2）气压操纵（控制） 气压控制阀的切换是利用气压信号作为操纵力使方向阀改变输出状态的。根据气压信号的控制方式不同有加压控制、卸压控制、差压控制和延时控制四种方式。

（3）机械操纵（控制） 机控方向阀是利用执行机构或者其他机构的机械运动（如借助凸轮、滚轮、杠杆和撞块等）操纵阀杆使阀换向的。根据阀芯头部结构形式分类，有直动式、杠杆滚轮式和可通过式等。

（4）人力操纵（控制） 人力操纵方向阀是利用人力来操纵换向的，分为手动及脚踏两种方式。

2. 按阀芯的结构型式分类

按阀芯的结构型式分主要有截止式方向阀和滑阀式方向阀两种。

截止式方向阀的开启和关闭是用大于管道直径的圆盘形阀芯从端面进行控制的。

截止式方向阀的特点如下：

1）用很小的移动量就可以使阀完全开启，阀的流通能力强，便于设计成结构紧凑的大口径阀。

2）截止式方向阀多采用软质材料（如橡胶等）密封，当阀关闭后始终存在背压，因此，密封性好、泄漏量小，不借助弹簧也能关闭。

3）比滑阀式方向阀阻力损失小、对过滤精度要求不高。

4）因背压的存在，所以换向力较大，冲击力较大，也影响其换向频率的提高。

滑阀式方向阀是利用带有环形槽的圆柱阀芯，在阀套内做轴向运动来改变气流通路进行控制的。

滑阀式方向阀的特点如下：

1）阀芯行程比截止式长，即阀达到完全开启所需的时间长。可动部分重量大、惯性大，这就需要把承受冲击的部件设计成抗冲击的结构，一般大口径的阀不宜采用滑阀式结构。

2）切换时，不承受背压阻力，所以换向力小、动作灵敏。

3）由于结构的对称性，静止时用气压保持轴向力平衡，容易实现记忆功能。

4）通用性强，易设计成多位多通阀。如二位阀和三位阀的基本件可以通用，又如对三位滑阀，只要将阀芯台肩稍加改动可实现多种机能。

5）滑阀的阀芯对介质比较敏感，对气动系统的过滤、润滑、维护要求高。

3. 按阀的密封形式分类

按阀的密封形式分有硬质密封和软质密封两种。

硬质密封又称作间隙密封，是依靠阀芯和阀套之间很小的间隙来保证密封的，如图42-18所示。

硬质密封的特点如下：

1）结构简单，但制造精度要求高（阀芯与阀套配合间隙一般为3～5μm），制造困难。

2）换向力小，换向时冲击较大，为防止冲击，阀内常加定位装置。

3）因存在间隙泄漏量较大。

4）对介质中的灰尘很敏感，所以对过滤精度要求严，一般不低于5μm。

软质密封又称弹性密封，是在各工作腔之间加合成橡胶材料制成的各种密封圈来保证密封的，如图42-19所示。这种密封形式的特点：①制造精度比硬质密封低。②泄漏量小。③对工作介质的过滤精度要求低，一般过滤精度为40～60μm。气控滑阀采用这种密封形式的较多。

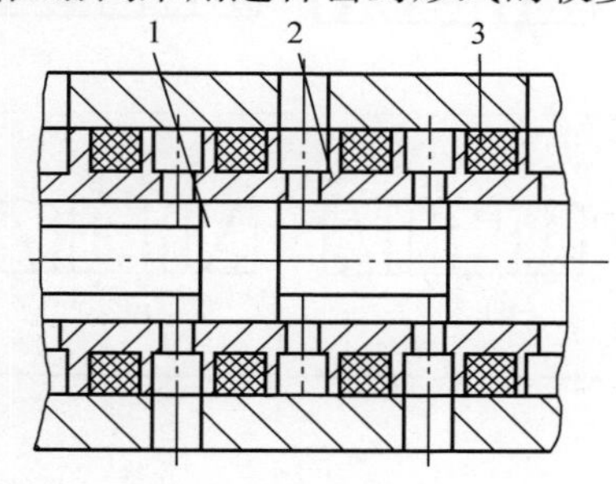

图42-18　硬质密封

1—阀芯　2—衬套　3—密封圈

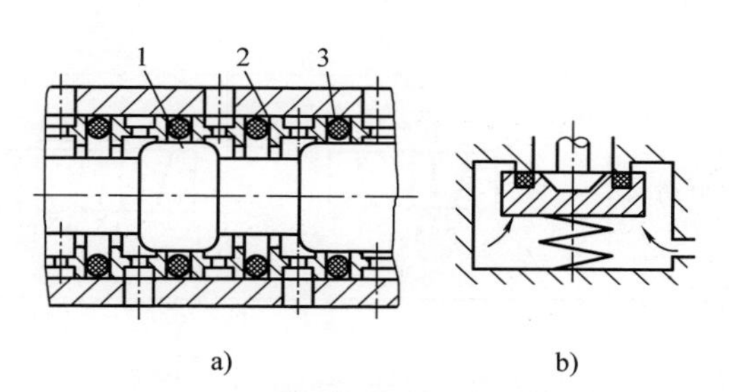

图42-19　软质密封

a）滑阀式　b）截止式

1—阀芯　2—隔套　3—密封圈

4. 按阀的通路数分类

方向阀的通路数是按阀的通口数来定的，但不包括阀的控制口。常用的有二通、三通、四通和五通阀。

二通、三通阀有常通和常断之分。常通型是指阀的控制口未加控制（即零位）时，阀有输出。反之，常断型阀在零位时，阀没有输出。

5. 按阀的切换状态数分类

方向控制阀的切换状态称为“位置”，有几个切换状态就称为几位阀（如二位阀、三位阀）。阀的静止位置（即未加控制信号时的状态）称为零位。电磁阀的零位是指断电时的状态。

气动方向阀的通路数和切换位置的综合表示见表42-12。

表42-12　气动方向阀的通路数和切换位置综合表示

通路数	二位	三位		
		中间封闭	中间加压	中间卸压
二通	A P 常断　A P 常通	—	—	—

（续）

通路数	二位	三位		
		中间封闭	中间加压	中间卸压
三通	A P O 常断　A P O 常通	A P T	—	—
四通	A B P T	A B P T	A B P T	A B P T
五通	A B O_1 P T_2	A B T_1 P T_2	A B T_1 P T_2	A B T_1 P T_2

42.3.2 电磁控制方向阀

由电信号操纵的方向阀称为电磁阀。由于电信号操纵，所以能进行远距离控制，并且响应速度快，是方向控制阀中使用最多的形式，其种类很多。

1. 二通电磁阀

（1）二通电磁阀结构原理　二通电磁阀分两种结构，一种是用喷射压缩空气来清洁或输送物品等场合使用的小口径阀。另一种是在启闭气源回路等场合使用的大口径阀。

图42-20所示为流道直径在1～3mm左右的小型阀，是用I形电磁铁的柱塞铁心直接密封阀座的结构形式。若电磁线圈通电，柱塞铁心被吸引，阀座就打开。电磁线圈断电，柱塞铁芯在弹簧力的作用下回复到原位，重新使阀座密封。这种在不通电时（平常状态）阀座闭合的形式称为常闭式。

图42-21所示为一种大型的二通插装阀，当电磁铁的柱塞铁心被吸引时膜中央的通口被开启，膜片上腔的空气就流向出口侧，于是膜片上下腔产生了压差，使膜片抬高。这时，用膜片封闭着的大通口被打开，空气就从进口侧流往出口侧。若电磁线圈断电，则柱塞铁心堵住膜片中央的通口，从膜片侧面的小孔流入的空气压力使阀座重新封闭。这种先通过切换小型阀，再利用被切换的空气压力第二次操纵更大的阀的方式叫作先导控制式。因此对于先导式电磁阀必须规定最低动作压力。与此相反，像图42-20那样用电磁铁的力直接进行切换的方式成为直动式，直动式电磁阀在微压或真空时也能使用。

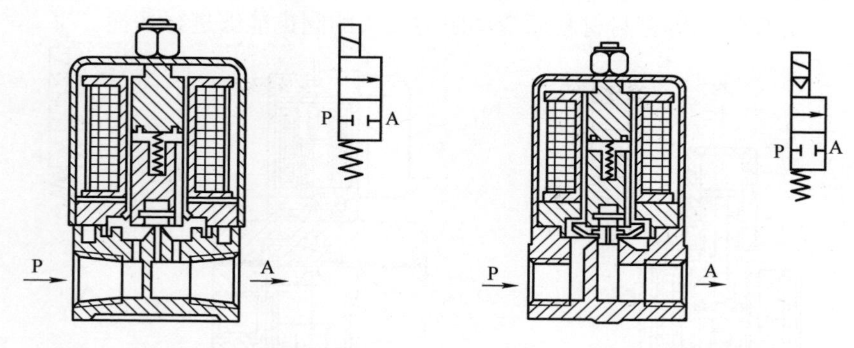

图42-20　直动式二通电磁阀　　　图42-21　先导式二通电磁阀

（2）XMC华益气动产品性能　XMC华益气动产品性能参数见表42-13。

表42-13　XMC华益气动产品性能参数

型号	HPU 220－01	HPU 220－02	HPU 220－03	HPU 220－04	HPU 220－06	HPU 220－10	H2L 170－03	H2L 170－04	H2L 170－06	H2L 200－10	H2L 300－14	H2L 500－20
使用介质	空气、水、油						空气、水、蒸汽					
动作方式	直动式						先导式					
型式	常闭型											
通径/mm	15	23	8	13	20	25	17	22		30		50
Cv 值	0.1	0.18	1	4	8.6	11	4.8	12		20		48
流体黏度/CST	50						20					
使用压力/(kgf/cm^2)	0～7						1～15					
最大耐压/(kgf/cm^2)	10.5						22.5					
工作温度/℃	－5～80											

注：1CST＝1mm^2/s，1kgf/cm^2＝98.0665kPa。

2. 三通电磁阀

（1）三通阀结构原理　图42-22所示为直动式三通电磁阀。这种阀的I形电磁铁的柱塞铁心的上下两端分别带有密封部分。柱塞铁心的密封部分通常使用丁腈橡胶。为了提高使用寿命也有在柱塞铁心内装有弹簧的，这种阀的密封部分没有滑动、结构简单，即使没有润滑也能使用。并且在切换水、油等液体时也可使用。

图42-23所示为先导式三通电磁阀，此阀先使小型三通电磁阀动作，然后利用切换后的工作压力再切换作为主阀的大口径三通阀。这样就可用小的电流来操纵大型的阀。此外由于主阀的动作是利用空气压力来完成的，因此对图中那样的背压复

位式阀和使用O形圈等密封材料而滑动阻力较大的阀也能够进行切换。

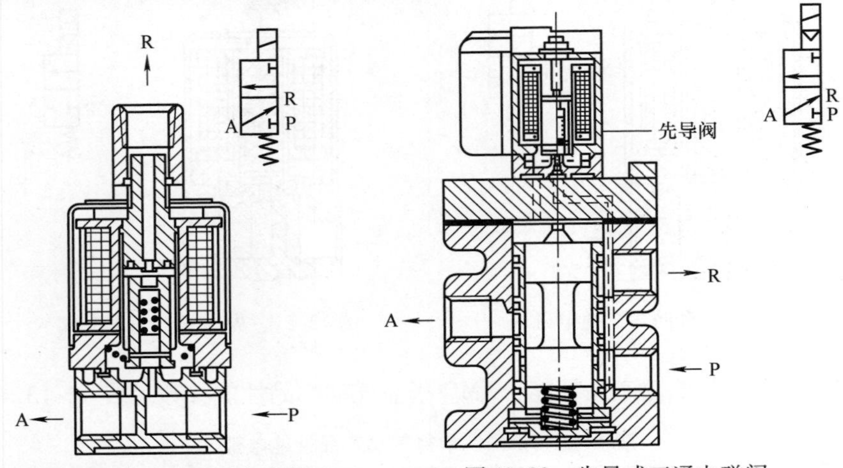

图42-22　直动式三通电磁阀　　图42-23　先导式三通电磁阀

但是，先导式三通电磁阀由于要先操纵先导阀，然后切换主阀，所以其响应时间变慢。这一时间的滞后对小型阀来说问题不大，但对大型阀的影响颇大。因此在响应速度较高的场合要特别注意。

（2）国内外三通电磁阀特点及性能参数

1）国内外三通电磁阀特点见表42-14。

表42-14　国内外三通电磁阀特点

厂商名称	产品特点
FESTO	最大压力1.0MPa，带板式阀的气路板可选择使用内先导或外先导气源，管式阀可用作单个阀或集成安装在气路板上，360°LED全角度可视，可快速排除故障，气路板带多个压力分区，可快捷地更换阀片，维护便利
SMC	可真空使用，无须进行先导阀的排气对策，可作为选择阀或分离阀使用，采用快插式接头，可快速配线，内置全波整流器，先导阀内置滤网，寿命可达5000万次以上
AirTAC	1. 插接式接电方式，端子水平安装与垂直安装可自由互换 2. 内排式结构，能将先导气收集后集中从R、S孔排出 3. 螺纹接管型与快插接头接管型可供选择，可与底座集成阀组，节省安装空间
上海新益气动	插座带LED，直接出线，若作为常闭型使用，只需将R孔定为供气孔，P孔为排气孔

2）国内外三通电磁阀性能参数见表42-15。

表42-15　国内外三通电磁阀性能参数

厂商名称	FESTO	SMC	AirTAC	上海新益气动
压力范围/MPa	0.15～1	0.15～0.7	0～0.8	0～0.9
标称流量/(L/min)	80～1390	—	—	—

（续）

厂商名称	FESTO	SMC	AirTAC	上海新益气动
公称通径/mm	5.2	—	3.2、4	—
适用温度/℃	-10～60	-10～50	-20～70	-5～50
产品重量/g	120	≤200	4.6、21.4	140

3. 四通、五通电磁阀

四通、五通电磁阀一般用于控制双作用缸，四通阀和五通阀的性能基本相同，因此有时在使用上没有什么区别。它们在结构上的不同点是四通阀的排气口合而为一，而五通阀的排气口分为两个。而作为液压阀使用时，回油管（相当于气阀的排气口）合而为一可以减小配管的负载性，因此基本上都采用四通阀。在气阀中排气可以通入大气，或者在排气口分别安装节流阀以控制排气流量，从而可以控制气缸的速度。因此使用五通阀的时候也很多。在四通、五通电磁阀中，有单向电磁铁二位阀，双电磁铁二位阀和双电磁铁三位阀等。

（1）单向电磁铁二位阀　该阀是用一个电磁铁来操纵主阀，当电磁线圈断电时，主阀便回复到原来状态的一种电磁阀。因此由这种电磁阀控制的执行元件，在因特殊原因或事故而引起停电时，必然要回复到原来的位置。

电磁阀的复位力，有的由弹簧产生，有的由空气压力产生（背压复位），或两者兼有之。

图 42-24 所示为滑阀式直动式五通电磁阀。密封方式采用研磨方法进行精密加工的金属之间的间隙密封。采用间隙密封的阀不使用 O 形圈等密封材料，因此阀切换时的滑动阻力极小。即使是比较大型的电磁阀也可以做成直动式，其响应特性很好。

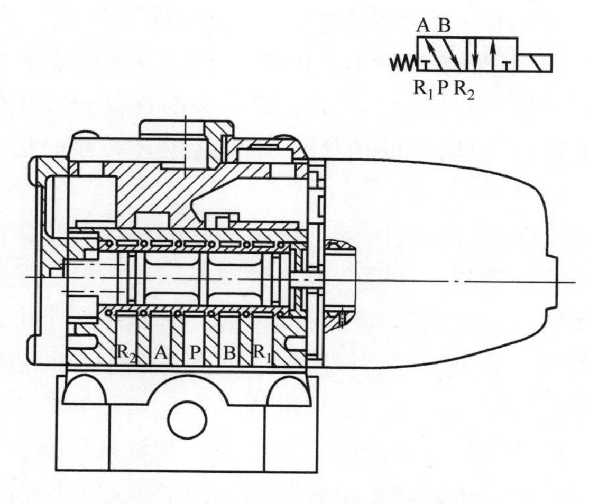

图 42-24　滑阀式直动式五通电磁阀

图 42-25 所示为先导式五通电磁阀。

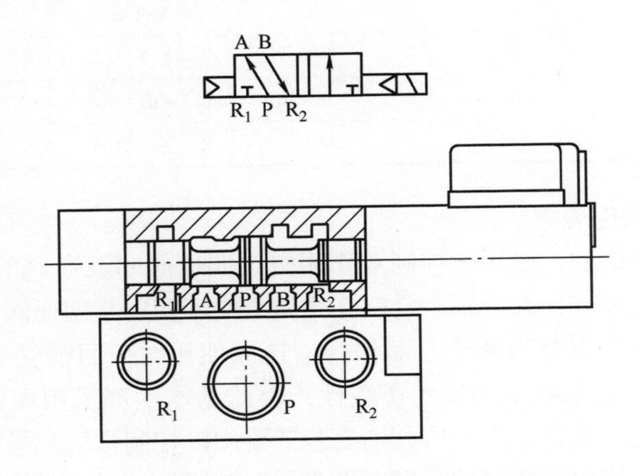

图 42-25　先导式五通电磁阀

（2）双电磁铁二位阀　该阀是使用两个电磁铁来切换主阀的一种电磁阀。当其中一个电磁铁断电时，只要另一个电磁铁不通电就能保持原来的状态不变。在因非常原因或事故而停电时，执行元件不会急速退回，因此提高了安全性。

图 42-26 所示为滑阀式直动二位电磁阀。为了使在两电磁铁都断电时保持阀芯的位置不变，大多在阀内装有钢球和弹簧定位机构。也有利用 O 形圈的滑动阻力来保持阀芯位置的。如图那样在使用 O 形圈时空气的泄漏量极少。为了减少由密封件产生的滑动阻力，在阀芯的滑动表面上进行镀铬等处理，同时也可使密封部分的使用寿命提高。

（3）双电磁铁三位阀　双电磁铁三位阀是在两个电磁铁分别切换主阀而得到两个切换状态之外，还具有一个中间状态。三位阀除了使执行元件进行往复动作（或者正、反转）之外，还能使其停止。因此可使执行元件停留在任意位置或者做寸动，从而能实现较为复杂的控制。此外，在停电时能使正在工作的执行元件立即停止在该位置。但由于空气具有可压缩性，不能像液压控制时那么稳定，立即停止是不大可能的。

图 42-27 所示为先导式中位封闭型三位阀。此阀是用两个常闭型提动式小型三通阀来切换作为主阀的三位阀。在两个电磁线圈都不通电时，主阀内的两个活塞在供气口的供给压力作用下，使阀芯处于中间位置。若其中一个电磁线圈通电时，主阀内的两个活塞在供气口的供给压力作用下，使阀芯处于中间位置。若其中一个电磁线圈通电时，先导空气压力被导入活塞内侧，使活塞受到背压，从而左右活塞的推力失去平衡，阀芯向通电的电磁线圈一侧移动，阀就被切换。不采用弹簧而由空气压力来切换主阀的结构，可以减少由密封圈密封的电磁阀因滑动阻力引起的动作不稳定。

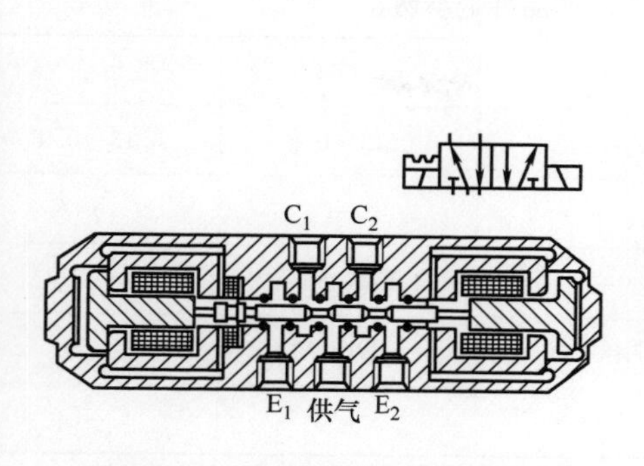

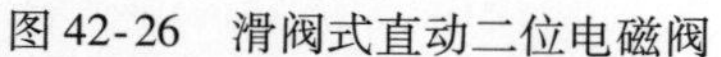
图42-26　滑阀式直动二位电磁阀

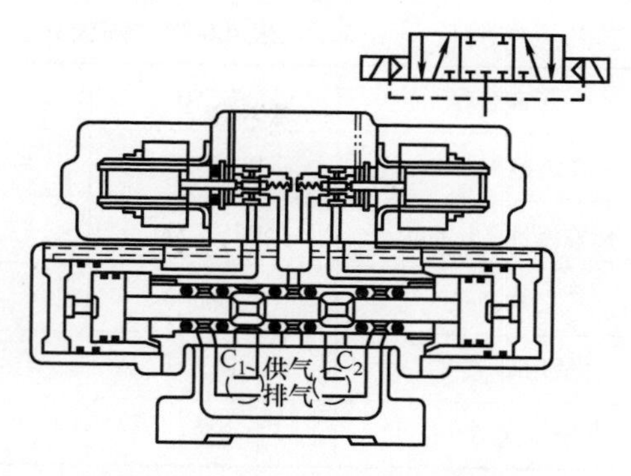

图42-27　先导式中位封闭型三位阀

图42-28所示为中位泄压式三位阀。阀处于中间位置时，C_1、C_2口分别与排气口相通。其先导阀采用常开式三通阀。当电磁线圈通电时，先导压力释放、滑阀被切换。

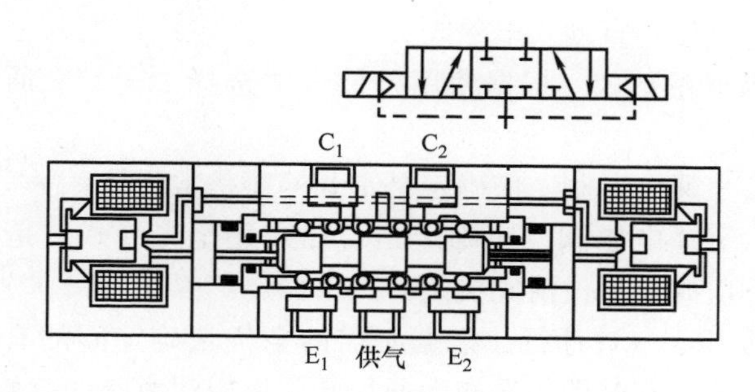

图42-28　中位泄压式三位阀

(4) 国内外五通阀特性及性能参数

1) 国内外五通阀特点见表42-16。

表42-16　国内外五通阀特点

厂商名称	特　点
FESTO	二位三通阀和二位五通阀可以转换，使用寿命长，活塞滑阀带密封圈，流量高达2300L/min，通过更换电磁线圈就能方便地改变工作电压，可建立不同压力的分区，人机工学设计，工作可靠，阀能快捷替换，确保可靠维护
SMC	省空间、轻量化、流量大，消耗功率：0.1W，高速响应
AirTAC	1. 插接式接电方式，端子水平安装与垂直安装可自由互换 2. 内排式结构，能将先导气收集后集中从R、S孔排出 3. 螺纹接管型与快插接头接管型可供选择，可与底座集成阀组，节省安装空间
宁波华益气动	拥有直接出线式和DIN插座式，反应时间短

2) 国内外五通阀产品性能参数见表42-17。

表42-17　国内外五通阀产品性能参数

厂商名称	FESTO	SMC	AirTAC	宁波华益气动
压力范围/MPa	0.15～1	0～0.7	0.15～0.8	0.15～0.9
标称流量/(L/min)	500～2300	—	—	—
公称通径	5mm	—	1/8in、5mm	—
适用温度/℃	-10～60	-10～50	-20～70	5～50
产品重量/g	248	130	≤450	—

4. 选择电磁阀的注意事项

选择电磁阀的注意事项如下。

（1）使用条件　要明确工作压力、工作温度、工作电压、工作频率、使用频度及对使用空气的要求。在工作压力低于0.1～0.2MPa的使用场合，由于先导式的主阀难以动作，宜使用直动式电磁阀。

（2）气口数及阀的形式　根据使用条件依次选择二通、三通、四通和五通电磁阀。

若选择二通、三通电磁阀，应确定是常开的还是常闭的。

若选择四通、五通电磁阀，应确定是直动式还是先导式，是单磁铁还是双磁铁。若是三位阀还应确定中位滑阀机能。

（3）有效截面积、气口通径　根据必需的空气量确定阀的有效截面积，根据管接头确定气口通径。有时即使选择大通径阀，也应注意阀的有效截面积。

（4）配管方式的确定　阀体直接连接、与底板连接或与气路块连接。

42.3.3　气压控制方向阀

气压控制方向阀适用于易燃、易爆、潮湿和粉尘多的场合，操作安全可靠。

1. 加压控制方向阀

（1）结构原理　加压控制是利用逐渐增加作用在阀芯上的压力而使阀换向的一种控制方式。图42-29所示为二位三通单气控截止式方向阀结构原理图。该阀采用加压控制方式。

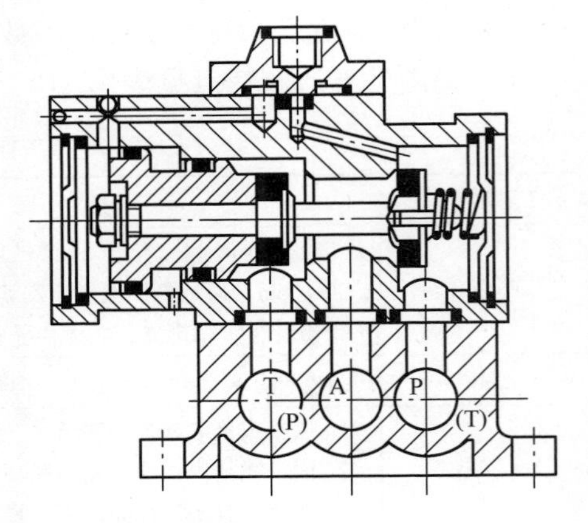

图42-29　二位三通单气控截止式方向阀结构原理图

（2）国内外加压控制方向阀特点及性能参数　国内外加压控制方向阀特点及性能参数分别见表42-18、表42-19。

表 42-18　国内外加压控制方向阀特点

厂商名称	特　　点
FESTO	起动控制，成组式安装，可混合使用
SMC	拥有直接配管型和地板配管型可满足用户需求，体积小，重量轻
AirTAC	滑柱式结构，密封性好，反应灵敏，双头气孔具有记忆功能，内孔采用特殊工艺加工，摩擦阻力小，起动气压低，使用寿命长，无须加油润滑，多位置安装，安装使用方便，可与底座集成，节省空间
宁波华益气动	—

表 42-19　国内外加压控制方向阀性能参数

厂商名称（型号）	FESTO（VSPA－B－T32C－A2）	SMC（SYJA312－M3）	AirTAC（3A110－M5）	宁波华益气动
压力范围/MPa	0.2～1	0.15～0.7	0.15～0.8	—
标称流量/(L/min)	400	—	—	—
公称通径/mm	5	3	5	—
适用温度/℃	－10～60	－10～60	－20～70	—
产品重量/g	80	18	—	—

2. 卸压控制方向阀

（1）结构原理　卸压控制方向阀是利用逐渐减小作用在阀芯上的压力而使阀换向的一种控制方式。图 42-30 所示为三位五通双气控滑阀结构原理图。该阀采用卸压控制方式。图 42-31 所示为三位五通阀的中间状态位置。

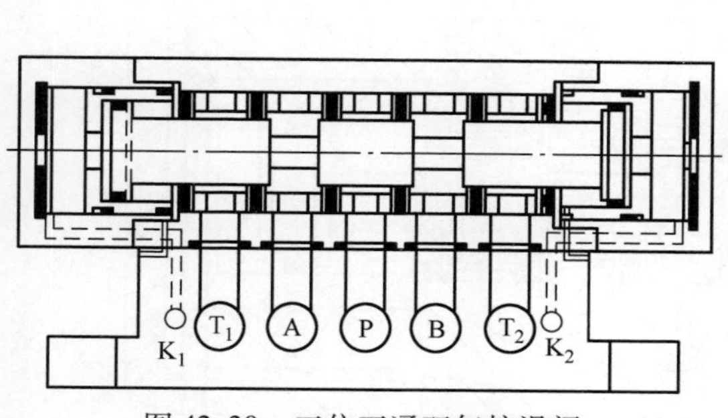

图 42-30　三位五通双气控滑阀（中位封闭式）结构原理图

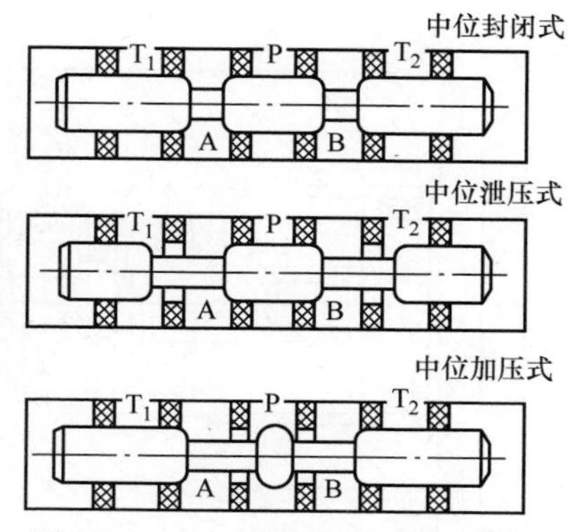

图 42-31　三位五通阀中间状态位置

（2）国内外卸压控制方向阀特点及性能参数　国内外卸压控制方向阀特点及性能参数见表 42-20、表 42-21。

表 42-20　国内外卸压控制方向阀特点

厂商名称	特　点
FESTO	拥有多种中位控制机能供用户选择，有带节流的可选项，流向可逆，缺点是没有耐腐蚀能力
SMC	拥有直接配管型和地板配管型可满足用户需求，体积小，重量轻，耐冲击，耐振动
AirTAC	滑柱式结构，密封性好，反应灵敏，双头气孔具有记忆功能，孔采用特殊工艺加工，摩擦阻力小，起动气压低，使用寿命长，无须加油润滑，多位置安装，安装使用方便，可与底座集成，节省空间

表 42-21　国内外卸压控制方向阀性能参数

厂商名称（型号）	FESTO（VSPA－B－P53E－A2）	SMC（VZA2321－M5）	AirTAC（4A130E－M5）
压力范围/MPa	-0.09~1	0.1~1	0.15~0.8
标称流量/(L/min)	450	—	—
公称通径/mm	5	5	5
适用温度/℃	-10~60	-10~60	-20~70
产品重量/g	80	—	—

3. 差压控制方向阀

（1）结构原理　差压控制是利用控制气压作用在面积不等的活塞上产生的压差使阀换向的一种控制方式。图 42-32 所示为二位五通差压控制方向阀的结构原理图。

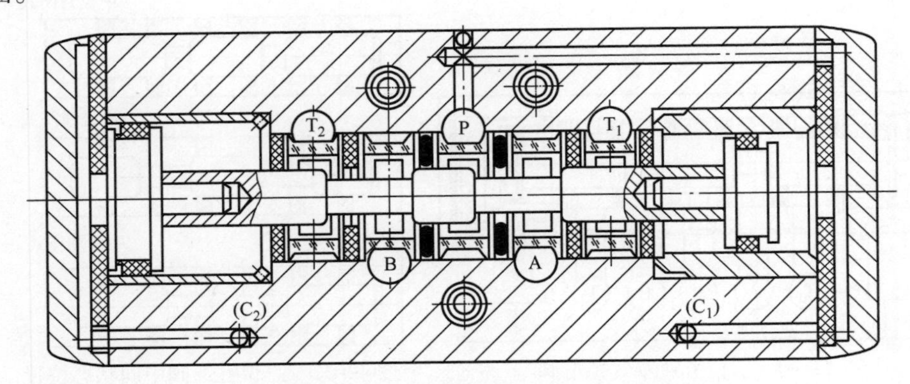

图 42-32　二位五通差压控制方向阀的结构原理图

（2）国内外差压控制方向阀特点及性能参数　国内外差压控制方向阀特点及性能参数见表 42-22、表 42-23。

表 42-22 国内外差压控制方向阀特点

厂商名称	特 点
FESTO	拥有多种中位控制机能供用户选择，有带节流的可选项，流向可逆，缺点是没有耐腐蚀能力
SMC	拥有直接配管型和地板配管型可满足用户需求，体积小，重量轻，耐冲击，耐振动
AirTAC	1. 能将同一系列方向控制阀集成阀组，节省空间，节约成本 2. 统一进、排气，统一布线，出现故障时便于查找 3. 组合灵活，扩充性强，可对所连接的方向控制阀数目进行任意组合或扩充

表 42-23 国内外差压控制方向阀性能参数

厂商名称（型号）	FESTO（VSPA－B－M52－A－A2）	SMC（VZA2121－M5）	AirTAC（4A110－M5）	宁波华益气动（HVFA3130－01）
压力范围/MPa	0.2～1	0.1～1	0.15～0.8	0.15～0.9
标称流量/(L/min)	550	—	—	—
公称通径	5mm	5mm	5mm	G1/8
适用温度/℃	－10～60	－10～60	－20～70	5～50
产品重量/g	80	—	—	—

4. 延时控制方向阀

延时控制就是使某信号按要求延迟一段时间输出。延时控制方向阀是时间控制的一种气控阀，常用在不允许使用电控时间继电器的场合。

42.3.4 机械控制方向阀

机械控制方向阀（简称：机控阀）多用于行程程序控制系统，作为信号阀使用。通常以接触式检测发送信号，如行程阀。

1. 直动式机控阀

直动式机控阀是利用凸轮或撞块直接压下阀芯而使阀切换的方向控制阀。

图 42-33a 所示为直动式机控阀结构原理图。

2. 杠杆滚轮式机控阀

杠杆滚轮式机控阀原理与直动式机控阀相同。不同之处只是在直动式机控阀顶杆上部增加了一个杠杆滚轮机构。优点是减少了顶杆所受的侧向力，增加了阀的寿命。同时通过杠杆传力也减小了机械压力。

图 42-33b 所示为杠杆滚轮式机控阀结构原理图。

3. 可通过式机控阀

可通过式机控阀常被用来排除回路中的障碍信号，以利于简化回路设计。

图 42-33c 所示为可通过式机控阀结构原理图。

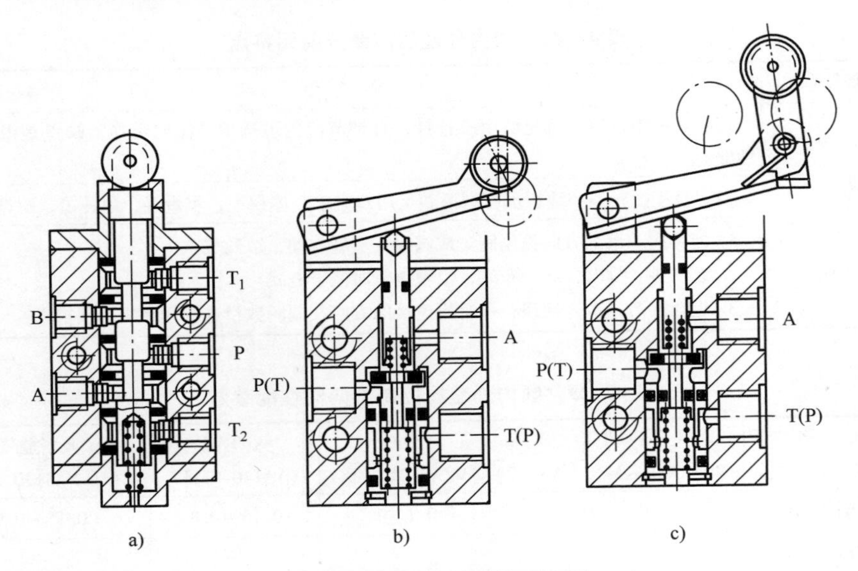

图 42-33 机控阀结构原理图
a）直动式 b）杠杆滚轮式 c）可通过式

机械控制方向阀阀芯的切换速度取决于撞块的速度或凸轮的形状。若移动速度慢，阀在换向过程中会出现各通口之间的串气现象，造成切换动作不稳定。因此，常断式机械控制方向阀常用在切换过程中排气口被关闭的结构中。

4. 国内外机控阀特点

表 42-24 展示了目前市场上一些知名厂商机控阀特点。

表 42-24 国内外知名厂商机控阀特点

序号	厂商名称	特 点
1	FESTO	小而紧凑，重量轻，压力范围从真空到 1.0MPa，流量最高可达 1200L/min，采用成熟的活塞式滑阀和盘座阀结构，耐用，配备圆形消声器，可用于管道排气，在某些情况下可适用于真空，可逆向操作，易于安装，通过使用安装组件，可以精确调节
2	SMC	有丰富的扩展品，可对应各种全空气系统，体积小，节省空间。VM1000 系列带倒钩接头，配管方向可选择，动作行程大，压力范围为 -100kPa ~ 1MPa；VM200 系列压力范围为 0 ~ 1MPa，VM100 系列可真空使用，小型，相当于微型开关；VM400 系列全部通口都可配管；VM800 系列机械强度大，能承受重负载；VZM400、VZM500、VFM300、VFM200 系列高频率，长寿命
3	AirTAC	换向所需外力由外部机构提供，可用于位置检测或行程开关，多种结构形状控制头，方便不同条件下使用。S3、CM3 系列截止式结构，密封性好，换向灵活，无须加油润滑，多位置安装，使用方便，控制头采用金属材质，寿命长、更可靠稳定。M3、M5 系列排气口位于本体上，便于安装消声器，减少污染，滑柱式结构，控制力不受工作压力影响，内圈密封
4	SXPC	体积小，结构紧凑，动作可靠，使用寿命长，外形小巧、新颖、精美

5. 国内外机控阀性能

（1）FESTO

1）FESTO 机控阀性能参数见表 42-25。

表 42-25　FESTO 机控阀性能参数

型号		VMEF – ST – M32 – 18	VMEF – STC – M32 – 18	VMEF – ST – M32 – 14	VMEF – STC – M32 – 14	VMEF – S – M52 – E – 18	VMEF – S – M52 – M – 18	VMEF – S – M52 – E – 14	VMEF – S – M52 – M – 14	VMEF – SC – M52 – E – 18	VMEF – SC – M52 – M – 18	VMEF – SC – M52 – E – 14	VMEF – SC – M52 – M – 14
额定流量 /（L/min）	1→2	750	750	870	870	750	750	1200	1200	750	750	1200	1200
	3→2	665	665	750	750	—	—	—	—	—	—	—	—
控制方式		直动	先导	直动	先导	直动	直动	直动	直动	先导	先导	先导	先导
公称通径 /mm		5.6	5.6	6	6	5.2	5.2	7	7	5.2	5.2	7	7
驱动力/N（0.6MPa）		常闭 46	常闭 14	常闭 46	常闭 14	28	34	48	43	14	14	14	14
		常开 82	常开 14	常开 82	常开 14								

2）FESTO 机控阀压力特性曲线如图 42-34 所示。

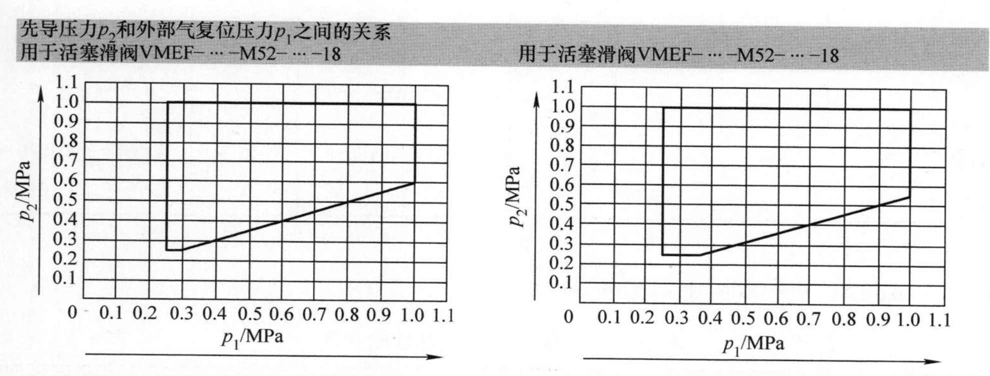

图 42-34　FESTO 机控阀压力特性曲线

先导压力p_2和外部气复位压力p_1之间的关系
用于盘座阀VMEF-…-M32-…-
(常闭)

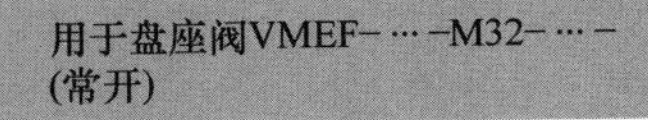

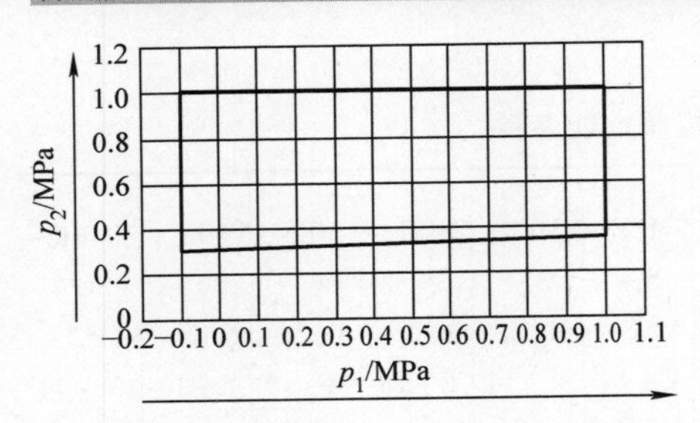

边框区域显示了外部先导气源的工作压力范围

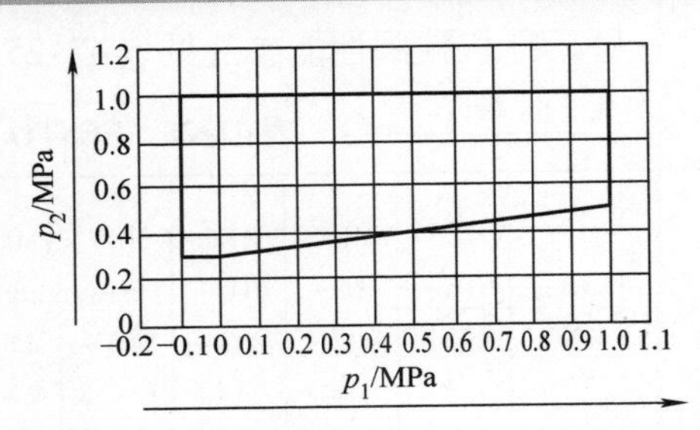

边框区域显示了外部先导气源的工作压力范围

图42-34 FESTO机控阀压力特性曲线（续）

（2）SMC SMC机控阀性能参数见表42-26。

表42-26 SMC机控阀性能参数

型号	VM1000系列	VM100系列	VM200系列	VM400系列	VM800系列	VZM400系列	VZM500系列	VFM300系列	VFM200系列
使用介质	空气/惰性气体	空气/惰性气体	空气/惰性气体	空气/惰性气体	空气/惰性气体	空气/惰性气体	空气/惰性气体	空气/惰性气体	空气/惰性气体
使用压力/MPa	0～0.8	-0.1～1	0～1	-0.1～1	-0.1～1	0.15～1	0.15～0.7	0.15～0.9	0.1～1
环境温度/℃	-5～60	-5～60	-5～60	-5～60	-5～60	-5～60	-5～60	-5～60	-5～60
有效截面积/mm^2	1	—	—	7	6	9.9	10.8	18	18
使用频率/Hz	—	—	—	—	—	5以下	5以下	5以下	5以下

（3）AirTAC

1）AirTAC机控阀性能参数见表42-27。

表42-27 AirTAC机控阀性能参数

型号	S3系列	M3系列	M5系列	CM3系列	ZM3系列
工作介质	空气	空气	空气	空气	空气
使用压力范围/MPa	0～1	0～1	0～1	0～1	-0.1～1

（续）

型号	S3 系列	M3 系列	M5 系列	CM3 系列	ZM3 系列
耐压试验压力/MPa	1.5	1.5	1.5	1.5	1.5
工作温度/℃	−20～70	−20～70	−20～70	−20～70	−20～70
有效截面积/mm^2	2.5～12	2.5～12	2.5～12	2～15	6

2）AirTAC 机控阀流量特性曲线如图 42-35 所示。

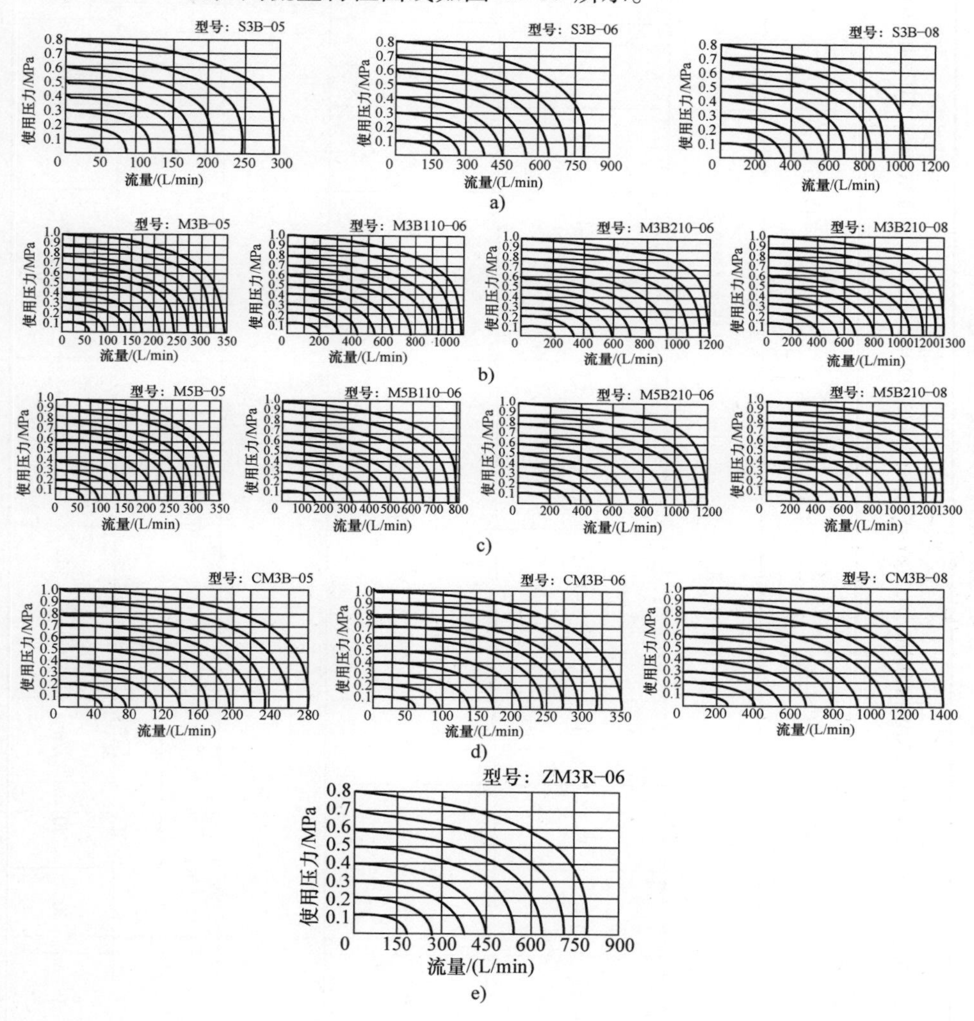

图 42-35 AirTAC 机控阀流量特性曲线

a）S3 系列 b）M3 系列 c）M5 系列 d）CM3 系列 e）ZM3 系列

（4）上海新益气动（SXPC） SXPC 机控阀性能参数见表 42-28。

表 42-28 SXPC 机控阀性能参数

型号	XQ230410	XQ230610	XQ250410	XQ250610	XQ230411	XQ230611	XQ250411	XQ250611	XQ230412	XQ230612	XQ250412	XQ250612	XQ230412	XQ230612	XQ250412	XQ250612
功能形式	二位三通		二位五通		二位三通		二位五通		二位三通		二位五通		二位三通		二位五通	
控制形式	顶杆式				顶杆滚轮式				杠杆顶杆滚轮式				单向杠杆顶杆滚轮式			
使用压力范围/MPa	0~1	0~1	0~1	0~1	0~1	0~1	0~1	0~1	0~1	0~1	0~1	0~1	0~1	0~1	0~1	0~1
通径/mm	4	6	4	6	4	6	4	6	4	6	4	6	4	6	4	6
介质温度/℃	-10~60															
环境温度/℃	5~60															
操作力/N	26	35	30	40	26	35	30	40	16	24	19	27	17.8	20	21	23

6. 机械控制方向阀的选择与使用

机械控制方向阀一般应用在湿气、粉尘、油分多，电气元件寿命短的场合。在包装机械等单纯重复操作场所及食品机械中也常采用。

在选用机控阀时应注意以下几点：

1）不允许操纵时超过规定行程（下压量）。

2）用凸轮操纵滚轮、杠杆时，应使凸轮具有合适的角度。操纵滚轮时，$\theta \leqslant 15°$；操纵杠杆时，在超过杠杆角度使用时，$\alpha \leqslant 10°$，如图 42-36 所示。

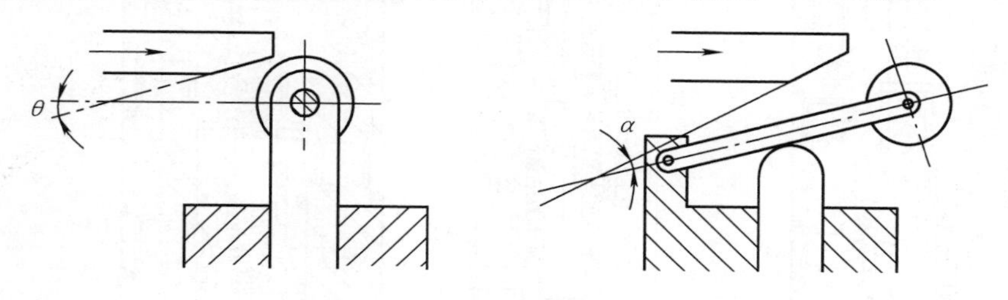

图 42-36　操纵滚轮、杠杆时的凸轮接触角

3）阀中若有空气背压作用时，操作要按照不同的使用压力给予足够的机械操纵力。

4）禁止用冲击力或太快的速度使阀换向，对滚轮、杠杆式阀来说速度应小于 0.1m/s。

5）不能把机控阀当作停止器使用。

6）机控阀的安装板上应加工安装长孔，以便能调整阀的安装位置。

42.3.5　人力控制方向阀

人力控制方向阀是用人力进行操纵的方向控制阀，以手动阀和脚踏阀为主。人力控制方向阀在对自动控制回路与手动回路进行切换，以及对机械装置的起动与停止进行切换，或者希望凭人的意志用手和脚来操纵元件的场合使用。

人力控制方向阀的通路数有二通、三通、四通、五通等多种，特殊情况有多至六通的阀。切换位置数有二位和三位之分，复位方式有弹簧复位、气动复位等。

因为人力控制方向阀是由人力来操纵的，为了使操纵性能良好，所以对杠杆的长度，凸轮、连杆的形式，以及杠杆的支点位置的变化等，都要仔细考虑。即使操纵力不大，但由于振动以及直接与人接触等原因，这种切换主阀的方式的安全性应加以考虑。而且操纵是由人来进行，因此操纵力和操纵方式也因人而异，在选用时应对这些问题进行充分研究。

1. 手动阀

手动阀按其操纵方式可分为按钮式、推拉式和长手柄式等多种形式。图 42-37 所示为手动阀的结构原理图。

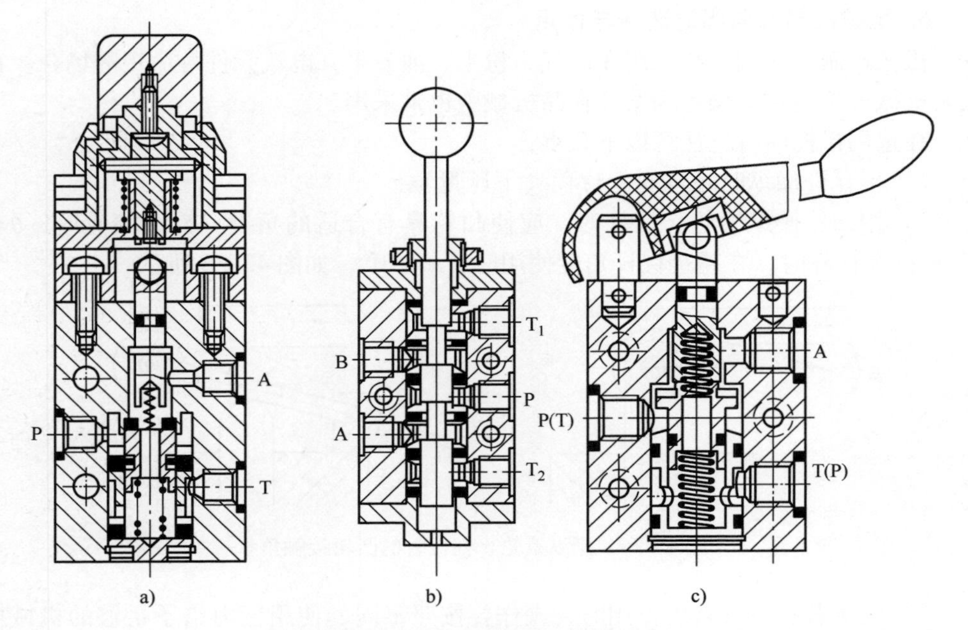

图 42-37　手动阀的结构原理图

a）按钮式　b）推拉式　c）长手柄式

按钮式是最常使用的一种手动操纵阀，要求操作切换力小，常采用带平衡杆的气压密封方式。

推拉式常采用滑阀式结构，借助密封圈的摩擦力实现换向定位。

长手柄式结构的操纵力较小。

2. 脚踏阀

脚踏阀是以脚踏方式换向的人力控制阀。

脚踏阀的优点是既能用双手做事又能对其进行操纵。对于脚踏阀来说，要求踏板位置不能太高，行程不能太长。提动式的行程较短，因此用得较多。与手动阀相比，操作力大，因此对踏板的形状、强度等要注意选择。

图 42-38 所示为脚踏阀的结构原理图。

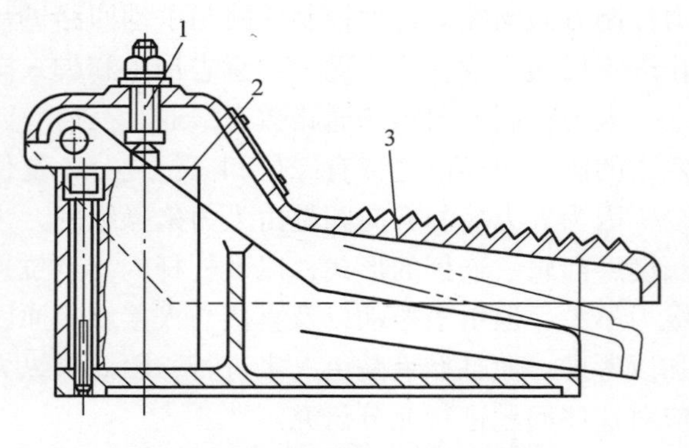

图 42-38　脚踏阀的结构原理图

1—调节螺钉　2—二位五通截止式阀芯　3—脚踏板

3. 国内外人力控制阀特点

表 42-29 展示了目前市场上一些知名厂商的特点。

表 42-29 国内外知名厂商的人力控制阀特点

序号	厂商名称	特 点
1	FESTO	小而紧凑，重量轻，压力范围从真空到 1.0MPa，流量最高可达 1200L/min，采用久经验证的活塞滑阀和提动阀，耐用性佳，配备圆形消声器或管式排气，可适用于真空，可逆向操作，易于安装，面板式安装适用于几乎所有的阀
2	SMC	操作轻巧，难燃性设计，采用密封性更好的座阀构造，旋钮方向可直观地显示阀的开闭，有效截面积可达 17.5mm^2，结构设计可防止手动操作旋钮脱落，有四种配管规格可选择
3	AirTAC	手动操作，作动顺畅，定位准确、可靠，滑柱式结构，密封性好，体积小，重量轻，多位置安装，使用方便，装拆方便，内孔采用特殊工艺加工，摩擦阻力小，使用寿命长，无须加油润滑，HSV 系列阀芯表面硬质阳极氧化，阀体表面阳极氧化处理，色泽保持时间长，流通面积大，压力损失小
4	SXPC	结构紧凑，流量大，无供油润滑，使用寿命长，XQ 系列换向行程短，常用作气动装置急停操作

4. 国内外人力控制阀性能

（1）FESTO 人力控制阀

1）性能参数见表 42-30。

表 42-30 FESTO 人力控制阀性能参数

型号		VHEF－B32－18	VHEF－B32－14	VHEF－M32－18	VHEF－M32－14	VHEF－P－B52－18	VHEF－P－B52－14	VHEF－P－M52－M－18	VHEF－P－M52－M－14
额定流量/(L/min)	1→2	750	870	750	870	750	1200	750	1200
	3→2	665	750	665	750	—	—	—	—
控制方式		先导	先导	先导	先导	直动	直动	直动	直动
公称通径/mm		5.6	6	5.6	6	5.2	7	5.2	7
驱动力/N (0.6MPa)		20	20	24.5	24.5	20		42	
释放力/N (0.6MPa)		25	25	—	—	35		—	

2）压力特性曲线如图 42-39 所示。

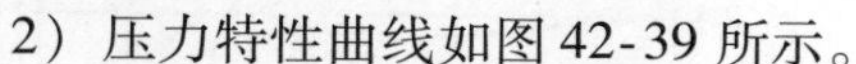

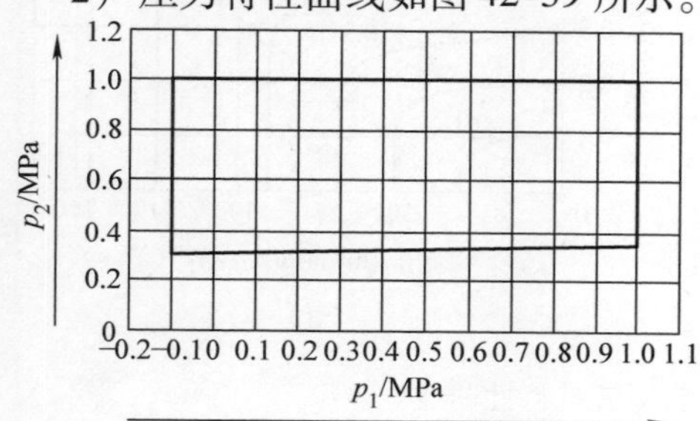

边框区域显示了外先导的工作压力范围

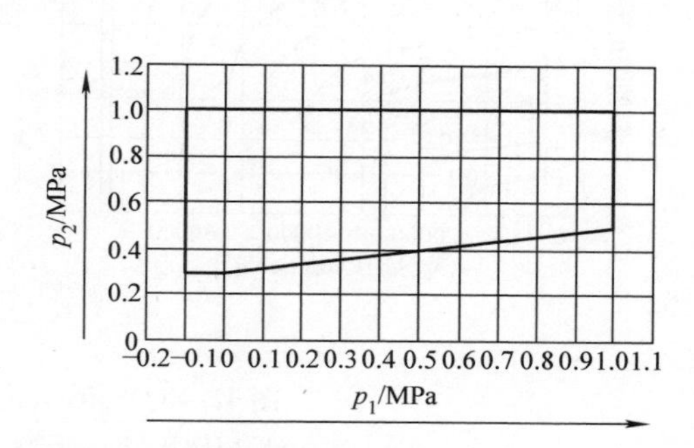

边框区域显示了外先导的工作压力范围

图 42-39 FESTO 人力控制阀压力特性曲线

（2）SMC 人力控制阀

1）性能参数见表42-31。

表42-31　SMC 人力控制阀性能参数

型号	VHK－A 系列	VHK 系列	VH200 系列	VH300 系列	VH400 系列	VH600 系列
使用介质	空气	空气	空气	空气	空气	空气
耐压试验压力/MPa	1.5	1.5	1.5	1.5	1.5	1.5
使用压力/MPa	－0.1～1	－0.1～1	0～1	0～1	0～1	0～0.7
环境温度/℃	0～60	0～60	－5～60	－5～60	－5～60	－5～60
有效截面积/mm^2	2～17.5	2～17.5	—	—	—	—

2）流量特性曲线如图42-40所示。

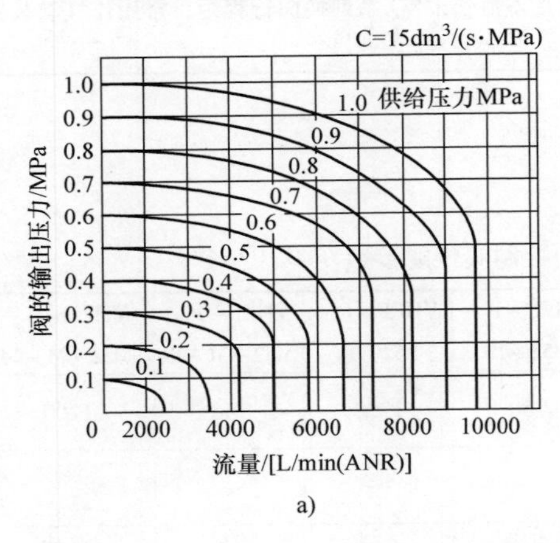

a)

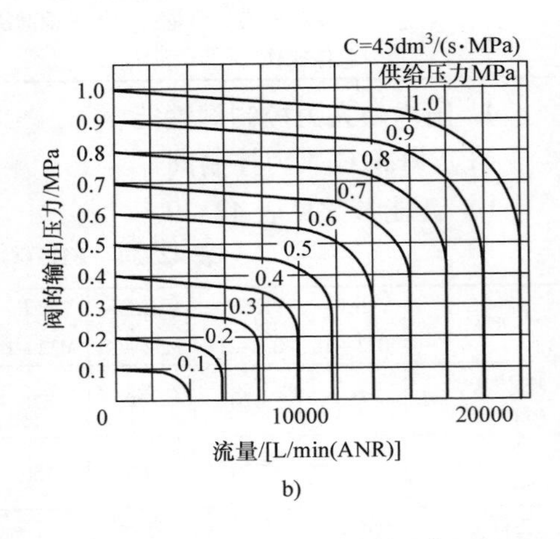

b)

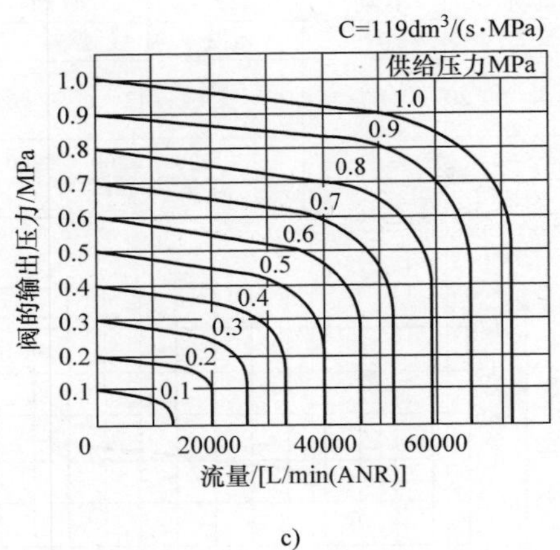

c)

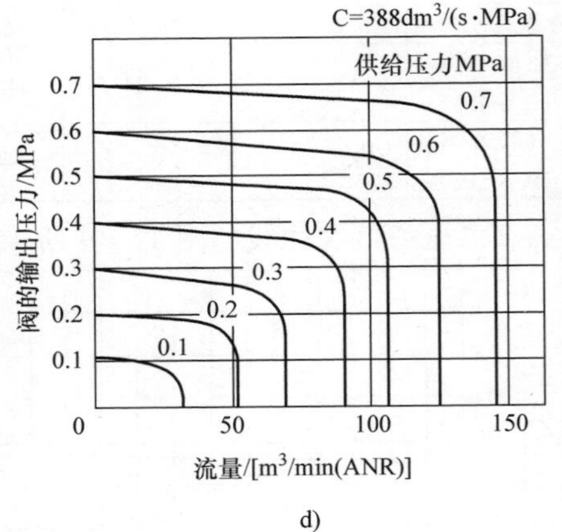

d)

图42-40　SMC 人力控制阀流量特性曲线

a）VH200　b）VH300　c）VH400　d）VH600

（3）AirTAC 人力控制阀

1）性能参数见表 42-32。

表 42-32 AirTAC 人力控制阀性能参数

型号	4H 系列	3L 系列	4L 系列	HSV 系列	4HV/4HVL 系列
工作介质	空气	空气	空气	空气	空气
使用压力范围/MPa	0～1	0～1	0～1	0～1	-0.1～1
耐压试验压力/MPa	1.5	1.5	1.5	1.5	1.5
工作温度/℃	-20～70	-20～70	-20～70	-20～70	-20～70
有效截面积/mm^2	13.6～28	10.2～28	10.2～28	23～392	14～95

2）流量特性曲线如图 42-41 所示。

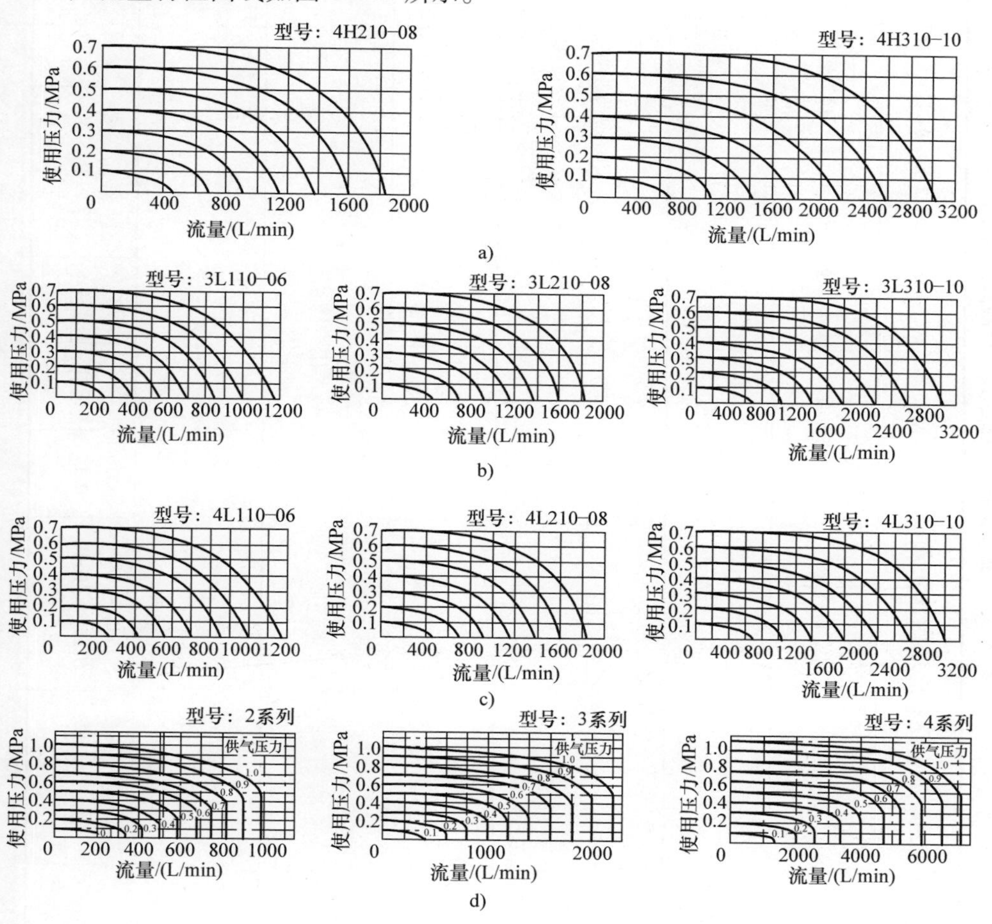

图 42-41 AirTAC 产品流量特性曲线

a）4H 系列 b）3L 系列 c）4L 系列 d）4HV 系列

（4）SXPC 人力控制阀 性能参数见表 42-33。

表 42-33 SXPC 人力控制阀性能参数

型号	XQ230420	XQ230620	XQ250420	XQ250620	XQ230421	XQ230621	XQ250421	XQ250621
功能形式	二位三通		二位五通		二位三通		二位五通	
控制形式	按钮式				拨动式			
工作压力/MPa	0~1							
通径/mm	4	6	4	6	4	6	4	6
介质温度/℃	-10~60							
环境温度/℃	5~60							
操纵力/N	26	35	30	40	0.15	0.28	0.17	0.32

型号	XQ230422	XQ230622	XQ250422	XQ250622	XQ230423	XQ230623	XQ250423	XQ250623
功能形式	二位三通		二位五通		二位三通		二位五通	
控制形式	手拉式				脚踏式			
工作压力/MPa	0~1							
通径/mm	4	6	4	6	4	6	4	6
介质温度/℃	-10~60							
环境温度/℃	5~60							
操纵力/N	13	17	15	20	20	22	25	28

5. 人力控制方向阀的选择与使用

人力控制方向阀的选择与使用，应注意以下事项：

1）在有激烈振荡的场合，为安全起见应选择带附加锁紧装置的人力控制阀，如图 42-42 所示。

2）选择的操纵力不宜过大。

3）在确定安装位置、高度和间隔等参数时，应注意人－机关系协调，以防止人工操作时容易引起疲劳。

4）为防止误操作，通常应增设安全装置，脚踏阀上应有防护罩。

5）最好使杠杆（推杆）的操纵方向与执行元件或机械装置的运动方向一致，以防止判断失误而引起误动作。

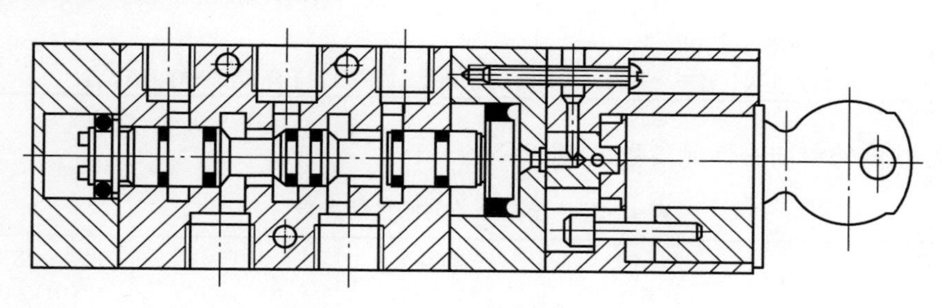

图 42-42　锁式手动阀结构

42.3.6　单向型控制阀

气动控制阀除了上述所讲的压力控制阀、流量控制阀、方向控制阀外，还有一类单向型控制阀，包括单向阀、梭阀、双压阀、快速排气阀和双联阀等。

1. 单向阀

（1）结构及原理　单向阀是指气流只能沿一个方向流动而不能反向流动的控制阀。图 42-43 所示为单向阀结构。

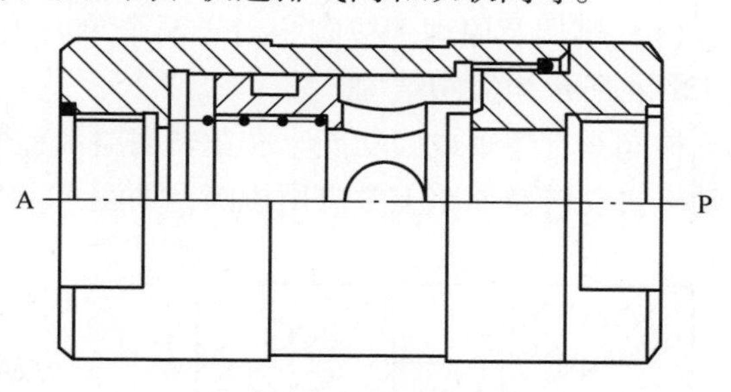

图 42-43　单向阀结构

选用单向阀的基本要求是，正向流动时，阀的流动阻力要小，即流通能力大。反向流动时，密封性能要好，即泄漏量要小。

在气动系统中，单向阀应用于防止空气倒流的场合，如用于防止回路中某个支路的耗气量过多而影响其他元件的气源压力下降的场合，或者防止由于背压的升高而影响其他元件正常工作的场合。单向阀在大多数场合下与节流阀组合来控制气缸的运动速度。当单向阀进行精密的压力控制时，必须可调整阀的开启压力和阀前后的压差。一般开启压力为10～40kPa，关闭压降为6～10kPa。当单向阀用于要求严格密封、不能有泄漏的场合时，应采用平面密封或其他的弹性密封，不宜采用钢球或金属阀芯的密封结构。

（2）国内外单向阀介绍

1）国内外单向阀特点见表42-34。

表42-34　国内外单向阀特点

厂商名称	性　能
FESTO	具有止回功能，可旋入，或者管式安装，带双侧接口螺纹，双侧快插接头
SMC	低开启压力，大流通能力
AirTAC	1. 只允许气流向一个方向流动而不能反方向流动 2. 有效流通面积大 3. 可防止因气源压力下绛，或因耗气量增大造成的压力下降而出现的逆流现象

2）国内外单向阀性能参数见表42-35。

表42-35　国内外单向阀性能参数

厂商名称 （型号）	FESTO （H系列）	SMC （AK系列）	AirTAC （NRV系列）	上海新益气动 （XQ110000）
压力范围/MPa	-0.1～1	0. 01～1	0.02～1	0.05～1
耐压试验压力/MPa	—	1.5	1.5	—
开启压力/MPa	—	0.02	—	0.05
适用温度/℃	0～60	-5～60	-20～70	5～60

2. 梭阀

（1）结构及原理　梭阀相当于两个单向阀组合的阀，其作用相当于“或门”。图42-44所示为梭阀结构。

梭阀具有逻辑或门功能。在逻辑回路和程序控制回路中被广泛采用。此外，在手动－自动转换回路上常应用梭阀，如图42-45所示。

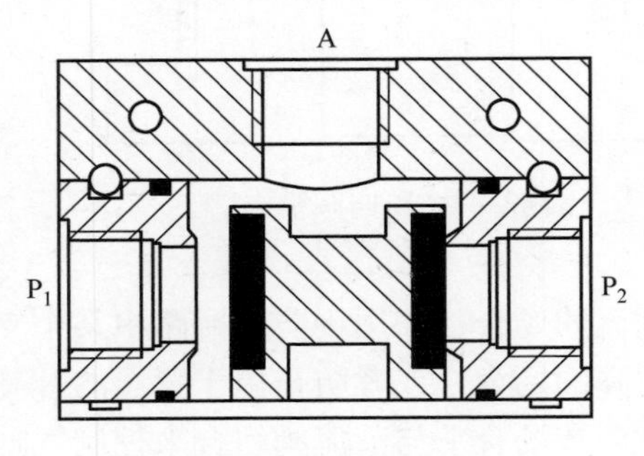

图42-44　梭阀结构

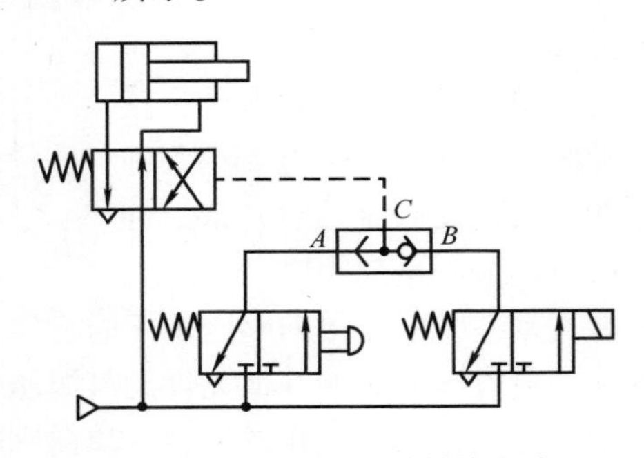

图42-45　手动－自动转换回路

因梭阀在换向过程中存在路路通过程，因此当某一接口进气量或排气量非常小时，阀的前后不能产生足以使阀正常换向的压差，使阀不能完全换向而中途停止，造成阀的动作失灵。所以在使用时应注意，不要在某一接口处采用变径接头造成通径过小。

（2）国内外梭阀介绍

1）国内外梭阀特点见表 42-36。

表 42-36　国内外梭阀特点

厂商名称	产品特点
FESTO	—
SMC	可应对各种全空气系统
AirTAC	—
上海新益气动	可用于自动和手动并联回路

2）国内外梭阀性能参数见表 42-37。

表 42-37　国内外梭阀性能参数

厂商名称（型号）	FESTO	SMC（VR 系列）	AirTAC	上海新益气动（XQ120000）
压力范围/MPa	—	0.05～1	—	0.05～1
耐压试验压力/MPa	—	1.5	—	—
最低作动差压/MPa	—	0.05	—	—
接口通径/in	—	1/8、1/4	—	1/8、1/4、3/8、1/2
适用温度/℃	—	-5～60	—	5～60

3. 快速排气阀

（1）结构及原理　快排阀是为加快气缸运动速度实现快速排气的控制阀。

在给定条件下工作的气缸速度很大程度上取决于控制阀的大小，如需提高速度（尤其是需要提高单向速度时），可安装一个快速排气阀，而不必承担大型控制阀的费用。

图 42-46 所示为快速排气阀的结构。图 42-47 所示为快速排气阀的应用回路。

设计与使用时，快速排气阀应安装在需要快速排气的气动执行元件附近，否则影响快速排气效果。若从气动执行元件到方向阀的管路较长，而方向阀的排气口过小时，从方向阀到快速排气阀之间的气体要经过一定的时间排完，此时快速排气阀不易换气排气。所以方向阀的选择应引起重视，其通径应尽量大，以保证快速排气阀的快速排气。

（2）国内外快速排气阀特点及性能参数

1）国内外快速排气阀特点见表42-38。

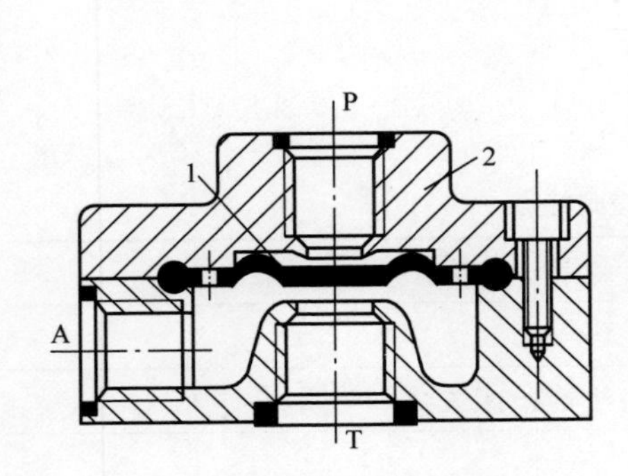

图42-46 快速排气阀的结构
1—膜片 2—阀盖

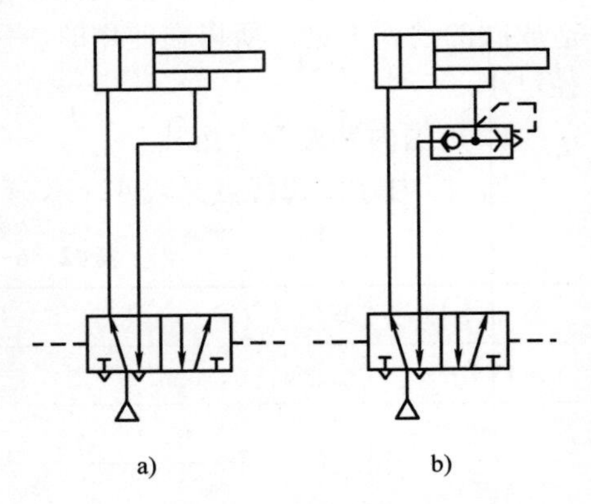

图42-47 快速排气阀的应用回路
a）无快速排气阀 b）有快速排气阀

表42-38 国内外快速排气阀特点

厂家	性能
FESTO	快速排气，可用作截止阀，可旋入连接，带消声器
SMC	优良的排气特性，阀容量大，小型、轻量
AirTAC	—
上海新益气动	一般安装在气缸与换向阀之间靠近气缸的管路上，使气缸的排气不经换向阀直接排出，达到气缸快速换向的目的

2）国内外快速排气阀性能参数见表42-39。

表42-39 国内外快速排气阀性能参数

厂商名称（型号）	FESTO（SE系列）	SMC（AQ系列）	AirTAC	上海新益气动（XQ170000）
压力范围/MPa	0.05~1	0.1~1	—	0.12~1
耐压试验压力/MPa	—	1.5	—	—
接口通径/in	1/8、1/4、3/8、1/2	1/8、1/4、3/8、1/2	—	1/4、3/8、1/2
适用温度/℃	-20~70	-5~60	—	5~60

4. 双压阀

图42-48所示为双压阀的结构。双压阀有两个输入口 A、B 和一个输出口 C。双压阀的作用相当于“与门”逻辑功能，即只有 A、B 口同时有输入时，C 口才有输出，A、B 口压力较低一侧的气体与 C 口相通。

双压阀的应用很广泛。图42-49所示为一个互锁回路的应用实例。这是一个钻床控制回路。行程阀 1 为工件定位信号，行程阀 2 是夹紧工件信号。当两个信号同时存在时，双压阀 3 才有输出，使方向阀 4 切换，钻孔缸 5 进给，钻孔开始。

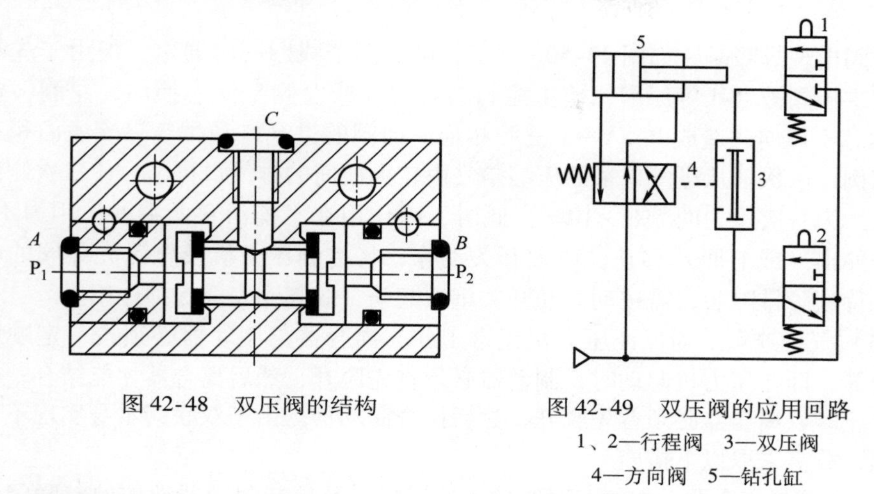

图 42-48　双压阀的结构

图 42-49　双压阀的应用回路

1、2—行程阀　3—双压阀

4—方向阀　5—钻孔缸

5. 双联阀

（1）用途　双联阀的全称是压力机用安全型电磁阀，是用于控制压力机制动器、离合器正常工作的一种气动元件。当阀本身出现故障时，它能使制动器、离合器的压力降低到起动压力之下。如果压力机是处在运转状态，制动器、离合器能立即排气，从而使压力机迅速停车；若压力机处于静止状态，则制动器、离合器不能起动，以确保设备及人身安全。

（2）结构与工作原理　双联阀由先导阀和主控阀两部分构成。先导阀为两个独立的电磁先导阀，而主控阀是由两个二位三通阀并联而成，如图 42-50 所示。

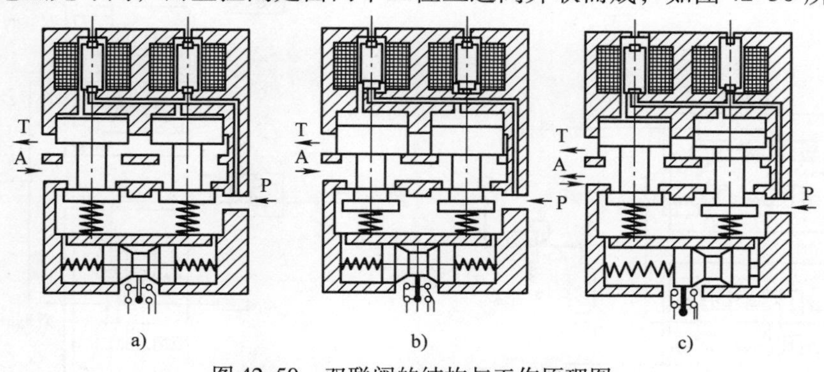

图 42-50　双联阀的结构与工作原理图

a）关闭状态　b）开启状态　c）故障状态

当先导阀两个线圈不通电时，如图 42-50a 所示，阀处于关闭状态。由于作用在平衡阀两端活塞上的弹簧力相等，故平衡阀芯处在中间平衡位置上。

当两个线圈同时通电时，如图42-50b所示，使A→T不通，P→A接通，阀有输出。由于作用在平衡阀两端活塞上的作用力相等，平衡阀芯稳定在中间平衡位置上。

当阀出现故障时，如图42-50c所示，虽然两个线圈同时通电，但由于先导阀失灵或主控阀被卡死等原因，使主控阀的右侧（或左侧）阀芯换向，左侧（或右侧）阀芯不换向，造成P→A→T三腔相通。而阀的进气口和排气口流通面积有一定的比例，以保证从进气口来的压缩空气由较大截面的排气口排出，使二次侧的压力降至约为一次压力的5%~10%。此时，因作用在平衡活塞两端的作用力不等，活塞杆伸出（或缩回）移动，微动开关动作，将控制压力机及电磁先导阀的电源切断。待故障排除后，需按动微动开关重新起动，故起到安全保护作用。

（3）气动连锁　为保证压力机正常工作，离合器与制动器必须按一定顺序结合或脱开，即在压力机起动时，制动器必须首先脱开，然后离合器才能结合；在压力机停止时，离合器必须首先脱开，然后按合制动器。由于双联阀本身实现不了这种连锁，故需采取以下措施。

1）在控制离合器动作的双联阀的他控气源口及控制制动器动作的双联阀中的先导阀排气口各装一个节流阀，如图42-51所示。

2）在控制压力的气动回路中，分别在离合器、制动器与双联阀的工作口之间各接一个单向节流阀，如图42-52所示，以达到离合器和制动器保持一定的接合和脱开顺序。

3）若控制离合器动作的气缸缸径比控制制动器动作的气缸缸径大，则需在控制制动器动作的双联阀中的先导阀排气口安装一个单向节流阀。

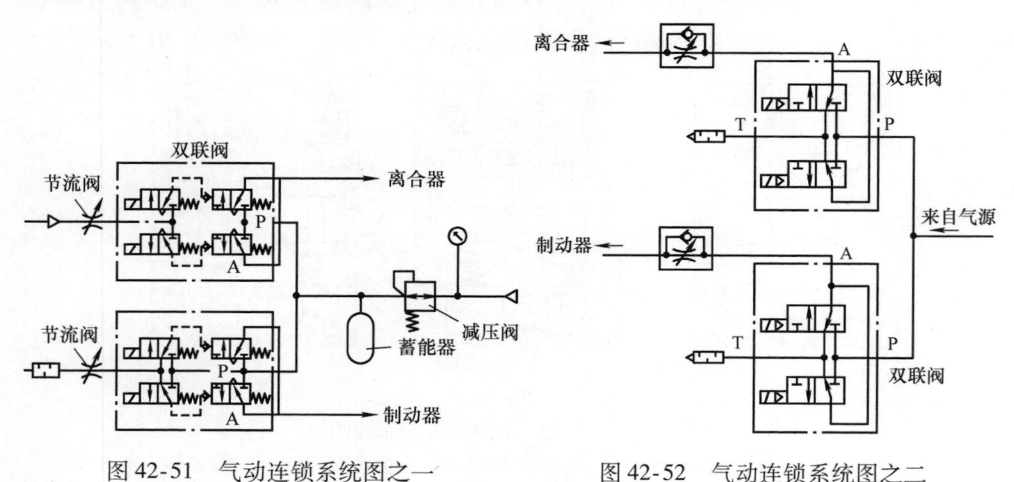

图42-51　气动连锁系统图之一　　　图42-52　气动连锁系统图之二

（4）性能　双联阀的性能参数见表42-40。

表42-40　双联阀的性能参数

性能参数		公称通径/mm		
		15	25	40
工作压力范围/MPa		0.3～0.8		
换向时间/ms		≤35	≤40	≤80
工作频率/Hz		≥8		
有效截面积/mm^2	P→A	≥30	≥90	≥130
	A→T	≥120	≥360	≥520
泄露量/(Ncm^3/min)		≤300	≤600	≤1000
先导阀工作电压/V		24(DC)		

42.3.7　方向阀、单向型阀的性能参数及选用

1. 阀的性能参数

为了正确合理地选用各种方向阀，有必要对阀的主要性能参数进行介绍。

（1）工作压力范围　方向阀的工作压力范围是指阀能正常工作的最高或最低输入（气源）压力。所谓正常工作是指阀的切换压力和泄漏流量在规定的指标范围内。

目前，阀的最高工作压力根据我国实际使用情况定为0.8MPa，这主要是考虑到常用空气压缩机的最高输出压力，但也已出现了更高工作压力（如1MPa、1.2MPa）的阀。

最低工作压力是指方向阀等正常工作的最低输入（气源）压力。最低工作压力与阀的控制方式和密封结构形式有关。如他控式方向阀的最低工作压力主要取决于密封性能，工作压力太低，往往不能使阀芯复位。靠气压密封的截止式阀最低工作压力主要取决于阀的密封性能，工作压力太低，往往泄漏大。

在阀的结构参数一定时，若提高最低工作压力，则阀的换向灵敏度提高，泄漏量减小，但阀的工作压力范围变窄。在保证一定的换向性能和密封性能时，若最低工作压力设计的太低，则结构变大。各种不同形式方向阀的最低工作压力见表42-41。

表42-41　最低工作压力

结构型式	最低工作压力/MPa	结构型式	最低工作压力/MPa
电磁先导阀、硬配滑阀	0	电控、单气控二位阀	0.15
双气控二位阀	0.1	截止式阀、三位滑阀	0.25

（2）最低控制压力　最低控制压力是指在规定的泄漏量范围内，方向阀能完成正常换向动作时，在控制口所加的最低信号压力。

最低控制压力的大小与阀的结构形式、停放时间及工作压力关系较大，但阀芯

对称的截止式阀，或带平衡阀芯的截止式阀的最低控制压力却与工作压力关系不大。通常，采用软质密封的滑阀，其控制压力与阀的停放时间关系较大，当工作压力一定时，阀的停放时间越长，则最低控制压力越大，但放置时间长到一定程度以后，最低控制压力值就稳定了。上述现象是由于橡胶密封圈在停放过程中与金属阀体表面产生亲和作用，使静摩擦力增加。对压差控制的滑阀，控制压力却随工作压力的提高而增加。各种不同形式方向阀的最低控制压力见表42-42。

表42-42　最低控制压力

结构型式	最低控制压力/MPa	结构型式	最低控制压力/MPa
截止式阀	0.25	双气控滑阀	0.15
硬配滑阀	0.1	单气控滑阀	0.25

（3）换向时间　阀的换向时间是指控制元件开始发出信号到方向阀换向动作完成的时间，可分为开启时间和关闭时间两部分。

换向时间的起点，因阀的控制方式不同而不同。对于电控阀，换向时间的起点是指电路刚一接通（或刚一断开）的瞬间。对加压控制的气控阀，是指发信元件接到信号后，信号元件的输出压力上升到其输入压力的10%的瞬间。对卸压控制的气控阀，是指发信元件接到信号后，阀的控制口压力下降到原来压力的90%的瞬间。

换向时间的终点是指阀的输出口不连接负载（即堵死）的条件下，其输出压力上升到输入压力的90%或下降到原来压力的10%的瞬间，分别为阀的开启时间和关闭时间的终点。

影响换向时间的因素主要有阀的可动部件在换向过程中受到的阻力（如摩擦力、弹簧力等），可动部件在换向过程中的惯性力、换向行程、换向力的大小以及阀芯的覆盖特性等。

由此可见，换向时间不仅与阀的灵敏度有关，而且与发信元件的通径、信号管路的通径以及发信元件到阀的距离等因素有关。元件试验时，必须给出严格的测试条件，才能对不同的方向阀进行比较。不同结构形式方向阀的换向时间是各不相同的，表42-43列出了几种方向阀的换向时间。

表42-43　方向阀的换向时间　（单位：s）

结构型式		公称通径/mm					
		1.4、2、3	6、8	10、15	20、25	32、40	50
电磁先导阀	螺管式	≤0.03 ≤0.04	—	—	—	—	—
	盘式	≤0.04	—	—	—	—	—

（续）

结构型式		公称通径/mm					
		1.4、2、3	6、8	10、15	20、25	32、40	50
双电控、双气控二位滑阀	硬质密封	—	≤0.02	≤0.03	≤0.05	—	—
	软质密封	—	≤0.04		≤0.06	—	—
单电控、单气控二位滑阀	硬质密封	—	≤0.04	≤0.06	≤0.10	—	—
	软质密封	-	≤0.08		≤0.12	—	—
三位滑阀		—	≤0.05		≤0.12	—	—
截止式阀		—	≤0.08	≤0.12	≤0.20	≤0.30	≤0.50

（4）最高工作频率　阀的最高工作频率是指换向阀在正常换向的条件下，单位时间内往复切换的最高次数。影响工作频率的因素与换向时间的讨论相同。各种结构形式方向阀的最高工作频率见表 42-44。

表 42-44　方向阀的最高工作频率　（单位：Hz）

结构型式		公称通径/mm					
		1.4、2、3	6、8	10、15	20、25	32、40	50
电磁先导阀	螺管式	≥13 ≥8	—	—	—	—	—
	盘式	≥7 ≥5	—	—	—	—	—
双电控、双气控硬质密封滑阀		—	≥12	≥8	≥6	—	—
单电控、单气控硬质密封滑阀		—	≥6	≥6	≥4	—	—
软质密封滑阀		—	≥6	≥4	≥2	—	—
截止式阀		—	≥6	≥4	≥2	≥1	≥0.5

（5）流量特性　阀的流量特性有三种表示方法：流通能力 C 值（或 C_V 值），有效截面积 S 值及通过额定流量时阀前后的压降。

阀的流量特性是选择阀通径的重要依据。同样通径的阀，流通能力 C 值越大，或在额定流量下的压降越小，则表示该阀的流通特性越好。不同通径方向阀的流量特性见表 42-45。

（6）泄漏量　阀的泄漏量有两类，即主通道的泄漏量或总体泄漏量。主通道泄漏量是在工作压力范围内，阀的相邻两通道之间的内部泄漏，它可衡量阀内各条通道的密封状况。总体泄漏量是指整个阀各处泄漏量的总和，除主通道泄漏外，还包括其他各处的泄漏量，如控制腔等。

泄漏量是衡量阀的密封性好坏的标志。泄漏量的大小与阀的通径、结构型式、密封形式、加工装配质量、工作压力大小等因素有关。泄漏量的大小直接影响阀的工作可靠性及气源能量的消耗。方向阀主通道泄漏量允许值见表42-46。

表42-45　不同通径方向阀的流量特性

流量特性	公称通径/mm					
	1.4	2	3	6	8	10
流通能力 C 值/(m^3/h)	0.07	0.094	0.12	0.45	1.0	1.75
额定流量/(m^3/h)（在0.5MPa压力下）	—	0.3	0.7	2.5	5	7
额定流量下的压降/MPa	≤0.02			≤0.022	≤0.02	≤0.015
流量特性	公称通径/mm					
	15	20	25	32	40	50
流通能力 C 值/(m^3/h)	2.5	5.5	8.5	14	20	30
额定流量/(m^3/h)（在0.5MPa压力下）	10	20	30	50	70	100
额定流量下的压降/MPa	≤0.012	—	—	—	—	≤0.008

表42-46　不同通径方向阀的泄漏量　　（单位：L/min）

结构型式	公称通径/mm					
	1.4、2、3	6、8	10、15	20、25	32、40	50
电磁先导阀	≤0.02	—	—	—	—	—
硬质密封滑阀	—	≤0.5	≤1.0	≤1.5	—	—
软质密封滑阀	—	≤0.10	≤0.30	≤0.50	—	—
截止式阀	—	≤0.30	≤0.50	≤1	≤1.5	≤2

（7）耐久性　阀的耐久性是指阀在规定的工作压力和规定的电压下经过若干次往复运动后，在不更换零部件的条件下，阀的主要性能参数（如控制压力、泄漏量等）都在允许的范围内，该动作次数即为阀的耐久性。

阀的耐久性与各零部件的材料、密封材料、加工装配以及压缩空气的处理质量等因素有关，提高阀的耐久性是保证整个气动装置工作的可靠性和经济性所必需的。

单向型控制阀的性能参数见表42-47。

表 42-47　单向型控制阀的性能参数

<table>
<tr><td colspan="3" rowspan="2">名称</td><td colspan="8">公称通径/mm</td></tr>
<tr><td>3</td><td>6</td><td>8</td><td>10</td><td>15</td><td>20</td><td>25</td><td>40</td></tr>
<tr><td rowspan="4">额定流量下的压降/MPa</td><td colspan="2">单向阀</td><td colspan="8"><0.02</td></tr>
<tr><td colspan="2">梭阀</td><td colspan="8"><0.01</td></tr>
<tr><td colspan="2">双压阀</td><td colspan="2"><0.01</td><td colspan="6">—</td></tr>
<tr><td>快排阀</td><td>P→A
A→T</td><td>—</td><td><0.022
<0.02</td><td>≤0.02
≤0.012</td><td colspan="2"><0.012
<0.01</td><td colspan="2"><0.01
<0.01</td><td><0.09
<0.08</td></tr>
<tr><td rowspan="4">泄漏量/(cm^3/min)</td><td colspan="2">单向阀</td><td colspan="5"><20</td><td colspan="3"><50</td></tr>
<tr><td colspan="2">梭阀</td><td colspan="5"><50</td><td colspan="3">—</td></tr>
<tr><td colspan="2">双压阀</td><td colspan="2"><50</td><td colspan="6">—</td></tr>
<tr><td colspan="2">快排阀
(P→T)</td><td>—</td><td colspan="4"><300</td><td colspan="3"><1000</td></tr>
<tr><td>开启压力/MPa</td><td colspan="2" rowspan="2">单向阀</td><td colspan="3"><0.03</td><td colspan="2"><0.02</td><td colspan="3"><0.01</td></tr>
<tr><td>关闭压力/MPa</td><td colspan="3"><0.015</td><td colspan="2"><0.01</td><td colspan="3"><0.08</td></tr>
</table>

最后需要说明，本节各表中所列阀的性能参数是目前国内外生产的阀的性能参数，随着所采用的材质、密封技术的提高，加工工艺的改进，阀的性能会更趋完善。另外，阀的性能随不同的生产厂商而异。

2. 方向阀的选用

(1) 选用原则　合理地选择各种气动控制阀是保证气动系统准确可靠地完成预定动作的重要条件，它可使管路简化，减少阀的品种和数量，便于维修，提高系统的可靠性，降低成本。

1) 根据流量选择阀的通径。阀的通径是根据气动执行机构在工作压力状态下的流量值来选取的。目前国内外各生产厂对阀的流量有的用自由空气流量（Nm^3/h），也有的用有压状态下（一般是指在 0.5MPa 工作压力下）的空气流量（m^3/h）表示，需特别注意。

所选用阀的流量应略大于所需的流量。信号阀（如行程开关）是根据它距所控制阀的远近、数量和动作时间的要求来选择的。一般对集中控制或距离在 20m 以内的情况，通径可选 3mm；对于距离在 20m 以上或控制数量较多的场合，通径可选 6mm。

2) 应尽量选择与所需机能一致的阀，如选不到可用其他阀或几个阀组合使用。如用二位五通阀代替二位三通阀或二位二通阀，只要将不用的孔口用堵头堵上即可。又如用两个二位三通阀代替一个二位五通阀，或用两个二位二通阀代替一个二位三通阀。

3）根据使用条件、使用要求来选择阀的结构形式。如密封是主要的，应选用橡胶密封的阀。在低压情况下，滑阀密封比截止式效果好。如要求换向力小、有记忆功能应选用滑阀。如气源过滤条件较差，宜选用截止式阀。

4）安装方式的选择。从安装维修方面考虑板式连接较好，特别是对集中控制的气动控制系统更是如此。

5）应尽量减少阀的种类，避免采用专用阀。

（2）安装和维修　阀在安装前，应彻底清除管道内的灰尘、铁锈等污物。安装时，应注意阀的推荐安装位置和标明的安装方向（进出口方向）。电控阀应接地，以保证人身安全。气动控制阀要定期维修，在拆卸和装配时要防止碰伤密封圈。

42.4　电－气比例/伺服阀

随着现代制造工业水平的不断提高，自动化技术的覆盖面越来越广，自动控制设备的功能、性能日趋完善。大量的自控设备，特别是柔性自动生产线对气动控制系统提出了新的要求，如与电子控制系统有十分简便的接口，速度、力控制的多级甚至无级可调控制。为了适应这一形势，近年来在气动控制技术上特别引人注目的发展趋势之一是通过气动技术与电子技术以及机械技术的有机结合，实现气－电一体化和气－机一体化。电－气比例控制元件的问世和发展正是体现了这一发展趋势。

在电－气比例技术发展初期，借鉴了电液比例技术。气动比例阀常用比例电磁铁作为电－气转换器，驱动功率大，加上其他多方面的因素，其动态性较差；而气动伺服阀采用动圈式力马达或动铁式力矩马达为电－气转换器，驱动功率小，加上其他多方面的因素，其动态性较好。因此，电－气比例/伺服控制技术的电－气比例阀与电－气伺服阀的区别，更多体现在结构和动态特性上。在结构上，根据配用电－气转换器来区分，凡配用比例电磁铁的，称为电－气比例阀；配用动圈式力马达的，称为电－气伺服阀；在性能上，根据阀的动态特性来区分，动态特性较差的为电－气比例阀；动态特性较好的，称为电－气伺服阀。

这种区分是在20世纪70年代的技术条件下形成的。但随着现代电液比例/伺服技术的发展，出现了配用新型大电流比例电磁铁、无零位死区、高频响的电液伺服比例阀。电－气比例/伺服技术也有相似的发展，可以将高频响的电－气控制阀称为“电－气比例/伺服阀”。

电－气比例技术的基本工作原理是气动压力或流量输出量与电输入信号成比

例，它可以按给定的输入信号连续、按比例地控制气流的压力、流量和方向等。通过连续控制和调节气体的流动方向、流量或压力，实现被控对象的运动方向、位置、速度和力的控制。

在电－气比例/伺服控制系统中采用的控制阀，可以有以下几种：①比例/伺服方向阀；②比例/伺服流量阀；③比例/伺服压力阀。

在发展过程中，采用 PWM 信号控制而频响高的气动控制阀归入高速开关阀，可以由计算机数字控制器的输出直接驱动，进入了气动数字控制时代。气动控制阀在电－气比例/伺服控制系统中起电－气接口作用，因此，所有气动控制阀都带有电－气转换器。

常用于高速开关阀的电气转换器有：①电磁式；②压电式。

常用于比例/伺服阀的电－气转换器有：①比例电磁铁；②动圈式力马达。

42.4.1　电－气比例/伺服阀的分类

气－动比例阀按其功能可分类为比例压力阀、比例流量阀和比例方向阀。比例压力阀与比例流量阀为单参数控制阀，即它对应输出的压力或流量与输入电信号或气控信号等呈比例控制关系；比例方向阀为两个参数控制阀，即它控制着气流的流动方向，同时也控制着阀的开口面积与输入信号呈比例控制关系的流量控制。

气动比例阀也可按其主阀芯的形式来分类，可分为膜片式和滑柱式。

气动比例阀可按其内部是否含有级间反馈及放大级的级数分为带反馈或不带反馈型，以及直动或先导式。按照输入信号形式（电信号或气信号等）分成电－气比例阀或气－气比例阀等。

目前电－气比例/伺服控制阀的类型如图 42-53 所示。

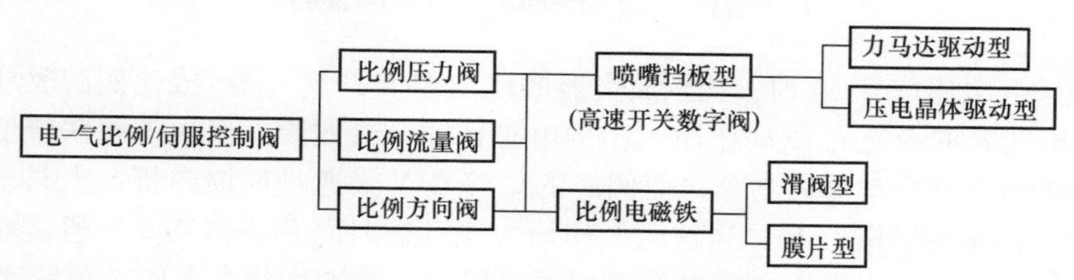

图 42-53　电－气比例/伺服控制阀的类型

随着气动进入仿生装置、机器人等领域的控制以后，对于电－气比例/伺服控制系统的要求就开始进入数字智能控制。智能控制采用各种智能化技术实现复杂系统和其他系统的控制目标，是一种具有强大生命力的新型自动控制技术。智能控制是能满足气动控制系统要求的较为理想的一种控制方案，FESTO 为气动比例/伺服定位系统设计了自适应鲁棒控制器，我国学者对气动比例系统的智能混合控制进行了研究，将神经网络、模糊控制以及专家控制进行不同形式的复合，提出一种实时智能混合控制器。机器人、仿生等的社会需求已经促使电－气控制技术向工业 4.0

的方向发展。

42.4.2　电－气比例/伺服流量阀

由于气体是可压缩介质，对气体流量的测量要比液体流量难；另一方面，气体流量对气动执行元件运动速度的影响程度，也受压力、温度的直接影响。因此，电－气比例/伺服流量阀的输出量，往往不直接是气体流量，而是阀的开口面积。

比例/伺服流量阀，从功能上可分为比例/伺服流量阀和比例/伺服方向阀。前者只有一个控制输出口，用于控制单作用执行元件或在一个系统中采用两个阀分别控制双作用执行元件的每一腔；后者则有两个输出控制口，可控制双作用执行元件。或者简单来讲，比例/伺服方向阀，就是具有方向控制的比例/伺服流量阀。

1. 气动无内反馈比例/伺服方向阀

其工作原理是采用了输出力较大的比例电磁铁，弹簧力实现被控量（阀芯位移）的位置平衡点，以平衡电磁力。它由双输出比例放大器、动铁式比例电磁铁、阀芯、阀体阀套和具有平衡作用的弹簧组成，如图42-54所示。

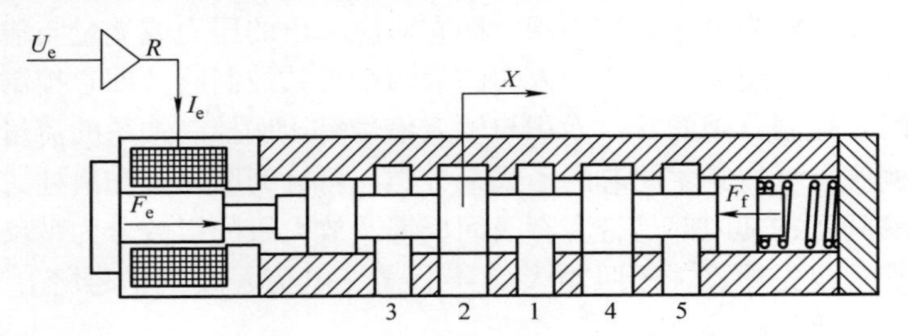

图42-54　无内反馈比例/伺服方向阀工作原理图

1—气源口　2、4—控制输出口　3、5—排气口

当输入电压信号 U_e 时，比例放大器的输出端 R 产生与 U_e 成比例的驱动电流 I_e。输出端 R 的电流 I_e 驱动作用于比例电磁铁的电磁线圈，使永久磁铁产生与 I_e 成比例的推力并推动阀芯右移，而阀芯的位移量 X 又通过反馈弹簧产生与永久磁铁推力相抗衡的平衡力 F_f，当这两个作用力相平衡时阀芯不再移动。通过对作用在阀芯上各种力的力平衡方程进行分析可以得知，在平衡状态下阀芯位移 X 与比例放大器的输入电压信号 U_e 基本呈正比关系。弹簧是否达到比例阀电磁铁在不同输入电流下的力平衡，是由比例阀工作性质决定的。这时的比例阀所进行的控制是没有任何参数作为反馈输入的，所以是无反馈性能的比例阀。

这种比例/伺服方向流量阀的静态性能和阀芯与阀套之间的摩擦力、气体流过控制阀口时产生的流动力等干扰力有关，都对阀的非线性度、滞环等关键静态特性有直接影响。为了可靠地复位，反馈弹簧必须有一定的预压缩量，而该预压缩量又使阀在输入电压较小时产生死区。

其动态特性与反馈弹簧的关系密切，可知增大反馈弹簧的刚性有利于改善阀的静态特性，因此一般反馈弹簧的刚性较大。但同时，增大反馈弹簧的刚性势必导致需要的比例电磁铁输出控制力的增加，从而使动态响应频率受到限制，一般只能达到 20Hz 左右；而且要求比例放大器的输出功率增大，不利于将比例放大器集成于阀体上。

2. 气动电反馈式比例/伺服方向阀

为根本解决传统结构的比例/伺服方向流量阀的动态、静态特性差，人们采用电反馈原理来取代原始比例阀无参数反馈的状态，如图 42-55 所示。新一代的比例阀普遍采用了阀芯位移的电反馈方式。FESTO 的 MPYE 型气动伺服阀就是采用这种型式。由图可见，此阀主要由力马达、位移传感器、控制电路、主阀等构成。阀芯由力马达直接驱动，其位移由位移传感器检测，形成阀芯位移的局部负反馈，从而提高了响应速度和控制精度。

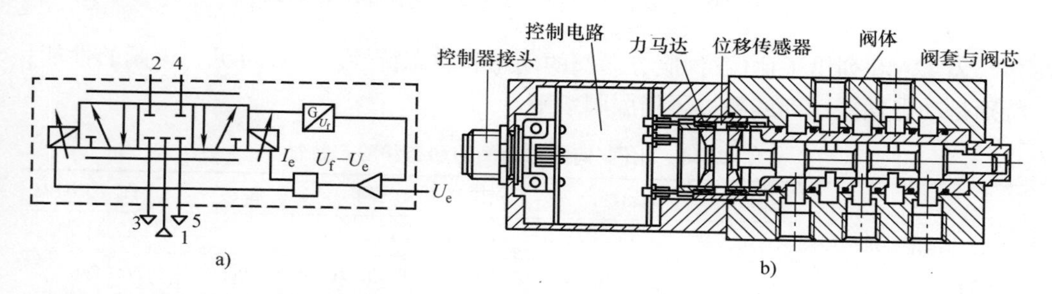

图 42-55　电反馈式比例/伺服方向阀

a）功能符号　b）结构原理

驱动电磁铁为双向比例电磁铁，其动铁与阀芯固联。阀芯的位移，经集成在阀内的位移传感器转换为电信号 U_f，反馈控制电路根据该电信号和输入电压信号 U_e 之差，以及阀芯的速度等信号计算出最佳的控制信号，并作用于双向电磁铁，使之产生推力或拉力，带动阀芯移动到与输入电压信号相应的位置，从而实现了阀芯输出位移与输入电压之间的比例关系。该元件采用的双向比例电磁铁，具有较好的动态特性，因此该比例阀的动态频率响应较高。由于阀芯的复位是靠双向电磁铁的磁路实现的，因此，在阀中可以不安装弹簧。电磁铁无须克服弹簧力，因此其功耗小，使整套电控部分能集成于阀上。使用时不再需要外加比例放大器。同时，由于阀芯与阀套之间的摩擦力和气流动力，均在阀控制单元的大闭环之内，因此，对阀的控制性能几乎不生产影响。

该阀为三位五通，O 型中位机能。电源电压为 DC 24V，输入电压为 0 ~ 10V。在图 42-55 的输入电压对应着不同的阀芯开口面积和位置，也即不同的流量和流动方向。电压为 5V 时，阀芯出于中位；0 ~ 5V 时，P 口与 A 口相通；5 ~ 10V 时，P 口与 B 口相通。突然断电时，结构上使阀芯返回中位，气缸原位停止，提高了系统的安全性。该阀具有良好的静、动态特性，见表 42-48。

图42-56所示为电反馈式比例/伺服方向阀的流量特性曲线。

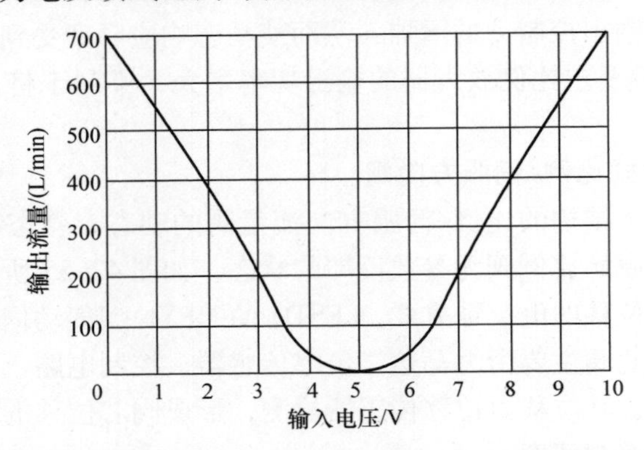

图42-56 电反馈式比例/伺服方向阀流量特性曲线

表42-48列出了比例/伺服方向阀的动态和静态特性。由此可见，该阀的性能，特别是动态性能达到或超过了伺服阀水平。

表42-48 比例/伺服方向阀的动态和静态特性

型号	M5	1/8LF	1/8HF	1/4	3/8	MPYE-5-1/8
压力范围/MPa	0~0.1					
公称流量/(L/min)	0~100	0~350	0~700	0~1400	0~2000	0~700
直流控制信号/mA	0~10或4~20					
60%幅值频响/Hz	155	120	120	115	80	100
响应时间/ms	3.0	4.2	4.2	4.8	5.2	5
滞环（%）	0.3	0.3	0.3	0.3	0.3	0.3

42.4.3 气动比例/伺服压力阀

1. 气动无电反馈比例/伺服压力阀

图42-57所示为气动挡板式电控无电反馈比例/伺服压力阀的结构原理图，它由动圈式比例电磁铁、喷嘴挡板放大器、气控比例压力阀三部分组成。比例电磁铁由永久电磁铁、线圈、簧片构成。当电流输入时，线圈带动挡板产生微量位移，改变其与喷嘴之间的距离，使喷嘴的背压改变。膜片组由比例/伺服压力阀的信号膜片及输出压力反馈膜片组成。背压的变化通过膜片控制阀芯的位置，从而控制输出压力。喷嘴的压缩空气由中间的气源节流阀供给。

由于当时微电子和测量工业技术发展水平的限制，位移和压力传感器昂贵，因此元件的比例电磁力的平衡采用气动压力。这在原理上存在如下的缺点：首先阀芯与阀套之间的摩擦力、比例电磁铁的力-位移特性（即电磁铁的输出力受到其位移的影响）以及气体流过阀口时产生的气流动力均直接作用于反馈平衡力上，而气动元件的工作介质是气体，其润滑性能远不及液压元件，因此这类阀的非线性度、滞环等静态特性均比较差。另一方面该类阀靠弹簧复位，为了保证可靠复位必须设计一定的弹簧预压缩量 X_o，这使阀在工作时存在一定的零位死区。除此之外，为了抑制摩擦力的影响，往往在比例放大器发出的控制电流信号中叠加颤振信号，这不仅引起高噪声，而且会降低阀的寿命。

这种阀虽然具有结构简单的优点，但其最突出的缺点是动态、静态性能差，存在零位死区，需要外加比例放大器等。这些缺点严重限制了该类阀的推广和应用，因此这类阀正逐渐被新一代电反馈比例/伺服阀所取代。

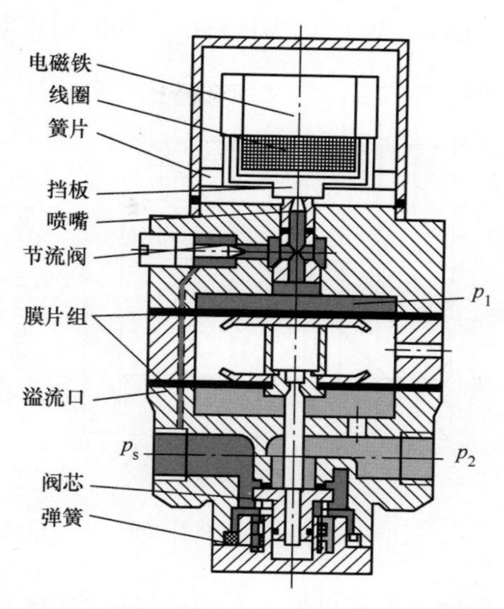

图 42-57　气动挡板式电控无电反馈比例/伺服压力阀的结构原理图

2. 新一代电反馈比例压力阀

目前普遍采用了阀输出压力的电反馈方式。图 42-58 所示为一种带电反馈的比例压力阀工作原理。

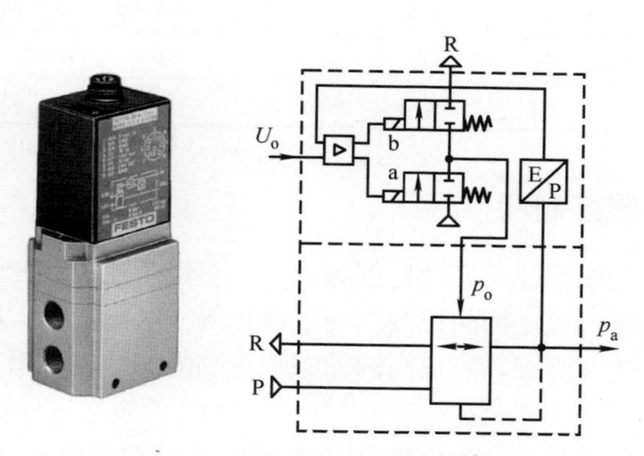

图 42-58　电反馈比例压力阀

该阀主要由主阀、先导控制阀、压力传感器和电子控制回路组成。这些部件集成于一体。当压力传感器检测到控制输出口的气压 p_a 小于设定值时，数字电路输出控制信号打开先导控制阀 a，使主阀芯的上腔控制压力 p_o 增大，主阀芯下移，气源向控制口充气，p_a 增高。当输出口的气压 p_a 大于设定值时，数字电路输出控制信号打开先导阀 b，使主阀芯的控制压力 p_o 降低，主阀芯上移，控制输出排气，p_a 降低。上述的反馈调节过程一直持续到控制输出口的压力与设定压力相等为止。

图42-59所示为比例压力阀的输入电信号－输出压力特性曲线、流量－压力特性曲线，由此可见，采用电反馈控制的新型阀有较好的静态特性。

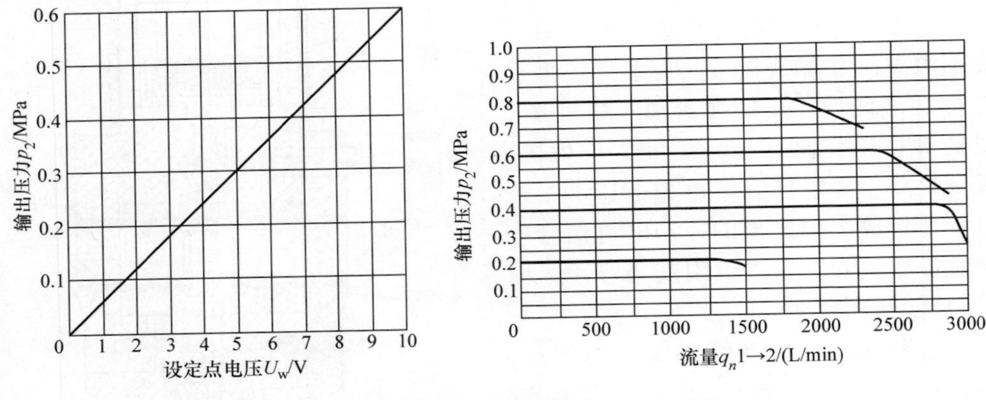

图42-59　电反馈式比例压力阀的特性曲线

表42-49列出了比例压力阀的性能参数。

表42-49　比例压力阀的性能参数

型号	1/8	1/4	1/2
输出压力/MPa	0～10	0～10	0～10
公称流量/(L/min)	800	2000	6500
直流控制信号/mA	0～10/4～20		
滞环/kPa	5	5	5

42.4.4　气动伺服控制阀

气动伺服阀的工作原理与气动比例阀类似，它也是通过改变输入信号来对输出信号的参数进行连续、成比例的控制。与电液比例控制阀相比，除了在结构上有差异外，主要在于气动伺服阀具有很高的动态响应和静态性能。但其价格较贵，使用维护较为困难。

气动伺服阀的控制信号均为电信号，故又称电－气伺服阀。它是一种将电信号转换成气压信号的电气转换装置。它是电－气伺服系统中的核心部件。图42-60所示为力反馈式电－气伺服阀结构原理图。其中第一级气压放大器为喷嘴挡板阀，由力矩马达控制，第二级气压放大器为滑阀。阀芯位移通过反馈杆转换成机械力矩并反馈到力矩马达上。其工作原理：当有一电流输入力矩马达控制线圈时，力矩马达产生电磁力矩，使挡板偏离中位（假设其向左偏转），反馈杆变形。这时两个喷嘴挡板阀的喷嘴前腔产生压差（左腔高于右腔），在此压差的作用下，滑阀右移，反馈杆端点随着一起移动，反馈杆进一步变形，变形产生的力矩与力矩马达的电磁力矩相平衡，使挡板停留在某个与控制电流相对应的偏转角上。反馈杆的进一步变形使挡板被部分拉回中位，反馈杆端点对阀芯的反作用力与阀芯两端的气动力相平衡，使阀芯停留在与控制电流相对应的位移上。这样，伺服阀就输出一个对应的流量，达到了用电流控制流量的目的。

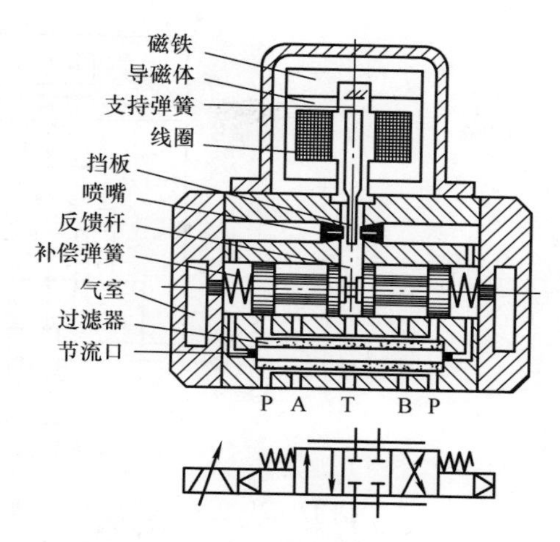

图 42-60　电－气伺服阀结构原理图

42.4.5　气动数字控制阀

脉宽调制气动伺服控制是数字式伺服控制，采用的控制阀大多为开关式气动电磁阀，称为脉宽调制伺服阀，也称气动数字控制阀。脉宽调制伺服阀用在气动伺服控制系统中，实现信号的转换和放大作用。常用脉宽调制伺服阀的结构有四通滑阀型和三通球阀型。图 42-61所示为滑阀式脉宽调制伺服阀的结构原理。滑阀两端各有一个电磁铁，脉冲信号电流轮流加在两个电磁铁上，控制阀芯按脉冲信号的频率做往复运动。

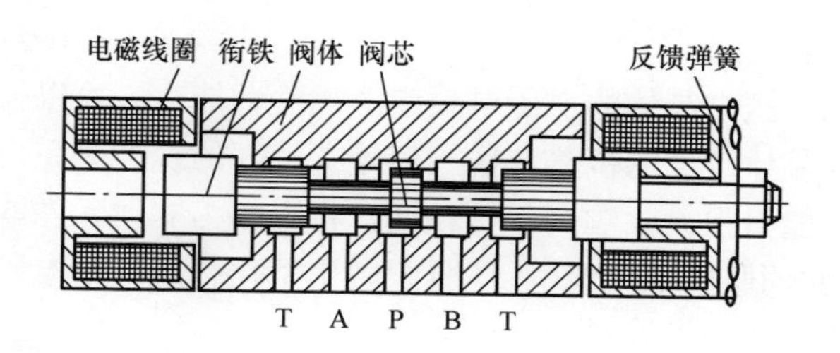

图 42-61　气动数字控制阀（脉宽调制伺服阀）

开关式气动电磁阀型比例压力阀的动作原理如图 42-62 所示。其电控调压装置由进、排气高速开关阀、二次压力传感器和控制电路构成。当有输入电信号时，进气高速开关阀打开，排气高速开关阀关闭，向溢流减压阀先导腔供气，主阀芯下移，输出二次压力。同时二次压力值由压力传感器检测，并反馈到控制电路。控制电路以输入电信号与输出二次压力电信号的偏差为基础，用 PWM 控制方式驱动进、排气电磁阀，实现对先导腔压力的调节，直到偏差为零，进、排气高速开关阀均关闭，溢流减压阀芯在新的位置上达到平衡，从而得到一个与输入电信号成比例的输出压力，其特点：仅当高速开关阀动作时才消耗压缩空气，耗气量小、耐振动、对空气质量要求低，精度为 ±(1% ~1.5%)F.S，响应速度为0.2 ~0.5s。适用于中等控制精度和响应速度的应用场合。

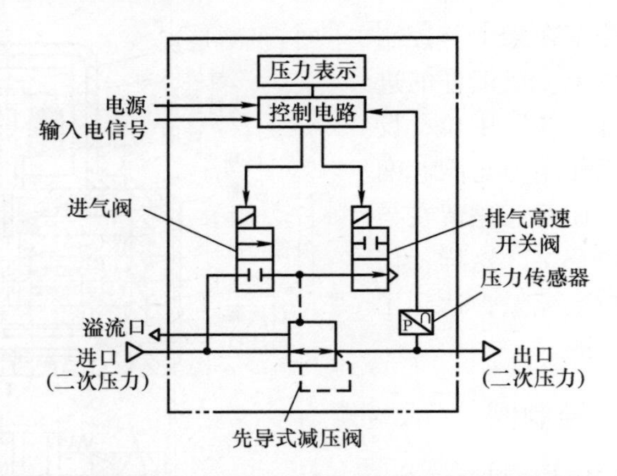

图 42-62 开关式气动电磁阀型比例压力阀的动作原理

42.4.6 新型压电驱动电－气比例/伺服控制阀

随着新材料的出现及其应用，驱动方法也发生了巨大的变化，从传统机械驱动机构到电控驱动机构，电－气比例/伺服控制阀的研究成为电－气技术的热点。新型驱动机构都有共同点：位移控制精密、控制方便、驱动负载能力强等。这方面国内的发展与创新很多，完全可以对我国一直徘徊在气动工业 2.0 的气动企业提供很好的技术与产品基础。

压电驱动是利用压电晶体的逆压电效应形成驱动能力，可以构成各种结构的精密驱动器件。压电晶体产生的位移与输入信号有较好的线性关系，控制方便，产生的力大，驱动负载能力强，频响高，功耗低，将它作为驱动元件取代传统的电磁线圈来构造气动比例/伺服阀，使比例/伺服阀微小型化，这将给电子控制智能和气动系统的集成提供了全新的发展空间。

压电驱动技术可以利用双晶片（见图 42-63a、b）的弯曲特性，制作成各种开关阀、减压阀，也可以利用压电叠堆直接推动阀芯，如图 42-63c 所示，构造成直动式或带位移放大机构的比例/伺服阀，实现对输出信号（流量或压力）的高精度控制。

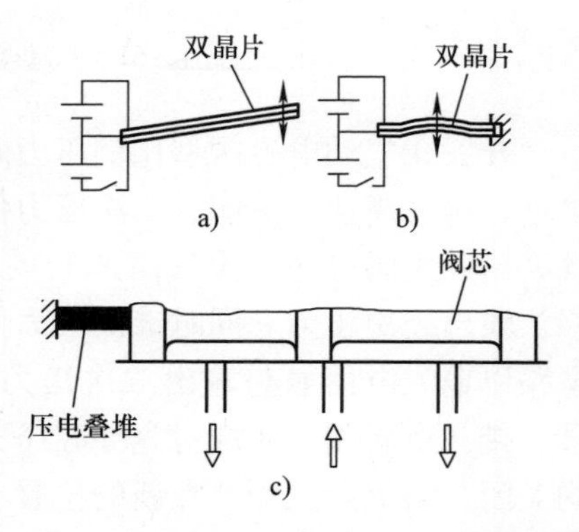

图 42-63 压电驱动构造气动阀示意图

1. 压电开关调压型气动数字比例压力阀

压电开关调压型气动数字阀的工作原理如图 42-64a 所示，该数字阀的先导部分是由压电驱动器和放大机构构成的 1 个二位三通摆动式高速开关阀，数字阀通过压力－电反馈控制先导阀的高速通断来调节膜片式主阀的上腔压力，从而控制主阀输出压力。由于先导阀工作在不断“开”与“关”的状态下，因此阀输出压力的波动是无法避免的；另一方面，负载变化也会引起阀输出压力的变化。因此，为了提高数字阀输出压力的控制精度，将输出压力实际值反馈到控制器中，并与设定值进行快速比较，控制器根据实际值与设定值的差值控制脉冲输出信号的高低电平：当实际值大于设定值时，数字控制器发出低电平信号，输出压力下降；当实际值小于设定值时，数字控制器发出高电平信号，输出压力上升。通过阀输出压力的反馈，数字控制器相应地改变脉冲宽度，最终使得输出压力稳定在期望值附近，以提高阀的控制精度。

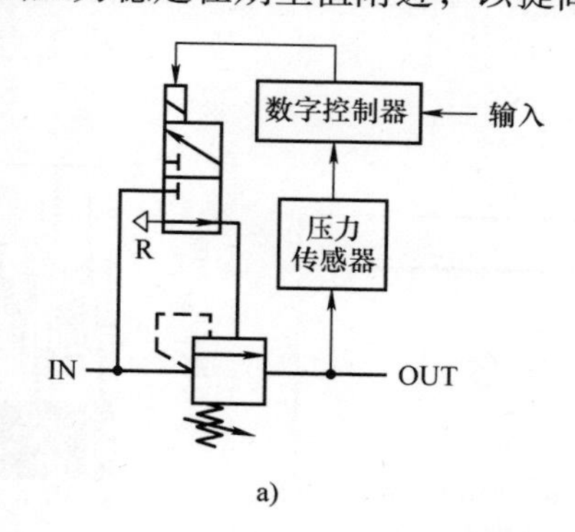

a)

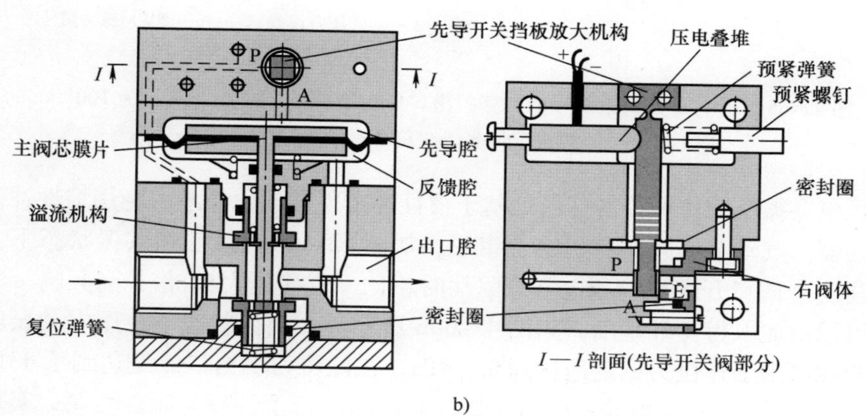

b)

图 42-64　压电开关调压型气动数字比例压力阀

a）压力开关调压型气动数字阀工作原理　b）压电开关调压型气动数字阀结构原理

基于上述数字阀工作原理，设计了图 42-64b 所示的压电开关调压型气动数字阀的总体结构。该数字阀的工作过程：数字控制器实时根据出口压力反馈值与设定压力之间的差值，调整其脉冲输出，使输出压力稳定在设定值附近，从而实现精密调压。若出口压力低于设定值，则数字控制器输出高电平，压电叠堆通电，向右伸长，通过弹性铰链放大机构推动先导开关挡板右摆，P 口与 A 口连通，输入气体通过先导阀口往先导腔充气，先导腔压力增大，并作用在主阀膜片上侧，推动主阀膜片下移，主阀芯开启，实现压力输出。输出压力一方面通过小孔进到反馈腔，作用在主阀膜片下侧，与主阀膜片上侧先导腔的压力相平衡；另一方面，经过压力传感器，转换为相对应的电信号，反馈到数字控制器。若阀出口压力高于设定值，则数字控制器输出低电平，压电叠堆断电，向左缩回，先导开关挡板左摆，堵住 P 口，R 口与 A 口连通，先导腔气体通过 R 口排向大气，先导腔压力降低，主阀膜片上移，主阀芯关闭。此时溢流机构开启，出口腔气体经溢流机构向外瞬时溢流，出口压力下降，直至达到新的平衡为止，此时出口压力又基本回复到设定值。在"Bang - Bang + 带死区 P + 调整变位 PWM"复合控制下，数字阀的稳态控制效果良好，具有良好的动态响应特性，流量负载下，其压力波动大大减小，如图 42-65 所示。

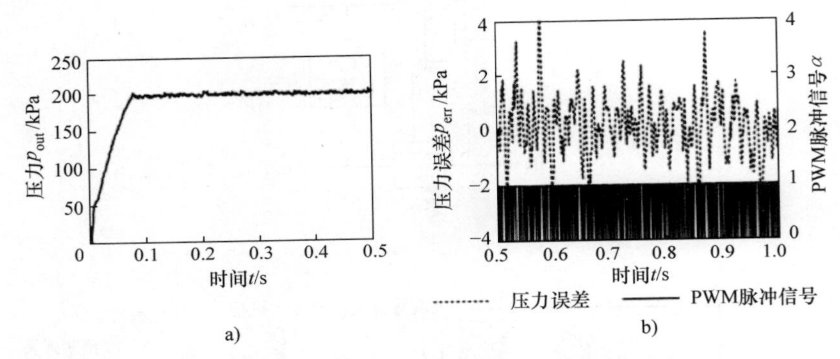

图 42-65 压电开关调压型气动数字阀出口压力阶跃响应曲线（流量为 100L/min）
a）压力阶跃响应曲线 b）稳态压力误差及脉冲信号

压电共振驱动比例控制球阀是基于惯性冲击位移放大原理，利用惯性冲击式压电驱动器与气动节流阀的有机结合组成，如图 42-66a 所示。在共振状态下，小球抛起高度（阀口开度）与压电常态驱动时相比，位移放大 91 倍，高频响 - 大位移技术可以由此取得良好基础，如图 42-66b 所示。在共振状态下，压电共振驱动比例控制球阀的工作压力稳定地达到 0.5MPa，在此压力下出口流量达到了 43L/min。基于 PWM 方法，对压电共振驱动比例控制球阀进行了开环与闭环控制，实现了压电共振驱动气动比例流量阀的比例控制。

2. FESTO 气动数字控制终端用压电阀（VEMP）

压电阀的能耗非常低，因此不会自身发热，控制非常精确，使用寿命长，安装空间非常小，重量轻。在控制器控制下，如果用压力传感器作为反馈信号，它可用作比例减压阀；如果用流量传感器作为反馈信号，它可以用作比例流量控制阀。

压电阀是一个比例二位二通阀，压电驱动器使用可变电压进行控制，如图 42-67所示。

VEMP 压电阀由两个独立的压电驱动器（压电驱动器 1 和 2）组成，并采用电控方式进行操作以实现比例闭环控制，如图 42-68 所示。该阀还有一个压力传感器

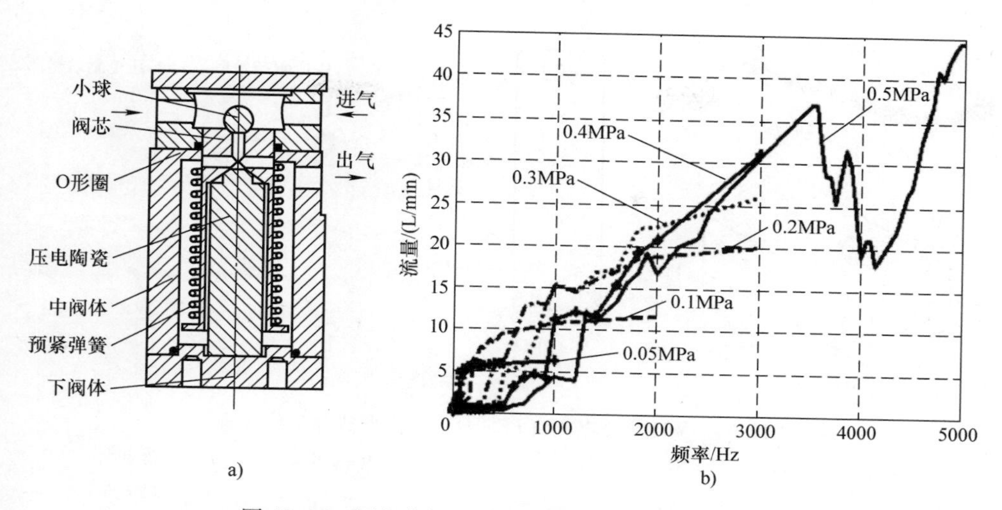

图 42-66 压电共振驱动比例控制球阀的试验结果

a）压电共振驱动比例控制球阀结构原理 b）不同压差下压电共振驱动比例控制球阀的流量与频率的关系

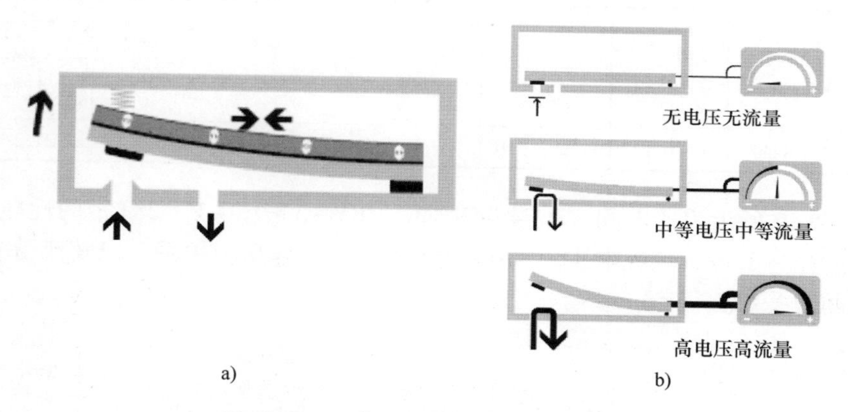

图 42-67 二位二通压电阀的工作原理

a）二位二通压电阀 b）压电阀的可变电压控制原理

接口。在控制器控制下，以压力传感器的压力反馈，该二位三通压电阀可用作比例调压阀；或者也可以将流量传感器集成在出口管路中（作为二位二通阀使用），然后通过闭环回路对流量进行控制。在正常位置时阀关闭。无论切换状态如何，工作口和压力传感器接口均处于连接状态并且始终打开。这两个压电驱动器只能分别控制。如果同时激活它们，将无法确保安全可靠的操作。尽管 VEMP 压电阀具有比例阀的典型滞后特性，但是通过将控制器与流量传感器结合使用，可以实现线性行为。

其工作原理如下。在加压过程中，压电驱动器 1 打开，从而允许从进气口流向排气口。同时，压电驱动器 2 关闭排气口。在排气过程中，压电驱动器 2 打开，从而允许气流从工作口流向排气口。同时，压电驱动器 1 关闭进气口。

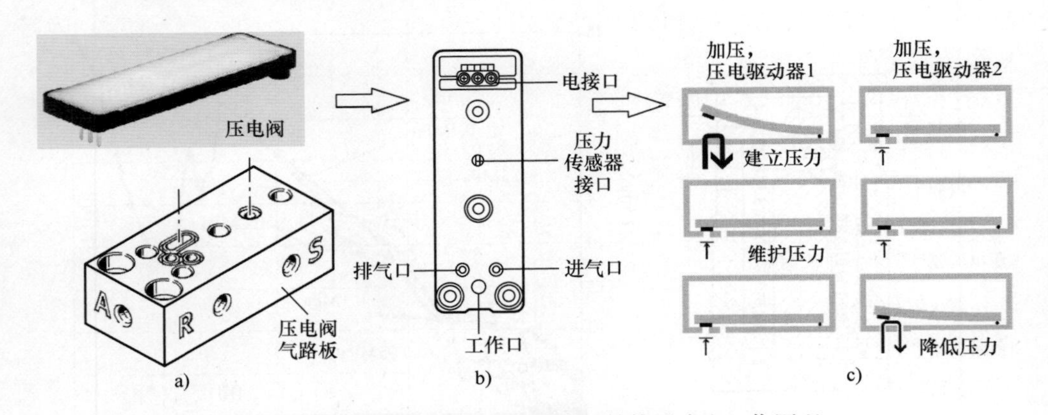

图42-68　VEMP压电阀（FESTO）结构形式和工作原理

a）压电阀结构形式　b）压电阀电气接口　c）两个二位压电阀组成一个二位三通压电阀

表42-50列出了VEMP压电阀的工作性能参数。

表42-50　VEMP压电阀的工作性能参数

公称通径/mm	流量/(L/min)	工作压力/MPa	电控电压(DC)/V	最大电功耗/mW	最大电流消耗/mA	最大切换频响/Hz	尺寸/mm		
							长	宽	高
1.3～1.6	19/30	0～0.17	0－25－/310	1	1	5	17.2	52.1	7.2

图42-69所示为压电阀（型号为VEMP－B5－3－16－F－28T）的性能曲线，其公称通径为1.6mm，在电压为310V时的流量与工作压力关系，以及流量与电控电压之间的关系。

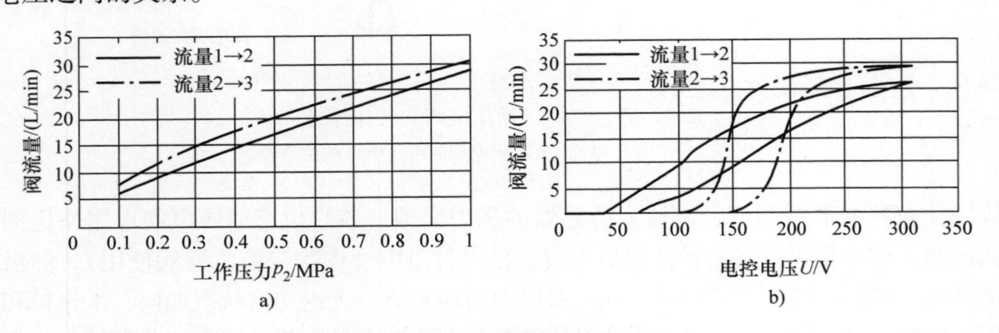

图42-69　压电阀的性能曲线

a）流量与工作压力的关系　b）流量与电控电压的关系

42.4.7　超磁致伸缩驱动器用于气动高速开关阀控制元件

超磁致伸缩材料是一种新型的电（磁）－机械能转换材料，具有在室温下应变量大、能量密度高、响应速度快等特性，国外已应用于伺服阀、比例阀和微型泵等流体控制元件中。超磁致伸缩材料具有独特的性能：在室温下的应变值很大（$1500\times10^{-6}\sim2000\times10^{-6}$），是镍的 40 ~ 50 倍，是压电陶瓷的 5 ~ 8 倍；能量密度高（14000 ~ 25000J/m^3），是镍的 400 ~ 500 倍，是压电陶瓷的 10 ~ 14 倍；机电耦合系数大；响应速度快（达到 s 级）；输出力大，可达 220 ~ 880N。

稀土超磁致伸缩材料是一种具有超高磁致伸缩系数的新型稀土金属间化合物材料，其磁致伸缩系数可达到（1500 ~ 2000）$\times10^{-6}$，比磁致伸缩金属与合金的磁致伸缩系数大 1 ~ 2 个数量级，因此称为稀土超磁致伸缩材料。稀土超磁致伸缩材料的磁致伸缩应变 λ 比压电材料（PZT）的电致伸缩应变 λ 大 5 ~ 25 倍。另外，稀土超磁致伸缩材料的磁致伸缩应变产生的推力比压电材料（PZT）的电致伸缩推力大一个数量级。直径 10mm 的稀土超磁致伸缩棒材，磁致伸缩产生约 2kN 的推力。

由于超磁致伸缩材料的上述优良性能，因而在许多领域，尤其是在执行器中的应用前景良好。超磁致伸缩执行器结构简单、输出位移大、输出力大、驱动负载能力强、易实现微型化、并可采用无线控制。图 42-70 所示的气动超磁致伸缩高速开关阀控制元件，主要采用棒状超磁致伸缩合金直接驱动执行器件。其工作原理：通过拧动调节螺钉 15，在碟簧 12 的作用下，给超磁致伸缩棒 13 施加预压力，同时，推动顶杆 9 接触到悬臂梁阀芯 8 的下表面。超磁致伸缩棒在驱动线圈 2 产生的激励磁场作用下，输出应变和力，传递到顶杆，推动悬臂梁阀芯产生位移，经过悬臂梁阀芯的位移放大作用后，打开阀口，气体从阀盖 7 上的接口进入，从阀口板 5 上的阀口流出；当励磁电流为零，超磁致伸缩棒在没有外磁场作用下，恢复原长，顶杆和上导磁体 10 在碟簧力作用下复位，悬臂梁阀芯依靠自身的变形力复位，同时在气体背压作用下，悬臂梁阀芯下底面和阀口板阀口平面紧紧贴合，形成平面密封，达到密闭阀口的作用，阀口板和阀盖在螺钉力作用下紧压密封垫 6，从而密封整个阀。

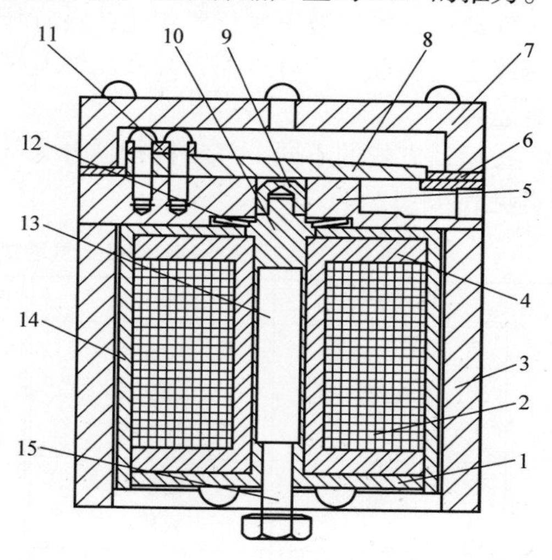

图 42-70　气动超磁致伸缩高速开关阀控制元件结构原理图

1—下导磁体　2—驱动线圈　3—外壳　4—线圈骨架　5—阀口板　6—密封垫　7—阀盖　8—悬臂梁阀芯　9—顶杆　10—上导磁体　11—悬臂梁盖　12—碟簧　13—超磁致伸缩棒　14—导磁套　15—调节螺钉

利用图 42-70 所示结构的驱动器直接推动阀芯移动，可实现输入信号与输出信号的比例关系；也可以利用这种结构的驱动器做成各种气动减压阀或开关阀。

第43章　气动执行器

在气动系统中，气动执行器是将压缩空气的压力能转变为机械能的元件。它驱动机构做直线运动、摆动或回转运动，输出力或转矩。

气动执行器与液压执行器相比，没有什么本质不同。但是，由于作为工作流体的压缩空气黏性小、可压缩，与液压油差别较大，因此在使用方法和具体结构上两者有差异。

按运动方式的不同，气动执行器分为气缸、摆动缸和气马达等。气动执行器的分类见表43-1。

表43-1　气动执行器的分类

类别	作用方式	结构型式
气缸	单作用式	柱塞式 活塞式 膜片式
气缸	双作用式	活塞式 膜片式
气缸	特殊型 （多为双作用式）	无杆式 皮老虎式 伸缩式 串联式 薄型 带开关式 带阀式 带制动机构 带锁紧机构
气缸	特殊型 （多为双作用式）	冲击式 缆索式 数字式 伺服式
摆动缸	双作用式	叶片式 齿轮、齿条式 曲柄式 活塞式 螺杆式
气马达	单作用式	薄膜式
气马达	双作用式	齿轮式 叶片式 活塞式

采用气动执行器实现传动，相对于液压传动和机械传动具有结构简单、维修方便、运动速度快的特点，但是由于普通气动执行器通常采用压力为0.3～0.6MPa的压缩空气为动力源，因而其输出力（或转矩）都不可能很大，同时由于空气介质有压缩性，输出力（转矩）或速度（转速）受外界负载变化的影响较大。

43.1 气缸

43.1.1 气缸的结构

气缸分两大类，即单作用气缸和双作用气缸。图43-1所示为弹簧复位单作用气缸的基本结构。图43-2所示为双作用气缸的基本结构。

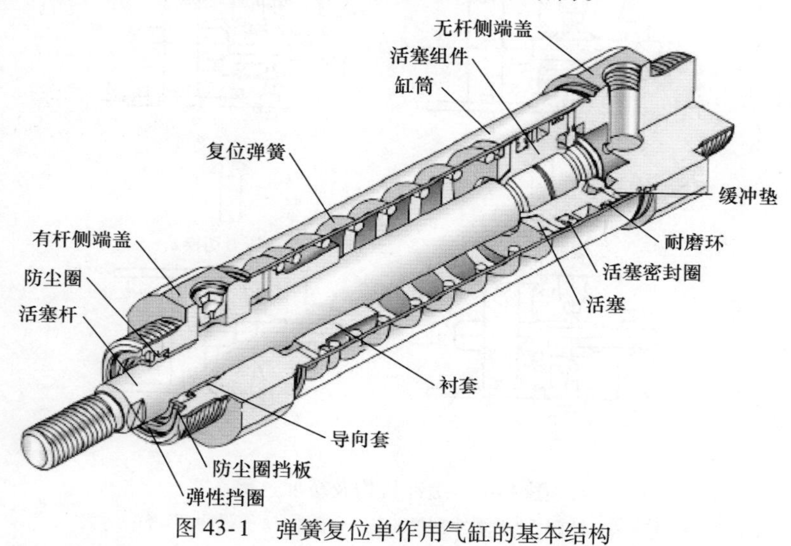

图43-1 弹簧复位单作用气缸的基本结构

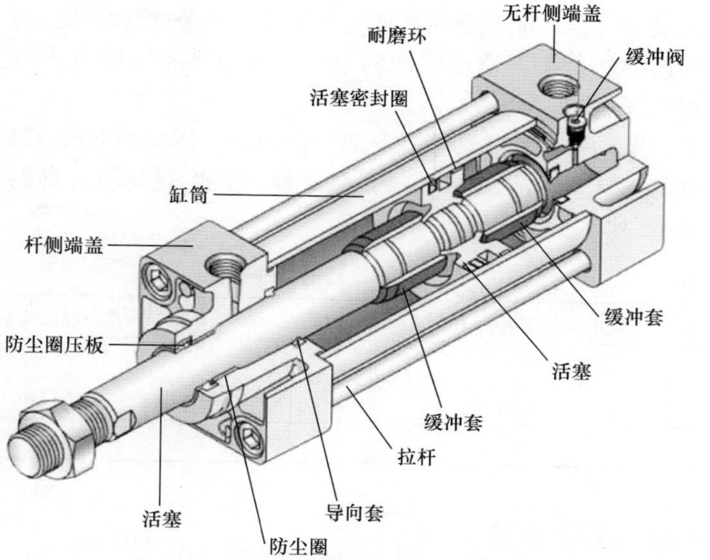

图43-2 双作用气缸的基本结构

43.1.2　缓冲机构

气缸有带缓冲和不带缓冲之分。缓冲是通过压缩气缸行程末端固定体积的气体来实现的。

图43-3所示为缓冲机构及缓冲过程。

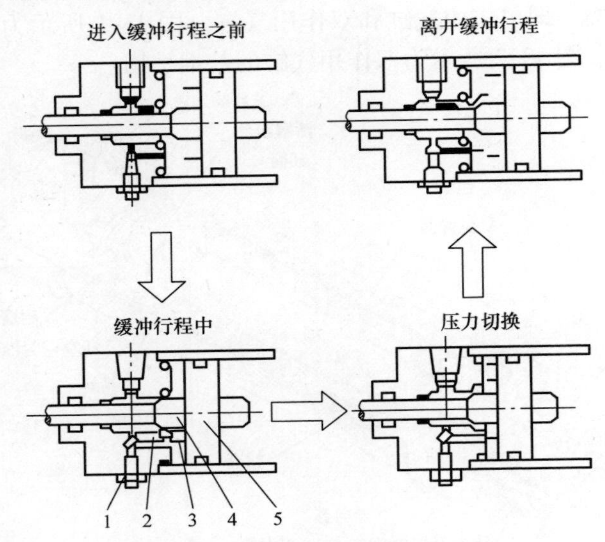

图43-3　缓冲机构及缓冲过程

1—缓冲调节针阀　2—缓冲密封　3—压缩腔　4—缓冲环　5—活塞

活塞进入缓冲行程之前，空气从排气口排出，直至缓冲环进入缓冲行程，接着积聚在压缩腔内的剩余空气通过缓冲调节针阀慢慢排除，从而达到活塞减速的目的，实现行程终端缓冲。

在重负载、滑动装置和联动装置等的定位场合，特别要求没有冲击产生，此时应采用带缓冲的气缸。通常，50mm/s的最终缓冲速度是比较合理的，冲击力可忽略不计。表43-2列出了气缸的缓冲特性。

表43-2　气缸的缓冲特性

缸内径/mm	常用吸收能量/$\times10^{-2}$J	缸内径/mm	常用吸收能量/$\times10^{-2}$J
ϕ40	234	ϕ80	1269
ϕ50	354	ϕ100	2025
ϕ63	624		

43.1.3　气缸的基本型式

气缸都是普通的能量转换元件，应用于气动回路中的气缸结构可分为以下两种基本的型式：

1）带一个进气口的单作用气缸，只在一个方向上输出负载。

2）带两个进气口的双作用气缸，产生伸出和回缩动作。

1. 单作用气缸

单作用气缸只利用在一个方向上的推力，活塞杆的回程依靠气缸内装弹簧的弹簧力，或者其他外部的方法，如载荷或机械运动等。

单作用气缸有“推”或“拉”两种型式，如图43-4a所示。

单作用气缸用于压紧、打印、出料等。它的空气耗气量低于大小相当的双作用气缸。推出时由于要克服弹簧力所以会降低推力，因而需要较大的缸径，而且为适合弹簧本身的长度，气缸的总长相应增大，从而限制行程的长度。

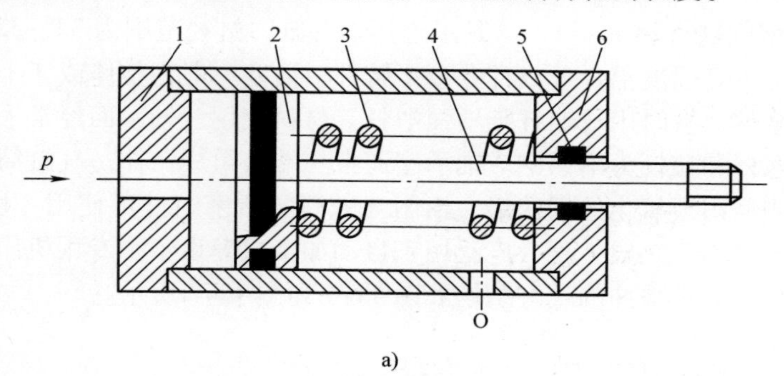

a)

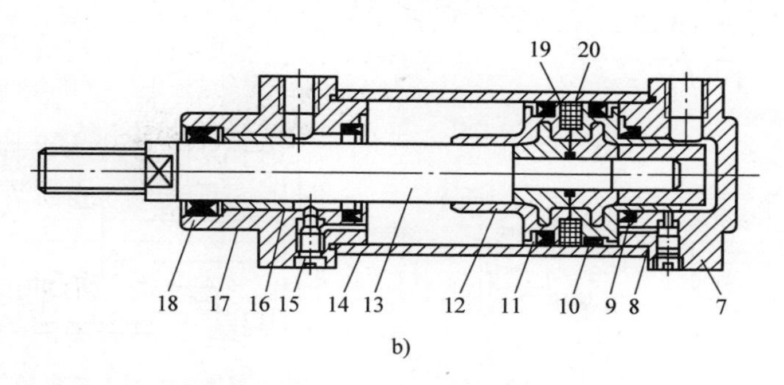

b)

图43-4 气缸基本类型

a）单作用气缸 b）带缓冲的双作用气缸

1、7—后缸盖 2、11—活塞 3—弹簧 4、13—活塞杆 5—密封件 6、17—前缸盖 8—密封圈 9—缓冲密封圈 10—活塞密封圈 12—缓冲柱塞 14—缸筒 15—缓冲节流阀 16—导向套 18—防尘圈 19—磁铁 20—导向环

2. 双作用气缸

双作用气缸是利用压力交替作用于活塞的相对面上而产生伸出和回缩的力。由于有效活塞面积较小的缘故，所以推力在回缩行程时较弱，但只在气缸“拉”相同负载时才考虑。

双作用气缸的结构如图43-4b所示。缸筒通常由无缝钢管制成，工作面加工后具有较低的粗糙度并镀有硬铬，使摩擦和磨损减到最小。端盖由铝合金或可锻铸铁制成，并用拉杆夹紧缸筒，小型气缸用螺纹或碾边固定缸筒。铝合金、黄铜、青铜或不锈钢制成的缸筒用于腐蚀性和危险环境中。

3. 标准气缸

（1）轻型气缸　缸径范围一般为32～63mm。

这些气缸在每一端都得到充分的缓冲。缓冲等级可根据需要调节。中速运行可以做到无振动。这些气缸主要用于夹紧、固定装置和一般小型工程，在这些工程中，行程很短，使用次数有限。

图43-5所示为带可调缓冲的轻型双作用气缸结构。

（2）中型气缸（标准型）　这是最通用的气缸，缸径范围为32～320mm。端盖和轴承座通常为高强度铝合金或锌合金压铸件。活塞一般为整体或三个部件组成的高强度铝合金件，有时用玻璃纤维增强塑料等材料代用。轴承面经常采用加润滑剂的尼龙。活塞杆和拉杆为不锈钢。轴承座通常与端盖组成一体。气缸筒材料根据标准为冷拉钢或经阳极氧化处理的铝。铝制气缸筒的活塞组件可使用一块扇形磁铁。标准等级的气缸用于一般工程，广泛用于自动加工成套设备中专用机床的大型夹紧装置和制造行业。带缓冲的气缸结构如图43-6和图43-7所示。

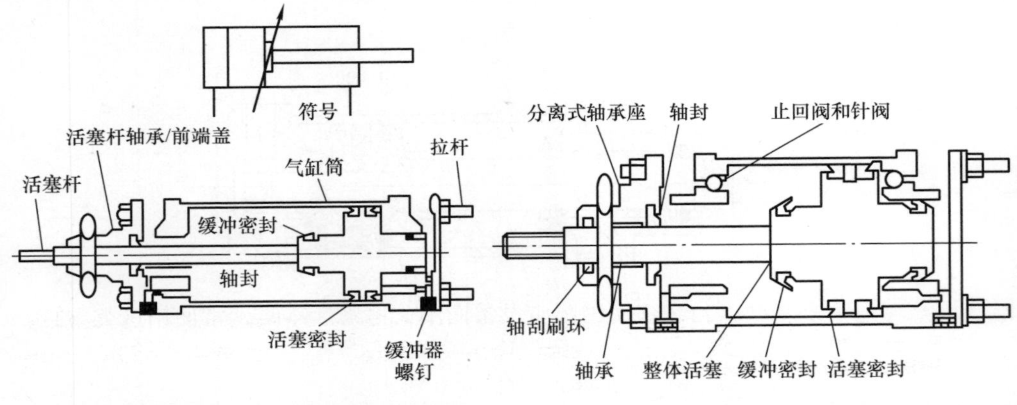

图43-5　带可调缓冲的轻型双作用气缸结构　　图43-6　带缓冲的标准气缸结构

（3）重型气缸　缸径范围一般为50～320mm。

重型气缸具有特殊精加工表面，加长活塞杆和附加缓冲器。

端盖一般为铸铁或低碳钢，尽管有时小缸径气缸端盖为锌合金。活塞大多数是铸铁或铸钢，由三个部分组成，以适应锁紧螺母的要求。考虑到一些气缸零部件的尺寸和重量，虽然分离式轴承座更便于维修，但轴承座往往与前端盖组成一体。轴承座往往是黄铜铸件，轴承一般为青铜铅基材料。活塞杆一般经镀铬硬化处理。拉杆为不锈钢，活塞杆防尘圈和压盖密封采用耐磨材料。为了维修方便，常采用螺纹挡圈，气缸筒通常为冷拉钢管，内表面镀铬。

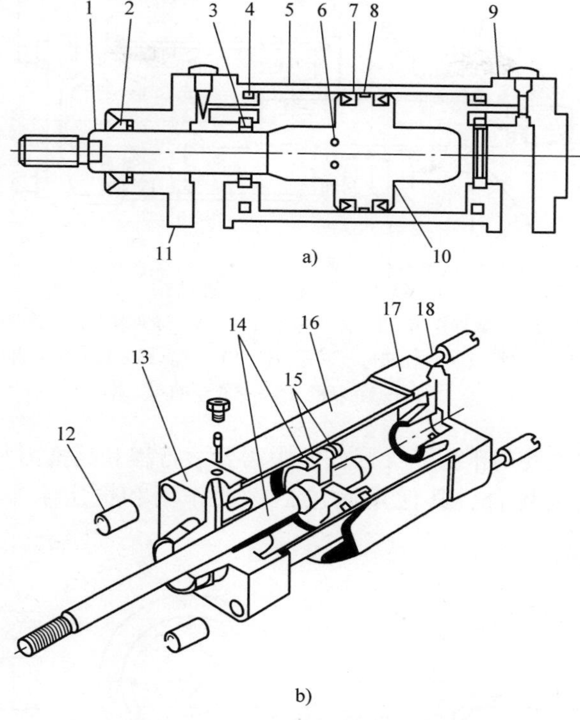

图 43-7 带可调缓冲的标准气缸

a）ISO 6431 标准 b）CETOP 标准

1—活塞杆 2—活塞杆防尘圈 3—缓冲密封 4—气缸筒密封 5—气缸筒 6—O 形圈 7、15—活塞密封 8—耐磨环 9、17—后端盖组合件 10—活塞组合件 11、13—前端盖组合件 12—拉杆螺母 14—活塞/活塞杆组合件 16—压盖 18—拉杆

这类气缸常用于矿山、采石场、钢铁厂、铸造厂和高速加工机械等恶劣工况中。这些气缸构造特别坚固，当必须使用优质设备而不太考虑成本时，常使用这类气缸。

图 43-8 所示为标准重型气缸结构。

43.1.4 专用气缸

专用气缸主要是为特殊应用场合而设计的。本手册没有进行具体划分，只是着重对几种设计中常用的气缸进行介绍。

1. 膜片式气缸（单作用）

这种气缸限用短行程，但摩擦极小，因此适用于低压运行。大多用于生产过程控制中的夹紧和阀动作，标准结构如图 43-9 所示。

2. 皮老虎式气缸

标准缸径范围一般为 150～400mm。行程取决于伸缩囊的节数。

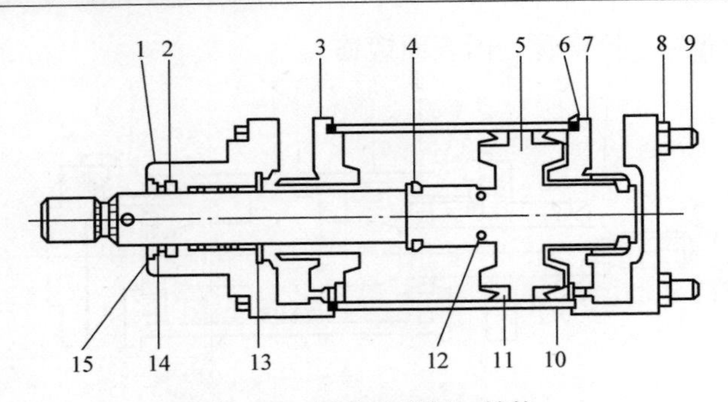

图43-8　标准重型气缸结构

1—活塞杆轴承组合件　2—活塞杆密封　3—前端盖组合件　4—缓冲器密封　5—活塞和活塞杆组合件　6—密封垫　7—后端盖组合件　8—拉杆螺母　9—拉杆　10—气缸筒　11—活塞密封　12、13—O形圈　14—刮刷环　15—螺纹垫圈

皮老虎式气缸主要用于控制夹紧作业中需要短行程和高推力的场合或需要将负载移动一个短距离的场合。其他用途包括隔振作用和恒定水平测量等，结构如图43-10所示。

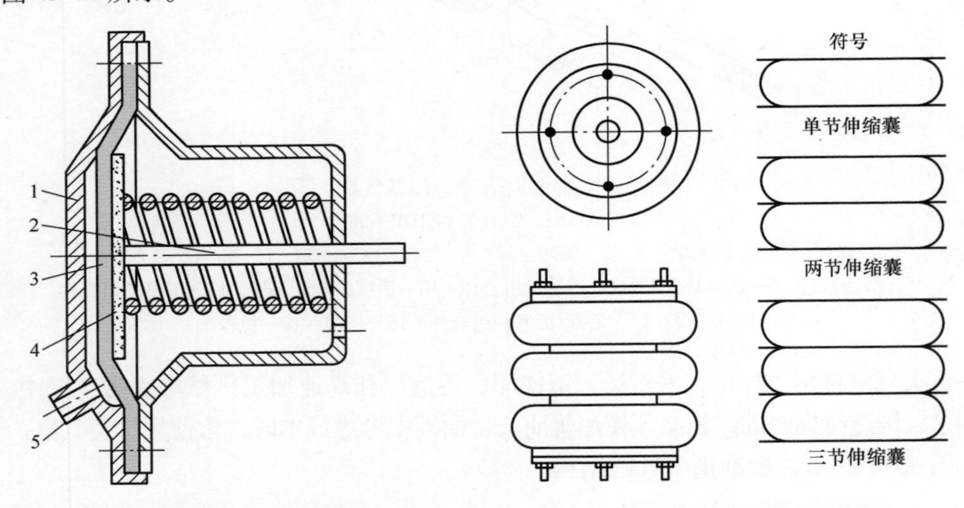

图43-9　膜片式气缸标准结构

1—缸体　2—活塞杆　3—膜片　4—膜盘　5—进气口

图43-10　皮老虎式气缸结构

皮老虎式气缸特点：节省空间、安装方便、无摩擦、无机械运动部件、寿命长、对灰尘及污染物不敏感，允许15°~20°的倾斜角度。

普通气缸的刚性结构需要精确的安装，但皮老虎式气缸由于是由二、三节弹性氯丁橡胶伸缩囊组成，因此只需装配孔的间距准确，而对气缸的轴向定位要求不是十分严格。

3. 无杆式气缸

缸径范围为 25～63mm，行程长度可达 10m。

由于独特的无杆设计，气缸总长度比普通气缸的行程稍长，因而只需最小的安装空间。

该设计包括内装式导杆，使气缸能承受较大的负载，简化了机器安装的定向要求，将弯曲和扭曲变形降低到最小，如图 43-11 所示。

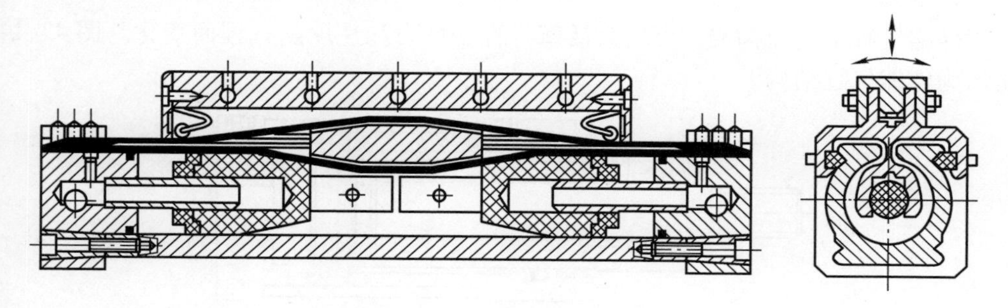

图 43-11　无杆式气缸结构

图 43-12 所示为采用舌簧开关的无杆式气缸结构。

为了实现磁性转接，在内活塞组合件中放置一块永磁铁。圆柱形舌簧开关紧紧固定在无杆气缸外面的塑料导块上。这些开关可方便地进行调节，找到转接位置。

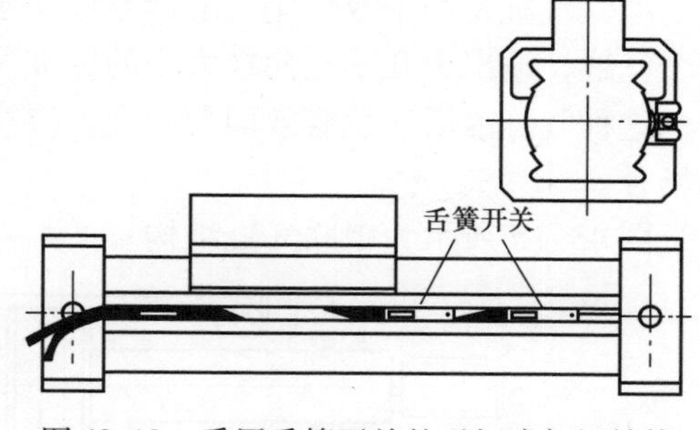

图 43-12　采用舌簧开关的无杆式气缸结构

4. 缆索气缸

对于一般气缸，其连接在活塞上的活塞杆都是刚体，气缸通过活塞杆输出力。缆索气缸是使用柔软的、可弯曲的缆索来代替刚性活塞杆的一种气缸。缸径一般为 32～80mm。它的活塞与一根缆索相连，而缆索通过两端的滑轮组与气缸筒并行运动。这使得气缸能在它们的总长度内工作，因此在最大行程长度内，它们比普通气缸组的结构紧凑得多。

除节约空间以外，缆索气缸对于某些特殊用途还有其他优点。在大多数情况下，普通气缸的最大行程长度大约为缸径的 15 倍，如支承不当，由于施加在活塞杆和轴承上的侧推力，容易引起下垂，这就增加了安装困难。

缆索气缸就不会出现这种情况，由于非轴向负载由滑轮承受，而不是由活塞杆和轴承承受，因此行程长度可达 3m，且不会变形。除此以外，该种气缸可安装加长缆索，通过一个附加滑轮传动进行远距离操作。图 43-13 所示为缆索气缸结构。

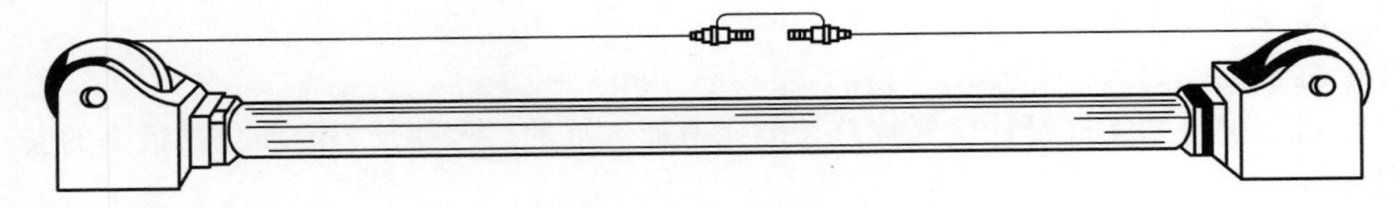

图 43-13　缆索气缸结构

5. 伸缩气缸

伸缩气缸由套筒构成，可增大活塞行程。推力和速度随行程而变化。图 43-14 所示为伸缩气缸结构。

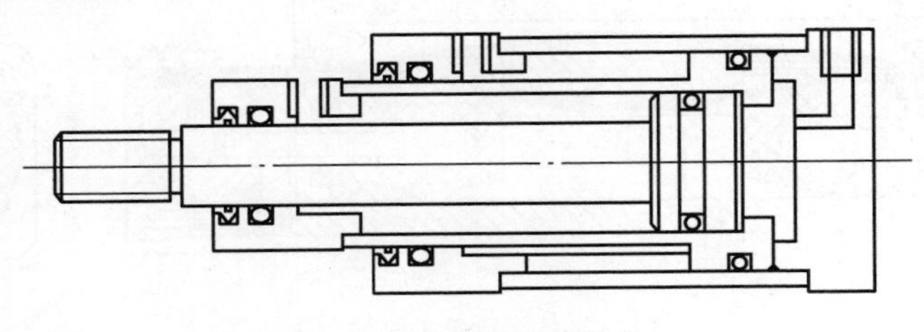

图 43-14　伸缩气缸结构

6. 串联气缸

串联气缸是两个双作用气缸活塞杆连接在一起构成一个单元。同时将压力供给两个气缸，输出力几乎是同样大小的标准气缸的两倍。

这种气缸因活塞总有效面积增大，故有较大输出力，适用于安装空间有限的应用场合。

图 43-15 所示为串联气缸结构。

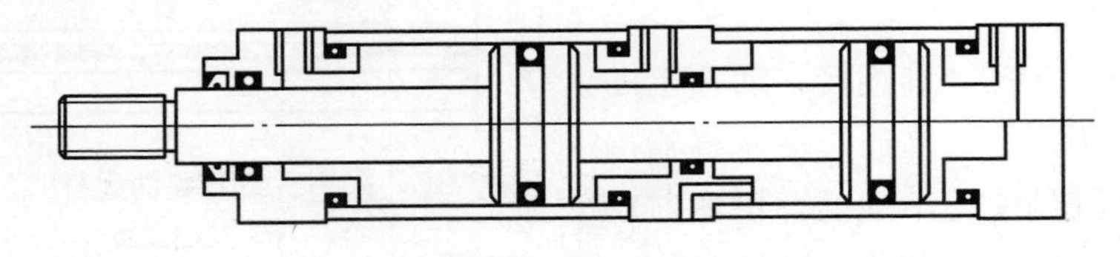

图 43-15　串联气缸结构

7. 多位气缸

对于一般的多位气缸，要在行程中途停留在某个准确的位置是不容易的。因此，要求气缸有一定的中间停留位置时，适合采用多位气缸。这种气缸可以在两端和中间三个以上位置准确停留。

多位气缸是采用两个双作用气缸，利用一个气缸的两个终端位置作为固定位置而获得多位置的。有两种方式构成多位气缸。

1）对于三个位置，组合成图 43-16a 所示的状态。图 43-16a 所示的气缸是固定的，它非常适合垂直运动，例如输送装置。

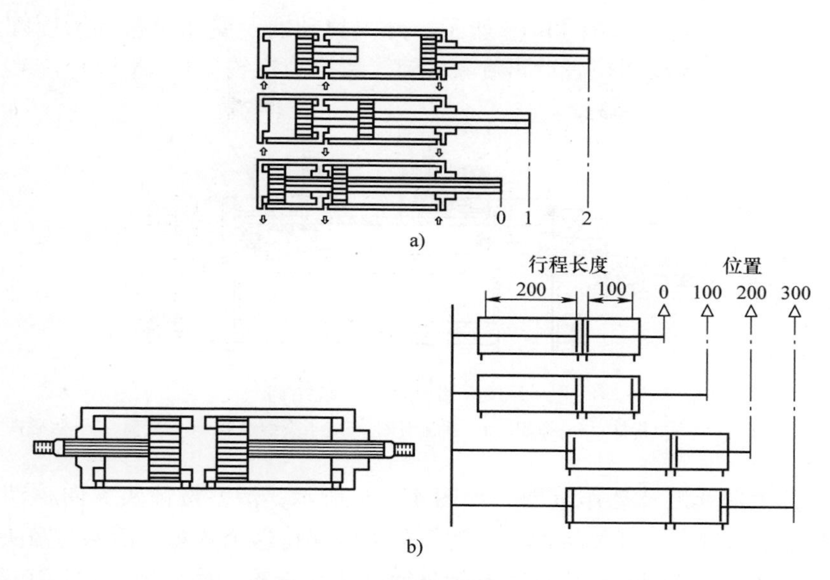

图43-16 多位气缸的两种型式

2）第二种方法是将两个独立的气缸安装在一起，它们的缸盖背靠着（见图43-16b）。这样就有4种不同的位置，但气缸不能固定。同样，用3个气缸可组合成8个位置，4个气缸为16个位置。

8. 薄型气缸

为了装置小型化以节省空间，采用薄的前后端盖，比以往气缸占用更小空间的短行程气缸称为薄型气缸。图43-17所示为薄形气缸结构。

这种气缸内径一般为12～125mm，行程在50mm以内。此类气缸适用于夹紧工况，以及不供油的应用场合。

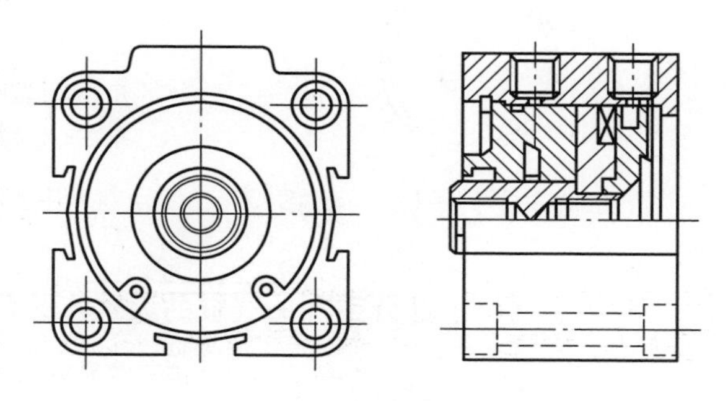

图43-17 薄型气缸结构

9. 带开关气缸

图43-18所示为气缸筒某一位置带开关的气缸结构，开关一般有指示灯、电阻、扼流线圈、干簧继电器等组成。由于在气缸活塞上装有永磁铁，当活塞运动到接近开关的某个位置时，活塞上的磁铁能使开关内部的干簧管触点闭合导通，产生电信号，指示行程位置，故这种气缸可用于位置检测。又由于这种气缸将开关与气缸组装成一体，不仅结构紧凑、占用空间小、成本低，而且使用也很方便，更适用于空间位置受限制的场合。缸径范围一般为5～150mm。

（1）开关的设定　如图43-19所示，开关移动前，要完全松开紧固螺钉，将开关和钢带一起移至所需位置后再旋紧螺钉，紧固力矩约为0.3N·m。

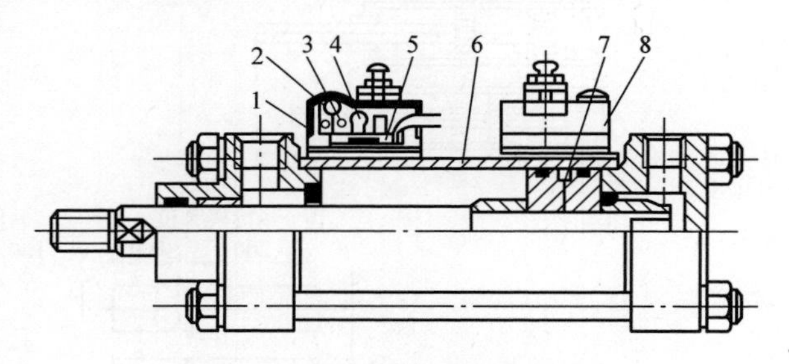

图43-18　带开关的气缸结构

1、8—开关　2—指示灯　3—电阻　4—扼流线圈　5—干簧继电器　6—缸筒　7—永磁铁

（2）开关的死区及动作范围　如图43-20所示，活塞按箭头方向移动至开关动作位置时指示灯亮，开关接通，在动作范围内保持这个状态。活塞与箭头相反方向移动复位时，开关的断开位置（开关复原位置）偏离动作位置，产生死区。

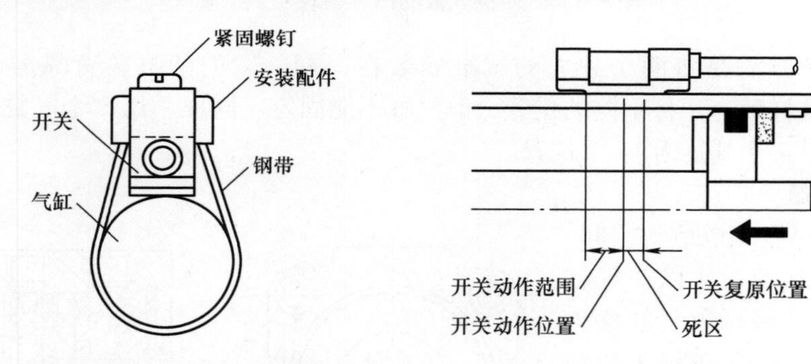

图43-19　开关设定示意图　　　图43-20　开关死区及动作范围

表43-3列出了部分带开关气缸的大致死区范围。

表43-3　部分带开关气缸的大致死区范围　　（单位：mm）

<table>
<tr><th>缸内径</th><th>动作范围</th><th>死区</th></tr>
<tr><td>$\phi6$</td><td rowspan="2">3±1</td><td rowspan="3">约1</td></tr>
<tr><td>$\phi10$</td></tr>
<tr><td>$\phi16$</td><td>4.5±0.5</td></tr>
<tr><td>$\phi20$</td><td rowspan="4">7.5±1</td><td rowspan="4">约1.5</td></tr>
<tr><td>$\phi25$</td></tr>
<tr><td>$\phi32$</td></tr>
<tr><td>$\phi40$</td></tr>
</table>

（3）开关使用注意事项

1）选择负载继电器时，请参考开关规格。

2）在行程中间检测位置时，如果活塞速度过高，即使开关动作，由于继电器动作时间比开关动作时间长得多，因而继电器有时还未完成动作，这一点应予注意。

例如，使用20ms的继电器时，若开关动作范围为10mm，活塞速度必须小于(10/0.02)mm/s=50mm/s。

3）在产生大量磁力的场合，容易出现误动作，使用时要十分注意。

4）注意触点上不要施加冲击电压、电流。用于开关电感负载、电容负载时应使用触点保护回路。

10. 带阀气缸

图43-21所示为在缸筒上装有电磁阀的带阀气缸结构。有电信号时，则电磁阀被切换，输出气压可直接控制气缸动作。这种气缸的优点是电磁阀与气缸组装在一起，省去了许多管接头，结构简单、紧凑，阀的流通能力大，气缸动作迅速。

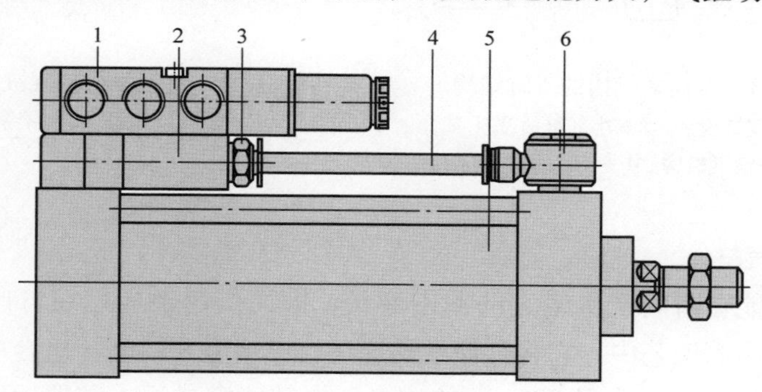

图43-21　带阀气缸结构

1—电磁阀　2—连接块　3—APC接头　4—PU软管　5—气缸　6—APH接头

11. 带制动机构气缸

图43-22所示为带制动机构的气缸结构，制动机构由制动箍、压板杆、制动活塞、弹簧等构成。

制动作用是机械式的，能在任意位置抱紧活塞杆，保证活塞杆可靠地锁定，在满负载下也不变。

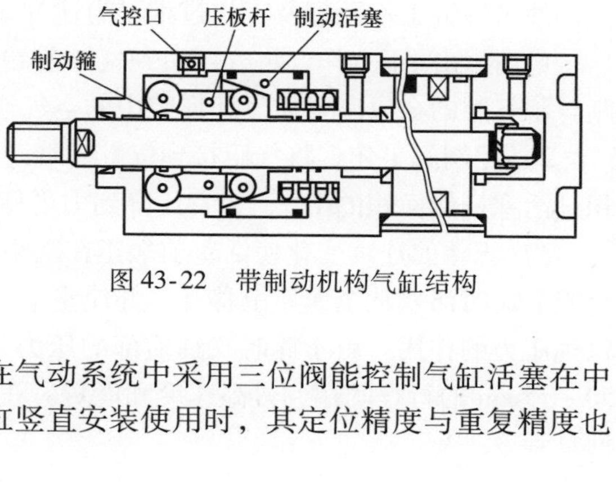

气控口　压板杆　制动活塞
制动箍

图43-22　带制动机构气缸结构

12. 带锁紧机构气缸

由于空气介质具有压缩性，尽管在气动系统中采用三位阀能控制气缸活塞在中间位置停止，但若外界负载较大或气缸竖直安装使用时，其定位精度与重复精度也很难保证。

图43-23所示为一种带锁紧机构的气缸结构，其锁紧机构近似一个弹簧复位的单作用小气缸，与主气缸垂直安装，单作用气缸活塞杆的伸出和缩进可锁紧主气缸活塞的运动，从而提高主气缸的定位精度，其工作原理如图43-24所示。

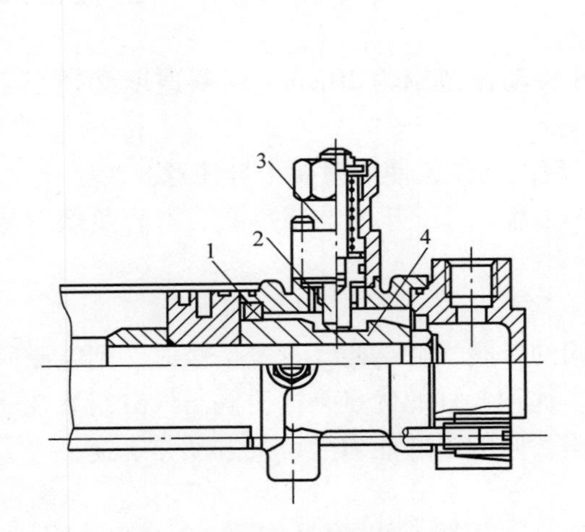

图43-23 带锁紧机构的气缸结构
1—主气缸滑环 2—小气缸活塞杆
3—锁紧机构 4—气缸活塞

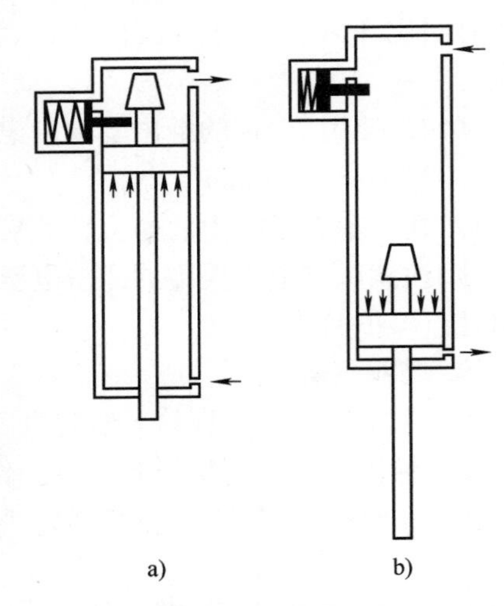

图43-24 带锁紧机构气缸的工作原理
a）缩进 b）锁紧

13. 冲击气缸

冲击气缸能在瞬间产生很大的冲击能量，因而广泛地应用在打印、下料、冷锻、切割、冲压等工艺中。它将存储在高速运行的活塞和活塞杆组合中的能量投入工作。在许多情况下，直径200mm的冲击气缸就能完成原本需要40～50t机械液压机才能进行的工作。冲击气缸的缸径范围为50～200mm。冲击气缸结构和工作原理分别如图43-25和图43-26所示。

冲击气缸工作原理及工作过程可简述为如下三个阶段。

1）控制阀不工作，将气压引到气缸前端。后端通过该阀向大气中排气。活塞座与蓄气腔的金属座紧靠。环形腔中的空气经过放气塞排到大气中。

2）控制阀工作，将气压接到气缸后端。因为受到空气压力作用的活塞座的面积是活塞杆侧面积的1/9，当背压降到力平衡时，就会出现暂停。

3）压差的连续变化使活塞前端正在减小的力被后端较小面积上正在增大的力克服。这时活塞从金属座上移开，并使整个面积突然受到此时存储在上部蓄气腔内供气压力的作用。由于此时气缸前部的压力很低，活塞/活塞杆组合很快加速，在50～75mm的行程间达到最高速度和能量。在工作完成后，控制阀可以复位，气缸回复到第一步。

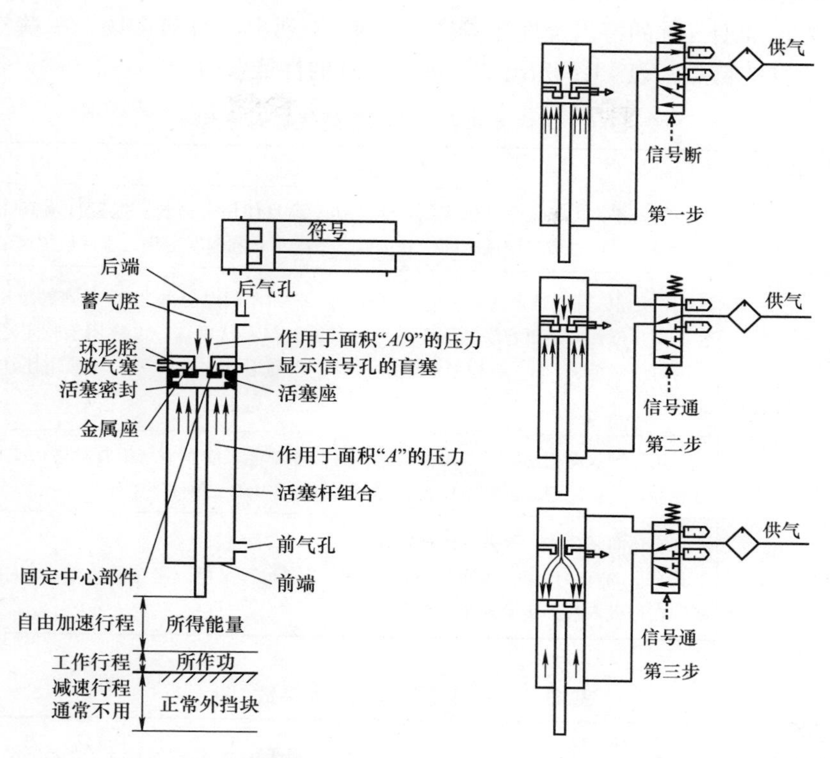

图 43-25　冲击气缸结构

图 43-26　冲击气缸工作原理

43.1.5　典型产品

1. 标准型气缸

图 43-27 所示为微型双作用气缸，缸径为 4mm，行程为 5 ~ 20mm，为单杆双作用，无缓冲。杆侧缸盖上的配管方向可在 ±90°范围内自由变更，如图 43-28 所示。

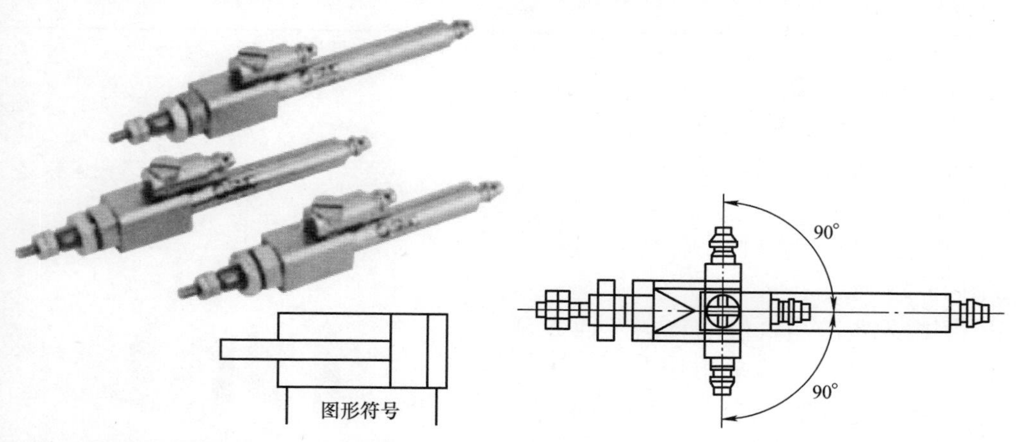

图 43-27　微型双作用气缸外形图和图形符号

图 43-28　管接头配管方向

国内外标准型气缸的特点及性能参数：表43-4列出了目前市场上一些知名厂商标准型气缸的特点，表43-5列出了标准型气缸的性能参数。

表43-4　国内外知名厂商标准型气缸的特点

厂商名称	特　点
FESTO	种类繁多，可满足个性化应用。运行功率高且使用寿命长。配置自调节气动终端位置缓冲，可以节省调试时间，并可以自适应负载和速度变化，进行最优调节
SMC	CJ1系列，杆侧端盖的接头配管方向可在±90°范围内变化。CJ2系列磁性开关操作性提高，位置调整更容易，JCM系列有多种缸盖形状可选，可应用于特定环境，全长缩短最多至97mm，结构更加紧凑。CM2系列追加了单耳环、耳轴用摆动金属安装件
AirTAC	采用异型双向密封结构，尺寸紧凑，有储油功能，前后盖与铝管缸体用支柱连接，可靠性好，选用耐高温密封材料，可保证气缸在150℃条件下工作
宁波华益气动	具有单向阀功能，气缸起动速度快 具有自动对中作用，缓冲效果极佳，且气缸运行平稳，避免了因偏心而引起的活塞杆在行程末端的跳动现象

表43-5　标准型气缸的性能参数

厂商名称（型号）	FESTO（DSNU－8－16）	SMC（CJ1系列）	AirTAC（SC系列）	宁波华益气动（HC95）
压力调节范围/MPa	0.1～1	0.2～0.7	0.15～1	0.1～1
最高耐压力/MPa	—	1.05	1.5	1.5
环境温度/℃	－20～80	－10～70	－20～70	5～60
使用活塞速度/(mm/s)	10～100	50～500	30～800	50～500
行程长度允差/mm	—	0～0.5	0～2	0～1.5

2. 紧凑型气缸

该类气缸可分为自由安装型气缸、方形气缸、薄型气缸、长寿命气缸、行程末端推力气缸、扁平型气缸等。

以自由安装型气缸为例，其外观结构如图43-29所示。

国内外紧凑型气缸的特点及性能参数：表43-6列出了目前市场上一些知名厂商紧凑型气缸的特点，表43-7列出了其性能参数。

图43-29　自由安装型气缸外观结构

表43-6　国内外知名厂商紧凑型气缸的特点

厂商名称	特　点
FESTO	1. 安装空间小 2. 重量非常轻 3. 小型运动的理想选择 4. 带内螺纹或外螺纹的活塞杆 5. 用于位置检测 6. 推荐多种派生型用于锂离子电池制造的生产系统
SMC	CUJ系列比CU系列全长缩短64%，容积减少70%，带磁性开关，配线、配管集中在1个方向，可从4个方向安装。CU系列采用长方形缸体，不带托架多面直接安装，安装面可自由选择。CU－X3160系列，采用方形活塞实现小型、轻量，输出力更高，四个面均可安装小型磁性开关。CDU－X3178系列具备5个安装方向，横向安装时有高度互换专用隔板可选择。CQS系列，安装的磁性开关不会从本体中探出，结构紧凑，具有双耳环安装件。JCQ系列采用法兰安装结构，结构紧凑。CQ2/CDQ2系列在CQS系列的基础上追加了双耳环结构用于安装，结构紧凑，4个面均可安装磁性开关。CQ2－XB24系列采用新技术，耐久性提高了4倍以上，寿命长。CDQ2B系列，采用多边形活塞，重量减轻30%，实现了小型、轻量化，4个面可安装小型磁性开关。CDQ2A系列为行程末端推力气缸，可实现节能，只需一个电磁阀即可控制，小型磁性开关可安装于辅助气缸的4个面。RQ/RDQ系列追加了紧凑型脚座安装件，与CQS、CQ2系列相比，可吸收的动能提高了约3倍。MU/MDU系列活塞采用椭圆形，节省空间，可从多个方向安装。4个方向均可安装小型磁性开关，且不会探出本体
AirTAC	可以多个气缸并在一起固定，有效节省安装空间，活塞杆导向精度高，无须另加润滑油，选用耐高温密封材料，可保证气缸在150℃条件下工作
上海新益气动	1. 安装方便：通孔及两端内螺纹同存共用 2. 节省空间：微型磁性开关安装在气缸内 3. 多面安装：磁性开关位置可选，多面安装

表43-7　紧凑型气缸的性能参数

厂商名称（型号）	FESTO（AND－S－6－5－I－A）	SMC（CU系列）	AirTAC（MD系列）	上海新益气动（QCQS系列）
压力调节范围/MPa	0.2～0.8	0.05～0.7	0.1～1	≤1
最高耐压力/MPa	—	1.05	1.5	—
环境温度/℃	－10～60	－10～60	－20～80	5～60
使用活塞速度/(mm/s)	—	50～500	30～500	—
行程长度允差/mm	—	0～1	0～1	0～1

3. 耐环境气缸

该类气缸有不锈钢气缸、卫生级气缸、强耐水性气缸、带润滑保湿功能气缸、耐粉体气缸等。外观结构如图43-30所示。

国内外耐环境气缸特点及性能对比：表43-8列出了目前市场上一些知名厂商耐环境气缸的特点，表43-9列出了耐环境气缸的性能参数。

图43-30　耐环境气缸外观结构

表43-8　国内外知名厂商耐环境气缸的特点

厂商名称	特　点
FESTO	1. 对有腐蚀性的环境条件具有耐蚀性 2. 环保型设计 3. 派生型：双出活塞杆，耐热型 4. 螺纹紧固件，使用附件固定 5. 用于位置检测
SMC	不锈钢系列气缸用于食品机械等有水滴飞溅的环境，耐蚀性强，采用特殊防尘圈，带磁性开关，安装件表面实施电解研磨，比较光滑，可防止液体、异物的附着。卫生级气缸HY/HYD系列采用圆形形状，便于清洗，耐水，寿命是普通气缸的5倍以上，带磁性开关。强耐水性气缸适合在接触水、冷却液的环境使用，带强耐水性2色显示式磁性开关，大量应用于机床、食品机械、洗车机等行业。带润滑保持功能气缸系列用于微小粉体（10～100μm），活塞杆表面可形成润滑膜，耐久性是标准品的4倍。耐粉体气缸系列适合在有陶瓷粉、碳粉、纸粉、金属粉等微小粉体漂浮的环境中使用，杆侧缸盖装有2个润滑护圈，可使活塞杆上形成润滑膜，使其耐久性提高，达到标准品的4倍
AirTAC	—
天工（STNC）	1. 免润滑：采用含油轴承，使活塞杆无须加油润滑 2. 耐久性：气缸本体采用高级不锈钢材质，更具耐磨性，耐久性 3. 安装型式多样：多种安装附件供用户选择 4. 附磁环：气缸活塞上装有一个永久磁铁，它可触发安装在气缸上的磁性开关来感测气缸的运动位置

表43-9　耐环境气缸的性能参数

厂商名称（型号）	FESTO（CRDG-50-80-P-A）	SMC（CJ5·S系列）	AirTAC	天工（STNC）（TGA系列）
压力调节范围/MPa	0.1~1	0.1~0.7	—	0.1~0.9
最高耐压力/MPa	—	1	—	1.35
环境温度/℃	-20~80	-10~60	—	-10~60
使用活塞速度/(mm/s)	—	50~750	—	30~800
行程长度允差/mm	—	0~1	—	—

4. 机械结合式无杆气缸

机械结合式无杆气缸外形结构如图43-31所示。

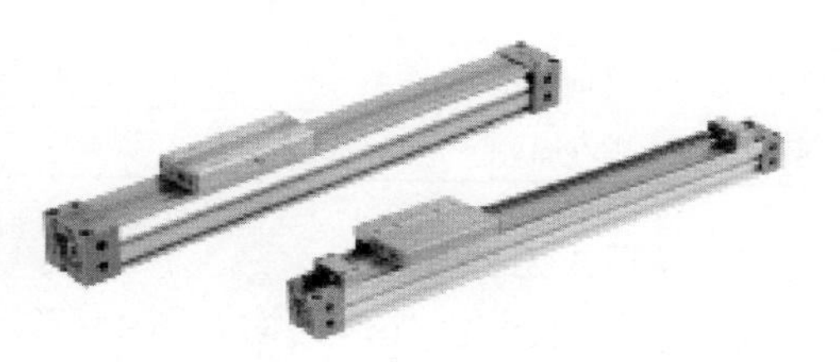

图43-31　机械结合式无杆气缸外形结构

国内外机械结合式无杆气缸特点及性能参数：表43-10列出了目前市场上一些知名厂商机械结合式无杆气缸的特点，表43-11列出了机械结合式无杆气缸的性能参数。

表43-10　国内外知名厂商机械结合式无杆气缸的特点

厂商名称	特　　点
FESTO	1. 带有离心密封系统的定位驱动器，用于几乎无泄漏的长行程，无限制。不带外部导轨，用于简单驱动功能 2. 移动自重很小 3. 对称结构
SMC	MY1系列具有5种导轨型式，可与符合条件的多种导轨组合，节省空间，直线导轨定位精度高，耐强力矩，可对应长行程操作，采用材质柔软的密封条，提升与缸筒间的贴紧性、减少泄漏量。MY1-W系列装有防尘罩，可提高其防尘、耐水性，可安装强耐水性无触点磁性开关。MY2系列与MY1H系列相比，高度减少30%，可在安装有工件的状态下更换驱动部气缸，由于导轨性能提高，故集中负载质量也提高了。MY3系列与MY1B系列相比，高度减少36%，长度缩短140mm，更加节省空间，采用导轨一体型，工件可直接加集中负载，集中配管通路、缓冲机构、定位机构之间的合理配置，实现了大幅度的小型、轻量化

（续）

厂商名称	特　　点
AirTAC	—
济南杰菲特气动（JPC）	1. 重量减轻达12%，磁性开关安装方便 2. 带行程调节螺钉

表43-11　机械结合式无杆气缸的性能参数

厂商名称（型号）	FESTO（DGC-K）	SMC（MY1系列）	AirTAC	济南杰菲特气动（JPC）（QY1B系列）
压力调节范围/MPa	0.15~0.8	0.1~0.8	—	0.1~0.8
最高耐压力/MPa	—	1.2	—	—
环境温度/℃	-10~60	5~60	—	5~60
使用活塞速度/(mm/s)	—	100~1500	—	100~1000
行程长度允差/mm	—	0~1.8	—	0~1.8

5. 磁耦式无杆气缸

磁耦式无杆气缸外形结构如图43-32所示。

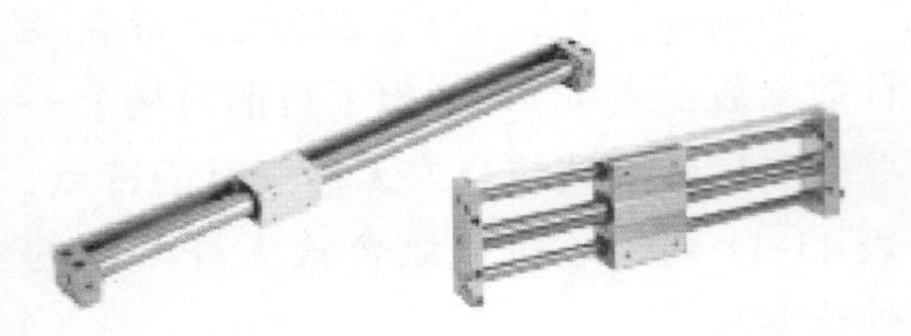

图43-32　磁耦式无杆气缸外形结构

国内外磁耦式无杆气缸的特点及性能参数：表43-12列出了目前市场上一些知名厂商磁耦式无杆气缸的特点，表43-13列出了磁耦式无杆气缸的性能参数。

表43-12　国内外知名厂商磁耦式无杆气缸的特点

厂商名称	特　　点
FESTO	1. 磁性动力传输 2. 循环滚珠轴承导轨：滑动单元和无活塞杆直线驱动器组合 3. 单独装备终端缓冲和监控装置
SMC	CY1系列采用磁耦合连接方式，节省空间，应用广泛，采用中空轴，配管可采用单侧集中配管，采用液压缓冲器，高速使用时，可在行程末端进行冲击吸收。CY1S系列，气缸缸筒内外周面装有润滑护圈，可提高润滑保持性，利用调节螺钉提高行程位置重复精度。CY3系列在CY1系列基础上提升轴承性能，滑动阻抗减小，与CY1B相比，耐磨环的长度增加70%，从而使轴的承载力更大，耐磨环采用特殊树脂，可形成良好的润滑膜，耐久性更高，可安装小型磁性开关。CY1F系列驱动部与导轨部为分离一体构造，根据形式可自由选择集中配管的通口位置，有4种行程可调整，由于没有端盖，故容易去除导轨部位的堆积物。CYP系列，由于缸筒外表面为不接触构造且使用不锈钢制直线导轨，可实现高洁净度，在行程末端采用正弦缓冲

（续）

厂商名称	特　点
AirTAC	1. 磁耦合式无杆气缸，活塞与滑块之间无机械连接，密封性能优异 2. 活塞的动作通过磁耦合力传递到外部滑块，无须活塞杆，安装空间比普通气缸小，最大行程比普通气缸大 3. 气缸两端带有固定缓冲装置，换向动作平稳无冲击，同时避免机械损伤。可选配外置液压缓冲器，缓冲效果更佳 4. 活塞腔与滑块隔开，防止灰尘与污物进入系统，延长气缸的使用寿命 5. 双导向杆结构，导向精度高，能承受一定的侧向或偏心负载
济南杰菲特气动（JPC）	1. 磁石保持力高 2. 带液压缓冲器

表 43-13　磁耦式无杆气缸性能参数

厂商名称（型号）	FESTO（SLM 系列）	SMC（CY3 系列）	AirTAC（RMTL 系列）	济南杰菲特气动（JPC）（QY3L 系列）
压力调节范围/MPa	≤0.7	0.18～0.7	0.18～0.7	0.18～0.7
最高耐压力/MPa	—	1.05	1	—
环境温度/℃	-20～60	-10～60	-10～60	-10～60
使用活塞速度/(mm/s)	—	50～500	50～500	50～1000
行程长度允差/mm	—	0～1	0～1.8	0～1.8

6. 滑台气缸

滑台气缸外形结构如图 43-33 所示。

国内外滑台气缸的特点及性能参数：表 43-14列出了目前市场上一些知名厂商滑台气缸的特点，表 43-15列出了滑台气缸的性能参数。

图 43-33　滑台气缸外形结构

表 43-14　国内外知名厂商滑台气缸的特点

厂商名称	特　点
FESTO	1. 强大的双活塞驱动器 2. 市面上最短的小型滑台气缸 3. 精密循环滚珠轴承导轨 4. 灵活的适应方式 5. 可通过配置程序订购配备相反进气口位置和传感器安装槽的型号 6. 多种派生型，建议用于锂离子电池制造的生产系统

（续）

厂商名称	特　点
SMC	MXH系列采用高刚性直线导轨，可从三个方向配管，允许力矩提高了2倍，质量减小19%。MXZ系列外形紧凑，全长49.5mm，宽30mm，气缸上装有直线导轨，可减少设计组装工时，可从三面安装磁性开关。MXS系列将工件滑台紧凑地集成一体化，高刚性、高精度，采用交叉滚珠导轨，没有间隙，实现平滑运动，采用双杆结构，可获得2倍的输出力。MXQ系列采用循环式直线导轨，刚性高，精度高，滑台薄，可实现高度降低化、轻量化。MXQR系列具有与MXQ系列的安装互换性，可根据设置情况现场进行配管，调节器位置可变更。MXF系列导轨部与气缸并行的构造降低了厚度。MXW系列任意行程位置的滑台刚性均相同。MXJ系列配有高精度直线导轨，可短间距安装，磁性开关和调节器可在同一面安装，由于前面安装部与滑台一体化，可实现前面与顶面安装面的高精度、高刚性。MXP系列气缸内置于直线导轨中，带缓冲，可使用多种磁性开关。MXY系列行程可高达400mm，单侧集中配管。MTS系列为内部有导向机构的精密气缸，通过杆贯通孔可真空配管，短间距安装，可实现小型电子零件的吸着搬运，通过特殊形状的杆密封件，可实现与以前圆柱形杆相同的密封性
AirTAC	1. 交叉滚珠导轨与气缸一体化设计，使气缸具有高强度、高精度、高负载的特性，且拥有优良的直线度及不回转精度 2. 导轨上自带安装定位销孔 3. 采用浮动接头设计，活塞杆不承受额外负载力矩 4. 双活塞杆设计可获双倍输出力 5. 本体上自带安装定位销孔
济南杰菲特气动（JPC）	1. 线性导向轴承，提高活塞杆不回转精度 2. 可从三面连接气源 3. 内置磁环，可安装行程感应磁性开关 4. 两端装有橡胶缓冲

表43-15　滑台气缸性能参数

厂商名称（型号）	FESTO（DGST系列）	SMC（MXH系列）	AirTAC（HLS系列）	济南杰菲特气动（JPC）（QXH系列）
压力调节范围/MPa	0.1～0.8	0.06～0.7	0.15～0.7	0.05～0.7
最高耐压力/MPa	—	1.05	1.05	—
环境温度/℃	-10～60	-10～60	-20～70	-10～60
使用活塞速度/(mm/s)	≤500	50～500	50～500	50～500
行程长度允差/mm	—	0～1	0～1	0～1

7. 带导杆气缸

该类气缸可分为微型气缸、薄型气缸、导台气缸、倍力气缸等。

带导杆气缸外观结构如图43-34所示，带导杆气缸结构如图43-35所示。

图 43-34　带导杆气缸外观结构

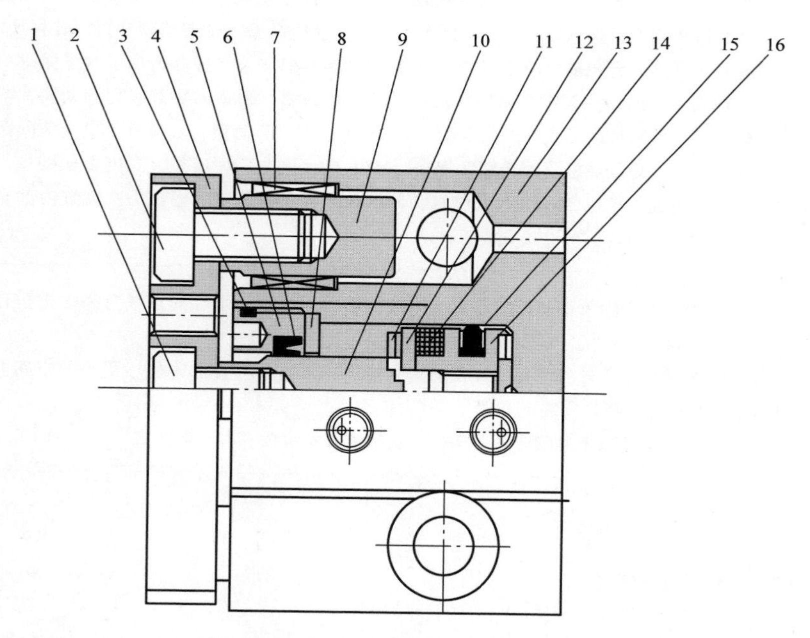

图 43-35　带导杆气缸结构

1、2—螺钉　3—O 形圈　4—端板　5—缸盖　6、15—密封圈　7—导向套　8—密封圈固定架　9—导杆　10—活塞杆　11—缓冲垫　12—磁环固定器　13—缸体　14—磁环　16—活塞

国内外带导杆气缸的特点及性能参数：表 43-16 列出了目前市场上一些知名厂商带导杆气缸的特点，表 43-17 列出了带导杆气缸的性能参数。

8. 双联气缸

该类气缸可分为滑动单元、平台气缸和双联气缸等。

双联气缸外观结构如图 43-36 所示，双联气缸结构如图 43-37 所示。

表43-16 国内外知名厂商带导杆气缸的特点

厂商名称	特点
FESTO	1. 驱动器和导轨位于一个壳体中 2. 转矩和剪切载荷高 3. 滑动导轨或循环滚珠轴承导轨 4. 多种固定和安装方式 5. 派生型种类繁多，满足个性化应用 6. 多种派生型，建议用于锂离子电池制造的生产系统
SMC	MGJ微型气缸，行程5mm的气缸可安装两个磁性开关，配线、配管集中在一个方向，不回转精度可达±0.1°。JMGP薄型气缸外形紧凑，全长缩短30.5mm，高度降低16mm，质量最多减小69%。可从三个方向安装，可安装无触点磁性开关。MGP薄型气缸，导杆最多缩短了22mm。可直接安装圆形磁性开关、耐强磁磁性开关，无须隔板，并且自带法兰，根据需求可选基本型、带气缓冲型、耐水性提高型、带端锁型和强力导杆型。MGPK紧凑型气缸，容积最多减小28%，质量最多减小41%，导杆部追加了润滑保持功能（润滑护圈）。MGPM-X3159薄型气缸，采用方形活塞，耐横向负载、允许动能、端板允许转矩、不回转精度与现行产品MGP系列相同。MGPW薄型气缸具有2倍导轨间距，端板允许回转力矩及端板不回转精度提高。MGF导台气缸，大口径，高度方向缩短，耐偏心负载能力强。MGZ/MGZR倍力气缸，伸出方向可获得2倍的输出力。气缸内部有防止杆回转的滑键机构，可直接安装工件
AirTAC	1. 两根专用轴承钢制作的导杆，用直线轴承或青铜轴承导向，具有高的抗扭转及抗侧向载荷能力 2. 驱动单元与导向单元设计在同一本体内，不需要额外的附件，最小的空间需求，且进气接口可选择，安装更方便 3. 本体上的四个磁感应开关沟槽，为感应开关提供多种安装方式
济南杰菲特气动（JPC）	1. 重量轻 2. 体积小 3. 带气缓冲设计 4. 导向杆轴承可选择滑动轴承或球轴承

表43-17 带导杆气缸的性能参数

厂商名称（型号）	FESTO（DFM系列）	SMC（MGJ系列）	AirTAC（TCL、TCM系列）	济南杰菲特气动（JPC）（QGC系列）
压力调节范围/MPa	0.15～1	0.15～0.7	0.1～1	0.15～1
最高耐压力/MPa	—	1.05	1.5	—
环境温度/℃	-10～60	-10～60	-20～70	-10～60
使用活塞速度/(mm/s)	400～1700	50～500	30～500	50～750
行程长度允差/mm	—	0～1	0～1.5	0.2～1.9

图 43-36 双联气缸外观结构

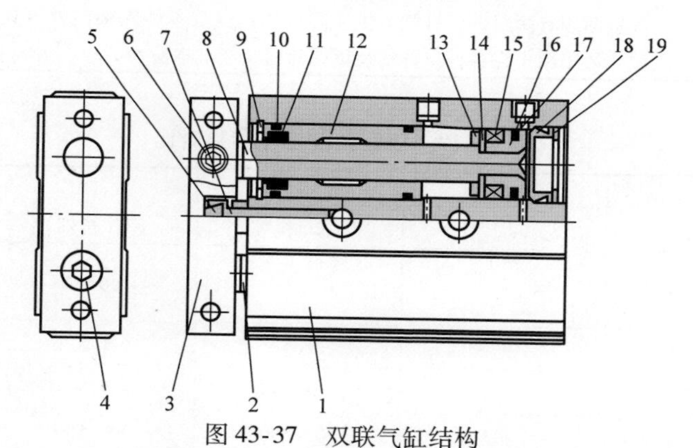

图 43-37 双联气缸结构

1—缸体 2、8—活塞杆 3—端板 4、6、7—螺钉 5、13—缓冲垫 9、10—O 形圈 11、17—密封圈 12—杆侧缸盖 14、16—活塞 15—磁环 18—无杆侧缸盖 19—弹性挡圈

国内外产品特点及性能对比：表 43-18 列出了目前市场上一些知名厂商双联气缸的特点，表 43-19 列出了其产品性能参数对比。

表 43-18 国内外知名厂商双联气缸的特点

厂商名称	特 点
FESTO	—
SMC	CX2/CDBX2/CDPX2 滑动单元，可任意设置吸收冲击与噪声的缓冲器，适合搬运有位置精度要求的工件，CDBX2 和 CDPX2 型滑动单元带磁性开关。CXW/CDBXW/CDPXW 滑动单元，内置可吸收冲击的缓冲器，可通过本体和脚座安装，气缸与工件的平行度高。CDBXWM/CDBXWL 和 CDPXWM/CDPXWL 型滑动单元带磁性开关。CXT 平台气缸，工作台与执行器一体化，高刚性、高精度，可安装液压缓冲器和磁性开关。根据用途可选择滑动轴承和滚珠衬套轴承型。CXS 双联气缸，薄型、紧凑、具有高精度。拥有 2 种类型轴承，6mm 缸径最大行程 50mm，10mm 缸径最大行程 75mm，15mm、20mm、25mm、32mm 缸径最大行程 100mm，最小行程均为 10mm。CXSJ 双联气缸，外形比双联气缸 CXS 系列更紧凑，可从 4 个方向确认磁性开关的状态。缸筒内径 6mm、10mm 的气缸可选择轴向配管

（续）

厂商名称	特　　点
AirTAC	1. 埋入式本体安装固定形式，节省安装空间 2. 具有一定的抗弯曲及抗扭转性能，能承受一定的侧向负载 3. 固定板三面均有安装孔，便于多位置加载 4. 本体前端防撞垫可调整气缸行程，并缓解冲击
亿太诺（EMC）	双倍出力，气缸缸径范围10～32mm。气缸本体采用卧式四轴加工中心一次性加工以保证极高的精准度和一致性，具有更高的同心度和不回转精度，活塞杆扰度小，适用于精确定向；具有一定的抗弯曲及抗扭转性能，能承受一定的侧向负载；采用加长型滑动支撑导向，导向性能好；本体前端防撞垫可调整气缸行程，并缓解冲击；气缸两侧有两组进、排气口供实际选用；气缸本体除轴向外，其余各面均有安装孔位，便于用户在各种位置安装负载和固定气缸本身

表43-19　双联气缸性能参数对比

厂商名称（型号）	FESTO	SMC（CX2系列）	AirTAC（TN系列）	亿太诺（EMC）（EN系列）
压力调节范围/MPa	—	0.1～1	0.1～1	0.1～1
最高耐压力/MPa	—	1.5	1.5	1.5
环境温度/℃	—	-10～60	-20～70	-20～80
使用活塞速度/(mm/s)	—	30～500	30～500	30～500
行程长度允差/mm	—	0～1	0～1	0～1

9. 夹紧气缸

该类气缸可分为夹紧缸、回转夹紧缸、带锁夹紧缸、小型夹紧缸、销钉夹紧缸、紧凑型销钉夹紧缸、扁平型销钉夹紧缸、强力夹紧缸、瞬时起动型强力夹紧缸、车架夹紧缸和托架锁紧气缸等。

夹紧气缸外观结构如图43-38所示，夹紧气缸结构如图43-39所示。

图43-38　夹紧气缸外观结构

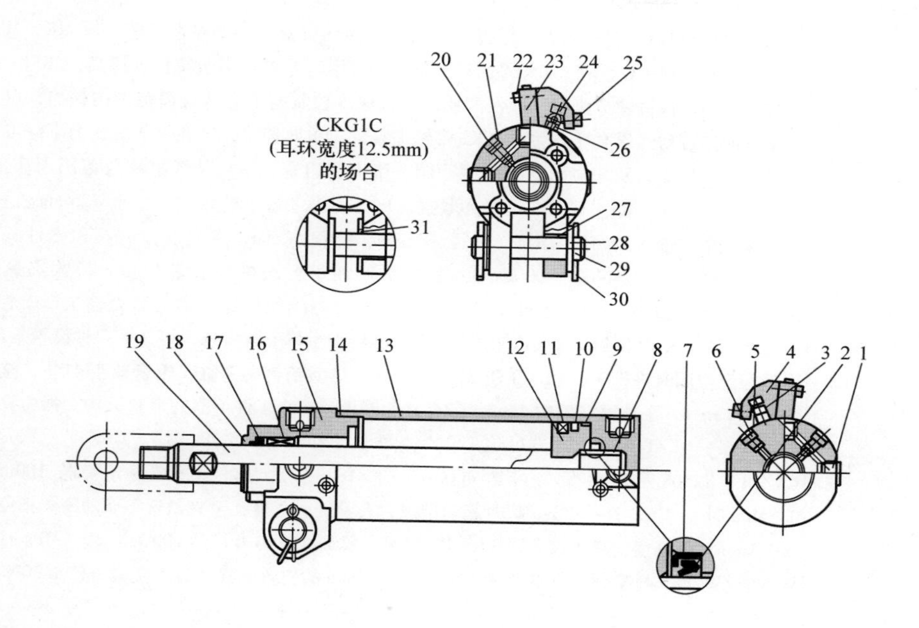

图 43-39 夹紧气缸结构

1—螺塞 2—耐磨环缓冲密封 3—开关安装杆 4—磁性开关安装杆 5、10、14、17、21—密封圈 6—缓冲阀 7—缓冲密封 8—缓冲套 9—压板 11—磁环 12—活塞 13—缸筒盖 15—缸盖 16—衬套 18—刮尘圈 19—活塞杆 20—速度控制阀 22、24、25—螺钉 23—磁性开关 26、31—隔板 27—轴套 28—垫圈 29—销轴 30—开口销

国内外夹紧气缸的特点及性能参数：表 43-20 列出了目前市场上一些知名厂商夹紧气缸的特点，表 43-21 列出了夹紧气缸的性能参数。

表 43-20 国内外知名厂商夹紧气缸的特点

厂商名称	特　　点
FESTO	1. 在一个工作步骤中摆动和夹紧 2. 可设置摆动方向 3. 可选配夹紧指作为附件 4. 可选防尘和焊接飞溅防护 5. 双作用 6. 用于位置检测

（续）

厂商名称	特　点
SMC	MK回转夹紧缸，允许惯性力矩提高3倍，四面均可安装小型磁性开关。原MK、MK2已改善合并为新MK系列；MK2T回转夹紧缸，采用了导轮，不回转精度提高；CK□1夹紧缸，可通过螺钉调节速度，操作简便，并且速度控制阀不会从缸筒范围内探出，可从三个方向安装耐强磁磁性开关；CLK2带锁夹紧缸，单向锁紧，可在空气源压力下降或残压排气时保持夹紧及非夹紧状态。缓冲阀、堵头为内置，不会从气缸缸盖范围内探出。C（L）KG/C（L）KP-X2095小型夹紧缸，尺寸为当今最小的级别。小至φ25mm缸径，质量为380g、全长为186.7mm（缸径φ25mm，行程50mm，无速度控制阀和磁性开关时）。CKZM16-X2800/X2900小型夹紧缸，追加了臂组件和安装组件。最大夹紧力200N，最大保持力300N。工件厚度大至3.5mm时也能保持稳定的夹紧力输出。C（L）KQG/C（L）KQP销钉夹紧缸，有55种导向销钉。主体形状可选，可适应多种设置条件。夹紧与定位同时进行。C（L）KQG32-X3036紧凑型销钉夹紧缸，重量减小41%，全长缩短41.5mm，主体宽度缩短4mm。带有紧急停止时防止工件下落的锁紧机构。强力夹紧缸系列多，CKZT40型夹紧力可达1200N（臂长100mm、0.5MPa时），CKZ3T-X2734/CKZ3T-X2568□型夹紧力可达4000N，CKZT80夹紧力可达8800N（臂长100mm、0.5MPa时）。CKZ2N-X2346瞬时起动型强力夹紧缸，基准孔至夹紧臂下面的距离精度为±0.1mm，带刻度，易于设置。WRF100车架夹紧缸，输出力可达20000N（0.5MPa时）；W-R1/W-R3托架锁紧气缸，最大可定心±50mm的位置偏离，最大夹紧力达4430N
AirTAC	1. 适合焊接环境用，活塞杆采用QPQ处理，表面防焊渣性能优于镀硬铬处理的活塞杆 2. 前盖带不锈钢刮尘圈，坚固耐用，抵抗灰尘及飞溅的焊渣对气缸带来的伤害，比防尘套更可靠
天工（STNC）	高负载，在同样缸径下可承受更大的转动惯量

表43-21　夹紧气缸的性能参数

厂商名称（型号）	FESTO（CLR系列）	SMC（CKG1系列）	AirTAC（QCK系列）	天工（STNC）（MK系列）
压力调节范围/MPa	0.2~1	0.05~1	0.15~1	0.1~1
最高耐压力/MPa	—	1.5	1.5	—
环境温度/℃	-10~80	-10~60	-20~70	-10~70
使用活塞速度/(mm/s)	—	50~500	50~200	50~200
行程长度允差/mm	—	0~1	0~1	-0.4~0.8

10. 带锁气缸

该类气缸可分为带锁气缸、薄型带锁气缸、带气缓冲的薄型带锁气缸、平板式带锁气缸等。

（1）外观结构　以MWB系列带锁气缸为例，外观结构如图43-40所示，结构如图43-41所示。

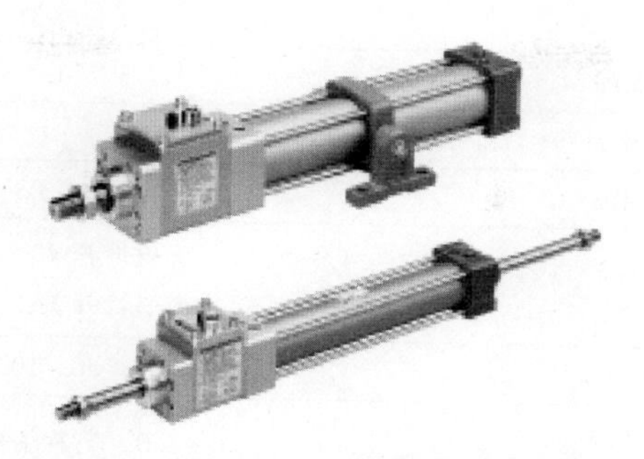

图43-40　MWB系列带锁气缸外观结构

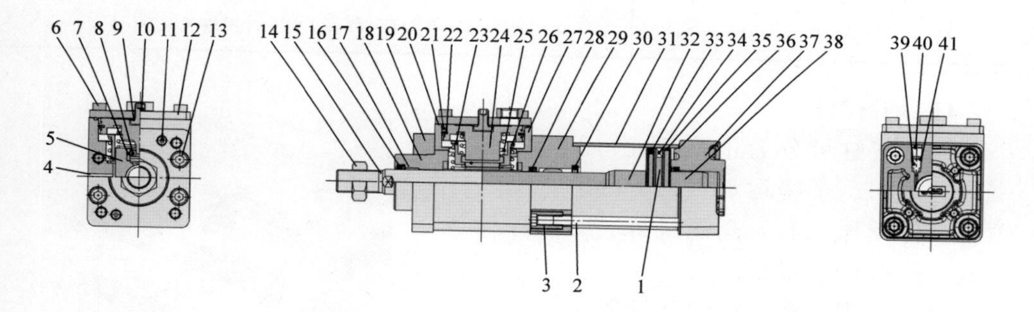

图43-41　MWB系列带锁气缸结构

1、24—活塞　2—拉杆　3、14—螺母　4—滤芯　5—制动器　6、11、13—螺钉　7—轴承　8—滚轮　9—密封垫圈　10—螺栓　12—本体盖　15—活塞杆　16、22、28、30、33、36、41—密封圈　17—导向套　18—环　19—压板　20—垫圈　21、35—耐磨环　23—滚轮支座　25、26—弹簧　27—制动器本体　29、37—缸盖　31—缸筒　32、38—缓冲套　34—磁环　39—缓冲阀　40—止动环

（2）特点　CNG/CDNG/MNB/MDNB/CNA2/CDNA2CLS/CDLS带锁气缸，适用于中间停止、紧急停止、防落下的场合。其中CDNG/MDNB/MDNBW/CDNS/CDLS/CDNA2/CDNA2W系列带磁性开关。MWB/MDWB带锁气缸，分离构造，维护简单，带开锁指示，停止精度可达±1mm以下。但只能使用六角扳手解锁、保持。RLQ/RDLQ薄型气缸，单向锁紧，内置了气缓冲与锁紧针阀，切断空气时可防止工件落下。MLGP－Z薄型导杆式带锁气缸，全行程、任何位置都可停止，可防止压力降低、残压排气时的下落，两面均可直接安装小型磁性开关、耐强磁场磁性开关。

（3）性能参数　以MWB系列带锁气缸为例，表43-22列出了部分性能参数。

表43-22　MWB系列性能参数

序号	性能	参数
1	最高耐压压力/MPa	1.5
2	最高使用压力/MPa	1
3	最低使用压力/MPa	0.08
4	环境温度/℃	无磁性开关：-10~70 有磁性开关：-10~60
5	使用活塞速度/(mm/s)	50~1000
6	行程长度允差/mm	0~1.0（行程为0~250mm） 0~1.4（行程为251~1000mm） 0~1.8（行程为1001~1500mm） 0~2.2（行程为1501~2000mm）

11. 特殊气缸

该类气缸可分为正弦气缸、正弦无杆气缸、平稳运动气缸、低速气缸、低摩擦气缸、高速气缸、三位置气缸和伺服气缸等。

（1）外观结构　以带导杆的正弦气缸中的REA系列为例，外观结构如图43-42所示，结构如图43-43所示。

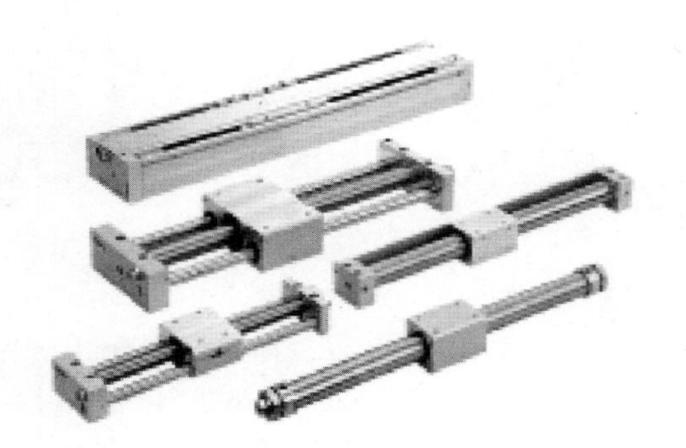

图43-42　REA系列正弦气缸外观结构

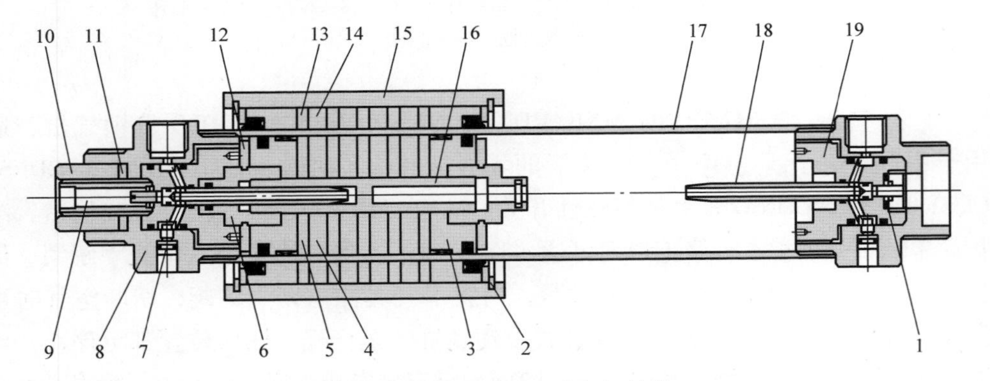

图43-43　REA系列正弦气缸结构

1、10—锁母　2—弹性挡圈　3—活塞　4、14—磁环　5、13—导磁板　6—密封座　7—限位螺钉　8—缸盖　9—调整螺钉　11—弹垫　12—缓冲垫　15—缸体　16—轴　17—缸筒　18—缓冲环　19—缓冲环座

（2）特点　REA/REB/REC 正弦气缸，可实现低冲击力的快速搬运，REA 系列活塞最大速度为 300mm/s，REB 系列活塞最大速度为 600mm/s。CJ2Y/CM2Y/CG1Y/MBY/CA2Y/CS2Y/CQSY/CQ2Y 平稳运动气缸，可实现活塞 5mm/s 速度下的稳定动作，双向动作也可实现低滑动。CJ2X/CM2X/CQSX/CQ2X/CUX 低速气缸，活塞 0.5mm/s 的速度下也可平滑动作（缸径 16mm 以下活塞速度为 1mm/s），最低使用压力较 SMC 公司气缸压力减半。MQQ/MQM/MQP 低摩擦气缸，采用滑动阻抗小的金属密封构造，可用于特殊的驱动速度及输出控制。RHC 高速气缸，具有较本公司 CG1 系列的 10～20 倍的动能吸收能力，可实现从高速、小负载至中低速、大负载的平稳缓冲。其中 XC93 系列具有强耐水性和带润滑保持功能，在水滴飞溅的环境下寿命提高 5 倍（与标准气缸相比）。RZQ 三位置气缸，配有中间停止机构，尺寸仅延长了一点，却具有二段行程。IN－777 伺服气缸，可实现气缸的多点定位及控制，响应迅速，重复定位精度高，可达 ±0.5mm。具有自我诊断功能（LED 亮灯则输出信号），断气断电时活塞可紧急停止运作。

（3）性能参数　以带导杆正弦气缸中的 REA 系列为例，表 43-23 列出了其性能参数。

表 43-23　REA 系列带导杆正弦气缸的性能参数

序号	性能	参数
1	最高耐压压力/MPa	1.05
2	最高使用压力/MPa	0.7
3	最低使用压力/MPa	0.18
4	环境温度/℃	－10～60
5	使用活塞速度/(mm/s)	50～300
6	行程长度允差/mm	0～1.0（行程为 0～250mm）；行程为 0～1.4（251～1000mm）；行程为 0～1.8（1001mm ）

12. 销钉气缸

该类气缸可分为高精度定位用销钉夹紧缸、偏心定位销钉夹紧缸、基准销钉夹紧缸、偏心销钉夹紧缸等。

以偏心定位销钉夹紧缸中的 CKZP 系列为例，外观如图 43-44 所示。

国内外销钉气缸的特点及性能参数：表 43-24 列出了目前市场上一些知名厂商销钉气缸的特点，表 43-25 列出了销钉气缸的性能参数。

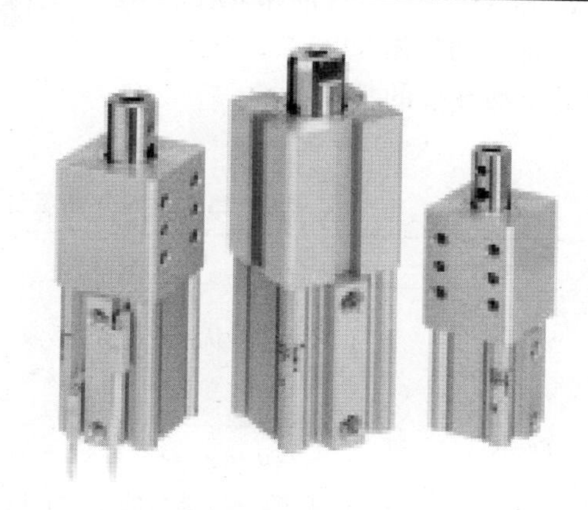

图 43-44　CKZP 系列偏心定位销钉夹紧缸外观

表 43-24 国内外知名厂商销钉气缸的特点

厂商名称	特点
FESTO	—
SMC	此销钉气缸具有高精度，当在杆的延伸端施加载荷时，杆前端摆动量为±0.1mm。操作比较简单，用户提供的工件定位销钉可直接安装，通过集成气缸安装指南，减少了人工时间。内置线圈刮刀，可以去除粘在活塞杆上的焊接飞溅物、异物、切屑等
AirTAC	销钉表面为镀钛合金处理，大大提高耐磨性。气缸部分前盖有金属刮套，能有效去除渣、屑等。多方位安装，机构部分本体提供四面安装，气缸本体周边带有传感器槽，安装传感器方便

表 43-25 销钉气缸的性能参数

厂商名称（型号）	FESTO	SMC（CKZP 系列）	AirTAC（AQK 系列）
压力调节范围/MPa	—	最高 0.7	0.15~1
最高耐压力/MPa	—	—	1.5
环境温度/℃	—	-10~60	-20~70
使用活塞速度/(mm/s)	—	—	—
行程长度允差/mm	—	—	—

13. 止动气缸

该类气缸可分为止动气缸、精确止动气缸、挡料器等。止动气缸外观如图 43-45 所示。

图 43-45 止动气缸外观

国内外止动气缸的特点及性能参数：表 43-26列出了目前市场上一些知名厂商止动气缸的特点，表 43-27列出了止动气缸的性能参数。

表 43-26 国内外知名公司止动气缸的特点

厂商名称	特点
FESTO	1. 带或不带抗扭转装置，带或不带内螺纹的套筒设计型式 2. 带抗扭转装置的滚柱设计型式 3. 结构紧凑 4. 三侧传感器槽 5. 由于具有非常好的缓冲特性和坚固的活塞杆导轨，因而使用寿命长 6. 安全停止工件支架、托盘和重量达 90kg 的套件

（续）

厂商名称	特　点
SMC	液压缓冲器易于更换，只要旋松止动螺钉就可以更换。利用可调式液压缓冲器可以实现平稳停止，通过旋转调节盘来改变阻力大小。质量最大减小 22%，缸筒缩短。锁紧机构便于操作，通过改变锁紧机构的形状，便于手动解锁。确保和以前产品系列（RS1H）的安装互换性，气缸安装孔间距、安装面到摆轮中心的高度保持不变，从而确保和 RS1H 系列的互换性。滚轮杠杆的方向能够以间隔 90°进行变更，结合工件的止动方向，滚轮杠杆可以在 360°范围内以 90°的间隔转动
AirTAC	加粗活塞杆，能有效提高气缸抵抗冲击的能力。安装高度固定，多种杆端形式可供选择，选用带液压缓冲器的阻挡气缸，缓冲效果会更好。杠杆式滚轮结构止动气缸配有自锁装置，可防止摇臂回弹对被阻挡物体的回推。有多种系列、规格的止动气缸型式可供用户选择使用
CHELIC	主轴内置液压缓冲器，可保护结构不受撞击力量影响而损坏，摇臂共有 4 个方向

表 43-27　止动气缸的性能参数

厂商名称（型号）	FESTO（DFSP 系列）	SMC（RSG 系列）	AirTAC（TWQ 系列）	CHELIC（STF 系列）
压力调节范围/MPa	0.1～1	≤1	0.15～1	0.1～0.85
最高耐压力/MPa	—	1.5	1.5	—
环境温度/℃	-10～80	-10～70	-20～80	-10～70
行程长度允差/mm	—	—	0～1	—

14. 测程缸

该类气缸可分为高精度行程可读缸、行程可读缸、带制动的行程可读缸、高精度无杆行程可读缸等。

（1）外观结构　以高精度行程可读缸中的 CEP1 系列为例，外观如图 43-46 所示，结构如图 43-47所示。

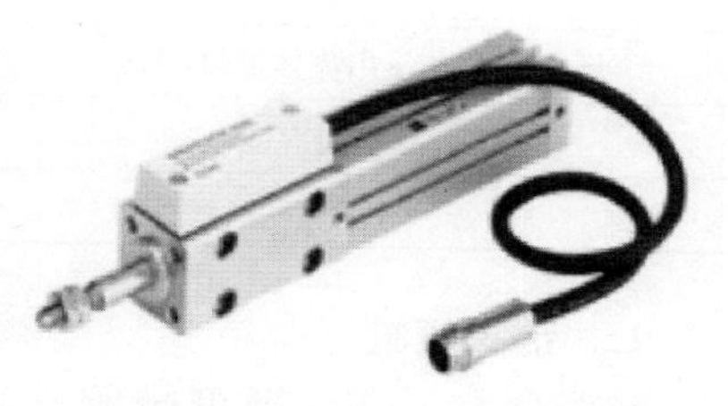

图 43-46　CEP1 系列高精度行程可读缸外观

（2）特点　CEP1 系列高精度行程可读缸安装型式分为直接安装杆侧螺孔型、脚座型、杆侧法兰型。缸径有 ϕ12mm 和 ϕ20mm 两种尺寸。通过运动测得行程，气缸行程有 1～150mm 和 1～300mm 两种规格，可以安装传感器，传感器电缆长度分为 0.5m 和 3m。使用的传感器最大传输距离是 23m，电源类型为 DC10.8～26.4V（电源波动 1% 以下）。内置磁性开关，开关个数不等，根据实际情况选择。行程长度允差为 0～+1.0mm，杆的不回转精度分别为 ±2°和 ±3°。使用活塞速度为 50～300mm/s。

（3）性能参数　以高精度行程可读缸中的 CEP1 系列为例，表 43-28 列出了 CEP1 系列的性能参数。

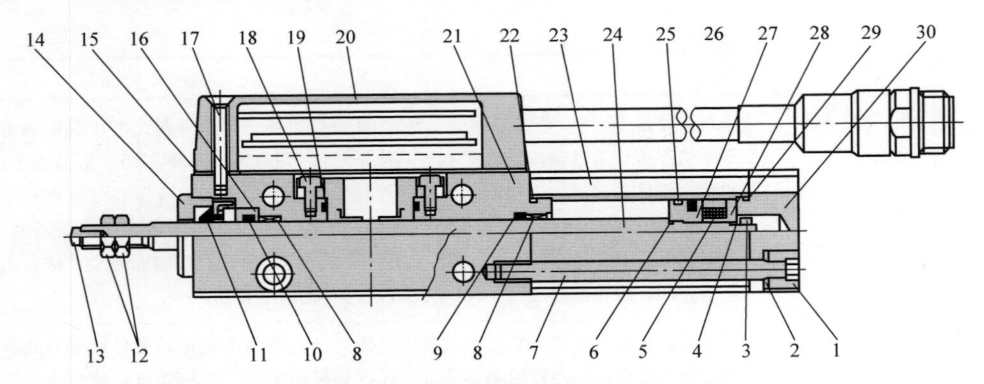

图 43-47　CEP1 系列高精度行程可读缸结构

1、3、12—螺母　2、4—弹垫　5—磁环　6、9、10、19、22、26、29—密封圈　7—拉杆　8—导向套　11—刮尘圈　13—杆端销　14—凸台环　15—垫片　16—密封件滑环　17、18—螺钉　20—传感器单元　21、30—缸盖　23—缸筒　24—活塞杆　25—耐磨环　27、28—活塞

表 43-28　CEP1 系列的性能参数

<table>
<tr><td>动作方式</td><td colspan="2">单杆双作用（活塞不回转）</td></tr>
<tr><td>使用流体</td><td colspan="2">空气</td></tr>
<tr><td>保证耐压力/MPa</td><td colspan="2">1.5</td></tr>
<tr><td>最高使用压力/MPa</td><td colspan="2">1.0</td></tr>
<tr><td rowspan="2">最低使用压力</td><td>缸筒内径 φ12mm</td><td>缸筒内径 φ20mm</td></tr>
<tr><td>0.15MPa</td><td>0.1MPa</td></tr>
<tr><td>环境温度及使用流体温度/℃</td><td colspan="2">0 ~ 60</td></tr>
<tr><td>是否需要润滑油</td><td colspan="2">不需要</td></tr>
<tr><td>缓冲</td><td colspan="2">无</td></tr>
</table>

15. 带阀气缸

该类气缸可分为薄型带阀气缸、带阀气缸、带阀的导杆一体型气缸、导杆型等。

带阀气缸外观如图 43-48 所示，带阀气缸结构如图 43-49 所示。

图 43-48　带阀气缸外观

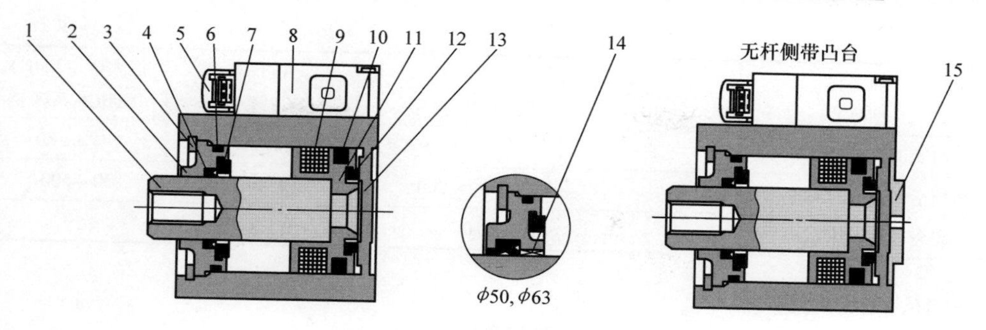

图 43-49　带阀气缸的结构

1—活塞杆　2—端环　3—弹性挡圈　4、6、10—密封圈　5—先导阀　7、12—缓冲垫　8—电磁阀　9—磁环　11—活塞　13—缸筒　14—衬套　15—凸台环

国内外带阀气缸的特点及性能参数：表 43-29 列出了目前市场上一些知名厂商带阀气缸的特点，表 43-30 列出了带阀气缸的性能参数。

表 43-29　国内外知名厂商带阀气缸的特点

厂商名称	特　点
FESTO	—
SMC	薄型带阀气缸 CVQ 是薄型气缸紧凑的一体型。首先节省工时，不需要选定阀，阀的先导排气方式为主阀，先导阀集中排气，阀的保护构造为防尘。配管工时减少。节能，气缸和阀之间的空气消耗量减少 50%。而且节省空间，由于缸和阀一体构造，设置空间缩小。安装形式分为通孔、脚座型、杆侧法兰型、无杆侧法兰型、双耳型。缸径分为 32mm、40mm、50mm 和 63mm。内置磁环无磁性开关，缸体可选择标准，无杆侧带凸台，杆端外螺纹，配管方式有标准和轴向两种
AirTAC	1. 进行一对一控制，无须再另外安装控制阀 2. 节省安装时间及安装空间，适合在大系统中分散使用 3. 多种规格的安装附件可供选择，安装简单
亿太诺（EMC）	缸径范围为 32 ~ 160mm。气缸的前后盖模具均为重新设计开模，气缸前盖防尘圈由 NBR（丁腈橡胶）改为 TPU（热塑性聚氨酯弹性体橡胶），更耐磨，防尘效果更佳，寿命更长；采用更加强韧的青铜自润滑轴承，抗侧向负载能力远超一般的气缸；特殊的气缸缓冲设计，更厚实、稳定，保证较长寿命；有丰富的气缸衍生品和气缸安装附件可选

表 43-30　带阀气缸性能参数对比

厂商名称（型号）	FESTO	SMC（CVQ 系列）	AirTAC（SCF 系列）	亿太诺（EMC）（TBCF 系列）
压力调节范围/MPa	—	0.15 ~ 0.7	0.15 ~ 1	0.1 ~ 1
最高耐压力/MPa	—	1	1.5	1.5

（续）

厂商名称（型号）	FESTO	SMC（CVQ 系列）	AirTAC（SCF 系列）	亿太诺（EMC）（TBCF 系列）
环境温度/℃	—	-10~50	-20~70	-20~80
使用活塞速度/(mm/s)	—	50~500	30~800	30~500
行程长度允差/mm	—	0~1	0~1.5	—

16. ISO 气缸

该类气缸可分为 ISO 气缸 C85 系列、ISO 气缸 CP96 系列、ISO 气缸 C96 系列、符合 ISO 规格的薄型气缸等。

ISO 气缸外观如图 43-50 所示。

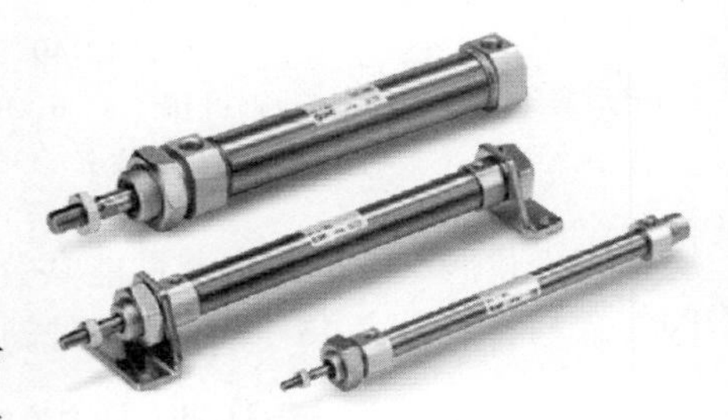

图 43-50　ISO 气缸外观

国内外 ISO 气缸的特点及性能参数：表 43-31列出了目前市场上一些知名厂商 ISO 气缸的特点，表 43-32 列出了 ISO 气缸的性能参数。

表 43-31　国内外知名厂商 ISO 气缸的特点

厂商名称	特　点
FESTO	1. 短型 ISO 标准气缸 DSNU 2. 即使在狭窄的空间也可以快速、轻松地安装 3. 重量轻 4. 自调节气动终端位置缓冲，可以节省调试时间，并可以自适应负载和速度变化进行最优调节 5. 带外螺纹的活塞杆 6. 用于位置检测 7. 推荐多种派生型用于锂离子电池制造的生产系统
SMC	ISO 气缸 C85 系列缸径（mm）：ϕ8、ϕ10、ϕ12、ϕ16、ϕ20、ϕ25。该产品可以设定安装件、杆端安装件以及带磁性开关的型号。无须分别订购适合的气缸，节省时间。杆端安装件是双肘接头，磁性开关为 D-M9 口型，安装件为脚座。易于微调磁性开关位置，仅需旋松磁性开关附带螺钉即可微调磁性开关位置。透明的开关托架提高了 LED 指示灯的可视性。安装托架有单脚座、双脚座、法兰、耳轴、耳环多种方式
AirTAC	—
亿太诺（EMC）	缸径范围为 32~250mm，全部动密封采用 PU（聚氨酯）材质，磁铁内置到加宽 2.5 倍的耐磨环槽中，增加导向性能、同心度；采用更加强韧的青铜自润滑轴承，抗侧向负载能力远超一般的气缸；活塞密封采用两个 Y 型 PU 密封圈，有自动补偿功能，起动压力低。独特的气缸缓冲调节设计，在两端气缓冲基础上，改变了常规的前盖密封件 O-RING（O 形环）结构，设计成宽大厚实的缓冲垫，形成双重缓冲结构从而让气缸的活塞和前后端盖得到非常好的保护，寿命更长

表 43-32　ISO 气缸的性能参数

厂商名称（型号）	FESTO（DSNU 系列）	SMC（C85 系列）	AirTAC	亿太诺（EMC）（VBC 系列）
压力调节范围/MPa	0.15～1	0.05～1	—	0.1～1
最高耐压力/MPa	—	1.5	—	1.5
环境温度/℃	-20～80	-10～60	—	-20～80
使用活塞速度/(mm/s)	10～100	50～1500	—	50～800
行程长度允差/mm	—	0～1.4	—	—

43.1.6　气缸的选择步骤

选择气缸时，必须确定以下项目：①使用目的，预计使用时压降的下限值。②负载大小，所移动的物体质量。③负载状态，负载的设置状态和使用方法。④气缸的行程，装置所需要气缸的行程。⑤运动速度，缸的运动速度。⑥动作频率。⑦周围状况，温度、尘埃、振动等。⑧使用场所，使用场所的环境。图 43-51 所示为气缸的选择步骤。

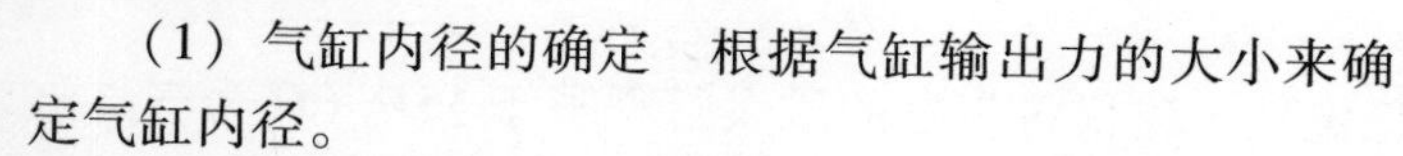

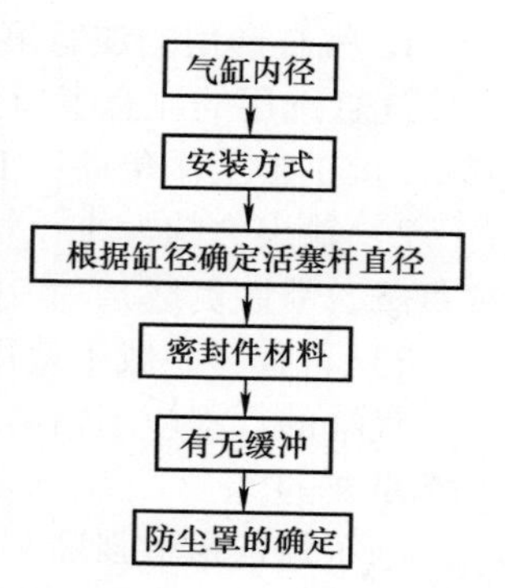

图 43-51　气缸选择步骤

(1) 气缸内径的确定　根据气缸输出力的大小来确定气缸内径。

(2) 安装方式　根据负载的运动方向来选择安装方式。

(3) 根据气缸行程确定活塞杆直径　活塞杆为受压杆件，其强度是个很重要的问题，应采用高强度钢，对其进行热处理和加大活塞杆直径等方法提高其强度。

(4) 确定密封件的材料　标准气缸密封件的材料一般为丁腈橡胶。

表 43-33 列出了两种常用密封材料的使用条件。

在表 43-33 条件之外的使用场合应改变密封材料，可根据具体使用条件与生产厂商协商。

表 43-33　常用密封材料的使用条件

形状	密封材料	最大活塞运动速度/(mm/s)	使用温度范围/℃
O 形圈	丁腈橡胶	500	-10～80
	氟橡胶	300	0～150
U 形圈	丁腈橡胶	1000	-10～80
	氟橡胶	500	0～150

(5) 确定有无缓冲装置　根据工作要求确定无缓冲装置。

(6) 防尘罩的确定　气缸在砂土、尘埃、风雨等恶劣条件下使用时，有必要对活塞杆进行特别保护。

防尘罩多使用折叠皮革，根据使用温度的不同确定皮革种类，所以防尘罩要根据周围环境温度选定，防尘罩材料选择指标见表43-34。

表43-34 防尘罩材料选择指标

名称	材质	耐热温度/℃
尼龙帆布	尼龙布上挂维尼纶	80
氯丁橡胶	尼龙布上挂氯丁橡胶	130
康纳克斯	硅胶布	200

注：康纳克斯为耐热纤维。

43.1.7 气缸的使用及安装注意事项

1. 气缸选用的注意事项

气缸选用的注意事项如下。

1）正常工作条件：工作气源压力为0.3~0.6MPa，环境温度为-5~80℃。

2）输出力的大小：气缸的输出力（推力或拉力）应根据外部负载的性质（阻抗负载、惯性负载）、大小、活塞运动速度统一考虑。

3）行程：一般不使用满行程，特别在活塞杆伸出时，应避免活塞撞击缸盖。

气缸的行程应当精确地符合设计工况的要求。当需要对重负载缓冲时，这点是非常重要的。

为了保证机械强度和稳定性，建议将气缸的最大行程限于15D（D为气缸缸径）。对气缸改型可超过这个比例（双活塞等）。

对于很长的行程，气缸尺寸的选择可首先由所需活塞杆的刚度来确定。由于弯曲的原因，细长的活塞杆绝不能在使用中受压，工程设计原则应考虑到弯曲和挠曲的因素。

4）安装形式的选择：由安装位置、使用目的等因素决定。在一般场合下，多用固定式气缸。在需要随同工做机构连续回转时（如车床、磨床等）应选用回转气缸。在既要求活塞杆做直线运动，又要求缸体本身做较大圆弧摆动时，则选用轴销式气缸。有特殊要求时，可选用特种气缸。

5）活塞杆的运动速度：其影响因素很多，但气缸进气管内径的大小影响较大。由于空气介质的压缩性，气缸活塞杆的运动速度一般控制在50~500mm/s之间。如要求高速运动，应选用大内径的进气管道。对于行程中途有变动的情况，为使气缸速度平稳，可选用气-液阻尼缸。当要求行程终端无冲击时，则应选用缓冲气缸。

6）气缸活塞杆不允许承受侧向负载。

7）压缩空气须经过净化处理：在气缸进气口前应安装油雾器（不供油气缸例外），以利气缸工作时相对运动部件的润滑。在灰尘大的场合，运动件处应设防尘罩。

2. 气缸连接机构设计

气缸连接机构设计原则如下。

1）增加气缸推力：图43-52所示为增加气缸推力的几种方法。

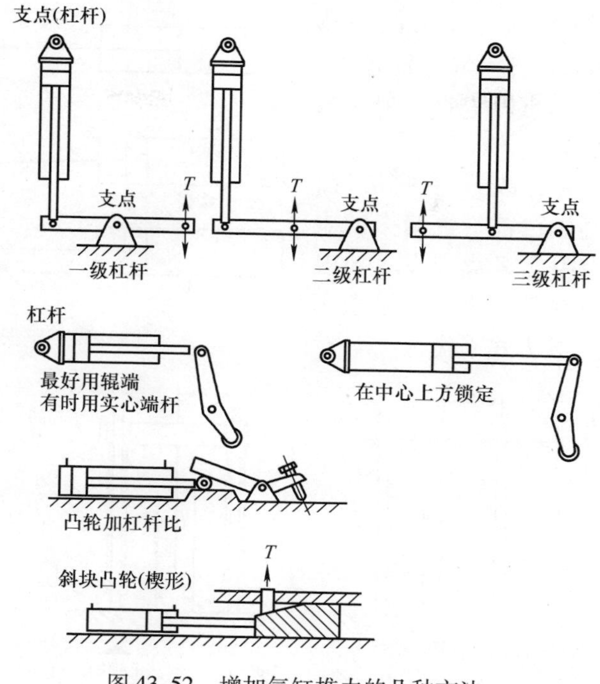

图 43-52　增加气缸推力的几种方法

2）增加气缸有效行程：增加气缸有效行程可以通过采用一般的杠杆结构实现。当需要很大的增量时，则需采用滑轮组。图 43-53 所示为增加气缸有效行程的方法。

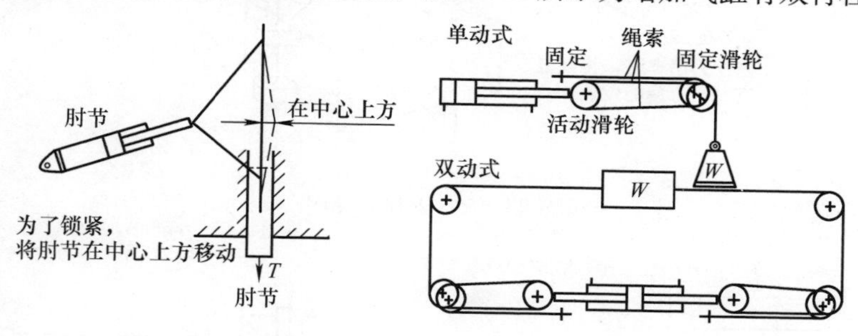

图 43-53　增加气缸有效行程的方法

3）负载的导向：前面已经谈到，气缸不能承受很大的侧向负载。在任何情况下，都必须避免侧向负载超过气缸标准推力的 10%。

① 首先应考虑气缸同轴度问题。当气缸同轴度正确时，运动部件运行的轨迹必须与气缸的轴线平行。支撑住自由运动的活塞杆顶部可避免因活塞杆重量造成的弯曲。图 43-54 所示为正误实例。

② 当用单缸来拖动一负载，而其中有发生侧向负载的危险时，应进行适当的导向，标准配置如图 43-55 所示。

③ 由于气缸安装而产生的侧向负载，图43-56所示为几种气缸安装示例。

图43-56a所示为重力中心 Z 离支点 S 太远，轴承超负载。

图43-56b所示为改进后的情况，图43-56a中的后耳轴已被气缸筒旁的中心耳轴代替，重力中心 Z 离支点 S 比较近了。如果轴承负载还是太大，必须用图43-56c所示的安装方式来代替。

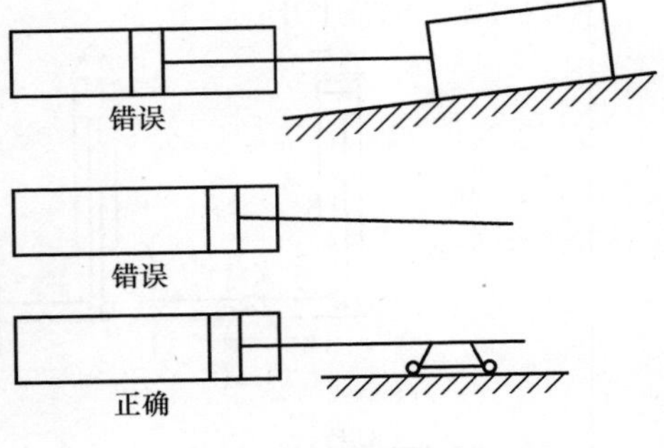

图43-54 正误实例

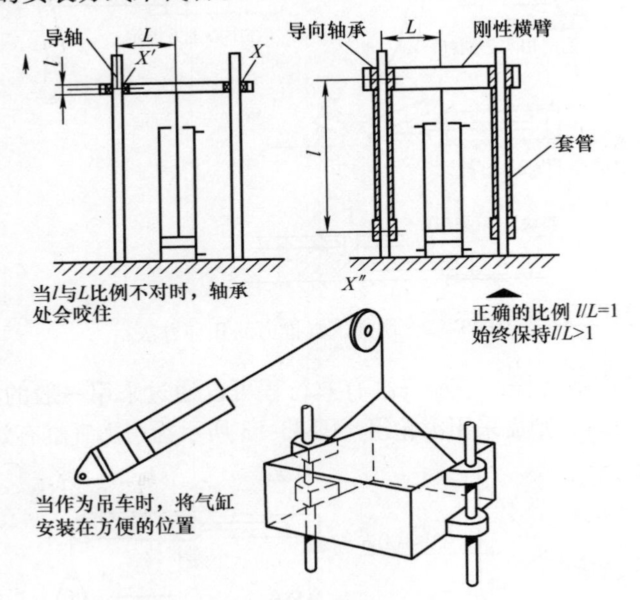

图43-55 负载的导向

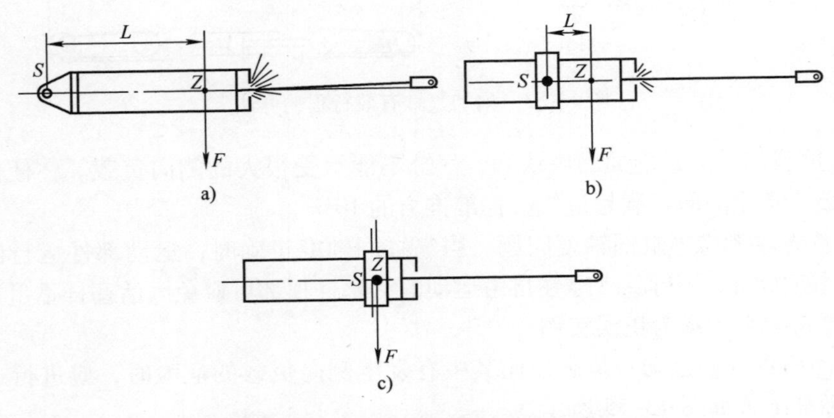

图43-56 气缸安装产生侧向负载

图 43-56c 为良好设计，支点 S 几乎与重力中心 Z 重合。弯矩很小，轴承负载正常。

4）同步传动：当负载范围特别大时，有时采用两个或两个以上的气缸组带动负载。详见第 37. 2. 5 节。这里从机械机构的角度再介绍一种链传动同步控制，如图 43-57 所示。

5）角运动：标准气缸安装方式限制了角运动，如图 43-58 所示。

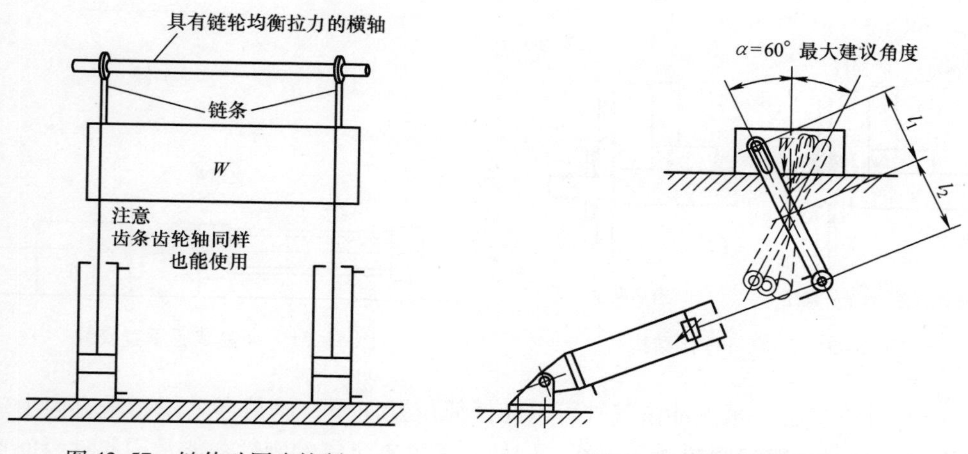

图 43-57　链传动同步控制

图 43-58　角运动的限制

当摆角大于 120°，小于 360°时，采用摆动缸。图 43-59 所示为以齿轮齿条式摆动缸为例的原理图。当旋转角大于 360°时使用齿轮式气马达。这两种气动执行器将在第 43. 2 节和第 43. 3 节中介绍。

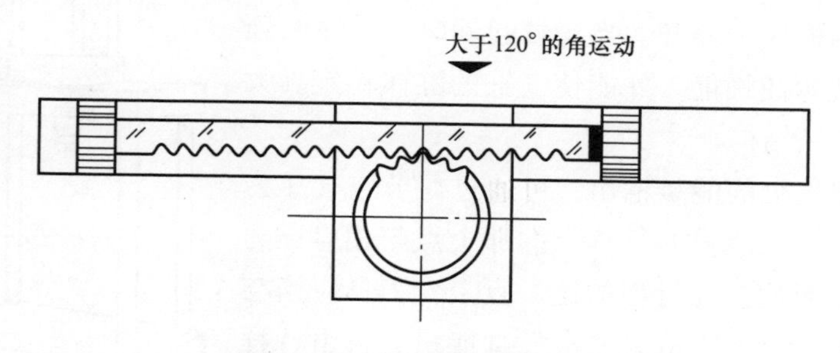

图 43-59　大于 120°的角运动

3. 气缸安装及应用注意事项

气缸安装及应用注意事项如下。

1）同轴度：一个系统中的双作用或单作用气缸首先应安装在已规定好的标志线内。应检查它们是否能自由地活动。最重要的是，当气缸在操纵导向滑动装置、联动装置、杠杆等的时候，气缸运动的轴线应当与所驱动部件的关联导向部件的轴线一致。

2）活塞杆：①活塞杆端，活塞杆螺纹一般按ISO标准螺纹接头制造，应当连接方便。不需要用过大的力来连接。如果需要过大的力，则必须检查同轴度和连接螺纹。当用防松螺母夹紧方式来连接活塞杆螺纹时，接合面必须与螺纹成直角，用90°角尺检查，如图43-60所示。②活塞杆弯曲：当用气缸夹紧物件，或用外装挡板来限制活塞行程时，检查挡板或夹紧装置是否垂直安装，是否会引起活塞杆弯曲，如图43-61所示。

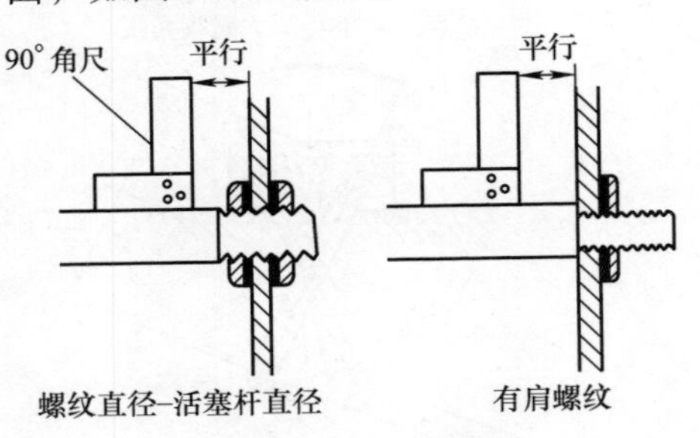

图43-60　活塞杆连接结构

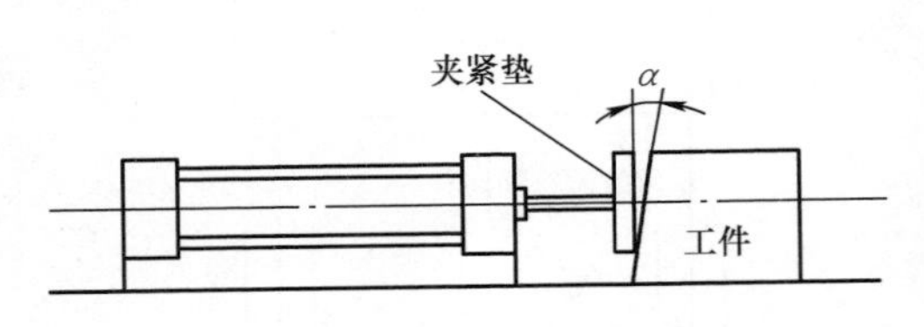

图43-61　夹紧装置垂直安装

3）冲击气缸：虽然冲击气缸可以在任何位置使用，但是当它用于垂直向上或向下冲击时，一般问题较少。当然，框架必须要有足够的刚性，能承受起动瞬间产生的反冲力。这个反冲力足以举起一个较轻的框架，因此需将框架固定在很重的工作台或独立的支座上，或者用框架自重所产生的重力来抵消。

冲击气缸的安装座如图43-62所示。

这种框架的制造是最经济的。最简单的形式是两块板材，由四根柱子隔开。当气缸起动时，较厚的顶板有较好的抗弯曲性能，并能使气缸的缸体稳定。大的框架需要厚块结构。

来自冲击气缸的能量输出，可通过调节空气压力来控制。产生最大能量的行程上的那个点与相应压力曲线的最高点对应。在行程的这一点上，工具应当与零件接触。图43-63所示为冲击气缸能量、自由行程及压力的关系曲线。

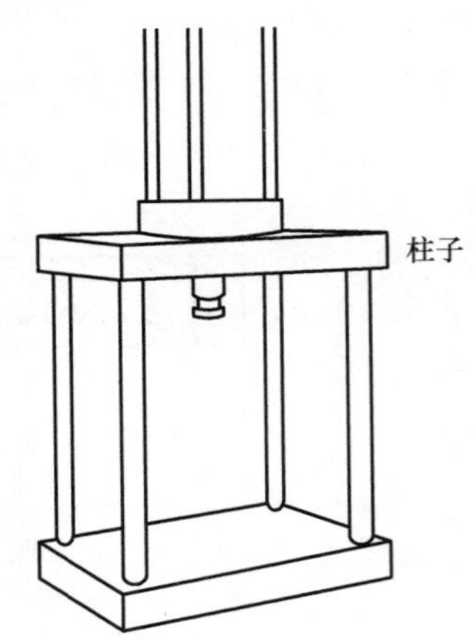

图43-62　冲击气缸的安装座

4）皮老虎式气缸：皮老虎式气缸不应在建议高度之上应用。应使用刚性挡块，以保证不受过度伸延和压缩。安装时应留有间隙，以防止摩擦和刺孔。端板在充气以前必须固定牢固。不应超过最大工作压力。皮老虎式气缸典型应用实例如图43-64所示。

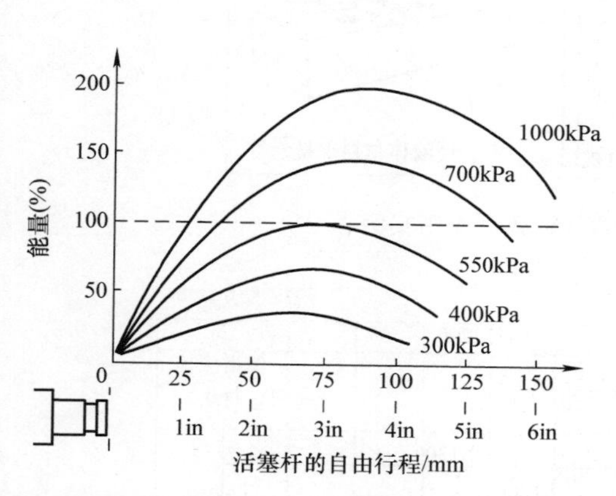

图 43-63 冲击气缸能量、自由行程及压力关系曲线

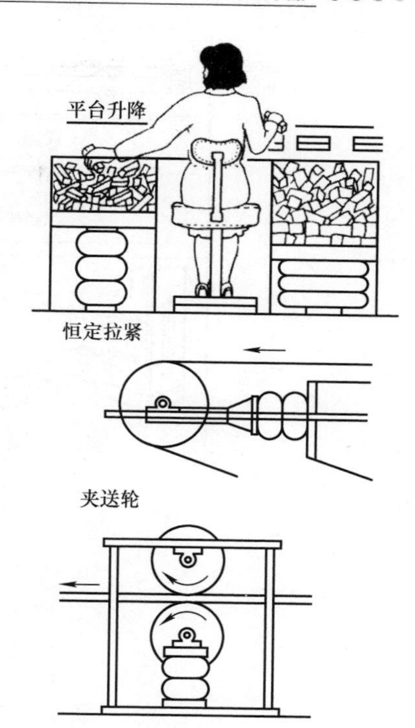

图 43-64 皮老虎式气缸典型应用实例

5）缆索气缸：这种气缸的主要优点是在行程长的情况下能压缩总长、负载同轴度调整简单、无活塞杆挠曲或弯曲、行程长度特别长、可使用缆索转化为旋转运动。从而避免了标准气缸的安装难题。

安装时需将缆索拉紧，使缆索压盖密封不受任何形式的非线性负载。如果气缸上没有自动拉紧机构，则应定期检查缆索拉紧情况。气缸尺寸与标准气缸尺寸相似，大多数缆索气缸在行程终端有可调缓冲。

图 43-65 为缆索气缸典型应用实例。

6）无杆气缸：这种气缸具有与缆索气缸相似的优点。但无杆气缸占据更小的空间。

图 43-66 所示为无杆气缸安装数据。当水平安装时，气缸筒由于负载 F 而挠曲。建议将挠度限制在 0.5mm 以下。为此应确定气缸长度 L 所需的支承安装座。因此，当行程较长时，需同时用端部和中心安装座。

43.1.8 普通气缸的设计计算

1. 气缸的输出力和缸径的计算

（1）输出力　通常压缩空气作用在气缸活塞上的力并不等于活塞杆的理论输出力 F_t，因为在活塞上还作用有方向相反的摩擦阻力、弹簧力以及负载的惯性力等。

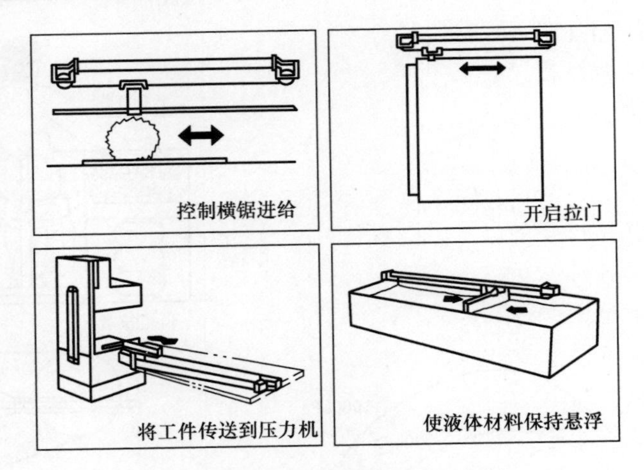

图 43-65 缆索气缸典型应用实例

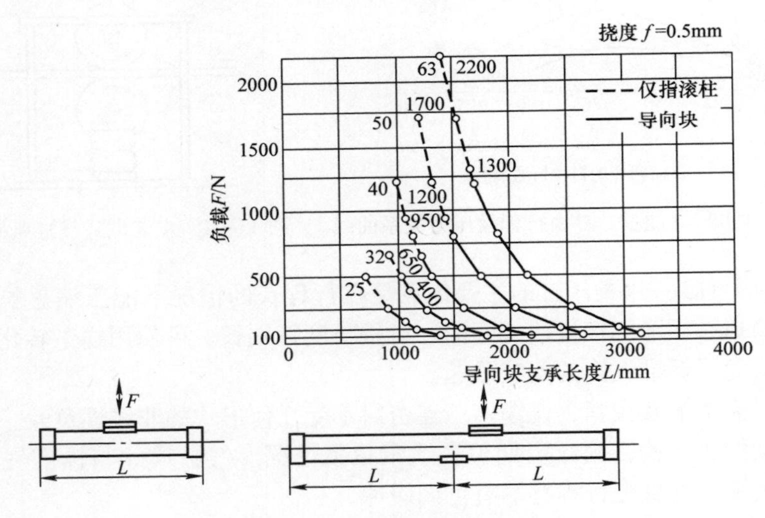

图 43-66 无杆气缸安装数据

1）单作用气缸的活塞杆输出力为

$$F = Ap_s - (F_R + F_F) = F_t - (F_R + F_F) - F_a \tag{43-1}$$

式中 F_t——理论输出力（N），$F_t = Ap_s + F_a$；

A——活塞面积（m^2），$A = \frac{\pi}{4}D^2$；

D——活塞直径（m）；

p_s——压缩空气气源压力（表压力）（Pa）；

F_F——缸筒与密封件表面的摩擦阻力（N）。视加工情况，取 $F_F = (3\% \sim 20\%) F_t$；

F_a——惯性负载力（N），$F_a = ma$；

F_R ——压缩弹簧的反作用力（N），$F_R = c(L+\delta)$；

L ——活塞行程（m）；

δ ——弹簧的预压缩量（m）；

c ——弹簧刚度，$c = \frac{Gd_1^4}{8D_a^2 n}$；

G ——弹簧材料的切变模数（Pa）；

d_1 ——弹簧钢丝直径（m）；

D_a ——弹簧中径（m）；

n ——弹簧的工作圈数（$n = n_1 - 1.5$），其中 n_1 为弹簧总圈数。

由于摩擦阻力 F_F 较难计算，通常将它视作理论输出力 F_t 的20%，因此工程上采用效率 η 乘理论输出力 F_t 来考虑摩擦阻力的影响或查找图43-67的特性曲线，则式（43-1）可改写为

$$F = F_t \eta - F_R \tag{43-2}$$

式中　η ——效率，取 $\eta = 0.8 \sim 0.9$。

2）双作用气缸的活塞杆输出力为

推力

$$F_P = F_t - F_F \tag{43-3}$$

或以效率计算为

$$F_P = F_t \eta \tag{43-4}$$

拉力

$$F'_P = F'_t - F'_F \tag{43-5}$$

或以效率计算为

$$F'_P = F'_t \eta \tag{43-6}$$

式中　F'_t ——活塞杆理论拉力。

（2）气缸直径的确定　当气缸以推力做功时，缸径的大小根据式（43-4）得

$$D = \sqrt{\frac{4F_P}{\pi p_s \eta}} \tag{43-7}$$

当气缸以拉力做功时，缸径的大小根据式（43-6）得

$$D = \sqrt{\frac{4F'_P}{\pi p_s \eta} + d^2} \tag{43-8}$$

式中　$F_P(F'_P)$ ——活塞杆的理论推力（拉力）（N）；

p_s ——气源压力（Pa）；

d ——活塞杆的直径（m）；

η ——机械传动效率。

按上述公式计算之后，再根据标准缸径圆整，最后确定缸径 D 的大小。

2. 活塞杆的直径计算

当气缸带负载工作时，其活塞杆受压载荷很大，容易引起活塞杆弯曲，因此必须将活塞杆作为受压杆件来处理，以决定活塞杆的直径和长度。

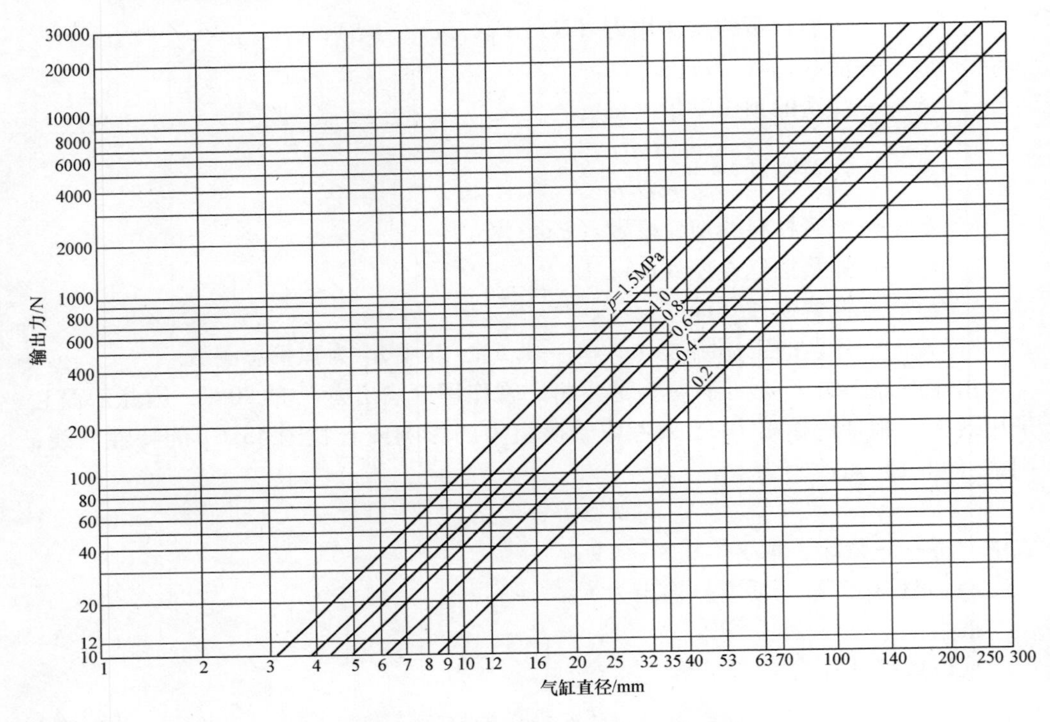

图 43-67　气缸的输出力－压力特性曲线

1）当活塞杆的长度 $L \leqslant 10d$ 时，按强度条件计算，此时活塞杆直径由载荷决定，而与长度无关，或者说活塞杆所受的应力应小于活塞杆材料的许用应力，即

$$\frac{F_{\mathrm{P}}}{\frac{\pi}{4}d^2} \leqslant [\sigma_{\mathrm{P}}]$$

故

$$d \geqslant \sqrt{\frac{4F_{\mathrm{P}}}{\pi[\sigma_{\mathrm{P}}]}} \tag{43-9}$$

式中　F_{P}——气缸活塞杆上的推力（N）；

$[\sigma_{\mathrm{P}}]$——活塞杆材料的许用应力（Pa）；

d——活塞杆直径（m）。

2）当活塞杆的长度 $L>10d$ 时，按纵向弯曲极限力计算，这时活塞杆直径与长度需同时考虑，活塞杆直径不仅和外载荷有关，而且和长度及安装形式、材料的性能有关。

当细长比 $\frac{L}{K}>m\sqrt{n}$ 时，有

$$F_{\mathrm{K}}=\frac{n\pi EI}{L^2} \tag{43-10}$$

当细长比 $\frac{L}{K} \leqslant m\sqrt{n}$ 时，有

$$F_K = \frac{fA_1}{1+\frac{\alpha}{n}\left(\frac{l}{K}\right)^2} \tag{43-11}$$

式中　l——活塞杆计算长度（m），见表43-35；

K——活塞杆横截面曲率半径（m），$K=\sqrt{\frac{I}{A}}=\frac{d}{4}$；

I——活塞杆横截面惯性矩（m^4），$I=\frac{\pi d^4}{64}$；

A——活塞杆横截面积（m^2），$A=\frac{\pi}{4}d_1^2$；

m——柔性系数，对钢取 $m\approx85$；

n——端点安装形式系数，见表43-35；

E——材料的弹性模量，对钢 $E=210\text{GPa}$；

f——材料强度实验值，对钢取 $f=490\text{MPa}$；

α——系数，钢取 $\alpha=\frac{1}{5000}$。

表43-35　活塞杆计算长度 l 与系数 n

	一端固定 一端自由	两端铰接	一端固定 一端铰接	两端固定
气缸安装方式	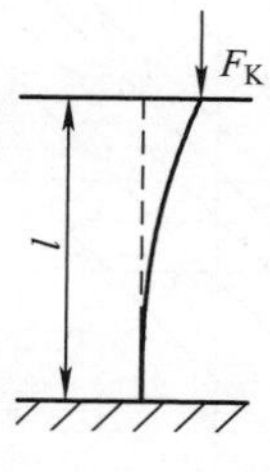	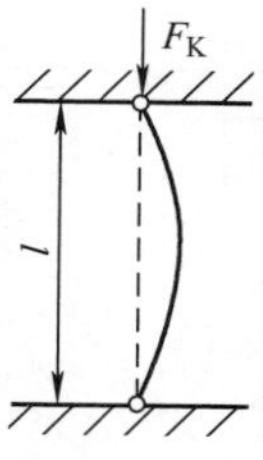	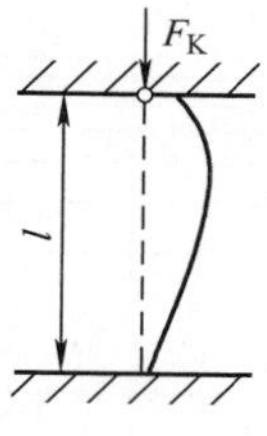	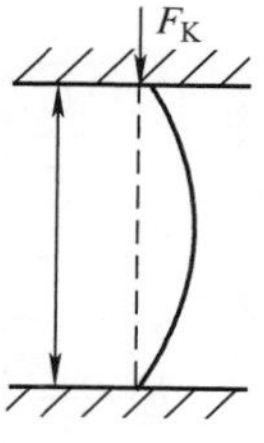
安装方式	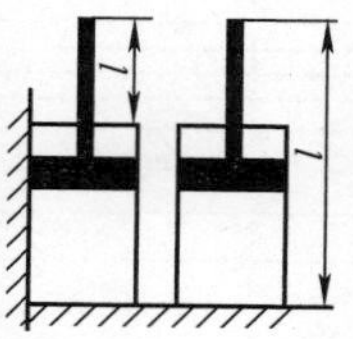	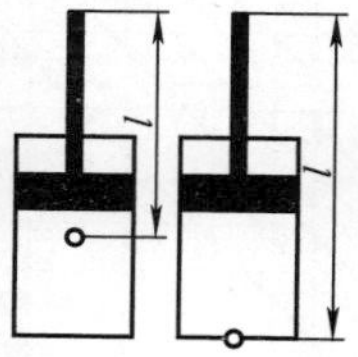	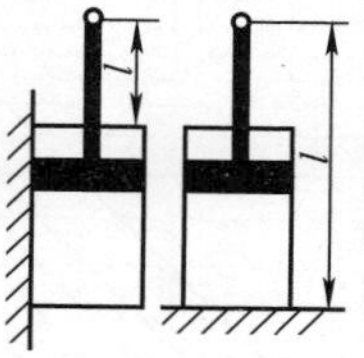	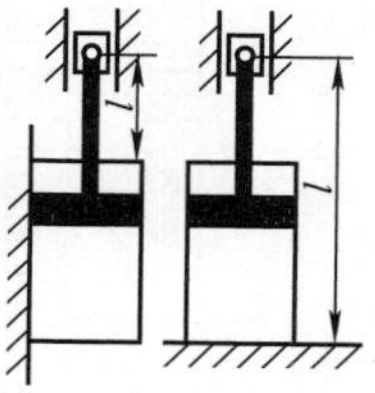
n	1/4	1	2	4

若纵向推力负载（气缸工作负载 F 与工作阻力 F_R 之和）超过极限力 F_K，应当采取措施，在行程及安装方式不改变的前提下，加大活塞杆的直径 d。

3. 耗气量的计算

计算气缸的耗气量将为设计计算气源系统的容量提供必要的原始数据，通常气缸的耗气量 q_V 的计算方法如下：

对单作用缸，有

$$q_V = L_n \frac{\pi}{4} D^2 \frac{(p_s + p_0)}{p_0} \tag{43-12}$$

对双作用缸，有

$$q_V = \left[L \frac{\pi D^2}{4} + L \frac{\pi}{4}(D^2 - d^2) \right] n \frac{p_s + p_0}{p_0} \tag{43-13}$$

式中　L_n——气缸行程（m）；

n——每分钟往复次数；

p_s——压缩空气压力（表压力）（Pa）；

p_0——大气压力（Pa）。

在工程上，气缸耗气量 q_V 也可参考图43-68进行计算。

对单作用气缸，有

$$q_V = Lnq \tag{43-14}$$

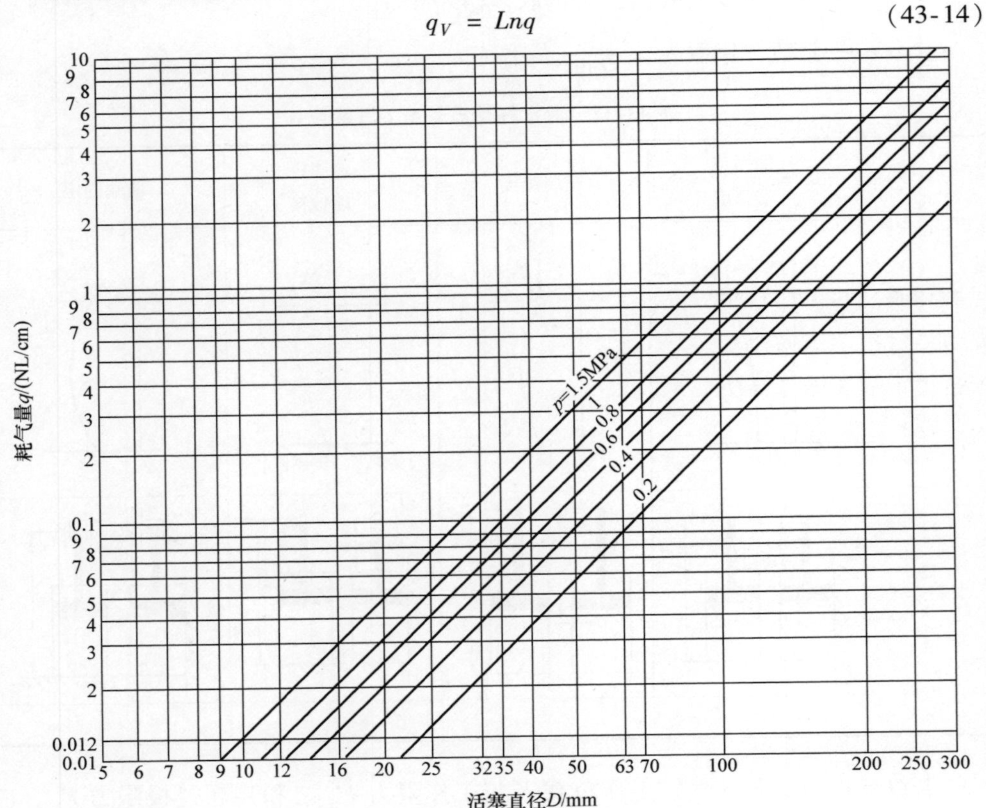

图43-68　耗气量计算

对双作用气缸，有

$$q_V = 2Lnq \tag{43-15}$$

式中　L——气缸行程（cm）；

n——每分钟往复次数；

q——每1cm行程耗气量（NL/cm）。

4. 缓冲装置的计算

如图43-69所示，当活塞4接近行程末端时，缓冲柱塞5将气缸的进、排气柱塞孔3、6堵死，产生较高的背压，吸收活塞及活塞杆运动件的能量。此种装置一般称为气垫缓冲装置。

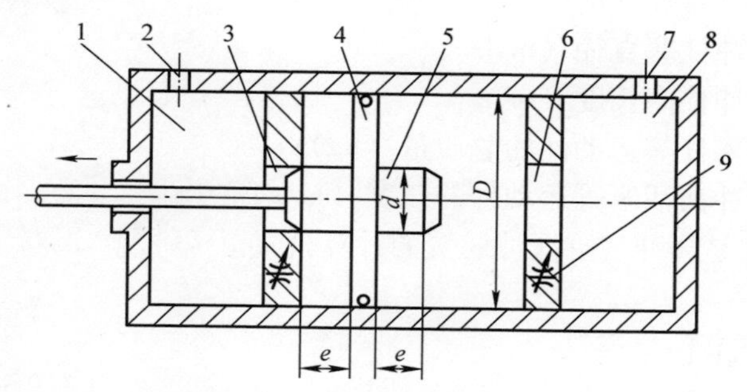

图43-69　缓冲气缸的缓冲装置

1、8—气腔　2、7—进（排）气孔口　3、6—柱塞孔　4—活塞　5—缓冲柱塞　9—可调节流阀

气垫缓冲装置的计算主要是确定缓冲柱塞的直径 d 和长度 l。当缓冲柱塞刚封住气缸进（排）气柱塞孔3（6）时，环形空间气体被压缩的过程一般按绝热过程处理。设被压缩前气体的压力为 p_1，当压缩终了形成气垫时压力为 p_2，则缓冲装置能吸收的最大能量视气缸的强度而定，一般限定 $p_2/p_1 \leqslant 5$，若过大，则活塞冲击强烈。这里，活塞对被封气体的压缩过程实际上就是活塞对气体的做功过程，则缓冲装置中被压缩气体所允许吸收的最大能量，在数值上就应等于活塞对气体所做的功，即

$$E = \frac{\kappa}{\kappa - 1} p_1 V_1 \left[\left(\frac{p_2}{p_1} \right)^{\frac{\kappa-1}{\kappa}} - 1 \right] \tag{43-16}$$

式中　κ——空气的绝热指数，$\kappa = 1.4$；

V_1——缓冲容积（m^3），$V_1 = \frac{\pi}{4}(D^2 - d^2)l$。

则

$$E = \frac{\pi}{4} \frac{\kappa}{\kappa - 1} \left[\left(\frac{p_2}{p_1} \right)^{\frac{\kappa-1}{\kappa}} - 1 \right] p_1 (D^2 - d^2) l \tag{43-17}$$

活塞、活塞杆等运动件的动能为

$$E_c = \frac{1}{2} mc^2 \tag{43-18}$$

为了保证得到完全缓冲，必须满足 $E > E_c$，即

$$\frac{\pi}{4}\ \frac{\kappa}{\kappa-1}\left[\left(\frac{p_2}{p_1}\right)^{\frac{\kappa-1}{\kappa}}-1\right]p_1(D^2-d^2)l > \frac{1}{2}mc^2 \tag{43-19}$$

将 $\frac{p_2}{p_1}=5$，$\kappa=1.4$ 代入式（43-19），得

$$3.19\,p_1(D^2-d^2)l > mc^2 \tag{43-20}$$

式中　p_1——绝热压缩开始时气室内的压力（绝对压）（Pa）；

p_2——绝热压缩终了时气室内的压力（绝对压）（Pa）；

D——气缸直径（m）；

d——缓冲柱塞直径（m）；

l——缓冲柱塞长度（m）；

m——活塞杆等运动件的总质量（kg）；

c——缓冲前活塞等运动件的速度（m/s）。

式（43-20）是缓冲气缸缓冲装置的计算公式。

43.2　摆动气缸

43.2.1　概述

回转式执行器可分为作连续回转的气马达和在某一角度内往复摆动的摆动气缸。

能自由控制的摆动元件，最初用于控制阀的启闭，但自动化机械对它提出的要求是小型化、输出力大、可靠性好、价廉、控制方便等。

目前的摆动气缸虽然能满足控制方便、小型化的要求，但要满足其他要求还存在着很多困难。

摆动气缸最主要的问题是防止泄漏。另外，在结构上还存在摩擦损失大、输出效率低等问题。

目前正在使用的摆动气缸大致可分为叶片式和活塞式两种。

43.2.2　叶片式摆动气缸

1. 结构特点

如图 43-70 所示，这种摆动气缸是在圆筒形的缸体内装入带叶片的回转轴。这种结构在输出力相同的摆动执行器中体积最小、重量最轻。

要防止这种摆动气缸叶片的棱角部分的泄漏是比较困难的。而且，动密封的接触总长度比较长，因此密封件的损失较大，难以制造出高效率的元件。

此外，从结构上说，单叶片式摆动气缸的最大摆动角度为 300°，双叶片式最大摆动角度为 120°。并且由于各部分的加工精度要求高，因此制造困难。

其理论转矩按式（43-21）计算。

$$T=\frac{D^2-d^2}{8}bpn \quad (43-21)$$

式中　T——理论转矩（N·m）；

D——叶片腔直径（m）；

d——叶片轴直径（m）；

b——叶片腔宽度（m）；

p——供气压力（Pa）；

n——叶片数。

2. 国内外叶片式摆动气缸的特点及性能参数

表43-36列出了目前市场上一些知名厂商叶片式摆动气缸的特点，表43-37列出了叶片式摆动气缸的性能参数。

图形符号

图43-70　叶片式摆动气缸

表43-36　国内外知名厂商叶片式摆动气缸的特点

厂商名称	特　点
FESTO	1. 配备摆动叶片的双作用摆动驱动器 2. 与其他摆动驱动器相比重量更轻 3. 固定摆动角，借助附件可调节摆动角 4. 外壳可防溅水和灰尘
SMC	CRB系列通过内置角度调整单元、磁性开关单元实现紧凑化，用角度调整螺钉可方便地调整起点和终点位置，可根据轴的铣平位置确认摆动角度，同时，为便于安装，配管、配线和角度调整单元被集中在同一侧
AirTAC	—

表43-37　叶片式摆动气缸的性能参数

厂商名称（型号）	FESTO（DRVS）	SMC（CRB系列）	AirTAC
压力调节范围/MPa	0.35~0.8	0.2~0.7	—
最高耐压力/MPa	—	1.5	—
环境温度/℃	0~60	5~60	—
摆动角度范围/(°)	90~180	90~180	—
摆动时间调整范围/s	—	0.03~0.5	—

43.2.3　齿轮齿条式摆动气缸

1. 结构

图43-71所示为齿轮齿条式摆动气缸工作原理和结构。这是通过连接在活塞上

的齿条使齿轮回转的结构。活塞仅做直线运动，因此摩擦损失小。齿轮的效率虽然较高，但由于齿轮对齿条的压力角不同，使其受侧压力。因此使效率受到影响。若制造质量好，可能达到95%左右的效率。

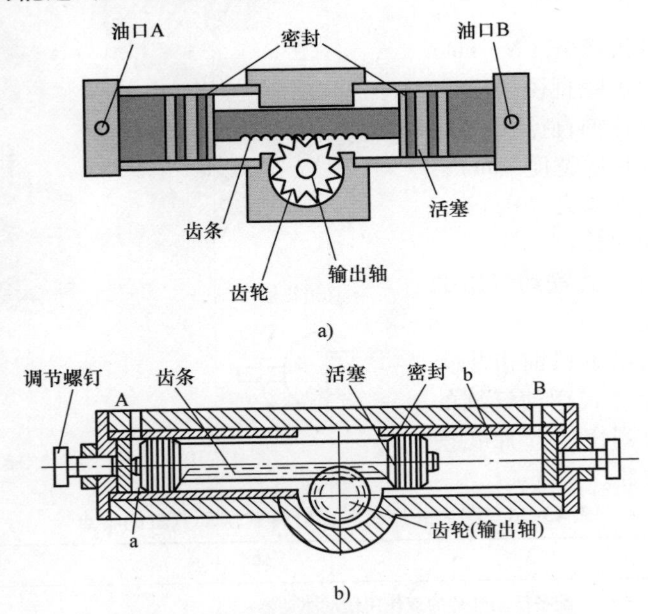

图43-71　齿轮齿条式摆动气缸工作原理和结构

a）工作原理　b）结构

其理论转矩按式（43-22）计算。

$$T_t = \frac{\pi D^2 d}{8} p \tag{43-22}$$

式中　T_t——理论转矩（N·m）；

D——缸体内径（m）；

d——齿轮的节圆直径（m）；

p——供气压力（Pa）。

2. 国内外齿轮齿条式摆动气缸特点及性能对比

表43-38列出了目前市场上一些知名厂商叶片式摆动气缸的特点，表43-39列出了齿轮齿条式摆动气缸性能参数。

表43-38　国内外知名厂商齿轮齿条式摆动气缸特点

厂商名称	特　点
FESTO	1. 双活塞驱动器，通过齿轮齿条原理实现动力传输 2. 末端位置处的精度极高 3. 很高的仓储容量 4. 在法兰轴上的端跳非常小 5. 即使是较小的规格，也有较高的稳定性

（续）

厂商名称	特　点
SMC	CRJ系列体积小、重量轻，可从上面、下面和侧面安装，采用大型滚动轴承和大口径输出轴，承受负载能力强。由于采用特殊构造，虽然是单齿条形式，也能抑制摆动端输出轴的松动
AirTAC	1. 齿轮齿条结构运转平稳 2. 双气缸结构能实现双倍输出力 3. 工作台加工精度高，负载安装方便，定位准确 4. 工作台中间有通孔，可由此孔配管
亿太诺（EMC）	缸径可选7mm、10mm、20mm、30mm、50mm。此旋转气缸为齿轮齿条结构，运行平稳；齿轮齿条采用国际优质供应伙伴的产品，特殊的材料以及特殊的热处理工艺，气缸使用寿命更长；高精密度保证更小、更精确的回转间隙，动态性能佳；双气缸结构，能实现双倍输出力；气缸工作台采用MAZAK等高精密卧式加工中心加工，精度高、负载安装方便、定位准确；工作台中间有通孔，可由此配管；气缸缸筒两面都有定位孔，安装使用方便；有调整螺钉固定缓冲和液压缓冲器两种缓冲可选，其中液压缓冲器最大缓冲能力是调整螺钉固定缓冲的3~5倍，缓冲效果更优异

表43-39　齿轮齿条式摆动气缸性能参数

厂商名称 （型号）	FESTO （DRRD）	SMC （CRJ系列）	AirTAC （HRQ系列）	亿太诺（EMC） （EMQ系列）
压力调节范围/MPa	0.2~1	0.15~0.7	0.1~1	0.1~1
最高耐压力/MPa	—	1.5	1.5	1.5
环境温度/℃	-10~60	0~60	0~60	0~60
摆动角度范围/(°)	0~180	90~180	0~190	0~190
摆动时间调整范围/s	—	0.1~0.5	—	0.2~1

43.2.4　曲柄式摆动气缸

这是将活塞的直线输出通过曲柄转变为摆动运动的气缸。由于结构简单，所以可靠性较好。由于曲柄和活塞运动方向之间有一角度，使输出力产生差值，因此必须按输出力的比例加大活塞。

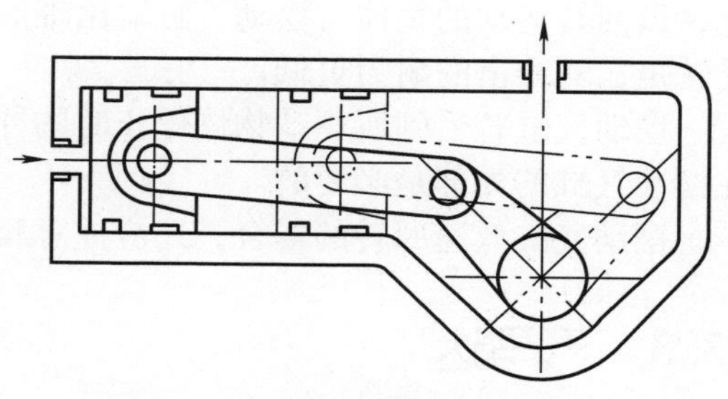
图43-72　曲柄式摆动气缸的结构

图43-72所示为曲柄式摆动气缸的结构。

43.2.5　螺杆式摆动气缸

图43-73所示为螺杆式摆动气缸的结构。这种形式的气动执行器由于螺杆的摩擦损失以及用来制止活塞反向回转的导杆的摩擦力非常大，所以效率不高。这种气缸适用于要求摆动角度大的场合。

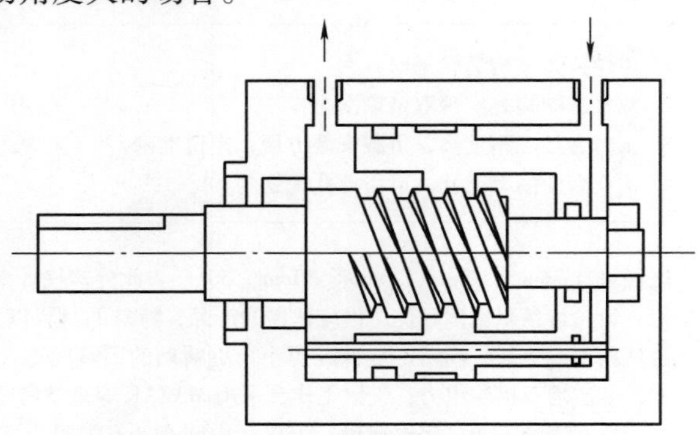

图43-73　螺杆式摆动气缸的结构

其理论转矩按式（43-23）计算。

$$T_t = \frac{d}{2}[(D^2 - d^2)p]\frac{L - \mu\pi d}{\pi d + \mu L} \quad (43\text{-}23)$$

式中　T_t——理论转矩（N·m）；

D——缸体内径（m）；

d——螺杆平均直径（m）；

p——供气压力（Pa）；

L——螺杆的导程（m）；

μ——螺杆的摩擦因数。

43.2.6　摆动气缸使用注意事项

一般来说，与做直线运动的物体停止时的冲击能对直线式气缸活塞杆的影响相比，做回转运动的物体对摆动气缸输出轴的影响要大得多。而且摆动气缸输出轴承受转矩，对冲击的耐力更低。

摆动气缸若受到所驱动物体停止时的冲击作用，就容易受损。故将制动器安装在摆动气缸的外部是必要的。

摆动气缸低速回转的场合，还应注意爬行问题。

43.3　气马达

43.3.1　概述

气马达是把压缩空气的压力能转换为机械能的回转型能量转换装置，其作用相当于电动机或液压马达，输出转矩，驱动机构做回转运动。由于气马达以压缩空气为动力源，因而它具有以下特性：

1）可以无级调速。只要控制进气流量，就能调节气马达的输出功率和转速。

2）有过载保护作用。过载时，气马达只是降低转速或停车，当过载消除后，立即重新正常运转，不会产生故障。

3）对工作环境的适应性强。在易燃、易爆、潮湿等恶劣环境下能安全的正常工作。

4）具有较高的起动转矩，可以直接带动负载起动。

5）结构简单，可以正转或反转，维修容易。

6）气马达的转速可在0～2500r/min的较大范围内调节，长时间满载连续运转时的温升较小。

7）输出转矩和输出功率相对较小，耗气量大，效率较低。

目前气马达主要应用于矿山机械、工程机械等行业中。许多风动工具如风钻、风扳手等均有应用。

43.3.2　齿轮式气马达

齿轮式气马达的结构与齿轮式液压马达相同。如果采用直齿轮，则供给的压缩空气通过齿轮时不膨胀，因此效率低。当采用人字齿轮或斜齿轮时，压缩空气能膨胀到60%～70%（假定完全膨胀时为0，不膨胀时为100%）。

上述数值称为断流率，一般气马达的断流率越接近于0，效率越高。即要使压缩空气在气马达体内充分地膨胀，就要增大气马达的容积。

小型气马达的转速能达到10000r/min左右，大型的能达到1000r/min左右的高转速，功率能达几十千瓦。断流率小的气马达，其空气消耗量为40～45m^3/(min·kW)。

直齿轮气马达大多能反向转动，但采用人字齿轮的气马达不能反转。

43.3.3　叶片式气马达

叶片式气马达的外形如图43-74所示，效率较高。功率为1～3kW的中型气马达大多为这种形式。

这种气马达的特点是体积小、重量轻、输出力大，并且空气泄漏量小、起动转矩大。这种气马达用在手提式砂轮机、气动提升机、气动扳手等风动工具中是很合适的。

43.3.4　活塞式气马达

这是一种通过曲柄或斜盘将若干个活塞的输出力转变为回转运动的气马达，适用于要求低速、大转矩的场合。这种气马达的起动力矩和功率都比较大，但价格较高。活塞式气马达的转速大多为250～1500r/min，功率一般为0.1～50kW。

图43-74　叶片式气马达的外形

图43-75所示为一种活塞式气马达的结构。

43.3.5　气马达的选择及应用

1. 气马达的选择

选择气马达主要从负载状态出发。在变负载场合使用时，主要考虑的因素是速度的范围及满足工作机构所需的转矩；在均衡负载下使用时，工作速度则是重要因素。叶片式气马达比活塞式气马达转速高，当工作速度低于空载最大转速的25%时，最好选用活塞式气马达。容积式气马达的性能参数见表43-40。至于所选气马达的具体型号、技术规格、外形尺寸等，可参考有关手册及产品样本。摆动气马达一般可按需要自行设计。

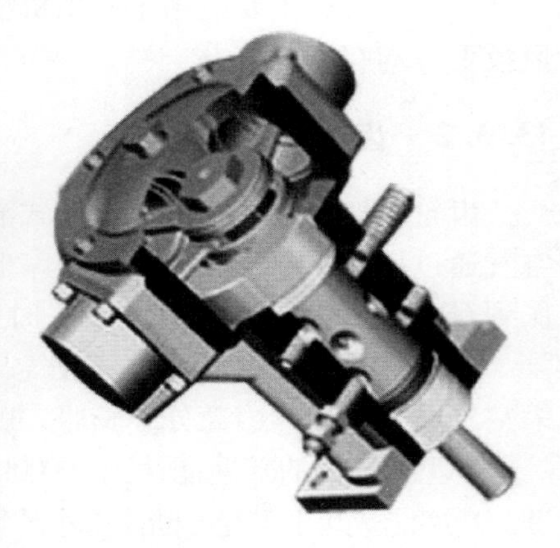

图43-75　活塞式气马达的结构

2. 气马达的应用

由气马达的工作特性及特点可见，气马达工作适应性很强，可适用于无级调速、起动频繁、经常换向、高温潮湿、易燃易爆、带负载起动、不便人工操纵及有过载可能的场合。

目前，气马达主要应用于矿山机械、专业性的机械制造业、油田、化工、造纸、炼钢、船舶、航空等行业。许多气动工具如风钻、风扳手、风动砂轮机、风动产刮机等均装有气马达。随着气压传动的发展，气马达的应用将日趋广泛。

3. 气马达的润滑

润滑是气马达工作不可缺少的一环，气马达得到正确良好的润滑后，可以在两次检修期间实际运转至少2500～3000h。一般应在气马达操纵阀前配置油雾器，并按期补油，以使油雾混入压缩空气后再进入气马达中，从而得到不间断的良好润滑。

表43-40 容积式气马达的性能参数

类别	齿轮式马达		活塞式马达		
	双齿轮式	多齿轮式	连杆径向活塞式	偏心轮径向活塞式	滑杆径向活塞式
简图					
转速范围/(r/min)	1000～10000		100～1300（最大至6000）		
转矩	较小	较双齿轮马达大	大		
功率范围/W	735.5～36775		735.5～18387.5		
效率	低		较高		
耗气量/(m^3/min)	>1.2		0.7～1.7		
单位功率的机重（功重比）	较轻（小）	较双齿轮马达轻（大）	重（大）		
结构特点	结构简单、噪声大、振动大 人字齿轮式马达换向困难		结构复杂		

（续）

类别	活塞式马达	叶片式马达		
	轴向活塞式	单向回转叶片马达	双向回转叶片马达	双作用双向叶片马达
简图	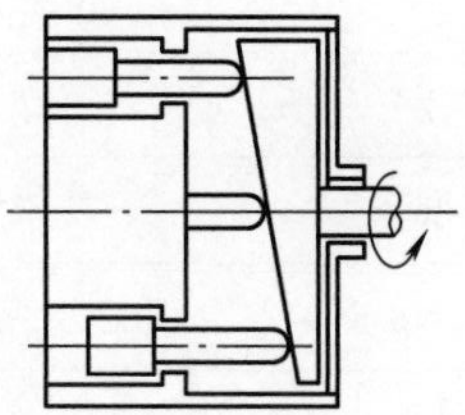	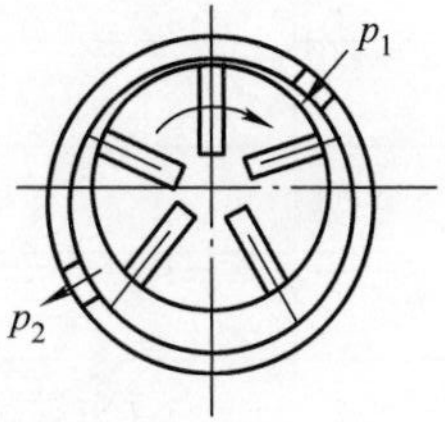	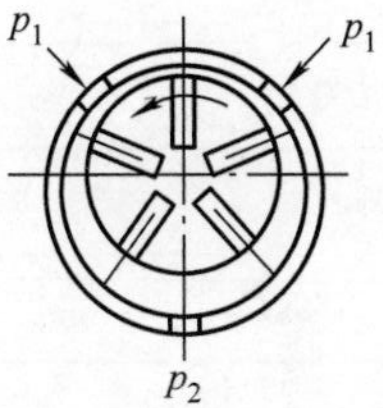	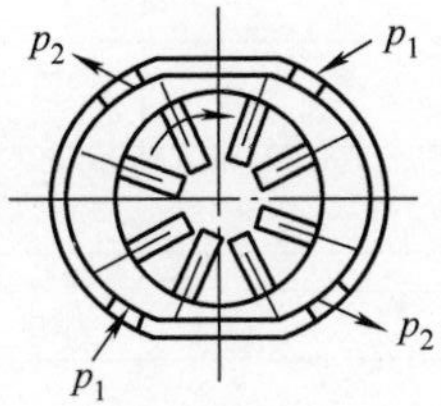
转速范围/(r/min)	<3000	500～50000		
转矩	较径向活塞式马达大	小		
功率范围/W	<3677.5	147.1～18387.5		
效率	高	较低		
耗气量/(m^3/min)	0.8左右	1.0～1.7		
单位功率的机重（功重比）	较重（较大）	轻（小）		
结构特点	结构紧凑但很复杂	结构简单、维修容易		

43.4　伺服气缸

43.4.1　伺服气缸的结构与发展

伺服气缸又称定位气缸，其活塞杆能停留在整个行程中的任意位置上，定位迅速准确。在化工、钢铁、机械、电力、轻工等行业广泛采用，如发动机调速，带材跑偏控制，且可实现远距离控制。

伺服气缸的发展由纯气动控制功能向数智化集成方向发展，与微处理控制器结合使伺服气缸进入了许多实际应用领域。图43-76所示为伺服气缸的结构与控制原理。

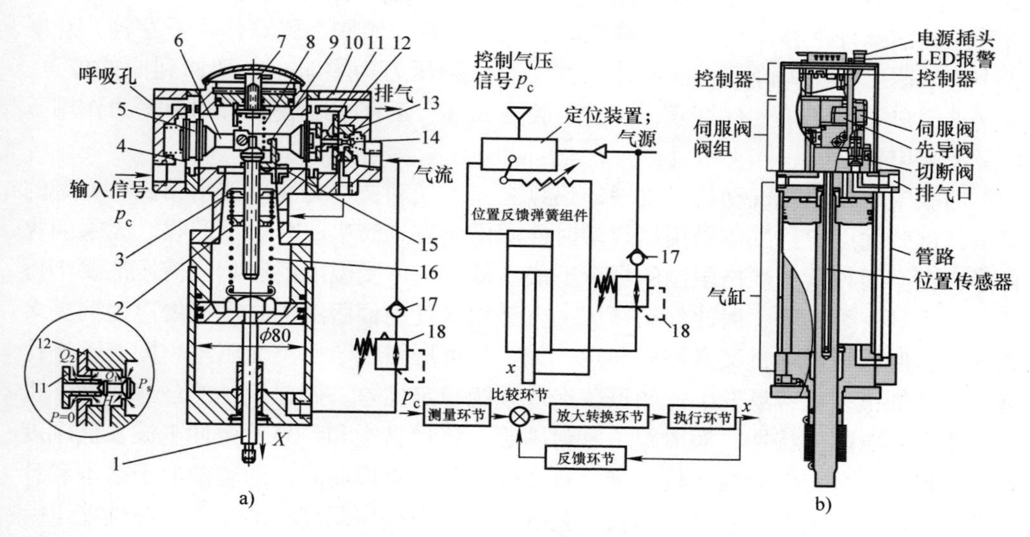

图43-76　伺服气缸的结构与控制原理

a）QDS－80X15伺服气缸的结构与控制原理图　b）气动伺服阀阀控伺服缸

1—活塞杆　2—调整螺母　3—锁紧螺母　4—膜片　5—阀芯　6—支架
7—调零螺母　8—调零弹簧　9—拨销　10—磁钢　11—柱塞　12—保持架　13—阀座
14—锥阀　15—反馈杆　16—反馈弹簧　17—单向阀　18—减压阀

图43-76a所示为我国自行研制的伺服气缸（QDS－80X15），采用完全纯气动的结构原理，图43-76b所示为目前正在发展与生产的集成伺服气缸。

QDS－80X15伺服气缸是由一个标准低摩擦气缸及一个定位装置构成的组合式气缸，用来根据给定量精确定位气缸。输入信号 p_c 是控制气压，输出量是活塞杆位移 x，x 值随 p_c 成比例地变化。其定位装置是一个闭环机械反馈控制装置，该机械反馈控制装置的给定信号为气压控制信号 p_c，这个给定信号一般可由专用电－气变换器产生或由手动调节给定。

该伺服气缸测量环节是由膜片4、阀芯5、支架6等零件构成的膜片组件，比较环节是带有弹性支点的反馈杆15，放大转换环节是锥阀14，执行环节是活塞式单作用气缸，反馈环节是一个反馈弹簧16。减压阀18调节气缸下腔压力，下腔压力相当于一个预加负载。单向阀17的作用是当气源突然切断时依靠气缸下腔压力使活塞迅速复位。

当控制压力 p_c 输入膜片室时，作用在膜片4上的力使支架6右移，拨销9使反馈杆15顺时针回转，同时排气口关闭（锥阀14左端锥面堵住排气柱塞11的孔口），进气口打开（锥阀右端锥面离开阀座13）。来自气源的压缩空气通过锥阀开口进入气缸上腔，克服外部负载、气缸下腔压力和摩擦力等使活塞杆1下移，同时反馈弹簧16伸长，牵动反馈杆15逆时针回转，直到作用在反馈杆上的诸力平衡为止，此时活塞处于一新的位置。控制压力升高时，锥阀右移，开口加大，活塞腔压力升高，活塞杆下移。控制压力降低时，支架左移，锥阀在弹簧作用下左移，开度变小，活塞上腔压力降低，活塞杆上移。当控制压力为零时，支架回到原始位置，锥阀进气口关闭，排气口打开，气缸上腔通大气，活塞在下腔压力和弹簧力作用下移至上端位置。

伺服气动技术是气动技术发展的热点之一。气动技术与液压技术相比有一定的优点，这些优点包括气体采用储气罐时能源供应方式简单、介质不回收、无须回收管路、在空间与重量严格限制的场合下成本低、气体受温度的影响比液压油要小得多、介质具有柔性等，因此气动领域一直努力将气动伺服缸的技术拓展应用到更多的场合。但是气体本身又有许多弱点，如空气可压缩性、回路无阻尼、固有频率比液压系统低很多、容易发生低频振荡造成系统稳定性差、阀口流动的强非线性、机械摩擦大、弱阻尼特性、润滑差、密封困难、流量易饱和、易发生冲击波及低刚度等，实现气动系统闭环控制较困难。自20世纪80年代前后，随着微电子技术和计算机技术的迅速发展，新材料和新工艺的出现，现代控制理论的完善，高性能电-气转换装置的研制成功，为气动伺服技术迈向实用化打下了基础，体现在伺服气缸应用于工业自动化领域。在控制上不仅应采用软件补偿方式，还必须要有相应硬件作为基础，以构成合理的气动位置伺服系统，形成当今应用的伺服气缸。

尽管在性能方面，气动伺服系统尚不及液压伺服系统，但为了适应某些特殊场合，如对于防止油液污染、防火防爆、抗辐射等方面有严格要求的控制装置，就必须使用气动伺服系统。为此要想充分利用和发挥气动伺服系统的独特优点，克服因工作介质可压缩性大所造成的输出刚度低、固有频率低和响应慢等缺点。当前所采取的措施有提高供气压力，即向中、高压气动技术发展，或在气动回路中施行某种补偿方法等。

在工业生产过程自动调节系统中，伺服气缸接受调节仪表的气压信号，其压力范围一般为0.02~0.1MPa。伺服气缸的输入信号低于0.02MPa时，活塞杆应当没有位移。伺服气缸控制装置上有两组调整螺母分别用来调整输出零点和反馈弹簧刚度。这种气缸的定位指标（线性度、滞环、重复精度、灵敏度）与总行程的百分数相关。气缸的行程范围一般为25～300mm，缸径一般为50～100mm。此伺服气缸的性能是零点泄漏量≤700L/h，非线性度为±3%，迟滞为±1%，分辨率≤0.5%，重复精度为1.5%。

当代的气动伺服缸已经完全采用了气动伺服阀，并且由气动伺服阀阀组与电控装置集成在一起，形成一个完全集成的电控伺服气控缸。此时气动伺服阀阀控伺服缸由三部分组成：控制器部分、伺服阀阀组部分与气动伺服缸部分。使用简单方便，体积减小，可以由上位计算机进行设置与调节，如图43-76b所示。

目前，随着技术的发展，伺服气缸与伺服气动位置控制系统的界线也变得模糊起来，二者具有相近的控制目的，只是从产品的角度出发，更强调伺服气缸与气动伺服阀，而从项目应用的角度出发，更强调气动伺服阀阀控伺服气缸。

43.4.2　高压伺服气缸的研发

为提高伺服气缸或气动伺服系统的动静态性能，不仅应采用软件补偿方式，还必须要有相应硬件作为基础，以构成合理的气动位置伺服系统或元件；另一个就是采用高压气动技术，气动压力大于1MPa以上。压力提高会使阀或气动回路中运动部分的响应速度提高，但在库仑摩擦力一定时，随着压力的增大，阻尼相对减弱，会产生振荡现象。这可以通过对高压伺服阀采用所谓的“容器阻尼管补偿”“弱弹簧补偿”，以及所谓的“容器阻尼管和弱弹簧联合补偿”等方法来解决。通过“弱弹簧补偿”可以提高高压伺服阀的固有频率，而施行“容器阻尼管补偿”，则能够合理地确定高压伺服阀稳定工作的阻尼系数，若采用“容器阻尼管和弱弹簧联合补偿”，高压伺服阀的特性将得到明显改善。另外对于气动执行元件，在获得同样推力的情况下，高压可以大大改善系统的动态特性，同时，使气缸小型化，系统更加紧凑，节省了安装空间、资源及成本。高压能够使气缸的刚度得到进一步的改善。

设计制造出密封性能良好和响应快的高压伺服气缸，并将位移传感器与高压伺服气缸集成一体化，使其结构更加紧凑，如图43-77所示。

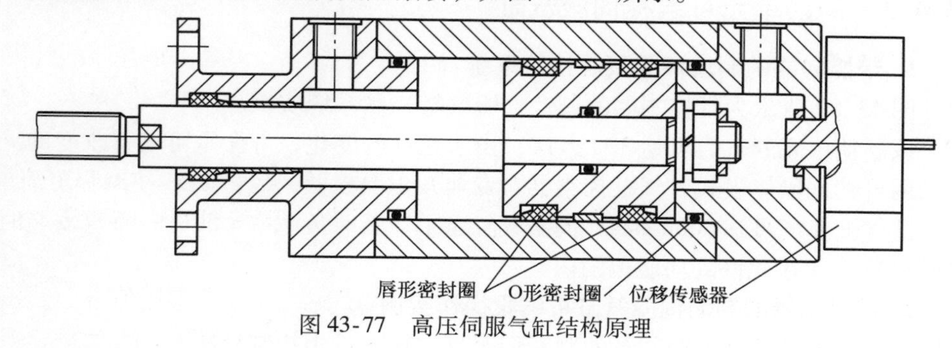

图43-77　高压伺服气缸结构原理

高压伺服气缸控制原理如图43-78所示。

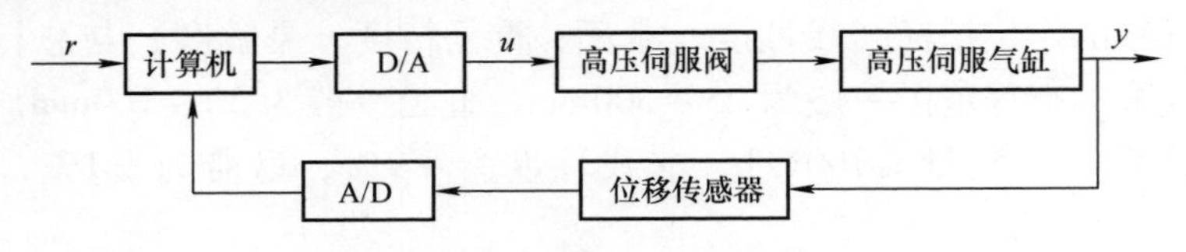

图43-78　高压伺服气缸控制原理

气缸与液压缸相比结构相似，但由于工作介质不同，工作条件差别很大，气缸的润滑条件显然没有液压缸好。气缸的密封填料以及有相对运动的耦合件间的非线性摩擦因素为解析法分析问题带来困难。通常用线性化法求得的气动伺服机构特性与实际的特性间存在差异，主要是密封填料处及运动部件间非线性摩擦力引起的。气缸密封件的摩擦力对活塞起动、“爬行”以及“滞后”等都有直接关系。另外，对于气动伺服气缸来说，需要尽量减少气体的泄漏（包括外泄漏和内泄漏）。因此，对密封件的设计就显得特别重要。选择合适的密封形式和密封材料，以保证气缸的密封性能并降低气缸运动部件间的摩擦力是高压伺服气缸设计的技术关键。

图43-77所示的高压伺服气缸动密封采用唇形密封圈，静密封采用普通的O形密封圈。采用磁致伸缩式位移传感器与伺服气缸集成一体化，使高压伺服气缸的结构小巧。气缸的固有频率较低，大致范围是5~10Hz。为获得较快的响应速度和较高的控制精度，控制策略非常重要，采用神经网络控制与PID控制结合的控制策略，组成单神经元自适应PID控制器，使元件运行稳定可靠，抗干扰能力强，并采用一定的软件补偿技术来改善系统的响应性能。对气动位置伺服这种低阻尼、时变性、非线性的系统而言，单纯PID控制难以得到令人满意的效果。通过与神经网络结合，具有自适应和自学习的功能，对控制参数的变化和外部扰动具有一定的鲁棒性、快速跟踪性和良好的稳态性能，因而对高压气动位置伺服控制系统是合适的。根据试验，分段式PID控制的定位精度可达0.22mm，单神经元自适应PID控制的定位精度可达0.18mm。高压伺服气缸性能参数测试装置与阶跃响应曲线如图43-79所示。

43.4.3　制动单元可编程伺服气缸

1. 带控制器的制动伺服气缸控制系统

图43-80所示为带控制器的制动伺服气缸控制系统实例。

该制动单元的寿命可达300万次，由于条件的变化，寿命是可编程改变的。由于采用可编程操作模式，气缸控制器对专业知识要求低，代替PLC使编程更简单。

该气缸速度可达300mm/s，伺服气缸水平安装时负载率≤50%，垂直安装时负载率≤35%（在允许的动能范围内）。

2. 带控制器的制动伺服气缸可编程操作实例

图43-81所示为带控制器的制动伺服气缸输入输出控制系统。

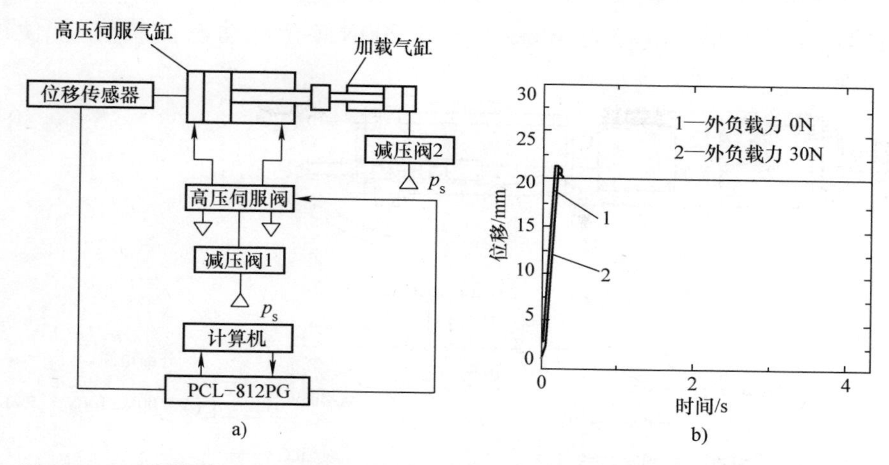

图 43-79　不同外负载下 PID 控制高压伺服气缸性能参数测试装置与阶跃响应曲线

a）高压伺服气缸性能参数测试装置　b）高压伺服气缸不同外负载测试结果

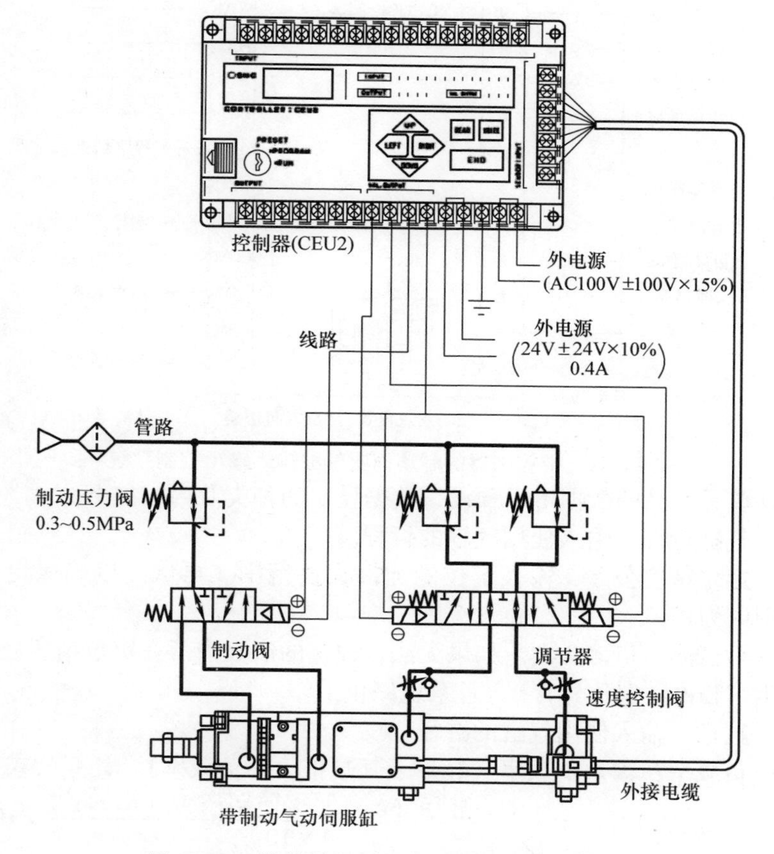

图 43-80　带控制器的制动伺服气缸控制系统

可编程操作实例：缸径为40mm，负载200N（允许动态负载值），使用压力0.5MPa。

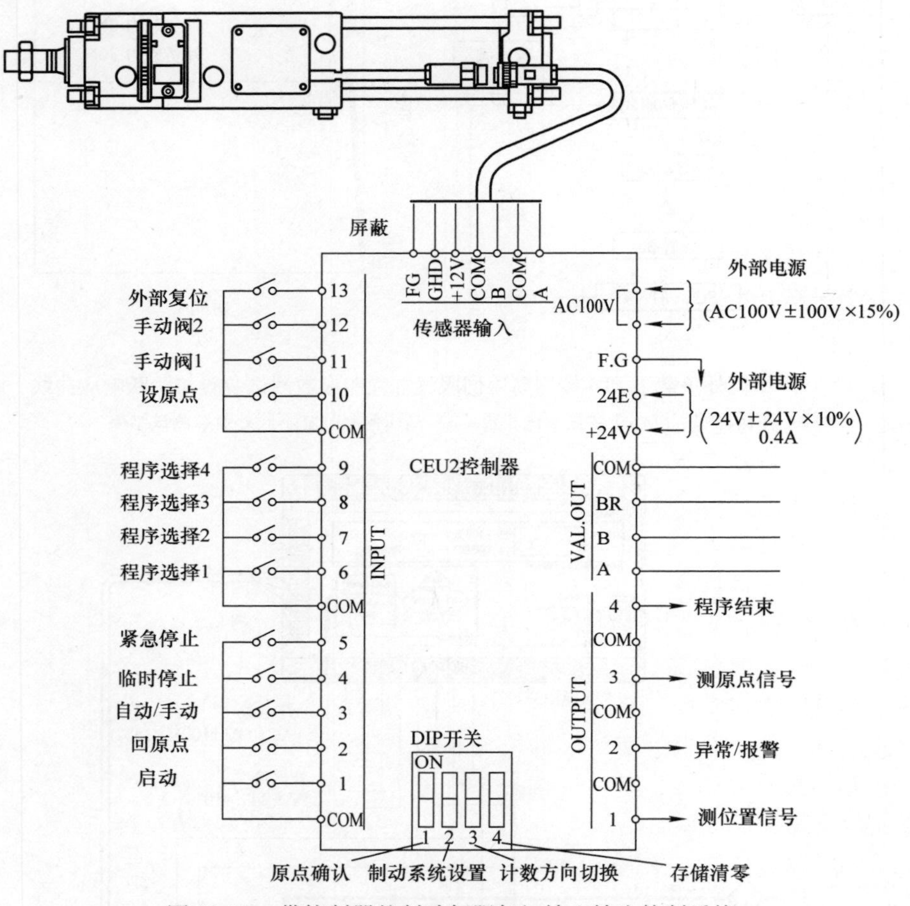

图43-81　带控制器的制动伺服气缸输入输出控制系统

该制动单元产品的数据可以预设，数据设定的种类及内容如下。

P1——气缸行程：输入使用气缸的行程。

P2——定位精度公差：输入定位的允许误差范围。再试凑以确保定位到允许的误差范围内为止。

P3——再试凑：最多9次。如果无法在设定的次数内落在定位精度公差的场合下，会发生“Err9（定位异常）”且系统停止工作。

P4——缸径：输入使用气缸的缸径。

P5——负载率：输入负载率（相对于气缸推力的负载率），计算公式如下。

$$负载率=负载(N)\div\frac{\pi\times[缸径(cm)]^2\times使用压力(N/cm^2)}{4\times10}\times100\%$$

$$=200N\div\frac{4cm\times4cm\times\pi\times50N/cm^2}{4\times10}\times100\%=30\%\ (四舍五入)$$

P6——制动次数。

P7——原点确认时间：设定原点检测时间 t_1（10ms 为一个单位，最大是 9.99s），当输入回原点信号，在 t_1 时间内传感器没有收到任何信号（气缸停止状态）的场合，回原点确认到位。设定响应时间的时候应考虑到负载、安装条件、气管长度等。如果使用条件改变，应重新校准响应时间。当控制器 DIP 开关 No. 1 状态为"ON"，且磁性开关为"ON"时，回原点确认到位。

P8——"Err12（操作错误）"确认时间 t_2。输入"Err12"确认时间（10ms 为一个单位，最大是 9.99s）。输入启动信号后，在 t_2 时间范围内，如果传感器没有任何反馈信号（气缸停止）将发生"Err12"报警。

将控制器模式切换开关置于"PRESET"位置，可以进行设置。注意其中 DIP 开关的选择如下。

No. 1——原点确认："OFF"状态下气缸停止，计数值将复位到"0"；"ON"状态下，当气缸停止在原点时，数值复位为"0.0"。

No. 2——制动系统的设置："OFF"状态下为自由状态，"ON"状态下为制动可用。安装状态不同，设置会截然相反，需特别注意。

No. 3——计数方向的切换："OFF"状态下伸出方向将作为计数增大的方向。

No. 4——存储清零：清除输入数据，还原为初始设定值。

伺服气缸驱动状态要求设定原点方向，带制动的行程可读气缸的位置检测方式是增量式，设定原点和机械基准面相一致。气缸行程的末端，无论是伸出端还是缩回端，都可以作为原点。气缸缓冲的行程段不要过分节流。在使用机械限位器的场合，使用液压缓冲器来防止冲击力和"反弹"现象的发生。

气力平衡的调整状态下，气压的稳定性会极大影响停止精度，甚至异常操作的发生频率会增加。因此，气力平衡调节要仔细，此时手动操作控制器，或者方向阀和制动阀，移动活塞杆到行程的中间附近，制动解锁，调整减压阀需要重复确认。

43.4.4　新型伺服气缸

1. 内嵌磁流变阻尼器的摆动伺服气缸

（1）内嵌磁流变阻尼器的摆动伺服气缸结构　该内嵌磁流变阻尼器的摆动伺服气缸是由叶片式气压驱动装置、圆盘式磁流变液旋转阻尼器、编码器集成的摆动伺服气缸，其结构原理如图 43-82 所示。

内嵌磁流变阻尼器的摆动伺服气缸的叶片式气压驱动原理如图 43-83 所示，气压驱动叶片使轴产生输出转角。

（2）摆动伺服气缸控制子系统　为了实现摆动伺服气缸在不同工况下的良好定位，需要对驱动气压和阻尼力矩进行协调控制。采用摆动伺服气缸的控制子系统，其组成原理如图 43-84 所示。虚线表示系统气动回路，实线表示电回路。由摆动伺服气缸带动负载转台摆动，为了满足应用中不同摆动速度的需求，采用比例流

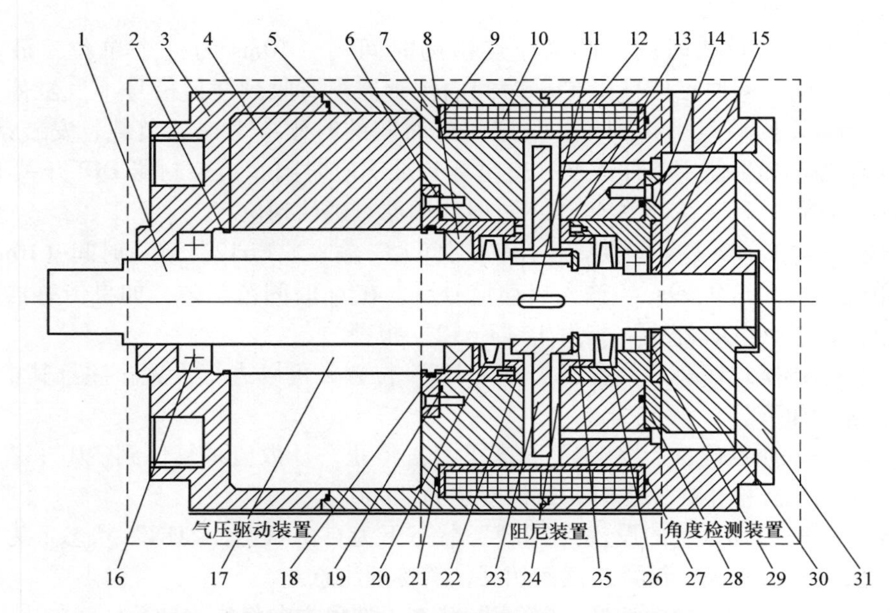

图43-82　内嵌磁流变阻尼器的摆动伺服气缸结构原理

1—主轴　2、5、18、19、21、27、28—密封圈　3—左缸体　4—限位块　6、14—轴承座　7—中缸体　8、16、29—轴承　9—线圈套　10—励磁线圈　11—键　12—右缸体　13、22—油封固定支架　15—轴承端盖　17—叶片　20、26—油封　23—转盘　24—磁流变液　25—挡圈　30—编码器　31—编码器端盖

量阀对两腔进排气进行节流控制。用压力传感器测量两腔压力，压力传感器与计数器的输出信号经数据采集卡输入到计算机，计算机输出的控制信号经数据采集卡和阻尼器驱动电源调节阻尼器线圈电流，以获得相应阻尼力矩，经数据采集卡和功率放大器驱动比例流量阀以控制摆动伺服气缸两腔的进排气。

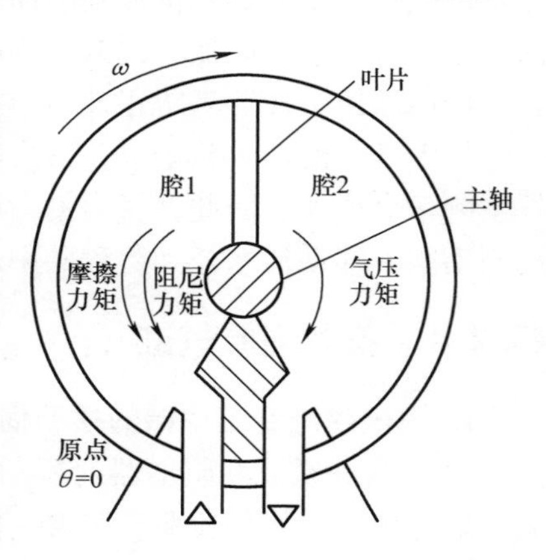

图43-83　叶片式气压驱动原理

（3）定位控制策略　摆动伺服气缸实现既快又准的定位是通过编码器测量主轴转动角度的，当到达目标角度后发出定位信号，关闭进气阀口，磁流变液阻尼器通电工作，此时由于磁流变液阻尼器响应延时以及减速过程固有行程的影响，使得摆动伺服气缸主轴会在设定目标位置之后的位置停止，因此产生超程量。根据补偿原理，令系统在到达设定位置之前发出定位信号，使补偿量等于阻尼角度就可以大大提高定位精度，因此要对定位信号发出后的阻尼角度进行分析。而阻尼角度只与系统状态、转动惯量及阻尼器控制电压有关。由于摆动气缸主要用

于固定负载的搬运，因此针对固定负载下的工况，鉴于神经网络对非线性函数良好的逼近性能，构建了反向传播（BP）神经网络实现对阻尼角度的预测。在补偿控制原理下，理论上只要依据预测的阻尼角度与当前位置和目标位置的关系确立准确的阻尼起始点，达到对阻尼角度的补偿，即能实现精确的位置控制，但是阻尼角度的固定补偿方式本质上是阻尼定位过程的开环控制，不能有效地抑制扰动，在实际应用中的定位误差较大，结合非线性 PID 控制策略，利用阻尼器输出力矩连续可调的优点实现阻尼角度的动态补偿，以达到良好的控制效果，如图 43-85 所示。在阻尼定位过程中以给定的参考阻尼控制点为网络输入，再依据实时状态预测阻尼角度作为阻尼定位过程中的目标模型，通过距离目标角度 θ_τ 的距离（即剩余行程）与目标模型输出的差值来调节阻尼器控制电压，以使剩余行程与参考阻尼角度一致。

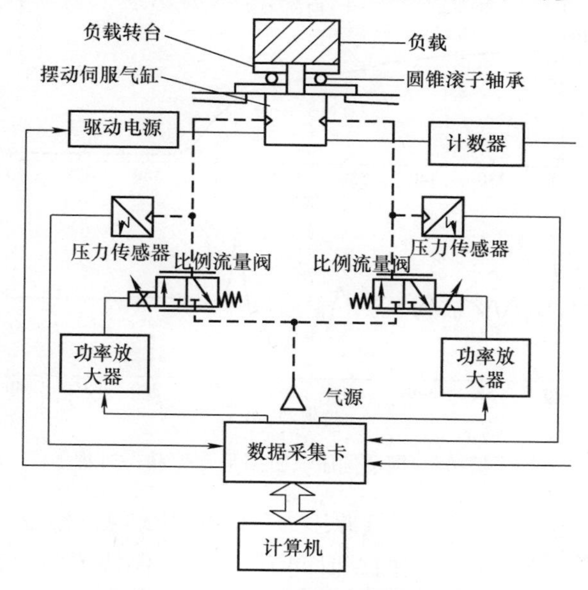

图 43-84　摆动伺服气缸控制子系统原理

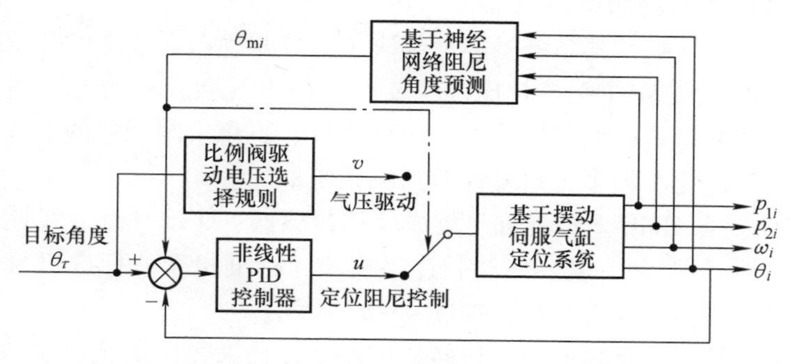

图 43-85　阻尼角度动态补偿的定位控制策略

（4）定位精度的实际效果 摆动伺服气缸在阻尼定位过程中，速度无突变平滑下降，通过非线性PID控制器调节阻尼控制电压，剩余行程能较好地跟踪神经网络的预测阻尼角度，获得较高的定位精度，如图43-86所示。摆动伺服气缸完成一次运行的时间都在150ms以内。

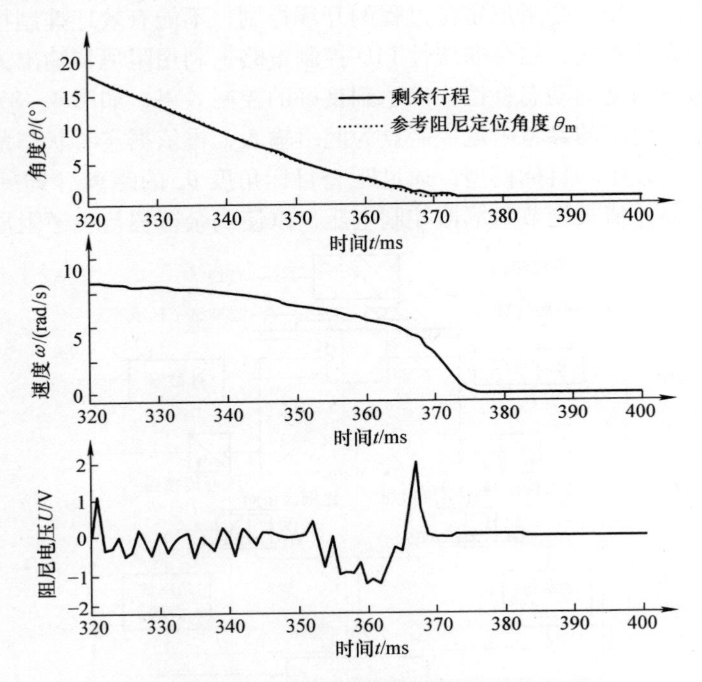

图43-86 摆动伺服气缸阻尼定位动态过程

以比例阀驱动电压＝3.34V、气源压力＝0.45MPa与目标位置 θ_τ ＝180°为例，摆动伺服气缸完成一次运行定位的总时间为0.45s，保持了气动系统的高速特性。配合提出的控制策略，摆动伺服气缸的定位精度均在±1.0°范围内。

2. 新型集成电气伺服坐标气缸

气动伺服坐标气缸及其系统基本上解决了定位驱动及低成本的要求，但性能无法与伺服电动机/丝杠定位系统相比，主要原因在于气动介质的可压缩性，因此刚性差；气缸摩擦力是造成低速性能差，出现爬行、不稳定等现象的重要原因；气动伺服系统需调节优化参数多，重复误差影响系统性能。

在FESTO现有HMP坐标气缸上集成位移传感器、驱动气缸、线性轴承、导向杆、电－气比例/伺服阀、电－气控制连接模块、标准机架、标准机械连接块，形成新型集成电－气伺服坐标气缸，如图43-87所示。

该气缸具有较高的抗径向力、抗转矩的刚度，最大径向负载可达500kN，最大转矩达50N·m。集成电气伺服坐标气缸具有标准的机械接口和电气接口，可快速

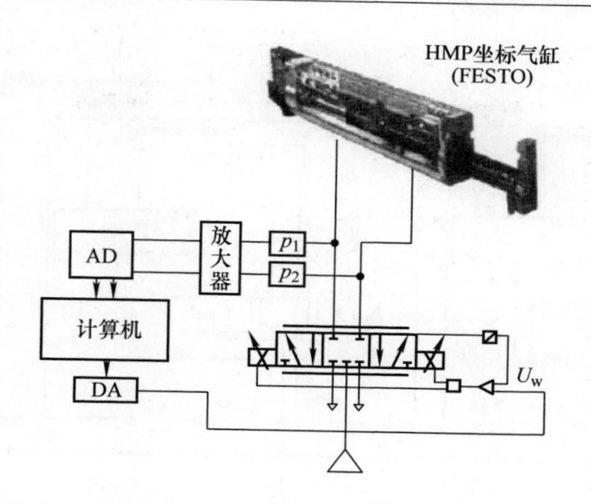

图 43-87　新型集成电气伺服坐标气缸

组成多自由度的气动伺服机械手，具有调试方便、性能优越、结构简单、成本低等优点。为了有效消除气缸摩擦力的问题，可以在控制信号中加入颤振信号，但对于摩擦力大的气缸，会引起系统的不稳定。因此需要从本质上降低气缸的摩擦力，使其库仑摩擦系数小。新型集成电－气伺服坐标气缸，有很好的低摩擦特性，气缸可以在低速下平稳运动，即使径向力增加，由于库仑摩擦系数小，摩擦力增加很少，对气缸的极限低速影响较小，而同样情况下，普通气缸就会出现爬行。

图 43-88 所示为 3 自由度伺服气动毛笔书法机器人系统，由两个新型集成电气伺服坐标气缸模块组成，$X-Y$ 轴控制系统轨迹，Z 轴为短行程滑块气缸，控制毛笔的提笔和落笔，整个机器人为模块化组合。X 轴新型集成电气伺服气缸模块的直径为 20mm，行程为 250mm；Y 轴新型集成电气伺服气缸模块的直径为 16mm，行程为 50mm；Z 轴短行程滑块气缸加微型电磁阀模块的直径为 16mm，行程为 10mm。$X-Y-Z$ 三轴的机械连接可以通过模块上的标准机械接口互相连接，而不需要专门设计机械连接装置。控制器采用 SPC－200，通过标准电气接口直接控制 X、Y、Z 轴三个模块，计算机通过标准 RS－232 接口与 SPC－200 连接，直接连接后即可应用，机械手定位精度可达 0.1mm。3 自由度气动毛笔书法机器人具有较大的承载能力，并具有较强的抗干扰能力，环境适应性好，可实现圆轨迹、书法字（“浙江大学”）轨迹、字母（“FESTO”）轨迹。该机器人在工业环境中具有广泛的使用价值。

43.4.5　国内外伺服气缸的特点及性能参数

表 43-41 列出了目前市场上一些知名厂商伺服气缸的特点，表 43-42 列出了其产品性能参数。作为伺服气缸，可依据控制器发出的信号压力，无级控制气缸的行程位置。

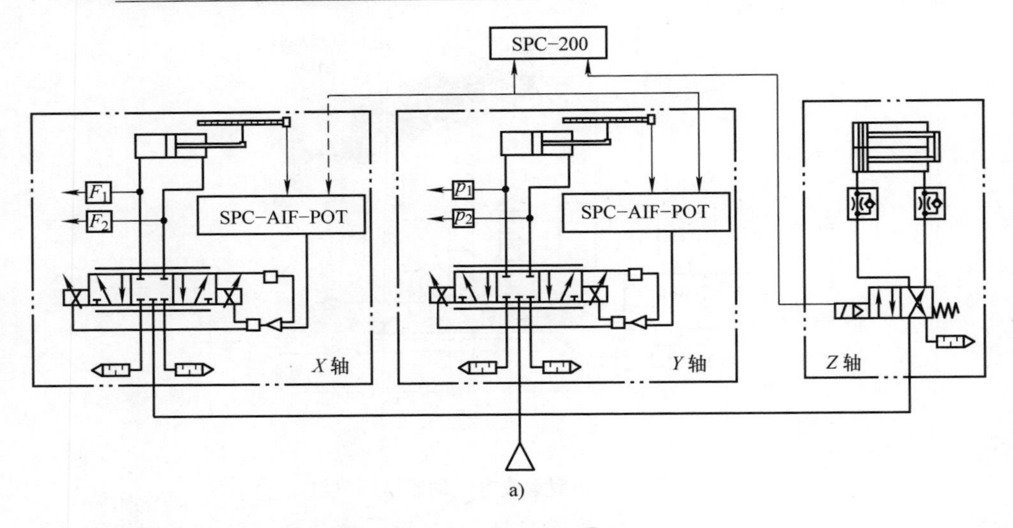

a)

浙江大学 FESTO

b)

图 43-88　3 自由度伺服气动毛笔书法机器人系统

a）毛笔书法机器人系统　b）机器人书法

表 43-41　国内外知名厂商伺服气缸特点

厂商名称	外形	特点
FESTO	—	—
SMC （CPA2 系列） φ50mm，φ63mm， φ80mm，φ100mm		1）输入压力 0.02～0.1MPa，供给压力0.3～0.7MPa 2）空气消耗量 18L/min 3）线性度 ±2%、迟滞 1%、重复性 ±1% 4）行程 25～300mm 5）响应迅速、重复定位精度高达 ±0.5mm 6）单元化，便于维护 7）有自我诊断功能（LED 亮灯则输出信号） 8）断气断电时活塞可紧急停止运作
AirTAC	—	—
上海新益气动	—	工作稳定、定位精确

表 43-42　伺服气缸性能对比

厂商名称 （型号）	FESTO	SMC （IN－777 系列）	AirTAC	上海新益气动 （XQGASF 系列）
压力调节范围/MPa	—	0.55～0.8	—	0.3～0.7
最高耐压力/MPa	—	1.2	—	—
环境温度/℃	—	－20～60	—	－10～60
使用活塞速度/(mm/s)	—	80～155	—	—

第44章　真空、气电液转换与延时气动元件

在低于大气压力下工作的气动元件称为真空元件。由真空元件构成的气动系统称为真空系统。工业上，真空系统主要是利用其真空吸附动力来完成各种作业。

真空发生装置有真空泵和真空发生器两种。前者是利用旋转电动机等设备形成具有较大抽吸流量、较大真空度的大型抽真空设备；而后者是直接利用气动系统的压缩空气在文丘里管引射，在卷吸作用下形成一定真空度。这种发生装置具有结构简单、无可动机械部件、体积小、安装使用方便等特点，气动真空系统中的真空发生装置主要指的是真空发生器。

一个真空系统主要由产生真空动力源的真空发生器、利用真空吸附原理工作的真空执行元件、真空吸盘、控制阀及附件组成。图44-1所示为典型的真空回路。

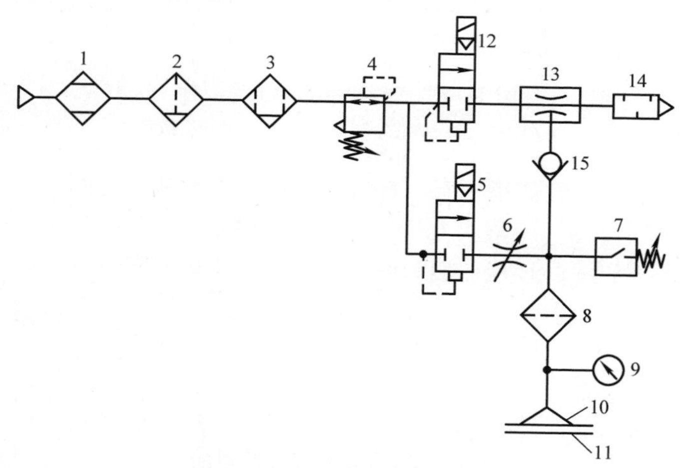

图44-1　典型的真空回路

1—干燥器　2—排水过滤器　3—油雾分离器　4—减压阀　5—真空破坏阀　6—节流阀　7—真空压力开关　8—真空过滤器　9—压力表　10—吸盘　11—工件　12—供给阀　13—真空发生器　14—消声排气口　15—单向阀

图44-1中元件1、2、3、4、12、14及其相连管道为普通正压气动元件，可按普通气动元件选定，而回路中的其他元件和相连管道为真空元件，应按负压元件确定。图44-1中真空破坏阀5是使工件脱离吸盘，破坏真空的元件；节流阀6是用

来控制真空破坏快慢的节流阀；供给阀12是供给真空发生器压缩空气的阀；单向阀15是供给阀停止供气时保持吸盘内真空压力不变，或意外停电时用来防止吸吊工件很快脱落造成事故的真空单向阀；真空过滤器8是将大气中吸入的污染物滤除，防止真空元件受污染出现故障的真空过滤器；真空压力开关7为检测真空压力，并发信的真空压力开关，真空压力未达到设定值，开关处于断开状态，达到设定值接通并发出电信号。

44.1 真空发生器

1. 原理及结构

真空发生器是由工作喷嘴、接收室、混合室和扩散室等组成，如图44-2所示。压缩空气由喷嘴射出形成射流，射流卷吸接收室的气体，进入混合室并由扩散室导出。接收室与吸盘相连，这样就在吸盘内产生真空，当真空度达到一定时，即可将所吸附物吸起。

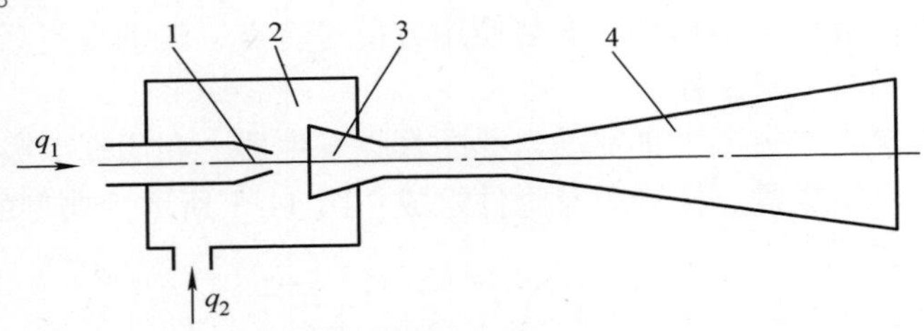

图44-2 真空发生器的工作原理

1—喷嘴 2—接收室 3—混合室 4—扩散室

真空发生器的主要性能指标有：耗气量、真空度和抽吸时间。

耗气量由喷嘴直径（一般为0.3～0.5mm）决定，并随工作压力增加而增加；真空度与工作压力有关，且存在最大值88kPa，如图44-3所示。

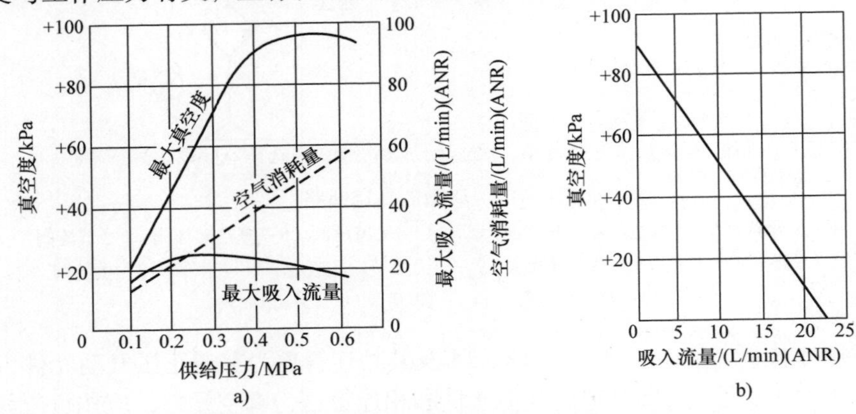

图44-3 ZH10BS和ZH10DS真空发生器的排气特性和流量特性曲线

a）排气特性 b）流量特性

因此建议工作压力定在0.5MPa左右，真空度定为70kPa。抽吸时间为工作压力达0.6MPa时抽吸1L空气所需的时间，可由具体真空发生器吸盘内的真空度与到达时间的关系曲线确定，如图44-4所示。

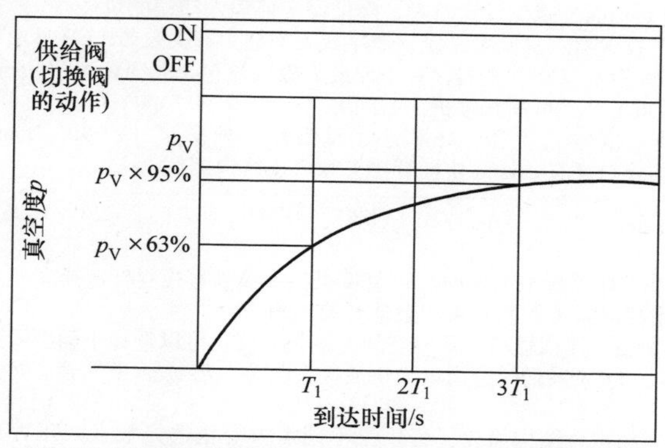

图44-4 吸盘内的真空度与到达时间的关系曲线

2. 国内外知名厂商真空发生器的特点及性能参数

国内外知名厂商真空发生器的特点及性能参数分别见表44-1和表44-2。

表44-1 国内外知名厂商真空发生器的特点

厂商名称	特　点
FESTO	该厂商有OVEL、OVEM、VADM、VADMI、VAD、VAK、电气VN、CPV等系列真空发生器 OVEL系列低成本、紧凑型真空发生器重量轻 OVEM系列结构紧凑，通过带IO－Link的真空传感器监控。中央电气接口，带M12插头 VADM、VADMI系列紧凑且坚固耐用，集成式电磁阀（开/关），带视窗的集成式过滤器 VAD、VAK系列采用铝制壳体，坚固耐用，可直接连接真空吸盘 电气VN系列可直接装入工作区域，成本低。一体化外置消声器，运行无须保养和声压等级降低 CPV系列在阀岛上可以组合使用开关阀和真空发生器，配备真空开/关电磁阀，可选配喷射脉冲 OVTL系列是由真空发生器OVEL、气路板和附件组成的模块
SMC	该厂商有真空单元、小型真空单元、薄型真空单元、大型真空单元、真空发生器、多级真空发生器等 ZK2－A系列采用高效消声器，节能，噪声更小、吸入流量更大。到达真空时切断供给空气，空气消耗量减少93%。真空发生器效率提高，吸入流量增大50% ZX系列采用模块式设计，可根据所需功能进行组合。最适合用于100g以下的电子零件或小型精密零部件。但该系列于2019年6月进行了产品变更，需选择ZQ系列、ZK系列 ZM系列将阀和开关单元化。最大吸收流量提高40%，最高真空压力可达－84kPa ZH系列，体积小、重量轻。拥有4种安装方法：直接安装、标准支架安装、L型支架安装、DIN导轨安装 ZR大型真空单元，采用模块式设计，可根据所需功能进行组合。采用双电磁头，具有自我保持功能。可集装化，可选择数字式真空开关、电磁阀等功能 小型真空单元，ZB系列高速响应，阀响应时间为5ms、真空响应时间为28ms。空气消耗量减少17%，到达真空压力提高21%。带真空用压力开关，可最多同时控制10台 ZA系列，可动部分可设置、可集装化，缩短了与吸盘之间的管件长度，响应性提高 ZKJ对应现场总线的集装式真空发生器，对应现场总线，通信协议为PROFINET。无须输入/输出单元，可节省空间。空气消耗量削减90%。在停电/电源断开（OFF）时也可发生真空

（续）

厂商名称	特　点
SMC	ZQ□A 薄型真空单元，带节能功能的真空用压力开关。空气消耗量削减 90%，消耗功率减小 60%。拥有复制功能，减少设定工时、降低设定值输入错误的可能 ZQ 薄型真空发生器、真空泵系统，数字式真空压力开关。带 LED 显示功能，可集装化 ZL1/ZL3/ZL6 多级真空发生器，有 3 种最大吸入流量 100/300/600L/min（ANR）。3 种真空压力检测部，无须工具，可削减维护工时间 ZU□A 直线型真空发生器，体积小、重量轻。外形尺寸：ϕ10.4mm、重量：3.9g、全长：52mm。通口连接口径有 ϕ6mm 快换管接头和 Rc1/8 内螺纹
CHELIC	该厂商有 EV、VSL、VA、VM、VK30、VKMT、VKM、VQ20、VCK 和 VHS 等系列真空发生器 EV 系列，滤芯阻塞影响流量时，可直接更换。喷嘴直径规格选择多 EVM 系列附控制阀可控制开关和微动开关感测 VA 系列易安装，体积轻巧，不占空间。接管方便，可以选择手动型压力传感器 VML、VMT、VKM 系列的进出口为快插接头类型，容易插拔气管。可选购固定架，方便安装固定 VK30 系列，模组化结构简化，可依据不同需求变化选择数显式压力传感器，压力监控可视化。可选择直立或侧旁安装 VKMT 系列节能，可在设定真空范围内开闭输入气源 VQ20 系列，拥有真空保持结构设计，空气消耗量减少 80% VCK 系列，统一进气，配管简化。连座可扩充至 8 连 VHS 系列，可搭配多种支架形式和多种吸盘
派恩博	该厂商有 PBM、PBX、PM、PZL112/212、PZU、PZH、PCV、PZK 和 PMI 系列真空发生器等 PBM 系列是多级真空发生器，可选择带有止回阀功能，更节能，真空反应迅速，真空度高，真空流量大，性能稳定。可在 −20～80℃不结冰、有危险的气体与高腐蚀酸性环境中工作 PBX 系列可以产生更高真空度 PM 系列带有消声器与真空表及固定支架，产生噪声小，附压力表便于观察，安装方便、简单、易维护 PZL112 系列采用 3 级扩压管，真空流量可增加 250%，节省流量 20%，可带阀、真空用压力表或压力开关 PZL212 系列节省流量和吸入流量都是 PZL112 系列的两倍 PZU 系列体积小，采用管道式设计，结构简洁，带快速驳接口，配置范围大、可直接安装在位于真空吸盘（即真空吸点）附近的软管上，无须固定，可实现快速安装，降低安装成本、易维护 PZH 系列接口提供快换接口与螺纹接口，外形有 T 型与盒型两种设计，排气速度快 PCV 系列由优质航空挤压铝材加工成形，经阳极氧化，抗冲击与抗腐蚀性能更理想，无瓣阀设计，在多尘或脏污环境下具有更高的工作可靠性，能在高温差、不结冰、有危险的气体环境中工作 PZK 系列为刀片式真空发生器，带真空压力开关，到达指定真空度后可停止供气 PMI 系列为经典多级真空发生器，采用 PINEB 同芯技术，体积小，重量轻，带有消声器与真空表及固定支架，产生噪声小。配有 PINEB 多级同芯喷射器低压供气，可选择带有止回阀功能，更节能

表 44-2　真空发生器的性能参数

厂商名称 （型号）	FESTO （OVEL－5－H/L）	SMC （ZH05D□A）	CHELIC （EV 系列）	派恩博 （PZL112 系列）
喷嘴孔径/mm	0.45	0.5	0.5、1.0、1.5、2.0、2.5、3.0	1.2
达到真空压力/kPa	−89	−90（S 型） −48（S 型）	−91.8	−84

（续）

厂商名称 （型号）	FESTO （OVEL－5－H/L）	SMC （ZH05D□A）	CHELIC （EV 系列）	派恩博 （PZL112 系列）
最大吸入流量 /（L/min）（ANR）	5	6（S 型）、 13（S 型）	6～225 （依喷嘴孔径）	100
空气消耗量 /（L/min）（ANR）	—	13	13～385 （依喷嘴孔径）	63

44.2　真空吸盘

1. 产品结构

真空吸盘是直接吸吊物体的元件，它是由橡胶材料与金属骨架压制成型的。

真空吸盘使用注意事项如下：

1）不同的橡胶材料在弹性、强度、使用温度范围、耐老化性等多方面性能是不一致的，因此要根据不同的使用环境和要求来选用吸盘材料。

2）吸盘有各种不同形状，常见的有平直型、平直带肋型、深凹型、风琴型等，因此要根据不同吸附工件确定其形状。

3）吸盘的安装方式如图 44-5 所示。

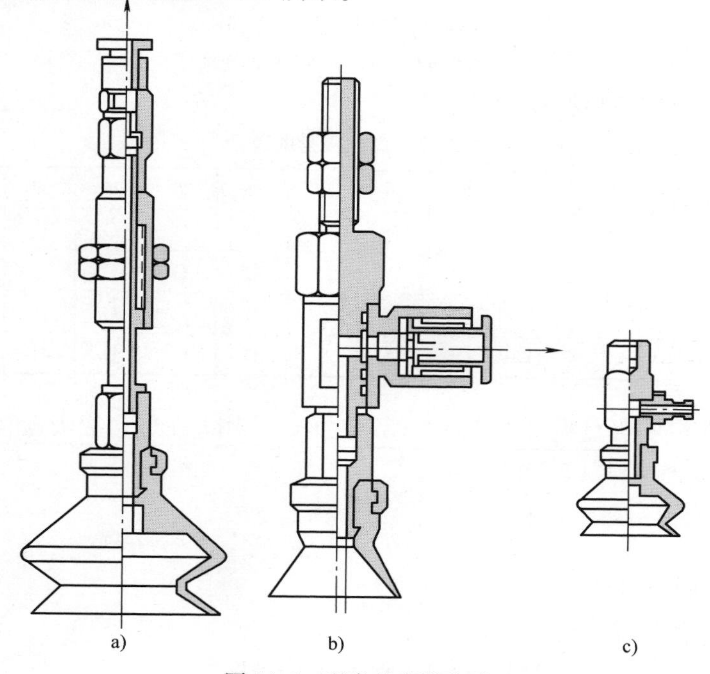

图 44-5　吸盘的安装方式

a）纵向式　b）快换接头式　c）倒钩式

4）吸盘的取出方式如图44-6所示。

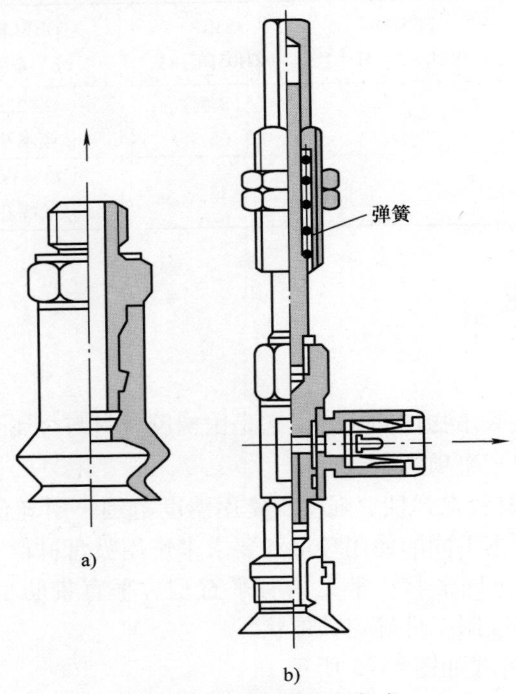

图44-6 吸盘的取出方式

a）螺纹连接 b）带缓冲体的连接

真空吸盘直径系列见表44-3。

表44-3 真空吸盘的直径

吸盘直径/mm	2	4	6	8	10	13	16	20	25	32	40	50
平直型	O	O	O	O	O	O	O	O	O	O	O	O
平直带肋型					O	O	O	O	O	O	O	O
深凹型					O		O		O		O	
风琴型			O	O	O	O	O	O	O	O	O	O

使用多个分布吸盘吸吊物体时的稳定性好，采用 n 个同直径吸盘吸吊物体，吸盘的直径可按式（44-1）选定。

$$D \geqslant \sqrt{\frac{4Wt}{\pi np}} \tag{44-1}$$

式中 D——吸盘直径（mm）；

W——吸吊物重量（N）；

t——安全率。水平吊，$t \geqslant 4$；垂直吊，$t \geqslant 8$；

p——吸盘内的真空度（MPa）。

2. 国内外知名厂商真空吸盘的特点及性能参数

国内外知名厂商吸盘的特点及性能参数分别见表 44-4 和表 44-5。

表 44-4　国内知名厂商吸盘的特点

厂商名称	特　点
FESTO	该厂商有 ESS、ESV、OGVM、VAS、VASB、ESG 等系列吸盘 ESS 真空吸盘由吸杯和带安装件的支承板构成。真空吸盘体积可选 0.002 ~ 245cm^3，工件半径可选 10 ~ 680mm ESV 系列为真空吸盘 ESS 的磨损件，可轻松互换 OGVM 系列，极其节能，有非常高的横向力，拥有最短的抽空时间，最佳的吸力，人体工程学设计，可实现高的工艺可靠性，非常适合具有复杂轮廓的工件 VAS、VASB 系列坚固可靠，带固定接口螺纹，可选 11 个真空吸盘的直径 ESG 系列为模块化产品套件，有圆形和椭圆形，包含真空吸盘支架和超过 2000 种派生型的真空吸盘，可选配角度补偿器、高度补偿器、过滤器。可选 15 个真空吸盘的直径 OVEL 系列机器人套件真空吸盘，重量轻，拥有各种性能等级和真空类型
SMC	该厂商的真空吸盘可以分为基本型吸盘、紧凑型吸盘、椭圆形吸盘、高刚性吸盘、无吸附痕迹吸盘、风琴型吸盘、平型吸盘、吸管型吸盘、海绵吸盘和特种吸盘等 ZP 基本型吸盘，具有 12 个尺寸、6 种吸盘形状（平型带沟、平型带肋、风琴型、薄型、薄型带肋、深型），可根据用途选择安装件。真空安装出口可选外螺纹、内螺纹、快换管接头、倒钩接头。可选择带或不带缓冲器 ZP3 紧凑型吸盘，全长缩短 ZP/ZP2 椭圆形吸盘，吸盘形状为椭圆平型，对应长方形工件 ZP3E 高刚性吸盘，吸附姿势更稳定，脱离性提高 ZP3P 真空吸盘，适合包装膜等形状变化大的工件，泄漏量低 风琴型吸盘，ZP3P - JT 系列对应柔软薄膜包装工件的吸附搬运，4*g* 加速度情况下，依旧能可靠吸附搬运；ZP2 系列拥有针对不同功能的吸盘，如无吸附痕迹的吸盘，采用了减小吸附痕迹的橡胶材质，用于不能有吸附痕迹的工件 平型吸盘，用于吸附薄片、薄膜等工件，吸附时可抑制工件平面的变形量。吸管型吸盘，用于吸附小型零部件（IC 芯片等）。海绵吸盘，用于有凹凸表面的工件。碟片吸附用真空吸盘，用于吸附圆盘形状的工件（CD 盘，DVD 盘等）。面板固定用真空吸盘，带滚珠花键缓冲器的吸盘 ZP3 - □HS□真空吸盘，表面电阻为 106 ~ 109Ω。缓慢释放静电，防止电子零部件损坏 ZHP 带真空发生器的吸盘，真空发生器与吸盘一体化，减小了安装空间，节省了配管工时。2 级真空发生器，吸入流量增加 50%，空气消耗量减少 30%。使用塞板拆装，削减了更换吸盘的作业工时 XT661 非接触式吸盘，实现工件的非接触搬运。可吸附工件的距离为 10mm。旋风型最大升力 44N、伯努利型夹持时的工件振幅在 ±0.01mm 以下 ZNC 伯努利型吸盘，可吸附搬运薄布、薄膜、电路板等。高吸吊力为 28.3N，带定位器、带防振罩 XT661 - X427 伯努利型非接触式吸盘，可吸附搬运薄布、薄膜、电路板等。有定位器、防振罩，可选择带压力传感器的规格 磁力吸盘，MHM 系列可通过磁环对重物进行吸附、保持，不使用真空也可搬运钢板。多孔、凹凸及复杂形状的工件均可对应，供气切断时也可吸附工件

（续）

厂商名称	特　点
CHELIC	该厂商有PA、PB、PAG、PAO、PAW、PAP、PAQ、PC和PAL等系列吸盘。PA系列为单层型吸盘，适合在吸取表面为平整无变形的场合使用；PB系列通过双层波纹设计可补偿高度差异，适用于高度不平整的工作物，例如管材、纸箱；PAG系列为薄型真空吸盘，适用于食品包装袋和塑胶袋等容易变形的工件；PAO系列为无痕型真空吸盘，适用于表面附着油的工作物，例如带油钢板，通过吸盘内部的特殊花纹设计，输送过程中可耐受很大的侧向力；PAW系列为椭圆形真空吸盘，长椭圆形的形状，可吸取较狭长的工件，及某些限制空间的场合，适用于吸附面较少或长形的工件，例如电路板、半导体、圆柱；PAP系列平板型真空吸盘，通过扁平式的形状设计，改善工件的附着力，减少重叠吸附产生的皱褶，适用于纸张和塑料薄片等工作物，可减少吸附时产生的变形及皱褶；PAQ系列利用吸垫片，在吸取时让吸唇不会接触到工件表面，进而不会产生吸痕，适用于防止吸附痕迹产生的工作物，例如玻璃、液晶面板、涂装工程设备、半导体制造设备；PC系列为三层式真空吸盘，通过三层波纹设计，有很强的适应性及高度灵活型及贴合性；PAL系列为不回转真空吸盘，适合小型、质量轻的工作物。不回转设计，避免误吸取动作
派恩博	该厂商有PZP、PZPH/PZPHB、PPA、PPC、PPF、PPJ、PPJG－P、PPS、PPU、PBL和PSF系列吸盘。PZP系列适用于木板、塑料板、铁板、玻璃、圆球体；PZPH/PZPHB系列可选橡胶、硅橡胶、聚氨酯等材料；PPA吸盘唇部边缘非常薄。吸盘面平整不易起皱，适用于吸纸张及塑胶袋等薄型、表面光滑易变形的物体；PPC系列拥有2.5层褶皱设计，吸附能力强，吸盘有多层皱褶，具有一定的缓冲量，应用在狭小的空间中，适用于表面不平整的、有倾斜度的物件和纸箱、成型塑料的吸附；PPF系列适用于钢板、板材等表面平整光滑不易变形的吸附物；PPJ唇边薄，1.5层褶皱设计与特殊件的密封性好，适用于没有空间安装缓冲零件，吸附有倾斜的物件和小尺寸的纸条、塑料膜金属薄板的场合；PPJG－P系列在原有的褶皱吸盘PPJG的基础上，安装了PEEK制作的配件，防止了静电的产生，防止了橡胶制作的吸盘对吸附物体的粘贴，以防止工件表面吸附痕迹的产生；PPS系列在PPF、PPJ吸盘上附加内牙、外牙固定螺纹，安装简易，适用于吸附小型钢板，玻璃等工件；PPU系列平行方向吸盘摇摆型设计，最大摆动角度为30°；PBL系列多重褶皱，能有效在搬运过程中对工件的高度变化进行补偿。扁平的渐薄唇边具有很好的密封作用，高流量设计，能进行快速的搬运；PSF系列采用特殊的肋槽设计，适用于吸附粗糙表面的工件

表44-5　真空吸盘的性能参数

厂商名称（型号）	FESTO（ESS－扁平型）	SMC（ZPT系列－平型）	CHELIC（PA系列）	派恩博（PZP系列）
吸盘直径/mm	2、4、6、8、10、15、20、30、40、50、60、80、100、150、200	2、4、6、8、2×4、3.5×7、4×10、10、13、16、20、25、32、40、50	2、3.5、5、6、8、10、15、20、25、30、35、40、50、60、80、120、150、200	2、4、6、8、10、13、16、20、25、32、40、50

44.3　其他真空元件

44.3.1　真空过滤器

国内外知名厂商真空过滤器特点及性能参数分别见表44-6和表44-7。

表44-6　国内外知名厂商真空过滤器的特点

厂商名称	特　点
SMC	该厂商有ZX、ZFA、ZFB和ZFC系列真空过滤器。ZX系列可与真空发生器对应使用，最适合用于100g以下的电子零件或小型精密零部件；ZFA系列为螺纹连接，并且滤芯过滤面积大；ZFB系列为万向接头型，配有快换接头，配管可快速拆装；ZFC系列为直通型，配有快换接头，滤芯更换更加简单
CHELIC	该厂商有VFD、VFM和VFU等系列真空过滤器。VFD系列过滤杂质的密度为10μm，本体连接口径最大可至12mm；VFM系列过滤杂质的密度为40μm，本体连接口径最大可至*Rc*1，可选配手动排水、差压式排水或自动排水器；VFU系列体积轻巧，不占空间，滤芯更换方便
MINDMAN	该厂商有VF、VFL和VFF等系列真空过滤器。VF系列可用于清除真空发生器吸入的灰尘和水滴
TWSNS	该厂商有ZFC系列真空过滤器，体积小巧，可适配米制、英制气管

表44-7　真空过滤器的性能参数

厂商名称（型号）	SMC（ZFA系列）	CHELIC（VFD系列）	MINDMAN（VF系列）	TWSNS（ZFC系列）
使用流体	空气、氮气	空气	空气	空气、氮气
使用压力范围/kPa	-100～0	-100～0	-100～0	-100～0
使用及其环境温度范围/℃	5～60	5～60	0～60	0～60
过滤精度/μm	30（捕捉效率95%）	10	10	5（捕捉效率95%）
滤芯更换压差/kPa	20	—	—	100（真空度20kPa）

44.3.2　真空减压阀

国内外知名厂商真空减压阀的特点及性能参数分别见表44-8和表44-9。

表 44-8　国内外知名厂商真空减压阀的特点

厂商名称	特　点
SMC	该品牌有IRV真空减压阀和ITV电子式真空比例阀。IRV真空减压阀，可控制真空气路的压力。全系列都有一面配管规格，内置快换管接头。压力计、数字式压力开关采用卡子固定，拆装容易，安装方向、安装角度（以60°为一个单位）可变更；ITV电子式真空比例阀，通过电信号按比例无级控制真空压力，通信方式有CC－Link，DeviceNet，PROFIBUS DP，RS－232C
AirTAC	该品牌有GVR系列真空调压阀。该阀采用压入式自锁机构，可防止调定压力受外界干扰而产生异动。压力调节稳定，漂移量小，压力特性好
CHELIC	该品牌有ERV等系列真空调压阀。适合小型场所使用。设定精确、稳定性高。灵敏度可达±0.1%
西克迪气动	该品牌有C－IRV系列真空调压阀。该系列可以选择不同接管类型、接管直径，也可选配真空表

表 44-9　真空减压阀的性能参数

厂商名称（型号）	SMC（IRV系列）	AirTAC（GVR系列）	CHELIC（ERV系列）	西克迪气动（C－IRV系列）
使用流体	空气	空气（经40μm以上滤网过滤）	空气	空气
设定压力范围/kPa	－100～－1.3	－100～－1.3	－98.6～－1	－100～－1.3
耐压力/kPa	－100（压力表除外）	－100	－98.6	－100
吸入大气消耗量/(L/min)(ANR)	0.6	0.6	—	0.6
手轮调节精度/kPa	0.13	—	—	0.13
环境及使用温度/℃	5～60	－20～70	5～60	5～60

44.3.3　真空逻辑阀

SMC拥有ZP2V系列真空逻辑阀。表44-10列出了ZP2V系列真空逻辑阀的性能参数。

表 44-10　ZP2V系列真空逻辑阀的性能参数

型号	ZP2V－A5－03	ZP2V－A8－05	ZP2V－B6－07	ZP2V－A01A01－10
固定节流孔径/mm	0.3	0.5	0.7	1.0
阀动作时有效截面积/mm^2	0.07	0.19	0.38	0.78
最高使用压力范围/MPa	0～0.7	0～0.7	0～0.7	0～0.7
最高使用真空压力范围/kPa	－100～0	－100～0	－100～0	－100～0
滤芯过滤精度/μm	40	40	40	40
环境及使用温度/℃	5～60	5～60	5～60	5～60
最低动作流量/(L/min)（ANR）	3	5	8	16

44.3.4 真空破坏阀

SMC 拥有 VQD1000 - V 系列真空破坏阀、SJ3A6/SY3A□R/SY5A□R 系列带节流阀的真空破坏阀。表 44-11 列出了真空破坏阀的性能参数。

表 44-11 真空破坏阀的性能参数

型号	VQD1000 - V	SJ3A6	SY3A□R	SY5A□R
阀结构	直动式座阀	带节流阀的三位三通阀	带节流阀的三位三通阀	带节流阀的三位三通阀
使用流体	空气、惰性气体/低臭氧对策品	空气	空气	空气
真空通口压力/MPa	0 ~ 0.7	-0.1 ~ 0.7	-0.1 ~ 0.7	-0.1 ~ 0.7
破坏压力/MPa	0.07	0.25 ~ 0.7	0 ~ 0.6	0 ~ 0.6

44.3.5 真空、吹气两用阀

SMC 拥有 ZH□ - □ - X185、ZH - X226/ - X249/ - X338 系列的真空发生器/大流量喷嘴。表 44-12 列出了真空、吹气两用阀的性能参数。

表 44-12 真空、吹气两用阀的性能参数

型号	ZH10 - X185	ZH - X226	ZH - X338	ZH10 - B - X249
真空压力/kPa	-6	-40	-40	-22
吸气流量/(L/min)(ANR)	530	405	880	820
喷气流量/(L/min)(ANR)	700	700	1550	1160
压缩空气消耗量/(L/min)(ANR)	690	297	570	340

注：供给压力为 0.5MPa。

44.3.6 真空系统使用注意事项

真空系统使用的注意事项如下：

1）供给气源应是净化的、不含油雾的空气。因真空发生器的最小喷嘴喉部直径为 0.5mm，故供气口之前应设置 AF 系列过滤器和 AM 系列油雾分离器。

2）真空发生器和吸盘之间的连接管应尽量短。连接管不得承受外力。旋转管接头时，要防止连接管变形或造成泄漏。

3）应严格检查真空回路各连接处及各元件，不得向真空系统内部漏气。

4）由于各种原因使吸盘内的真空度未达到要求时，为防止被吸吊工件因吸吊不牢而跌落，回路中必须设置真空压力开关。吸着电子元件或精密小零件时，应选用小孔口吸着确认型真空压力开关。对于吸吊重工件或搬运危险品的情况，除要设

置真空压力开关外，还应设置真空计，以便随时监视真空压力的变化，及时处理问题。

5）在恶劣环境中工作时，真空压力开关前也应安装过滤器。

6）为了在停电情况下保持一定的真空度，以保证安全，对真空泵系统，应设置真空罐。在真空发生器系统，吸盘与真空发生器之间应设置单向阀。供给阀宜使用具有自保持功能的常通型电磁阀。

7）真空发生器的供给压力在0.40～0.45MPa为最佳，压力过高或过低都会降低真空发生器的性能。

8）吸盘宜靠近工件，避免受较大的冲击力，以免吸盘过早变形、龟裂和磨损。

9）吸盘的吸着面积要比吸吊工件表面小，以免出现泄漏。

10）面积大的板材宜用多个吸盘吸吊，但要合理布置吸盘位置，增强吸吊平稳性，要防止边缘的吸盘出现泄漏。为防止板材翘曲，宜选用大口径吸盘。

11）吸着高度变化的工件时，应使用缓冲型吸盘或带回转止动的缓冲型吸盘。

12）对有透气性的被吊物，如纸张、泡沫塑料，应使用小口径吸盘。漏气太大时，应提高真空吸吊能力，加大气路的有效截面积。

13）对于柔性物，如纸、乙烯薄膜，由于易变形、易皱折，应选用小口径吸盘或带肋吸盘，且真空度宜小。

14）一个真空发生器驱动一个吸盘最理想。若驱动多个吸盘，当其中一个吸盘有泄漏时，会减小其他吸盘的吸力。为克服此缺点，可设计成图44-7所示结构，每个吸盘都配有真空压力开关。一个吸盘泄漏导致真空度不合要求时，便不能起吊工件。另外，各节流阀也能减少由于一个吸盘的泄漏，对其他吸盘的影响。

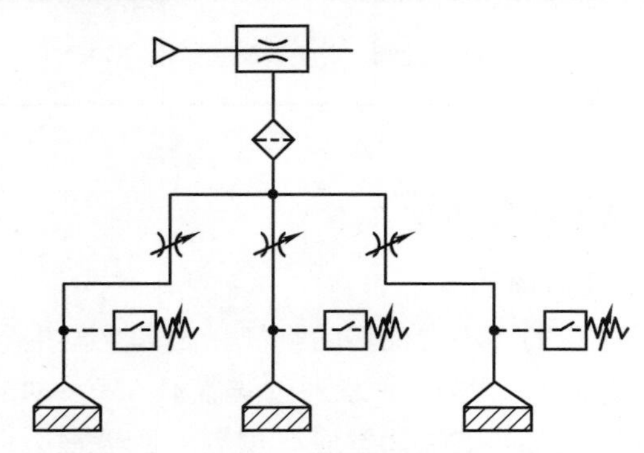

图44-7　一个真空发生器驱动多个吸盘的匹配

15）对真空泵系统来说，真空管路上一条支线安装一个吸盘是理想的，如图44-8a所示。若真空管路上要装多个吸盘，由于吸着或未吸着工件的吸盘个数变化或出现泄漏，会引起真空压力源的压力变动，使真空压力开关的设定值不易确定，特别是对小孔口吸着的场合影响更大。为了减少多个吸盘吸吊工件时相互之间的影响，可设计成图44-8b所示的回路。使用真空罐和真空调压阀（真空减压阀）可提高真空压力的稳定性。必要时，可在每条支路上安装真空切换阀，这样，一个吸盘泄漏或未吸着工件时，不会影响其他吸盘的吸着工作。

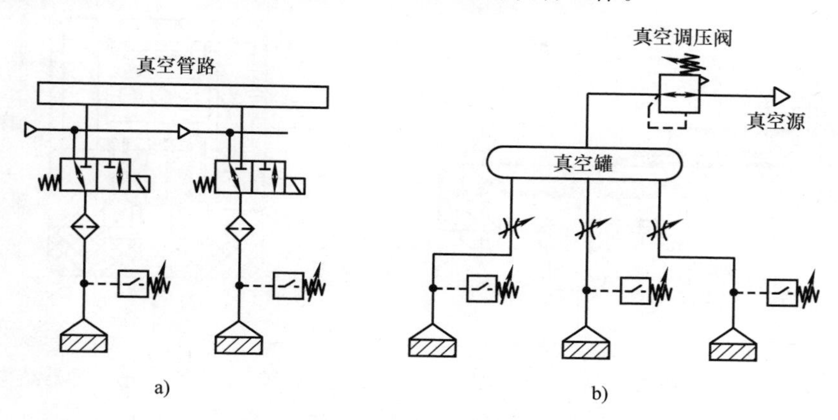

图44-8　真空管路中带多个吸盘的匹配

44.4　转换元件

转换元件通常指用来将不同能量形式的信号进行转换的元件，主要包含气－电转换器、电－气转换器和气－液转换器三种元件。

44.4.1　气－电转换器

1. 结构及原理

气－电转换器是一种将气流信号转换成电信号的装置，其工作的基本原理是利用弹性元件在气压信号作用下产生的位移来接通或断开电源。气－电转换器使用的弹性元件有橡胶膜片、金属膜盒、弹簧管等，它们的动作分别对应着不同的输入压力大小。

按输入压力的大小，气－电转换器又分为低压气－电转换器结构示意图（见图44-9）和高压气－电转换器结构示意图（见图44-10）。

低压气－电转换器所接收的气压较低，一般小于0.1MPa，主要被应用于指示灯产品，显示气信号的存在；当需要输入较高的气压信号（大于0.1MPa）才能动作的气－电转换器称为高压气－电转换器或压力继电器结构示意图（见图44-11）。

压力继电器通常由感受压力、微动开关和压力调节三个部分组成，其中压力调节部分带有可调螺母用来预先设定开、闭电触点的压力值。

气－电转换器的选择主要依据输入气压力、电压（交流或直流）、电功率（触点容量）等参数，使用时应注意触点的接触情况，往往容易因触头氧化、接触不良造成误动作。

2. 国外典型气－电转换器

如图44-12所示为FESTO PE系列气－电转换器外形。

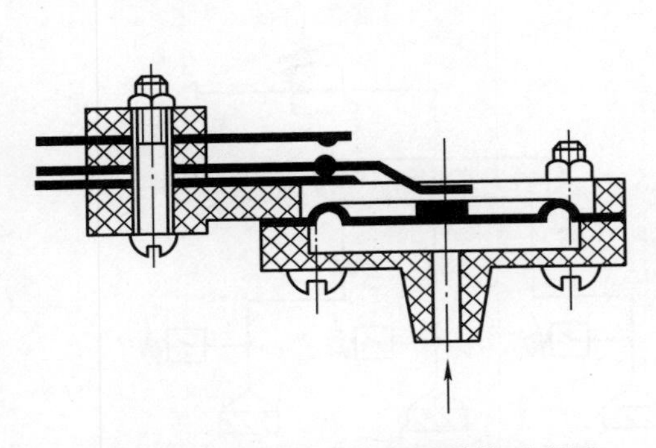

图44-9　低压气－电转换器结构示意图

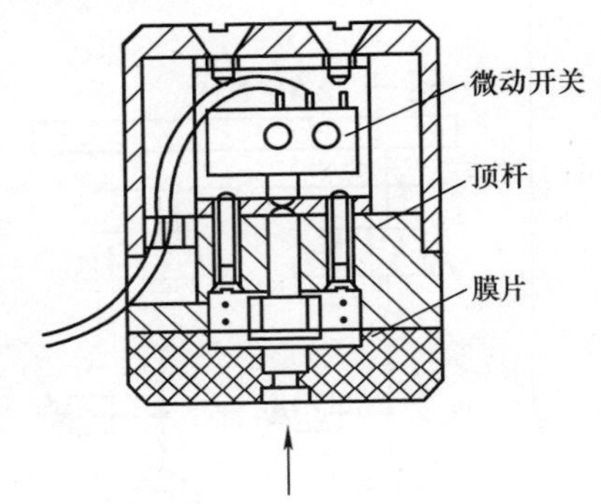

图44-10　高压气－电转换器结构示意图

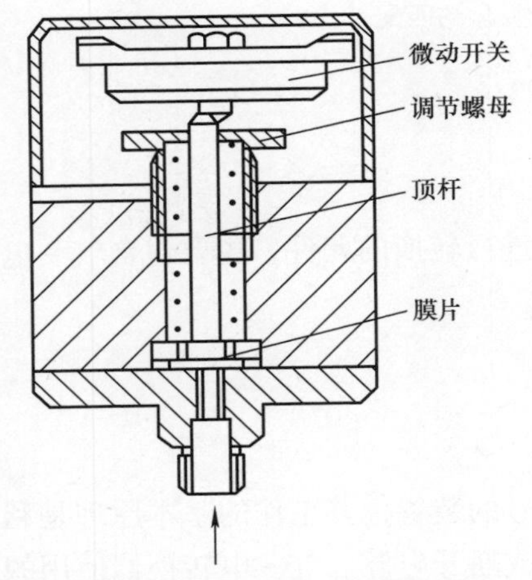

图44-11　压力继电器结构示意图

图44-12　FESTO PE系列气－电转换器外形

（1）气电转换器的特点　具有永久设定开关点的压力或真空指示器。气动电子差压开关，气动电子压力转换器，真空型结构，防溅设计型式。

（2）气电转换器的性能参数　表44-13列出了PE系列气电转换器的性能参数。

表44-13　PE系列气电转换器的性能参数

最大切换频率/Hz	70
工作压力/MPa	－0.095～0.8
门阀值设定范围/MPa	－0.08～0.8
环境温度/℃	－20～60

（续）

工作电压范围/V	12～30
最大输出电流/mA	350
质量/g	240

44.4.2 电－气转换器

1. 结构及原理

电－气转换器是将电信号转换成气信号的装置。图44-13所示为一种喷嘴－挡板式电－气转换器结构示意图。当线圈不通电时，由于弹性支承作用，衔铁带动挡板离开喷嘴，气源提供的气体由喷嘴排出大气，输出端无气体输出。当线圈通电时，衔铁吸合挡板贴合喷嘴，由气源来的气体从输出口输出，实现电－气转换。

2. 国外典型产品

图44-14所示为SMC的IT600/601电－气转换器外形。

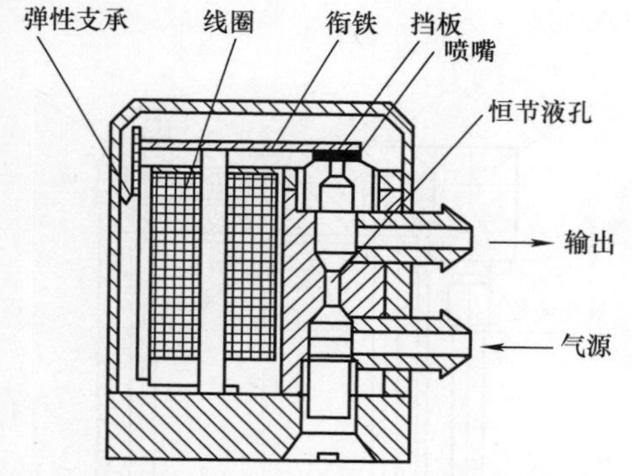

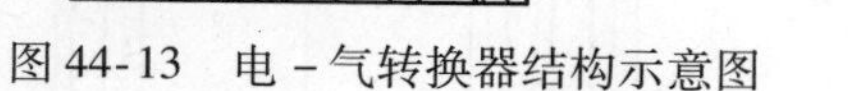
图44-13 电－气转换器结构示意图

图44-14 SMC的IT600/601电－气转换器外形

（1）电－气转换器的特点　可根据电流信号按比例输出空气压力，输出压力为0.02～0.6MPa，具有优秀的响应性能，采用独立的电子元件，耐压防爆构造，范围调节平滑。

（2）电－气转换器的性能参数　表44-14列出了SMC IT600/601的性能参数。

表44-14 SMC IT600/601的性能参数

型号	IT600	IT601
供气压力/MPa	0.14～0.24	0.24～0.7
输出压力/MPa	0.02～0.1	0.04～0.2
输入电流/mA	4～20	
输入阻抗/Ω	235（20℃）	
环境温度/℃	－10～60	

（续）

型号	IT600	IT601
直线度	±1%	
迟滞	0.75%	
重复性	±0.5%	
空气消耗量/(L/min)	7	22
质量/kg	3	

44.4.3 气-液转换器

1. 结构及原理

气-液转换器是将气压直接转换为液压（增压比为1∶1）的一种气液转换元件，常作为气动辅助元件应用于气液回路中。采用气-液转换器构成的系统，其主要特点是气压直接驱动，并通过气-液转换器变换为液压驱动，系统不需要通常的泵站，成本低，无液压泵引起的脉动，可获得液压驱动良好的定位、稳定速度和调速特性，可用于精密切削、精密稳定的进给运动。

与液压阻尼缸相比，气-液转换器与液压缸分离，可放置在任意位置，操作方便；工作液压油温度稳定，空气不会混入油中。

气-液转换器的结构如图44-15所示。

在垂直安放的缸筒内装有液压油，压缩空气在缸的上面，液压油在缸的下面。缸筒上部是压缩空气入口，下部是液压油的入口。接通气源，压缩空气经方向阀进入无杆腔，推动活塞杆伸出，缸内液压油被压入气-液转换器。压出的流量可通过液压单向节流阀调节，实现稳定、低速的无级变速。当方向阀换向时，压缩空气经方向阀进入气-液转换器，作用在油面上，则缸内液体以同样的压力输入气缸有杆腔，使活塞杆退回。

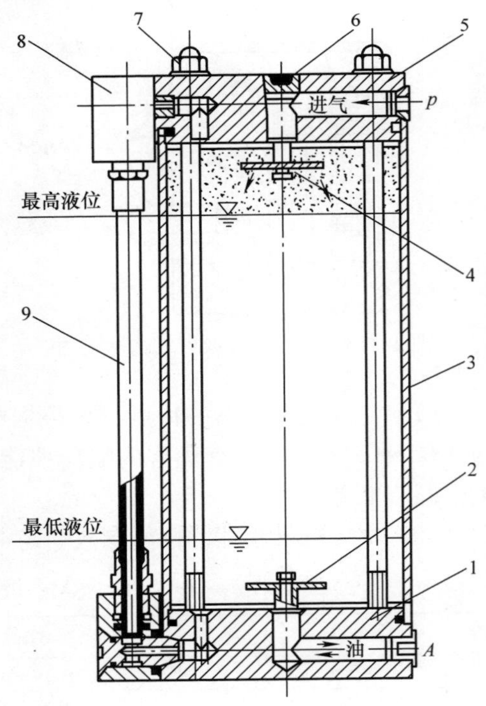

图44-15 气-液转换器的结构

1—底座 2—缓冲板 3—缸筒 4—挡板-隔离阻片 5—上盖 6—加油口螺塞 7—螺栓 8—接头 9—透明油位管

缸内有挡板-隔离阻片，使空气均匀分布在液面上，避免空气混入油中造成传动不稳定现象。透明油位管用来观察工作时油面高度变化。气-液转换器工作原理如图44-16所示。

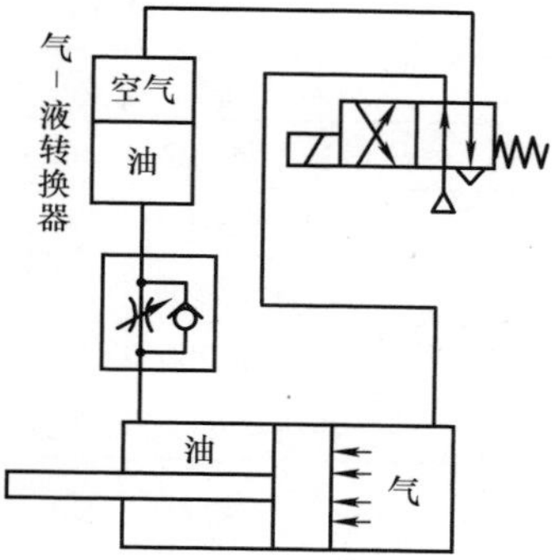

气－液转换器的使用注意事项如下：

1）选用气－液转换器，其有效容积与气缸匹配，加油量要适当，保证在气缸全行程运动中，油面保持在油面标记之间。

2）气－液转换器需要垂直安装，并且其工作的最低油面要高于工作气缸，这样有利于气缸进出油腔空气排出。

3）使用净化压缩空气的工作压力为 0.3～0.7MPa。工作用油为 20～40 号专用液压油。

图 44-16　气－液转换器工作原理

4）装配管接头需要排出脏物，又要注意密封，尤其油孔端不能进入空气，管路安装后可以用压缩空气试验管路是否漏气。

5）工作用油每半年更换一次，使用中如发现油液减少，可以从油口补充新油。

2. 国内外气－液转换器

表 44-15 列出了国产气－液转换器的主要技术参数。

表 44-15　国产气－液转换器的主要技术参数

型号	ZH40－40	ZH60－100	ZH80－150	ZH100－150	ZH150－250	ZH200－300
	QY40－40		QY80－150	QY100－150		QY200－300
空气介质	净化压缩空气，过滤精度≤20μm					
液压介质	20～40 号液压油，过滤精度≤20μm					
有效容积/cm^3	40	270	700	1170	4270	9000
环境温度/℃	5～60					
工作压力/MPa	0.3～0.63					

图 44-17 所示为 SMC CCT 系列气－液转换器外形。

（1）特点　将气压变换为液压，可使气动元件获得与液压单元相同的功能，解决了空气压缩性引起的气缸刚性不足的问题，根据负载变动可定速动作，消除低速动作时的爬行现象，可中间停止，点动进给，最适合摆动气缸的缓速驱动。

（2）性能参数　表 44-16 列出了 SMC CCT 系列气－液转换器的性能参数。

图 44-17　SMC CCT 系列气－液转换器外形

表44-16 SMC CCT系列气-液转换器的性能参数

厂商名称（型号）	SMC（CCT）
压力调节范围/MPa	0~0.7
最高耐压力/MPa	1.05
环境温度/℃	5~50
使用流体	透平油（黏度为40~100mm²/s）
转换器公称直径/mm	63、100、160

44.5 时间元件

气动时间元件主要有延时元件和脉冲元件，其构成原理是一样的。

1. 延时元件

延时元件的结构按其工作原理分为气阻-气容（阻容）式和气动-机械（电气）式；按其工作状态分为常通型（延时输出断开）和常断型（延时输出接通）。气动延时元件（延时器）的分类如图44-18所示。

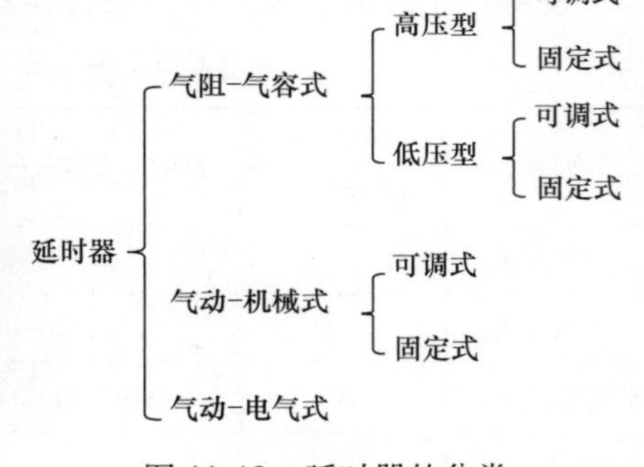

图44-18 延时器的分类

图44-19所示为气动机械式延时器的结构原理。输入控制气信号后，延时器的钟表机构在发条弹簧力的驱动下开始动作，当到达预定的延时时间时，调节杆碰到限位机构，此时延时器发出一个被延时的气信号，同时调节杆复位，以等待下一个控制信号的到来。

采用机械式气动延时元件虽然结构复杂，但延时时间长，时间可调且延时精度高。下面着重介绍阻容式气动延时器。

（1）低压延时器　图44-20所示为低压延时器的结构原理。

图44-20a中输入信号分两路进入延时器，由于恒气阻6的存在，输入信号 a 使膜片5下腔的气压升高，膜片5堵住下喷嘴，关断气容的排气通路；同时，输入信号经恒气阻向气容3缓慢充气。当气容内的压力逐渐升到一定压力（动作压力）时，膜片2堵住上喷嘴，在输出口有输出。该输出信号与输入信号相比延时了一段时间，延时时间的长短取决于恒气阻和气容的大小。

当输入信号撤销后，膜片5立即复位，气容内的气体经下喷嘴排出；膜片2复位，气源经上喷嘴 s 排气，输出口没有输出。

图44-20b所示的延时器延时时间是可调的，调节可调气阻的大小，就可改变延时时间的长短。

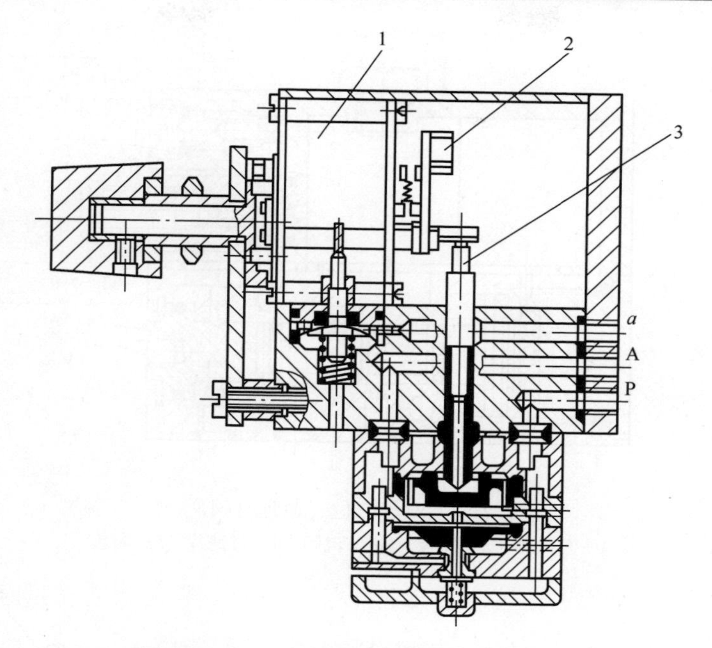

图44-19　气动机械式延时器的结构原理

1—钟表机构　2—调节机构　3—限位机构　a—输入

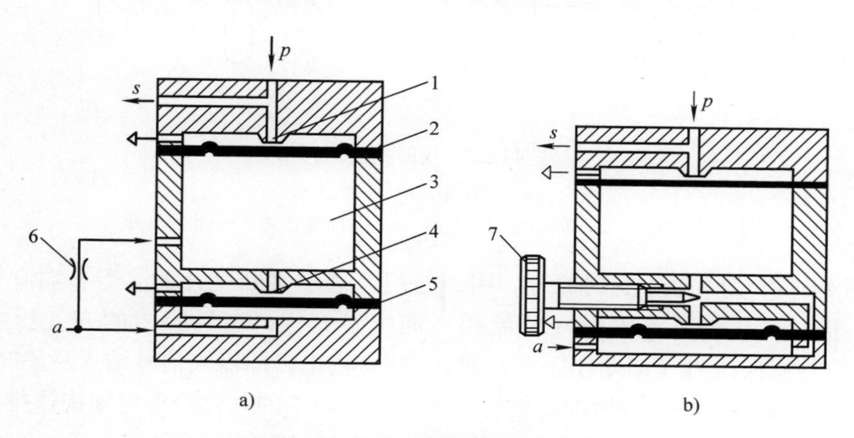

图44-20　低压延时器结构原理

a）固定式　b）可调式

1—上喷嘴　2、5—膜片　3—气容　4—下喷嘴　6—恒气阻　7—可调气阻　p—气源　a—输入　s—输出

（2）高压延时器　图44-21和图44-22所示的延时器属于这类元件。由气阻、气容、单向阀和气“开关”构成。

图44-22中的气开关4（或5）是作为输出端用的。一般气容的充气流量是很小的，当充气压力达到动作压力时，将气开关打开，延时器有输出。气开关的初始输出状态决定了延时器的形式（常断型或常通型）。

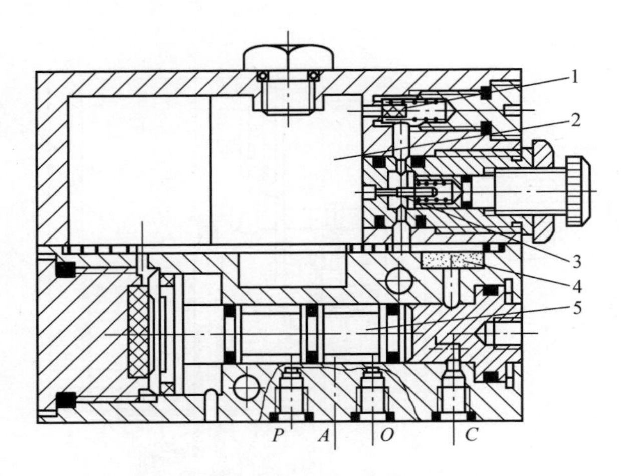

图44-21　二位三通延时阀

1—单向阀　2—气容　3—节流阀　4—过滤片　5—阀芯

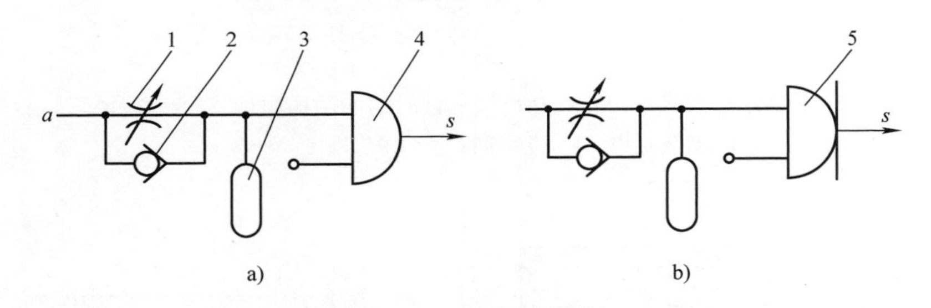

图44-22　延时构成原理

a）常断型　b）常通型

1—可调气阻　2—单向阀　3—气容　4—是门气开关　5—非门气开关

图44-22a为常断型延时原理，用“是门”表示常断气开关。当a端有信号输入时，信号气压经节流气阻（节流阀）向气容充气，当气容内的充气压力达到“是门”的切换压力（即动作压力）时，s端有输出，即输入信号输入一段时间后，延时器才有输出。在a端所加的信号消失后，气容中的气体经单向阀快速排出。

（3）国内外延时阀的特点及性能参数　表44-17列出了目前市场上一些国内外知名厂商延时阀的特点，表44-18列出了延时阀的性能参数。

表44-17　国内外知名厂商延时阀的特点

厂商名称	特　　点
FESTO	1. 配备具有所有气动过程控制器功能的控制元件的完整系统 2. 用于控制柜安装 3. 快速更换元件

（续）

厂商名称	特　点
SMC	通过可变节流与固定气容的组合，空气压力信号的到达时间可以被延迟，相当于电气系统的延时继电器
杰菲特（JPC）	可调延时方向控制元件，靠气流流经气阻、气容的延时作用，使被控对象的某一动作比另一动作滞后发生

表44-18　延时阀的性能参数

厂商名称（型号）	FESTO（VZ/VZO系列）	SMC（VR2110系列）	杰菲特(JPC)[K23Y-L6(8)-J]
供给压力/MPa	0~0.8	0~1	0.2~0.8
输入信号压力/MPa	—	0.25~0.8	—
延迟时间/s	0.25~5	0.5~60	1~60
重复精度	—	±10%	±6%
环境温度/℃	-10~60	-5~60	5~60
复位时间/ms	50	—	—
有效截面积/mm^2	—	2.5	5（10）
质量/g	150	500	—

2. 脉冲元件

（1）结构及原理　图44-23所示为滑柱式脉冲元件（脉冲阀）的结构原理。脉冲元件的工作原理与延时元件一样，也是利用气阻、气容的充放气现象。当有信号气压输入时，滑柱在气压作用下向上移动，A端有输出。同时，气流从滑柱中间的节流小孔（气阻）向气容充气，在充气压力达到动作压力时，滑柱下移，输出消失。这种脉冲阀的工作气压为0.15~0.8MPa，脉冲时间小于2s。

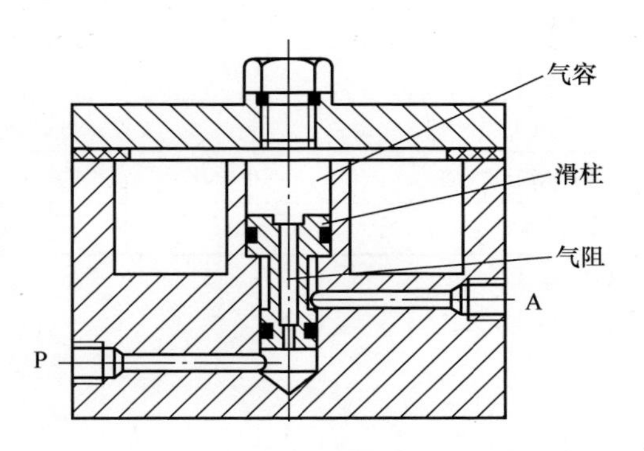

图44-23　脉冲阀的结构原理

（2）国内外脉冲阀的特点及性能参数　表44-19列出了目前市场上一些国内外知名厂商脉冲阀的特点，表44-20列出了脉冲阀的性能参数。

表44-19　国内外知名厂商脉冲阀的特点

厂商名称	特　点
FESTO	1. 用于膜片气缸、单作用和双作用气缸的快速运动 2. 用于在控制器中产生无级可调的信号
SMC	1. 寿命1000万次以上/10倍以上 2. 高峰值压力和低空气消耗量 3. 峰值压力提升15% 4. 空气消耗量削减35% 5. 使用流体温度为-40～60℃ 6. 容易维护 7. 气罐安装型 8. 无须进行配管焊接
杰菲特（JPC）	1. 膜片采用国产特制橡胶冲压而成，耐高压，寿命长 2. 阀体、阀盖采用压铸工艺，表面电泳处理，耐蚀性能好，外形美观、结构紧凑，易安装 3. 阀体内部流道进行优化设计，排气量大、排气迅速。可清洗过滤网，将物件或工件吹走

表44-20　脉冲阀的性能参数

厂商名称（型号）	FESTO（VLK系列）	SMC（JSXFA系列）	杰菲特（JPC）（MK系列）	杰菲特（JPC）（MD系列）
工作压力/MPa	0.25～0.8	0.1～0.0	0.035～0.8	0.035～0.8
公称流量/(L/min)	90	—	—	—
换向时间/ms	—	—	≤30	≤30
环境温度/℃	-10～60	-40～60	-20～60	-20～60
质量/g	170	500	—	—

第 45 章　高压气动控制元件及气动汽车

45.1　气动控制系统压力等级

高压气动压力控制技术作为气动技术发展的一个重要方面，在民用、航空、航天与航海领域有着广泛的应用。气动控制系统的压力等级见表 45-1。

表 45-1　气动控制系统的压力等级

气压范围/MPa	0～1	1～5	5～40	>40
系统分类	低压气动系统	中压气动系统	高压气动系统	超高压气动系统
应用场合（举例）	生产线、食品加工、纺织等	拉伸吹塑成型	大功率气动离合器、风洞实验、深海潜水、飞机船舶舰艇	高压空气断路器、空气爆破、金属成形

45.2　高压气动技术的发展

1. 高压气动技术发展的驱动力

现代气动控制技术是在 20 世纪 50 年代发展起来的，空气作为工作介质具有防火、防爆、防电磁干扰、抗振动、冲击、辐射等功能优点，又具有成本低、系统简洁、安装及维护方便等显著应用方面的优点。超高压气体以其功率密度高、瞬间膨胀性大、爆发力强、温度适应范围广等特性，在航空、航天、武器装备与航海中得到应用。超高压气动技术的应用研究已成为气动领域的一个重要分支技术，新的关注点。超高压气动减压阀是超高压气动系统的关键元件之一。

随着各个行业，特别是国防工业对气动系统高速度、高压力、高精度的要求不断增加，使得高压气动控制技术的研究与应用成为一种迫切的需求。与此同时，气动技术向高压化方向发展也是一条可行之路。气动高压化改善了系统的动态特性与刚度；也使气动执行元件功重比提高，即所需气体流量减小，则可以使相应的电磁阀、减压阀、过滤器等控制和辅助元件的体积减小，有利于气动元件小型化，节省安装空间、资源和成本。

2. 高压气动技术应用的驱动力

从各国的行业统计资料来看，近30多年来，气动行业的发展很快。20世纪70年代，液压与气动元件的产值比约为9:1，而50多年后的今天，在工业技术发达的欧美、日本等国家或地区，该比例已达到6:4，甚至接近1:1。我国的气动行业起步相对较晚，但发展较快。从20世纪80年代中期开始，气动元件产值的年递增率达20%以上，高于中国机械工业产值平均年递增率。近年来气动技术的应用领域已从汽车、采矿、钢铁工业等迅速扩展到化工、轻工、食品、军事工业等各行各业。气动元件的高压化、微型化、节能化、无油化、智能化等是当前的发展特点。高压气动压力控制技术作为气动技术的重要分支。在国防军事领域，高压气动压力控制技术已成为实现现代传动与控制的关键技术之一。

高压气动技术目前主要应用在特殊场合，如图45-1所示。

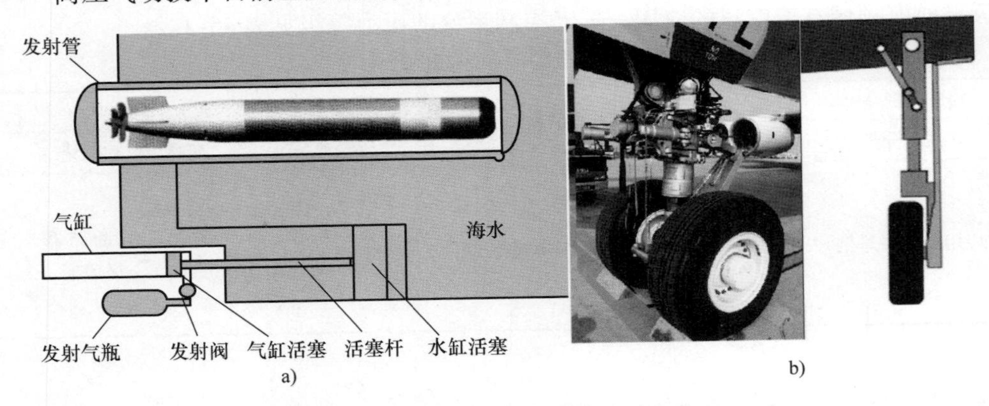

图45-1 高压气动在航海、航空等方面的应用

a）高压气动鱼雷发射装置 b）高压气动飞机起落装置

大、中型商船上常配有压力为2.5~15MPa的压缩空气系统，主要用于船舶主柴油机起动、换向和发电柴油机的起动。飞机上广泛应用压力为7~23MPa的高压系统，主要用于操纵起落架、收放对正鼻轮、螺旋桨制动、主轮制动、客舱门收放等。舰艇上广泛应用压力为15~40MPa的压缩空气系统，主要用于鱼雷的装弹和发射、火炮操纵、潜艇浮起等。此外，高压气动系统还应用于空气爆破（70~84MPa）、金属成形（最高140MPa）、风洞实验（21~28MPa）、深海潜水（最高21MPa）、高压空气断路器（175MPa）、大功率气动离合器（12MPa）、拉伸吹塑成型（常高达4MPa）、气动舵机、压缩空气储能发电、气动汽车（研发阶段）等场合。

目前为止，世界海军潜艇所装备的鱼雷发射装置，绝大部分是以高压空气作为发射能量，它们采用通断阀控制高压空气。美国1958年申请的专利（No. 2837971）中，对通断阀进行了详细介绍。虽然经过了数十年，但多数国家仍采用高压气动快速通断阀控制鱼雷发射装置。当需要发射武器时，通断阀打开，高压空气注入气缸，气缸再拖动水缸对海水加压，实施发射。发射完毕后，通断阀截止一定能量的高压空气，用于气、水缸的回程，如图 45-1a 所示。

45.3　高压气动压力控制技术基础研究

目前国内外关于高压气动的研究主要以开关控制、比例控制为主。高压气动伺服系统研究仍处于探索阶段，高压电－气伺服阀与伺服系统控制机理成为高压气动伺服控制技术发展的瓶颈。这是因为在高压力、高响应、高精度连续控制要求下，加上气体变体积特性、功重比高、空间与重量限制，气体的高压化方面存在五大难点：一是气动力的加剧，这在低压气动阀上一般是不考虑的；二是气体的膨胀能力强；三是结露结冰；四是微量气体控制不稳定；五是泄漏大。要解决瓶颈问题必须加强基础理论研究。华中科技大学在这方面的基础理论研究中做了较多系统性的研究工作。

首先是涉及基础理论的高压气动元件质量流量的特性测定。气动质量流量特性的测定一直是气动界的关注点，在高压气动技术下更甚。它对气动系统建模与分析过程中的临界压力比、有效通流面积、声速流导等参数具有重要影响，因此对气动系统特性有非常重要的影响。实际气动元件的流量特性参数不能完全靠理论数据，比如说临界压力比理论值是 0.528，但实际情况差别可能会比较大。

对于这个基础研究需要通过大量的实验来发现一些规律，对高压气动控制元件的质量流量特性进行测定。其中绝热声速串联排气法成本低、系统简单，测定的精度主要取决于排气时间的合理控制以及压力传感器和温度传感器的测量精度。用这种方法，通过对 1mm 的固定节流口、2mm 通径的电磁开关阀进行测试可以得到表 45-2列出的结果，每一种都做两个相同的被测件，通过交换连接顺序可测试两个被测件的流量特性。从表 45-2 中也可以看出，两个被测件的实际有效截面积、流量系数、临界压力比是略有不同的，取平均值作为某一规格气动元件的最终测量值，这就为高压气动系统的建模奠定了良好的基础。

表 45-2　质量流量特性表征参数测定结果

数值元件	DN1 通径固定节流孔		DN2 通径电磁开关阀	
	1#被测件	2#被测件	1#被测件	2#被测件
有效面积/mm^2	0.6916	0.6793	2.4170	2.4820
平均值/mm^2	0.6855		2.4495	
流量系数	0.8806	0.8649	0.7690	0.7900
平均值	0.8728		0.7795	
临界压力比σ_α	0.4787	0.4673	0.3550	0.3942
平均值	0.4730		0.3764	

其次，涉及基础理论的研究就是充放气过程的气体动力学与动态传热机理，主要是精确计算动态传热系数。它对高压气动系统的建模精度也有很大的影响，所以也是高压气动技术中的基础。通过 CFD（计算流体力学）方法与数学建模可以对充放气过程的动力学以及动态传热机理进行仿真。容腔充放气过程存在强烈的气搅拌现象，产生了卷吸效应，如图 45-2a 所示。阀口主射流区速度呈抛物线形状，壁面速度较大，增强换热，如图 45-2b 所示。由图 45-2 可见，主射流区呈抛物线形状，壁面速度较大，增强换热；实验也验证了气源的压力越高，传热系数越高，改变了传热系数是不变的传统理念。采用 CFD 方法结合传热学模型分析充放气过程的气体动力学，计算结果与实验结果偏差最小。

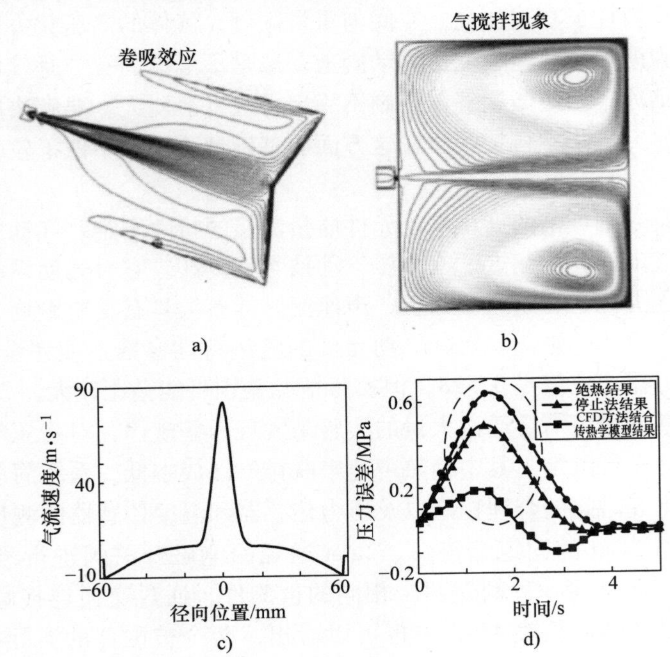

图 45-2 高压气体充放气过程动力学及动态传热机理

a）3D 速度等值线图 b）气体流线图 c）中心横截面速度变化曲线 d）实验验证

再次，是高压气动控制阀气动力产生、变化规律与补偿优化的机理研究。这在低压气动元件中可以忽略。但如同液压技术中强调液压阀的稳态液动力一样，在高压气动中必须要考虑，因为稳态气动力直接决定高压气动阀的重要特性。

通过对图 45-3 所示的阀口速度分布的研究，发现阀口区域旋涡的大小与强度对阀口气体射流角有重要影响，从而对阀芯所受气动力的大小具有重要影响，并显示出稳态气动力与阀口的开度是一个强的非线性关系，与气体压力基本上呈线性关系，如图 45-4 所示。

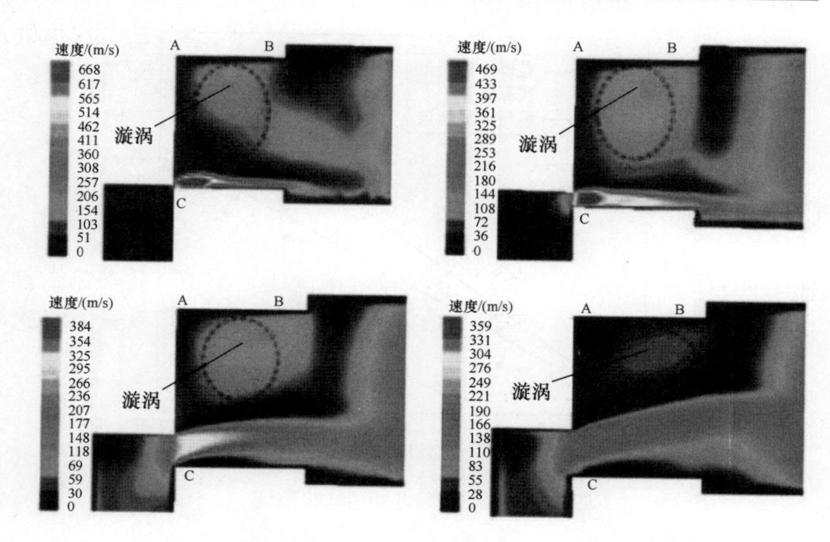

图 45-3　高压气体流出阀口速度分布云图

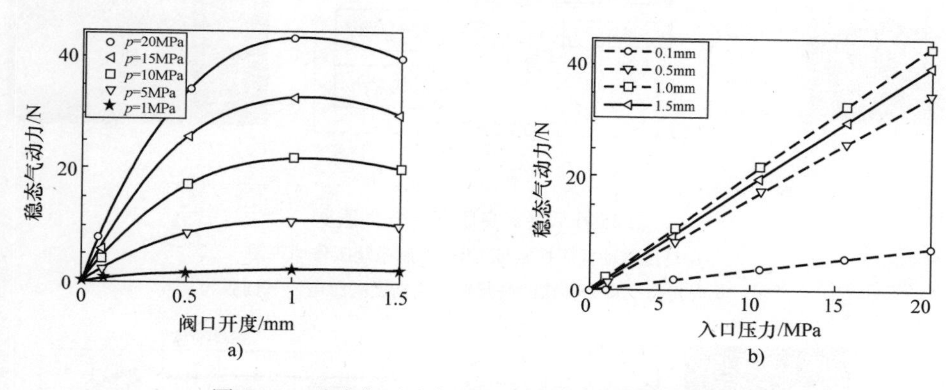

图 45-4　稳态气动力与阀口开度、气体压力关系图
a）稳态气动力与阀口开度关系　b）稳态气动力与气体压力关系

实验也验证了这个稳态气动力数值计算结果的准确性，图 45-5 表明它们的吻合性。

在此基础之上，开展稳态气动力补偿方法研究，通过改变伺服阀阀套非节流窗口流道角度的方法补偿气动力，并开发出高频响、高精度的数字高压电 - 气伺服阀，如图 45-6 所示。

这个伺服阀的控制原理如图 45-6b 所示，包括控制电路、位置传感器等，采用前馈 + 干扰补偿 + 经典控制器的复合控制方法，实现高频响、高精度控制高压电 - 气伺服阀，解决了前述的各种非线性因素干扰，其性能曲线获得比较理想的结果，如图 45-7 所示。

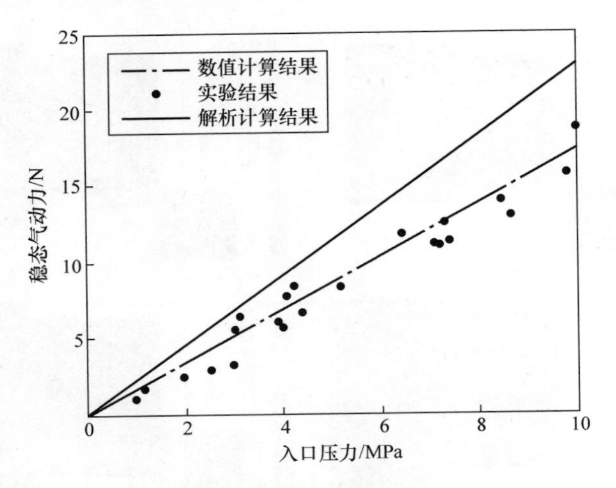

图 45-5　稳态气动力的试验验证

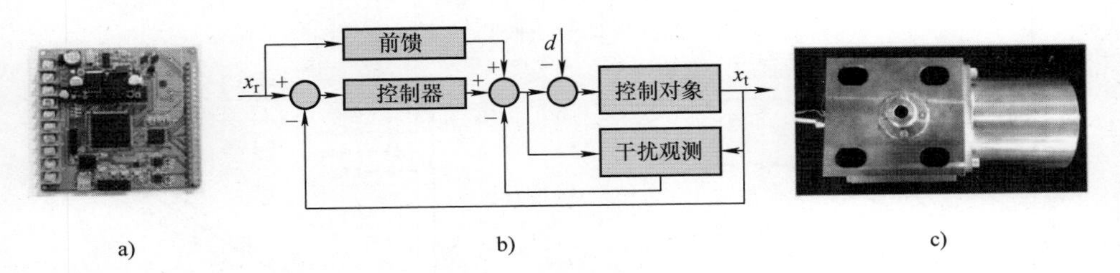

图 45-6　数字高压电－气伺服阀

a）高压气动伺服控制板　b）控制系统工作原理图

c）具有稳态气动力补偿的高频响、高精度高压电－气伺服阀

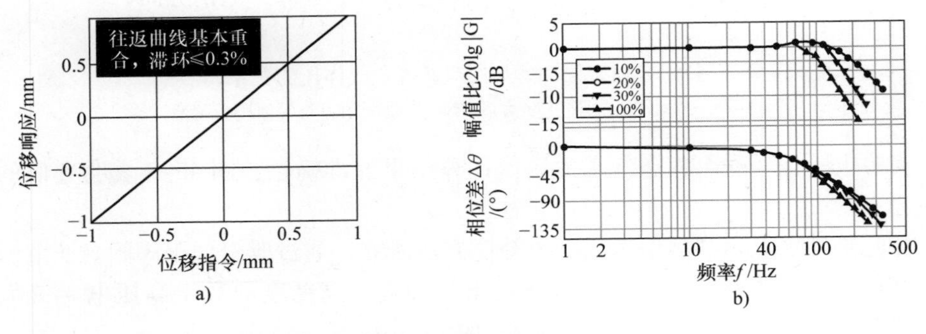

图 45-7　数字高压电－气伺服阀性能曲线

a）伺服阀滞环曲线　b）伺服阀幅频与相频曲线

最后是气体高压化导致高压电－气伺服阀零位泄漏严重。这个非线性零位的泄漏量在低压的伺服阀中当然存在但不严重，但是在高压气动伺服阀中会对整个系统的控制精度有很大影响。

45.4　高压气动压力控制技术与元件的研究

1. 高压气动元件总体情况

高压气动元件的研究工作主要集中在高压压力控制元件方面。

目前国内外在高压气动减压阀领域的产品较少，尚未有输出压力在 10MPa 以上的高压气动比例减压阀产品。

目前国外公司的高压气动有关产品比较成熟，例如美国的 Tescom 公司的 26－2000 系列高精度、高压力电子压力控制阀出口压力范围高达 137.9MPa。

国内的高压气动减压阀产品基本上停留在手动调节的范围内，有较完整的产品系列。如宁波星箭航天机械有限公司生产的减压阀系列，工作压力范围为 3～40MPa。图 45-8 所示为该公司生产的 KJ350 超高压气动减压阀外形与工作原理图，进口压力为 10～35MPa，出口压力为 5～25MPa，流量为 0.3～0.8kg/s。其工作原理是减压阀的输出压力由调节其活塞与阀之间的调压腔压力来实现。调压腔压力与出口压力比较，当调压腔的压力大于出口压力时即出口压力小于设定值时，活塞受调压腔的气体压力作用向上运动，克服弹簧的预紧力等因素推开阀，出口腔的气体压力上升。该减压阀的调压腔压力需要两个节流阀配合使用，如图中的 JK1 和 JK2，JK1 负责进气的节流，用于向调压腔加气增压，JK2 用于出口节流，用于排气减压。该减压阀原理简单可靠，在一定的工作条件下具有较好的压力精度。不足之处在于压力的调节需要手动调节，耗费时间长，而且由于手动调节会带来不确定的偏差。同时，该减压阀随着进口压力的变化，输出压力的静态偏差也有明显的变化。

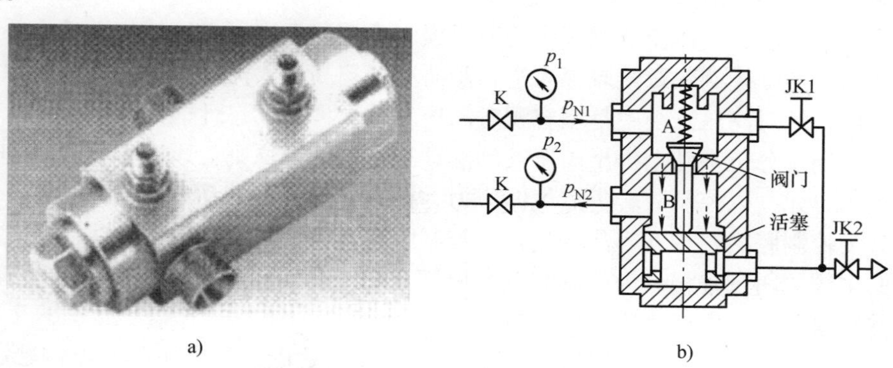

图 45-8　KJ350 超高压气动减压阀

a）超高压气动减压阀外形　b）超高压气动减压阀工作原理图

2. 高压气动元件的前期发展概况

由于空气的压缩性，空气容腔内的温度在充气时随着空气质量的增加而升高，排气时随着空气质量的减少而降低。该温度变化直接影响空气容腔内的压力响应，在高压气动系统中的影响更为明显。由此可知，如可忽略空气容腔内的温度变化，压力响应将得到改善。东京工业大学的香川利春教授提出了等温压力容器，解决了空气容腔内充排气时温度变化的问题。

高压气动系统的控制元件是保证高压系统正常工作的关键环节，国内研究大多集中在高压气动减压阀方面。例如，1989年北京理工大学陈汉超通过建立阀芯的静力平衡方程分析了用于气动舵机的定值减压阀（5MPa）的静特性与提高稳压精度的主要技术途径；1992年上海气动成套厂陈烈昌采用独特的结构、制造工艺及材料（采用人造红宝石做阀口密封材料、PA66做电磁头线圈封灌材料、0Cr18Mo2Ca做导磁体、1Cr18Ni9Ti做隔磁套管和管座）研制出国内首个小通径（4mm）、高压（3.8MPa）、多介质电磁阀（22JVD－4）。

1997年华中理工大学（后更名华中科技大学）李宝仁等人采用物理模型与数学模型相结合的分析方法对高压（20MPa）气动伺服阀进行了研究。该大学贺小峰等人提出了高压大流量波纹膜片气动定差压力阀，一方面可以将压差放大，增加阀对微小压差的敏感性，从而提高压差控制精度；另一方面波纹膜片与平膜片相比，使阀芯有更大的位移量，可加快排气速度。该大学魏东等人研究一种用于光学雷达制冷剂填充装置的新型小流量、高压差减压阀，该阀在系统管径仅为0.3mm的条件下，可实现系统压力从40MPa一次性降低到0.2MPa，出口压力可控制在0～20MPa范围内的任一值。

2003年浙江大学贾光政等人研制了一种应用于高压气体容积减压系统的先导式高压气动开关阀，该阀由电磁先导阀部分和主阀部分组成，解决了超高压气体主阀芯驱动力大和响应慢的难题；采用电子信号控制高压大流量气体，操作方便，易于实现自动控制，气体流通过程中的节流损失小，适合高压大流量气动动力系统和气动回路的开关控制。贾光政等人进一步研究了超高压大流量气动开关阀的原理和动态特性，针对高压系统中控制容积对高压气动元件的动态性能的影响不能忽视的特点，在动态分析基础上提出高压气动阀动态过程细分原则：以定容积过程和变容积过程为单元，以控制腔转折点气体压力为标志，将高压气动开关阀的主阀开启过程细分为控制腔定容积气容放气过程、控制腔变容积气容放气过程；将高压气动开关阀的主阀关闭过程细分为控制腔变容积气容充气过程、控制腔定容积气容充气过程，并针对各过程给出相应的数学模型。

2003年广东工业大学李笑等人开发了一种直动式电反馈高压电气比例减压阀，使输出腔的压力由压力传感器检测并反馈给比例放大器的闭环控制，结构简单，线性性能良好。2004年浙江工业大学周明安等人研发了具有反比例控制功能的新型比例气动压力阀。2005年浙江大学王宣银等人进行了超高压气动比例减压阀的设计与仿真研究，输出压力在8～25MPa之间可调。与此同时，浙江大学流体传动及控制国家重点实验室由4名博导组成的气动汽车课题组，经4年研究开发后，气动汽车于2003年成功上路，由压力为30MPa的4个50L碳纤维压缩空气罐（成本3000元/个）蓄能，汽车由此高压空气驱动，发动机噪声为70dB，属零排放无污染的绿色环保汽车，车时速可达50km，续驶里程为200km。

上海工业大学的郦鸣阳等人研究了一种可用于高压气动系统的数字式流量控制阀，该阀的工作压力最高可达6MPa。其工作原理：有一个输入通道和一个输出通道，通道间有N位可开关的喷嘴，各进气喷嘴截面面积之比保持二进制关系，阀的过流面积可按步进方式调节，或按设计值进行顺序控制。这种设计思想为高压气动系统在分级减压中进行PCM控制提供了方便，可以作为一种高压阀的研究开发方案。数字式流量控制阀较常用的模拟式调节阀具有分辨率高、响应快、重复性和开关性好、便于计算机控制等特点。目前已用于中高压气瓶减压器特性和中低压气动元件特性的计算机辅助测试中，并获得了满意的结果。

近十多年来高压气动元件在国防军事领域以及民用领域应用并取得各种成果，已经成为航空、航天、武器装备、航海、汽车等领域重要的技术手段，超高压气动技术的应用研究也已成为气动领域的一个重要分支。

3. 高压气动压力控制元件的下一步发展

（1）电子化高压气动元件的开发　机电气一体化是气动技术的发展趋势，首先阀岛技术是数字化的基础，与以太网和微处理器结合形成智能元件，实现设备的遥控、诊断和调整。目前可实现对阀岛的供电、供气故障进行诊断（电源是否关闭或不稳定、气源是否关闭或不稳定）；电气部分的输入/输出模块中的电压不足、通道短路、断路、过载；气动部分电磁阀的电压不足、电磁线圈短路、断路、工作状态控制；传感器-执行器的故障诊断（连接电缆的断开、传感器或执行器的故障）；通信部分的总线断路、通信错误、循环时间错误及程序停止等一些故障的诊断等。

（2）高压气动系统及元件的节能研究　高压的气动技术几个问题：空气压缩机效率低；其次由于气流速度的提高，气流在元件及整个系统的能量损失都不同程度地增大。因此系统效率较低；再次是减压过程的节流损失会更大。当前节约能源是各国关注的重点。因此高压气动系统及元件的节能研究将成为未来研究的重点之一。高压气动元件的节能研究重点在元件的流道优化设计上，流道的优化可以减少节流或流动损失、高压气体泄漏等。高压系统的节能研究重点首先是系统管路的设计；其次是高压系统减压方法的研究，传统的节流减压方式无法满足节能要求；再次是高压系统排气的回收研究，高压排气带有很大的能量，如果能有效回收进行循环利用将会极大地提高系统效率。

（3）高压气动系统及元件安全性研究　高压气动控制技术一方面可以应用在安全性差的环境中，例如航空、船舶等工作环境相对恶劣的大型工业领域。在这种情况下，由于气体的可压缩性，气动产品可实现软接触，动作柔和，提高动作的安全性；同时诸如防火、防爆、高温、高湿等特定的环境中，气动元件有其独有的适应性；气动系统可以在间隙工作状态下输出较大能量，抗过载能力强，这些都是其他机电产品无法相比的。

另一方面伴随着气动技术的高压化，高压管路及高压元件的爆裂将对使用者的安全构成威胁。所以在元件和系统的设计研究时，必须对其安全性给予充分的重视。

（4）新材料和新工艺在高压气动元件上的应用　这些应用为高压气动元件带来性能改善。

（5）经济性　高压气动技术与产品的进一步应用，不仅带来工业技术的进步，而且这种技术与产品的大规模应用，会进而使得元件生产成本降低，从而降低高压气动技术的系统成本，形成一个良性循环。

45.5 高压气动减压元件原理

45.5.1 高压气动压力控制阀分类

调节和控制压力大小的气动元件称为压力控制阀，高压气动压力控制阀包括减压阀、安全阀（溢流阀）及顺序阀，如图45-9所示。减压阀是利用空气压力和弹簧力相平衡的原理来工作的。由于气压传动是将比使用压力高的压缩空气贮于储气罐中，然后减压到适用于系统的压力，因此每台气动装置的供气压力都需要使用减压阀（在气动系统中又称调压阀）来减压，并保持供气压力值稳定。凡是大于5MPa的气压就可以纳入高压气动，超过40MPa的气动压力更属于超高压气动，详见表45-1。

高压气动压力控制阀
- 高压气动减压阀：减压、保持压力稳定
- 高压气动安全阀（溢流阀）：压力超过允许值时自动溢流排气，使压力下降
- 高压气动顺序阀：按压力大小来控制两个以上的气动执行元件顺序动作

图45-9　高压气动压力控制阀分类

45.5.2 高压气动减压原理

1. 节流减压

节流减压是常规的减压方法，采用节流元件使高压气体在流动过程中产生摩擦功耗来实现减压。管道中流动的流体，在经过截面突然缩小的阀、狭缝和孔口等位置时，因发生不可逆的压力损失而使流体的压力降低。在节流过程中，气流与外界交换的热量很少，可以认为是绝热的，故称为绝热节流。

2. 容积减压

容积减压是为了区别节流减压而提出的，容积减压的目的是减小介质流动过程中的节流摩擦损失，提高可用能量的利用率。

根据气体状态方程 $pV=nRT$，一定量的气体的压力与其充满的容积成反比，容积增大，压力降低。根据该原理，高压气体在减压容器中膨胀后，可以使压力降低。容积减压实现节能的条件是高压气体到减压容器之间的气体流动为声速状态，且没有气体的壅塞现象；工作条件是减压容器的入口质量流量远大于出口的质量流量；主要设备是高压大流量气动开关阀和具有相应容积的减压容器。高压气动容积减压方法是一种节能减压方法，容积减压装置一般安装在高压气源与气动执行元件之间，可根据系统的减压控制要求，由控制器对高压气动开关阀的开启和关闭状态进行控制，从而控制高压气体在体积减压容器中的减压过程和减压指标，以满足气动执行元件的动力需求。

3. 分级减压

分级减压是为了使容积减压发挥更大作用而提出的一种新的减压方法，分级减压期望在每一级减压中能够得到能量补偿，使系统输出的有效能尽可能增多，理想的分级减压方式有两种：定容充分吸热补偿分级减压和定压充分吸热补偿分级减压。前者减压过程主要由多变过程和定容吸热过程组成，每级减压的初始状态都在等温过程线上，初始压力根据设定情况逐级降低；后者减压过程主要由多变过程和定压吸热过程组成，每级减压的初始状态都在等温过程线上，初始压力根据设定情况逐级降低。

45.5.3 高压气动比例减压阀

1. 外形、工作原理

高压气动减压阀主要由主阀和先导阀构成，其外形示意图和工作原理简图如图45-10所示。

a)

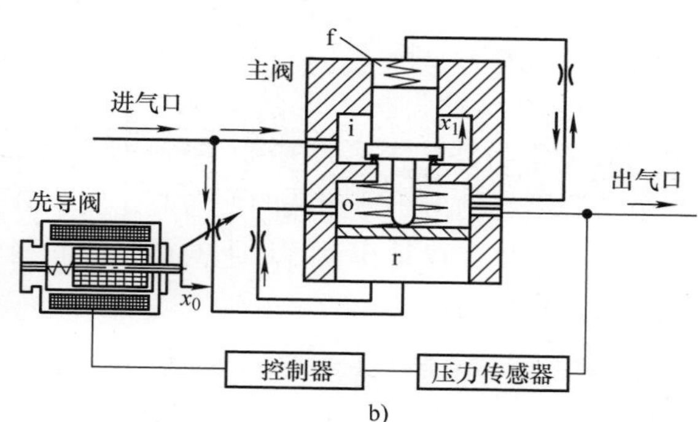

b)

图45-10 高压气动减压阀外形和工作原理简图（浙江大学）

a）高压气动比例减压阀外形 b）高压气动比例减压阀工作原理简图

主阀为活塞式结构，按照压力区可划分为进气腔i、排气腔o、调压腔r和反馈腔f。先导阀的进气引自主阀的进气腔，其排气端与主阀调压腔相连，加压阀输出压力的调节通过控制先导阀实现；增大先导阀的开度 x_0，则经先导阀进入调压腔的气体多于调压腔进入排气腔的气体，调压腔气体压力上升，主阀芯的开度 x_1 增大，输出压力升高；反之减小先导阀的开度 x_0，输出压力下降。减压工作过程中，主阀阀芯处于动态平衡状态。

按所使用的电控驱动装置的不同，比例减压阀分为喷嘴挡板型、开关电磁阀型和比例电磁铁型三种，本阀采用了比例电磁铁型。

2. 高压气动比例减压阀的特点

高压气动比例减压阀采用单个比例电磁铁控制减压阀的先导级，采用压力传感器检测输出压力，进行闭环反馈控制。工作压力为10～31.5MPa，且具有较宽的输出压力范围。

阀是否达到性能要求，首先是考虑到气动系统的时变性、非线性、输出压力变化范围大等因素，选择简单而有效的控制策略；考虑了高压气体降压产生的温度降低对阀的稳定性影响；通过仿真及参数优化，在保证系统性能的前提下，减小尺寸；在制造工艺上保证密封的有效性；在无法在线检测条件下做出了水压检测替代方案。此高压气动比例减压阀采用串联式气阻的先导级滑阀结构，工作效果好，数值仿真方法帮助研发过程中了解串联式气阻的间隙泄漏对减压阀性能影响。主阀阀芯采用非完全平衡的方式。反馈腔气体压力作用在主阀芯上的面积略微小于出口腔的气体作用面积，即在主阀芯上有较小的进口腔气体作用面积；因此该阀具有自密封的特点，在非工作状态下，主阀和先导阀均可在复位弹簧和气体的压力作用下自动关闭密封。

3. 高压气动比例减压阀的性能曲线

图45-11a所示为高压气动比例减压阀在纯比例控制下的压力响应特性，采用纯比例控制下系统存在较大的静态偏差，输出压力为12MPa时，静态偏差达到0.8MPa，以百分比计为6.7%。图45-11b所示为采用了比例积分控制后，消除了静态偏差的压力响应特性，获得较高的稳态压力精度，稳态压力精度在2%以上，达到了预期的设计目标，但是响应变慢，达到目标值的95%需1.3s的时间。图45-11c所示为高压气动比例减压阀在设定输出压力为6MPa下的流量特性曲线，控制策略采用与输出压力相关的变增益比例积分控制，减压阀的输出压力响应特性并无明显的变化，仅是在大流量下的调整时间相对较长，但是说明该减压阀具有较强的负载适应能力。

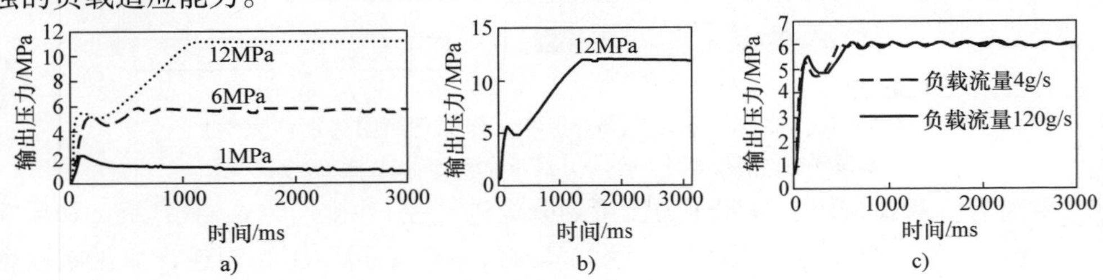

图45-11　高压气动比例减压阀的特性曲线

a）纯比例控制下的压力响应曲线　b）比例积分控制下的压力响应曲线　c）压力流量特性曲线

45.6　其他超高压气动阀

表 45-3 列出了一些目前应用在各种场合与工程项目中的超高压气动的各种元器件。

表 45-3　超高压气动的各种元器件

高压气动元件	元件外形	元件通径（DN）/mm	元件压力/MPa	其他参数
高压空气减压阀	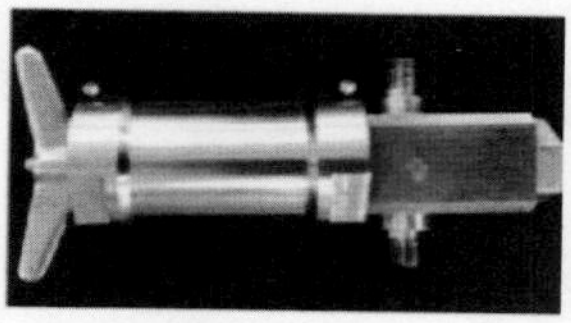	4～20	输入 25 输出 1～20	
高压气动舷侧吹除阀		32	40	
高压气动电磁阀		6～10	40	响应时间 60ms
二位三通气控方向阀		10	12	
高压大流量快速截止阀		55	12	

（续）

高压气动元件	元件外形	元件通径（DN）/mm	元件压力/MPa	其他参数
高压多级气缸		6（级数）	10	最大行程 1500mm
高精度高频响高压电－气伺服阀		4～10 三位三通 三位五通	12	滞环小于3‰，频宽200Hz
气动舵机	高压大流量气动比例阀	高压大通径气体流量调节阀		

从表45-3可以看到已经开发的高压气动元件研发的情况与应用，其中包括高压气动电磁阀、二位三通气控方向阀、高压空气减压阀、高压气动舷侧吹除阀、高精度高频响高压电－气伺服阀、以及海水环境下的高压大流量气动比例阀。另外还有高压气体供应与流量快速控制系统、高压气体压力伺服控制、高压气动位置伺服控制。其中气动舵机采用燃气，工作压力为6MPa；高压多级气缸用在水下设备救生装置的推顶与释放；高压大流量快速截止阀，能够实现高压大流量气体的快速切断。高压电－气伺服阀对气体流量的快速精确调节起到了重要作用。对于高压大通径气体流量调节阀，工作压力高达40MPa，正在系列化，它的通径（DN）范围为25～130mm，频宽为35Hz左右，采用高压电－气伺服控制技术实现了高压气体流量集成化、快速化、精确化控制。

45.7 超高压气动投放装置应用实例

超高压气动投放装置以超高压压缩空气为动力，实现带载或空载快、慢速伸出和快、慢速缩回。该设备采用了气压传动技术，主要是因为气压传动技术具有结构简单、紧凑，使用维护方便，无污染，成本低，输出力和速度易于调节等优点。但是气压传动实现慢速动作难度较大，且低速条件下动作不稳定，气缸容易产生“爬行”现象。为此，在所设计的超高压气动投放装置上采用了“充入背压再排气节流”的方法，较好地解决了上述问题。

1. 功能与结构

对超高压气动投放装置的功能要求如下：

① 能实现空/带载慢速伸出，速度范围为 0.05 ~0.1m/s。

② 能实现空/带载慢速缩回，速度范围为 0.05 ~0.1m/s。

③ 能实现带载快速伸出，速度大于 10m/s。

④ 能实现空载快速缩回，速度为 5m/s。

⑤ 气动系统工作压力范围为 15 ~20MPa。

超高压气动投放装置主要由控制阀组、高速单出杆双作用气缸、高压气瓶等组成，控制阀组集成于气缸缸体上，结构紧凑；控制阀组由 7 个超高压二位二通电磁方向阀、1 个减压阀和 1 个单向阀组成。其气动系统原理图如图 45-12 所示。

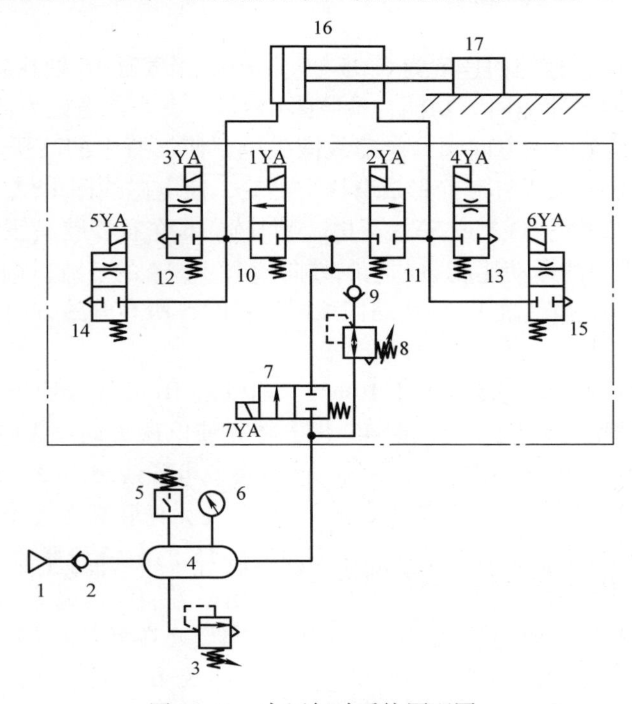

图 45-12 高压气动系统原理图

1—气源 2、9—单向阀 3—溢流阀 4—高压气瓶 5—压力开关 6—压力表 7、10 ~15—超高压二位二通电磁方向阀 8—减压阀 16—高速单出杆双作用气缸 17—负载

其中，8是减压阀，7、10和11为超高压二位二通电磁方向阀，而12~15则为经改进设计后的电磁方向阀，它们的排气节流口是根据机构应达到的快、慢速伸出和快、慢速缩回的特殊功能而设计的。超高压二位二通电磁方向阀10和11用于控制高速单出杆双作用气缸16的运动方向；超高压二位二通电磁方向阀12~15则分别用于控制高速单出杆双作用气缸16的运动速度。

2. 超高压气动系统工作原理

超高压气动投放装置实现机构达到快、慢速伸出和快、慢速缩回功能。其工作原理如下所述。

(1) 空/带载慢速伸出速度为0.05~0.1m/s 当气缸16处在收回极限位置时，为实现“空/带载慢速伸出”功能，参照图45-12，首先将电磁方向阀11的电磁线圈2YA得电，其余电磁阀的电磁线圈失电，使气瓶中的高压气体经过减压阀减压后进入气缸16的有杆腔而形成背压，然后使电磁线圈2YA失电，再同时使电磁线圈7YA、1YA、4YA或6YA得电，则气缸16在无杆腔高压气体的推动下慢速伸出，此时机构的运动速度通过电磁方向阀13或15的节流口调节，速度被控制在0.05~0.1m/s。当气缸16到达外伸极限位置时，所有电磁方向阀的电磁线圈均失电。

(2) 空/带载慢速缩回速度为0.05~0.1m/s 当气缸16处在外伸极限位置时，为实现“空/带载慢速缩回”功能，参照图45-12，首先使电磁方向阀10的电磁线圈1YA得电，其余电磁方向阀的电磁线圈失电，使气瓶中的高压气体经过减压阀减压后进入气缸16的无杆腔而形成背压，然后，使电磁线圈1YA失电，再同时使电磁线圈7YA、2YA、3YA或5YA得电，则气缸16在有杆腔高压气体的推动下慢速缩回，此时机构的运动速度通过电磁方向阀12或14的节流口调节，速度被控制在0.05~0.1m/s。当气缸16到达缩回极限位置时，所有电磁方向阀的电磁线圈均失电。

(3) 带载快速伸出速度为大于10m/s 当气缸16处在收回极限位置时，为实现“带载快速伸出”功能，参照图45-12，首先使电磁方向阀13的电磁线圈4YA和电磁方向阀15的电磁线圈6YA得电，然后再使电磁线圈7YA、1YA得电，同时使电磁线圈2YA、3YA和5YA失电，则气缸16在无杆腔高压气体的推动下快速伸出，此时机构的运动速度通过电磁方向阀13和15的节流口联合调节，速度大于10m/s。当气缸16到达外伸极限位置时，所有电磁方向阀的电磁线圈均失电。

(4) 空载快速收回速度为5m/s 当气缸16处在外伸极限位置时，为实现“空载快速缩回”功能，参照图45-12，首先使电磁方向阀12的电磁线圈3YA和电磁方向阀14的电磁线圈5YA得电，然后再使电磁线圈7YA、2YA得电，同时使电磁线圈1YA、4YA和6YA失电，则气缸16在有杆腔高压气体的推动下快速缩回，此时通过电磁方向阀12和14的节流口联合调节，机构的运动速度控制在5m/s。当气缸16到达收回极限位置时，所有电磁方向阀的电磁线圈均失电。

3. 超高压气动系统的电控控制系统设计

为实现超高压气动投放装置的各种功能，特别为其设计了专用控制系统，控制系统的方框图如图45-13所示。

系统的控制器主要是根据输入指令和上、下极限位置传感器的反馈值来确定电磁线圈1YA~7YA的得电和失电状态，从而达到机构所要求的快、慢速伸出和快、慢速缩回的功能。通过对超高压二位二通电磁方向阀12~15的节流口的特殊设计，以及图45-13所示的控制系统的设计，可以实现超高压气动投放装置所需的快、慢速伸出和快、慢速缩回功能。经实验验证，采用图45-12所示的高压气动系统原理和图45-13所示的控制系统，所设计的超高压气动投放装置较好地实现了“空/带载慢速伸出”“空/带载慢速缩回”“带载快速伸出”和“空载快速缩回”的功能，且速度都在规定的范围内，运动较为平稳，能够满足实际的需要。

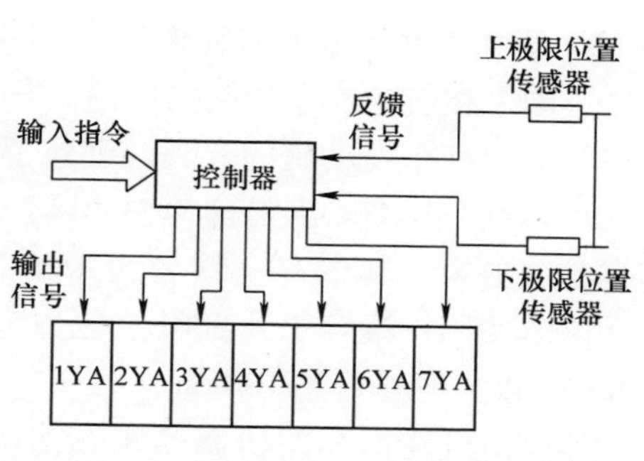

图45-13　超高压气动控制系统方框图

从上述超高压气动投放装置设计中可知，新型超高压二位二通电磁方向阀组的开发至关重要。而在超高压二位二通电磁方向阀组的设计中，借鉴了国内已有产品的超高压二位二通电磁方向阀的结构与性能，根据该超高压气动投放装置的具体特点，并经过理论计算与分析，在相应阀的节流口设计上采用了特殊的尺寸和结构设计，才最终完成了超高压气动投放装置的开发。由前面的系统工作原理分析与实验，可以总结出超高压气动投放装置的主要技术特点：①采用了节流口经特殊设计的超高压二位二通电磁方向阀组及与高速气缸一体化的结构，可以实现机构的快、慢速伸出和快、慢速缩回的功能；②采用了“充入背压再排气节流”的调速方式，可以分别达到机构空/带载慢速伸出、空/带载慢速缩回的低速运动要求；③采用了依据输入指令和上、下极限位置传感器的反馈值来控制超高压二位二通电磁方向阀组中相应电磁方向阀电磁线圈得电和失电状态的控制方式，结构简单，易于实现。

45.8　气动汽车

截至2021年年底，中国汽车保有量已达3.02亿辆。随着全球能源危机以及全球碳中和的要求，压缩天然气汽车、液化石油气汽车、电动汽车、混合动力汽车以及气动汽车等新型汽车正在发展。

气动汽车也称为压缩空气动力汽车，在能量的转换过程中无矿物燃料的燃烧，排放的是纯净的空气，无污染、无热辐射、噪声小，是真正意义上具有绿色、无污染概念的汽车。因为气动汽车具有其他动力源汽车所无可比拟的先进技术性能和卓越的环保优势，所以有很广阔的发展前景。

45.8.1　气动汽车的研究现状

1. 国外气动汽车的研究现状

法国走在气动汽车研制的前沿，早在1991年法国设计师GuyNgre就获得了压缩空气动力汽车发动机的专利，创建了MDI公司，并于1998年推出了第一台压缩空气动力汽车样车。到目前为止，该公司已获得相关专利20余项，生产的气动汽车在各国出售。其中有一款名为TOP（Taxi Zero Pollution）的压缩空气动力出租车，该车使用一罐容积为300L、压力为30MPa的压缩空气作为动力源，行驶里程200km，最大时速可达100km。

印度对气动汽车的研制紧跟在法国之后，印度的一家汽车制造商Tata Motors推出了一款名为AIRPOD的气动汽车。其特殊发动机由Motor Devel－opment International开发，车上附设有175L的气罐，所用的空气可以通过外泵或者行车时由电动机完成充气。

美国华盛顿大学在美国能源部的资助下，于1997年研制了以液氮为动力的气动原型汽车。动力来源于液态氮在受热蒸发后的气体膨胀做功。该车载227L液氮，可行使300km，补充液体仅需十几分钟。但存在液氮制取成本较高、使用过程氮气逸气量大、液氮气化的热交换量大等问题。

韩国EN－ERGINE公司研制了电动－气动混合动力汽车。另外，荷兰的国际汽车研究中心、英国伦敦的威斯敏斯特大学以及奥地利等一些欧洲国家的科研院所也都进行了气动汽车的相关研究。

2. 国内气动汽车的研究现状

浙江大学研制出了国内的第一辆气动汽车，如图45-13所示。该气动汽车的气罐罐体材料是碳纤维，碰撞时最多出现气体外泄，而不会发生爆炸。浙江大学还在气动摩托车动力平台上分别进行凸轮配气阀配气的单缸和双缸压缩空气动力发动机的实验研究，以及气动－燃油混合动力发动机的研究，同时还进行了液氮气体动力汽车的有关项目研究。

图45-14　浙江大学研制的气动汽车

Volvo公司也提出了气动汽车的概念，其四轮气动概念车重409.14kg，压缩气体存储在车身后部的一个气缸内，然后通过管道把气体传到车轮从而产生动力。

合肥工业大学将一台R175柴油机改装为空气发动机，以此作为气动汽车的动力源。研究小组以软件平台为基础对压缩空气发动机系统进行建模、数值模拟和仿真，分析了各参数变化对发动机动力性和经济性的影响。北京工业大学对气动汽车的发动机做了一些研究，提出了一种采用喷射器代替节流阀的新型气动汽车减压系统，对表征喷射器工作性能的喷射系数进行了深入的计算研究。随着气动汽车的发展，有利于实现其工业化生产的研究越来越多，南京理工大学对气动汽车进行了人机工程学应用的研究。

3. 气动汽车的优点

对目前的环保汽车而言，纯电动汽车能够降低碳排放、减少污染，但存在安全性（如起火等）不足、电池寿命短、充电时间长、行驶里程不足、废电池二次污染、成本高等问题。混合动力电动汽车兼有电动汽车和内燃机汽车的优点，但仍存在排放问题，又由于其动力装置不止一套，所以其驱动和控制系统更加复杂。燃料电池汽车的燃料电池成本较高，采用燃料电池的汽车，如天然气汽车、醇类汽车、二甲醚汽车等仍然存在排放污染和热效应的问题，而且有些燃料燃烧控制困难，甚至具有毒性。目前氢燃料汽车比功率范围较小，动力性差。纯氢要在深冷状态下运输，这就需要增加附加设备，减少了汽车的其他空间，也增加了消耗。而且，氢燃料汽车热辐射较大、充气时间长、燃料易爆炸、安全性较差。另外，氢能源的提炼本身就耗费大量能源，这些问题制约了氢燃料电动车辆的发展和实用化。

相比之下，气动汽车的优势就比较明显。气动汽车的动力装置为压缩空气发动机，与传统汽车的发动机不同，压缩空气发动机没有燃烧过程，机体不承受高温，对缸体材料强度要求不高，且结构简单、尺寸小、重量轻，制造成本低；发动机工作平稳、噪声小，维护成本也比较低。另外，压缩空气发动机工作介质具有低温特性，可以很方便地实现汽车的低温空调作用，不需要额外的消耗能量，在我国南方的一些高温地区使用价值较高。

气动汽车的动力装置还可以采用气马达。气马达的结构简单、体积小、重量轻，而且具有很多优点：可实现无级调速；能够实现正、反转；有过载保护作用，工作安全；具有较高的起动力矩，可以直接带载起动；功率范围及转速范围较宽；操纵方便；维护检修较容易。

空气是清洁能源，它的安全性、经济性也是目前其他能源所不能媲美的：第一，目前气动汽车的气罐大多采用碳纤维，遇到问题后最严重的情况仅为罐体破碎，空气漏出，而不会出现爆炸的危险情况。第二，压缩气体经过膨胀做功后排出的还是一成不变的空气，不仅没有污染，而且能够重复利用，可降低资源成本。第三，气动汽车使用气动发动机，不需要配气系统等，能够简化控制系统，使整车生产费用降低；可以利用现有气动技术、汽车设计和制造技术使研制和开发周期缩短；对润滑油高温性能的要求也大为降低，所以维护简单，费用低，使用寿命延长。第四，气罐内气体快耗尽时，有两种方法解决，第一种方法是到加气站更换气罐。夜间电价相对较低，这时对储气罐充气，不仅充气价格较低，而且可以实现电力生产的填谷价值，提高常规电力系统的效率和经济性。压缩空气所用的能量可以是完全清洁的可再生能源，如可以用风能直接压缩空气，将风能存储为压缩空气的压力能，作为气动汽车动力源。另一种方法是直接给气罐充气，可以使用民用电充气，也可以使用高压气泵充气，充气时间较短。家用充气设备和加（换）气站等社会基础建设费用不高，较容易建造。城市内建成网状的充气站，既方便又快捷。

4. 气动汽车的应用前景

气动汽车领域是汽车行业很有发展潜力的领域，备受世界各国的青睐。在能源资源日渐减少的情况下，我国政府也加大了对新能源汽车的扶持，消费者不仅享受购车补贴，还享有许多税费优惠。在一些大城市，市内平均车速小于20km/h，而且城市中的机动车始终处于急起急停状态，使得排放增加，燃油经济性降低。气动汽车就有了“用武之地”，它可以作为市内公交车，也可以作为市内上班族的代步车。在市内，气动汽车完全能满足续驶里程要求，而且城市交通工况也不会造成气动汽车的经济性明显降低；气动汽车无污染，对城市的环境保护有很大的作用。

另外，在一些重点旅游区、自然保护区以及对噪声要求严格的场合或室内，气动汽车都将有不可替代的作用。气动汽车的产业化、工业化和市场化会带来多方面的利益。一方面，随着气动汽车研究技术的成型，气动汽车的性能更加优越，加之气动汽车价格低，使人们购买力提高，也能够承受汽车所带来的附加消费。另一方面，气动汽车是绿色汽车，它的使用量增加会使燃油汽车使用量下降，从而大幅度减少全球环境污染。气动汽车的发展和使用也充分体现了我国汽车产业降低能耗、减少排放，走绿色、低碳、可持续发展道路的决心。

气动汽车的研制和开发周期短，生产费用低。气动发动机的使用使气动汽车整车维护简单，使用寿命长。气动汽车的气罐大多采用碳纤维，不会发生爆炸及出现危害人身安全的情况。可以到加气站直接更换满气的气罐，拆装方便快捷。空气是清洁能源，资源丰富，使用空气作为介质，压缩气体经过膨胀做功后排出的还是无污染的空气，具有重复利用的价值，使能源资源成本降低。总的来说，气动汽车适合我国国情，随着高压储存技术及气缸和气马达技术的提高，气动汽车将得到广泛的应用。

5. 现阶段存在的主要问题和研究热点

压缩空气动力汽车从理论上是完全可行的，其动力系统和常规的气动系统的构成是类似的，只要在元器件上稍微做一些改变就可以应用在气动汽车上。目前气动汽车研究面临的主要问题是气动汽车动力系统效率较低，车载有限的高压压缩空气的能量得不到有效的利用，限制了气动汽车的续驶里程。

气动汽车的尾气排放能量损失高达43.2%，而输出的机械能才占30.7%，残气损失对整个压缩空气能量利用率产生很大影响，所以尾气排放中残余压力是不能不考虑的一部分能量。采用压力分级控制合适的动力分配方式和能量回收措施将会减少残气损失，提高压缩空气能量利用率。

国内外对气动汽车的发动机等方面进行了较多研究和改进，但对于如何降低减压过程的能量损失，尤其是如何对系统进行质量能量补偿理论的研究还非常缺乏。

气动汽车刚刚起步，相对应的充（换）气站也有待建设。

为解决气动汽车现阶段存在的问题，提高它的性能，使气动汽车有很好的发展，还有很多方面的工作需要去做。

1）气动汽车的动力装置采用气马达。在气马达与气动汽车传动系统的匹配设计方面的研究，可以根据气马达的动力特性曲线建模仿真等。

2）在动力分配方式方面的工作。通过借鉴其他类型汽车的控制方式，再根据气动汽车自身的特点，设计驱动控制方式或者整车控制方式，将能量合理分配。

3）在能量回收方面的工作。将残余压力合理利用，或用到汽车上其他的工作过程中，如为一些小功率元件提供能量；或反馈利用等。在气动发动机工作时，高压气体膨胀做功后温度大大降低，可以作为汽车制冷空调的冷源，减少汽车的耗能。需要做的工作是考虑做功后的气体温度能达到多少，在不需要空调制冷的情况下应如何使用尾气等问题。

4）在整车控制方面的工作。可以研究适合气动汽车的整车控制器，使汽车各部件运行协调，压缩空气得以合理的利用。

5）储气罐的设计改进，形状多样化，在保证安全性的前提下减小气罐的重量与体积，也使得气罐在更换时方便快捷、人性化。

45.8.2 气动汽车动力系统

对于气动汽车动力系统而言，气动发动机、气动马达和涡轮机都是利用高压压缩空气工作的，即将储存的高压空气中的压力能转换为机械能的一种动力装置，以压缩空气为介质，通过工作介质的膨胀过程对外输出功。此外，以液态氮气、液态空气吸热后膨胀做功为动力的装置也属于压缩空气发动机的范畴。

1. 压缩空气发动机

压缩空气发动机是气动汽车的核心，减压到工作压力的高压空气进入气动发动机气缸内膨胀做功。它不消耗燃料，以压缩空气做功为工作介质，通过工作介质的膨胀过程对外输出功率。排放出来的尾气比大气中的空气还干净，是真正意义上的“零排放的发动机”“绿色的发动机”。与传统的内燃机相比，压缩空气发动机没有燃烧过程和大幅度的热力工况变化，机体不承受高温，结构简单，重量轻，制造及使用维护成本低。它可广泛应用在车辆、发电装置、航空、航天等其他动力装置中，以及易燃易爆的场合。以无污染、低噪声、无热辐射等作为优点的压缩空气发动机具有巨大的商业市场前景，目前多个国家均在进行研究，并取得一定的成果。其中以压缩空气发动机为动力装置的气动汽车有了一定小规模的商业生产，已经带来了良好的经济效益和社会效益。压缩空气发动机因其独特的优点而引起人们的广泛关注和研究，主要有往复活塞式、叶片式和旋转活塞式等结构形式。

往复活塞式压缩空气发动机在气动汽车上得到快速的发展，除动力来源的不同，工作原理与传统汽车发动机基本相同，工作循环过程由三个过程组成，即进气过程、膨胀做功过程和排气过程。同时压缩空气发动机还是两冲程的发动机，即整个工作过程由曲轴旋转一周完成，它在活塞下行时完成进气和做功，活塞上行时排出缸内气体。高压空气在气缸里膨胀推动活塞移动，再经过连杆传递到曲轴使其旋转做功，和传统往复活塞式内燃机的工作原理比较相似，因此往复式空气发动机可以借鉴现有的成熟的内燃机技术，在原有内燃机结构上和汽车传动装置上不需要进行太大的改动，所以现在研制的气动汽车上的发动机大部分采用这种往复活塞式压缩空气发动机。

目前法国在往复活塞式压缩空气发动机方面的研究处于世界领先水平，如法国的MDI（Moteur Development International）公司已经生产了多款纯气动汽车，并在此基础上研制开发了其他燃料、压缩空气复合型汽车，并获得相关专利20多项，图45-15a所示为该公司生产的四缸单轴压缩空气发动机。到2007年底，已经设计制造出Family、Van、Taxi、Pick－Up、Mini Cat′s等多种型号的气动汽车，主要用于出租车、家庭用车、小型货车、公交车等。其中一款搭载由Guy Negre研发的压缩空气发动机的气动汽车，以一罐300L、30MPa压力的压缩空气，可以行驶200～300km，最高时速110km，接电自充气时间在4h左右，而在加气站充气时间只需3min。

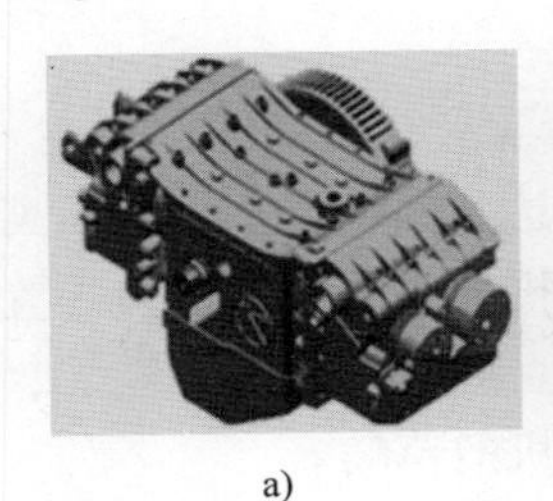

a)

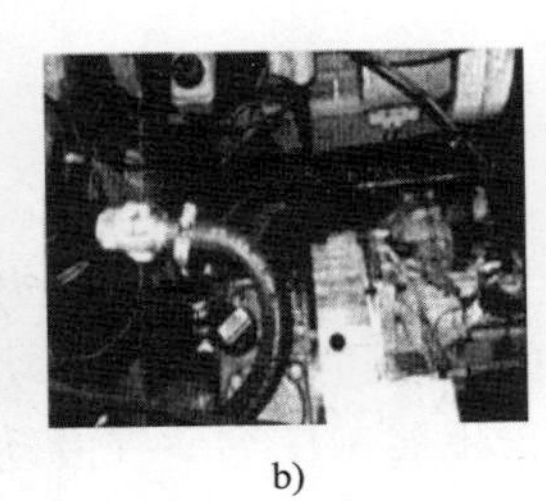

b)

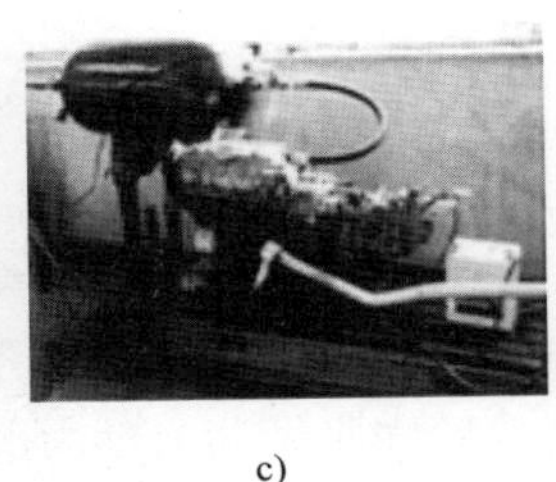

c)

图45-15　各国应用的压缩空气发动机

a）法国MDI生产　b）美国华盛顿大学研制　c）浙江大学研制

受到MDI公司的启发，在美国能源部的资助下，美国多个大学开展了以液态氮气受热膨胀对外做功为原理的压缩空气发动机研究，取得了一定的成果，如图45-15b所示。它是由一台旧五缸直列式活塞发动机改装的，并且对压缩空气发动机过程进行了仿真分析，指出高压气体在缸内等温膨胀是提高发动机效率的有效途径，小缸径、大冲程以及低转速有利于使发动机的工作过程接近准等温膨胀过程。

国内，浙江大学在国家自然科学基金、“十五”国家科技攻关计划项目等多项基金的资助下，开展了对气动汽车的相关研究。浙江大学压缩空气发动机采用往复活塞式四冲程汽油型内燃机结构进行改装，如图45-15c所示。其中把改装后的462A压缩空气发动机安装在某微型汽车上，进行了国内首次气动汽车（见图45-14）试验。试验表明，以200L、12MPa的压缩空气可以行驶1.87km，最高时速达到35km，最大爬坡度20%。试验验证了气动汽车是可行、无污染与低速性能比较好的，但是其高速性能较差，整体效率较低，离实际应用还有一段距离。还需要找出影响效率的一些关键因素，并对其改进，继续对液氮发动机和压缩空气-燃油混合动力方面改进。在清华大学汽车安全与节能国家重点实验室开放基金的资助下，合肥工业大学以 R175 型柴油机为母机，改装成压缩空气发动机，进行了台架试验，包括气瓶连接、润滑油试验、换热试验、配气相位对比试验、缸内压力曲线与供气管压力曲线测定、发动机循环波动测定及转速维持试验。试验表明压缩空气发动机改装是可行的，但是在 45L 及 15MPa 的气源、转速 700r/min、输出功率 2.205kW 与机械效率为 74.31% 的情况下，发动机持续运转时间为 10min 左右，此时接头、排气管外壁结霜，总效率低、耗气量大。

虽然往复活塞式压缩空气发动机可以从成熟的往复活塞式内燃机技术中移植过来，研发周期短，设计简单、制造容易与发展快，但还存在需要解决的问题：①往复活塞式压缩空气发动机对气缸的密封性要求高，活塞与气缸之间的摩擦属于动摩擦，不利于两者之间的密封，气缸漏气比较严重，造成效率低；②往复活塞式压缩空气发动机低速性好，但随着转速升高，输出转矩减小、功率减小、耗气量增大、能量利用率下降；③由于往复活塞式压缩空气发动机的气缸容积以及车上有限能量的限制，发动机功率小；④往复活塞式压缩空气发动机配气机构和减压控制机构的设计还需要进一步完善，要减少在输送过程中高压空气能量的损失。目前往复活塞式压缩空气发动机只适用于小功率、低转速的环保型机器动力装置。今后需求必将扩大，要求其功率增大、效率提高、重量减轻，这将是往复活塞式压缩空气发动机发展的方向。

2. 叶片式压缩空气发动机

叶片式压缩空气发动机的前身是叶片式气马达，叶片一般为 3~10 片，当压缩空气进入后会使转子带动叶片旋转，转子周围径向的叶片由于偏心分布而受力不平衡，产生旋转力矩，转化为机械能。利用压力作用在不等高的叶片上，产生大小方向不同的转矩，在转矩差的作用下驱动转子转动，输出机械动力。但气马达工作压力较低，输出功率小，满足不了气动汽车上的动力装置要求，需要对其重新设计。英国伦敦威斯敏斯特大学（University of Westminster）的 C. J. Marquand 教授设计了一台试验型的两级偏心叶片式压缩空气发动机，如图 45-16 所示。

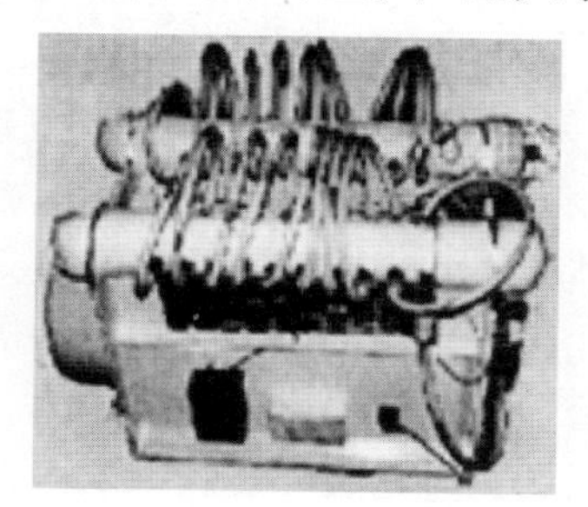

图 45-16　两级偏心叶片式压缩空气发动机

叶片式压缩空气发动机进行了台架试验，采用两级各 12 个叶片的偏心转子，工作压力为 4.5MPa，在转速为 1000r/min 时可以输出 25kW 的功率。该发动机特点：回收了制动系统在制动时产生的热能，利用流动的空气在冷却制动片的同时将热量引导至热交换器中，热交换面积大，吸热效率高。叶片式压缩空气发动机具有较高的起动力矩，可以直接带载起动，起动、停止均迅速，结构简单，操纵方便，维护较容易。但也存在一些缺点：①转子、定子、叶片之间的接触面积大，密封起来比较困难，所以气体泄漏大，低速时泄漏更明显，造成效率低；②在工作过程中，叶片在弹簧力和离心力的作用下，把高压气体封闭在工作腔，随着转速升高，叶片与定子之间的摩擦增大，所以叶片式压缩空气发动机的叶片磨损较快；③叶片式压缩空气发动机的噪声大且润滑材料消耗量大。未来大功率、密封性能良好、高效率是叶片式压缩空气发动机研究的重点。

3. 旋转式压缩空气发动机

旋转式压缩空气发动机主要是由定子和转子构成。高压气体膨胀后直接或者间接地推动转子旋转，由连杆推动曲轴旋转工作，输出动力。这种发动机结构简单、紧凑、效率高，但加工工艺较复杂，应用不是很广泛。澳大利亚的 Engineair 公司发明的偏心旋转式压缩空气发动机如图 45-17a 所示，只有两个运动件驱动发动机，取消了传统的活塞装置，重量只有 13kg，功率却相当于 5LV8 汽油机。它依靠 6 个气室依次轮流膨胀推动转子旋转，输出连续的转矩。特点是摩擦力小，漏气比较严重。装备这种发动机的机动车在墨尔本进行了试驾，如图 45-17b 所示，最高时速达到 50km，比电池推动的高尔夫球用车效率更高。

a)

b)

图 45-17 旋转式压缩空气发动机原理与应用

a）旋转式压缩空气发动机原理图 b）采用旋转式压缩空气发动机的汽车

4. 新型旋转式压缩空气发动机

由于旋转式发动机装置具有零件数少、结构紧凑、噪声和振动小、比功率大、比体积小和高速性能好等优点，新的旋转式压缩空气发动机技术越来越受到人们的关注，三角转子压缩空气发动机就是其中的一种。三角转子压缩空气发动机主要由前后端盖、转子、主轴、缸体、内外齿轮等组成，缸体内表面是双弧圆外旋轮线，转子的三边是圆外旋轮线的内包络线，气缸中心与转子中心之间存在偏心距 e，气缸静止不动，沿其内表面滑动的转子一边绕自身中心自转，又一边绕气缸中心公转。外齿轮固定在气缸端盖上，压缩空气发动机主轴颈穿过外齿轮并与之同心，内齿轮固定在转子上，主轴的偏心轴颈穿在转子的轴承孔内。内、外齿轮始终保持啮合，其齿数比为 3∶2。工作时，主轴带动偏心轴颈来推动转子沿气缸内表面滑动，从而完成了进气、膨胀、排气工作过程，工作原理简图如图 45-18a 所示。

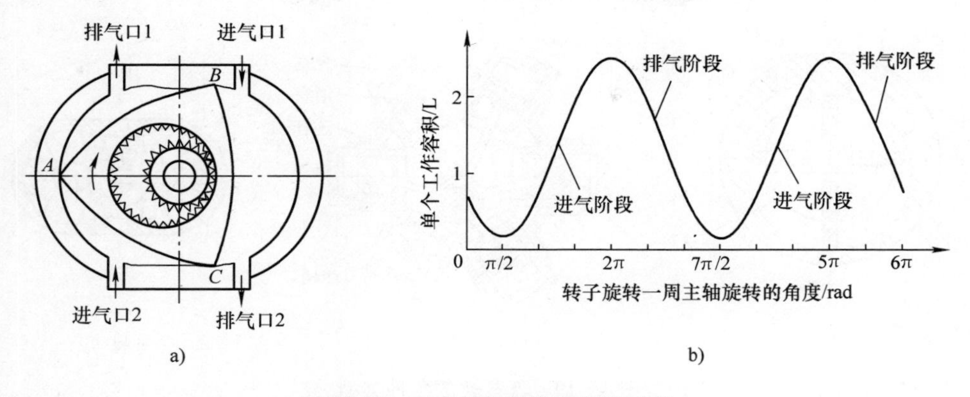

图45-18 三角转子压缩空气发动机

a）三角转子压缩空气发动机工作原理图 b）单个工作容积随主轴转角变化情况

上述运动关系使得三角转子顶点的运动轨迹始终与气缸内壁相重合，缸体内部空间被转子分成三个独立工作室，随着转子转动，三个工作室的容积不断变化，其中转子 *AB* 型面和缸体封闭的工作容积变化曲线如图45-18b所示，工作室的容积由小变大过程中，高压气体进入工作室膨胀，对外做功并输出动力，在工作室的容积由大变小的过程中，膨胀后的气体开始向外排气直到工作室容积最小，然后进行下一个循环。另外，其他两个工作室同时在进行工作，容积变化规律与其相同，只是存在一个时间位置差。因此三角转子自转一周，输出轴旋转了三圈，三个工作室分别完成了两次循环，压缩空气发动机共做功六次。当三角转子压缩空气发动机单个工作室容积与往复式压缩空气发动机相同时，功率相当于它的两倍。

新型旋转式压缩空气发动机的关键技术问题有：①压缩空气发动机工作过程数学模型的建立；②转子腔体设计以及优化，使发动机达到最佳状态；③配气系统的研究，使高压气体能充分膨胀并获得最大的效率，提高能量利用率。

由于三角转子的特殊结构，决定了它具有某些特殊的优点，代表着未来高速、安静、环保的动力技术发展方向。

45.8.3 气马达

气马达是把压缩空气的压力能转换为机械能的能量转换装置。驱动机构做旋转或往复直线运动，其作用相当于液压马达或电动机，即输出转矩驱动负载做旋转。气马达按其结构又可分为叶片式、活塞式和齿轮式等，如图45-19所示。

1. 叶片式气马达

叶片式气马达和叶片式压缩空气发动机原理相似，通过进气、膨胀、主排气、压缩和副排气等过程，完成将压力能转变为机械能的工作，是一种典型的气动执行元件，目前广泛应用于各类风动工具、气动吊具。图45-19a所示为双向旋转叶片式气马达的工作原理图。高压压缩空气由进气口进入工作腔，因定子与转子的偏心

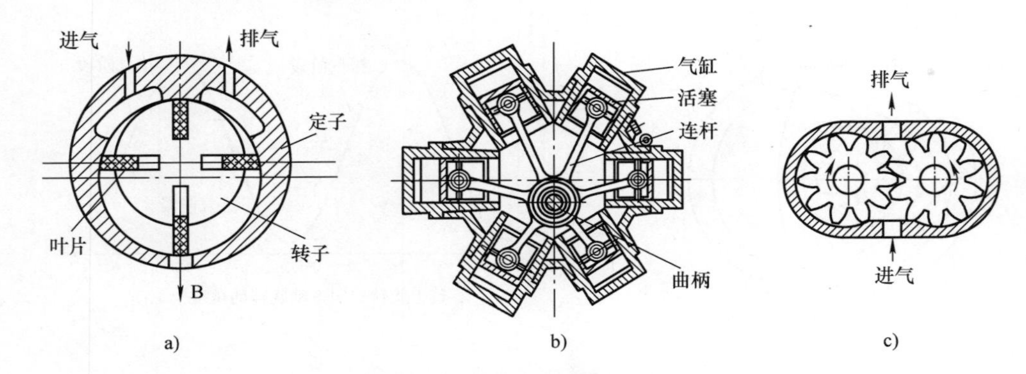

图45-19　气马达的各种类型
a）叶片式气马达　b）活塞式气马达　c）齿轮式气马达

布置，使得叶片在密闭工作腔内由于离心力的作用伸出不同长度，高压气体推动叶片外侧转动继而产生转矩带动转子沿逆时针方向转动，推动连杆带动曲柄旋转完成能量的转化，废气从排气口排出，剩余部分气体经B排出。若进 、排气口互换，可以使转子反转（沿顺时针方向，同样也可以完成能量的转换）。

叶片式气动马达具有明显的软特性。气马达的特点：①工作安全，适合于易燃易爆的场合，不受高温和振动的限制；②能实现满载工作的软特性，具有过载保护的特点；③可通过控制压缩空气的进气量调节转速、功率及转速范围；④具有输出功率小、效率低、噪声大、稳定性差和对润滑要求高等缺点。因此大功率、高效率和低噪声气马达是其发展趋势。

2. 活塞式气马达

活塞式气马达主要由连杆、曲轴、活塞、曲柄、气缸、机体、配气阀等组成。径向活塞式气马达的工作原理与径向柱塞式液压马达的工作原理相似。如图45-19b所示，径向活塞式气马达一般有4～6个气缸，活塞－连杆组件安装在曲轴（输出轴）的同一曲柄上。压缩空气顺序进入活塞气缸，推动活塞运动，活塞推力通过连杆对曲柄形成旋转力矩，使输出轴旋转。活塞式气马达的特性与叶片式气马达一样，具有明显的软特性。输出功率、转矩和转速随工作压力的变化较大。活塞式气马达适用于低速大转矩工况。

3. 齿轮式气马达

齿轮式气马达有双齿轮式（见图45-19c）和多齿轮式，而这种气马达的工作室由一对齿轮构成，压缩空气由对称中心处输入，齿轮在气体压力的作用下旋转。采用直齿轮的气马达可以正反向转动，采用人字齿轮或斜齿轮的气马达则不能反转。如果气马达采用直齿轮，则供给的压缩空气通过齿轮时不膨胀，因此效率低。当采用人字齿轮或斜齿轮时，压缩空气膨胀60%～70%，提高了效率。齿轮式气马达与其他类型的气马达相比，具有体积小、重量轻、结构简单、对气源质量要求低、耐冲击及惯性小等优点。但转矩脉动较大，效率较低。

由于压缩空气发动机的优点，不会对环境造成危害，满足可持续发展政策要求，得到各国重视，并应用到汽车行业。总体看，压缩空气动力系统还不成熟，效率还不高。今后应从下几个方面提高：

1）采用多级膨胀、中间吸热，减少节流的能量损失，提高做功效率。

2）提高储能装置的储量，减少管路的能量损失。

3）可以利用压缩空气发动机与涡轮相结合的方式增加功率，提高汽车的动力性。随着薄型气缸、一些特殊气缸（无活塞气缸、行程可调气缸、步进气缸、增力气缸、膜片气缸）的出现和一些气动元件（减压阀、方向阀、流量控制阀）的不断发展，气动汽车将是汽车工业未来发展的重要力量。

参考文献

[1] 李跃，金勤芳. 气动阀岛技术（一）[J]. 流体传动与控制，2012（5）：56-57，59.

[2] 李跃，金勤芳，章文俊. 气动阀岛技术（二）[J]. 流体传动与控制，2012（6）：51-56.

[3] 李跃，金勤芳，章文俊. 气动阀岛技术（三）[J]. 流体传动与控制，2013（1）：53-54.

[4] 李跃，金勤芳. 气动阀岛技术（四）[J]. 流体传动与控制，2013（2）：47-52.

[5] 廖远谋. QGS-80×15 型伺服气缸 [J]. 液压与气动，1979（3）：1-4.

[6] 柏宗春，李小宁. 摆动伺服气缸定位控制策略与实验研究 [J]. 机床与液压，2014，42（23）：79-83.

[7] 陶国良，毛文杰，王宣银. 新型集成电气伺服坐标气缸的研究及其应用 [J]. 液压气动与密封，1999（5）：20-23，49.

第10篇 液压气动技术标准

主 编 林 广

第46章 液压气动标准分类查询目录

作 者 林 广
主 审 许仰曾

第47章 液压气动常用标准

作 者 许仰曾
主 审 林 广

第 46 章　液压气动标准分类查询目录

工程实践中，人们通常按两类方法描述液压气动标准，一是按地域和行业分类，如国际标准，国家标准，行业标准，协会标准，团体标准，企业标准；二是按液压气动产品种类分类，如液压泵、马达标准，液压缸标准，液压阀标准，污染控制标准，可靠性标准，密封标准，连接件标准，等等。

但是，为了更容易查询，除了需要了解标准目录清单，还需要了解国际标准目录的二种分类方法：一种是按国际标准发布的成熟度分类，另一种是按目录涉及内容分类。

46.1　现行国际标准分类目录清单

现行 ISO/TC131 标准分类目录见表 46-1，共 218 项。

表 46-1　现行 ISO/TC131 标准分类目录

序号	国际标准编号①	国际标准名称
（一）液压部分国际标准		
1. General　通用性标准		
1	ISO 1219 - 1:2012/AMD 1:2016	流体传动系统及元件　图形符号和回路图　第 1 部分：用于常规用途和数据处理的图形符号
2	ISO 1219 - 2:2012	流体传动系统及元件　图形符号和回路图　第 2 部分：回路图
3	ISO 1219 - 3:2016	流体传动系统及元件　图形符号和回路图　第 3 部分：回路图中的标识模块和连接符号
4	ISO 2944:2000	流体传动系统和元件　公称压力
5	ISO 4413:2010	液压传动　对系统及其元件的一般规则和安全要求
6	ISO 5598:2020	流体传动系统及元件　词汇
7	ISO 9110 - 1:2020	液压传动　测量技术　第 1 部分：通用测量准则
8	ISO 9110 - 2:2020	液压传动　测量技术　第 2 部分：密闭回路中平均稳态压力的测量
9	ISO 18582 - 1:2016	流体传动　参考词典规范　第 1 部分：组织结构概述

（续）

序号	国际标准编号①	国际标准名称
（一）液压部分国际标准		
1. General　通用性标准		
10	ISO/TR 19972 - 1: 2009	液压传动　评价液压元件可靠性的方法　第1部分：一般程序和计算方法
11	ISO/TR 22164: 2020	液压传动　提高液压系统能效的应用实例
2. Fluids（and materials）　流体介质（和材料）标准		
1	ISO 15086 - 1: 2001	液压传动　元件和系统的油液传播噪声特性测定　第1部分：通则
2	ISO 15086 - 2: 2000	液压传动　元件和系统的油液传播噪声特性测定　第2部分：管路油液中声速的测量
3. Pumps and motors　液压泵与马达标准		
1	ISO 3019 - 1: 2001	液压传动　容积式泵和马达的安装法兰和轴伸的尺寸及标注代号　第1部分：用米制单位表示的英制系列
2	ISO 3019 - 2: 2001/ COR 1: 2006	液压传动　容积式泵和马达的安装法兰和轴伸的尺寸及标注代号　第2部分：米制系列
3	ISO 3662: 1976	液压传动　泵和马达　几何排量
4	ISO 4391: 1983	液压传动　泵、马达和整体式传动装置　参数定义和字母代号
5	ISO 4392 - 1: 2002	液压传动　马达特性的测定　第1部分：恒低速和恒压力
6	ISO 4392 - 2: 2002	液压传动　马达特性的测定　第2部分：起动性
7	ISO 4392 - 3: 1993	液压传动　马达特性的测定　第3部分：恒流量和恒转矩
8	ISO 4409：2019	液压传动　容积式泵、马达和整体式传动装置　基本稳态性能的试验及表达方法
9	ISO 4412 - 1: 1991	液压传动　测定空气传播噪声等级的试验规范　第1部分：泵
10	ISO 4412 - 2: 1991	液压传动　测定空气传播噪声等级的试验规范　第2部分：马达
11	ISO 4412 - 3: 1991	液压传动　测定空气成本噪声等级的试验规范　第3部分：泵，采用平行六面体传声器阵列的方法
12	ISO 8426：2008	液压传动　容积式泵和马达　导出排量的测定
13	ISO 10767 - 1: 2015	液压传动　系统和元件产生压力波动值的测定　第1部分：用于泵的精密方法
14	ISO 10767 - 2: 1999	液压传动　系统和元件产生压力波动值的测定　第2部分：用于泵的简化方法
15	ISO 10767 - 3: 1999	液压传动　系统和元件产生压力波动值的测定　第3部分：用于马达的方法

（续）

序号	国际标准编号①	国际标准名称
（一）液压部分国际标准		
3. Pumps and motors　液压泵与马达标准		
16	ISO 16902－1：2003	液压传动　用声强技术测量声功率级的试验规则：工程方法第1部分：泵
17	ISO 17559：2003	液压传动　电控液压泵　测定性能特性的试验方法
4. Cylinders　液压缸标准		
1	ISO 3320：2013	流体传动系统及元件　缸内径及活塞杆直径和面积比　米制系列
2	ISO 4393：2015	流体传动系统及元件　缸　活塞行程基本系列
3	ISO 4395：2009/COR 1：2010	流体传动系统及元件　缸活塞杆端型式和尺寸
4	ISO 5597：2018	液压传动　缸　往复作用的活塞和活塞杆密封沟槽　尺寸和公差
5	ISO 6020－1：2007	液压传动　16MPa系列单杆缸安装尺寸　第1部分：中型系列
6	ISO 6020－2：2015	液压传动　16MPa系列单杆缸安装尺寸　第2部分：紧凑型系列
7	ISO 6020－3：2015	液压传动　16MPa系列单杆缸安装尺寸　第3部分：内径250mm至500mm紧凑型系列
8	ISO 6022：2006	液压传动　25MPa系列单杆缸安装尺寸
9	ISO 6099：2018	流体传动系统和元件　缸　安装尺寸和安装型式的标注代号
10	ISO 6195：2021	流体传动系统和元件　往复作用的缸活塞杆防尘圈沟槽　尺寸和公差
11	ISO 6547：1981	液压传动　缸　装有支撑环的活塞密封沟槽　尺寸和公差
12	ISO 10762：2015	液压传动　缸安装尺寸　10MPa系列
13	ISO 10766：2014	液压传动　缸　活塞和活塞杆用矩形断面开口支撑环沟槽尺寸
14	ISO/TS 13725：2021	液压传动　液压缸屈曲载荷评估方法
15	ISO 13726：2008	液压传动　16MPa内径250mm至500mm的小型系列单杆缸　附件安装尺寸
16	ISO 16656：2016	液压传动　单杆短行程缸，内径32mm至100mm用于10MPa　安装尺寸

（续）

序号	国际标准编号①	国际标准名称
（一）液压部分国际标准		
5. Valves　液压阀标准		
1	ISO 4401:2005	液压传动　四油口方向控制阀　安装面
2	ISO 4411:2019	液压传动　阀　压差/流量特性的测定
3	ISO 5781:2016	液压传动　减压阀、顺序阀、卸荷阀、节流阀和单向阀　安装面
4	ISO 5783:2019	液压传动　阀安装面和插装阀孔的标识规则
5	ISO 6263:2013	液压传动　调速阀　安装面
6	ISO 6264:1998	液压传动　溢流阀　安装面
7	ISO 6403:1988	液压传动　控制流量和压力的阀　试验方法
8	ISO 7368:2016	液压传动　二通盖板式插装阀　插装孔
9	ISO 7789:2007	液压传动　二油口、三油口和四油口螺纹式插装阀　插装孔
10	ISO 7790:2013	液压传动　四油口叠加阀和四油口方向控制阀，规格02、03、05、07、08和10　夹紧尺寸
11	ISO 9461:1992	液压传动　阀口、过渡板、控制装置与电磁铁标识
12	ISO 10372:1992	液压传动　四油口和五油口伺服阀　安装面
13	ISO 10770-1:2009	液压传动　电调制液压控制阀　第1部分：四通流量控制阀试验方法
14	ISO 10770-2:2012	液压传动　电调制液压控制阀　第2部分：三通流量控制阀试验方法
15	ISO 10770-3:2020	液压传动　电调制液压控制阀　第3部分：压力控制阀试验方法
16	ISO 16874:2004	液压传动　油路块总成及其元件的标识
17	ISO/TR 17209:2013	液压传动　二、三、四油口螺纹插装阀　带ISO 725（UN、UNF）螺纹的插装孔
6. Accumulators　液压蓄能器标准		
1	ISO 10771-1:2015	液压传动　金属承压壳体的疲劳压力试验　第1部分：试验方法
2	ISO/TR 10771-2:2008	液压传动　金属承压壳体的疲劳压力试验　第2部分：评价方法
3	ISO/TR 10946:2019	液压传动　隔离式充气蓄能器　优先选择的液压油口
7. Seals　液压密封标准		
1	ISO 3601-1:2012/AMD 1:2019/COR 1:2012/AMD 1:2019	流体传动系统　O形圈　第1部分：内径、截面、公差和名称代号

（续）

序号	国际标准编号①	国际标准名称
（一）液压部分国际标准		
7. Seals　液压密封标准		
2	ISO 3601－2:2016	流体传动系统　O形圈　第2部分：一般应用的沟槽尺寸
3	ISO 3601－3:2005/AMD 1:2018	流体传动系统　O形圈　第3部分：质量验收准则
4	ISO 3601－4:2008	流体传动系统　O形圈　第4部分：防挤出圈（挡圈）
5	ISO 3601－5:2015	流体传动系统　O形圈　第5部分：工业用合成橡胶材料的适用性
6	ISO 3939:1977	流体传动系统和元件　多层唇形密封组件　测量叠合高度的方法
7	ISO 6194－1:2007	密封元件为弹性体材料的旋转轴唇形密封件　第1部分：名义尺寸和公差
8	ISO 6194－2:2009	密封元件为弹性体材料的旋转轴唇形密封件　第2部分：词汇
9	ISO 6194－3:2009	密封元件为弹性体材料的旋转轴唇形密封件　第3部分：储存，运输和安装
10	ISO 6194－4:2009	密封元件为弹性体材料的旋转轴唇形密封件　第4部分：性能试验程序
11	ISO 6194－5:2008	密封元件为弹性体材料的旋转轴唇形密封件　第5部分：外观缺陷的识别
12	ISO 7425－1:2021	液压传动　弹性体赋能塑料面密封沟槽的尺寸和公差　第1部分：活塞密封沟槽
13	ISO 7425－2:2021	液压传动　弹性体赋能塑料面密封沟槽的尺寸和公差　第2部分：活塞杆密封沟槽
14	ISO 7986:1997	液压传动　密封装置　评定用于液压往复运动的密封件性能的标准试验方法
8. Brake systems　制动系统标准（无）		
9. Hoses and tubes，connections and couplings　液压软管和硬管，连接件与接头标准		
1	ISO 1179－1:2013	一般用途和流体传动用连接　ISO 228－1螺纹及橡胶或金属对金属密封件的油口和螺柱端　第1部分：螺纹油口
2	ISO 1179－2:2013	一般用途和流体传动用连接　ISO 228－1螺纹及橡胶或金属对金属密封件的油口和螺柱端　第2部分：带橡胶密封件（E型）的重型（S系列）和轻型（L系列）螺柱端
3	ISO 1179－3:2007	一般用途和流体传动用连接　ISO 228－1螺纹及橡胶或金属对金属密封件的油口和螺柱端　第3部分：带O形圈及挡圈密封（G型和H型）的轻型（L系列）螺柱端

（续）

序号	国际标准编号[①]	国际标准名称
（一）液压部分国际标准		
9. Hoses and tubes, connections and couplings　液压软管和硬管，连接件与接头标准		
4	ISO 1179-4:2007	一般用途和流体传动用连接　ISO 228-1 螺纹及橡胶或金属对金属密封件的油口和螺柱端　第4部分：一般仅用于金属对金属密封（B型）的螺柱端
5	ISO 4397:2011	流体传动管接头及其相关元件　硬管的标称外径和软管尺寸
6	ISO 4399:2019	流体传动系统及元件　管接头及其相关元件　公称压力
7	ISO 6149-1:2019	用于流体传动和一般用途的管接头　带 ISO 261 米制螺纹和 O 形圈密封的油口和螺柱端　第1部分：带 O 形圈用锪孔沟槽的油口
8	ISO 6149-2:2006	用于流体传动和一般用途的管接头　带 ISO 261 米制螺纹和 O 形圈密封的油口和螺柱端　第2部分：重型（S系列）螺柱端的尺寸、型式、试验方法和技术要求
9	ISO 6149-3:2006	用于流体传动和一般用途的管接头　带 ISO 261 米制螺纹和 O 形圈密封的油口和螺柱端　第3部分：轻型（L系列）螺柱端的尺寸、型式、试验方法和技术要求
10	ISO 6149-4:2017	用于流体传动和一般用途的管接头　带 ISO 261 米制螺纹和 O 形圈密封的油口和螺柱端　第4部分：外六角和内六角油口螺塞的尺寸、型式、试验方法和技术要求
11	ISO 6162-1:2012	液压传动　带有分体式或整体式法兰以及米制或英制螺栓的法兰管接头　第1部分：用于 3.5MPa 至 35MPa 压力下，DN 13 至 DN 127 的法兰管接头、油口和安装面
12	ISO 6162-2:2018	液压传动　带有分体式或整体式法兰以及米制或英制螺栓的法兰管接头　第2部分：用于 42MPa 压力下，DN 13 至 DN 76 的法兰管接头、油口和安装面
13	ISO 6164:2018	液压传动　25MPa 至 40MPa 压力下使用的四螺栓整体方法兰
14	ISO 6605:2017	液压传动　软管总成试验方法
15	ISO 7241:2014	液压传动　快换接头尺寸和要求
16	ISO 8434-1:2018	用于流体传动和一般用途的金属管接头　第1部分：24°锥形管接头
17	ISO 8434-2:2007	用于流体传动和一般用途的金属管接头　第2部分：37°扩口式管接头
18	ISO 8434-3:2005	用于流体传动和一般用途的金属管接头　第3部分：O 形圈端面密封管接头

（续）

序号	国际标准编号①	国际标准名称
（一）液压部分国际标准		
9. Hoses and tubes，connections and couplings　液压软管和硬管，连接件与接头标准		
19	ISO 8434－6:2009	用于流体传动和一般用途的金属管接头　第 6 部分：带或不带 O 形圈密封的 60°锥形管接头
20	ISO 9974－1:1996	用于一般用途和流体传动的管接头　带 ISO 261 螺纹用橡胶或金属密封的油口和螺柱端　第 1 部分：螺纹油口
21	ISO 9974－2:1996	用于一般用途和流体传动的管接头　带 ISO 261 螺纹用橡胶或金属密封的油口和螺柱端　第 2 部分：带橡胶密封的螺柱端（E 型）
22	ISO 9974－3:1996	用于一般用途和流体传动的管接头　带 ISO 261 螺纹用橡胶或金属密封的油口和螺柱端　第 3 部分：带金属密封的螺柱端（B 型）
23	ISO 9974－4:2016	用于一般用途和流体传动的管接头　带 ISO 261（米制）螺纹用橡胶密封或金属对金属密封的油口和螺柱端　第 4 部分：外六角和内六角油口螺塞
24	ISO 10763:2020	液压传动　端面平齐的无缝和焊接型精密钢管　尺寸及标称压力
25	ISO/TS 11672:2016	用于一般用途和流体传动的管接头　标识与术语
26	ISO/TS 11686:2017	用于一般用途和流体传动的管接头　带可调螺柱端部和 O 形圈密封的连接器的组装说明
27	ISO 11926－1:1995	用于一般用途和流体传动的管接头　带 ISO 725（英制）螺纹和 O 形圈密封的油口和螺柱端　第 1 部分：锪孔沟槽中装有 O 形密封圈的油口
28	ISO 11926－2:1995	用于一般用途和流体传动的管接头　带 ISO 725 螺纹和 O 形圈密封的油口和螺柱端　第 2 部分：重型（S 系列）螺柱端
29	ISO 11926－3:1995	用于一般用途和流体传动的管接头　带 ISO 725 螺纹和 O 形圈密封的油口和螺柱端　第 3 部分：轻型（L 系列）螺柱端
30	ISO 12151－1:2010/AMD 1:2017	用于液压传动和一般用途的管接头　软管接头　第 1 部分：带 ISO 8434－3 的 O 形圈端面密封端头的软管接头
31	ISO 12151－2:2003	用于液压传动和一般用途的管接头　软管接头　第 2 部分：带 ISO 8434－1 和 ISO 8434－4 的具有 O 形圈的 24°锥形端头的软管接头
32	ISO 12151－3:2021	用于液压传动和一般用途的管接头　软管接头　第 3 部分：带 ISO 6162－1 或 ISO 6162－2 法兰端头的软管接头
33	ISO 12151－4:2007	用于液压传动和一般用途的管接头　软管接头　第 4 部分：带 ISO 6149 米制螺柱端的软管接头
34	ISO 12151－5:2007	用于液压传动和一般用途的管接头　软管接头　第 5 部分：带 ISO 8434－2　37°扩口端的软管接头

（续）

序号	国际标准编号①	国际标准名称
（一）液压部分国际标准		
9. Hoses and tubes, connections and couplings　液压软管和硬管，连接件与接头标准		
35	ISO 12151 -6: 2009	用于液压传动和一般用途的管接头　软管接头　第6部分：带ISO8434 -6 60°锥形端的软管接头
36	ISO 14540: 2013	液压传动　用于72MPa压力下的螺纹连接快换软管接头的尺寸和要求
37	ISO 14541: 2013	液压传动　一般用途的螺纹连接快换软管接头的尺寸和要求
38	ISO 15171 -1: 1999	用于流体传动和一般用途的管接头　诊断用液压管接头　第1部分：非压力下连接的管接头
39	ISO 15171 -2: 2016	用于流体传动和一般用途的管接头　诊断用液压管接头　第2部分：带M16×2螺纹端头的压力连接接头
40	ISO 16028: 1999/ AMD 1: 2006	液压传动　用于压力为20MPa到31.5MPa的平面对接型快换接头技术条件
41	ISO 16589 -1: 2011/ AMD 1: 2018	密封元件为热塑性材料的旋转轴唇形密封件　第1部分：标称尺寸和公差
42	ISO 16589 -2: 2011	密封元件为热塑性材料的旋转轴唇形密封件　第2部分：术语
43	ISO 16589 -3: 2011	密封元件为热塑性材料的旋转轴唇形密封件　第3部分：贮存、操作和安装
44	ISO 16589 -4: 2011	密封元件为热塑性材料的旋转轴唇形密封件　第4部分：性能试验程序
45	ISO 16589 -5: 2011	密封元件为热塑性材料的旋转轴唇形密封件　第5部分：外观缺陷的识别
46	ISO 17165 -1: 2007	液压传动　软管总成　第1部分：尺寸和要求
47	ISO/TS 17165 -2: 2018	液压传动　软管总成　第2部分：软管总成的惯例
48	ISO 18869: 2017	液压传动　带或不带操作工具的管接头测试方法
49	ISO 19879: 2021	用于流体传动和一般用途的金属管连接　液压传动用管接头的试验方法
10. Filters (and contamination control)　液压过滤器（以及污染控制）标准		
1	ISO 2941: 2009	液压传动　滤芯　压溃/破裂额定压力的验证
2	ISO 2942: 2018	液压传动　滤芯　结构完整性的验证和第一气泡点的测定
3	ISO 2943: 1998	液压传动　滤芯　材料与油液相容性的验证
4	ISO 3722: 1976	液压传动　油液取样容器　检验和控制净化方法

（续）

序号	国际标准编号[①]	国际标准名称
（一）液压部分国际标准		
10. Filters (and contamination control) 液压过滤器（以及污染控制）标准		
5	ISO 3723:2015	液压传动 滤芯 端载荷试验方法
6	ISO 3724:2007	液压传动 滤芯 利用颗粒污染物测定抗流动疲劳特性
7	ISO 3968:2017	液压传动 过滤器 压差流量特性的测定
8	ISO 4021:1992	液压传动 颗粒污染分析 从工作系统管路中提取油样
9	ISO 4406:2021	液压传动 油液 固体颗粒污染等级代号法
10	ISO 4407:2002	液压传动 油液污染 用光学显微镜计数法测定颗粒污染
11	ISO/TR 4808:2021	液压传动 颗粒计数和过滤器测试数据的插值方法
12	ISO/TR 4813:2021	ISO 11171:2020 关于粒子计数和过滤器测试数据的背景、影响和使用
13	ISO/TR 10686:2013	液压传动 液压系统清洁度与构成该系统的元件清洁度和液压油液污染度理论关联法
14	ISO/TR 10949:2002	液压传动 元件清洁度 从制造到安装达到和控制元件清洁度的准则
15	ISO 11170:2013	液压传动 检验滤芯性能特性的试验顺序
16	ISO 11171:2020	液压传动 液体自动颗粒计数器的校准
17	ISO 11500:2008	液压传动 利用遮光原理通过自动颗粒计数测定液样颗粒污染等级
18	ISO 11943:2021	液压传动 在线液体自动颗粒计数系统 校准和验证的方法
19	ISO 12669:2017	液压传动 确定系统所要求的清洁度等级的方法
20	ISO 12829：2016	有限寿命液压旋压过滤器 验证压力容器外壳额定疲劳寿命和额定静态爆破压力的方法
21	ISO/TR 15640:2011	液压污染控制 液压过滤器选择和应用的一般原则和指南
22	ISO/TR 16386:2014	ISO 流体传动颗粒计数变化的影响 - 污染控制和过滤器试验规范
23	ISO 16431:2012	液压传动 系统清洗程序和系统总成清洁度检验
24	ISO 16860:2005	液压传动 过滤器 压差装置的试验方法
25	ISO 16908:2014	液压滤芯测试方法 热条件与冷起动模拟
26	ISO/TS 18409:2018	液压传动 软管和软管组件 收集流体样品以分析软管或软管组件清洁度的方法
27	ISO 18237:2017	液压传动 评定脱水机水分离性能的方法

（续）

序号	国际标准编号①	国际标准名称
（一）液压部分国际标准		
10. Filters (and contamination control) 液压过滤器（以及污染控制）标准		
28	ISO 18413:2015	液压传动 元件的清洁度 污染物提取、分析和数据报告相关的检验文件和准则
29	ISO 21018-1:2008	液压传动 油液颗粒污染等级监测 第1部分：通则
30	ISO 21018-3:2008	液压传动 油液颗粒污染等级监测 第3部分：利用滤膜阻塞技术
31	ISO 21018-4:2019	液压传动 油液颗粒污染等级监测 第4部分：利用消光法技术
32	ISO/TR 22681:2019	液压传动 ISO 11171:2016μm（b）和μm（c）颗粒尺寸标示对颗粒计数与过滤器测试数据的影响
33	ISO 23181:2007	液压传动 滤芯 用高黏度油液测定抗流动疲劳特性
34	ISO 23309:2020	液压传动系统 系统总成 管路的冲洗方法
35	ISO 27407:2010	液压传动 液压过滤器性能特性的标识
11. Fittings (other) 液压电气连接件（其他）标准		
1	ISO 4400:1994	流体传动系统及元件 带接地触点的三脚电插头 特性和要求
2	ISO 6952:1994	流体传动系统和元件 带接地触点的两脚电插头 特性和要求
3	ISO 15217:2000	流体传动系统和元件 带接地点的16mm方形电插头 特性和要求
4	ISO 16873:2011	液压传动 压力开关 安装面
（二）气动部分国际标准		
1. General 气动通用性标准		
1	ISO 4414:2010	气动 对系统及其元件的一般规则和安全要求
2	ISO 6358-1:2013/AMD 1:2020	气动 使用可压缩流体的元件的流量特性测定 第1部分：总则和稳态流动的测试方法
3	ISO 6358-2:2019	气动 使用可压缩流体的元件的流量特性测定 第2部分：替换的试验方法
4	ISO 6358-3:2014	气动 使用可压缩流体的元件的流量特性测定 第3部分：系统稳态流量特性的计算方法
5	ISO 8778:2003	气动 参考大气压
6	ISO/TR 16194:2017	气动 基于加速寿命试验的元件可靠性评估 通用指南和程序
7	ISO 18582-1:2016	流体传动 参考词典规范 第1部分：组织结构概述
8	ISO 18582-2:2018	流体传动 参考词典规范 第2部分：气动分类与特征的定义
9	ISO 19973-1:2015	气动 元件可靠性的试验评价 第1部分：一般程序
10	ISO 19973-2:2015/AMD 1:2019	气动 元件可靠性的试验评价 第2部分：方向控制阀

（续）

序号	国际标准编号[1]	国际标准名称
（二）气动部分国际标准		
1. General 气动通用性标准		
11	ISO 19973-3:2015	气动 元件可靠性的试验评价 第3部分：带活塞杆的气缸
12	ISO 19973-4:2014	气动 元件可靠性的试验评价 第4部分：调压器
13	ISO 19973-5:2015	气动 元件可靠性的试验评价 第5部分：止回阀、换向阀、双压阀（及功能）、单向可调节流量控制阀与快速排气阀
14	ISO 20145:2019	气动 测量排气消声器声压水平的试验方法
15	ISO/TR 22165:2018	气动 提高气动系统能效的应用实例
2. Fluids（and materials） 流体介质（和材料）标准（无）		
3. Pumps and motors 气源系统标准		
1	ISO 6301-1:2017	气动 压缩空气油雾器 第1部分：在供应商文件和产品标志要求中包含的主要特性
2	ISO 6301-2:2018	气动 压缩空气油雾器 第2部分：测定供应商文件中包含的主要特性的试验方法
4. Cylinders 气缸标准		
1	ISO 6432:2015	气动 1000kPa（10bar）系列内径8mm至25mm单杆缸 安装尺寸
2	ISO 6537:1982	气压传动系统 缸筒 对有色金属管的要求
3	ISO 8139:2018	气动 缸 1000kPa（10bar）系列 杆端球面耳环的安装尺寸
4	ISO 8140:2018	气动 缸 1000kPa（10bar）系列 杆端环叉的安装尺寸
5	ISO 10099:2001	气动 缸 最终检查和验收准则
6	ISO 10100:2020	液压传动 缸 验收试验
7	ISO 15524:2011	气动 缸 1000kPa系列内径20mm至100mm的短行程单杆缸
8	ISO 15552:2018	气动 1000kPa系列内径32mm~320mm的可分离安装气缸 基本尺寸、安装尺寸和附件尺寸
9	ISO 21287:2004	气动 缸 1000kPa系列内径20mm至100mm紧凑型
5. Valves 气动阀标准		
1	ISO 5599-1:2001/COR 1:2007	气动 五气口方向控制阀 第1部分：不带电插头的安装面
2	ISO 5599-2:2001/AMD 1:2004/COR 1:2007	气动 五气口方向控制阀 第2部分：带可选电插头的安装面
3	ISO 6953-1:2015	气动 压缩空气减压阀和带过滤器的减压阀 第1部分：商务文件中包含的主要特性及产品标识要求

（续）

序号	国际标准编号①	国际标准名称
（二）气动部分国际标准		
5. Valves　气动阀标准		
4	ISO 6953－2:2015	气动　压缩空气减压阀和带过滤器的减压阀　第2部分：评定商务文件中包含的主要特性的试验方法
5	ISO 6953－3:2012	气动　压缩空气减压阀和带过滤器的减压阀　第3部分：测量减压阀流量特性的可选方法
6	ISO 10041－1:2010	气动　电气－气动连续流量控制阀　第1部分：包含在供应商销售文件中的主要特性
7	ISO 10041－2:2010	气动　电气－气动连续流量控制阀　第2部分：确定包含在供应商销售文件中的主要特性的测试方法
8	ISO 11727:1999	气动　控制阀和其他元件的气口、控制机构的标注
9	ISO 12238:2001	气动　方向控制阀　切换时间的测量
10	ISO 15218:2003	气动　二位三通电磁阀　安装面
11	ISO 15407－1:2000	气动　五气口方向控制阀，18mm和26mm规格　第1部分：不带电插头的安装面
12	ISO 15407－2:2003	气动　五气口方向控制阀，18mm和26mm规格　第2部分：带可选择电插头的安装面
13	ISO 17082:2004	气动阀　商务文件中应包含的资料
6. Accumulators　蓄能器标准（无）		
7. Seals　密封标准（无）		
8. Brake systems　制动系统（无）		
9. Hoses and tubes，connections and couplings　气动软管和硬管，连接件与接头标准		
1	ISO 6150:2018	气动　最高工作压力1000kPa（10bar），1600kPa（16bar）和2500kPa（25bar）圆柱形快换接头　插头连接尺寸，技术要求，应用指南和试验
2	ISO/TS 11619:2014	主要用于气动装置的聚氨酯管　尺寸规范
3	ISO/TS 11672:2016	用于一般用途和流体传动的管接头　标识与术语
4	ISO/TS 11686:2017	用于一般用途和流体传动的管接头　带可调螺柱端部和O形圈密封的连接器的组装说明
5	ISO 11926－1:1995	用于一般用途和流体传动的管接头　带ISO 725（英制）螺纹和O形圈密封的油口和螺柱端　第1部分：锪孔沟槽中装有O形圈密封的油口

（续）

序号	国际标准编号①	国际标准名称
（二）气动部分国际标准		
9. Hoses and tubes, connections and couplings　气动软管和硬管，连接件与接头标准		
6	ISO 11926－2:1995	用于一般用途和流体传动的管接头　带 ISO 725（英制）螺纹和 O 形圈密封的油口和螺柱端　第 2 部分：重型（S 系列）螺柱端
7	ISO 11926－3:1995	用于一般用途和流体传动的管接头　带 ISO 725（英制）螺纹和 O 形圈密封的油口和螺柱端　第 3 部分：轻型（L 系列）螺柱端
8	ISO 14743:2020	气动　适用于热塑性塑料管的插入式管接头
10. Filters (and contamination control)　气动过滤器（以及污染控制）标准		
1	ISO 5782－1:2017	气动　压缩空气过滤器　第 1 部分：商务文件和具体要求中应包含的主要特性
2	ISO 5782－2:1997	气动　压缩空气过滤器　第 2 部分：商务文件中应包含主要特性检验的试验方法
11. Fittings (other)　气动电气连接件（其他）标准		
1	ISO 20401:2017	气动　方向控制阀　直径 8～12mm 圆形电插头的管脚分配规范

① 表中 ISO、ISO/TS、ISO/TR、ISO/PAS、ISO/IWA、ISO/NWI 和 ISO/AWI 是国际标准颁布的成熟度代号，见表 46-2。

表 46-2　国际标准颁布的成熟度代号

序号	成熟度代号	代号内含
1	ISO 国际标准	正式颁布的国际标准
2	ISO/TS 技术规范	标准文件共识性较低，比正式颁布的国际标准（ISO）地位低
3	ISO/TR 技术报告	收集的数据不符合国际标准基本要求，但对市场有指导意义
4	ISO/PAS 公开的技术规范	公开提供的技术规范，可作为提供标准需求的一种解决方案
5	ISO/IWA 国际协议文件	作为可交付成果，不具有国际标准的地位
6	ISO/NWI　新工作项目	用户推动型模式，确定所有相关方的需求和期望结果的文本
7	ISO/AWI 接受的项目	需进行投票表决，形成国际标准最终草案

46.2　现行国家标准分类目录清单

现行国家标准分类目录中共有标准 175 项，见表 46-3。此表按 ISO 标准分类列出，以便于查询。在表 46-3 中的标准代号栏，填写采标 ISO 代号，一致性程度代号，以便于与国家标准对照。

表46-3　液压气动密封行业现行国家标准分类目录

序号	标准代号[①] （采标ISO代号，一致性程度）	标准名称
		（一）液压传动国家标准
		1. General　通用性标准
1	GB/T 786.1—2021 ISO 1219-1:2012，IDT	流体传动系统及元件　图形符号和回路图　第1部分：图形符号
2	GB/T 786.2—2018 ISO 1219-2:2012，MOD	流体传动系统及元件　图形符号和回路图　第2部分：回路图
3	GB/T 786.3—2021 ISO 1219-3:2016，IDT	流体传动系统及元件　图形符号和回路图　第3部分：回路图中的符号模块和连接符号
4	GB/T 2346—2003 ISO 2944:2000，MOD	流体传动系统及元件　公称压力系列
5	GB/T 2878.1—2011 ISO 6149-1:2006，IDT	液压传动连接　带米制螺纹和O形圈密封的油口和螺柱端　第1部分：油口
6	GB/T 2878.2—2011 ISO 6149-2:2006，MOD	液压传动连接　带米制螺纹和O形圈密封的油口和螺柱端　第2部分：重型螺柱端（S系列）
7	GB/T 2878.3—2017 ISO 6149-3:2006，MOD	液压传动连接　带米制螺纹和O形圈密封的油口和螺柱端　第3部分：轻型螺柱端（L系列）
8	GB/T 2878.4—2011 ISO 6149-4:2006，MOD	液压传动连接　带米制螺纹和O形圈密封的油口和螺柱端　第4部分：六角螺塞
9	GB/T 3766—2015 ISO 4413:2010，MOD	液压传动　系统及其元件的通用规则和安全要求
10	GB/T 7935—2005	液压元件　通用技术条件
11	GB/T 17446—2012 ISO 5598:2008，IDT	流体传动系统及元件　词汇
12	GB/T 28782.2—2012 ISO 9110-2:1990，IDT	液压传动测量技术　第2部分：密闭回路中平均稳态压力的测量
13	GB/T 35023—2018	液压元件可靠性评估方法
		2. Fluids（and materials）　流体介质（和材料）
1	GB/T 16898—1997 ISO 7745:1989，IDT	难燃液压液使用导则
		3. Pumps and motors　液压泵与马达
1	GB/T 2347—1980 ISO 3662:1976，EQV	液压泵及马达公称排量系列
2	GB/T 2353—2005 ISO 3019-2:2001，MOD	液压泵及马达的安装法兰和轴伸的尺寸系列及标注代号
3	GB/T 7936—2012 ISO 8426:2008，MOD	液压泵和马达　空载排量测定方法

（续）

序号	标准代号① （采标 ISO 代号，一致性程度）	标准名称
（一）液压传动国家标准		
3. Pumps and motors　液压泵与马达		
4	GB/T 17483—1998 ISO 4412－1:1991，EQV	液压泵空气传声噪声级测定规范
5	GB/T 17485—1998 ISO 4391:1983，IDT	液压泵、马达和整体传动装置参数定义和字母符号
6	GB/T 17491—2011 ISO 4409:2007，MOD	液压泵、马达和整体传动装置　稳态性能的试验及表达方法
7	GB/T 20421.1—2006 ISO 4392－1:2002，IDT	液压马达特性的测定　第 1 部分：在恒低速和恒压力下
8	GB/T 20421.2—2006 ISO 4392－2:2002，IDT	液压马达特性的测定　第 2 部分：起动性
9	GB/T 20421.3—2006 ISO 4392－3:1993，MOD	液压马达特性的测定　第 3 部分：在恒流量和恒转矩下
10	GB/T 23253—2009 ISO 17559:2003，IDT	液压传动　电控液压泵　性能试验方法
11	GB/T 34887—2017 ISO 4412－2:1991，MOD	液压传动　马达噪声测定规范
4. Cylinders　液压缸		
1	GB/T 2348—2018 ISO 3320:2013，MOD	流体传动系统及元件　缸径及活塞杆直径
2	GB/T 2349—1980 ISO 4393:1978，EQV	液压气动系统及元件　缸活塞行程系列
3	GB/T 2350—2020 ISO 4395:2009，MOD	流体传动系统及元件　活塞杆螺纹型式和尺寸系列
4	GB/T 2879—2005 ISO 5597:1987，IDT	液压缸活塞和活塞杆动密封沟槽尺寸和公差
5	GB/T 2880—1981	液压缸活塞和活塞杆　窄断面动密封沟槽尺寸系列和公差
6	GB/T 6577—2021	液压缸活塞用带支承环密封沟槽型式、尺寸和公差
7	GB/T 6578—2008 ISO 6195:2002，MOD	液压缸活塞杆用防尘圈沟槽型式、尺寸和公差
8	GB/T 9094—2020 ISO 6099:2018，IDT	流体传动系统及元件　缸安装尺寸和安装型式代号
9	GB/T 14036—1993 ISO 6982:1982，EQV	液压缸活塞杆端带关节轴承耳环安装尺寸

（续）

序号	标准代号[①]（采标ISO代号，一致性程度）	标准名称
（一）液压传动国家标准		
4. Cylinders　液压缸		
10	GB/T 14042—1993 ISO 6981:1982，EQV	液压缸活塞杆端柱销式耳环安装尺寸
11	GB/T 15242.1—2017	液压缸活塞和活塞杆动密封装置尺寸系列　第1部分：同轴密封件尺寸系列和公差
12	GB/T 15242.2—2017	液压缸活塞和活塞杆动密封装置尺寸系列　第2部分：支承环尺寸系列和公差
13	GB/T 15242.3—2021	液压缸活塞和活塞杆动密封装置尺寸系列　第3部分：同轴密封件沟槽尺寸系列和公差
14	GB/T 15242.4—2021	液压缸活塞和活塞杆动密封装置尺寸系列　第4部分：支承环安装沟槽尺寸系列和公差
15	GB/T 15622—2005 ISO 10100:2001，MOD	液压缸试验方法
16	GB/T 38178.2—2019 ISO 16656:2016，MOD	液压传动　10MPa系列单杆缸的安装尺寸　第2部分：短行程系列
17	GB/T 38205.3—2019 ISO 6020-3:2015，MOD	液压传动　16MPa系列单杆缸的安装尺寸　第3部分：缸径250~500mm紧凑型系列
18	GB/T 39949.1—2021 ISO 8132:2014，MOD	液压传动　单杆缸附件的安装尺寸　第1部分：16MPa中型系列和25MPa系列
19	GB/T 39949.2—2021 ISO 8133:2014，MOD	液压传动　单杆缸附件的安装尺寸　第2部分：16MPa缸径25~220mm紧凑型系列
20	GB/T 39949.3—2021 ISO 13726:2008，MOD	液压传动　单杆缸附件的安装尺寸　第3部分：16MPa缸径250~500mm紧凑型系列
5. Valves　液压阀		
1	GB/T 2514—2008 ISO 4401:2005，MOD	液压传动　四油口方向控制阀安装面
2	GB/T 2877.2—2021 ISO 7368:2016，IDT	液压二通盖板式插装阀　第2部分：安装连接尺寸
3	GB/T 7934—2017	液压二通盖板式插装阀　技术条件
4	GB/T 8100.2—2021 ISO 6263:1997，MOD	液压传动　带补偿的流量控制阀　安装面
5	GB/T 8100.3—2006 ISO 5781:2000，MOD	液压传动　减压阀、顺序阀、卸荷阀、节流阀和单向阀　安装面
6	GB/T 8101—2002 ISO 6264:1998，MOD	液压溢流阀　安装面

（续）

序号	标准代号① （采标ISO代号，一致性程度）	标准名称
（一）液压传动国家标准		
5. Valves　液压阀		
7	GB/T 8104—1987 ISO 6403:1988，EQV	流量控制阀　试验方法
8	GB/T 8105—1987 ISO 6403:1988，EQV	压力控制阀　试验方法
9	GB/T 8106—1987 ISO 6403:1989，EQV	方向控制阀　试验方法
10	GB/T 8107—2012 ISO 4411:2008，MOD	液压阀　压差－流量特性的测定
11	GB/T 14043.1—2022 ISO 5783:1995，IDT	液压传动　阀安装面和插装阀阀孔的标识代号
12	GB/Z 41983—2022	液压螺纹插装阀　安装面
13	GB/T 15623.1—2018 ISO 10770－1:1998，MOD	液压传动　电调制液压控制阀　第1部分：四通方向流量控制阀试验方法
14	GB/T 15623.2—2017 ISO 10770－2:2012，MOD	液压传动　电调制液压控制阀　第2部分：三通方向流量控制阀试验方法
15	GB/T 15623.3—2022 ISO 10770－3:2007，MOD	液压传动　电调制液压控制阀　第3部分：压力控制阀试验方法
16	GB/T 17487—1998 ISO 10372:1992，IDT	四油口和五油口液压伺服阀　安装面
17	GB/T 17490—1998 ISO 9461:1992，IDT	液压控制阀　油口、底板、控制装置和电磁铁的标识
18	GB/T 32216—2015	液压传动　比例/伺服控制液压缸的试验方法
19	GB/T 36703—2018 ISO 16873:2011，IDT	液压传动　压力开关　安装面
20	GB/T 36997—2018 ISO 16874:2004，IDT	液压传动　油路块总成及其元件的标识
21	GB/T 39831—2021 ISO 7790:2013，IDT	液压传动　规格02、03、05、07、08和10的四油口叠加阀和方向控制阀　夹紧尺寸
6. Accumulators　液压蓄能器		
1	GB/T 2352—2003 ISO 5596:1999，IDT	液压传动　隔离式充气蓄能器　压力和容积范围及特征量
2	GB/T 19925—2005 ISO 10946:1999，MOD	液压传动　隔离式充气蓄能器　优先选择的液压油口

（续）

序号	标准代号①（采标ISO代号，一致性程度）	标准名称
（一）液压传动国家标准		
6. Accumulators 液压蓄能器		
3	GB/T 19926—2005 ISO 10945：1994，IDT	液压传动 隔离式充气蓄能器 气口尺寸
4	GB/T 19934.1—2021 ISO 10771－1：2015，IDT	液压传动 金属承压壳体的疲劳压力试验 第1部分：试验方法
7. Seals 液压密封		
1	GB/T 3452.1—2005 ISO 3601－1：2002，MOD	液压气动用O形橡胶密封圈 第1部分：尺寸系列及公差
2	GB/T 3452.2—2007 ISO 3601－3：2005，IDT	液压气动用O形橡胶密封圈 第2部分：外观质量检验规范
3	GB/T 3452.3—2005	液压气动用O形橡胶密封圈 沟槽尺寸
4	GB/T 3452.4—2020 ISO 3601－4：2008，MOD	液压气动用O形橡胶密封圈 第4部分：抗挤压环（挡环）
5	GB/T 9877—2008	液压传动 旋转轴唇形密封圈设计规范
6	GB/T 13871.2—2015 ISO 6194－2：2009，MOD	密封元件为弹性体材料的旋转轴唇形密封圈 第2部分：词汇
7	GB/T 13871.5—2015 ISO 6194－5：2008，IDT	密封元件为弹性体材料的旋转轴唇形密封圈 第5部分：外观缺陷的识别
8	GB/T 21283.6—2015	密封元件为热塑性材料的旋转轴唇形密封圈 第6部分：热塑性材料与弹性体包覆材料的性能要求
9	GB/T 32217—2015 ISO 7986：1997，MOD	液压传动 密封装置 评定液压往复运动密封件性能的试验方法
10	GB/T 34888—2017	旋转轴唇形密封圈 装拆力的测定
11	GB/T 34896—2017	旋转轴唇形密封圈 摩擦扭矩的测定
12	GB/T 36520.1—2018	液压传动 聚氨酯密封件尺寸系列 第1部分：活塞往复运动密封圈的尺寸和公差
13	GB/T 36520.2—2018	液压传动 聚氨酯密封件尺寸系列 第2部分：活塞杆往复运动密封圈的尺寸和公差
14	GB/T 36520.3—2019	液压传动 聚氨酯密封件尺寸系列 第3部分：防尘圈的尺寸和公差
15	GB/T 36520.4—2019	液压传动 聚氨酯密封件尺寸系列 第4部分：缸口密封圈的尺寸和公差

（续）

序号	标准代号①（采标ISO代号，一致性程度）	标准名称
（一）液压传动国家标准		
8. Brake systems 制动系统（无）		
9. Hoses and tubes, connections and couplings 液压软管和硬管，连接件与接头		
1	GB/T 2351—2021 ISO 4397:2011，IDT	流体传动系统及元件 硬管外径和软管内径
2	GB/T 7937—2008 ISO 4399:1995，MOD	液压气动用管接头及其相关元件 公称压力系列
3	GB/T 7939—2008 ISO 6605:2002，	液压软管总成 试验方法
4	GB/T 9065.1—2015 ISO 12151-1:2010，MOD	液压软管接头 第1部分：O形圈端面密封软管接头
5	GB/T 9065.2—2010 ISO 12151-2:2003，MOD	液压软管接头 第2部分：24°锥密封端软管接头
6	GB/T 9065.3—2020 ISO 12151-3:2010，MOD	液压传动连接 软管接头 第3部分：法兰式
7	GB/T 9065.4—2020 ISO 12151-4:2007，MOD	液压传动连接 软管接头 第4部分：螺柱端
8	GB/T 9065.5—2010 ISO 12151-5:2007，MOD	液压软管接头 第5部分：37°扩口端软管接头
9	GB/T 9065.6—2020 ISO 12151-6:2009，MOD	液压传动连接 软管接头 第6部分：60°锥形
10	GB/T 14034.1—2010 ISO 8434-1:2007，MOD	流体传动金属管连接 第1部分：24°锥形管接头
11	GB/T 26143—2010 ISO 19879:2010，IDT	液压管接头 试验方法
12	GB/T 40565.2—2021 ISO 16028:1999，MOD	液压传动连接 快换接头 第2部分：20~31.5MPa平面型
13	GB/T 40565.3—2021 ISO 14541:2013，MOD	液压传动连接 快换接头 第3部分：螺纹连接通用型
14	GB/T 40565.4—2021 ISO 14540:2013，MOD	液压传动连接 快换接头 第4部分：72MPa螺纹连接型
15	GB/T 41981.1—2022	液压传动连接 测压接头 第1部分：非带压连接式
16	GB/T 41981.2—2022	液压传动连接 测压接头 第2部分：可带压连接式
10. Filters (and contamination control) 液压过滤器（以及污染控制）		
1	GB/T 14039—2002 ISO 4406:1999，MOD	液压传动 油液 固体颗粒污染等级代号
2	GB/T 14041.1—2007 ISO 2942:2004，IDT	液压滤芯 第1部分：结构完整性验证和初始冒泡点的确定

（续）

序号	标准代号[①] （采标 ISO 代号，一致性程度）	标准名称
（一）液压传动国家标准		
10. Filters (and contamination control)　液压过滤器（以及污染控制）		
3	GB/T 14041.2—2007 ISO 2943:1998，IDT	液压滤芯　第2部分：材料与液体相容性检验方法
4	GB/T 14041.3—2010 ISO 2941:2009，IDT	液压滤芯　第3部分：抗压溃（破裂）特性检验方法
5	GB/T 14041.4—2019 ISO 3723:2015，MOD	液压传动　滤芯　第4部分：额定轴向载荷检验方法
6	GB/T 17484—1998 ISO 3722:1976，IDT	液压油液取样容器　净化方法的鉴定和控制
7	GB/T 17486—2006 ISO 3968:2001，IDT	液压过滤器　压降流量特性的评定
8	GB/T 17488—2008 ISO 3724:2007，IDT	液压滤芯　利用颗粒污染物测定抗流动疲劳特性
9	GB/T 17489—2022 ISO 4021:1992，IDT	液压颗粒污染分析　从工作系统管路中提取液样
10	GB/T 18853—2015 ISO 16889:2008，MOD	液压传动过滤器　评定滤芯过滤性能的多次通过方法
11	GB/T 18854—2015 ISO 11171:2010，MOD	液压传动　液体自动颗粒计数器的校准
12	GB/Z 19848—2005 ISO/TR 10949:2002，IDT	液压元件从制造到安装达到和控制清洁度的指南
13	GB/T 20079—2006	液压过滤器技术条件
14	GB/T 20080—2017	液压滤芯技术条件
15	GB/T 20082—2006 ISO 4407:2002，IDT	液压传动　液体污染　采用光学显微镜测定颗粒污染度的方法
16	GB/T 20110—2006 ISO 18413:2002，IDT	液压传动　零件和元件的清洁度　与污染物的收集、分析和数据报告相关的检验文件和准则
17	GB/Z 20423—2006 ISO/TS 16431:2002，IDT	液压系统总成　清洁度检验
18	GB/T 21486—2019 ISO 11170:2013，IDT	液压传动　滤芯　检验性能特性的试验程序
19	GB/T 21540—2022 ISO 11943:1999，IDT	液压传动　液体在线自动颗粒计数系统　校准和验证方法

（续）

序号	标准代号①（采标ISO代号，一致性程度）	标准名称
（一）液压传动国家标准		
10. Filters（and contamination control） 液压过滤器（以及污染控制）		
20	GB/T 25132—2010 ISO 16860:2005，IDT	液压过滤器 压差装置试验方法
21	GB/T 25133—2010 ISO 23309:2007，IDT	液压系统总成 管路冲洗方法
22	GB/T 27613—2011 ISO 4405:1991，MOD	液压传动 液体污染 采用称重法测定颗粒污染度
23	GB/T 37162.1—2018 ISO 21018-1:2008，MOD	液压传动 液体颗粒污染度的监测 第1部分：总则
24	GB/T 37162.3—2021 ISO 21018-3:2008，IDT	液压传动 液体颗粒污染度的监测 第3部分：利用滤膜阻塞技术
25	GB/T 37163—2018 ISO 11500:2008，MOD	液压传动 采用遮光原理的自动颗粒计数法测定液样颗粒污染度
26	GB/T 38175—2019 ISO 23181:2007，IDT	液压传动 滤芯 用高黏度液压油测定流动疲劳耐受力
27	GB/T 39926—2021 ISO 16908:2014，IDT	液压传动 滤芯试验方法 热工况和冷启动模拟
11. Fittings（other） 液压电气连接件（其他）（无）		
（二）气压传动国家标准		
1. General 通用性标准		
1	GB/T 7932—2017 ISO 4414:2010，IDT	气动 对系统及其元件的一般规则和安全要求
2	GB/T 14038—2008 ISO 16030:2001，IDT	气动连接 气口和螺柱端
3	GB/T 14513.1—2017 ISO 6358-1:2013，IDT	气动 使用可压缩流体元件的流量特性测定 第1部分：稳态流动的一般规则和试验方法
4	GB/T 14513.2—2019 ISO 6358-2:2013，IDT	气动 使用可压缩流体元件的流量特性测定 第2部分：可代替的测试方法
5	GB/T 14513.3—2020 ISO 6358-3:2014，IDT	气动 使用可压缩流体元件的流量特性测定 第3部分：系统稳态流量特性的计算方法
6	GB/T 17446—2012 ISO 5598:2008，IDT	流体传动系统及元件 词汇
7	GB/T 28783—2012 ISO 8778:2003，IDT	气动 标准参考大气

（续）

序号	标准代号[①] （采标ISO代号，一致性程度）	标准名称
（二）气压传动国家标准		
1. General 通用性标准		
8	GB/T 32215—2015 ISO 11727:1999，IDT	气动 控制阀和其他元件的气口和控制机构的标识
9	GB/T 38206.1—2019 ISO 19973-1:2007，MOD	气动元件可靠性评估方法 第1部分：一般程序
2. Fluids（and materials） 流体介质（和材料）（无）		
3. Pumps and motors 气源		
1	GB/T 30833—2014	气压传动 设备消耗的可压缩流体 压缩空气功率的表示及测量
2	GB/T 33626.1—2017 ISO 6301-1:2006，IDT	气动油雾器 第1部分：商务文件中应包含的主要特性和产品标识要求
3	GB/T 33626.2—2017 ISO 6301-2:2006，IDT	气动油雾器 第2部分：评定商务文件中包含的主要特性的试验方法
4. Cylinders 气缸		
1	GB/T 8102—2020 ISO 6432:2015，IDT	气动 缸径8mm至25mm的单杆气缸 安装尺寸
2	GB/T 9094—2020 ISO 6099:2018，IDT	流体传动系统及元件 缸安装尺寸和安装型式代号
3	GB/T 23252—2009 ISO 10099:2001，IDT	气缸 成品检验及验收
4	GB/T 28781—2012 ISO 21287:2004，IDT	气动 缸内径20mm至100mm的紧凑型气缸 基本尺寸、安装尺寸
5	GB/T 32336—2015 ISO 15552:2004，IDT	气动 带可拆卸安装件的缸径32mm至320mm的气缸基本尺寸、安装尺寸和附件尺寸
6	GB/T 33924—2017 ISO 8139:2009，IDT	气缸活塞杆端球面耳环安装尺寸
7	GB/T 33927—2017 ISO 8140:2009，IDT	气缸活塞杆端环叉安装尺寸
8	GB/T 38206.3—2019 ISO 19973-3:2015，MOD	气动元件可靠性评估方法 第3部分：带活塞杆的气缸
9	GB/T 38758—2020 ISO 6537:1982，MOD	气动 有色金属缸筒技术要求
5. Valves 气动阀		
1	GB/T 7940.1—2008 ISO 5599-1:2001，IDT	气动 五气口气动方向控制阀 第1部分：不带电气接头的安装面

（续）

序号	标准代号① （采标ISO代号，一致性程度）	标准名称
（二）气压传动国家标准		
5. Valves　气动阀		
2	GB/T 7940.2—2008 ISO 5599-2:2001，IDT	气动　五气口气动方向控制阀　第2部分：带可选电气接头的安装面
3	GB/T 20081.1—2021 ISO 5782-1:2015，IDT	气动　减压阀和过滤减压阀　第1部分：商务文件中应包含的主要特性和产品标识要求
4	GB/T 20081.2—2021 ISO 5782-2:2015，IDT	气动　减压阀和过滤减压阀　第2部分：评定商务文件中应包含的主要特性的试验方法
5	GB/T 20081.3—2021 ISO 5782-3:2012，IDT	气动　减压阀和过滤减压阀　第3部分：测试减压阀流量特性的可选方法
6	GB/T 22107—2008 ISO 12238:2001，IDT	气动方向控制阀　切换时间的测量
7	GB/T 26142.1—2010 ISO 15407-1:2000，IDT	气动五通方向控制阀　规格18mm和26mm　第1部分：不带电气接头的安装面
8	GB/T 26142.2—2010 ISO 15407-2:2003，IDT	气动五通方向控制阀　规格18mm和26mm　第2部分：带可选电气接头的安装面
9	GB/T 32337—2015 ISO 15218:2003，IDT	气动　二位三通电磁阀安装面
10	GB/T 32807—2016 ISO 17082:2004，IDT	气动阀　商务文件中应包含的资料
11	GB/T 38206.2—2020 ISO 19973-2:2015，MOD	气动元件可靠性评估方法　第2部分：换向阀
12	GB/T 38206.4—2021 ISO 19973-4：2014，MOD	气动元件可靠性评估方法　第4部分：调压阀
13	GB/T 38206.5—2021 ISO 19973-5：2015，MOD	气动元件可靠性评估方法　第5部分：止回阀，梭阀，双压阀（与阀），单向节流阀及快排阀
14	GB/T 39956.1—2021 ISO 10094-1:2010，IDT	气动　电-气压力控制阀　第1部分：商务文件中应包含的主要特性
15	GB/T 39956.2—2021 ISO 10094-2:2010，IDT	气动　电-气压力控制阀 第2部分：评定商务文件中应包含的主要特性的试验方法
6. Accumulators　蓄能器（无）		
7. Seals　气动密封		
1	GB/T 3452.1—2005 ISO 3601-1:2002，MOD	液压气动用O形橡胶密封圈　第1部分：尺寸系列及公差
2	GB/T 3452.2—2007 ISO 3601-3:2005，IDT	液压气动用O形橡胶密封圈　第2部分：外观质量检验规范

（续）

序号	标准代号① （采标ISO代号，一致性程度）	标准名称
（二）气压传动国家标准		
7. Seals　气动密封		
3	GB/T 3452.3—2005	液压气动用O形橡胶密封圈　沟槽尺寸
4	GB/T 3452.4—2020 ISO 3601-4:2008，MOD	液压气动用O形橡胶密封圈　第4部分：抗挤压环（挡环）
8. Brake systems　制动系统（无）		
9. Hoses and tubes，connections and couplings　气动软管和硬管，连接件与接头		
1	GB/T 14034.1—2010 ISO 8434-1:2007，MOD	流体传动金属管连接　第1部分：24°锥形管接头
2	GB/T 14514—2013	气动管接头试验方法
3	GB/T 22076—2008 ISO 6150:1988，IDT	气动圆柱形快换接头　插头连接尺寸、技术要求、应用指南和试验
4	GB/T 33636—2017 ISO 14743:2004，MOD	气动　用于塑料管的插入式管接头
10. Filters（and contamination control）　气动过滤器（以及污染控制）		
1	GB/T 22108.1—2008 ISO 5782-1:2015，IDT	气动压缩空气过滤器　第1部分：商务文件中包含的主要特性和产品标识要求
2	GB/T 22108.2—2008 ISO 5782-2:2015，IDT	气动压缩空气过滤器　第2部分：评定商务文件中包含的主要特性的测试方法
3	GB/T 7937—2008 ISO 4399:1995，MOD	液压气动用管接头及其相关元件　公称压力系列
11. Fittings（other）　气动电气连接件（其他）（无）		

① IDT—等同ISO；MOD—修改ISO；NEQ—非等效ISO；EQV—等效ISO；GB/T—推荐性国家标准采用此类标准受国家法律保护；GB/Z—国家标准化技术指导性文件，采用此类标准不受国家法律保护。

46.3　现行机械行业标准分类目录清单

现行机械行业标准分类目录见表46-4，共72项，其中，个别标准直接从国际标准转化而来。

表 46-4　液压气动密封行业标准分类目录

序号	标准代号 采标 ISO 代号，一致性程度	标准名称
		（一）液压部分行业标准
		1. General　通用性标准
1	JB/T 2184—2007	液压元件　型号编制方法
2	JB/T 7033—2007 ISO 9110－1:1990，MOD	液压传动　测量技术通则
3	JB/T 12232—2015	液压传动　液压铸铁件技术条件
		2. Fluids（and materials）　流体介质（和材料）
1	JB/T 10607—2006	液压系统工作介质使用规范
		3. Pumps and motors　液压泵与马达
1	JB/T 5920—2011	液压内曲线低速大转矩马达　安装法兰和轴伸尺寸
2	JB/T 7039—2006	液压叶片泵
3	JB/T 7041. 2—2020	液压泵　第 2 部分：齿轮泵
4	JB/T 7043—2006	液压轴向柱塞泵
5	JB/T 8728—2010	低速大转矩液压马达
6	JB/T 10206—2010	摆线液压马达
7	JB/T 10829—2008	液压马达
8	JB/T 10831—2008	静液压传动装置
		4. Cylinders　液压缸
1	JB/T 7939—2010 ISO 7181:1991，MOD	单活塞杆液压缸两腔面积比（计划废止）
2	JB/T 10205—2010	液压缸
3	JB/T 10205. 3—2020	液压缸　第 3 部分：活塞杆技术条件
4	JB/T 11129—2011	气缸活塞杆技术条件
5	JB/T 11718—2013	液压缸　缸筒技术条件
6	JB/T 12706. 1—2016 ISO 6020－1:2007，MOD	液压传动　16MPa 系列单杆缸的安装尺寸　第 1 部分：中型系列
7	JB/T 12706. 2—2017 ISO 6020－2:2015，MOD	液压传动　16MPa 系列单杆缸的安装尺寸　第 2 部分：缸径 25mm～220mm 紧凑型系列
8	JB/T 13291—2017 ISO 6022:2006，MOD	液压传动　25MPa 系列单杆缸的安装尺寸
9	JB/T 13800—2020 ISO 10762:2015，MOD	液压传动 10MPa 系列单杆缸的安装尺寸
10	JB/T 14001—2020	液压传动　电液推杆

（续）

序号	标准代号 采标ISO代号，一致性程度	标准名称
（一）液压部分行业标准		
5. Valves 液压阀		
1	JB/T 5120—2010	全液压转向器 摆线转阀式开心无反应型
2	JB/T 5922—2005	液压二通插装阀 图形符号
3	JB/T 5963—2014	液压传动 二通、三通和四通螺纹插装阀 插装孔
4	JB/T 8729—2013	液压多路换向阀
5	JB/T 10364—2014	液压单向阀
6	JB/T 10365—2014	液压电磁换向阀
7	JB/T 10366—2014	液压调速阀
8	JB/T 10367—2014	液压减压阀
9	JB/T 10368—2014	液压节流阀
10	JB/T 10369—2014	液压手动及滚轮换向阀
11	JB/T 10370—2013	液压顺序阀
12	JB/T 10371—2013	液压卸荷溢流阀
13	JB/T 10372—2014	液压压力继电器
14	JB/T 10373—2014	液压电液动换向阀和液动换向阀
15	JB/T 10374—2013	液压溢流阀
16	JB/T 10414—2004	液压二通插装阀 试验方法
17	JB/T 10606—2006	气动流量控制阀
18	JB/T 10830—2008	液压电磁换向座阀
19	JB/T 11717—2013	液压传动 转向器用单路稳流分流阀
6. Accumulators 液压蓄能器		
1	JB/T 7034—2006	液压隔膜式蓄能器 型式和尺寸
2	JB/T 7035—2006	液压囊式蓄能器 型式和尺寸
3	JB/T 7036—2006	液压隔离式蓄能器 技术条件
4	JB/T 7037—2006	液压隔离式蓄能器 试验方法
5	JB/T 7038—2006	液压隔离式蓄能器壳体 技术条件
7. Seals 液压密封（无）		
8. Brake systems 制动系统（无）		
9. Hoses and tubes, connections and couplings 液压软管和硬管，连接件与接头		
1	JB/T 8727—2017	液压软管总成

（续）

序号	标准代号 采标ISO代号，一致性程度	标准名称
（一）液压部分行业标准		
10. Filters（and contamination control） 液压过滤器（以及污染控制）		
1	JB/T 7857—2006	液压阀污染敏感度评定方法
2	JB/T 7858—2006	液压元件清洁度评定方法及液压元件清洁度指标
3	JB/T 11038—2010	液压滤芯　滤材验收规范
4	JB/T 12920—2016	液压传动　液压油含水量检测方法
5	JB/T 12921—2016	液压传动　过滤器的选择与使用规范
11. Fittings（other） 液压电气连接件（其他）		
1	JB/T 5921—2006	液压系统用冷却器　基本参数
（二）气动部分行业标准		
1. General 通用性标准		
1	JB/T 5967—2007	气动元件及系统用空气介质质量等级
2	JB/T 8884—2013	气动元件产品型号编制方法
2. Fluids（and materials） 流体介质（和材料）（无）		
3. Pumps and motors 气泵与马达		
1	JB/T 7375—2013	气动油雾器技术条件
4. Cylinders 气缸		
1	JB/T 5923—2013	气动　气缸技术条件
2	JB/T 7373—2008	齿轮齿条摆动气缸
3	JB/T 7377—2007 ISO 6430:1992，IDT	缸内径32～250mm整体式安装单杆气缸　安装尺寸
5. Valves 气动阀		
1	JB/T 6378—2008	气动换向阀技术条件
2	JB/T 12550—2015	气动减压阀
3	JB/T 12705—2016	气动消声器
4	JB/T 14002—2020	气动真空发生器
6. Accumulators 蓄能器（无）		
7. Seals 气动密封		
1	JB/T 6656—1993	气缸用密封圈安装沟槽型式、尺寸和公差
2	JB/T 6657—1993	气缸用密封圈尺寸系列和公差
3	JB/T 6658—2007	气动用O形橡胶密封圈沟槽尺寸和公差
4	JB/T 6659—2007	气动用O形橡胶密封圈尺寸系列和公差

（续）

序号	标准代号 采标 ISO 代号，一致性程度	标准名称
（二）气动部分行业标准		
7. Seals　气动密封		
5	JB/T 6660—1993	气动用橡胶密封圈　通用技术条件
6	JB/T 9157—2011	液压气动用球涨式堵头　尺寸及公差
8. Brake systems　制动系统（无）		
9. Hoses and tubes，connections and couplings　气动软管和硬管，连接件与接头		
1	JB/T 7056—2008	气动管接头　通用技术条件
2	JB/T 7057—2008	调速式气动管接头　技术条件
10. Filters（and contamination control）　气动过滤器（以及污染控制）		
1	JB/T 7374—2015	气动空气过滤器　技术条件
11. Fittings（other）电气连接件（其他）（无）		

46.4　液压气动标准查询网址

由于液压气动标准很容易从网络上获得，为减小篇幅，本手册只列出常用液压气动标准的部分内容（见第 47 章）不再完整列出标准的内容，而是提供网址和查询的标准目录清单。可供查询标准的网址如下。

国家标准化管理委员会网址：http：//www. sac. gov. cn/。

全国标准公共服务平台网址：http：//std. samr. gov. cn/。

需要购买标准，可登录中国标准服务网：http：//www. cssn. net. cn/cssn/front/index. jsp。

第 47 章　液压气动常用标准

47.1　液压气动基础和通用标准

47.1.1　流体传动系统及元件　图形符号和回路图绘制用图线和绘制原则

1. 图形符号和回路图绘制用图线（见表 47-1）

表 47-1　图形符号和回路图绘制用图线

图线	描述	说明	标准
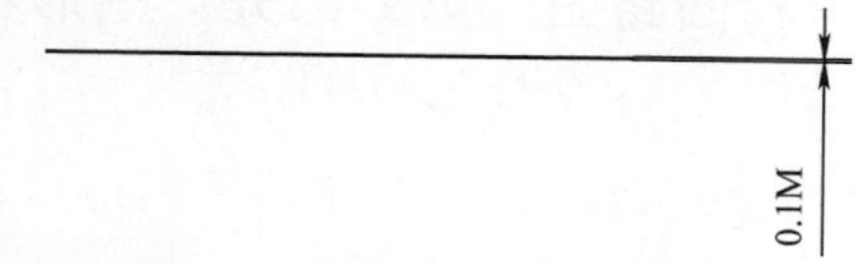 0.1M	供油/气管路、回油/气管路、元件框线、符号框线	交叉管路： 连接管路： 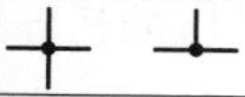	GB/T 786. 1—2021
 0.1M	内部和外部先导（控制）管路、泄油管路、冲洗管路、排气管路	如果相交，应交于画 交叉管路：  连接管路： 	
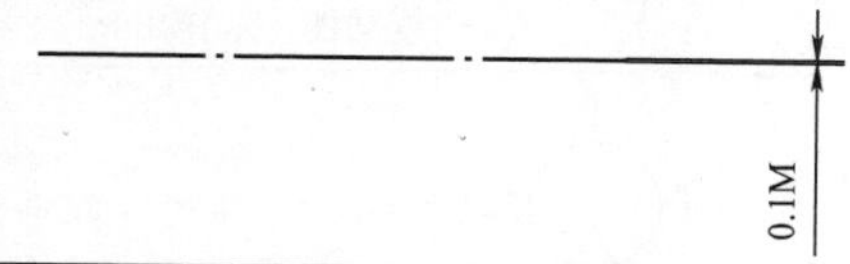 0.1M	组合元件框线		
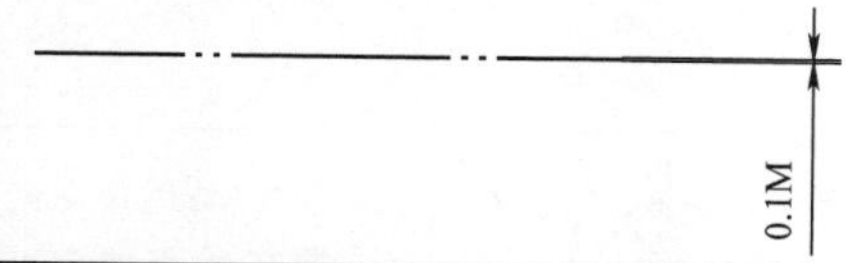 0.1M	各功能模块的分界线		GB/T 786. 2—2018

注：三种图线的线宽均为 0. 25mm。

在 GB/T 786. 1—2021 中，规定了图形符号的模数尺寸 M 为 2. 0mm，并使用 0. 25mm 线宽绘制，字符大小为 2. 5mm，线宽为 0. 25mm，字符和端口标识字体类型为 CB 型。

2. 绘制原则

1）绘制的图形符号和回路图必须采用表47-1中规定的相应线型。

2）元件符号表示的是元件未受激励的状态（非工作状态）。对于没有明确定义未受激励状态（非工作状态）的符号，应按本标准列出的符号创建的特定规则给出。

3）考虑到创建图形符号时可能需要对基本要素进行旋转与镜像、绘制回路图时对图形符号的布局需求，以及图形符号可能用于不同的场景，因此标准允许在一定规则内对图形符号或其基本要素进行旋转、镜像与缩放等操作。当对泵、马达类等包含旋向指示箭头要素的元件图形符号进行镜像时，应注意直接镜像会改变旋向指示，应进一步对旋向指示箭头进行镜像操作。

4）在需要放大、缩小图形符号尺寸时，不应改变线宽。

5）如果一个符号用于表示具有两个或更多主要功能的流体元件时，并且这些功能之间相互联系，则这个符号由实线包围给出，如图47-1所示。

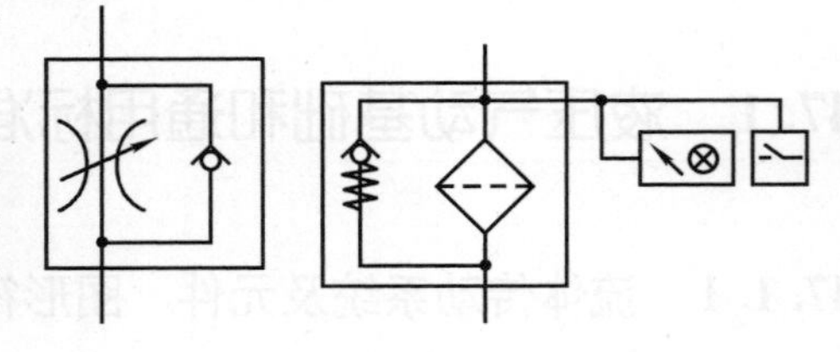

图47-1　符号由实线包围

注意：例如方向控制阀控制机构的工作方式和过滤器堵塞指示不被认为是主要功能，不能被实线包围。

47.1.2　流体传动系统及元件　图形符号和回路图　第1部分：图形符号（GB/T 786.1—2021，ISO 1219-1：2012，IDT）

1. 泵（或空气压缩机）/马达（见表47-2、表47-3）

表47-2　泵（或空气压缩机）/马达

图形	描述	图形	描述
a)　b)	a）变量泵（顺时针单向旋转） b）空气压缩机		摆动执行器/旋转驱动装置（带有限制旋转角度功能，双作用）
	变量泵（双向流动，带有外泄油路，顺时针单向旋转）	a)　b)	a）气马达 b）气马达（双向流通，固定排量，双向旋转）
	定量泵/马达（顺时针单向旋转）		变量泵/马达（双向流动，带有外泄油路，双向旋转）
	手动泵（限制软转角度，手柄控制）		真空泵

（续）

图形	描述	图形	描述
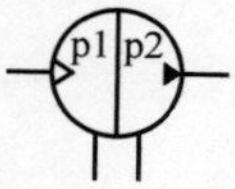 p1 p2	连续增压器（将气体压力 p1 转换为较高的液体压力 p2）	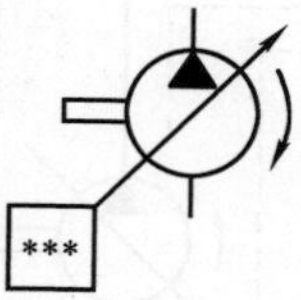 ***	变量泵（带有控制机构和调节元件，顺时针单向驱动
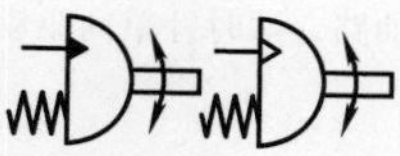	摆动执行器/旋转驱动装置（单作用）		

注：箭头尾端方框表示调节能力可扩展，控制机构和元件可连接箭头的任一端，“＊＊＊”是复杂控制器的简化标志。

表 47-3　液压泵/马达

图形	描述
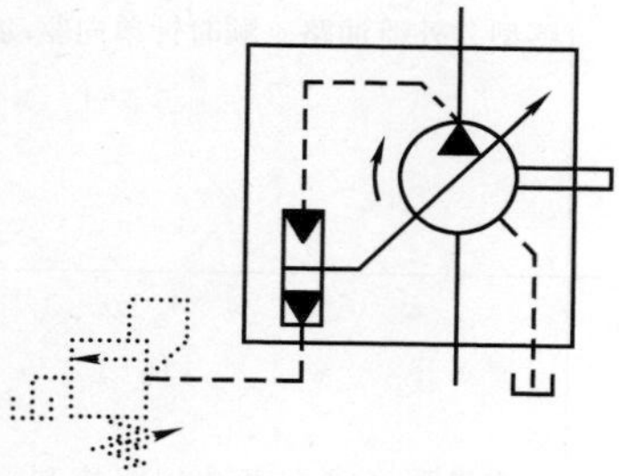	变量泵（先导控制，带有压力补偿功能，外泄油路，顺时针单向旋转）
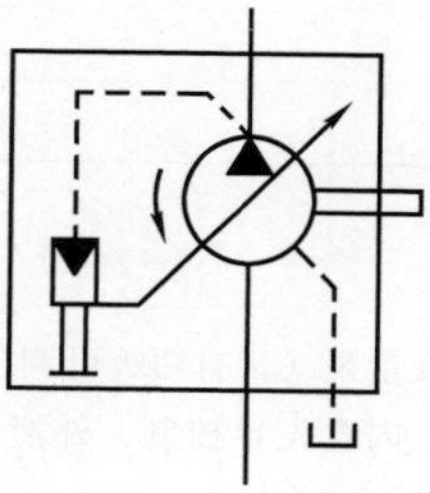	变量泵（带有机械/液压伺服控制，外泄油路，逆时针单向驱动）
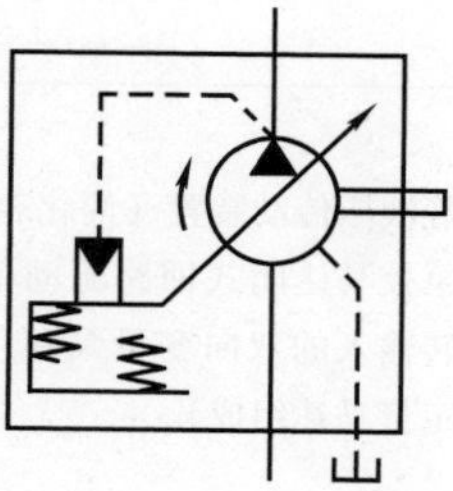	变量泵（带有功率控制，外泄油路，顺时针单向驱动）

（续）

图形	描述
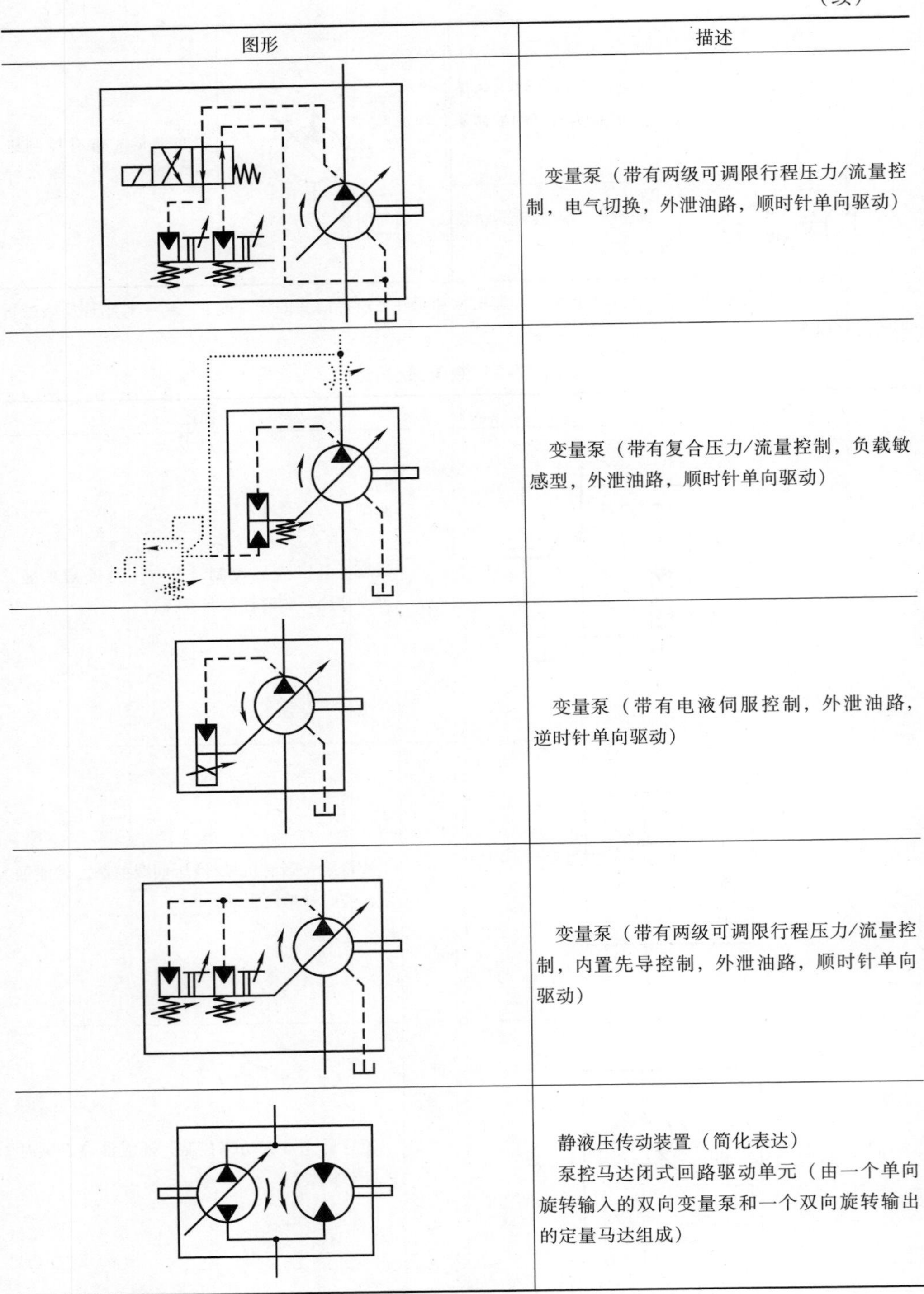	变量泵（带有两级可调限行程压力/流量控制，电气切换，外泄油路，顺时针单向驱动）
	变量泵（带有复合压力/流量控制，负载敏感型，外泄油路，顺时针单向驱动）
	变量泵（带有电液伺服控制，外泄油路，逆时针单向驱动）
	变量泵（带有两级可调限行程压力/流量控制，内置先导控制，外泄油路，顺时针单向驱动）
	静液压传动装置（简化表达） 泵控马达闭式回路驱动单元（由一个单向旋转输入的双向变量泵和一个双向旋转输出的定量马达组成）

2. 阀

(1) 方向阀控制机构（见表47-4、表47-5）

表47-4　控制机构（一）

图形	描述	图形	描述
	带有可拆卸把手和锁定要素的控制机构		带有一个线圈的电磁铁（动作指向阀芯）
	带有可调行程限位的推杆		带有一个线圈的电磁铁（动作背离阀芯）
	带有定位的推/拉控制机构		带有两个线圈的电气控装置（一个动作指向阀芯，另一个动作背离阀芯）
	带有手动越权锁定的控制机构		带有一个线圈的电磁铁（动作指向阀芯，连续控制）
	带有5个锁定位置的旋转控制机构		带两个线圈的电气控制装置（一个动作指向阀芯，另一个动作背离阀芯，连续控制）
			外部供油的电液先导控制机构
	用于单向行程控制的滚轮杠杆		电控气动先导控制机构
			机械反馈
	使用步进电机的控制机构		外部供油的带有两个线圈的电液两级先导控制机构（双向工作，连续控制）

表47-5　控制机构（二）

图形	描述	图形	描述
	气压复位（从阀进气口提供内部压力）		气压复位（外部压力源）
注：为更易理解，图中标识出外部先导线	气压复位（从先导口提供内部压力）		压电控制机构

(2) 方向阀各种端口的标注示例和控制机构次序及输入输出信号（见表47-6）

表 47-6 方向阀各种端口的标注示例和控制机构次序及输入输出信号

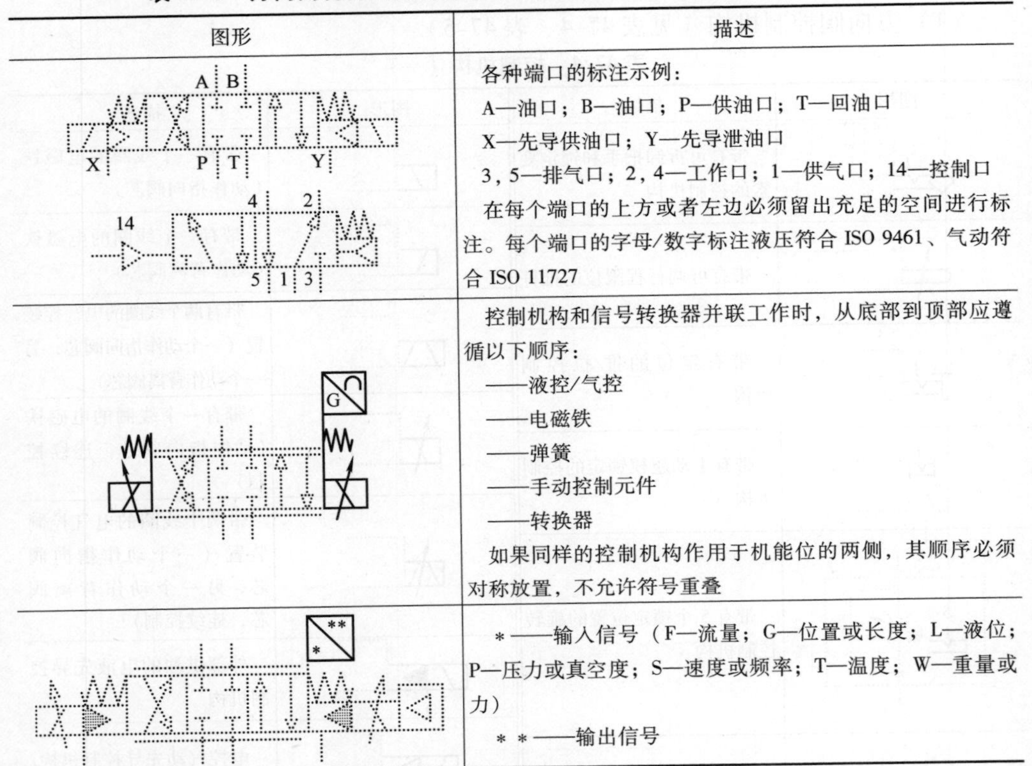

图形	描述
A B X P T Y 4 2 14 5 1 3	各种端口的标注示例： A—油口；B—油口；P—供油口；T—回油口 X—先导供油口；Y—先导泄油口 3，5—排气口；2，4—工作口；1—供气口；14—控制口 在每个端口的上方或者左边必须留出充足的空间进行标注。每个端口的字母/数字标注液压符合 ISO 9461、气动符合 ISO 11727
G	控制机构和信号转换器并联工作时，从底部到顶部应遵循以下顺序： ——液控/气控 ——电磁铁 ——弹簧 ——手动控制元件 ——转换器 如果同样的控制机构作用于机能位的两侧，其顺序必须对称放置，不允许符号重叠
** *	*——输入信号（F—流量；G—位置或长度；L—液位；P—压力或真空度；S—速度或频率；T—温度；W—重量或力） * *——输出信号

（3）方向控制阀（见表 47-7）

表 47-7 方向控制阀

图形	描述	图形	描述
	二位二通方向控制阀（双向流动，推压控制，弹簧复位，常闭）		延时控制气动阀（其入口接入一个系统，使得气体低速流入直至达到预设压力才使阀口全开）
	二位二通方向控制阀（电磁铁控制，弹簧复位，常开）		二位四通方向控制阀（电磁铁控制，弹簧复位）
	气动软启动阀（电磁铁控制内部先导控制）		二位三通方向控制阀（带有挂锁）

（续）

图形	描述	图形	描述
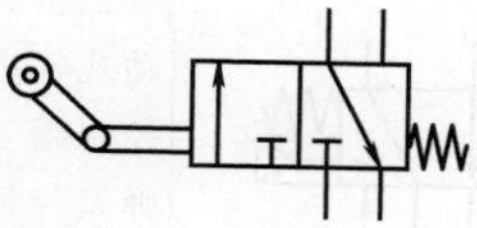	二位三通方向控制阀（单向行程的滚轮杠杆控制，弹簧复位）	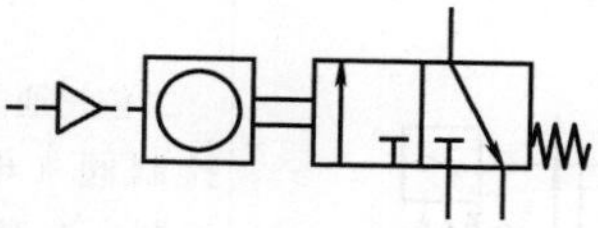	脉冲计数器（带有气动输出信号）
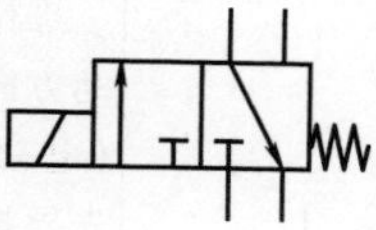	二位三通方向控制阀（单电磁铁控制，弹簧复位）	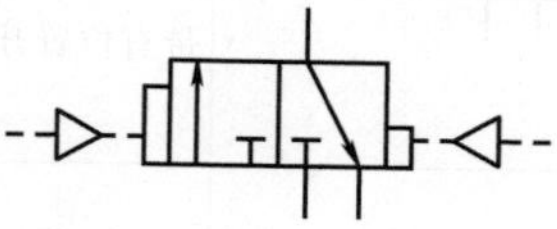	二位三通方向控制阀（差动先导控制）
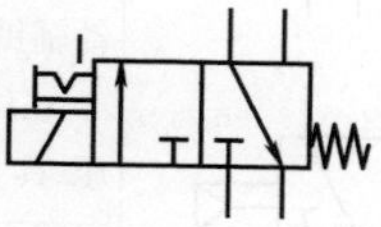	二位三通方向控制阀（单电磁铁控制，弹簧复位，手动越权锁定）	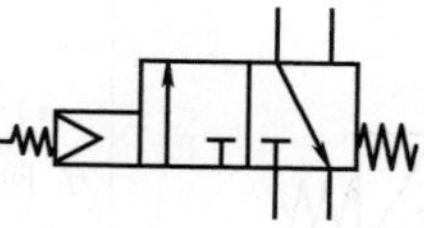	二位三通方向控制阀（气动先导和扭力杆控制，弹簧复位）
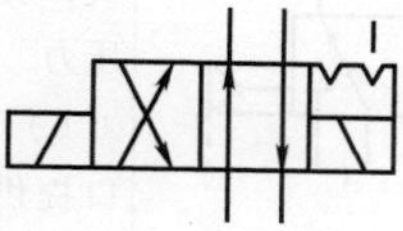	二位四通方向控制阀（双电磁控制，手动锁定，也称脉冲阀）	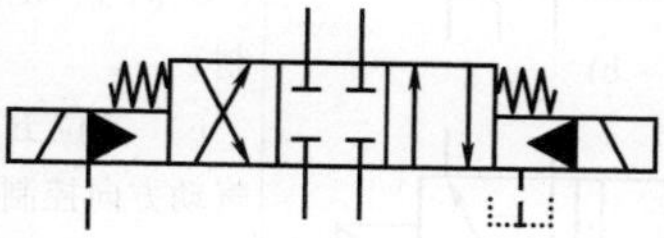	三位四通方向控制阀（电液先导控制，先导级电气控制，主级液压控制，先导级和主级弹簧对中，外部先导供油，外部先导回油
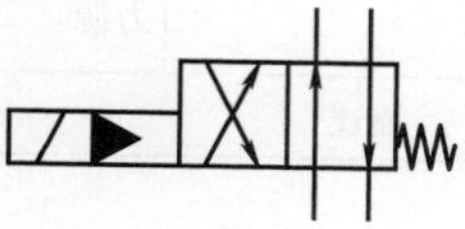	二位四通方向控制阀（电液先导控制，弹簧复位）	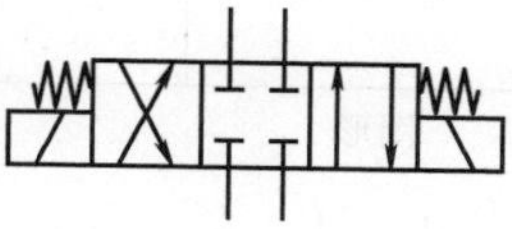	三位四通方向控制阀（双电磁铁控制，弹簧对中）
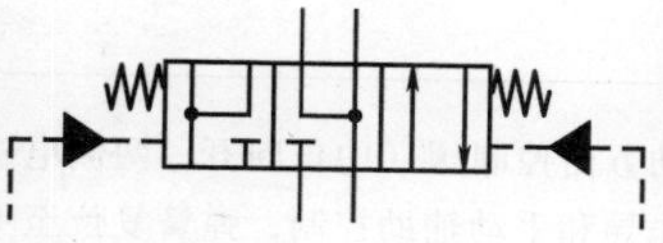	三位四通方向控制阀（液压控制，弹簧对中）	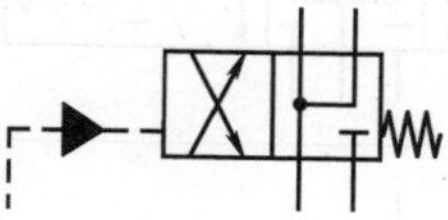	二位四通方向控制阀（液压控制，弹簧复位）
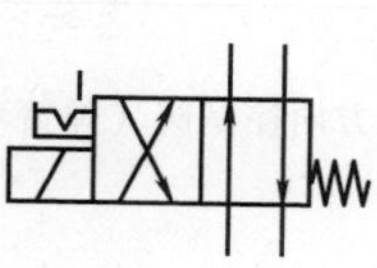	二位四通方向控制阀（单电磁铁控制，弹簧复位，手动越权锁定）	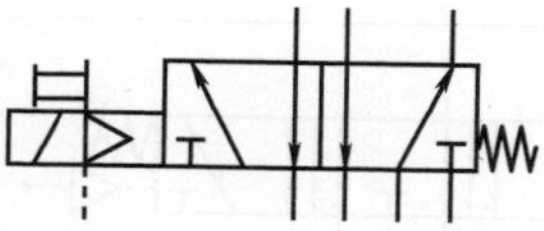	二位五通方向控制阀（单电磁铁控制，外部先导供气，手动辅助控制，弹簧复位）

（续）

图形	描述	图形	描述
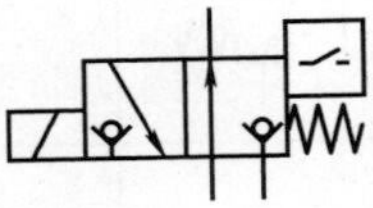	二位三通方向控制阀（电磁控制，无泄漏，带有位置开关）	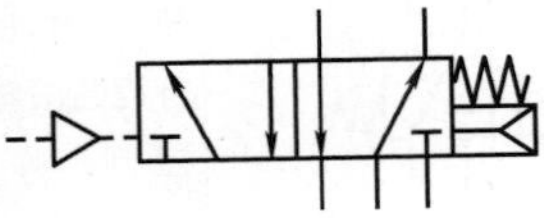	二位五通直动式气动方向控制阀（机械弹簧与气压复位）
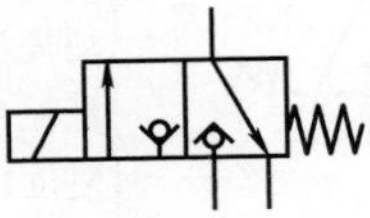 a) 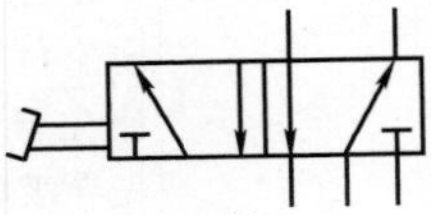 b) 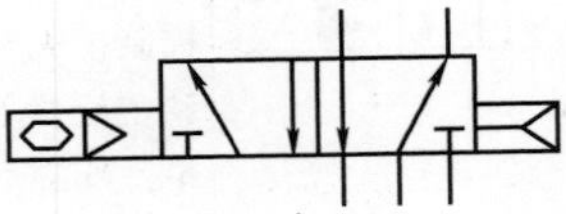 c)	a）二位三通方向控制阀（电磁控制，无泄漏） b）二位五通方向控制阀（双向踏板控制） c）二位五通气动方向控制阀（先导式压电控制，气压复位）	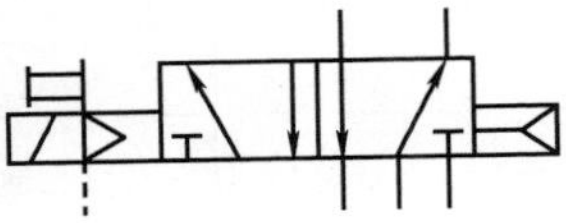 a) 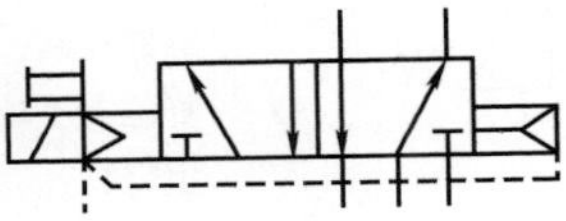 b) 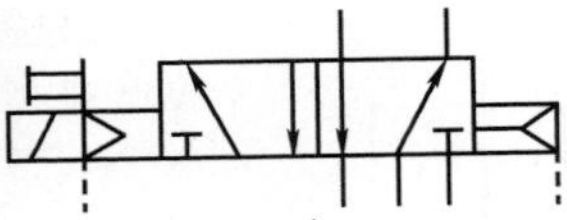 c)	二位五通气动方向控制阀（电磁铁气动先导控制，外部先导供气，气压复位，手动辅助控制） 气压复位供压具有如下可能： a）从阀进气口提供内部压力 b）从先导口提供内部压力 c）外部压力源

图形	描述
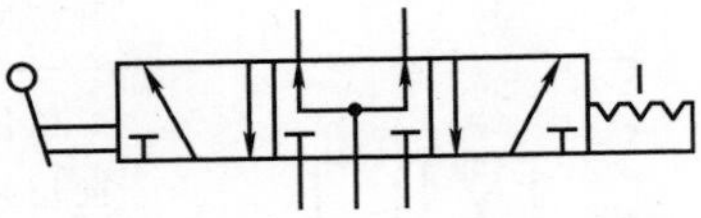	三位五通方向控制阀（手柄控制，带有定位机构）
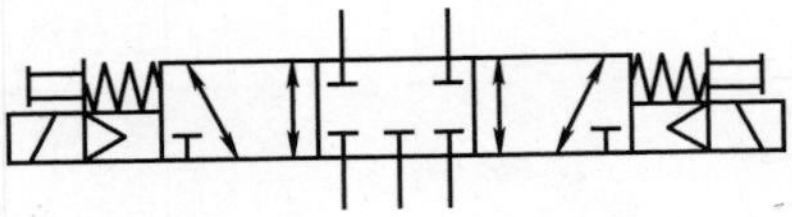	三位五通气动方向控制阀（中位断开，两侧电磁铁与内部气动先导和手动辅助控制，弹簧复位至中位）
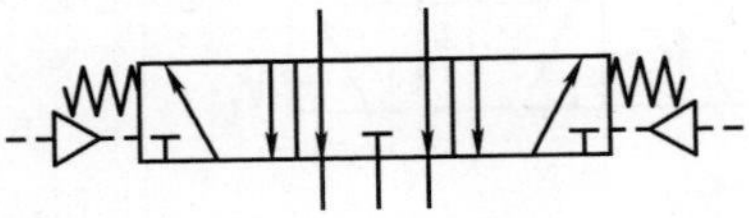	三位五通直动式气动方向控制阀（弹簧对中，中位时两出口都排气）

（4）压力控制阀（见表47-8）

表47-8 压力控制阀

图形	描述
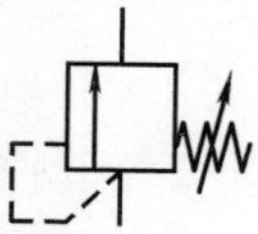	溢流阀（直动式，开启压力由弹簧调节）
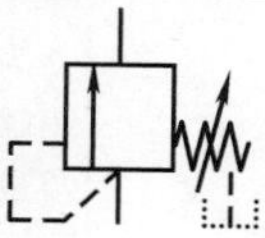 a) 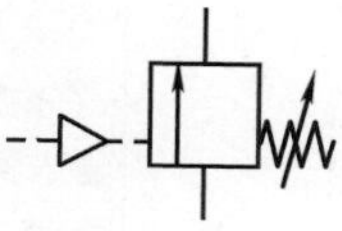 b)	a）顺序阀（直动式，手动调节设定值） b）顺序阀（外部控制）
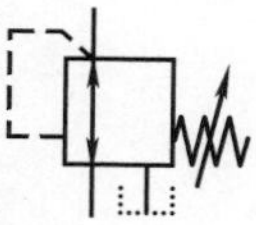	三通减压阀（超过设定压力时，通向油箱的出口开启）
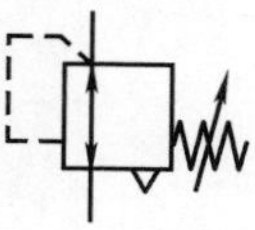 a) 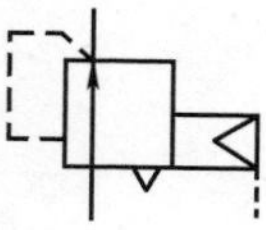 b)	a）减压阀（内部流向可逆） b）减压阀（远程先导可调，只能向前流动）
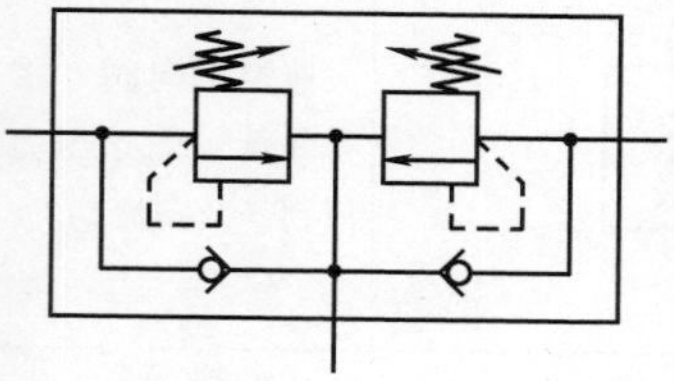	防气蚀溢流阀（用来保护两条供压管路）
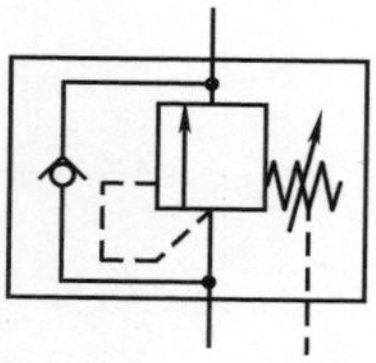	顺序阀（带有旁通单向阀）
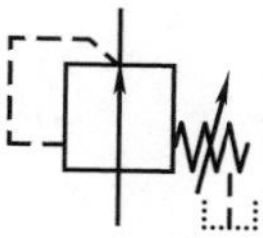 a) 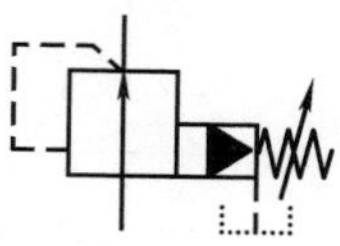 b)	a）二通减压阀（直动式，外泄型） b）二通减压阀（先导式，外泄型）
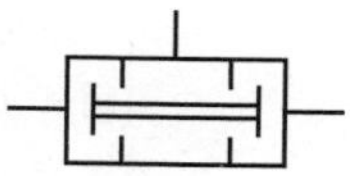	双压阀（逻辑为“与”，两进气口同时有压力时，低压力输出）
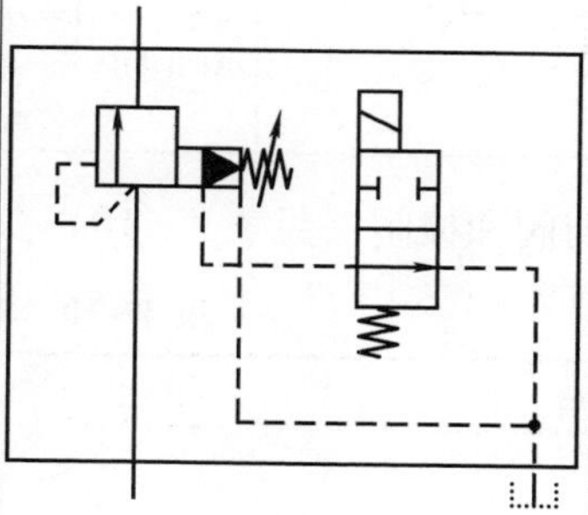	电磁溢流阀（由先导式溢流阀与电磁方向阀组成，通电建立压力，断电卸荷）
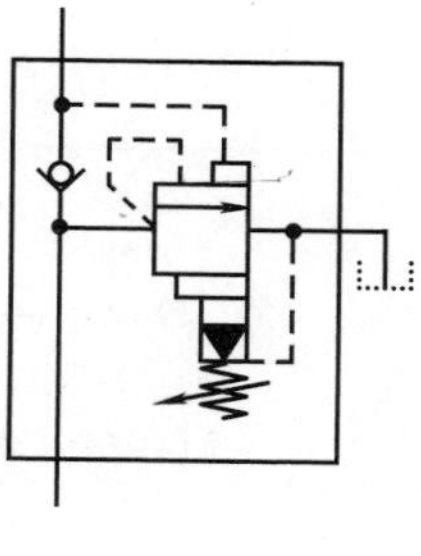	蓄能器充液阀

(5) 流量控制阀（见表47-9）

表47-9 流量控制阀

图形	描述	图形	描述
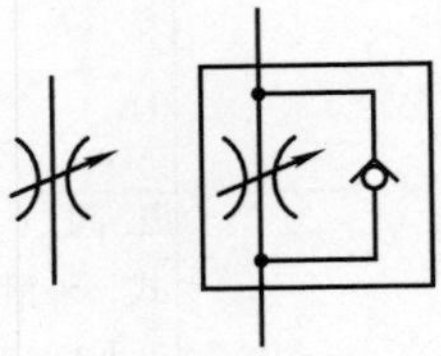 a) b)	a）节流阀 b）单向节流阀	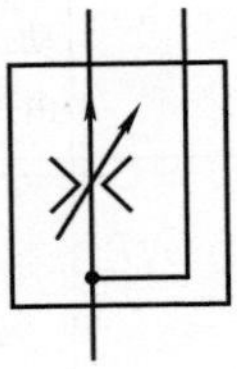	三通流量控制阀（开口度可调节，将输入流量分成固定流量和剩余流量）
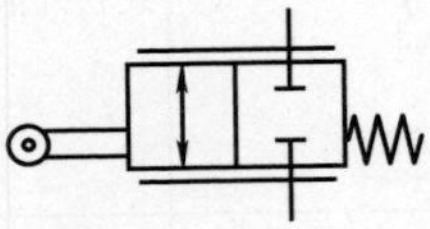	流量控制阀（滚轮连杆控制，弹簧复位）	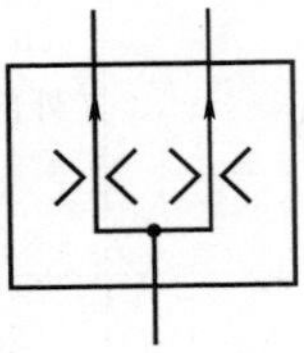	分流阀（将输入流量分成两路输出流量）
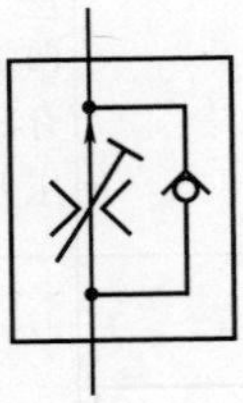	二通流量控制阀（开口度预设置，单向流动，流量特性基本与压降和黏度无关，带有旁路单向阀）	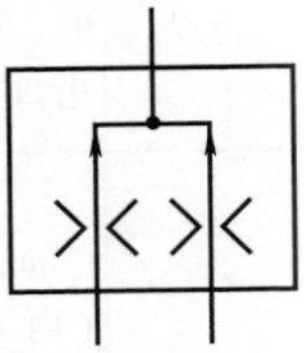	集流阀（将两路输入流量合成一路输出流量）

(6) 单向阀和梭阀（见表47-10）

表47-10 单向阀和梭阀

图形	描述	图形	描述
	单向阀（只能在一个方向自由流动）	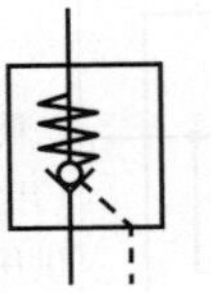	液控单向阀（带有弹簧，先导压力控制，双向流动）
	单向阀（带有弹簧，只能在一个方向自由流动，常闭）	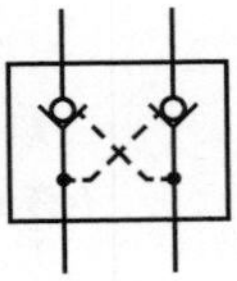	双液控单向阀

（续）

图形	描述	图形	描述
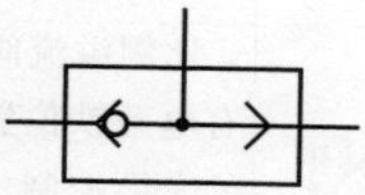	梭阀（逻辑为“或”，压力高的入口自动与出口接通）	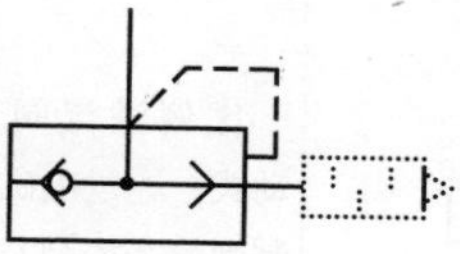	快速排气阀（带消声器）

(7) 比例控制阀（见表47-11～表47-13）

表47-11 比例方向控制阀

图形	描述	图形	描述
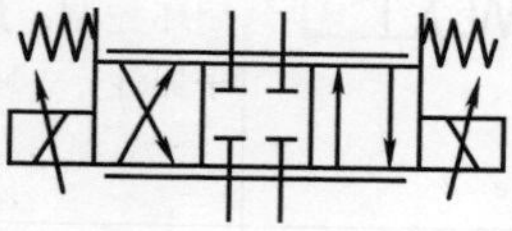	比例方向控制阀（直动式）	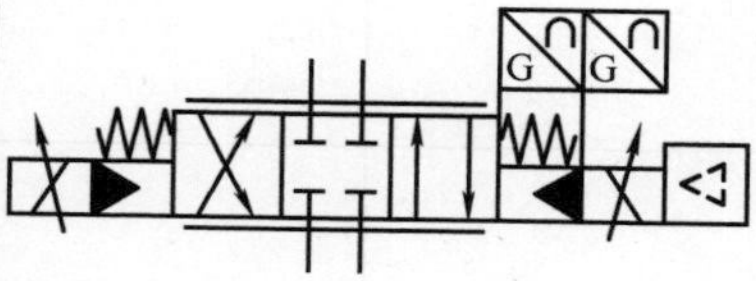	伺服阀（主级和先导级位置闭环控制，集成电子器件）
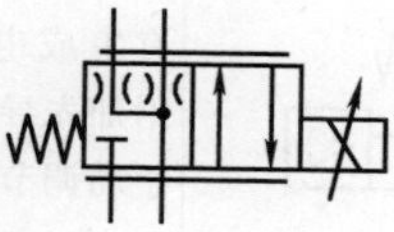	比例方向控制阀（直动式）	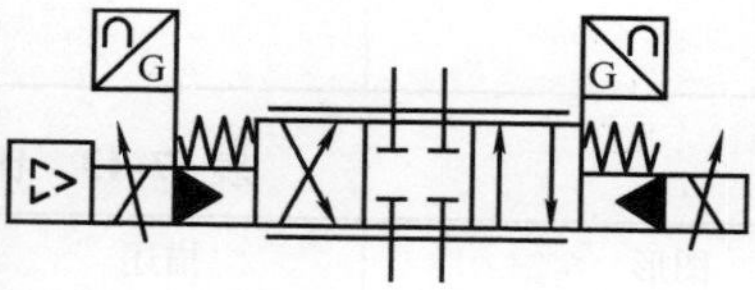	伺服阀（主级和先导级位置闭环控制，集成电子器件）
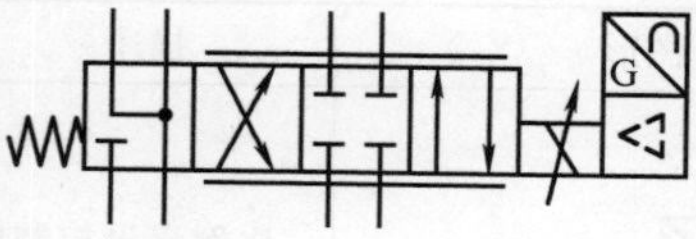	伺服阀（带有电源失效情况下的预留位置，电反馈，集成电子器件）	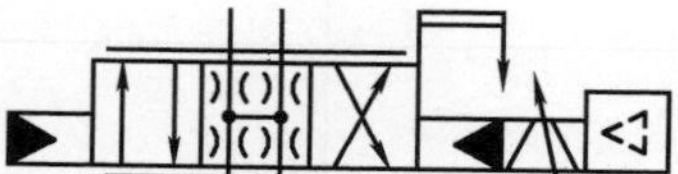	伺服阀（先导级带双线圈电气控制机构，双向连续控制，阀芯位置机械反馈到先导级，集成电子器件）
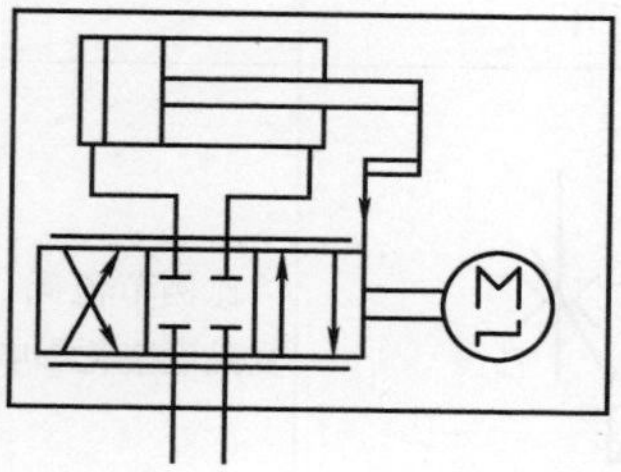	伺服阀控缸（伺服阀由步进电机控制，液压缸带有机械位置反馈）		

表 47-12 比例压力控制阀

图形	描述	图形	描述
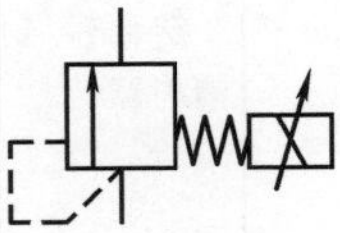	比例溢流阀（直动式，通过电磁铁控制弹簧来控制）	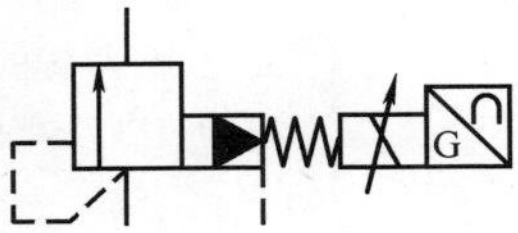	比例溢流阀（带有电磁铁位置反馈的先导控制，外泄型）
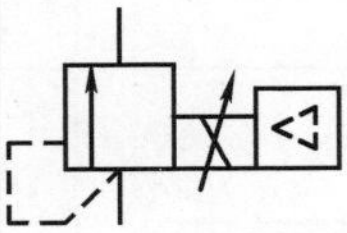	比例溢流阀（直动式，电磁铁直接控制，集成电子器件）	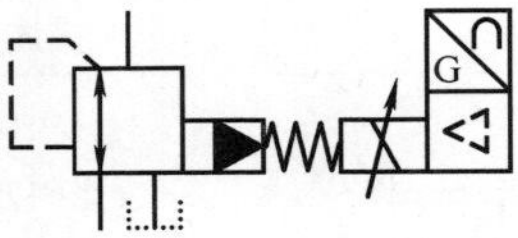	三通比例减压阀（带有电磁铁位置闭环控制，集成电子器件）
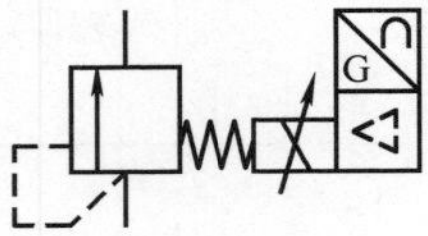	比例溢流阀（直动式，带有电磁铁位置闭环控制，集成电子器件）	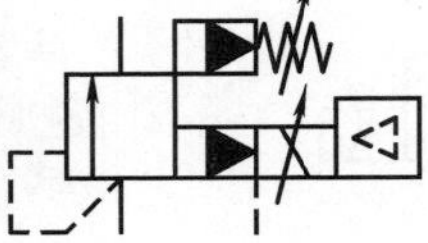	比例溢流阀（先导式，外泄型，带有集成电子器件，附加先导级以实现手动调节压力或最高压力下溢流功能）

表 47-13 比例流量控制阀

图形	描述	图形	描述
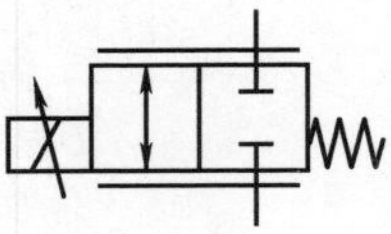	比例流量控制阀（直动式）	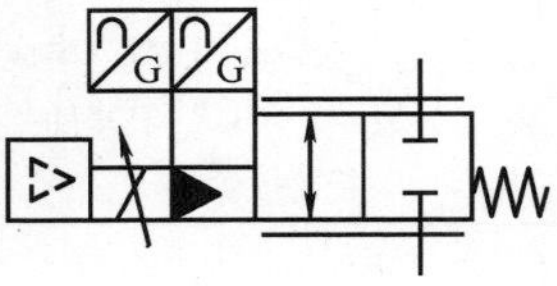	比例流量控制阀（先导式，主级和先导级位置控制，集成电子器件）
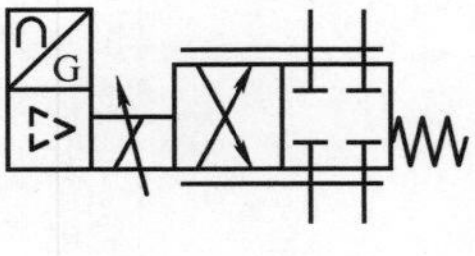	比例流量控制阀（直动式，带有电磁铁位置闭环控制，集成电子器件）		比例节流阀（不受黏度变化影响）

（8）二通盖板式插装阀（见表47-14）

表47-14　二通盖板式插装阀

图形	描述	图形	描述
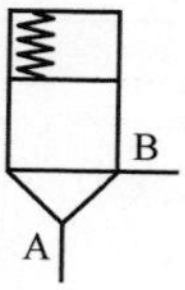	压力控制和方向控制插装阀插件（锥阀结构，面积比1:1）	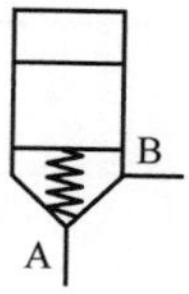	压力控制和方向控制插装阀插件（锥阀结构，常开，面积比1:1）
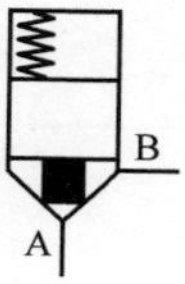	方向控制插装阀插件（带节流端的锥阀结构，面积比≤0.7）	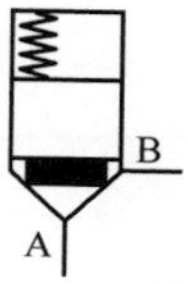	方向控制插装阀插件（带节流端的锥阀结构，面积比>0.7）
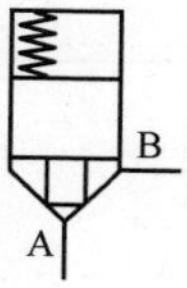	方向控制插装阀插件（锥阀结构，面积比≤0.7）	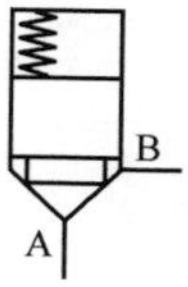	方向控制插装阀插件（锥阀结构，面积比>0.7）
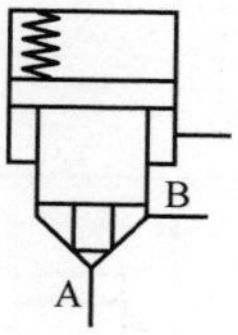	主动方向控制插装阀插件（锥阀结构，先导压力控制）	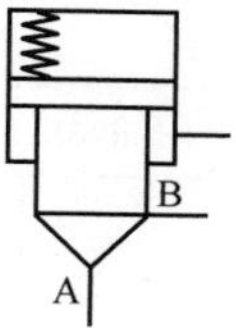	主动方向控制插装阀插件（B端无面积差）
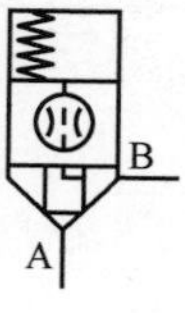	方向控制插装阀插件（单向流动，锥阀结构，内部先导供油，带有可替换的节流孔）	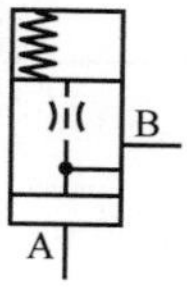	溢流插装阀插件（滑阀结构，常闭）
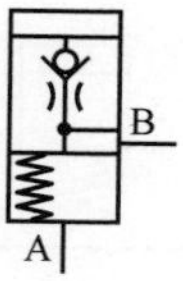	减压插装阀插件（滑阀结构，常闭，带有集成的单向阀）	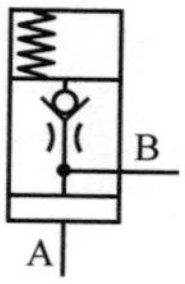	减压插装阀插件（滑阀结构，常开，带有集成的单向阀）

(9) 二通插装阀盖板（见表47-15）

表47-15　二通插装阀盖板

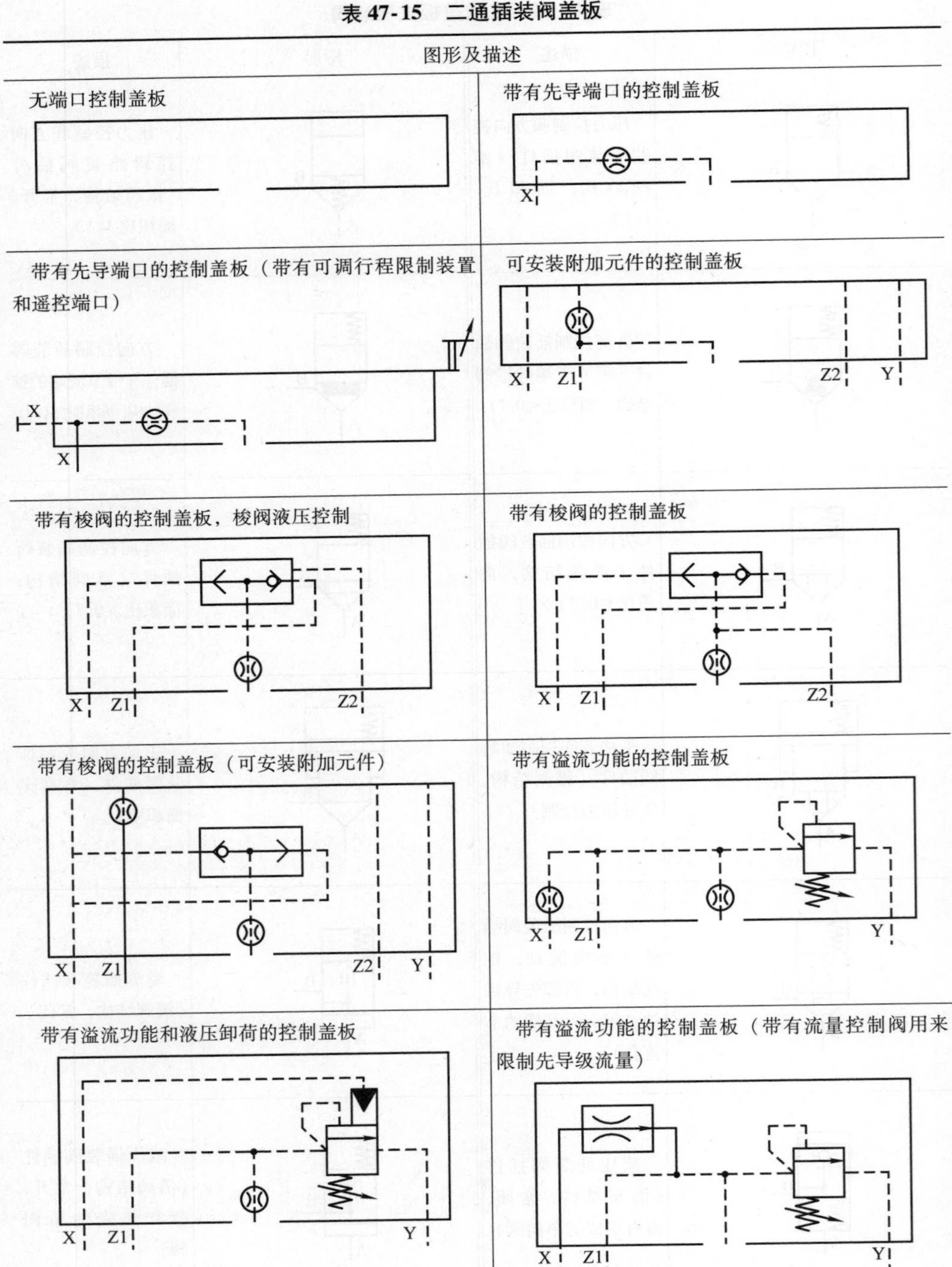

（续）

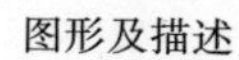

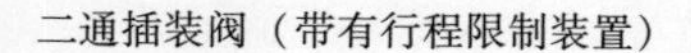

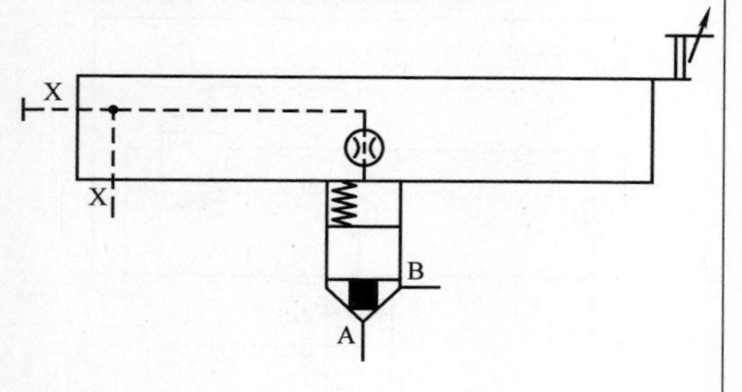

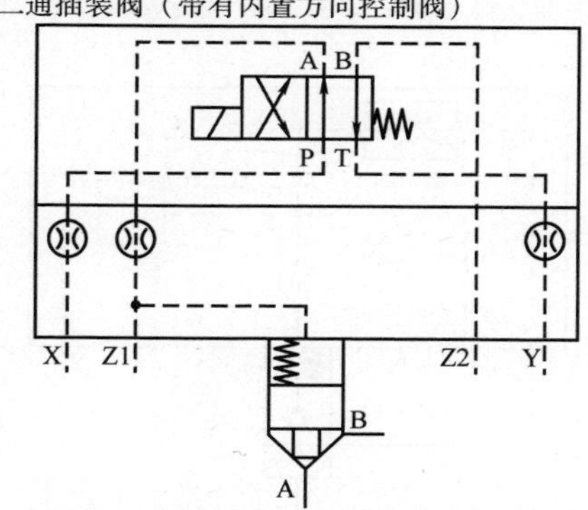

二通插装阀（带有内置方向控制阀，主动控制）

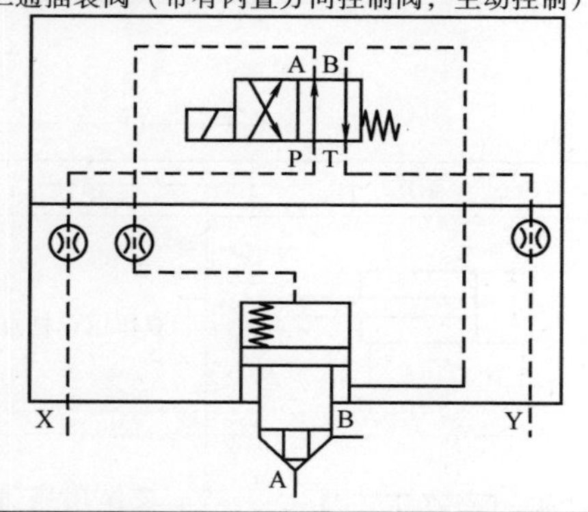

二通插装阀（带有溢流功能）

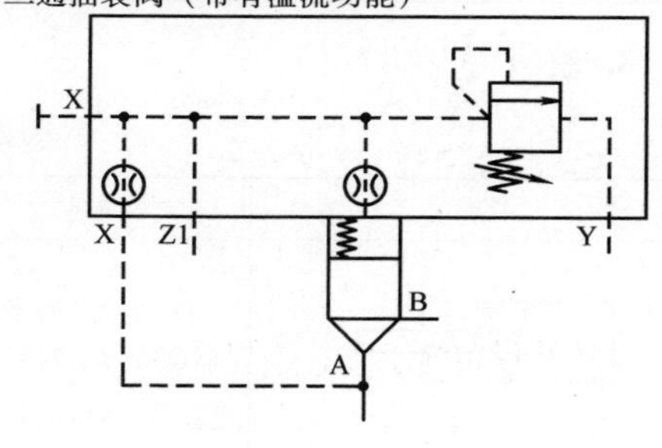

二通插装阀（带有溢流功能，两种调节压力可选择）

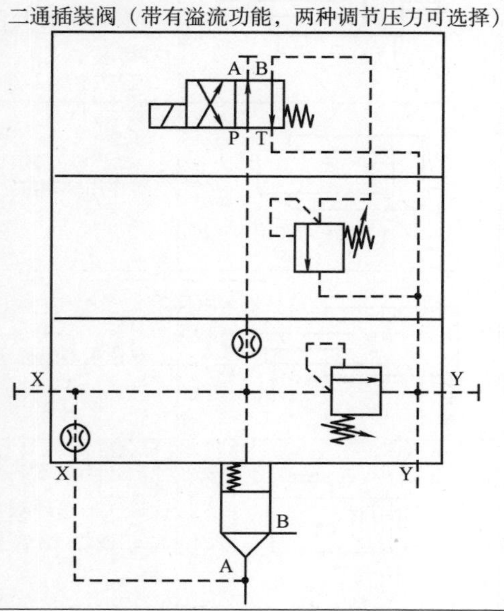

二通插装阀（带有比例压力调节和手动最高压力设定功能）

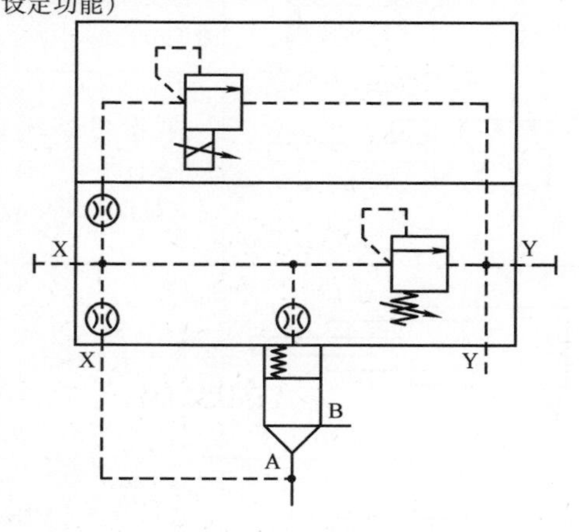

（续）

图形及描述	
二通插装阀（带有减压功能，先导流量控制，高压控制） 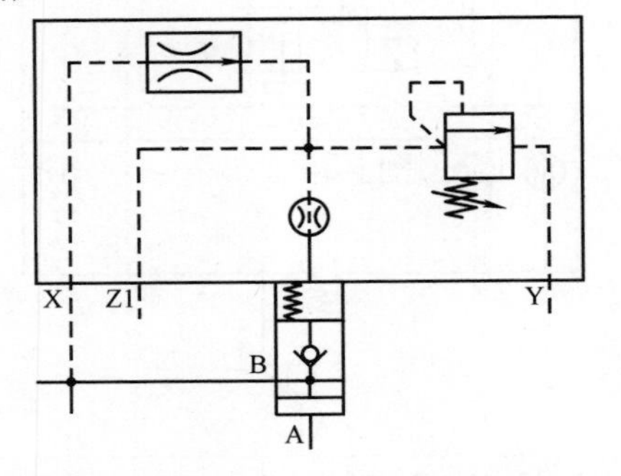 	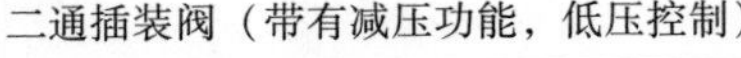 二通插装阀（带有减压功能，低压控制） 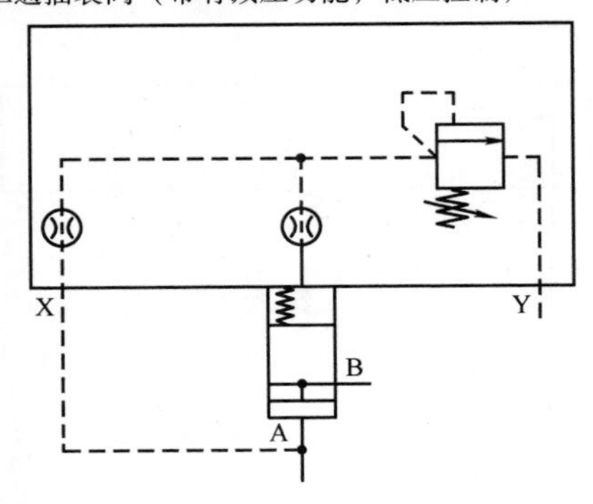

3. 缸（见表47-16）

表47-16　缸

图形	描述	图形	描述
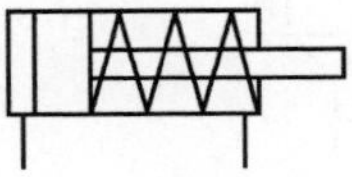	单作用单杆缸（靠弹簧力回程，弹簧腔带连接油口）	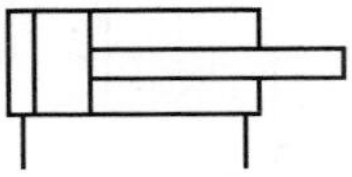	双作用单杆缸
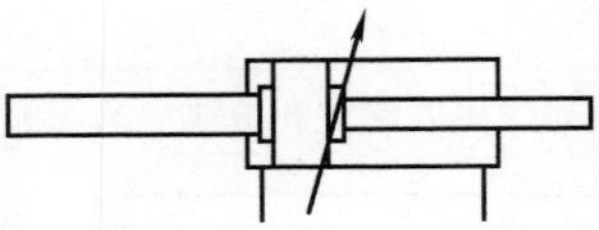	双作用双杆缸（活塞杆直径不同，双侧缓冲，右侧缓冲带调节）	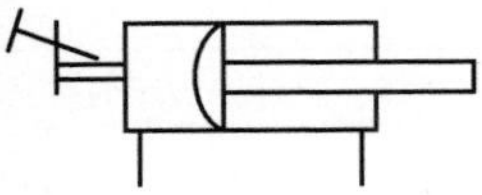	双作用膜片缸（带有预定行程限位器）
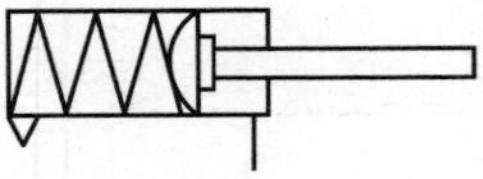	单作用膜片缸（活塞杆终端带有缓冲，带排气口）	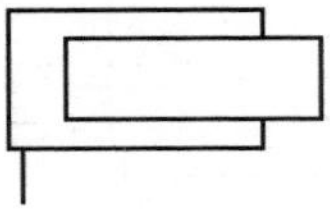	单作用柱塞缸
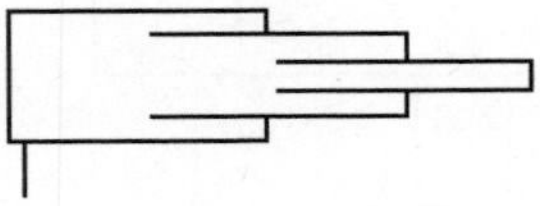	单作用多级缸	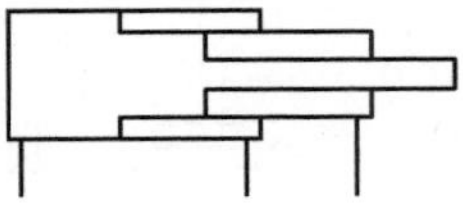	双作用多级缸
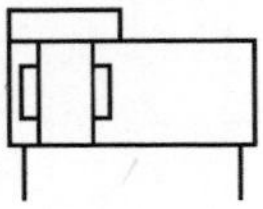	双作用带式无杆缸（活塞两端带有位置缓冲）	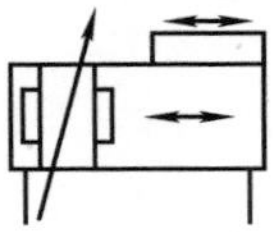	双作用绳索式无杆缸（活塞两端带有可调节位置缓冲）

（续）

图形	描述	图形	描述
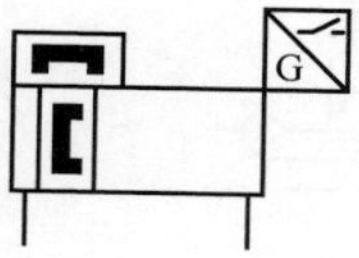	双作用磁性无杆缸（仅右边终端带有位置开关）	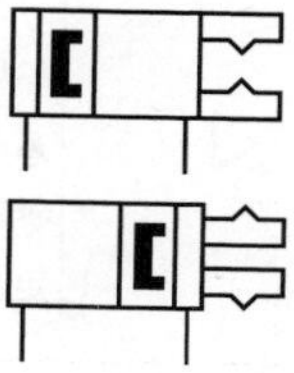	永磁活塞双作用夹具
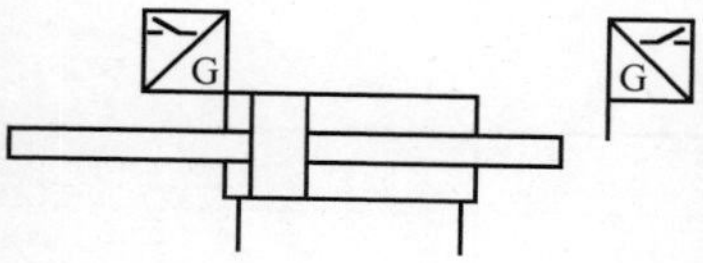	双作用双杆缸（左终点带有内部限位开关，内部机械控制，右终点带有外部限位开关，由活塞杆触发）	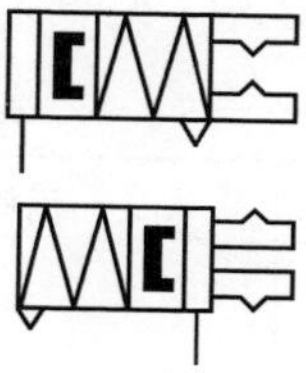	永磁活塞单作用夹具
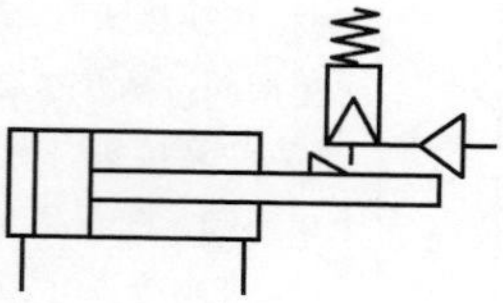	双作用单出杆缸（带有用于锁定活塞杆并通过在预定位置加压解锁的机构）	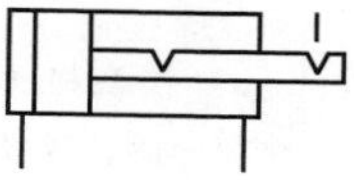	行程两端带有定位的双作用缸
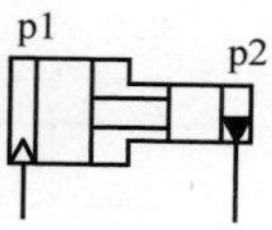	单作用增压器（将气体压力 p1 转换为更高的液体压力 p2）	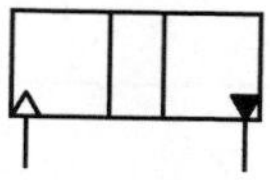	单作用气-液压力转换器（将气体压力转换为等值的液体压力）
	软管缸	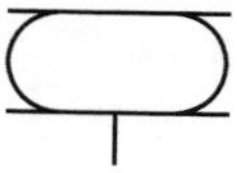	波纹管缸
		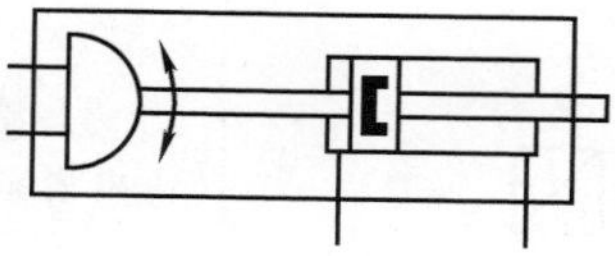	半回转线性驱动（永磁活塞双作用缸）

（续）

图形	描述	图形	描述
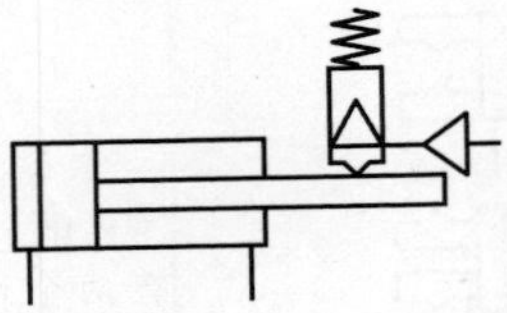	双作用气缸（带有可在任意位置加压解锁活塞杆的锁定机构）	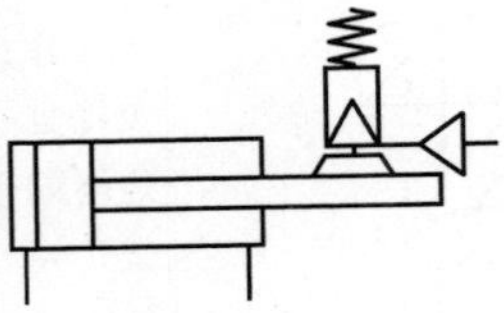	双作用气缸（带有活塞杆制动和加压释放装置）

4. 附件

（1）连接和管接头（见表47-17）

表47-17 连接和管接头

图形	描述	图形	描述
	软管总成	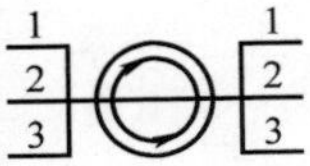 1 2 3　1 2 3	三通旋转式接头
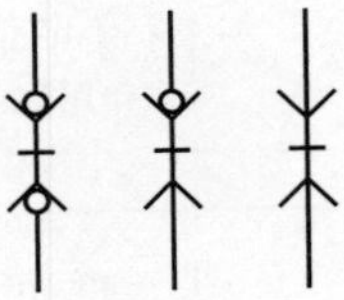 a)　b)　c)	a）快换接头（带有两个单向阀，连接状态） b）快换接头（带有一个单向阀，连接状态） c）快换接头（不带有单向阀，连接状态）	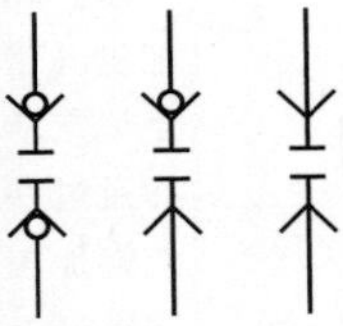 a)　b)　c)	a）快换接头（带有两个单向阀，断开状态） b）快换接头（带有一个单向阀，断开状态） c）快换接头（不带有单向阀，断开状态）

（2）电气装置、测量仪和指示器（见表47-18）

表47-18 电气装置、测量仪和指示器

图形	描述	图形	描述
	压力开关（机械电子控制，可调节）	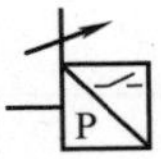 P	电调节压力开关（输出开关信号）
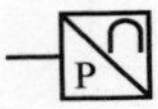 P	压力传感器（输出模拟信号）	 a)　b)	a）压力表 b）压差表

（续）

图形	描述	图形	描述
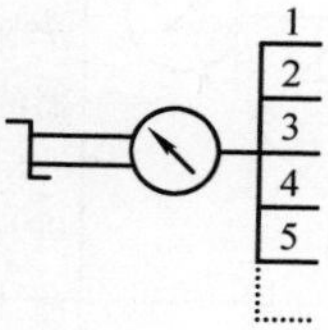 1 2 3 4 5	带有选择功能的多点压力表	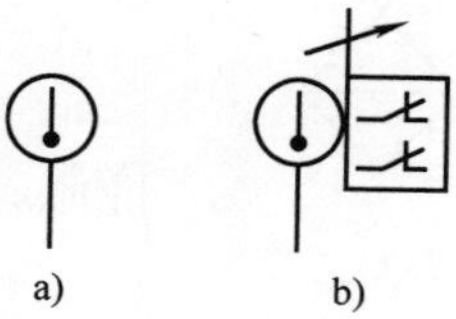 a)　b)	a）温度计 b）电接点温度计（带有两个可调电气常闭触点）
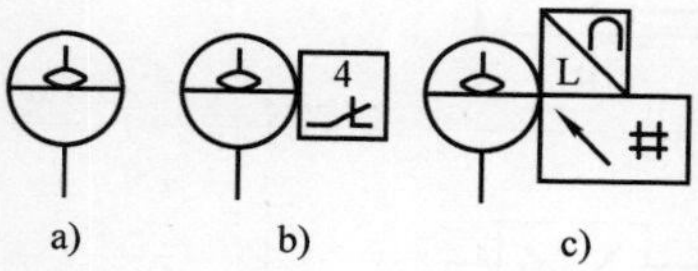 4　L a)　b)　c)	a）液位指示器（油标） b）液位开关（带有4个常闭触点） c）电子液位监控器（带有模拟信号输出和数字显示功能）	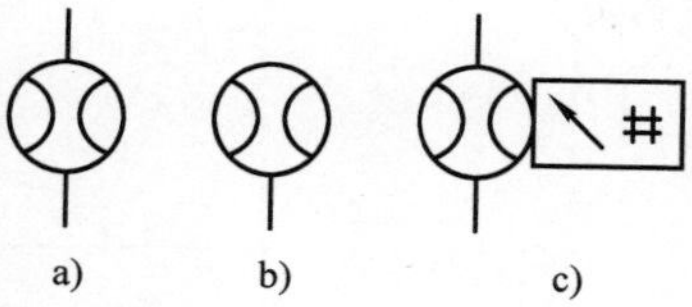 a)　b)　c)	a）流量计 b）流量指示器 c）数字流量计
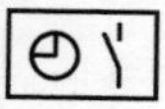	定时开关	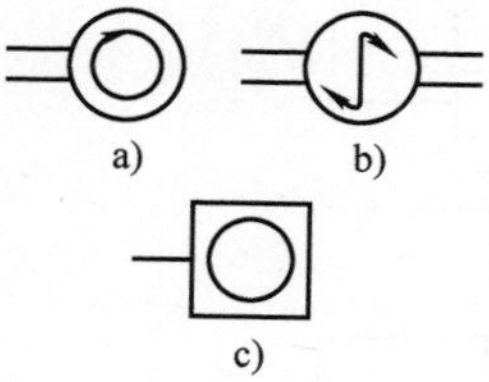 a)　b)　c)	a）转速计 b）扭矩仪 c）计数器
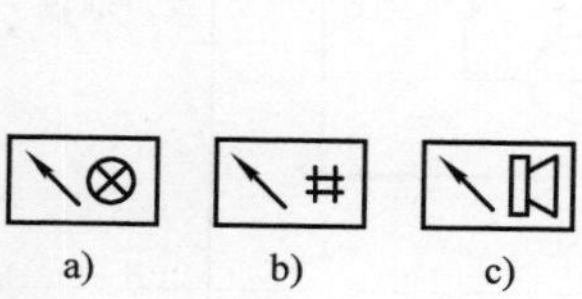 a)　b)　c)	a）光学指示器 b）数字显示器 c）声音指示器	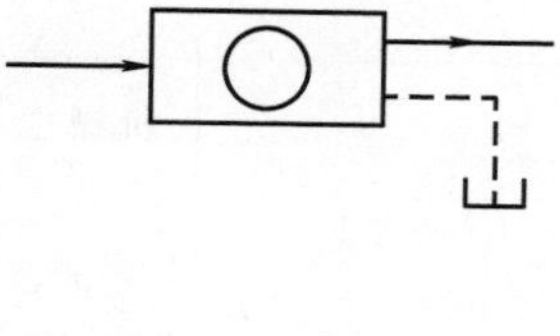	在线颗粒计数器

（3）过滤器与分离器（见表47-19、表47-20）

表47-19　过滤器与分离器

图形	描述	图形	描述
a)　b)	a）过滤器 b）通气过滤器	a)　b)	a）带有光学阻塞指示器的过滤器 b）带有压力表的过滤器
	带有磁性滤芯的过滤器		带有旁路节流的过滤器
	带有旁路单向阀的过滤器		带有光学压差指示器的过滤器
	带有压差指示器和压力开关的过滤器		带有手动切换功能的双过滤器
	过滤器（带有手动排水和光学阻塞指示器，聚结式）		带有手动排水分离器的过滤器

（续）

图形	描述	图形	描述
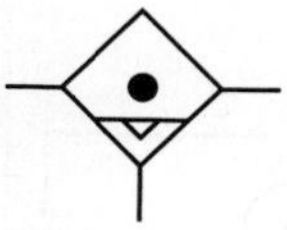	带有自动排水的聚结式过滤器	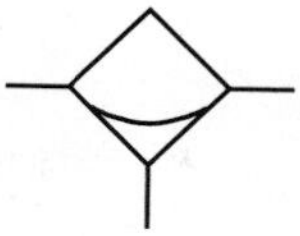 a) 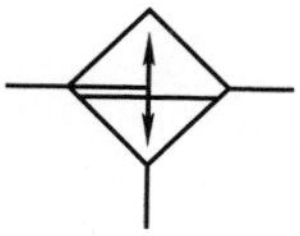　b)	a）离心式分离器 b）双相分离器
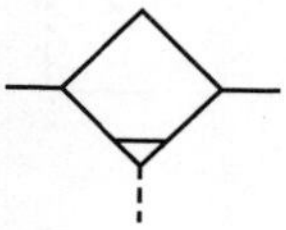	手动排水分离器	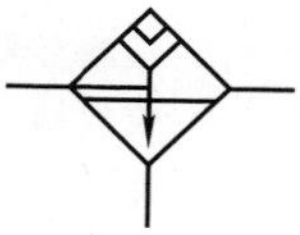 a) 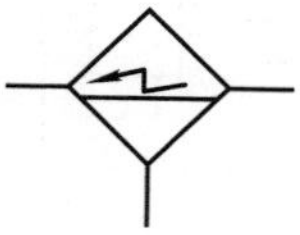　b)	a）真空分离器 b）静电分离器
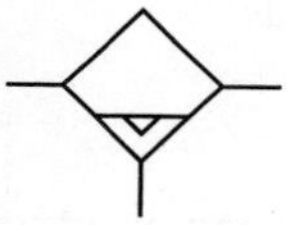	自动排水分离器	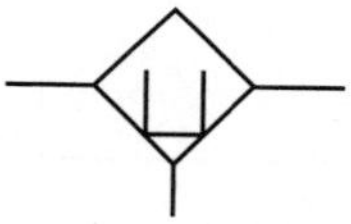	吸附式过滤器
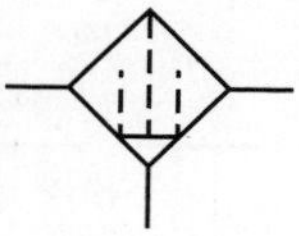 a) 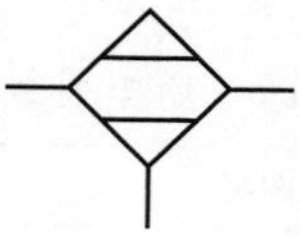　b)	a）油雾分离器 b）空气干燥器	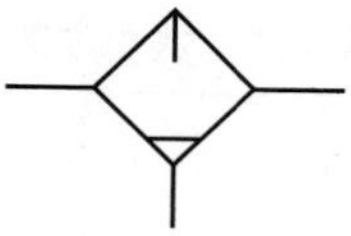	手动排水式油雾器
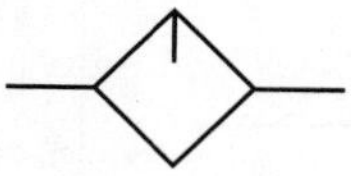	油雾器	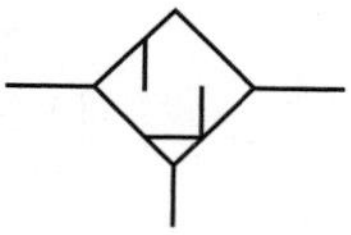	手动排水式精分离器

表47-20　过滤器

图形	描述	图形	描述
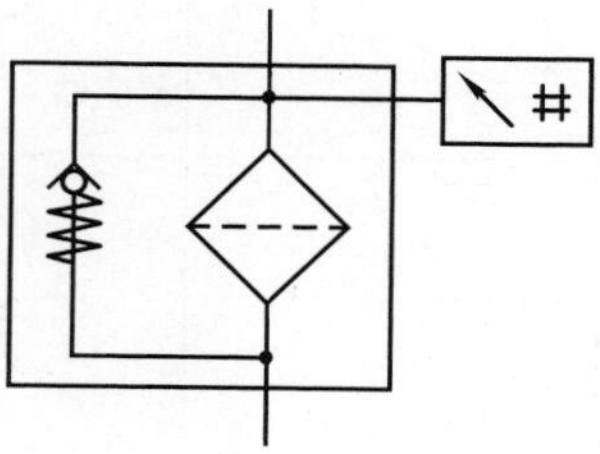	带有旁路单向阀和数字显示器的过滤器	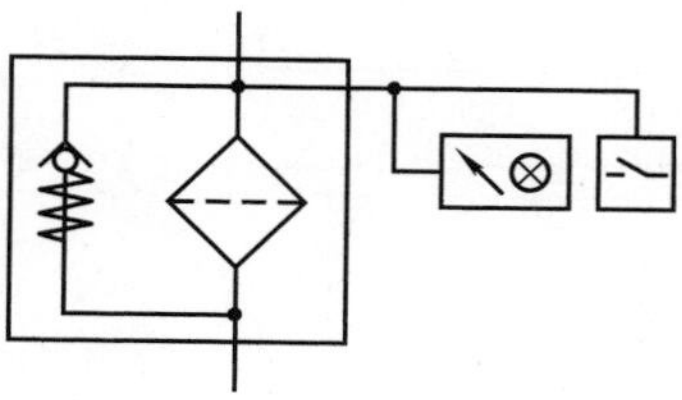	带有旁路单向阀、光学阻塞指示器和压力开关的过滤器

（续）

图形	描述	图形	描述
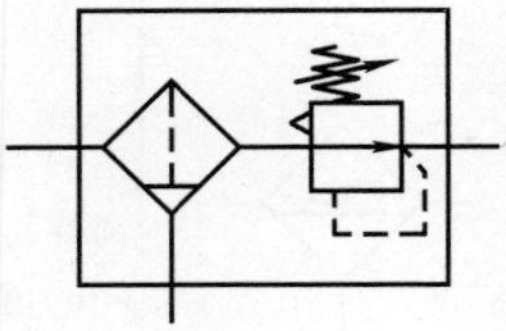	手动排水过滤器与减压阀的组合元件（通常与油雾器组成气动三联件，手动调节，不带有压力表）	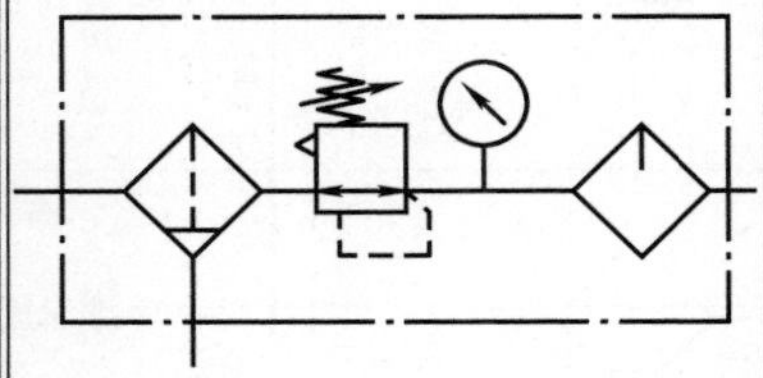 	气源处理装置（FRL装置，包括手动排水过滤器、手动调节式溢流减压阀、压力表和油雾器） 第一个图为详细示意图 第二个图为简化图

（4）热交换器、蓄能器（压力容器，气瓶）和润滑点（见表47-21）

表47-21 热交换器、蓄能器（压力容器，气瓶）和润滑点

图形	描述	图形	描述
	不带有冷却方式指示的冷却器	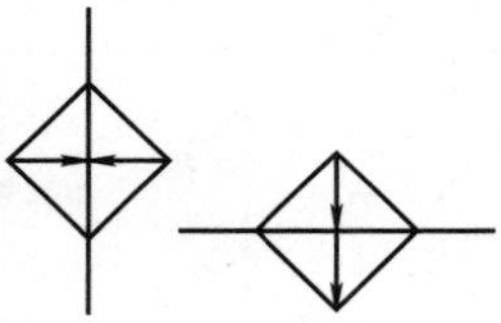 a) b)	a）加热器 b）温度调节器
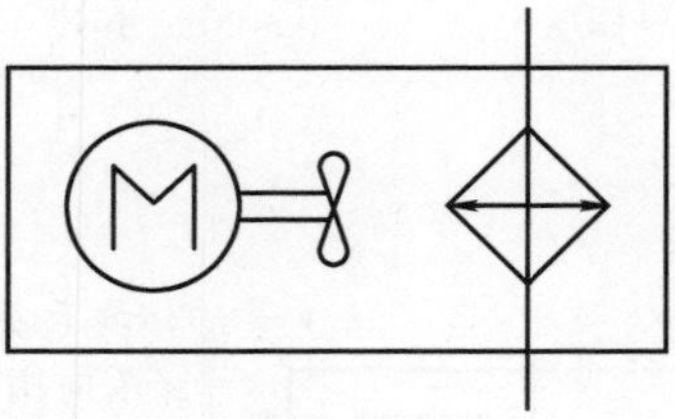	采用电动风扇冷却的冷却器	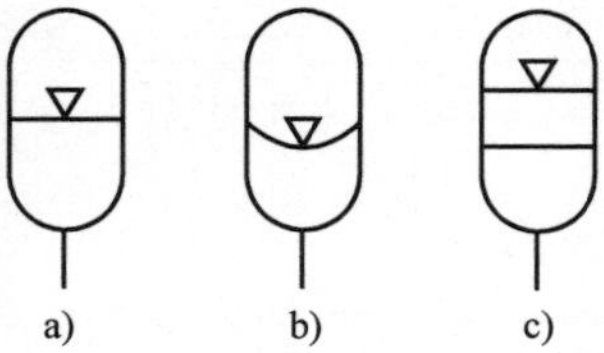 a) b) c)	a）隔膜式蓄能器 b）囊式蓄能器 c）活塞式蓄能器
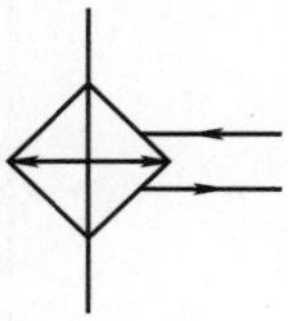	采用液体冷却的冷却器		气罐

（续）

图形	描述	图形	描述
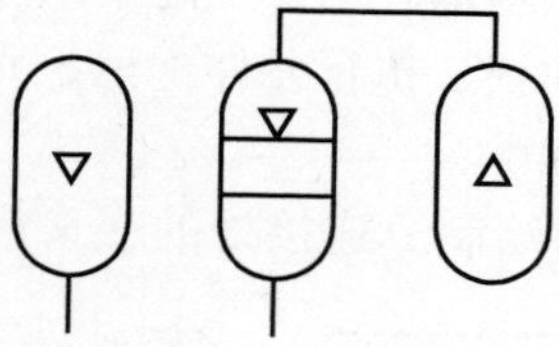 a)　b)	a）气瓶 b）带有气瓶的活塞式蓄能器		润滑点

（5）真空发生器、吸盘（见表 47-22）

表 47-22　真空发生器、吸盘

图形	描述	图形	描述
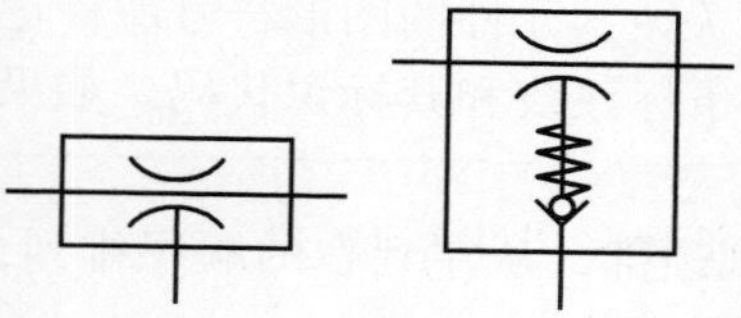 a)　b)	a）真空发生器 b）带有集成单向阀的单级真空发生器	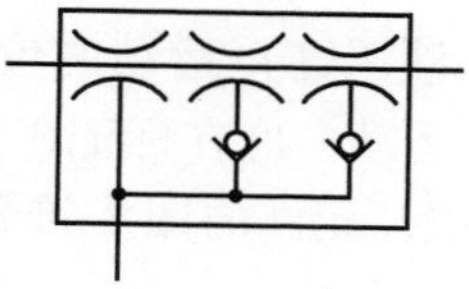	带有集成单向阀的三级真空发生器
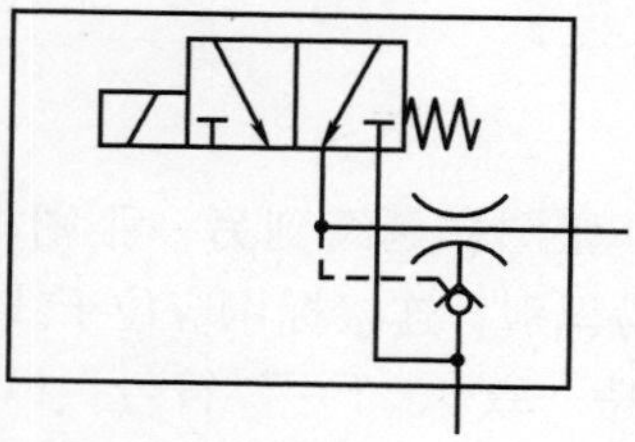	带有放气阀的单级真空发生器	 a)　b)	a）吸盘 b）带有弹簧加载杆和单向阀的吸盘

47.1.3　流体传动系统及元件　图形符号和回路图　第 2 部分：回路图（GB/T 786.2—2018，ISO 1219－1：2012，IDT）

回路图通过图形符号的组合与连接，表示液压和气动回路（也包含冷却系统、润滑系统、冷却润滑系统以及与流体传动相关的应用系统）的功能，具有以下基本特点：

1）按照回路能够实现系统所有的动作和控制功能。

2）能体现所有流体传动元件及其连接关系。

3）不体现元件在实际组装中的物理排列关系。

同时应注意，在采用不同类型传动介质的系统中，回路图应按照传动介质的种类设计各自独立的回路图。例如：使用气压作为动力源（如气液油箱或增压器）的液压传动系统应设计单独的气动回路图。

1. 布局

GB/T 786.2—2018标准中对布局的规定，基本原则是确保回路图可以准确无误的表达系统原理，并尽可能的清晰、简洁，便于阅读。本部分主要规定了回路图中的：回路交叉、元件名称及说明、代码和标识、功能模块、执行元件标记、元件布局的规则，以及多张回路图的连接标识。布局的规定如下：

1）不同元件之间的线连接处应使用最少的交叉点来绘制。连接处的交叉应符合GB/T 786.1的规定。

2）元件名称及说明不得与元件连接线及符号重叠。

3）代码和标识的位置不应与元件和连接线的预留空间重叠。

4）根据系统的复杂程度，回路图应根据其控制功能来分解成各种功能模块。一个完整的控制功能模块（包含执行元件）应尽可能体现在一张图样上，并用双点画线作为各功能模块的分界线。

5）由执行元件驱动的元件，如限位阀和限位开关，其元件的图形符号应标记在执行元件（如液压缸）运动的位置上，并标记一条标注线和其标识代码。如果执行元件是单向运动，应在标记线上加注一个箭头符号（→）。

6）回路图中，元件的图形符号应按照从底部到顶部，从左到右的顺序排列，规则如下。

① 动力源：左下角。

② 控制元件：从下向上，从左到右。

③ 执行元件：顶部，从左到右。

7）如果回路图由多张图样组成，并且回路图从一张图样延续到另一张图样，则应在相应的回路图中用连接标识对其标记，使其容易识别。连接标识应位于线框内部，至少由标识代码（相应回路图中的标识代码保持一致）、“-”符号，以及关联页码组成，如图47-2所示。如有需要，连接标识可进一步说明回路图类型（如液压回路，气动回路等）以及连接标识在图样中的网格坐标或路径，如图47-3所示。

2. 元件

1）流体传动元件的图形符号应符合GB/T 786.1的规定。

2）依据GB/T 786.1规定，回路图中元件的图形符号表示的是非工作状态。在特殊情况下，为了更好地理解回路的功能，允许使用与GB/T 786.1中不一致的图形符号。例如：活塞杆伸出的液压缸（待命状态）；机械控制型方向阀正在工作的状态。

标准条款的本部分首先要求回路图中的元件符号应符合GB/T 786.1的相关规定，其次指出，回路图中的元件符号应表示的是其在回路中的非工作状态，这就可能出现与GB/T 786.1的示例中不一致的图形，但这与GB/T 786.1的规定并不冲突。

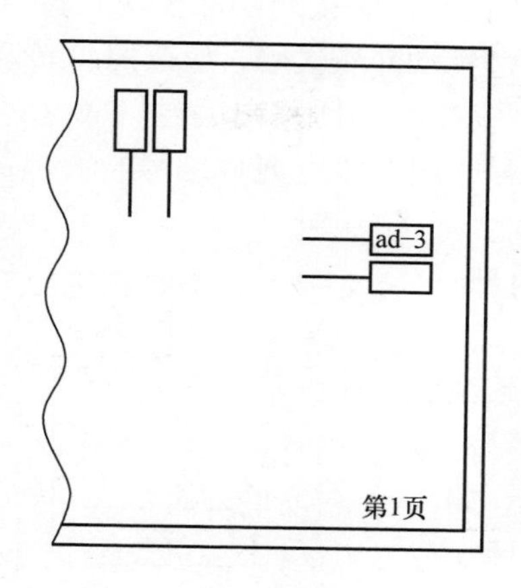

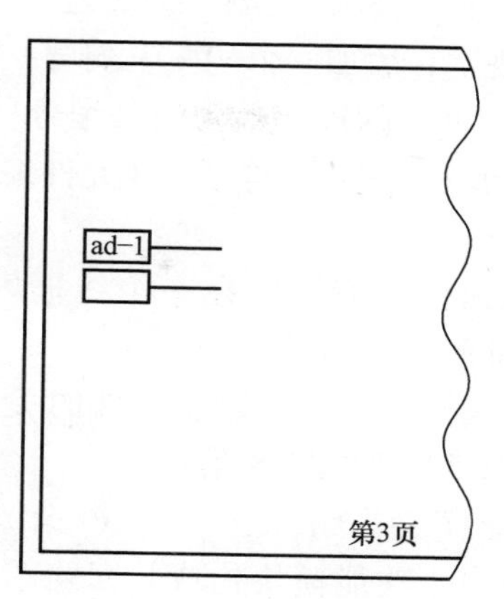

图 47-2　回路图（由多张图样组成）上连接回路的连接标识

ad—标识代码　1，3—关联页码

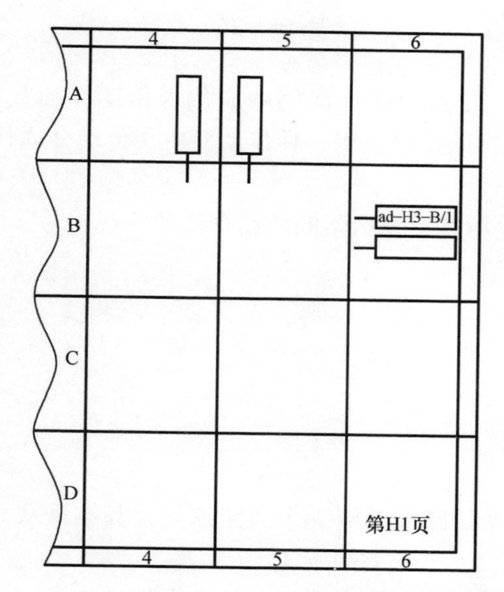

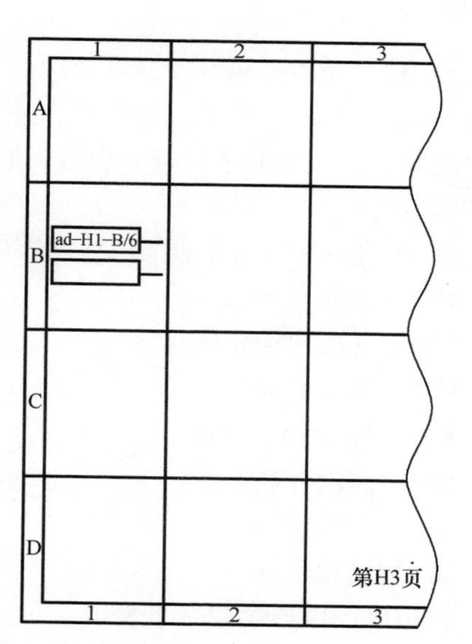

图 47-3　回路图（由多张图样组成）上连接回路的扩展连接标识

ad—标识代码　H—回路类型，如液压回路（见“传动介质代码”的规定）

1，3—关联页码　B/1，B/6—关联页码上的网格坐标或路径

3. 标识规则

（1）元件和软管总成的标识代码

元件和软管总成应使用标识代码进行标记，标识代码应标记在回路图中其各自的图形符号附近，并应在相关文件中使用。

标识代码应由以下组成：①功能模块代码，应按照功能模块代码（× × – × ×. ×）的规定，后加一个“–”符号；②传动介质代码，应按照“传动介质代码（× – × ×. ×）”的规定；③回路编号，应按照“回路图编号”（× – × ×. ×）的规定，后加一个“.”符号；④元件编号，应按照“元件编号”（× – × ×. ×）的规定。

上述标识代码应封闭在一个线框内部，如图47-4所示。

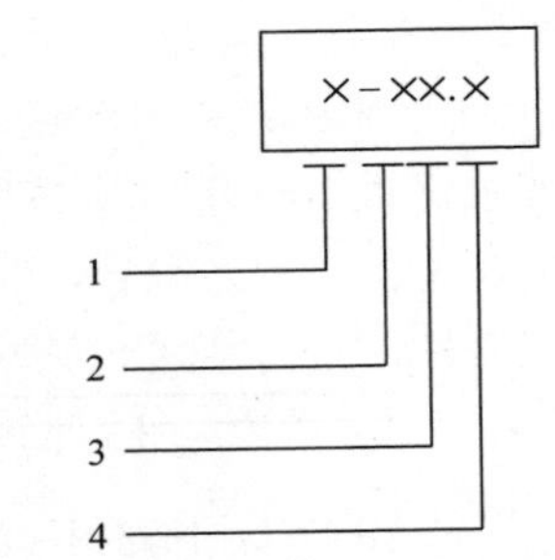

图47-4 元件和软管总成的标识代码
1—功能模块代码 2—传动介质代码
3—回路编号 4—元件编号

注：功能模块、回路以及元件的关系说明参见GB/T 786.2—2018附录A。

1）功能模块代码（× – × ×. ×）。如果回路图由多个功能模块构成，回路图标识代码中应包含功能模块代码，使用一个数字或字母表示。如果回路图只由一个功能模块构成，回路图标识代码中功能模块代码可省略。

2）传动介质代码（× – × ×. ×）

① 如果回路中使用多种传动介质，回路图标识代码中应包含传动介质代码，其使用应按②要求的字母符号表示。如果回路只使用一种传动介质，传动介质代码可省略。

② 使用多种传动介质的回路图应使用以下表示不同传动介质的字母符号：

H——液压传动介质。

P——气压传动介质。

C——冷却介质。

K——冷却润滑介质。

L——润滑介质。

G——气体介质。

3）回路编号（× – × ×. ×）。每个回路应对应一个回路编号，其编号从0开始，并按顺序以连续数字来表示。

4）元件编号（× – × ×. ×）。在一个给定的回路中，每个元件应给予一个元件编号，其编号从1开始，并按顺序以连续数字来表示。

（2）连接口标识　在回路图中，连接口应按照元件、底板、油路块的连接口特征进行标识。

为清晰表达功能性连接的元件或管路，必要时，在回路图中的元件上或附近宜添加所有隐含的连接口标识。

（3）管路标识代码　硬管和软管（除了“元件和软管总成的标识代码”中涉及的软管总成）应在回路图中用管路标识代码标识，该标识代码应靠近图形符号，并用于所有相关文件。

注：必要时，为避免安装维护时各实物部件（硬管、软管、软管总成）错配，管路部件上的或其附带的物理标记可以使用以下基于回路图上的数据的标记方式：①使用标识代码标记；②管路端部使用元件标识或连接口标识来标记，一端连接标记或两端连接标记；③所有管路以及它们的端部标记要结合①和②所描述的方法。

1）标识代码由以下部分组成：

① 非强制性的标识号应按照“非强制性的标识”的规定，后加一个“-”符号。

② 强制性的技术信息应按照“技术信息”的规定，以直径符号（ϕ）开始，后加符合“管路”要求的数字和符号，如图47-5所示。

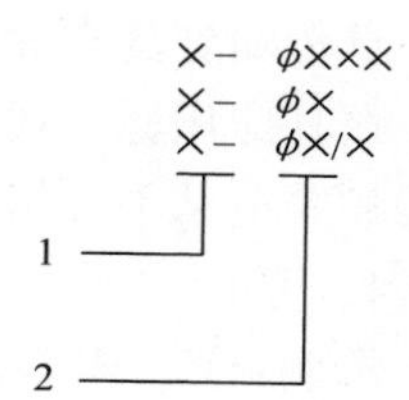

图47-5　管路标识代码

1—标识号（非强制性的）

2—管路技术信息

2）非强制性的标识号。标识号的使用是非强制性的。如果使用标识号，在一个回路中的所有管路（除软管总成，见“元件和软管总成的标识”）应连续编号。

3）技术信息。技术信息是强制性的，应按照“管路”的规定。

4）具体示例如下。

示例1：1 - ϕ30 ×4，其中，“1”是管路的标识号，“ϕ30 ×4 ”是硬管的“公称外径×壁厚”，单位为毫米（mm）。

示例2：3 - ϕ25，其中，“3”是管路的标识号，“ϕ25”是软管的“公称内径”，单位为毫米（mm）。

示例3：12 - ϕ8/5.5 ，其中，“12”是管路的标识号，“ϕ8/5.5”是“外径/内径”，单位为毫米（mm），对于硬管是非强制性的技术信息。

（4）非强制性的管路应用代码　为便于说明回路图，可以使用非强制性的管路应用代码。该非强制性的应用代码可标识在管路沿线上任何便于理解和说明回路图的位置。

管路应用代码由以下部分组成。

① 传动介质代码应按照“传动介质代码”的规定，后加一个“-”符号。

② 应用标识代码，组成如下：管路代码，其应按照管路代码的规定；后加一个字母或数字，表示压力等级编码，其应按照“压力等级编码”的规定，如图47-6所示。

1）传动介质代码。如果回路中使用了多种传动介质，管路应用代码应包含前述中给出的使用不同字母符号表示的传动介质代码。如果只使用一种介质，传动介质代码可以省略。

2）管路代码。以应用标识代码的首字符表示回路图中不同类型的管路时，应使用以下字母符号：

P——压力供油管路和辅助压力供油管路。

T——回油管路。

L，X，Y，Z——其他的管路代码，如先导管路、泄油管路等。

3）压力等级编码。在不同压力下传输流体的管路，且传输到具有相同管路代码的管路，可以单独标识，在其应用标识代码中的第二个字符上用数字区别，编码顺序应从1开始。

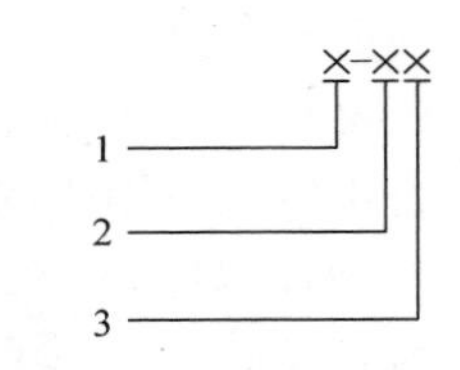

图47-6 管路应用代码
1—传动介质代码 2—管路代码
3—压力等级编码

4）示例如下。

示例：H－P1，其中，H代表液压传动介质；P代表压力供油管路；1代表压力等级编码。

4. 回路图的技术信息

GB/T 786.2—2018规定了回路图中应用的技术信息，主要包括：回路功能、电气参考名称、各种液压元件的关键参数等。各技术信息应标记在相关符号或回路附近，且同一参数使用同一量纲单位。

回路功能、电气参考名称、元件和管路中要求的技术信息应包含在回路图中，标识在相关符号或回路的附近。可包含额外的技术信息，且应满足布局规定的要求。

同一回路图中，应避免同一参数（如流量或压力等）使用不同的量纲单位。

（1）回路功能 功能模块的每个回路应根据其功能进行规定，如夹紧、举升、翻转、钻孔或驱动。该信息应标识在回路图中每个回路的上方位置。

（2）电气参考名称 电气原理图中使用的参考名称应在回路中所指示的电磁铁或其他电气连接元件处进行说明。

（3）元件

1）油箱、储气罐、稳压罐。

对于液压油箱，回路图中应给出以下信息：

① 最大推荐容量，单位为升（L）。

② 最小推荐容量，单位为升（L）。

③ 符合GB/T 3141、GB/T 7631.2的液压传动介质型号、类别以及黏度等级。

④ 当油箱与大气不连通时，油箱最大允许压力，单位为兆帕（MPa）。

对于气体储气罐、稳压罐，回路中应给出以下信息：

① 容量，单位为升（L）。

② 最大允许压力，单位为千帕（kPa）或兆帕（MPa）。

2）气源。回路图中应给出以下信息：

① 额定排气量，单位为升每分钟（L/min）。

② 提供压力等级，单位为千帕（kPa）或兆帕（MPa）。

3）泵。

对于定量泵，回路图中应给出以下信息：

① 额定流量，单位为升每分钟（L/min）。

② 排量，单位为毫升每转（mL/r）。

③ ①和②同时标记。

对于带有转速控制功能的原动机驱动的定量泵，回路图中应给出以下信息：

① 最大旋转速度，单位为转每分钟（r/min）。

② 排量，单位为毫升每转（mL/r）。

对于变量泵，回路图中应给出以下信息：

① 额定最大流量，单位为升每分钟（L/min）。

② 最大排量，单位为毫升每转（mL/r）。

③ 设置控制点。

4）原动机。回路图中应给出以下信息：

① 额定功率，单位为千瓦（kW）。

② 转速或转速范围，单位为转每分钟（r/min）。

5）方向控制阀。

① 控制机构。方向控制阀的控制机构应使用元件上标示的图形符号在回路图中给出标识。为了准确的表达工作原理，必要时，应在回路图中、元件上或元件附近增加所有缺失的控制机构的图形符号。

② 功能。回路图中应给出方向控制阀处于不同的工作位置对应的控制功能。

6）流量控制阀、节流孔和固定节流阀。

① 对于流量控制阀，其设定值（如角度位置或转数）及受到其影响的参数（如缸运行时间），应在回路图中给出。

② 对于节流孔和固定节流阀，其节流口尺寸应在回路图上给出标识，由符号“ϕ”后用直径来表示（如：ϕ1.2mm）。

7）压力控制阀和压力开关。回路图中应给出压力控制阀和压力开关的设定压力值标识，单位为千帕（kPa）或兆帕（MPa）。必要时，压力设定值可进一步标记调节范围。

8）缸。回路图中应给出以下信息：

① 缸径，单位为毫米（mm）。

② 活塞杆直径，单位为毫米（mm）（仅为液压缸要求，气缸不做此要求）。

③ 最大行程，单位为毫米（mm）。

示例：液压缸的信息为缸径100mm、活塞杆直径56mm、最大行程50mm，可以表示为：$\phi 100/56\times 50$。

9）摆动马达。回路图中应给出以下信息：

① 排量，单位为毫升每转（mL/r）。

② 旋转角度，单位为度（°）。

10）马达。对于定量马达，回路图中应给出排量信息，单位为毫升每转（mL/r）。对于变量马达，回路图中应给出以下信息：

① 最大和最小排量，单位为毫升每转（mL/r）。

② 转矩范围，单位为牛·米（N·m）。

③ 转速范围，单位为转每分钟（r/min）。

11）蓄能器。

对于所有种类的蓄能器，回路图中应给出容量信息，单位为升（L）。

对于气体加载式蓄能器，除①中要求的以外，回路图中应给出以下信息：

① 在指定温度［单位为摄氏度（℃）］范围内的预充压力（p_0），单位为兆帕（MPa）。

② 最大工作压力（p_2）以及最小工作压力（p_1），单位为兆帕（MPa）。

③ 气体类型。

12）过滤器。

对于液压过滤器，回路图中应给出过滤比信息。过滤比应按照 GB/T 18853 的规定。

对于气体过滤器，回路图中应给出公称过滤精度信息，单位为微米（μm）或被使用的过滤系统的具体参数值。

13）管路。

对于硬管，回路图中应给出符合 GB/T 2351 规定的公称外径和壁厚信息，单位为毫米（mm）（如：$\phi38\times5$）。必要时，外径和内径信息均应在回路图中给出，单位为毫米（mm）（如：$\phi8/5$）。

对于软管和软管总成，回路图中应给出符合 GB/T 2351 或相关软管标准规定的软管公称内径尺寸信息（如：$\phi16$）。

14）液位指示器。回路图中应给出以适当的单位标识的介质容量的报警液面的参数信息。

15）温度计。回路图中应给出介质的报警温度信息，单位为摄氏度（℃）。

16）恒温控制器。回路图中应给出温度设置信息，单位为摄氏度（℃）。

17）压力表。回路图中应给出最大压力或压力范围信息，单位为千帕（kPa）或兆帕（MPa）。

18）计时器。回路图中应给出延迟时间或计时范围信息，单位为秒（s）或毫秒（ms）。

5. 补充信息

1）元件清单作为补充信息，应在回路图中给出或单独提供，以便保证元件的标识代码与其资料信息保持一致。元件清单应至少包含以下信息：

① 标识代码。

② 元件型号。

③ 元件描述。

元件清单示例见表 47-23。

2）功能图作为补充信息，其使用是非强制性的。可以在回路图中给出或单独提供，以便进一步说明回路图中的电气元件处于受激励状态和非受激励状态时，所对应动作或功能。功能图应至少包含以下信息：

① 电气参考名称。

② 动作或功能描述。

③ 动作或功能与对应处于受激励状态和非受激励状态的电气元件的对应标识。

补充信息只规定了应包含的内容，未规定具体形式，以下为元件清单、功能图补充信息的一种示例，见表 47-23。

表 47-23　元件清单示例

标识代码	元件名称	元件型号
0.1	油箱	
0.2	液位指示器	
0.3	温度计和液位指示器	
0.4	空气过滤器	
0.5	电动机	
0.6	泵	
0.7	联轴器	
0.8	过滤器	
0.9	压差发讯器	
0.10	测压接头	
0.11	软管总成	
0.12	溢流阀	
0.13	二位三通电磁方向阀	
0.14	压力表	
0.15	三位四通电磁方向阀	

6. 回路图示例

GB/T 786.2—2018 的附录 C 中分别给出了液压、气动回路图示例，如图 47-7 ~ 图 47-14所示。

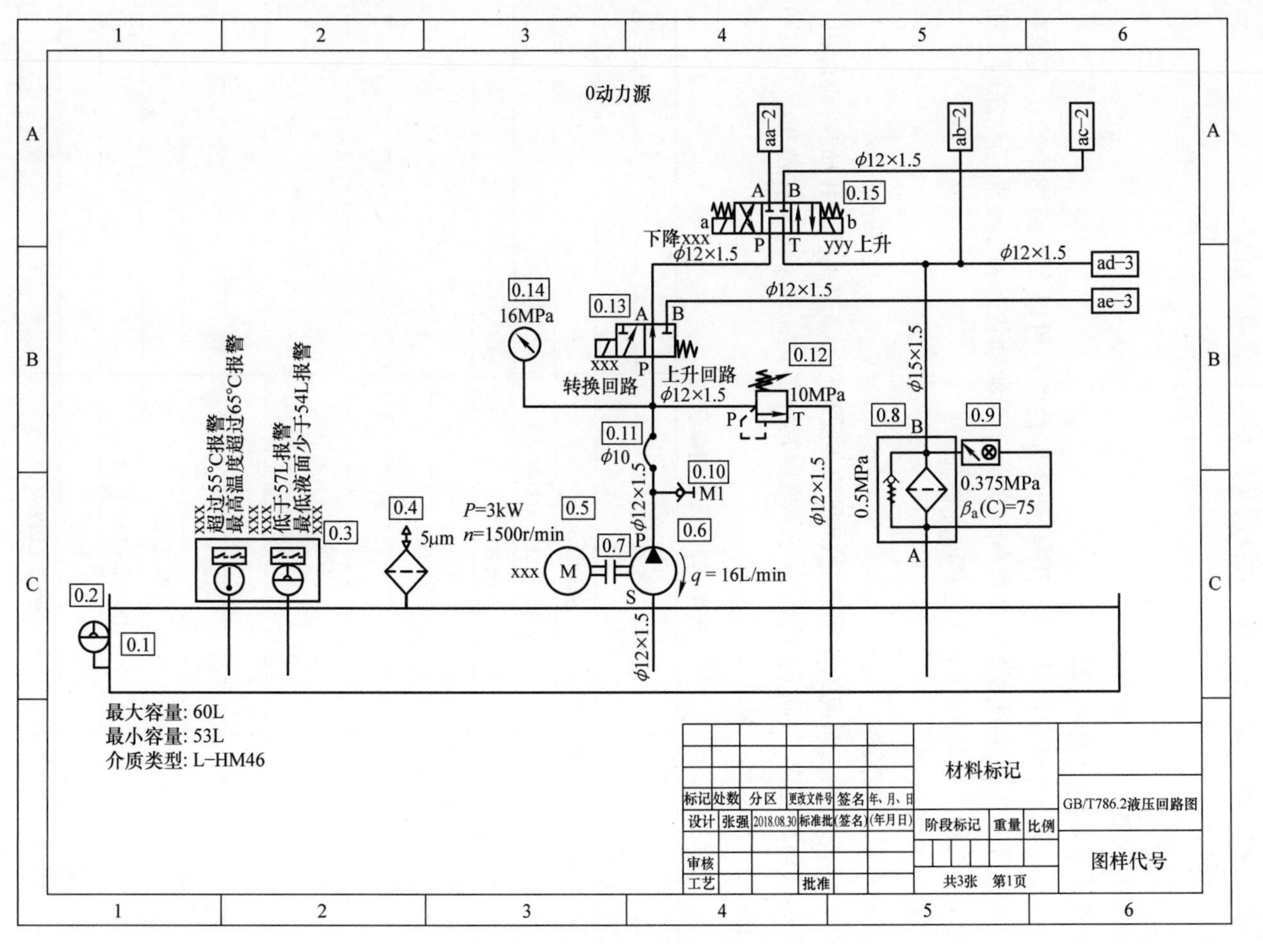

图 47-7　液压动力源回路图示例

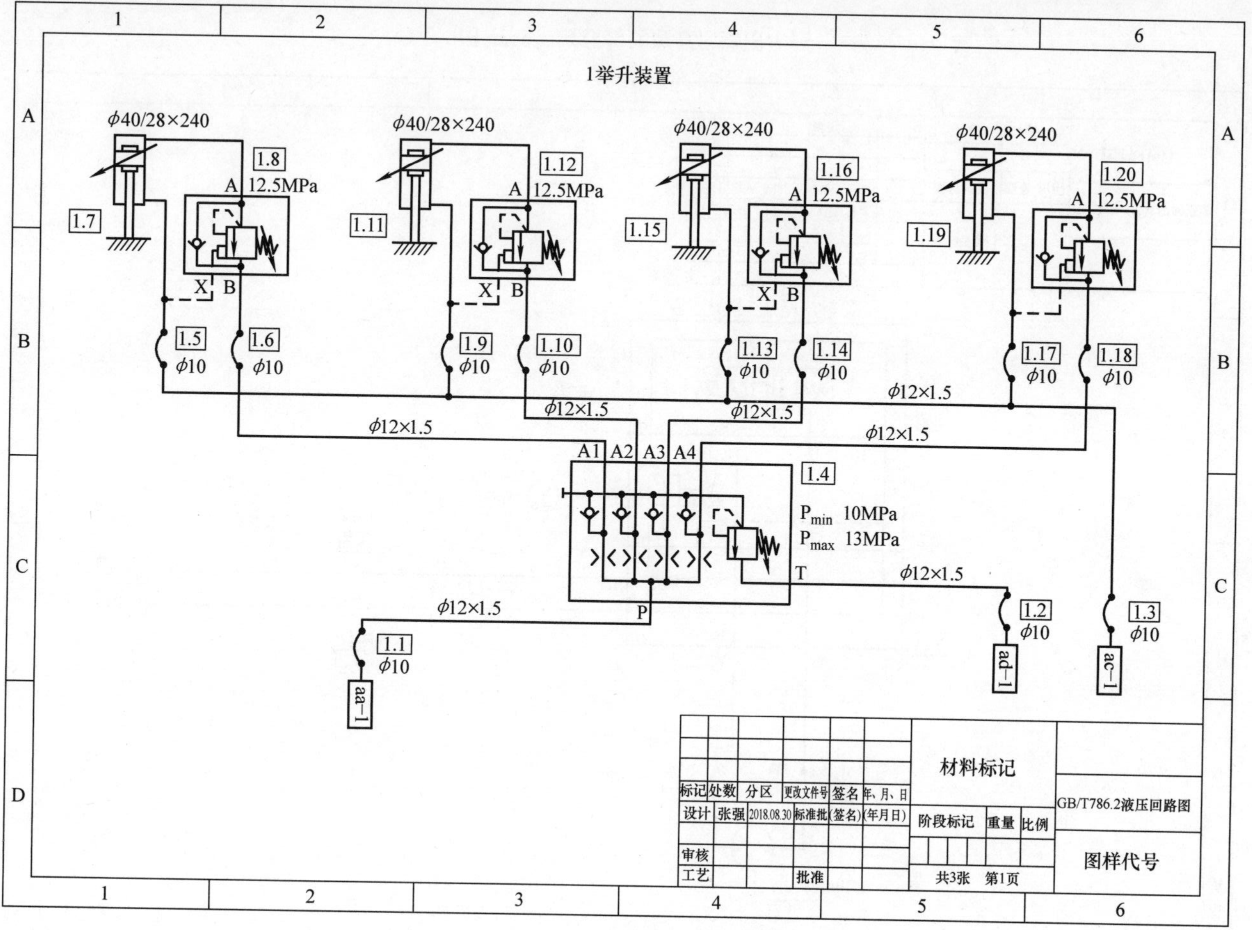

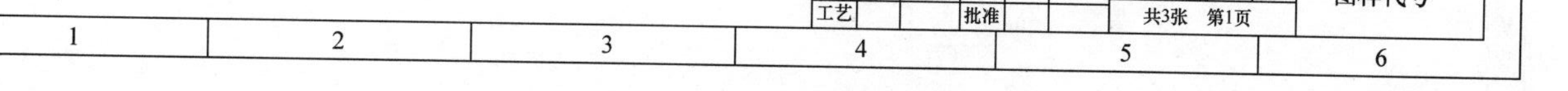
图 47-8　液压举升装置回路图示例

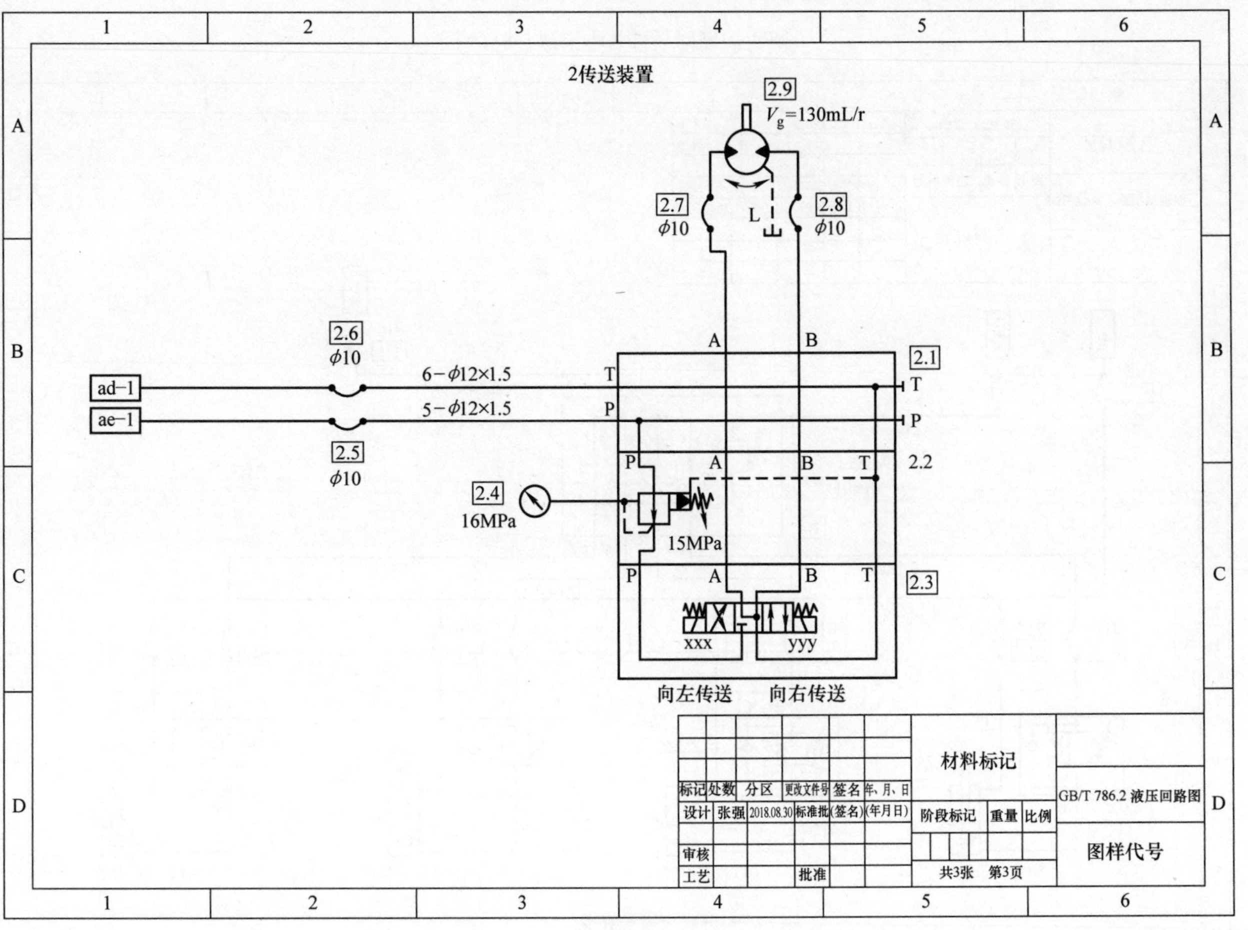

图 47-9　液压传送装置回路图示例

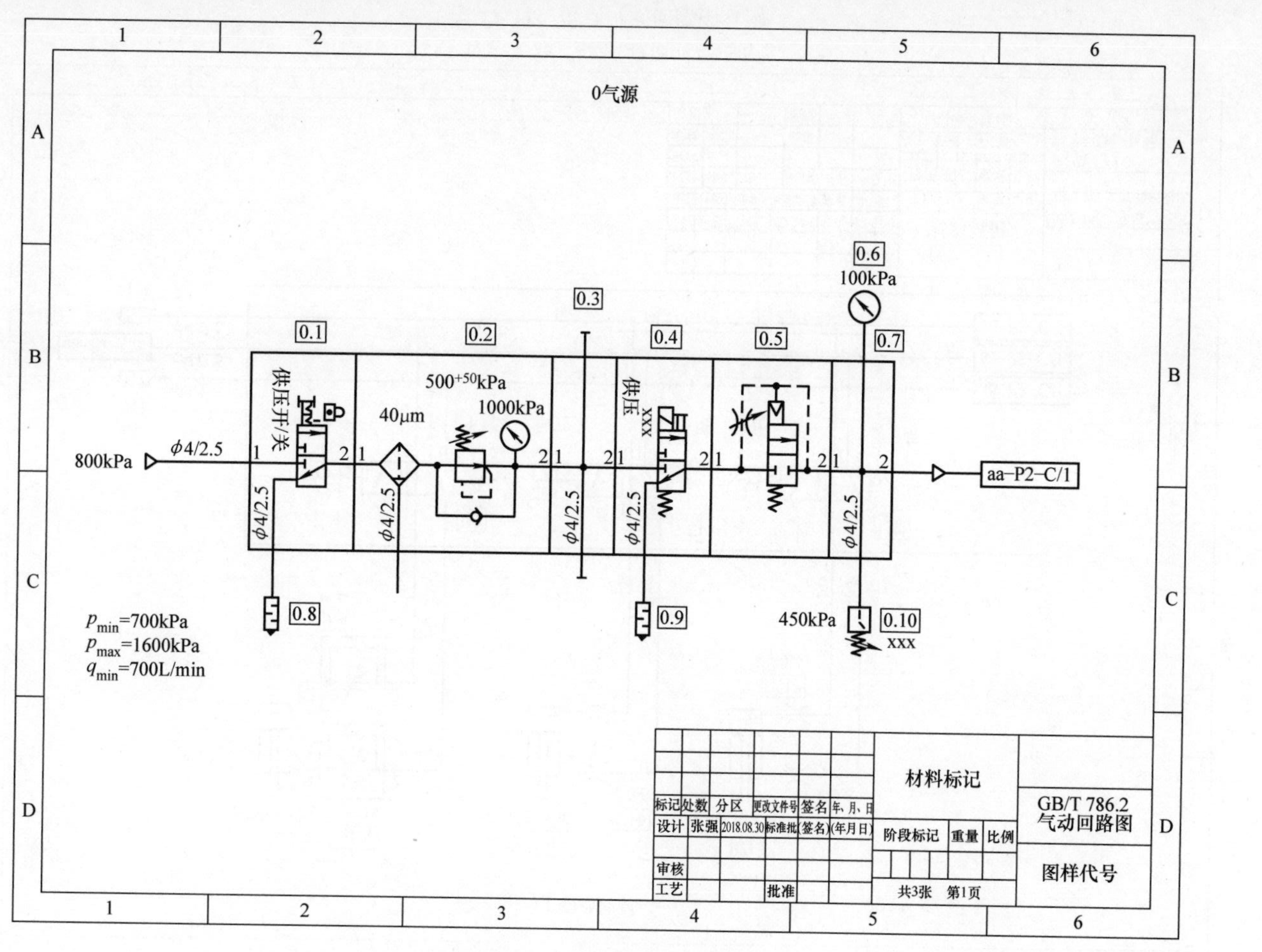

图 47-10　气动气源回路图示例

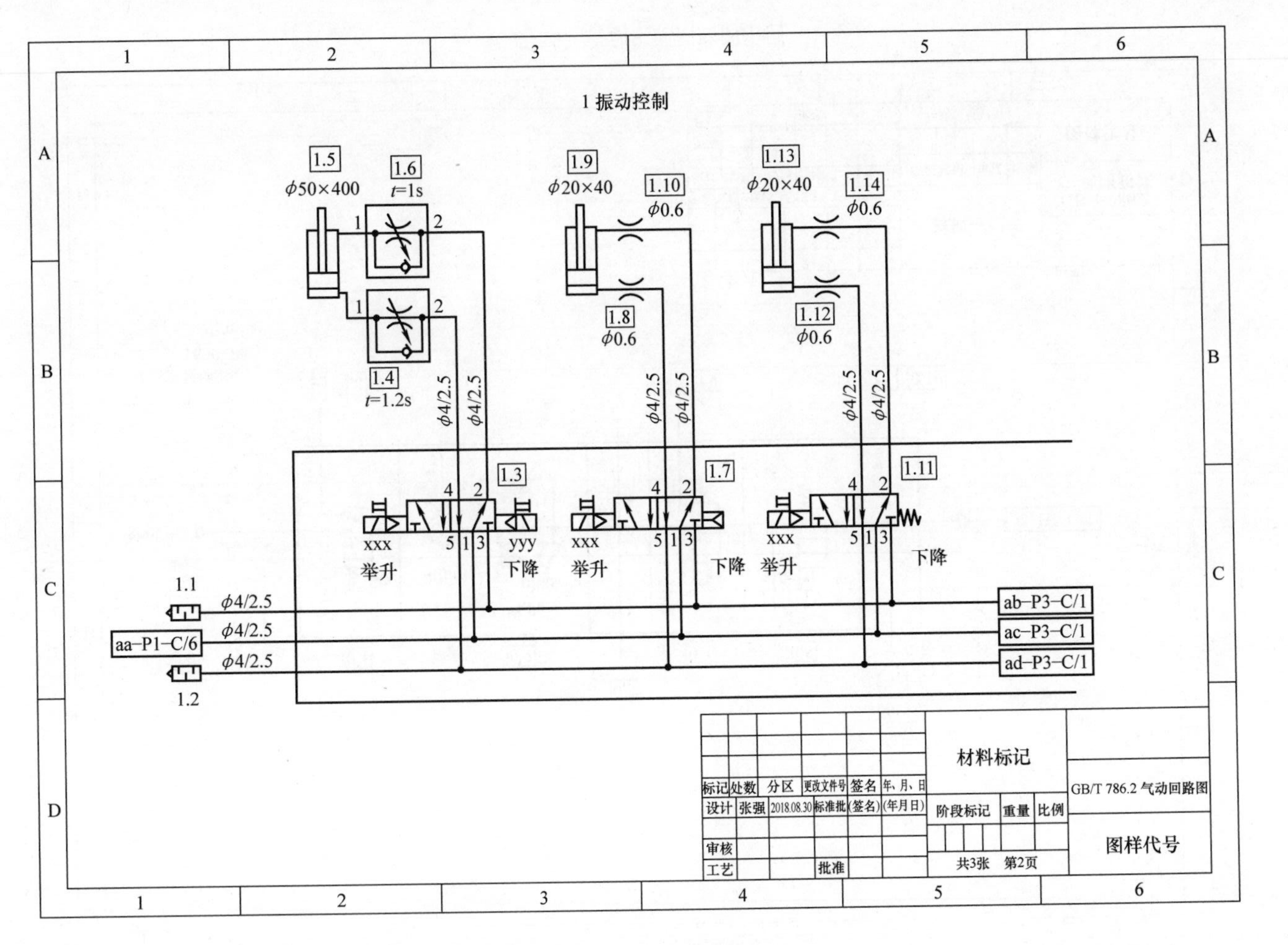

图 47-11　振动气动回路图示例

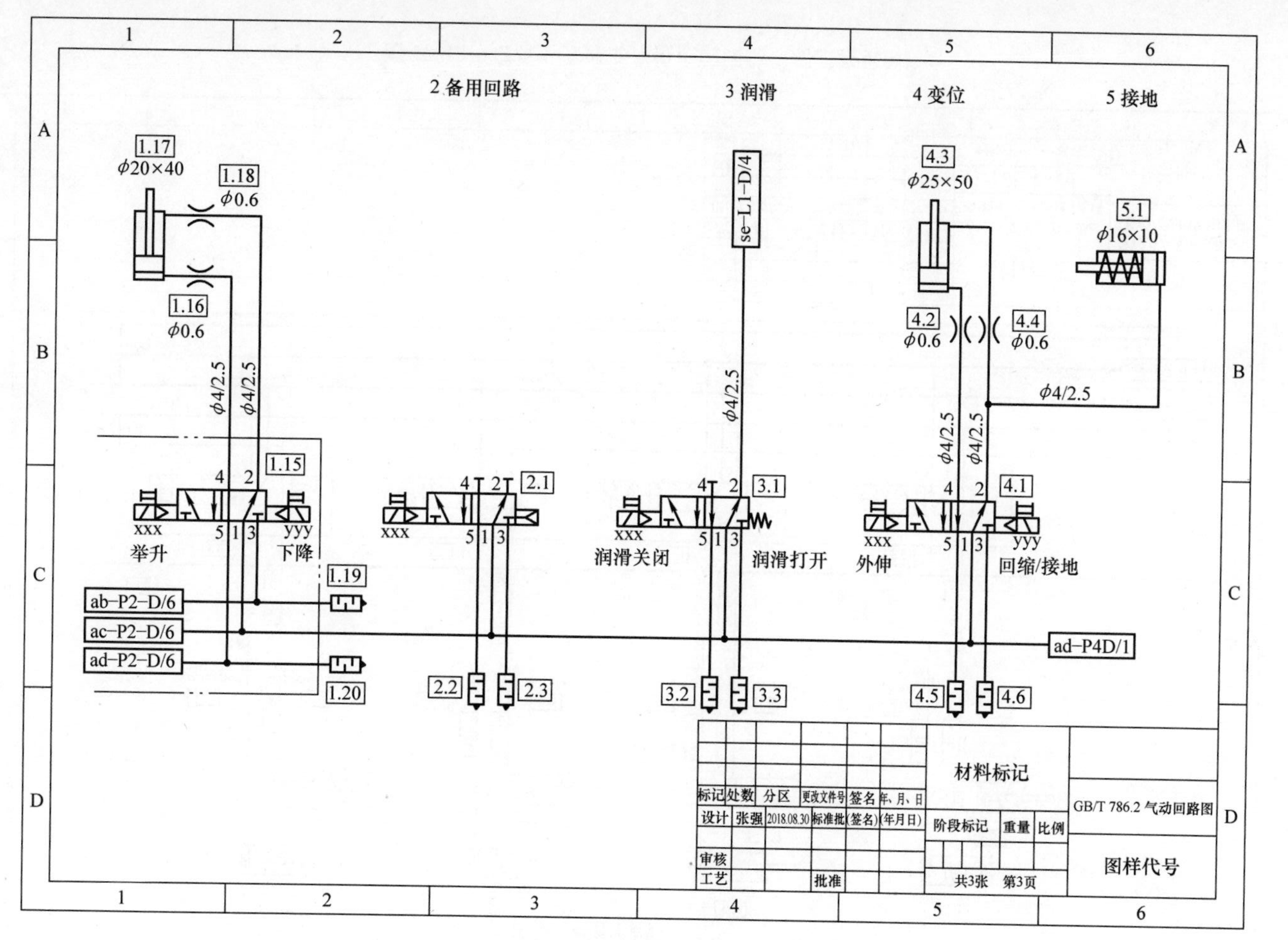

图 47-12　备用气动回路图示例

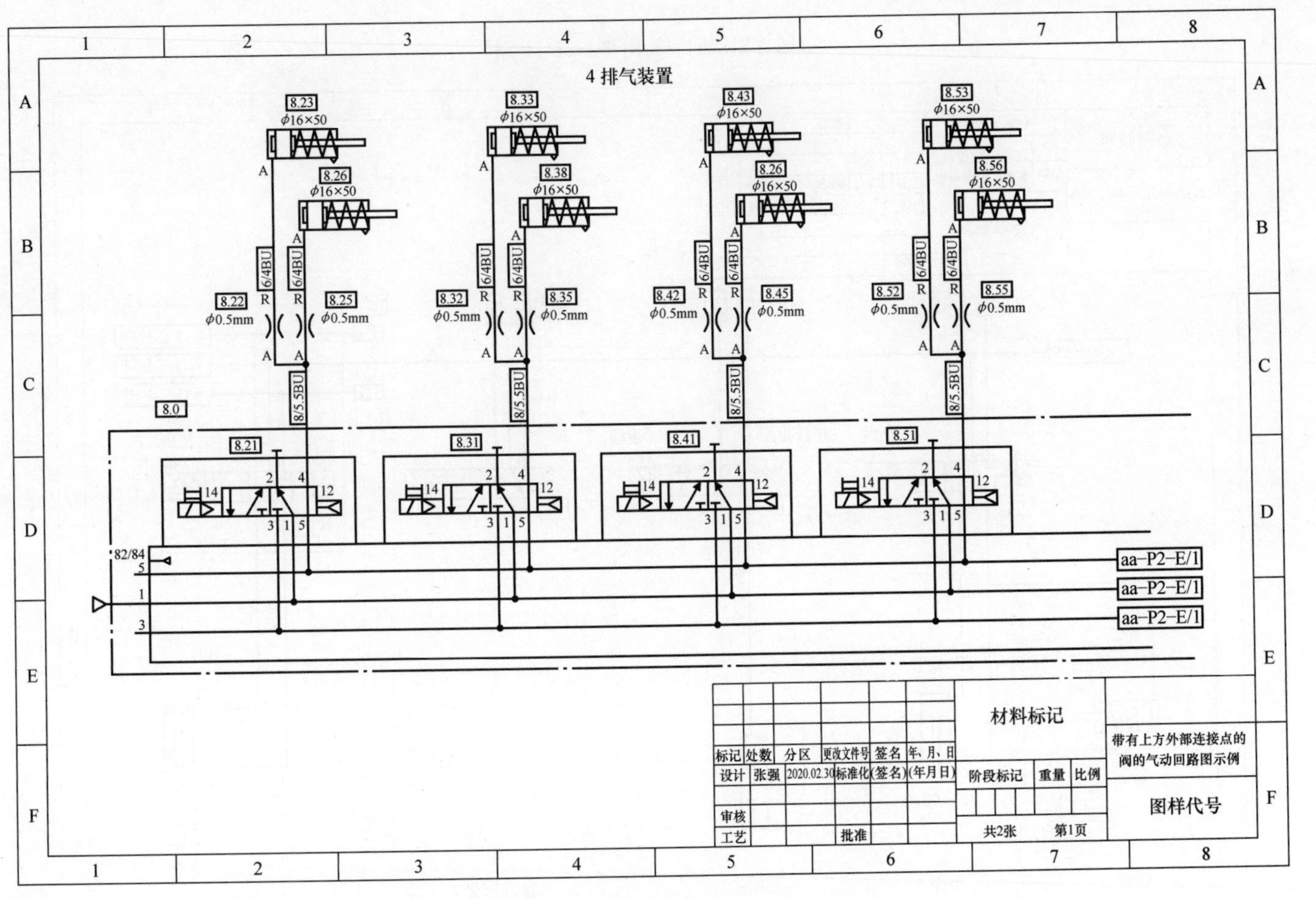

图 47-13　带有上方外部连接点的阀的气动回路示例

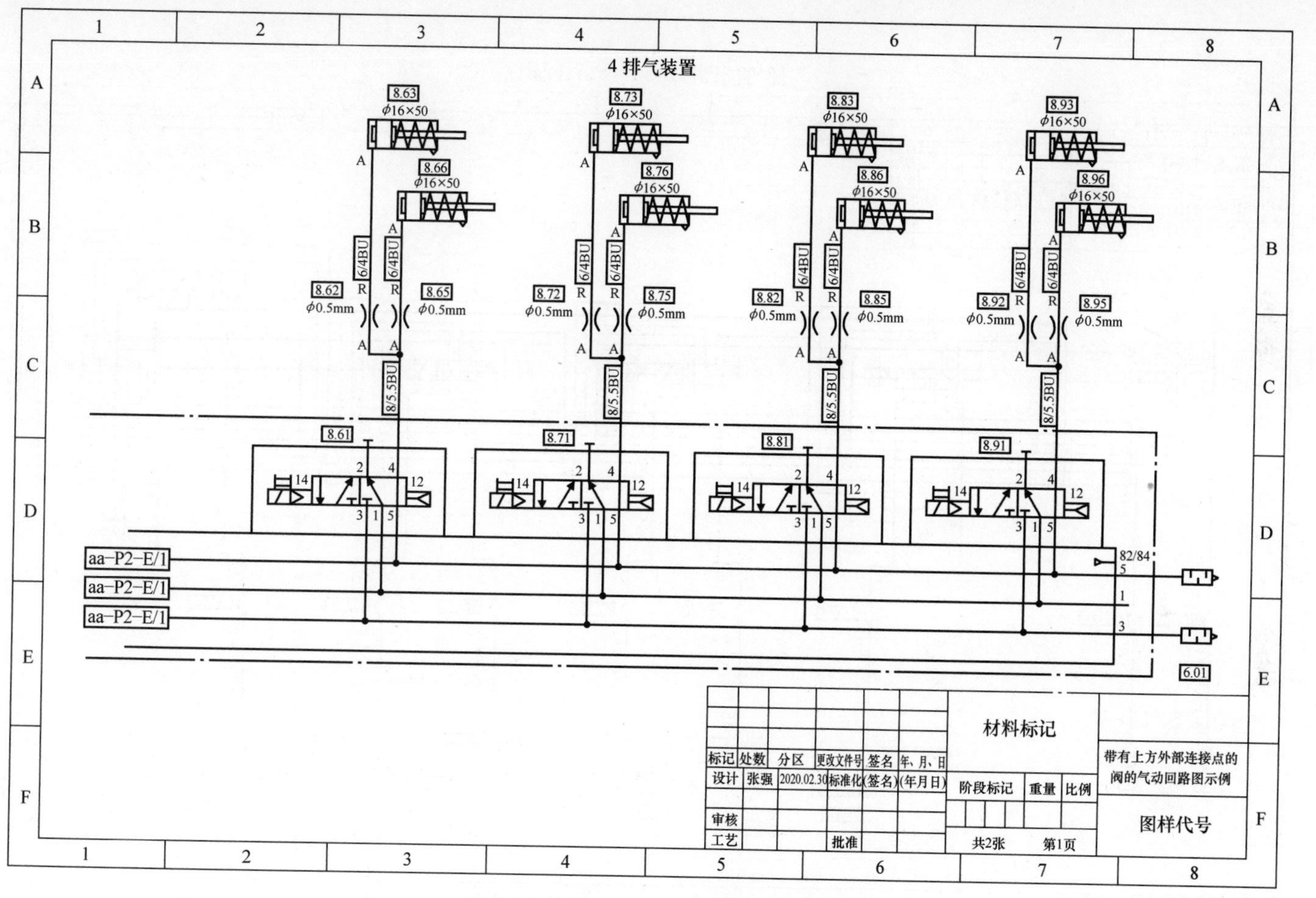

图 47-13　带有上方外部连接点的阀的气动回路示例（续）

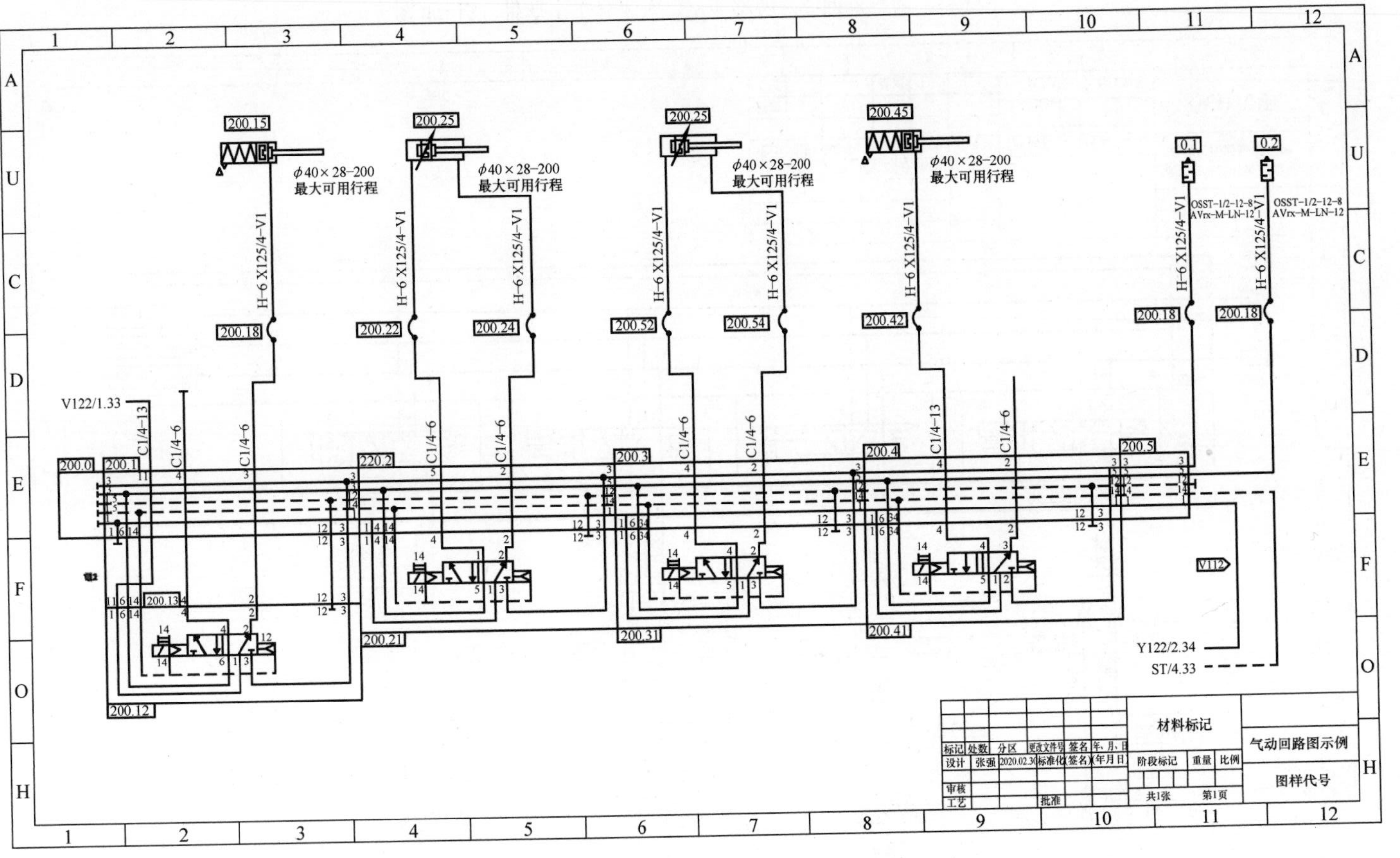

图 47-14　气动回路图示例

47.1.4　流体传动系统及元件　图形符号和回路图　第 3 部分：回路图中的符号模块和连接符号（GB/T 786.3—2021，ISO 1219－3：2016，IDT）

1. 符号模块的创建规则

（1）符号模块　符号模块应由线宽 0.1M 或 0.175M 的实线包围，即 0.25mm 或 0.4375mm。

（2）外框尺寸　外框尺寸取决于其内部包含的符号、管路和符号模块的接口连接点的位置。外框的宽度尺寸和高度尺寸应为 2M 或其倍数。

注：为清晰地理解，外框尺寸种类宜尽量少。

（3）外框与线的间距　外框与最接近外框的线之间的间距应与相邻平行线之间的间距有区别。符号模块中线与线的间距可以是 1M 或其倍数。

（4）符号模块方向　符号模块方向也应符合 GB/T 786.1（ISO 1219－1）中关于符号方向的规定，如图 47-15所示。

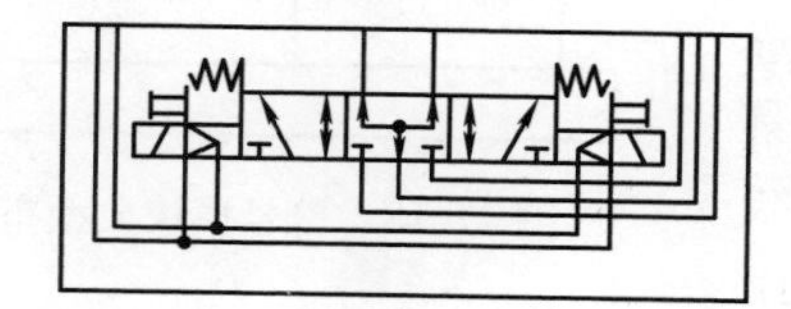

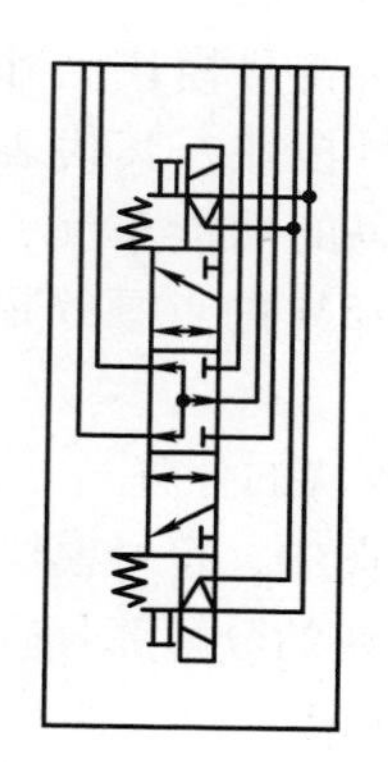

图 47-15　符合 GB/T 786.1（ISO 1219－1）规定的符号模块方向

（5）封闭管路的表示　符号模块中封闭管路的绘制应符合 ISO 1219－1 中的规定，如图 47-16 所示。

符号模块中液压管路内堵头的绘制应符合 ISO 1219－1 中的规定，如图 47-17 所示。

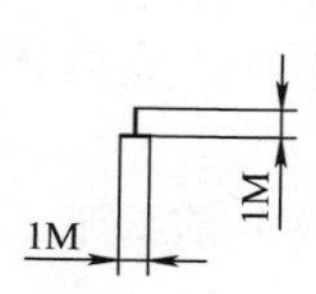

图 47-16　符号模块中封闭管路

图 47-17　符号模块中液压管路内堵头

2. 回路图中符号模块的应用规则

(1) 符号模块的典型布局 合适的符号模块可以水平和垂直相互连接。三种典型布局如图47-18所示。

(2) 符号模块的连接 符号模块的设计和排列应使接口连接点重合。只有接口处具有相同宽度（或高度）的符号模块才应相互连接。底板或油路块的符号在绘制回路图中的连接规则可以有所区别。

(3) 符号模块的间距 在回路图中，符号模块无连接点的一侧可并行排列。符号模块之间的距离不代表元件实际装配中的距离。

(4) 被连接符号模块的外框 连接在一起的符号模块，其代表一个具有自我标识代码的功能单元，可用线宽0.1M或0.175M的点画线框线包围标出。

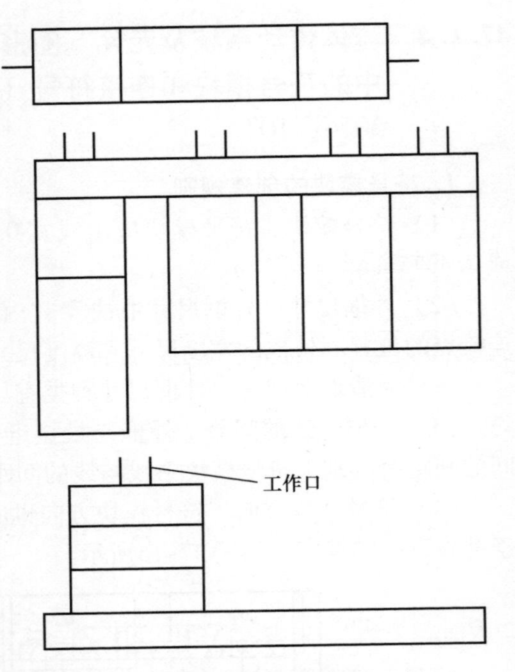

图47-18 符号模块典型布局示例

(5) 符号模块的分解

1) 在回路图中，符号模块可在多张图样上绘制。

2) 符号模块的分解部分应使用符合（GB/T 786.2）（ISO 1219－2）中规定的连接标识相互标记。

3) 在符号模块的分解侧，符号模块的外框（见由线宽0.1M或0.175的实线包围）或被连接的符号模块的点画线外框应保持打开状态。

如果使用连接标识，相互连接的符号模块也可在它们的接口处分解。

(6) 符号模块的扩展 为更加清晰的理解，符号模块在回路图中可进行扩展性绘制。

(7) 连接的符号模块的定位和对齐 依据GB/T 786.2（ISO 1219－2）中的规定，表示控制元件的符号模块放置于图样下部，执行元件的符号模块放置于图样上部。当创建和连接符号模块时，外部连接点（代表工作口）应放置在符号模块的上方或侧方，如图47-18所示。

(8) 符号模块接口连接点的名称 在确保清晰理解的前提下，为避免显示多余信息，可省略接口连接点的名称。

(9) 包含符号模块的回路图示例 表47-24列出了符号模块（SM）创建和使用的规则的典型应用（包含了网格坐标的典型应用）。

表 47-24　符号模块（SM）创建和使用的规则的典型应用

规则	图 47-13	GB/T 786.3—2021 附录 B
1. 外框线宽	示例 D2	
2. 外框与线的间距		
3. 符号模块方向		
4. 封闭管路的表示		示例 C3
5. 符号模块的间距	示例 D2	示例 D2
6. 连接的符号模块的外框	示例 D/E1－8	
7. 符号模块的分解	示例 E8	
8. 符号模块的扩展	示例 E1－8	示例 D1－3
9. 符号模块接口连接点的名称	示例 E1	

47.1.5　流体传动系统及元件　公称压力系列（GB/T 2346—2003，ISO 2944：2000，MOD）

流体传动系统和元件的公称压力系列见表 47-25。

表 47-25　流体传动系统和元件的公称压力系列

kPa	MPa	bar 为单位的等效值	kPa	MPa	bar 为单位的等效值
1	—	(0.01)	—	2.5	(25)
1.6	—	(0.016)	—	[3.15]	[(31.5)]
2.5	—	(0.025)	—	4	(40)
4	—	(0.04)	—	[5]	[(50)]
6.3	—	(0.063)	—	6.3	(63)
10	—	(0.1)	—	[8]	[(80)]
16	—	(0.16)	—	10	(100)
25	—	(0.25)	—	12.5	(125)
40	—	(0.4)	—	16	(160)
63	—	(0.63)	—	20	(200)
100	—	(1)	—	25	(250)
[125]	—	[(1.25)]	—	31.5	(315)
160	—	(1.6)	—	[35]	[(350)]
[200]	—	[(2)]	—	40	(400)
250	—	(2.5)	—	[45]	[(450)]
[315]	—	[(3.15)]	—	50	(500)
400	—	(4)	—	63	(630)
[500]	—	[(5)]	—	80	(800)
630	—	(6.3)	—	100	(1000)
[800]	—	[(8)]	—	125	(1250)
1 000	1	(10)	—	160	(1600)
—	[1.25]	[(12.5)]	—	200	(2000)
—	1.6	(16)	—	250	(2500)
—	[2]	[(20)]			

注：方括号中的值为非优选数。

47.1.6　液压传动系统及其元件的通用规则和安全要求（GB/T 3766—2015）

47.1.6.1　通用规则和安全要求

1. 概述

1）当为机械设计液压系统时，应考虑系统所有预定的操作和使用；应完成风险评估（例如：按 GB/T 15706—2012 进行）以确定当系统按预定使用时与系统相关的可预测的风险。可预见的误用不应导致危险发生。通过设计应排除已识别出的风险，当不能做到时，对于这种风险应按 GB/T 15706—2012 规定的级别采取防护措施（首选）或警告。

注：本标准对液压元件提出了要求，其中一些要求依据安装液压系统的机器的危险而定。因此，所需的液压系统最终技术规格和结构将取决于对风险的评估和用户与制造商之间的协议。

2）控制系统应按风险评估设计。当采用 GB/T 16855.1 时，可满足此要求。

3）应考虑避免对机器、液压系统和环境造成危害的预防措施。

2. 对液压系统设计和技术规范的基本要求

（1）元件和配管的选择　为保证使用的安全性，应对液压系统中的所有元件和配管进行选择或指定。选择或指定元件和配管，应保证当系统投入预定的使用时它们能在其额定极限内可靠地运行。尤其应注意那些因其失效或失灵可能引起危险的元件和配管的可靠性。

应按供应商的使用说明和建议选择、安装和使用元件及配管，除非其他元件、应用或安装经测试或现场经验证实是可行的。

在可行的情况下，宜使用符合国家标准或行业标准的元件和配管。

（2）意外压力　如果压力过高会引起危险，系统所有相关部分应在设计上或以其他方式采取保护，以防止可预见的压力超过系统最高工作压力或系统任何部分的额定压力。

任何系统或系统的某一部分可能被断开和封闭，其所截留液体的压力会出现增高或降低（例如：由于负载或液体温度的变化），如果这种变化会引起危险，则这类系统或系统的某一部分应具有限制压力的措施。

对压力过载保护的首选方法是设置一个或多个起安全作用的溢流阀（卸压阀），以限制系统所有相关部分的压力。也可采用其他方法，如采用压力补偿式泵控制来限制主系统的工作压力，只要这些方法能保证在所有工况下安全。

系统的设计、制造和调整应限制压力冲击和变动。压力冲击和变动不应引起危险。

压力丧失或下降不应让人员面临危险和损坏机械。

应采取措施，防止因外部大负载作用于执行器而产生的不可接受的压力。

（3）机械运动　在固定式工业机械中，无论是预定的或意外的机械运动（例如，加速、减速或提升和夹持物体的作用）都不应使人员面临危险的处境。

（4）噪声　在液压系统设计中，应考虑预计的噪声，并使噪声源产生的噪声降至最低。应根据实际应用采取措施，将噪声引起的风险降至最低。应考虑由空气、结构和液体传播的噪声。

注：关于低噪声机械和系统的设计，参见GB/T 25078.1。

（5）泄漏　如果产生泄漏（内泄漏或外泄漏），不应引起危险。

（6）温度

1）工作温度。对于系统或任何元件，其工作温度范围不应超出规定的安全使用极限。

2）表面温度。液压系统的设计应通过布置或安装防护装置来保护人员免受超过触摸极限的表面温度的伤害，参见ISO 13732－1。当无法采取这些保护时，应提供适当的警告标志。

（7）液压系统操作和功能的要求　应规定下列操作和功能的技术规范：

① 工作压力范围。

② 工作温度范围。

③ 使用液压油液的类型。

④ 工作流量范围。

⑤ 吊装规定。

⑥ 应急、安全和能量隔离（例如，断开电源、液压源）的要求。

⑦ 涂漆或保护涂层。

GB/T 3766—2015附录B提供了便于搜集和记录固定机械上液压系统这些信息的表格和清单。这些表格和清单同样可用于记录行走机械使用的液压系统的相同信息。

3. 附加要求

（1）现场条件和工作环境　应对影响固定式工业机械上液压系统使用要求的现场条件和工作环境做出规定。GB/T 3766—2015附录B提供了便于搜集和记录此类信息的表格和清单，可包括以下内容：

① 设备的环境温度范围。

② 设备的环境湿度范围。

③ 可用的公共设施，例如，电、水、废物处理。

④ 电网的详细资料，例如，电压及其容限；频率、可用的功率（如果受限制）。

⑤ 对电路和装置的保护。

⑥ 大气压力。

⑦ 污染源。

⑧ 振动源。

⑨ 火灾、爆炸或其他危险的可能严重程度，以及相关应急资源的可用性。

⑩ 需要的其他资源储备，例如，气源的流量和压力。

⑪ 通道、维修和使用所需的空间，以及为保证液压元件和系统在使用中的稳定性和安全性而确定的位置及安装。

⑫ 可用的冷却、加热介质和容量。

⑬ 对于保护人身和液压系统及元件的要求。

⑭ 法律和环境的限制因素。

⑮ 其他安全性要求。

GB/T 3766—2015 附录 B 也适用于记录行走机械使用的液压系统技术规范的环境条件。附录 B 中的各个表格也可采用单独的可修改的电子版形式。

（2）元件、配管和总成的安装、使用和维修

1）安装。元件宜安装在便于从安全工作位置（例如，地面或工作台）接近之处。

2）起吊装置。质量大于 15kg 的所有元件、总成或配管，宜具有用于起重设备吊装的起吊装置。

3）标准件的使用。

宜选择商品化的，并符合相应国家标准的零件（键、轴承、填料、密封件、垫圈、插头、紧固件等）和零件结构（轴和键槽尺寸、油口尺寸、底板、安装面或安装孔等）。

在液压系统内部，宜将油口、螺柱端和管接头限制在尽可能少的标准系列内。对于螺纹油口连接，宜符合 GB/T 2878.1、GB/T 2878.2 和 ISO 6149－3 的规定；对于四螺钉法兰油口连接，宜符合 ISO 6162－1、ISO 6162－2 或 ISO 6164 的规定。

注：当在系统中使用一种以上标准类型的螺纹油口连接时，某些螺柱端系列与不同连接系列的油口之间可能不匹配，会引起泄漏和连接失效，使用时可依据油口和螺柱端的标记确认是否匹配。

4）密封件和密封装置。

材料。密封件和密封装置的材料应与所用的液压油液、相邻材料以及工作条件和环境条件相容。

更换。如果预定要维修和更换，元件的设计应便于密封件和密封装置的维修和更换。

5）维修要求。系统的设计和制造应使需要调整或维修的元件和配管位于易接近的位置，以便能安全地调整和维修。在这些要求不能实现的场合，应提供必要的

维修和维护信息：调整步骤，特殊部位的维护步骤。

6）更换。为便于维修，宜提供相应的方法或采用合适的安装方式，使元件和配管从系统拆除时做到：

① 使液压油液损失最少。

② 不必排空油箱，仅对于固定机械。

③ 尽量不拆卸其他相邻部分。

（3）清洗和涂漆

1）在对机械进行外部清洗和涂漆时，应对敏感材料加以保护，以避免其接触不相容的液体。

2）在涂漆时，应遮盖住不宜涂漆的区域（例如，活塞杆、指示灯）。在涂漆后，应除去遮盖物，所有警告和有关安全的标志应清晰、醒目。

（4）运输准备

1）配管的标识。当运输需要拆卸液压系统时，以及错误的重新连接可能引起危险的情况下，配管和相应连接应被清楚地识别；其标识应与所有适用文件上的资料相符。

2）包装。为运输，液压系统的所有部分应以能保护其标识及防止其损坏、变形、污染和腐蚀的方式包装。

3）孔口的密封和保护。在运输期间，液压系统和元件暴露的孔口，尤其是硬管和软管，应通过密封或放在相应清洁和封闭的包装箱内加以保护；应对外螺纹采取保护。使用的任何保护装置应在重新组装时再除去。

4）搬运设施。运输尺寸和质量应与买方提供的可利用的搬运设施（例如，起重工具、出入通道、地面承载）相适合，参见 GB/T 3766—2015 B.1.5。如必要，液压系统的设计应使其易于拆解为部件。

4. 对于元件和控制的特定要求

（1）液压泵和马达　液压泵和马达的固定或安装应做到：

1）易于维修时接近。

2）不会因负载循环、温度变化或施加重载引起轴线错位。

3）泵、马达和任何驱动元件在使用时所引起的轴向和径向载荷均在额定极限内。

4）所有油路均正确连接，所有泵的联接轴以标记的和预定的正确方向旋转，所有泵从进口吸油至出口排出，所有马达的轴被液压油液驱动以正确方向旋转。

5）充分地抑制振动。

联轴器和安装件：

① 在所有预定使用的工况下，联轴器和安装件应能持续地承受泵或马达产生的最大转矩。

② 当泵或马达的联接区域在运转期间可接近时，应为联轴器提供合适的保护罩。

转速不应超过规定极限。

泄油口、放气口和类似的辅助油口的设置应不准许空气进入系统，其设计和安装应使背压不超过泵或马达制造商推荐的值。如果采用高压排气，其设置应能避免对人员造成危害。

当液压泵和马达需要在起动之前壳体预先注油时，应提供易于接近的和有记号的注油点，并将其设置在能保证空气不会被封闭在壳体内的位置上。

如果对使用的泵或马达的工作压力范围有任何限制，应在技术资料中做出规定，见47.1.6.3小节。

液压泵和马达的液压连接应做到：

① 通过配管连接的布置和选择防止外泄漏；不使用锥管螺纹或需要密封填料的连接结构。

② 在不工作期间，防止失去已有的液压油液或壳体的润滑。

③ 泵的进口压力不低于其供应商针对运行工况和系统用液压油液所规定的最低值。

④ 防止可预见的外部损害，或尽量预防可能产生的危险结果。

⑤ 如果液压泵和马达壳体上带有测压点，安装后应便于连接、测压。

（2）液压缸

1）抗失稳。为避免液压缸的活塞杆在任何位置产生弯曲或失稳，应注意缸的行程长度、负载和安装型式。

2）结构设计。液压缸的设计应考虑预定的最大负载和压力峰值。

3）安装额定值。确定液压缸的所有额定负载时，应考虑其安装型式。

注：液压缸的额定压力仅反映缸体的承压能力，而不能反映安装结构的力传递能力。

4）限位产生的负载。当液压缸被作为限位器使用时，应根据被限制机件所引起的最大负载确定液压缸的尺寸和选择其安装型式。

5）抗冲击和振动。安装在液压缸上或与液压缸连接的任何元件和附件，其安装或连接应能防止使用时由冲击和振动等引起的松动。

6）意外增压。在液压系统中应采取措施，防止由于有效活塞面积差引起的压力意外增高超过额定压力。

7）安装和调整。液压缸宜采取的最佳安装方式是使负载产生的反作用力沿液压缸的中心线作用。液压缸的安装应尽量减少（小）下列情况：

① 由于负载推力或拉力导致液压缸结构过度变形。

② 引起侧向或弯曲载荷。

③ 铰接安装型式的转动速度（其可能迫使采用连续的外部润滑）。

8）安装位置。安装面不应使液压缸变形，并应留出热膨胀的余量。液压缸安装位置应易于接近，以便于维修、调整缓冲装置和更换全套部件。

9）安装用紧固件。液压缸及其附件安装用的紧固件的选用和安装，应能使之承受所有可预见的力。脚架安装的液压缸可能对其安装螺栓施加剪切力。如果涉及剪切载荷，宜考虑使用具有承载剪切载荷机构的液压缸。安装用的紧固件应足以承受倾覆力矩。

10）缓冲器和减速装置。当使用内部缓冲时，液压缸的设计应考虑负载减速带来压力升高的影响。

11）可调节行程终端挡块。应采取措施，防止外部或内部的可调节行程终端挡块松动。

12）活塞行程。行程长度（包括公差）如果在相关标准中没有规定，应根据液压系统的应用做出规定。

注：行程长度的公差参见JB/T 10205。

13）活塞杆的材料、表面处理和保护及装配应符合以下要求。

应选择合适的活塞杆材料和表面处理方式，使磨损、腐蚀和可预见的碰撞损伤降至最低程度。宜保护活塞杆免受来自压痕、刮伤和腐蚀等可预见的损伤，可使用保护罩。

为了装配，带有螺纹端的活塞杆应具有可用扳手施加反向力的结构，参见ISO 4395。活塞应可靠地固定在活塞杆上。

14）密封装置和易损件的维护。密封装置和其他预定维护的易损件宜便于更换。

15）气体排放的放气位置及排气口。在固定式工业机械上安装液压缸，应使其能自动放气或提供易于接近的外部放气口。安装时，应使液压缸的放气口处于最高位置。当这些要求不能满足时，应提供相关的维修和使用资料：调整步骤，特殊部件的维护步骤，从元件中排除空气的步骤。

有充气腔的液压缸应设计或配置排气口，以避免危险。液压缸利用排气口应能无危险地排出空气。

（3）充气式蓄能器的信息和安装及输出流量

下列信息应永久地和明显地标注在蓄能器上：

① 制造商的名称和/或标识。

② 生产日期（年、月）。

③ 制造商的序列号。

④ 壳体总容积（L）。

⑤ 允许温度范围 T_s（℃）。

⑥ 允许的最高压力 p_s（MPa）。

⑦ 试验压力 p_T（MPa）。

⑧ 认证机构的编号（如适用）。

打印标记的位置和方法不应使蓄能器强度降低。如果在蓄能器上提供所有这些信息的空间不够，应将其制作在标签上，并永久地附在蓄能器上。

注：根据地方性法规，可能需要附加信息。

在蓄能器上或在附带标签上。应给出以下信息：

① 制造商或供应商的名称和简明地址。

② 制造商或供应商的产品标识。

③ 警示语“警告：压力容器，拆卸前先卸压!”

④ 充气压力。

⑤ 警示语“仅使用X!”，X是充入的介质，如氮气。

有充气式蓄能器的液压系统要求：当系统关闭时，有充气式蓄能器的液压系统应自动卸掉蓄能器的液体压力或彻底隔离蓄能器（见“意外起动”相关内容），在机器关闭后仍需要压力或液压蓄能器的潜在能量不会再产生任何危险（如夹紧装置）的特殊情况下，不必遵守卸压或隔离的要求。充气式蓄能器和任何配套的受压元件应在压力、温度和环境条件的额定极限内应用。在特殊情况下，可能需要保护措施防止气体侧超压。

安装要求：

① 安装位置。如果在充气式蓄能器系统内的元件和管接头损坏会引起危险，应对它们采取适当保护。

② 支撑。应按蓄能器供应商的说明对充气式蓄能器和所有配套的受压元件做出支撑。

③ 未授权的变更。不应以加工、焊接或任何其他方式修改充气式蓄能器。

充气式蓄能器的输出流量应与预定的工作需要相关，且不应超过制造商的额定值。

（4）阀

1）选择。选择阀的类型应考虑正确的功能、密封性、维护和调整要求，以及抗御可预见的机械或环境影响的能力。在固定式工业机械中使用的系统宜首选板式安装阀和/或插装阀。当需要隔离阀时（例如，满足有充气式蓄能器的液压系统的要求和系统保护的要求），应使用其制造商认可适用于此类安全应用的阀。

2）安装。当安装阀时，应考虑以下方面：

① 独立支撑，不依附相连接的配管或管接头。

② 便于拆卸、修理或调整。

③ 重力、冲击和振动对阀的影响。

④ 使用扳手、装拆螺栓和电气连接所需的足够空间。

⑤ 避免错误安装的方法。

⑥ 防止被机械操作装置损坏。

⑦ 当适用时，其安装方位能防止空气聚积或允许空气排出。

3）油路块：

① 表面粗糙度和平面度。在油路块上，阀安装面的表面粗糙度和平面度应符合阀制造商的推荐。

② 变形。在预定的工作压力和温度范围内工作时，油路块或油路块总成不应因变形产生故障。

③ 安装。应牢固地安装油路块。

④ 内部流道。内部流道在交叉流动区域宜在足够大的横截面积，以尽量减小额外的压降。铸造和机械加工的内部流道应无有害异物，如氧化层、毛刺和切屑等。有害异物会阻碍流动或随液压油液移动而引起其他元件（包括密封件和密封填料）发生故障和/或损坏。

⑤ 标识。油路块总成及其元件应按 ISO 16874 规定附上标签，以作标记。当不可行时，应以其他方式提供标识。

4）电控阀：

① 电气连接。电气连接应符合相应的标准（如 GB 5226.1 或制造商的标准），并按适当保护等级设计（如符合 GB 4208）。

② 电磁铁。应选择适用的电磁铁（例如，切换频率、温度额定值和电压容差），以便其能在指定条件下操作阀。

③ 手动或其他越权控制。当电力不可用时，如果必须操作电控阀，应提供越权控制方式。设计或选择越权控制方式时，应使误操作的风险降至最低；并且当越权控制解除后宜自动复位，除非另有规定。

5）调整。当允许调整一个或多个阀参数时，宜酌情纳入下列规定：

① 安全调整的方法。

② 锁定调整的方法，如果不准许擅自改变。

③ 防止调整超出安全范围的方法。

（5）液压油液和调节元件

1）液压油液。

① 液压油液的规格。宜按现行的国家标准描述液压油液。元件或系统制造商应依据类型和技术数据确定适用的液压油液；否则应以液压油液制造商的商品名称确定液压油液。

当选择液压油液时，应考虑其电导率。

在存在火灾危险处，应考虑使用难燃液压油液。

② 液压油液的相容性。所有与液压油液接触使用的元件应与该液压油液相容。应采取附加的预防措施，防止液压油液与下列物质不相容产生问题：

防护涂料和与系统有关的其他液体，如油漆、加工和（或）保养用的液体。

可能与溢出或泄漏的液压油液接触的结构或安装材料，如电缆、其他维修供应品和产品。

其他液压油液。

③ 液压油液的污染度。液压油液的污染度（按GB/T 14039表示）应适合于系统中对污染最敏感的元件。商品液压油液在交付时可能未注明必要的污染度。液压油液的污染可能影响其电导率。

2）油箱的设计、结构和辅件。油箱或连通的储液罐按以下要求设计：

① 按预定用途，在正常工作或维修过程中应能容纳所有来自于系统的油液。

② 在所有工作循环和工作状态期间，应保持液面在安全的工作高度并有足够的液压油液进入供油管路。

③ 应留有足够的空间用于液压油液的热膨胀和空气分离。

④ 对于固定式工业机械上的液压系统，应安装接油盘或有适当容量和结构的类似装置，以便有效收集主要从油箱［如果产生泄漏（内泄漏和外泄漏），应不引起来危险。满足法律和环境的限制因数要求］或所有不准许渗漏区域意外溢出的液压油液。

注意：在此情况下的设计要求可依据国家法规。

⑤ 宜采取被动冷却方式控制系统液压油液的温度。当被动冷却不够时，应提供主动冷却，见“热交热器”部分。

⑥ 宜使油箱内的液压油液低速循环，以允许夹带的气体释放和重的污染物沉淀。

⑦ 应利用隔板或其他方法将回流液压油液与泵的吸油口分隔开；如果使用隔板，隔板不应妨碍对油箱的彻底清扫，并在液压系统正常运行时不会造成吸油区与回油区的液位差。

⑧ 对于固定式工业机械上的液压系统，宜提供底部支架或构件，使油箱的底部高于地面至少150mm，以便于搬运、排放和散热。油箱的四脚或支撑构件宜提供足够的面积，以用于地脚固定和调平。

如果是压力油箱，其结构则应考虑这种型式的特殊要求。

① 溢出。应采取措施，防止溢出的液压油液直接返回油箱。

② 振动和噪声。应注意防止过度的结构振动和空气传播噪声，尤其当元件被安装在油箱内或直接装在油箱上时。

③ 油箱顶盖的要求如下：

应牢固地固定在油箱体上。

如果是可拆卸的，应设计成能防止污染物进入的结构。

其设计和制造宜避免形成聚集和存留外部固体颗粒、液压油液污染物和废弃物的区域。

油箱配置按下列要求实施：

① 应按规定尺寸制作吸油管，以使泵的吸油性能符合设计要求。

② 如果没有其他要求，吸油管所处位置应能在最低工作液面时保持足够的供油，并能消除液压油液中的夹带空气和涡流。

③ 进入油箱的回油管宜在最低工作液面以下排油。

④ 进入油箱的回油管应以最低的可行流速排油，并促进油箱内形成所希望的液压油液循环方式。油箱内的液压油液循环不应促进夹带空气。

⑤ 穿出油箱的任何管路都应有效地密封。

⑥ 油箱设计宜尽量减少系统液压油液中沉淀污染物的泛起。

⑦ 宜避免在油箱内侧使用可拆卸的紧固件，如不能避免，应确保可靠紧固，防止其意外松动；且当紧固件位于液面上部时，应采取防锈措施。

维护措施遵从下列规定：

① 在固定式工业机械上的油箱应设置检修孔，可供进入油箱内部各处进行清洗和检查。检修孔盖可由一人拆下或重新装上。允许选择其他检查方式，例如：内窥镜。

② 吸油过滤器、回油扩散装置及其他可更换的油箱内部元件应便于拆卸或清洗。

③ 油箱应具有在安装位置易于排空液压油液的排放装置。

④ 在固定式工业机械上的油箱宜具有可在安装位置完全排出液压油液的结构。

油箱设计应提供足够的结构完整性，以适应以下情况：

① 充满到系统所需液压油液的最大容量。

② 在所有可预见条件下，承受系统以所需流速吸油或回油而引起的正压力、负压力。

③ 支撑安装的元件。

④ 运输。如果油箱上提供了运输用的起吊点，其支撑结构及附加装置应足以承受预料的最大装卸力，包括可预见的碰撞和拉扯，并且没有不利影响。为保持被安装或附加在油箱上的系统部件在装卸和运输期间被安全约束及无损坏或永久变

形，附加装置应具有足够的强度和弹性。

加压油箱的设计应充分满足其预定使用的最高内部压力要求。

油箱能防腐蚀。任何内部或外部的防腐蚀保护，应考虑到有害的外来污染物，如冷凝水（另见“热交换器的应用”）。

如果需要等电位连接，应提供等电位连接（如接地）。

油箱应具有的辅件如下。

① 液位指示器。油箱应配备液位指示器（例如，目视液位计、液位继电器和液位传感器)，并符合以下要求：

应做出系统液压油液高、低液位的永久性标记。

应具有合适的尺寸，以便注油时可清楚地观察到。

对特殊系统宜做出适当的附加标记。

液位传感器应能显示实际液位和规定的极限。

② 注油点。所有注油点应易于接近并做出明显和永久的标记。注油点宜配备带密封且不可脱离的盖子，当盖上时可防止污染物进入。在注油期间，应通过过滤或其他方式防止污染。当此要求不可行时，应提供维护和维修资料，见“常规数据”部分。

③ 通气口。考虑到环境条件，应提供一种方法（如使用空气过滤器）保证进入油箱的空气具有与系统要求相适合的清洁度。如果使用的空气过滤器可更换滤芯，宜配备指示过滤器需要维护的装置。

④ 水分离器。如果提供了水分离器，应安装当需要维护时能发讯的指示器，见“污染控制”部分。

3）液压油液的过滤。为保持所要求的液压油液污染度，应提供过滤。如果使用主过滤系统（如供油或回油管路过滤器）不能达到要求的液压油液污染度或有更高过滤要求时，可使用旁路过滤系统。

过滤器的布置和选型：

过滤器的布置应根据需要设置在压力管路、回油管路和/或辅助循环回路中，以达到系统要求的油液污染度。

所有过滤器均应配备指示器，当过滤器需要维护时发出指示。指示器应易于让操作人员或维护人员观察，见“污染控制”部分。当不能满足此要求时，在操作人员手册中应说明定期更换过滤器，见“常规数据”部分。

过滤器应安装在易于接近处，并应留出足够的空间以便更换滤芯。

选择过滤器应满足，在预定流量和最高液压油液黏度时不超过制造商推荐的初始压差。由于液压缸的面积比和减压的影响，通过回油管路过滤器的最大流量可能大于泵的最大流量。

系统在过滤器两端产生的最大压差会导致滤芯损坏的情况下，应配备过滤器旁通阀。在压力回路内，污染物经过滤器由旁路流向下游不应造成危害。

不推荐在泵的吸油管路安装过滤器，并且不宜将其作为主系统的过滤，参见 GB/T 3766—2015 B. 2. 11。可使用吸油口滤网或粗过滤器。

4）热交换器。当自然冷却不能将系统油液温度控制在允许极限内时，或要求精确控制液压油液温度时，应使用热交换器。

① 液体对液体的热交换器。

a）应用。使用液体对液体的热交换器时，液压油液循环路径和流速应在制造商推荐的范围内。

b）固定式工业机械上的温度控制装置。为保持所需的液压油液温度和使所需冷却介质的流量减到最小，温度控制装置应设置在热交换器的冷却介质一侧。冷却介质的控制阀宜位于输入管路上。为了维护，在冷却回路中应提供截止阀。

c）冷却介质。应对冷却介质及其特性做出规定。应防止热交换器被冷却介质腐蚀。

d）排放。对于热交换器两个回路的介质排放应做出规定。

e）温度测量点。对于液压油液和冷却介质，宜设置温度测量点。测量点宜设有传感器的固定接口，并保证可在不损失流体的情况下进行检修。

② 液体对空气的热交换器。

a）应用。使用液体对空气的热交换器时，两者的流速应在制造商推荐的范围内。

b）供气。应考虑空气的充足供给和清洁度，参见 GB/T 3766—2015 B. 1. 5。

c）排气。空气排放不应引起危险。

5）加热器。当使用加热器时，加热功率不应超过制造商推荐的值。如果加热器直接接触液压油液，宜提供低液位联锁装置。

为保持所需的液压油液温度，宜使用温度控制器。

（6）管路系统

1）一般要求如下：

① 确定尺寸。管路系统的配管尺寸和路线的设计，应考虑在所有预定的工况下系统内各部分预计的液压油液流速、压降和冷却要求。应确保，在所有预定的使用期间通过系统的液压油液流速、压力和温度能保持在设计范围内。

② 管接头的应用。宜尽量减少管路系统内管接头的数量，如利用弯管代替弯头。

③ 管路布置。

a）宜使用硬管（如刚性管）。如果为适应部件的运动、减振或降低噪声等需要，可使用软管。

b）宜通过设计或防护，阻止管路被当作踏板或梯子使用。在管路上不宜施加外负载。

c）管路不应用来支承会对其施加过度载荷的元件。过度载荷可由元件质量、撞击、振动和压力冲击引起。

d）管路的任何连接宜便于使用扭矩扳手拧紧而尽量不与相邻管路或装置发生干涉。当管路终端连接于一组管接头时，设计尤其需要注意。

④ 管路安装和标识。应通过硬管和软管的标识或一些其他方法，避免可能引起危险的错误连接。

⑤ 管接头密封。宜使用弹性密封的管接头和软管接头。

⑥ 管接头压力等级。管接头的额定压力应不低于其所在系统部位的最高工作压力。

2）硬管要求。硬管宜用钢材制造，除非以书面形式约定使用其他材料，参见GB/T 3766—2015 B. 2. 14。外径≤50mm 的米制钢管的标称工作压力可按 ISO 10763 计算。

3）管子支撑应满足：

① 应安全地支撑管子。

② 支撑不应损坏管子。

③ 应考虑压力、振动、壁厚、噪声传播和布管方式。

在图47-19 和表47-26 中给出了推荐的管子支撑的大概间距。

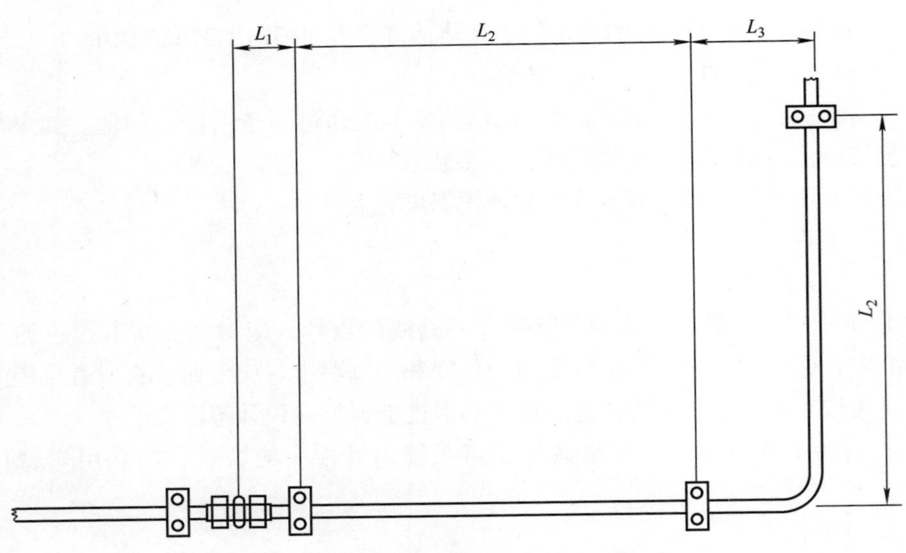

图47-19　与管子支撑间距相关的尺寸

表 47-26　推荐的管子支撑的大概间距　（单位：mm）

管子外径 d	推荐的管子支撑的大概间距		
	至管接头连接处 L_1	直管段支撑间距 L_2	至管路弯曲处 L_3
$d \leqslant 10$	50	600	100
$10 < d \leqslant 25$	100	900	200
$25 < d \leqslant 50$	150	1200	300
$d > 50$	200	1500	400

在安装前，配管的内表面和密封表面应没有任何可见的有害异物，例如：氧化层、焊渣、切屑等。对于某些应用，为提高系统工作的安全性和可靠性，可对异物（包括软管总成内的微观异物）采取严格限制。在这种情况下，应对可接受的内部污染物最高限度的详细技术要求和评定程序做出规定。

4）软管总成的一般要求：

① 以未经使用过的并满足相应标准要求的软管制成。

② 按 ISO 17165 – 1 做出标记。

③ 在交货时提供软管制造商推荐的最长储存时间信息。

④ 工作压力不超过软管总成制造商推荐的最高工作压力。

⑤ 考虑振动、压力冲击和软管两端节流做出相应规定，以避免对软管造成损伤，如损伤软管内层。

在 ISO/TR 17165 – 2 中给出了软管总成安装和保护的指导。

软管总成按下列要求安装：

① 采用所需的最小长度，以避免软管在装配和工作期间急剧地挠曲和变形。软管被弯曲不宜小于推荐的最小弯曲半径。

② 在安装和使用期间，尽量减小软管的扭曲度。

③ 通过定位或保护措施，尽量减少软管外皮的摩擦损伤。

④ 如果软管总成的重量能引起过度的张力，应加以支撑。

软管总成的失效保护要求：

① 如果软管总成失效可能构成击打危险，应以适当方式对软管总成加以约束或遮挡。

② 如果软管总成失效可能构成液压油液喷射或着火危险，应以适当方式加以遮挡。

③ 如果因为预定的机械运动不能做到上述防护，应给出残留风险信息。机械制造商可利用残留风险信息进行风险分析和确定必要的防护措施，如采取加装管路防爆阀等技术措施或提供操作指南。

快换接头的使用：

① 宜避免快换接头在压力下连接或断开。当这种应用不可避免时，应使用专用于压力下连接或断开的快换接头，并应为操作者提供详细的使用说明：为保证使用的安全性，应对液压系统中的所有元件和配管进行选择或指定。选择或指定元件和配管，应保证当系统投入预定的使用时它们能在其额定极限内可靠地运行。尤其应注意那些因其失效或失灵可能引起危险的元件和配管的可靠性。

② 在有压力的情况下，系统中拆开的快换接头应能自动封闭两端并保持住系统压力。

（7）控制系统

1）意外动作。控制系统的设计应能防止执行机构在所有工作阶段出现意外的危险动作和不正确的动作顺序。

2）系统保护。

① 意外起动。为防止意外起动，固定式工业机械上的液压系统设计应考虑便于与动力源完全隔离和便于卸掉系统中的液压油液压力。在液压系统中可采取以下做法：将隔离阀机械锁定在关闭位置，并且当隔离阀被关闭时卸掉液压系统的压力；隔离供电（参见 GB 5226.1）。

② 控制或能源供给。应正确选择和使用电控、气控和/或液控的液压元件，以避免因控制或能源供给的失效引起危险。无论使用哪一种控制或能源供给类型（例如，电、液、气或机械），下列动作或事件（无论意外的或有意的）不应产生危险：切换供给的开关、减少供给、切断供给、恢复供给（意外的或有意的）。

③ 内部液压油液的回流。当系统关闭时，如果内部液压油液的回流会引起危险，应提供防止系统液压油液流回油箱的方法。

3）控制系统的元件。

① 可调整的控制机构。可调整的控制机构应保持其设定值在规定的范围内，直至重新调整。

② 稳定性。应选择合适的压力控制阀和流量控制阀，以保证实际压力、温度或负载的变化不会引起危险或失灵。

③ 防止违章调整。如果擅自改变压力和流量会引起危险或失灵，压力控制阀和流量控制阀或其附件应安装阻止这种操作的装置。如果改变或调整会引起危险或失灵，应提供锁定可调节元件设定值或锁定其附件的方法。

④ 操作手柄。操作手柄的动作方向应与最终效应一致，如上推手柄宜使被控装置向上运动，参见 GB 18209.3。

⑤ 手动控制。如果设置了手动控制，此控制在设计上应保证安全，其设置应优先于自动控制方式。

⑥ 双手控制。双手控制应符合 GB/T 19671 的要求，并应避免操作者处于机器运动引起的危险中。

⑦ 安全位置。在控制系统失效的情况下，为了安全任何需要保持其位置或采取特定位置的执行器应由阀控制，可靠地移动至或保持在限定的位置（如利用偏置弹簧或棘爪）。

4）在开环和闭环控制回路内的控制系统。

① 越权控制系统。在执行器受开环或闭环控制并且控制系统的失灵可能导致执行器发生危险的场合，应提供保持或恢复控制或停止执行器动作的手段。

② 附加装置。如果无指令的动作会引起危险，则在固定式工业机械上受开环或闭环控制的执行器应具有保持或移动其到安全状态的附加装置。

③ 过滤器。如果由污染引起的阀失灵会产生危险，则在供油管路内接近伺服阀或比例阀之处宜另安装无旁通的并带有易察看的堵塞指示器的全流量过滤器。该滤芯的压溃额定压力应超过系统最高工作压力。流经无旁通过滤器的液流堵塞不应产生危险。

④ 系统冲洗。带有以开环或闭环控制的执行器的系统被交付使用之前，系统和液压油液宜被净化，达到制造商在技术条件中规定的稳定清洁度。除非另有协议，装配后系统的冲洗应符合 GB/T 25133 的规定。

5）其他设计考虑

① 系统参数监测。在系统工作参数变化能发出危险信号之处，这些参量的清晰标识连同其信号值或数值变化一起均应包括在使用信息中。在系统中应提供监测这些参量的可靠方法。

② 测试点。为了充分地监控系统性能，宜提供足够的、适当的测试点。安装在液压系统中检查压力的测试点应符合以下要求：

a）易于接近。

b）有永久附带的安全帽，最大限度地减少污染物侵入。

c）在最高工作压力下，确保测量仪器能安全、快速接合。

③ 系统交互作用。一个系统或系统部件的工况，不应以可能引起危险的方式影响任何其他系统或部件的工作。

④ 复杂装置的控制。在系统有一个以上相关联的自动和/或手动控制装置且其中任何一个失效可能引起危险之处，应提供保护联锁装置或其他安全手段。这些联锁装置应以设计的安全顺序和时间中断所有相关操作，只要这种中断本身不会造成伤害或危险，且应重置每个相关操作装置。重置装置宜要求在重新起动前检查安全位置和条件。

⑤ 靠位置检测的顺序控制。只要可行，应使用靠位置检测的顺序控制，且当压力或延时控制的顺序失灵可能引起危险时，应始终使用靠位置检测的顺序控制。

⑥ 控制机构的位置。设计或安装控制机构时，应对下列情况采取适当保护措施：失灵或可预见的损坏、高温、腐蚀性环境、电磁干扰。

控制机构应容易和安全地接近。控制机构调整的效果宜显而易见。固定式工业机械上的控制机构宜在工作地板之上至少0.6m，最高1.8m，除非尺寸、功能或配管方式要求另选位置。

手动控制机构的位置和安装应符合以下要求：

① 将控制器安装在操作者正常工作位置或姿态所及范围内。

② 操作者不必越过旋转或运动的装置来操作控制器。

③ 不妨碍操作者必需的工作动作。

6）固定式工业机械的急停装置。

当存在可能影响成套机械装置或包括液压系统的整个区域的危险（如火灾危险）时，应提供一个或多个急停装置（如急停按钮）。至少有一个急停装置应是远程控制的。

液压系统的设计应使急停装置的操作不会导致危险。急停装置应符合GB 16754（功能）和GB/T 14048.14（装置）中规定的要求。在急停或应急恢复之后，重新起动系统不应引起损害或危险。

① 一般要求。为便于进行预防性维护和查找故障，宜采取诊断测试和状态监测的措施。在系统工作参数变化能发出报警信号之处，这些参数的明确标识连同其报警信号值或变化值应包括在使用信息中。相关信息见“其他设计考虑”部分和“测试点”部分。

② 压力测量和确认。应使用合适的压力表测量压力。应考虑压力峰值和衰减，如果必要，宜对压力表采取保护。安装在液压系统中用以核实压力的测量点应符合以下要求：易于接近；有永久附带的安全帽，最大程度地减少污染物侵入；在最高工作压力下，确保测量仪器能安全、快速接合。

③ 液压油液取样。为检查液压油液污染度状况，宜提供符合GB/T 17489规定的提取具有代表性油样的方法。如果在高压管路中提供取样阀，应安放高压喷射危险的警告标志，使其在取样点清晰可见，并应遮护取样阀。

④ 温度传感器。温度传感器宜安装在油箱内。在某些应用中，在系统最热的部位再附加安装一个温度传感器是有益的。

⑤ 污染控制。宜提供显示过滤器或分离器需要维护的方法，见“水分离器”部分和“维护”部分。另一种选择是定期、定时维护，如操作人员手册中所述。

47.1.6.2 安全要求的验证和验收测试

应以检查和测试相结合，对液压系统进行下列检验：

① 系统和元件的标识与系统说明书一致。

② 系统内元件的连接符合回路图。

③ 系统，包括所有安全元件，功能正确。

④ 除液压缸活塞杆在多次循环后有不足以成滴的微量渗油外，其他任何元件

均无意外泄漏。

因为液压系统可能不是一个完整的设备，许多验证程序在该液压系统装入设备之前是不能完成的。因而，功能测试将由供应商和买方安排在装入设备后完成。

通过检查和测试取得的验证结果应形成报告文件，下列信息也应包括在文件中：

——所用液压油液的类型和黏度。

——在温度稳定后，油箱内液压油液的温度。

47.1.6.3 使用信息

1. 一般要求

只要可行，使用信息应符合 GB/T 15706—2012 中 6.4 的规定，并应以商定的形式提供。

2. 在固定式工业机械中液压系统的最终信息

应提供与最终验收系统相符的下列文件。

① 符合 ISO 1219-2 的最终回路图。ISO 1219-2 提供了创建唯一标识代号的方法，参见“系统内的元件和软管总成”部分。

② 零件清单。

③ 总体布置图。

④ 维护和操作说明数据和指南，见“维护和操作数据”部分。

⑤ 证书，如果需要。

⑥ 将系统或所有分系统安装到设备中的说明。

⑦ 液压油液的材料安全数据表，如果制造商提供注满液压油液的系统。

3. 维护和操作数据

（1）常规数据

1）所有液压系统应以商定的形式提供必要的维修和操作数据（包括试运行和调试的相关数据），包括下列所有适用的信息：

① 工作压力范围。

② 工作温度范围。

③ 使用液压油液的类型。

④ 流量。

⑤ 起动和关闭步骤。

⑥ 系统中不靠正常卸压装置减压的那些部分所需的所有减压指示和标识。

⑦ 调整步骤。

⑧ 外部润滑点、所需润滑剂的类型和观察的时间间隔。

⑨ 观察镜的位置或液位指示器（或传感器）的显示位置，注油点、排放点、过滤器、测试点、滤网、磁铁等等需要定期维护的部位。

⑩ 液压油液的类型、技术数据和要求的污染度等级（按GB/T 14039表示的）。

⑪ 液压油液维护和灌注量的说明。

⑫ 对安全处理和操作液压油液、润滑剂的建议。

⑬ 为足够冷却所需的冷却介质的流量、最高温度和允许压力范围，以及维护时的排放说明。

⑭ 特殊部件的维护步骤。

⑮ 对于液压蓄能器和软管的测试和更换时间间隔的观察资料：见前述“运输准备”部分和“软管总成”总成。

⑯ 推荐备件的明细表。

⑰ 对于要求定期维护的元件，推荐的维护或检修的时间间隔。

⑱ 从元件中排除空气的步骤。

2）在液压传动元件中所用的标准件（如紧固件或密封件），可用元件供应商指定的零件编号识别或用该零件在国家标准中使用的标准件名称识别。

（2）对有充气式蓄能器系统的要求

1）警告标签。

① 对包含一个或多个蓄能器的液压系统，当机器上设置的警告标签不明显时，应在系统上的明显位置放置一个附加警告标签（如GB/T 3766—2015 B.1.6所述），标明“警告：系统包含蓄能器”。在回路图中应提供完全相同的信息。

② 如果设计要求系统关闭时隔离充气式蓄能器中的油液压力，则应对所有仍受压的元件或总成注明安全维护信息，并将这些信息放置在元件或总成上的明显位置。

③ 在机器与其动力源隔离后，应给所有保持在压力下的分系统提供可明显识别的卸荷阀和提醒在对机器进行任何设置或维护前使这些分系统减压的警告标签。

2）维护信息。应给出下列信息。

① 预充气：充气式蓄能器的主要日常保养通常需要检查和调节预充气压力。应采用蓄能器制造商推荐的方法和仪器完成压力检查和调节，并根据气体温度考虑充气压力。在检查和调节期间，应注意不超过蓄能器的额定压力。在任何检查和调节之后，不应有气体泄漏。

② 从系统拆除：在拆除蓄能器之前，蓄能器内的油液压力应降低到大气压力，即卸压状态。

③ 充气式蓄能器维护数据：维护、检修和/或更换零部件，仅应由适合的专业人员按照书面的维修资料步骤并使用被证明是按现行设计规范制造的零件和材料来完成。

在开始拆卸充气式蓄能器之前，蓄能器在液体和气体两侧均应完全卸压。

（3）与控制系统相关的安全要求　对于保养或更换控制系统内与安全相关部分的元件，应提供与工作寿命和任务期限相关的资料。

如果采用GB/T 16855.1，这些资料对于保持设计的性能水平可能是必要的。

4. 标志和识别

（1）元件

1）供应商应提供下列详细资料，如果可行，应在所有元件上以永久的和明显易见的形式标明：

① 制造商或供应商的名称或商标。

② 制造商或供应商的产品标识。

③ 额定压力。

④ 符合GB/T 786.1规定的图形符号，其所示位置和控制机构与操作装置的运动方向一致并带有所有油口的正确标识。

2）在可用空间不足而导致文字太小不易阅读之处，可用辅助文献提供资料，例如：说明书和/或维修清单、目录单或附属标签。

（2）系统内的元件和软管总成

1）应给液压系统内的每个元件和软管总成一个唯一的标识代号，应符合ISO 1219-2的最终回路图。在所有零件表、总布置图和/或回路图中，应以此标识代号识别元件和软管总成。在设备上邻近（不在其上）元件或软管总成之处，宜做出清晰、永久的标记。

2）在邻近（不在其上）叠加阀组件处，宜清晰标明叠加阀的顺序和方向。

（3）油口和管子

1）应对元件的油口、动力输出点、检测点、排气和排液口做出明显、清晰的标志。所有标识符应与回路图上的标识符相匹配。

2）如果以任何其他手段不能避免不匹配，应对该液压系统与其他系统连接的管子做出明显、清晰的标志，并且符合相关文件中的数据。

根据回路图上的信息，管子的标识可采用下列方式之一：

① 利用管子识别号的标记。

② 利用元件和油口标识中的本端连接标记或两端连接标记。

③ 以①和②两种方式组合的所有管子及其末端的标记。

（4）阀控装置

1）宜以与回路图上相同的标识符对阀控装置及其功能做出明显、永久的标志。

2）当在液压回路图和相关电气回路图中表示相同的阀电控装置（如电磁铁及其插头或电线）时，应以相同方式在两个回路图中做出标志。

（5）内部装置　对位于油路块、安装底板、垫或管接头内的插装阀和其他功能装置（节流塞、通道、梭阀、单向阀等），应在邻近其插入孔处做出标志。当插入孔位于一个或几个元件下面时，如可能，应在靠近被隐藏元件附近做出标志并注明“内装”；如不可能，应以其他方法做出标志。

（6）功能标牌　对每个控制台都宜提供一块功能标牌，并将其放置在易读到的位置。功能标牌应易于理解，并提供每个系统控制功能的明确标识。如做不到，应以其他方式提供标识。

（7）泵和马达的轴旋转方向　如果错误的旋转方向会引起危险，应对泵和马达的正确旋转方向做出明显、清楚的标志。

47.1.6.4　标注说明

建议选择遵守本标准的制造商在试验报告、产品目录和销售文件中使用以下说明：“液压系统及其元件符合 GB/T 3766—2015《液压传动　系统及其元件的通用规则和安全要求》的规定”。

47.1.7　液压传动　测量技术通则（JB/T 7033—2007，ISO 9110－1：1990，MOD）

47.1.7.1　准确度等级

1）根据试验的不同需要，在各类液压元件试验方法标准中都规定了 A、B、C 三种测量准确度等级。

A 级：适用于科学研究性试验。

B 级：适用于液压元件的型式试验，或者元件制造商的质量保证试验和用户的选择评定试验。

C 级：适用于液压元件的出厂试验，或用户用以鉴别液压元件合格、失效及有无制造缺陷的验收试验。

2）各测量准确度等级的误差极限，由测量系统的系统误差与总随机误差相加得出。总随机误差等于测量系统中各个随机误差的均方根。

47.1.7.2　误差分类

1）测量系统的误差可能与测量系统中的单个元件有关，或者与整个测量系统有关。通常，对整个系统进行校准和评定，可以得到较小的误差。

2）固定误差，作为校准中得到的对真值的已知偏差，可通过调整仪器或修正结果来消除。如果不能消除，则应将这个偏差的最大值作为系统误差。例如，一个压力表与参考标准比对时显示出在量程中段的示值有 4% 的偏差，而在量程两端的示值有 2% 的偏差，如该压力表在使用时不加任何修正，则应认为该压力表有 4% 的系统误差。

3）某些误差与被测量以外的另一变量（第二变量）有物理规律关系，并可用该变量的已知数学函数来表示，例如温度对压力传感器输出的影响。第二变量的变动所带来的误差既可造成系统误差又可造成随机误差。如果该误差（例如，温度在很小范围内变化的影响）可忽略不计，则只需将第二变量允许范围内可能存在的最大误差作为系统误差来处理。如果对第二变量的影响进行了修正，则应作为随机误差来处理，其大小等于第二变量的测量误差。

4）上位校准基准（参考标准或参考物质）中所有已知的误差应作为被评定测量的系统误差处理。

5）由重复性造成的测量误差应作为随机误差来处理。在确定单次测量的误差时，应取按式（47-2）确定的测量系统的重复误差全值。如果取 n 次读数的平均值以确定被测值，则由重复性造成的误差按下式计算：

$$\sigma_\tau = \frac{\varepsilon}{\sqrt{n}} \tag{47-1}$$

式中　σ_τ——随机误差；

ε——按“准确度的评定”部分的①规定的重复误差；

n——测量次数。

47.1.7.3　准确度的评定

1. 校准

1）校准应根据每种类型的测量系统的规定方法进行。通常，校准方法包括使用测量系统测量一个已知值的输入激励信号，或者在某一测量点上至少重复施加同一激励信号五次并取平均值与带有已知校准误差的参考基准比对。校准工作应在测量系统量程内预先规定的点上进行。

2）在第 j 个校准点上，用下式计算标准偏差 S_j：

$$S_j = \sqrt{\frac{\sum_{i=1}^{n}(X_i - \overline{X})^2}{n-1}} \tag{47-2}$$

式中　X_i——第 i 次测量值；

$\overline{X}$——n 次测量值的平均值。

以这样得到的最大标准偏差为测量系统的重复误差 ε。

2. 部分校准

1）由于经济上的考虑，或受条件限制而不能按照“校准”部分所要求的点数进行校准时，可以使用相同的校准方法在较少的点上进行部分校准。

2）校准点的分布应根据测量系统的特性和过去的校准结果来选择，但应包括实际使用量程的首末两端点。

3. 校准周期

1）校准周期应根据测量系统的准确度等级和稳定性来决定。在两次校准之间，与校准误差有关的误差应为两次校准中算出的误差中的较大者。如果这样得到的误差超出应用范围，则应把下次校准的周期减半，并继续减半直到校准结果落入应用范围为止。如果这样做仍达不到 C 级准确度范围，则应淘汰该测量系统。

2）对于 A 级测量，在每次试验开始之前或每连续使用 48h 之后，或在怀疑有误用、损坏或校准值漂移时，都应进行校准。

对于 B 级测量，校准周期不得超过一年，部分校准周期不得超过一个月。

对于C级测量，要求至少每年部分校准一次。

注：如果测量系统未经使用，放置时间已超过规定的校准周期，则再次使用之前应进行部分校准。

47.1.8　液压传动测量技术　第2部分：密闭回路中平均稳态压力的测量（GB/T 28782.2—2012，ISO 9110－2：1990，IDT）

47.1.8.1　测量仪器读数不确定度的评定

1. 总则

本部分规定了由于观察者不能准确地读取被测参量指示值所致不确定度的确定程序。

2. 模拟量测量仪器—读数不确定度 *RE* 的计算

装有指示器和减小视差装置的测量仪器的读数不确定度（*RE*）计算公式为

$$RE=\frac{最小刻度值}{RF_1\times RF_2+2}$$

式中　RF_1 和 RF_2 由读出装置的特性决定，参照①和②。

① 规定两刻度线的间距为 w（mm），精确到10%以内，由式（47-3）计算 RF_1。

$$当\ w\geqslant 0.5\text{mm},RF_1=3(1-\varepsilon^{0.5-1.1w})$$
$$当\ w<0.5\text{mm},RF_1=0 \tag{47-3}$$

式中　ε——重复不确定度，按照JB/T 7033—2007中5.5的规定。

② 估算指针指示数据部分的指针宽度，近似到0.25mm。两刻度线的间距 w [见式（47-3）] 与指针宽度的比值为 α。RF_2 计算公式为

$$当\ \alpha\geqslant 1,RF_2=1-\varepsilon^{0.6(1-\alpha)}$$
$$当\ \alpha<1,RF_2=0$$

3. 数字式测量仪器—读数不确定度 *RE* 的计算

用下式计算读数不确定度系数：

RE = 最低有效位的最小变化值。

注：在一些数字显示装置中最低有效位不显示十个离散整数，在这种情况下，最小整数变化值，因读数装置而异。

47.1.8.2　工作仪表的校准

工作仪表应按照1)、2)的规定进行校准。

1）选择一个按JB/T 7033—2007中6.3规定的校准周期进行了可溯源性校准的参考标准仪器，并且该仪器无任何物理损坏，除非在其证书中有特别说明。

2）参考标准仪器应按鉴定书指定或仪器制造商推荐的方式安装。

3）按制造商推荐的方式或测量时所希望的位置来安装工作仪表。

4）断开负载，检查工作仪表的零值点。

5）连接工作仪表和参考标准仪器。

6）对于完整校准，至少记录 5 次试验的参考值和工作仪器的显示值，并且每次试验要在有效量程内的至少 20 个等距点上，使用同一组参考值测试。

允许局部校准。局部校准时，可根据应用情况和使用环境决定校准点数，并尽可能多的采用与完整校准时相同的参考值。

如果工作仪表受到迟滞的影响，校准时应增加或减少参考值。

7）使用由参考标准仪器校准得到的修正图表或数学模型，以减少参考标准仪器的不确定度影响。

8）在校准工作仪表时，由于存在系统误差，应对参考值进行修正。例如与物理量和可变的物理量（可测量）密切相关的环境因素的影响。

9）记录仪器的所有异常现象。

10）校准数据表应注明日期并签字后作为永久性文件安全保存。这些记录将是工作仪表的合格证明材料。

47.1.8.3 校准不确定度的确定

1. 总则

给出了推导工作仪表的数学模型及评价环境因素对校准和测量不确定度影响的方法。

2. 校准不确定度

从下面中给出的三种数学模型中选择一种适合的数学模型。在大多数仪表中，预期的校准不确定度将决定于所选择的数学模型。模型越复杂，得出的不确定度越小。

3. 数学模型

1）数学模型 1 是用于没有任何修正的读数装置的显示值。显示值与参考值的最大偏差，作为校准不确定度。把这个校准不确定度填入仪表的标签或记录下来。

2）数学模型 2，假定显示值 p_i 与物理变量的实际值 p_a 和各种环境影响因素有关，并见式（47-4）：

$$p_a = b_0 + p_i^k \sum_{i=1}^{m} b_i k + \sum_{i=1}^{n} a_i f(E_i) \quad (47\text{-}4)$$

式中 b_0，b_i，k——需要确定的系数；

a_i——线性增益系数，它表示影响的程度；

$f(E_i)$——影响测量实际值的 E_i 的函数式；

E_i——n 个环境影响因素之一。

用下列方法的任一组合确定 $f(E_i)$：

① 在校准工作仪表时，用公认的理论建立描述环境影响的函数，并对在受控试验中测到的试验数据进行线性回归，确定系数值。

② 使用制造商的数据。例如，由于温度引起的零漂，由于结构因素产生的非线性。

注：如果测量时的环境与校准时的环境基本一致，则环境因素可忽略。

③ 检查所有数据，在校准工作仪器所用到的每个参考点上，用数学模型计算出预测值，找出显示值与预测值的最大偏差。把这个最大偏差作为校准不确定度，填入仪表牌或记录下来。

④ 使用数学模型时，把测试中的显示值与环境因素代入式（47-4），所得结果是测试实际值的估算值。

3）数学模型3。

① 当测试时的显示值处于校准时各数据点之间时，假定修正是线性的，数学模型3采用逐点修正。

② 估算校准不确定度。

③ 对校准时的每一参考值 p_r 及5次试验的每个测量值，计算误差 $p_r - p_i$。

④ 对每一参考值，计算③中5次试验的误差值的平均值。

⑤ 对于每一个参考值，计算5个误差值中的每一个与平均值的差。误差值在③中计算，平均值在④中确定。

⑥ 取⑤中的最大值，把它作为校准不确定度记录下来。

⑦ 使用数学模型，由每个参考点的5次试验中，得出④中确定的平均值相对于显示平均值的曲线。

⑧ 为了获得实际值的最佳估算值，使用⑦中曲线去修正测量时得到的显示值。假设记录的离散数据之间采用线性插值法。

⑨ 用下述方式考虑环境因素：

选择使用一个数学模型，它包括了环境因素影响。

所用仪表不受环境因素明显影响。

检查测量时的环境因素与校准时的环境因素的一致性。

4. 仪表记录或标签

1）为工作仪表准备一个标签或其他的记录，以记载下列信息：

① 标准日期。

② 用于工作仪表校准的参考标准仪器的鉴定信息。

③ 按照建立的数学模型确定的工作仪表的校准不确定度。

④ 如果适用，根据47.1.8.1小节确定读数不确定度。

⑤ 工作仪表校准负责人的标识。

2）当使用标签时，要保证读出装置与工作仪表连接可靠，且标签不致偶然脱落和妨碍读数。

47.1.8.4 设备选择与安装

1. 选择

1）应选择按47.1.8.2小节校准过的工作仪表，将其连接或配置一个读出装置，该装置应按47.1.8.1小节进行过评定。工作仪表带有填写好的标签或记录。

2）仪表应由按47.1.8.3小节推出的数学模型来描述。

2. 测压点

1）按照图 47-20 选择和设置测压点。去除管壁内径可见毛刺。如果测压孔的结构不确定，将增加不确定度（“测压点不确定度计算” 部分）。

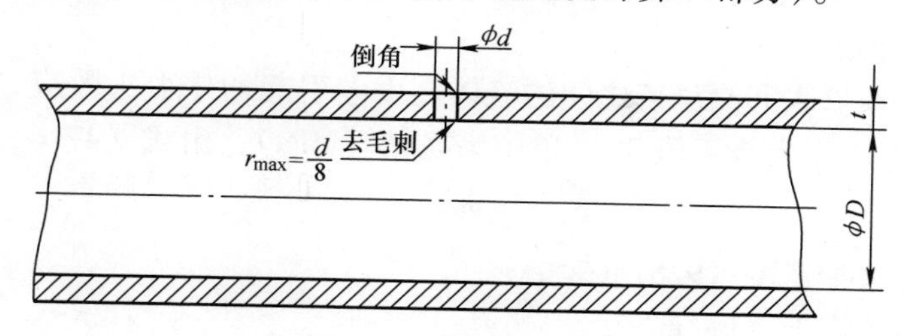

图 47-20 测压点详图

注：在管道同一截面上仅允许设置一个测压孔，并垂直于管道中心线钻孔，$t/d \geqslant 1.5$。

2）测压点距上下游扰动点的位置，应设置在距上游扰动点至少 $5D$ 处，距下游扰动点至少 $10D$ 处，或符合适用的元件或系统标准。

3. 测试装置

1）在安装和测试时，应采取必要的预防措施以保证人员和设备的安全。

2）工作仪表的安装方式应与校准时一致。

3）应排除工作仪表中的空气，管道连接点应尽量靠近工作仪表。

4）对温度敏感的工作仪表，其安装方式应使温度效应对测量无显著的影响。当其他方法无效时，为达到足够的隔热效果，可在测量点和工作仪表之间增加长度 250mm 的管路。

5）工作仪表的环境温度宜保持在其校准时的环境温度的 ±10℃之内。

6）建议压力测量装置管路长度不宜是泵基振频率波长 1/4 的奇数倍。

在液压油中，波长宜按式（47-5）计算：

$$\lambda=\frac{c}{f} \tag{47-5}$$

式中 λ——波长（m）；

c——传播速度（m/s），在刚性管中，近似为 1100m/s；在软管中，近似为 600m/s；

f——泵基振频率（Hz）。

4. 脉冲阻尼器

1）如果使用脉冲阻尼器，阻尼器的首选安装位置应尽量接近测压点，利用管道和工作仪表的液容所形成的阻尼。

注：有些阻尼器由于液阻不对称而引起测量误差。

2）在测试系统工作时调节阻尼器。关闭阻尼器，使指针的可视摆动停止。然后，慢慢打开阻尼器直到指针重新开始动作，但不应让指针摆动过度。

47.1.8.5 测试数据的获取和测压点不确定度影响的计算

1. 测试读数

仅在测量系统和测试系统达到稳定工况后读取测试值。

2. 压力头修正

1）由于工作仪表和测压点之间的流体高度差引起的压力头效应，应对每个压力读数进行修正。压力修正值 δ_{p_1}，单位为兆帕（MPa），由式（47-6）确定：

$$\delta_{p_1} = g\rho h \times 10^{-5} \quad (47\text{-}6)$$

式中 g——重力加速度（$9.81\mathrm{m/s^2}$）；

ρ——流体密度（$\mathrm{kg/m^3}$）；

h——流体压头（m）。

2）若测试期间流体高度变化，1）的不确定度影响计算必须使用可能产生的最大高度差。

3. 测压点引起的不确定度

利用压力修正值 δ_{p_2}（MPa），估算因测压点缺陷引起的不确定度，由式（47-7）确定：

$$\delta_{p_2} = Kv_c^2\rho \quad (47\text{-}7)$$

式中 K——经验常数，例如下列值：

$K=0.25\times10^{-4}$，用于符合47.1.8.4节中的测压点；

$K=1.44\times10^{-4}$，适用于测压孔的半径不能确定，但其他符合47.1.8.4节中的测压点；

$K=4.07\times10^{-4}$，用于不符合47.1.8.4节中的测压点；

v_c——测试期间的最大流体速度（m/s）；

ρ——流体密度（$\mathrm{kg/m^3}$）。

47.1.8.6 总的测量不确定度

用工作仪表和测量工况的各不确定度分量计算总的压力测量不确定度。为此，按式（47-8）求所有项的几何和：

$$\text{总不确定度} = \sqrt{A^2 + B^2 + C^2 + D^2} \quad (47\text{-}8)$$

式中 A——校准不确定度；

B——读数不确定度 RE；

C——流体压头不确定度；

D——测压点引起的不确定度。

47.1.9 液压元件可靠性评估方法（GB/T 35023—2018）

47.1.9.1 可靠性的一般要求

1）可靠性可通过47.1.9.2小节给出的三种方法求得。

2）应使用平均失效前时间（MTTF）和 B_{10} 寿命来表示。

3）应将可靠性结果关联置信区间。

4）应给出表示失效分布的可能区间。

5）确定可靠性之前，应先定义“失效”，规定元件失效模式。

6）分析方法和试验参数应确定阈值水平，通常包括：

① 动态泄漏（包括内部和外部的动态泄漏）。

② 静态泄漏（包括内部和外部的静态泄漏）。

③ 性能特征的改变（如失稳、最小工作压力增大、流量减少、响应时间增加、电气特征改变、污染和附件故障导致性能衰退等）。

除了上述阈值水平，失效也可能源自突发性事件。如：爆炸、破坏或特定功能丧失等。

47.1.9.2 评估可靠性的方法

通过失效或中止的实验室试验分析、现场数据分析和实证性试验分析来评估液压元件的可靠性。而不论采用哪种方法，其环境条件都会对评估结果产生影响。因此，评估时应遵循每种方法对环境条件的规定。

47.1.9.3 失效或中止的实验室试验分析

1. 概述

1）进行环境条件和参数高于额定值的加速试验，应明确定义加速试验方法的目的和目标。

2）元件的失效模式或失效机理不应与非加速试验时的预期结果冲突或不同。

3）试验台应能在计划的环境条件下可靠地运行，其布局不应对被试元件的试验结果产生影响。可靠性试验过程中，参数的测量误差应在指定范围内。

4）为使获得的结果能准确预测元件在指定条件下的可靠性，应进行恰当的试验规划。

2. 试验基本要求

试验应按照本标准适用的被评估元件相关部分的条款进行，并应包括：

1）使用的统计分析方法。

2）可靠性试验中应测试的参数及各参数的阈值水平，部分参数适用于所有元件，阈值水平也可按组分类。

3）测量误差要求按照 JB/T 7033 的规定。

4）试验的样本数，可根据实用方法（如：经验或成本）或统计方法（如：分析）来确定，样本应具有代表性并应是随机选择的。

5）具备基准测量所需的所有的初步测量或台架试验条件。

6）可靠性试验的条件（如：供油压力、周期率、负载、工作周期、油液污染度、环境条件、元件安装定位等）。

7）试验参数测量的频率（如：特定时间间隔或持续监测）。

8）当样本失效与测量参数无关时的应对措施。

9）达到终止循环计数所需的最小样本比例（如：50%）。

10）试验停止前允许的最大样本中止数，明确是否有必要规定最小周期数（只有规定了最小周期数，才可将样本归类为中止样本或不计数样本）。

11）试验结束后，对样本做最终检查，并检查试验仪器，明确这些检查对试验数据的影响，给出试验通过或失败的结论，确保试验数据的有效性（如：一个失效的电磁铁在循环试验期间可能不会被观测到，只有单独检查时才能发现，或裂纹可能不会被观测到，除非单独检查）。

3. 数据分析方法

1）应对试验结果数据进行评估。可采用威布尔分析方法进行统计分析。

2）应按照下列步骤进行数据分析：

① 记录样本中任何一个参数首次达到阈值的循环计数，作为该样本的终止循环计数。若需其他参数，该样本可继续试验，但该数据不应用于后续的可靠性分析。

② 根据试验数据绘制统计分布图。若采用威布尔分析方法，则用中位秩。若试验包含截尾数据，则可用修正的 Johnson 公式和 Bernard 公式确定绘图的位置。数据分析示例参见。

③ 对试验数据进行曲线拟合，确定概率分布的特征值。若采用威布尔分析方法，则包括最小寿命 t_0、威布尔斜率 β 和特征寿命 η。此外，使用 1 型 Fisher 矩阵确定 B_{10} 寿命的置信区间。

注：可使用商业软件绘制曲线。

47.1.9.4　现场数据分析

1. 概述

1）对正在运行产品采集现场数据，失效数据是可靠性评估依据。失效发生的原因包括设计缺陷、制造偏差、产品过度使用、累积磨损和退化，以及随机事件。产品误用、运行环境、操作不当、安装和维护情况等因素直接影响产品的寿命。应采集现场数据以评估这些因素的影响，记录产品的详细信息，如批号代码、日期、编码和特定的运行环境等。

2）数据采集应采用一种正式的结构化流程和格式，以便于分配职能、识别所需数据和制定流程，并进行分析和汇报。可根据事件或检测（监测）的时间间隔采集可靠性数据。

3）数据采集系统的设计应尽量减小人为偏差。

4）在开发上述数据采集系统时，应考虑个人的职位、经验和客观性。

5）应根据用于评估或估计的性能指标类型选择所要收集的数据。数据收集系统至少应提供：

① 基本的产品识别信息，包括工作单元的总数。

② 设备环境级别。

③ 环境条件。

④ 运行条件。

⑤ 性能测量。

⑥ 维护条件。

⑦ 失效描述。

⑧ 系统失效后的变更。

⑨ 更换或修理的纠正措施和具体细节。

⑩ 每次失效的日期、时间和（或）周期。

6）在记录数据前，应检查数据的有效性。在将数据录入数据库之前，数据应通过验证和一致性检查。

7）为了数据来源的保密性，应将用作检索的数据结构化。

8）可通过以下三个原则性方法识别数据特定分布类型：

① 工程判断，根据对生成数据物理过程的分析。

② 使用特殊图表的绘图法，形成数据图解表（见 GB/T 4091）。

③ 衡量给出样本的统计试验和假定分布之间的偏差；GB/T 5080.6 给出了一个呈指数分布的此类试验。

9）分析现场可靠性数据的方法可用：帕累托图、饼图、柱状图、时间序列图、自定义图表、非参数统计法、累计概率图、统计法和概率分布函数、威布尔分析法、极值概率法。

注：许多商业软件包支持现场可靠性数据的分析。

2. 现场调查数据的可靠性估计方法

计算现场数据平均失效前时间（MTTF）或平均失效前次数（MCTF）的方法，应与处理实验室数据的方法相同。使用 47.1.9.3 小节中“3. 数据分析方法”给出的方法，示例参见 GB/T 35023—2018 附录 A（见 47.1.9.8 小节），补充信息参见附录 B（见 47.1.9.9 小节）。

47.1.9.5 实证性试验分析

1. 概述

1）实证性试验应采用威布尔法，它是基于统计方法的实证性试验方法，分为零失效和零/单失效试验方案。通过使用有效历史数据定义失效分布，是验证小样本可靠性的一种高效方法。

2）实证性试验方法可验证与现有样本类似的新样本的最低可靠性水平，但不能给出可靠性的确切值。若新样本通过了实证性试验，则证明该样本的可靠性大于或等于试验目标。

3）试验过程中，首先选择威布尔法的斜率 β（参考文献［2］介绍了韩国机械与材料研究所提供液压元件的斜率值 β）；然后计算支持实证性试验所需的试验时间（历史数据已表明，对于一种特定的失效模式，β 趋向于一致）；最后对新样本进行小样本试验。如果试验成功，则证实了可靠度的下限。

4）在零失效试验过程中，若试验期间没有失效发生，则可得到特定的 B_i 寿命。i 表示累计失效率百分比的下标变量，如：对于 B_{10} 寿命，$i=10$。

除了在试验过程中允许一次失效之外，零/单失效试验方案和零失效试验方案类似。零/单失效试验的成本更高（更多试验导致），但可降低设计被驳回的风险。零/单失效试验方案的优势之一在于：当样本进行分组试验时（如：试验容量的限制），若所有样本均没有失效，则最后 1 个样本无须进行试验。该假设认为当有 1 个样本发生失效时，仍可验证该设计满足可靠性的要求。

2. 零失效方法

1）根据已知的历史数据，对所要试验的元件选择一个威布尔斜率值。

2）根据式（47-8）确定试验时间或根据式（47-9）确定样本数（推导过程参见 GB/T 35023—2018 附录 C）：

$$t = t_i\left[\frac{\ln(1-C)}{n\ln R_i}\right]^{1/\beta} = t_i\left[\left(\frac{1}{n}\right)\frac{\ln(1-C)}{\ln R_i}\right]^{1/\beta} = t_i\left(\frac{A}{n}\right)^{1/\beta} \tag{47-9}$$

$$n = A\left(\frac{t_i}{t}\right)^{\beta} \tag{47-10}$$

式中　t——试验的持续时间，以时间、周期或时间间隔表示；

t_i——可靠性试验指标，以时间、周期或时间间隔表示；

β——威布尔斜率，从历史数据中获取；

R_i——可靠度 $(100-i)/100$；

i——累计失效率百分比的下标变量（如：对于 B_{10} 寿命，$i=10$）；

n——样本数；

C——试验的置信度；

A——查表 47-27 或根据式（47-9）计算。

表 47-27　A 值

C（%）	R_i				
	R_1	R_5	R_{10}	R_{20}	R_{30}
95	298.1	58.40	28.43	13.425	8.399
90	229.1	44.89	21.85	10.319	6.456
80	160.1	31.38	15.28	7.213	4.512
70	119.8	23.47	11.43	5.396	3.376
60	91.2	17.86	8.70	4.106	2.569

3）开展样本试验，试验时间为上述定义的 t，所有样本均应通过试验。

4）若试验成功，则元件的可靠性可阐述如下：

元件的 B_i 寿命已完成实证性试验，试验表明：根据零失效威布尔方法，在置信度 C 下，该元件的最小寿命至少可达到 t_i（如：循环、小时或千米）。

3. 零/单失效方法

1）根据已知的历史数据，确定被试元件的威布尔斜率值β。

2）根据式（47-11）确定试验时间。

$$t_1 = t_j\left(\frac{\ln R_0}{\ln R_j}\right)^{1/\beta} \tag{47-11}$$

式中 t_1——试验的持续时间，以时间、周期或时间间隔表示；

t_j——可靠性试验指标，以时间、周期或时间间隔表示；

R_0——零（单）失效的可靠度根值（见表47-28）；

β——威布尔斜率，从历史数据中获取；

R_j——可靠度$(100-j)/100$；

j——累计失效率百分比的下标变量（如：对于B_{10}寿命，$j=10$）。

3）样本试验的试验时间t_1由式（47-11）确定，在试验中最多只能有1个样本失效。当不能同时对所有样本进行试验时，若除了最后1个样本以外的所有样本均试验成功，则最后1个样本无须试验。

4）若试验成功，则元件的可靠性可阐述如下：

元件的B_i寿命已完成实证性试验，试验表明：根据零（单）失效威布尔方法，在置信度C下，该元件的最小寿命至少可达到t_j（单位为循环、小时或千米）。

表47-28 R_0值

C（%）	n								
	2	3	4	5	6	7	8	9	10
95	0.0253	0.1353	0.2486	0.3425	0.4182	0.4793	0.5293	0.5708	0.6058
90	0.0513	0.1958	0.3205	0.4161	0.4897	0.5474	0.5938	0.6316	0.6631
80	0.1056	0.2871	0.4176	0.5098	0.5775	0.6291	0.6696	0.7022	0.7290
70	0.1634	0.3632	0.4916	0.5780	0.6397	0.6857	0.7214	0.7498	0.7730
60	0.2254	0.4329	0.5555	0.6350	0.6905	0.7315	0.7629	0.7877	0.8079

47.1.9.6 试验报告

试验报告应包含以下数据：

1）相关元件的定义。

2）试验报告时间。

3）元件描述（制造商、型号、名称、序列号）。

4）样本数量。

5）测试条件（工作压力、额定流量、温度、油液污染度、频率、负载等）。

6）阈值水平。

7）各样本的失效类型。

8）中位秩和95%单侧置信区间下的B_{10}寿命。

9）特征寿命η。

10）失效数量。

11）威布尔分布计算方法（如：极大似然法、回归分析、Fisher 矩阵）。

12）其他备注。

47.1.9.7 标注说明

当遵循标准 GB/T 35023—2018 时，在试验报告、产品样本和销售文件中作下述说明：

“液压元件可靠性测试和试验符合 GB/T 35023《液压元件可靠性评估方法》的规定”。

47.1.9.8 失效或中止的实验室试验分析计算示例

1. 无中止型失效数据分析示例

假设在一次可靠性试验中，样本数为 7 个，在试验中测量 5 个参数（a、b、c、d 和 e）。随着试验的进行，采集在不同循环次数下各个参数的原始数据。在某些时候，其中某个参数达到其阈值水平，记录下此时的循环次数，参见表 47-29。样本的终止循环计数（表格中阴影部分所示）是该样本的任何一个参数首次达到阈值时的循环次数。当至少有超过一半的样本（本示例中为 4 个样本）达到其终止循环计数时，则试验完成。本示例说明，在试验超出样本的终止循环计数时，若继续试验时，样本的其他参数达到阈值的情况。

表 47-29 试验样本的阈值和数据

终止循环计数	阈值				
	参数 a：×××	参数 b：×××	参数 c：×××	参数 d：×××	参数 e：×××
11.8×10^6			样本 5		
21.5×10^6		样本 1			
30.2×10^6					样本 2
31.6×10^6	样本 2			样本 5	
39.8×10^6					样本 1
41.1×10^6		样本 5			
42.9×10^6	样本 6				
42.9×10^6	试验结束——样本 3、4、7 终止试验				

注：部分样本未达到其阈值，它们是在试验结束时终止的。

由表 47-30 中的数据绘制威布尔图。

表 47-30 威布尔图数据

序列	循环数	中位秩
1	11.8×10^6	0.0946
2	21.5×10^6	0.2297
3	30.2×10^6	0.3649
4	42.9×10^6	0.5000

注：中位秩的值与样本数（本示例中为 7 个样本）有关。本示例中，中位秩的值用 Beta 二项式（47-12）计算。

$$r_M = \frac{P_r - 0.3}{N_{text} + 0.4} \tag{47-12}$$

式中　P_r——序列；

N_{test}——试验样本数（本示例中为 7 个样本）。

95% 置信区间根据 1 型 Fisher 矩阵法计算。

当 $F(t) = 0.1$，由图 47-21 所示的数值，使用三参数威布尔公式计算 t 的值［见式（47-13）］。根据中位秩曲线，可得出 B_{10} 寿命如下：

$$F(t) = 1 - e^{-(\frac{t-t_0}{\eta - t_0})^{\beta}} \tag{47-13}$$

$$0.1 - 1 - e^{-(\frac{t-3.76\times10^6}{51.7\times10^6-3.76\times10^6})1.24}$$

$$t = (51.7\times10^6 - 3.76\times10^6)\times[\ln(1/0.9)]^{1/1.24} + 3.76\times10^6$$

50% 置信度（中位秩曲线）下的 B_{10} 寿命：$t = 11.5\times10^6$ 次。

由威布尔图分析得到：95% 置信度下，B_{10} 寿命是 6.2×10^6 次（循环次数）。

注：威布尔曲线在其底部是弯曲的，表明最小寿命值是可能存在的。这说明三参数威布尔公式是合理的。

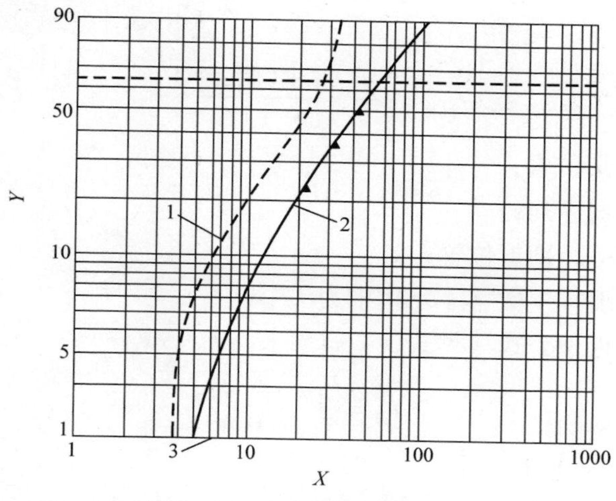

图 47-21　示例 1 的威布尔图

X—记录周期（10^6 次）　Y—累积失效概率（%）　1—95% 单侧置信区间的上限
2—三参数威布尔分布的中位秩　3—95% 置信度下的 B_{10} 寿命

注：最小寿命为 3.76×10^6 次，特征寿命为 51.7×10^6 次，斜率为 1.24，MTTF 为 52.0×10^6 次。

2. 截尾数据分析示例

在一些情况下，某些样本在其失效之前就被移除掉，而其他样本继续试验。样本移除的原因可包括设备失效、外部损坏（如：火、停电）、由于检查而移除等与试验目的无关情况。被移除的样本不能返回试验项目，应被归入截尾样本中。本示例说明如何评估这种情况下元件的可靠性。

参见表 47-31，其阴影部分表示样本首次达到阈值时的循环次数。

表47-31　试验样本的阈值和数据

终止循环计数	阈值				
	参数 a：×××	参数 b：×××	参数 c：×××	参数 d：×××	参数 e：×××
11.8×10^6			样本5		
21.5×10^6		样本1			
25.0×10^6	样本4被移除				
30.2×10^6					样本2
31.6×10^6	样本2			样本5	
35.0×10^6	样本3被移除				
39.8×10^6					样本1
41.1×10^6		样本5			
42.9×10^6	样本6				
42.9×10^6	试验结束——样本7从试验中移除				

在本示例中，由于截尾出现在试验过程中，所以，应使用Johnson和Bernard公式计算终止试验样本的中位秩。图形位置使用Johnson公式［见式（47-14）］计算：

$$P_{plot}=\frac{S_rP_{p-1}+(N_{test}+1)}{S_r+1} \tag{47-14}$$

式中　P_{plot}——图形位置；

S_r——反向序列；

P_{p-1}——前一个图形位置；

N_{test}——试验样本数（本示例中为7个样本）。

使用Bernard近似公式［见式（47-15）］计算中位秩 r_M：

$$r_M=\frac{P_{plot}-0.3}{N_{test}+0.4} \tag{47-15}$$

表47-32描述了上述计算。

表47-32　含中止的试验结果的图形位置与中位秩

终止循环计数	样本编号	序列	反向序列	状态	图形位置	中位秩
11.8×10^6	5	1	7	失效	1	0.0946①
21.5×10^6	1	2	6	失效	2	0.2297①
25.0×10^6	4	3	5	中止	—	—
30.2×10^6	2	4	4	失效	3.2	0.3910
35.0×10^6	3	5	3	中止	—	—
42.9×10^6	6	6	2	失效	4.8	0.6081
42.9×10^6	7	7	1	终止	—	—

① 前两个条目的图形位置无须根据Johnson公式计算，其中位秩可由标准值表或Bernard近似公式得出。为保证一致性，本示例中使用的是Bernard近似公式。

使用计算出的图形位置和中位秩，可得到威布尔图，其结果如图 47-22 所示。

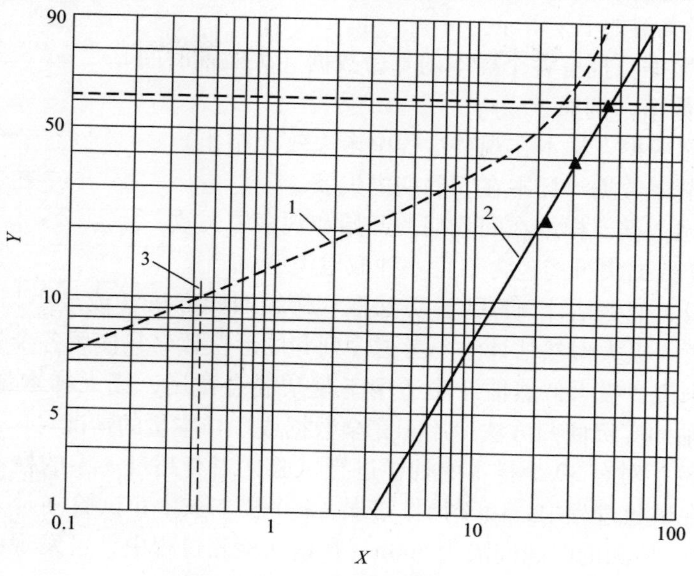

图 47-22　示例 2 的威布尔图

X—记录周期（10^6 次）　Y—累计失效概率（%）　1—95% 单侧置信区间的上限

2—二参数威布尔分布的中位秩　3—95% 置信度下的 B_{10} 寿命

注：最小寿命为 0 次，特征寿命为 45.1×10^6 次，斜率为 1.74，MTTF 为 40.2×10^6 次。

95% 置信度根据 1 型 Fisher 矩阵法计算。

当 $F(t)=0.1$，使用二参数威布尔公式［见式（47-16）］计算 x 的值，根据中位秩曲线，得出 B_{10} 寿命如下：

$$F(t)=1-e^{-(t/\eta)^{\beta}}$$

$$0.1=1-e^{-[t/(45.1\times10^6)]^{1.74}} \tag{47-16}$$

$$t=45.1\times10^6\times[\ln(1/0.9)]^{1/1.74}$$

50% 置信度（中位秩曲线）下的 B_{10} 寿命：$t=12.4\times10^6$ 次。

由威布尔图分析得到：95% 置信度下，B_{10} 寿命是 4.8×10^6 次（循环次数）。

注：威布尔曲线在其底部是直线型的，说明其最小值趋向于 0。这说明二参数威布尔公式是合理的。

3. 间歇试验示例

（1）概述　在可靠性试验中，通常不可能持续监测样本的状态（是否超过阈值）。因此，需要在定义的试验时间间隔内检测样本的状态（是否失效）。当元件在一个时间间隔内失效，由于失效的准确时间是未知的（如：该元件可能在间隔期的开始或结束时失效），会在一定程度上造成信息缺失。因此，需要选择一个合适的试验时间间隔。

间隔试验数据的典型类型包括左设限和右设限类型的截尾数据（中止）。

寿命数据类型如下。

1）完全数据：拥有各个样本的寿命数据（失效前时间）。

2）截尾数据，例如：

① 右截尾数据。样本在观察过程中未失效（中止）。

② 间隔截尾数据。样本在间隔期内失效。

③ 左截尾数据。样本在间隔期的开始和观察中失效。

注：一个数据集可能包含不止一种截尾类型。

可使用极大似然估计（MLE）方法取代等级回归方法（或最小二乘法，RRX）进行数据分析。极大似然估计法不考虑序列和图形位置，只使用各个失效或中止的时间。一般来说，极大似然估计法适用于复杂混合截尾，或大样本量（>30）的情况。而 X 轴的等级回归方法适用于完全数据或小样本量的情况。

（2）示例　对有30个样本的抽样进行试验，当有超过一半的样本失效时，则试验结束。在试验过程中，由于操作错误，1个样本被中止试验（计入下一时间间隔的失效数）。检测的时间间隔为400h。在这些检测过程中，可发现由于功能障碍或超过阈值水平而导致的失效，结果见表47-33。

表47-33　试验结果

该状态的样本数	最后检测时间/h	状态F或S	状态结束时间/h	截尾	抽样编号
1	0	F	400	左截尾	3
2	400	F	800	间隔截尾	21，24
1	800	F	1200	间隔截尾	5
2	1200	F	1600	间隔截尾	9，13
2	1600	F	2000	间隔截尾	27，10
1	2000	S	2400	右截尾	22①
1	2400	F	2800	间隔截尾	17
3	2800	F	3200	间隔截尾	6，11，19
2	3200	F	3600	间隔截尾	1，24
15	3600	S	3600	右截尾	2，4，7，8，12，15，16，18；20，23，25，26，28，29，30②

① 操作错误。

② 试验中这些样本全部被移除。

由于失效的准确时间未知，将时间间隔的平均值作为失效前时间。

用改进的Johnson公式［见式（47-13）］计算图形位置，用Bernard近似公式［见式（47-15）］计算中位秩，进而可绘制威布尔图，如图47-23（可由商业软件绘制）所示。

使用二参数威布尔分布，并使用极大似然法分析截尾数据。

分析结果如图47-23所示。斜率值β为1.34，表明元件已损耗（$\beta>1$）。在累积失效概率为10%和63.2%，B_{10}寿命和特征寿命η，可由曲线读出。

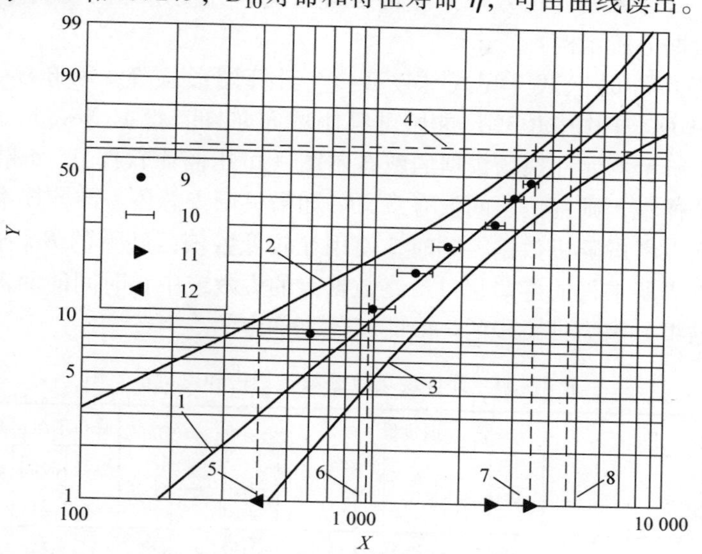

图47-23 间隔数据的威布尔图

X—时间（h） Y—累计失效概率（%） 1—二参数型威布尔分布的中位秩 2—95%置信区间的上限 3—5%置信区间的下限 4—特征寿命 5—95%置信度下的B_{10}寿命值（555h） 6—中位秩下的B_{10}寿命值（982h） 7—95%置信度下的特征寿命值（3410h） 8—中位秩下的特征寿命值（5070h） 9—数据点 10—间隔 11—右截尾数据 12—左截尾数据

从试验得出的结论：在95%置信度下，元件的B_{10}寿命为555h，特征寿命为3410h，MTTF=3131h。

47.1.9.9 现场数据分析计算示例

1. 现场调查数据的示例

47.1.9.8小节中的方法和式（47-12）~式（47-16）可用于现场采集到的数据。

不是所有元件在使用过程中都发生失效，所以现场数据通常为右截尾数据。为了评估元件总体的可靠性，需要掌握达到其失效和中止的时间信息。本示例给出一种使用销售和退货数据计算可靠性的方法。

表47-34统计了一个特定时间段内的销售和退货数据。“退货量”中的各行给出从最左列的销售月份起，接下来几个月的退货量。表格对角线上的阴影单元表示从销售月份起，在相同时间间隔内的退货量。这些数据在“威布尔所需数据”的“失效数”列中相加（如：在所有销售月份中，经两个月使用后，共有19个退货，对应“失效数”列的最后一个阴影单元）。左边第二列表示每个月的“销售量”，

右边第二列表示每个月的“净退回量”，将“销售量”减去“净退货量”，可得到“截尾数”。“威布尔所需数据”的“时间”列为对角单元的退货（失效）对应的间隔月数。如果可获得销售和退货的准确日期（即更为准确的实际失效前时间）。在这种情况下，计算元件失效和中止的准确时间，并使用标准图表分析数据（参见前述截尾数据分析示例）。

用改进的 Johnson 公式［见式（47-14）］计算图形位置，用 Bernard 近似公式［见式（47-15）］计算中位秩，进而可绘制威布尔图。根据 Nevada 表中的数据，绘制图 47-24 所示的元件现场数据的威布尔图（可用商业软件）。如果调查的现场数据包括总体样本，则置信区间没有意义。如果只调查总体一部分样本，则使用较低的置信区间以考虑随机数据。同时，使用在较低置信区间下的 B_{10} 寿命来声明元件的可靠性。当所求得的寿命超过最终数据点的失效或中止时间的两倍时，则不宜使用该推断结果，因为进一步的失效时间是不确定的。

表 47-34　元件现场数据集（销售和退货量）

销售量		退货量											威布尔所需数据			净退货量	
		二	三	四	五	六	七	八	九	十	十一	十二	失效数	时间月	截尾数		
一	815	1	1	2	2	3	0	2	5	8	7	7	7	11	777	38	一
二	879	0	2	2	3	4	2	3	4	4	6	8	15	10	841	38	二
三	891	0	0	1	1	4	2	5	4	5	7	8	22	9	854	37	三
四	867	0	0	0	0	2	3	5	4	7	6	4	20	8	836	31	四
五	826	0	0	0	0	2	3	1	2	6	5	8	25	7	799	27	五
六	879	0	0	0	0	0	0	3	3	4	5	7	26	6	857	22	六
七	827	0	0	0	0	0	0	1	3	2	2	4	29	5	815	12	七
八	879	0	0	0	0	0	0	0	0	1	2	2	23	4	874	5	八
九	854	0	0	0	0	0	0	0	0	1	1	3	23	3	849	5	九
十	855	0	0	0	0	0	0	0	0	0	0	2	19	2	853	2	十
十一	847	0	0	0	0	0	0	0	0	0	0	1	9	1	846	1	十一
十二	825	0	0	0	0	0	0	0	0	0	0	0	0	0	825	0	十二

47.1.9.8 小节的公式［式（47-12）~式（47-16）］可用于现场采集到的数据。B_{10} 寿命可根据式（47-13）计算。由二参数威布尔性质，$t_0=0$，式（47-13）简化为式（47-17），即

$$F(x)=1-e^{-(x/\eta)^{\beta}} \tag{47-17}$$

当斜率 $\beta=1.72$，位置参数 $\eta=58.75$ 时，可根据式（47-17）计算 B_{10} 寿命：

$$0.1=1-e^{-(x/58.75)^{1.72}}$$

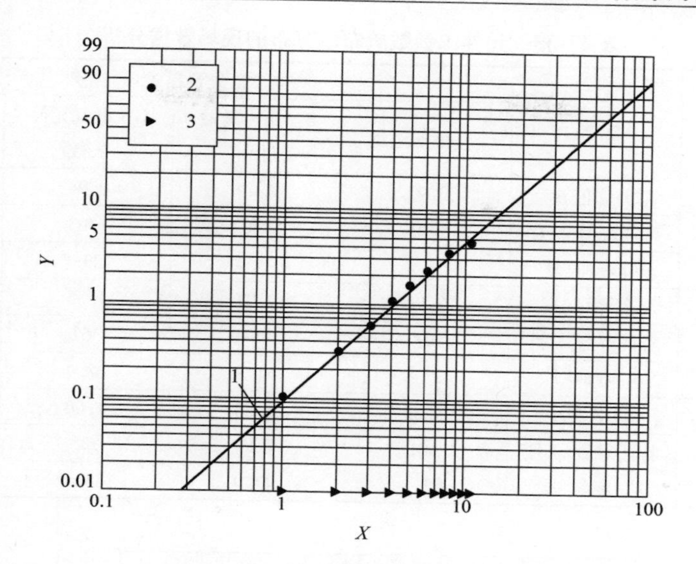

图 47-24　元件现场数据的威布尔图

X—时间（月）　Y—累计失效概率（%）　1—二参数威布尔分布的中位秩　2—数据点　3—截尾数据

注：特征寿命为 58.75，斜率为 1.72。

可得 $x=15.83$。

因此，被调查总体的 B_{10} 寿命为 15.83 个月。

2. 现场数据处理的可靠性特性

（1）概述　由于可靠性受多个参数和失效模式的影响，如果得到的可靠性只是根据对一种数据的分析，则需要谨慎考虑是否采纳该可靠性结果。如果元件可能会在多种不同的失效模式下失效，则该元件有不同的斜率值 β，元件的可靠性将取决于失效模式。应用条件（如：压力、污染物、流体、振动和温度）也将影响位置参数。由于以上原因，可能得到同一元件的不同可靠性值。所以，未指定前提的通用的元件可靠性声明将是不准确的。因此，当声明单个可靠性值时，需要使用从试验评估或现场数据得来的最保守的可靠性值。

（2）不同失效模式的示例　假设元件应用在多种不同的场合，且每种应用场合的环境条件也不同。对采集到的现场数据进行统计分析，参见表 47-35（为简化起见，本示例只给出结果，而非现场数据值）。

在正常的应用条件下（表 47-35 应用场合 1），分布的斜率 β 保持不变，而特征寿命 η 会随负载的变化而变化。但是，当发生一个以上的失效模式时（某些模式不受负载影响），则斜率 β 和特征寿命 η 都将改变。随着应用条件（表 47-35 应用场合 2 和应用场合 3）的变化，这些都可能进一步改变。

下列示例中，方向阀有三种失效模式，基于不同的应用条件，将得到不同的可靠性值，其威布尔图如图 47-25 ~ 图 47-27。

表 47-35　元件二参数威布尔分布的现场数据分析

应用场合	参数	失效模式			
		A：泄漏过量	B：压力增益过小	C：电气元件失效	D：整个液压元件失效
1. 正常使用	斜率值 β	3.92	2.49	0.94	1.85
	特征寿命 η/月	140	230	1363	180
	B_{10}寿命/月	78.8	93.3	123.7	53.5
2. 高压及污染物	斜率值 β	3.94	2.07	1.35	1.74
	特征寿命 η/月	67	154	362	119
	B_{10}寿命/月	37.8	51.8	68.4	32.6
3. 高温及振动	斜率值 β	4.65	2.28	1.00	1.17
	特征寿命 η/月	101	126	335	189
	B_{10}寿命/月	62.1	47.0	35.4	27.6

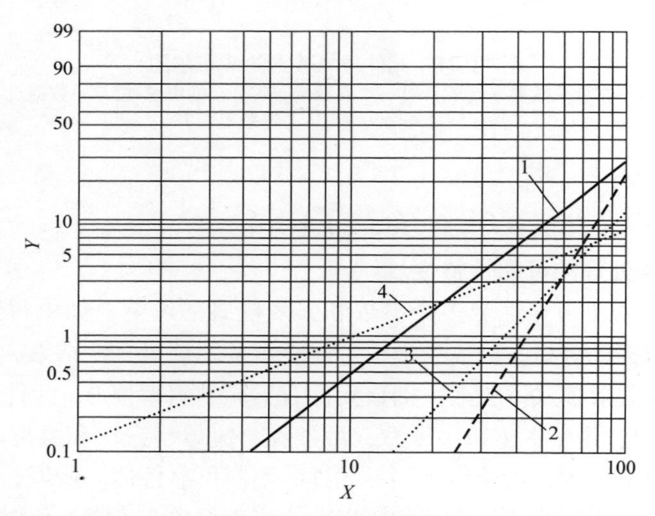

图 47-25　应用场合 1——正常使用条件下的威布尔图

X—时间（月）　Y—累计失效概率（%）　1—整个元件可靠度的中位秩：特征寿命 $\eta=180$，$\beta=1.85$　2—失效模式 A 下元件可靠度的中位秩：特征寿命 $\eta=140$，$\beta=3.92$　3—失效模式 B 下元件可靠度的中位秩：特征寿命 $\eta=230$，$\beta=2.49$　4—失效模式 C 下元件可靠度的中位秩：特征寿命 $\eta=363$，$\beta=0.94$

在正常使用条件下，整个元件的平均 B_{10}寿命是 53.5 个月，当其他应用场合的应力大于正常使用条件的应力时，由于单元的单个失效模式，整个元件的平均 B_{10}寿命减小。

47.1.9.10　实证性试验分析公式推导与计算示例

1. 零失效试验时间公式的推导

由威布尔手册参考文献［1］中的式（6-3）可得

$$R^n = 1 - C \tag{47-18}$$

式中　C——置信度。

由二参数威布尔的累计分布函数可得

$$R = e^{-(t/\eta_0)^\beta} \tag{47-19}$$

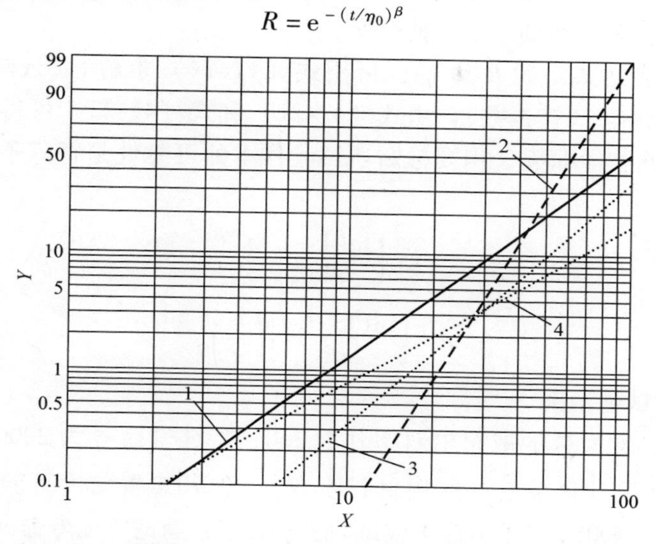

图 47-26　应用场合 2——高压及污染物使用条件下的威布尔图

X—时间（月）　Y—累计失效概率（%）　1—整个元件可靠度的中位秩：特征寿命 $\eta=119$，$\beta=1.74$　2—失效模式 A 下元件可靠度的中位秩：特征寿命 $\eta=67$，$\beta=3.94$　3—失效模式 B 下元件可靠度的中位秩：特征寿命 $\eta=154$，$\beta=2.07$　4—失效模式 C 下元件可靠度的中位秩：特征寿命 $\eta=362$，$\beta=1.35$

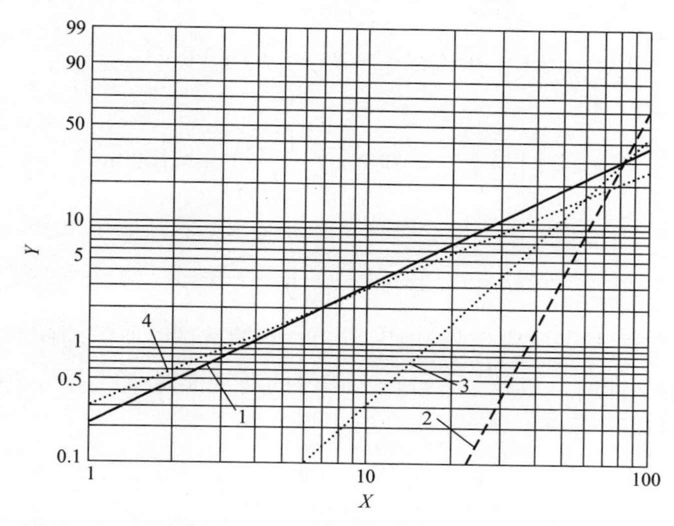

图 47-27　应用场合 3——高温及振动使用条件下的威布尔图

X—时间（月）　Y—累计失效概率（%）　1—整个元件可靠度的中位秩：特征寿命 $\eta=189$，$\beta=1.17$　2—失效模式 A 下元件可靠度的中位秩：特征寿命 $\eta=110$，$\beta=4.65$　3—失效模式 B 下元件可靠度的中位秩：特征寿命 $\eta=126$，$\beta=2.28$　4—失效模式 C 下元件可靠度的中位秩：特征寿命 $\eta=335$，$\beta=1.00$

分布函数上的特定值如下

$$R_i = \mathrm{e}^{-(t/\eta_0)^\beta} \tag{47-20}$$

式中　t——R 对应的试验时间；

η_0——零失效分布曲线的特征寿命。

通过替换表达式中的 R 和 η_0，可用式（47-21）求解 t（试验时间），或用式（47-22）求解 n（样本数）。由式（47-21）和式（47-22）可得到零失效方法所需的试验时间和样本数（当要推断所试验样本的可靠性是否等于或大于已提出的分布时）。

$$t = t_i\left[\frac{\ln(1-C)}{n\ln R_i}\right]^{1/\beta} \tag{47-21}$$

$$n = \left[\frac{\ln(1-C)}{\ln R_i}\right]\left(\frac{t_i}{t}\right)^\beta \tag{47-22}$$

2. 零失效试验示例

假设某液压泵总体的威布尔斜率 β 为 2.0，特征寿命 η 为 2000h（B_{10} 寿命为 650h）。当重新设计该泵后（所用材料不变），在 70% 置信度下验证该液压泵的 B_{10} 寿命至少为 1000h，4 个新样本应试验多长时间？新的特征寿命又是多少？若当可用试验时间只有 1200h，所需试验的样本数是多少？

由于重新设计的泵使用与初始设计相同的材料，威布尔斜率 β 将不变（β=2.0）。

通过描述，可得：当置信度为 10% 时，$B_i = B_{10}$；$R_i = R_{10} = 1-0.10 = 0.90$；$t_i = 1000\text{h}$，$n=4$；或者 $t_i = 1000\text{h}$，$t = 1200\text{h}$。

由表 47-27 可知，当 $C=70\%$，$B_i = B_{10}$ 时，$A = 11.43$。

由式（47-9），得

$$t = t_i\left(\frac{A}{n}\right)^{1/\beta} = 1000\times\left(\frac{11.43}{4}\right)^{1/2} = 1690\text{h}$$

或由式（47-9），得

$$n = 11.43\times\left(\frac{1000}{1200}\right)^2 = 7.9\approx 8$$

上述为零失效试验所需的试验时间或为时间缩减试验所需的样本数。

当已知 B_{10} 寿命时，威布尔累计分布函数的新特征寿命可用式（47-20）确定，并用式（47-23）解出。

$$\eta_0 = \frac{t_i}{(-\ln R_i)^{1/\beta}} = \frac{1000}{(-\ln 0.9)^{1/2}}\text{h} = 3080.78\text{h} \tag{47-23}$$

满足 4 个样本在 1690h 的试验过程中均未失效或 8 个样本在 1200h 的试验过程中均未失效，在 70% 置信度下，该液压泵的 B_{10} 寿命至少为 1000h，新的特征寿命为 3081h。

为了确定相同的可靠性和置信度，采用 4 个样本进行标准试验，确定其威布尔图所需的试验时间如下［用第四次失效时的 R_i 值重新求解式（47-23）］：

$$3081\times(-\ln 0.1591)^{1/2}\text{h}=4177\text{h}$$

因此，与在威布尔分布未知的标准失效试验的试验时间相比，零失效试验节省的试验时间为：

$$(4177-1690)\text{h}=2487\text{h}$$

应指出的是，本示例中假设时间缩减试验和标准试验的威布尔曲线是相同的，且第四次失效的可靠性值（4 个样本的）取自中位秩曲线。由于时间缩减试验曲线是 70% 置信度曲线，所以计算结果不是完全正确的，只是对比计算。

3. 零（单）失效时间公式的推导

由威布尔手册的参考文献［1］中式（6-5），得：

$$(1-C)=R^n+nR^{n-1}(1-R) \tag{47-24}$$

上式描述了零（单）失效的二项式概率。

确定满足上式的 R 值（在［0，1］区间上），计算过程如下：

$$X=R^n+nR^{n-1}(1-R)-(1-C)$$

对于选定的 C 和 n 的值，能推出公式 $X=0$ 的根。这些根可通过绘制 C 的表格得到，该表的列为样本数 n（$2\leqslant n\leqslant 10$），行为 R（$0\leqslant R\leqslant 1$）。该表的单元格为 C 值表中 n 值对应的 X 的值和 $X=0$ 时 R 的根值。C 值的其他表可得出相似的结果。

将 R 的根值用于二参数威布尔累计分布公式，即：

$$R_0=\mathrm{e}^{-(t_1/\eta_{01})^\beta} \tag{47-25}$$

式中　R_0——特定的 C 和 n 对应的 R 值；

t_1——与 R_0 值对应的试验时间；

η_{01}——零（单）失效分布曲线的特征寿命。

零（单）失效分布曲线上的其他值可根据下式求出：

$$R_j=\mathrm{e}^{-(t_j/\eta_{01})^\beta} \tag{47-26}$$

综合式（47-25）和式（47-26），可得到下式：

$$t_1=t_j\left(\frac{\ln R_0}{\ln R_j}\right)^{1/\beta} \tag{47-27}$$

式（47-27）给出了零（单）失效试验方法中，当要推断所试验样本的可靠性是等于或大于已提出的分布时，所需的试验时间 t_1。

4. 零单失效试验示例

使用与“零失效试验示例”中相同的示例，假设有威布尔斜率 β 为 2.0，特征寿命 η 为 2000h（B_{10}寿命为 650h）的叶片泵总体样本。当重新设计该泵（所用材料不变），4 个新样本应试验多长时间，才能验证在 70% 置信度下，B_{10}寿命至少为 1000h？该情况下新的特征寿命又是多少？

由于重新设计的泵使用与初始设计相同的材料，威布尔斜率 β 将不变（$\beta=2.0$）。在本示例中，选择与零失效试验示例中相同的 B_{10}寿命，则 $j=i$。

通过描述，可得：10%时，$B_j = B_{10}$；$R_j = R_{10} = 1 - 0.10 = 0.90$；$t_j = 1000\text{h}$，$n = 4$。

由表47-28可知，当 $C = 70\%$，$n = 4$ 时，$R_0 = 0.4916$。

然后，由式（47-27）可得零（单）失效试验所需的试验时间：

$$t_0 = t_j\left(\frac{\ln R_0}{\ln R_j}\right)^{1/\beta} = 1000 \times \left(\frac{\ln 0.4916}{\ln 0.90}\right)^{1/2}\text{h} = 2596.4\text{h}$$

使用已知的 B_{10} 寿命和式（47-27），新特征寿命可由威布尔累计分布函数确定，并用式（47-28）解出：

$$\eta_{01} = \frac{t_j}{(-\ln R_j)^{1/\beta}} = \frac{1000}{(-\ln 0.9)^{1/2}}\text{h} = 3080.78\text{h} \tag{47-28}$$

此结果与零失效方法相同。当两种情况使用相同的 B_{10} 寿命时，该结果是符合预期的。但是，因为零（单）失效方法允许发生一次失效，所以其要求的试验时间更长。因此，与威布尔分布参数未知的标准失效试验方法相比，零（单）失效试验方法节省的试验时间：

$$(4177 - 2597)\ \text{h} = 1580\text{h}$$

当不能同时对全部泵的样本进行试验时（可能每次只能试验一个），若在最后1个样本之前试验的其他样本均通过试验，则最后1个样本无须试验。这就是零（单）失效试验的含义。

零失效和零（单）失效试验方法的威布尔图如图47-28所示。

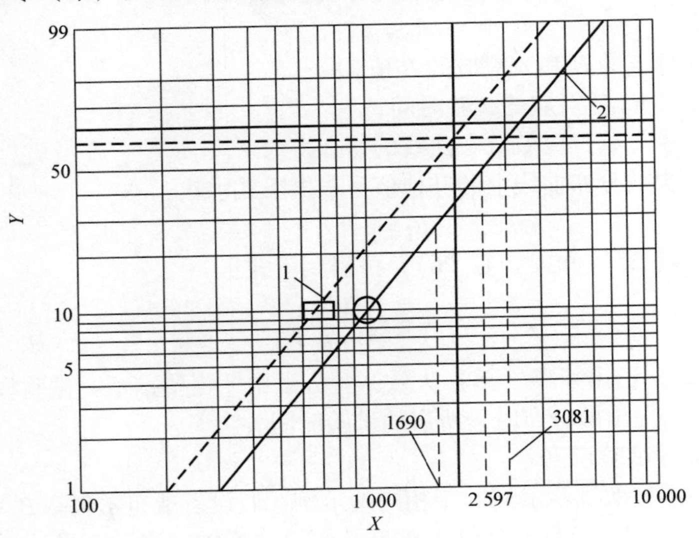

图47-28　零失效和零（单）失效试验方法的威布尔图

X—时间（h）　Y—累计失效概率（%）　1—现有液压泵

2—目标可靠性 B_{10} 寿命为1000h的新液压泵

47.1.10　液压元件　型号编制方法（JB/T 2184—2007）

1. 编制规则

1）编制液压元件型号一律采用汉语拼音字母及阿拉伯数字。

2）通常液压元件型号由两部分组成，前部分表示元件名称和结构特征，后部分表示元件的压力参数、主参数及连接和安装方式。两部分之间用横线隔开，如图 47-29所示。

① 前项数字：用阿拉伯数字表示，包括多级液压泵的级数、螺杆泵的螺杆数、分级（速）液压马达的级（速）数、液压缸的活塞杆数、伸缩式套筒液压缸的级数、换向阀的位置数与通路数、多联行程节流阀的联数、压力继电器和压力开关的接头点数等。对单级泵、双螺杆泵、单级（速）液压马达、单活塞杆缸等的前项数字省略。

② 元件名称：用大写汉语拼音第一音节的第一个字母表示，如遇重复则用其他音节的第一个字母表示，或借用一些常用代号的字母表示元件的名称。其代号见表 47-36。为了简化编号，除非在可能引起异义的情况下，否则液压阀（F）可以不标注。由两种以上元件组成复合元件时，各元件名称代号中间用斜线隔开。

③ 结构代号：用阿拉伯数字表示，名称、主参数相同而结构不同的元件，其代号编排顺序根据元件定型的先后给号，其中零号不必标注。

④ 控制方式或滑阀机能：用大写汉语拼音字母表示。控制方式代号见表 47-37。滑阀机能代号应符合 GB/T 786.1 的规定。

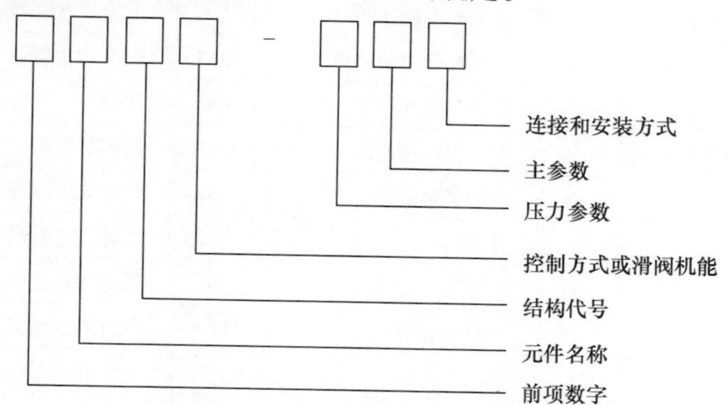

图 47-29　液压元件型号的基本组成

表 47-36　元件名称代号

元件名称	代号	元件名称	代号	元件名称	代号
液压泵	B	叶片泵	YB	径向柱塞泵	JB
齿轮泵	CB	螺杆泵	LB	曲轴式柱塞泵	QB
内啮合齿轮泵	NB	斜盘式轴向柱塞泵	XB	液压马达	M
摆线泵	BB	斜轴式轴向柱塞泵	ZB	齿轮马达	CM

（续）

元件名称	代号	元件名称	代号	元件名称	代号
液压马达	M	单向顺序阀	XA	※位※通电液动换向阀	※※$_{E}^{D}$Y
内啮合齿轮马达	NM	外控顺序阀	XY	※位※通手动换向阀	※※S
摆线马达	BM	单向外控顺序阀	XYA	※位※通行程换向阀	※※C
叶片马达	YM	平衡阀	PH	※位※通转阀	※※Z
谐波马达	XBM	外控平衡阀	PHY	※位※通比例换向阀	※※B
斜盘式轴向柱塞马达	XM	卸荷阀	H	多路阀	DL
斜轴式轴向柱塞马达	ZM	压力继电器	PD	电液伺服阀	DC
径向柱塞马达	JM	延时压力继电器	PS	梭阀	S
内曲线轴转马达	NJM	节流阀	L	液压锁	SO
内曲线壳转马达	NKM	单向节流阀	LA	截止阀	JZ
内曲线径向球塞马达	QJM	行程节流阀	LC	压力表开关	K
摆动马达	DM	单向行程节流阀	LCA	蓄能器	X
电液步进马达	MM	延时节流阀	LS	囊式蓄能器	NX
液压缸	G	溢流节流阀	LY	隔膜式蓄能器	MX
单作用柱塞式液压缸	ZG	调速阀	Q	活塞式蓄能器	HX
单作用活塞式液压缸	HG	单向调速阀	QA	活塞隔膜式蓄能器	HMX
单作用伸缩式套筒液压缸	※TG①	温度补偿调速阀	QT	弹簧式蓄能器	TX
双作用单活塞杆液压缸	SG	温度补偿单向调速阀	QAT	重力式蓄能器	ZX
双作用双活塞杆液压缸	2HG	行程调速阀	QC	过滤器	U
双作用伸缩式套筒液压缸	※SG	单向行程调速阀	QCA	网式过滤器	WU
电液步进液压缸	MG	比例调速阀	BQ	烧结式过滤器	SU
液压控制阀	—	分流阀	FL	线隙式过滤器	XU
溢流阀	Y	集流阀	JL	纸芯式过滤器	ZU
电磁溢流阀	Y$_{E}^{D}$②	单向分流阀	FLA	化纤式过滤器	QU
比例溢流阀	BY	分流集流阀	FJL	塑料片式过滤器	PU
卸荷溢流阀	HY	直通单向阀	A	冷却器	LQ
减压阀	J	直角单向阀	AJ	增压器	ZQ
单向减压阀	JA	液控单向阀	AY	液位计	YW
比例减压阀	BJ	※位※通电磁换向阀	※※$_{E}^{D}$	空气滤清器	KU
顺序阀	X	※位※通液动换向阀	※※Y		

① ※表示前基数字。

② D表示交流，E表示直流。

⑤ 一个元件如有几种控制方式或滑阀机能时，可按它们在元件中排列的位置，

顺序写出其代号，中间用“、”分开。如遇 N 个相邻的相同代号，可简写成“N·滑阀机能代号”。

表 47-37　控制方式代号

控制方式	代号	控制方式	代号
直流电磁铁控制	E	稳流量控制	V
交流电磁铁控制	D	恒功率控制	N
比例控制	B	限压控制	X
液压控制	Y	温度补偿控制	T
手动控制	S	伺服控制	C
恒压力控制	P	手动伺服控制	SC
恒流量控制	Q	电液伺服控制	DC

⑥ 压力参数：是指元件的公称压力或额定压力，其数值应符合 GB/T 2346 的规定。用大写汉语拼音字母表示，代号见表 47-38。若元件带有分级弹簧，则压力参数右下角用小写汉语拼音字母表示调压范围的最大值或单向阀的开启压力。分级代号另行规定。对具有几个压力参数的复合元件，用斜线将各压力参数代号隔开。

表 47-38　压力参数代号

压力/MPa	代号	压力/MPa	代号
1.6	A	40	J
2.5	B	50	K
6.3	C①	63	L
10	D	80	M
16	E	100	N
20	F	125	P
25	G	160	Q
31.5	H	200	R

① C 可以省略。

⑦ 主参数：用阿拉伯数字表示，其数字为元件主参数的公称值，各类元件的主参数及单位见表 47-39。

表 47-39　元件的主参数及单位

元件类别	主参数	单位
液压泵	排量	mL/r
液压马达	排量	mL/r
径向液压马达	排量	L/r
液压缸	缸内径×行程	mm×mm

（续）

元件类别	主参数	单位
液压阀	通径	mm
蓄能器	容量	L
过滤器	额定流量×过滤精度	L/min×μm
冷却器	公称传热面积	m^2

液压泵及马达的主参数：用液压泵及马达的排量表示，其数值应符合 GB/T 2347 的规定。

液压缸的主参数：用液压缸的缸内径和行程表示，其数值应符合 GB/T 2348 和 GB/T 2349 的规定。

液压阀的主参数：用液压阀的通径表示。

蓄能器的主参数：用蓄能器的容积表示，其数值应符合 GB/T 2352 的规定。

过滤器的主参数：用过滤器的额定流量和过滤精度表示。其数值应符合 GB/T 20079 的规定。

冷却器的主参数：用冷却器的公称传热面积表示，其数值应符合 JB/T 5921 的规定。

⑧ 连接和安装方式：用大写汉语拼音字母表示，其代号见表 47-40。其中板式连接、法兰安装不必标注。

表 47-40 连接和安装方式代号

连接和安装方式	代号	连接和安装方式	代号
螺纹连接	L	铰轴安装	Z
板式连接	省略	耳环安装	E
法兰连接	F	球铰安装	Q
插入连接	R	脚架安装	J
叠加连接	D	法兰安装	—

3）对品种复杂的元件，在型号中允许增加第三部分表示元件的其他特征和其他细节说明，第三部分与第二部分间用横线隔开，如图 47-30 所示。

① 其他特征代号：见表 47-41，其中弹簧对中、圆柱形轴伸、右旋、带壳体（液压泵）等不必标注。

② 其他细节说明可包括：设计序号、制造商代号、工作介质、温度要求等，其标注方式由制造商确定。

4）在产品标准中已经对型号的编排给出明确规定的元件，应按产品标准的规定执行。

5）本标准未涉及的元件，型号的编排可根据本标准规定的原则和方法进行派生。

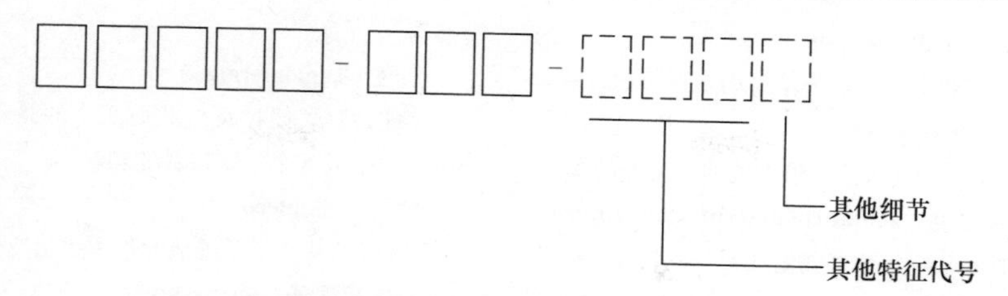

图 47-30 复杂液压元件型号的基本组成

表 47-41 其他特征代号

项目	代号	项目	代号	项目	代号
定位	W	可调阻尼	ZT	左旋	X
液压对中（复位）	Y	矩形外花键轴伸	H	右旋	省略
弹簧对中（复位）	省略	矩形内花键轴伸	G	不带壳体	B
阻尼器	Z	渐开线外花键轴伸	K	带壳体	省略
双阻尼器	ZZ	渐开线内花键轴伸	N	带补油泵	U
行程调节机构（阀门用）	C	圆柱形轴伸	省略	带供油泵	F
行程端头阻尼	ZC	圆锥形轴伸	S	带制动器	D

47.1.11 流体传动系统及元件 词汇（GB/T 17446—2012/ISO 5598：2008）

实际的 actual

在给定时间和特定点进行物理测量所得到的

特征 characteristic

物理现象。示例：压力，流量，温度

工况 conditions

一组特性值

导出的 derived

基于在规定工况下进行实际测量得到的或由此计算出的

有效的 effective

特性中的有用部分

几何的 geometric

忽略诸如因制造引起的微小尺寸变化，利用基本设计尺寸计算出的

额定的 rated

通过试验确定的，据此设计元件或配管以保证足够的使用寿命

注：可以规定最大值和/或最小值

运行的 operating

系统、子系统、元件或配管，当执行其功能时所经历的

理论的 theoretical

利用基本设计尺寸，仅以可能包括估计值、经验数据和特性系数的公式计算出的，而非基于实际的测量

工作的 working

系统或子系统预期在稳态工况下运行的特性含义

磨损 abrashion

因磨耗、磨削或摩擦造成材料的损失

注：磨损的产物作为生成的颗粒性污染出现在系统中

绝对压力 absolute pressure

用绝对真空作为基准的压力

吸收式干燥器 absorbent dryer

〈气动〉利用吸湿剂来去除湿气的干燥器

有源输出 active output

装置在所有状态下的功率输出均来自于动力源

主动阀 active valve

〈气动〉需要与输入信号值无关的动力源的阀

实际元件温度 actual component temperature

在给定时间和规定位置测量的元件的温度

实际流体温度 actual fluid temperature

在给定时间和系统内规定位置测量的流体的温度

实际压力 actual pressure

在特定时间存在于特定位置的压力

工作位置 actuated position

在操纵力作用下，阀芯的最终位置

操作时间 actuated time

控制信号在开和关之间转换的时间

执行元件 actuator

将流体能量转换成机械功的元件

示例：马达，缸

过渡接头 adaptor

可将接合部位尺寸或型式不同的零件相连接的器件

添加剂 additive

〈液压〉添加于液压油液中的化学制品，以增加新的性质或加强已经存在的性质

可调节流阀 adjustable restrictor valve (adjustable throttle valve)

在进口与出口之间有可变的、可限定流道的流量控制阀

可调行程缸 adjustable stroke cylinder

其行程停止位置可以改变，以允许行程长度变化的缸

可调螺柱端管接头 adjustable stud end connector

在最终紧固之前，允许确定特定方位的螺柱端管接头

吸附式干燥器 adsorbent dryer

〈气动〉通过分子吸附阻留可溶性和不溶性污染物的干燥器

充气 aeration

〈液压〉空气被带入液压油液中的过程

后冷却器 after cooler

〈气动〉用来冷却从空气压缩机排出的空气的热交换器

团粒 agglomerate

不能被轻柔搅拌及由此而产生的微弱剪切力所分离的两个或多个紧密接触的颗粒

放气 air bleed

〈液压〉从一个系统或元件中排出空气的手段

空气滤清器 air breather

可以使元件（例如油箱）与大气之间进行空气交换的器件

空气滤清器容量 air breather capacity

通过空气滤清器的空气流量的量值

空气压缩机 air compressor

〈气动〉将机械能量转换成气压传动能量的子系统

气源处理装置 air preparation unit (FRL unit)

〈气动〉通常由一个过滤器、一个调压阀，有时还包括一个油雾器组成的总成，用于输出适当条件的压缩空气

耗气量 air consumption

〈气动〉为完成给定任务所需的空气流量或在一定时间内所用的空气体积

空气干燥器 air dryer

〈气动〉降低压缩空气的潮湿蒸汽含量的设备

排气口 air exhaust port

〈气动〉提供至排气系统通道的气口

空气过滤器 air filter

〈气动〉其功能是阻留来自大气中的污染物的元件

空气保险器 air fuse

〈气动〉一种流量控制阀，在正常情况下它在两个方向上允许自由流动，一旦元件出口侧配管发生故障，它使流量减少到很小的值

注：在故障未修复前全流量条件不恢复。空气保险器可以用作安全元件和/或用来减少空气消耗

空气混入量 air inclusion

〈液压〉系统流体中的空气体积

注：空气混入量以体积百分比表示

气马达 air motor

〈气动〉靠压缩空气驱动的连续旋转马达

空气净化器 air purifier

〈气动〉包含可去除指定污染物并达到规定纯净度的滤芯的压缩空气过滤器

排气能力 air release capacity

〈液压〉液压油液排出悬浮于其中的气泡的能力

气管排液口 air – line drain port

〈气动〉能使液体从气动系统排放的口

气液转换器 air – oil tank (pneumatic – hydraulic converter)

将功率从一种介质〈气体〉不经增强传递给另一种介质〈液体〉的装置

环境条件 ambient condition

系统的直接环境条件

示例：压力、温度等

环境温度 ambient temperature

元件、配管或系统工作时周围环境的温度

放大 amplification

输出信号与输入信号之比

防气蚀阀 anti – cavitation valve

〈液压〉有助于防止气蚀的单向阀

防锈性 anti – corrosive qualities

〈液压〉液压油液防止金属锈蚀的能力

注：对含水液尤为重要

挡圈 anti – extrusion ring (back – up ring)

防止密封件挤入被密封的两个配合零件之间的间隙中的环形件

抗磨性 anti – wear properties (lubricity)

〈液压〉在已知的运行条件下，流体通过在运动表面之间保持油膜来防止金属与金属接触的能力

含水液 aqueous fluid

〈液压〉除其他成分外，包含水作为主要成分的液压油液

示例：水包油乳化液、油包水乳化液、水聚合物乳化液

总成 assembly

包括两个或多个相互连接元件的系统或子系统的部件

装配扭矩 assembly torque (mounting torque)

实现紧固的最终连接所需的扭矩

大气露点 atmospheric dewpoint

在大气压下测量的露点

注：术语“大气露点”不宜与干燥压缩空气合用

大气压 atmospheric pressure

在给定地区与时间的大气的绝对压力

常压油箱 atmospheric reservoir

〈液压〉在大气压下存放液压油液的油箱

箱置回油过滤器 attachable return filter

〈液压〉附加在油箱上，其壳体穿过油箱壁，使用可更换滤芯过滤来自回油管路的液压油液的液压过滤器

箱置吸油过滤器 attachable suction filter

〈液压〉附加在油箱上，其壳体穿过油箱壁，使用可更换滤芯，过滤进入吸油管路的液压油液的液压过滤器

自燃温度 auto – ignition temperature

无外界火源而流体达到引燃的温度

注：实际值可以用几种认可的试验方法之一测定

自动排放阀 automatic drain valve

〈气动〉当达到预定程度时，自动排放已经收集的全部污染物的排放阀

自动颗粒计数 automatic particle counting

用自动的方法测量流体中的颗粒污染物

自动截止阀 automatic shut – off valve

当增大流量所引起的阀上压降超过预定值时，能够自动关闭的阀

辅助缓冲罐 auxiliary surge tank

〈气动〉为满足局部要求安装在系统中的附加缓冲罐

轴向柱塞马达 axial piston motor

〈液压〉具有几个相互平行的柱塞的液压马达

斜轴式轴向柱塞马达 axial piston motor, bent axis design (angled piston motor)

驱动轴与公共轴成一定角度的轴向柱塞马达

斜盘式轴向柱塞马达 axial piston motor, swashplate design

驱动轴平行于公共轴且斜盘与驱动轴不连接的轴向柱塞马达

轴向柱塞泵 axial piston pump

〈液压〉柱塞轴线与缸体轴线平行或略有倾斜的柱塞泵

斜轴式轴向柱塞泵 axial piston pump, bent axis design (angled piston pump)

〈液压〉驱动轴与公共轴成一定角度的轴向柱塞泵

斜盘式轴向柱塞泵 axial piston pump, swash-

plate design

〈液压〉驱动轴平行于公共轴且斜盘与驱动轴不连接的轴向柱塞泵

摆盘式轴向柱塞泵 axial piston pump, wobble design

〈液压〉驱动轴平行于公共轴且柱塞被连接于驱动轴的斜盘所驱动的轴向柱塞泵

轴向密封件 axial seal

靠轴向接触力密封的密封件

背压 back pressure

因下游阻力产生的压力

隔板 baffle

阻止直接流动并使之转向另一个方向的装置

铰接式管接头 banjo connector

利用一个空心螺栓来固定的管接头，其允许流体在与油（气）口成90°的平面上沿任何方向（360°）流动

平衡式叶片马达 balance vane motor

作用于内部转子上的横向力保持平衡的叶片马达

球阀 ball valve

靠转动带流道的球形阀芯连通或封闭油（气）口的阀

波纹管执行器 bellows actuator

一种不用活塞和活塞杆，而是靠带一个或多个波纹的挠性波纹管的膨胀产生机械力和运动的单作用线性执行元件

双向过滤器 bi - directional filter

在两个方向上均能过滤流体的过滤器

双向溢流阀 bi - directional pressure relief valve

有两个阀口，无须改动或调整，其中任何一个可以作为进口而另一个作为出口的溢流阀

可生物降解油液 bio - degradable fluid

如果被引入环境，能在很大程度上迅速生物降解的液压油液

示例：甘油三酯（植物油）、聚乙二醇、合成脂

囊式蓄能器 bladder accumulator

〈液压〉一种充气式蓄能器，在其内部液体和气体之间用柔性囊隔离

放气管路 bleed line

〈液压〉将空气从液压系统排出的管路

封闭接头 blocking connector

〈气动〉先导控制单向阀的一种形式，它直接旋入气缸的气口，以便当先导控制信号解除时将空气截留在气缸中

喷枪 blowgun

〈气动〉一种设计成手持式的手动二通阀，通过喷嘴排出压缩空气并向目标定向吹出

复合密封件 bonded seal

用弹性体材料粘接于刚性基衬件所制成的密封件

组合垫圈 bonded washer

由一个扁平的金属垫圈与一个同心的合成橡胶密封圈粘接而成的静密封垫片

增压压力 boost pressure

一种压力，在此压力下补充的油液通常被提供给闭环回路或次级泵

分支 branch

T形管接头或十字形管接头的侧面出口

起动压力 breakaway pressure (breakout pressure)

开始运动所需的最低压力

流体的体积弹性模量 bulk modulus of a fluid

施加于流体的压力变化与所引起的体积应变之比

注：流体的体积弹性模量是流体压缩率的倒数

隔壁式管接头 bulkhead connector

适用于连接隔壁或隔墙两侧硬管或软管的管接头，使流体可以通过隔壁或隔墙

爆破 burst

由过高压力引起壳体破坏，使得封闭容积中的物质向外释放

示例：过滤器爆破、软管爆破

爆破压力 burst pressure

引起元件或配管破坏和流体外泄的压力

蝶阀 butterfly valve

阀芯由圆盘构成的直通阀，该圆盘围绕垂直于流动方向的直径轴转动

插装阀 cartridge valve

只能与含有必要流道的偶合壳体结合才能运行的阀

气穴 cavitation

〈液压〉在液流中局部压力降低到临界压力（通常是液体的蒸气压力）处，出现的气体或蒸汽的空穴

注：在气穴状态下，液体会高速穿过空穴产生输出力效应，这不仅会产生噪声，而且可能损坏元件

卸压中位　centre open to exhaust position (negative position)

〈气动〉进口封闭且出口连通到排气口的阀中位

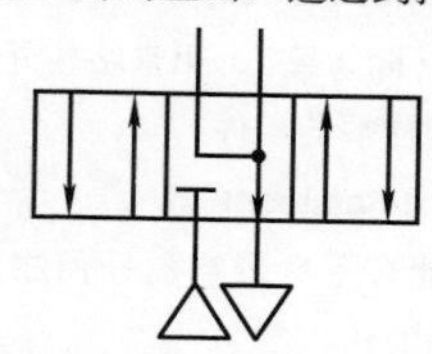

加压中位　centre open to pressure position (positive position)

〈气动〉进口连通到两个出口且排气口封闭的阀中位

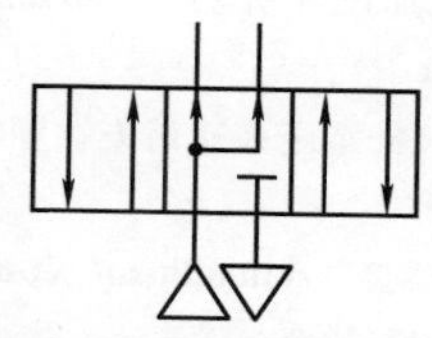

离心分离器　centrifugal separator

利用径向加速度来分离比重不同于被净化流体的液体和/或固体颗粒的分离器

充气压力　charge pressure

元件充气后达到的压力

类似术语见：预充气压力、预加载压力和设置压力

供油泵　charge pump

〈液压〉一种液压泵，其功能是提高另一个泵的进口压力

氯化烃油液　chlorinated hydrocarbon fluid

〈液压〉一种由芳香烃或链烷烃组成的不含水的合成液压油液，其中某些氢原子被氯代替，氯的存在使之成为一种难燃液压油液

注：这类难燃液压液具有良好的润滑性和抗磨性、良好的贮存稳定性和耐高温性。因为有害环境并导致生物积累，氯化烃油液的使用受到普遍限制

氯丁橡胶　chloroprene rubber; CR

由氯丁二烯聚合成的弹性体材料

注：氯丁橡胶具有良好的耐石油基油液性能以及良好的耐臭氧性和耐气蚀性

壅塞流量　choked flow

〈气动〉当压力比低于临界压力比时，流体可能通过流道的最大流动量

注：通过流道的流体速度为声速。

循环泵　circulating pump

〈液压〉一种液压泵，其主要功能是循环液压油液以便实现冷却、过滤和/或润滑

可清洁滤芯　cleanable filter element

当堵塞时，通过适当方法可以恢复到初始流量-压差特性的可接受百分比的滤芯

清洁度　cleanliness level

与污染度对应的，衡量元件或系统清洁程度的量化指标

堵塞　clogging

由于固体或液体颗粒沉积致使流动减缓和/或压差增大的现象

封闭中位　closed centre position

使所有阀口关闭的阀中位

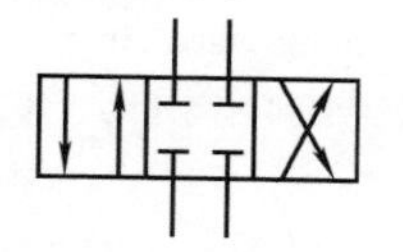

液压

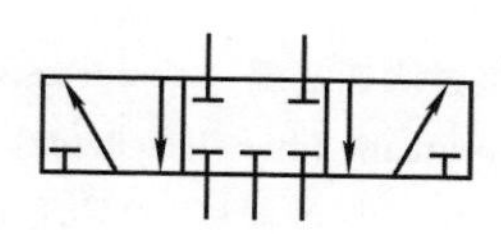

气动

闭式回路　closed circuit

〈液压〉返回的流体被引入泵进口的回路

封闭位置　closed position

〈液压〉使所有阀口都关闭的阀芯位置

封闭位置　closed position

〈气动〉进口供气与出口不连通的阀芯位置

关闭压力　closing pressure

在限定条件下使元件关闭的压力

聚结式过滤器　coalescing filter

〈气动〉一种压缩空气过滤器，其靠吸附方法使液体雾状颗粒汇合成较大体积，然后从气流中坠落而被去除

压溃　collapse

由过高压差引起的结构向内的破坏

示例：滤芯压溃

夹套 collet

淬硬的，纵向开缝的环，它紧贴在硬管外径表面，实现箍紧，但不密封

相容流体 compatible fluid

对系统、元件、配管或其他流体的性质和寿命没有不良影响的流体

元件 component

由除配管以外的一个或多个零件组成的独立单元，作为流体传动系统的一个功能件

示例：缸、马达、阀、过滤器

复合滤芯 composite filter element

包括两种或多种类型、等级或配置的滤材，能提供单一滤材无法得到的特性的滤芯

组合密封件 composite seal

具有两种或多种不同材料单元的密封装置

示例：复合密封件和旋转轴唇形密封件

压缩空气 compressed air

〈气动〉被压缩到更高压力，作为功率传递介质的空气

压缩空气过滤器 compressed - air filter (pneumatic filter)

〈气动〉去除并阻留压缩空气中存在的固体和液体污染物的元件

压缩空气过滤调压器 compressed - air filter regulator (pneumatic filter - regulator)

〈气动〉由一个过滤器和一个调压阀组成一体的元件

注：过滤器始终在调压阀的上游侧

压缩空气油雾器 compressed - air lubricator (Pneumatic lubricator)

〈气动〉将润滑剂引入气动系统或元件的气源的元件

流体压缩率 compressibility of a fluid

当所受压力的每单位变化时，单位体积流体的体积变化

注：流体压缩率是流体体积弹性模量的倒数

压缩空气干燥 compression air drying

〈气动〉通过把空气压缩到一个较高的压力，冷却并抽出凝结水，最后膨胀到要求的压力来干燥空气

卡套式管接头 compression connector

利用螺母挤压卡套提供密封的管接头

导管 conductor

在管接头之间输送流体的硬管或软管

管接头（软管接头） connector (hose fitting)

把硬管、软管或管子相互连接或连接到元件的连接件

接头帽 connector cap

带内螺纹（阴螺纹），用来堵住并密封带外螺纹（阳螺纹）的螺柱端的零件

污染物 contaminant

对系统可能有不良影响的任何物质或物质组合（固体、液体或气体）

污染物颗粒迁移 contaminant particle migration

污染物颗粒在被阻留后移位

污染物颗粒尺寸分布 contaminant particle size distribution

依照颗粒尺寸范围表达污染物颗粒的数量和分布的表格或图形

污染物敏感度 contaminant sensitivity

由污染物引起的性能降低

污染 contamination

污染物侵入或存在

污染代码 contamination code

〈液压〉用于对液压油液中污染物颗粒尺寸分布做简短描述的一组数字。

注：ISO 4406 定义了这种代码

污染度 contamination level

规定污染程度的量化术语

注：通常用于流体

连续控制阀 continuous control valve

响应连续的输入信号以连续方式控制系统能量流的阀

注：包括所有类型的伺服阀和比例控制阀

连续增压器 continuous pressure intensifier

将初级流体连续供给到进口，可以使次级流体产生连续流动的增压器

控制流量 control flow rate

实现控制功能的流量

控制机构 control mechanism

向元件提供输入信号的装置

控制压力 control pressure

在控制口用来提供控制功能的压力

控制信号　control signal

施加于控制机构的电气信号或流体压力

控制系统　control system

控制流体传动系统的手段，将此系统与操作者和控制信号源的任何一个连接以实现控制作用

控制流体体积　control fluid volume

实现控制功能所需的流体体积，包括控制管路内的流体体积

冷却器　cooler

降低流体温度的元件

平衡阀　counterbalance valve

用以维持执行元件的压力，使其能保持住负载，防止负载因自重下落或下行超速的阀

开启压力　cracking pressure（valve opening pressure）

在一定条件下，阀开始打开并进入工作状态的压力

扣压式软管接头　crimped hose fitting（swaged hose fitting，crimped hose connector，swaged hose connector）

通过软管接头一端的永久变形实现与软管装配的软管接头

临界压力比　critical pressure ratio

〈气动〉在气动元件中，当气体流动达到声速时，其节流口下游绝对压力与上游绝对压力之比

临界雷诺数　critical Reynolds number

对于给定的一组条件，表示流动是层流或紊流的量化标准

十字形管接头　cross connector

一种形状为十字形的管接头

交叉型溢流阀　crossover pressure－relief valve

〈液压〉由装入一个共用阀体的两个溢流阀组成，以使流体可以在两个方向流动的阀

注：它用于释放伴随某些液压马达或缸应用时产生的高的压力冲击

带缓冲的缸　cushioned cylinder

带有缓冲装置的缸

缓冲　cushioning

运动件在趋近其运动终点时借以减速的手段，主要有固定或可调节两种

缓冲压力　cushioning pressure（damping pressure）

为使总运动质量减速而产生的压力

卡套　cutting ring（ferrule、olive）

通过旋紧管接头螺母起到连接密封作用并靠嵌入硬管外径表面将管接头固定在硬管上的环状物

循环　cycle

以周期性或循环方式重复的一组完整事件或条件

循环稳定条件　cyclic stabilized conditions

相关因素的值以循环方式变化的条件

循环试验压力　cyclic test pressure

在疲劳试验期间，高循环试验压力与低循环试验压力之间的差值

缸　cylinder

提供线性运动的执行元件

缸脚架安装　cylinder angle mounting

用角形结构的支架固定缸的方法

缸体　cylinder body（Cylinder tube）

缸活塞在其中运动的中空的承压力件

缸径　cylinder bore

缸体的内径

缸无杆端　cylinder cap end（cylinder rear end，cylinder non－rod end）

缸没有活塞杆伸出的一端

注：通常也称为“缸尾”或“缸盖端”

1—缸无杆端

缸的双耳环安装　cylinder clevis mounting

利用一个 U 字形安装装置，以销轴或螺栓穿过它实现缸的铰接安装的安装方式

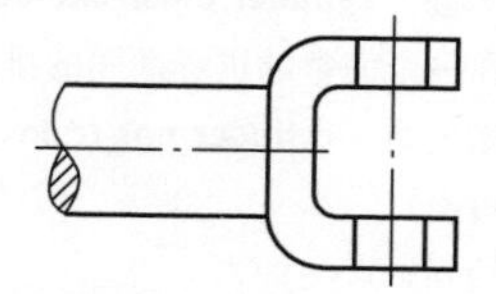

缸控制　cylinder control

使用缸的一种控制机构

缸的缓冲长度　cylinder cushioning length

在缓冲开始点与缸行程末端之间的距离

缸的耳环安装　cylinder eye mounting（cylinder pin mounting）

利用突出缸结构外的耳环，以销轴或螺栓穿过

它实现缸的铰接安装的安装方式

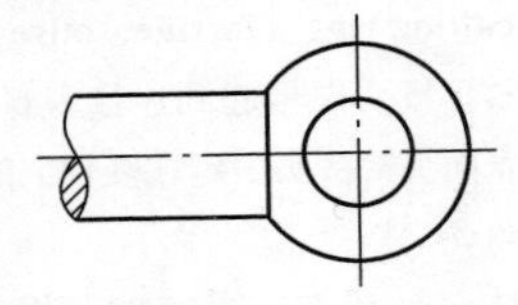

缸输出力　cylinder force

由作用于活塞上的压力产生的力

缸输出力效率　cylinder force efficiency

缸的实际输出力与理论输出力之间的比值

缸回程　cylinder instroke（cylinder retract stroke）

活塞杆缩进缸体的运动。对于双杆缸或无杆缸，是指活塞返回其初始位置的运动

缸回程排量　cylinder instroke displacement

在一次完整的回程期间缸的排量

缸回程输出力　cylinder instroke force（cylinder retract force）

在回程期间缸产生的力

缸回程时间　cylinder time

活塞回程所用的时间

缸前端螺纹安装　cylinder nose mounting

在缸有杆端借助于与缸轴线同轴的螺纹突台的安装方式

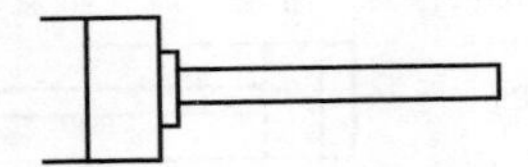

缸进程　cylinder outstroke（cylinder extend stroke）

活塞杆从缸体伸出的运动。对于双杆缸或无杆缸是活塞离开其初始位置的运动

缸进程排量　cylinder outstroke displacement

缸活塞在一个完整的进程期间的排量

缸进程输出力　cylinder outstroke force（cylinder extend force）

在进程期间缸产生的力

缸进程时间　cylinder outstroke time

活塞进程所用的时间

活塞　cylinder piston

靠压力下的流体作用，在缸径中移动并传递机械力和运动的缸零件

活塞杆　cylinder piston rod

与活塞同轴并联为一体，传递来自活塞的机械力和运动的缸零件

活塞杆面积　cylinder piston rod area

活塞杆的横截面面积

活塞杆附件　cylinder piston rod attachment

在外露活塞杆端部借助其实现缸的连接的附加装置

示例：带螺纹的、平面的、耳环、环叉

缸的铰接安装　cylinder pivot mounting

允许缸有角运动的安装

缸有杆端　cylinder rod end（cylinder head end，cylinder front end）

缸的活塞杆伸出端

注：通常也称为“缸头”或“缸前端”

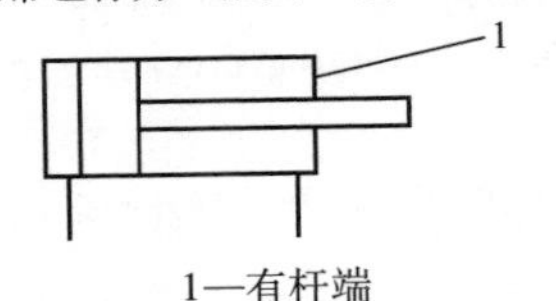

1—有杆端

缸的球铰安装　cylinder spherical mounting

允许缸在包含其轴线的任何平面内角位移的安装

示例：在耳环或双耳环安装中的球面轴承

缸行程　cylinder stroke

其可动件从一个极限位置到另一个极限位置所移动的距离

缸行程时间　cylinder stroke time

缸行程从开始到结束的时间

缸拉杆安装　cylinder tie rod mounting

借助于在缸体外侧并与之平行的缸装配用拉杆的延长部分，从缸的一端或两端安装缸的方式

缸横向安装　cylider transverse mounting

靠与缸的轴线成直角的一个平面来界定的所有安装方法

缸耳轴安装　cylinder trunnion mounting

利用缸两侧与缸轴线垂直的一对销轴或销孔来实现的铰接安装

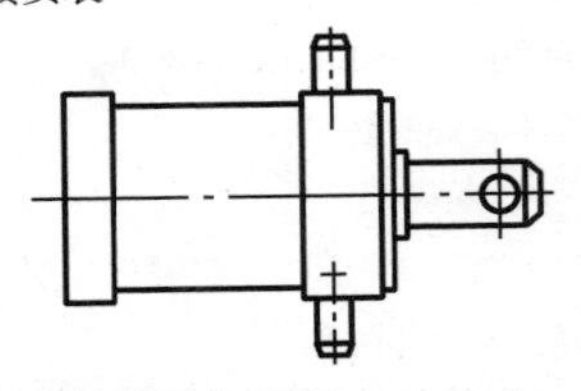

带有不可转动活塞杆的缸　cylinder with non－rotating rod

能防止缸体与活塞杆相对转动的缸

排气器 de - aerator

〈液压〉用来排除液压系统油液中所含空气或气体的元件

减速阀 deceleration valve

〈液压〉逐渐减少流量使执行元件减速的流量控制阀

延时阀 delay valve (pneumatic timer)

〈气动〉一种阀，其输出可延迟一段可调的时间

吸湿剂型空气干燥器 deliquescent air dryer

〈气动〉利用吸湿材料溶解去除潮湿的空气干燥器

导出排量 derived displacement

根据在规定工况下进行的测量所计算出的排量

注：对泵和马达，ISO 8426：2008 中的“derived capacity”与此同义

导出液压功率 derived hydraulic power

〈液压〉根据在规定工况下进行的测量所计算出的液压功率

导出转矩 derived torque

〈液压〉根据在规定工况下进行的测量所计算出的转矩

干燥剂型空气干燥器 desiccant air dryer

〈气动〉利用不溶解的吸湿材料去除潮湿的空气干燥器

定位机构 detent

借助于附加阻力把一个运动件阻留定位的装置

露点 dewpoint

蒸汽开始凝结的温度

隔膜式蓄能器 diaphragm accumulator

〈液压〉一种充气式蓄能器，其中液体与气体之间的隔离靠一个挠性隔膜来实现

膜片缸 diaphragm cylinder

靠作用于膜片上的流体压力产生机械力的缸

膜片压力阀 diaphragm pressure control valve

其压力靠作用于膜片上的力来控制的一种压力控制阀

膜片阀 diaphragm valve

靠膜片变形来控制开启和关闭的阀

差动缸 differential cylinder

一种双作用缸，其活塞两侧的有效面积不同

压差 differential pressure

在不同测量点同时出现的两个压力之间的差

压差表 differential pressure gauge

用以测量两个所施压力值之差的一种压力表

压差开关 differential pressure switch

由压差控制的带一个或多个电器开关的器件，当压差达到预设值时开关的触点动作

扩散器 diffuser

〈液压〉一种液压元件，其安装在回油管路通入油箱内部，与隔板结合以降低回油流动的速度

直接压力控制 direct pressure control

靠改变控制压力直接控制运动件位置的控制方法

旋转方向 direction of rotation

泵、马达或其他元件的轴的旋转方向，从该元件的轴端观察

换向阀㊀ **directional - control valve**

一种连通或阻断一个或多个流道的阀

直动阀 directly operated valve

阀芯被控制机构直接操纵的阀

排量 displacement

每一行程、每一转或每一循环所吸入或排出的流体体积

注：其可以是固定的或可变的

容积式马达 displacement motor (positive - displacement motor)

轴转速与吸入流量相关的马达

容积式泵 displacement pump (positive - displacement pump)

〈液压〉输出流量与轴转速相关的液压泵

注：理论上，压力与频率无关

一次性过滤器 disposable filter

预期使用后废弃的过滤器

一次性滤芯 disposable filter element

预期使用后废弃的滤芯

溶解空气 dissolved air

〈液压〉以分子形式分散于液压油液中的空气

溶解水 dissolved water

〈液压〉以分子水平分散于液压油液中的水

分向阀 diverter valve

〈气动〉带有一个进口的二位三通换向阀，它可以将流动转向两个分开出口中的任何一个

㊀ 方向阀，方向控制阀。

双联过滤器 double filter

具有两个并联滤芯的过滤器

双活塞杆缸 double－rod cylinder

具有两根相互平行动作的活塞杆的缸

双作用缸 double－acting cylinder

流体力可以沿两个方向施加于活塞的缸

泄油管路 drain line

〈液压〉使内泄漏返回油箱的管路

泄油口 drain port

〈液压〉通向泄油管路的油口

排放阀 drain valve

流体和/或污染物能够借以从系统排出的元件

排污管 drip leg

〈气动〉压缩空气管路中专为排放积聚的污染物而布置的垂直段管路

漂移 drift

随着时间的推移，参数出现不希望的偏离基准值的缓慢变化

双流体增压器 dual fluid intensifier

在其内部的初级和次级回路中使用不同类型流体的增压器

排空阀 dump valve

〈气动〉当工作时，其阻断进口气源，同时卸除下游压力的截止阀

双联过滤器 duplex filter

带有切换阀的两个过滤器的总成，可选择全流量通过任何一个过滤器

防尘帽 dust cap

用以阻止污染物和/或起防损坏作用的可拆的凹状器件

防尘堵 dust plug

用于开口处以阻止污染物和/或起防损坏作用的可拆的凸状器件

动密封件 dynamic seal

用在相对运动的零件之间的密封装置

动力黏度 dynamic viscosity

对流体的流动阻力或形变的度量，用所施加的剪切应力与流体的切变速度之间的关系表示

注：它通常表达为动力黏度系数，或简称黏度。在国际单位中动力黏度的单位是帕斯卡秒（Pa·s），对于实际使用，因数更方便。厘泊（cP）是 10^{-3} Pa·s（即 1cP＝1mPa·s），是常用单位

缸有效力 effective cylinder force

在规定工况下，缸所传递的可用的力

缸有效面积 effective cylinder area

流体压力作用其上，以提供可用力的面积

有效过滤面积 effective filtration area

在滤芯中，流量通过的多孔滤材的总面积

有杆端有效面积 effective rod－end area（annulus area）

在有杆端的缸有效面积

有效转矩 effective torque

在规定工况下轴伸上的可用转矩

弹性体材料 elastomeric material

在由应力和应力释放造成实质变形后能够迅速恢复到其接近最初尺寸和形状的橡胶类材料

弹性体密封件 elastomeric seal

用具有橡胶类性质的材料制成的密封件，即具有很大变形能力并在变形力去除后能迅速和基本完全恢复的能力

弯头 elbow connector

在相配管路之间形成一个角度的管接头

注：除非有其他说明，通常其角度为90°。45°角的弯头称为45°弯头

电零点 electric null

当电的输入信号为零时，电气操作的连续控制阀的液压或气动状态

电气接头 electrical connector

导线终端的连接件，用于提供与适配件的连接和断开

电控 electrical control

靠改变电气状态来操作的控制方法

电控阀 electrically operated valve

通过电控来操作的阀

应急控制 emergency control

用于失效情况下的替代控制

破乳化性 emulsion instability（demulsibility）

一种乳化液分离成两相的能力

乳化稳定性 emulsion stability

一种乳化液在规定条件下对分离的抵抗力

混入空气 entrained air

〈液压〉空气（或气体）与液体形成乳化液的状态，其中气泡趋向于从液体相分离

注：在使用矿物油的液压系统中混入空气可能

对元件、密封件和塑料件产生十分有害的影响

环境污染物　environmental contaminant

存在于系统周围环境中的污染物

冲蚀磨损　erosion

由流体或悬浮颗粒流体的冲刷、微射流或它们的组合引起的机械零件的材料损失

注：冲蚀磨损的产物作为生成的颗粒性污染存在于系统中

排气　exhaust

〈气动〉气体流动到大气

膨胀系数　expansion factor

〈气动〉当流动低于声速时，考虑气体压缩率影响的系数

外啮合齿轮马达　external gear motor

带有外齿轮的齿轮马达

外啮合齿轮泵　external gear pump

〈液压〉带有外齿轮的齿轮泵

外泄漏　external leakage

从元件或配管的内部向周围环境的泄漏

外部压力　external pressure

从外部作用于一个元件或系统的压力

下降时间　fall time

参数从规定的较高值下降到规定的较低值所用的时间

反馈　feedback

元件的实际输出状态借以传达到控制系统或回到控制机构的手段

螺孔端　female stud end

允许与外螺纹管接头连接的管接头的内螺纹端

双端内螺纹过渡接头　female/female threaded adapter

在两端有内螺纹的过渡接头

过油过滤器　fill filter

〈液压〉覆盖在油箱加油口上，过滤加注的液压油液的过滤器

过滤器　filter

基于颗粒尺寸阻留流体中的污染物的元件

参见：分离器

过滤器旁通阀　filter bypass valve

当达到预定压差时，允许未过滤的流体绕过滤芯通过的器件

过滤器堵塞指示器　filter – clogging indicator

指示滤芯堵塞的装置

示例：背压和压差指示器

过滤器效率　filter efficiency

在规定工况下过滤器阻留污染物能力的度量

滤芯　filter emenent

过滤器中起实际过滤作用的多孔部件

滤芯疲劳　filter element fatigue

因循环压差或流动引起的挠曲致使滤材的结构失效

带旁通过滤器　filter with bypass

当达到预定压差时，能提供绕过滤芯的替代流道的过滤器

过滤比　filtration ratio

单位体积的流入体流与流出流体中大于规定尺寸的颗粒数量之比，用 β 表示

注：以颗粒尺寸等级作为 β 的下标。例如：$\beta_{10}=75$，表示流体中大于 10μm 的颗粒数量在过滤器上游是下游的 75 倍

见 ISO 16889

燃点　fire point

在受控条件下，液体挥发出的足量蒸汽在空气中遇微小明火被点燃并持续燃烧的温度

难燃液压液　fire – resistant hydraulic fluid

〈液压〉不易点燃，且火焰传播趋向极小的液压油液

五通阀　five – port valve

具有五个主阀口的阀

固定节流阀　fixed – restrictor valve

在其内部进口与出口间通过一个截面不变的节流流道连通的流量控制阀

法兰管接头　flange conector

其密封面垂直于流动轴线，利用径向法兰和螺钉安装的一种非螺纹管接头

法兰安装　flange mounting

元件利用法兰进行安装的方法，其法兰的支撑面与安装面平行

法兰口　flange port

用于与法兰管接头连接的口

喷嘴挡板控制　flapper and nozzle control

喷嘴和配套的冲击平板或圆板，造成一个可变的缝隙，借以控制穿过该喷嘴的流量

扩口式管接头　flared connector

用于与扩口的硬管端部连接以提供密封的管

接头

闪点　flash point

液体蒸发出足量的蒸汽，当在受控条件下施加小明火时，其与空气相遇被点燃的温度

平端管接头　flat - face connector

带有密封件且密封面垂直于流动轴线的螺纹管接头

示例：O形圈端面密封管接头

平端接合　flat - face coupling

使用两个平端管接头连接元件或一段配管的安装，此设计为便于两部分可以向一侧滑动分离

注：这样可以不涉及总成的其余部分而断开连接

浮动位置　float position

〈液压〉所有工作油口均被连接到回油管路或回油口的阀芯位置

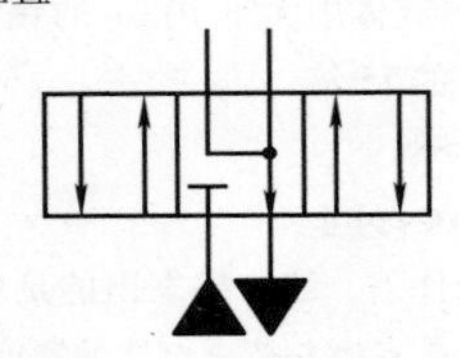

流动　flow

靠压力差产生的流体运动

流量特性　flow characteristic

对相关参数变化导致流量变化的描述（通常以图形表达）

流量系数　flow coefficient（flow factor）

表征流体传动元件或配管的流通能力的系数

流量控制阀　flow control valve

主要功能是控制流量的阀

分流阀　flow divider

将输入流量按选定的比例分成两股分开的输出流量的流量控制阀

液动力　flow force

由流体流动引起的，作用在元件内运动件上的力

流量增益　flow gain

在给定点，输出流量的变化与输入信号变化之比

流动指示器　flow indicator

直观指示流动流体存在的装置

流道　flow path

输送流体的通道

流量　flow rate

在规定工况下，单位时间穿过流道横截面的流体的体积

流量放大率　flow rate amplification

输出流量与控制流量之间的比值

流量放大器　flow rate amplifier

放大流量的阀

流量不对称度　flow rate asymmetry

〈仅用于连续控制的方向控制阀〉对于正负信号极性，名义流量增益的偏差

注：以两个增益之差除以较大一个的百分比表示：

$$\frac{K_{\dot{V}m1}-K_{\dot{V}m2}}{K_{\dot{V}m1}}\times 100\%$$

式中　$K_{\dot{V}m1}>K_{\dot{V}m2}$；

$K_{\dot{V}m1}$——正负信号极性中名义流量增益的较大值；

$K_{\dot{V}m2}$——正负信号极性中名义流量、增益的较小值。

流量非线性度　flow rate non - linearity

指常规流量曲线与理想化流量曲线之间的偏差，理想化流量曲线的斜率等于常规流量的增益

注：线性度定义成最大偏差，并以额定信号的百分比表示

流量恢复率　flow rate recovery

出口的空载流量与供给流量之比

流量记录仪　flow rate recorder

提供流量的永久性记录的装置

流量冲击　flow rate surge

〈液压〉在一定时间段中流量的升降

流量开关　flow rate switch

带有在预定流量下动作的开关的装置

流量传感器　flow rate transducer

将流量转换成电气信号的器件

流量波动　flow ripple

〈液压〉液压油液中流量的波动

集流阀　flow - combining valve

〈液压〉将两股或多股进口流量汇合成一股出口流量的流量控制阀

流量计　flowmeter

直接测量并指示流体流量的装置

流体　fluid（fluid power medium）

在流体传动系统中用作传动介质的液体或气体

流体调节 fluid conditioning

建立期望的系统流体特性的过程

示例：加热、冷却、净化、增加添加剂

流体控制器 fluid controller

能够检测流体特性［例如压力、温度］的变化，并自动进行调整以保持这些特性在预定值范围内的一种组合装置

流体缓冲 fluid cushioning

通过节制回油或排气流动而实现的缓冲

流体密度 fluid density

在规定温度下，流体的质量除以其体积得到的商

流体摩擦 fluid friction

由流体的黏度所引起的摩擦

流体逻辑 fluid logic

用流体传动元件进行数字信号的传感和信息处理

流体逻辑元件 fluid logic element (logic device)

用于流体逻辑系统的带有运动件的元件

流体传动 fluid power

用受压流体作为介质传递、控制、分配信号和能量的方式、方法

流体传动回路图 fluid power circuit diagram

用图形符号表示流体传动系统或其局部功能的图样

流体动力源 fluid power supply

产生并维持有压力流体的流量的能量源

流体传动系统 fluid power system

产生、传递、控制和转换流体传动能量的相互连接元件的配置

流体取样 fluid sampling

从系统中提取流体的试样

流体稳定性 fluid stability

在规定条件下，流体对永久改变其性质的抵抗力

射流技术 fluidics

用没有运动件的元件，以流体进行信号检测和信息处理或能量控制

氟橡胶 fluorocarbon rubber; FKM

一种在高温下能够耐受多数矿物油和合成液压液，并耐受臭氧、老化和大气侵蚀的弹性体材料

注：其普通配方的低温特性及对乙醇的耐受力均差

脚架安装 foot mounting

利用超出元件轮廓的突起部分（脚架）安装元件的方法，这样支承面平行于该元件轴线，例如缸轴线或泵驱动轴线

四通阀 four - port valve

带有四个主阀口的阀

游离空气 free air

〈液体〉困在液压系统中的，未冷凝、乳化或溶解的任何可压缩气体、空气或蒸汽

自由空气 free air

〈气动〉处于实际状态下的空气，以其在基准状态下的当量表达

整体传动装置的自由位置 free position of an integral hydrostatic transmission

〈液压〉泵和马达的配置，即两者都处于零排量位置

游离水 free water

进入流体传动系统的水，由于水与系统中流体的密度不同而具有分离的趋势

微动磨损 fretting

由两个表面的滑动或周期性压缩造成的一种磨损类型，它产生微细颗粒污染而没有化学变化

功能试验 function test

验证输出功能对输入产生正确响应的测试行为

组合集成底板 ganged manifold bases

〈气动〉类似设计的两个或多个集成底板，它们被集中在一起作为一个总成，不带所安装的阀

叠加底板 ganged subplates

〈液压〉相似设计的两个或多个底板集中在一起，以提供共用的供油和/或回油系统

充气式蓄能器 gas - loaded accumulator

〈液压〉利用惰性气体（例如氮气）的可压缩性对液体加压的液压蓄能器。在液体与气体之间可以隔离或不隔离

注：有隔离时，隔离靠气囊、隔膜、活塞等来实现

垫片 gasket

由形成与相关配合表面相匹配的扁片材料构成的密封装置

闸阀 gate valve

其进口和出口成一直线，且阀芯垂直于阀口轴线滑动以控制开启和关闭的一种两口截止阀

表压力 gauge pressure

所测得的绝对压力减去大气压力

注：可以取为正值或负值

齿轮马达　gear motor

由两个或多个相啮合的齿轮作为工作件的马达

齿轮泵　gear pump

〈液压〉由两个或多个相啮合的齿轮作为泵送件的液压泵

生成污染　generated contamination

在系统或元件的工作过程中产生的污染

几何排量　geometric displacement

不考虑公差、间隙或变形，用几何方法计算出的排量

摆线马达　gerotor motor

具有一个或多个摆线齿轮件的马达，其内件相对于输出轴线偏心地旋转；压力和流量受阀控，以允许外件形成偏心轨道，使内件绕之旋转，从而向马达轴传递转矩，使之旋转

注：由于外件比内件齿多，所以转矩增加而转速降低

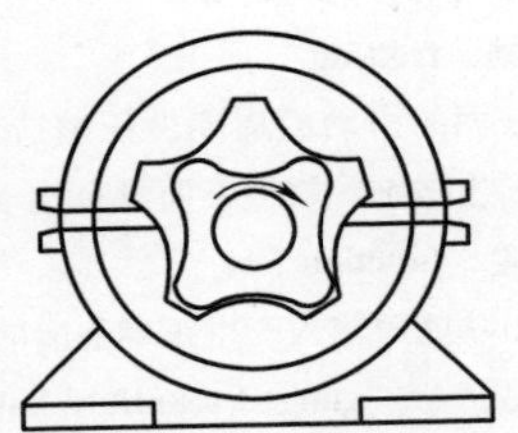

摆线泵　gerotor pump

〈液压〉具有一个或多个摆线齿轮件的液压泵

参见摆线马达

球形截止阀　globe valve

阀内部某一点的流动方向与正常流动方向成直角，且阀芯是提动式，其抬起或落座以开启或关闭流道的截止阀

手动泵　hand pump

〈液压〉靠手动操作的液压泵

水头（不推荐）　head

基准面以上的液体柱或体积的高度

热交换器　heat exchanger

通过与另一种液体或气体的热交换保持或改变流体温度的装置

加热器　heater

对流体加热的装置

高压喷淋试验　high - pressure spray test

〈液压〉用一个受控火源测定液体加压射流或雾化的燃烧性的试验

高压优先性梭阀　higher - pressure priority shuttle valve

其较高压力的进口连通到出口，另一个进口被封闭，并且在反向流动时仍保持此阀位的一种梭阀

软管　hose

通常由增强橡胶或塑料制成的柔性导管

软管总成　hose assembly

在软管的一端或两端带有管接头（软管接头）的装配件

液压蓄能器　hydraulic accummulator

〈液压〉用来储存和释放静压能量的元件

液压控制　hydraulic control

〈液压〉通过改变控制管路中的液压压力来操纵的控制方法

液压阻尼器　hydraulic dashpot

〈气动〉连接于气缸使其运动减速的辅助液压装置

液压油液　hydraulic fluid

〈液压〉液压系统中用作传动介质的液体

液压油液衰变　hydraulic fluid breakdown

〈液压〉液压油液的化学性质或力学性能降低

注：这类变化可能由例如油液与氧的反应或过高温度所致

液压锁定　hydraulic lock

〈液压〉由于一定量的受困液体阻止运动，致使活塞或阀芯产生的不良锁紧

液压马达　hydraulic motor

靠受压的液压油液驱动的马达

液压零位　hydraulic null

〈液压〉连续控制阀供给的控制流量为零的状态

注：这种状态不适用于连续压力控制阀。

液压功率　hydraulic power

〈液压〉液压油液的额定流量与压力的乘积

液压泵　hydraulic pump

〈液压〉将机械能量转换成液压能量的元件

液压泵 - 马达　hydraulic pmup - motor

〈液压〉具有液压泵或液压马达任意一种功能的元件

液压步进马达　hydraulic stepping motor

按照步进输入信号的指令实现位置控制的液压马达

液压技术　hydraulics

涉及流体流动和液体压力规律的科学技术。简

称液压

流动损失 hydrodynamic losses

〈液压〉由于液体运动引起的功率损失

液力技术 hydrodynamics

涉及液体的运动和抵抗此运动的力的规律的科学技术

液体动力学 hydrokinetics

〈液压〉流体力学的一部分，研究液体运动所独立产生的力及其运动规律的学科

马达的液压机械效率 hydromechanical motor efficiency

液压马达的实际转矩与导出转矩之比

$$\eta_{hm}^{M}=\frac{T_e}{T_i}$$

式中 T_e——有效转矩（实际转矩）；

T_i——理论转矩（导出转矩）。

泵的液压机械效率 hydromechanical pump efficiency

液压泵的导出转矩与吸收转矩之比：

$$\eta_{hm}^{P}=\frac{T_i}{T_e}$$

式中 T_i——理论转矩（导出转矩）；

T_e——有效转矩（吸收转矩）。

气液的 hydropneumatic

借助于液体和压缩气体来发挥功能的

气动液压泵 hydropneumatic pump

靠压缩空气驱动的液压泵

注：它通常是一个连续增压器

静液传动 hydrostatic transmission

〈液压〉一个或多个液压泵与液压马达的任何组合

液体静力学 hydrostatics

〈液压〉流体力学的一部分，研究液体静止平衡状态和作用压力分布规律的学科

滞环 hysteresis

在整个信号范围的一个完整循环内，与相同输出量所对应的输入信号的最大差值

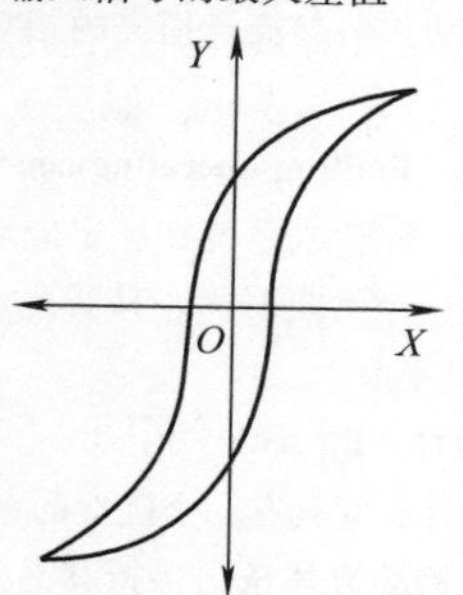

空转压力 idling pressure

在空转期间，维持系统或元件，维持流量和/或负载，所需要的压力

冲击缸 impact cylinder

一种双作用缸，带有整体配置的油箱和座阀，为活塞和活塞杆总成提供外伸时的快速加速

单脉冲发生器 impulse generator

〈气动〉当连续的气动信号施加于进口时，在出口产生单一的脉冲的元件

直线过滤器 in－line filter

一种进口和出口及滤芯的中心线同轴的过滤器

直线柱塞泵 in－line piston pump

〈液压〉在同一平面内，几个柱塞轴线相互平行排列的柱塞泵

不相容流体 incompatible fluid

对系统、元件、配管或另一种流体的性质和寿命具有不良影响的流体

间接压力控制 indirect pressure control

借助于一个中间先导装置，靠控制压力的变化来控制运动件位置的一种控制方法

间接操纵阀 indirectly operated valve

其控制信号不直接作用于阀芯的阀

见先导控制阀

抑制剂 inhibitor

使流体减慢、防止或限制诸如腐蚀或氧化之类的化学反应的一种添加剂

初始污染 initial contamination

在流体、元件、配管、子系统或系统中，在初次使用之前即已存在的或在装配过程中产生的残留污染

进排气集管 inlet－exhaust manifold；IEM

〈气动〉包括公共供气进口和公共排气，而没有出口的多集成底板

注：带有出口的直线阀安装于其表面。IEM常常是整体模压成形，但也可以由单独的基板相互集成

进口 inlet port

输入流体的油（气）口

进口压力 inlet pressure

元件、配管或系统的进口处的压力

输入流量 inlet flow rate

穿过进口横截面的流量

输入信号 input signal

提供给元件使其产生给定输出的信号

设置 installation

与应用和场所有关的一个或多个流体传动系统的配置

装机功率 installed power

原动机的额定功率

整体传动装置 integral hydrostatic transmission

〈液压〉单个元件形式的静液传动装置

积分流量计 integrating flowmeter

测量并显示已经通过测量点的流体总体积的装置

增压器 intensifier（booster）

将初级流体进口压力转换成较高值的次级流体出口压力的元件

注：使用的两种流体可能相同或不同，但两者是分开的

间歇工况 intermittent operating conditions

元件、配管或系统工作与非工作（停机或空运行）交替进行的运行工况

内啮合齿轮马达 internal gear motor

带有与一个或多个外齿轮啮合的内齿轮的齿轮马达

内啮合齿轮泵 internal gear pump

〈液压〉带有与一个或多个外齿轮啮合的内齿轮的齿轮泵

内泄漏 internal leakage

元件内腔之间的泄漏

内部压力 internal pressure

在系统、配管或元件内部作用的压力

运动黏度 kinematic viscosity

在重力下流体的流动阻力，以流体的动力黏度与其质量密度之比表示

注：在国际单位中运动黏度的单位是平方米每秒（m^2/s）。实际使用因数更方便，常用厘斯（cSt），它是 $10^{-6}m^2/s$（即 $1cSt=1mm^2/s$）

层流 laminar flow

以流体层（流层）之间按有序方式相互滑动为特征的流体流动

注：这种流动的摩擦最小

参见湍流

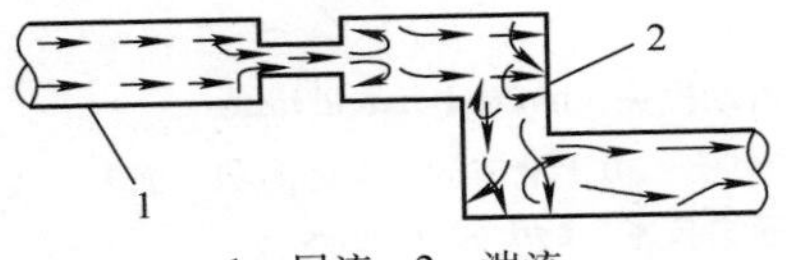

1—层流 2—湍流

遮盖 lap

（常规的）圆柱滑阀的固定节流边与可动节流边之间的轴向关系

注：以正遮盖、负遮盖和零遮盖表达

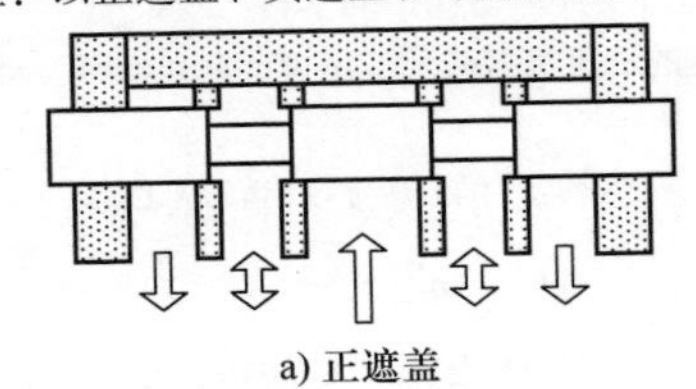

a) 正遮盖

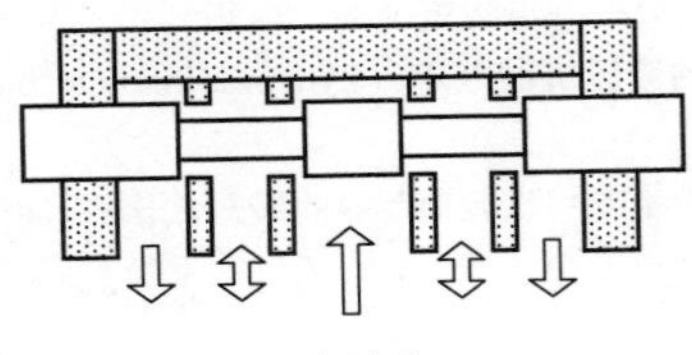

b) 负遮盖

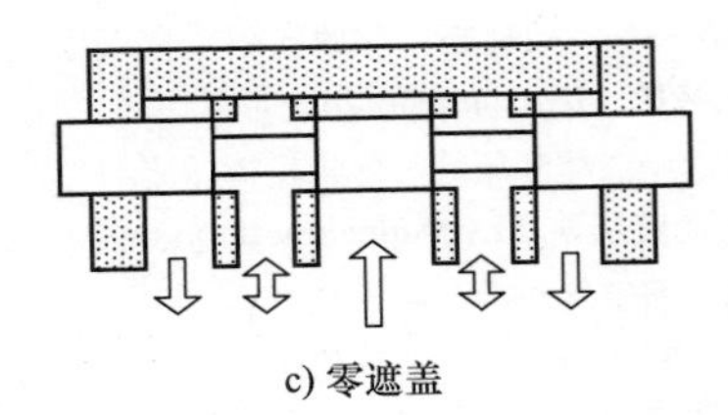

c) 零遮盖

遮盖 lap

〈连续控制阀〉，即比例控制阀和伺服阀在零区内因阀口台肩部位的几何条件引起的流量对信号特性的线性偏差。

注：它以名义流量特性的直线延长线在零流量处的总间距度量，以额定输入信号的百分比表示

泄漏 leakage

不做有用功并引起能量损失的相对少量的流体流动

极限工况 limiting operating conditions

假设元件、配管或系统在规定应用的极限情况下满意地运行一个给定时间，其所允许的运行工况的最大和/或最小值

唇形密封件 lip seal

一种密封件，它具有一个挠性的密封凸起部分；作用于唇部一侧的流体压力保持其另一侧与相配表

面接触贴紧形成密封

液位计　liquid level measuring instrument

测量并显示液体液面位置的装置

液位开关　liquid level switch

由液体液位控制的带电气开关的装置，当液位达到预定值时引发开关的触点动作

液体可混和性　liquid miscibility

〈液压〉液体以任何比率混合起来而没有不良后果的能力

负载曲线　load line

将出口压力表示为出口流量函数的曲线

负载压力　load pressure

由外部负载所产生的压力

有载流量　loaded flow rate

当负载压力下降时，通过阀出口的流量

锁定阀　lockout valve

〈气动〉可以锁定于进口封闭位置的一种手动控制的排空阀

低循环试验压力　lower cyclic test pressure

进行疲劳试验的每次循环期间要求实际试验压力所低于的压力

低压优先梭阀　lower – pressure priority shuttle valve

其较低压力的进口与出口连通，另一进口封闭。在反向流动时仍保持这种位置的梭阀

磁性分离器芯　magnetic separator element

靠磁力阻留铁磁性颗粒的分离器芯

磁性活塞缸　magnetic piston cylinder

一种在活塞上带有永久磁体的缸，该磁体可以用来沿着行程长度操纵定位的传感器

主级　main stage

〈液压〉用于连续控制阀的液压放大的最终级

补油管路　make – up line

〈液压〉当需要时向系统提供液压油液以补充损失的那部分配管

外螺纹/内螺纹过渡接头　male/female threaded adaptor

一端是外螺纹而另一端是内螺纹的过渡接头

外螺纹/外螺纹过渡接头　male/male threaded adaptor

两端都是外螺纹的过渡接头

集成组件　manifold assembly

〈气动〉组合集成底板及其所安装的阀的整个总成

参见阀岛

集成底板　manifold base

〈气动〉包括一个进口通道、一个排气通道，有时还包括一个外部控制通道及单独出口的阀的安装装置

注：几个类似的基板连接在一起，以便除出口外的几个通道形成共同的流体传导方式

油路块　manifold block

通常可以安装插装阀和板式阀，并按回路图通过流道使阀孔口相互连通的立方体基板

集成片　manifold section (manifold station)

〈气动〉包括一个集成基板及其所安装的阀的总成，在集成组件中占据一个位置

手动控制　manual control

用手或脚操纵的控制方法

手动装置　manual override

装在阀上，提供越权控制的手动操纵装置

注：此装置可以直接或经由先导配置作用于阀芯

质量流量　mass flow rate

单位时间通过流道横截面的流体质量

最小流量控制阀　maximum flow control valve (velocity fuse)

当阀上压降超过预定值时限制流动的阀

最高压力　maximum pressure

可能暂时出现的对元件或系统的性能或寿命没有任何严重影响的最高瞬时压力

见图 47-31

最高工作压力　maximum working pressure

系统或子系统预期在稳态工况下工作的最高压力

见图 47-31

注：对于元件和配管，见相关术语“额定压力”对于“最高工作压力”的定义，当它涉及液压软管和软管总成时，见 ISO 8330

机械控制　mechanical control

靠机械手段操纵的控制方法

机械缓冲　mechanical cushioning

靠摩擦力或通过使用弹性材料实现的缓冲

机械操纵阀　mechanically operated valve

通过机械控制而动作的阀

隔膜式空气干燥器　membrane air dryer

〈气动〉一种利用空心纤维隔膜去除压缩空气中所含蒸汽的空气干燥器

进口节流控制　meter－in control

对元件输入流量的控制

出口节流控制　meter－out control

对元件出口流量的控制

矿物油　mineral oil（petroleum fluid）

〈液压〉由可能含有不同精炼程度和其他成分的石油烃类组成的液压油液

最低工作压力　minimum working pressure

一个系统或子系统预期在稳态工况下工作的最低压力

见图47-31

注：对于元件和配管，见相关术语“额定压力”

整体式阀　mono－block valve

在共同的壳体中包括一组阀的一种总成

马达　motor

提供旋转运动的执行元件

马达空载输入流量　motor derived inlet flow

马达的导出排量与单位时间内转数的乘积

马达零位　motor neutral position

马达被调整到零排量的位置

马达输出功率　motor output power

马达轴所传递的机械功率

马达总效率　motor overall efficiency

马达的机械输出功率与流经马达的液体所传递的功率之比

$$\eta_t^M=\eta_V\eta_{hm}=\frac{q_{V_i}}{q_{V_{1,e}}}\frac{T_e}{T_i}=\frac{P_m}{P_{1,h}-P_{2,h}}$$

式中　η_V——体积效率；

η_{hm}——液压机械效率；

q_{V_i}——理论流量；

$q_{V_{1,e}}$——有效输入流量；

T_e——有效转矩；

T_i——理论转矩；

P_m——机械功率；

$P_{1,h}$——输入液压功率；

$P_{2,h}$——输出液压功率。

马达功率损失　motor power losses

马达的有效液压（输入）功率中没有转换成输出功率的那部分，包括体积损失、液压动力损失和机械损失

马达容积效率　motor volumetric efficiency

马达的空载输入流量与有效输入流量之比：

$$\eta_V^M=\frac{q_{V_i}}{q_{V_{1,e}}}$$

式中　q_{V_i}——理论流量（空载输入流量）；

$q_{V_{1,e}}$——有效输入流量。

马达容积损失　motor volumetric losses

马达因泄漏而损失的输入量

注：为了补偿泄漏，需要相应增加马达进口的流量

安装　mounting

固定元件、配管或系统的方法

安装装置　mounting device

固定元件、配管或系统的装置

安装界面　mounting interface

两个相配的安装面固定在一起时的实际接触面积

安装面　mounting surface

元件或产品提供用于安装的外轮廓部分

运动件流体逻辑　moving part fluid logic

使用带有运动件的元件的流体逻辑

多次通过试验　multi－pass test

用于滤芯的一种试验程序，此过程中流体以不变的状态循环通过滤芯

多位缸　multi－position cylinder

除了静止位置外，提供至少两个分开位置的缸

示例：由至少两个在同一轴线上，在分成几个独立控制腔的公共缸体中运动的活塞组成的缸；由两个单独控制的，用机械连接在一个公共轴的缸组成的元件（其通常称为双联缸）

多杆缸　multi－rod cylinder

在不同轴线上具有一个以上活塞杆的缸

多级串联泵　multi－stage pump

〈液压〉为实现多级加压而串联在一起的两个或多个液压泵

多联马达　multiple motor

具有一个公共轴的两个或多个马达

多联泵　multiple pump

由一个公共轴驱动的两个或多个泵

多位置底板　multiple sub－plate

〈液压〉可以安装几个板式阀，并包括用于配管

连接的油口的底板

针阀　needle valve

其可调节阀芯是针形的流量控制阀

牛顿流体　Newtonian fluid

黏度与剪切速率无关的流体

丁腈橡胶　nitrile rubber；NBR

由丁二烯和丙烯腈共聚制成的弹性体材料

注：是制造密封件和填料密封应用最广泛的弹性体材料。它对矿物油的耐受力随丙烯腈的含量变化

空载条件　no－load conditions

当没有因外负载引起的流动阻力时，系统、子系统、元件或配管所经历的一组特性值

公称过滤精度　nominal filtration rating

〈气动〉由制造商给出的表示过滤程度的标称微米值

注：对于液压技术，见术语“过滤比”

公称压力　nominal pressure

为了便于标识并表示其所属的系列而指派给元件、配管或系统的压力值

公称尺寸　nominal size

尺寸值的名称，是为便于参考的圆整值。其与制造尺寸仅是宽松关联

注：公称尺寸通常用缩写 DN 表示

不可调螺柱端管接头　non－adjustable stud end connector

不允许定向安装的螺柱端管接头

非循环油雾器　non－recirculating lubricator

〈气动〉将流经供油机构的所有润滑油注入气流中的压缩空气油雾器

单向阀　non－return valve（check valve）

仅在一个方向上允许流动的阀

常位　normal position

任何外加操作力和控制信号去除后的阀芯位置

常闭阀　normally closed valve

在常位时其出口关闭的阀

注：“常闭”在英文中通常用缩写 NC 表示

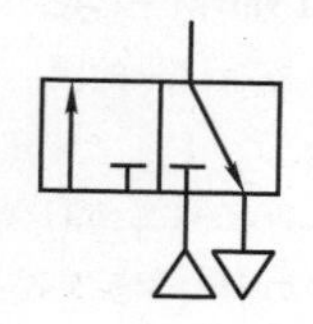

常开阀　normally open valve

在常位时其进口与出口连通的阀

注：“常开”在英文中通常用缩写 NO 表示

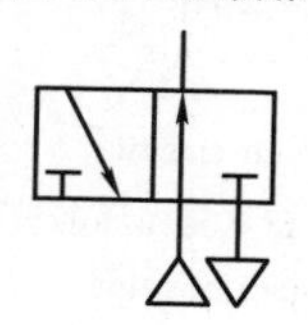

喷嘴　nozzle

具有平滑形状的进口，以及平滑形状的或可迅速打开的出口的节流结构

零偏　null bias

〈液压〉使阀处于液压零位所需要的输入信号

零位压力　null pressure

〈液压〉连续控制的方向控制阀处于液压零位时，其两个工作口存在的相等压力

零漂　null shift

〈液压〉因运行工况的变化、环境因素或输入信号的长期影响，而导致的零偏的变化

离线污染分析　off－line contamination analysis

〈液压〉用不直接连到液压系统的仪器对流体样品所进行的污染分析

油雾分离器　oil mist separator

〈气动〉从压缩空气中分离并去除油雾的过滤器

除油分离器　oil remover－separator（不推荐）

〈气动〉从压缩空气中阻留油的分离器

水包油乳化液　oil－in－water emulsion

〈液压〉油微滴在连续水相中的悬浊液

注：水包油乳化液具有很低的溶解油含量并高度难燃

在线污染分析　on－line contamination analysis

〈液压〉对从液压系统经连续管路直接提供给仪器的流体所进行的污染分析

单向流量控制阀　one－way flow control valve（throttle/non－return valve）

允许在一个方向上自由流动，在另一个方向上受控流动的阀

单向棘爪　one－way trip

仅从规定方向操纵时才提供操作力的控制机构

开启中位　open centre position

〈液压〉阀的进口与回油口连通，而工作油口封闭的阀中位机能

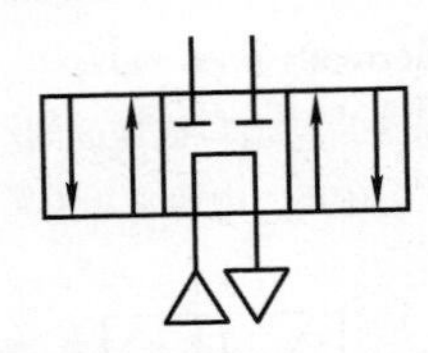

开式回路　open circuit

〈液压〉回油在重复循环前被引入油箱的回路

开启位置　open position

〈液压〉使阀的进口与工作口连通的阀芯位置

开启位置　open position

〈气动〉使阀的进口与一个出口连通的阀芯位置

运行工况　operating conditions

系统、子系统、元件或配管在实现其功能时所经历的一组特性值

操作装置　operating device

向控制机构提供输入信号的装置

运行压力范围　operating pressure range

系统、子系统、元件或配管在实现其功能时所能承受的所有压力

见图47-31

注：当涉及液压软管和软管总成时，其“最高工作压力”的定义见ISO 8330

O形圈　O-ring

用模压制成的，在自由状态下横截面呈圆形的弹性体密封件

注：O形圈又称“环形密封圈”

节流孔　orifice

一般长度小于直径，被设计成不受温度或黏度影响，保持恒定流量的孔

出口　outlet port

为输出流动提供通道的油（气）口

出口压力　outlet pressure

元件、配管或系统的出口处的压力

过中位控制机构　over-centre control mechanism

一种控制机构，其运动件不能停在一个中间位置上

可逆转马达　over-centre motor

在不改变流动方向的情况下，可以改变驱动轴旋转方向的马达

流向可逆的泵　over-centre pump

在不改变驱动轴旋转方向的情况下，流动方向可以逆转的泵

越权控制　override control

一种替代的控制方法，它优先于正常控制方法

调压偏差　override pressure

对于压力控制阀，从规定的最低流量至规定的工作流量的过程中压力的增量

填料密封件　packing seal

由一个或多个相配的可变形件组成的密封装置，通常承受可调整的轴向压缩以获得有效的径向密封

颗粒　particle

小的离散的固体或液体物质

颗粒计数分析　particle count analysis

利用计数法在给定时间测定给定体积的流体样品中颗粒尺寸分布的过程

无源输出　passive output

〈气动〉其功率仅来自输入信号的输出

无源阀　passive valve

一种不带动力源的阀，其输出功率仅来自输入信号

单向踏板　pedal

单向操作的脚踏控制机构

磷酸酯液压液　phosphate ester fluid

由磷酸酯组成的合成液压油液，可以包含其他组分

注：其难燃性来自该油液的分子结构。它有良好的润滑性和抗磨性，良好的贮存稳定性和耐高温性

控制回路　pilot circuit

在流体传动系统中控制管路的实体配置

控制流量　pilot flow rate

控制管路或控制回路中的流量

控制管路　pilot line

通过它供应流体以实现控制功能的流道

先导控制阀　pilot-operated valve

其阀芯受液压控制或气动控制影响的阀

注：参见间接操纵阀

控制口　pilot port

连接到控制管路的油（气）口

控制压力　pilot pressure

控制管路或控制回路中的压力

先导阀　pilot valve

被操纵以提供控制信号的阀

配管　piping

允许流体在元件之间流动的管接头、软管接头、硬管和/或软管的任何组合

管夹　piping clamp

固定和支撑配管的器件

活塞式蓄能器　piston accumulator

靠一个带密封的滑动活塞来实现气液隔离的充气式蓄能器

柱塞马达　piston motor

靠作用在一个或多个往复运动柱塞上的流体压力实现轴旋转的马达

柱塞泵　piston pump

〈液压〉靠一个或多个柱塞往复运动输出流体的液压泵

活塞位移　piston travel

活塞在从一个位置运动到另一个位置所走过的距离

堵头　plug

用于封堵并密封孔（如内螺纹油（气）口的）插件

旋塞阀　plug valve

靠旋转一个含有流道的圆柱形或圆锥形阀芯来实现阀口连通或封闭的阀

推杆控制机构　plunger control mechanism

以推杆直接作用于阀芯的控制机构

柱塞缸　plunger cylinder（ram cylinder）

缸筒内没有活塞，压力直接作用于活塞杆的单作用缸

气动控制　pneumatic control

靠改变控制管路中的气动压力来操纵的控制方法

气动压力开关　pneumatic pressure switch

〈气动〉一种常闭型气动先导式方向控制阀，当控制压力达到预定值时其产生或中断气动信号

气动消声器　pneumatic silencer

〈气动〉降低排气的噪声等级的元件

气动滑台　pneumatic slide

〈气动〉包括一个装在导向杆上，靠气缸驱动的载物平板的机构

气动技术　pneumatics

〈气动〉涉及以空气或惰性气体作为流体应用的学科和技术

聚酰胺　polyamide

一种具有高强度和耐磨损特性的热塑性材料

注：与大多数流体相容，主要用来制造防挤出圈和导向环或轴承环

聚四氟乙烯　polytetrafluoroethylene（PTEE）

一种热塑性聚合物，其几乎不受化学侵蚀影响，并且能在很宽的温度范围内使用

注：摩擦系数极低，但是挠性有限并且恢复特性仅为中等。当添加适当的填料，例如玻璃纤维、青铜、石黑，并熔结 PTEE 时，它可以机加工成所需形状。它主要用来制造挡圈和导向环或支撑环

聚氨酯　polyurethane（AU）（polyurethane（EU））

一种主要由异腈酸酯制成的弹性体材料

注：AU 类是聚酯型聚氨酯，具有高耐磨性并耐多种油类，但是耐水性有限。EU 类具有良好的耐水性，但是耐磨性和耐受其他油液类型较差

座阀　poppet valve

由阀芯提升或下降来开启或关闭流道的阀

油（气）口　port

元件内流道的终端，可对外连接

倾点　pour point

在规定工况下流体流动的最低温度

功率消耗　power consumption

在规定工况下元件或系统所消耗的总功率

功率控制系统　power control system

系统中支配和控制通往执行元件的流体传动的部分

功率损失　power losses

流体传动元件或系统所吸收的而没有等量有用输出的功率

液压泵站　power unit（powerpack）

〈液压〉原动机、带或不带油箱的泵以及辅助装置（例如控制、溢流阀）的总成

预充气压力　precharge pressure

〈液压〉充气式蓄能器的充气压力

充液阀　prefill valve

〈液压〉允许在工作循环的前进行程从油箱向工作缸全流量流动，在工作行程施加运行压力，在返回行程从缸向油箱自由流动的一种阀

预载压力　pre-load pressure

〈液压〉施加在元件或系统上的预设背压

压力　pressure

流体垂直施加在其约束体单位面积上的力：

$$p=\frac{F}{A}$$

式中　p——压力；

F——垂直力；

A——面积。

压力增益　pressure amplification（pressure gain）

出口压力与控制压力之比

压力补偿型流量控制阀　pressure - compensated flow control valve

〈液压〉对流量的控制不受负载压力变化制约的流量控制阀

压力补偿　pressure compensation

在元件或回路中压力的自动调节

压力控制回路　pressure control circuit

调整或控制系统中流体压力的回路

压力控制阀　pressure control valve

其功能是控制压力的阀

压力衰减时间　pressure decay time

流体压力从一个规定值降低到一个较低的规定值所花的时间

压力露点　pressure dewpoint

〈气动〉压缩空气在实际压力下的露点

压降　pressure drop

在流动阻尼两端高、低压力之间的差

见图47-31

压力变动　pressure fluctuation

压力随时间不受控制的变化

见图47-31

压力表　pressure gauge

测量并指示表压力的仪表

压力表保护器　pressure gauge protector

装入或靠近压力表进口安装的以保护其免受压力过度变化影响的装置

压力梯度　pressure gradient

在稳态流动期间，压力随时间的变化率

压力头（不推荐）　pressure head

产生给定的压力所需的液体柱的高度

压力指示器　pressure indicator

指示有无压力的装置

压力损失　pressure loss

由任何不转换成有用功的能量消耗所引起的压力的降低

压力测量仪器　pressure - measuring instrument

测量并指示压力的值、变化和差异的装置

压力操纵控制　pressure - operated control

靠控制管路中流体压力的变化来操纵的控制方法

压力峰值　pressure peak（pressure spike）

超过其响应的稳态压力，并且甚至超过最高压力的压力脉冲

见图47-31

压力脉冲　pressure pulsation

压力的周期性变化

见图47-31

压力脉动阻尼器　pressure pulsation damper（hydraulic silencer）

〈液压〉减小压力变动和压力脉冲的振幅的元件

压力脉冲　pressure pulse

压力的短暂升降或降升

见图47-31

减压阀　pressure - reducing valve〈液压〉；pressure regulator〈气动〉

随着进口压力或输出流量的变化，出口压力基本上保持恒定的阀

注：无论如何，进口压力应保持高于选定的出口压力

调压特性　pressure regulation characteristics

在规定流量下所测得的由进口压力变化引起的规定的受控压力的变化

溢流阀　pressure relief valve

当达到设定压力时，其通过排出或向油箱返回流体来限制压力的阀

压力波动　pressure ripple

由流量波动源与系统的相互作用引起的液压油液中压力的变动分量

压力油箱　pressure - sealed reservoir

贮存高于大气压的液压油液的密闭油箱

供压管路　pressure supply line（supply line）

从压力源向控制元件供给流体的流道

压力冲击　pressure surge

〈液压〉在某一时间段的压力升降

见图47-31

压力开关（压力继电器）　pressure switch

由流体压力控制的带电气或电子开关的元件。当流体压力达到预定值时，开关的触点动作

压力传感器　pressure transducer

将流体压力转换成模拟电信号的器件

压力波 pressure wave

压力以相对小的振幅和长的周期的周期性变化

原动机 prime mover

用作流体传动系统机械动力源的装置，即其驱动泵或压缩机

示例：电动机、内燃机

优先梭阀 priority shuttle valve

当对其施加两个相等的进口压力时，其中一个进口优先接通出口的梭阀

耐压压力 proof pressure

在装配后施加的，超过元件或配管的最高额定压力，不引起损坏或后期故障的试验压力

比例控制阀 proportional control valve

一种电气调制的连续控制阀，其死区大于或等于阀芯行程的3%

比例阀 proportional valve

其输出量与控制输入量成比例的阀

脉冲计数器 pulse counter

〈气动〉提供所施加的控制脉冲数目的视觉指示装置

注：在某些情况下，当达到预设脉冲数时它提供一个输出信号

脉冲发生器 pulse generator

〈气动〉当连续的气动信号施加于进口时，在出口产生重复脉冲的元件

泵吸收功率 pump absorbed power

〈液压〉在给定的瞬间或在给定的负载条件下，泵的驱动轴处所吸收的功率

泵空载输出流量 pump derived output flow

〈液压〉泵的导出排量与单位时间转数或循环数之积

泵总效率 pump overall efficiency

〈液压〉当液体通过泵时，传递到液体的功率与机械输入功率之比：

$$\eta_t^p = \eta_V \eta_{hm} = \frac{q_{V_{2,e}}}{q_{V_i}} \frac{T_i}{T_e} = \frac{P_{2,h} - P_{1,h}}{P_m}$$

式中 η_V——容积效率；

η_{hm}——液压机械效率；

$q_{V_{2,e}}$——有效输出流量；

q_{V_i}——理论流量；

T_i——理论转矩；

T_e——有效转矩；

$P_{2,h}$——输出液压功率；

$P_{1,h}$——输入液压功率；

P_m——机械功率。

泵功率损失 pump power losses

〈液压〉泵所吸收功率未转变成流体传动功率的部分，包括容积损失、流动损失和机械损失

泵容积效率 pump volumetric efficiency

〈液压〉有效输出流量与空载输出流量之比：

$$\eta_V^p = \frac{q_{V_{2,e}}}{q_{V_i}}$$

式中 $q_{V_{2,e}}$——有效输出流量；

q_{V_i}——理论流量（空载输出流量）。

泵容积损失 pump volumetric losses

〈液压〉由泄漏引起的输出损失

泵零位置 pump zero position

〈液压〉泵处于零排量的位置

插入式管接头 push - in connector

〈气动〉不用任何工具靠将导管末端插入管接头体上的孔中进行连接的管接头

快换接头 quick - action coupling (quick - release coupling)

不用工具即可接合或分离的管接头

注：此类管接头可带或不带自动截止阀

卡口式快换接头 quick - action coupling, bayenet (claw) type

其一个半体相对于另一个半体转动四分之一圈来实现连接的快换接头

拉脱式快换接头 quick - action coupling, breakaway (pull - break) type

当施加预定的轴向力时，接头的两个半体自动分离的快换接头

快速排气阀 quick - exhaust valve

〈气动〉当进口处空气压力降到足够低时，其出口打开进行排气的二位三通阀

径向柱塞马达 radial piston motor

具有若干个径向配置的柱塞的柱塞马达

径向柱塞泵 radial piston pump

〈液压〉具有若干个径向配置的柱塞的柱塞泵

径向密封件 radial seal

靠径向接触力密封的密封装置

额定工况 rated conditions

通过试验确定的，以基本特性的最高值和最低

值（必要时）表示的工况。元件或配管按此工况设计以保证足够的使用寿命

额定流量　rated flow

通过试验确定的，元件或配管被设计以此工作的流量

额定压力　rated pressure

通过试验确定的，元件或配管按其设计、工作以保证达到足够的使用寿命的压力

见图47-31

参见“最高工作压力”

注：技术规格中可以包括一个最高和/或最低额定压力

额定温度　rated temperature

通过试验确定的，元件或配管按其设计以保证足够的使用寿命的温度

注：技术规格中可以包括一个最高和/或最低额定温度

待起动位置　ready-to-start position

〈液压〉液压系统和元件或装置在开始工作循环之前的状态，此时所有能源关闭

待起动位置　ready-to-start position

〈气动〉气动系统和元件或装置在开始工作循环并施加压力之前的状态

储气罐　receiver

〈气动〉直接从压缩机收集并储存压缩空气或气体的容器

循环油雾器　recirculating lubricator

〈气动〉一种压缩空气油雾器，它通过供油机构将观察到的适量油液注入气流中

循环压力　recirculating pressure

〈液压〉当系统或系统的一部分循环时，其内部的压力

回收分离器　reclassifier

〈气动〉在压缩空气被排放到大气之前，从中去除润滑剂的元件

变径管接头　reducing connector

其一端比另一端小的管接头

基准压力　reference pressure

确认作为基准的压力值

冷冻式空气干燥器　refrigerant air dryer

〈气动〉通过降低空气温度引起凝聚而从气流中分离出湿气的空气干燥器

差动回路　regenerative circuit

〈液压〉从执行元件［通常是液压缸］排出的液压油液被直接引到其进口或系统，目的是以降低执行元件输出力为代价提高速度

溢流减压阀　relieving pressure-reducing valve〈液压〉

溢流减压阀　relieving pressure regulator

〈气动〉为防止输出压力超过其设定压力而配备溢流装置的减压阀

所需压力　required pressure

在给定点和给定时间所需要的压力

油箱　reservoir

〈液压〉用来存放液压系统中的液体的容器

油箱油量计　reservoir contents gauge

〈液压〉测量并指示油箱中液压油液的液面高度、质量或压力的器件

油箱容量　reservoir fluid capacity

油箱可以存储流体的最大允许体积

响应压力　response pressure

启动功能的压力值

响应时间　response time

在规定工况下测量的，从动作开始到引起反应所经过的时间

节流器　restrictor

不可调节的流量控制阀

回油管路　return line

〈液压〉使液压油液返回油箱的流道

回油口　return port

〈液压〉元件上的油口，液压油液通过该口通往油箱

回油压力　return pressure

〈液压〉由流动阻力或压力油箱引起的回油管路中的压力

双向马达　reversible motor

其输出轴的旋转方向可以通过改变其进口流动方向实现反转的马达

双向泵　reversible pump

〈液压〉通过改变驱动轴的旋转方向可以使流体流动方向变换的泵

无杆缸　rodless cylinder

〈气动〉无活塞杆的缸，其机械力和运动是借助于滑板平行于缸的纵轴运动来传递的

带式无杆缸 rodless cylinder, band type (rodless cylinder, split - seal type)

〈气动〉一种无杆缸，其活塞通过缸体壁上的缝隙直接连接于滑板，同时一对平带穿过滑板密封缝隙内侧并覆盖其外侧

注：滑板的运动方向与活塞的运动方向相同

绳索式无杆缸 rodless cylinder, cable type

〈气动〉借助于绳索或带从活塞向滑板传递机械力和运动的无杆缸

注：滑板的运动方向与活塞的运动方向相反

磁性无杆缸 rodless cylinder, magnetic type

〈气动〉靠磁性从活塞向滑板传递机械力和运动的无杆缸

滚轮 roller

借助凸轮或滑块操纵的控制机构的旋转件

滚轮杠杆 roller lever

带滚轮的杠杆控制机构

滚轮推杆 roller plunger

带滚轮的推杆控制机构

滚轮摇杆 roller rocker

两端带滚轮的杠杆控制机构

旋转式管接头 rotary connector

提供连续转动的管接头

旋转密封件 rotary seal

用在具有相对旋转运动的零件之间的密封装置

主支 run

T形管接头或十字形管接头在同一轴线上的两个主要出口

叠加阀 sandwich valve

位于另一个阀体和其安装底板之间的阀

螺杆马达 screw motor

〈液压〉具有啮合螺杆的液压马达，这些螺杆在封闭的壳体中形成若干连续的、相隔离的螺旋腔

螺杆泵 screw pump

〈液压〉靠一个或多个旋转的螺杆排出液体的液压泵

螺纹式插装阀 screw - in cartridge valve

具有带螺纹的、可旋入插装孔的圆柱阀体的插装阀

密封件 seal

用于防止泄漏和/或污染物进入的元件

密封件挤出 seal extrusion

密封件的一部分或全部进入到两个配合零件间隙中的不希望有的位移

注：通常密封圈挤出由间隙和压力的共同作用所致。通过采用挡圈可以防止和控制密封件挤出

密封件沟槽 seal housing

容纳密封件的空腔或沟槽

密封套件 seal kit

用于特定元件上的密封件的组件

密封材料相容性 seal - material compatibility

密封件材料抵御与流体发生化学反应的能力

密封油箱 sealed reservoir

〈液压〉使液压油液与大气环境隔绝的油箱

密封装置 sealing device

由一个或多个密封件和配套件（例如挡圈、弹簧、金属壳）组合成的装置

选择阀 selector valve

〈气动〉一种带有两个进口的三气口换向阀，通过施加控制信号出口可以与任何一个进口连通

自对中阀 self - centring valve

当所有外部控制力去除时，阀芯返回中间位置的阀

自封接头 self - sealing coupling

当被分离时，其自动密封一端或两端管路的管接头

半自动排放阀 semi - automatic drain valve

〈气动〉当进口压力降低时，其自动排出元件内收集的任何污染物的气动排放阀

摆放执行器 semi - rotary actuator

轴旋转角度受限制的马达

传感器 sensor

探测系统或元件中的状态并产生输出信号的器件

分离器 separator

一种靠滤芯以外的手段（例如比重、磁性、化学性质、密度等）阻留污染物的元件

参见过滤器

顺序阀 sequence valve

〈液压〉当进口压力超过设定值时，阀打开允许流体经出口流动的阀

注：有效设定值不受出口处压力的影响

串联流量控制阀 series flow control valve (two - port flow control valve)

〈液压〉仅在一个方向上工作的带压力补偿的流

量控制阀

伺服缸　servo－cylinder（position controller）

〈气动〉能够响应可变控制信号而采取特定行程位置的缸

伺服阀　servo－valve

死区小于阀芯行程的3%的电调制连续控制阀

设定压力　set pressure（setting pressure）

压力控制元件被调整到的压力

剪切稳定性　shear stability

当承受剪切时，油液保持其黏性的能力

贮存期　shelf life

产品可以在规定工况下贮存，并期望仍可实现技术规格和具有足够的使用寿命的时间长度

冲击波　shock wave

〈液压〉以声速在流体中传播的压力脉冲

截止阀　shut－off valve（isolating valve）

其主要功能是防止流动的阀

梭阀　shuttle valve

有两个进口和一个公共出口的阀，每次流体仅从一个进口通过，另一个进口封闭

观察镜　sight glass（sight gauge）

连接到元件上显示液面位置（高度）的透明装置

硅橡胶　silicone rubber；FMQ

一种无机分子链上附有有机基团的弹性体材料

注：在很宽的温度范围内其保持了橡胶类特性

淤积卡紧　silt lock

活塞或阀芯因污染所致的不良锁紧

淤积　silting

〈液压〉由流体所裹挟的微细污染物颗粒在系统中特定部位的聚集

单作用缸　single－acting cylinder

流体力仅能在一个方向上作用于活塞的缸

单作用增压器　single－acting intensifier

仅在一个方向上作用的增压器

单杆缸　single－rod cylinder

只从一端伸出活塞杆的缸

六通阀　six－port valve

带有六个主阀口的阀

滑阀　slide valve

靠阀体中可移动的滑动件来连通或切断流道的阀

滑动密封件　sliding seal

用于具有相对往复运动的零件之间的密封装置

滑入式插装阀　slip－in cartridge valve

一种具有滑入其包容壳体内适当腔室的圆柱形阀体的插装阀

缓起动阀　soft－start valve（slow－start valve）

〈气动〉布置于系统进口的一种顺序阀，其允许流体减小流量进入系统，直至达到预定压力值后使阀打开到全流量状态

纳垢容量　solid contaminant retention capacity

在规定工况下达到给定的过滤器压差时，过滤器能够阻留污染物的总量

规定工况　specified conditions

在运行或试验期间需要满足的工况

旋装过滤器　spin－on filter

〈液压〉滤芯被封装在自身壳体中的过滤器，它靠螺纹连接固定于系统中

阀芯位移　spool travel

阀芯沿任何一个方向上的位移

圆柱滑阀　spool valve

其阀芯是滑动圆柱件的阀

弹簧偏置阀　spring－biased valve

当所有控制力去除时，阀芯被弹簧力保持于指定位置的阀

弹簧对中阀　spring－centred valve

阀芯靠弹簧力返回到中间位置的自对中阀

弹簧式蓄能器　spring－loaded accumulator

〈液压〉用弹簧加载活塞产生压力的液压蓄能器

弹簧加载单向阀　spring－loaded non－return valve（spring－loaded check valve）

一种单向阀，其阀芯借助于弹簧保持关闭，直至流体压力克服弹簧力

弹簧复位　spring return

在控制力去除后，运动件靠弹簧力返回初始位置

集成式阀　stack valve

用于集成阀组中的阀

集成阀组　stack valve assembly（ganged valves）

为了便于安装而彼此固定在一起的阀的总成，不带集成底板，但是带有通过阀体的公共气源和排气通道

参见阀岛

多级泵　staged pump

〈液压〉带有串联工作的泵送件的泵

标准大气压力　standard atmospheric pressure

海平面处的平均大气压，等于 101323Pa (1.01323bar)

见 ISO 8778

标准参考大气　standard reference atmosphere

根据标准商定的大气。如果由已确定的数据可以得到适当的相关系数，则在其他大气下确定的测试结果可以被修正

参见 ISO 554 和 ISO 8778

起动时间　start - up time

当从静止或空转状态起动时，达到稳态工况所需的时间段

起动转矩　starting torque

在规定工况下，对于给定压差当从静止起动时，在马达轴上可以得到的最小转矩

静态工况　static conditions

相关参数不随时间变化的工况

静压力　static pressure

在静态工况或稳态工况下流体中的压力

静密封件　static seal

用于没有相对运动的零件之间的密封装置

稳态　steady state

物理参数随时间没有明显变化的状态

稳态工况　steady - state operating conditions

在稳定化作用期之后，相关参数处于稳态的运行工况

卡紧　sticking

元件内部的运动件因不平衡力而卡住

静摩擦　stiction (static friction)

对静止状态下运动趋势的阻力

马达或泵的刚性　stiffness of motor or pump

施加于轴的转矩变化与轴的角位置变化之比

粗滤器　strainer

通常具有编织线结构的粗过滤器

螺柱端　stud end

与油（气）口连接的管接头的外螺纹端

底板　subplate〈液压〉

底座　subbase〈气动〉

用于单个板式阀或底座阀（其被设计安装在附带的基板上）的安装装置，其包括用于配管连接的油（气）口

板式阀　subplate valve〈液压〉

底座阀　subbase valve〈气动〉

设计成与底板、底座或集成块一起使用的阀

子系统　sub - system

在流体传动系统中，提供指定功能的相互连接元件的配置

吸入压力　suction pressure

〈液压〉泵进口处流体的绝对压力

供给流量　supply flow rate

由动力源所产生的流量

供给压力　supply pressure

由动力源所产生的压力

缓冲阀　surge damping valve

通过限制流体流动的加速度来减小冲击的阀

缓冲罐　surge tank

〈气动〉位于储气罐的下游，用来储存压缩空气或有压力气体，以便减小压力变动的辅助容器

行程排量　swept volume

泵或执行元件在一个完整行程、循环或整转所排出的流体的理论体积

切换压力　switching pressure

系统或元件被起动、停止或反向的响应压力

回转式管接头　swivel connector

允许有限的且不连续转动的管接头

同步回路　synchronizing circuit

多路运行受控在同时发生的回路

合成液压液　synthetic fluid

〈液压〉通过不同的聚合工艺生产的主要基于酯、聚醇或聚 α - 烯烃的液压油液。它可以含有其他成分

注：合成液压液不含水分。合成液压液的一个例子是聚氨酯液

系统放气　system air bleeding

〈液压〉去除滞留在液压系统中的气泡

系统排放　system draining

从系统排除流体

系统加油（液）　system filling

〈液压〉将规定量的流体加注到系统中的行为

系统冲洗　system flushing

〈液压〉以专用的清洗液（冲洗油）在低压力下清洗内部通路和腔室的系统操作

注：在系统正式使用之前，应使用正确的工作流体替换冲洗液

尾管 tailpiece

插入软管中并加以固定的管接头

分接点 take - off point

在元件或配管上的用于流体供给或测量的辅助连接

串联缸 tandem cylinder

在同一活塞杆上至少有两个活塞在同一个缸的分隔腔室内运动的缸

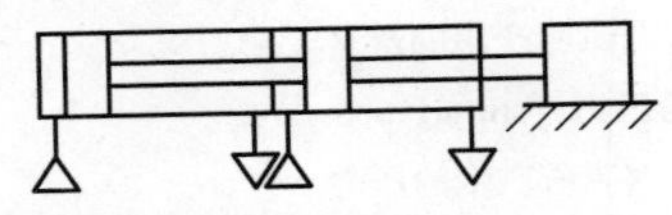

T形管接头 tee connector

"T"字形的管接头

伸缩缸 telescopic cylinder

靠空心活塞杆一个在另一个内部滑动来实现两级或多级外伸的缸

温度控制器 temperature controller

〈液压〉将流体温度维持于预定范围的装置

试验压力 test pressure

元件、配管、子系统或系统为试验目的所承受的压力

缸理论输出力 theoretical cylineder force

忽略背压或摩擦产生的力以及泄漏的影响所计算出的缸输出力

缸的端螺纹安装 threaded - end cylinder mounting

借助于与缸轴线同轴的外螺纹或内螺纹的安装

示例：加长螺杆，在端盖耳环上承装大螺母的螺纹，固定端盖的双头螺栓，在缸头处的螺柱或压盖，在端盖中的内螺纹和缸头中的内螺纹

螺纹口 threaded port

承装带螺纹的管接头的油（气）口

热塑性材料 thermoplastic material

在载荷下易变形，并且当载荷去除时部分地保持变形形状的材料

三通阀 three - port valve

带有三个主阀口的阀

三通流量控制阀 three - port flow control valve (bypass flow control valve)

〈液压〉一种压力补偿流量控制阀，其调节工作流量，使多余的流体流动到油箱或另一回路

阈值 threshold

连续控制阀在零位时，产生反向输出所需的输入信号的变化量，以额定信号的百分比表示

节流阀 throttle valve

可调的流量控制阀

双杆缸 through - rod cylinder (double - end rod cylinder)

活塞杆从缸体两端伸出的缸

总流量 total flow rate

用于以下消耗的流量

——控制流量

——内泄漏流量

——输出流量

传递式蓄能器 transfer accumulator

具有一个或多个附加气瓶的充气式蓄能器。气瓶通过一根总管与蓄能器的气口连接

双向踏板 treadle

双向脚踏控制机构

硬管 tube

用来传播流体的刚性或半刚性导管

湍流 turbulent flow

以质点随机运动为特征的流体流动

参见层流

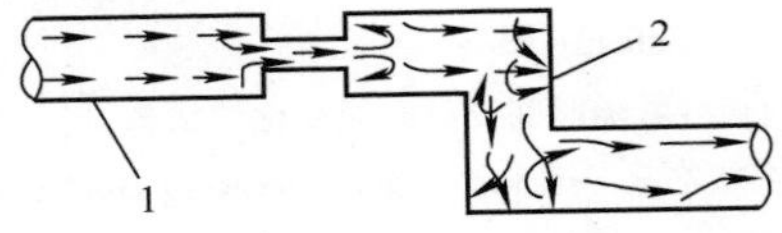

1—层流 2—湍流

双手控制单元 two - hand control unit

〈气动〉带有双按钮控制机构的气动元件。仅当两个按钮同时被操作并保持按下时，该控制机构提供并保持一个输出信号

二通阀 two - port valve

带有两个主阀口的阀

两级过滤器 two - stage filter

具有两个串联滤芯的过滤器

U形管测压计 U - tube manometer

靠充有液体的U形管液面来测量流体压力的装置

注：在测压计相连的每个支管位置之间的液面差表示流体压差。如果一个支管对大气敞开，则另一个支管中的压力是相对环境大气压的

单流向泵 uni - flow pump

流体流动方向与驱动轴的旋转方向无关的泵

中间管接头 union connector

无须旋转配管即可使之连接或分离的管接头

卸荷回路 unloading circuit

〈液压〉当系统不需要供油时，使泵输出的流体在最低压力下返回油箱的回路

卸荷阀 unloading valve

〈液压〉开启出口允许油液自由流入油箱的阀

参见排空阀

不稳定工况 unstable operating condition

在运行期间各种参数值不能达到稳定的运行工况

上限循环试验压力 upper cyclic test pressure

在疲劳试验的每次循环期间，实际试验压力必须超过的压力值

真空 vacuum

压力或质量密度低于普通大气压的状态

注：以绝对压力或负表压力表示

真空截止阀 vacuum cut - off valve

〈气动〉紧邻吸盘的内置单向阀。当流动量过大时，其关闭或减少吸入的空气

注：当几个吸盘与一个单独的真空源相连，并且一个吸盘不接触物体时，该吸盘可以被隔离以便允许保持系统能够建立真空

真空表 vacuum gauge

测量并显示真空的装置

真空发生器 vacuum generator

〈气动〉借助文丘里原理用压缩空气产生真空的元件

真空吸盘 vacuum suction cup

利用真空产生吸力的合成橡胶盘

阀 valve

控制流体的方向、压力或流量的元件

阀中位 valve centre position

具有奇数位置的阀其阀芯处于中间的位置

阀液压卡紧 valve hydraulic lock

由于径向压力不平衡使活塞或阀芯被推向一侧，引起足以阻碍其轴向运动的摩擦力，从而导致活塞或阀芯产生不良锁紧

阀岛 valve island（valve terminal）

〈气动〉包括电气连接的集成组件或集成阀组

主阀口 valve main port

阀的油（气）口。当控制机构操作时，其与另一个油（气）口连通或封闭

注：控制口、泄油口和其他辅助口不是主阀口

阀口/阀位标识 valve port/position designation

用于方向控制阀的数学标识方法，利用由斜线隔开的两个数字表示，例如3/2、5/3

注：第1个数字表示阀具有的主阀口数量，第2个数字表示其阀芯所能采取的特定位置数

阀芯 valving element

阀的内部零件，靠它的运动提供方向控制、压力控制或流量控制的基本功能

阀芯位置 valving element positions

控制基本功能的阀芯的位置

叶片马达 vane motor

借助于作用在一组径向叶片上的流体压力来实现轴旋转的马达

叶片泵 vane pump

〈液压〉流体被一组径向滑动叶片所排出的液压泵

蒸汽 vapour

处于其临界温度以下，并因此可以通过绝热压缩被液化的气体

蒸汽污染 vapour contamination

蒸汽形态的污染，在规定的运行温度下以质量比表示

通气口 vent

通向基准压力（通常为环境压力）的通道

黏度 viscosity

由内部摩擦造成的流体对流动的阻力

黏度指数 viscosity index

流体黏度/温度特性的经验度量

注：当黏度变化小时，黏度指数高

黏度指数改进剂 viscosity index improver

添加到流体中以改变其黏度/温度关系的化合物

可视颗粒计数 visual particle counting

以光学手段测量流体中固体颗粒污染物的方法

含水量 water content

在流体中所含水的数量

水锤 water hammer（oil - hammer）

〈液压〉在系统内由流量急遽减小所产生的压力上升

水聚合物溶液 water polymer solution（polyglycol solution）

〈液压〉一种难燃液压油液，其主要成分是水和一种或多种乙二醇或聚乙二醇

排水分离器 water trap

〈气动〉配置于系统以收集湿气的元件

油包水乳化液 water - in - oil emulsion（invert emulsion）

〈液压〉微细的分散水滴在矿物油的连续相中的悬浮液，其带有特殊的乳化剂、稳定剂和抑制剂

注：含水量的改变可能降低该乳化液的稳定性和/或难燃性

重力式蓄能器　weight-loaded accumulater

〈液压〉用重物加载活塞产生压力的液压蓄能器

焊接接管　weld-on nipple（spud coupling）

通过焊接或钎焊永久地固定在配管上的管接头零件

防尘圈　wiper ring（scraper）

用在往复运动杆上防止污染物侵入的装置

工作管路　working line

将流体传送到执行元件的流道

工作口　working port

与工作管路配合使用的元件的油（气）口

工作压力范围　working pressure range

在稳态工况下，系统或子系统预期运行的极限之间的压力范围

Y 形管接头　Y connector

Y 字形的管接头

流体传动系统的压力术语的图解，如图47-31所示

流体传动元件和配管的压力术语图解，如图47-32所示

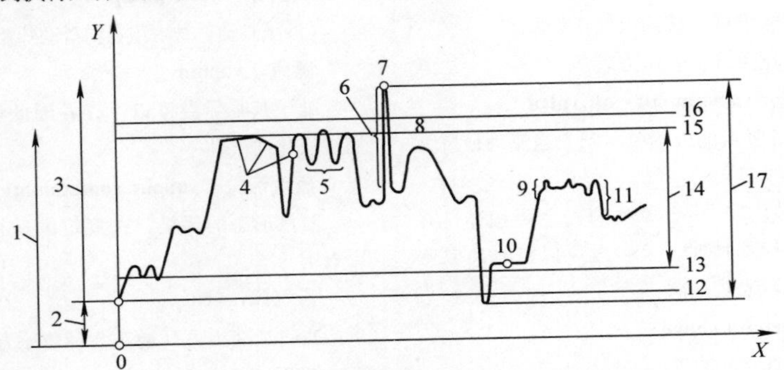

图47-31　流体传动系统的压力术语的图解

X—时间　Y—压力　1—绝对压力　2—负表压力　3—正表压力　4—稳态压力　5—压力脉动　6—压力脉冲　7—压力峰值　8—压力冲击　9—压力变动　10—空转压力　11—压降　12—大气压力　13—最低工作压力　14—工作压力范围　15—最高工作压力　16—最高压力　17—运行压力范围

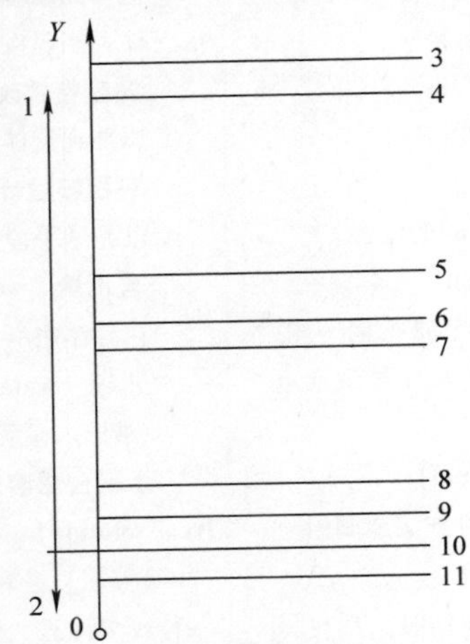

图47-32　流体传动元件和配管的压力术语的图解

Y—绝对压力　1—正表压力　2—负表压力　3—实际爆破压力　4—最低爆破压力　5—耐压压力　6—循环试验压力上限　7—最高额定压力　8—最低额定压力〈气动〉　9—循环试验压力下限　10—大气压力　11—最低额定压力〈液压〉

47.2　油液和油液污染标准及过滤

47.2.1　液压传动　油液　固体颗粒污染等级代号（GB/T 14039—2002/ISO 4406：1999，MOD）

1. 代号的说明

（1）代号组成　使用自动颗粒计数器计数所报告的污染等级代号由三个代码组成，该代码分别代表如下的颗粒尺寸及其分布：

第一个代码代表每毫升油液中颗粒尺寸≥4μm（c）的颗粒数。

第二个代码代表每毫升油液中颗粒尺寸≥6μm（c）的颗粒数。

第三个代码代表每毫升油液中颗粒尺寸≥14μm（c）的颗粒数。

用显微镜计数所报告的污染等级代号，由≥5μm 和≥15μm 两个颗粒尺寸范围的颗粒浓度代码组成。

（2）代码的确定

1）代码是根据每毫升液样中的颗粒数确定的，见表 47-42。

2）正如表 47-42 中所给出的，每毫升液样中颗粒数的上、下限之间，采用了通常为 2 的等比级差，使代码保持在一个合理的范围内，并且保证每一等级都有意义。

表 47-42　代码的确定

颗粒数/mL		代码	颗粒数/mL		代码
>	≤		>	≤	
2500000		>28	80	160	14
1300000	2500000	28	40	80	13
640000	1300000	27	20	40	12
320000	640000	26	10	20	11
160000	320000	25	5	10	10
80000	160000	24	2.5	5	9
40000	80000	23	1.3	2.5	8
20000	40000	22	0.64	1.3	7
10000	20000	21	0.32	0.64	6
5000	10000	20	0.16	0.32	5
2500	5000	19	0.08	0.16	4
1300	2500	18	0.04	0.08	3
640	1300	17	0.02	0.04	2
320	640	16	0.01	0.02	1
160	320	15	0.00	0.01	0

注：代码小于 8 时，重复性受液样中所测的实际颗粒数的影响。原始计数值应大于 20 个颗粒，如果不可能，则参考（3）中 1）。

（3）用自动颗粒计数器计数的代号确定

1）应使用按照 GB/T 18854—2002 规定的方法校准过的自动颗粒计数器，按照 ISO 11500 或其他公认的方法来进行颗粒计数。

2）第一个代码按≥4μm（c）的颗粒数来确定。

3）第二个代码按≥6μm（c）的颗粒数来确定。

4）第三个代码按≥14μm（c）的颗粒数来确定。

5）这三个代码应按次序书写，相互间用一条斜线分隔。

例如：代号 22/18/13，其中第一个代码 22 表示每毫升油液中≥4μm（c）的颗粒数在大于 20000～40000 之间（包括 40000 在内）；第二个代码 18 表示≥6μm（c）的颗粒数在大于 1300～2500 之间（包括 2500 在内）；第三个代码 13 表示≥14μm（c）的颗粒数在大于 40～80 之间（包括 80 在内）。

6）在应用时，可用“*”（表示颗粒数太多而无法计数）或“-”（表示不需要计数）两个符号来表示代码。

例 1：*/19/14 表示油液中≥4μm（c）的颗粒数太多而无法计数。

例 2：-/19/14 表示油液中≥4μm（c）的颗粒不需要计数。

7）当其中一个尺寸范围的原始颗粒计数值小于 20 时，该尺寸范围的代码前应标注“≥”符号。

例如：代号 14/12/≥7 表示在每毫升油液中，≥4μm（c）的颗粒数在大于 80 到 160 之间（包括 160 在内）；≥6μm（c）的颗粒数在大于 20 到 40 之间（包括 40 在内）；第三个代码≥7 表示每毫升油液中≥14μm（c）的颗粒数在大于 0.64 到 1.3 之间（包括 1.3 在内），但计数值小于 20。这时，统计的可信度降低。由于可信度较低，14μm（c）部分的代码实际上可能高于 7，即表示每毫升油液中的颗粒数可能大于 1.3 个。

（4）用显微镜计数的代号确定

1）按照 ISO 4407 进行计数。

2）第一个代码按≥5μm 的颗粒数来确定。

3）第二个代码按≥15μm 的颗粒数来确定。

4）为了与用自动颗粒计数器所得的数据报告相一致，代号由三部分组成，第一部分用符号“-”表示。

例如：-/18/13。

2. 标注说明（引用本标准）

当选择使用标准 GB/T 14039—2002 时，在试验报告、产品样本及销售文件中使用如下说明：“油液的固体颗粒污染等级代号，符号 GB/T 14039—2002《液压传动　油液　固体颗粒污染等级代号》（ISO 4406：1999，MOD）。”

3. 代号的图示法

在用自动颗粒计数器分析确定污染等级时，根据≥4μm（c）总颗粒数确定第一个代码，根据≥6μm（c）的总颗粒数确定第二个代码，根据≥14μm（c）的总颗粒数确定第三个代码，然后将这三个代码依次书写，并用斜线分隔。例如，参见

图47-33的22/18/13。在用显微镜进行分析时，用符号“-”替代第一个代码，并根据≥5μm和≥15μm的颗粒数分别确定第二个和第三个代码。

允许内插，但不允许外推。

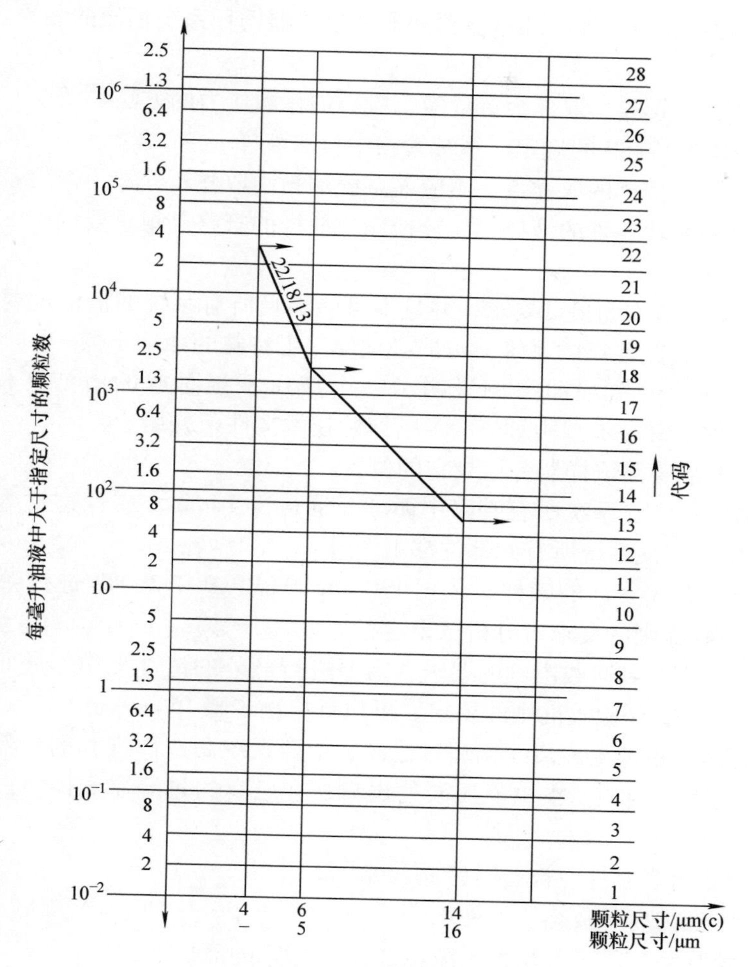

图47-33　代码的图示法

注：采用自动颗粒计数器法，列出在4μm（c）、6μm（c）和14μm（c）的等级代码；
采用显微镜计数法，列出在5μm和15μm的等级代码。

47.2.2　液压系统总成　清洁度检验（GB/Z 20423—2006，ISO/TS 16431：2002，IDT）

1. 检测设备

1）符合GB/T 17489的油液在线取样器。若缺少这种取样器，只要油液是从主油路提取的，也可以使用测压接头。

2）符合 GB/T 17484 的液样容器。如果使用在线分析仪，不需要这类液样容器。

3）符合 ISO 11500 的自动颗粒计数器，或符合 GB/T 20082 的光学显微镜或图像分析设备。

4）净化过滤器或离线循环过滤器和通过过滤器循环系统油液的装置。

2. 取样

注意：从高压管路中取样会有危险，应提供释减压力的方法。

应按照 GB/T 17489 的规定从系统管路中提取液样。

除非无其他可选择的取样点，不应在系统油箱中取样。

为保证得到有代表性的液样，充分地净化取样的管路是很重要的。

3. 检测步骤

1）此步骤应被作为最低要求，并且不可能满足所有系统的清洁度要求，尤其是那些大管径、管路复杂的系统，可能必须使用更特殊的冲洗步骤。

图 47-34 所示的流程图举例说明了一个液压系统总成的清洁度检验步骤。图 47-34还提供了每一步骤所对应的本指导性技术文件条款编号。

2）安装油液管路取样器并记录它的位置。

3）让系统油液在系统所有管路中循环流通最少 10min，或者直到达到制造商规定的运行条件，使系统所有的部件都工作过。

4）采集具有代表性的液样，依据 ISO 11500 或 GB/T 20082 进行颗粒计数分析，并根据验收准则的要求对分析结果进行评价。

5）如果没有达到验收准则的要求，需要进行额外的清洗工作，进而执行检测步骤中 6)。如果达到验收准则的要求，可执行检测步骤 16)。

6）选择净化过滤器或离线循环过滤器，依照系统制造商推荐的步骤安装到系统中适当的位置（例如，在主液压泵的出口；在已有的过滤器壳体内；在油箱的外接口处）。

7）确定是否有元件应被暂时旁通，如：

——对污染物高度敏感的元件。

——系统管路的静态容积大于液压缸容积 50% 的液压缸。

如果没有要旁通的元件，进入检测步骤 13)。

8）通过将元件的供油管路和回油管路相连接，实现元件的旁通。添加或拆除管路或元件，添加油液或对系统的其他破坏都可能增加系统的污染物。

9）用足够长的时间运行系统，使油液在系统所有的管路里循环流通，经过系统设置的过滤装置除去油液中的固体污染物，达到验收准则的要求。

10）采集具有代表性的液样，依据 ISO 11500 或 GB/T 20082 进行颗粒计数分析，并根据验收准则的要求对分析结果进行评价。

11）如果没有达到验收准则的要求，需要进行额外的清洗工作，重复检测步骤 9）和检测步骤 10）规定的步骤。如果已达到验收准则的要求，进入检测步骤 12)。

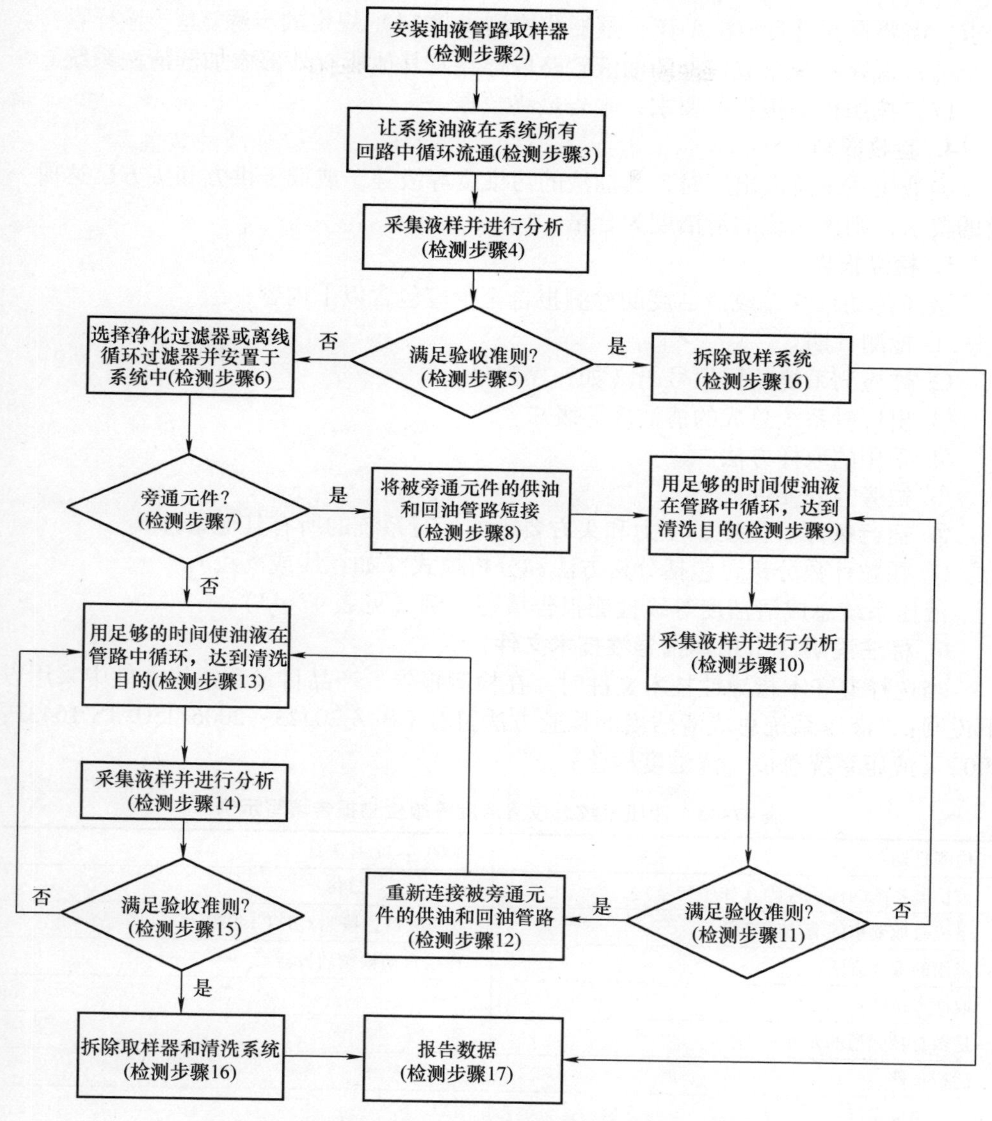

图 47-34　液压系统总成清洁度检验程序流程图（方框图）

如果经过一段容许的时间后，仍没有达到事先商定的系统清洁度要求，应检查系统部件和元件制造过程所采用的污染控制方法是否正确。

12）重新连接好所有被旁通元件的供油管路和回油管路。

13）用足够长的时间运行系统，使油液在系统所有的管路里循环流通，经过系统设置的过滤装置除去油液中的固体污染物，达到验收准则的要求。

14）重复检测步骤 10）的步骤。

15）如果达到验收准则的要求，进入检测步骤 16）。如果没有达到验收准则的要求，需要再次进行清洗工作，重复和检测步骤14）规定的步骤。

16）拆除系统总成以外的油液管路取样器及其他所有外部添加的清洗系统。

17）按照检测报告的要求，报告最终数据。

4. 验收准则

当液压系统总成出厂时，其油液的污染度等级等于或低于供方和买方已达成一致的要求，则该系统的清洁度为合格。

5. 检测报告

液压传动系统总成清洁度的检测报告至少应包含以下内容：

① 检测日期。

② 被检测系统的标识号码（如：序列号）。

③ 出厂时系统总成的清洁度等级。

④ 采用的取样方法。

⑤ 被旁通的元件。

⑥ 运行条件（温度、压力和买方要求的运行系统的所有其他条件）。

⑦ 颗粒计数分析，包括分析方法和分析模式（如在线或离线）。

液压系统总成清洁度等级检测报告填写示例（见表47-43）。

6. 标注说明（引用本指导性技术文件）

当选择遵守本指导性技术文件时，在检测报告、产品目录和销售文件中采用以下说明："液压系统总成清洁度的检验方法符合GB/Z 20423—2006/ISO/TS 16431：2002《液压系统总成　清洁度检验》"。

表47-43　液压系统总成清洁度等级检测报告填写示例

检测日期：	2000年11月7日
被检测系统的标识号码（如序列号）：	689 - agr - 2348
系统总成要求的清洁度等级：	16/16/11，按照GB/T 14039
采用的取样方法：	在线自动颗粒计数器
取样点位置：	
是否有被旁通的元件：	否
运行条件	
油液温度：	82℃
系统压力：	1MPa（10bar）
油液类别和黏度：	矿物油黏度ISO等级32
其他（如购买者要求）：	无
颗粒计数分析	
分析方法：	☑ ISO 11500　□GB/T 20082
分析样式：	☑ 在线　□离线
系统总成的实际清洁度等级（按照所采用方法的相关标准报告）	16/14/11，按照GB/T 14039

47.2.3 液压系统总成 管路冲洗方法（GB/T 25133—2010/ISO 23309:2007）

1. 清洁度等级

冲洗的主要目的是为达到用户或供应商要求的系统或元件清洁度等级。对于未规定清洁度等级的情况，可参见系统清洁度等级要求指南。

2. 液压系统中管路的冲洗

（1）影响因素　为使液压系统管路达到满意的清洁度等级，需要考虑以下影响因素：

① 选择按 GB/Z 19848—2005 清洗过的元件。

② 配接管路的初始清洁度。

③ 采用合适的冲洗程序。

④ 选择过滤比合适的过滤器，保证能在允许的时间周期内达到需要的清洁度等级。

⑤ 建立湍流状态，以移出并传输颗粒到过滤器。

（2）系统设计

1）液压系统的设计人员在设计阶段就应考虑系统的冲洗问题。应避免设计不能冲洗的盲端。如果颗粒污染物有从盲端移动到系统其他部分的风险，则此盲端应能够进行外冲洗。

2）因冲洗需要而连接的管路不允许作并联连接，只允许在保证紊流的条件下作串联连接。液压系统中的管路也应避免并联流道，除非用仪器检测证明每个平行的流道中都具有足够的流量。

3）限流元件和易被高流速或颗粒污染物损坏的元件应能从回路或旁路中拆除。拆除元件后还应保证各管路能相互连接，以便冲洗。

4）系统中的关键位置应设有符合 GB/T 17489 的取样阀。

（3）元件清洁度等级　安装于系统中的元件和组件的清洁度等级应至少与规定的系统清洁度等级相同或更高。元件供应商应提供元件清洁度等级的资料。

（4）防腐剂　如果元件含有与系统工作介质不相容的防腐剂，可使用与系统密封件和工作介质相容的去污剂清洗元件。去污剂不允许影响元件的密封。

3. 管路处理

（1）制造时管路的准备　用作液压管路的管件应按照制造商与用户间达成的协议去除毛刺。有氧化层和铁锈的管件应按照制造商和用户间达成的协议进行处理。

（2）表面处理　管路安装前，为了维持其清洁度，应使用适当的防护液进行处理。在存储过程中需要采取防腐措施。

（3）管路与接头的存储　清洁和表面处理过的管件和管接头应立即使用干净

的盖子封堵端头，并存放在清洁、干燥的地方。

4. 液压管路的安装

1）在液压管路的安装过程中，应避免对管路进行熔焊、钎焊或加热，以防止产生氧化层。如果不可避免，则管路应重新清洗和保护（见 GB/Z 19848—2005 中的规定：冲洗设备的泵应尽可能地靠近管路的吸油口，以使流量损失最小）。

2）宜使用法兰或标准的接头。在安装过程中，管路和元件所有的保护元件（如盖）应尽可能在最后阶段移去。

5. 冲洗要求

（1）总则

1）要求冲洗的管路应建立专项文件来识别，并记录它们达到的清洁度等级。

2）冲洗方法宜与实际条件相适应。但是，为保证获得满意的效果，应满足下列主要准则：

① 冲洗设备的油箱应至少清洁到与系统指定的清洁度相适应的水平（见清洁度等级）。

② 注入系统的冲洗介质应通过合适的过滤器过滤（选择过滤比合适的过滤器，保证能在允许的时间周期内达到需要的清洁度等级）。在加注冲洗介质的过程中，不应将空气带入系统中，如果必要，系统应加满冲洗介质至溢流状态。

③ 冲洗设备的泵应尽可能近地靠近管路的吸油口，以使流量损失最小。

④ 流量和温度测量装置应尽可能地靠近管路的回油口。

⑤ 过滤器应靠近管路的回油口；吸油口也可以使用过滤器。

（2）清除内表面颗粒

1）为了有效地清除液压管路的颗粒污染物，要求冲洗介质的流动状态为紊流。介质的紊流流动能保证使管路系统中的颗粒污染物脱落并通过过滤器滤除。应使用雷诺数（Re）大于4000 的流动介质冲洗系统。如果使用雷诺数小于4000 的流体进行冲洗，管路中可能有层流段。

2）使用式（47-29）、式（47-30）可计算 Re 和要求的体积流量（q_V）：

$$Re=\frac{21220q_V}{\nu d} \tag{47-29}$$

$$q_V=\frac{dRe\nu}{21220} \tag{47-30}$$

式中 q_V——体积流量（L/min）；

ν——运动黏度（mm^2/s）；

d——管路的内径（mm）。

3）获得大于4000 的 Re 可能比较困难。Re 随着流量的增大或黏度的降低而增大。降低黏度是获得紊流的首选方法。降低黏度可通过提高冲洗介质温度或使用低黏度等级的系统工作介质。

如果提高冲洗介质温度，温度的增高应加以限制，以保证冲洗介质的性质不会变化或系统元件不会受到不利的影响。如果使用专用的冲洗介质，冲洗介质应能与系统计划使用的工作介质相容。首选方案是使用系统工作介质来冲洗或使用与系统工作介质相同的低黏度等级的介质。

4）在寒冷的环境下，冲洗介质的热量可能会受到损失。在这种情况下，为了验证 *Re* 大于 4000，应在估计的系统温度最低点检查冲洗介质的温度。当测量介质的最低温度能保证 *Re* 大于 4000（向制造商咨询相关冲洗介质的黏度和温度数据）时，才允许使用此介质进行冲洗。在非常寒冷的条件下，系统应能保温以保证冲洗介质温度高于使 *Re* 大于 4000 的最低值。

5）在考虑通过减小液压管路的直径来维持需要的 *Re* 数时应谨慎，因为这可能会对冲洗流量或低压元件产生影响。

6）振动、超声波或改变流向将有助于更快的使管路系统中的颗粒污染物脱落。然而，这仅是对紊态流动的补充，而不能替代流体的紊态流动。

7）应监测管道系统的压力，保证其不超过系统允许的最高工作压力。

（3）过滤器及颗粒的分离

1）总体要求：

① 冲洗使用的过滤器决定了系统最终的清洁度等级和清洗时间。

② 应选用具有合适过滤比的过滤器。如果选用过滤比不合适的过滤器，将出现达不到指定的清洁度等级或需经过延长冲洗时间才能达到的情况。过滤比按 GB/T 18853 确定。

③ 过滤器应带有堵塞监控装置（如压差指示器）。必要时应更换滤芯，以保证压差在滤芯允许工作范围内。

2）辅助冲洗过滤器。在冲洗过程中可能需要附加辅助冲洗过滤器，以便：保护敏感元件，避免颗粒侵入（如用在吸油管处可保护泵免于油箱中污染物的危害），应考虑附加压降的作用；直接过滤掉元件释放的颗粒（如使用回油过滤器可防止颗粒沉降于油箱中）；减少冲洗时间。

3）应尽可能使用大的冲洗过滤器。最小冲洗过滤器应满足在冲洗介质的实际黏度和最大流量下，通过清洁滤芯的最大压降不超过旁通阀或堵塞报警指示器设定值的 5%。

（4）最短冲洗时间

1）所需要的最短冲洗时间取决于液压系统的容量和复杂程度。在冲洗一小段时间后，即使冲洗介质取样表明已经达到指定的固体颗粒污染等级，也应继续进行紊流冲洗。继续冲洗增加了清除黏附在管壁上的颗粒的可能性。

2）推荐的最短冲洗时间（t）可用式（47-31）来计算：

$$t=\frac{20V}{q_V} \tag{47-31}$$

式中　q_V——体积流量（L/min）；

V——系统容积（L）。

6. 最终清洁度的检验

最终清洁度等级应按照GB/Z 20423验证，并应在冲洗操作完成前形成文件。

7. 标注说明（引用本标准）

当制造商选择遵照标准GB/T 25133—2010时，建议在试验报告、产品样本和销售文件中使用以下说明：

“液压系统总成中管路的清洗方法符合GB/T 25133—2010《液压系统总成　管路冲洗方法》”。

8. 系统清洁度等级要求指南

（1）系统可能需要高清洁度的应用场合　当高可靠性为控制要素或系统包含下列元件时，系统需要高的清洁度：

1）比例阀或伺服阀。

2）小流量的流量控制阀和减压阀，特别是在承受高压降的条件下。

3）工作状态接近性能极限的马达或泵。

（2）系统可能需要中等清洁度的应用场合　当元件在供应商和用户一致同意的非正常工况下运行，且总运行时间又相对受控时，系统应规定中等清洁度。

（3）满足运行液压系统高、中等清洁度要求的介质中固体颗粒污染等级指南　见表47-44。

表47-44　满足运行液压系统高、中等清洁度要求的介质中固体颗粒污染等级指南

系统压力	液体清洁度要求，按GB/T 14039表达	
	高	中等
≤16MPa（160bar）	17/15/12	19/17/14
>16MPa（160bar）	16/14/11	18/16/13

47.2.4　液压传动　过滤器的选择与使用规范（JB/T 12921—2016）

1. 过滤器和滤芯的种类

（1）过滤器的种类　用于液压系统的过滤器可分为以下几类：

1）吸油管路过滤器（滤网），用于泵的吸油管路。

2）回油管路过滤器，用于低压回油管路过滤。

3）压力管路过滤器，用于系统压力管路，根据系统全压力和所处位置的循环负载进行设计。

4）油箱空气过滤器，安装于油箱之上，防止污染物或者水蒸气进入油箱。

5）离线过滤器，用于主系统以外，通常用于单独的油液循环系统。

（2）滤芯的种类　滤芯按工作压差，一般可以分为：

1）低压差滤芯。使用压差较低，一般需要旁通阀保护。

2）高压差滤芯。能够承受接近系统压力的压差，制造牢固，一般不需要配备旁通阀。

2. 过滤器的选择

（1）选择程序　液压系统过滤器选择包括以下步骤：

1）确定 RCL（目标清洁度）值。

2）确定过滤精度。

3）确定安装位置。

4）确定过滤器尺寸规格。

5）选择符合条件的过滤器。

6）验证选择的过滤器。

（2）确定 RCL 值

1）一般原则。液压系统正常运行时，确定污染物数量及尺寸取决于两个因素：

① 相关零部件对污染物的敏感度。

② 系统设计者和用户所要求的可靠性水平及零部件的使用寿命要求。液压油液的污染度与系统所表现出的可靠性之间的关系，如图 47-35 所示。

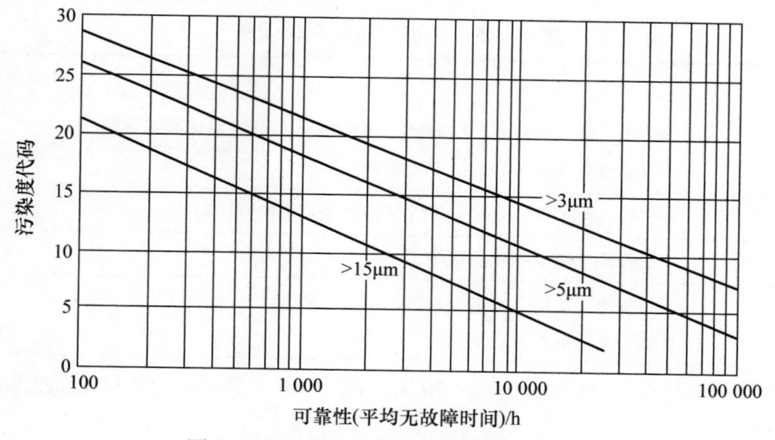

图 47-35　污染度代码和可靠性的关系

2）确定 RCL 的方法。

① 确定 RCL 的背景条件：所使用的元件及其污染敏感度；元件保护或磨损控制的理由；污染物生成率和污染源；可行并且首选的过滤器位置；允许的压差或要求的压力（在回油管路或低压应用中必须提供）；流体流量和流量冲击（尺寸规格合适的过滤器用以处理最大流量）；工作压力，包括短暂的压力波动及冲击（考虑疲劳冲击影响后过滤器的正确应用）；油液类型，工况温度和压力范围内油液的黏度；使用间隔要求；系统安装空间大气环境污染水平。

利用这些信息，系统设计者可以为系统选择与设计目标相符合的 RCL 等级。

② 确定RCL的首选方法是以系统具体工作环境为基础的综合法，即首先对系统的特性及运行方式进行评估，然后建立一个加权或计分档案，最后经过不断积累确定RCL。这种方法所确定的RCL主要考虑以下几个参数：工作压力和工作周期；元件对污染物的敏感度；预期寿命；元件更换费用；停机时间；安全责任；环境因素。

③ 确定RCL的第二种方法是系统设计者依据自身的使用案例或者经外部咨询得到的信息。如由生产商提供的经过一系列标准测试（参见JB/T 12921—2016附录F）的过滤器信息。系统设计者应用外部案例时必须谨慎，因为运行条件、环境及维护措施会存在差异。

④ 确定RCL的第三种方法是参照图47-35选用。

注：由于这些推荐值通常都较为笼统，使用时应谨慎。

⑤ 确定RCL的第四种方法是征求系统中对污染最为敏感元件的生产商的建议。

3）补充规定。当RCL值不能用数据准确确定和核准时，系统设计人员可根据以往相似系统的使用案例结合新设计系统的独特性进行修正。

（3）确定过滤精度

1）根据表47-45评定环境污染水平，选择与环境污染物水平相当的环境因素。

表47-45　环境污染水平和因素

环境污染水平	案例	环境因素（EF）
良好	洁净区域，实验室，只有极少污染物侵入点的系统，带有注油过滤器和油箱空气过滤器的系统	0
一般/较差	一般机械工厂，电梯，带有污染物侵入点控制的系统	1
差	运行环境极少控制的系统	3
最差	污染物高度侵入的潜在系统，例如，铸造厂、实体工厂、采石场、部件试验装置中	5

2）使用图47-36，其x轴表示RCL，向上面一条垂直线与对应的环境因素（EF）曲线相交。

3）画一条水平线至y轴，读取推荐的以μm（c）为单位的最小过滤尺寸x。

4）通过分析系统运行时过滤器的性能参数判断过滤器选择是否正确。

（4）确定过滤器的安装位置　液压系统的过滤器有许多安装位置，图47-37给出了过滤器的可能安装位置。过滤器的安装应考虑以下因素：

1）安装于容易观察的位置，以便于观察压差指示器或过滤器堵塞指示器，滤芯容易更换。

2）在偶发的流量冲击及吸空时能得到有效保护。

3）提供足够的保护使关键元件不受泵失效的影响。

4）使污染物受流量冲击或反向流动的作用而脱离过滤材料的现象减至最小。

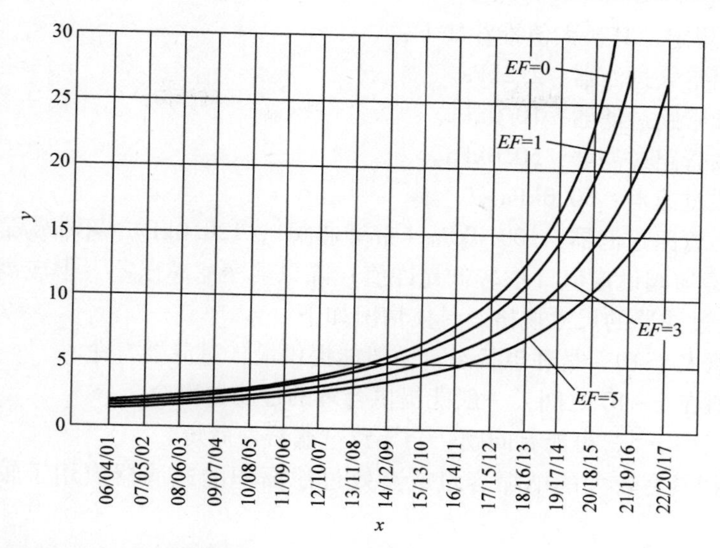

说明：

x——目标清洁度(RCL)，根据GB/T 14039表述；

y——推荐的过滤精度x，当$\beta_{x(c)}$=200时，单位为微米[μm(c)](注：此处$\beta_{x(c)}$的值与GB/T 20079规定的值100存在差异)；

EF——环境因素见表47-45。

图 47-36　选择推荐的过滤精度

5）在对特定元件进行直接保护时，应就近安装在此元件的上游。

6）为了控制潜在的污染源，应安装在此污染源的下游。

7）为了总体的污染控制，可安装在能够流通绝大部分流量的任何管路上。

（5）确定过滤器的尺寸规格

1）确定过滤器尺寸规格时，不应通过增加最大允许压差的方法来延长滤芯的使用寿命，应考虑的因素如下：

① 以往过滤器使用的案例、过滤器制造商的指导以及特定应用环境。

② 油液的流量冲击、温度和压力对油液黏度的影响。

③ 工作油液对过滤器及滤芯材料的影响，参见 JB/T 10607—2006 中的表 7 及附录 B。

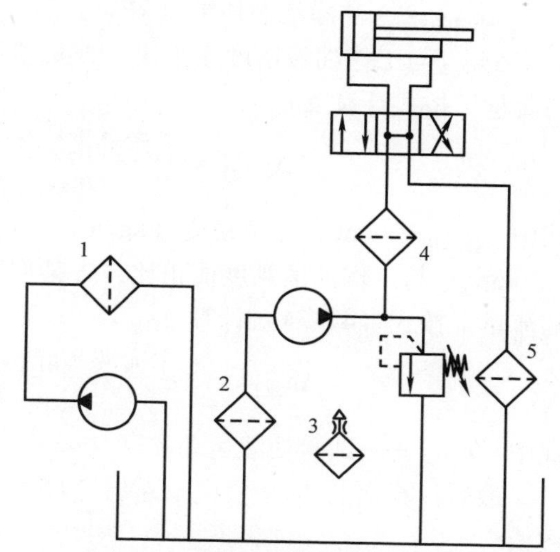

图 47-37　液压过滤器安装位置示意图

1—离线过滤器　2—吸油管路过滤器（滤网）　3—油箱空气过滤器　4—压力管路过滤器　5—回油管路过滤器

2）对于系统不同部位使用的过滤器，其初始压差应符合有关技术文件的规定。如没有规定，其最大值推荐如下：

① 油箱空气过滤器：2.2kPa。

② 吸油管路过滤器：10.0kPa。

③ 回油管路过滤器：50.0kPa。

④ 离线过滤器：50.0kPa。

⑤ 压力管路过滤器：100.0kPa（带旁通阀），120.0kPa（不带旁通阀）。

3）以旁通阀设定值（取较低允许值）除以洁净滤芯压差（取较高黏度下）的比值来确定过滤器的尺寸规格。具体情况如下：

① 比值大于10，是理想状态，一般能提供最佳过滤器寿命。

② 比值在5～10之间，一般能提供合理的过滤器寿命。

③ 比值小于5，可能有问题，会导致过滤器寿命短。

4）选择具有较大的纳垢容量或有效过滤面积的过滤器应用于较差的操作环境中。

5）按下式计算洁净过滤器总成压差 $\Delta p_{总}$。

$$\Delta p_{总} = \Delta p_{壳体} + \Delta p_{滤芯} \tag{47-32}$$

式中　$\Delta p_{总}$——洁净过滤器总成压差（kPa）；

$\Delta p_{壳体}$——过滤器壳体压差（kPa）；

$\Delta p_{滤芯}$——洁净滤芯压差（kPa）。

$\Delta p_{壳体}$与工作油液密度成正比，查某型号过滤器壳体压差－流量曲线，在指定的流量下按式计算 $\Delta p_{壳体}$。

$$\Delta p_{壳体} = \frac{\text{工作油液实际密度}}{\rho_{试验}} \times \text{所查压差值} \tag{47-33}$$

式中　$\rho_{试验}$——试验油液密度（kg/m^3）。

$\Delta p_{滤芯}$与工作油液黏度成正比，查某型号过滤器滤芯压差－流量曲线，在指定的流量下按式（47-34）计算 $\Delta p_{滤芯}$。

$$\Delta p_{滤芯} = \frac{\text{工作油液实际运动黏度}}{\nu_{试验}} \times \text{所查压差值} \tag{47-34}$$

式中　$\nu_{试验}$——试验油液运动黏度（mm^2/s）。

最后计算出的 $\Delta p_{总}$ 值应不超出［（5）确定过滤器的尺寸规格中的2）］规定的数值。

注：以上公式是行业选型所公认的经验公式，为过滤器选型提供了一种可行的数据估算方法。

（6）选择符合条件的过滤器

1）系统设计者应了解各备选过滤器在类似应用上的性能表现。

2）对已经在用的过滤器优先考虑。

3）系统设计者应实际检查具有代表性的过滤器，并获取接近实际应用条件下的最新试验数据。

4）在选择过程中，系统设计者应明白并相对熟悉多个备选过滤器的解决方案。

（7）验证选择的过滤器　对于一个新的应用，采用以下步骤来验证选择的过滤器：

1）备选过滤器可以在某些应用中预先进行试用和评定，此时应尽可能地复制或模拟预期的最终应用环境。

2）当一个新的过滤系统投入生产时，通常要检测过滤器在试运行阶段或正式使用中的性能。过滤器使用性能的评价以其是否能保证 RCL、满足设计压差要求以及其所保护元件/系统的使用寿命要求为判断依据。

3）通过进行现场跟踪，观察受保护元件的性能。现场跟踪的范围由各自的需要或实际应用中新系统与在用旧系统的差异来定。

4）为了保证过滤系统能连续保持良好的性能，系统设计者应能根据过滤器的生产商及零件编号明确识别出满足要求的过滤器。

3. 过滤器的使用

1）过滤器应配备压差指示装置以显示过滤器是否堵塞，若没有配备压差指示装置，则应按照保养手册上建议的时间间隔更换滤芯。

2）当压差指示装置显示滤芯堵塞或者达到了规定更换滤芯的压差值，应尽快更换或清洗滤芯。

3）确保更换具有正确型号和过滤效率的滤芯。

4）应定期检查油箱上的注油过滤器，如污染严重，就应进行清洗或更换。

5）由金属丝网做成的可清洗的滤芯（包括泵入口处的吸油滤网）可通过洁净的溶剂对滤网进行反冲使之得以洁净。可使用超声波清洗设备使卡在孔隙内的污染物松动脱落以达到清洗目的。

6）可清洗滤芯（滤网）通常对所要求过滤尺寸的过滤比不高，而且在更换前被清洗的次数是有限的，不应无限次使用。

7）过滤器上的密封件在每次拆卸时都应仔细检查，如出现损坏或变硬，需及时更换。

4. 过滤器及滤芯的贮存

滤芯应采用密封包装，并进行防潮处理。

过滤器及滤芯应存放在干燥和通风的仓库内，不应与酸类及容易引起锈蚀的物品和化学药品存放在一起。

5. 各类过滤器的特点

（1）吸油管路过滤器　过滤器或者滤网可以安装在泵的入口管路，保护泵使其免遭来自油箱中较大颗粒污染物的侵害。建议任何过滤器在安装至泵的吸油管路前应与泵的制造商进行联系。如果该类型的过滤器合适，建议将它安装在油箱的外部，这样易于观察及更换滤芯（滤网）。使用吸油管路过滤器的优缺点如下。

优点：①吸油管路过滤器对泵提供保护；②吸油管路滤网价格便宜。

缺点：①吸油管路过滤器可能会形成气穴现象；②对于下游其他关键部件没有保护；③吸油管路过滤器需要一个更大的表面积来预防过高的压差；④吸油管路过滤器可能太粗糙，不能提供任何真正的保护或污染控制；⑤吸油管路过滤器一般很难更换，是否堵塞、何时堵塞也很难知道。如果安装在油箱中，且不带自封装置的话，检查更换时需要排干油液。

（2）回油管路过滤器　回油管路过滤器较为常用，既可安装在回油管路中，也可安装在油箱内部或油箱上部。使用回油管路过滤器的优缺点如下。

优点：①回油管路过滤器对由元件产生的和通过密封圈侵入的污染物进行控制；②回油管路过滤器对油箱进行保护；③因为设计使用压力较低，回油管路过滤器成本不高；④回油管路过滤器在所有过滤精度范围内都可用；⑤回油管路过滤器保护元件并控制磨损。

缺点：①回油管路过滤器无法直接保护系统元件；②回油管路过滤器需要根据液压缸或蓄能器的流量冲击来确定尺寸规格；③回油管路过滤器需要仔细选择以避免元件承受压力过大。

（3）压力管路过滤器　压力管路过滤器直接安装在系统泵的下游或关键元件的上游，以提供主要的系统保护，并为隔绝泵产生的颗粒污染物提供最后一道屏障。压力管路过滤器可以是非旁通型或者包含一个旁通阀。使用压力管路过滤器的优缺点如下。

优点：①压力管路过滤器在过滤精度的所有范围内都可用；②压力管路过滤器为下游元件提供直接保护。

缺点：高压管路过滤器的设计使用压力高，与相同尺寸的回油管路过滤器相比，其壳体更重，成本更高。

（4）离线过滤器　离线过滤器与主系统分开安装，一般用在液压系统带泵的循环旁路中。使用离线过滤器的优缺点如下。

优点：①在离线过滤器的应用中压差不是关键的；②离线过滤器独立于主管路，因此不会受瞬变状态影响；③离线过滤器独立于主管路运行，因此可以连续过滤油箱中的油液；④离线过滤器在过滤精度所有范围内可用；⑤离线过滤器可以用作注油过滤器。

缺点：①离线过滤器不能对系统内元件提供直接保护，因此只能用于补充现有的管路过滤器；②离线过滤器不能100%过滤油液，所以会有一部分的污染物残留在系统中；③离线过滤器对于新加注液压油以及元件磨损、失效所带来的污染物不能做到快速反应以清除。

（5）油箱过滤器　油箱过滤器的重要性怎么强调都不过分，因为它提供了一种便宜而有效的方法来滤除进入油箱的空气中的颗粒，阻止它们进入系统，而这些颗粒可能会引起磨损和较昂贵的在线过滤器的提前堵塞。油箱过滤器有以下几种类型。

1）油箱空气过滤器：空气在油箱的内部和外部进行流通时，油箱空气过滤器可以滤除绝大部分系统过滤器应去除的颗粒。为了使油箱空气过滤器获得一个可接受的使用寿命，它的尺寸应依据所处的环境条件而定。最常用的使用方法是将圆盘状滤纸（也叫填充物/呼吸器）塞入注油口的上盖里。在洁净环境中这样的应用是足够的，但在空气污染程度很高的应用场合，不推荐将这样的应用作为空气过滤的唯一方式，因为过滤面积太小必须经常更换。另外，油箱过滤器尺寸小，也缺少支撑，很快就会堵塞。如果更换不及时，易造成疲劳损坏，最终使所有保护作用失效。

2）注油过滤器：正如它的名字一样，注油过滤器可将加注时系统补充新油中的颗粒去除。注油过滤器的过滤颗粒尺寸比系统中最精细的过滤器还小，这样它就能滤除新油中几乎所有的颗粒。油箱顶部回油管路过滤器有时也用作注油过滤器。

3）空气除湿过滤器：如果系统处于潮湿环境而且油箱允许空气进入，水蒸气就会被吸入从而对液压油造成污染。这些水分可以通过空气除湿过滤器来去除。

6. 固体污染物的来源

固体颗粒污染物来自四个主要污染源，见表 47-46。固体颗粒污染物的材质、硬度、形状和尺寸（从微米到毫米）都具有多样性。

表 47-46　固体颗粒污染物的主要污染源

系统固有（制造时产生的碎片）	侵入系统		系统生成		维护系统（保养时产生的碎片）
	过程	环境	表面	油液	
—毛刺 —机械切屑 —焊接飞溅 —研磨剂 —钻屑 —锉屑 —灰尘 —已污染的元件 —磨屑 —不相容液体 —颜料屑	—注入的初始油液 —错误的油液添加 —压缩空气或气体 —泥浆 —粉状煤 —矿粉 —聚合物 —接合剂 —催化剂 —黏土 —化学制品处理	—通过油箱的呼吸口吸入 —通过密封处吸入 —打开油箱 —岩石粉尘 —轧屑 —采石场灰尘 —铸造厂灰尘 —熔渣颗粒 —来自焊接和研磨的粉尘	—机械磨损 —腐蚀磨损 —空穴现象 —剥落 —软管材料 —过滤纤维 —破裂处碎片 —高弹性塑料	—重新带走 —过滤反吸附 —添加沉淀物 —沉淀物 —不能溶解的氧化物 —碳化物 —焦炭 —充气 —抛光	—修理 —预防维护 —新过滤器 —新油液 —脏的软管、连接头、元件 —注满容器 —错误的油液 —洁净碎屑 —来自焊接和研磨的灰尘 —来自环境和工作场地的灰尘

7. 颗粒污染的影响和去除颗粒污染的意义

大量液压系统的实例证明，固体颗粒污染的存在是导致系统失效和降低系统可靠性的主要原因。元件对颗粒的敏感度取决于内部工作间隙、系统压力等级和污染物的数量、尺寸及硬度。

（1）颗粒污染引起系统失效 液压系统的污染失效分为三类：

——突发或灾难性的失效。通常发生于少量大颗粒或大量的小颗粒进入元件并造成运动部件卡死（如供油组件或阀芯）。

——间歇或短暂的失效。指由于污染物短暂影响元件功能时所引起的失效，颗粒污染往往会在下一个工作周期被油液清除。例如，颗粒可以阻止阀芯移动到某个位置，但当阀芯移动到新位置时，颗粒就会被冲走。再如，颗粒能够阻挡提升阀正常关闭，但在下次操作时，颗粒就会被冲洗干净。

——退化失效。液压系统使用时间超长，表现出性能逐渐降低时，即表明系统退化失效。元件内部的摩擦磨损、空穴现象对元件的腐蚀和污染，高速流动对元件的冲击，所有这些因素都能增加系统的内部泄漏。如果液压系统持续退化失效，最终将导致突发或灾难性的失效。

（2）滤除固体颗粒污染物的意义 过滤的目标是降低液压系统内的固体颗粒污染等级，无论污染物是系统自身产生的还是外界侵入的，都要使系统的清洁度等级维持在可接受的水平。维持系统处于可接受的清洁度等级将有以下意义。

——延长元件寿命。减少元件的磨损可延长液压系统的使用寿命。

——提高液压系统的可靠性。保护油液的清洁度可减少由颗粒堵塞关键元件引发的间歇或短暂的失效。

——减少停机时间和维修费用。相对于停机及维护费用，更换液压元件所需的费用通常要高得多。通过增加元件的寿命和可靠性，通过污染控制可提高生产率和降低维护费用。

——操作安全。系统性能的一致性和可预测性会带来操作的安全。污染控制可确保有利的工况，使得系统不连贯及不可预测的操作大大降低。

——延长油液寿命。通过减少系统内的颗粒数量，使油液处于洁净状态，将减少油液中活性颗粒的氧化作用，有效增加油液的耐用性。例如，铜颗粒与水混合的催化效应使油液的氧化（老化）速度提高了47倍。这一点在油液寿命周期（初始、运行和废弃）成本费用很高时尤为重要。

8. 关注的颗粒尺寸范围

影响液压元件和系统性能的颗粒物尺寸范围很广。考虑深入元件间隙造成磨损的颗粒尺寸，可以小至1μm，甚至更小。就堵塞元件运动部件的大颗粒而言，尺寸则可能超过1000μm（或1mm）。表47-47列出了普通液压元件典型的动态工作间隙。

表 47-47　普通液压元件典型的动态工作间隙

元件		间隙/μm	元件		间隙/μm
柱塞泵	柱塞与缸孔	5 ~ 40	伺服阀	阀芯到阀套	1 ~ 4
				节流口	130 ~ 450
	阀板到缸体	0.5 ~ 5		挡板	18 ~ 63
齿轮泵	齿到侧板	0.5 ~ 5	滚动轴承		0.1 ~ 1
			滑动轴承		0.5 ~ 25
	齿顶到壳体	0.5 ~ 5	静压轴承		1 ~ 25
叶片泵	叶片边	5 ~ 13	齿轮		0.1 ~ 1
			动力密封		0.05 ~ 0.5
	叶片尖	0.5 ~ 1	执行机构		5 ~ 250

注：人类肉眼看到的最小颗粒尺寸是 40μm。

47.3　密封

47.3.1　液压气动用 O 形橡胶密封圈 第 1 部分：尺寸系列及公差（GB/T 3452.1—2005，ISO 3601－1：2002，MOD）

1. 结构

O 形圈的形状应为圆环形，典型的 O 形圈结构如图 47-38 所示。

2. 尺寸系列和公差

O 形圈内径、截面直径尺寸和公差见表 47-48 和表 47-49。

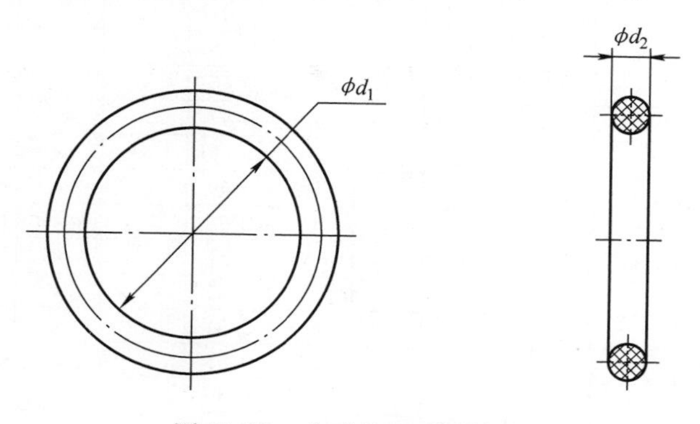

图 47-38　典型的 O 形圈结构

d_1—O 形圈的内径　d_2—O 形圈的截面直径

表47-48　一般应用的O形圈内径、截面直径尺寸和公差（G系列）　（mm）

d_1		d_2					d_1		d_2				
尺寸	公差±	1.8±0.08	2.65±0.09	3.55±0.10	5.3±0.13	7±0.15	尺寸	公差±	1.8±0.08	2.65±0.09	3.55±0.10	5.3±0.13	7±0.15
1.8	0.13	×					18	0.25	×	×	×		
2	0.13	×					19	0.25	×	×	×		
2.24	0.13	×					20	0.26	×	×	×		
2.5	0.13	×					20.6	0.26	×	×	×		
2.8	0.13	×					21.2	0.27	×	×	×		
3.15	0.14	×					22.4	0.28	×	×	×		
3.55	0.14	×					23	0.29	×	×	×		
3.75	0.14	×					23.6	0.29	×	×	×		
4	0.14	×					24.3	0.30	×	×	×		
4.5	0.15	×					25	0.30	×	×	×		
4.75	0.15	×					25.8	0.31	×	×	×		
4.87	0.15	×					26.5	0.31	×	×	×		
5	0.15	×					27.3	0.32	×	×	×		
5.15	0.15	×					28	0.32	×	×	×		
5.3	0.15	×					29	0.33	×	×	×		
5.6	0.16	×					30	0.34	×	×	×		
6	0.16	×					31.5	0.35	×	×	×		
6.3	0.16	×					32.5	0.36	×	×	×		
6.7	0.16	×					33.5	0.36	×	×	×		
6.9	0.16	×					34.5	0.37	×	×	×		
7.1	0.16	×					35.5	0.38	×	×	×		
7.5	0.17	×					36.5	0.38	×	×	×		
8	0.17	×					37.5	0.39	×	×	×		
8.5	0.17	×					38.7	0.40	×	×	×		
8.75	0.18	×					40	0.41	×	×	×	×	
9	0.18	×					41.2	0.42	×	×	×	×	
9.5	0.18	×					42.5	0.43	×	×	×	×	
9.75	0.18	×					43.7	0.44	×	×	×	×	
10	0.19	×					45	0.44	×	×	×	×	
10.6	0.19	×	×				46.2	0.45	×	×	×	×	
11.2	0.20	×	×				47.5	0.46	×	×	×	×	
11.6	0.20	×	×				48.7	0.47	×	×	×	×	
11.8	0.19	×	×				50	0.48	×	×	×	×	
12.1	0.21	×	×				51.5	0.49		×	×	×	
12.5	0.21	×	×				53	0.50		×	×	×	
12.8	0.21	×	×				54.5	0.51		×	×	×	
13.2	0.21	×	×				56	0.52		×	×	×	
14	0.22	×	×				58	0.54		×	×	×	
14.5	0.22	×	×				60	0.55		×	×	×	
15	0.22	×	×				61.5	0.56		×	×	×	
15.5	0.23	×	×				63	0.57		×	×	×	
16	0.23	×	×				65	0.58		×	×	×	
17	0.24	×	×				67	0.60		×	×	×	

（续）

d_1		d_2				
尺寸	公差 ±	1.8 ± 0.08	2.65 ± 0.09	3.55 ± 0.10	5.3 ± 0.13	7 ± 0.15
69	0.61		×	×	×	
71	0.63		×	×	×	
73	0.64		×	×	×	
75	0.65		×	×	×	
77.5	0.67		×	×	×	
80	0.69		×	×	×	
82.5	0.71		×	×	×	
85	0.72		×	×	×	
87.5	0.74		×	×	×	
90	0.76		×	×	×	
92.5	0.77		×	×	×	
95	0.79		×	×	×	
97.5	0.81		×	×	×	
100	0.82		×	×	×	
103	0.85		×	×	×	
106	0.87		×	×	×	
109	0.89		×	×	×	×
112	0.91		×	×	×	×
115	0.93		×	×	×	×
118	0.95		×	×	×	×
122	0.97		×	×	×	×
125	0.99		×	×	×	×
128	1.01		×	×	×	×
132	1.04		×	×	×	×
136	1.07		×	×	×	×
140	1.09		×	×	×	×
142.5	1.11		×	×	×	×
145	1.13		×	×	×	×
147.5	1.14		×	×	×	×
150	1.16		×	×	×	×
152.5	1.18			×	×	×
155	1.19			×	×	×
157.5	1.21			×	×	×
160	1.23			×	×	×
162.5	1.24			×	×	×
165	1.26			×	×	×
167.5	1.28			×	×	×
170	1.29			×	×	×
172.5	1.31			×	×	×
175	1.33			×	×	×
177.5	1.34			×	×	×
180	1.36			×	×	×
182.5	1.38			×	×	×
185	1.39			×	×	×
187.5	1.41			×	×	×
190	1.43			×	×	×
195	1.46			×	×	×
200	1.49			×	×	×
203	1.51				×	×
206	1.53				×	×
212	1.57				×	×
218	1.61				×	×
224	1.65				×	×
227	1.67				×	×
230	1.69				×	×
236	1.73				×	×
239	1.75				×	×
243	1.77				×	×
250	1.82				×	×
254	1.84				×	×
258	1.87				×	×
261	1.89				×	×
265	1.91				×	×
268	1.92				×	×
272	1.96				×	×
276	1.98				×	×
280	2.01				×	×
283	2.03				×	×
286	2.05				×	×
290	2.08				×	×
295	2.11				×	×
300	2.14				×	×
303	2.16				×	×
307	2.19				×	×
311	2.21				×	×
315	2.24				×	×
320	2.27				×	×
325	2.30				×	×
330	2.33				×	×
335	2.36				×	×
340	2.40				×	×
345	2.43				×	×
350	2.46				×	×
355	2.49				×	×
360	2.52				×	×
365	2.56				×	×

（续）

d_1		d_2					d_1		d_2				
尺寸	公差±	1.8±0.08	2.65±0.09	3.55±0.10	5.3±0.13	7±0.15	尺寸	公差±	1.8±0.08	2.65±0.09	3.55±0.10	5.3±0.13	7±0.15
370	2.59				×	×	487	3.33					×
375	2.62				×	×	493	3.36					×
379	2.64				×	×	500	3.41					×
383	2.67				×	×	508	3.46					×
387	2.70				×	×	515	3.50					×
391	2.72				×	×	523	3.55					×
395	2.75				×	×	530	3.60					×
400	2.78				×	×	538	3.65					×
406	2.82					×	545	3.69					×
412	2.85					×	553	3.74					×
418	2.89					×	560	3.78					×
425	2.93					×	570	3.85					×
429	2.96					×	580	3.91					×
433	2.99					×	590	3.97					×
437	3.01					×	600	4.03					×
443	3.05					×	608	4.08					×
450	3.09					×	615	4.12					×
456	3.13					×	623	4.17					×
462	3.17					×	630	4.22					×
466	3.19					×	640	4.28					×
470	3.22					×	650	4.34					×
475	3.25					×	660	4.40					×
479	3.28					×	670	4.47					×
482	3.30					×							

注：表中“×”表示包括的规格。

表47-49 航空及类似应用的O形圈内径、截面直径尺寸和公差（A系列）

（单位：mm）

d_1		d_2					d_1		d_2				
尺寸	公差±	1.8±0.08	2.65±0.09	3.55±0.10	5.3±0.13	7±0.15	尺寸	公差±	1.8±0.08	2.65±0.09	3.55±0.10	5.3±0.13	7±0.15
1.8	0.10	×					5.6	0.13	×				
2	0.10	×					6	0.13	×	×			
2.24	0.11	×					6.3	0.13	×				
2.5	0.11	×					6.7	0.13	×				
2.8	0.11	×					6.9	0.13	×	×			
3.15	0.11	×					7.1	0.14	×				
3.55	0.11	×					7.5	0.14	×				
3.75	0.11	×					8	0.14	×	×			
4	0.12	×					8.5	0.14	×				
4.5	0.12	×	×				8.75	0.15	×				
4.87	0.12	×					9	0.15	×	×			
5	0.12	×					9.5	0.15	×	×			
5.15	0.12	×					10	0.15	×	×			
5.3	0.12	×	×				10.6	0.16	×	×			

（续）

d_1		d_2				
尺寸	公差±	1.8±0.08	2.65±0.09	3.55±0.10	5.3±0.13	7±0.15
11.2	0.16	×	×			
11.8	0.16	×	×			
12.5	0.17	×	×			
13.2	0.17	×	×			
14	0.18	×	×	×		
15	0.18	×	×	×		
16	0.19	×	×	×		
17	0.20	×	×	×		
18	0.20	×	×	×		
19	0.21	×	×	×		
20	0.21	×	×	×		
21.2	0.22	×	×	×		
22.4	0.23	×	×	×		
23.6	0.24	×	×	×		
25	0.24	×	×	×		
25.8	0.25		×	×		
26.5	0.25	×	×	×		
28	0.26	×	×	×		
30	0.27	×	×	×		
31.5	0.28	×	×	×		
32.5	0.29	×	×	×		
33.5	0.29	×	×	×		
34.5	0.30	×	×	×		
35.5	0.31	×	×	×		
36.5	0.31	×	×	×		
37.5	0.32	×	×	×	×	
38.7	0.32	×	×	×	×	
40	0.33	×	×	×	×	
41.2	0.34	×	×	×	×	
42.5	0.35	×	×	×	×	
43.7	0.35	×	×	×	×	
45	0.36	×	×	×	×	
46.2	0.37		×	×	×	
47.5	0.37	×	×	×	×	
48.7	0.38		×	×	×	
50	0.39	×	×	×	×	
51.5	0.40		×	×	×	
53	0.41	×	×	×	×	
54.5	0.42		×	×	×	
56	0.42	×	×	×	×	
58	0.44		×	×	×	
60	0.45	×	×	×	×	
61.5	0.46		×	×	×	
63	0.46	×	×	×	×	
65	0.48		×	×	×	
67	0.49	×	×	×	×	
69	0.50		×	×	×	
71	0.51	×	×	×	×	
73	0.52		×	×	×	
75	0.53	×	×	×	×	
77.5	0.55			×	×	
80	0.56	×	×	×	×	
82.5	0.57			×	×	
85	0.59	×	×	×	×	
87.5	0.60			×	×	
90	0.62	×	×	×	×	
92.5	0.63			×	×	
95	0.64	×	×	×	×	
97.5	0.66			×	×	
100	0.67	×	×	×	×	
103	0.69			×	×	
106	0.71	×	×	×	×	
109	0.72			×	×	×
112	0.74	×	×	×	×	×
115	0.76			×	×	×
118	0.77	×	×	×	×	×
122	0.80			×	×	×
125	0.81	×	×	×	×	×
128	0.83			×	×	×
132	0.85		×	×	×	×
136	0.87			×	×	×
140	0.89		×	×	×	×
145	0.92		×	×	×	×
150	0.95		×	×	×	×
155	0.98		×	×	×	×
160	1.00		×	×	×	×
165	1.03		×	×	×	×
170	1.06		×	×	×	×
175	1.09		×	×	×	×
180	1.11		×	×	×	×
185	1.14		×	×	×	×
190	1.17		×	×	×	×
195	1.20		×	×	×	×
200	1.22		×	×	×	×
206	1.26				×	×
212	1.29		×		×	×

（续）

d_1		d_2					d_1		d_2				
尺寸	公差±	1.8±0.08	2.65±0.09	3.55±0.10	5.3±0.13	7±0.15	尺寸	公差±	1.8±0.08	2.65±0.09	3.55±0.10	5.3±0.13	7±0.15
218	1.32		×		×	×	300	1.76		×		×	×
224	1.35		×		×	×	307	1.80		×		×	×
230	1.39		×		×	×	315	1.84		×		×	×
236	1.42		×		×	×	325	1.90				×	×
243	1.46				×	×	335	1.95		×		×	×
250	1.49		×		×	×	345	2.00				×	×
258	1.54		×		×	×	355	2.05		×		×	×
265	1.57		×		×	×	365	2.11				×	×
272	1.61				×	×	375	2.16				×	×
280	1.65		×		×	×	387	2.22				×	×
290	1.71		×		×	×	400	2.29				×	×

注：表中“×”表示包括的规格。

47.3.2　液压气动用O形橡胶密封圈　沟槽尺寸（GB/T 3452.3—2005）

1. O形圈沟槽型式

根据O形圈压缩方向，O形圈沟槽型式分为径向密封和轴向密封两种。

（1）径向密封

1）活塞密封沟槽。活塞密封沟槽型式应符合图47-39的规定。

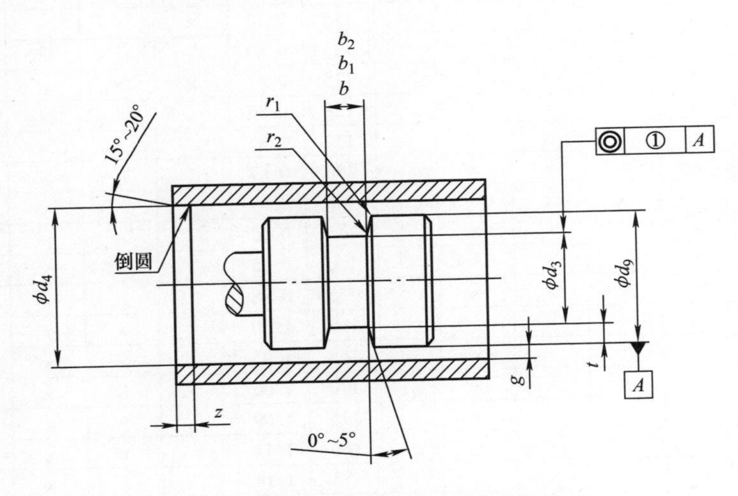

图47-39　径向密封的活塞密封沟槽型式

① 沟槽的同轴度公差

2）活塞杆密封沟槽。活塞杆密封沟槽型式应符合图47-40的规定。

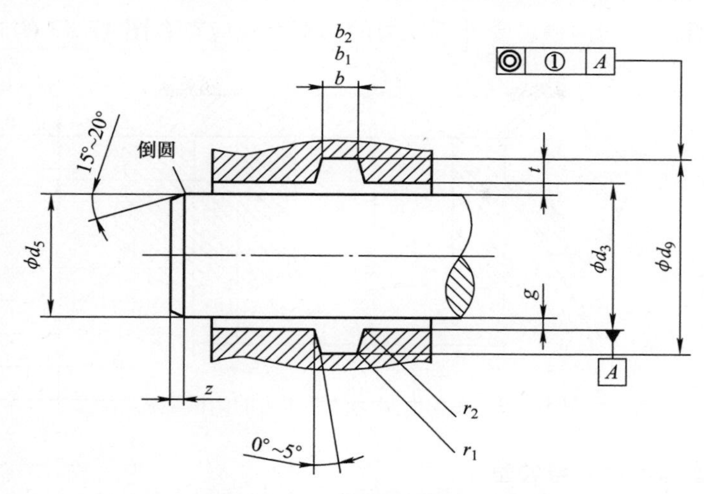

图 47-40　径向密封的活塞杆密封沟槽型式

① 沟槽的同轴度公差

3）带挡圈密封沟槽。带挡圈密封沟槽型式应符合图 47-41 的规定。

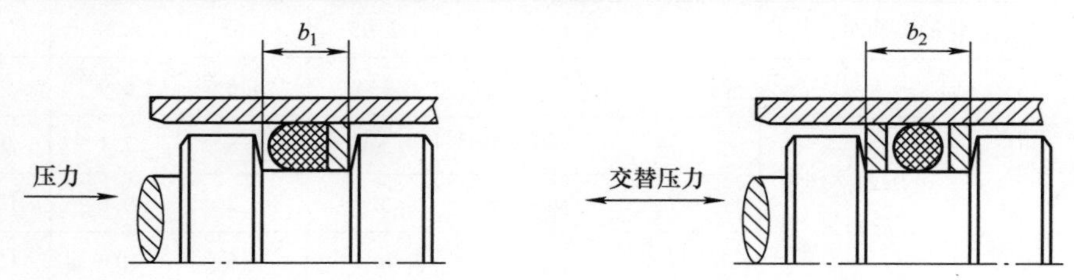

图 47-41　径向密封带挡圈密封沟槽型式

（2）轴向密封

1）受内部压力的沟槽。受内部压力的沟槽型式应符合图 47-42 的规定。

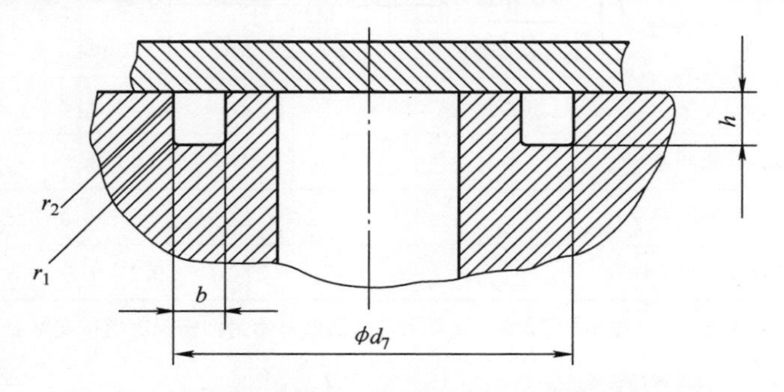

图 47-42　轴向密封受内部压力的沟槽型式

2）受外部压力的沟槽。受外部压力的沟槽型式应符合图47-43的规定。

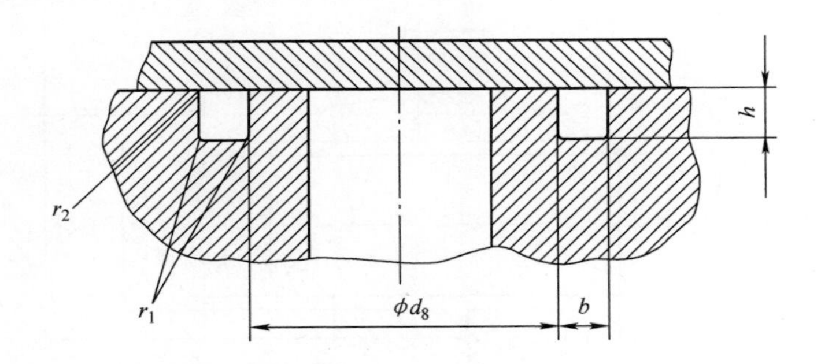

图47-43　轴向密封受外部压力的沟槽型式

2. O形圈沟槽尺寸与公差

（1）径向密封　径向密封的沟槽型式如图47-39～图47-41所示。

1）径向密封的沟槽尺寸。径向密封的沟槽尺寸应符合表47-50的规定。

表47-50　径向密封的沟槽尺寸　（单位：mm）

O形圈截面直径 d_2			1.80	2.65	3.55	5.30	7.00
沟槽宽度	气动动密封		2.2	3.4	4.6	6.9	9.3
	液压动密封或静密封	b	2.4	3.6	4.8	7.1	9.5
		b_1	3.8	5.0	6.2	9.0	12.3
		b_2	5.2	6.4	7.6	10.9	15.1
沟槽深度 t	活塞密封（计算 d_3 用）	液压动密封	1.35	2.10	2.85	4.35	5.85
		气动动密封	1.4	2.15	2.95	4.5	6.1
		静密封	1.32	2.0	2.9	4.31	5.85
	活塞杆密封（计算 d_6 用）	液压动密封	1.35	2.10	2.85	4.35	5.85
		气动动密封	1.4	2.15	2.95	4.5	6.1
		静密封	1.32	2.0	2.9	4.31	5.85
最小导角长度 z_{min}			1.1	1.5	1.8	2.7	3.6
沟槽底圆角半径 r_1			0.2～0.4		0.4～0.8		0.8～1.2
沟槽棱圆角半径 r_2			0.1～0.3				

注：t 值考虑了O形橡胶密封圈的压缩率，允许活塞或活塞杆密封沟槽深度值按实际需要选定。

2）径向密封沟槽槽底直径

① 活塞密封沟槽。图47-39为活塞密封沟槽的型式。按式（47-35）计算 d_3 的最大值。

$$d_{3max}=d_{4min}-2t \tag{47-35}$$

式中　d_{3max}——d_3 的基本尺寸加上偏差（mm）；

d_{4min}——d_4 的基本尺寸加下偏差（mm）。

根据缸内径 d_4 的基本尺寸查表 47-55，得到适用的 O 形圈规格；查表 47-52，由缸内径公差来确定 d_{4min}，查表 47-50 确定 t，再按式（47-35）计算 d_{3max}；查表 47-52，由沟槽槽底直径公差确定 d_3 的基本尺寸及 d_{3min}。

② 活塞杆密封沟槽。图 47-40 为活塞杆密封的沟槽型式。按式（47-36）计算 d_6 的最小直径。

$$d_{6min}=d_{5max}+2t \tag{47-36}$$

式中　d_{6min}——d_6 的基本尺寸加下偏差（mm）；

d_{5max}——d_5 的基本尺寸加上偏差（mm）。

根据活塞杆直径 d_5 的基本尺寸查表 47-55，得到适用的 O 形圈规格；查表 47-52，由活塞杆直径公差来确定 d_{5max}，查表 47-50 确定 t，再按式（47-36）计算 d_{6min}；查表 47-52，由沟槽槽底直径公差确定 d_6 的基本尺寸及 d_{6max}。

（2）轴向密封　同向密封的沟槽型式如图 47-41、图 47-42 所示。

1）轴向密封沟槽尺寸。轴向密封沟槽尺寸应符合表 47-51 的规定。

表 47-51　轴向密封沟槽尺寸　（单位：mm）

O 形圈截面直径 d_2	1.80	2.65	3.55	5.30	7.00
沟槽宽度 b	2.6	3.8	5.0	7.3	9.7
沟槽深度 h	1.28	1.97	2.75	4.24	5.72
沟槽底圆角半径 r_1	0.2～0.4		0.4～0.8		0.8～1.2
沟槽棱圆角半径 r_2	0.1～0.3				

2）轴向密封沟槽外径和沟槽内径。受内部压力的沟槽外径 d_7 的基本尺寸按式（47-37）确定。

$$d_7(\text{基本尺寸})\leqslant d_1(\text{基本尺寸})+2d_2(\text{基本尺寸}) \tag{47-37}$$

受外部压力的沟槽外径 d_8 的基本尺寸按式（47-38）确定。

$$d_8(\text{基本尺寸})\geqslant d_1(\text{基本尺寸}) \tag{47-38}$$

（3）沟槽尺寸公差　沟槽尺寸公差应符合表 47-52 的规定。

（4）沟槽的同轴度公差　直径 d_{10} 和 d_6，d_9 和 d_3 之间的同轴度公差应满足下列要求。

直径小于或等于 50mm 时，不得大于 ϕ0.025mm；直径大于 50mm 时，不得大于 ϕ0.050mm。

（5）表面粗糙度　沟槽和配合偶件表面的表面粗糙度应符合表 47-53 的规定。

表47-52　沟槽尺寸公差　　（单位：mm）

O形圈截面直径 d_2	1.80	2.65	3.55	5.30	7.00
轴向密封时沟槽深度 h	$^{+0.05}_{0}$			$^{+0.10}_{0}$	
缸内径 d_4	H8				
沟槽槽底直径（活塞密封）d_3	h9				
活塞直径 d_9	f7				
活塞杆直径 d_5	f7				
沟槽槽底直径（活塞杆密封）d_6	H9				
活塞杆配合孔直径 d_{10}	H8				
轴向密封时沟槽外径 d_7	H11				
轴向密封时沟槽内径 d_8	H11				
O形圈沟槽宽度 b、b_1、b_2	$^{+0.25}_{0}$				

注：为适应特殊应用需要，d_3、d_4、d_5、d_6 的公差范围可以改变。

表47-53　沟槽和配合偶件表面的表面粗糙度　　（单位：mm）

表面	应用情况	压力状况	表面粗糙度	
			Ra	*Rz*
沟槽的底面和侧面	静密封	无交变、无脉冲	3.2（1.6）	12.5（6.3）
		交变或脉冲	1.6	6.3
	动密封		1.6（0.8）	6.3（3.2）
配合表面	静密封	无交变、无脉冲	1.6（0.8）	6.3（3.2）
		交变或脉冲	0.8	3.2
	动密封		0.4	1.6
导角表面			3.2	12.5

注：括号内的数值为要求精度较高的场合应用。

3. O形圈的应用选择和沟槽尺寸的确定

（1）O形圈的应用选择　在可以选用几种截面O形圈的情况下，应优先选用大截面的O形圈。

表47-54给出按GB/T 3452.1选择的O形圈对于径向静密封和动密封的适用范围。

表 47-54　径向静密封和动密封的适用范围

O 形圈规格范围/mm		应用					
		活塞密封			活塞杆密封		
d_2	d_1	液压动密封	气动动密封	静密封	液压动密封	气动动密封	静密封
1.80	1.8～4.87		▲	▲		▲	
	5.00～13.2	▲	▲	▲	▲	▲	▲
	14.0～32.5				▲		▲
2.65	14～40.0	▲	▲	▲	▲	▲	▲
	41.2～165				▲		▲
3.55	18.0～41.2	▲	▲	▲	▲	▲	▲
	42.5～200				▲		▲
5.30	40.0～115	▲	▲	▲	▲	▲	▲
	118～400				▲		▲
7.00	109～250	▲	▲	▲	▲	▲	▲
	258～670				▲		▲

注：“▲”为推荐使用的密封型式。

（2）O 形圈沟槽尺寸的确定

1）径向密封。对于液压应用，活塞动密封的 O 形圈沟槽尺寸及公差应依照表 47-50、表 47-52和表 47-55 确定。

对于气动应用，活塞动密封的 O 形圈沟槽尺寸及公差应依照表 47-50、表 47-52和表 47-56 确定。

对于液压、气动应用，活塞静密封的 O 形圈沟槽尺寸及公差应依照表 47-50、表 47-52 和表 47-57 确定。

对于液压应用，活塞杆动密封的 O 形圈沟槽尺寸及公差应依照表 47-50、表 47-52和表 47-58 确定。

对于气动应用，活塞杆动密封的 O 形圈沟槽尺寸及公差应依照表 47-50、表 47-52和表 47-59 确定。

对于液压、气动应用，活塞杆静密封的 O 形圈沟槽尺寸及公差应依照表 47-50、表 47-52 和表 47-60 确定。

2）轴向密封。受内部压力时，O 形圈沟槽尺寸及公差应依照表 47-51、表 47-50和表 47-61 确定。

受外部压力时，O 形圈沟槽尺寸及公差应依照表 47-51、表 47-50、表 47-62 确定。

表47-55 液压活塞动密封沟槽尺寸及公差 （单位：mm）

d_4 H8	d_9 f7	d_3 h9	d_1
$d_2=1.8$			
7		4.3	4
8		5.3	5
9		6.3	6
10		7.3	6.9
11		8.3	8
12		9.3	8.75
13		10.3	10
14		11.3	10.6
15		12.3	11.8
16		13.3	12.5
17		14.3	14
18		15.3	15
19		16.3	16
20		17.3	17
$d_2=2.65$			
19		14.9	14.5
20		15.9	15.5
21		16.9	16
22		17.9	17
23		18.9	18
24		19.9	19
25		20.9	20
26		21.9	21.2
27		22.9	22.4
28		23.9	22.4
29		24.9	24.3
30		25.9	25
31		26.9	26.5
32		27.9	27.3
33		28.9	28
34		29.9	29
35		30.9	30
36		31.9	31.5
37		32.9	32.5
38		33.9	33.5
39		34.9	34.5
40		35.9	35.5
41		36.9	36.5
42		37.9	37.5
43		38.9	38.5
44		39.9	38.7
$d_2=3.55$			
24		18.3	18
25		19.3	19
26		20.3	20
27		21.3	20.6
28		22.3	21.2
29		23.3	22.4
30		24.3	23.6
31		25.3	25
32		26.3	25.8
33		27.3	26.5
34		28.3	27.3
35		29.3	28
36		30.3	30
37		31.3	30
38		32.3	31.5
39		33.3	32.5
40		34.3	33.5
41		35.3	34.5
42		36.3	35.5
$d_2=3.55$			
43		37.3	36.5
44		38.3	37.5
45		39.3	38.7
46		40.3	38.7
47		41.3	40
48		42.3	41.2
49		43.3	42.5
50		44.3	43.7
51		45.3	43.7
52		46.3	45
53		47.3	46.2
54		48.3	47.5
55		49.3	48.7
56		50.3	48.7
57		51.3	50
58		52.3	51.5
59		53.3	51.5
60		54.3	53
61		55.3	53
62		56.3	54.5
63		57.3	56
64		58.3	56
65		59.3	58
66		60.3	58
67		61.3	60
68		62.3	61.5
69		63.3	61.5
70		64.3	63
71		65.3	63
72		66.3	65
73		67.3	65
74		68.3	67
75		69.3	67
76		70.3	69
77		71.3	69
78		72.3	71
79		73.3	71
80		74.3	73
81		75.3	73
82		76.3	75
83		77.3	75
84		78.3	77.5
85		79.3	77.5
86		80.3	77.5
87		81.3	80
88		82.3	80
89		83.3	82.5
90		84.3	82.5
91		85.3	82.5
92		86.3	85
93		87.3	85
94		88.3	87.5
95		89.3	87.5
96		90.3	87.5
97		91.3	90
98		92.3	90
99		93.3	92.5
100		94.3	92.5
101		95.3	92.5
102		96.3	95
103		97.3	95
104		98.3	97.5
$d_2=3.55$			
105		99.3	97.5
106		100.3	97.5
107		101.3	100
108		102.3	100
109		103.3	100
110		104.3	103
111		105.3	103
112		106.3	103
113		107.3	106
114		108.3	106
115		109.3	106
116		110.3	109
117		111.3	109
118		112.3	109
119		113.3	112
120		114.3	112
121		115.3	112
122		116.3	115
123		117.3	115
124		118.3	115
125		119.3	118
126		120.3	118
127		121.3	118
128		122.3	118
129		123.3	122
130		124.3	122
131		125.3	122
132		126.3	125
133		127.3	125
134		128.3	125
135		129.3	128
136		130.3	128
137		131.3	128
138		132.3	128
139		133.3	132
140		134.3	132
141		135.3	132
142		136.3	132
143		137.3	132
144		138.3	136
145		139.3	136
146		140.3	136
147		141.3	140
148		142.3	140
149		143.3	140
150		144.3	142.5
151		145.3	142.5
152		146.3	145
153		147.3	145
154		148.3	147.5
155		149.3	147.5
156		150.3	147.5
157		151.3	150
158		152.3	150
159		153.3	152.5
160		154.3	152.5
161		155.3	152.5
162		156.3	155
163		157.3	155
164		158.3	157.5
165		159.3	157.5
166		160.3	157.5

（续）

d_4 H8	d_9 f7	d_3 h9	d_1
d_2 = 3.55			
167		161.3	160
168		162.3	160
169		163.3	162.5
170		164.3	162.5
171		165.3	162.5
172		166.3	165
173		167.3	165
174		168.3	167.5
175		169.3	167.5
176		170.3	167.5
177		171.3	170
178		172.3	170
179		173.3	172.5
180		174.3	172.5
181		175.3	172.5
182		176.3	175
183		177.3	175
184		178.3	177.5
185		179.3	177.5
186		180.3	177.5
187		181.3	180
188		182.3	180
189		183.3	182.5
190		184.3	182.5
191		185.3	182.5
192		186.3	185
193		187.3	185
194		188.3	187.5
195		189.3	187.5
196		190.3	187.5
197		191.3	190
198		192.3	190
199		193.3	190
200		194.3	190
201		195.3	190
202		196.3	195
203		197.3	195
204		198.3	195
205		199.3	195
206		200.3	195
207		201.3	200
208		202.3	200
209		203.3	200
210		204.3	200
211		205.3	200
212		206.3	200
213		207.3	200
d_2 = 5.3			
50		41.3	40
51		42.3	41.2
52		43.3	42.5
53		44.3	43.7
54		45.3	43.7
55		46.3	45
56		47.3	46.2
57		48.3	47.5
58		49.3	48.7
59		50.3	48.7
60		51.3	50
61		52.3	51.5
62		53.3	51.5
63		54.3	53
d_2 = 5.3			
64		55.3	54.5
65		56.3	54.5
66		57.3	56
67		58.3	56
68		59.3	58
69		60.3	58
70		61.3	60
71		62.3	61.5
72		63.3	61.5
73		64.3	63
75		66.3	65
76		67.3	65
77		68.3	67
78		69.3	67
79		70.3	69
80		71.3	69
82		73.3	71
84		75.3	73
85		76.3	75
86		77.3	75
88		79.3	77.5
90		81.3	80
92		83.3	82.5
94		85.3	82.5
95		86.3	85
96		87.3	85
98		89.3	87.5
100		91.3	90
102		93.3	92.5
104		95.3	92.5
105		96.3	95
106		97.3	95
108		99.3	97.5
110		101.3	100
112		103.3	100
114		105.3	103
115		106.3	103
116		107.3	106
118		109.3	106
120		111.3	109
125		116.3	115
130		121.3	118
135		126.3	125
140		131.3	128
145		136.3	132
150		141.3	140
155		146.3	145
160		151.3	150
165		156.3	155
170		161.3	160
175		166.3	165
180		171.3	167.5
185		176.3	172.5
190		181.3	177.5
195		186.3	182.5
200		191.3	187.5
205		196.3	190
210		201.3	195
d_2 = 5.3			
215		206.3	203
220		211.3	206
225		216.3	212
230		221.3	218
240		226.3	224
245		236.3	230
250		241.3	236
255		246.3	243
260		251.3	243
265		256.3	254
d_2 = 7			
125		113.3	112
130		118.3	115
135		123.3	122
140		128.3	125
145		133.3	132
150		138.3	136
155		143.3	140
160		148.3	145
165		153.3	150
170		158.3	155
175		163.3	160
180		168.3	165
185		173.3	170
190		178.3	175
195		183.3	180
200		188.3	185
205		193.3	190
210		198.3	195
215		203.3	200
220		208.3	206
230		218.3	212
240		228.3	224
250		238.3	236
260		248.3	243

表 47-56　气动活塞动密封沟槽尺寸及公差　（单位：mm）

d_4 H8	d_9 f7	d_3 h9	d_1
$d_2=1.8$			
7		4.2	4
8		5.2	5
9		6.2	6
10		7.2	6.9
11		8.2	8
12		9.2	8.75
13		10.2	10
14		11.2	10.6
15		12.2	11.8
16		13.2	12.8
17		14.2	14
18		15.2	15
$d_2=2.65$			
19		14.7	14.5
20		15.7	15.5
21		16.7	16
22		17.7	17
23		18.7	18
24		19.7	19
25		20.7	20
26		21.7	21.2
27		22.7	22.4
28		23.7	22.4
29		24.7	23.6
30		25.7	25
31		26.7	25.8
32		27.7	27.3
33		28.7	28
34		29.7	28
35		30.7	30
36		31.7	30
37		32.7	31.5
38		33.7	32.5
39		34.7	33.5
40		35.7	34.5
41		36.7	35.5
42		37.7	36.5
43		38.7	37.5
44		39.7	38.7
$d_2=3.55$			
24		18.1	17
25		19.1	18
26		20.1	19
27		21.1	20
28		22.1	21.2
29		23.1	22.4
30		24.1	23.6
31		25.1	24.3
32		26.1	25.8
33		27.1	26.5
34		28.1	27.3
35		29.1	28
36		30.1	29
37		31.1	30
38		32.1	31.5
39		33.1	32.5
40		34.1	33.5
41		35.1	34.5
42		36.1	35.5
$d_2=3.55$			
43		37.1	36.5
44		38.1	37.5
45		39.1	38.7
46		40.1	38.7
47		41.1	40
48		42.1	41.2
49		43.1	42.5
50		44.1	43.7
51		45.1	43.7
52		46.1	45
53		47.1	46.2
54		48.1	47.5
55		49.1	47.5
56		50.1	48.7
57		51.1	50
58		52.1	51.5
59		53.1	51.5
60		54.1	53
61		55.1	54.5
62		56.1	54.5
63		57.1	56
64		58.1	56
65		59.1	58
66		60.1	58
67		61.1	60
68		62.1	61.5
69		63.1	61.5
70		64.1	63
71		65.1	63
72		66.1	65
73		67.1	65
74		68.1	67
75		69.1	67
76		70.1	69
77		71.1	69
78		72.1	71
79		73.1	71
80		74.1	73
81		75.1	73
82		76.1	75
83		77.1	75
84		78.1	77.5
85		79.1	77.5
86		80.1	77.5
87		81.1	80
88		82.1	80
89		83.1	80
90		84.1	82.5
91		85.1	82.5
92		86.1	85
93		87.1	85
94		88.1	85
95		89.1	87.5
96		90.1	87.5
97		91.1	90
98		92.1	90
99		93.1	90
100		94.1	92.5
101		95.1	92.5
102		96.1	95
$d_2=3.55$			
103		97.1	95
104		98.1	95
105		99.1	97.5
106		100.1	97.5
107		101.1	100
108		102.1	100
109		103.1	100
110		104.1	103
111		105.1	103
112		106.1	103
113		107.1	106
114		108.1	106
115		109.1	106
116		110.1	109
117		111.1	109
118		112.1	109
119		113.1	112
120		114.1	112
121		115.1	112
122		116.1	115
123		117.1	115
124		118.1	115
125		119.1	118
126		120.1	118
127		121.1	118
128		122.1	118
129		123.1	118
130		124.1	122
131		125.1	122
132		127.1	125
133		126.1	125
134		128.1	125
135		129.1	128
136		130.1	128
137		131.1	128
138		132.1	128
139		133.1	132
140		134.1	132
141		135.1	132
142		136.1	132
143		137.1	136
144		138.1	136
145		139.1	136
146		140.1	136
147		141.1	136
148		142.1	140
149		143.1	140
150		144.1	142.5
151		145.1	142.5
152		146.1	142.5
153		147.1	145
154		148.1	145
155		149.1	147.5
156		150.1	147.5
157		151.1	147.5
158		152.1	150
159		153.1	150
160		154.1	152.5
161		155.1	152.5
162		156.1	152.5

（续）

d_4 H8 / d_9 f7	d_3 h9	d_1
$d_2=3.55$		
163	157.1	155
164	158.1	155
165	159.1	157.5
166	160.1	157.5
167	161.1	157.5
168	162.1	160
169	163.1	160
170	164.1	162.5
171	165.1	162.5
172	166.1	162.5
173	167.1	165
174	168.1	165
175	169.1	167.5
176	170.1	167.5
177	171.1	167.5
178	172.1	170
179	173.1	170
180	174.1	170
181	175.1	172.5
182	176.1	172.5
183	177.1	175
184	178.1	175
185	179.1	177.5
186	180.1	177.5
187	181.1	177.5
188	182.1	180
189	183.1	180
190	184.1	182.5
191	185.1	182.5
192	186.1	182.5
193	187.1	185
194	188.1	185
195	189.1	187.5
196	190.1	187.5
197	191.1	187.5
198	192.1	190
199	193.1	190
200	194.1	190
$d_2=5.3$		
50	41	40
51	42	41.2
52	43	41.2
53	44	42.5
54	45	43.7
55	46	45
56	47	46.2
57	48	46.2
58	49	47.5
59	50	48.7
60	51	48.7
61	52	51.5
62	53	51.5
63	54	53
64	55	54.5
65	56	54.5
66	57	56
67	58	56
68	59	58
69	60	58
70	61	60
71	62	60
72	63	61.5
73	64	63
74	65	63
75	66	65
76	67	65
77	68	67
78	69	67
79	70	69
80	71	69
82	73	71
84	75	73
85	76	75
86	77	75
88	79	77.5
90	81	80
92	83	80
94	85	82.5
95	86	85
96	87	85
98	89	87.5
100	91	90
102	93	90
104	95	92.5
105	96	95
106	97	95
108	99	97.5
110	101	100
112	103	100
114	105	103
115	106	103
116	107	106
118	109	106
120	111	109
125	116	115
130	121	118
135	126	122
140	131	128
145	136	132
150	141	136
155	146	142.5
160	151	147.5
165	156	152.5
170	161	157.5
175	166	162.5
180	171	167.5
185	176	172.5
190	181	177.5
195	186	182.5
200	191	187.5
205	196	190
210	201	195
215	206	203
220	211	206
225	216	212
230	221	218
235	226	224
240	231	227
245	236	230
250	241	239
$d_2=7$		
125	112.8	109
130	117.8	115
135	122.8	118
140	127.8	125
145	132.8	128
150	137.8	136
155	142.8	140
160	147.8	145
165	152.8	150
170	157.8	155
175	162.8	160
180	167.8	165
185	172.8	170
190	177.8	175
195	182.8	180
200	187.8	185
205	192.8	190
210	197.8	195
215	202.8	200
220	207.8	206
225	212.8	206
230	217.8	212
235	222.8	216
240	227.8	224
245	232.8	230
250	237.8	236
255	242.8	239
260	247.8	243
265	252.8	250
270	257.8	254

表47-57　液压、气动活塞静密封沟槽尺寸及公差　（单位：mm）

d_4 H8	d_9 f7	d_3 h11	d_1
$d_2=1.8$			
6		3.4	3.15
7		4.4	4
8		5.4	5.15
9		6.4	6
10		7.4	7.1
11		8.4	8
12		9.4	9
13		10.4	10
14		11.4	11.2
15		12.4	12.1
16		13.4	13.2
17		14.4	14
18		15.4	15
19		16.4	16
20		17.4	17
$d_2=2.65$			
19		15	14.5
20		16	15.5
21		17	16
22		18	17
23		19	18
24		20	19
25		21	20
26		22	21.2
27		23	22.4
28		24	23.6
29		25	24.3
30		26	25
31		27	26.5
32		28	27.3
33		29	28
34		30	28
35		31	30
36		32	31.5
37		33	32.5
38		34	33.5
39		35	34.5
40		36	35.5
41		37	36.5
42		38	37.5
43		39	37.5
44		40	38.7
$d_2=3.55$			
24		18.6	18
25		19.6	19
26		20.6	20
27		21.6	21.2
28		22.6	21.2
29		23.6	22.4
30		24.6	23.6
31		25.6	25
32		26.6	25.8
33		27.6	27.3
34		28.6	28
35		29.6	28
36		30.6	30
37		31.6	30
38		32.6	31.5
39		33.6	32.5

d_4 H8	d_9 f7	d_3 h11	d_1
$d_2=3.55$			
40		34.6	33.5
41		35.6	34.5
42		36.6	35.5
43		37.6	36.5
44		38.6	36.5
45		39.6	38.7
46		40.6	40
47		41.6	41.2
48		42.6	41.2
49		43.6	42.5
50		44.6	43.7
51		45.6	45
52		46.6	45
53		47.6	46.2
54		48.6	47.5
55		49.6	48.7
56		50.6	50
57		51.6	50
58		52.6	51.5
59		53.6	53
60		54.6	53
61		55.6	54.5
62		56.6	56
63		57.6	56
64		58.6	58
65		59.6	58
66		60.6	58
67		61.6	60
68		62.6	60
69		63.6	61.5
70		64.6	63
71		65.6	63
72		66.6	65
73		67.6	65
74		68.6	67
75		69.6	69
76		70.6	69
77		71.6	69
78		72.6	71
79		73.6	71
80		74.6	73
81		75.6	73
82		76.6	75
83		77.6	75
84		78.6	77.5
85		79.6	77.5
86		80.6	77.5
87		81.6	80
88		82.6	80
89		83.6	82.5
90		84.6	82.5
91		85.6	82.5
92		86.6	85
93		87.6	85
94		88.6	87.5
95		89.6	87.5
96		90.6	87.5
97		91.6	90
98		92.6	90
99		93.6	92.5

d_2 H8	d_9 f7	d_3 h11	d_1
$d_z=3.55$			
100		94.6	92.5
101		95.6	92.5
102		96.6	95
103		97.6	95
104		98.6	95
105		99.6	97.5
106		100.6	97.5
107		101.6	100
108		102.6	100
109		103.6	100
110		104.6	103
111		105.6	103
112		106.6	103
113		107.6	106
114		108.6	106
115		109.6	106
116		110.6	109
117		111.6	109
118		112.6	109
119		113.6	112
120		114.6	112
121		115.6	112
122		116.6	115
123		117.6	115
124		118.6	115
125		119.6	118
126		120.6	118
127		121.6	118
128		122.6	118
129		123.6	122
130		124.6	122
131		125.6	122
132		126.6	125
133		127.6	125
134		128.6	125
135		129.6	128
136		130.6	128
137		131.6	128
138		132.6	128
139		133.6	132
140		134.6	132
141		135.6	132
142		136.6	132
143		137.6	136
144		138.6	136
145		139.6	136
146		140.6	136
147		141.6	140
148		142.6	140
149		143.6	142.5
150		144.6	142.5
151		145.6	142.5
152		146.6	145
153		147.6	145
154		148.6	145
155		149.6	147.5
156		150.6	147.5
157		151.6	150
158		152.6	150
159		153.6	150

（续）

d_4 H8 / d_9 f7	d_3 h11	d_1
$d_2=3.55$		
160	154.6	152.5
161	155.6	152.5
162	156.6	155
163	157.6	155
164	158.6	155
165	159.6	157.5
166	160.6	157.5
167	161.6	160
168	162.6	160
169	163.6	160
170	164.6	162.5
171	165.6	162.5
172	166.6	165
173	167.6	165
174	168.6	165
175	169.6	167.5
176	170.6	167.5
177	171.6	167.5
178	172.6	170
179	173.6	170
180	174.6	172.5
181	175.6	172.5
182	176.6	172.5
183	177.6	175
184	178.6	175
185	179.6	177.5
186	180.6	177.5
187	181.6	177.5
188	182.6	180
189	183.6	180
190	184.6	182.5
191	185.6	182.5
192	186.6	182.5
193	187.6	185
194	188.6	185
195	189.6	187.5
196	190.6	187.5
197	191.6	187.5
198	192.6	190
199	193.6	190
200	194.6	190
201	195.6	190
202	196.6	190
203	197.6	195
204	198.6	195
205	199.6	195
206	200.6	195
207	201.6	195
208	202.6	200
209	203.6	200
210	204.6	200
211	205.6	200
212	206.6	200
213	207.6	200

d_4 H8 / d_9 f7	d_3 h11	d_1
$d_2=5.3$		
50	41.8	40
51	42.8	41.2
52	43.8	42.5
53	44.8	43
54	45.8	43.7
55	46.8	45
56	47.8	46.2
57	48.8	47.5
58	49.8	48.7
59	50.8	48.7
60	51.8	50
61	52.8	51.5
62	53.8	51.5
63	54.8	53
64	55.8	54.5
65	56.8	54.5
66	57.8	56
67	58.8	56
68	59.8	58
69	60.8	58
70	61.8	60
71	62.8	61.5
72	63.8	61.5
73	64.8	63
74	65.8	63
75	66.8	65
76	67.8	65
77	68.8	67
78	69.8	67
79	70.8	69
80	71.8	69
82	73.8	71
84	75.8	73
85	76.8	75
86	77.8	75
88	79.8	77.5
90	81.8	80
92	83.8	80
94	85.8	82.5
95	86.8	85
96	87.8	85
98	89.8	87.5
100	91.8	87.5
102	93.8	90
104	95.8	92.5
105	96.8	95
106	97.8	95
108	99.8	97.5
110	101.8	100
112	103.8	100
114	105.8	103
115	106.8	103
116	107.8	106
118	109.7	106
120	111.8	109
122	113.8	112
124	115.8	112
125	116.8	115
126	117.8	118
128	119.8	118

d_4 H8 / d_9 f7	d_3 h11	d_1
$d_2=5.3$		
130	121.8	122
132	123.8	122
134	125.8	125
135	126.8	125
136	127.8	125
138	129.8	128
140	131.8	128
142	133.8	132
144	135.8	132
145	136.8	132
146	137.8	136
148	139.8	136
150	141.8	140
152	143.8	142.5
154	145.8	142.5
155	146.8	145
156	147.8	145
158	149.8	147.5
160	151.8	150
162	153.8	152.5
164	155.8	152.5
165	156.8	155
166	157.8	155
168	159.8	157.5
170	161.8	160
172	163.8	162.5
174	165.8	162.5
175	166.8	165
176	167.8	165
178	169.8	167.5
180	171.8	170
182	173.8	170
184	175.8	172.5
185	176.8	172.5
186	177.8	175
188	179.8	177.5
190	181.8	177.5
192	183.8	180
194	185.8	182.5
195	186.8	182.5
196	187.8	185
198	189.8	187.5
200	191.8	187.5
202	193.8	190
204	195.8	190
205	196.8	195
206	197.8	195
208	199.8	195
210	201.8	200
212	203.8	200
214	205.8	203
215	206.8	203
216	207.8	203
218	209.8	206
220	211.8	206
222	213.8	212
224	215.8	212
225	216.8	212
226	217.8	212
228	219.8	218
230	221.8	218

（续）

d_4 H8 / d_9 f7	d_3 h11	d_1
$d_2=5.3$		
232	223.8	218
234	225.8	224
235	226.8	224
236	227.8	224
238	229.8	227
240	231.8	227
242	233.8	230
244	235.8	230
245	236.8	230
246	237.8	230
248	239.8	236
250	241.8	239
252	243.8	239
254	245.8	243
255	246.8	243
256	247.8	243
258	249.8	243
260	251.8	243
262	253.8	250
264	255.8	250
265	256.8	254
266	257.8	254
268	259.8	254
270	261.8	258
272	263.8	258
274	265.8	261
275	266.8	261
276	267.8	265
278	269.8	265
280	271.8	268
282	273.8	268
284	275.8	272
285	276.8	272
286	277.8	272
288	279.8	276
290	281.8	276
292	283.8	280
294	285.8	283
295	286.8	283
296	287.8	283
298	289.8	286
300	291.8	286
302	293.8	290
304	295.8	290
305	296.8	290
306	297.8	295
308	299.8	295
310	301.8	295
312	303.8	300
314	305.8	303
315	306.8	303
316	307.8	303
318	309.8	307
320	311.8	307
322	313.8	311
324	315.8	311
325	316.8	311
326	317.8	315
328	319.8	315
330	321.8	315
332	323.8	320

d_4 H8 / d_9 f7	d_3 h11	d_1
$d_2=5.3$		
334	325.8	320
335	326.8	320
336	327.8	325
338	329.8	325
340	331.8	325
342	333.8	330
344	335.8	330
345	336.8	330
346	337.8	335
348	339.8	335
350	341.8	335
352	343.8	340
354	345.8	340
355	346.8	340
356	347.8	345
358	349.8	345
360	351.8	345
362	353.8	350
364	355.8	350
365	356.8	350
366	357.8	355
368	359.8	355
370	361.8	355
372	363.8	360
374	365.8	360
375	365.8	360
376	367.8	365
378	369.8	355
380	371.8	365
382	373.8	370
384	375.8	370
385	376.8	370
386	377.8	375
388	379.8	375
390	381.8	375
392	383.8	375
394	385.8	383
395	386.8	383
396	387.8	383
398	389.8	387
400	391.8	387
402	393.8	387
404	395.8	391
405	396.8	391
410	401.8	395
415	406.8	400
420	411.8	400
$d_2=7$		
122	111	109
124	113	109
125	114	112
126	115	112
128	117	115
130	119	115
132	121	118
134	123	118
135	124	122
136	125	122
138	127	122
140	129	125
142	131	128

d_4 H8 / d_9 f7	d_3 h11	d_1
$d_2=7$		
144	133	128
145	134	132
146	135	132
148	137	132
150	139	136
152	141	136
154	143	140
155	144	142.5
156	145	142.5
158	147	145
160	149	147.5
162	151	147.5
164	153	150
165	154	152.5
166	155	152.5
168	157	155
170	159	155
172	161	157.5
174	163	160
175	164	160
176	165	162.5
178	167	165
180	169	165
182	171	167.5
184	173	170
185	174	170
186	175	172.5
188	177	175
190	179	175
192	181	177.5
194	183	180
195	184	180
196	185	182.5
198	187	185
200	189	185
202	191	187.5
204	193	190
205	194	190
206	195	190
208	197	190
210	199	195
212	201	195
214	203	200
215	204	200
216	205	203
218	207	203
220	209	203
222	211	206
224	213	206
225	214	212
226	215	212
228	217	212
230	219	212
232	221	218
234	223	218
235	224	218
236	225	218
238	227	224
240	229	227
242	231	227

d_4 H8 / d_9 f7	d_3 h11	d_1
$d_2=7$		
244	233	230
245	234	230
246	235	230
248	237	230
250	239	236
252	241	236
254	243	239
255	244	239
256	245	239
258	247	243
260	249	243
262	251	243
264	253	250
265	254	250
266	255	250
268	257	250
270	259	250
272	261	258
274	263	258
275	264	261
276	265	261
278	267	261
280	269	265
282	271	268
284	273	268
285	274	268
286	275	272
288	277	272
290	279	276
292	281	276
294	283	280
295	284	280
296	285	280
298	287	283
300	289	286
302	291	286
304	293	290
305	294	290
306	295	290
308	297	290
310	299	295
312	301	295
314	303	300
315	304	300
316	305	300
318	307	303
320	309	303
322	311	307
324	313	307
325	314	311
326	315	311
328	317	311
330	319	315
332	321	315
334	323	320
335	324	320
336	325	320
338	327	320
340	329	325
342	331	325

（续）

d_4 H8	d_9 f7	d_3 h11	d_1	d_4 H8	d_9 f7	d_3 h11	d_1	d_4 H8	d_9 f7	d_3 h11	d_1	d_4 H8	d_9 f7	d_3 h11	d_1
$d_2=7$				$d_2=7$				$d_2=7$				$d_2=7$			
344		333	330	444		433	429	544		533	523	644		633	623
345		334	330	445		434	429	545		534	530	645		634	623
346		335	330	446		435	429	546		535	530	646		635	630
348		337	330	448		437	433	548		537	530	648		637	630
350		339	335	450		439	433	550		539	530	650		639	630
352		341	335	452		441	437	552		541	530	652		641	630
354		343	340	454		443	437	554		543	538	654		643	630
355		344	340	455		444	437	555		544	538	655		644	630
356		345	340	456		445	437	556		545	538	656		645	640
358		347	340	458		447	443	558		547	538	658		647	640
360		349	345	460		449	443	560		549	545	660		649	640
362		351	345	462		451	443	562		551	545	662		651	640
364		353	350	464		453	450	564		553	545	664		653	640
365		354	350	465		454	450	565		554	545	665		654	640
366		355	350	466		455	450	566		555	545	666		655	650
368		357	350	468		457	450	568		557	553	668		657	650
370		359	355	470		459	450	570		559	553	670		659	650
372		361	355	472		461	456	572		561	553	672		661	650
374		363	360	474		463	456	574		563	553	674		663	650
375		364	360	475		464	456	575		564	560	675		664	650
376		365	360	476		465	456	576		565	560	676		665	660
378		367	360	478		467	462	578		567	560	678		667	660
380		369	365	480		469	462	580		569	560	680		669	660
382		371	365	482		471	466	582		571	560	682		671	660
384		373	370	484		473	466	584		573	560	684		673	660
385		374	370	485		474	466	585		574	570	685		674	670
386		375	370	486		475	466	586		575	570	686		675	670
388		377	370	488		477	466	588		577	570	688		677	670
390		379	375	490		479	475	590		579	570	690		679	670
392		381	375	492		481	475	592		581	570				
394		383	379	494		483	475	594		583	570				
395		384	379	495		484	479	595		584	580				
396		385	379	496		485	479	596		585	580				
398		387	383	498		487	483	598		587	580				
400		389	383	500		489	483	600		589	580				
402		391	387	502		491	487	602		591	580				
404		393	387	504		493	487	604		593	580				
405		394	391	505		494	487	605		594	590				
406		395	391	506		495	487	606		595	590				
408		397	391	508		497	493	608		597	590				
410		399	395	510		499	493	610		599	590				
412		401	395	512		501	493	612		601	590				
414		403	400	514		503	493	614		603	590				
415		404	400	515		504	500	615		604	600				
416		405	400	516		505	500	616		605	600				
418		407	400	518		507	500	618		607	600				
420		409	406	520		509	500	620		609	600				
422		411	406	522		511	500	622		611	600				
424		413	406	524		513	508	624		613	608				
425		414	406	525		514	508	625		614	608				
426		415	412	526		515	508	626		615	608				
428		417	412	528		517	508	628		617	608				
430		419	412	530		519	515	630		619	608				
432		421	418	532		521	515	632		621	615				
434		423	418	534		523	515	634		623	615				
435		424	418	535		524	515	635		624	615				
436		425	418	536		525	515	636		625	615				
438		427	418	538		527	523	638		267	615				
440		429	425	540		259	523	640		629	623				
442		431	425	542		531	523	642		631	623				

表47-58　液压活塞杆动密封沟槽尺寸及公差

（单位：mm）

d_5 f7 / d_{10} H8	d_6 H9	d_1
$d_2=1.8$		
3	5.7	3.15
4	6.7	4
5	7.7	5.15
6	8.7	6
7	9.7	7.1
8	10.7	8
9	11.7	9
10	12.7	10
11	13.7	11.2
12	14.7	12.1
13	15.7	13.2
14	16.7	14
15	17.7	15
16	18.7	16
17	19.9	17
$d_2=2.65$		
14	18.1	14
15	19.1	15
16	20.1	16
17	21.1	17
18	22.1	18
19	23.1	19
20	24.1	20
21	25.1	21.2
22	26.1	22.4
23	27.1	23.6
24	28.1	24.3
25	29.1	25
26	30.1	26.5
27	31.1	27.3
28	32.1	28
29	33.1	30
30	34.1	30
31	35.1	31.5
32	36.1	32.5
33	37.1	33.5
34	38.1	34.5
35	39.1	35.5
36	40.1	36.5
37	41.1	37.5
38	42.1	38.7
$d_2=3.55$		
18	23.7	18
19	24.7	19
20	25.7	20.6
21	26.7	21.2
22	27.7	22.4
23	28.7	23.6
24	29.7	24.3
25	30.7	25
26	31.7	26.5
27	32.7	27.3
28	33.7	28
29	34.7	30
30	35.7	31.5
31	36.7	31.5
32	37.7	32.5
33	38.7	33.5
34	39.7	34.5
35	40.7	35.5
36	41.7	36.5
37	42.7	37.5
38	43.7	38.7
39	44.7	40
40	45.7	41.2
41	46.7	42.5
42	47.7	42.5
43	48.7	43.7
44	49.7	45
45	50.7	46.2
46	51.7	47.5
47	52.7	48.7
48	53.7	48.7
49	54.7	50
50	55.7	51.5
51	56.7	53
52	57.7	53
53	58.7	54.5
54	59.7	56
55	60.7	56
56	61.7	58
57	62.7	58
58	63.7	60
59	64.7	60
60	65.7	61.5
61	66.7	61.5
62	67.7	63
63	68.7	65
64	69.7	65
65	70.7	67
66	71.7	67
67	72.7	69
68	73.7	69
69	74.7	71
70	75.7	71
71	76.7	73
72	77.7	73
73	78.7	75
74	79.7	75
75	80.7	77.5
76	81.7	77.5
77	82.7	77.5
78	83.7	80
79	84.7	80
80	85.7	82.5
81	86.7	82.5
82	87.7	82.5
83	88.7	85
84	89.7	85
85	90.7	85
86	91.7	87.5
87	92.7	87.5
88	93.7	90
89	94.7	90
90	95.7	92
91	96.7	92
92	97.7	92.5
93	98.7	95
94	99.7	95
95	100.7	97.5
96	101.7	97.5
97	102.7	97.5
98	103.7	100
99	104.7	100
100	105.7	103
101	106.7	103
102	107.7	103
103	108.7	106
104	109.7	106
105	110.7	106
106	111.7	109
107	112.7	109
108	113.7	109
109	114.7	112
110	115.7	112
111	116.7	115
112	117.7	115
113	118.7	115
114	119.7	115
115	120.7	118
116	121.7	118
117	122.7	118
118	123.7	122
119	124.7	122
120	125.7	122
121	126.7	122
122	127.7	125
123	128.7	125
124	129.7	125
125	130.7	128
$d_2=5.3$		
39	47.7	40
40	48.7	41.2
41	49.7	41.2
42	50.7	42.5
43	51.7	43.7
44	52.7	45
45	53.7	45
46	54.7	46.2
47	55.7	47.5
48	56.7	48.7
49	57.7	50
50	58.7	51.5
51	59.7	51.5
52	60.7	53
53	61.7	53
54	62.7	54.5
55	63.7	56
56	64.7	58
57	65.7	58
58	66.7	60
59	67.7	60
60	68.7	61.5
61	69.7	61.5
62	70.7	63
63	71.7	65
64	72.7	65
65	73.7	67
66	74.7	67
67	75.7	69
68	76.7	69
69	77.7	71
70	78.7	71
71	79.7	73
72	80.7	73
73	81.7	75
74	82.7	75
75	83.7	77.5
76	84.7	77.5
77	85.7	77.5
78	86.7	80
79	87.7	80
80	88.7	82.5
82	90.7	82.5
84	92.7	85
85	93.7	87.5
86	94.7	87.5
88	96.7	90
90	98.7	92.5
92	100.7	95
94	102.7	95
95	103.7	97.5
96	104.7	97.5
98	106.7	100
100	108.7	103
102	110.7	103
104	112.7	106
105	113.7	106
106	114.7	109
108	116.7	109
110	118.7	112
112	120.7	115
114	122.7	115
115	123.7	118
116	124.7	118
118	126.7	122
120	128.7	122
125	133.7	128
130	138.7	132
135	143.7	136
140	148.7	142.5
145	153.7	147.5
150	158.7	152.5
155	163.7	157.5
$d_2=7$		
105	116.7	106
110	121.7	112
115	126.7	118
120	131.7	122
125	136.7	128
130	141.7	132
135	146.7	136
140	151.7	142.5
145	156.7	147.5
150	161.7	152.5
155	166.7	157.5
160	171.7	162.5
165	176.7	167.5
170	181.7	172.5
175	186.7	177.5
180	191.7	182.5
185	196.7	187.5
190	201.7	195
195	206.7	200
200	211.7	203
205	216.7	206
210	221.7	212
215	226.7	218
220	231.7	224
225	236.7	227
230	241.7	236
235	246.7	236
240	251.7	243
245	256.7	250

表 47-59　气动活塞杆动密封沟槽尺寸及公差　（单位：mm）

d_5 f7	d_{10} H8	d_6 H9	d_1
$d_2=1.8$			
2		4.8	2
3		5.8	3.15
4		6.8	4
5		7.8	5
6		8.8	6
7		9.8	7.1
8		10.8	8
9		11.8	9
10		12.8	10
11		13.8	11.2
12		14.8	12.1
13		15.8	13.2
14		16.8	14
15		17.8	15
16		18.8	16
17		19.8	17
$d_2=2.65$			
14		18.3	14
15		19.3	15
16		20.3	16
17		21.3	17
18		22.3	18
19		23.3	19
20		24.3	20
21		25.3	21.2
22		26.3	22.4
23		27.3	23.6
24		28.3	25
25		29.3	25.8
26		30.3	26.5
27		31.3	28
28		32.3	28
29		33.3	30
30		34.3	30
31		35.3	31.5
32		36.3	32.5
33		37.3	33.5
34		38.3	34.5
35		39.3	35.5
36		40.3	36.5
37		41.3	37.5
38		42.3	38.7
$d_2=3.55$			
18		23.9	18
19		24.9	20
20		25.9	20
21		26.9	21.2
22		27.9	22.4
23		28.9	23.6
24		29.9	25
$d_2=3.55$			
25		30.9	25
26		31.9	26.5
27		32.9	28
28		33.9	28
29		34.9	30
30		35.9	30
31		36.9	31.5
32		37.9	32.5
33		38.9	33.5
34		39.9	34.5
35		40.9	35.5
36		41.9	36.5
37		42.9	37.5
38		43.9	38.7
39		44.9	40
40		45.9	40
41		46.9	41.2
42		47.9	42.5
43		48.9	43.7
44		49.9	45
45		50.9	45
46		51.9	46.2
47		52.9	47.5
48		53.9	50
49		54.9	50
50		55.9	51.5
51		56.9	53
52		57.9	53
53		58.9	54.5
54		59.9	56
55		60.9	56
56		61.9	58
57		62.9	58
58		63.9	60
59		64.9	60
60		65.9	61.5
61		66.9	63
62		67.9	63
63		68.9	65
64		69.9	65
65		70.9	67
66		71.9	67
67		72.9	69
68		73.9	69
69		74.9	71
70		75.9	71
71		76.9	73
72		77.9	73
73		78.9	75
74		79.9	75
$d_2=3.55$			
75		80.9	77.5
76		81.9	77.5
77		82.9	77.5
78		83.9	80
79		84.9	80
80		85.9	82.5
81		86.9	82.5
82		87.9	85
83		88.9	85
84		89.9	85
85		90.9	87.5
86		91.9	87.5
87		92.9	90
88		93.9	90
89		94.9	90
90		95.9	92.5
91		96.9	92.5
92		97.9	95
93		98.9	95
94		99.9	95
95		100.9	97.5
96		101.9	97.5
97		102.9	100
98		103.9	100
99		104.9	100
100		105.9	103
101		106.9	103
102		107.9	103
103		108.9	106
104		109.9	106
105		110.9	109
106		111.9	109
107		112.9	109
108		113.9	112
109		114.9	112
110		115.9	112
111		116.9	115
112		117.9	115
113		118.9	115
114		119.9	118
115		120.9	118
116		121.9	118
117		122.9	118
118		123.9	122
119		124.9	122
120		125.9	122
121		126.9	125
122		127.9	125
123		128.9	125
124		129.9	125
125		130.9	128

（续）

d_5 f7	d_{10} H8	d_6 H9	d_1
$d_2=5.3$			
39		48	40
40		49	41.2
41		50	42.5
42		51	42.5
43		52	43.7
44		53	45
45		54	45
46		55	46.2
47		56	48
48		57	50
49		58	50
50		59	51.5
51		60	53
52		61	53
53		62	54.5
54		63	56
55		64	56
56		65	58
57		66	58
58		67	60
59		68	60
60		69	61.5
61		70	63
62		71	63
63		72	65
64		73	65
65		74	67
66		75	67
67		76	69
68		77	69
69		78	71
70		79	71
71		80	73
72		81	73
73		82	75
74		83	75
75		84	77.5
76		85	77.5
77		86	77.5
78		87	80
79		88	80
80		89	82.5
82		91	85
84		93	85
85		94	87.5
86		95	87.5
86		97	90
90		99	92.5
92		101	95
94		103	97.5
95		104	97.5
96		105	97.5
98		107	100
100		109	103
102		111	103
104		113	106
105		114	106
106		115	109
108		117	109
110		119	112
112		121	114
114		123	115
115		124	118
116		125	118
118		127	122
120		129	125
125		134	128
130		139	132
135		144	136
$d_2=7$			
105		117.2	106
110		122.2	112
115		127.2	118
120		132.2	122
125		137.2	128
130		142.2	132
135		147.2	136
140		152.2	142.5
145		157.2	147.5
150		162.2	152.5
155		167.2	157.5
160		172.2	162.5
165		177.2	167.5
170		182.2	172.5
175		187.2	177.5
180		192.2	182.5
185		197.2	187.5
190		202.2	195
195		207.2	200
200		212.2	203
205		217.2	206
210		222.2	212
215		227.2	218
220		232.2	224
225		237.2	227
230		242.2	236
235		247.2	236
240		252.2	243
245		257.2	250
250		262.2	254

表 47-60　液压、气动活塞杆静密封沟槽尺寸及公差　（单位：mm）

d_5 f7	d_{10} H8	d_6 H11	d_1
$d_2=1.8$			
3		5.6	3.15
4		6.6	4
5		7.6	5
6		8.6	6
7		9.6	7.1
8		10.6	8
9		11.6	9
10		12.6	10
11		13.6	11.2
12		14.6	12.1
13		15.6	13.1
14		16.6	14
15		17.6	15
16		18.6	16
17		19.6	17
$d_2=2.65$			
14		18	14
15		19	15
16		20	16
17		21	17
18		22	18
19		23	19
20		24	20
21		25	21.2
22		26	22.4
23		27	23.6
24		28	24.3
25		29	25
26		30	26.5
27		31	27.3
26		32	28
29		33	30
30		34	30
31		35	31.5
32		36	32.5
33		37	33.5
34		38	34.5
35		39	35.5
36		40	36.5
37		41	37.5
38		42	38.7
39		43	40
$d_2=3.55$			
18		23.4	18
19		24.4	19
20		25.4	20
21		26.4	21.2
22		27.4	22.4
23		28.4	23.6
24		29.4	24.3
25		30.4	25
26		31.4	26.5
27		32.4	27.3
28		33.4	28
29		34.4	3.0
30		35.4	30
31		36.4	31.5
32		37.4	32.5
33		38.4	33.5
34		39.4	34.5
35		40.4	35.5
$d_2=3.55$			
36		41.4	36.5
37		42.4	37.5
38		43.4	38.7
39		44.4	40
40		45.4	41.2
41		46.4	41.2
42		47.4	42.5
43		48.4	43.7
44		49.4	45
45		50.4	45
46		51.4	46.2
47		52.4	47.5
48		53.4	48.7
49		54.4	50
50		55.4	50
51		56.4	51.5
52		57.4	53
53		58.4	53
54		59.4	54.5
55		60.4	56
56		61.4	56
57		62.4	58
58		63.4	58
59		64.4	60
60		65.4	60
61		66.4	61.5
62		67.4	63
63		68.4	63
64		69.4	65
65		70.4	65
66		71.4	67
67		72.4	67
68		73.4	69
69		74.4	69
70		75.4	71
71		76.4	71
72		77.4	73
73		78.4	73
74		79.4	75
75		80.4	75
76		81.4	77.5
77		82.4	77.5
78		83.4	80
79		84.4	80
80		85.4	80
81		86.4	82.5
82		87.4	82.5
83		88.4	85
84		89.4	85
85		90.4	87.5
86		91.4	87.5
87		92.4	87.5
88		93.4	90
89		94.4	90
90		95.4	92.5
91		96.4	92.5
92		97.4	92.5
93		98.4	95
94		99.4	95
95		100.4	97.5
96		101.4	97.5
97		102.4	100
$d_2=3.55$			
98		103.4	100
99		104.4	100
100		105.4	103
101		106.4	103
102		107.4	103
103		108.4	106
104		109.4	106
105		110.4	106
106		111.4	109
107		112.4	109
108		113.4	109
109		114.4	112
110		115.4	112
111		116.4	112
112		117.4	115
113		118.4	115
114		119.4	115
115		120.4	115
116		121.4	118
117		122.4	118
118		123.4	122
119		124.4	122
120		125.4	122
121		126.4	125
122		127.4	125
123		128.4	125
124		129.4	125
125		130.4	125
126		131.4	128
127		132.4	128
128		133.4	128
129		134.4	132
130		135.4	132
131		136.4	132
132		137.4	132
133		138.4	136
134		139.4	136
135		140.4	136
136		141.4	136
137		142.4	140
138		143.4	140
139		144.4	140
140		145.4	140
141		146.4	142.5
142		147.4	145
143		148.4	145
144		149.4	145
145		150.4	147.5
146		151.4	147.5
147		152.4	150
148		153.4	150
149		154.4	150
150		155.4	152.5
151		156.4	152.5
152		157.4	155
153		158.4	155
154		159.4	155
155		160.4	157.5
156		161.4	157.5
157		162.4	160
158		163.4	160
159		164.4	160

（续）

d_5 f7 / d_{10} H8	d_6 H11	d_1
$d_2=3.55$		
160	165.4	162.5
161	166.4	162.6
162	167.4	165
163	168.4	165
164	169.4	165
165	170.4	167.5
166	171.4	167.5
167	172.4	170
168	173.4	170
169	174.4	170
170	175.4	172.5
171	176.4	172.5
172	177.4	175
173	178.4	175
174	179.4	175
175	180.4	177.5
176	181.4	177.5
177	182.4	180
178	183.4	180
179	184.4	180
180	185.4	182.5
181	186.4	185
182	187.4	185
183	188.4	185
184	189.4	185
185	190.4	187.5
186	191.4	190
187	192.4	190
188	193.4	190
189	194.4	190
190	195.4	195
191	196.4	195
192	197.4	195
193	198.4	195
194	199.4	195
195	200.4	200
196	201.4	200
197	202.4	200
198	203.4	200
$d_2=5.3$		
40	48.2	40
41	49.2	41.2
42	50.2	42.5
43	51.2	43.7
44	52.2	45
45	53.2	46.2
46	54.2	47.2
47	55.2	47.5
48	56.2	48.7
49	57.2	50
50	58.2	51.5
51	59.2	51.5
52	60.2	53
53	61.2	54.5
54	62.2	54.5
55	63.2	56
56	64.2	56
57	65.2	58
58	66.2	58
59	67.2	60
60	68.2	60
61	69.2	61.5
62	70.2	63
63	71.2	63
64	72.2	65
65	73.2	65
66	74.2	67
67	75.2	67
68	76.2	69
69	77.2	69
70	78.2	71
71	79.2	71
72	80.2	73
73	81.2	73
74	82.2	75
75	83.2	75
76	84.2	77.5
77	85.2	77.5
78	86.2	80
79	87.2	80
80	88.2	80
82	90.2	82.5
84	92.2	85
85	93.2	85
86	94.2	87.5
88	96.2	90
90	98.2	92.5
92	100.2	92.5
94	102.2	95
95	103.2	97.5
96	104.2	97.5
98	106.2	100
100	108.2	103
102	110.2	103
104	112.2	106
105	113.2	106
106	114.2	109
108	116.2	109
110	118.2	112
112	120.2	115
114	122.2	115
115	123.2	118
116	124.2	118
118	126.2	118
120	128.2	122
122	130.2	125
124	132.2	125
125	133.2	125
126	134.2	128
128	136.2	128
130	138.2	132
132	140.2	132
134	142.2	136
135	143.2	136
136	144.2	136
138	146.2	140
140	148.2	140
142	150.2	145
144	152.2	145
145	153.2	145
146	154.2	147.5
148	156.2	150
150	158.2	150
152	160.2	155
154	162.2	155
155	163.2	155
156	164.2	157.5
158	166.2	160
160	168.2	162.5
162	170.2	165
164	172.2	165
165	173.2	167.5
166	174.2	167.5
168	176.2	170
170	178.2	170
172	180.2	175
174	182.2	175
175	183.2	175
176	184.2	180
178	186.2	180
180	188.2	182.5
182	190.2	185
184	192.2	185
185	193.2	187.5
186	194.2	190
188	196.2	190
190	198.2	195
192	200.2	195
194	202.2	195
195	203.2	200
196	204.2	200
198	206.2	200
200	208.2	203
202	210.2	206
204	212.2	206
205	213.2	206
206	214.2	212
208	216.2	212
210	218.2	212
212	220.2	218
214	222.2	218
215	223.2	218
216	224.2	218
218	226.2	224
220	228.2	224
222	230.2	224
224	232.2	227
225	233.2	230
226	234.2	230
228	236.2	230
230	238.2	236
232	240.2	236
234	242.2	236
235	243.2	239
236	244.2	239
238	246.2	243
240	248.2	243
242	250.2	250
244	252.2	250
245	253.2	250
246	254.2	250
248	256.2	250
250	258.2	254
252	260.2	254
254	262.2	258

（续）

d_5 f7	d_{10} H8	d_6 H11	d_1
$d_2=5.3$			
255		263.2	258
256		264.2	258
258		266.2	261
260		268.2	265
262		270.2	265
264		272.2	268
265		273.2	268
266		274.2	268
268		276.2	272
270		278.2	272
272		280.2	276
274		282.2	276
275		283.2	280
276		284.2	280
278		286.2	280
280		288.2	286
282		290.2	286
284		292.2	286
285		293.2	286
286		294.2	290
288		296.2	290
290		298.2	295
292		300.2	295
294		302.2	300
295		303.2	300
296		304.2	300
298		306.2	300
300		308.2	303
302		310.2	307
304		312.2	307
305		313.2	307
306		314.2	311
308		316.2	311
310		318.2	315
312		320.2	315
314		322.2	320
315		323.2	320
316		324.2	320
318		326.2	320
320		328.2	325
322		330.2	325
324		332.2	330
325		333.2	330
326		334.2	330
328		336.2	330
330		338.2	335
332		340.2	335
334		342.2	340
335		343.2	340
336		344.2	340
338		346.2	345
340		348.2	345
342		350.2	345
344		352.2	350
345		353.2	350
346		354.2	350
348		356.2	350
350		358.2	355
352		360.2	355
354		362.2	360
355		363.2	360
356		364.2	360
358		366.2	365
360		368.2	365
362		370.2	370
364		372.2	370
365		373.2	370
366		374.2	370
368		376.2	375
370		378.2	375
372		380.2	379
374		382.2	379
375		383.2	383
376		384.2	383
378		386.2	387
380		388.2	387
382		390.2	387
384		392.2	387
385		393.2	391
386		394.2	391
388		396.2	395
390		398.2	395
392		400.2	400
394		402.2	400
395		403.2	400
396		404.2	400
398		406.2	400
400		408.2	400
$d_2=7$			
106		117	109
108		119	109
110		121	112
112		123	115
114		125	115
115		126	118
116		127	118
118		129	122
120		131	122
122		133	125
124		135	125
125		136	128
126		137	128
128		139	132
130		141	132
132		143	136
134		145	136
135		146	136
136		147	140
138		149	140
140		151	142.5
142		153	145
144		155	145
145		156	147.5
146		157	147.5
148		159	150
150		161	152.5
152		163	155
154		165	155
155		166	157.5
156		167	157.5
158		169	160
160		171	162.5
162		173	165
164		175	167.5
165		176	167.5
166		177	167.5
168		179	170
170		181	172.5
172		183	175
174		185	177.5
175		186	177.5
176		187	180
178		189	180
180		191	182.5
182		193	185
184		195	187.5
185		196	187.5
186		197	190
188		199	190
190		201	195
192		203	195
194		205	195
195		206	200
196		207	200
198		209	200
200		211	203
202		213	206
204		215	206
205		216	212
206		217	212
208		219	212
210		221	212
212		223	218
214		225	218
215		226	218
216		227	218
218		229	224
220		231	224
222		233	224
224		235	227
225		236	230
226		237	230
228		239	230
230		241	236
232		243	236
234		245	236
235		246	239
236		247	239
238		249	243
240		251	243
242		253	250
244		255	250
245		256	250
246		257	250
248		259	250
250		261	254
252		263	254
254		265	258
255		266	258
256		267	258
258		269	261
260		271	265
262		273	265
264		275	268
265		276	268
266		277	268

（续）

d_5 f7	d_{10} H8	d_6 H11	d_1	d_5 f7	d_{10} H8	d_6 H11	d_1	d_5 f7	d_{10} H8	d_6 H11	d_1	d_5 f7	d_{10} H8	d_6 H11	d_1
$d_2=7$				$d_2=7$				$d_2=7$				$d_2=7$			
268		279	272	372		383	375	475		486	479	578		589	580
270		281	272	374		385	379	476		487	483	580		591	590
272		283	276	375		386	379	478		489	487	582		593	590
274		285	276	376		387	379	480		491	487	584		595	590
275		286	280	378		389	383	482		493	487	585		596	590
276		287	280	380		391	383	484		495	487	586		597	590
278		289	280	382		393	387	485		496	487	588		599	600
280		291	283	384		395	387	486		497	493	590		601	600
282		293	286	385		396	391	488		499	493	592		603	600
284		295	286	386		397	391	490		501	493	594		605	600
285		296	290	388		399	391	492		503	500	595		606	600
286		297	290	390		401	395	494		505	500	596		607	600
288		299	295	392		403	395	495		506	500	598		609	608
290		301	295	394		405	400	496		507	500	600		611	608
292		303	295	395		406	400	498		509	500	602		613	608
294		305	300	396		407	400	500		511	508	604		615	615
295		306	300	398		409	400	502		513	508	605		616	615
296		307	300	400		411	406	504		515	508	606		617	615
298		309	300	402		413	406	505		516	508	608		619	615
300		311	303	404		415	406	506		517	515	610		621	615
302		313	307	405		416	412	508		519	515	612		623	615
304		315	307	406		417	412	510		521	515	614		625	623
305		316	307	408		419	412	512		523	515	615		626	623
306		317	311	410		421	412	514		525	523	616		627	623
308		319	311	412		423	418	515		526	523	618		629	630
310		321	315	414		425	418	516		527	523	620		631	630
312		323	315	415		426	418	518		529	523	622		633	630
314		325	320	416		427	418	520		531	523	624		635	630
315		326	320	418		429	425	522		533	530	625		636	630
316		327	320	420		431	425	524		535	530	626		637	630
318		329	320	422		433	425	525		536	530	628		639	640
320		331	325	424		435	429	526		537	530	630		641	640
322		333	325	425		436	429	528		539	530	632		643	640
324		335	330	426		437	433	530		541	538	634		645	640
325		336	330	428		439	433	532		543	538	635		646	640
326		337	330	430		441	437	534		545	538	636		647	640
328		339	330	432		443	437	535		546	545	638		649	650
330		341	335	434		445	437	536		547	545	640		651	650
332		343	335	435		446	437	538		549	545	642		653	650
334		345	340	436		447	443	540		551	545	644		655	650
335		346	340	438		449	443	542		553	545	645		656	650
336		347	340	440		451	443	544		555	553	646		657	650
338		349	340	442		453	450	545		556	553	648		659	660
340		351	345	444		455	450	546		557	553	650		661	660
342		353	345	445		456	450	548		559	553	652		663	660
344		355	350	446		457	450	550		561	560	654		665	660
345		356	350	448		459	450	552		563	560	655		666	660
346		357	350	450		461	456	554		565	560	656		667	660
348		359	350	452		463	456	555		566	560	658		669	670
350		361	355	454		465	462	556		567	560	660		671	670
352		363	355	455		466	462	558		569	560				
354		365	360	456		467	462	560		571	570				
355		366	360	458		469	462	562		573	570				
356		367	360	460		471	462	564		575	570				
358		369	360	462		473	466	565		576	570				
360		371	365	464		475	466	566		577	570				
362		373	365	465		476	470	568		579	570				
364		375	370	466		477	470	570		581	580				
365		376	370	468		479	475	572		583	580				
366		377	370	470		481	475	574		585	580				
368		379	370	472		483	475	575		586	580				
370		381	375	474		485	479	576		587	580				

表47-61 轴向密封沟槽尺寸（受内部压力）及公差 （单位：mm）

d_7 H11	d_1
$d_2=1.8$	
7.9	4.5
8.2	5
8.6	5.15
8.7	5.3
9	5.6
9.4	6
9.7	6.3
10.1	6.7
10.3	6.9
10.5	7.1
10.9	7.5
11.4	8
11.9	8.5
12.2	8.75
12.4	9
12.9	9.5
13.4	10
14	10.6
14.6	11.2
15.2	11.8
15.9	12.5
16.6	13.2
17.3	14
18.4	15
19.4	16
20.4	17
$d_2=2.65$	
19	14
20	15
21	16
22	17
23	18
24	19
25	20
26.5	21.2
27.5	22.4
28.6	23.6
30	25
31	25.8
31.5	26.5
33	28
35	30
36.5	31.5
37.5	32.5
38.5	33.5
39.5	34.5
40.5	35.5
41.5	36.5
42.5	37.5
43.8	38.7
$d_2=3.55$	
24	18
25	19
26	20
27	21.2
28	22.4
29.5	23.6
31	25
31.5	25.8
32.5	26.5
34	28
36	30
37.5	31.5
38.5	32.5
39.5	33.5
40.5	34.5
41.5	35.5
42.5	36.5
43.5	37.5
44.5	38.7
46.5	40
47.5	41.2
48.5	42.5
49.5	43.7
51	45
52	46.2
53.5	47.5
54.5	48.7
56	50
57.5	51.5
59	53
60.5	54.5
62	56
64	58
66	60
67	61.5
69	63
71	65
73	67
75	69
77	71
79	73
81	75
83	77.5
86	80
88	82.5
91	85
93	87.5
96	90
98.0	92.5
$d_2=3.55$	
102	95
105	97.5
107	100
110	103
116	109
119	112
122	115
125	118
129	122
132	125
135	128
139	132
143	136
147	140
152	145
157	150
162	155
167	160
172	165
177	170
182	175
187	180
192	185
197	190
202	195
207	200
$d_2=5.3$	
50	40
51	41.2
53	42.5
54	43.7
55	45
56	46.2
58	47.5
59	48.7
60	50
62	51.5
63	53
64	54.5
65	56
68	58
70	60
72	61.5
73	63
75	65
77	67
79	69
81	71
83	73
$d_2=5.3$	
85	75
88	77.5
90	80
93	82.5
95	85
98	87.5
100	90
103	92.5
105	95
108	97.5
110	100
113	103
116	106
119	109
122	112
125	115
128	118
132	122
135	125
138	128
142	132
145	136
150	140
155	145
160	150
165	155
170	160
175	165
180	170
185	175
190	180
195	185
200	190
205	195
210	200
215	206
220	212
227	218
232	224
240	230
245	236
253	243
260	250
267	258
275	265
280	272
290	280
300	290
310	300
$d_2=5.3$	
315	307
325	315
335	325
345	335
355	345
365	355
375	365
385	375
395	387
410	400
$d_2=7$	
119	109
122	112
125	115
128	118
132	122
135	125
138	128
142	132
146	136
150	140
155	145
160	150
165	155
170	160
175	165
180	170
185	175
190	180
195	185
200	190
205	195
210	200
215	206
222	212
228	218
234	224
240	230
246	236
253	243
260	250
270	258
275	265
285	272
290	280
300	290
310	300
320	307
325	315
$d_2=7$	
335	325
345	335
355	345
365	355
375	365
385	375
400	387
410	400
430	412
435	425
450	437
460	450
475	462
485	475
500	487
510	500
525	515
540	530
555	545
570	560
590	580
610	600
625	615
640	630

表 47-62　轴向密封沟槽尺寸（受外部压力）及公差　（单位：mm）

d_8 H11	d_1
$d_2=1.8$	
2	1.8
2.2	2
2.4	2.24
3	2.8
3.3	3.15
3.7	3.55
3.9	3.75
4.7	4.5
5.2	5
5.3	5.15
5.5	5.3
5.8	5.6
6.2	6
6.5	6.3
6.9	6.7
7.1	6.9
7.3	7.1
7.7	7.5
8.2	8
8.7	8.5
8.9	8.75
9.2	9
9.7	9.5
10.2	10
10.8	10.6
11.4	11.2
12	11.8
12.7	12.5
13.4	13.2
14.2	14
15.2	15
16.2	16
17.2	17
$d_2=2.65$	
14.2	14
15.2	15
16.2	16
17.2	17
18.2	18
19.2	19
20.2	20
21.4	21.2
22.6	22.4
23.8	23.6
25.2	25
26	25.8
26.7	26.5
28.2	28
30.2	30
31.7	31.5
32.7	32.5
33.7	33.5

d_8 H11	d_1
$d_2=2.65$	
34.7	34.5
35.7	35.5
36.7	36.5
37.7	37.5
38.9	38.7
$d_2=3.55$	
18.2	18
19.2	19
20.2	20
21.4	21.2
22.6	22.4
23.8	23.6
25.2	25
26.2	25.8
26.7	26.5
28.2	28
30.2	30
31.7	31.5
32.7	32.5
33.7	33.5
34.7	34.5
35.7	35.5
36.7	36.5
37.7	37.5
38.9	38.7
40.2	40
41.5	41.2
42.8	42.5
44.0	43.7
45.3	45
46.5	46.2
47.8	47.5
49	48.7
50.3	50
51.8	51.5
53.3	53
54.8	54.5
56.3	56
58.3	58
60.3	60
61.8	61.5
63.3	63
65.3	65
67.3	67
69.3	69
71.3	71
73.3	73
75.3	75
77.8	77.5
80.3	80
82.8	82.5
85.3	85

d_8 H11	d_1
$d_2=3.55$	
87.8	87.5
90.3	90
92.8	92.5
95.3	95
97.8	97.5
100.3	100
103.5	103
115.5	115
118.5	118
122.5	122
125.5	125
128.5	128
132.5	132
136.5	136
140.5	140
145.5	145
150.5	150
155.5	155
160.5	160
165.5	165
170.5	170
175.5	175
180.5	180
185.5	185
190.5	190
195.5	195
200.5	200
$d_2=5.3$	
40.3	40
41.5	41.2
42.8	42.5
44	43.7
45.3	45
46.5	46.2
47.8	47.5
50	48.7
50.3	50
51.8	51.5
53.3	53
54.8	54.5
56.3	56
58.3	58
60.3	60
61.8	61.5
63.3	63
65.3	65
67.3	67
69.3	69
71.3	71
73.3	73
75.3	75
77.8	77.5

d_8 H11	d_1
$d_2=5.3$	
80.3	80
82.8	82.5
85.3	85
87.8	87.5
90.3	90
92.8	92.5
95.3	95
97.8	97.5
100.5	100
103.5	103
106.5	106
109.5	109
112.5	112
115.5	115
118.5	118
122.5	122
125.5	125
128.5	128
132.5	132
136.5	136
140.5	140
145.5	145
150.5	150
155.5	155
160.5	160
165.5	165
170.5	170
175.5	175
180.5	180
185.5	185
190.5	190
195.5	195
201	200
207	206
213	212
219	218
225	224
231	230
237	236
244	243
251	250
259	258
266	265
273	272
281	280
291	290
301	300
308	307
316	315
326	325
336	335
346	345

d_8 H11	d_1
$d_2=5.3$	
356	355
366	365
376	375
388	387
401	400
$d_2=7$	
110	109
113	112
116	115
119	118
123	122
126	125
129	128
133	132
137	136
141	140
146	145
151	150
156	155
161	160
166	165
171	170
176	175
181	180
186	185
191	190
196	195
201	200
207	206
213	212
219	218
225	224
231	230
237	236
243	243
251	250
259	258
266	265
273	272
281	280
291	290
301	300
308	307
316	315
326	325
336	335
346	345
356	355
366	365
376	375
388	387
401	400

d_8 H11	d_1
$d_2=7$	
413	412
426	425
438	437
451	450
463	462
476	475
488	487
502	500
517	515
531	530
547	545
562	560
581	580
602	600
617	615
632	630
652	650
672	670

（3）O 形圈沟槽设计准则　O 形圈沟槽尺寸应根据 O 形圈的预拉率 $y\%$、预压缩率 $k\%$、压缩率 $x\%$、O 形圈截面减小、溶胀等因素进行设计。

1）O 形圈的预拉伸率和预压缩率。

① 活塞密封 O 形圈预拉伸率 $y\%$：活塞密封时，所选用的 O 形圈内径 d_1 应小于或等于沟槽槽底直径 d_3，最大预拉伸率不得大于表 47-63 的规定值，最小预拉伸率应等于零。即

$$y_{\min}\% = \frac{d_{3\min} - d_{1\max}}{d_{1\max}} \times 100\% = 0 \tag{47-39}$$

或

$$d_{3\min} = d_{1\max} \tag{47-40}$$

$$y_{\max}\% = \frac{d_{3\max} - d_{1\min}}{d_{1\min}} \times 100\% \tag{47-41}$$

或

$$d_{3\max} = d_{1\min}\left(1 + \frac{y_{\max}}{100}\right) \tag{47-42}$$

式中，$y_{\max}\%$ 应符合表 47-63 的规定。

表 47-63　活塞密封 O 形圈预拉伸率

应用情况	O 形圈内径 d_1/mm	$y_{\max}$(%)
动密封或静密封	4.87 ~ 13.20	8
	14.0 ~ 38.7	6
	40.0 ~ 97.5	5
	100 ~ 200	4
	206 ~ 250	3
	258 ~ 400	3
静密封	412 ~ 670	2

② 活塞杆密封 O 形圈预压缩率 $k\%$：活塞杆密封时，所选用的 O 形圈外径 $(d_1 + 2d_2)$ 应大于或等于沟槽槽底直径 d_6。最大预压缩率不得大于表 47-64 的规定值，最小预压缩率应等于零。即

$$k_{\min}\% = \frac{(d_{1\min} + 2d_{2\min}) - d_{6\max}}{d_{1\min} + 2d_{2\min}} \times 100\% = 0 \tag{47-43}$$

或

$$d_{6\max} = d_{1\min} + 2d_{2\min} \tag{47-44}$$

$$k_{\max}\% = \frac{(d_{1\max} + 2d_{2\max}) - d_{6\min}}{d_{1\max} + 2d_{2\max}} \times 100\% \tag{47-45}$$

或

$$d_{6\min} = d_{1\max} + 2d_{2\max}\left(1 - \frac{k_{\max}}{100}\right) \tag{47-46}$$

式中，$k_{\max}$ 应符合表 47-64 的规定。

表 47-64　活塞杆密封 O 形圈预压缩率

应用情况	O 形圈内径 d_1/mm	k_{max}(%)
动密封或静密封	3.75～10.0	8
	10.6～25	6
	25.8～60	5
	61.5～125	4
	128～250	3
静密封	258～670	2

2）截面直径最大减小量 a_{max}：O 形圈被拉伸时截面会减小，其截面直径的最大减小量 a_{max} 可按以下经验公式计算。

$$a_{max}=\frac{d_{2min}}{10}\sqrt{6\frac{d_{3max}-d_{1min}}{d_{1min}}} \tag{47-47}$$

式中，对于预拉伸率在 10% 以下时，截面直径减小量的计算值比实际值稍微偏大一些。

预拉伸率为 4% 时，可以近似假定截面直径减小量为 3%。

受拉伸后的 O 形圈最小截面直径可按式（47-48）计算。

$$d'_2=\frac{d_{2min}(7d_{1min}-3d_{3max})}{4d_{1min}} \tag{47-48}$$

3）O 形圈挤压，图 47-44～图 47-47 表示 O 形圈受挤压后的最大和最小压缩率 $x\%$。根据压缩率 $x\%$，按式（47-49）～式(47-52）来计算 O 形圈沟槽深度 t 或 h。

径向密封：

$$t_{min}=d_{2max}\left(1-\frac{x_{max}}{100}\right) \tag{47-49}$$

$$t_{max}=d_{2min}\left(1-\frac{x_{min}}{100}\right) \tag{47-50}$$

轴向密封：

$$h_{min}=d_{2max}\left(1-\frac{x_{max}}{100}\right) \tag{47-51}$$

$$h_{max}=d_{2min}\left(1-\frac{x_{min}}{100}\right) \tag{47-52}$$

压缩率数值可用于补偿拉伸引起的截面直径减小和沟槽加工误差，并保证在正常工作条件下有足够的密封性。

对于一些特殊应用情况，可通过修改沟槽深度，增加或减少压缩率，以达到合适的密封要求。此时应考虑拉伸引起的截面减小。

4）O 形圈溶胀。当 O 形圈和流体接触时，会吸收一定数量的流体，其溶胀性随不同流体而变化。O 形圈沟槽的体积应能适应 O 形圈溶胀以及由于温度升高而产生的O形圈膨胀。本标准以体积溶胀值为15%来计算沟槽宽度尺寸“b”。对于静密封情况允许采用体积溶胀值为15%的密封材料。对动密封情况，推荐使用低溶胀值的O形圈材料，但应始终避免负溶胀，即“收缩”现象出现。

当采用体积溶胀值超过15%的O形圈材料时，沟槽宽度应适当增加。

5）沟槽深度。由O形圈截面压缩率数值确定径向密封沟槽深度及轴向密封沟槽深度。

一般应用的活塞密封、活塞杆密封沟槽深度的极限值及对应的压缩率变化范围应符合表47-65的规定。

表47-65 活塞密封、活塞杆密封沟槽深度的极限值及对应的压缩率

（单位：mm）

应用	截面直径 d_2	1.80±0.08		2.65±0.09		3.55±0.1		5.30±0.13		7.00±0.15	
		min	max	min	max	min	max	min	max	min	max
液压动密封	深度 t	1.34	1.49	2.08	2.27	2.81	3.12	4.32	4.70	5.75	6.23
	压缩率（%）	13.5	28.5	11.5	24.0	9.5	23.0	9.0	20.5	9.0	19.5
气动动密封	深度 t	1.40	1.56	2.14	2.34	2.92	3.23	4.51	4.89	6.04	6.51
	压缩率（%）	9.5	25.5	8.5	22.0	6.5	20.0	5.5	17.0	5.0	15.5
静密封	深度 t	1.31	1.49	1.97	2.23	2.80	3.07	4.30	4.63	5.83	6.16
	压缩率（%）	13.5	30.5	13.0	28.0	11.5	27.5	11.0	26.0	10.5	24.0

注：表中给出的是极限值，活塞杆密封沟槽深度值及对应的压缩率应根据实际需要选定。

轴向密封沟槽深度的极限值及对应的压缩率变化范围应符合表47-66的规定。

表47-66 轴向密封沟槽深度的极限值及对应的压缩率 （单位：mm）

应用	截面直径 d_2	1.80±0.08		2.65±0.09		3.55±0.1		5.30±0.13		7.00±0.15	
		min	max	min	max	min	max	min	max	min	max
轴向密封	深度 h	1.23	1.33	1.92	2.02	2.70	2.79	4.13	4.34	5.65	5.82
	压缩率（%）	22.5	34.5	21.0	30.0	19.0	26.0	16.0	24.0	15.0	21.0

6）沟槽宽度。根据O形圈材料体积溶胀值为15%来计算沟槽宽度b，即

$$V_h = 1.15V_o \tag{47-53}$$

式中 V_h——沟槽最小体积；

V_o——O形圈最大体积。

$$V_o = 2.4674(d_{1max} + d_{2max})d_{2max}^2 \tag{47-54}$$

由密封沟槽圆角半径而减小的体积按式（47-55）、式（47-56）计算。

$$V_{r3} = 1.35d_{3max}r_{1max}^2 \tag{47-55}$$

$$V_{r4} = 1.35d_{3min}r_{1max}^2 \tag{47-56}$$

式中 V_{r3}——由活塞密封沟槽圆角半径而减少的沟槽体积（近似值）；

V_{r4}——由活塞杆密封沟槽圆角半径而减少的沟槽体积（近似值）。

沟槽度度 b 按式（47-57）、式（47-58）计算。

对活塞密封
$$b=\frac{1.15V_o+V_{r3}}{0.7854(d_{4min}^2-d_{3max}^2)} \tag{47-57}$$

对活塞密封杆
$$b=\frac{1.15V_o+V_{r4}}{0.7854(d_{6min}^2-d_{5max}^2)} \tag{47-58}$$

各种密封的压缩率如图47-44～图47-47所示。

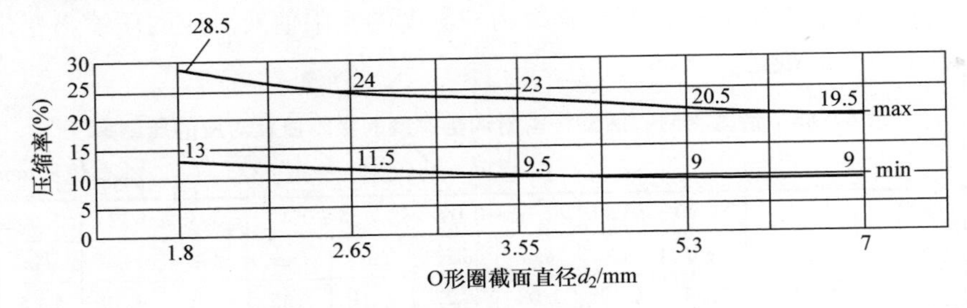

图47-44　液压动密封

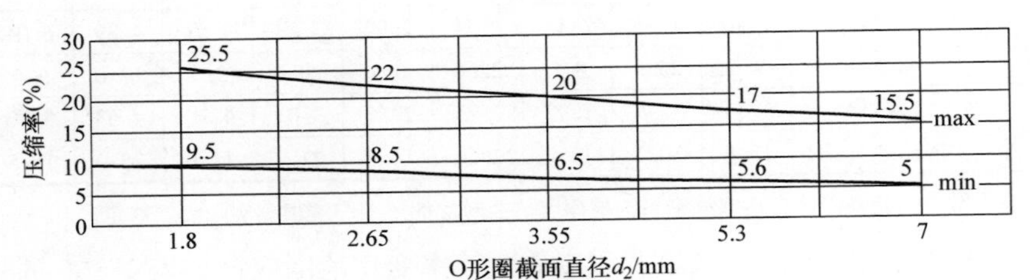

图47-45　气动动密封

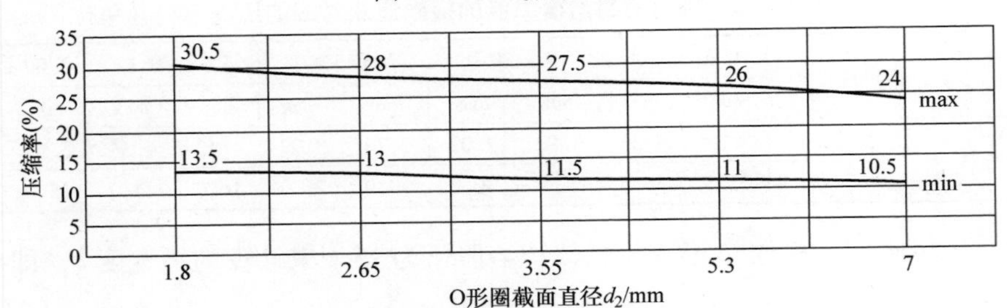

图47-46　液压、气动静密封

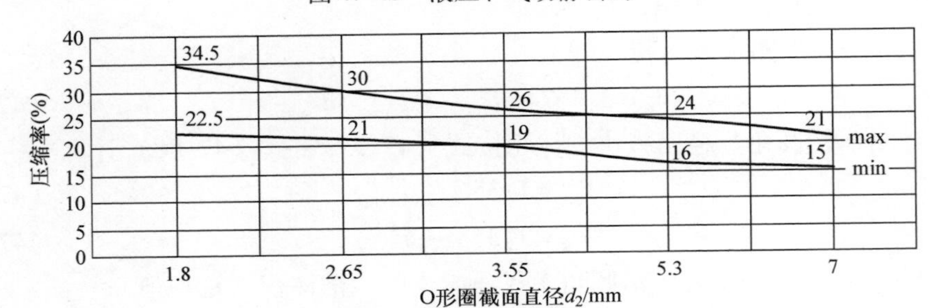

图47-47　轴向密封

47.3.3　液压传动　聚氨酯密封件尺寸系列　第1部分：活塞往复运动密封圈的尺寸和公差（GB/T 36520.1—2018/ISO 6149－1:2006）

1. 结构型式

（1）单体单向U形密封圈密封结构型式　单体单向U形密封圈及其密封结构型式如图47-48所示，使用条件参见表47-74。

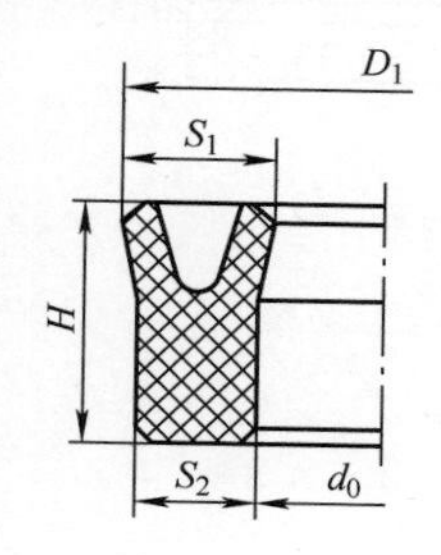

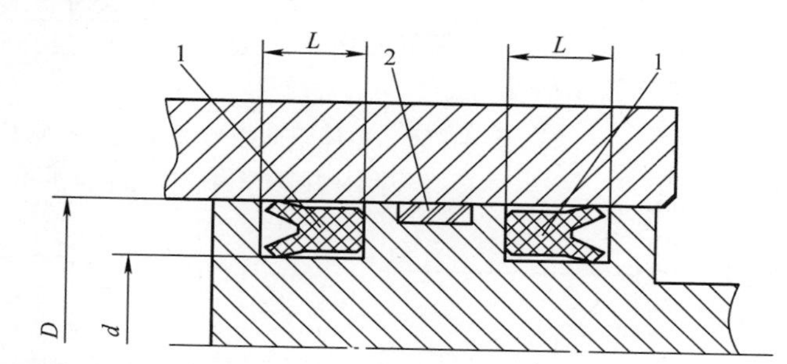

图47-48　单体单向U形密封圈及其密封结构型式

1—单体单向U形密封圈　2—导向环

（2）单体单向Y×D密封圈密封结构型式　单体单向Y×D密封圈及其密封结构型式如图47-49所示，使用条件参见表47-74。

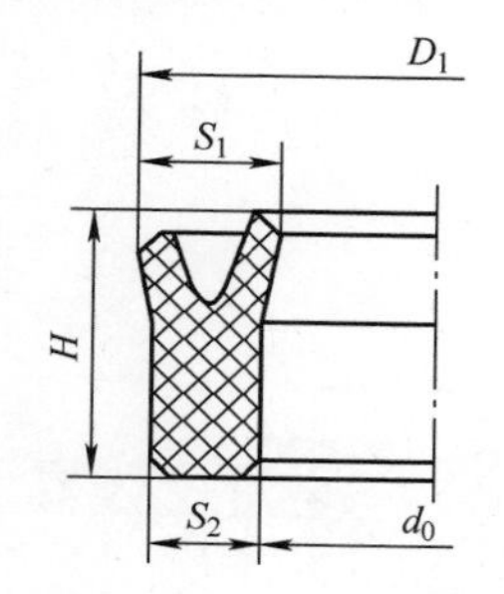

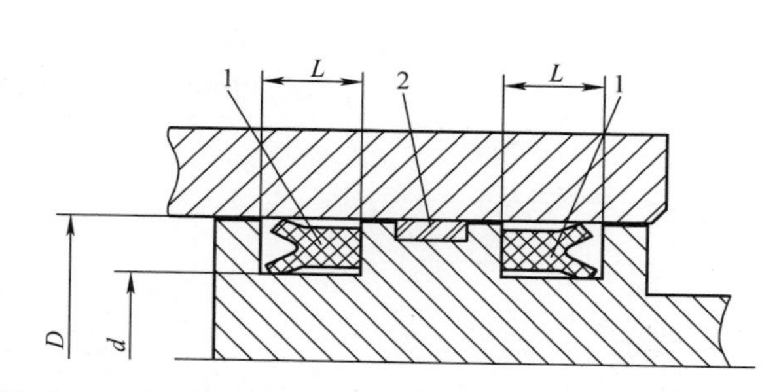

图47-49　单体单向Y×D密封圈及其密封结构型式

1—单体单向Y×D密封圈　2—导向环

注：单个单体单向密封圈实现活塞的单向密封；两个单体单向密封圈背向安装，实现活塞往复运动的双向密封。

（3）单体双向鼓形圈密封结构型式　单体双向鼓形圈及其密封结构型式如图47-50所示，使用条件参见表47-74。

（4）单体双向山形圈密封结构　单体双向山形圈及其密封结构型式如图47-51所示，使用条件参见表47-74。

（5）双向组合鼓形圈　双向组合鼓形圈由聚氨酯耐磨环和橡胶弹性圈组成。T形沟槽双向组合鼓形圈的密封结构型式如图47-52所示，使用条件参见表47-74。

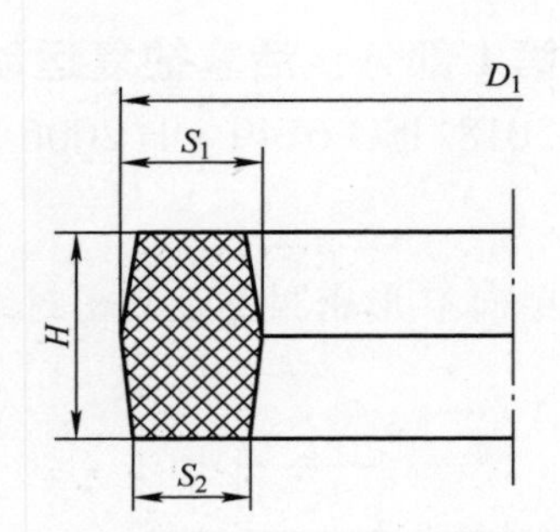

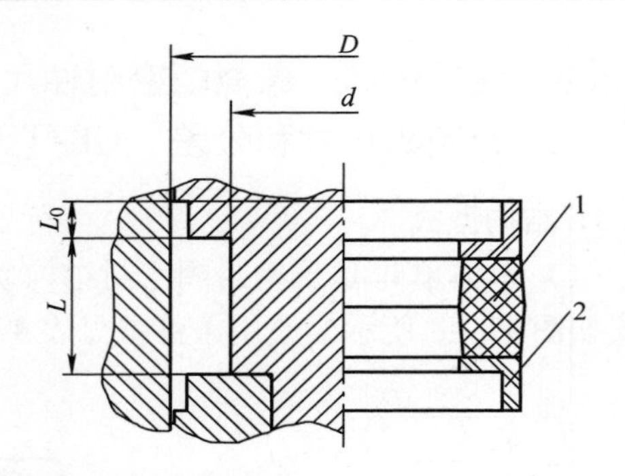

图 47-50　单体双向鼓形圈及其密封结构型式

1—单体双向鼓形圈　2—塑料支承环

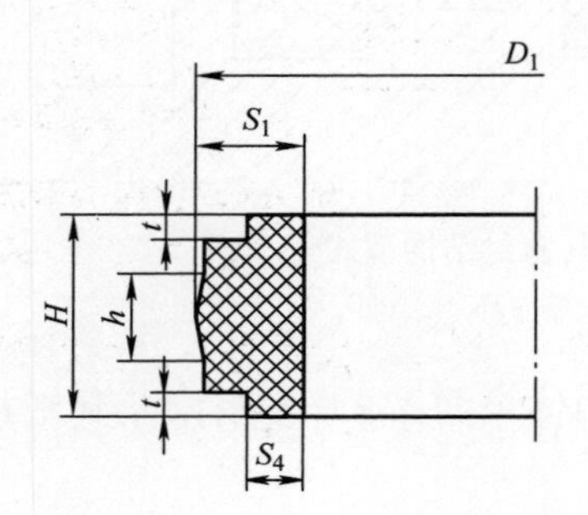

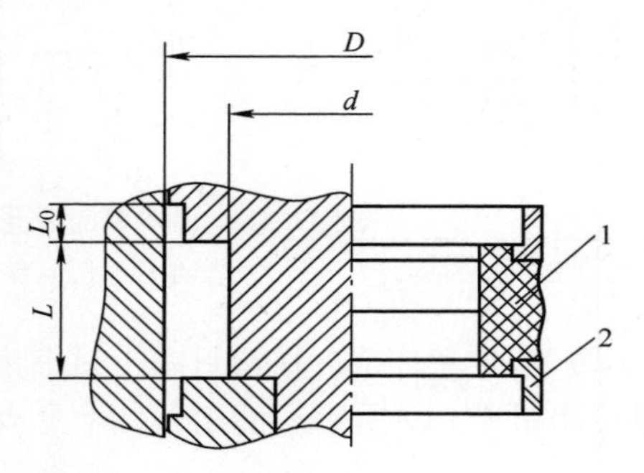

图 47-51　单体双向山形圈及其密封结构型式

1—单体双向山形圈　2—塑料支承环

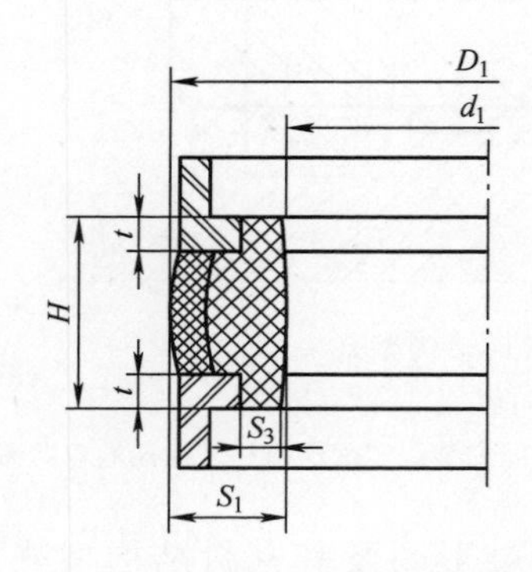

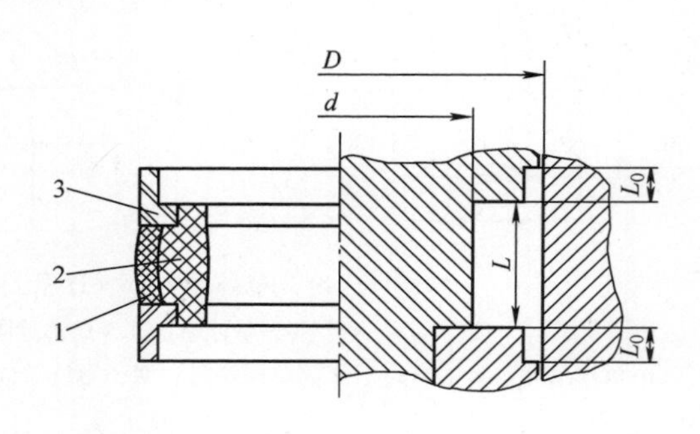

图 47-52　T 形沟槽双向组合鼓形圈的密封结构型式

1—聚氨酯耐磨环　2—橡胶弹性圈　3—塑料支承环

直沟槽双向组合鼓形圈的密封结构型式如图 47-53 所示，使用条件参见表 47-74。

2. 尺寸和公差

单体单向 U 形密封圈的尺寸和公差见表 47-67。

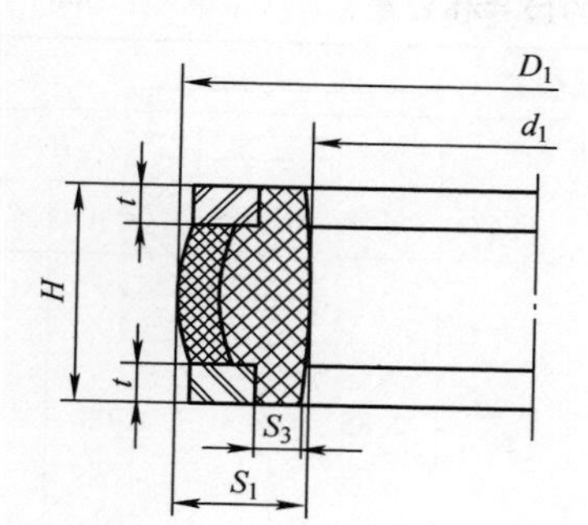

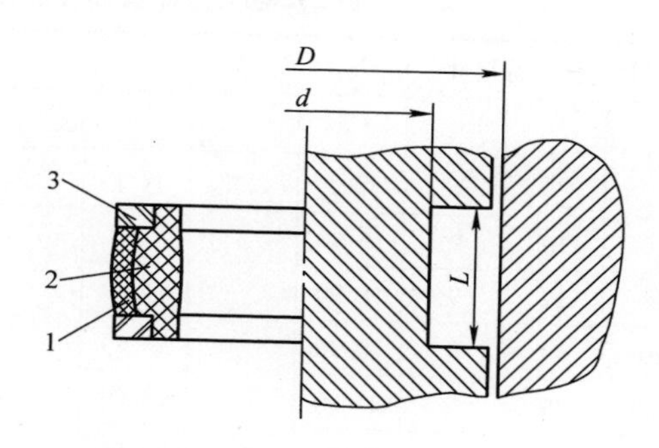

图 47-53　直沟槽双向组合鼓形圈的密封结构型式

1—聚氨酯耐磨环　2—橡胶弹性圈　3—塑料支承环

表 47-67　单体单向 U 形密封圈的尺寸和公差　（单位：mm）

<table>
<tr><th colspan="3">密封沟槽公称尺寸</th><th colspan="10">尺寸及公差</th></tr>
<tr><th rowspan="2">D</th><th rowspan="2">d</th><th rowspan="2">L</th><th colspan="2">D_1</th><th colspan="2">d_0</th><th colspan="2">S_1</th><th colspan="2">S_2</th><th colspan="2">H</th></tr>
<tr><th>尺寸</th><th>公差</th><th>尺寸</th><th>公差</th><th>尺寸</th><th>公差</th><th>尺寸</th><th>公差</th><th>尺寸</th><th>公差</th></tr>
<tr><td>20</td><td>10</td><td>8</td><td>21.50</td><td rowspan="7">±0.20</td><td>9.80</td><td rowspan="7">±0.20</td><td rowspan="7">6.60</td><td rowspan="16">±0.20</td><td rowspan="7">4.80</td><td rowspan="16">±0.10</td><td rowspan="7">7.20</td><td rowspan="7">±0.15</td></tr>
<tr><td>25</td><td>15</td><td>8</td><td>26.50</td><td>14.80</td></tr>
<tr><td>36</td><td>26</td><td>8</td><td>37.50</td><td>25.80</td></tr>
<tr><td>40</td><td>30</td><td>8</td><td>41.50</td><td>29.80</td></tr>
<tr><td>50</td><td>40</td><td>8</td><td>51.50</td><td>39.80</td></tr>
<tr><td>56</td><td>46</td><td>8</td><td>57.50</td><td>45.80</td></tr>
<tr><td>63</td><td>53</td><td>8</td><td>64.50</td><td>52.80</td></tr>
<tr><td>70</td><td>55</td><td>12.5</td><td>72.10</td><td rowspan="3">±0.35</td><td>54.80</td><td rowspan="6">±0.35</td><td rowspan="5">9.70</td><td rowspan="5">7.30</td><td rowspan="5">11.50</td><td rowspan="13">±0.20</td></tr>
<tr><td>80</td><td>65</td><td>12.5</td><td>82.10</td><td>64.80</td></tr>
<tr><td>90</td><td>75</td><td>12.5</td><td>92.10</td><td>74.80</td></tr>
<tr><td>100</td><td>85</td><td>12.5</td><td>102.30</td><td rowspan="5">±0.45</td><td>84.80</td></tr>
<tr><td>110</td><td>95</td><td>12.5</td><td>112.30</td><td>94.80</td></tr>
<tr><td>125</td><td>105</td><td>16</td><td>127.70</td><td>104.70</td><td rowspan="4">12.70</td><td rowspan="4">9.70</td><td rowspan="4">14.80</td></tr>
<tr><td>140</td><td>120</td><td>16</td><td>142.70</td><td>119.60</td><td rowspan="6">±0.45</td></tr>
<tr><td>160</td><td>140</td><td>16</td><td>162.70</td><td>139.60</td></tr>
<tr><td>180</td><td>160</td><td>16</td><td>182.70</td><td rowspan="6">±0.60</td><td>159.60</td></tr>
<tr><td>200</td><td>175</td><td>20</td><td>203.50</td><td>174.50</td><td rowspan="4">15.90</td><td rowspan="11">±0.25</td><td rowspan="4">12.20</td><td rowspan="11">±0.15</td><td rowspan="4">18.50</td></tr>
<tr><td>220</td><td>195</td><td>20</td><td>223.50</td><td>194.50</td></tr>
<tr><td>230</td><td>205</td><td>20</td><td>233.50</td><td>204.50</td></tr>
<tr><td>250</td><td>225</td><td>20</td><td>253.80</td><td>224.50</td><td rowspan="3">±0.60</td></tr>
<tr><td>280</td><td>250</td><td>25</td><td>284.10</td><td>249.40</td><td rowspan="3">18.90</td><td rowspan="3">14.50</td><td rowspan="3">23.50</td><td rowspan="8">±0.30</td></tr>
<tr><td>320</td><td>290</td><td>25</td><td>324.10</td><td rowspan="4">±0.90</td><td>289.40</td></tr>
<tr><td>360</td><td>330</td><td>25</td><td>364.50</td><td>329.40</td><td rowspan="4">±0.90</td></tr>
<tr><td>400</td><td>360</td><td>32</td><td>404.80</td><td>359.40</td><td rowspan="4">24.50</td><td rowspan="4">19.50</td><td rowspan="4">30.20</td></tr>
<tr><td>450</td><td>410</td><td>32</td><td>454.80</td><td>409.40</td></tr>
<tr><td>500</td><td>460</td><td>32</td><td>504.80</td><td>±1.20</td><td>459.40</td></tr>
<tr><td>600</td><td>560</td><td>32</td><td>604.80</td><td>±1.50</td><td>559.40</td><td>±1.20</td></tr>
</table>

单体单向 Y×D 密封圈的尺寸和公差见表47-68。

表47-68　单体单向 Y×D 密封圈的尺寸和公差　（单位：mm）

<table>
<tr><th colspan="3">密封沟槽公称尺寸</th><th colspan="10">尺寸及公差</th></tr>
<tr><th rowspan="2">D</th><th rowspan="2">d</th><th rowspan="2">L</th><th colspan="2">D_1</th><th colspan="2">d_0</th><th colspan="2">S_1</th><th colspan="2">S_2</th><th colspan="2">H</th></tr>
<tr><th>尺寸</th><th>公差</th><th>尺寸</th><th>公差</th><th>尺寸</th><th>公差</th><th>尺寸</th><th>公差</th><th>尺寸</th><th>公差</th></tr>
<tr><td>16</td><td>10</td><td>9</td><td>16.90</td><td rowspan="12">±0.20</td><td>9.80</td><td rowspan="12">±0.20</td><td rowspan="5">3.90</td><td rowspan="13">±0.15</td><td rowspan="5">2.85</td><td rowspan="13">±0.08</td><td rowspan="5">8.00</td><td rowspan="28">±0.15</td></tr>
<tr><td>18</td><td>12</td><td>9</td><td>18.90</td><td>11.80</td></tr>
<tr><td>20</td><td>14</td><td>9</td><td>20.90</td><td>13.80</td></tr>
<tr><td>25</td><td>19</td><td>9</td><td>25.90</td><td>18.80</td></tr>
<tr><td>28</td><td>22</td><td>9</td><td>28.90</td><td>21.80</td></tr>
<tr><td>30</td><td>22</td><td>12</td><td>31.10</td><td>21.80</td><td rowspan="8">5.20</td><td rowspan="8">3.80</td><td rowspan="8">11.00</td></tr>
<tr><td>35</td><td>27</td><td>12</td><td>36.10</td><td>26.80</td></tr>
<tr><td>36</td><td>28</td><td>12</td><td>37.10</td><td>27.80</td></tr>
<tr><td>38</td><td>30</td><td>12</td><td>39.10</td><td>29.80</td></tr>
<tr><td>40</td><td>32</td><td>12</td><td>41.10</td><td>31.80</td></tr>
<tr><td>45</td><td>37</td><td>12</td><td>46.10</td><td>36.80</td></tr>
<tr><td>50</td><td>42</td><td>12</td><td>51.10</td><td>41.80</td></tr>
<tr><td>55</td><td>47</td><td>12</td><td>56.10</td><td rowspan="9">±0.35</td><td>46.80</td><td rowspan="8">±0.35</td></tr>
<tr><td>60</td><td>48</td><td>16</td><td>61.60</td><td>47.80</td><td rowspan="9">7.70</td><td rowspan="15">±0.20</td><td rowspan="12">5.80</td><td rowspan="15">±0.10</td><td rowspan="12">15.00</td></tr>
<tr><td>63</td><td>51</td><td>16</td><td>64.60</td><td>50.80</td></tr>
<tr><td>65</td><td>53</td><td>16</td><td>66.60</td><td>52.80</td></tr>
<tr><td>70</td><td>58</td><td>16</td><td>71.60</td><td>57.80</td></tr>
<tr><td>75</td><td>63</td><td>16</td><td>76.60</td><td>62.80</td></tr>
<tr><td>80</td><td>68</td><td>16</td><td>81.60</td><td>67.80</td></tr>
<tr><td>85</td><td>73</td><td>16</td><td>86.60</td><td>72.80</td></tr>
<tr><td>90</td><td>78</td><td>16</td><td>91.60</td><td>77.80</td></tr>
<tr><td>95</td><td>83</td><td>16</td><td>96.60</td><td>82.80</td><td rowspan="4">±0.35</td></tr>
<tr><td>100</td><td>88</td><td>16</td><td>101.80</td><td rowspan="7">±0.45</td><td>87.80</td><td rowspan="3">7.80</td></tr>
<tr><td>105</td><td>93</td><td>16</td><td>106.80</td><td>92.80</td></tr>
<tr><td>110</td><td>98</td><td>16</td><td>111.80</td><td>97.80</td></tr>
<tr><td>115</td><td>103</td><td>16</td><td>116.80</td><td>114.80</td><td rowspan="4">±0.45</td></tr>
<tr><td>120</td><td>104</td><td>16</td><td>122.20</td><td>103.70</td><td rowspan="4">10.20</td><td rowspan="4">7.80</td><td rowspan="4">14.80</td></tr>
<tr><td>125</td><td>109</td><td>16</td><td>127.20</td><td>108.70</td></tr>
<tr><td>127</td><td>111</td><td>16</td><td>129.20</td><td>110.70</td></tr>
<tr><td>130</td><td>114</td><td>16</td><td>132.20</td><td>113.70</td></tr>
</table>

（续）

<table>
<tr><th colspan="3">密封沟槽公称尺寸</th><th colspan="10">尺寸及公差</th></tr>
<tr><th rowspan="2">D</th><th rowspan="2">d</th><th rowspan="2">L</th><th colspan="2">D_1</th><th colspan="2">d_0</th><th colspan="2">S_1</th><th colspan="2">S_2</th><th colspan="2">H</th></tr>
<tr><th>尺寸</th><th>公差</th><th>尺寸</th><th>公差</th><th>尺寸</th><th>公差</th><th>尺寸</th><th>公差</th><th>尺寸</th><th>公差</th></tr>
<tr><td>140</td><td>124</td><td>16</td><td>142. 20</td><td rowspan="4">±0. 45</td><td>123. 70</td><td rowspan="8">±0. 45</td><td rowspan="4">10. 20</td><td rowspan="15">±0. 20</td><td rowspan="15">7. 80</td><td rowspan="15">±0. 10</td><td rowspan="3">14. 80</td><td rowspan="3">±0. 15</td></tr>
<tr><td>150</td><td>134</td><td>16</td><td>152. 20</td><td>133. 70</td></tr>
<tr><td>160</td><td>114</td><td>16</td><td>162. 20</td><td>143. 70</td></tr>
<tr><td>170</td><td>154</td><td>20</td><td>172. 20</td><td>153. 70</td><td rowspan="12">18. 50</td><td rowspan="12">±0. 20</td></tr>
<tr><td>180</td><td>164</td><td>20</td><td>182. 40</td><td rowspan="11">±0. 60</td><td>163. 70</td><td rowspan="7">10. 30</td></tr>
<tr><td>190</td><td>174</td><td>20</td><td>192. 40</td><td>173. 70</td></tr>
<tr><td>200</td><td>184</td><td>20</td><td>202. 40</td><td>183. 70</td></tr>
<tr><td>210</td><td>194</td><td>20</td><td>212. 40</td><td>193. 70</td></tr>
<tr><td>220</td><td>204</td><td>20</td><td>222. 40</td><td>203. 60</td><td rowspan="8">±0. 60</td></tr>
<tr><td>230</td><td>214</td><td>20</td><td>232. 40</td><td>213. 60</td></tr>
<tr><td>240</td><td>224</td><td>20</td><td>242. 40</td><td>223. 60</td></tr>
<tr><td>250</td><td>234</td><td>20</td><td>252. 60</td><td>233. 60</td><td rowspan="4">10. 40</td></tr>
<tr><td>260</td><td>244</td><td>20</td><td>262. 60</td><td>243. 60</td></tr>
<tr><td>280</td><td>264</td><td>20</td><td>282. 60</td><td>263. 60</td></tr>
<tr><td>300</td><td>284</td><td>20</td><td>302. 60</td><td>283. 60</td></tr>
<tr><td>320</td><td>296</td><td>26. 5</td><td>323. 20</td><td rowspan="9">±0. 90</td><td>295. 60</td><td rowspan="7">15. 20</td><td rowspan="15">±0. 25</td><td rowspan="15">11. 70</td><td rowspan="15">±0. 15</td><td rowspan="15">25. 00</td><td rowspan="15">±0. 30</td></tr>
<tr><td>330</td><td>306</td><td>26. 5</td><td>333. 20</td><td>305. 50</td><td rowspan="9">±0. 90</td></tr>
<tr><td>350</td><td>326</td><td>26. 5</td><td>353. 20</td><td>325. 50</td></tr>
<tr><td>360</td><td>336</td><td>26. 5</td><td>363. 20</td><td>335. 50</td></tr>
<tr><td>380</td><td>356</td><td>26. 5</td><td>383. 20</td><td>355. 50</td></tr>
<tr><td>400</td><td>376</td><td>26. 5</td><td>403. 20</td><td>375. 50</td></tr>
<tr><td>420</td><td>396</td><td>26. 5</td><td>423. 20</td><td>395. 50</td></tr>
<tr><td>450</td><td>426</td><td>26. 5</td><td>453. 50</td><td>425. 50</td><td rowspan="5">15. 40</td></tr>
<tr><td>480</td><td>456</td><td>26. 5</td><td>483. 50</td><td>455. 50</td></tr>
<tr><td>500</td><td>476</td><td>26. 5</td><td>503. 50</td><td rowspan="3">±1. 20</td><td>475. 50</td></tr>
<tr><td>550</td><td>526</td><td>26. 5</td><td>553. 50</td><td>525. 50</td><td rowspan="3">±1. 20</td></tr>
<tr><td>580</td><td>556</td><td>26. 5</td><td>583. 50</td><td>555. 50</td></tr>
<tr><td>600</td><td>576</td><td>26. 5</td><td>604. 00</td><td rowspan="3">±1. 50</td><td>575. 50</td><td rowspan="3">15. 50</td></tr>
<tr><td>630</td><td>606</td><td>26. 5</td><td>634. 00</td><td>605. 50</td><td rowspan="2">±1. 50</td></tr>
<tr><td>650</td><td>626</td><td>26. 5</td><td>654. 00</td><td>625. 50</td></tr>
</table>

单体双向鼓形圈的尺寸和公差见表47-69。

表47-69 单体双向鼓形圈的尺寸和公差 （单位：mm）

<table>
<tr><th colspan="4">密封沟槽公称尺寸</th><th colspan="8">尺寸及公差</th></tr>
<tr><th rowspan="2">D</th><th rowspan="2">d</th><th rowspan="2">L</th><th rowspan="2">L_0</th><th colspan="2">D_1</th><th colspan="2">H</th><th colspan="2">S_1</th><th colspan="2">S_2</th></tr>
<tr><th>尺寸</th><th>公差</th><th>尺寸</th><th>公差</th><th>尺寸</th><th>公差</th><th>尺寸</th><th>公差</th></tr>
<tr><td>50</td><td>34</td><td>28</td><td>9</td><td>51.00</td><td rowspan="6">±0.25</td><td rowspan="3">20.50</td><td rowspan="19">±0.2</td><td rowspan="3">9.00</td><td rowspan="3">±0.15</td><td rowspan="3">7.00</td><td rowspan="9">±0.15</td></tr>
<tr><td>63</td><td>47</td><td>28</td><td>9</td><td>63.80</td></tr>
<tr><td>80</td><td>64</td><td>28</td><td>9</td><td>80.80</td></tr>
<tr><td>100</td><td>80</td><td>34</td><td>9</td><td>101.20</td><td rowspan="5">26.50</td><td rowspan="5">11.20</td><td rowspan="16">±0.2</td><td rowspan="5">8.70</td></tr>
<tr><td>105</td><td>85</td><td>34</td><td>9</td><td>106.20</td></tr>
<tr><td>110</td><td>90</td><td>34</td><td>9</td><td>111.20</td></tr>
<tr><td>125</td><td>105</td><td>34</td><td>9</td><td>125.90</td><td rowspan="3">±0.35</td></tr>
<tr><td>140</td><td>120</td><td>34</td><td>9</td><td>140.90</td></tr>
<tr><td>160</td><td>135</td><td>38</td><td>9</td><td>161.30</td><td rowspan="9">30.50</td><td rowspan="9">13.90</td><td rowspan="9">10.80</td></tr>
<tr><td>180</td><td>155</td><td>38</td><td>9</td><td>181.00</td><td rowspan="4">±0.45</td><td rowspan="10">±0.20</td></tr>
<tr><td>200</td><td>175</td><td>38</td><td>9</td><td>201.00</td></tr>
<tr><td>210</td><td>185</td><td>38</td><td>9</td><td>211.00</td></tr>
<tr><td>220</td><td>195</td><td>38</td><td>9</td><td>221.00</td></tr>
<tr><td>230</td><td>205</td><td>38</td><td>9</td><td>231.00</td><td rowspan="4">±0.65</td></tr>
<tr><td>250</td><td>225</td><td>38</td><td>9</td><td>251.00</td></tr>
<tr><td>280</td><td>255</td><td>38</td><td>9</td><td>281.00</td></tr>
<tr><td>320</td><td>295</td><td>38</td><td>9</td><td>321.00</td></tr>
<tr><td>360</td><td>330</td><td>38</td><td>9</td><td>361.00</td><td rowspan="2">±0.90</td><td rowspan="2">30.00</td><td rowspan="2">16.50</td><td rowspan="2">12.90</td></tr>
<tr><td>380</td><td>350</td><td>38</td><td>9</td><td>381.00</td></tr>
</table>

单体双向山形圈的尺寸和公差见表47-70。

表47-70 单体双向山形圈的尺寸和公差 （单位：mm）

<table>
<tr><th colspan="4">密封沟槽公称尺寸</th><th colspan="12">尺寸及公差</th></tr>
<tr><th rowspan="2">D</th><th rowspan="2">d</th><th rowspan="2">L</th><th rowspan="2">L_0</th><th colspan="2">D_1</th><th colspan="2">H</th><th colspan="2">S_1</th><th colspan="2">S_4</th><th colspan="2">h</th><th colspan="2">t</th></tr>
<tr><th>尺寸</th><th>公差</th><th>尺寸</th><th>公差</th><th>尺寸</th><th>公差</th><th>尺寸</th><th>公差</th><th>尺寸</th><th>公差</th><th>尺寸</th><th>公差</th></tr>
<tr><td>50</td><td>38</td><td>17</td><td>9</td><td>50.60</td><td rowspan="9">±0.25</td><td rowspan="3">16.00</td><td rowspan="14">±0.20</td><td rowspan="3">6.80</td><td rowspan="10">±0.15</td><td rowspan="3">2.40</td><td rowspan="14">-0.20</td><td rowspan="3">7.00</td><td rowspan="14">±0.10</td><td rowspan="14">3.00</td><td rowspan="14">±0.10</td></tr>
<tr><td>63</td><td>51</td><td>17</td><td>9</td><td>63.60</td></tr>
<tr><td>80</td><td>68</td><td>17</td><td>9</td><td>80.60</td></tr>
<tr><td>100</td><td>87</td><td>18</td><td>9</td><td>100.80</td><td rowspan="4">17.00</td><td rowspan="4">7.50</td><td rowspan="4">2.60</td><td rowspan="4">8.00</td></tr>
<tr><td>105</td><td>92</td><td>18</td><td>9</td><td>105.80</td></tr>
<tr><td>110</td><td>97</td><td>18</td><td>9</td><td>110.80</td></tr>
<tr><td>125</td><td>112</td><td>18</td><td>9</td><td>125.80</td></tr>
<tr><td>140</td><td>125</td><td>21</td><td>9</td><td>141.50</td><td rowspan="3">20.00</td><td rowspan="3">9.00</td><td rowspan="3">3.00</td><td rowspan="3">10.00</td></tr>
<tr><td>160</td><td>145</td><td>21</td><td>9</td><td>161.50</td></tr>
<tr><td>180</td><td>165</td><td>21</td><td>9</td><td>181.20</td><td rowspan="3">±0.45</td></tr>
<tr><td>200</td><td>182</td><td>25</td><td>9</td><td>201.80</td><td rowspan="4">23.50</td><td rowspan="4">10.80</td><td rowspan="4">±0.20</td><td rowspan="4">3.60</td><td rowspan="4">11.50</td></tr>
<tr><td>210</td><td>192</td><td>25</td><td>9</td><td>211.80</td></tr>
<tr><td>230</td><td>212</td><td>25</td><td>9</td><td>231.80</td><td rowspan="2">±0.65</td></tr>
<tr><td>250</td><td>232</td><td>25</td><td>9</td><td>251.80</td></tr>
</table>

Ⅰ系列T形沟槽组合鼓形圈的尺寸和公差见表47-71，Ⅱ系列T形沟槽组合鼓形圈的尺寸和公差见表47-72。直沟槽组合鼓形圈的尺寸和公差见表47-73。

表 47-71　Ⅰ系列 T 形沟槽组合鼓形圈的尺寸和公差　（单位：mm）

<table>
<tr><th colspan="4">密封沟槽公称尺寸</th><th colspan="12">尺寸及公差</th></tr>
<tr><th rowspan="2">D</th><th rowspan="2">d</th><th rowspan="2">L</th><th rowspan="2">L_0</th><th colspan="2">D_1</th><th colspan="2">d_1</th><th colspan="2">H</th><th colspan="2">S_1</th><th colspan="2">S_3</th><th colspan="2">t</th></tr>
<tr><th>尺寸</th><th>公差</th><th>尺寸</th><th>公差</th><th>尺寸</th><th>公差</th><th>尺寸</th><th>公差</th><th>尺寸</th><th>公差</th><th>尺寸</th><th>公差</th></tr>
<tr><td>50</td><td>38</td><td>17</td><td>9</td><td>50.30</td><td rowspan="4">±0.25</td><td>37.00</td><td rowspan="6">±0.25</td><td rowspan="3">16.00</td><td rowspan="14">±0.20</td><td rowspan="3">6.80</td><td rowspan="10">±0.15</td><td rowspan="3">2.40</td><td rowspan="14">±0.10</td><td rowspan="10">3.00</td><td rowspan="14">±0.10</td></tr>
<tr><td>63</td><td>51</td><td>17</td><td>9</td><td>63.30</td><td>50.00</td></tr>
<tr><td>80</td><td>68</td><td>17</td><td>9</td><td>80.30</td><td>66.80</td></tr>
<tr><td>100</td><td>87</td><td>18</td><td>9</td><td>100.40</td><td>85.80</td><td rowspan="4">17.00</td><td rowspan="4">7.40</td><td rowspan="3">2.60</td></tr>
<tr><td>105</td><td>92</td><td>18</td><td>9</td><td>105.40</td><td rowspan="4">±0.35</td><td>90.80</td></tr>
<tr><td>110</td><td>97</td><td>18</td><td>9</td><td>110.40</td><td>95.80</td></tr>
<tr><td>125</td><td>112</td><td>18</td><td>9</td><td>125.40</td><td>110.50</td><td rowspan="3">±0.35</td><td rowspan="4">3.00</td></tr>
<tr><td>140</td><td>125</td><td>21</td><td>9</td><td>140.40</td><td>123.50</td><td rowspan="3">20.00</td><td rowspan="3">8.50</td></tr>
<tr><td>160</td><td>145</td><td>21</td><td>9</td><td>160.50</td><td rowspan="3">±0.45</td><td>143.50</td></tr>
<tr><td>180</td><td>165</td><td>21</td><td>9</td><td>180.5</td><td>163.20</td><td rowspan="3">±0.45</td></tr>
<tr><td>200</td><td>182</td><td>25</td><td>9</td><td>200.5</td><td>180.20</td><td rowspan="4">24.00</td><td rowspan="4">10.10</td><td rowspan="4">±0.20</td><td rowspan="4">3.60</td><td rowspan="4">5.00</td></tr>
<tr><td>210</td><td>192</td><td>25</td><td>9</td><td>210.5</td><td rowspan="3">±0.65</td><td>190.20</td></tr>
<tr><td>230</td><td>212</td><td>25</td><td>9</td><td>230.5</td><td>210.20</td><td rowspan="2">±0.65</td></tr>
<tr><td>250</td><td>232</td><td>25</td><td>9</td><td>250.5</td><td>230.20</td></tr>
</table>

表 47-72　Ⅱ系列 T 形沟槽组合鼓形圈的尺寸和公差　（单位：mm）

<table>
<tr><th colspan="4">密封沟槽公称尺寸</th><th colspan="12">尺寸及公差</th></tr>
<tr><th rowspan="2">D</th><th rowspan="2">d</th><th rowspan="2">L</th><th rowspan="2">L_0</th><th colspan="2">D_1</th><th colspan="2">d_1</th><th colspan="2">H</th><th colspan="2">S_1</th><th colspan="2">S_3</th><th colspan="2">t</th></tr>
<tr><th>尺寸</th><th>公差</th><th>尺寸</th><th>公差</th><th>尺寸</th><th>公差</th><th>尺寸</th><th>公差</th><th>尺寸</th><th>公差</th><th>尺寸</th><th>公差</th></tr>
<tr><td>50</td><td>34</td><td>28</td><td>9</td><td>50.30</td><td rowspan="3">±0.25</td><td>33.00</td><td rowspan="6">±0.25</td><td rowspan="3">27.00</td><td rowspan="19">±0.20</td><td rowspan="3">9.00</td><td rowspan="3">±0.15</td><td rowspan="3">3.20</td><td rowspan="19">±0.10</td><td rowspan="3">3.00</td><td rowspan="19">±0.10</td></tr>
<tr><td>63</td><td>47</td><td>28</td><td>9</td><td>63.30</td><td>45.80</td></tr>
<tr><td>80</td><td>64</td><td>28</td><td>9</td><td>80.30</td><td>62.80</td></tr>
<tr><td>100</td><td>80</td><td>34</td><td>9</td><td>100.40</td><td rowspan="5">±0.35</td><td>78.80</td><td rowspan="5">33.00</td><td rowspan="5">11.20</td><td rowspan="16">±0.20</td><td rowspan="5">4.00</td><td rowspan="5">5.00</td></tr>
<tr><td>105</td><td>85</td><td>34</td><td>9</td><td>105.40</td><td>83.80</td></tr>
<tr><td>110</td><td>90</td><td>34</td><td>9</td><td>110.40</td><td>88.80</td></tr>
<tr><td>125</td><td>105</td><td>34</td><td>9</td><td>125.40</td><td>103.50</td><td rowspan="3">±0.35</td></tr>
<tr><td>140</td><td>120</td><td>34</td><td>9</td><td>140.40</td><td>118.50</td></tr>
<tr><td>160</td><td>135</td><td>38</td><td>9</td><td>160.50</td><td rowspan="2">±0.45</td><td>133.50</td><td rowspan="9">36.80</td><td rowspan="9">13.90</td><td rowspan="9">5.00</td><td rowspan="11">6.00</td></tr>
<tr><td>180</td><td>155</td><td>38</td><td>9</td><td>180.50</td><td>153.20</td><td rowspan="4">±0.45</td></tr>
<tr><td>200</td><td>175</td><td>38</td><td>9</td><td>200.50</td><td rowspan="5">±0.65</td><td>173.20</td></tr>
<tr><td>210</td><td>185</td><td>38</td><td>9</td><td>210.50</td><td>183.20</td></tr>
<tr><td>220</td><td>195</td><td>38</td><td>9</td><td>220.50</td><td>193.20</td></tr>
<tr><td>230</td><td>205</td><td>38</td><td>9</td><td>230.50</td><td>203.20</td><td rowspan="4">±0.65</td></tr>
<tr><td>250</td><td>225</td><td>38</td><td>9</td><td>250.50</td><td>223.20</td></tr>
<tr><td>280</td><td>255</td><td>38</td><td>9</td><td>280.50</td><td rowspan="4">±0.90</td><td>253.00</td></tr>
<tr><td>320</td><td>295</td><td>38</td><td>9</td><td>320.50</td><td>293.00</td></tr>
<tr><td>360</td><td>330</td><td>38</td><td>9</td><td>360.50</td><td>328.00</td><td rowspan="2">±0.90</td><td rowspan="2">36.50</td><td rowspan="2">16.50</td><td rowspan="2">6.00</td></tr>
<tr><td>380</td><td>350</td><td>38</td><td>9</td><td>380.50</td><td>348.00</td></tr>
</table>

表 47-73 直沟槽组合鼓形圈的尺寸和公差 （单位：mm）

密封沟槽公称尺寸			尺寸及公差											
D	d	L	D_1		d_1		H		S_1		S_3		t	
			尺寸	公差	尺寸	公差	尺寸	公差	尺寸	公差	尺寸	公差	尺寸	公差
63	47	22	63.30	±0.25	45.80	±0.25	21.00	±0.20	9.00	±0.15	3.20	±0.10	3.00	±0.10
80	64	28	80.30		62.80		27.00							
100	80	28	100.40		78.80				11.20	±0.20	4.00		5.00	
110	90	28	110.40	±0.35	88.80									
120	100	28	120.40		98.50									
125	105	28	125.40		103.50	±0.35								
130	110	28	130.40		108.50									
140	120	28	140.40		118.50									
150	130	28	150.40	±0.45	128.50									
160	135	28	160.50		133.50				13.90		5.00		6.00	
170	145	28	170.50		143.50									
175	150	28	175.50		148.50	±0.45								
180	155	28	180.50		153.20									
200	175	31	200.50	±0.65	173.20		29.80							
210	185	31	210.50		183.20									
220	195	31	220.50		193.20	±0.65								
230	205	31	230.50		203.20									
240	215	31	240.50		213.20									
250	225	31	250.50		223.20									
260	235	31	260.50		233.20									
270	245	31	270.50		243.20									
280	255	31	280.50		253.00									
290	265	31	290.50		263.00									
300	275	31	300.50	±0.90	273.00									
320	295	31	320.50		293.00									
330	300	35	330.50		298.00	±0.90	33.50	±0.25	16.50		6.00			
340	310	35	340.50		308.00									
350	320	35	350.50		318.00									
360	330	35	360.50		328.00									
380	350	35	380.50		348.00									
400	370	35	400.50	±1.20	368.00									
420	390	35	420.50		388.00		36.50		19.20		7.00		7.00	
440	410	35	440.50		407.50	±1.20								
460	430	35	460.50		427.50									
420	385	38	420.50		382.50									
440	405	38	440.50		402.50									
460	425	38	460.50		422.50									
480	445	38	480.50		442.50									
500	465	38	500.50		462.50									
530	495	38	530.50		492.50									

3. 各种结构活塞往复运动密封圈的使用条件（见表 47-74）

表 47-74　各种结构活塞往复运动密封圈的使用条件

序号	类别	使用条件				
		往复速度/(m/s)	最大工作压力/MPa	使用温度/℃	介质	领域
1	活塞单向 U 形密封圈	0.5	35	−40～80	矿物油	工程缸
2	活塞单向 Y×D 密封圈	0.5	35	−40～80	矿物油	工程缸
3	活塞单体鼓形密封圈	0.5	45	−40～80	水加乳化液（油）	液压支架
4	活塞单体山形密封圈	0.5	45	−40～80	水加乳化液（油）	液压支架
5	活塞 T 形沟槽组合密封圈	0.5	90	−40～80	水加乳化液（油）	液压支架
6	活塞直沟槽组合密封圈	0.5	90	−40～80	水加乳化液（油）	液压支架

47.3.4　液压传动　聚氨酯密封件尺寸系列　第 2 部分：活塞杆往复运动密封圈的尺寸和公差（GB/T 36520.2—2018）

1. 结构型式

（1）单体蕾形圈　单体蕾形圈及其密封结构型式如图 47-54 所示，使用条件参见表 47-82。

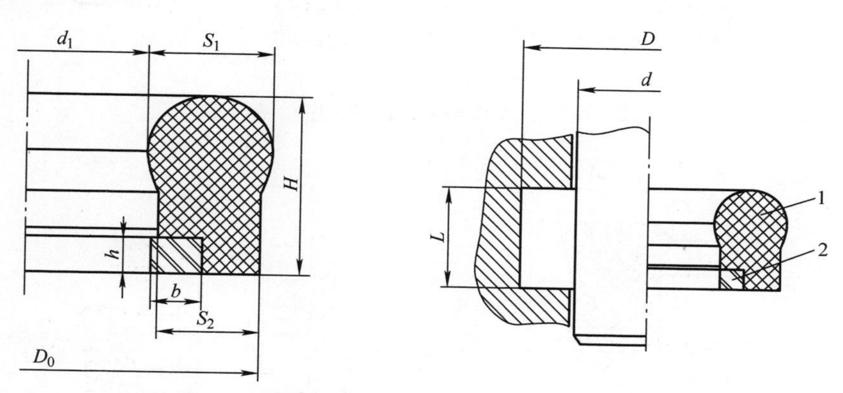

图 47-54　单体蕾形圈及其密封结构型式

1—单体蕾形圈　2—塑料挡圈

（2）单体 Y×d 密封圈　单体 Y×d 密封圈及其密封结构型式如图 47-55 所示，使用条件参见表 47-82。

（3）单体 U 形密封圈　单体 U 形密封圈及其密封结构型式如图 47-56 所示，使用条件参见表 47-82。

（4）组合蕾形圈　组合蕾形圈由聚氨酯圈和橡胶 O 形圈组成，其密封结构型式如图 47-57 所示，使用条件参见表 47-82。

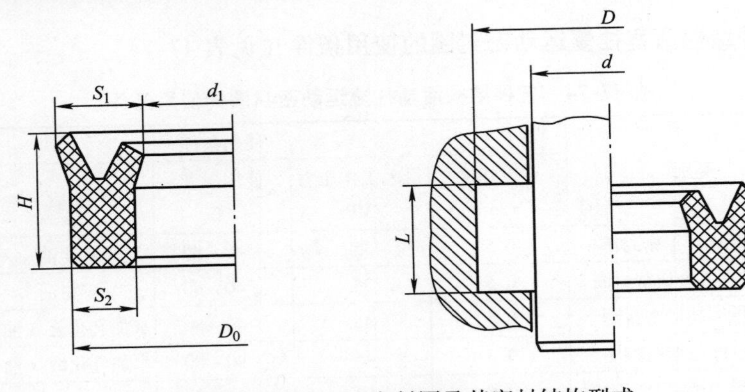

图47-55　单体Y×d密封圈及其密封结构型式

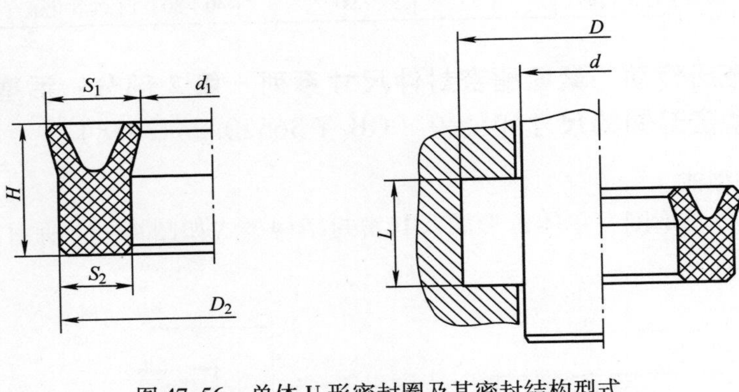

图47-56　单体U形密封圈及其密封结构型式

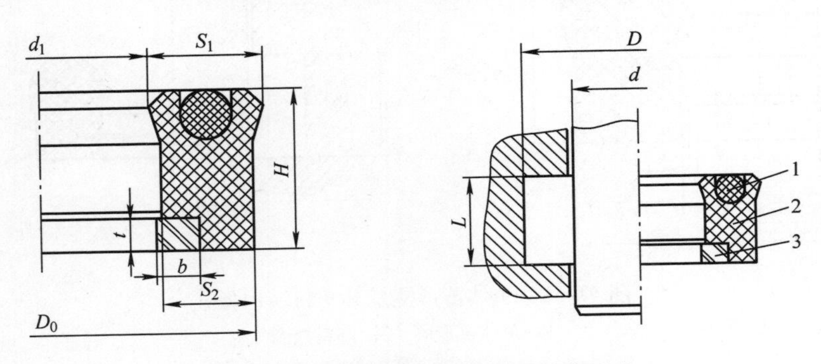

图47-57　组合蕾形圈及其密封结构型式

1—橡胶O形圈　2—聚氨酯圈　3—塑料挡圈

2. 尺寸和公差

（1）单体蕾形圈的尺寸和公差　单体蕾形圈密封沟槽尺寸分为Ⅰ系列和Ⅱ系列，Ⅰ系列密封沟槽单体蕾形圈的尺寸和公差见表47-75。Ⅱ系列密封沟槽单体蕾形圈的尺寸和公差见表47-76。

表47-75 Ⅰ系列密封沟槽单体蕾形圈的尺寸和公差 （单位：mm）

密封沟槽公称尺寸			尺寸和公差													
d	D	L	d_1		D_0		S_1		S_2		H		b		h	
			尺寸	公差	尺寸	公差	尺寸	公差	尺寸	公差	尺寸	公差	尺寸	公差	尺寸	公差
30	38	9.5	29.20		38.20		4.90		3.80		8.60		1.90		2.20	
32	40	9.5	31.20		40.20											
45	57	13	43.80		57.30											
50	62	13	48.80		62.30											
55	67	13	53.80		67.30											
60	72	13	58.80	±0.30	72.30	±0.30						±0.15				
70	82	13	68.80		82.30		7.40		5.70		12.00		2.80		2.40	
80	92	13	78.80		92.30											
85	97	13	83.80		97.30											
90	102	13	88.80		102.30											
95	107	13	93.80		107.30											
100	116	17	98.50		116.40			±0.15								
105	121	17	103.50		121.40											
110	126	17	108.50		126.40											
115	131	17	113.50		131.40											
120	136	17	118.50		136.40					±0.10						
130	146	17	128.50		146.40		9.60		7.70		16		3.80		3.00	
140	156	17	138.50		156.40											
150	166	17	148.50	±0.45	166.40	±0.45										
160	176	17	158.50		176.40											
170	186	17	168.50		186.40											
185	201	17	183.50		201.40											
160	180	20.5	158.20		180.60											
170	190	20.5	168.20		190.60									±0.10		±0.10
185	205	20.5	183.20		205.60											
190	210	20.5	188.20		210.60											
200	220	20.5	198.20		220.60		11.80		9.60		19.00					
210	230	20.5	208.20		230.60											
220	240	20.5	218.20		240.60											
230	250	20.5	228.20		250.60							±0.20				
240	260	20.5	238.20		260.60											
260	284	24	258.00	±0.65	284.60	±0.65										
280	304	24	278.00		304.60											
290	314	24	288.00		314.60											
300	324	24	298.00		324.60			±0.20					4.80		3.50	
320	344	24	318.00		344.60											
340	364	24	338.00		364.60											
355	379	24	353.00		379.80											
360	384	24	358.00		384.80											
380	404	24	378.00		404.80		14.20		11.60	±0.15	22.50					
395	419	24	393.00		419.80											
400	424	24	398.00		424.80	±0.90										
415	439	24	413.00	±0.90	439.80											
435	459	24	433.00		459.80											
455	479	24	453.00		479.80											
475	499	24	473.00		499.80											
500	524	24	498.00		524.80	±1.20										

表 47-76　Ⅱ系列密封沟槽单体蕾形圈的尺寸和公差　（单位：mm）

<table>
<tr><th colspan="3">密封沟槽公称尺寸</th><th colspan="14">尺寸和公差</th></tr>
<tr><th rowspan="2">d</th><th rowspan="2">D</th><th rowspan="2">L</th><th colspan="2">d_1</th><th colspan="2">D_0</th><th colspan="2">S_1</th><th colspan="2">S_2</th><th colspan="2">H</th><th colspan="2">b</th><th colspan="2">h</th></tr>
<tr><th>尺寸</th><th>公差</th><th>尺寸</th><th>公差</th><th>尺寸</th><th>公差</th><th>尺寸</th><th>公差</th><th>尺寸</th><th>公差</th><th>尺寸</th><th>公差</th><th>尺寸</th><th>公差</th></tr>
<tr><td>45</td><td>55</td><td>8</td><td>44.00</td><td rowspan="10">±0.30</td><td>55.20</td><td rowspan="8">±0.30</td><td rowspan="2">6.00</td><td rowspan="15">±0.15</td><td rowspan="2">4.70</td><td rowspan="30">±0.10</td><td>7.20</td><td rowspan="20">±0.15</td><td rowspan="2">2.40</td><td rowspan="36">±0.10</td><td rowspan="2">2.20</td><td rowspan="36">±0.10</td></tr>
<tr><td>60</td><td>70</td><td>12.3</td><td>59.00</td><td>70.20</td><td>11.50</td></tr>
<tr><td>50</td><td>62</td><td>9.6</td><td>49.00</td><td>62.30</td><td rowspan="4">7.20</td><td rowspan="4">5.70</td><td rowspan="4">8.80</td><td rowspan="4">2.80</td><td rowspan="4">2.40</td></tr>
<tr><td>63</td><td>75</td><td>9.6</td><td>62.00</td><td>75.30</td></tr>
<tr><td>70</td><td>82</td><td>9.6</td><td>69.00</td><td>82.30</td></tr>
<tr><td>85</td><td>97</td><td>9.6</td><td>84.00</td><td>97.30</td></tr>
<tr><td>60</td><td>75</td><td>13</td><td>59.00</td><td>75.30</td><td rowspan="9">8.70</td><td rowspan="9">7.20</td><td>12.00</td><td rowspan="9">3.80</td><td rowspan="9">3.00</td></tr>
<tr><td>80</td><td>95</td><td>16</td><td>79.00</td><td>95.30</td><td>15.00</td></tr>
<tr><td>85</td><td>100</td><td>14</td><td>84.00</td><td>100.30</td><td rowspan="10">±0.45</td><td>13.00</td></tr>
<tr><td>100</td><td>115</td><td>16</td><td>98.80</td><td>115.40</td><td rowspan="11">15.00</td></tr>
<tr><td>105</td><td>120</td><td>16</td><td>103.80</td><td rowspan="8">±0.45</td><td>120.40</td></tr>
<tr><td>115</td><td>130</td><td>16</td><td>113.80</td><td>130.40</td></tr>
<tr><td>120</td><td>135</td><td>16</td><td>118.80</td><td>135.40</td></tr>
<tr><td>130</td><td>145</td><td>16</td><td>128.80</td><td>145.40</td></tr>
<tr><td>140</td><td>155</td><td>16</td><td>138.80</td><td>155.40</td></tr>
<tr><td>140</td><td>160</td><td>16</td><td>138.20</td><td>160.40</td><td rowspan="15">11.80</td><td rowspan="21">±0.20</td><td rowspan="15">9.60</td><td rowspan="21">4.80</td><td rowspan="21">3.50</td></tr>
<tr><td>160</td><td>180</td><td>16</td><td>158.20</td><td>180.60</td></tr>
<tr><td>180</td><td>200</td><td>16</td><td>178.20</td><td>200.60</td></tr>
<tr><td>210</td><td>230</td><td>16</td><td>208.20</td><td rowspan="13">±0.65</td><td>230.60</td><td rowspan="13">±0.65</td></tr>
<tr><td>230</td><td>250</td><td>16</td><td>228.20</td><td>250.60</td></tr>
<tr><td>230</td><td>250</td><td>20</td><td>228.20</td><td>250.60</td><td>18.80</td><td>±0.20</td></tr>
<tr><td>235</td><td>255</td><td>16</td><td>233.20</td><td>255.60</td><td rowspan="2">14.80</td><td rowspan="2">±0.15</td></tr>
<tr><td>240</td><td>260</td><td>16</td><td>238.20</td><td>260.60</td></tr>
<tr><td>260</td><td>280</td><td>18</td><td>258.20</td><td>280.60</td><td>16.80</td><td>±0.20</td></tr>
<tr><td>275</td><td>295</td><td>16</td><td>273.20</td><td>295.60</td><td>14.80</td><td>±0.15</td></tr>
<tr><td>295</td><td>315</td><td>18</td><td>293.20</td><td>315.60</td><td>16.80</td><td rowspan="3">±0.20</td></tr>
<tr><td>295</td><td>315</td><td>20.5</td><td>293.20</td><td>315.60</td><td>19.00</td></tr>
<tr><td>320</td><td>340</td><td>18</td><td>318.20</td><td>340.60</td><td>16.80</td></tr>
<tr><td>330</td><td>350</td><td>16</td><td>328.20</td><td>350.60</td><td>14.80</td><td>±0.15</td></tr>
<tr><td>340</td><td>360</td><td>21.5</td><td>338.20</td><td>360.60</td><td>20.00</td><td rowspan="7">±0.20</td></tr>
<tr><td>340</td><td>365</td><td>20</td><td>337.50</td><td>365.80</td><td rowspan="6">14.80</td><td rowspan="6">12.10</td><td rowspan="6">0.15</td><td rowspan="6">18.50</td></tr>
<tr><td>355</td><td>380</td><td>20</td><td>352.50</td><td rowspan="5">±0.90</td><td>380.80</td><td rowspan="5">±0.90</td></tr>
<tr><td>380</td><td>405</td><td>20</td><td>377.50</td><td>405.80</td></tr>
<tr><td>395</td><td>420</td><td>20</td><td>392.50</td><td>420.80</td></tr>
<tr><td>450</td><td>475</td><td>20</td><td>447.50</td><td>475.80</td></tr>
<tr><td>470</td><td>495</td><td>20</td><td>467.50</td><td>495.80</td></tr>
</table>

（2）单体 Y×d 密封圈的尺寸和公差（见表 47-77）。

表 47-77　单体 Y×d 密封圈的尺寸和公差　　（单位：mm）

密封沟槽公称尺寸			尺寸和公差									
d	D	L	d_1		D_0		S_1		S_2		H	
			尺寸	公差	尺寸	公差	尺寸	公差	尺寸	公差	尺寸	公差
16	22	9	15.10	±0.20	22.20	±0.20	3.90	±0.15	2.85	±0.08	8.00	±0.15
18	24	9	17.10		24.20							
20	28	9	18.90		28.20		5.20		3.80			
25	33	9	23.90		33.20							
28	36	9	26.90		36.20							
30	38	11	28.90		38.20						10.00	
35	43	11	33.80		43.20							
36	44	11	34.80		44.20							
38	46	11	36.80		46.20							
40	48	11	38.80		48.20							
45	53	11	43.80		53.20	±0.35						
50	58	11	48.80		58.20							
320	344	25	316.70	±0.90	344.50	±0.90	15.20	±0.25	11.70	±0.15	23.50	±0.20
330	354	25	326.70		354.50							
350	374	25	346.70		374.50							
360	384	25	366.70		384.50							
380	404	25	376.70		404.50							
400	424	25	396.50		424.50		15.40					
420	444	25	416.50		444.50							
450	474	25	446.50		474.50							
480	504	25	476.50		504.50	±1.20						
500	524	25	496.50		524.50							
550	574	25	546.50	±1.20	574.50							
580	604	25	576.50		604.50							
600	624	25	596.00		624.50		15.50					
630	654	25	626.00		654.50							
650	674	25	646.00		674.50							

(3) 单体U形密封圈的尺寸和公差　单体U形密封圈密封沟槽尺寸分为Ⅰ系列和Ⅱ系列，Ⅰ系列密封沟槽单体U形密封圈的尺寸和公差见表47-78，Ⅱ系列密封沟槽单体U形密封圈的尺寸和公差见表47-79。

(4) 组合蕾形圈的尺寸和公差　组合蕾形圈密封沟槽尺寸分为Ⅰ系列和Ⅱ系列，其尺寸和公差分别见表47-80、表47-81。

表47-78　Ⅰ系列密封沟槽单体U形密封圈的尺寸和公差　(单位：mm)

<table>
<tr><th colspan="3">密封沟槽公称尺寸</th><th colspan="10">尺寸和公差</th></tr>
<tr><th rowspan="2">d</th><th rowspan="2">D</th><th rowspan="2">L</th><th colspan="2">d_1</th><th colspan="2">D_0</th><th colspan="2">S_1</th><th colspan="2">S_2</th><th colspan="2">H</th></tr>
<tr><th>尺寸</th><th>公差</th><th>尺寸</th><th>公差</th><th>尺寸</th><th>公差</th><th>尺寸</th><th>公差</th><th>尺寸</th><th>公差</th></tr>
<tr><td>20</td><td>30</td><td>8</td><td>18.60</td><td rowspan="8">±0.20</td><td>30.20</td><td rowspan="5">±0.20</td><td rowspan="8">6.40</td><td rowspan="8">±0.15</td><td rowspan="8">4.80</td><td rowspan="8">±0.08</td><td rowspan="8">7.20</td><td rowspan="16">±0.15</td></tr>
<tr><td>22</td><td>32</td><td>8</td><td>20.60</td><td>32.20</td></tr>
<tr><td>25</td><td>35</td><td>8</td><td>23.60</td><td>35.20</td></tr>
<tr><td>28</td><td>38</td><td>8</td><td>26.60</td><td>38.20</td></tr>
<tr><td>36</td><td>46</td><td>8</td><td>34.60</td><td>46.20</td></tr>
<tr><td>40</td><td>50</td><td>8</td><td>38.60</td><td>50.20</td><td rowspan="7">±0.35</td></tr>
<tr><td>45</td><td>55</td><td>8</td><td>43.60</td><td>55.20</td></tr>
<tr><td>50</td><td>60</td><td>8</td><td>48.60</td><td>60.20</td></tr>
<tr><td>56</td><td>71</td><td>12.5</td><td>53.60</td><td rowspan="6">±0.35</td><td>71.20</td><td rowspan="5">9.70</td><td rowspan="8">±0.20</td><td rowspan="5">7.30</td><td rowspan="8">±0.10</td><td rowspan="5">11.50</td></tr>
<tr><td>63</td><td>78</td><td>12.5</td><td>61.60</td><td>78.20</td></tr>
<tr><td>70</td><td>85</td><td>12.5</td><td>68.60</td><td>85.20</td></tr>
<tr><td>80</td><td>95</td><td>12.5</td><td>78.60</td><td>95.20</td></tr>
<tr><td>90</td><td>105</td><td>12.5</td><td>88.60</td><td>105.30</td><td rowspan="5">±0.45</td></tr>
<tr><td>100</td><td>120</td><td>16</td><td>97.30</td><td>120.30</td><td rowspan="3">12.70</td><td rowspan="3">9.70</td><td rowspan="3">15.00</td></tr>
<tr><td>110</td><td>130</td><td>16</td><td>107.30</td><td rowspan="5">±0.45</td><td>130.30</td></tr>
<tr><td>125</td><td>135</td><td>16</td><td>122.30</td><td>135.20</td></tr>
<tr><td>140</td><td>160</td><td>16</td><td>137.30</td><td>160.30</td><td></td><td></td><td></td></tr>
<tr><td>160</td><td>185</td><td>20</td><td>157.20</td><td>185.30</td><td rowspan="6">±0.60</td><td rowspan="3">15.90</td><td rowspan="8">±0.25</td><td rowspan="3">12.20</td><td rowspan="8">±0.15</td><td rowspan="3">19.00</td><td rowspan="8">±0.20</td></tr>
<tr><td>180</td><td>205</td><td>20</td><td>177.20</td><td>205.30</td></tr>
<tr><td>200</td><td>225</td><td>20</td><td>197.20</td><td rowspan="4">±0.60</td><td>225.30</td></tr>
<tr><td>220</td><td>250</td><td>25</td><td>216.20</td><td>250.30</td><td rowspan="3">18.90</td><td rowspan="3">14.70</td><td rowspan="3">23.50</td></tr>
<tr><td>250</td><td>280</td><td>25</td><td>246.20</td><td>280.30</td></tr>
<tr><td>280</td><td>310</td><td>25</td><td>276.20</td><td>310.40</td></tr>
<tr><td>320</td><td>360</td><td>32</td><td>315.50</td><td rowspan="2">±0.90</td><td>360.40</td><td rowspan="2">±0.90</td><td rowspan="2">24.50</td><td rowspan="2">19.50</td><td rowspan="2">30.50</td></tr>
<tr><td>360</td><td>400</td><td>32</td><td>355.50</td><td>400.50</td></tr>
</table>

表 47-79 Ⅱ系列密封沟槽单体 U 形密封圈的尺寸和公差 （单位：mm）

密封沟槽公称尺寸			尺寸和公差									
d	D	L	d_1		D_0		S_1		S_2		H	
			尺寸	公差	尺寸	公差	尺寸	公差	尺寸	公差	尺寸	公差
14	22	5.7	12.90	±0.20	22.20	±0.20	5.20	±0.15	3.80	±0.05	5.00	±0.15
16	24	5.7	14.90		24.20							
18	26	5.7	16.90		26.20							
20	28	5.7	18.90		28.20							
22	30	5.7	20.90		30.20							
25	33	5.7	23.90		33.20							
28	36	5.7	26.90		35.20							
30	40	7	28.60		40.20		6.40		4.80		6.00	
32	42	7	30.60		42.20							
35	45	7	33.80		45.20							
38	48	7	36.80		48.20							
40	50	7	38.80		50.20	±0.35						
45	55	7	43.80		55.20							
50	60	7	48.80		60.20							
55	65	7	53.80	±0.35	65.20							
56	66	7	54.80		66.20							
58	68	7	56.80		68.20							
60	70	7	58.80		70.20							
63	73	7	61.50		73.20							
65	75	7	63.50		75.20							
70	80	7	68.50		80.20							
75	85	7	73.50		85.20							
80	90	7	78.50		90.20							
85	95	7	83.50		95.20							
85	100	10	83.20		100.20	±0.45	9.70	±0.20	7.30	±0.10	9.00	
90	105	10	88.20		105.30							
95	110	10	93.20		110.30							
100	115	10	98.20		115.30							
105	120	10	102.30	±0.45	120.30							
110	125	10	107.30		125.30							
115	130	10	112.30		130.30							
120	135	10	117.30		135.30							
125	140	10	122.30		140.30							
130	145	10	127.30		145.30							
135	150	10	132.30		150.30							
140	155	10	137.30		155.30							
145	160	10	142.30		160.30							
150	165	10	147.30		165.30							
155	170	10	152.30		170.30							
160	175	10	157.30		175.30							
165	180	10	162.30		180.30	±0.60						
175	190	10	172.30		190.30							
180	200	13	177.00	±0.60	200.30		12.70		9.70		12.00	0.20
190	210	13	187.00		210.30							
200	220	13	197.00		220.30							
210	230	13	207.00		230.30							
220	240	13	217.00		240.30							
230	250	13	227.00		250.30							
235	255	13	232.00		255.30							
240	260	13	237.00		260.30							
250	270	13	247.00		270.30							
260	290	15	256.20		290.40		18.90	±0.25	14.70	±0.15	14.00	
280	310	15	276.20		310.40	±0.90						
295	325	15	292.20		325.40							

表47-80　I系列密封沟槽组合蕾形圈的尺寸和公差　（单位：mm）

密封沟槽公称尺寸			尺寸和公差													
d	D	L	d_1		D_0		S_1		S_2		H		b		h	
			尺寸	公差	尺寸	公差	尺寸	公差	尺寸	公差	尺寸	公差	尺寸	公差	尺寸	公差
30	38	9.5	29.20	±0.30	38.20	±0.30	4.90	±0.15	3.80	±0.10	8.60	±0.15	1.90	±0.10	2.20	±0.10
32	40	9.5	31.20		40.20											
45	57	13	44.00		57.30		7.40		5.70		12.00		2.80		2.40	
50	62	13	49.00		62.30											
55	67	13	54.00		67.30											
60	72	13	59.00		72.30											
70	82	13	69.00		82.30											
80	92	13	79.00		92.30											
85	97	13	83.80		97.30											
90	102	13	88.80		102.30											
95	107	13	93.80		107.30											
100	116	17	98.80	±0.45	116.40	±0.45	9.60		7.70		16.00	±0.20	3.80		3.00	
105	121	17	103.80		121.40											
110	126	17	108.80		126.40											
115	131	17	113.80		131.40											
120	136	17	118.80		136.40											
130	146	17	128.80		146.40											
140	156	17	138.80		156.40											
150	166	17	148.80		166.40											
160	176	17	158.80		176.40											
170	186	17	168.80		186.40											
185	201	17	183.80		201.40											
160	180	20.5	158.80		180.60		11.80	±0.20	9.60		19.00		4.80		3.50	
170	190	20.5	168.80		190.60											
185	205	20.5	183.80		205.60											
190	210	20.5	188.80		210.60											
200	220	20.5	198.80	±0.65	220.60	±0.65										
210	230	20.5	208.80		230.60											
220	240	20.5	218.80		240.60											
230	250	20.5	228.80		250.60											
240	260	20.5	238.80		260.60											
260	284	24	258.50		284.60		14.30		11.06	±0.15	22.50					
280	304	24	278.50		304.60											
290	314	24	288.50		314.06											
300	324	24	298.50		324.60											
320	344	24	318.50		344.60											
340	364	24	338.50		364.60											
355	379	24	353.50	±0.90	379.80	±0.90										
360	384	24	358.50		384.80											
380	404	24	378.50		404.80											
395	419	24	393.50		419.80											
400	424	24	398.50		424.80											
415	439	24	413.50		439.80											
435	459	24	433.50		459.80											
455	479	24	453.50		479.80											
475	499	24	473.50		499.80											
500	524	24	498.50		524.80	±1.20										

表 47-81　Ⅱ系列密封沟槽组合蕾形圈的尺寸和公差　（单位：mm）

密封沟槽公称尺寸			尺寸和公差													
d	D	L	d_1		D_0		S_1		S_2		H		b		h	
			尺寸	公差	尺寸	公差	尺寸	公差	尺寸	公差	尺寸	公差	尺寸	公差	尺寸	公差
45	55	8	44.00	±0.30	55.20	±0.30	6.00	±0.15	4.70	±0.10	7.20	±0.15	2.40	±0.10	2.20	±0.10
60	70	12.3	59.00		70.20						11.50					
50	62	9.6	49.00		62.30		7.20		5.70		8.80		2.80		2.40	
63	75	9.6	62.00		75.30											
70	82	9.6	69.00		82.30											
85	97	9.6	84.00		97.30											
60	75	13	59.00		75.30		8.70		7.20		12.00		3.80		3.00	
80	95	16	79.00		95.30						15.00	±0.20				
85	100	14	84.00		100.30						13.00					
90	110	16	89.00		110.40		11.50		9.60		14.80					
100	115	16	98.80	±0.45	115.40	±0.45	8.70		7.20							
105	120	16	103.80		120.40											
115	130	16	113.80		130.40											
120	135	16	118.80		135.40											
130	145	16	128.80		145.40											
140	155	16	138.80		155.40											
160	177	16	158.80		177.40		10.20		8.20							
170	185	16	168.80		185.60		8.70		7.20							
185	200	16	183.80		200.60											
140	160	16	138.80		160.40		11.80	±0.20	9.60				4.80		3.50	
160	180	16	158.80		180.60											
180	200	16	178.80		200.60											
210	230	16	208.50	±0.65	230.60	±0.65										
230	250	16	228.50		250.60											
230	250	20	228.50		250.60						18.00					
235	255	16	233.50		255.60						14.80					
240	260	16	238.50		260.60											
260	280	18	258.50		280.60						16.80					
275	295	16	273.50		295.60						14.80					
295	315	18	293.50		315.60						16.80					
295	315	20.5	293.50		315.60						19.00					
320	340	18	318.50		340.60						16.80					
330	350	16	328.50		350.60						14.80					
340	360	21.5	338.50		360.60						20.00					
340	365	20	338.50		365.80		14.80		12.10	±0.15	18.50					
355	380	20	353.50	±0.90	380.80	±0.90										
380	405	20	378.50		405.80											
395	420	20	393.50		420.80											
450	475	20	448.50		475.80											
470	495	20	468.50		495.80											

各种结构活塞杆往复运动密封圈的使用条件见表47-82。

表47-82　各种结构活塞杆往复运动密封圈的使用条件

序号	类别	使用条件				
		往复速度/(m/s)	最大工作压力/MPa	使用温度/℃	介质	应用领域
1	单体蕾形圈	0.5	45	-40~80	水加乳化液（油）	液压支架
2	单体Y×d密封圈	0.5	35	-40~80	矿物油	工程缸
3	单体U形密封圈	0.5	35	-40~80	矿物油	工程缸
4	组合蕾形圈	0.5	60	-40~80	水加乳化液（油）	液压支架

47.3.5　液压传动　聚氨酯密封件尺寸系列　第3部分：防尘圈的尺寸和公差（GB/T 36520.3—2019）

1. 结构型式

防尘圈及其密封结构型式如图47-58所示。

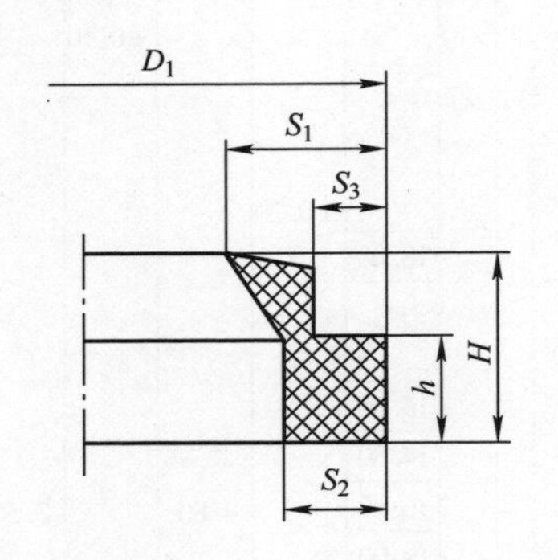

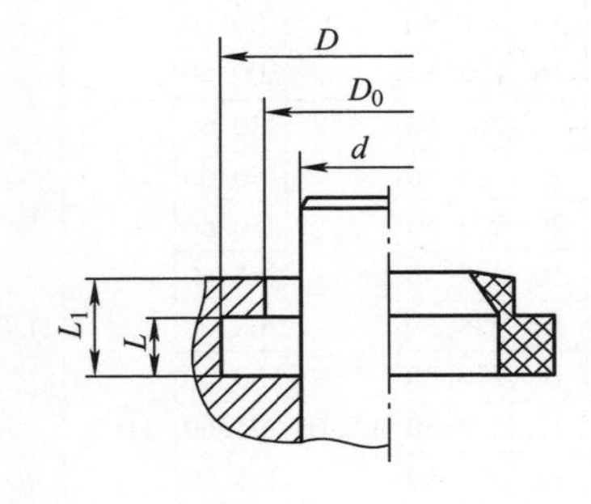

图47-58　防尘圈及其密封结构型式

2. 尺寸和公差

防尘圈的尺寸系列分为五个：Ⅰ、Ⅱ、Ⅲ、Ⅳ、Ⅴ，防尘圈尺寸和公差见表47-83~表47-87。

Ⅰ、Ⅱ系列防尘圈适用于煤炭行业液压支架的密封沟槽，Ⅲ、Ⅳ、Ⅴ系列防尘圈适用于工程机械或其他行业液压缸的密封沟槽。

表47-83　Ⅰ系列防尘圈的尺寸和公差　（单位：mm）

<table>
<tr><th colspan="5">密封沟槽公称尺寸</th><th colspan="12">尺寸及公差</th></tr>
<tr><th rowspan="2">d</th><th rowspan="2">D</th><th rowspan="2">D_0</th><th rowspan="2">L</th><th rowspan="2">L_1</th><th colspan="2">D_1</th><th colspan="2">S_1</th><th colspan="2">S_2</th><th colspan="2">S_3</th><th colspan="2">h</th><th colspan="2">H</th></tr>
<tr><th>尺寸</th><th>公差</th><th>尺寸</th><th>公差</th><th>尺寸</th><th>公差</th><th>尺寸</th><th>公差</th><th>尺寸</th><th>公差</th><th>尺寸</th><th>公差</th></tr>
<tr><td>40</td><td>56</td><td>45</td><td>6.5</td><td>9</td><td>56.80</td><td rowspan="12">±0.30</td><td rowspan="12">9.00</td><td rowspan="12">±0.15</td><td rowspan="12">7.00</td><td rowspan="29">±0.15</td><td rowspan="12">5.90</td><td rowspan="29">±0.15</td><td rowspan="12">6.30</td><td rowspan="29">±0.15</td><td rowspan="12">9.50</td><td rowspan="12">±0.15</td></tr>
<tr><td>45</td><td>61</td><td>50</td><td>6.5</td><td>9</td><td>61.80</td></tr>
<tr><td>50</td><td>66</td><td>55</td><td>6.5</td><td>9</td><td>66.80</td></tr>
<tr><td>55</td><td>71</td><td>60</td><td>6.5</td><td>9</td><td>71.80</td></tr>
<tr><td>60</td><td>76</td><td>65</td><td>6.5</td><td>9</td><td>76.80</td></tr>
<tr><td>65</td><td>81</td><td>70</td><td>6.5</td><td>9</td><td>81.80</td></tr>
<tr><td>70</td><td>86</td><td>75</td><td>6.5</td><td>9</td><td>86.80</td></tr>
<tr><td>75</td><td>91</td><td>80</td><td>6.5</td><td>9</td><td>91.80</td></tr>
<tr><td>80</td><td>96</td><td>85</td><td>6.5</td><td>9</td><td>96.80</td></tr>
<tr><td>85</td><td>101</td><td>90</td><td>6.5</td><td>9</td><td>102.00</td></tr>
<tr><td>90</td><td>106</td><td>95</td><td>6.5</td><td>9</td><td>107.00</td></tr>
<tr><td>95</td><td>111</td><td>100</td><td>6.5</td><td>9</td><td>112.00</td></tr>
<tr><td>100</td><td>120</td><td>106</td><td>8</td><td>11</td><td>121.00</td><td rowspan="10">±0.45</td><td rowspan="8">11.30</td><td rowspan="17">±0.20</td><td rowspan="8">8.80</td><td rowspan="8">7.50</td><td rowspan="8">7.80</td><td rowspan="8">11.50</td><td rowspan="17">±0.20</td></tr>
<tr><td>105</td><td>125</td><td>111</td><td>8</td><td>11</td><td>126.00</td></tr>
<tr><td>110</td><td>130</td><td>116</td><td>8</td><td>11</td><td>131.00</td></tr>
<tr><td>115</td><td>135</td><td>121</td><td>8</td><td>11</td><td>136.00</td></tr>
<tr><td>120</td><td>140</td><td>126</td><td>8</td><td>11</td><td>141.00</td></tr>
<tr><td>130</td><td>150</td><td>136</td><td>8</td><td>11</td><td>151.00</td></tr>
<tr><td>140</td><td>160</td><td>146</td><td>8</td><td>11</td><td>161.00</td></tr>
<tr><td>150</td><td>170</td><td>156</td><td>8</td><td>11</td><td>171.00</td></tr>
<tr><td>160</td><td>184</td><td>167</td><td>9</td><td>13</td><td>185.20</td><td rowspan="9">13.50</td><td rowspan="9">10.60</td><td rowspan="9">9.10</td><td rowspan="9">8.80</td><td rowspan="9">13.50</td></tr>
<tr><td>165</td><td>189</td><td>172</td><td>9</td><td>13</td><td>190.20</td></tr>
<tr><td>170</td><td>194</td><td>177</td><td>9</td><td>13</td><td>195.20</td><td rowspan="7">±0.65</td></tr>
<tr><td>180</td><td>204</td><td>187</td><td>9</td><td>13</td><td>205.20</td></tr>
<tr><td>185</td><td>209</td><td>192</td><td>9</td><td>13</td><td>210.20</td></tr>
<tr><td>190</td><td>214</td><td>197</td><td>9</td><td>13</td><td>215.20</td></tr>
<tr><td>195</td><td>219</td><td>202</td><td>9</td><td>13</td><td>220.20</td></tr>
<tr><td>200</td><td>224</td><td>207</td><td>9</td><td>13</td><td>225.20</td></tr>
</table>

（续）

<table>
<tr><th colspan="5">密封沟槽公称尺寸</th><th colspan="12">尺寸及公差</th></tr>
<tr><th rowspan="2">d</th><th rowspan="2">D</th><th rowspan="2">D_0</th><th rowspan="2">L</th><th rowspan="2">L_1</th><th colspan="2">D_1</th><th colspan="2">S_1</th><th colspan="2">S_2</th><th colspan="2">S_3</th><th colspan="2">h</th><th colspan="2">H</th></tr>
<tr><th>尺寸</th><th>公差</th><th>尺寸</th><th>公差</th><th>尺寸</th><th>公差</th><th>尺寸</th><th>公差</th><th>尺寸</th><th>公差</th><th>尺寸</th><th>公差</th></tr>
<tr><td>205</td><td>229</td><td>212</td><td>9</td><td>13</td><td>230.20</td><td rowspan="11">±0.65</td><td rowspan="11">13.50</td><td rowspan="26">±0.20</td><td rowspan="26">10.60</td><td rowspan="26">±0.15</td><td rowspan="11">9.10</td><td rowspan="26">±0.15</td><td rowspan="17">8.80</td><td rowspan="26">±0.15</td><td rowspan="11">13.50</td><td rowspan="26">±0.20</td></tr>
<tr><td>210</td><td>234</td><td>217</td><td>9</td><td>13</td><td>235.20</td></tr>
<tr><td>220</td><td>244</td><td>227</td><td>9</td><td>13</td><td>245.20</td></tr>
<tr><td>225</td><td>249</td><td>232</td><td>9</td><td>13</td><td>250.20</td></tr>
<tr><td>230</td><td>254</td><td>237</td><td>9</td><td>13</td><td>255.50</td></tr>
<tr><td>235</td><td>259</td><td>242</td><td>9</td><td>13</td><td>260.50</td></tr>
<tr><td>260</td><td>284</td><td>267</td><td>9</td><td>13</td><td>285.50</td></tr>
<tr><td>270</td><td>294</td><td>277</td><td>9</td><td>13</td><td>295.50</td></tr>
<tr><td>275</td><td>299</td><td>282</td><td>9</td><td>13</td><td>300.50</td></tr>
<tr><td>280</td><td>304</td><td>287</td><td>9</td><td>13</td><td>305.50</td></tr>
<tr><td>290</td><td>314</td><td>297</td><td>9</td><td>13</td><td>315.50</td></tr>
<tr><td>300</td><td>324</td><td>307</td><td>9</td><td>14</td><td>325.80</td><td rowspan="8">±0.90</td><td rowspan="6">13.60</td><td rowspan="6">9.30</td><td rowspan="6">14.50</td></tr>
<tr><td>310</td><td>334</td><td>317</td><td>9</td><td>14</td><td>335.80</td></tr>
<tr><td>315</td><td>339</td><td>322</td><td>9</td><td>14</td><td>340.80</td></tr>
<tr><td>320</td><td>344</td><td>327</td><td>9</td><td>14</td><td>345.80</td></tr>
<tr><td>335</td><td>359</td><td>342</td><td>9</td><td>14</td><td>360.80</td></tr>
<tr><td>340</td><td>364</td><td>347</td><td>9</td><td>14</td><td>365.80</td></tr>
<tr><td>355</td><td>379</td><td>363</td><td>10</td><td>15</td><td>380.80</td><td rowspan="11">13.70</td><td rowspan="3">8.80</td><td rowspan="11">9.80</td><td rowspan="3">15.50</td></tr>
<tr><td>360</td><td>384</td><td>368</td><td>10</td><td>15</td><td>385.80</td></tr>
<tr><td>380</td><td>404</td><td>388</td><td>10</td><td>15</td><td>401.80</td><td rowspan="9">±1.20</td></tr>
<tr><td>395</td><td>419</td><td>405</td><td>10</td><td>18</td><td>420.80</td><td rowspan="8">8.00</td><td rowspan="8">18.50</td></tr>
<tr><td>400</td><td>424</td><td>410</td><td>10</td><td>18</td><td>426.00</td></tr>
<tr><td>415</td><td>439</td><td>425</td><td>10</td><td>18</td><td>441.00</td></tr>
<tr><td>420</td><td>444</td><td>430</td><td>10</td><td>18</td><td>446.00</td></tr>
<tr><td>435</td><td>459</td><td>445</td><td>10</td><td>18</td><td>461.00</td></tr>
<tr><td>455</td><td>479</td><td>465</td><td>10</td><td>18</td><td>481.00</td></tr>
<tr><td>475</td><td>499</td><td>485</td><td>10</td><td>18</td><td>501.00</td></tr>
<tr><td>500</td><td>524</td><td>510</td><td>10</td><td>18</td><td>526.00</td></tr>
</table>

表 47-84　Ⅱ系列防尘圈的尺寸和公差　（单位：mm）

密封沟槽公称尺寸					尺寸及公差											
d	D	D_0	L	L_1	D_1		S_1		S_2		S_3		h		H	
					尺寸	公差	尺寸	公差	尺寸	公差	尺寸	公差	尺寸	公差	尺寸	公差
45	55.6	48	5.3	7	56.40	±0.30	6.20	±0.15	4.60	±0.15	4.20	±0.15	5.10	±0.15	7.50	±0.15
50	60.6	53	5.3	7	61.40											
60	70.6	63	5.3	7	71.40											
63	73.6	66	5.3	7	74.40											
70	82.2	76	7.2	12	83.00		7.10		5.40		3.80		7.00		12.50	±0.20
80	92.2	86	7.2	12	93.00											
90	102.2	96	7.2	12	103.20	±0.45										
100	112.2	106	7.2	12	113.20											
105	120	112	7.2	12	121.00		8.70		6.70		4.5					
115	127.2	121	7.2	12	128.20		7.10		5.40		3.80					
120	132.2	126	7.2	12	133.20											
130	142.2	136	7.2	12	143.20											
140	152.2	146	7.7	12	153.20								7.50			
160	172.2	166	7.7	12	173.20											
170	182.2	176	7.7	12	183.20											
185	200	192.5	10.2	16	201.20	±0.65	8.70		6.70		4.50		10.00	±0.20	16.50	
210	225	220	10.2	16	226.20						3.20					
220	235	227.6	10.2	16	236.20						4.50					
230	250	240	10.2	18	251.50		11.50	±0.20	8.80		5.70				18.50	
235	255	245	10.2	18	256.50											
240	260	250	10.2	18	261.50											
260	280	270	10.2	18	281.50											
270	290	280	10.2	18	291.50											
275	295	285	10.2	18	296.50											
320	340	330	10.2	18	341.80	±0.90										
340	360	350	10.2	18	361.80											
355	375	365	10.2	18	376.80											
360	380	370	10.2	18	381.80											
395	415	405	10.2	18	416.80											
455	475	465	10.2	18	477.00	±1.20										
470	490	480	10.2	18	492.00											
260	280	272.5	12.5	18	281.50	±0.65					4.50		12.20			
295	315	308.5	12.5	18	316.50						4.00					
380	400	393.5	12.5	18	401.80	±0.90										
390	410	403.5	12.5	18	411.80											
400	420	413.5	12.5	18	422.00											
420	440	433.5	12.5	18	442.00											
450	470	463.5	12.5	18	472.00	±1.20										

表 47-85　Ⅲ系列防尘圈的尺寸和公差　　（单位：mm）

<table>
<tr><th colspan="5">密封沟槽公称尺寸</th><th colspan="12">尺寸及公差</th></tr>
<tr><th rowspan="2">d</th><th rowspan="2">D</th><th rowspan="2">D_0</th><th rowspan="2">L</th><th rowspan="2">L_1</th><th colspan="2">D_1</th><th colspan="2">S_1</th><th colspan="2">S_2</th><th colspan="2">S_3</th><th colspan="2">h</th><th colspan="2">H</th></tr>
<tr><th>尺寸</th><th>公差</th><th>尺寸</th><th>公差</th><th>尺寸</th><th>公差</th><th>尺寸</th><th>公差</th><th>尺寸</th><th>公差</th><th>尺寸</th><th>公差</th></tr>
<tr><td>16</td><td>24</td><td>19.5</td><td>6</td><td>8</td><td>24.20</td><td rowspan="8">±0.15</td><td rowspan="8">4.40</td><td rowspan="20">±0.10</td><td rowspan="20">3.50</td><td rowspan="20">±0.10</td><td rowspan="20">2.60</td><td rowspan="38">±0.10</td><td rowspan="20">5.80</td><td rowspan="38">±0.15</td><td rowspan="20">8.50</td><td rowspan="20">±0.15</td></tr>
<tr><td>18</td><td>26</td><td>21.5</td><td>6</td><td>8</td><td>26.20</td></tr>
<tr><td>20</td><td>28</td><td>23.5</td><td>6</td><td>8</td><td>28.20</td></tr>
<tr><td>22</td><td>30</td><td>25.5</td><td>6</td><td>8</td><td>30.20</td></tr>
<tr><td>25</td><td>33</td><td>28.5</td><td>6</td><td>8</td><td>33.20</td></tr>
<tr><td>28</td><td>36</td><td>31.5</td><td>6</td><td>8</td><td>36.20</td></tr>
<tr><td>30</td><td>38</td><td>33.5</td><td>6</td><td>8</td><td>38.20</td></tr>
<tr><td>35</td><td>43</td><td>38.5</td><td>6</td><td>8</td><td>43.20</td></tr>
<tr><td>40</td><td>48</td><td>43.5</td><td>6</td><td>8</td><td>48.50</td><td rowspan="12">±0.30</td><td rowspan="12">4.60</td></tr>
<tr><td>45</td><td>53</td><td>48.5</td><td>6</td><td>8</td><td>53.50</td></tr>
<tr><td>50</td><td>58</td><td>53.5</td><td>6</td><td>8</td><td>58.50</td></tr>
<tr><td>55</td><td>63</td><td>58.5</td><td>6</td><td>8</td><td>63.50</td></tr>
<tr><td>60</td><td>68</td><td>63.5</td><td>6</td><td>8</td><td>68.50</td></tr>
<tr><td>63</td><td>71</td><td>66.5</td><td>6</td><td>8</td><td>71.50</td></tr>
<tr><td>65</td><td>73</td><td>68.5</td><td>6</td><td>8</td><td>73.80</td></tr>
<tr><td>70</td><td>78</td><td>73.5</td><td>6</td><td>8</td><td>78.80</td></tr>
<tr><td>75</td><td>83</td><td>78.5</td><td>6</td><td>8</td><td>83.80</td></tr>
<tr><td>80</td><td>88</td><td>83.5</td><td>6</td><td>8</td><td>88.80</td></tr>
<tr><td>85</td><td>93</td><td>88.5</td><td>6</td><td>8</td><td>93.80</td></tr>
<tr><td>90</td><td>98</td><td>93.5</td><td>6</td><td>8</td><td>98.80</td></tr>
<tr><td>100</td><td>108</td><td>103.5</td><td>6</td><td>8</td><td>109.00</td><td rowspan="10">±0.45</td><td rowspan="10">6.90</td><td rowspan="18">±0.15</td><td rowspan="13">5.30</td><td rowspan="18">±0.15</td><td rowspan="13">3.90</td><td rowspan="13">8.00</td><td rowspan="13">11.80</td><td rowspan="18">±0.20</td></tr>
<tr><td>105</td><td>117</td><td>110</td><td>8.2</td><td>11.2</td><td>118.00</td></tr>
<tr><td>110</td><td>122</td><td>115</td><td>8.2</td><td>11.2</td><td>123.00</td></tr>
<tr><td>115</td><td>127</td><td>120</td><td>8.2</td><td>11.2</td><td>128.00</td></tr>
<tr><td>120</td><td>132</td><td>125</td><td>8.2</td><td>11.2</td><td>133.00</td></tr>
<tr><td>125</td><td>137</td><td>130</td><td>8.2</td><td>11.2</td><td>138.00</td></tr>
<tr><td>130</td><td>142</td><td>135</td><td>8.2</td><td>11.2</td><td>143.00</td></tr>
<tr><td>140</td><td>152</td><td>145</td><td>8.2</td><td>11.2</td><td>153.00</td></tr>
<tr><td>150</td><td>162</td><td>155</td><td>8.2</td><td>11.2</td><td>162.00</td></tr>
<tr><td>160</td><td>172</td><td>165</td><td>8.2</td><td>11.2</td><td>173.00</td></tr>
<tr><td>170</td><td>182</td><td>175</td><td>8.2</td><td>11.2</td><td>183.20</td><td rowspan="8">±0.65</td><td rowspan="3">7.00</td></tr>
<tr><td>180</td><td>192</td><td>185</td><td>8.2</td><td>11.2</td><td>193.20</td></tr>
<tr><td>190</td><td>202</td><td>195</td><td>8.2</td><td>11.2</td><td>203.20</td></tr>
<tr><td>200</td><td>212</td><td>205</td><td>8.2</td><td>11.2</td><td>213.20</td><td rowspan="5">8.70</td><td rowspan="5">6.50</td><td rowspan="5">4.50</td><td rowspan="5">9.30</td><td rowspan="5">13.50</td></tr>
<tr><td>220</td><td>235</td><td>227</td><td>9.5</td><td>12.5</td><td>236.20</td></tr>
<tr><td>240</td><td>255</td><td>247</td><td>9.5</td><td>12.5</td><td>248.50</td></tr>
<tr><td>260</td><td>275</td><td>267</td><td>9.5</td><td>12.5</td><td>276.50</td></tr>
<tr><td>280</td><td>295</td><td>287</td><td>9.5</td><td>12.5</td><td>296.50</td></tr>
</table>

（续）

密封沟槽公称尺寸					尺寸及公差											
d	D	D_0	L	L_1	D_1		S_1		S_2		S_3		h		H	
					尺寸	公差	尺寸	公差	尺寸	公差	尺寸	公差	尺寸	公差	尺寸	公差
300	315	307	9.5	12.5	316.80											
310	325	317	9.5	12.5	326.80											
320	335	327	9.5	12.5	336.80											
340	355	347	9.5	12.5	356.80											
360	375	367	9.5	12.5	376.80	±0.90										
380	395	387	9.5	12.5	396.80											
400	415	407	9.5	12.5	417.00		8.70				4.80					
420	435	427	9.5	12.5	437.00											
425	440	432	9.5	12.5	442.00											
440	455	447	9.5	12.5	457.00											
450	465	457	9.5	12.5	467.00											
460	475	467	9.5	12.5	477.00											
480	495	487	9.5	12.5	497.00											
500	515	507	9.5	12.5	517.50	±1.20		±0.15	6.50	±0.15		±0.15	9.30	±0.15	13.5	±0.20
540	555	547	9.5	12.5	557.50											
550	565	557	9.5	12.5	567.50		8.90				5.10					
560	575	567	9.5	12.5	577.50											
580	595	587	9.5	12.5	597.50											
600	615	607	9.5	12.5	618.00											
630	645	637	9.5	12.5	648.00											
650	665	657	9.5	12.5	668.00											
660	675	667	9.5	12.5	678.00											
680	695	687	9.5	12.5	698.00	±1.50	9.10				5.40					
710	725	717	9.5	12.5	728.00											
750	765	757	9.5	12.5	768.00											
800	815	807	9.5	12.5	818.00											
900	915	907	9.5	12.5	918.50											

表47-86 Ⅳ系列防尘圈的尺寸和公差

（单位：mm）

密封沟槽公称尺寸					尺寸及公差											
d	D	D_0	L	L_1	D_1		S_1		S_2		S_3		h		H	
					尺寸	公差	尺寸	公差	尺寸	公差	尺寸	公差	尺寸	公差	尺寸	公差
4	8.8	5.5	3.7	5.7	9.00											
5	9.8	6.5	3.7	5.7	10.00											
6	10.8	7.5	3.7	5.7	11.00		2.70		2.10		1.80		3.50		6.00	
8	12.8	9.5	3.7	5.7	13.00											
10	14.8	11.5	3.7	5.7	15.00											
12	18.8	13.5	5	7	19.00											
14	20.8	15.5	5	7	21.00											
16	22.8	17.5	5	7	23.00	±0.15										
18	24.8	19.5	5	7	25.00											
20	26.8	21.5	5	7	27.00			±0.10								
22	28.8	23.5	5	7	29.00											
25	31.8	26.5	5	7	32.00											
28	34.8	29.5	5	7	35.00		3.80		3.00	±0.10	2.80		4.80		7.20	
32	38.8	33.5	5	7	39.00											
36	42.8	37.5	5	7	43.00											
40	46.8	41.5	5	7	47.00											
45	51.8	46.5	5	7	52.00											
50	56.8	51.5	5	7	57.00							±0.10		±0.15		±0.20
56	62.8	57.5	5	7	63.00	±0.30										
63	69.8	64.5	5	7	70.00											
70	78.8	71.5	6.3	9.3	79.30											
80	88.8	81.5	6.3	9.3	89.30											
90	98.8	91.5	6.3	9.3	99.30		5.00		3.80		4.00		6.10		9.50	
100	108.8	101.5	6.3	9.3	109.30											
110	118.8	111.5	6.3	9.3	119.30											
125	133.8	126.5	6.3	9.3	134.30	±0.45										
140	152.2	142	8.1	12.1	153.00											
160	172.2	162	8.1	12.1	173.00			±0.15								
180	192.2	182	8.1	12.1	193.00											
200	212.2	202	8.1	12.1	213.00											
220	232.2	222	8.1	12.1	233.00		7.10		5.40	±0.15	5.80		7.90		12.50	
250	262.2	252	8.1	12.1	263.00	±0.60										
280	292.2	282	8.1	12.1	293.00											
320	332.2	322	8.1	12.1	333.00	±0.90										
360	372.2	362	8.1	12.1	373.00											

表 47-87　V 系列防尘圈的尺寸和公差　（单位：mm）

密封沟槽公称尺寸					尺寸及公差											
d	D	D_0	L	L_1	D_1		S_1		S_2		S_3		h		H	
					尺寸	公差	尺寸	公差	尺寸	公差	尺寸	公差	尺寸	公差	尺寸	公差
40	48.8	41.5	6.3	9.3	49.00	±0.30	5.10	±0.15	4.00	±0.15	4.10	±0.15	6.10	±0.15	9.5	±0.20
45	53.8	46.5	6.3	9.3	54.00											
50	58.8	51.5	6.3	9.3	59.00											
56	64.8	57.5	6.3	9.3	65.00											
63	71.8	64.5	6.3	9.3	72.00											
70	82.2	72	8.1	12.1	82.70		7.00		5.40		5.80		7.90		12.50	
80	92.2	82	8.1	12.1	92.70											
90	102.2	92	8.1	12.1	102.70	±0.45										
100	112.2	102	8.1	12.1	112.70											
110	122.2	112	8.1	12.1	122.70											
125	137.2	127	8.1	12.1	137.70											
140	156	142.5	9.5	14.5	156.80		9.00		7.10		7.20		9.30		15.00	
160	176	162.5	9.5	14.5	176.80											
180	196	182.5	9.5	14.5	196.80											
200	216	202.5	9.5	14.5	216.80	±0.60										
220	236	222.5	9.5	14.5	236.80											
250	266	252.5	9.5	14.5	266.80											
280	296	282.5	9.5	14.5	296.80											
320	336	322.5	9.5	14.5	336.80	±0.90										
360	376	362.5	9.5	14.5	376.80											

47.3.6　液压传动　聚氨酯密封件尺寸系列　第 4 部分：缸口密封圈的尺寸和公差（GB/T 36520.4—2019）

1. 结构型式

1）缸口 Y 形圈及其密封结构型式如图 47-59 所示。

2）缸口蕾形圈及其密封结构型式如图 47-60 所示。

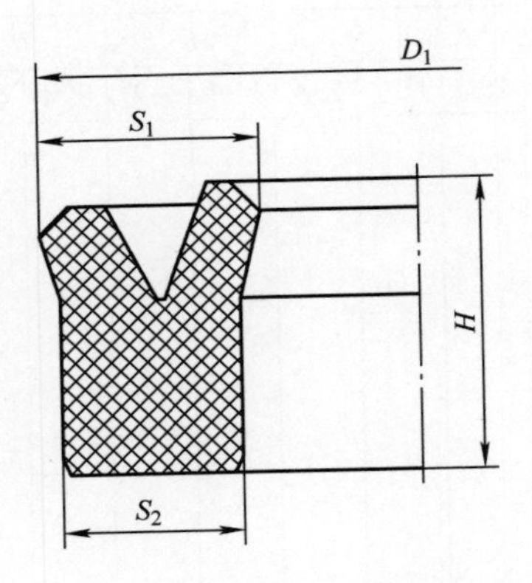

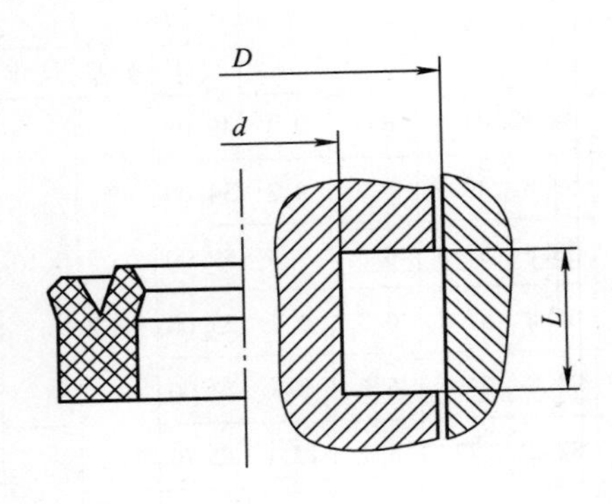

图47-59　缸口Y形圈及其密封结构型式

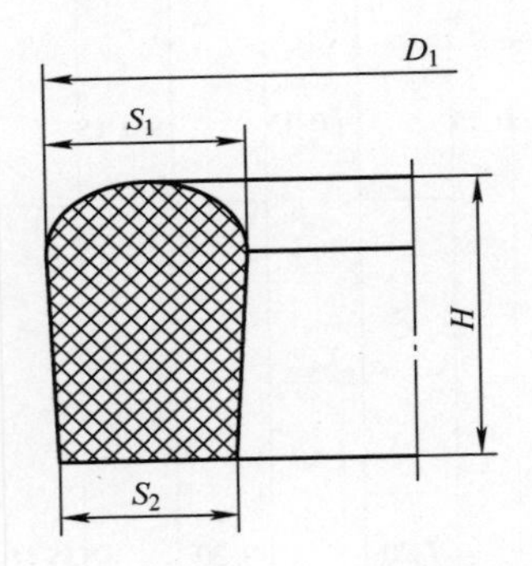

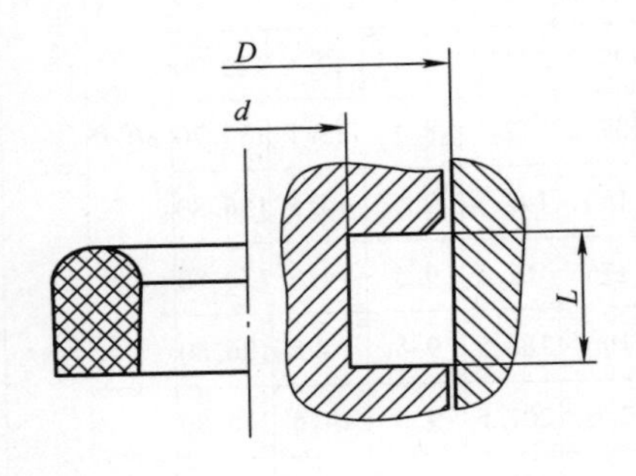

图47-60　缸口蕾形圈及其密封结构型式

2. 尺寸和公差

（1）缸口Y形圈的尺寸和公差　缸口Y形圈分为两个系列，Ⅰ系列和Ⅱ系列，Ⅰ系列缸口Y形圈的尺寸和公差见表47-88，Ⅱ系列缸口Y形圈的尺寸和公差见表47-89。

表47-88　Ⅰ系列缸口Y形圈的尺寸和公差　（单位：mm）

密封沟槽公称尺寸			尺寸和公差							
D	d	L	D_1		S_1		S_2		H	
			尺寸	公差	尺寸	公差	尺寸	公差	尺寸	公差
160	150	9.6	158.50	±0.65	6.90	±0.15	4.80	±0.15	8.80	±0.15
180	170	9.6	178.50							
185	175	9.6	183.50							
195	185	9.6	193.50							

（续）

密封沟槽公称尺寸			尺寸和公差							
D	d	L	D_1		S_1		S_2		H	
			尺寸	公差	尺寸	公差	尺寸	公差	尺寸	公差
200	190	9.6	198.00	±0.90	6.90	±0.15	4.80	±0.15	8.80	±0.15
220	210	9.6	218.00							
225	215	9.6	223.00							
235	225	9.6	233.00							
240	230	9.6	238.00							
245	235	9.6	243.00							
250	240	9.6	248.00							
260	250	9.6	258.00							
280	270	9.6	278.00							
290	280	9.6	287.50							
335	325	9.6	332.50	±1.50						
182	170	13	180.50	±0.65	8.20	±0.15	5.80	±0.15	12.00	±0.20
190	178	13	188.50							
202	190	13	200.00	±0.90						
215	203	13	213.00							
225	213	13	223.00							
230	218	13	228.00							
240	228	13	238.00							
260	248	13	258.00							
265	253	13	263.00							
275	263	13	273.00							
280	268	13	278.00							
290	278	13	287.50							
295	283	13	292.50							
310	298	13	307.50	±1.50						
330	318	13	327.50							
340	328	13	337.50							
350	338	13.5	347.00						12.50	
360	348	13.5	357.00							
370	358	13.5	367.00							
375	363	13.5	372.00							
395	383	13.5	392.00							
400	388	13.5	397.00							
405	393	13.5	401.50							
415	403	13.5	411.50							
425	413	13.5	421.50							
465	453	13.5	461.50							
485	473	13.5	481.00							
505	493	13.5	501.00	±2.00						
525	513	13.5	521.00							
555	541	16	550.50		9.50		6.80		14.80	

表47-89 Ⅱ系列缸口Y形圈尺寸和公差 （单位：mm）

<table>
<tr><th colspan="3">密封沟槽公称尺寸</th><th colspan="8">尺寸和公差</th></tr>
<tr><th rowspan="2">D</th><th rowspan="2">d</th><th rowspan="2">L</th><th colspan="2">D₁</th><th colspan="2">S₁</th><th colspan="2">S₂</th><th colspan="2">H</th></tr>
<tr><th>尺寸</th><th>公差</th><th>尺寸</th><th>公差</th><th>尺寸</th><th>公差</th><th>尺寸</th><th>公差</th></tr>
<tr><td>72</td><td>64</td><td>8.2</td><td>71.00</td><td rowspan="3">±0.30</td><td rowspan="30">5.60</td><td rowspan="37">±0.56</td><td rowspan="30">3.80</td><td rowspan="37">±0.15</td><td rowspan="30">7.40</td><td rowspan="30">±0.15</td></tr>
<tr><td>92</td><td>84</td><td>8.2</td><td>91.00</td></tr>
<tr><td>100</td><td>92</td><td>8.2</td><td>99.00</td></tr>
<tr><td>102</td><td>94</td><td>8.2</td><td>101.00</td><td rowspan="11">±0.45</td></tr>
<tr><td>110</td><td>102</td><td>8.2</td><td>109.00</td></tr>
<tr><td>112</td><td>104</td><td>8.2</td><td>111.00</td></tr>
<tr><td>126</td><td>118</td><td>8.2</td><td>125.00</td></tr>
<tr><td>127</td><td>119</td><td>8.2</td><td>126.00</td></tr>
<tr><td>137</td><td>129</td><td>8.2</td><td>135.50</td></tr>
<tr><td>140</td><td>132</td><td>8.2</td><td>138.50</td></tr>
<tr><td>142</td><td>134</td><td>8.2</td><td>140.50</td></tr>
<tr><td>145</td><td>137</td><td>8.2</td><td>143.50</td></tr>
<tr><td>151</td><td>143</td><td>8.2</td><td>149.50</td></tr>
<tr><td>154</td><td>146</td><td>8.2</td><td>152.50</td></tr>
<tr><td>160</td><td>152</td><td>8.2</td><td>158.50</td><td rowspan="12">±0.65</td></tr>
<tr><td>161</td><td>153</td><td>8.2</td><td>159.50</td></tr>
<tr><td>162</td><td>154</td><td>8.2</td><td>160.50</td></tr>
<tr><td>165</td><td>157</td><td>8.2</td><td>163.50</td></tr>
<tr><td>167</td><td>159</td><td>8.2</td><td>165.50</td></tr>
<tr><td>175</td><td>167</td><td>8.2</td><td>173.50</td></tr>
<tr><td>180</td><td>172</td><td>8.2</td><td>178.50</td></tr>
<tr><td>182</td><td>174</td><td>8.2</td><td>180.50</td></tr>
<tr><td>184</td><td>176</td><td>8.2</td><td>182.50</td></tr>
<tr><td>188</td><td>180</td><td>8.2</td><td>186.50</td></tr>
<tr><td>190</td><td>182</td><td>8.2</td><td>188.50</td></tr>
<tr><td>195</td><td>187</td><td>8.2</td><td>193.50</td></tr>
<tr><td>198</td><td>190</td><td>8.2</td><td>196.50</td><td rowspan="11">±0.90</td></tr>
<tr><td>200</td><td>192</td><td>8.2</td><td>198.00</td></tr>
<tr><td>202</td><td>194</td><td>8.2</td><td>200.00</td></tr>
<tr><td>205</td><td>197</td><td>8.2</td><td>203.00</td></tr>
<tr><td>250</td><td>242</td><td>8.2</td><td>248.00</td><td rowspan="7">7.60</td><td rowspan="7">5.40</td><td rowspan="7">10.20</td><td rowspan="7">±0.20</td></tr>
<tr><td>230</td><td>218.8</td><td>11.2</td><td>228.00</td></tr>
<tr><td>232</td><td>220.8</td><td>11.2</td><td>230.00</td></tr>
<tr><td>242</td><td>230.8</td><td>11.2</td><td>240.00</td></tr>
<tr><td>258</td><td>246.8</td><td>11.2</td><td>256.00</td></tr>
<tr><td>274</td><td>262.8</td><td>11.2</td><td>272.00</td></tr>
<tr><td>275</td><td>263.8</td><td>11.2</td><td>273.00</td></tr>
</table>

（续）

密封沟槽公称尺寸			尺寸和公差							
D	d	L	D_1		S_1		S_2		H	
			尺寸	公差	尺寸	公差	尺寸	公差	尺寸	公差
290	278.8	11.2	287.50	±0.90						
300	288.8	11.2	297.50							
320	308.8	11.2	317.50							
355	343.8	11.2	352.00		7.60		5.40		10.20	
370	358.8	11.2	367.00							
375	363.8	11.2	372.00							
395	383.8	11.2	392.00	±1.50		±0.15		±0.15		±0.20
420	406.4	15	416.50							
425	411.4	15	421.50							
435	421.4	15	431.50		9.10		6.60		13.80	
445	431.4	15	441.50							
450	436.4	15	446.50							
520	506.4	15	516.00	±2.00						

（2）缸口蕾形圈的尺寸和公差　缸口蕾形圈分为两个系列：Ⅰ系列和Ⅱ系列，Ⅰ系列缸口蕾形圈的尺寸和公差见表 47-90，Ⅱ系列缸口蕾形圈的尺寸和公差见表 47-91。

表 47-90　Ⅰ系列缸口蕾形圈的尺寸和公差　（单位：mm）

密封沟槽公称尺寸			尺寸和公差							
D	d	L	D_1		S_1		S_2		H	
			尺寸	公差	尺寸	公差	尺寸	公差	尺寸	公差
100	90	9.6	99.00							
110	100	9.6	109.00							
120	110	9.6	119.00	±0.45						
125	115	9.6	124.00							
140	130	9.6	138.50							
160	150	9.6	158.50							
180	170	9.6	178.50							
185	175	9.6	183.50	±0.65						
195	185	9.6	193.50							
200	190	9.6	198.00							
220	210	9.6	218.00		6.00	±0.10	4.80	±0.15	8.80	±0.15
225	215	9.6	223.00							
235	225	9.6	233.00							
240	230	9.6	238.00							
245	235	9.6	243.00	±0.90						
250	240	9.6	248.00							
260	250	9.6	258.00							
280	270	9.6	278.00							
390	280	9.6	287.50							
335	325	9.6	332.50	±1.50						

（续）

密封沟槽公称尺寸			尺寸和公差							
			D_1		S_1		S_2		H	
D	d	L	尺寸	公差	尺寸	公差	尺寸	公差	尺寸	公差
182	170	13	180.50	±0.65	7.10	±0.10	5.80	±0.15	12.00	±0.20
190	178	13	188.50							
202	190	13	200.00	±0.90						
215	203	13	213.00							
225	213	13	223.00							
230	218	13	238.00							
240	228	13	238.00							
260	248	13	258.00							
265	253	13	263.00							
275	263	13	273.00							
280	268	13	278.00							
290	278	13	287.50							
295	283	13	292.50							
310	298	13	307.50							
330	318	13	327.50							
340	328	13	337.50							
350	338	13.5	347.00	±1.50					12.50	
360	348	13.5	357.00							
370	358	13.5	367.00							
375	363	13.5	372.00							
395	383	13.5	392.00							
400	388	13.5	397.00							
405	393	13.5	401.50							
415	403	13.5	411.50							
425	413	13.5	421.50							
465	453	13.5	461.50							
485	473	13.5	481.00							
505	493	13.5	501.00	±2.00						
525	513	13.5	521.00							
555	541	16	550.50		8.30		6.80		14.80	

表 47-91　Ⅱ系列缸口蕾形圈的尺寸和公差　（单位：mm）

<table>
<tr><th colspan="3">密封沟槽公称尺寸</th><th colspan="8">尺寸和公差</th></tr>
<tr><th rowspan="2">D</th><th rowspan="2">d</th><th rowspan="2">L</th><th colspan="2">D_1</th><th colspan="2">S_1</th><th colspan="2">S_2</th><th colspan="2">H</th></tr>
<tr><th>尺寸</th><th>公差</th><th>尺寸</th><th>公差</th><th>尺寸</th><th>公差</th><th>尺寸</th><th>公差</th></tr>
<tr><td>72</td><td>64</td><td>8.2</td><td>71.00</td><td rowspan="3">±0.30</td><td rowspan="31">4.70</td><td rowspan="37">±0.10</td><td rowspan="31">3.80</td><td rowspan="37">±0.15</td><td rowspan="31">7.40</td><td rowspan="31">±0.15</td></tr>
<tr><td>92</td><td>84</td><td>8.2</td><td>91.00</td></tr>
<tr><td>100</td><td>92</td><td>8.2</td><td>99.00</td></tr>
<tr><td>102</td><td>94</td><td>8.2</td><td>101.00</td><td rowspan="11">±0.45</td></tr>
<tr><td>110</td><td>102</td><td>8.2</td><td>109.00</td></tr>
<tr><td>112</td><td>104</td><td>8.2</td><td>111.00</td></tr>
<tr><td>126</td><td>118</td><td>8.2</td><td>125.00</td></tr>
<tr><td>127</td><td>119</td><td>8.2</td><td>126.00</td></tr>
<tr><td>137</td><td>129</td><td>8.2</td><td>135.50</td></tr>
<tr><td>140</td><td>132</td><td>8.2</td><td>138.50</td></tr>
<tr><td>142</td><td>134</td><td>8.2</td><td>140.50</td></tr>
<tr><td>145</td><td>137</td><td>8.2</td><td>143.50</td></tr>
<tr><td>151</td><td>143</td><td>8.2</td><td>149.50</td></tr>
<tr><td>154</td><td>146</td><td>8.2</td><td>152.50</td></tr>
<tr><td>160</td><td>152</td><td>8.2</td><td>158.50</td><td rowspan="13">±0.65</td></tr>
<tr><td>161</td><td>153</td><td>8.2</td><td>159.50</td></tr>
<tr><td>162</td><td>154</td><td>8.2</td><td>160.50</td></tr>
<tr><td>165</td><td>157</td><td>8.2</td><td>163.50</td></tr>
<tr><td>167</td><td>159</td><td>8.2</td><td>165.50</td></tr>
<tr><td>175</td><td>167</td><td>8.2</td><td>173.50</td></tr>
<tr><td>180</td><td>172</td><td>8.2</td><td>178.50</td></tr>
<tr><td>182</td><td>174</td><td>8.2</td><td>180.50</td></tr>
<tr><td>184</td><td>176</td><td>8.2</td><td>182.50</td></tr>
<tr><td>188</td><td>180</td><td>8.2</td><td>186.50</td></tr>
<tr><td>190</td><td>182</td><td>8.2</td><td>188.50</td></tr>
<tr><td>195</td><td>187</td><td>8.2</td><td>193.50</td></tr>
<tr><td>198</td><td>190</td><td>8.2</td><td>196.50</td></tr>
<tr><td>200</td><td>192</td><td>8.2</td><td>198.00</td><td rowspan="10">±0.90</td></tr>
<tr><td>202</td><td>194</td><td>8.2</td><td>200.00</td></tr>
<tr><td>205</td><td>197</td><td>8.2</td><td>203.00</td></tr>
<tr><td>250</td><td>242</td><td>8.2</td><td>248.00</td></tr>
<tr><td>230</td><td>218.8</td><td>11.2</td><td>228.00</td><td rowspan="6">6.70</td><td rowspan="6">5.40</td><td rowspan="6">10.20</td><td rowspan="6">±0.20</td></tr>
<tr><td>232</td><td>220.8</td><td>11.2</td><td>230.00</td></tr>
<tr><td>242</td><td>230.8</td><td>11.2</td><td>240.00</td></tr>
<tr><td>258</td><td>246.8</td><td>11.2</td><td>256.00</td></tr>
<tr><td>274</td><td>262.8</td><td>11.2</td><td>272.00</td></tr>
<tr><td>275</td><td>263.8</td><td>11.2</td><td>273.00</td></tr>
</table>

（续）

密封沟槽公称尺寸			尺寸和公差							
			D_1		S_1		S_2		H	
D	d	L	尺寸	公差	尺寸	公差	尺寸	公差	尺寸	公差
290	278.8	11.2	287.50	±0.90	6.70	±0.10	5.40	±0.15	10.20	±0.20
300	288.8	11.2	297.50	±1.50						
320	308.8	11.2	317.50							
355	343.8	11.2	352.00							
370	358.8	11.2	367.00							
375	363.8	11.2	372.00							
395	383.8	11.2	392.00							
420	406.4	15	416.50		8.10		6.60		13.80	
425	411.4	15	421.50							
435	421.4	15	431.50							
445	431.4	15	441.50							
450	436.4	15	446.50							
520	506.4	15	516.00	±2.00						

47.3.7　液压传动连接　带米制螺纹和O形圈密封的油口和螺柱端　第1部分：油口（GB/T 2878.1—2011，ISO 6149-1：2006 IDT）

1. 油口尺寸

油口尺寸应符合图47-61和表47-92。

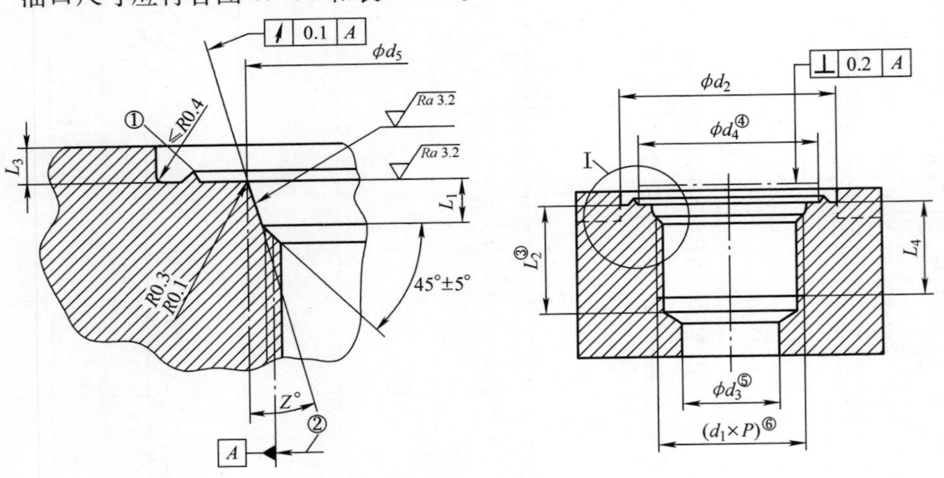

图47-61　油口

注：①可选择的油口标识；②螺纹中径；③该尺寸仅适用于丝锥不能贯通时；④测量范围尺寸；⑤仅供参考；⑥螺纹。

表47-92 油口尺寸

（单位：mm）

螺纹① ($d_1 \times P$)	d_2		$d_3$② 参考	d_4	d_5 +0.1 0	L_1 +0.4 0	$L_2$③ min	L_3 max	L_4 min	$Z/(°)$ ±1°
	宽的④ min	窄的⑤ min								
M8×1	17	14	3	12.5	9.1	1.6	11.5	1	10	12
M10×1	20	16	4.5	14.5	11.1	1.6	11.5	1	10	12
M12×1.5⑥	23	19	6	17.5	13.8	2.4	14	1.5	11.5	15
M14×1.5⑥	25	21	7.5	19.5	15.8	2.4	14	1.5	11.5	15
M16×1.5	28	24	9	22.5	17.8	2.4	15.5	1.5	13	15
M18×1.5	30	26	11	24.5	19.8	2.4	17	2	14.5	15
M20×1.5⑦	33	29	—	27.5	21.8	2.4	—	2	14.5	15
M22×1.5	33	29	14	27.5	23.8	2.4	18	2	15.5	15
M27×2	40	34	18	32.5	29.4	3.1	22	2	19	15
M30×2	44	38	21	36.5	32.4	3.1	22	2	19	15
M33×2	49	43	23	41.5	35.4	3.1	22	2.5	19	15
M42×2	58	52	30	50.5	44.4	3.1	22.5	2.5	19.5	15
M48×2	63	57	36	55.5	50.4	3.1	25	2.5	22	15
M60×2	74	67	44	65.5	62.4	3.1	27.5	2.5	24.5	15

① 符合ISO 261，公差等级按照ISO 965－1的6H等级。钻头按照ISO 2306的6H等级。

② 仅供参考。连接孔可以要求不同的尺寸。

③ 此攻丝底孔深度需使用平底丝锥才能加工出规定的全螺纹长度。在使用标准丝锥时，应相应增加攻丝底孔深度，采用其他方式加工螺纹时，应保证表中螺纹和沉孔深度。

④ 带凸环标识的孔口平面直径。

⑤ 没有凸环标识的孔口平面直径。

⑥ 测试用油口首选。

⑦ 仅适用于插装阀阀孔（参见ISO 7789）。

2. 油口的命名示例

符合GB/T 2878.1的油口，螺纹尺寸为M18×1.5，命名如下：

油口GB/T 2878.1－M18×1.5。

3. 油口标识

符合GB/T 2878.1的油口在结构尺寸允许的情况下宜采用符合图47-62和表47-93的凸环标识，或在元件上用永久的标识标明油口规格，如“GB/T 2878.1－M18×1.5”。

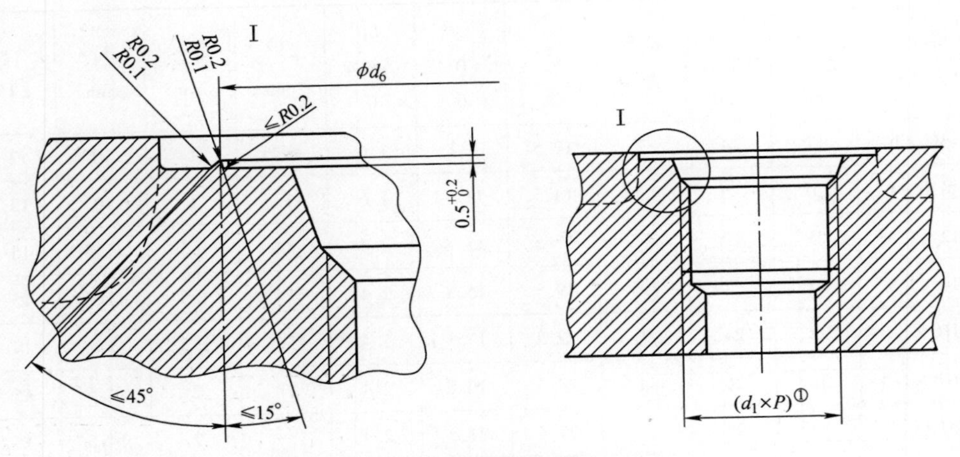

图 47-62　可选择的油口标识

注：① 螺纹。

表 47-93　可选择的油口标识　（单位：mm）

螺纹 $(d_1 \times P)$	$d_6{}^{+0.5}_{0}$	螺纹 $(d_1 \times P)$	$d_6{}^{+0.5}_{0}$
M8×1	14	M22×1.5	29
M10×1	16	M27×2	34
M12×1.5	19	M30×2	38
M14×1.5	21	M33×2	43
M16×1.5	24	M42×2	52
M18×1.5	26	M48×2	57
M20×1.5①	29	M60×2	67

① 仅适用于插装阀阀孔（参见 ISO 7789）。

47.3.8　液压传动连接　带米制螺纹和O形圈密封的油口和螺柱端　第2部分：重型螺柱端（S系列）(GB/T 2878.2—2011，ISO 6149-2：2006 MOD)

1. 尺寸

重型（S系列）螺柱端应符合图 47-63、图 47-64 和表 47-94 所给尺寸。六角对边宽度的公差应符合 GB/T 3103.1—2002 规定的C级。

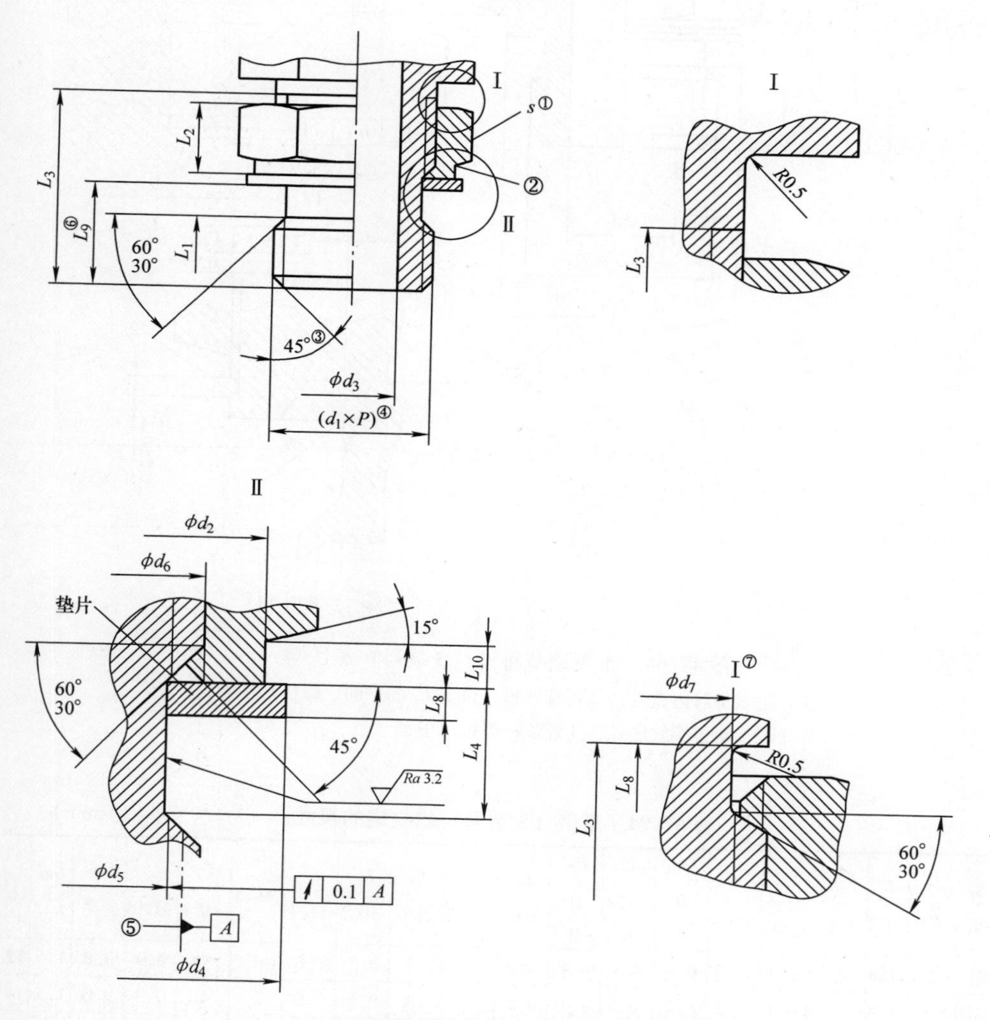

图 47-63 可调节重型（S 系列）螺柱端

注：①六角对边宽度；②螺柱端标识；③倒角至螺纹底径；④螺纹；⑤螺纹中径；⑥可调节；⑦任选结构。

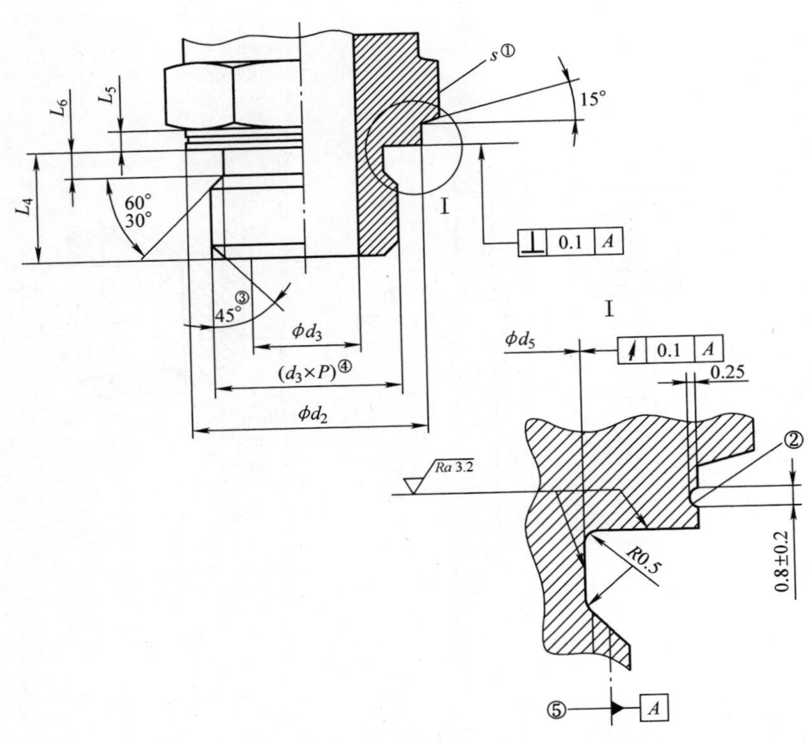

图 47-64　不可调节重型（S系列）螺柱端

注：①六角对边宽度；②可选凹槽，位于 L_5 的中间；螺柱端标识；
③倒角至螺纹底径；④螺纹；⑤螺纹中径。

表 47-94　重型（S系列）螺柱端的尺寸　（单位：mm）

螺纹① $(d_1 \times P)$	d_2 ±0.2	d_3		d_4 ±0.4	d_5 0 −0.1	d_6 +0.4 0	d_7 0 −0.3	L_1 ±0.2	L_2 ±0.2	L_3 最小	L_4 ±0.2	L_5 ±0.1	L_6 +0.3 0	L_7 ±0.1	L_8 ±0.08	L_9 参考	L_{10} ±0.1	s
		尺寸	公差															
M8×1	11.8	2	±0.1	12.5	6.4	8.1	6.4	6.5	7	18	9.5	1.6	2	4	0.9	9.6	1.5	12
M10×1	13.8	3	±0.1	14.5	8.4	10.1	8.4	6.5	7	18	9.5	1.6	2	4	0.9	9.6	1.5	14
M12×1.5	16.8	4	±0.1	17.5	9.7	12.1	9.7	7.5	8.5	21	11	2.5	3	4.5	0.9	11.1	2	17
M14×1.5②	18.8	6	±0.1	19.5	11.7	14.1	11.7	7.5	8.5	21	11	2.5	3	4.5	0.9	11.1	2	19
M16×1.5	21.8	7	±0.2	22.5	13.7	16.1	13.7	9	9	23	12.5	2.5	3	4.5	0.9	12.6	2	22
M18×1.5	23.8	9	±0.2	24.5	15.7	18.1	15.7	10.5	10.5	26	14	2.5	3	4.5	0.9	14.1	2.5	24
M20×1.5③	26.8	—	±0.2	—	17.7	—	17.7	—	—	—	14	2.5	3	—	—	—	2.5	—
M22×1.5	26.8	12	±0.2	27.5	19.7	22.1	19.7	11	11	27.5	15	2.5	3	5	1.25	14.8	2.5	27

（续）

螺纹[①] ($d_1 \times P$)	d_2	d_3		d_4	d_5	d_6	d_7	L_1	L_2	L_3	L_4	L_5	L_6	L_7	L_8	L_9	L_{10}	s
	±0.2	尺寸	公差	±0.4	0 -0.1	+0.4 0	0 -0.3	±0.2	±0.2	最小	±0.2	±0.1	+0.3 0	±0.1	±0.08	参考	±0.1	
M27×2	31.8	15	±0.2	32.5	24	27.1	24	13.5	13.5	33.5	18.5	2.5	4	6	1.25	18.3	2.5	32
M30×2	35.8	17	±0.2	36.5	27	30.1	27	13.5	13.5	33.5	18.5	2.5	4	6	1.25	18.3	2.5	36
M33×2	40.8	20	±0.2	41.5	30	33.1	30	13.5	13.5	33.5	18.5	3	4	6	1.25	18.3	3	41
M42×2	49.8	26	±0.2	50.5	39	42.1	39	14	14	34.5	19	3	4	6	1.25	18.8	3	50
M48×2	54.8	32	±0.3	55.5	45	48.1	45	16.5	15	38	21.5	3	4	6	1.25	21.3	3	55
M60×2	64.8	40	±0.3	65.5	57	60.1	57	19	17	42.5	24	3	4	6	1.25	23.8	3	65

① 符合 GB/T 193，公差等级符合 GB/T 197 的 6g。

② 测试用油口首选。

③ 仅适用于插装阀阀孔的螺塞（参见 GB/T 2878.4 和 JB/T 5963）。

2. 要求

（1）工作压力和工作温度　用碳钢制造的重型（S 系列）螺柱端应在表 47-95 所给的最高工作压力下使用。

（2）性能　用碳钢制造的重型（S 系列）螺柱端应达到或超过表 47-95 给出的爆破和脉冲压力。

表 47-95　重型（S 系列）螺柱端适用的压力

螺纹	螺柱端类型											
	不可调节						可调节					
	最高工作压力		试验压力				最高工作压力		试验压力			
			爆破		脉冲[①]				爆破		脉冲[①]	
	MPa	(bar)	MPa	(bar)	MPa	(bar)	MPa	(bar)	MPa	(bar)	MPa	(bar)
M8×1	63	(630)	252	(2520)	83.8	(838)	40	(400)	160	(1600)	53.2	(532)
M10×1	63	(630)	252	(2520)	83.8	(838)	40	(400)	160	(1600)	53.2	(532)
M12×1.5	63	(630)	252	(2520)	83.8	(838)	40	(400)	160	(1600)	53.2	(532)
M14×1.5	63	(630)	252	(2520)	83.8	(838)	40	(400)	160	(1600)	53.2	(532)
M16×1.5	63	(630)	252	(2520)	83.8	(838)	40	(400)	160	(1600)	53.2	(532)
M18×1.5	63	(630)	252	(2520)	83.8	(838)	40	(400)	160	(1600)	53.2	(532)
M20×1.5[②]	40	(400)	160	(1600)	53.2	(532)	—	—	—	—	—	—
M22×1.5	63	(630)	252	(2520)	83.8	(838)	40	(400)	160	(1600)	53.2	(532)
M27×2	40	(400)	160	(1600)	53.2	(532)	40	(400)	160	(1600)	53.2	(532)
M30×2	40	(400)	160	(1600)	53.2	(532)	35	(350)	140	(1400)	46.5	(465)

（续）

螺纹	螺柱端类型											
	不可调节						可调节					
	最高工作压力		试验压力				最高工作压力		试验压力			
	MPa	(bar)	爆破		脉冲①		MPa	(bar)	爆破		脉冲①	
			MPa	(bar)	MPa	(bar)			MPa	(bar)	MPa	(bar)
M33×2	40	(400)	160	(1600)	53.2	(532)	35	(350)	140	(1400)	46.5	(465)
M42×2	25	(250)	100	(1000)	33.2	(332)	25	(250)	100	(1000)	33.2	(332)
M48×2	25	(250)	100	(1000)	33.2	(332)	20	(200)	80	(800)	26.6	(266)
M60×2	25	(250)	100	(1000)	33.2	(332)	16	(160)	64	(640)	21.3	(213)

注：以上确定的压力适用于碳钢制造的管接头和按 GB/T 26143 进行的试验。

① 循环耐久性试验压力。

② 仅适用于插装阀阀孔的螺塞（参见 GB/T 2878.4 和 JB/T 5963）。

（3）可调节螺柱端垫片的安装和平面度　应以适当的方式将垫片安装在螺柱上。此安装应足够紧，使垫片不会因振动从最高位置靠自重落下，但移动垫片所需的锁母最大扭矩应不超过表 47-96 给出的扭矩值。

垫片装配后表面形状应凹凸一致（即没有波状）并且凹面朝向螺柱端，其平面度应符合表 47-96 的规定。

表 47-96　可调节螺柱端的垫片推动扭矩和平面度允差

螺纹	推动垫片所需的最大扭矩/N·m	垫片的平面度允差/mm
M8×1	1	0.25
M10×1	3	0.25
M12×1.5	4	0.25
M14×1.5	5	0.25
M16×1.5	7	0.25
M18×1.5	10	0.25
M22×1.5	12	0.25
M27×2	15	0.4
M30×2	18	0.4
M33×2	20	0.4
M42×2	25	0.5
M48×2	30	0.5
M60×2	40	0.5

3. O形圈尺寸

重型（S系列）螺柱端的O形圈应符合图47-65所示和表47-97所给的尺寸。

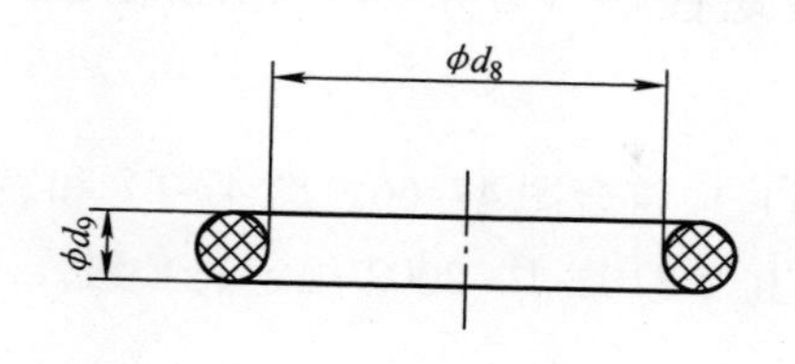

图47-65　O形圈

表47-97　重型（S系列）螺柱端配用的O形圈尺寸　（单位：mm）

螺纹	内径 d_8		截面直径 d_9	
	尺寸	公差	尺寸	公差
M8×1	6.1	±0.2	1.6	±0.08
M10×1	8.1	±0.2	1.6	±0.08
M12×1.5	9.3	±0.2	2.2	±0.08
M14×1.5	11.3	±0.2	2.2	±0.08
M16×1.5	13.3	±0.2	2.2	±0.08
M18×1.5	15.3	±0.2	2.2	±0.08
M20×1.5①	17.3	±0.22	2.2	±0.08
M22×1.5	19.3	±0.22	2.2	±0.08
M27×2	23.6	±0.24	2.9	±0.09
M30×2	26.6	±0.26	2.9	±0.09
M33×2	29.6	±0.29	2.9	±0.09
M42×2	38.6	±0.37	2.9	±0.09
M48×2	44.6	±0.43	2.9	±0.09
M60×2	56.6	±0.51	2.9	±0.09

① 仅适用于插装阀阀孔的螺塞（参见GB/T 2878.4和JB/T 5963）。

4. 螺柱端的命名示例

符合GB/T 2878.2的螺柱端，螺纹尺寸为M18×1.5，命名如下：

螺柱端GB/T 2878.2－M18×1.5。

47.3.9　液压传动连接　带米制螺纹和O形圈密封的油口和螺柱端　第3部分：轻型螺柱端（L系列）（GB/T 2878.3—2017）

1. 尺寸

轻型螺柱端（L系列）应符合图47-66、图47-67和表47-98所给尺寸。六角对边宽度的公差应符合GB/T 3103.1—2002规定的C级。

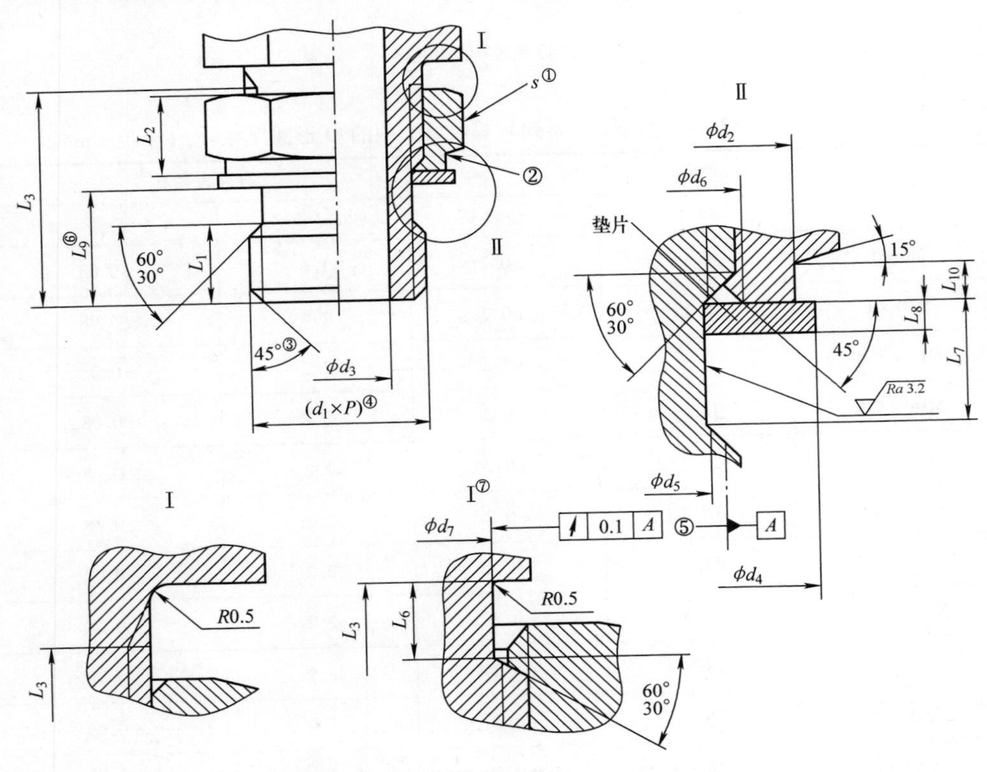

图47-66　可调节轻型螺柱端（L系列）

注：①锁紧螺母六角对边宽度；②螺柱端标识；③倒角至螺纹小径；④螺纹；⑤螺纹中径；⑥可调节；⑦可选结构。

2. 要求

（1）工作压力　用碳钢制造的轻型螺柱端（L系列）工作压力不应超过表47-99所给出的最高工作压力。

（2）可调节螺柱端垫片的安装和平面度　应以适当的方式将垫片安装在螺柱上，确保垫片不会因振动从最高位置受自重下落，但移动垫片所需的锁紧螺母最大扭矩应不超过表47-100给出的扭矩值。

垫片装配后表面形状应凹凸一致（即没有波状），并且凹面朝向螺柱端，其平面度应符合表47-100的规定。

3. 螺柱端的命名示例

符合 GB/T 2878. 3 的螺柱端，螺纹尺寸为 M18 ×1. 5，命名如下：

螺柱端 GB/T 2878. 3 – M18 ×1. 5。

4. 标识

轻型螺柱端（L 系列）在规格尺寸允许的情况下宜按图 47-66 和图 47-67 所示做出标识，并符合表 47-98 给出的尺寸。不可调节（直通）螺柱端在规格尺寸允许的情况下，宜通过靠近螺纹 d_1 的圆柱形加工面（直径 d_2，宽度 L_5）和其上的凹槽进行识别。可调节螺柱端在规格尺寸允许的情况下，宜通过锁紧螺母靠近垫片一端的圆柱形加工面（直径 d_2，宽度 L_{10}）识别。

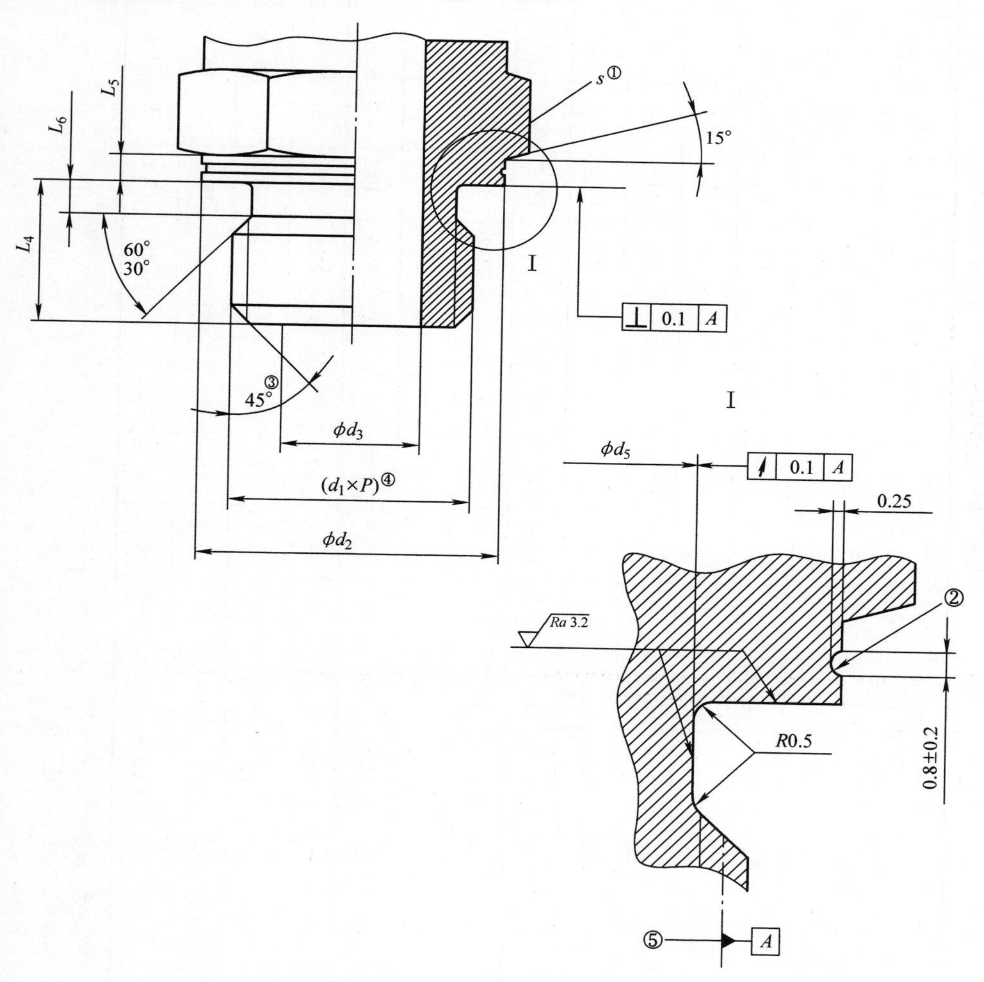

图 47-67　不可调节轻型螺柱端（L 系列）

注：①六角对边宽度；②可选凹槽，位于 L_5 的中间，螺柱端标识；③倒角至螺纹小径；④螺纹；⑤螺纹中径。

表 47-98 轻型螺柱端（L 系列）的尺寸

（单位：mm）

螺纹[1] ($d_1 \times P$)	d_2 ±0.2	d_3 尺寸	d_3 公差	d_4 ±0.4	d_5 $^{0}_{-0.1}$	d_6 $^{+0.4}_{0}$	d_7 $^{0}_{-0.3}$	L_1 ±0.2	L_2 ±0.2	L_3 最小	L_4[2] ±0.2	L_5 ±0.1	L_6 $^{+0.3}_{0}$	L_7 ±0.1	L_8 ±0.08	L_9 参考	L_{10} ±0.1	s
M8×1	11.8	3	±0.1	12.5	6.4	8.1	6.4	5.5	6	16	8.5	1.6	2	4	0.9	8.6	1.5	12
M10×1	13.8	4.5	±0.1	14.5	8.4	10.1	8.4	5.5	6	16	8.5	1.6	2	4	0.9	8.6	1.5	14
M12×1.5	16.8	6	±0.1	17.5	9.7	12.1	9.7	7.5	7.5	20	11	2.5	3	4.5	0.9	11.1	2	17
M14×1.5[3]	18.8	7.5	±0.2	19.5	11.7	14.1	11.7	7.5	7.5	20	11	2.5	3	4.5	0.9	11.1	2	19
M16×1.5	21.8	9	±0.2	22.5	13.7	16.1	13.7	8	7.5	20.5	11.5	2.5	3	4.5	0.9	11.6	2	22
M18×1.5	23.8	11	±0.2	24.5	15.7	18.1	15.7	9	7.5	21.5	12.5	2.5	3	4.5	0.9	12.6	2.5	24
M22×1.5	26.8	14	±0.2	27.5	19.7	22.1	19.7	9	8	22.5	13	2.5	3	5	1.25	12.8	2.5	27
M27×2	31.8	18	±0.2	32.5	24	27.1	24	11	10	27.5	16	2.5	4	6	1.25	15.8	2.5	32
M30×2	35.8	21	±0.2	36.5	27	30.1	27	11	10	27.5	16	2.5	4	6	1.25	15.8	2.5	36
M33×2	40.8	23	±0.2	41.5	30	33.1	30	11	10	27.5	16	3	4	6	1.25	15.8	3	41
M42×2	49.8	30	±0.2	50.5	39	42.1	39	11	10	27.5	16	3	4	6	1.25	15.8	3	50
M48×2	54.8	36	±0.3	55.5	45	48.1	45	12.5	10	29	17.5	3	4	6	1.25	17.3	3	55
M60×2	64.8	44	±0.3	65.5	57	60.1	57	12.5	10	29	17.5	3	4	6	1.25	17.8	3	65

① 符合 GB/T 193，公差等级符合 GB/T 197 的 6g。

② 可选用 GB/T 2878.2 中 L_4 尺寸。

③ 测试用油口首选。

表 47-99 轻型螺柱端（L系列）适用的压力

螺纹 ($d_1 \times P$)	螺柱端类型					
	不可调节			可调节		
	最高工作压力	试验压力		最高工作压力	试验压力	
		爆破	脉冲①		爆破	脉冲①
	MPa	MPa	MPa	MPa	MPa	MPa
M8×1	40	160	53.2	31.5	126	41.9
M10×1	40	160	53.2	31.5	126	41.9
M12×1.5	40	160	53.2	31.5	126	41.9
M14×1.5	40	160	53.2	31.5	126	41.9
M16×1.5	31.5	126	41.9	25	100	33.2
M18×1.5	31.5	126	41.9	25	100	33.2
M22×1.5	31.5	126	41.9	25	100	33.2
M27×2	20	80	26.6	16	64	21.3
M30×2	20	80	26.6	16	64	21.3
M33×2	20	80	26.6	16	64	21.3
M42×2	20	80	26.6	16	64	21.3
M48×2	20	80	26.6	16	64	21.3
M60×2	16	64	21.3	10	40	13.3

注：表中确定的压力适用于碳钢制造的管接头和按 GB/T 26143 进行的试验。

① 循环耐久性试验压力。

表 47-100 可调节螺柱端的垫片推动扭矩和平面度允差

螺纹 ($d_1 \times P$)	推动垫片所需的螺母最大扭矩/N·m	垫片的平面度允差/mm	螺纹 ($d_1 \times P$)	推动垫片所需的螺母最大扭矩/N·m	垫片的平面度允差/mm
M8×1	1	0.25	M27×2	15	0.4
M10×1	3	0.25	M30×2	18	0.4
M12×1.5	4	0.25	M33×2	20	0.4
M14×1.5	5	0.25	M42×2	25	0.5
M16×1.5	7	0.25	M48×2	30	0.5
M18×1.5	10	0.25	M60×2	40	0.5
M22×1.5	12	0.25			

5. O形圈尺寸

轻型螺柱端（L系列）配用的O形圈的尺寸应符合 GB/T 2878.2 的规定，重型螺柱端（S系列）配用的O形圈尺寸，参见图 47-65 和表 47-97。

47.3.10　液压传动连接　带米制螺纹和O形圈密封的油口和螺柱端　第4部分：六角螺塞（GB/T 2878.4—2011）

1. 螺塞尺寸

外六角和内六角螺塞应分别符合图47-68和图47-69及表47-101和表47-102所给的尺寸。

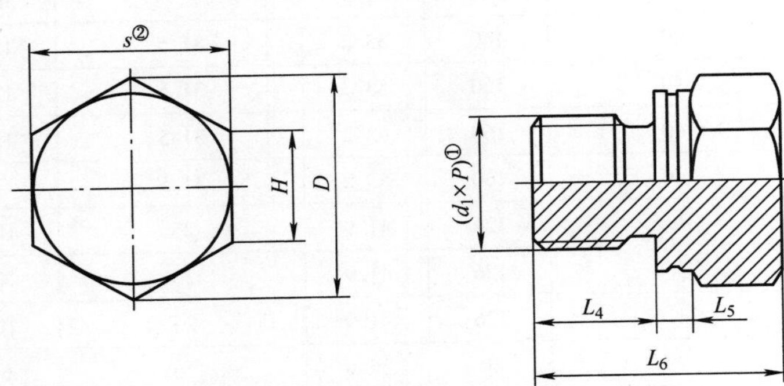

图47-68　外六角螺塞（PLEH）

注：螺柱端应符合GB/T 2878.2不可调节重型（S系列）螺柱端规定。

①螺纹；②外六角对边宽度。

表47-101　外六角螺塞（PLEH）尺寸　（单位：mm）

螺纹 $(d_1 \times P)$	L_4 参考	L_5 参考	L_6 ±0.5	s
M8×1	9.5	1.6	16.5	12
M10×1	9.5	1.6	17	14
M12×1.5	11	2.5	18.5	17
M14×1.5	11	2.5	19.5	19
M16×1.5	12.5	2.5	22	22
M18×1.5	14	2.5	24	24
M20×1.5①	14	2.5	25	27
M22×1.5	15	2.5	26	27
M27×2	18.5	2.5	31.5	32
M30×2	18.5	2.5	33	36
M33×2	18.5	3	34	41
M42×2	19	3	36.5	50
M48×2	21.5	3	40	55
M60×2	24	3	44.5	65

① 仅适用于插装阀的插装孔（参见JB/T 5963）。

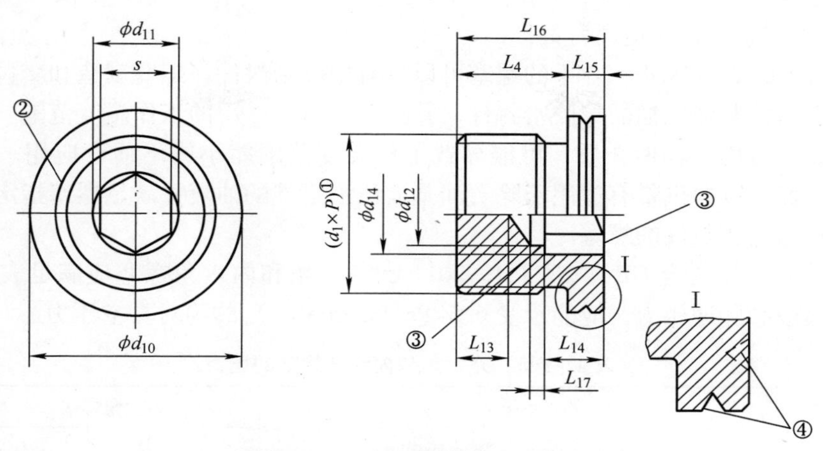

图 47-69　内六角螺塞（PLIH）

注：螺柱端应符合 GB/T 2878.2 不可调节重型（S 系列）螺柱端规定。

①螺纹；②标识凹槽：1mm（宽）×0.25mm（梁），形状可选择，标识位置可于直径 d_{10} 的肩部接近宽度 L_{15} 的中点。亦可位于螺塞的顶面；③孔口倒角：90°×d_{11}（直径）；④可选择的沉孔的底孔：d_{14}×L_{17}。

表 47-102　内六角螺塞（PLIH）尺寸　　（单位：mm）

螺纹 (d_1×P)	d_{10} ±0.2	d_{11} +0.25 0	d_{12} +0.13 0	d_{14} +0.25 0	L_4	L_{13}	L_{14}	L_{15}	L_{16}	L_{17}	s
M8×1	11.8	4.6	4	4.7	9.5	3	5	3.5	13	2.1	4
M10×1	13.8	5.8	5	5.9	9.5	3	5.5	4	13.5	2.1	5
M12×1.5	16.8	6.9	6	7	11	3	7.5	4.5	15.5	2.5	6
M14×1.5	18.8	6.9	6	7	11	3	7.5	5	16	2.5	6
M16×1.5	21.8	9.2	8	9.3	12.5	3	8.5	5	17.5	2.5	8
M18×1.5	23.8	9.2	8	9.3	14	3	8.5	5	19	2.5	8
M20×1.5①	26.8	11.5	10	11.6	14	3	8.5	5	19	2.9	10
M22×1.5	26.8	11.5	10	11.6	15	3	8.5	5	20	2.9	10
M27×2	31.8	13.9	12	14	18.5	3	10.5	5	23.5	3.7	12
M30×2	35.8	16.2	14	16.3	18.5	3	11	6	24.5	3.7	14
M33×2	40.8	16.2	14	16.3	18.5	3	11	6	24.5	3.7	14
M42×2	49.8	19.6	17	19.7	19	3	11	6	25	3.7	17
M48×2	54.8	19.6	17	19.7	21.5	3	11	6	27.5	3.7	17
M60×2	64.8	21.9	19	22	24	3	12	6	30	3.7	19

① 仅适用于插装阀的插装孔（参见 JB/T 5963）。

2. 要求

（1）工作压力和工作温度　符合本部分的外六角和内六角螺塞适合在表 47-103 给出的最高工作压力下和 -40～120℃ 的温度范围内使用。用于此范围之外的压力和/或温度时，应向制造商咨询。

符合 GB/T 2878.4—2011 的螺塞可以带有橡胶密封件。螺塞制造和交付时应带有适用于石油基液压油的橡胶密封件，并标明密封件适用的工作温度范围。这类螺塞和密封件若用于其他介质，可能导致工作温度范围缩小或不适合应用。根据需要，制造商可以提供带有适用于除石油基液压油之外的油液并满足螺塞指定工作温度范围的橡胶密封件的螺塞。

（2）性能 符合 GB/T 2878.4—2011 的外六角和内六角螺塞应满足表 47-103 给出的爆破和脉冲压力，应能承受 6.5kPa（0.065bar）的绝对真空压力。

表 47-103 外六角和内六角螺塞的压力

螺纹	外六角螺塞			内六角螺塞		
	最高工作压力①	试验压力		最高工作压力①	试验压力	
		爆破	脉冲②		爆破	脉冲②
	MPa（bar）	MPa（bar）	MPa（bar）	MPa（bar）	MPa（bar）	MPa（bar）
M8×1	63（630）	252（2520）	84（840）	42（420）	168（1680）	56（560）
M10×1	63（630）	252（2520）	84（840）	42（420）	168（1680）	56（560）
M12×1.5	63（630）	252（2520）	84（840）	42（420）	168（1680）	56（560）
M14×1.5	63（630）	252（2520）	84（840）	63（630）	252（2520）	84（840）
M16×1.5	63（630）	252（2520）	84（840）	63（630）	252（2520）	84（840）
M18×1.5	63（630）	252（2520）	84（840）	63（630）	252（2520）	84（840）
M20×1.5③	40（400）	160（1600）	52（520）	40（400）	160（1600）	52（520）
M22×1.5	63（630）	252（2520）	84（840）	63（630）	252（2520）	84（840）
M27×2	40（400）	160（1600）	52（520）	40（400）	160（1600）	52（520）
M30×2	40（400）	160（1600）	52（520）	40（400）	160（1600）	52（520）
M33×2	40（400）	160（1600）	52（520）	40（400）	160（1600）	52（520）
M42×2	25（250）	100（1000）	33（330）	25（250）	100（1000）	33（330）
M48×2	25（250）	100（1000）	33（330）	25（250）	100（1000）	33（330）
M60×2	25（250）	100（1000）	33（330）	25（250）	100（1000）	33（330）

① 适用于碳钢制造的螺塞。

② 循环耐久性试验压力。

③ 仅适用于插装阀阀孔（参见 JB/T 5963）。

3. O 形圈

O 形圈的尺寸公差按照 GB/T 2878.2 的规定，参见图 47-65 和表 47-97。

47.4 液压缸

47.4.1 流体传动系统及元件 缸径及活塞杆直径（GB/T 2348—2018/ISO 3320：2013，MOD）

1. 缸径和活塞杆直径

缸径和活塞杆直径标注示意图如图 47-70 所示，其具体尺寸见表 47-104、

表 47-105。

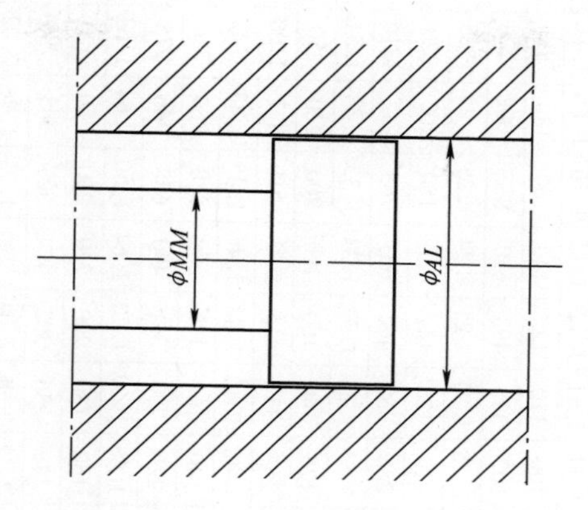

图 47-70　缸径和活塞杆直径标注示意图

表 47-104　缸径尺寸　（单位：mm）

缸径 AL					
8	25	63	125	220	400
10	32	80	140	250	(450)
12	40	90	160	280	500
16	50	100	(180)	320	
20	60	(110)	200	(360)	

注：1. 未列出的数值可按照 GB/T 321 中优选数系列扩展（数值小于 100 按 R10 系列扩展，数值大于 100 按 R20 系列扩展）。

2. 圆括号内为非优先选用值。

表 47-105　活塞杆直径尺寸　（单位：mm）

活塞杆直径 MM					
4	16	32	63	125	280
5	18	36	70	140	320
6	20	40	80	160	360
8	22	45	90	180	400
10	25	50	100	200	450
12	28	56	110	220	
14	(30)	(60)	(120)	250	

注：1. 未列出的数值可按照 GB/T 321 中 R20 优选数系列扩展。

2. 圆括号内为非优先选用值。

2. 两腔面积比（φ）

液压缸和气缸的无杆腔与有杆腔的两腔面积比（φ），见表 47-106。

表 47-106　两腔面积比（φ）

φ	AL/mm	25	32	40	50	60	63	80	90	100	(110)	125	140	160	(180)	200	220	250	280	320	(360)	400	(450)	500
≈	A_1/cm^2	4.91	8.04	12.6	19.6	28.3	31.2	50.3	63.6	78.5	95.0	123	154	201	254	314	380	491	616	804	1018	1257	1590	1963
1.06	MM/mm	8	10	10	12	16	16	20	22	25	28	32	36	40	45	50	56	63	70	80	90	100	110	125
	A_2/mm^2	4.41	7.26	11.8	18.5	26.3	29.2	47.1	59.8	73.6	88.9	115	144	188	239	295	356	460	577	754	954	1178	1495	1841
	φ	1.11	1.11	1.07	1.06	1.08	1.07	1.07	1.06	1.07	1.07	1.07	1.07	1.07	1.07	1.07	1.07	1.07	1.07	1.07	1.07	1.07	1.06	1.07
1.12	MM/mm	10	12	12	16	20	20	25	28	32	36	40	45	50	56	63	70	80	90	100	110	125	140	160
	A_2/mm^2	4.12	6.91	11.4	17.6	25.1	28.0	45.4	57.5	70.5	84.9	110	138	181	230	283	342	441	552	726	923	1134	1436	1762
	φ	1.19	1.16	1.10	1.11	1.13	1.11	1.11	1.11	1.11	1.12	1.11	1.12	1.11	1.11	1.11	1.11	1.11	1.12	1.11	1.10	1.11	1.11	1.11
1.25	MM/mm	12	14	18	22	28	28	36	40	45	50	56	63	70	80	90	100	110	125	140	160	180	200	220
	A_2/mm^2	3.78	6.50	10.0	15.8	22.1	25.0	40.1	51.1	62.6	75.4	98.1	123	163	204	251	302	396	493	650	817	1002	1276	1583
	φ	1.30	1.24	1.25	1.24	1.28	1.25	1.25	1.25	1.25	1.26	1.25	1.25	1.24	1.25	1.25	1.26	1.24	1.25	1.24	1.25	1.25	1.25	1.24
1.33	MM/mm	12	16	20	25	30	30	40	45	50	56	60	70	80	90	100	110	125	140	160	180	200	220	250
	A_2/mm^2	3.78	6.03	9.42	14.7	21.2	24.1	37.7	47.7	58.9	70.4	94.4	115	151	191	236	285	368	462	603	763	942	1210	1473
	φ	1.30	1.33	1.33	1.33	1.33	1.29	1.33	1.33	1.33	1.35	1.30	1.33	1.33	1.33	1.33	1.33	1.33	1.33	1.33	1.33	1.33	1.31	1.33
1.4	MM/mm	14	18	22	28	32	36	45	50	56	63	70	80	90	100	110	125	140	160	180	200	220	250	280
	A_2/mm^2	3.37	5.50	8.77	13.5	20.2	21.0	34.4	44.0	53.9	63.9	84.2	104	137	176	219	257	337	415	550	704	877	1100	1348
	φ	1.46	1.46	1.43	1.46	1.40	1.48	1.46	1.45	1.46	1.49	1.46	1.48	1.46	1.45	1.43	1.48	1.46	1.48	1.46	1.45	1.43	1.45	1.46
1.6	MM/mm	16	20	25	32	36	40	50	56	63	70	80	90	100	110	125	140	160	180	200	220	250	280	320
	A_2/mm^2	2.90	4.90	7.66	11.6	18.1	18.6	30.6	39.0	47.4	56.5	72.5	90.3	123	159	191	226	290	361	490	638	766	975	1159
	φ	1.69	1.64	1.64	1.69	1.56	1.68	1.64	1.63	1.66	1.68	1.69	1.70	1.64	1.60	1.64	1.68	1.69	1.70	1.64	1.60	1.64	1.63	1.69
2	MM/mm	18	22	28	36	40	45	56	63	70	80	90	100	110	125	140	160	180	200	220	250	280	320	360
	A_2/mm^2	2.36	4.24	6.41	9.5	15.7	15.3	25.6	32.4	40.1	44.8	59.1	75.4	106	132	160	179	236	302	424	527	641	786	946
	φ	2.08	1.90	1.96	2.08	1.80	2.04	1.96	1.96	1.96	2.12	2.08	2.04	1.90	1.93	1.96	2.12	2.08	2.04	1.90	1.93	1.96	2.02	2.08
2.5	MM/mm	20	25	32	40	45	50	63	70	80	90	100	110	125	140	160	180	200	220	250	280	320	360	400
	A_2/mm^2	1.77	3.13	4.52	7.1	12.4	11.5	19.1	25.1	28.3	31.4	44.2	58.9	78.3	101	113	126	117	236	313	402	452	573	707
	φ	2.78	2.57	2.78	2.8	2.29	2.70	2.63	2.53	2.78	3.03	2.78	2.61	2.57	2.53	2.78	3.03	2.78	2.61	2.57	2.53	2.78	2.78	2.78
5	MM/mm	22	28	36	45	50	56	70	80	90	100	110	125	140	160	180	200	220	250	280	320	360	400	450
	A_2/mm^2	1.11	1.88	2.39	3.7	8.6	6.5	11.8	13.4	14.9	16.5	27.7	31.2	47.1	53.4	59.7	66.0	111	125	188	214	239	334	373
	φ	4.43	4.27	5.26	5.26	3.27	4.76	4.27	4.76	5.26	5.76	4.43	4.93	4.27	4.76	5.26	5.76	4.43	4.93	4.27	4.76	5.26	4.76	5.26

47.4.2　液压缸活塞和活塞杆沟槽尺寸和公差（GB/T 2879—2005/ISO 5597：1987，MOD）

1. 密封沟槽

本标准规定的典型的液压缸活塞杆和活塞密封沟槽的示例，如图 47-71 ~ 图 47-74所示。图中安装倒角 C 见表 47-107。

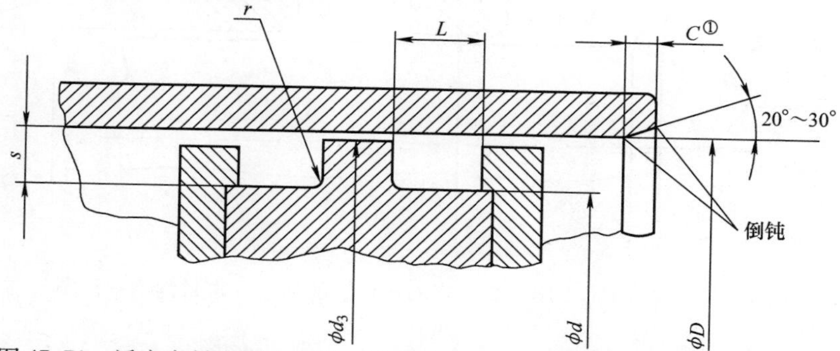

图 47-71　活塞密封沟槽示意图（符合 ISO 6020－2 规定的液压缸见图 47-72）

注：① 见表 47-107

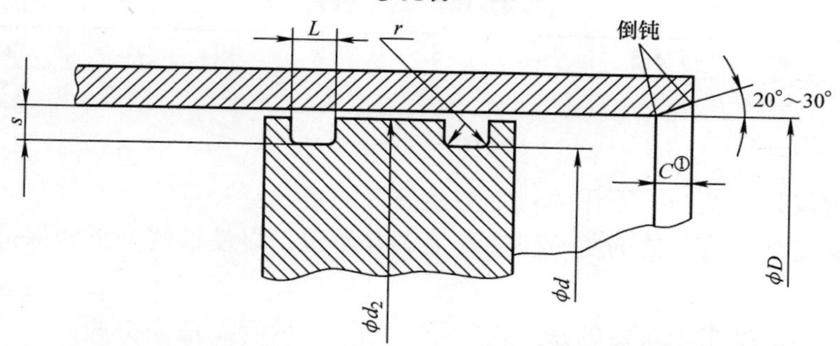

图 47-72　符合 ISO 6020－2 规定的液压缸的活塞密封沟槽示意图

注：① 见表 47-107

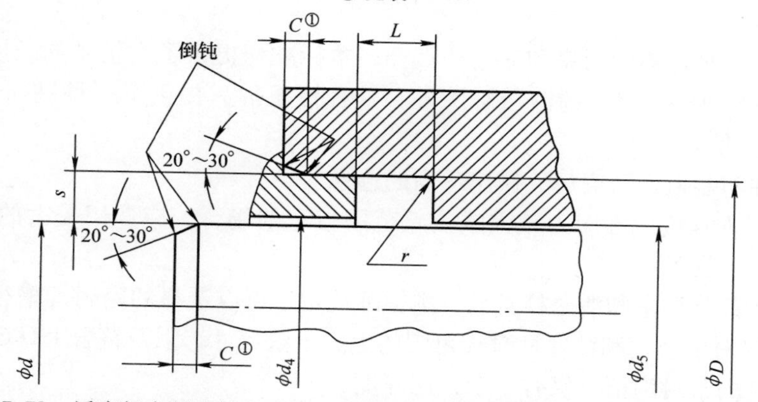

图 47-73　活塞杆密封沟槽示意图（符合 ISO 6020－2 规定的液压缸见图 47-74）

注：① 见表 47-107

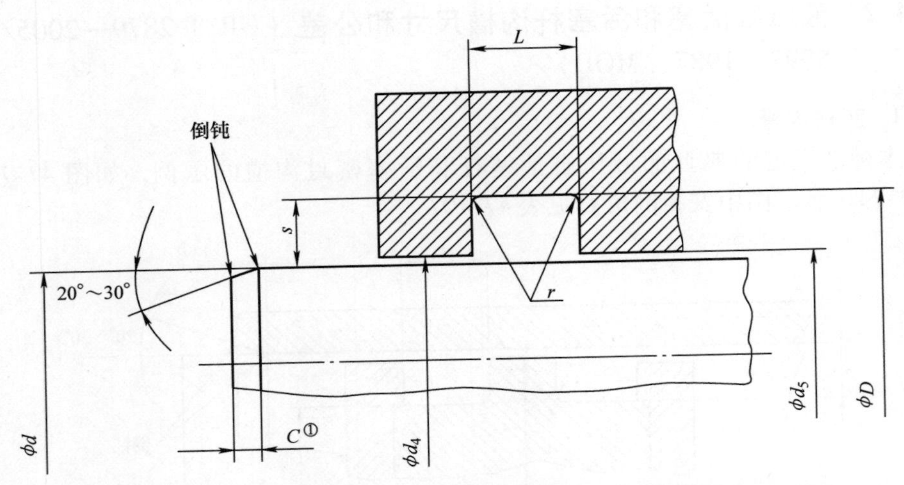

图47-74　符合ISO 6020－2规定的液压缸的活塞杆密封沟槽示意图

注：①见表47-107

表47-107　安装倒角　（单位：mm）

密封沟槽径向深度 S	3.5	4	5	7.5	10	12.5	15	20
安装倒角最小轴向长度 C	2	2	2.5	4	5	6.5	7.5	10

这些图仅是示意的，不作为特定沟槽设计的建议。

应去除支承面棱角处的所有锐边及毛刺并倒圆，以使这些支承面保持最大的抗挤出能力。

对于在本标准中未规定的密封沟槽设计细节，应与制造商协商。

（1）轴向长度　应与制造商协商后，再采用表47-108和表47-110中给出的短的轴向长度 L。

对于每一种标称的活塞和活塞杆直径，本标准均提供了沟槽轴向长度的选择，但符合ISO 6020－2规定的液压缸除外，这种液压缸只提供了一种轴向长度（见表47-109、表47-111）。

建议在与制造商协商后，做出适当的选择。

（2）径向深度　在应力较大或公差范围较宽的场合，应选用较大的密封沟槽径向深度 S（截面）。

对于大部分活塞和活塞杆直径，本标准规定了可以选择的密封沟槽径向深度 S（截面）。但对于活塞和活塞杆直径范围的上、下限尺寸，以及符合ISO 6020－2规定的液压缸的密封沟槽，仅有一个径向深度。

建议在与制造商协商后，做出适当的选择。

表 47-108　活塞密封沟槽的公称尺寸

（符合 ISO 6020－2 规定的液压缸见表 47-109）

缸径[1] D	径向深度 S	内径 d	轴向长度[2] L 短	中	长	r max
16	4	8	5	6.3	—	0.3
20		12				
25		17				
	5	15	6.3	8	16	
32	4	24	5	6.3	—	
	5	22	6.3	8	16	
40	4	32	5	6.3	—	
	5	30	6.3	8	16	
50		40				
	7.5	35	9.5	12.5	25	0.4
63	5	53	6.3	8	16	0.3
	7.5	48	9.5	12.5	25	0.4
80		65				
	10	60	12.5	16	32	0.6
100	7.5	85	9.5	12.5	25	0.4
	10	80	12.5	16	32	0.6
125		105				
	12.5	100	16	20	40	0.8
160	10	140	12.5	16	32	0.6
	12.5	135	16	20	40	0.8
200		175				
	15	170	20	25	50	
250	12.5	225	16	20	40	
	15	220	20	25	50	
320		290				
400	20	360	25	32	63	1
500		460				

① 见 GB/T 2348。

② 在表 47-108、表 47-109 中规定的轴向长度（短、中、长）的应用决定于相应的工作条件。

表 47-109　符合 ISO 6020－2 规定的液压缸活塞密封沟槽的公称尺寸

（单位：mm）

缸径[1] D	径向深度 S	内径 d	轴向长度 L	r max
25	3.5	18	5.6	0.5
32		25		

（续）

<table>
<tr><th>缸径①
D</th><th>径向深度
S</th><th>内径
d</th><th>轴向长度
L</th><th>r
max</th></tr>
<tr><td>40</td><td rowspan="3">4</td><td>32</td><td rowspan="3">6.3</td><td rowspan="8">0.5</td></tr>
<tr><td>50</td><td>42</td></tr>
<tr><td>63</td><td>55</td></tr>
<tr><td>80</td><td rowspan="2">5</td><td>70</td><td rowspan="2">7.5</td></tr>
<tr><td>100</td><td>90</td></tr>
<tr><td>125</td><td rowspan="3">7.5</td><td>110</td><td rowspan="3">10.6</td></tr>
<tr><td>160</td><td>145</td></tr>
<tr><td>200</td><td>185</td></tr>
</table>

① 见 ISO 6020－2。

表 47-110　活塞杆密封沟槽的公称尺寸

（符合 ISO 6020－2 规定的液压缸见表 47-111）　　（单位：mm）

<table>
<tr><th rowspan="2">活塞杆直径①
d</th><th rowspan="2">径向深度
S</th><th rowspan="2">外径
D</th><th colspan="3">轴向长度②L</th><th rowspan="2">r
max</th></tr>
<tr><th>短</th><th>中</th><th>长</th></tr>
<tr><td>6</td><td rowspan="3">4</td><td>14</td><td rowspan="3">5</td><td rowspan="3">6.3</td><td rowspan="3">14.5</td><td rowspan="19">0.3</td></tr>
<tr><td>8</td><td>16</td></tr>
<tr><td rowspan="2">10</td><td>18</td></tr>
<tr><td>5</td><td rowspan="2">20</td><td>—</td><td>8</td><td>16</td></tr>
<tr><td rowspan="2">12</td><td>4</td><td>5</td><td>6.3</td><td>14.5</td></tr>
<tr><td>5</td><td rowspan="2">22</td><td>—</td><td>8</td><td>16</td></tr>
<tr><td rowspan="2">14</td><td>4</td><td>5</td><td>6.3</td><td>14.5</td></tr>
<tr><td>5</td><td rowspan="2">24</td><td>—</td><td>8</td><td>16</td></tr>
<tr><td rowspan="2">16</td><td>4</td><td>5</td><td>6.3</td><td>14.5</td></tr>
<tr><td>5</td><td rowspan="2">26</td><td>—</td><td>8</td><td>16</td></tr>
<tr><td rowspan="2">18</td><td>4</td><td>5</td><td>6.3</td><td>14.5</td></tr>
<tr><td>5</td><td rowspan="2">28</td><td>—</td><td>8</td><td>16</td></tr>
<tr><td rowspan="2">20</td><td>4</td><td>5</td><td>6.3</td><td>14.5</td></tr>
<tr><td>5</td><td rowspan="2">30</td><td>—</td><td>8</td><td>16</td></tr>
<tr><td rowspan="2">22</td><td>4</td><td>5</td><td>6.3</td><td>14.5</td></tr>
<tr><td>5</td><td>32</td><td>—</td><td>8</td><td>16</td></tr>
<tr><td rowspan="2">25</td><td>4</td><td>33</td><td>5</td><td>6.3</td><td>14.5</td></tr>
<tr><td rowspan="2">5</td><td>35</td><td>—</td><td rowspan="2">8</td><td rowspan="2">16</td></tr>
<tr><td rowspan="2">28</td><td>38</td><td>6.3</td></tr>
<tr><td>7.5</td><td>43</td><td>—</td><td>12.5</td><td>25</td><td>0.4</td></tr>
<tr><td rowspan="2">32</td><td>5</td><td>42</td><td>6.3</td><td>8</td><td>16</td><td>0.3</td></tr>
<tr><td>7.5</td><td>47</td><td>—</td><td>12.5</td><td>25</td><td>0.4</td></tr>
</table>

（续）

<table>
<tr><th rowspan="2">活塞杆直径[1]
d</th><th rowspan="2">径向深度
S</th><th rowspan="2">外径
D</th><th colspan="3">轴向长度[2]L</th><th rowspan="2">r
max</th></tr>
<tr><th>短</th><th>中</th><th>长</th></tr>
<tr><td rowspan="2">36</td><td>5</td><td>46</td><td>6.3</td><td>8</td><td>16</td><td>0.3</td></tr>
<tr><td>7.5</td><td>51</td><td>—</td><td>12.5</td><td>25</td><td>0.4</td></tr>
<tr><td rowspan="2">40</td><td>5</td><td>50</td><td>6.3</td><td>8</td><td>16</td><td>0.3</td></tr>
<tr><td>7.5</td><td>55</td><td>—</td><td>12.5</td><td>25</td><td>0.4</td></tr>
<tr><td rowspan="2">45</td><td>5</td><td>55</td><td>6.3</td><td>8</td><td>16</td><td>0.3</td></tr>
<tr><td>7.5</td><td>60</td><td>—</td><td>12.5</td><td>25</td><td>0.4</td></tr>
<tr><td rowspan="2">50</td><td>5</td><td>60</td><td>6.3</td><td>8</td><td>16</td><td>0.3</td></tr>
<tr><td rowspan="2">7.5</td><td>65</td><td>—</td><td rowspan="2">12.5</td><td rowspan="2">25</td><td rowspan="2">0.4</td></tr>
<tr><td rowspan="2">56</td><td>71</td><td>9.5</td></tr>
<tr><td>10</td><td>76</td><td>—</td><td>16</td><td>32</td><td>0.6</td></tr>
<tr><td rowspan="2">63</td><td>7.5</td><td>78</td><td>9.5</td><td>12.5</td><td>25</td><td>0.4</td></tr>
<tr><td>10</td><td>83</td><td>—</td><td>16</td><td>32</td><td>0.6</td></tr>
<tr><td rowspan="2">70</td><td>7.5</td><td>85</td><td>9.5</td><td>12.5</td><td>25</td><td>0.4</td></tr>
<tr><td>10</td><td>90</td><td>—</td><td>16</td><td>32</td><td>0.6</td></tr>
<tr><td rowspan="2">80</td><td>7.5</td><td>95</td><td>9.5</td><td>12.5</td><td>25</td><td>0.4</td></tr>
<tr><td>10</td><td>100</td><td>—</td><td>16</td><td>32</td><td>0.6</td></tr>
<tr><td rowspan="2">90</td><td>7.5</td><td>105</td><td>9.5</td><td>12.5</td><td>25</td><td>0.4</td></tr>
<tr><td rowspan="2">10</td><td>110</td><td>—</td><td rowspan="2">16</td><td rowspan="2">32</td><td rowspan="2">0.6</td></tr>
<tr><td rowspan="2">100</td><td>120</td><td>12.5</td></tr>
<tr><td>12.5</td><td>125</td><td>—</td><td>20</td><td>40</td><td>0.8</td></tr>
<tr><td rowspan="2">110</td><td>10</td><td>130</td><td>12.5</td><td>16</td><td>32</td><td>0.6</td></tr>
<tr><td>12.5</td><td>135</td><td>—</td><td>20</td><td>40</td><td>0.8</td></tr>
<tr><td rowspan="2">125</td><td>10</td><td>145</td><td>12.5</td><td>16</td><td>32</td><td>0.6</td></tr>
<tr><td>12.5</td><td>150</td><td>—</td><td>20</td><td>40</td><td>0.8</td></tr>
<tr><td rowspan="2">140</td><td>10</td><td>160</td><td>12.5</td><td>16</td><td>32</td><td>0.8</td></tr>
<tr><td rowspan="2">12.5</td><td>165</td><td>—</td><td rowspan="2">20</td><td rowspan="2">40</td><td>0.6</td></tr>
<tr><td rowspan="2">160</td><td>185</td><td>16</td><td rowspan="10">0.8</td></tr>
<tr><td>15</td><td>190</td><td>—</td><td>25</td><td>50</td></tr>
<tr><td rowspan="2">180</td><td>12.5</td><td>205</td><td>16</td><td>20</td><td>40</td></tr>
<tr><td>15</td><td>210</td><td>—</td><td>25</td><td>50</td></tr>
<tr><td rowspan="2">200</td><td>12.5</td><td>225</td><td>16</td><td>20</td><td>40</td></tr>
<tr><td rowspan="4">15</td><td>230</td><td>—</td><td rowspan="4">25</td><td rowspan="4">50</td></tr>
<tr><td>220</td><td>250</td><td rowspan="3">20</td></tr>
<tr><td>250</td><td>280</td></tr>
<tr><td>280</td><td>310</td></tr>
</table>

（续）

活塞杆直径① *d*	径向深度 *S*	外径 *D*	轴向长度②*L*			*r* max
			短	中	长	
320	20	360	25	32	63	1
360		400				

① 见 GB/T 2348。

② 表 47-108、表 47-109 中规定的轴向长度（短、中、长）的应用取决于相应的工作条件。

表 47-111 符合 ISO 6020－2 规定的液压缸活塞杆密封沟槽的公称尺寸

（单位：mm）

活塞杆直径① *d*	径向深度 *S*	外径 *D*	轴向长度 *L*	*r* max
12	3.5	19	5.6	0.5
14		21		
18		25		
22		29		
28	4	36	6.3	0.5
36		44		
45		53		
56	5	66	7.5	
70		80		
90		100		
110	7.5	125	10.6	
140		155		

① 见 ISO 6020－2。

2. 尺寸及公差

（1）活塞密封沟槽尺寸 图 47-71 和图 47-72 给出了活塞密封沟槽尺寸的示例。

应由表 47-108 选择活塞密封沟槽的尺寸（符合 ISO 6020－2 规定的液压缸除外）。

符合 ISO 6020－2 规定的液压缸，其活塞密封沟槽的尺寸应由表 47-109 选择。

（2）活塞杆密封沟槽尺寸 图 47-73 和图 47-74 给出了活塞杆密封沟槽尺寸的示例。

应由表 47-110 选择活塞杆密封沟槽的尺寸（符合 ISO 6020－2 规定的液压缸除外）。

符合 ISO 6020－2 规定的液压缸，其活塞杆密封沟槽的尺寸应由表 47-111 选择。

（3）径向密封间隙公差 径向密封间隙公差应参照表 47-112。

表47-112　密封沟槽径向深度（截面）公差　　（单位：mm）

径向深度 S			
公称尺寸	公差	公称尺寸	公差
3.5	+0.15 −0.05	10	+0.25 −0.10
4	+0.15 −0.05	12.5	+0.30 −0.15
5	+0.15 −0.10	15	+0.35 −0.20
7.5	+0.20 −0.10	20	+0.40 −0.20

注：1. 对于活塞，根据下列公式计算密封沟槽内径 d（见图47-71和图47-72）的公差。

$$d_{min} = 2D_{max} - d_{3min} - 2S_{max}$$

$$d_{max} = d_{3min} - 2S_{min}$$

2. 对于活塞杆，根据下列公式计算密封沟槽外径 D（见图47-73和图47-74）的公差。

$$D_{min} = d_{5max} + 2S_{min}$$

$$D_{max} = 2d_{min} - d_{5max} + 2S_{max}$$

d（见图47-71和图47-72）和 D（见图47-73和图47-74）的公差的计算公式参照表47-112中的规定。

通常，当表47-112注中所示的公式和数值与GB/T 1800.2～GB/T 1800.4规定的公差 ϕDH9和 ϕd_3f8（对于活塞）或 ϕdf8和 ϕd_5H9（对于活塞杆）同时应用时，在大多数情况下，可以分别得到沟槽底径尺寸在 ϕdh10和 ϕDH10以内的公差。

图47-71 D 和 d_3（活塞）或 d 和 d_5（活塞杆）选用另外的公差值，那么应用表47-112注中的公式能够保持必要的径向密封间隙，即放宽任意一个沟槽直径的公差都能够用另一个相配直径公差的减小来补偿。

（4）沟槽长度　沟槽长度公差应为+0.25mm。

3. 挤出间隙

挤出间隙决定于与密封件相邻的金属件的直径（d_4 或 d_3）。

当活塞或活塞杆与缸的一端或另一端（支承端）相接触时，挤出间隙达到最大。

因内压引起的缸筒膨胀会进一步使活塞密封件的挤出间隙增大。

有关 d_3（见图47-71和图47-72）和 d_4（见图47-73和图47-74）的细节，建议沟槽设计者与密封件制造商协商决定。

4. 表面粗糙度

与密封件接触的元件的表面粗糙度取决于应用场合和对密封件寿命的要求，宜由制造商与用户协商决定。

5. 安装倒角

安装倒角（C）的位置应参照图47-71～图47-74。

倒角应与轴线成20°～30°角。

倒角的长度应不小于表47-107的规定。

作为一种选择，仅在液压缸符合ISO 6020－2规定的情况下，液压缸孔的端部应倒圆，最小圆角半径为0.4mm。

在这种情况下，当密封件与液压缸装配时应特别注意。

6. 标注说明（引用此标准时）

当选择遵守本标准时，建议在试验报告、产品目录和销售文件中采用以下说明："液压缸活塞杆和活塞的密封沟槽尺寸及公差符合GB/T 2879—2005/ISO 5597：1987《液压缸活塞和活塞杆动密封沟槽尺寸和公差》"。

47.4.3　液压缸试验方法（GB/T 15622—2005，ISO 10100：2001，MOD）

1. 试验装置和试验条件

（1）试验装置

1）液压缸试验装置如图47-75和图47-76所示。试验装置的液压系统原理图如图47-77～图47-79所示。

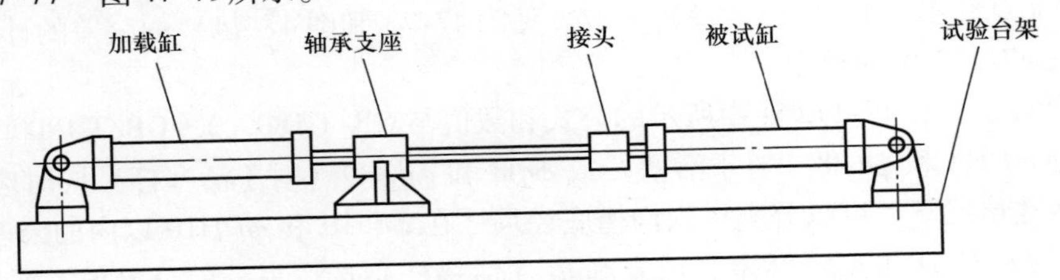

图47-75　加载缸水平加载试验装置

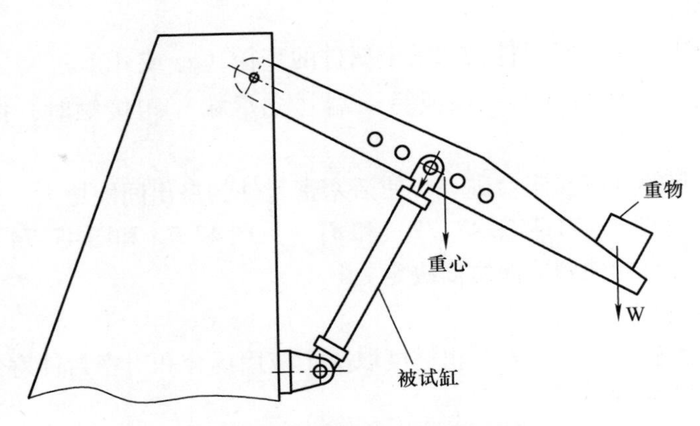

图47-76　重物模拟加载试验装置

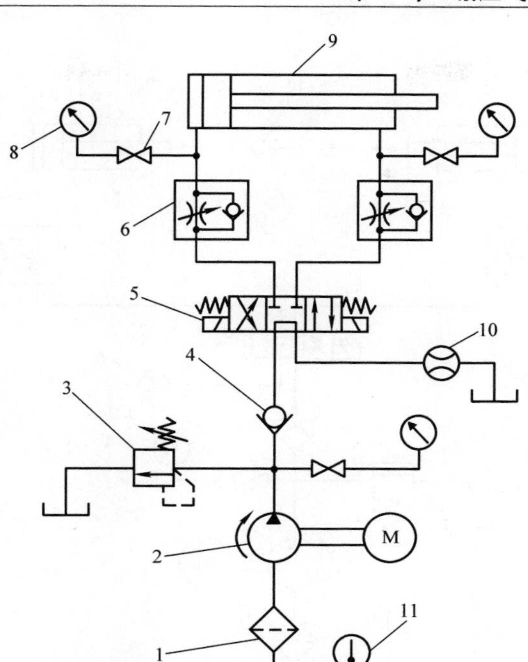

图47-77 出厂试验液压系统原理图

1—过滤器 2—液压泵 3—溢流阀 4—单向阀 5—电磁方向阀 6—单向节流阀 7—压力表开关 8—压力表 9—被试缸 10—流量计 11—温度计

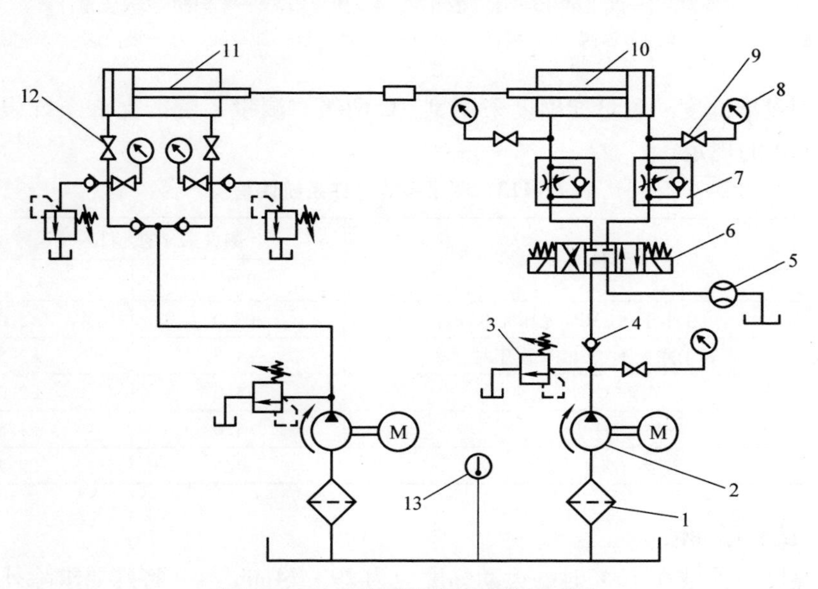

图47-78 型式试验液压系统原理图

1—过滤器 2—液压泵 3—溢流阀 4—单向阀 5—流量计 6—电磁方向阀 7—单向节流阀 8—压力表 9—压力表开关 10—被试缸 11—加载缸 12—截止阀 13—温度计

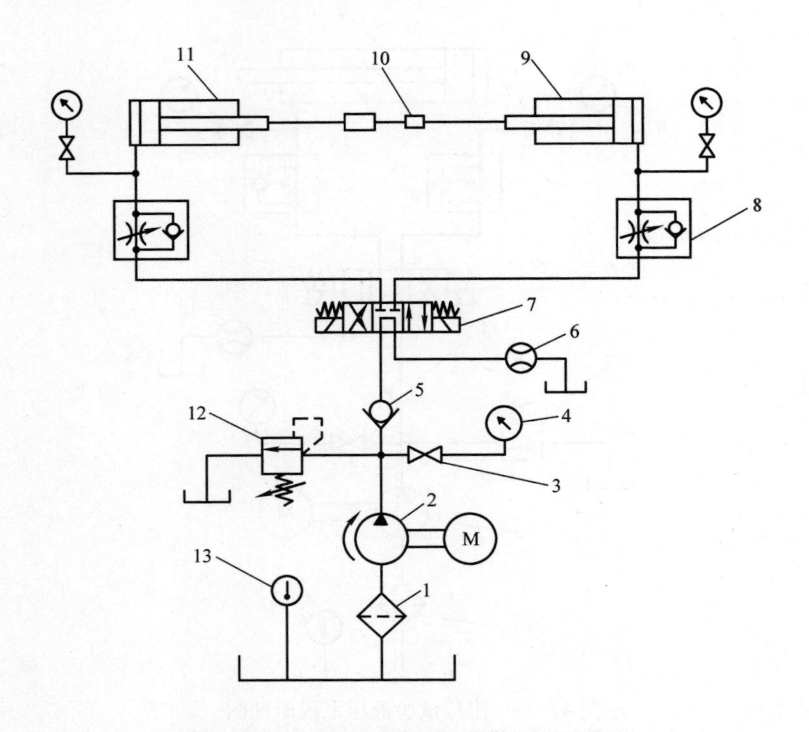

图47-79　多级液压缸试验台液压系统原理图

1—过滤器　2—液压泵　3—压力表开关　4—压力表　5—单向阀　6—流量计
7—电磁方向阀　8—单向节流阀　9—被试缸　10—测力计　11—加载缸　12—溢流阀　13—温度计

2）测量准确度。测量准确度采用B、C两级。测量系统的允许系统误差应符合表47-113的规定。

表47-113　测量系统允许系统误差

测量参量		测量系统的允许系统误差	
		B级	C级
压力	在小于0.2MPa表压时/kPa	±3.0	±5.0
	在等于或大于0.2MPa表压时（%）	±1.5	±2.5
温度/℃		±1.0	±2.0
力（%）		±1.0	±1.5
流量（%）		±1.5	±2.5

（2）试验用油液

1）黏度。油液在40℃时的运动黏度应为29～74mm²/s（特殊要求除外）。

2）温度。除特殊规定外，型式试验应在50℃±2℃下进行；出厂试验应在50℃±4℃下进行。出厂试验允许降低温度，在15～45℃范围内进行，但检测指标应根据温度变化进行调整，保证在 50℃ ±4℃时能达到产品标准规定的性能指标。

3）污染度等级。试验系统油液的固体颗粒污染度等级不得高于 GB/T 14039 规定的 19/15 或 –/19/15。

4）相容性。试验用油液应与被试液压缸的密封件材料相容。

（3）稳态工况　试验中，各被控参量平均显示值在表 47-114 规定的范围内变化时为稳态工况。应在稳态工况下测量并记录各个参量。

表 47-114　被控参量平均显示值允许变化范围

被控参量		平均显示值允许变化范围	
		B 级	C 级
压力	在小于 0.2MPa 表压时/kPa	±3.0	±5.0
	在等于或大于 0.2MPa 表压时（%）	±1.5	±2.5
温度/℃		±2.0	±4.0
流量（%）		±1.5	±2.5

2. 试验项目和试验方法

（1）试运行　调整试验系统压力，使被试液压缸在无负载工况下起动，并全行程往复运动数次，完全排除液压缸内的空气。

（2）起动压力特性试验　试运转后，在无负载工况下，调整溢流阀，使无杆腔（双活塞杆液压缸，两腔均可）压力逐渐升高，至液压缸起动时，记录下的起动压力即为最低起动压力。

（3）耐压试验　使被试液压缸活塞分别停在行程的两端（单作用液压缸处于行程极限位置），分别向工作腔施加 1.5 倍的公称压力，型式试验保压 2min；出厂试验保压 10s。

（4）耐久性试验　在额定压力下，使被试液压缸以设计要求的最高速度连续运行，速度误差为 ±10%，一次连续运行 8h 以上。在试验期间，被试液压缸的零件均不得进行调整。记录累计行程。

（5）泄漏试验

1）内泄漏。使被试液压缸工作腔进油，加压至额定压力或用户指定压力，测定经活塞泄漏至未加压腔的泄漏量。

2）外泄漏。进行起动压力特性试验、耐压试验、耐久性试验、内泄漏试验规定的试验时，检测活塞杆密封处的泄漏量；检查缸体各静密封处、结合面处和可调节机构处是否有渗漏现象。

3）低压下的泄漏试验。当液压缸内径大于 32mm 时，在最低压力为 0.5MPa（5bar）下；当液压缸内径小于等于 32mm 时，在 1MPa（10bar）压力下，使液压缸全行程往复运动 3 次以上，每次在行程端部停留至少 10s。

在试验过程进行下列检测：

① 检查运动过程中液压缸是否振动或爬行。

② 观察活塞杆密封处是否有油液泄漏。当试验结束时，出现在活塞杆上的油膜应不足以形成油滴或油环。

③ 检查所有静密封处是否有油液泄漏。

④ 检查液压缸安装的节流和（或）缓冲元件是否有油液泄漏。

⑤ 如果液压缸是焊接结构，应检查焊缝处是否有油液泄漏。

（6）缓冲试验　将被试液压缸工作腔的缓冲阀全部松开，调节试验压力为公称压力的50%，以设计的最高速度运行，检测当运行至缓冲阀全部关闭时的缓冲效果。

（7）负载效率试验　将测力计安装在被试液压缸的活塞杆上，使被试液压缸保持匀速运动，按下式计算出在不同压力下的负载效率，并绘制负载效率特性曲线，如图47-80所示。

$$\eta = \frac{W}{pA} \times 100\%$$

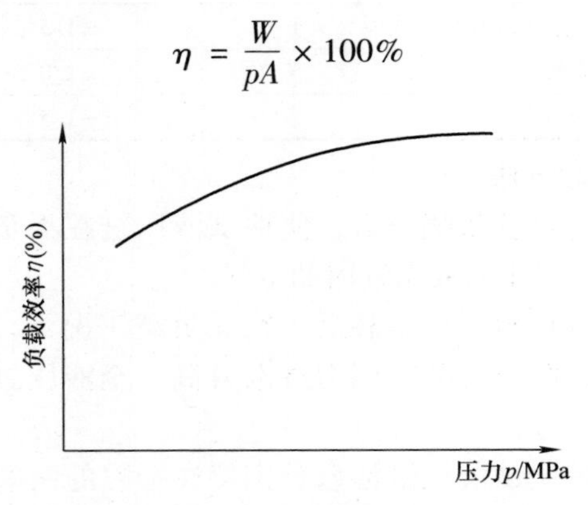

图47-80　负载效率特性曲线

（8）高温试验　在额定压力下，向被试液压缸输入90℃的工作油液，全行程往复运行1h。

（9）行程检验　使被试液压缸的活塞或柱塞分别停在行程两端极限位置，测量其行程长度。

3. 型式试验

型式试验应包括下列项目：①试运转；②起动压力特性试验；③耐压试验；④泄漏试验；⑤缓冲试验；⑥负载效率试验；⑦高温试验（当对产品有此要求时）；⑧耐久性试验；⑨行程检验。

4. 出厂试验

出厂试验应包括下列项目：①试运转；②起动压力特性试验；③耐压试验；④泄漏试验；⑤缓冲试验；⑥行程检验。

5. 试验报告

试验过程应详细记录试验数据。在试验后应填写完整的试验报告，试验报告的格式参照表47-115。

表 47-115　液压缸试验报告格式

<table>
<tr><td colspan="2">试验类别</td><td></td><td>实验室名称</td><td colspan="2"></td><td>试验日期</td><td></td></tr>
<tr><td colspan="2">试验用油液类型</td><td></td><td>油液污染度</td><td colspan="2"></td><td>操作人员</td><td></td></tr>
<tr><td rowspan="10">被试液压缸特征</td><td colspan="2">类型</td><td colspan="5"></td></tr>
<tr><td colspan="2">缸径/mm</td><td colspan="5"></td></tr>
<tr><td colspan="2">最大行程/mm</td><td colspan="5"></td></tr>
<tr><td colspan="2">活塞杆直径/mm</td><td colspan="5"></td></tr>
<tr><td colspan="2">油口及其连接尺寸/mm</td><td colspan="5"></td></tr>
<tr><td colspan="2">安装方式</td><td colspan="5"></td></tr>
<tr><td colspan="2">缓冲装置</td><td colspan="5"></td></tr>
<tr><td colspan="2">密封件材料</td><td colspan="5"></td></tr>
<tr><td colspan="2">制造商名称</td><td colspan="5"></td></tr>
<tr><td colspan="2">出厂日期</td><td colspan="5"></td></tr>
<tr><td rowspan="3">序号</td><td rowspan="3">试验项目</td><td rowspan="3">产品指标值</td><td colspan="3">试验测量值</td><td rowspan="3">结果报告</td><td rowspan="3">备注</td></tr>
<tr><td colspan="3">被试产品编号</td></tr>
<tr><td>001</td><td>002</td><td>003</td></tr>
<tr><td>1</td><td>试运转</td><td></td><td></td><td></td><td></td><td></td><td></td></tr>
<tr><td>2</td><td>起动压力特性试验</td><td></td><td></td><td></td><td></td><td></td><td></td></tr>
<tr><td>3</td><td>耐压试验</td><td></td><td></td><td></td><td></td><td></td><td></td></tr>
<tr><td>4</td><td>缓冲试验</td><td></td><td></td><td></td><td></td><td></td><td></td></tr>
<tr><td>5</td><td>泄漏试验</td><td></td><td></td><td></td><td></td><td></td><td></td></tr>
<tr><td>6</td><td>负载效率试验</td><td></td><td></td><td></td><td></td><td></td><td></td></tr>
<tr><td>7</td><td>高温试验</td><td></td><td></td><td></td><td></td><td></td><td></td></tr>
<tr><td>8</td><td>耐久性试验</td><td></td><td></td><td></td><td></td><td></td><td></td></tr>
<tr><td>9</td><td>行程检验</td><td></td><td></td><td></td><td></td><td></td><td></td></tr>
</table>

6. 标注说明（引用本标准）

当选择遵守标准 GB/T 15622—2005 进行试验时，建议制造商在试验报告、产品目录和产品销售文件中采用以下说明：“液压缸的试验符合 GB/T 15622—2005《液压缸试验方法》”。

47.4.4　液压传动　电液推杆（JB/T 14001—2020）

1. 分类、标记与基本参数

（1）工作原理　电液推杆的工作原理如图 47-81 所示。

（2）分类　电液推杆按结构型式分为直式电液推杆和平行式电液推杆两类，如图 47-82 所示。

（3）标记　应在产品上适当且明显的位置制作清晰的标记或标牌。

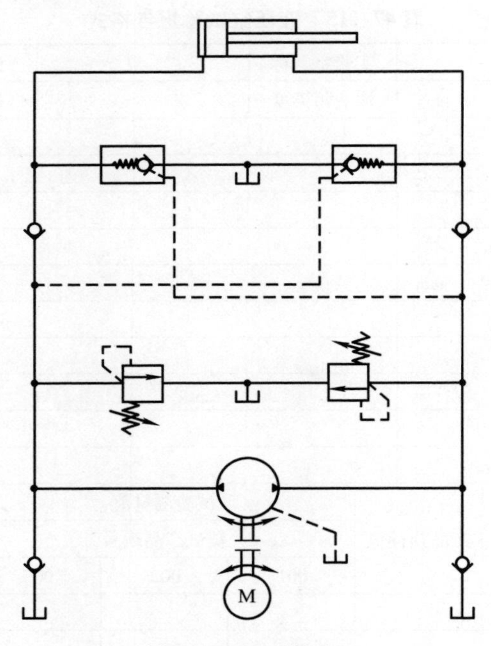

图 47-81　工作原理

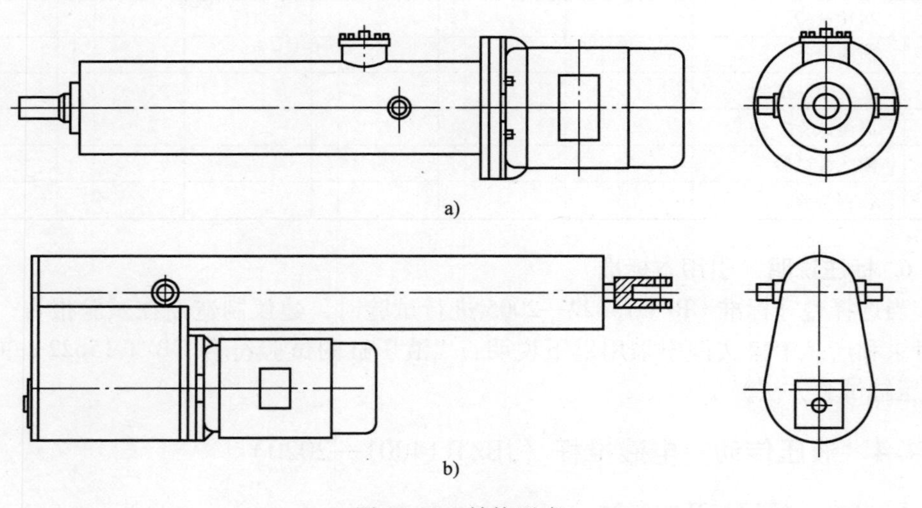

图 47-82　结构型式

a）直式　b）平行式

（4）基本参数　电液推杆的基本参数应包括电动机功率、推力、拉力、推速、拉速、行程等，见表 47-116。

表 47-116 基本参数

型号	输出力/N	输出速度/(mm/s)			电动机功率/kW	行程范围/mm
	推力	拉力	推速	拉速		
DYT□□1500 - □/70 - □	1500	1000	70	100	0.37	50 ~ 600
DYT□□3000 - □/70 - □	3000	2050	70	100	0.37	
DYT□□4500 - □/70 - □	4500	3100	70	100	0.75	50 ~ 600
DYT□□7500 - □/75 - □	7500	5100	75	110	1.1	50 ~ 1500
DYT□□10000 - □/75 - □	10000	6900	75	110	1.1	50 ~ 1500
DYT□□15000 - □/75 - □	1500	10300	75	110	1.5	50 ~ 1500
DYT□□17500 - □/75 - □	17500	11800	75	110	2.2	50 ~ 2000
DYT□□25000 - □/75 - □	25000	17000	75	110	3	50 ~ 2000
DYT□□40000 - □/60 - □	40000	27000	60	85	4	50 ~ 2000
DYT□□50000 - □/60 - □	50000	34000	60	85	4	50 ~ 2000
DYT□□70000 - □/35 - □	70000	50000	35	50	5.5	50 ~ 2000
DYT□□100000 - □/35 - □	100000	72000	35	50	7.5	50 ~ 2000

注：1. 表中的推力、拉力、推速、拉速均为公称值。

2. 输出速度可根据用户要求调整，范围为 30 ~ 250mm/s。

3. 电液推杆宜优先选用本表推荐型号；有特殊要求时，由供需双方协商确定。

（5）型号 电液推杆的型号由产品代号、结构型式代号、电动机类型代号、推力、行程、推速、使用方向代号组成。

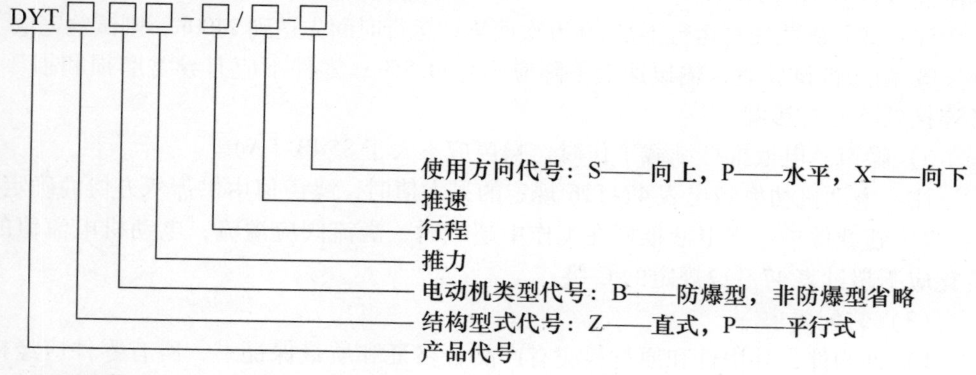

2. 要求

（1）一般要求

1）电动机的外壳防护等级应不低于 GB/T 4942.1 规定的 IP44；绝缘等级应不低于 E 级。

2）齿轮泵应符合 JB/T 7041 的规定。

注：可采用其他液压泵。

3）液压缸应符合 JB/T 10205 的规定。

4）单向阀、液控单向阀应符合 JB/T 10364 的规定。

5）溢流阀应符合 JB/T 10374 的规定。

6）活塞杆螺纹型式和尺寸应符合 GB/T 2350 的规定。

7）电液推杆的基本参数应符合表 47-116 的规定。

8）一般情况下，电液推杆的工作环境温度在 -15 ~ 40℃ 范围内，工作介质温度在-20~80℃范围内。

9）其他技术要求应符合GB/T 3766和GB/T 7935的规定。

10）有特殊要求的产品，由制造厂与用户协商确定。

（2）性能要求

1）推力（拉力）。电液推杆推力（拉力）的允许误差为公称值的0~+15%。

2）推速（拉速）。电液推杆推速（拉速）的允许误差为公称值的±10%。

3）全行程。电液推杆全行程的允许误差应按照JB/T 10205的规定。

4）外渗漏。

① 除活塞杆外，电液推杆其他部位不得有外渗漏。

② 活塞杆静止时不得有外渗漏。

5）耐久性。电液推杆耐久性试验可在下列方案中任选一种：

① 电液推杆按设计的最高换向频率满载往复运行2400h。

② 当行程$L \leqslant 500$mm时，电液推杆按设计的最高换向频率满载往复运行20万次；当行程$L > 500$mm时，电液推杆允许按行程500mm换向，按设计的最高换向频率满载往复运行20万次。

注：如果满载往复运行不足20万次而累计运行时间先达到2400h，则试验完成。

③ 耐久性试验后，输出速度下降应不超过5%；零件不应有异常磨损和损坏，各连接处不得有渗漏。

6）噪声。电液推杆满载工作时，噪声应不大于85dB（A）。

注：电动机功率超出表47-116规定的最大值时，噪声值由供需双方协商确定。

7）超载保护。当电液推杆在工作中超载时，溢流阀应溢流，电动机电流值的变化应不超过表47-117规定的C级。

（3）装配要求

1）外购件、外协件和原材料应有产品合格证和质量保证书，所有零件应经检验部门检验合格后方可装配。

2）各元件及零部件应清洗干净，无杂质、毛刺、铁屑、铁锈等。

3）外壳焊接应平整、均匀，焊缝应无裂纹、脱焊、咬边等缺陷。

4）所有零部件从制造到安装过程的清洁度控制应符合GB/Z 19848的要求。电液推杆内部油液固体颗粒污染等级不应高于GB/T 14039规定的-/19/16。

（4）外观质量　电液推杆外观应符合GB/T 7935的规定，并满足下列要求：

1）法兰结构的电液推杆，两法兰结合面径向错位量≤0.5mm。

2）铸锻件表面应光洁，无缺陷。

3）焊缝应平整、均匀、美观，不应有焊渣、飞溅物等。

4）按图样规定的位置制作标记或固定标牌，且应清晰、正确、平整。

（5）安全要求

1）电液推杆应符合GB/T 3766和GB/T 5226.1的规定。

2）有防爆要求的电液推杆，防爆电动机等电器的防爆性能应符合 GB 3836.1 和 GB 3836.2 的规定。

3）有特殊安全要求的行业，防爆电动机等电器的防爆性能应符合该行业的规定，应有该行业的安全认证标志。

3. 试验方法

（1）试验装置　电液推杆的试验装置宜采用以水平基础为准的卧式装置，被试电液推杆用与其支承部分型式相适应的支承方式来安装，如图 47-83 所示。试验装置的液压系统原理图如图 47-84和图 47-85 所示。

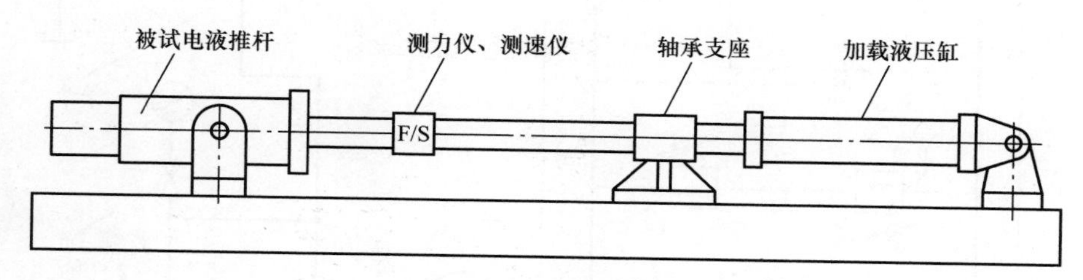

图 47-83　试验装置

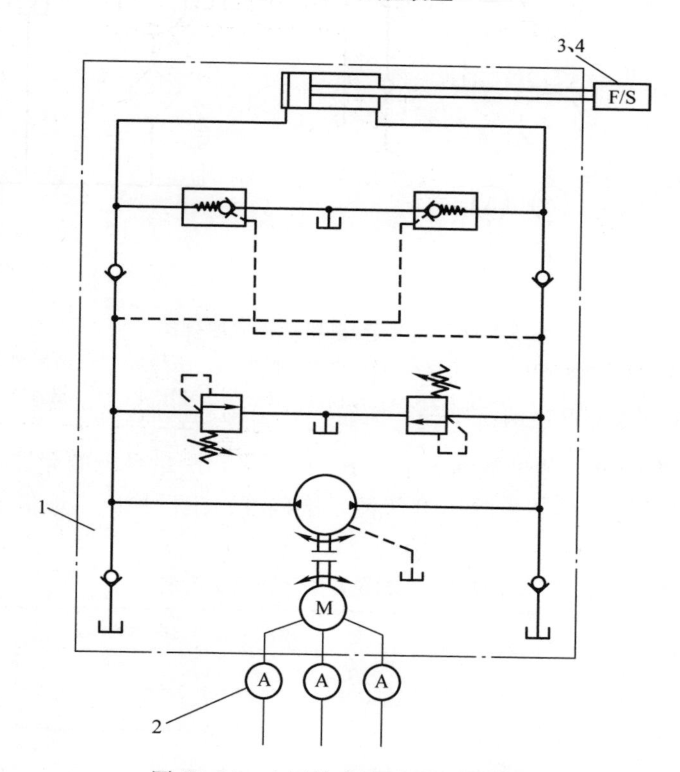

图 47-84　出厂检验液压系统原理图

1—被试电液推杆　2—电流表　3—测速仪　4—测力仪

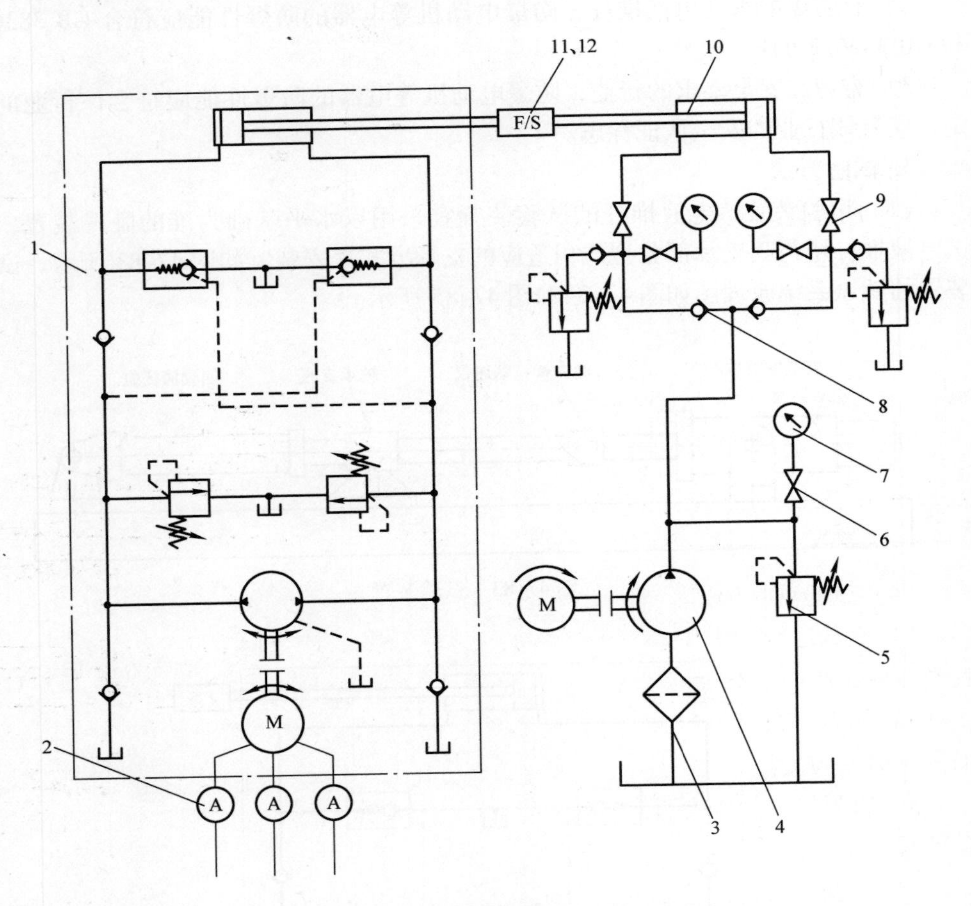

图47-85　型式检验液压系统原理图

1—被试电液推杆　2—电流表　3—吸油过滤器　4—液压泵　5—溢流阀　6、9—压力表开关（截止阀）　7—压力表　8—单向阀　10—加载液压缸　11—测力仪　12—测速仪

（2）测量准确度　测量准确度采用B、C两级。测量系统的允许系统误差应符合表47-117的规定。型式检验按B级测量准确度，出厂检验不应低于C级测量准确度。

表47-117　测量系统允许系统误差

测量参数	测量系统的允许系统误差	
	B级	C级
力（%）	±1.0	±1.5
速度（%）	±1.5	±2.5
电流（%）	±1.0	±1.5

（3）试验介质

1）运动黏度。试验介质在温度为 40℃时的运动黏度应为 29 ~ 74mm²/s。

2）温度。除特殊规定外，试验时的介质温度应在 15 ~ 45℃范围内。

3）污染度等级。试验介质的固体颗粒污染度等级不应高于 GB/T 14039 规定的 –/19/15。

4）相容性。试验介质应与被试电液推杆的密封件材料相容。

5）稳态工况。试验中，试验系统各被控参量平均示值在表 47-118 规定的范围内变化时为稳态工况。应在稳态工况下测量并记录各个参量。

表 47-118　被控参量平均示值允许变化范围

被控参量	平均示值允许变化范围	
	B 级	C 级
力（%）	±1.0	±1.5
速度（%）	±1.5	±2.5
电流（%）	±1.0	±1.5

（4）试验项目和试验方法

1）空载运行。使被试电液推杆在无负载工况下运行，并全程往复运动数次，完全排除系统内的空气。试验过程中活塞杆应动作灵活，无卡阻现象和异常响声。

2）推力（拉力）检验。将测力计安装在被试电液推杆的活塞杆上，检测满载时的推力（拉力）。

3）行程检验。使电液推杆液压缸的活塞分别停留在行程两端极限位置，测量其行程长度。

4）推速（拉速）检验。用测速仪测量活塞杆的运行速度，或者用秒表测量电液推杆全行程运行的时间值，共测 14 次，去掉其中 2 次最大值和 2 次最小值，取其剩下的 10 次时间的平均值，按式（47-59）和式（47-60）计算活塞杆的运行速度。

$$t = \frac{\Sigma t}{10} \tag{47-59}$$

$$v = \frac{L}{t} \tag{47-60}$$

式中　v——输出速度（mm/s）；

L——行程（mm）；

t——时间（s）。

5）外渗漏检验。在试验的全过程中，观测电液推杆各部分的外渗漏。电液推杆活塞杆处不应滴油。

6）耐久性试验。使被试电液推杆按设计的最高换向频率满载连续运行，每次连续运行8h以上。在试验期间，被试电液推杆的零部件不应进行调整，记录累计时间或换向次数。

7）噪声检测。噪声检测应按照GB/T 3768的规定进行。

8）超载保护检测。将电液推杆活塞分别停留在行程的两端各10s，重复3次，观察电流值的变化。

9）清洁度检测。在被试电液推杆往复运动3次后，从电液推杆内部采集油液，采用“颗粒计数法”检测其固体颗粒污染等级。

（5）装配质量检验　用目测法检查各液压元件及壳体内部各处。

（6）外观质量检查　法兰结合面径向错位量用游标卡尺检查，其余用目测法检查。

（7）试验报告　试验过程应详细记录试验数据。试验后应编制完整的试验报告，其内容包括试验数据、试验人员、设备、工况及被试电液推杆基本特征等信息。

4. 检验规则

（1）检验分类

1）出厂检验：

① 必检项目为空载运行、行程检验、推速（拉速）检验、超载保护检测、外渗漏检验、装配质量检验、外观质量检查。

② 抽检项目为推力（拉力）检验、清洁度检测、噪声检测。

2）型式检验：

① 型式检验项目为“3. 试验方法”中规定的全部项目，性能指标应符合“2. 要求”中的规定。

② 有下列情况之一时，应进行型式检验：

ⓐ 新产品试制定型鉴定。

ⓑ 产品正式生产后，结构、材料、工艺有较大改变，可能影响产品性能。

ⓒ 产品长期停产后，恢复生产。

ⓓ 出厂检验结果与上次型式检验结果有较大差异；

ⓔ 国家质量监督机构提出进行型式检验的要求。

（2）抽样

1）产品检验的抽样方案应按照GB/T 2828.1的规定。

2）出厂检验抽样包括以下内容：

① 接收质量限（AQL）：2.5。

② 抽样方案类型：正常检查一次抽样方案。

③ 检查水平：一般检查水平Ⅱ。

3）型式检验抽样包括以下内容：

① 接收质量限（AQL）：2.5。

② 抽样方案类型：正常检查一次抽样方案。

③ 样本量：3 台（耐久性试验样本数可为 1 台）

（3）判定规则 判定规则应符合 GB/T 2828.1 的规定。

5. 标志、包装、运输和贮存

1）在电液推杆适当且明显的位置按图样的规定制作标记或固定标牌。标牌的型式、尺寸和内容应符合 GB/T 13306 的规定；采用的图形符号应符合 GB/T 786.1 的规定。外壳应设置安全警示等标志。

2）电液推杆的使用说明书应符合 GB/T 9969 的规定。

3）电液推杆包装应符合 GB/T 7935 的规定，并应有防锈、防碰撞等措施。

4）电液推杆运输应固定牢固，并有防碰撞、防雨淋、防暴晒、防锈、防受潮、防腐蚀等措施。

5）电液推杆应贮存在空气流通、干燥和不易压坏的仓库内，防止受潮、受腐蚀、锈蚀及其他损伤等。

6. 标注说明

当选择遵守 JB/T 14001—2020 时，宜在试验报告、产品样本和销售文件中做下述说明："电液推杆符合 JB/T 14001—2020《液压传动 电液推杆》的规定"。

47.5 流体传动系统及元件安装尺寸和安装型式代号（GB/T 9094—2020/ISO 6099：2018）

1. 安装尺寸、外形尺寸和附件尺寸的标识代号

缸的安装尺寸、外形尺寸和附件尺寸的标识代号，由一个或两个字母组成。必要时，添加符号"+""++"或"+/"。

（1）字母 *U* 用 *U* 开头的任何两个字母组合，表示缸的侧视图外形尺寸。

（2）字母 *Z* 用 *Z* 开头的任何两个字母组合，表示缸的轴向外形尺寸。

（3）字母 *W*、*X*、*Y*、*Z* 用 *W*、*X*、*Y* 或 *Z* 开头的任何两个字母组合，表示以基准点为端点的尺寸。

（4）符号

1）字母后面的符号"+"，表示加上缸行程：

"*ZJ*+" = *ZJ* 加行程。

2）字母后面的符号"++"，表示加上两倍的缸行程：

"*ZM*++" = *ZM* 加两倍缸行程。

3）字母后面的符号"+/"，表示加上二分之一的缸行程：

"*XV*+/" = *XV* 加二分之一缸行程。

（5）尺寸标注 缸的基本尺寸如图 47-86 所示。

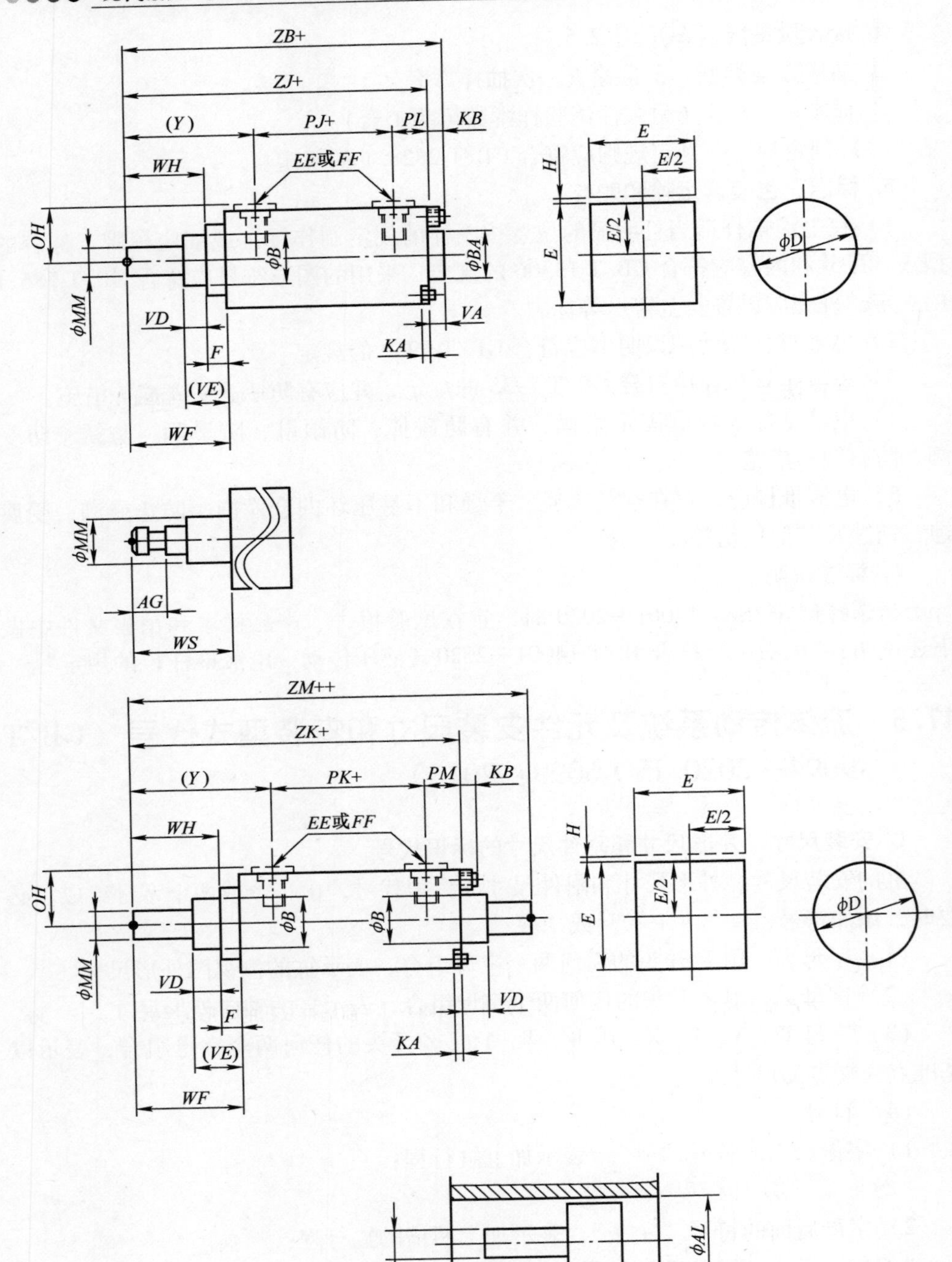

图 47-86 缸的基本尺寸

2. 缸安装型式的标识代号

缸安装型式的标识代号由两个或三个字母与一个数字组成。

示例1：

标识代号MF1，其中，M——安装；F1——法兰类型1。

示例2：

标识代号MDF2，其中，M——安装；D——双活塞杆缸；F——法兰类型2。

安装型式用下列字母表示：

字母B、E、F、P、R、S、T、X表示的安装型式依次为缸体、前端盖或后端盖、可拆式法兰、耳环、螺纹端头、脚架、耳轴、双头螺柱或加长连接杆。

表47-119给出了GB/T 9094—2020中规定的安装型式及其标识代号。

表47-119　安装型式

标识代号	说　明	图号①	标识代号	说　明	图号①
MB1	缸体，螺栓通孔	9	MF2	后端矩形法兰式	27
MDB1	缸体，双活塞杆螺栓通孔	10	MF3	前端圆法兰式	28
MB2	圆形缸体，螺栓通孔	11	MDF3	双活塞杆缸的前端圆法兰式	29
MDB2	圆形缸体，双活塞杆螺栓通孔	12	MF4	后端圆法兰式	30
ME5	矩形前盖式	13	MF5	前端方法兰式	31
MDE5	双活塞杆缸的矩形前盖式	14	MDF5	双活塞杆缸的前端方法兰式	32
ME6	矩形后盖式	15	MF6	后端方法兰式	33
ME7	圆形前盖式	16	MF7	带后部对中的前端圆法兰式	34
MDE7	双活塞杆缸的圆形前盖式	17	MDF7	双活塞杆缸的带后部对中的前端圆法兰式	35
ME8	圆形后盖式	18			
EM9	方形前盖式	19	MF8	前端带双孔的矩形法兰式	36
MDE9	双活塞杆缸的方形前盖式	20	MP1	后端固定双耳环式	37
ME10	方形后盖式	21	MP2	后端可拆双耳环式	38
ME11	方形前盖式	22	MP3	后端固定单耳环式	39
MDE11	双活塞杆缸的方形前盖式	23	MP4	后端可拆单耳环式	40
ME12	方形后盖式	24	MP5	带关节轴承，后端固定单耳环式	41
MF1	前端矩形法兰式	25			
MDF1	双活塞杆缸的前端矩形法兰式	26	MP6	带关节轴承，后端可拆单耳环式	42

（续）

标识代号	说　明	图号①	标识代号	说　明	图号①
MP7	前端可拆双耳环式	43	MX2	后端双头螺柱或加长连接杆式	61
MR3	前端螺纹式	44	MDX2	双活塞杆缸的后端双头螺柱或加长连接杆式	62
MDR3	双活塞杆缸的前端螺纹式	45	MX3	前端双头螺柱或加长连接杆式	63
MR4	后端螺纹式	46	MX4	两端两个双头螺柱或加长连接杆式	64
MS1	端部脚架式	47	MDX4	双活塞杆缸的两端两个双头螺柱或加长连接杆式	65
MDS1	双活塞杆缸的端部脚架式	48	MX5	前端带螺孔式	66
MS2	侧面脚架式	49	MDX5	双活塞杆缸的前端带螺孔式	67
MDS2	双活塞杆缸的侧面脚架式	50	MX6	后端带螺孔式	68
MS3	前端脚架式	51	MX7	前端带螺孔和后端双头螺柱或加长连接杆式	69
MT1	前端整体耳轴式	52	MDX7	双活塞杆缸的前端带螺孔和后端双头螺柱或加长连接杆式	70
MDT1	双活塞杆缸的前端整体耳轴式	53	MX8	前端和后端带螺孔式	71
MT2	后端整体耳轴式	54	MDX8	双活塞杆缸的前端和后端带螺孔式	72
MT4	中间固定或可调耳轴式	55			
MDT4	双活塞杆缸的中间固定或可调节耳轴式	56			
MT5	前端可拆耳轴式	57			
MT6	后端可拆耳轴式	58			
MX1	两端双头螺柱或加长连接杆式	59			
MDX1	双活塞杆缸的两端双头螺柱或加长连接杆式	60			

① GB/T 9094—2020 中的图号。

47.6　液压传动　油路块总成及其元件的标识（GB/T 36997—2018/ISO 16874：2004）

1. 标注一般要求

按照油路块标识和相关文件的要求，油路块应做标记。在复杂系统中，元件也应做标记，通过该标记应能识别安装此元件的油路块、安装面或插装孔。如果使用附加标记或其他文件要求（依据其他可适用的标准、采购协议或规则），则不受本标准的影响。

2. 油路块标识

油路块用下列方法做出永久性的特征标识，文字高度不应小于3mm：

1）对于油路块总成，其数字或字母数字的标识代号应与其在系统回路图或相关文件中的标识代号完全相同。通过位置或其他方法区别单独的安装面或插装孔的标识代号。

2）对于阀、附件和其他元件的每一个安装面，插入式、螺纹式插装阀或其他元件的每一个阀孔，数字标识代号应标记在安装面或阀孔附近，便于装配或检修。

3）按照 ISO 9461 的规定，油口的标识代号用字母表示，如果有多个功能相同的油口，可在字母后增加数字，见表 47-120。

表 47-120　油路块油口标识

油口功能	标识举例	油口功能	标识举例
进油口（主系统）	P，P1，P2，P3…	辅助油口	Z1，Z2…
回油口（主系统）	T，T1，T2，T3…	泄漏油口	L，L1，L2…
工作油口	A，B，A1，B1…	先导低压油口（排气口）	V，V1，V2…
先导进油口	X，X1，X2…	测压口（诊断）	M，M1，M2…
先导回油口（先导阀）	Y，Y1，Y2…		

3. 相关文件

在回路图或相关文件中，每个油路块总成在图表或回路中应有唯一的数字或者字母数字标识。标识应完整的、可辨认的刻在油路块上。油路块的标识示例如图 47-87，对应图 47-87 所示油路块的回路图如图 47-88 所示。

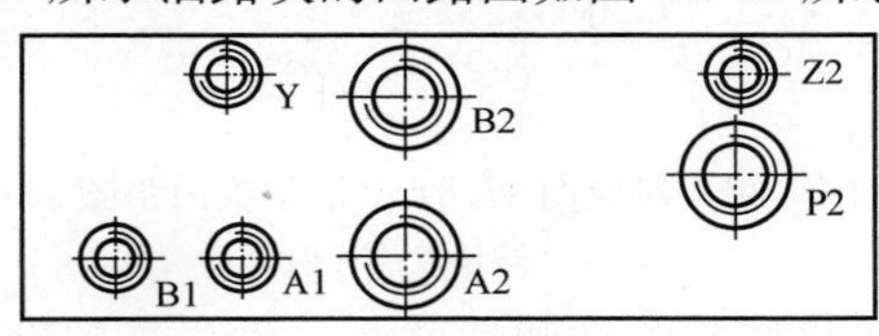

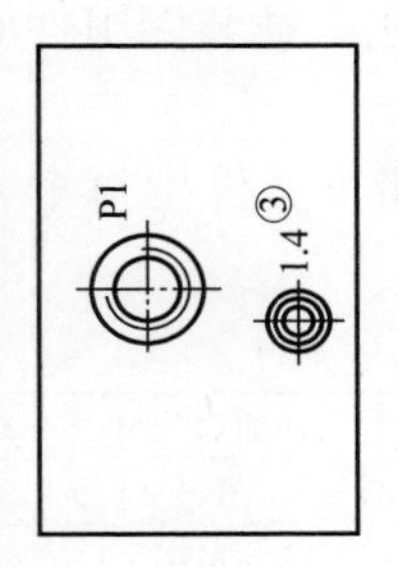

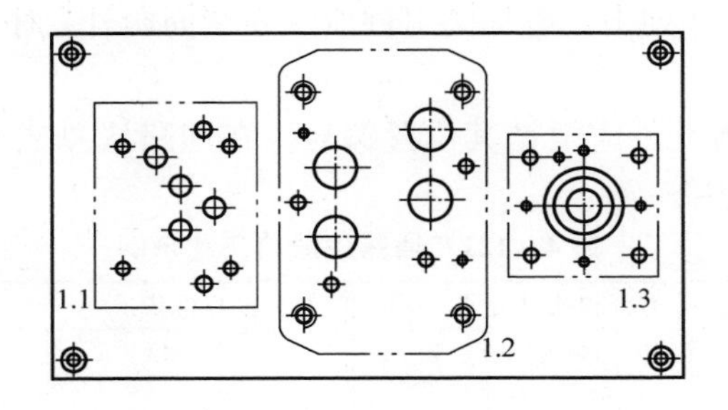

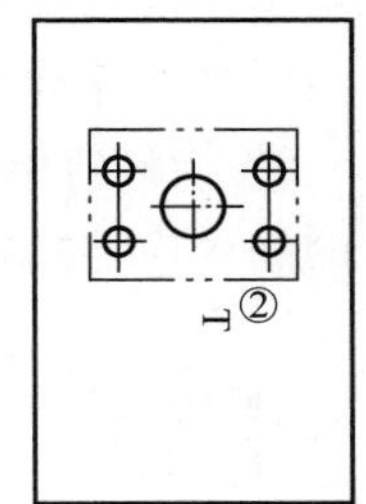

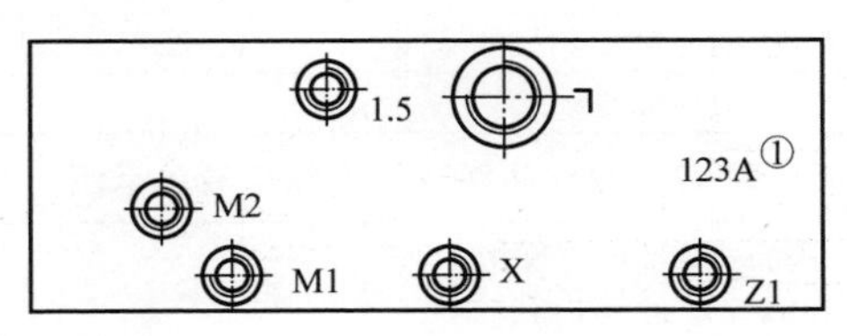

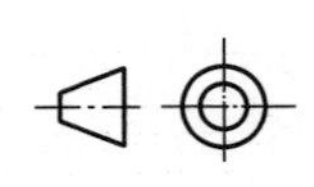

图 47-87　油路块的标识示例

注：①油路块总成标识代号；②油口标识代号；③阀的标识代号。

在回路图或相关文件中的各油路块总成应显示以下内容。

1）列出并描述油路块上的所有油口，油口尺寸示例见表 47-121。

2）列出和描述所有安装面、油路块上插装孔，安装元件及其位置，装配物料清单示例见表 47-122。具体要求如下：

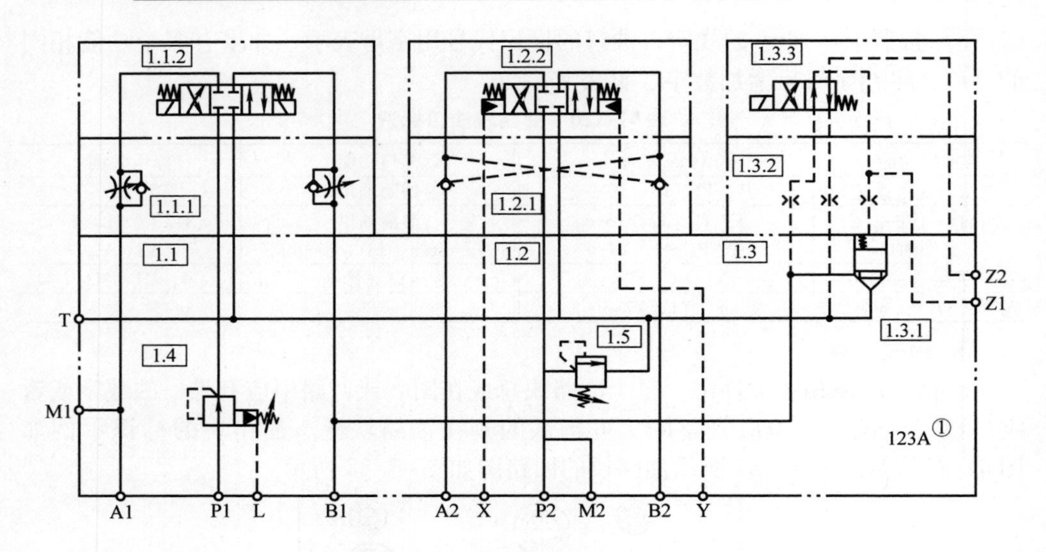

图 47-88　对应图 47-87 的油路块回路图示例

注：①油路块总成标识代号。

① 每个安装面上的叠加阀组件和插装阀组件包括辅助控制元件及其他元件，应按由底部至顶部顺序列出。叠加阀组件应从安装面向外顺序列出，插装阀组件应从内向外顺序列出。

② 物料清单中各元件应根据其位置编号。在油路块总成和相关文件中每个元件的编号应与物料清单一致。

表 47-121　油路块油口尺寸示例

油口标识	类型和油口尺寸	油口标识	类型和油口尺寸
P1，P2	6149 – 1 – M22 × 1.5	M1，M2	6149 – 1 – M14 × 1.5
T	6162 – 1 P32	X，Y	6149 – 1 – M10 × 1
A1，A2，B1，B2	6149 – 1 – M22 × 1.5	Z1，Z2	6149 – 1 – M10 × 1
L	6149 – 1 – M22 × 1.5		

表 47-122　油路块总成物料清单示例

安装面或插装孔	阀的安装面或插装孔代码（按照 ISO 5783）	元件编号	供应商	供应商代码
1.1	4401 – 05 – 04 – 0 – 94	1.1.1		
1.1	4401 – 05 – 04 – 0 – 94	1.1.2		
1.2	4401 – 07 – 06 – 0 – 94	1.2.1		
1.2	4401 – 07 – 06 – 0 – 94	1.2.2		
1.3	7368 – 08 – 03 – 97	1.3.1		
1.3	7368 – 08 – 03 – 89	1.3.2		
1.3	4401 – 03 – 02 – 0 – 94	1.3.3		
1.4	7789 – 22 – 06 – 0 – 98	1.4		
1.5	7789 – 22 – 06 – 0 – 98	1.5		

注：如果供应商型号代码不可用，由制造商、供应商和用户之间协商。

47.7 用于汽车自动变速器的高速开关电磁阀国家标准（GB/T 35175—2017）

1. 高速开关电磁阀名词术语规定（见表47-123）

表47-123　高速开关电磁阀规定的名词术语

序号	术语	英文表达	标准定义
1	高速开关电磁阀	high speed on - off sulenoid valve	通过电磁转换，以响应时间不大于20ms的速度完成开关动作，进而实现对流体压力或流体进行控制的装置。其包括用于状态转换控制的普通高速开关电磁阀和用于连续控制流体压力或流量的脉宽调制高速开关电磁阀
2	占空比	duty ratio	脉冲信号的通电时间与脉冲周期之比，以百分数表示
3	脉宽调制	Pulse width modulation	通过控制电磁阀脉冲信号的占空比，对电磁阀流量或压力进行控制
4	压力特性	pressure characteristic	电磁阀以脉宽调制方式工作时，控制端压力随占空比的变化而变化的关系
5	滞环	hysteresis	在稳态压力特件曲线上，对应于同一占空比，上行曲线与下行曲线之间的最大差值的绝对值与控制端的最大输出压力值之比，以百分数表示
6	重复精度	repeat precision	重复测量在同一占空比下，上行（或下行）控制端压力最大差值与控制端的最大压力值之比，以百分数表示

注：表中的规定对于液压行业而言可以完全一致，只是对响应时间的定义根据不同的应用场合可以有所变化。

2. 主要性能指标与试验方法（见表47-124）

表47-124　高速开关电磁阀主要性能指标与试验方法

类别	性能	指标	试验与检测方法
一般要求	工作电压范围	12伏时：9～16V 24伏时：18～32V	电压表和电流表的精度不低于0.5级 12V±0.2V时，试验电压为14V±0.2V；24V±0.2V时，试验电压为28V±0.2V
	额定工作压力	范围：0.4～5MPa	在额定工作压力下，按工作电压范围的最高和最低值各进行5次通电断电试验后工作正常 压力表的精度不低于0.4级 介质为90号齿轮油SH/T 0350—1992
	工作温度范围	温度范围：-40～140℃	温度计精度不低于0.2℃，环境温度为23℃±5℃
	温升	从环境温度条件下，电磁阀以试验电压连续通电，直至温升稳定。其所达到的最高温度应不大于180℃	试验箱温控精度为±2℃。PWM频率为50Hz、占空比为100%下试验

（续）

<table>
<tr><th>类别</th><th>性能</th><th>指标</th><th colspan="3">试验与检测方法</th></tr>
<tr><td rowspan="3">一般要求</td><td>耐压强度</td><td>电磁阀在1.5倍额定工作压力下，应无机械损伤</td><td colspan="3">将出口端封闭与进口端通1.5倍额定工作压力下通油，阀内部承受试验压力不少于3min后检验正常</td></tr>
<tr><td>静态流量</td><td>在额定工作力下，电磁阀的流量应符合产品技术文件的规定</td><td colspan="3">流量计的精度应不低于1级。在额定压力下进口端通油，检测出口端的流量</td></tr>
<tr><td>密封性</td><td>在额定工作压力下，电磁阀在50℃ ±2℃时的内泄漏量应不大于50mL/min</td><td colspan="3">在环境温度50℃ ±2℃与额定压力下，进口端通压力油，检查出口端或控制端的泄漏量</td></tr>
<tr><td rowspan="7">主要性能</td><td>启动电压和释放电压</td><td>在额定工作压力下，电磁阀的启动电压和释放电压应符合产品技术文件的规定</td><td colspan="3">额定压力下进口端通油，常闭或常开的电磁阀通电电压以0.1V的级数逐渐上升或者下降，测量电磁阀出口端的流量增大至90%时（关）或减至额定流量的10%（开）的通电电压</td></tr>
<tr><td rowspan="5">响应时间</td><td rowspan="5">在额定工作压力、标称电压或规定的驱动方式下，电磁阀响应时间应不大于20ms</td><td colspan="3">按试验原理图（见图47-89）试验，控制端的压力容腔的容积如图47-90所示</td></tr>
<tr><td rowspan="2">二位二通常开</td><td>开启时间</td><td>节流嘴前端通额定工作压力的试验介质，用示波器检测电磁阀的激励信号和进口端的压力信号，测量电磁阀从开始通电到进口端压力上升到额定压力的90%时的时间，见图47-91中的t_1所示</td></tr>
<tr><td>关闭时间</td><td>节流嘴前端通额定工作压力的试验介质，用示波器检测电磁阀的激励信号和进口端的压力信号，测量电磁阀从开始断电到进口端压力下降到额定压力的10%时的时间，见图47-91中的t_2所示</td></tr>
<tr><td rowspan="2">二位二通常闭</td><td>开启时间</td><td>节流嘴前端通额定工作压力的试验介质，用示波器检测电磁阀的激励信号和进口端的压力信号，测量电磁阀从开始通电到进口端压力下降到额定压力的10%时的时间</td></tr>
<tr><td>关闭时间</td><td>节流嘴前端通额定工作压力的试验介质，用示波器检测电磁阀的激励信号和进口端的压力信号，测量电磁阀从开始断电到进口端压力上升到额定压力的90%时的时间</td></tr>
<tr><td>压力特性</td><td>压力特性曲线和重复精度：测试曲线分别按如图47-92、图47-93所示
电磁阀占空比工作区应分别为20%和85%
电磁阀的最大或最小输出压力值；应符合产品技术文件的规定
滞环：电磁阀在线性区间范围内，压力特性曲线的滞环S_3/S，应不大于8%</td><td colspan="3">按试验原理图（见图47-89）进行试验，控制端压力容腔（cm^3）与电磁阀额定流量（L/mm）的比值为20 ±2
在双驱激励信号下，频率为20Hz，占空比可调（0%、10%、20%、…、100%）时的控制端压力端，然后再依次检测占空比为100%、90%、80%和0%时的控制端的压力值，并将检测结果绘制成压力特性曲线，如图47-92所示。在此曲线上计算出有效工作区间（τ_1和τ_2）、最大输出压力（S_1）、最小输出压力（S_2）和滞环（S_3/S_1）。对此试验连续重复上行与下行3次，将结果绘制成图47-93重复精度曲线，得到重复精度S_4/S_1</td></tr>
</table>

（续）

类别	性能	指标	试验与检测方法
环境适应	温度	电磁铁在低温、高温循环，温度冲击的条件下应能正常运行，无异常和卡滞现象。试验结束产品恢复常温后，电磁阀外观正常，其性能试验前后变化允许不超过±10%	试验温度：低温-40℃，高温+140℃ 温度循环试验：低温-40℃-高温+140℃之间；温度冲击：每个高温和低温的循环保持时间均应不小于30min，转换时间不大于3min，冲击循环次数应不小于100次
	振动	电磁阀在振动条件下应能正常运行，无异常和卡滞现象 试验结束产品恢复常温后，电磁阀外观正常，其性能试验前后变化允许不超过±10%	按GB/T 28046.3—2011其中的要求进行
	耐久	对普通高速开关电磁阀，电磁阀应进行不少于1×10^7工作次数的寿命试验。试验结束产品恢复常温后，电磁阀外观正常，其性能试验前后变化允许不超过±5% 对脉宽调制高速开关电磁阀，电磁阀应进行不少于7.2×10^8工作次数的寿命试验。试验结束产品恢复常温后，电磁阀外观正常，其性能试验前后变化允许不超过±10%	试验应在70℃±5℃条件下，完成64%的工作次数，在90℃±5℃条件下，完成30%的工作次数，在125℃±5℃条件下，完成6%的工作次数
	抗污油	电磁阀在抗污油条件下应能正常运行，无异常和卡滞现象。试验结束产品恢复常温后，电磁阀外观正常，其性能试验前后变化允许不超过±10%	将油温加热到+120℃，阀在额定压力的污油（铁粉160mg/L，颗粒尺寸小于120μm）条件下进行试验，试验时间250h
	清洁度	每件电磁阀清洁度要求应符合如下规定： a）金属颗粒不大于0.4mm b）非金属颗粒不大于0.6mm c）颗粒质量不大于0.2mg	阀用清洗液清洗后，用15μm滤孔的滤纸滤出油液中的污染颗粒，进行烘干后剥离出来，然后进行称重与用自动颗粒读数计，计数得到颗粒大小与重量和颗粒数的结果

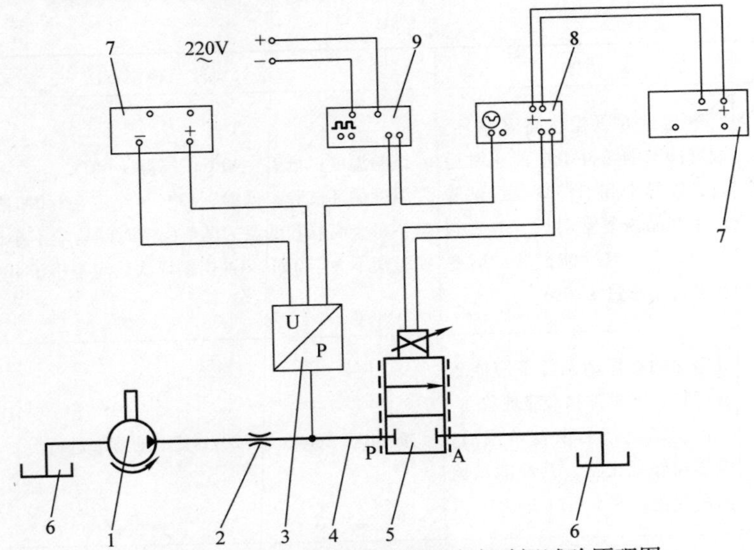

图47-89 二位二通高速开关阀响应时间试验原理图

1—油泵 2—可调节流阀 3—压力传感器 4—控制端
5—电磁阀 6—油箱 7—直流电源 8—控制器 9—示波器

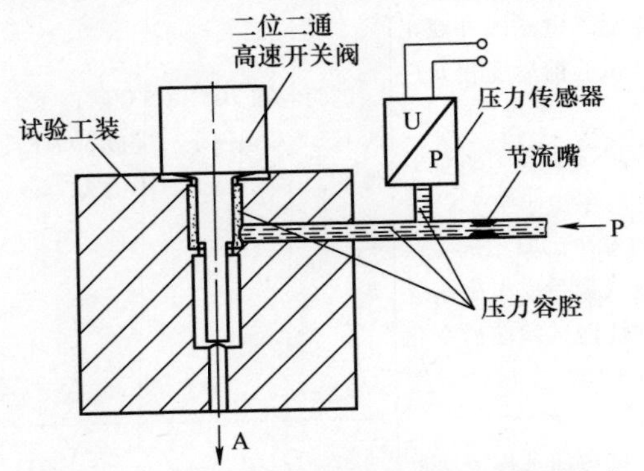

图47-90 二位二通高速开关阀压力容腔规定

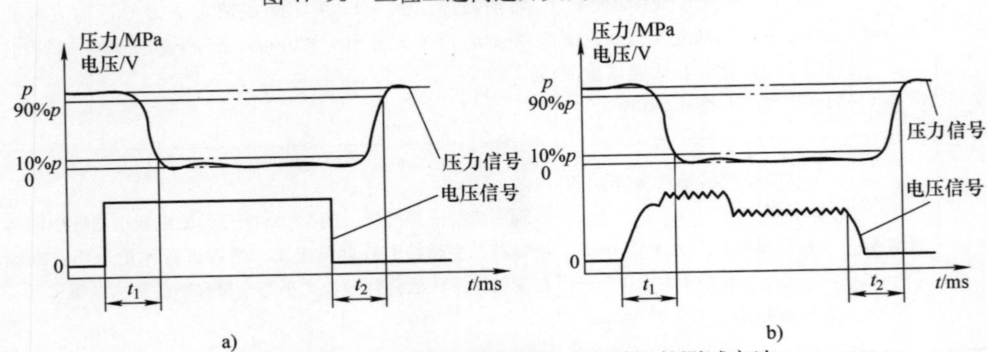

图47-91 二位二通高速开关阀响应时间的测试方法

a）对普通开关电磁阀 b）对脉宽调制高速开关电磁阀

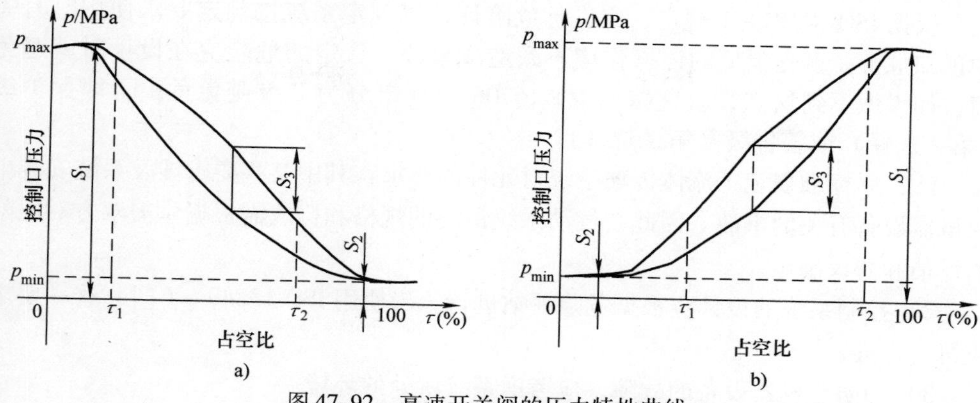

图 47-92　高速开关阀的压力特性曲线

a）常开闭压力特性曲线　b）常闭阀压力特性曲线

S_1—最大输出压力值　S_2—最小输出压力值

S_3—上下行压力的最大差值　τ_1、τ_2—有效工作区间

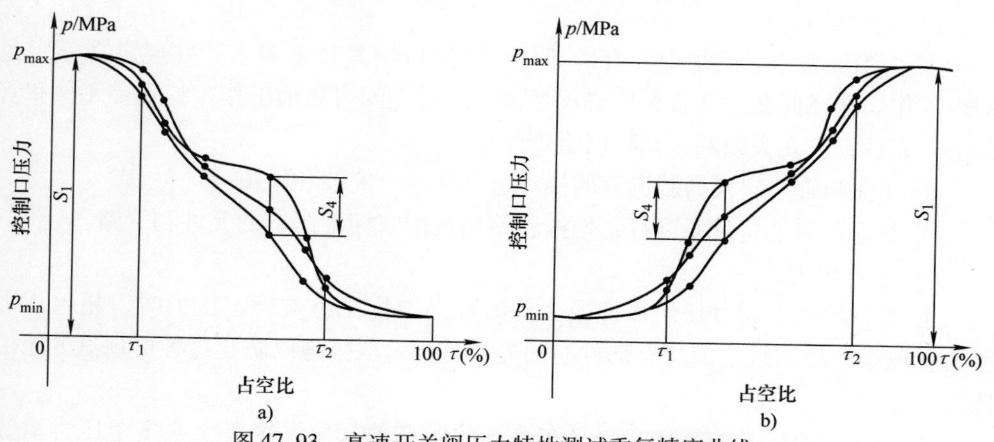

图 47-93　高速开关阀压力特性测试重复精度曲线

a）常开阀重复精度曲线　b）常闭阀重复精度曲线

S_1—最大输出压力值　S_4—三次同方向重复上行或下行检测压力的最大差值　τ_1、τ_2—有效工作区间

47.8　气动元件

47.8.1　气动　对系统及其元件的通用规则和安全要求（GB/T 7932—2017/ISO 4414：2010，MOD）

1. 通用规则和安全要求

（1）通用规则

1）当设计机械设备的气动系统时，应考虑到所有预定的操作和系统的使用情

况。根据 ISO 14121 - 1 规定，应进行危险评估以判定系统按预定要求使用时有关的预知危害。事先预见的误操作应不致造成事故。认定的危险应在设计时就避免掉，如果做不到这点，就应按 GB/T 15706 中规定分为二级避免危险，即保护级（第一选择）或警告级（第二选择）。

注：本标准规定了流体传动系统对元件的要求：其中某些要求涉及系统安装中与机器设备有关的事故。因此，气动系统最终的规格和构成需根据供需双方对危险的评估和协议确定。

2）控制系统的设计应根据危险评估进行，当使用 ISO 13849 - 1 时，这一要求应符合标准。

3）为防止机器设备的故障，应考虑系统所处的环境。

4）在起草供需双方文件中，与本标准内容的差异应得到一致同意。应注意供需双方拟定的协议内容符合当地的法规或法律。

（2）气动系统设计或技术规格的基本要求

1）元件的选择：

① 为确保安全，系统中所有的元件和管路应明确技术要求，并规定在额定范围内工作。选择的元件和管路应确保系统在运行期间可靠地工作。特别是元件和管路的可靠性，它在失效和误动作时会产生危害。

② 元件和管路应根据制造商的推荐进行选择、安装和使用。

③ 不论在何处，只要可行，均推荐使用按国家标准制造的元件和管路。

2）意外压力：

① 系统的压力超过任何部件或文件的最高工作压力或额定压力时，超值压力会造成危害，故系统中的所有部件应预先设计和采取措施以防止这种可预见的超值压力。

② 防止超值压力的首选方法是在系统的各有关部位设置一个或多个压力溢流阀限压。也可用设置减压阀以满足使用要求。

③ 压力的波动和振颤会造成气动系统的损坏，故系统在设计、制造和调试中应使其波动和振颤最小。

④ 压力损失和压降应不致危害工作人员，也不致损害机器。

⑤ 全部气动元件的排气应连接到无害的场所通向大气。

⑥ 应采用各种措施以防止有害的背压，它会导致执行元件外载升高。

3）机械运动：不论预定和意外的各类机械运动（例如：加速、减速效应、提升或夹持物体），都不应使工作人员处于危害的环境中。

4）噪声：在设计气动系统时，应考虑降噪措施。根据使用情况，应采取措施以减少噪声对人体的危害。

5）泄漏：泄漏（内漏或外漏）不应引起危害。

6）气动系统的操作和运行要求。应明确说明下列操作和运行的规定条件：

① 工作压力范围。

② 工作温度范围。

③ 使用气体种类（如：空气、氮气或其他中性气体）。

④ 工作循环速度。

⑤ 负载循环特性。

⑥ 元件的使用寿命。

⑦ 动作顺序。

⑧ 过滤和润滑，包括无须润滑元件的确认。

⑨ 起吊预防措施。

⑩ 紧急事故、安全和能源隔离要求。

⑪ 油漆和防护性喷涂。

⑫ 元件的润滑剂适应性。

GB/T 7932—2017 附录 B 中提供了汇集和记录上述资料的表格和清单。这些表格和核对清单也适用于移动式机械中的气动系统以记录其规格条件。GB/T 7932—2017 附录 B 中的某些表格也可用于对电子格式进行核对。

7）控制或能源供应。不论使用何种控制方法和能源种类（如：电压、气压），出现下列动作（不管是无意还是有意地）都不应造成危害：

① 能源接通或断开。

② 能源减少。

③ 能源切断。

④ 能源恢复（有意或无意地）。

8）强制切断能源。系统应设计使之易于强制切断能源（见 GB/T 15706—2012 中的 6.3.5.4）。对于气动系统，这一要求可用下列方法实现：

① 用相应的截止阀切断能源，宜用连锁式且易于接近而不造成损害，也可使用具有泄压功能的泄压阀，可按需要采用连锁式。

② 当系统减压时卸掉或支承住机械负载。

③ 切断电源（参见 IEC 60204－1：2009 中的 5.3）。

该系统应便于流体压力的消散。当气源在切断或泄压后重新恢复时应采取预防措施。

9）元件和控制装置的配置。设计和组装系统时，元件和控制装置应置于容易接近、方便使用、调整和维护不造成损害的位置上。

10）意外启动。为避免意外启动，应根据 ISO 14118 采取预防措施。

11）执行元件的不可控运动。如果截止阀迅速开启会引起执行元件不可控的运动，应配置一种软启动或慢启动阀。

12）空气中飘浮的有害物质。在设计、制造和装备系统时，应使空中飘浮的有害物质造成的影响最小。

（3）附加要求

1）现场条件和操作环境。现场条件和操作环境应予规定。GB/T 7932—2017附录B中绘出了汇集和记录下述有关资料的表格和清单，它们包括：

① 设备的环境温度范围。

② 设备的环境湿度范围。

③ 大气压力。

④ 气源规格，如压力、流量、压力露点、额定过滤精度、含油量。

⑤ 可用的公用设施，如电、水及废物的处理。

⑥ 电网的详细资料，如电压及其波动范围、频率、可用的功率（如果受限制）。

⑦ 对电气线路和设备的保护。

⑧ 污染源。

⑨ 振动源。

⑩ 产生火灾、爆炸或其他意外事件的可能性。

⑪ 异常的环境和地理条件，如海拔、紫外线辐射。

⑫ 安全防护要求。

⑬ 为保证元件和系统在使用中的稳定性和安全性，对于通道、维修和使用以及元件和系统的位置及安装所需的空间。

⑭ 法律和其他环境限制因素（如噪声辐射程度）。

⑮ 其他安全和特殊要求。

2）元件、管路和组件的安装、使用和维护。

① 更换。元件、管路和组件的安装应易于更换而无须拆除机器设备的其他零部件。

② 起吊设施。各种元件、组件或管路超过15kg时应配有起吊设施（参考GB/T 15706—2012中的6.3.5.5）。

3）清扫和涂漆。

① 当机器设备进行外部清洁和涂漆时，应保护敏感材料使其免于接触不相容的液体。

② 当涂漆时，不宜涂漆的区域（如活塞杆/指示灯）应遮盖并在事后除去遮盖物。涂漆后，有关警示和安全的标记应可见且字迹清楚。

4）运输的准备工作。

① 管路的标识。当气动系统因运送需要拆卸时，应对管路和相应连接做出清楚的标识。该标识应与所有相应图纸上的信息一致，不混淆。

② 包装。为运输而进行的包装应使气动系统的所有零部件及其标识保持完好，防止受到损坏、变形、弄脏和腐蚀。

③ 开口的保护。气动系统和元件中的暴露开口，特别是软管和硬管在运送时应予防护，应加以密封或置于适当的清洁密闭容器中。应对外螺纹采取保护。使用的任何保护装置应是防止重新组装型的，直至它被拆除。

（4）对元件和控制装置的特殊要求

1）气马达和摆动马达。

① 保护措施。气马达和摆动马达应安装在免受可预见的损害之处，或被适当保护。应对旋转轴和联轴器采取适当保护，以防止人员遭受伤害。

② 安装。气马达和摆动马达应安装在与其相配的驱动组件上，应具有足够的刚性，以确保其始终同轴并适应负载转矩。应考虑防止来自端部或侧向的力所造成的意外损害。

③ 负载和速度。起动和停止的转矩、负载变化的影响以及移动负载的动能是气马达和摆动马达应用中应当考虑的。

2）气缸。许多气缸是为特定的工业应用方式设计的，其中包括旋转的、回转的、无杆的、绳索的、焊接的、铸铁的、气囊式等。

① 抗变形性。应注意气缸的行程长度、负载和气缸的安装，以避免气缸的活塞杆在任一位置产生弯曲或变形。

② 负载和超载。在遇到超载、持续负载和（或）冲击负载的应用场合，应有足够的结构强度和（或）压力支承强度。当利用气缸末端作为实际限位挡块时，建议采用缓冲来避免冲击。

③ 安装。安装附件应按负载要求选择。安装和支承结构应按全行程范围内任一位置上的最大预定负载进行设计。

④ 抗冲击和振动。安装或连接在气缸上的任何附件都应采取防松措施，以防使用中因冲击和振动引起的松动。

⑤ 安装紧固件。安装气缸及其附件用的紧固件的设计和安装，应能承受所有可预见的力。安装的紧固件应有足够的抗倾覆力矩的能力。

⑥ 找正。安装面的设计应防止在安装时气缸出现变形。气缸的安装应避免在工作期间受到意外的横向负载。

⑦ 可调的行程终端限位器。当行程长度由外部的行程终端限位器确定时，应提供一个装置来锁定该可调的终端限位器。在使用终端限位器的场合，所用的缓冲器应始终有效。

⑧ 活塞杆的材质、加工和保护。活塞杆的材质、加工应仔细选择以使其受磨损、腐蚀和可能预见的冲击损害最小。活塞杆宜受到保护，以防可能出现的压痕、刮痕、腐蚀等损伤。有时可用防护罩。

⑨ 排气。单作用活塞式气缸应在适当位置设置排气孔，以避免排出的空气伤及工作人员。

3）阀。

① 选择。阀的类型和安装方法的选择应考虑保证其正确的功能、密封性和防御可预见的机械和环境影响的能力。

② 安装。安装阀时应考虑以下几点：

ⓐ 阀不应依赖相应的管路和联接件的支承，在拆除阀时宜尽量不干扰管路。

ⓑ 应采取措施以确保阀不致错误地安装在基座上，如加安装螺栓的图示、气口标识或其他的标识。

ⓒ 重力、冲击和振动对阀的影响，尽量减少阀体零件的移位和干扰。

ⓓ 避免背压的影响，当采取叠加式或气路板阀使用公共排气管路时，背压会影响动作功能和使用安全。

ⓔ 留有足够的空间，以便安装螺栓和（或）使用扳手以及连接有关的电气线路。

4）气路板。

① 表面平面度和粗糙度：气路板表面的平面度和粗糙度应符合阀供方的推荐值。

② 变形：气路板在正常的工作压力和温度范围内，不应产生引起元件故障的变形。

③ 安装：气路板的安装应牢固、可靠。

④ 内部通道：内部通道，包括型芯孔和钻削孔，应无有害的杂质，如氧化层、毛刺、切屑等。这些杂质会使管路限流或被气流冲移引起各种元件（包括密封件和密封装置）发生故障和（或）损坏。

5）阀的控制机构和有关操作装置。

① 机控和手动阀：机控和手动操纵阀的安装应使它们不被可预见的操作力损坏。

② 电控阀。

③ 电气连接器：供使用的电气连接器应符合相应的标准，如 IEC 60204－1。对于有危害性的工作场合，应采用适当的防护等级（如防爆、防水）。

④ 接线盒：在阀需要配接线盒时，接线盒的制作应符合下列要求。

ⓐ 按 IEC 60529 选用相应的防爆等级。

ⓑ 为固定的接线端子和端子的连线（包括连线的附加长度）留有足够的空间。

ⓒ 为电气罩盖配有防松紧固件，如在螺栓上加装弹簧垫圈。

ⓓ 为电气罩盖加装合适的金属链。

ⓔ 连接的电缆线不应绷得太紧。

⑤ 电磁线圈：应选择电磁线圈（如工作频率、额定温度）以保证阀在最低工作电压和最高工作电压下能可靠工作，还应按照 IEC 60529 的规定选定防护等级。

应考虑线圈表面的温升。应按位置和防护采取措施，以防止人员接触温度超过触摸极限的表面，否则应使用警示标牌，见 ISO 13732－1。

⑥ 手动越权控制：当不能使用电气控制时，如果为了安全和其他原因需要操作电控阀，则宜备有手动越权控制装置。该装置的设计和选择应能保证其不发生意外的误操作，当手动控制解除时应自动复位，除非另有规定。

⑦ 溢流阀。只要元件或管路的压力有可能超过其额定压力，就应在元件或管路附近设置溢流阀。

⑧ 快排阀。快排阀的安装应保证排出的气体不会对人员造成伤害。

⑨ 流量控制阀。流量控制阀应安装在靠近气缸接口处。

⑩ 三位阀。系统使用三位阀，特别是那些中位封闭的三位阀时，应该分析以确定是否因系统泄漏并（或）通过阀产生不希望的结果，如气缸意外动作。

6）气源处理元件。为保证空气质量，在气动系统的进气口处应安置气源处理元件。当需要时在子系统可安置附加的气源处理元件。

气源处理元件应尽可能靠近被保护的装置，并应便于靠近维修。

① 过滤。应采取措施除去系统中的有害固体微粒、液体和气体杂质。

ⓐ 标定的过滤度。过滤精度应与元件要求和环境条件相适应。

ⓑ 过滤特性劣化。过滤性能变差往往通过该过滤器逐渐增大的压降来指示，如果这种性能变差可能导致危险情况，应给出明确指示。

ⓒ 维修。过滤器和水分器应能在不影响管路的情况下进行清洗和排水或更换。因此，应采用可拆装或可更换滤芯的空气过滤器。如果过滤器的滤芯额定值有一种以上，应标明其额定值。

ⓓ 排水装置。宜采用排水装置排出过滤器和分水器析出的水分，最好采用自动排水型。必要时，应采取防冻设施，以免冻坏。当收集和处理废液时，应考虑环境和安全问题。

② 润滑。

ⓐ 使用。润滑液不应供入任何无须润滑的元件之中。

ⓑ 润滑液的相容性。在需要的场合，宜为系统规定适用的润滑液。这种润滑液应与系统中所有元件、合成橡胶、塑料管和软管相容。

ⓒ 油雾器。当需要润滑时，油雾器应装在需要润滑部件的上游。在那些需要润滑部件而又无法在上游安装油雾器的场合，应使用再循环型或喷射型油雾器。油雾器应安装在易于靠近注油的地方。

当需要时，油雾器应排除聚集于油杯底部的积水。

③ 空气干燥。

ⓐ 在需要减少水汽含量的场合，应使用干燥器。使用干燥器的类型取决于环境和系统的要求。

ⓑ 干燥器的空气处理量应根据需要输送的空气在规定的压力露点时的空气流量确定。

④ 气源处理元件的防护罩。

ⓐ 为防止过滤器、分水器、过滤减压阀和油雾器的非金属杯损坏对人员造成伤害，当它的额定压力与空杯容积的乘积大于100kPa・L（1bar・L）时，杯子外部宜加装防护罩。

ⓑ 为防止在某些环境中所用塑料杯可能损坏，或无法加装防护罩的场合，宜使用金属杯。

7）管路和流道。

① 一般要求。

ⓐ 管材的设计应考虑现场条件。

ⓑ 通过管路的额定流量不应产生过大的温度变化和压降。

ⓒ 应避免管路内径的突然变化，宜使流量改变最小。

ⓓ 为得到最佳的响应时间，应使执行元件和方向控制阀之间的管路长度保持最小。

ⓔ 为减少能量损耗，宜尽量减少接头的数量。

② 管路布置。

ⓐ 管路设计宜避免它被当作踏板或梯子使用。外部负载不宜加在管路上。

ⓑ 管路不应用来支承元件，造成过度的负载加在管路上。这种负载可能由元件的质量、撞击、振动和压力冲击引起。

③ 管路的标识、定位和安装。

ⓐ 管路宜尽可能减少安装应力、宜置于防止可预知的损坏场所且不致妨碍元件的调试、修理和更换。

ⓑ 管路标识或安置宜采用这样的方式，即不致产生接错而引起故障或危险。

④ 外部杂质。管路、接头和流体通道（包括型芯孔和钻孔）均应除掉有害的杂质，例如：氧化层、毛刺和切屑等，它们会妨碍流动或占据空间造成误动作和（或）损坏元件，包括静密封件和动密封件。

⑤ 管路的支承。

ⓐ 管路应予牢固支承。

ⓑ 支承应不损坏气管或减少流量。

ⓒ 表47-125列出了管路支承件间最大距离的推荐值。

表47-125 管路支承件之间最大距离的推荐值

标称管外径/mm	支承件之间的最大距离/m	标称管外径/mm	支承件之间的最大距离/m
≤10	1	>25和≤50	2
>10和≤25	1.5	>50	3

⑥ 组件间的管路。当设备是由若干互不相连的组件构成时，宜使用刚性安装的隔断式终端接头或终端管路板以支承和联接各组件之间的管路。

⑦ 管路的穿越方式。管路的穿越方式应不妨碍正常使用的通道。管路宜置放在楼板下面或上方并按现场条件确定。这些穿越管路应易于接近并刚性支承。在必要时需防止受到外部损害。

⑧ 快换接头。选用和安装的快换接头，在其连接和拆卸时应满足以下要求：

ⓐ 快换接头不应以危险的施力方式接通或断开。

ⓑ 压缩空气和微粒的排放不应产生危险。

ⓒ 在可能存在危险的地方，应设置一个可控的压力释放系统。

⑨ 软管总成。

软管总成的一般要求应符合以下要求：

ⓐ 用未经装配使用过的软管作为软管总成的零件。

ⓑ 提供由软管制造商推荐的最长储存期限和条件。

ⓒ 在软管制造商推荐的压力范围内使用。

ⓓ 在电导率和绝缘度特性会造成危险的情况下，应选择其相适应的电气特性。

软管总成的安装应符合以下要求：

ⓐ 具有必要的最小长度，以避免在元件工作期间软管产生急剧的折曲和拉紧；软管的弯曲半径不应小于规定的最小弯曲半径。

ⓑ 在安装和使用期间，尽量减小其扭曲度。例如：旋转管接头被卡住的情况。

ⓒ 软管外包皮的安装和保护应使其摩擦和损伤减至最小。

ⓓ 如果软管总成的重量可能引起过渡的变形应加以支承。

⑩ 管路的拆卸。管路的拆卸应不影响管路外已安装的其他元件且无须使用特殊工具。

⑪ 管路总成和塑料管路的失效。

ⓐ 如果软管总成或塑料管的失效会造成击打伤害危险，应采取固定或防护措施。另外，宜安装压缩空气的空气断路器。

ⓑ 如果总成或塑料管的失效会造成流体喷射危险，应采取遮护措施。

8）控制系统。

① 无指令动作。控制系统的设计应能在整个运动期间内防止出现无指令动作和执行元件的错误动作顺序，尤其是在垂直方向和倾斜方向动作时。

② 压力调节。

ⓐ 系统的压力控制应使其保持在安全极限内，例如为安全，在气动回路中使

用减压阀，应采用溢流减压阀。

ⓑ 溢流减压阀在设计中不能作为单独的安全元件来防止过高的压力，因为它的流通能力不够。

ⓒ 应用中按需要的压力调节精度和流量特性确定使用减压阀的型号（参见 ISO 6953－1）。

③ 可调整的控制机构。

ⓐ 压力和流量阀制造时应使之在其额定范围内是可调的，这种调整可以超出其额定值，其额定值不是最大可调极限。

ⓑ 可调控制机构应保持在规定范围内的设定值上，直到重新设定。

ⓒ 应用中按需要的压力调节精度和流量特性确定使用减压阀的型号；参见 ISO 6953－1。

④ 稳定性。应选择适当的压力和流量控制阀，以保证在工作压力、工作温度和负载变化时不会引起故障和危险。

⑤ 抗干扰性。在压力或流量未经许可产生变动会引起故障和危险的场合，压力和流量控制阀或其外壳上应装有抗干扰装置（例如：在压力调节器上设按钮锁定装置）。

⑥ 手动操纵杆。手动操纵杆的运动方向不能混淆，例如：操纵杆向上时，被控制装置就不应向下运动，参见 IEC 61310－3。

⑦ 手动设定控制。在进行手动设定控制时，其控制应设计安全并使其具有能优先于自动控制的操作方法。

⑧ 双手控制。如要设置双手控制，其设计和使用应根据 ISO 13851。

⑨ 安全位置。当控制系统失效产生事故时，为安全起见执行元件需保持不动或处于一个安全位置上，这时应使阀保持不动或切回安全位置（例如：用弹簧压紧或类似重力原理实现）。

注：为脱离安全位置，需加压力或施力，参见 ISO 13849－2：2003 的表 B.2。

⑩ 带有伺服阀或比例阀的控制系统。

ⓐ 超越控制系统。在用伺服阀或比例阀控制执行元件的地方，控制系统的故障会使执行元件产生危险，这时应提供能保持或恢复控制或使执行元件停止运动的装置。

ⓑ 附件装置。由伺服阀或比例阀进行速度控制的执行元件，如其发生意外运动而产生危险时，应提供一种能保持或促使该执行元件运动到安全位置的装置。

⑪ 系统参数的监测。在系统中运行参数的变化可能产生危险时，应对系统的运行参数，例如：温度、压力，提供清楚的显示。

⑫ 并联控制装置。在一个系统中具有一个以上的内部相互联系的自动和（或）手动控制装置，并且这些装置中的任何一个发生故障都可能造成危险时，就应提供连锁或其他保护性措施。如有可能，这种连锁应能中断所有的操作，并且应确保这类中断本身不会引起危险和损害。

⑬ 位置顺序控制。在用压力顺序控制或时间顺序控制出现故障，而其本身又有可能产生危险或损坏的场合，应使用位置传感顺序控制。只要有可能，通常都应使用位置顺序控制方式。

⑭ 控制装置的定位。

a）手动控制装置。手动控制装置的定位和安装应符合以下要求：

ⓐ 将控制装置安置在操作人员通常工作位置能到达的范围。

ⓑ 无须操作者越过转动或移动的设备后才能操作控制装置。

ⓒ 不得妨碍操作者进行所需的正常作业。

ⓓ 其设计、选用和安装都不致使操作人员面临人身危险。

b）外壳和箱体。外壳、箱体、箱门和覆盖物的尺寸及内部控制元件的配置应为维修和通风提供适当的空间。

⑮ 应急控制。系统应按 ISO 13850 配置应急停车或应急控制。

9）诊断和监测。

① 压力测量。

压力测量仪表的测量范围宜按如下选择：若压力稳定，最高工作压力不得超过最大刻度值的 75%；若压力周期变化，不得超过最大刻度值的 65%。

在压力仪表作为系统永久性元件的场合，它应受到保护，不受压力快速升降的影响。

② 供电显示器。电气设备宜装有供电显示器以显示各个元件上的电信号。

10）气动消声器。当排气造成的声压级超过了应用的法规和标准的许可时，排气口应使用消声器。使用的排气消声器本身不应产生危险。消声器不宜产生有害的背压。

11）密封装置。密封装置应符合以下要求：

① 不应受空气、水汽、温度和所使用的流体和润滑油的不利影响。

② 应能与邻近接触的材料相容。

③ 应按照供方的建议储存。

④ 应在其自身寿命限期内使用。

⑤ 在实际使用之前，应进行尽可能接近使用条件的试验。

12）储气罐和防冲击容器。当系统（工厂动力系统除外）配备储气罐和防冲击容器时，应考虑如下要求：

① 有足够的容量以保持所需压力的稳定。

② 按照可适用的规则进行设计、制造和贴标签。

③ 必要时，提供合适的压力测量仪表。

④ 应设有排水口，并防止在收集冷凝液的地方产生冰冻。

⑤ 在气源关闭时，能排气或与气源压力隔离。

在隔离气源压力时，应提供能关断的截止阀以保持防冲击容器的压力。如储气罐或防冲击容器需要排气，应提供一个手动排气孔，并在排气元件上安装永久性的操作警示标牌。

2. 安全要求的检查和验收试验

气动系统须经过目检和试验以确定：

① 认定系统和元件是否符合系统的技术要求。

② 系统元件是否遵照回路图连接。

③ 系统，包括全部安全装置的功能是否正确。

④ 除正常功能的耗气外，是否有可听见的漏气声，在所有预定使用条件下系统须耐受最大的使用压力；宜通过遵守正确的安装程序解决气动系统中的泄漏。

注：因气动系统只是机器设备的一部分，在气动系统装入机器设备之前，许多检查程序不能完成。

经目检和试验后检查的结果应记在证明文件中。

3. 供使用的资料

（1）一般要求　供使用的资料应符合 GB/T 15706—2012 中的 6.4，根据应用要求提供。

（2）最终资料　应提供适合系统最终验收的如下资料：

① 符合 ISO 1219－2 的最终回路图。

注：ISO 1219－2 提供了制定唯一的识别码方法。

② 零部件明细表。

③ 通用的配置图。

④ 维修和操作说明书资料和手册。

⑤ 合格证，在需要时提供。

⑥ 集成件说明书。

⑦ 附属于系统供应的润滑液体和油脂的材料安全数据表。

（3）维修和运行资料

1）应对所有气动设备，包括管路提供叙述系统操作和维修的说明手册，根据 GB/T 15706—2012 中的 6.4，它包括必要的维修和操作数据。

注：一般，这些要求由系统供应商提供。

这些数据资料应清楚表明：

① 叙述起动和停车程序。

② 给出任何要求减压的指示，并对不靠正常排气装置减压的系统的那些部分做出标志。

③ 叙述调整程序。

④ 当不采用油雾器的压力下供油时，要指明内部润滑点、所需润滑剂类型和观察间隔时间。

⑤ 确定需要经常进行定时维修的排水点、过滤器、测试点等。

⑥ 对单独的集成组件说明维修程序。

⑦ 备用零件的推荐表。

⑧ 对软件集成的维修要求提出建议。

2）控制系统的有关安全部件中有关元件的使用和更换，应提供其使用寿命和运行时间的资料。

注：当采用 ISO 13849 – 1 时，为保持设计性能其信息资料是必要的。

（4）标识和认定

1）元件。

① 如果可能应在所有元件上以永久性和清晰可见的形式提供并表明下列详细资料：

ⓐ 制造商或供应商名称和（或）商标。

ⓑ 制造商或供应商的产品标识。

ⓒ 额定压力。

ⓓ 符合 ISO 1219 – 1 的图形符号及所有气口按 ISO 11727 做出的正确标志，这些图形符号宜与实有集成件相一致。

注：这些要求一般由系统供应商提供。

② 当没有足够的空间致使识别字迹过小的场合，标识可用补充文件方式提供，如说明或维修手册，产品目录或辅助卡片。

③ 对于气马达，应标明旋转方向。对于过滤器、油雾器和减压阀，应指明流动方向。

④ 供选择的资料可在元件上或在补充文件中给出，见表 47-126。

表 47-126　可在元件上和（或）补充文件中给出的附加信息

元件	必需的信息	可选择的信息[①]	备注
气马达		自由空气耗量	
摆动马达	回转角度		
	排气量		
气缸	缸内径		
	行程长度		
电磁线圈	电压		
	交流电的频率或伏安 直流电的功率		
		防护等级（IP 等级）	符合 IEC 60529
方向控制阀	工作压力范围		可替代额定压力
	气口尺寸		
压力开关	工作压力范围		可替代额定压力
	压差范围		
	开关承受电压电流的能力		
		防护等级（IP 等级）	符合 IEC 60529

（续）

元件	必需的信息	可选择的信息①	备注
过滤器	额定过滤精度/μm		见 ISO 5782－1
	气口尺寸		
调压阀	气口尺寸		见 ISO 6953－1
		可调压力范围	
油雾器	气口尺寸		见 ISO 6301－1
		最小工作流量	
		喷油阀调节方向	

① 所有元件的额定温度可以任选。

2）系统中的元件。

① 应给系统中每个元件和软管组件一个唯一的识别号码（见符合 ISO 1219.2 或 GB/T 786.2 的最终回路图）。此识别号码应用在所有的零件清单、通用配置图和（或）回路图中以识别元件和软管组件。它宜清晰和永久性的标明在该元件和软管组件附近，而不是标在它上面。

② 叠加阀的顺序和方位宜清晰地标明在叠加阀组件附近，而不是在它上面（见图 47-94）。

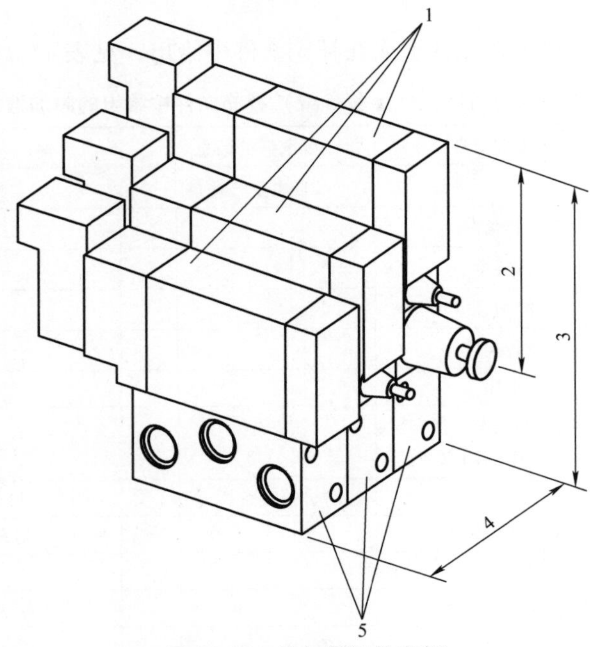

图 47-94　叠加阀组件实例

1—单个阀　2—叠加阀组件　3—组　4—管路的组件　5—单个连接的管路底板

注：图示为包括三组的成套管路板组件，其中两组叠加阀组件装在管路底板上，其余一组织在底板上有一个阀。

3）气口和导管。

① 所有的气口都应清晰和单独标明。所有的标注都应与回路图上的资料一致。

② 如用其他某些方法难以避免错误配合，应使气动系统和其他系统的连接导管清晰和单独地标明，使有关文件中的数据资料相符。

可根据回路图的数据资料选择下列一种方法鉴别导管：使用导管的标识号码进行标记；使用元件和气口标识对导管末端标记。（本体末端连接标记或两端连接标记）。

综合①和②，对所有导管及其末端都加标记。

③ 应在软管上以永久性和清晰可见的形式提供以下标识：制造商和供应商名称和（或）商标；制造日期（年/季）；额定压力；公称内径（非强制性的）。

注：一般，这些要求由软管制造商安排提供。

④ 应在塑料管上以永久性和清晰可见的形式提供以下标识：制造商和供应商的名称和（或）商标；制造日期（年/季）；公称外径（非强制性的）。

注：一般，这些要求由塑料管制造商提供。

4）阀的控制机构。

① 阀的控制机构及其功能应采用与回路图相同的标识清晰和永久地标明。

② 当相同的电控阀机构（如：电磁线圈及其附带的插头和电缆）出现在气动和相关的电气回路图上，应采用相同的标识在两类回路图上标明。

5）内插件。设置在管路板、安装板、底座或管接头内的阀或其他功能的装置（如：孔式插件、通道、梭阀、单向阀等）应在插入口附近标上标识。如果插入口位于一个或几个元件之下时，则应在这类元件附近设置标识，并标明“内插”字样。如果办不到，该标识应采用其他方法提供。

6）功能板。每个控制台（站）都应在便于观察的位置上安装一个功能板，功能板上的信息应易于理解，并能提供所控制的各个系统功能的明确标识。如果办不到，该标识应采用其他方法提供。

4. 标注说明

当遵守本标准时，推荐制造商在试验报告、产品目录和销售文件中使用下列说明：“本气动系统及其元件符合 GB/T 7932—2017《气动　对系统及其元件的一般规则和安全要求》”

47.8.2　气动连接　气口和螺柱端（GB/T 14038—2008/ISO 16030：2001/Amd. 1：2005）

1. 尺寸要求

1）气口的尺寸应符合图 47-95 和表 47-127 的规定。

2）螺柱端的尺寸应符合图 47-96 和表 47-128 的规定。密封装置是螺柱端的组成部分。密封方法举例如图47-97所示。

气口中心线间的距离见表47-129。

2. 性能要求

（1）额定压力范围　气口、螺柱端和密封装置应在－90kPa～1.6MPa的额定压力范围内使用而进行设计，除非对气口、螺柱端和密封装置的制造材料有所要求，则由制造商另行规定。

其重要性在于确保气口周围有足够的实体以保持压力。

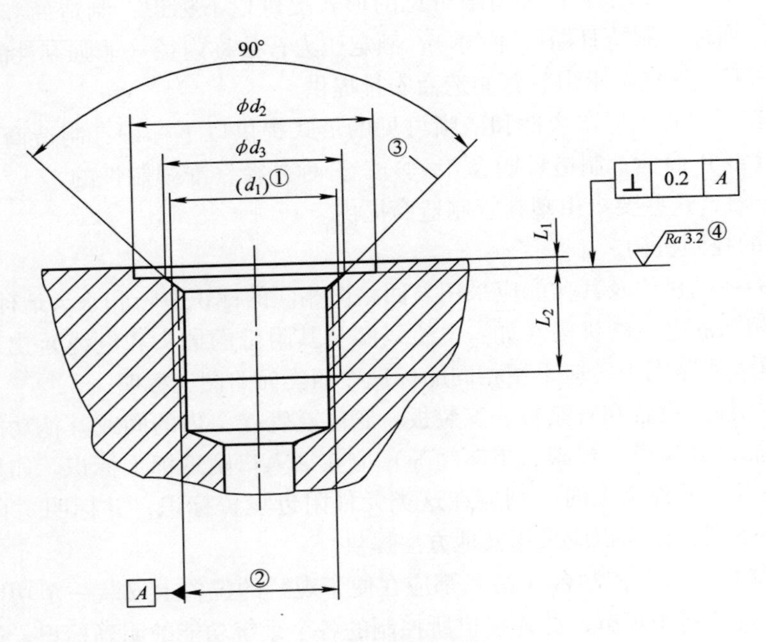

图47-95　气口

注：①螺纹；②中径；③此表面上不得有毛刺或径向划痕；④此值适用于表面呈同心环槽的场合，否则 Ra 应为2.4μm。

（2）额定温度范围　气口、螺柱端和密封装置均应在－20～80℃的额定温度范围内使用而进行设计，除非对气口、螺柱端和密封装置的制造材料有所要求，则由制造商另行规定。

（3）性能验证　气口、螺柱端和密封装置均应符合GB/T 14038—2008中测试方法中所规定的全部要求。

（4）密封装置　密封装置应能有效保压，可重复使用且能经受长期工作。

表 47-127　气口的尺寸　（单位：mm）

螺纹（d_1）	d_2 min	d_3 公称尺寸	d_3 公差	L_1 max	L_2 min
M3	7	3.1	+0.3 0	0.5	3.5
M5	9	5.1		0.5	4.5
M7	12	7.1		0.5	6
G1/8	15	9.8	+0.4 0	0.5	6
G1/4	19	13.3		1	7
G3/8	23	16.8		1	8
G1/2	27	21		1	9.5
G3/4	33	26.5		1	11
G1	40	33.4		1	12
G1¼	50	42.1		2	17
G1½	56	48	+0.5 0	2	18
G2	69	60		2	20

注：普通螺纹 M3～M7 应符合 GB/T 193，而管螺纹 G1/8～G2 应符合 GB/T 7307，为 55°非密封管螺纹。

3. 螺柱端尺寸（见图 47-96、表 47-128）

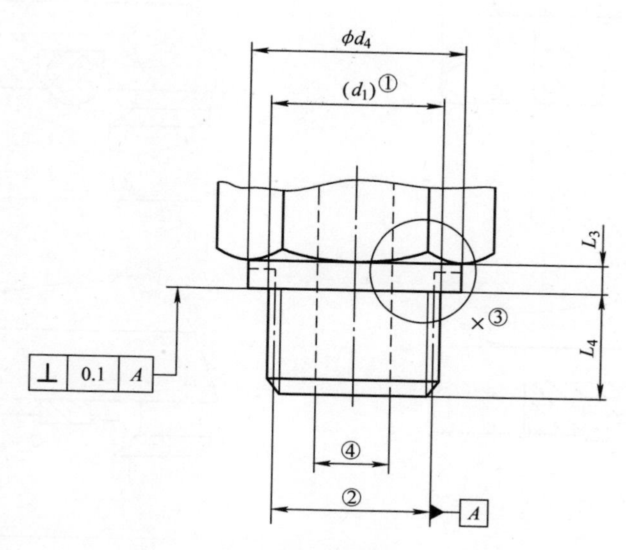

图 47-96　螺柱端

注：①螺纹；②中径；③由制造商选用。密封示例如图 47-97 所示；④通孔的尺寸与形状取决于材料和设计。

表47-128　螺柱端的尺寸　（单位：mm）

螺纹 (d_1)	d_4 max	L_3 min	L_4 公称尺寸	L_4 公差
M3	6.5	1	3	0 −0.5
M5	8.5	1	4	0 −0.8
M7	11.5	1	5.5	0 −1
G1/8B	14.5	1	5.5	0 −0.9
G1/4B	18.5	1.5	6.5	0 −1.3
G3/8B	22.5	1.5	7.5	
G1/2B	26.5	1.5	9	0 −1.8
G3/4B	32.5	1.5	10.5	
G1B	39	1.5	11.5	0 −2.3
G1¼B	49	2.5	16.5	
G1½B	55	2.5	17.5	
G2B	68	2.5	19.5	

注：普通螺纹M3～M7应符合GB/T 193，而管螺纹G1/8～G2应符合GB/T 7307，密封管为55°非螺纹。

4. 密封方法示例（见图47-97）

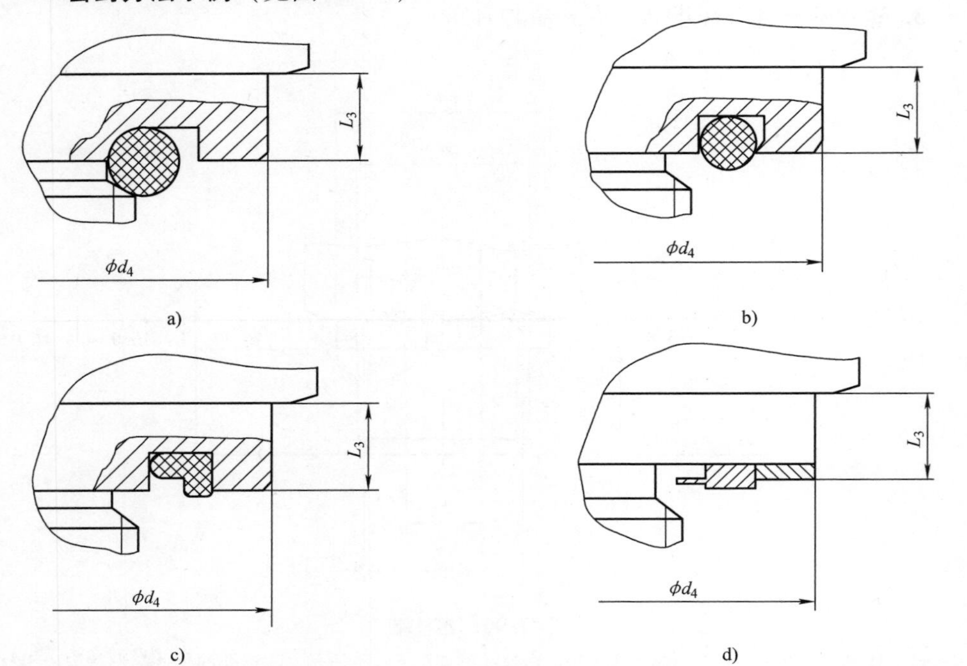

图47-97　密封方法示例（见图47-96中的“×”部分）

a）O形圈密封之一　b）O形圈密封之二　c）成形密封　d）复合密封

5. 气口的中心距

气口中心线间的最小距离取决于拟用于气口的管接头。不同的管接头有不同的螺柱端体规格、管接头螺母的六角尺寸及在插入式管接头的凸缘直径。图 47-98 中所示并在表 47-129 中给定的尺寸，取自本标准发布之际在市场上常见的管接头。表 47-129 中最后一列的标题为“最小气口中心距”，表示该最小尺寸将适应本标准发布之际在市场上常见的最大规格的管接头并适应大多数的应用。但是，使用较小或特殊管接头，较小的气口中心距还是可能的。

有关用于塑料管的插入式管接头的进一步信息见 ISO 14743。

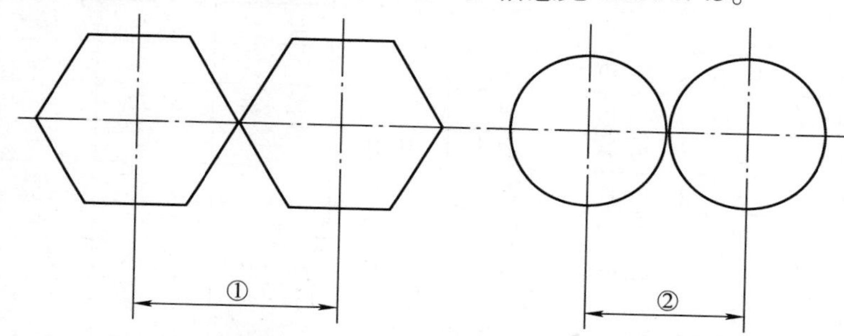

图 47-98　螺母或螺柱体对角宽度与管接头凸缘直径图示

注：①螺母或螺柱体的对角宽度；②管接头的凸缘直径。

表 47-129　气口常用中心距及相关信息　（单位：mm）

螺纹（d_1）	管子规格	金属类管接头螺柱端				插入式管接头螺柱端			最小气口中心距
		管螺母六角对边宽度范围	最大管螺母对角宽度	螺柱体六角对边宽度范围	最大螺柱体对角宽度	螺柱体六角对边宽度范围	最大螺柱体对角宽度	最大管接头凸缘直径	
M3	3	—	—	4.5	5.2	5.5～7	8.08	8	8.1
	4	—	—	4.5	5.2	7.9～9.5	10.97	14.9	14.9
M5	3	—	—	7	8.08	6.5～8	9.24	8	9.3
	4	8～10	11.55	7～8	9.24	8～12	13.86	14.9	14.9
	6	12	13.86	10	11.55	10～14	16.17	16.9	16.9
M7	4	—	—	—	—	—	—	14.9	14.9
	6	—	—	—	—	—	—	16.9	16.9
G1/8	4	8～10	12.71	13～14	16.17	13～14	16.17	14.9	16.2
	6	11～14	16.17	13～14	16.17	13～14	16.17	16.9	16.9
	8	14～17	19.64	13～14	16.17	14	16.17	18.9	19.7
	10	19	21.95	13～17	19.64	—	—	—	22
G1/4	4	—	—	—	—	14～16	18.48	14.9	18.5
	6	12～14	16.17	14～19	21.95	16～17	19.64	16.9	22
	8	13～17	19.64	17～19	21.95	16～17	19.64	18.9	22
	10	17～19	21.95	17～19	21.95	17～19	21.95	23.5	23.5
	12	19～22	25.41	17～19	21.95	19～22	25.41	25.4	25.4

（续）

螺纹（d_1）	管子规格	金属类管接头螺柱端				插入式管接头螺柱端			最小气口中心距
		管螺母六角对边宽度范围	最大管螺母对角宽度	螺柱体六角对边宽度范围	最大螺柱体对角宽度	螺柱体六角对边宽度范围	最大螺柱体对角宽度	最大管接头凸缘直径	
G3/8	6	14	16.17	19~22	25.41	—	—	—	25.4
	8	14~17	19.64	19~22	25.41	19~22	25.41	18.9	25.4
	10	19	21.95	19~22	25.41	19~22	25.41	23.5	25.4
	12	19~22	25.41	19~22	25.41	20~22	25.41	25.4	25.4
	14	—	—	—	—	22~24	27.72	27.4	27.7
	15	24~27	31.19	24	27.72	—	—	—	27.7
	16	24~27	31.19	24	27.72	22~24	27.72	24	27.7
	18	32	36.96	27	31.19	—	—	—	37
G1/2	6	14	16.17	27	31.19	—	—	—	31.2
	8	17	19.64	27	31.19	—	—	—	31.2
	10	19	21.95	27	31.19	24~27	31.19	23.5	31.2
	12	22	25.41	27	31.19	24~27	31.19	25.4	31.2
	14	—	—	—	—	24~27	31.19	27.4	31.2
	15	27	31.19	27	31.19	—	—	—	31.2
	16	24~27	31.19	24~27	31.19	24~27	31.19	31.1	31.2
	18	32	36.96	27	31.19	—	—	—	37
	22	36	41.58	32	36.96	—	—	—	41.6
G3/4	12	22	25.41	32	36.96	—	—	—	37
	15	27	31.19	32	36.96	—	—	—	37
	18	32	36.96	32	36.96	—	—	—	37
	22	36	41.58	32	36.96	—	—	—	41.6
	28	41	47.36	41	47.36	—	—	—	47.4
G1	22	36	41.58	41	47.36	—	—	—	47.4
	28	41	47.36	41	47.36	—	—	—	47.4
	35	50	57.75	46	53.13	—	—	—	57.8
	42	60	69.3	55	63.53	—	—	—	69.3
G1¼	28	41	47.36	50	57.75	—	—	—	57.8
	35	50	57.75	50	57.75	—	—	—	57.8
	42	60	69.3	55	63.53	—	—	—	69.3
G1½	35	50	57.75	55	63.53	—	—	—	63.5
	42	60	69.3	55	63.53	—	—	—	69.3
G2	—	—	—	70	80.85	—	—	—	80.9

47.8.3　气动　缸径8mm至25mm的单杆气缸　安装尺寸（GB/T 8102—2020/ISO 6432：2015）

1. 尺寸

（1）基本尺寸　基本尺寸见图47-99和表47-130。

（2）安装尺寸　安装尺寸见图47-100～图47-103以及对应的表47-131～表47-133。表中的尺寸公差只适用于行程不大于100mm的气缸，行程大于100mm时，尺寸公差由制造商与用户协商。

2. 行程

1）行程系列按ISO 4393的规定选取。

2）当行程不大于100mm时，其公差为$^{+1.5}_{0}$mm；当行程大于100mm时，其公差由制造商与用户协商。

3. 缸径

缸径*AL*按照ISO 3320选取：8mm、10mm、12mm、16mm、20mm、25mm。

4. 安装型式

本标准包括了ISO 6099中规定的以下安装型式：

MF8——前端矩形法兰（带两孔）（见图47-100、表47-131）。

MP3——后端固定单耳环（见图47-101、表47-132）。

MR3——前端螺纹（见图47-102、表47-133）。

MS3——前端脚架（见图47-103、表47-134）。

5. 活塞杆

本标准适用于带外螺纹的活塞杆，其螺纹尺寸应符合ISO 4395。

6. 标注说明

当选择遵守标准GB/T 8102—2020时，可在测试报告、产品样本和销售文件中使用以下说明：

“本型号气缸的安装尺寸符合GB/T 8102—2020《气动　缸径8mm至25mm的单杆气缸　安装尺寸》。”

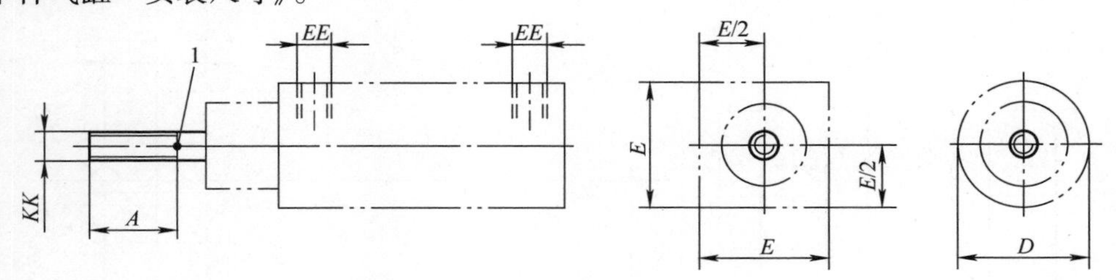

图47-99　基本尺寸

1—理论参考点，符合ISO 6099。

表 47-130 基本尺寸 （单位：mm）

AL	A		KK	EE①	E	D
	公称值	公差			最大	最大
8	12	0 -2	M4	M5	18	20
10	12		M4	M5	20	22
12	16		M6	M5	24	26
16	16		M6	M5	24	27
20	20		M8	G1/8	34	40
25	22		M10×1.25	G1/8	34	40

① *EE* 符合 ISO 16030。

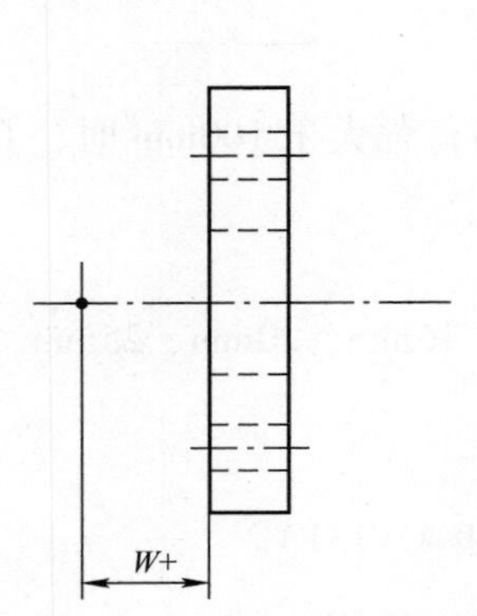

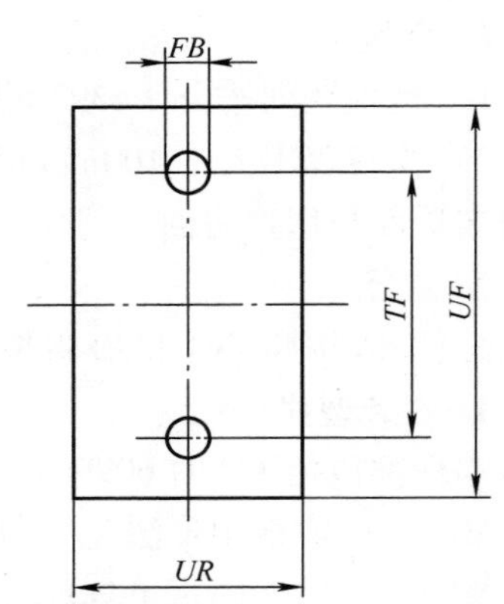

图 47-100 前端矩形法兰（带两孔）（MF8）

表 47-131 前端矩形法兰（带两孔）安装尺寸（MF8） （单位：mm）

AL	W①	FB	TF	UF	UR
	±1.4	H13	JS14	最大	最大
8	13	4.5	30	45	25
10	13	4.5	30	53	30
12	18	5.5	40	55	30
16	18	5.5	40	55	30
20	19	6.6	50	70	40
25	23	6.6	50	70	40

① 字母后加“+”表示加一个行程。

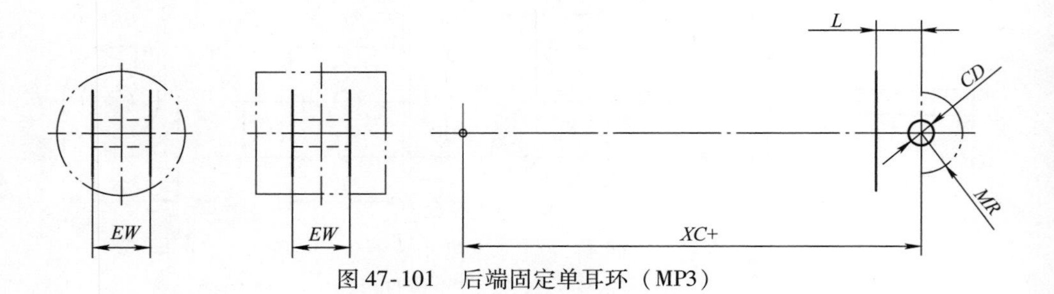

图 47-101 后端固定单耳环（MP3）

表 47-132　后端固定单耳环安装尺寸（MP3）　　（单位：mm）

AL	*EW* d13	*XC*① ±1	*L* 最小	*CD* H9	*MR* 最大
8	8	64	6	4	18
10	8	64	6	4	18
12	12	75	9	6	22
16	12	82	9	6	22
20	16	95	12	8	25
25	16	104	12	8	25

① 字母后“+”表示加一个行程。

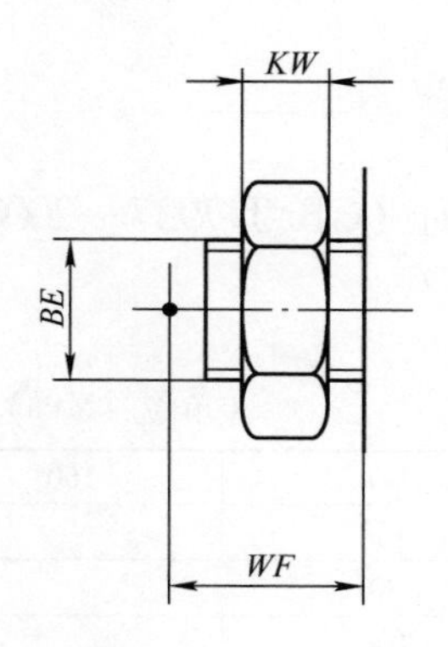

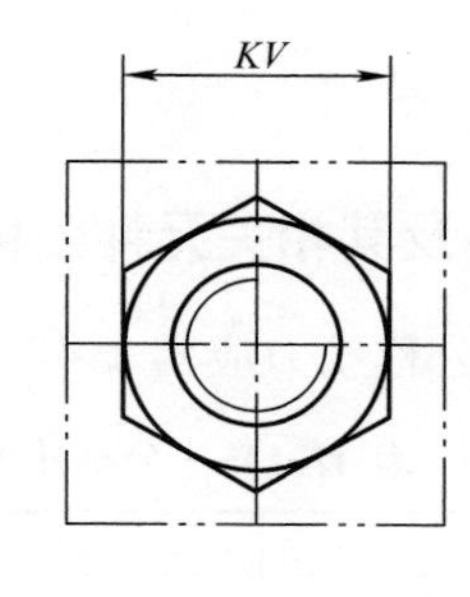

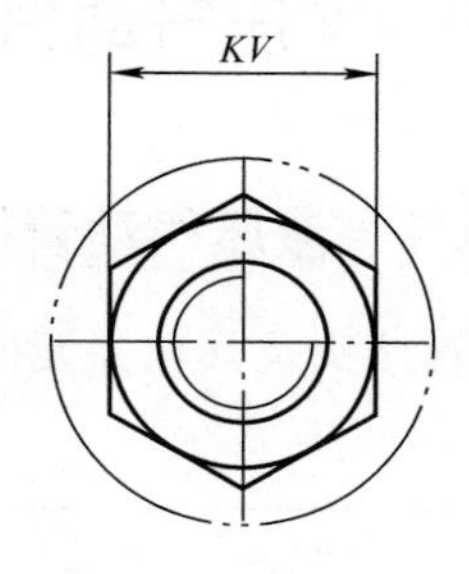

图 47-102　前端螺纹（MR3）

表 47-133　前端螺纹安装尺寸（MR3）　　（单位：mm）

AL	*BE*	*KW* 最大	*KV* 最大	*WF* ±1.2
8	M12×1.25	7	19	16
10	M12×1.25	7	19	16
12	M16×1.5	8	24	22
16	M16×1.5	8	24	22
20	M22×1.5	11	32	24
25	M22×1.5	11	32	28

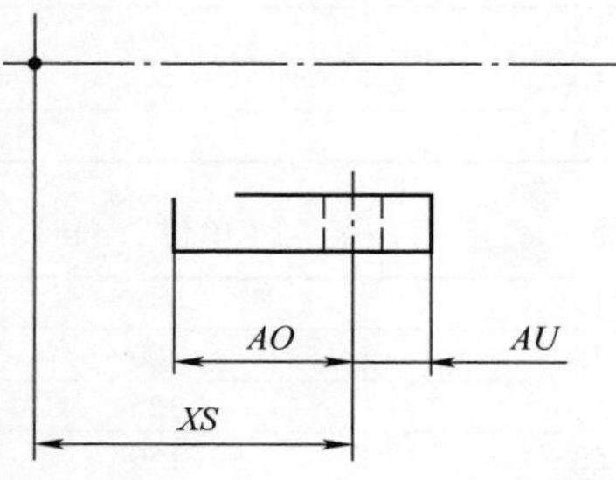

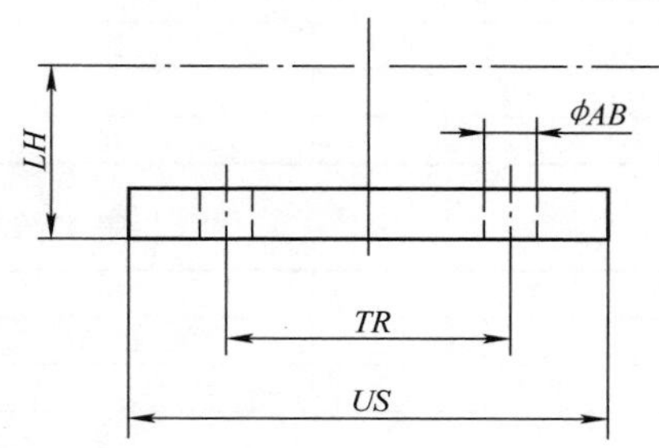

图 47-103　前端脚架（MS3）

表47-134　前端脚架安装尺寸（MS3）　（单位：mm）

AL	XS ±1.4	AO 最大	AU 最大	LH ±0.3	TR JS14	US 最大	AB H13
8	24	14	6	16	25	35	4.5
10	24	14	6	16	25	42	4.5
12	32	16	7	20	32	47	5.5
16	32	16	7	20	32	47	5.5
20	36	20	8	25	40	55	6.6
25	40	20	8	25	40	55	6.6

47.9　液压气动辅件

47.9.1　液压气动管接头及其相关元件公称压力系列（GB/T 7937—2008）

管接头及其相关元件的公称压力应由表47-135选取。

表47-135　公称压力系列　（单位：MPa）

0.25	4	[21]	50	160
0.63	6.3	25	63	
1	10	31.5	80	
1.6	16	[35]	100	
2.5	20	40	125	

注：方括号中为非推荐值。

47.9.2　流体传动系统及元件　硬管外径和软管内径（GB/T 2351—2021/ISO 4397：2011）

硬管公称外径应从表47-136中选择。软管公称内径应从表47-137中选择。

表47-136　硬管公称外径　（单位：mm）

3	15	30	75
4	16	32	90
5	18	35	100
6	20	38	115
8	22	42	140
10	25	50	—
12	28	60	—

表47-137　软管公称内径　（单位：mm）

3.2	10	31.5	90
4	12.5	38	100
5	16	51	125
6.3	19	63	150
8	25	76	—

参 考 文 献

[1] 国家标准化管理委员会，中央网信办，国家发展改革委，等．国家新一代人工智能标准体系建设指南 [R]．(2020-8-4)．

[2] 工业和信息化部，国家标准化管理委员会．国家智能制造标准体系建设指南（2018 版）[R]．(2018-8-14)．

[3] 林广．智能化趋势下的液压元件与可靠性标准 [R] //全国工程机械行业 CTO 智能液压技术创新论坛．[S. l.：s. n.]，2019.

[4] 全国液压气动标准化技术委员会．流体传动系统及元件　图形符号和回路图　第 1 部分：图形符号：GB/T 786.1—2021 [S]．北京：中国标准出版社，2021.

[5] 全国液压气动标准化技术委员会．流体传动系统及元件　图形符号和回路图　第 2 部分：回路图：GB/T 786.2—2018 [S]．北京：中国标准出版社，2019.

[6] 全国液压气动标准化技术委员会．流体传动系统及元件　图形符号和回路图　第 3 部分：回路图中的符号模块和连接符号：GB/T 786.3—2021 [S]．北京：中国标准出版社，2021.

[7] 全国液压气动标准化技术委员会．流体传动系统及元件　公称压力系列：GB/T 2346—2003 [S]．北京：中国标准出版社，2004.

[8] 全国液压气动标准化技术委员会．液压传动　系统及其元件的通用规则和安全要求：GB/T 3766—2015 [S]．北京：中国标准出版社，2015.

[9] 全国液压气动标准化技术委员会．液压传动　测量技术通则：JB/T 7033—2007 [S]．北京：机械工业出版社，2007.

[10] 全国液压气动标准化技术委员会．液压传动测量技术　第 2 部分：密闭回路中平均稳态压力的测量：GB/T 28782.2—2012 [S]．北京：中国标准出版社，2013.

[11] 全国液压气动标准化技术委员会．液压元件可靠性评估方法：GB/T 35023—2018 [S]．北京：中国标准出版社，2018.

[12] 全国液压气动标准化技术委员会．液压元件　型号编制方法：JB/T 2184—2007 [S]．北京：机械工业出版社，2007.

[13] 全国液压气动标准化技术委员会．流体传动系统及元件　词汇：GB/T 17446—2012 [S]．北京：中国标准出版社，2013.

[14] 全国液压气动标准化技术委员会．液压传动　油液　固体颗粒污染等级代号：GB/T 14039—2002 [S]．北京：中国标准出版社，2003.

[15] 全国液压气动标准化技术委员会．液压系统总成　清洁度检验：GB/Z 20423—2006 [S]．北京：中国标准出版社，2007.

[16] 全国液压气动标准化技术委员会．液压系统总成　管路冲洗方法：GB/T 25133—2010 [S]．北京：中国标准出版社，2010.

[17] 全国液压气动标准化技术委员会．液压传动　过滤器的选择与使用规范：JB/T 12921—2016 [S]．北京：机械工业出版社，2016.

[18] 全国液压气动标准化技术委员会．液压气动用 O 形橡胶密封圈　第 1 部分：尺寸系列及公差：GB/T 3452.1—2005 [S]．北京：中国标准出版社，2006.

[19] 全国液压气动标准化技术委员会. 液压气动用O形橡胶密封圈 沟槽尺寸: GB/T 3452.3—2005 [S]. 北京: 中国标准出版社, 2006.

[20] 全国液压气动标准化技术委员会. 液压传动 聚氨酯密封件尺寸系列 第1部分: 活塞往复运动密封圈的尺寸和公差: GB/T 36520.1—2018 [S]. 北京: 中国标准出版社, 2018.

[21] 全国液压气动标准化技术委员会. 液压传动 聚氨酯密封件尺寸系列 第2部分: 活塞杆往复运动密封圈的尺寸和公差: GB/T 36520.2—2018 [S]. 北京: 中国标准出版社, 2018.

[22] 全国液压气动标准化技术委员会. 液压传动 聚氨酯密封件尺寸系列 第3部分: 防尘圈的尺寸和公差: GB/T 36520.3—2019 [S]. 北京: 中国标准出版社, 2019.

[23] 全国液压气动标准化技术委员会. 液压传动 聚氨酯密封件尺寸系列 第4部分: 缸口密封圈的尺寸和公差: GB/T 36520.4—2019 [S]. 北京: 中国标准出版社, 2019.

[24] 全国液压气动标准化技术委员会. 液压传动连接 带米制螺纹和O形圈密封的油口和螺柱端 第1部分: 油口: GB/T 2878.1—2011 [S]. 北京: 中国标准出版社, 2012.

[25] 全国液压气动标准化技术委员会. 液压传动连接 带米制螺纹和O形圈密封的油口和螺柱端 第2部分: 重型螺柱端 (S系列): GB/T 2878.2—2011 [S]. 北京: 中国标准出版社, 2012.

[26] 全国液压气动标准化技术委员会. 液压传动连接 带米制螺纹和O形圈密封的油口和螺柱端 第3部分: 轻型螺柱端 (L系列): GB/T 2878.3—2017 [S]. 北京: 中国标准出版社, 2017.

[27] 全国液压气动标准化技术委员会. 液压传动连接 带米制螺纹和O形圈密封的油口和螺柱端 第4部分: 六角螺塞: GB/T 2878.3—2017 [S]. 北京: 中国标准出版社, 2017.

[28] 全国液压气动标准化技术委员会. 流体传动系统及元件 缸径及活塞杆直径: GB/T 2348—2018 [S]. 北京: 中国标准出版社, 2018.

[29] 全国液压气动标准化技术委员会. 液压缸活塞和活塞杆动密封沟槽尺寸和公差: GB/T 2879—2005 [S]. 北京: 中国标准出版社, 2006.

[30] 全国液压气动标准化技术委员会. 液压缸试验方法: GB/T 15622—2005 [S]. 北京: 中国标准出版社, 2006.

[31] 全国液压气动标准化技术委员会. 液压传动 电液推杆: JB/T 14001—2020 [S]. 北京: 机械工业出版社, 2021.

[32] 全国液压气动标准化技术委员会. 流体传动系统及元件 缸安装尺寸和安装型式代号: GB/T 9094—2020 [S]. 北京: 中国标准出版社, 2020.

[33] 全国液压气动标准化技术委员会. 液压传动 油路块总成及其元件的标识: GB/T 36997—2018 [S]. 北京: 中国标准出版社, 2019.

[34] 全国汽车标准化技术委员会. 汽车自动变速器用高速开关电磁阀: GB/T 35175—2017 [S]. 北京: 中国标准出版社, 2017.

[35] 全国液压气动标准化技术委员会. 气动 对系统及其元件的一般规则和安全要求: GB/T 7932—2017 [S]. 北京: 中国标准出版社, 2017.

[36] 全国液压气动标准化技术委员会. 气动连接 气口和螺柱端: GB/T 14038—2008 [S]. 北

京：中国标准出版社，2008.

[37] 全国液压气动标准化技术委员会. 气动　缸径 8mm 至 25mm 的单杆气缸　安装尺寸：GB/T 8102—2020 [S]. 北京：中国标准出版社，2020.

[38] 全国液压气动标准化技术委员会. 流体传动系统及元件　硬管外径和软管内径：GB/T 2351—2021 [S]. 北京：中国标准出版社，2021.

[39] 全国液压气动标准化技术委员会. 液压气动用管接头及其相关元件　公称压力系列：GB/T 7937—2008 [S]. 北京：中国标准出版社，2008.

液压工业4.0发展与展望

主　编　许仰曾

第48章　中国液压的发展途径

作　　者　许仰曾　王长江　冀　宏　葛志伟

主　　审　沙宝森

第49章　创建数智液压行业公共服务平台

作　　者　明志茂　赵可沦　王起新　郭向洪　许仰曾

主　　审　沙宝森　葛志伟　王雄耀

第50章　中国液压根技术与培育生态

作　　者　许仰曾　李金伟

主　　审　沙宝森

第51章　世界级液压企业发展之路

作　　者　许仰曾

主　　审　沙宝森　葛志伟

第52章　发展行走机械数智液压技术

作　　者　王长江

主　　审　许仰曾

第48章　中国液压的发展途径

液压未来的发展方向来自社会需求，即碳中和、无人化、多电化、数字孪生和水液压。从液压技术的主导优势和弱点来看，要从三个维度分析与判断液压元件发展的内在动力和方向，这三个维度就是流体动力与控制技术的学科发展维度（可能性）、社会需求与市场趋势的战略维度（必要性）、工程与产品应用的根本需求维度（根本性）。综合而言，液压技术必定向“三能一水”（“节能、智能、制能、水液压”）的方向发展。

基于以上这些需求，液压技术在工业4.0下首先要实现液压元件“芯片化”。只有液压元件芯片化才谈得上“数字化”；只有液压元件实现芯片化，液压元件才可以与总线或网络进行通信；只有液压元件芯片化才能使软件定义液压元件功能的智能元件得以实现；只有液压元件芯片化才能使负载需要多少能量，元件就及时提供多少能量，才可以从根本上用智能方法实现液压技术的节能；只有液压元件的芯片化才能支持智能技术、多电化技术和数字孪生技术，去完美实现碳中和目标、无人化境界和全生命周期管理。

液压必须与电气电子技术融合，以化解液压行业是否是“夕阳产业”的问题，而数智液压就是工业4.0下的必然发展途径。我国仍然需要学习国际跨国集团在技术、产品与管理方面的先进经验，但是我国应该摆脱“仿”的思维，去除“跟随”的惯性，采用适合我国液压国情的发展模式与途径，增强对国产创新的自信，应以“低端液压元件用高端数智技术提升”占领市场的中国式策略，来尽快提升中国数智液压，抢得先机，并用“企业总部经济”这种中国式新的利益分配与投资模式，顺应中国企业家“宁当鸡头不做凤尾”的创业梦想，以提高中国液压企业的集中度。用新思维促进我国早日站在世界液压强国之林。

48.1　解读中国液压行业发展“十四五”规划与20年技术发展路线图

图48-1所示为中国国民经济和社会发展五年规划中液压行业政策的演变，从中可以看出液压行业发展的思路：①发展作为基础件行业中液压元件的“基础”；

②发展下游以液压元件为基础的工程与主机装备；③将液压元件产品作为国家“四基”基础打牢的同时，提升液压元件到工业4.0的最高境界智能化。

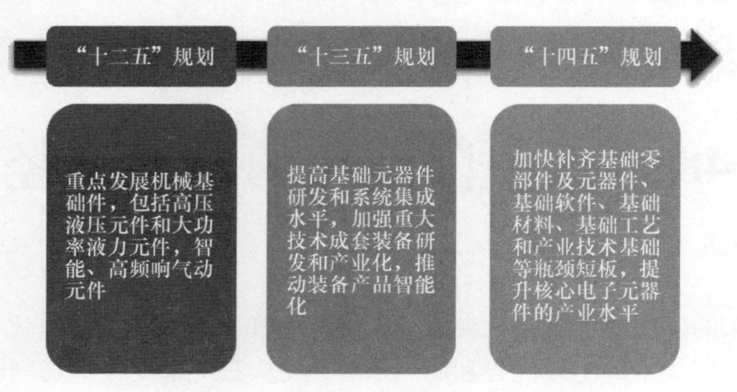

图48-1 中国国民经济规划中液压行业政策的演变

整个行业发展就是“打牢基础，为应用服务，目标智能”，技术路线是“高频响、电子器件、智能化”。大方向都说对了，但是路线模糊、界限不清。这说明为什么我国行业发展依靠国民经济高速增长，液气行业总体发展很快，但是自身行业技术与产品的发展又跟不上时代发展的需求的原因，在这方面看到了问题的源头。这也是技术发展过程中世界各国都会经历的模糊期：发展越快，越在前列，路线就越缺乏对标与参考。

我国将液压元件与《中国制造2025》的“四基”，即核心基础零部件（元器件）、先进基础工艺、关键基础材料和产业技术基础联系起来，也作为高端装备制造和智能装备制造的子产品，是《战略性新兴产业分类（2018）》《战略性新兴产业重点产品和服务指导目录》（2016版）《“十三五”国家战略性新兴产业发展规划》（国发〔2016〕67号）等文件中明确提出需要加快培育和发展的战略性新兴产业。《国家中长期科学和技术发展规划纲要（2006—2020年）》将液压元件归属的基础件和通用部件作为重点领域和优先主题。《中共中央关于制定国民经济和社会发展第十四个五年规划和二〇三五年远景目标的建议》中明确指出，“推动传统产业高端化、智能化、绿色化，发展服务型制造”“加快壮大新一代信息技术、生物技术、新能源、新材料、高端装备、新能源汽车、绿色环保以及航空航天、海洋装备等产业。”因此液压行业的发展路线应该通过规划与实践不断总结提高，寻求更为有效的途径。

在2011年，由中国机械工程学会组织编写的《中国机械工程技术路线图》，其中包括了流体传动与控制（第九章），描绘了我国机械制造技术面向2030年如何实现自主创新、重点跨越、支撑发展、引领未来的战略路线图，将“绿色、智能、超常、融合、服务”归纳为机械工程技术五大发展趋势。在2015年国际上形成工业4.0的趋势后，《中国机械工程技术路线图（第2版）》中提出支撑制造业发展的八大基础共性制造技术领域，即机械设计、成形制造、智能制造、精密与超精密制造、微纳制造、增材制造、绿色制造与再制造和仿生制造的关键核心技术与技术路线图；研究对主机和成套设备性能产生重大影响的六大基础件，即流体传动与控制件、密封件、轴承、齿轮、模具和刀具的关键核心技术与技术路线图；研究对机械工程技术起重要作用的服务型制造技术路线图；提出机械工程技术路线图成功实施的六大关键要素，即创新、人才、体系、机制、开放、协同。

图 48-2 所示为 2011 年提出的流体传动与控制的技术发展路线图，将液压传动技术的发展分成三大部分：①高效、高可靠和节能；②智能化、集成化、一体化；

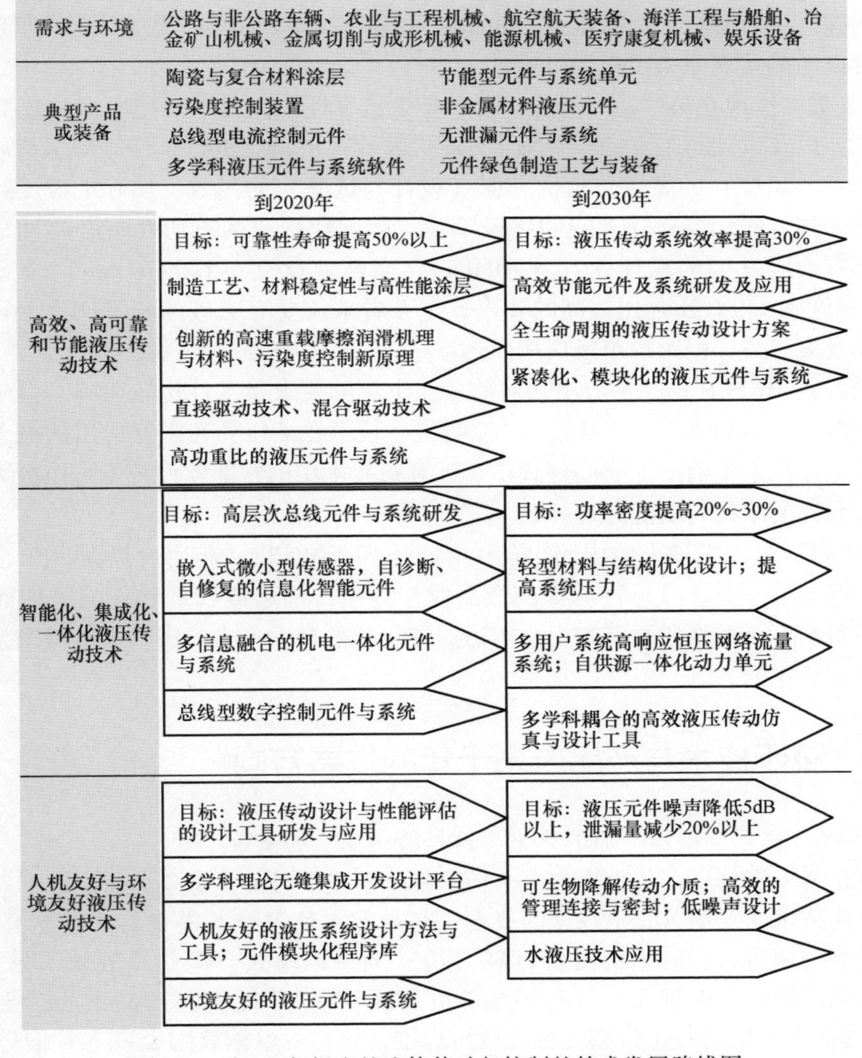

图 48-2 2011 年提出的流体传动与控制的技术发展路线图

③人机友好、环境友好。液压元件、液压系统与液压介质等方面综合归述体现了“绿色、紧凑、高效、智能、长寿”的液压技术十个字的发展方向。3D 打印、5G 通信、DSP 轴控、MEMS、EHA、电动车蓄电池的发展都对液压技术的发展有新的影响，因此这个路线图需要与时俱进，总的方向需要调整，具体路线也更加需要调整。

其中，“绿色”体现在第三部分，前十年较少涉及，笼统谈是“环境友好”，后十年比较明确，如降低噪声、减少泄漏、采用可降解传动介质以至水介质等。在对碳中和要求达到新高度的今天，液压技术的智能技术已经不仅仅是降噪减漏，液压技术可以更有作为发展“制能”优势。

“紧凑”体现在第一、二部分，前十年比较笼统提“高功率重量比”，后十年比较明确采用新材料、提高压力，功率密度提高 20% ~30%。现在 3D 打印直接帮助并可以超前实现原来设想的目标。

“高效”体现在第一、二部分，前十年是指导性的，后十年提出提高效率 30% 的要求，以及设计与工具的“高效”，将“高效”的概念进行延伸，即包括硬件方面（元件与系统）的高效与软件方面（设计与试验）的高效。实际上液压行业都没有意识到智能化是实现节能的终极手段。因此数智化的迫切性与必要性显著提高。还有液压发展的高压化（>70MPa）、高转速化（>10000r/min）及宽温化（绝对零度到 250℃）是比较高的要求，至今看来需要有突破的技术产生，目前虽有相关发展势头，但距离市场应用尚远。

“智能”体现在第二部分中，对前后二十年的要求指示性比较明确，但是在这里没有涉及“云技术”“区块链”，说明这一技术在液压界还没有应用的概念。现在的智能性比十年前更加明确与具体，计算机技术中的智能软件技术可以极大地改变液压元件的结构与功能原理。

“长寿”这一发展方向比较切合我国液压产品的实际，将寿命提高 50% 也比较具体，但是这一概念只是根据提高产品质量等硬件措施或管理软件的措施而提出的。还根本不会有液压数字孪生全生命周期管理的理念产生。因为这些概念是最近几年才被关注的。

48.2　液压技术与产品未来十年的发展方向

图 48-3 所示为液压产业的未来，这是液压 4.0 的概貌。

但是要发展到这一步也许有一个历史发展阶段。目前关键是如何走好下一个十年。然而技术的发展首先是观念的改变，必须有 6 种思维方式变革液压技术发展、产品研发与制造。目前迫切需要打破“仿”的思维模式，建立“创新”的信心。液气行业发展到 4.0 阶段，只有理念“更新换代”，才能实现产品上的“更新换代”，为此需要做到：①打破传统纯液压思维，建立机电液软融合（芯片液压）的液气元件新形态；②从硬件液压的思维发展到软件液压，这是软件定义功能的新智

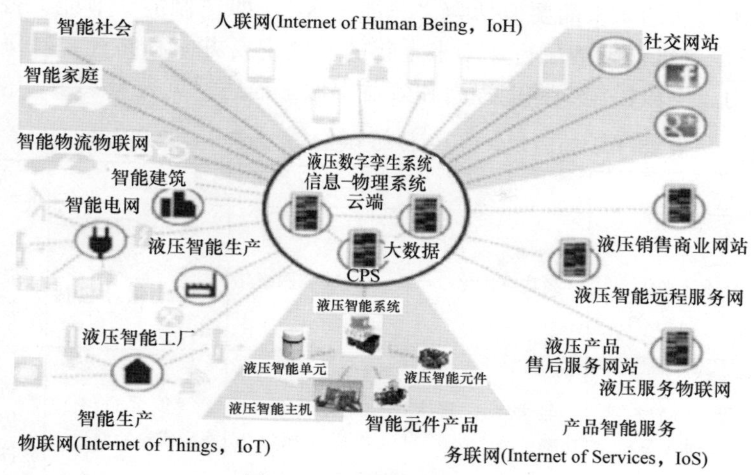

图 48-3　液压产业的未来

能元件；③从传统集中式产品技术发展向到分布集成式产品技术（EHA）的转型；④从经验维修跳跃到数字孪生健康管理（数字孪生工业软件）的敢为人先的发展；⑤从液压技术标准发展到液压生态技术标准，融入领先液压生态技术标准体系的视野；⑥从我国液气大量中小企业孤岛生产的传统模式发展到“云端化”与“企业总部化”。

48.2.1　突破理解液压技术概念与范围的局限性

液压技术的概念范围如图 48-4 所示，由能源领域、自动化领域、传动领域和微流控领域四大应用领域组成。其中自动化领域是目前行业最为关注的，因为市场占比最大。其他各领域应一起关注，这些领域的液压技术与数字化、网络化、智能化的关联也由图 48-4 表达出来。

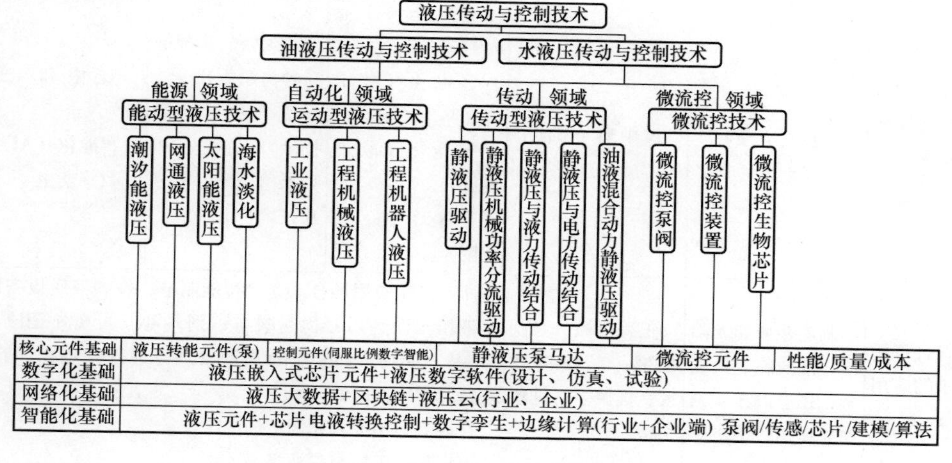

图 48-4　液压技术的概念范围

液压技术发展的未来简要概括为“三能一水”，即“制能、节能、智能与水液压”，可从三个维度概括液压行业未来十年的发展主要方向和路径，对每个维度的方向、推动力、手段措施、性能提高和效益都做了描述，见表48-1。

表48-1 液压行业（流体传动与控制）未来十年发展方向

领域	流体	传动	控制	元件硬件	元件软件
发展方向	介质纯水化	高功重比化	多电化与网络化	嵌入式智液一体化 微型化（包括MEMS）	工程软件 嵌入式软件 数字孪生
发展措施	新型高水基、水、海水	轻量化、超大功率	数字电动机与液压元件融合 芯片液压（互联智能）	智能元件（功率型或先导型）	软件定义功能 仿真辨识工程软件
发展手段	材料与表面处理 3D打印 设计理念	设计工程软件 3D打印 提高压力（56MPa） 提高转速（>10000r/min） 材料与表面处理	电动机定子+液压转子 泵排油数字控制 电气化电源管理 分布式液压系统EHA 互联液压	嵌入式芯片 嵌入式传感器 驱动放大器 微型泵阀	建模与算法 区块链安全 健康管理（元宇宙）
液压性能技术影响	与油介质相当，保证介质柔性	效率提高 动态性能提高	控制实时高速 群控化 总线接线简单化 效率提高 动态性能提高	品种减少（软件定义硬件） 效率提高 动态性能提高 大功率、极限条件	元件即系统 系统效率最高 全生命周期管理（包括健康管理）
符合社会的需求	绿色（介质）	碳中和（节能）	无人化（工业4.0） 多电化（技术发展） 智能化（软件发展） 数字孪生（互联网）	碳中和（降低品种与职能） 无人化（感知技术） 数字孪生（芯片技术）	碳中和（运算） 智能化（AI） 数字孪生
符合市场需求的应用领域	制能领域如太阳能、潮汐能、风能等，还有海洋、钢铁、矿山、消防等	工程机械、农业机械、工程机器人、机械手、机器手指	所有液压应用场合，支持智能制造，做到液压设备以至液压元件达到万物互联与识别，可以实现凡是液压“芯片”阀均达到全生命周期管理，进行云边缘计算，支持元件级健康管理 智能制造与无人化领域的液压设备 可以用于天际与深海极端环境		

48.2.2　液压必须保持三大传动与控制领域无可替代的优势

与“电气传动与控制”“机械传动与控制”相比，液压技术有三大优势：①功重比高；②动态响应高；③介质柔性。液压介质柔性在运动型领域是优势，波士顿 DOG 机器人从电传动回到液压传动。

功重比高是液压最大特点，加上直线型执行机构，构成液压的主要优势。图 48-5所示为日本流体动力协会（JFPA）在 2015 年发布的液压线性执行元件与其他技术的比较，可以较好地说明液压技术的优势。表 48-2 列出了液压动力与电动机功重比的比较，更说明液压无可替代的优势。液压功重比优势使舵机在多年的电气化后又在回到液压化。动态响应高是功重比高优点派生的，运动型液压控制系统在大功率下具有特别的优势，液压动态响应可在几个至数十个毫秒级，高于其他传动至少一个数量级。介质柔性是机器人领域独有的。这些优势常常使电气回归液压。

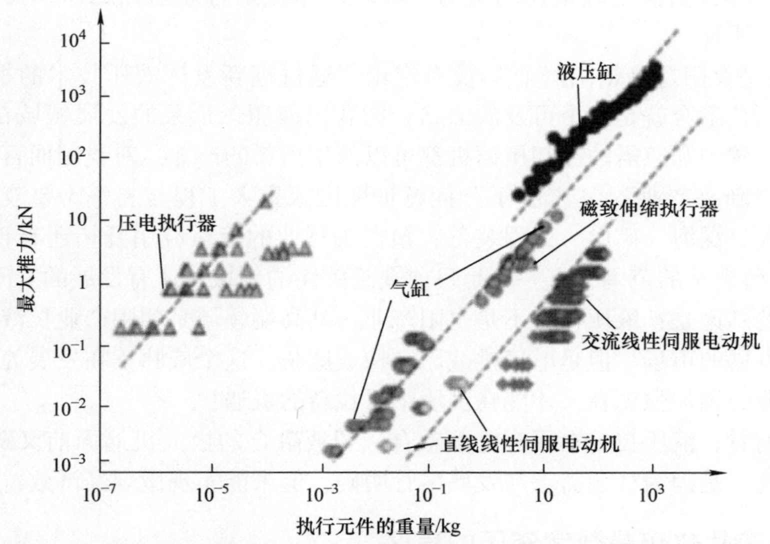

图 48-5　液压线性执行元件与其他技术的比较（摘自 JFPA2015 年年会）

表 48-2　液压动力与电动机功重比的比较

分类	普通交流电动机			伺服电动机		永磁同步电动机	柱塞泵	弯轴泵	齿轮泵	球形泵
型号	Y90L	Y315S	Y355L	130A20C	260H10E	CTSM242	A4VO	A2FO	CBN－50	中亚动力
压力/MPa	—	—	—	—	—	—	40	40	25	10
流量/(L/min)	—	—	—	—	—	—	147	38	150	90
功率/kW	2.2	110	315	2	100	375	100	26	62.5	1.5
重量/kg	34	1200	2260	10	200	30	38	5.4	6.3	0.055
功重比	0.06	0.11	0.14	0.2	0.5	12.5	2.6	4.8	10	27.2
备注	以 4 级为准			普通型		冷却除外	不同泵种类			中国发明

液压容易被取代的三个弱点：①效率低，随着电传动功重比的提升与效率升高，低效率成为液压行业今后必须面对的最大挑战；②介质非绿色环保，介质的污染会影响人类生存的环境；③管路长，不方便施工维护，易产生安全隐患，易被电气取代，飞机多电化就是明显的例子。近年来，由于特斯拉永磁同步电动机的普及与国内电动工程机械的迅猛发展，这种挑战已经表现在市场应用上，并引起液压行业普遍的焦虑。

液压行业面对这个挑战的对策：①将液压泵与电动机“融合”，即将液压转动部分与电动机转子合二为一，充分吸收永磁电动机发展的优势；②将电动机与液压泵“组合”成多电化的电动机泵，配以互联网通信，配以总线型液压分布式数字动力执行器（EHA）；③提高液压泵的工作压力到56MPa，转速超过10000r/min以上，这个指标的设定是以技术的可能性与经济性两个方面均能接受为准；④液压加强大功率以至超大功率领域的优势；⑤在设计、材料及其表面处理、工艺加工（3D打印）等方面做出轻量化的努力，液压微型化是有效途径之一，我国发明的球形泵就是明证。

“液压是夕阳还是朝阳产业”没有定论，通过创新发挥液压技术的根本优势，液压与电气化融合就是一个可及的出路，如我国液压球形泵的发展领域在元宇宙、机械手指、碳中和急需的冷却压缩机都可以派生出新的产业。对我国而言，高端液压是一个“新兴产业”，“卡脖子”问题证明国家重大工程与装备需要液压技术的支撑，航天、深海、矿山、工程装备、塑机等行业的液压应用开拓还有很大空间。图48-4中所展示的范围，有一些是目前缺乏关注的领域，还有发展的空间。

我们的结论是：液压行业不是夕阳产业，其高端领域是朝阳产业！液压有发展空间，有发展的市场。但是电气挑战已经构成威胁，这个威胁正在发展为冲击，因此液压行业必须加强创新，才能在困境中寻找新的机遇！

从目前看，液压技术在面对电液融合、智液融合的极大机遇面前又踌躇不前。之所以如此，是因为社会需求与发展尽管明确，但未能实现微观经济效益。

48.2.3　芯片化仍是数字液压的盲区

数字液压是当今液压技术发展的热点，然而什么是“数字”往往令业界茫然，在开发数字元件的时候往往只强调元件的输入输出的性能是否具有数字性，而忽视了元件“数字性”中的“0”与“1”是为了与微处理器的融合而产生的，因此一切数字液压元件发展的方向就是要与微处理器集成，即所谓“嵌入式数字液压元件”。

1. 液压未来方向在于碳中和、无人化、多电化与数字孪生

任何技术的发展取决市场的需求，而市场需求是由社会的总需求所导向。因此液压需求的源头就是社会的战略性需求，即碳中和、无人化、多电化、数字孪生！

碳中和是人类生存的基石，免受生态环境不可逆破坏，作为效率最低的液压传动技术是痛点。液压技术的本质就是消耗能量的阻尼体系，为了降低阻尼在控制中的影响，采取了变量泵、静液压、二次调速等一系列节能技术。而今后解决的思路应该就是减少液压本身对控制的参与度，采用微处理器的感知与运算功能，能够实时地使需要的能量与提供的能量一致，从而达到效率可能的最高点。

无人化是当前社会生产力发展的热点，无人驾驶或无人管理工厂的智能社会正在来到。无人化主机的要求不仅是系统具备智能性，还必须要求元件级也具有智能性，这样才能够达到物联网“万物互联”，并对液压元件实施全生命周期管理的程度。

液压多电化的趋势比预期来得要快，无论是混合动力还是纯电驱动都已经可以进入工程实施。多电化无疑会有利于无人化与碳中和的需求。其中增加的电源管理环节会有利于能源存储与管理，增加液压系统效率，对于碳中和有积极的影响。而这些也离不开元件的智能性。

数字孪生是指互联网的数字－数据的闭环系统。经过数字仿真，以计算机虚拟世界去建立物理实体；而物理实体运行产生的数据可以反馈到原始的数字端，产生映射与修正。数字孪生正成为互联网应用的核心价值，是对任何元件可以进行全生命周期管理的技术。而这一技术将会是对液压元件的健康管理技术的突破。值得一提的是元宇宙还在发展之中，可能使维修、培训、教育、现场故障处理等发展成为一个新产业。

根据上述人类社会的生存与发展的需求，液压技术发展方向都指向一个需求，即计算机的智能性：碳中和需要用液压元件或系统智能性感受能量需求，以最低损耗提供运算按需付出，达到要求的最高效率；无人化或多电化用液压元件或系统智能性满足在场景中所需要的控制与健康管理需求，达到无人化中内部控制与健康管理的作用；液压数字孪生就是计算机虚拟世界的产物，与通信技术结合一起达到液压产品全生命周期管理的目的。这一切都说明液压元件需要与计算机，即微处理器融合，形成芯片嵌入的液压元件，即“芯片液压”产品，也就是数智液压。

2. 数字液压是数智液压的先驱

“数字液压”是在工业3.0电液一体化时代的产物，关注点在于新型的液压数字元件，突出点是“非模拟控制”的电液转换元件及其液压元件，如步进/伺服电动机、高速开关阀、阀岛等。它的种类与体系如图48-6所示。

在数字液压发展阶段已采用微处理器，这时关注点在数字液压元件本身的性能方面，如元件输入PWM信号的数字性、输出是否离散性、本身是否模拟控制等。随着工业4.0的明确提出，无人化等社会需求使智能化成为技术发展的必然选择，网络连接与软件功能是其中一个组成部分，数字液压元件才发展到数智液压元件。这个发展过程是传统液压（模拟式控制液压）→数字液压（非模拟式控制液压）→数智液压（嵌入式芯片液压元件），如图48-7所示。

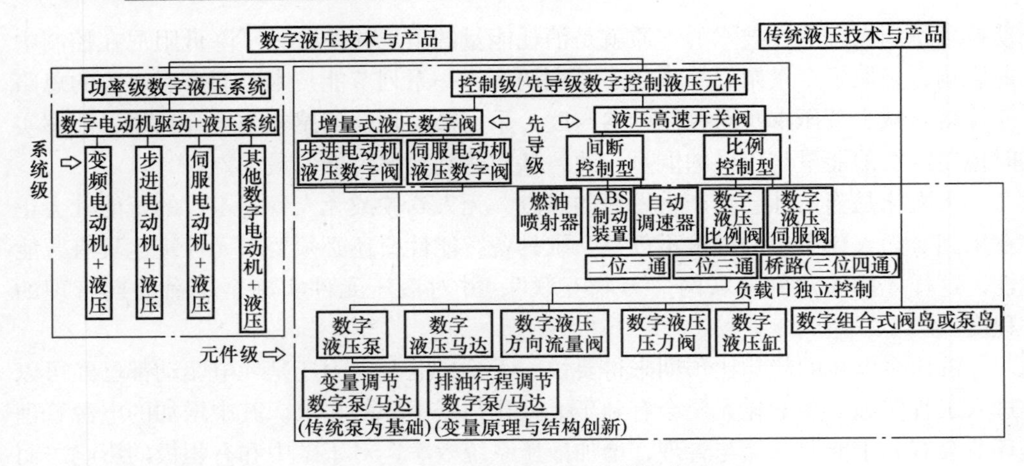

图 48-6 数字液压产品的种类与体系

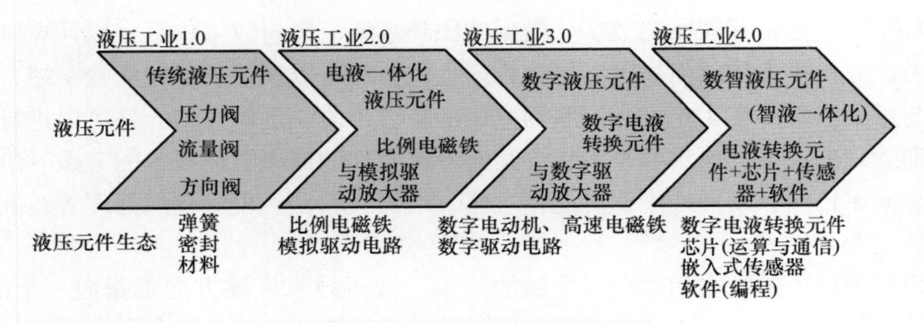

图 48-7 液压元件发展阶段

3. 液压智能元件雏形

丹佛斯 CMA 比例多路阀产品是具有开创性的初步智能性的液压元件，如图48-8所示，其样本自称有三大革命性发展：负载口独立、当前元件最高压力44MPa、先导阀芯对中。以作者之见，其三大革命性在于：一是具有负载敏感回路的智能化处理，由软件来完成负载敏感饱和处理，这是独创性的；二是引入了前所未见的嵌入式溅射式压力传感器；三是大胆采用了被液压忘却了的直线电动机（音圈马达）。但是这个产品并没有解决智能化中的健康管理。虽然只要采用数字液压元件，负载口独立就自然存在，但该产品的特点也的确是过去产品没有的。

从图48-8可见，具有初步数智性的CMA比例多路阀具备智能液压元件所有的硬件与软件要素，具备液压元件本身的执行功能、嵌入式传感器的认知功能、具有微处理器（MPU）的运算功能、控制驱动放大功能及内在的编程算法功能。后三个功能板集成一起就成为嵌入式数字电控系统。

数智液压的优越性体现在：芯片（微处理器）是液压元件的硬件核心，它决定了元件的功能与性能；软件定义元件的功能，是核心；传感器具有感知功能，是信息输入的基础，是软件运算的依据；根据上述液压控制元件的品种与规格会急剧

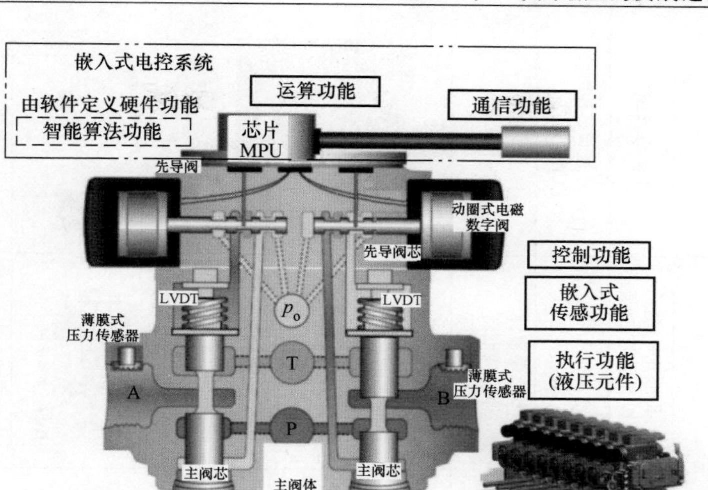

图 48-8 液压智能元件雏形（丹佛斯 CMA 比例多路阀）

减少，有利于企业制造的自动化智能化；实现元件全生命周期管理；效率管理、健康管理有了可发展的基础；可以实现对云生态的直接利用，包括大数据、区块链、边缘计算等。

48.2.4 世界数智液压产品良好发展与难点

总体而言，数智液压产品处于创新摸索与市场推广阶段，也已有初步成效。当前知名液压公司与我国在数智液压方面的比较见表 48-3。

表 48-3 列出了代表性的数智液压元件给我们的启示：

① 液压技术进入数智技术发展时代。不断打破对液压泵、液压比例阀甚至最顶端伺服阀液压元件的传统概念。

② 创新点都最大限度地减少液压阻尼在功率端的作用，而体现液压的执行功能。

③ 所有的创新元件从硬件来看，全部集中在电液转换装置，不论是在功率级还是先导级。

④ 创新元件全部采用微处理器（芯片）控制，智能性还没有发挥，需要基础性与工程性的继续研发。

⑤ 数智液压创新的目标有所侧重，包括碳中和、运动控制性能的提高、数智元件定制化与降低成本。

⑥ 知名企业数智液压的特点不同。博世力士乐利用自身伺服电动机特色发展互联液压，在功率级数智液压方面突出，直接有利于碳中和；丹佛斯的液压数智技术明显是采用先导级数字元件，如高速开关阀技术有特点，充分利用数字电动机的

表 48-3　当前知名液压公司与我国在数智液压方面的比较

名称	博士力士乐（德国）	丹佛斯（丹麦）		Domin（英国）	浙江工业大学（中国）	阀智宝（中国）
产品系列	Cytro ××× Sytronix Indro ×××	DDP	CMA	DDV S6 PRO	2D 阀	IDP
类型	互联液压数字动力站变速泵驱动装置	数字变量径向柱塞泵	比例多路阀	步进电动机先导伺服阀	伺服比例阀 数智电磁阀 2D 泵	比例多路阀
数智性	液压系统与元件数字组合，强通信能力	先导性 高速开关阀	音圈电动机先导性 高速开关阀总线通信	旋转直驱数字 3D 打印	步进电动机芯片编程 总线通信	高速开关阀芯片编程 CAN 通信
创新性	互联液压新概念 提高效率新途径	概念颠覆性 原理性创新 数智技术	智能雏形 软件定义功能（部分）	概念颠覆性 工程性突破 数智技术	概念颠覆性 原理性创新 系列性创新	自主性创新 性能提高
典型产品	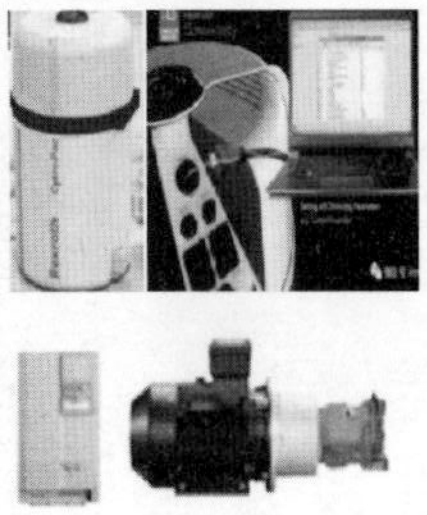	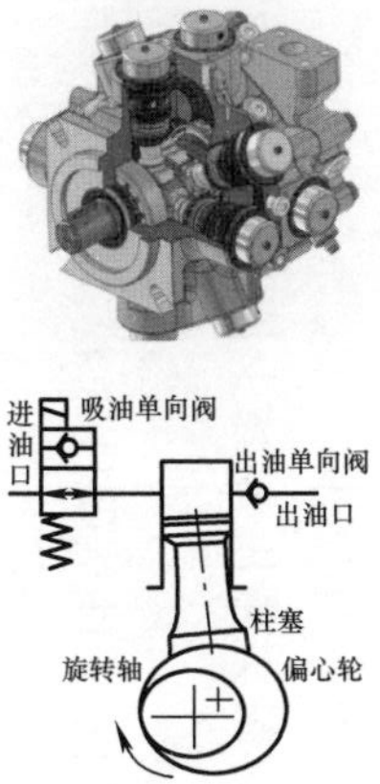	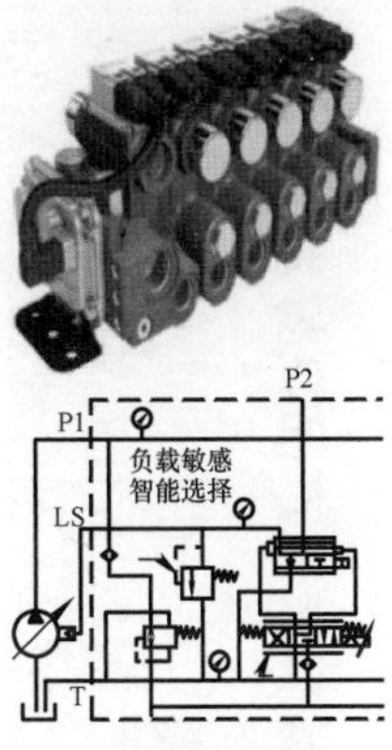 负载智能选择	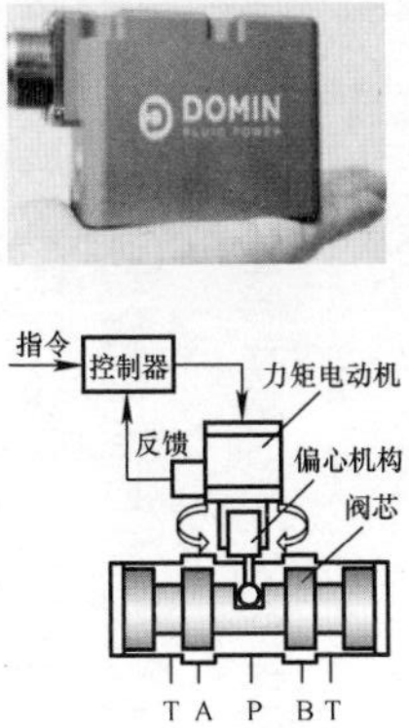	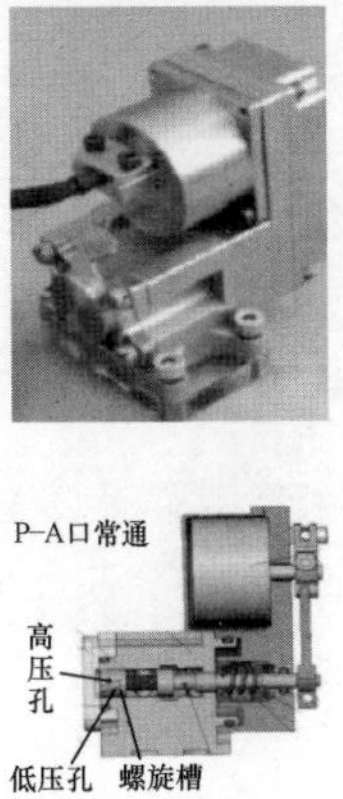	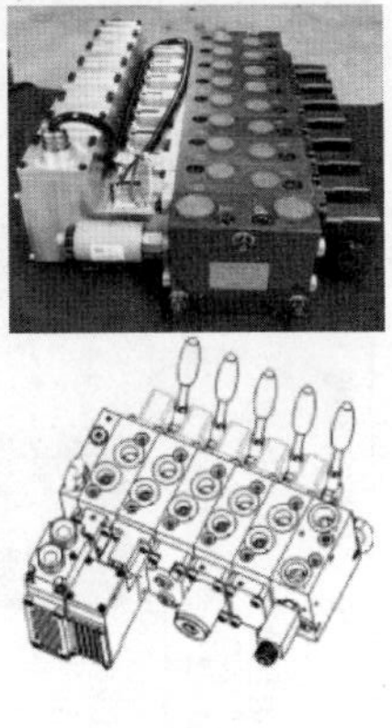
特点	重点在碳中和 提高效率 提倡互联液压 伺服电动机是强项	泵的综合 效率最高	智能负载敏感 嵌入式传感器 音圈电动机 负载口独立	重量减轻 85% 体积缩小 4 倍 流量提升 25% 价格下降 1/3	重量减轻 2/3 成本可以降低 品种系列多可扩展	闭环控制 滞环小 防爆
市场	工业应用	工业应用	工程机械液压	工业应用	工程机械液压 工业液压	工程机械液压

优势；其他包括我国企业在内的原创性数智液压元件采用步进电动机为先导，步进电动机有成本与制作方面的优势，相对难度系数低。

⑦ 数控液压模拟元件，如原伊顿 AxisPro，也是一条发展数智液压元件的途径。

目前数智液压产品在推广应用上存在诸多难点：

① 液压主机的数智无人化还在解决外部道路辨识等外部性能上，对内部液压的要求还没能深入与明确。因此上下游处于相互促进相互等待的阶段。

② 数智液压产品已经进入市场，一是缺乏整个系统的配合，二是缺乏上下游生态环境。当前阶段类似于分娩过程中的阵痛，达不到上游需要的批量，也不能让用户直接获得完美的体验。

③ 用户端人才的限制。液压行业大部分从业者对电控都没有完全掌握，对编程更是生疏无知，教育培训是一个软实力。

48.3　中国液压“干而成道”的强国之路

博世力士乐、丹佛斯、派克、穆格、川崎在国人心目中有很强的品牌效应，会转化为开拓市场的优势。20 世纪 80 年代开始，我国用“市场换技术”，达到了今天以中低端液压为主的“世界第一”；2009 年，“中国装备制造业调整与振兴计划”政策体现了对基础件的更大重视。以恒立液压为标志，我国液压行业集中度达到 20% 以上，还有艾迪精密、川润股份、邵阳液压、威博液压、潍柴林德、泰丰智能等发展势头强劲。但液压行业的集中度仍低于 30%，“小、散、差”还未达到根本改观的地步，与国外跨国企业对比差距仍然明显。我国的液压工业基本面目前还在工业 2.0 阶段，工业 4.0 的数智液压时代是我国液压行业发展成液压强国的难得机遇。

1. 以高端数智液压技术提升我国低端液压元件

实现液压强国走“高端数智技术提升低端液压元件”途径，就是用低端包围高端，像过去农村包围城市的策略一样，最符合我国的国情，先大众化，然后进入代价高的高端领域。

近 40 年，我国液压行业也有自身创新的积累，有的具备了液压 4.0 的智能雏形。

基于以上国情，对数智液压发展建议如下：

① 大力发展与支持具有中国特色的数智液压元件市场化，特别是经受过市场考验的液压 2D 阀及其他数智液压元件，包括正在发展的智能搬运 AGV 所需要的 EHA 产品等。

② 低端液压元件（普通方向阀等）数智化可以多点控制、功能增加、进而简化液压系统，使液压系统的成本降低、可靠性增加，可以与总线控制联系，简化

PLC 控制，简化电控连线，还实现总线控制，使我国的液压用户立即享受到数字/数智液压带来的实际效益，从而产生行业应用数字化、网络化与智能化的普及效果。通过低端产品应用高端技术，从这个角度占领液压市场，避开与跨国公司不对称的较量，实现后来居上。

③ 对于低端元件引入高端技术并推广的条件之一是成本必须足够低，用户才有意愿采用，才能获得明显的应用体验而产生迅速推广的效果。乐途液压步进芯片阀的实践就是一个实例。目前正在进行的 CY 泵变量的数智化就是在向这方面努力。

④ 低端元件高端化可以帮助中国的液压市场尽快数智化，培养数智液压人才，给投资方看到数智液压的发展前景，增加融资信心，而不是只有争取政府项目资金这一条“独木桥”。

2. 既要坐而论道更要干而行道

液压企业在自身发展基础上，可以借助国家政策性资金、上市与项目资金、上下游供应链资源整合、中小企业的联合得到更好资源。充分利用液压院校成果，加强产学研合作，将技术固化到产品上，也可得到更快发展。为此建议建立液压行业发展研讨机制与对接机制，引导投资方向，有利于推动液压工业的自我更新。

其实液压行业内各企业、院校都有很高的积极性或潜力发展液压工业 4.0，其中包括液压步进数智芯片阀、EHA、建筑机器人、智能制造、数字液压测试技术、液压数智元件检测试验标准。液压工业 4.0 给予液压技术一个开放的发展途径与机遇，我国液压行业企业应以此为契机，尽快从液压大国走向液压强国。

第49章 创建数智液压行业公共服务平台

49.1 液压气动高端元件产品型号索引

高压柱塞泵被列入“卡脖子”技术中。

“卡脖子”项目研发内容和成果原则上具备以下特征：

① 填补国内空白技术，即目前国内未掌握相应的技术和知识产权，或无法自主生产相应装备和产品。

② 国内跟踪技术，即在关键核心领域国内掌握相关技术，可生产相关产品，能够缩小与国际最高水平之间的差距，避免受国外技术装备制约而导致国内无替代技术或产品。

③ 高端创新技术，即通过创新技术解决关键核心需求，开创新的高端应用和高端产品，推进产业技术水平跨越式发展。

49.1.1 液压气动高端元件产品的含义

我国液压气动行业生产的元件产品至今仍然以中低端液压气动元件产品为主，但在高端元件产品方面已经有了极大的发展。现有的高端元件产品会是今后数字互联智能液压元件发展的基础。

高端液压气动元件是液压气动行业产品发展的关注点。能够列入高端液压气动元件的产品主要具有下列一项或多项特点：

① 列入国家强基工程，作为关键基础件项目中的液压元件产品。

② 作为高端液压元件的结构非常紧凑、精密，关键技术难点多，工艺与材料处理难度极大。如高压液压泵，特别是压力超过35MPa的新型液压泵。

③ 使用在重要的场合，具有很高的风险或代价。在这些场合下其工况恶劣，对于液压气动元件产品的性能与功能要求极高，如在工程机械领域中的泵或比例多路阀、风能装备及钢铁冶金行业的高压连续运行装备等。

④ 频响、控制精度、运动速度极高，如军工、航空航天装备、液压振动台、液压机器人等领域所用的伺服阀或伺服比例阀等。

⑤ 使用量大、产品质量要求稳定、成本高的电液一体化新型控制元件。例如在控制系统中常用的电液高度集成的比例阀或伺服比例阀等。

⑥ 元件的性能与质量好，但是价格高于市场平均价格一倍以上的液压气动元件。

⑦ 具有电液高度集成、数字芯片化、互联总线化等新功能的新型液压气动元件。

49.1.2　液压高端元件产品型号索引

国内外液压高端元件产品型号索引见表49-1。

表49-1　国内外液压高端元件产品型号索引

产品	国外厂家	国外产品系列	国内产品系列	国内厂家
中载开式轴向柱塞泵	博世力士乐	A10V A10VO A10VSO	HP5V（28~105mL/r）	恒立液压
			HD-A10V（S）O	华德液压
			L10VO	中航力源
			XB02VEO（63mL/r）	榆次液压
			AP2VO（28~71mL/r）	中川液压
	林德	MPR	MPR 系列（50~125mL/r）	林德液压
轴向闭式变量泵/马达	博世力士乐	A4VG A4FO A4VB A4VSB A4VSH A4VTG A4VSG（半闭式）	HP3G	恒立液压
			KD-A4FO KD-A4VSG	科达
			L4VG	中航力源
			TFA4VSO（40~355mL/r）	泰丰智能
			XB01VG（28~250mL/r）	榆次液压
			AP4VO（126~400mL/r）	中川液压
		A4VSO　A4VLO A4FM　A4VSM	KD-A4VSO KD-A4VLO KD-A4FM　KD-A4VSM 排量：40~500mL/r	科达
	丹佛斯	H1	HP3G	恒立液压
			XB01VG（28~250mL/r）	榆次液压
	林德	HPV-02	HPV-02 系列（55~280mL/r）	林德液压
斜轴轴向定量/变量泵/马达	博世力士乐	A11VO	V30D（45~250mL/r）	恒立液压
			HD-A11VSO	华德液压
			P1VO	力龙
			L11VLO	中航力源
			TFA15VSO（32~280mL/r）	泰丰智能
			XB03V（L）O（40~260mL/r）	榆次液压
			AP3VO（95~260mL/r）	中川液压

（续）

产品	国外厂家	国外产品系列	国内产品系列	国内厂家
斜轴轴向定量/变量泵/马达	傅世力士乐	A7V A7VO	A7V	华德液压
			L7V	中航力源
		A2FO A2V A2FE	A2F6.1 A2FE6.1（16～180mL/r）	上海电气液压
			HD－A2F	华德液压
			L2F	中航力源
		A6VM、A6VE	A6VM、A6VE（28～200mL/r）	上海电气液压
			KD－A6VM，KD－A6VE	科达
	林德	CMF	CMF 系列（28～90mL/r）	林德智能
		CMV	CMV 系列（60～215mL/r）	
电子控制斜轴轴向变量泵/马达	博世力士乐	A8VO A28VO	V90N（75～280mL/r）	恒立液压
			L8VO	中航力源
轴向开式重载柱塞泵	丹佛斯	D1P	V30D（45～250mL/r）	恒立液压
			HD－A11VSO	华德液压
			L11VLO	中航力源
			TFB1V（63～80mL/r） TFA4VSO（40～355mL/r）	泰丰智能
			XB03V（L）O（40～260mL/r）	榆次
			AP3VO（95～260mL/r）	中川液压
	林德	HPR－02	HPR－02 系列（55～280mL/r）	林德液压
挖掘机液压泵	川崎	K4V K7V	V90N（75～280mL/r）	恒立液压
			L3V	中航力源
			P3VO	力龙
			TFA4VSO（40～355mL/r）	泰丰智能
			AP3VO（95～260mL/r） AP2VO（28～71mL/r）	中川液压
挖掘机回转马达	川崎	M5X	HM5X（18～250mL/r）	恒立液压
起重机用马达	川崎	M7X/M7V	HM7X/HM7V（85～112mL/r）	
轴向定量/变量马达	林德	HMF－02	HMF－02 系列（25～135mL/r）	林德液压
		HMV－02 HMR－02	HMV－02 系列（55～280mL/r） HMR－02 系列	
轴向定量自反馈马达		HMA－02	HMA－02 系列（165～280mL/r）	
低速大转矩液压马达	派克	110A　130S 310 系列 700 系列 716 系列	M8V	力龙

（续）

产品	国外厂家	国外产品系列	国内产品系列	国内厂家
低速大转矩车轮马达	派克	110A 120S		
		310　NE	M9F	力龙
紧凑型径向柱塞马达	波克兰液压	MK MS MSE		
内啮合齿轮泵	住友	QT	CBFc30（40～80mL/r）	长源液压
	不二越	IPH	CBH－G5（20～63mL/r）	
	博世力士乐	1PF2GC 1PF2GF 1PF2GP	CBK－G5（27～44mL/r）	
齿轮泵	博世力士乐	1PF2G21PF2G3	CBZTG（70～100mL/r）	
高压负载敏感比例多路阀	哈威	PSL PSV	HVSP　HVSE　HVSM	恒立液压
			HD－MWV25－1X/型	华德液压
			TRM	泰丰智能
			RTPSV/PSL	诺玛液压
			ZDFM7	榆次液压
			VS18－20LUDV	中川液压
	丹佛斯	PVG	HD－MWV25－1X/型	华德液压
			ZDFM7	榆次液压
			VS18－20LUDV	中川液压
	伊顿	CMA	HD－MWV25－1X/型	华德液压
			ZDFM7	榆次液压
			VS18－20LUDV	中川液压
	林德	VW	VW 系列 14、18、25、30	林德液压
		VT	VT 系列 25、30	
整体式多路阀	川崎	KMX	HVME	恒立液压
	KYB	KVME	HVME	
	林德	OCV	OCV 系列 25、32	林德液压
比例压力阀	阿托斯	AGMZO AGRZO	DBET－L5X 型 DBETX...　L1X 型 DBE（E）/DBEM（E）…30 型 DRE（E）…30 型	恒立液压
			RTEPRVG01	诺玛液压
			MA－　AGMZO MA－AGRZO	油威力
			DBE/DBEM　DRE/DREM	华德液压
			TDBEM10	泰丰智能

（续）

产品	国外厂家	国外产品系列	国内产品系列	国内厂家
比例方向阀	阿托斯	DKZO DLHZO DJKZJ DLKZO DPZJ DPZO	4WRE（E）6、10... L2X 型 4WRZ（H）10、16、25、32... L7X 4WRKE10、16、25、27、32... L3X	恒立液压
			4WRA 4WRE $4WR^{Z}_{H}$	华德液压
			MA－DKZO MA－DLHZO MA－DPZO	油威力
			TF－4WREE6	泰丰智能
			BDG	榆次液压
比例阀	伊顿	KDG＊V KADG＊V KAFDG＊V KHDG＊V	4WRE（E）6、10... L2X 型 4WRZ（H）10、16、25、32... L7X 4WRKE10、16、25、27、32... L3X	恒立液压
			RT4WRA，RT4WRE，RT4WRZ	诺玛液压
			MA－DPZO－A MA－DPZO－AE MA－DPZO－TE	油威力
			4WRA 4WRE $4WR^{Z}_{H}$	华德液压
			TF－4WREE6	泰丰智能
			BDG	榆次液压
	博世力士乐	4WRAE	MA－DKZOR	油威力
比例流量阀	阿托斯	QVZJ QVZO	MA－QVHZOMA－QVKZOR	油威力
			RT－SPCV，RT－HSPCV	诺玛液压
			2FRE	华德液压
			TLCF	泰丰智能
			EFG EFBG	榆次液压
电液伺服液压缸		CKMV CKP CKW		
数字电路伺服阀	伊顿	SM4－20－DCL	RT6313D，RT6315D	诺玛液压
两级伺服阀	穆格	631 系列 72 系列 760 系列	RT6215M，RT6225M， RT7626M，RT7625M， RT7625E，RT6615/7/9E	诺玛液压
复合控制伺服阀		691 系列	4WRPEH6... L2X 4WRPEH10... L2X 型 4WRLE 型	恒立液压
			TLCFE	泰丰智能
大流量三级伺服阀		79 系列	RT7926E，RT6617/9E	诺玛液压

注：表内采用资料比较容易获取的国内外知名厂家。

49.1.3　气动高端元件产品型号索引

国内外气动高端元件产品型号索引详见表49-2。

表49-2　国内外气动高端元件产品型号索引

产品	国外厂家	国外产品系列号	国内产品型号	国内厂家
电气终端+数字式阀岛	费斯托	CPX－VTEM		
电气终端+ISO标准阀岛		CPX－VTSA		
电气终端+阀岛		CPX+MPA		
ISO标准阀岛	SMC	EX240/245/600		
阀岛	诺冠（Norgren）	VS18/VS26		
	博世力士乐	CD01－PL		
	派克	isysHA/HB/H1/H2/H3		
	康茂胜（COMOZZI）	Series H		
	博世力士乐	AV03		
			WMPA系列	无锡气动技术研究所有限公司
			JELFE，JELREF，MCS系列	宁波佳尔灵气动机械有限公司
流量比例阀（伺服阀）	费斯托	MPYE，VPCF		
压力比例阀	费斯托	VPPE/VPPL 0.002～1MPa/0.05～4MPa		
压力比例阀			EPV1/2/3 0.1～0.9	星宇电子（宁波）有限公司
小型视觉系统	费斯托	SBO..－Q二维条码/条形码阅读器		

注：表内采用资料比较容易获取的国内外知名厂家。

49.2　从根本上解决液压的“卡脖子”问题

从根本上解决液压“卡脖子”问题，要做到“创新是根本，平台是条件”。

49.1 节列出了液压高端元件，实际就是“卡脖子”的元件清单。这从另一个角度证明液压元件作为核心基础零部件的重要性。然而我国液压行业长期以来国企发展机制受限，中小企业发展迅猛灵活但是规模小，原始创新能力不强，创新成果受限。即使有成果创新，由于企业或有关人员的资源有限，成果的基础研究与试验资源受限，标准、检测、知识产权保护等条件不足，缺乏行业应该给予的支持力度，很难形成品牌竞争优势，造成产业长期被固化在产业链的中低端。液压产业的发展尽管快速，但是在创新环境方面严重缺失，形成“仿”为先，价格战为主，缺乏资金的行业陷入了产品质量品牌的严重制约，严重影响更新换代，企业的发展与创新陷入恶性循环。

液压行业在这种创新严重滞后于下游产业需求的现象也是社会工业化中后期发展的一种特征。在行业快速发展中产生技术、资本、人才积累的严重不足，可是市场发展潜力仍然很大，与液压行业面临无人化、碳中和、多电化及元件远程健康管理的数字孪生需求有着极大的差距。发达国家跨国液压气动企业有强大和高度融合的国际资本、雄厚技术积累与人才积累，并有成熟的工业技术创新体系，以及与现代工业化相适应的国民教育体系支撑，似乎有一个难以逾越的鸿沟，对跨国企业的技术与产品不得不产生一种“仰视”，也往往忽略了对自身创新的重视与信心。

我国行业的创新体系由四部分组成：①国家省部级的重大专项与科技计划；②国家省部级重点实验室、工程技术研究中心、企业技术中心等组成的创新骨干；③产业级或区域级的技术创新战略联盟、工业技术研究院、共性技术研发平台；④产业公共技术服务平台，这是为中小企业提供技术信息、咨询、开发、试验、推广以及产品研制、设计、加工、监测等公共技术服务的机构。可以整合跨行业、跨学科、跨部门的科技资源，成为产业共性技术支撑体系中的重要组成部分。可以提供产业各类技术服务、制定各类技术标准、开发产业企业需要的云端技术等。

液压行业解决卡脖子问题必须依靠“创新”，走符合中国发展特色的道路。实现产业产品的更新换代，淘汰陈旧的技术与产品理念，实现“创新”数字液压元件，“搭建”新型数智液压公共服务平台，在完善液压产业基础体系的过程中，形成“上下游主配联手、跨行业产需对接”的产业联盟。

制造业创新的过程分为基础研究、概念验证、实验室研制、原型制造能力、生产条件能力与生产示范六个阶段。介于基础研究与商业化生产之间的空缺，可以称为“中位缺失（Missing Middle）”。行业需要创建的就是协助填补这部分中位缺失功能的公共服务平台。

创建数智液压公共服务平台是在解决“卡脖子”问题、走向液压行业 4.0 的时代背景下产生的，仍然会存在许多实际运营上的困难。这些困难包括国家对产业共性技术的支撑战略的政策尚不够；产业技术创新资源分散，需要系统性机制，避免表面化、形象化；公共服务平台形成后主体与供体的关系不够协调，技术市场、体系领军人物难形成。

49.3 创建液压发展创新公共服务平台

49.3.1 寻求液压产业发展的痛点，看准行业创新发展的需求

工业4.0的时代，是计算机数字技术、信息技术与智能软件技术的时代，液压技术与数字化、信息化、智能化相结合是液压技术发展的必然趋势。从世界范围看，先进数字液压技术大都集中在几个主要的制造业强国，如美国、日本、德国、法国等发达国家。我国业界学者对数字液压技术的基础研究取得了一定的成绩，如浙江工业大学阮健教授发明具有独创性的数字液压伺服阀、北京亿美博科技有限公司总工程师杨世祥研发的数字液压缸、深圳市中安动力科技有限公司发明的中国独创的液压球形泵等，都说明我国数字液压方面在经过了30多年的艰辛研发后，找到了与国外有所不同的技术与产品发展途径，可以说达到举世瞩目的程度，与国外的数字液压相比，这些都代表了我国液压行业在一定程度上已取得了技术突破。但是我国业界反而并不注目，同行往往不够认可，其中一个重要原因是新发展的技术与产品受到发明单位与个人在资源上的限制，没有充分的措施与考验的资金及条件，缺乏有力的试验数据来证实技术与产品的功能与性能。因此，这些成功因为缺乏深入的工程试验与实用考核的技术与产品，不能很快占领市场，停留在艰难的应用与试错的缓慢发展阶段。

因此我国液压行业目前的创新迫切需求在数字液压，需要数字液压公共服务平台去协助这些产品与技术尽快获得必要的验证数据，从而走向市场，投入应用。

数字液压技术与产品在创新原理验证后，存在产品的集成一体化、硬件软件的更新换代等需求，因此对数字液压元件的综合性能提出了更高要求，使得对其进行系统全面的性能测试显得尤为重要。目前，液压CAT试验平台发展较为成熟，但是其测试对象一般为通用的比例伺服系统或“电液伺服系统”，尚无专门针对数字液压作动器的测试平台，更无数字液压试验检测公共服务平台。

随着工业4.0的发展，我国工业整体竞争力增强，国际竞争加剧，当前很有必要率先发展原始创新，打破发达国家的行业标准垄断局面。目前，我国的数字液压技术和高端工程机械技术已经站在了国际先进之列，很有必要积极开展面向高端工程机械的数字液压技术创新，促进数字液压产业及产品试验检测技术基础服务能力的提升，早日形成数字液压技术的标准评价体系、力争走在国际前沿。因此，针对数字液压技术发展需求，构建一整套包含检测设备、检测评价体系及检测评价数据库的技术基础公共服务平台将会成为数字液压产业发展的必经之路。

49.3.2 从国家战略角度落实数字液压技术创新及试验检测平台建设

1. 为液压强国打造一个计算机数字液压公共服务平台

当今世界上所有的制造强国基本上都是液压强国，如美国、日本、德国、法国、意大利等发达国家。目前我国工业化水平开始进入世界前列，正在向世界制造强国迈进。但是我国的液压技术和液压产业现状却不容乐观，高端液压产品大部分需要进口，其中高端液压轴向柱塞泵在 2018 年受到进口限制。应打破传统液压技术的局限，通过自主创新、自力更生，完成我国液压技术的突破，增强市场竞争力，从根本上改变国内缺乏先进液压技术的状态。

在工业 4.0 时代，计算机数字技术、信息技术与智能软件技术的高速发展正在改变着世界各国社会的面貌，包括社会生活与生产制造。我们应抓住这个机遇，跨越国外模拟技术的发展历程，直接大规模采用数字技术，实现我国工业的数字化革命。而数字液压系列产品的出现，正好顺应了这一发展潮流，改变了我国液压技术长期落后国外的被动局面。数字化技术就是计算机技术，正因如此，“芯片”成为争夺的“焦点”，今后的高端数字液压就是嵌入芯片的液压元件。

2. 为增强高端工程机械装备打造引领自主知识产权及其产品标准的能力

全球新一轮科技和产业革命加速兴起，信息网络、新材料与先进制造等孕育一批颠覆性数字液压技术，工业互联网、物联网等新型网络形态不断涌现，大数据、云计算、人工智能等应用技术拓展升级，使得工业加速向高端、智能、绿色、服务方向发展，数字化技术正成为全球工程机械产业变革的重要驱动力，世界主要国家都在加紧进行高端工程机械领域的布局，力图抢占未来数字液压技术的竞争制高点。正是数字液压技术的问世与发展，促使工程机械制造业及其他领域不断提高性能和水平。作为制造大国向“制造强国”跨越的我国，必须成为数字液压技术产业的强国，这也是我国工程机械领域的数字液压技术及其试验检验公共服务平台发展的机遇和挑战。

为增强自主可控的数字液压技术知识产权引领能力，就必须在数字液压产业完成必不可少的自主基础性核心技术标准颁布与实施，实现与国际数字液压产业竞争基础创新战略的制高点。此前，该领域一直被收费高昂的国际标准垄断，我国数字液压产业技术的国际竞争力受到严重制约，有关液压企业面临巨大的专利风险。因此，从制造强国和网络强国的基础发展思路出发，秉承自主创新的宗旨，在核心技术研究、共性标准制定、知识产权创新、自主产品研制、重要产业应用、海外推广等方面取得全面突破，在为我国节省高昂基础技术专利费用的同时，还能有力带动我国数字液压技术“由大变强”，使我国数字液压知识产权战略的引领能力得到大幅提升。

3. 推动我国数字液压技术领域基础共性技术发展水平提升

数字液压技术是工程机械无人化领域的关键技术。美国、日本、德国等液压工业强国，结合电子技术和传感技术，创新开发了已经十分实用的数字液压阀、数字泵等元件和产品，实现了工程机械装备精确控制技术的产业化。但是数字液压技术存在微处理器软件编程等核心技术，这些是无法“仿”也无法“学”的，必须依靠自己的自主发展。多年来，基础元件、基础材料、基础工艺、基础软件成为我国工业的“软肋”，其中高端液压零部件长期依赖进口，液压技术成为我国装备制造、研发和试验检测的短板。因此，聚焦面向高端工程机械的数字液压基础技术的研究与创新，搭建检验检测公共服务平台，对数字液压技术领域基础共性技术发展水平提升的带动意义重大。

在数字液压技术领域的基础共性技术上，数字液压阀、数字液压缸、数字液压泵和数字液压马达等部件的精度、频响、传感器闭环及编程软件等关键技术发展，关系着尽快推进我国高端工程机械装备的数字化、信息化和智能化，奠定长远发展的基础。计算机数字液压控制元件作为一个基础级核心器件，延伸出数字液压缸、数字液压马达和数字可编程功率敏感泵等不同功能产品，是推进液压技术迈向信息化和智能化工作的基础。

4. 助推制造业重点领域创新成果对接和成果转化

我国相继发布的《液压液力气动密封行业“十四五”发展规划纲要》《“十四五”智能制造发展规划》和《中国制造2025》，重点突出中国集中优势、提高产品质量、加快替代高端进口产品步伐和智能化进程。在实现液压“十三五”发展规划2020年达到669亿元，60%以上高端液压元件及系统实现自主保障的目标基础之上，助推制造业重点领域创新成果对接和成果转化工作是关键。这也是逐步缓解受制于人的局面，推进工程机械领域数字液压元件及系统得到广泛推广和应用的重中之重。

但是我国液压制造业发展时间短、产业集中度较低，大多数企业规模小、自主创新能力不足，大部分液压产品处于价值链中低端，研发投入占销售额比例不足。据中国液压气动密封件工业协会统计与市场调研，目前国内液压企业超过3000家，其中规模以上企业300多家，主要企业100多家，行业中前4家企业所占市场份额仅为约20%。行业集中度低，绝大多数企业产能较小，拥有高端产品和较高技术能力的企业很少，制约了我国数字液压行业整体技术水平的提升。液压元件品类繁杂，我国几乎没有任何液压企业能把所有种类的液压元件生产齐全，而高端数字液压装置本身的制造难度大而且需要计算机硬件与软件的新技术，为了助推制造业重点领域创新成果对接和成果转化，使企业快速缩短与全球领先技术的差距，实现高端数字液压泵阀等产品的技术突破，数字高端液压公共服务平台是符合我国实际的解决方案。

5. 加强构建数字液压技术领域标准体系

目前，我国液压标准化组织建设、开展工作的力度与成效有明显增强。但是从几个新标准的颁布实施情况来看，国内数字液压技术领域标准体系显得不够健全，裹足不前。例如，面对数字液压技术领域现行的国家标准有 GB/T 24946—2010《船用数字液压缸》、GB/T 35175—2017《汽车自动变速器用高速开关电磁阀》、GB/T 17485—1998《液压泵、马达和整体传动装置参数定义和字母符号》，显然上述标准覆盖的内容并不能满足工程机械在数字液压阀及其试验检测指标的要求。再如，国内的 GB/T 21486—2019《液压传动　滤芯　检验性能特性的试验程序》，其实施日期为 2020 年 5 月，替代 GB/T 21486—2008。与该标准对应的是 ISO 11170：2013 *Hydraulic fluid power—Sequence of tests for verifying performance characteristics of filter elements*；GB/T 36693—2018《土方机械　液压挖掘机　可靠性试验方法、失效分类及评定》，其中的时间间隔就可以说明我国标准滞后的严重性。其实标准是市场的风向标与技术的导向权，过多的时间滞后使标准失去了应有的价值。

在数字液压技术的产品检验、标准制定、标准体系建立、新产品研发应用等方面，将充分利用合作创新使质量检验环节融入数字液压产品研发、设计、制造、检测、质保等产品全生命周期内，突破原有科研、检验、标准建立、品质提升等原本需要多环节、多部门协调，耗时长、投入大、易反复等的情况，搭建面对高端工程机械的技术创新及试验检测产业技术基础公共服务平台，从而克服数字液压技术标准体系的不健全现状，实现全面覆盖数字液压阀、数字液压泵、数字液压缸和数字液压马达等各类关键部件的技术评价体系构建。

6. 联合产学研资源共同推进数字液压技术领域公共服务体系建设工作

通过共同建立数字液压基础技术创新的联合模式，搭建具有面向社会公共服务能力的高端工程机械试验检测平台，组建由质检专业人才、标准制定及标准体系建立人才参与的创新研发团队，高质量、快节奏地推动数字液压产业化和标准化发展，进而促进工程机械数字化、智能化的升级。拟在组织制定数字液压元件的标准和评价体系及其网络推广与应用，填补我国在数字液压技术基础研究的评价体系空白；搭建试验检测平台（包括数字化、智能化的数字液压耐久性台架试验台、高低温实验室零部件试验台等），完成数字液压元件（包括缸、阀、马达）的静态、动态性能检测，实现公共服务试验检测的平台效应；建立高端工程机械数字液压技术创新及试验检测平台，为数字液压元件大数据的应用与推广提供支撑；组织数字液压区块链应用云服务平台规划和技术推广，充分利用网络技术全面推进数字液压技术领域，尤其是面向高端工程机械领域的研究工作。

49.3.3　集聚产业基础资源发展创新服务平台

近年来，我国数字液压技术包括数字液压泵、数字阀、数字缸和马达，应用这些技术的经典工程机械装备发展如数字挖掘机、装载机、起重机等，这在当前人工智能、大数据和物联网时代背景下，实质上已经形成了一个产业雏形。

尽管各种各样的数字液压元件正在不断涌现，还满足了不同用户的需求，但目前没有形成产业，更缺乏明确的标准，市场占比小，工业应用不占主流，通过构建服务平台，将汇聚研发、制造、标准化制定、检测行业、检测设备制造、计算机、智能化服务等行业于一体，让更多行业融入并服务于数字液压技术，汇聚产业基础资源，降低行业门槛。为此，数字液压产业需要具有一套数字液压检测评价体系、评价方法、评价标准的试验检测产业技术基础公共平台，这本身也是符合我国创新国情的发展趋势。在这个平台上需要构建以下功能：

1. 构建数字液压检测评价体系，创建数字液压元件数据库

构建液压元件动、静态检测评价、系统耐久性、高低温环境试验评价体系，并建立技术创新验证体系。包括开发数字液压产品智能化测试方法、可靠性评估方法、搭建数字液压检测与评价平台及相关数据库，通过全方位智能化平台来推动数字液压技术规模化应用的落地。搭建数字液压关键技术及关键指标数据库。

数字液压技术发展须协同工程机械上下游企业共享价值创新，须将质量检验环节融入数字液压产品研发、设计、制造、检测、质保等产品全生命周期内，突破原有科研、检验、标准建立、品质提升等原本需要多环节、多部门协调，耗时长、投入大、易反复等的情况，构建新型研发及产业化发展的新模式，保持数字液压技术的领先地位，打通数字液压产业上下游技术协同的渠道，拓展数字液压技术的应用场景。数字液压产业发展需要有其配套的标准体系去做评价与分析以至应用。而目前标准化体系还十分匮乏，需要去建立和完善。

2. 设计数字液压检测评价平台

数字液压技术目前仅有一些简单的检测设备，而集成一体化的系统结构对数字液压元件的综合性能提出了更高要求，使得对系统进行全面的性能测试显得尤为重要。目前，尚无专门针对数字液压作动器的测试平台，更无试验检测公共服务平台。亟须建立专业检验检测技术和平台支撑保障。现在计划建设包含55～75吨级数字液压起重机整机模拟系统试验台、数字液压元件性能检测设备、高低温实验室零部件试验台，以及数字化、智能化数字液压耐久性台架试验台等，以完善数字液压基础评价平台。

3. 研制数字液压综合检测服务平台，提供专业检验检测服务

行业标准中对耐久性的要求是通用性的，数字液压标准更是欠缺。目前的实际情况是用户考核供给的产品是否达到供需双方约定的要求，只能依靠双方讨论的合同约定。其中液压元件工作寿命是一个与应用有关的系统工程问题，不同应用场合对耐久性的要求差别很大。例如，对于同样的溢流阀，作为溢流恒压阀和作为安全阀使用时，对耐久性的要求就很不同；再如，液压泵用于冲击较小的起重机，与用于冲击很大的挖掘机，耐久性相差也很大。所以，根据用户需要的应用工况，进行耐久性试验，确定可以使用的寿命，是更科学合理的。过去主机厂与上游配套厂之间对于液压元件样品性能是先通过试验，再小批量试用，然后才会大批量订购，其中主要就是担心元件在实际使用工况下的耐久性问题。今后建立了公共服务平台来进行耐久性试验，液压元件制造厂在主机厂配合下明确应用条件，明确测试各种实际应用时的负载压力，然后实施符合主机厂实际需要的耐久性试验的加载方案进行试验，试验过程公开透明，通过区块链数据可信的保证，使第三方平台、元件制造方、主机应用方实时监督、数据共享，加快主机厂采用该数字液压元件的步伐。整个过程实施简单、实时，提高了可信度，解决了目前直接把新试制的样品交给主机厂，放在主机上去试验耐久性产生的局限性：

① 在试验台上试验，很容易做到每天24h不停运转，而在主机上试验难以达到全天候运转。

② 在数字液压技术创新及试验检测平台的试验台上试验，可以采用强化试验，即把对元件寿命产生影响的主要条件集中实施，加载超过额定工况，采用高压力、高转速、高频率等，在较短的时间内得到结果，但装在主机中，强化试验就很难实现，因为，这样会使整个主机各部分都受到非正常负载，甚至引起安全事故。

③ 由于在主机上试验需要持续的时间可能长达一两年，因此，试验的工况变化不好把控，实际上不容易做到有代表性。

④ 在数字液压技术创新及试验检测平台的实验室更方便做对比测试，把多台样品一起测试，结果具有共性；特别典型的是，选择一台先进水平的（或进口成熟的）产品和一台企业新研发制造的产品，放在同一环境下的同一试验回路中，以相同的工况条件进行试验，寻找差距，从而提高产品的性能。因为企业做产品，归根结底是要在市场上占有一席之地。这种对比试验可以不预定试验时间，能够得出有说服力的结论，也可以得到市场认可。

⑤ 研发与改进。在产品研发与改进过程中，对样品进行耐久性试验，可以预测或验证结构的薄弱环节和危险部位，以便改进设计或提高工艺水平。如果在试验中同时测量主要摩擦副的磨损量变化，可为估算产品的使用寿命提供依据。这种试验一般由研发部门自行组织进行。现在，也越来越多地与数字仿真、有限元分析等现代设计工具结合进行，以提高效率，缩短研发周期。德国很多企业奉行的宗旨是：不断改进，做到力所能及的最好！例如，液压管接头进行耐盐雾试验，国产元件一般能达到48h，好的元件可达96h。有德国公司在2011年研发出锌镍保护层，能耐受800h以上。但并不止步，该公司于2013年宣称已可达到1000h以上。“Made in Germany”的声誉就是这样炼成的。试验目的以试验任务书、试验合同、研发任务书等形式书面固定下来，作为进一步准备试验的依据。

⑥ 这些试验共享可以节约行业试验台建设成本，不需要各个液压件制造企业或主机厂都投入大量资金建设试验台和专业试验研发人员，同时通过这种试验数据共享与大数据应用，又可以加快数字液压标准和评价体系建设，促进我国数字液压快速良性发展。

49.4 数字液压公共服务平台建设与实施

图49-1与图49-2分别为高端工程机械数字液压技术基础公共服务平台总框架和面向高端工程机械数字液压技术创新及试验检测产业技术基础公共服务平台建设框架，具体包括检验检测平台构建、建立检验检测评价体系与标准、平台应用与服务、平台示范与推广四个方面。

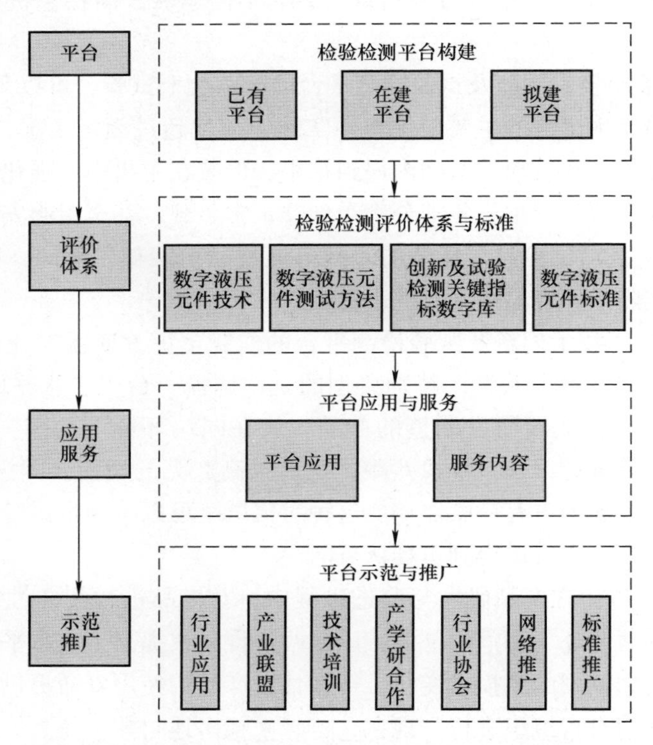

图49-1　高端工程机械数字液压技术基础公共服务平台总框架

围绕高端工程机械数字液压技术基础公共服务平台，要在四个方面进行建设：①硬件建设。建立数字液压元件各项功能的试验检测能力，进而提供第三方检测服务，为数字液压技术在高端工程机械行业中的应用提供平台支撑；②软件建设。建立支撑行业发展的产业技术基础公共服务能力，建立高端工程机械数字液压元件（泵、阀、缸）相关标准体系；③平台的应用与完善。加快推进数字液压技术在高端工程机械、国防军工等行业中的应用；④加强推广得到产业发展效果。加强我国行业在数字液压方面的进展与促使行业增加这方面的投入与产出。

在平台建设过程中，将建立四类数字液压元件检测评价体系，融合两类应用技术工具，覆盖六大类服务业务，涵盖六大行业领域，如图49-3所示。

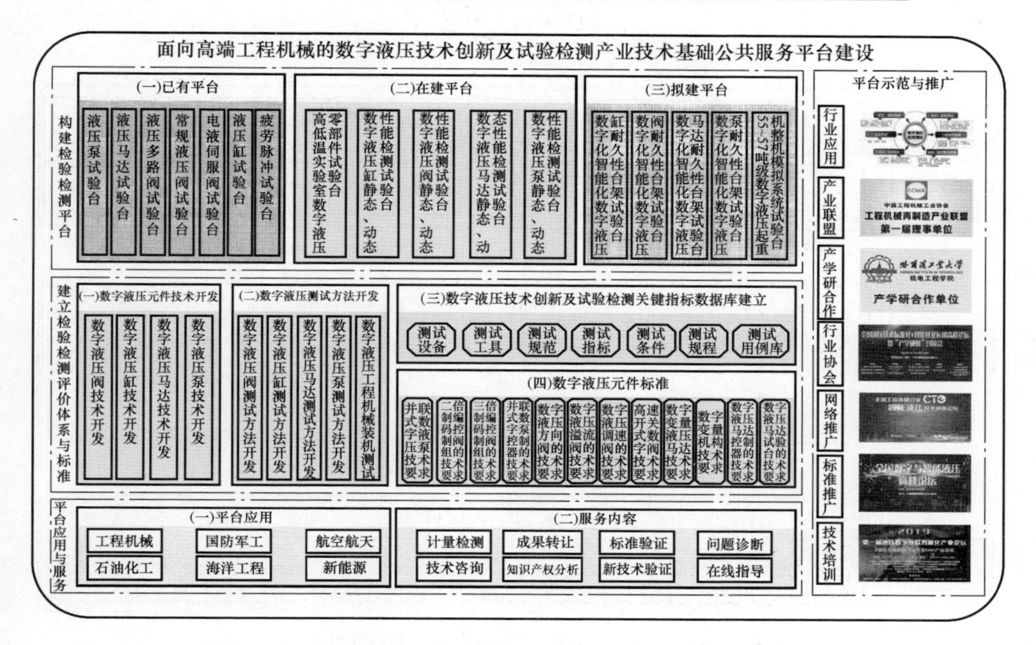

图 49-2 面向高端工程机械数字液压技术创新及试验检测产业技术基础公共服务平台建设框架

四类数字液压元件检测评价体系包括数字液压泵检测评价体系、数字液压马达检测评价体系、数字液压阀检测评价体系、数字液压缸检测评价体系。

两类应用技术工具为云平台技术和区块链。

六类服务业务分别为技术研发、检验检测、计量、咨询培训和技术转化。

六大行业领域分别为国防军工、工程机械、航空航天、石油化工、海洋工程、新能源。

49.4.1 构建数字液压技术检验检测平台

目前已有液压泵试验台、液压马达试验台、液压多路阀试验台、常规液压阀试验台、电磁伺服阀试验台、液压缸试验台、疲劳脉冲试验台。

在建平台有高低温实验室数字液压零部件试验台，数字液压缸静态、动态性能检测试验台，数字液压阀静态、动态性能检测试验台，数字液压马达静态、动态性能检测试验台，数字液压泵静态、动态性能检测试验台。

拟建平台有数字化智能化数字液压缸耐久性台架试验台，数字化智能化数字液压马达耐久性台架试验台，数字化智能化数字液压马达耐久性台架试验台，数字化智能化数字液压泵耐久性台架试验台，55～75 吨级数字液压起重机整机模拟系统试验台，如图 49-4 所示。

将完成数字化、智能化数字液压耐久性台架试验台，高低温实验室零部件试验

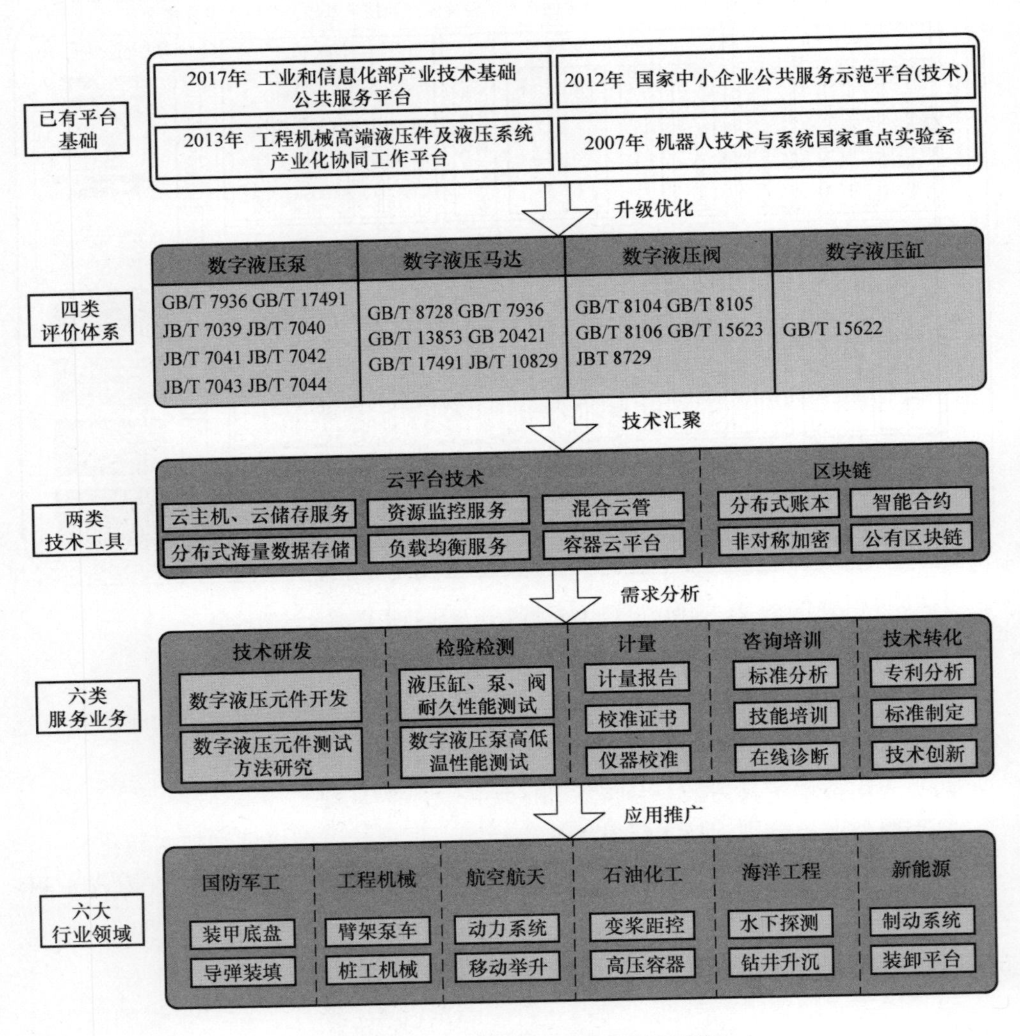

图 49-3　平台建设过程所涉及的领域

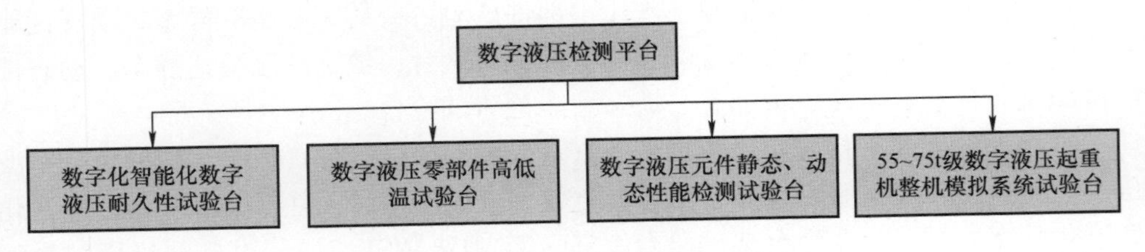

图 49-4　数字液压试验检测平台构成

台等平台设计和搭建工作，实现数字液压元件（包括缸、阀、马达）的静态、动态性能检测，同时建立 55～75 吨级数字液压起重机整机模拟系统试验台。搭建开发数字液压泵控制特性测试试验台，包括液压油源、驱动电动机及其控制器、数字泵快速装卸连接架、负载模拟马达及液压缸、加载测功机及加载液压缸系统。试验台主要进行数字液压泵的工作原理验证，控制策略验证，控制特性检测和分析，动静态流量压力特性检测与分析等科目的试验测试。

开发数字液压泵元件及其控制阀组，研究控制流程，开发控制程序。数字液压泵在试验台架进行测试，修正完善其控制系统结构和控制逻辑。数字液压泵拟开发不同排量的样机进行测试。根据数字泵流量分别开发相应的集成阀组，并尽可能统一阀组规格，采用插装式控制阀以利于产品集成。控制器目前阶段考虑使用通用的工程机械通用控制器进行开发，待控制系统完善之后再考虑开发专用控制器。

在完成数字泵及其控制阀组的测试之后，进行数字液压泵的工程机械装机测试。对 5t 和 7t 两种装载机进行数字液压系统改造。项目周期内计划完成装载机转向系统和工作装置的独立数字泵系统试验，重点研究数字泵应用中的节能效果、控制平滑度、成本等问题。在数字液压泵变量基础上引入驾驶员操作意图判断、装载机工况判断和载荷条件判断，动态调整数字泵变量，在转向和工作系统中减少通过节流调整的有效流量；特别是在转向系统中，尝试利用数字液压泵的快速响应特性使转向等待流量大幅度减小，从而极大地减小节流流量损失，降低无功功率，大幅提升装载机液压系统效率。

49.4.2　建立数字液压元件检验检测的云与混合云通信平台

数字液压区块链应用云服务平台如图 49-5 所示，可为数字液压技术创新及试验检测业务提供一体化的、自主可控的、弹性可扩展的算力和存储支撑，提供应用开发运行支撑和大数据服务支撑，支持构建数字液压技术创新及试验检测私有云和搭建混合云等。云服务平台利用虚拟化等技术将计算、存储和网络等基础硬件资源，以逻辑方式形成弹性扩展、逻辑一体基础资源池，再将资源池提供的虚拟机、虚拟存储、虚拟网络或虚拟端口组等经过二次封装与组合、调度使用，形成面向工业互联网用户的虚拟主机服务、虚拟网络服务或者云存储等服务，为数字液压区块链应用提供资源和平台支撑服务；同时建设包括物理资源和虚拟资源的统一监控管理，进而提供全生命周期资源服务。

物理资源层：物理资源层包括服务器、存储和网络等物理资源。可使用国产硬件芯片服务器及国产网络设备，也可采用通用的 ×86 服务器，另外针对用户自身的硬件环境要求、业务访问场景及既有基础设施，可进行灵活部署规划和充分利旧以减低成本。

资源虚拟化层：虚拟化是云平台的核心技术之一，能同时实现计算虚拟化技术、存储虚拟化技术和网络虚拟化技术，形成资源池，从而让底层资源更好地支持

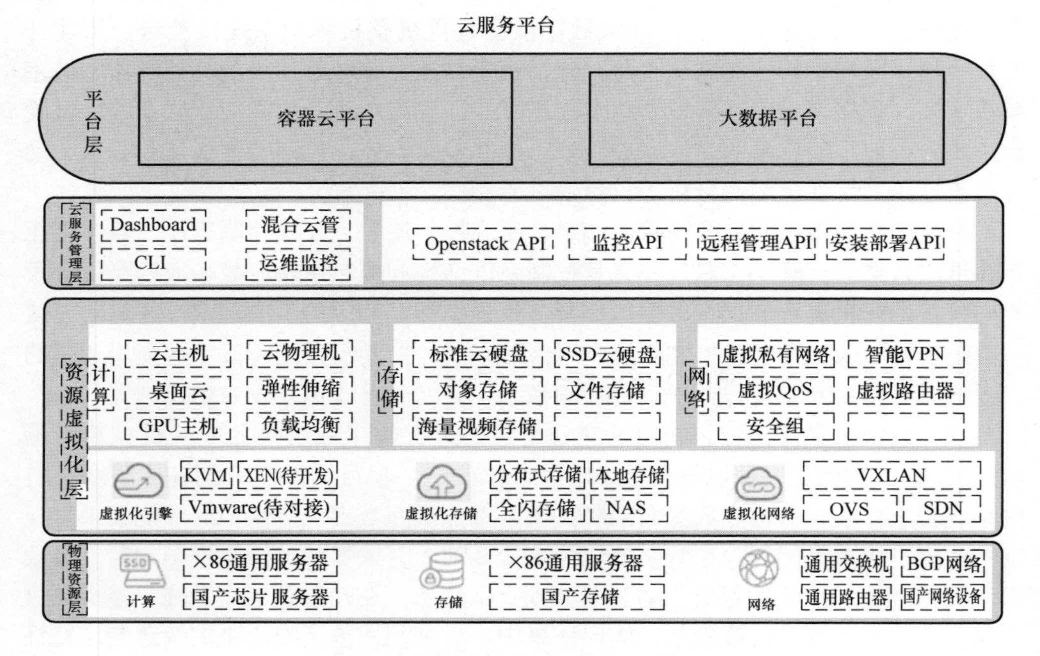

图 49-5 数字液压区块链应用云服务平台

上层云服务。

云服务管理层：云服务管理层作为系统管理平台，支持内置的商业智能仪表盘（Dashboard）和命令行界面（CLI），同时可以对接电科云混合云管理平台及第三方云管平台。系统管理平台既可以实现资源的自动管理和动态分配、部署、配置、重新配置及回收，也可以自动安装应用；用户可以使用平台提供的虚拟基础架构，也可以自定义虚拟基础架构的构成，如服务器数量、存储类型和大小、网络配置等；云平台使用者可通过自服务界面提交请求，每个请求的生命周期由平台维护。

平台层：提供容器云服务和大数据支撑服务，集成工业微服务、大数据服务、应用开发等功能。提供数据存储、计算、数据共享交换、数据分析大数据工具服务；提供了一个快速构建、集成、部署、运行容器化应用的基础环境，从而提高应用开发的迭代效率，简化运维环节，降低运维成本。

混合云管理平台支持基础设施即服务（IaaS）、平台即服务（PaaS）、传统设备的统一运维、运营的一体化管理平台。对接现有的存储资源和网络资源，组成统一的虚拟资源池、存储资源池、网络资源池。通过云管平台实现云数据中心的统一纳管、统一运维、统一运营。支持异地异构多云统一纳管、统一云租户管理、统一服务目录管理、虚机、容器统一编排调度、统一资源监控，具备运营中心、运维中心、开发者中心、应用中心的统一云管理。混合云管理系统架构如图 49-6 所示。

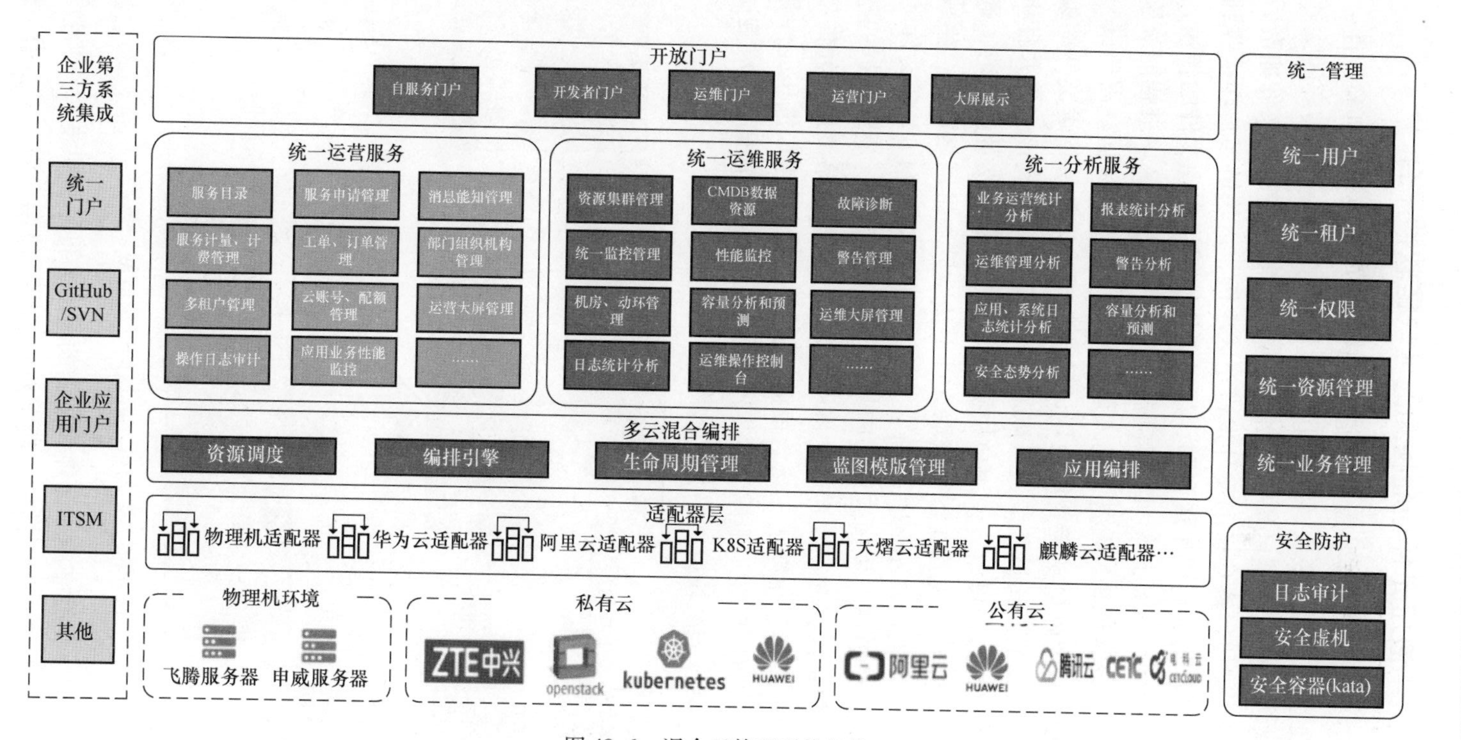

图 49-6 混合云管理系统架构

49.4.3　建立数字液压元件检验检测的区块链软件平台

具有区块链智能液压试验装置，保证信息具有不可篡改性和可验证性；区块链智能液压试验装置可以接入区块链网络中，通过区块链网络接收需要的文件。企业可以将需要传送的文件发送至区块链网络，区块链网络对传送的文件加密后传输至网络模块，由网络模块将待传送的文件发送至区块链，区块链客户端接收到允许传送的文件以后，经过解密后使用或打印，通过区块链网络实现文件的传输，确保待传送文件的安全性，并且保证数据可以溯源，报告可验证。区块链智能液压试验装置还设置有一个处理器及输入设备，输入设备向上位机发送数据。需要试验数据的用户可以通过输入设备向区块链智能液压试验装置输入诸如待传送文件的编号、名称等信息，区块链智能液压试验装置可以通过区块链网络查找该文件并且将待传送的文件传送给用户，这样可以方便用户快捷地实现试验数据文件的获取，通过键盘输入待获取文件的编号，或者在将待获取文件上传至区块链网络以后，生成一个二维码，客户端通过扫描该二维码获取待获取文件的内容，可以实现文件的快速传输。试验检测的初始数据上传到区块链网络，创建创世区块，后续数据的整理及修改将留下痕迹，防止数据的篡改。通过将检测数据信息和被检测液压元件信息分别存储在关系型数据库和区块链上，然后根据索引将数据组合生成液压元件测试数据或报告的方式，从而达到在不泄露元件生产企业技术秘密的情况下完成测试数据的共享。针对数字液压的区块链网络技术如图49-7所示。

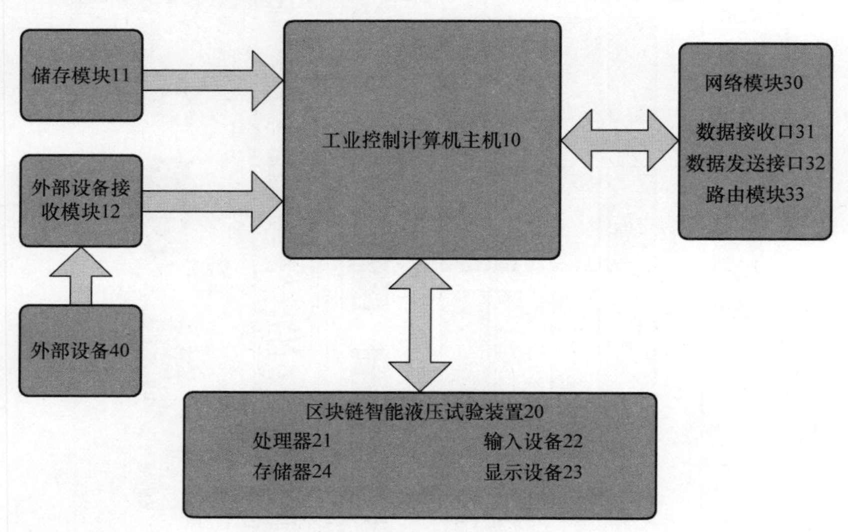

图49-7　针对数字液压的区块链网络技术

利用数据上云，为数字液压元件大数据的应用与推广提供支撑，为数字液压区块链应用云服务平台运营打下基础，数字液压区块链应用云服务平台服务包括：

1）检测数据区块链上链、数字液压大数据的应用。

2）数字液压元件相关的标准和评价体系的网络推广及应用。

3）开发数字液压元件。

4）建立数字液压关键指标数据库。

5）建立数字液压元件的标准和评价体系。

6）申报数字液压国内外知识产权专利。

图 49-8 所示为数字液压区块链应用公共服务平台循环路线图，平台将形成“高校和研究院研发数字液压元件——液压件企业生产制造数字液压元件——实验室测试检验（性能与耐久性）——主机厂工程应用验证（功能与可靠性）——高校和研究院研发”的循环路线，最终反复循环达到完美。

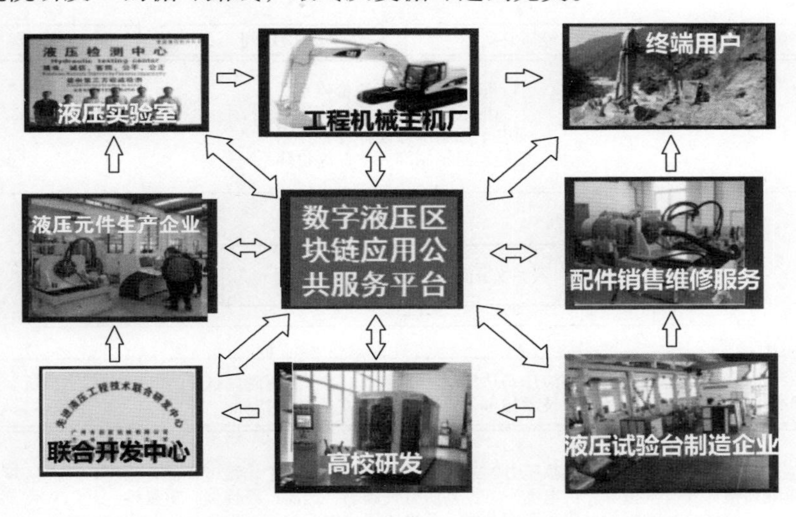

图 49-8　数字液压区块链应用公共服务平台循环路线图

平台同时衍生出不限于液压试验设备企业试验台的研发制造业务，液压配件与服务商销售与服务业务，终端用户对高端数字液压元件与数字化智能化工程机械的采购业务等一系列产业链上的价值。

49.4.4　建立数字液压元件检验检测的评价体系与标准

1. 建立数字液压元件检验检测的评价体系平台

在开发通用的数字液压元件（包括数字液压阀元件、数字液压缸元件、数字液压马达元件、数字液压泵元件）的基础上，建立相应数字液压元件的测试方法。该测试方法包括每种液压元件所需要的测试设备、测试工具、测试规范、测试指标、测试条件，建立相应液压元件的测试规程和测试用例数据库，最终建立数字液压技术创新及试验检测关键指标数据库。通过对这些数字液压元件的测试，形成并联式数字液压泵的技术要求、二倍制编码控制阀组的技术要求、三倍制编码控制阀组的技术要求、并联式数字泵控制器的技术要求、数字液压方向阀的技术要求、数字液压调速阀的技术要求及高速开关式数字阀技术要求。

通过对数字液压缸、数字液压泵、数字液压阀和数字液压马达等元件的开发与测试方法研究，建立完善的数字液压检测评价体系。数字液压元件检测评价体系与数字液压试验检验技术指标如图49-9所示。基于数字液压元件检测评价体系与试验检验技术指标，可开展公共服务平台试验检测工作；针对不同数字液压元件试验检测项目与评价要求，制定相应的试验检测平台操作规范。

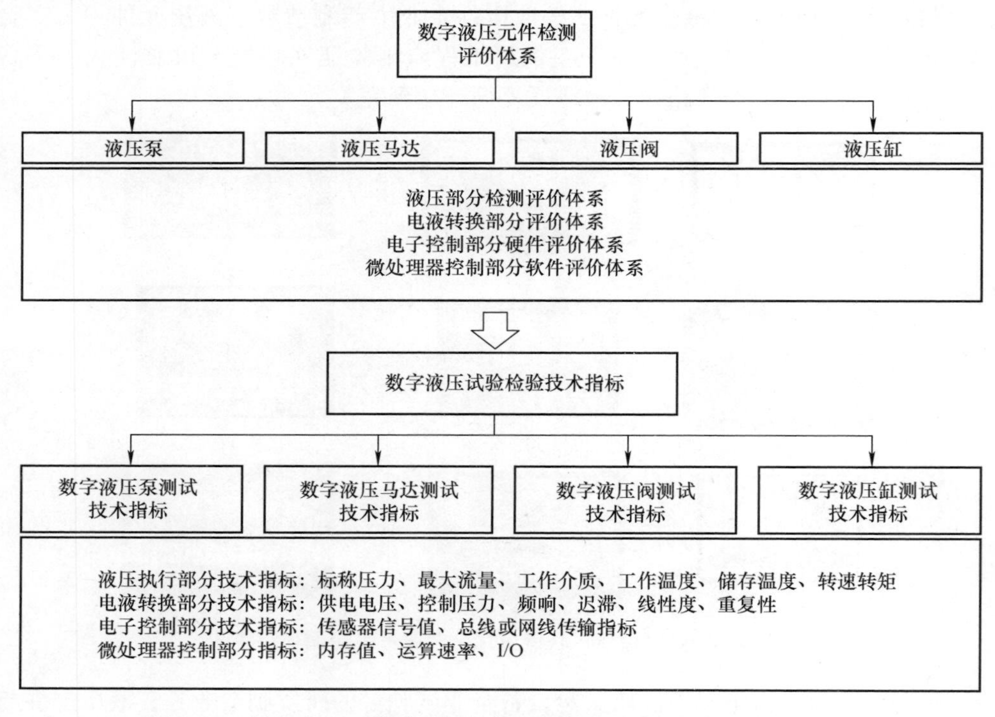

图49-9　数字液压元件检测评价体系与数字液压试验检验技术指标

2. 建立数字液压元件在检验检测评价后的标准平台

建立数字液压元件在检验检测评价后的标准平台，可以对标准编写与制/修订技术路线进行协理（见图49-10）。

1）立项阶段：立项阶段为标准化行政主管部门对提交的提案进行审批的过程。主要工作是对项目建议进行审查、征求意见（公示、质疑）与批准。

2）起草阶段：项目启动后直接进入起草阶段，参编单位群策群力共同完成，就有关内容要达成一致，不能产生分歧。草稿需要参编单位共同修改后提交国家标准化管理委员会（简称标委会），标委会从形式到内容提前征询某些专家的意见，修改几轮后成为征求意见稿。

3）征求意见阶段：编制组提交征求意见稿后，经标委会审核后，正式书面征

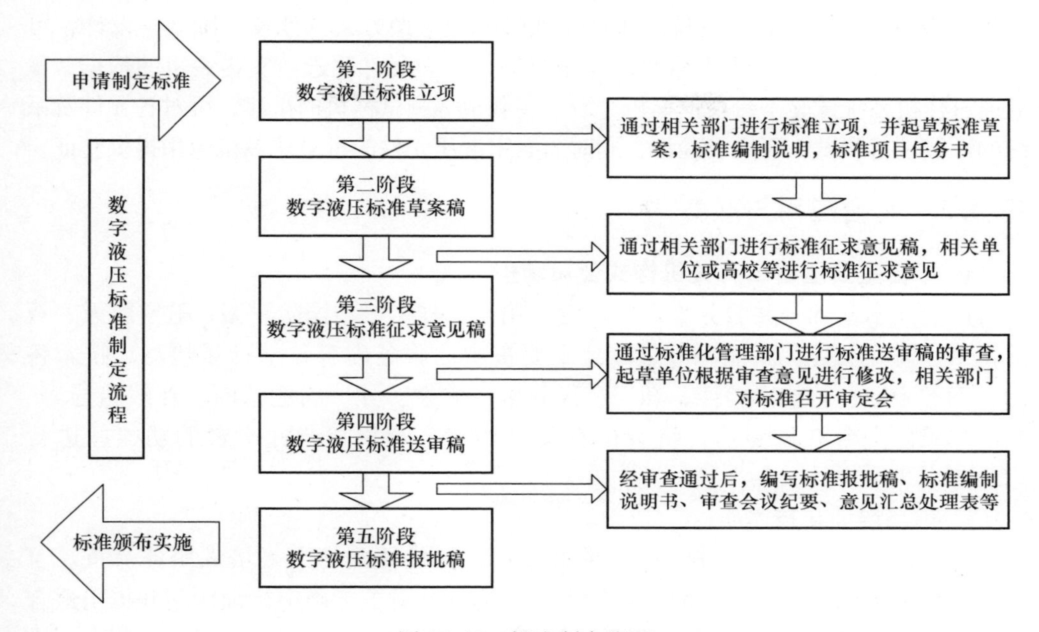

图 49-10　标准制定流程

求意见。一个月后意见返回。编制组汇总征询意见，并与专家就征询意见进行沟通后，经过一个月的时间进行修改，形成会审稿。如果编制组对征求意见稿准备不充分或者专家意见较多或分歧较大，修改后应进行第二次征集意见。

4）审查阶段：编制组提交送审稿后，标委会秘书处组织函审或者会审，所以要严格遵照约定时间完成。会审结束后，编写组按照会审组意见进行标准文本的修改完善，形成报批稿。会审不通过，从征求意见稿重新开始。

5）报批阶段：必须在会审审查阶段之后进行。按照规定进行报批，等待发布实施。

对于数字液压元件装机测试平台，结合开发的数字液压元件的检验检测，目前可以进行挖掘机、起重机、滑移装载机三类产品中相应液压元件的替换，并进行液压管路的调整和整机控制线束的改制，完成数字液压元件的装机与测试。

行业内传统液压起重机采用变量泵结合流量控制进行动力液压输出，采用定量马达、普通液压缸结合液控先导阀与多路阀进行回转与起重臂及提升机构的驱动与控制，虽可通过负载调节动力输出，但对于主机功能及作业速度的控制主要通过节流实现，能量损失严重的同时存在作业精度低、作业效率差的问题。通过对传统主泵、主阀、液压马达、液压缸等液压元件进行数字化改造升级后，实现单个元件的性能与控制优化；更重要的是还需要对包括各数字液压元件在内的整机液压控制系统进行合理化的参数匹配与优化，以实现系统性能最优。本平台通过采用对数字液压元件的分析和数字液压系统模型的搭建，可对其进行基于各元件的系统参数匹配分析，为样机的搭建打下基础。进一步通过系统选型方案设计及三维结构设计，可实现数字液压元件在主机产品的最优化布局，作为元件改进与实物装机的依据。最后通过样机系统试验平台及挖掘机、滑移装载机等测试样机的搭建，可对各元件及系统的性能进行测试、研究及验证，同时为数字液压元件的批量化装机应用提供验证。

49.4.5　平台应用与服务

1. 平台主要运营由有关机构或公司承担

产业技术基础公共服务平台可广泛应用于工程机械、国防军工、航空航天、石油化工、海洋工程、新能源等领域，主要提供的服务内容包括计量检测、技术咨询、标准验证、新技术验证、知识产权分析、成果转让、问题诊断、在线指导等。此公共服务平台在创建后，将会由有关机构或公司负担起此平台的功能并进行运营。

2. 现场培训与技术研讨

具有针对性的用户全体、产品类型分类，提供顾问咨询式培训服务流程。首先，进行需求调查、初步诊断、帮助企业明确真实需求，确定培训顾问并提出适合需求和实际情况的项目建议，明确需求。其次，通过数字液压专业试验检测方法进行深入诊断，并整理出诊断报告，从而设定培训方案，完成诊断过程。再次，根据服务对象对诊断报告的反馈情况，并结合专家的建议对方案进行设计、研讨、修改、补充，从而确定详细培训方案。最后，根据实际状况分步、分项、分单元或者整体实施培训，并在实施过程中随时根据反馈情况进行调整，完成指导实施。

数字液压元件的检验检测、认证技术课程与咨询，主要通过实施数字液压的薄弱环节分析、技术优化、质量提升、工艺改进、整改建议等专项培训服务，解析行业与国家标准、宣传贯彻检验检测新技术与征求意见稿等内容，实现专业培训服务对产品质量与人员专业技术水平提升的目的。

3. 平台线上示范与推广技术

数字液压线上平台示范与推广包括门户网站展示、线上咨询、留言、微博互动、直播交流等技术手段，如图49-11所示。

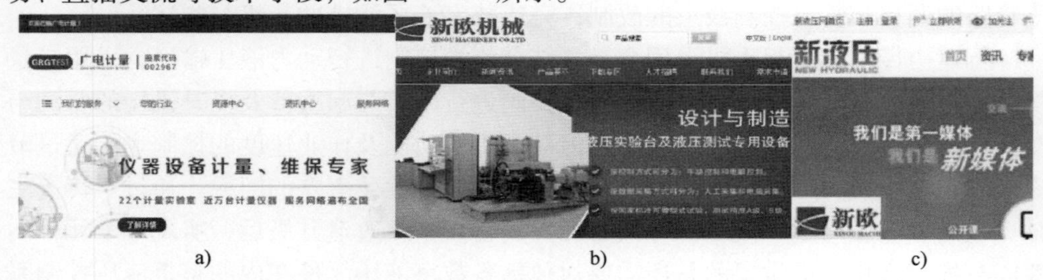

a)　　b)　　c)

图49-11　第三方试验检验服务机构门户网站推广

a）检验检测　b）设计制造试验　c）培训宣传

4. 产学研合作机制

产学研合作是企业、科研院所和高等学校之间的合作，通常以企业为技术需求方，与以科研院所或高等学校为技术供给方之间的合作，促进技术创新所需各种生产要素的有效组合。产学研协同创新合作机制如图 49-12 所示。

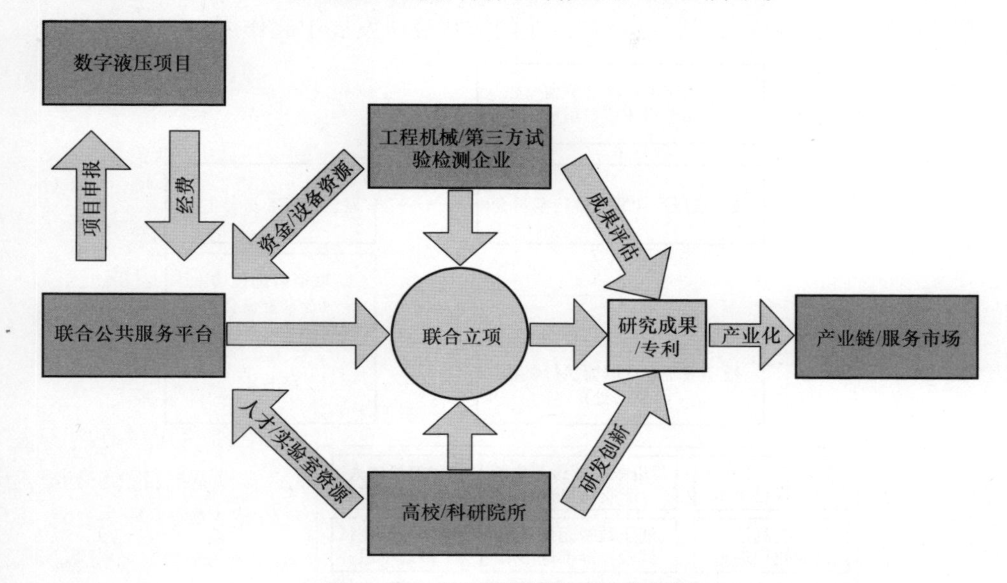

图 49-12　产学研协同创新合作机制

产，即产业，为高校成果转化、教育培训等提供舞台。在市场经济的前提下寻找更加适合企业发展的合作方式，以科研机构、高校的人才、研究成果输出作为企业发展的原动力，同时也为高校、研究机构提供研究和人才开发的利用资源。

学，即学校，是高校服务发展的主体。大学是科学知识的主要生产者和提供者，有较多优秀的人才在从事研究，自身具有较强的创新能力与从事创新工作的专注度，弥补了企业自身创新的不足，产学研用合作教育就是充分利用学校与企业、科研单位等多种不同教学环境和教学资源，以及在人才培养方面的各自优势，把以课堂传授知识为主的学校教育与直接获取实际经验、实践能力为主的生产、科研实践有机结合的教育形式。

企，即企业，提供知识创新成果，是高校服务发展的载体。对于企业而言，有较好的生产能力，但科技含量低，科学研究创新不够，但可以把高校的知识资源和科技研究成果很好地转化。所以，通过政产学研协同创新的合作模式，促进科技成果产业化，从而缩短创新成本和提高创新能力，在合作和沟通过程中，得到新的反馈，从而不断提高高校的科技服务能力，在科研经费上也更合理和科学。

5. 产业联盟协作

数字液压联盟成员通过建立全面协作与分工的产业联盟体系，通过会员形式加入联盟，相互交流技术资料、分享联盟科研成果，协商共建或共享数字液压科研、检测、计量、试验、生产等基础设施。产业联盟组织架构如图 49-13 所示。2020 年由上海液压气动密封行业协会主办，由工信部面向高端工程机械的数字液压技术创新及试验检测产业技术基础公共服务平台项目协办的“数智液压企业论坛”成立了“数智液压产业联盟”，已经在行业的数智液压发展中起作用。

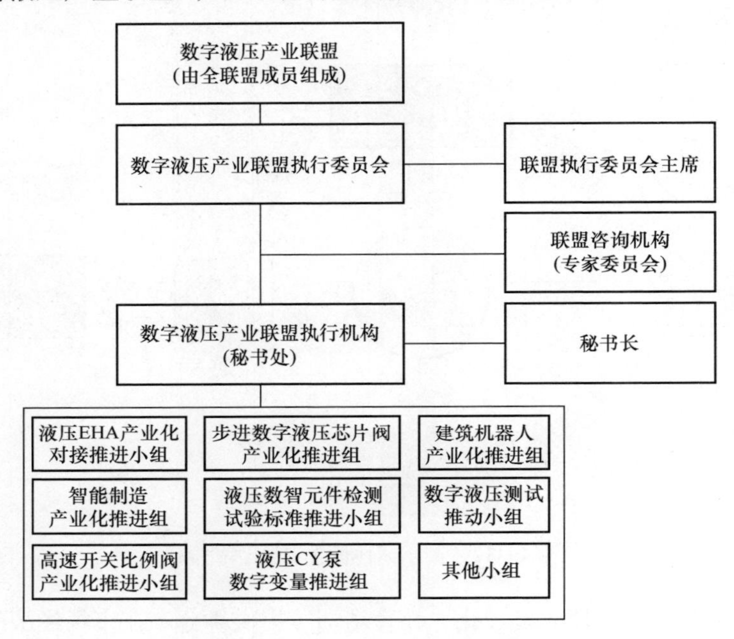

图 49-13 产业联盟组织架构

49.4.6 以一站式全价值链服务推广平台应用

1. 以一站式全价值链服务作为推广应用模式

面向高端工程机械的数字液压技术创新及试验检测产业技术基础公共服务平台构建以后，将遵循一站式全价值链服务作为推广应用模式，如图 49-14 所示，为高校研究院所、液压产品制造企业、液压元件检验检测实验室、液压主机厂等行业相关机构提供共享共性数字液压基础技术、为行业培养数字液压技术专业人才、提供知识产权服务等技术创新服务，以及数字液压元件标准与评价体系等咨询培训服务。

通过搭建数字液压元件及装备试验检测网络平台，结合区块链应用、云服务架构等技术手段，为行业提供数字液压元件测试大数据查询服务，共享测试大数据，实现数字液压元件从设计、研发、制造、检测、应用多环节的循环完善与技术成果转化。

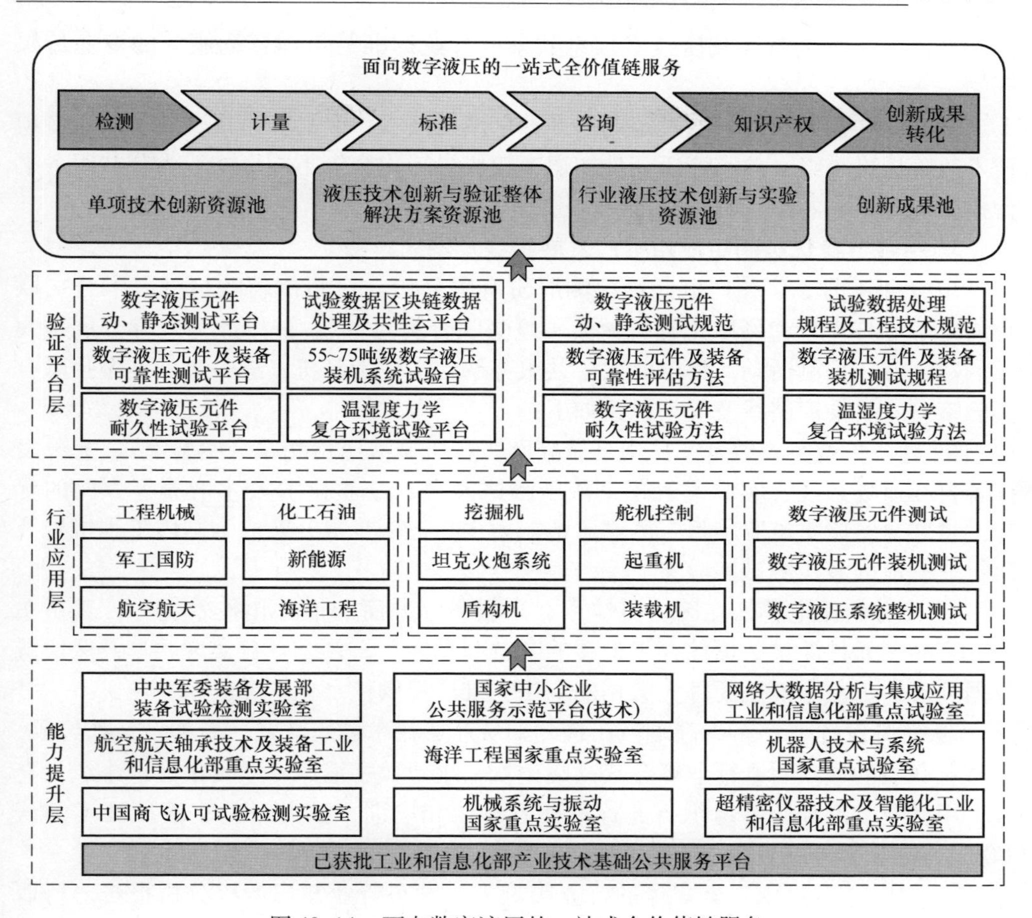

图 49-14　面向数字液压的一站式全价值链服务

2. 形成独立推广运营发展能力

面向高端工程机械的数字液压技术创新及试验检测产业技术基础公共服务平台作为广州广电计量检测股份有限公司、电科云（北京）科技有限公司、广州市新欧机械有限公司、中国电子信息产业发展研究院、山河智能装备股份有限公司、合肥长源液压股份有限公司、哈尔滨工业大学、上海交通大学、广东富华重工制造有限公司等单位战略合作基础上的产物，遵循“先虚后实、循序渐进、虚实结合”的原则推进演变，通过不断充实服务平台内容，逐步成为面向工程机械行业、面向国家相关部委、面向数字液压专业技术人员开放的平台，通过推动建立数字液压行业联盟、共享数字液压研发中心、数字液压联合实验室等多种路径逐步做实公共服务平台，不断扩大公共服务平台的影响力，并逐步形成独立运营发展的能力。

在联盟内部成员之间寻找战略合作切合点，推动基于工程机械行业的数字液压元件共享研发中心、检测联合实验室等经营实体成立并持续运营。

通过资本、管理、人才等持续注入，不断做强做专《新液压》等行业新媒体，让《新液压》成为数字液压技术信息共享、行业标准与培训咨询服务的专业传媒刊物。

以产业联盟为载体，通过定期举办数字液压技术行业高峰论坛、数字液压专项技术改善促进小组、数字液压元件知识产权成果转化会等不同形式，为公共服务平台提供源源不断的信息资源。

3. 结合自身优势制定应用推广发展路线及规划思路

2019年1月，广州广电计量检测股份有限公司与广州市新欧机械有限公司联合成立了“广电计量新欧工程机械液压检测联合实验室”，并以此为基础开展了大量的数字液压检测活动，将以此次公共服务平台搭建为契机，进一步做实做强联合实验室。主要推广路线及规划思路如下：

① 进一步做实、做专“广电计量新欧工程机械液压检测联合实验室”，充分发挥各自在市场拓展、实验室管理、液压测试能力、专业技术人才培养等方面的优势，将联合实验室试验项目、测试验证能力水平进一步提升，成为国内工程机械液压行业一流的液压测试实验室。

② 充分利用电科云在区块链应用、云服务等方面的信息化技术优势，真正实现数字液压元件测试数据储存于云端的公链和私链上，在云平台实现共享及区块链数据处理，为数字液压元件大数据的应用与推广提供信息化支撑。

③ 充分发挥“广东省高端液压检测领域产业技术创新联盟”资源及运作经验，以产业联盟的形式召开行业峰会或高端论坛，组建数字液压专项技术促进小组，充分利用行业专家经验，组织行业标准体系解读和培训，扩大对数字液压技术的认知度。

④ 利用《新液压》新媒体的行业影响力，发布行业知识产权分析报告、行业技术发展趋势等行业知识。

⑤ 利用公共服务平台，构建液压专业人才集聚区域，实现在线技术咨询、权威数据发布、技术创新成果相互借鉴等。

49.5 以服务创新模式支持数智液压创新

49.5.1 产业技术基础公共服务平台团队

建设“面向高端工程机械的数字液压技术创新及试验检测产业技术基础公共服务平台”是以项目的方式启动。项目联合体综合服务能力强，能够提供全方位技术服务。项目以广州广电计量检测股份有限公司负责，参加单位包括中国电子信息产业发展研究院、电科云（北京）科技有限公司、广州市新欧机械有限公司、哈尔滨工业大学、上海交通大学、山河智能装备股份有限公司、合肥长源液压股份有限公司、广东富华重工制造有限公司，详见表49-3。

表 49-3 面向高端工程机械的数字液压技术创新及试验检测产业技术基础公共服务平台

单位	平台负责领域	数字液压方面优势
广州广电计量检测股份有限公司（牵头单位）	公共服务平台基地	在公共服务平台建设、测试、运营、推广方面管理机制成熟，为全国化、综合性、军民融合的国有第三方计量检测机构。集计量、检测和认证服务，试验分析，设计整改咨询，以及科研开发和标准规范编制于一体，具有计量校准、可靠性与环境试验、电磁兼容检测等多个领域的技术能力
赛迪研究院（中国电子信息产业发展研究院）	信息集成和产业研究领域	检验检测服务方面：对基础软件质量控制与技术评价、机器人质量基础共性技术检测与评定、智能网联驾驶测试与评价、智能制造测试验证与评价、工业控制系统安全可靠测评具有国家级资质。贯彻“软硬结合、转型提升”的发展战略，将服务领域从软件产品扩展到了具有通用化、网络化、集成化、智能化特征，以及“云＋端”等典型架构的信息系统、复杂电子系统、工业控制系统和智能制造系统，具备国内领先的检验检测服务能力
电科云（北京）科技有限公司	云平台服务和大数据的应用方面，网络服务技术	具有“自主云、安全云、云上云”三大特征，为新一代信息基础设施建设提供算力和数力
广州市新欧机械有限公司	数字液压测试领域	主要从事高端化液压测试装备的研发、生产及销售，以及液压产品的第三方检验检测服务。创建了“先进液压工程技术联合研发中心”，与广电计量共同组建的“广电计量新欧工程机械液压检测联合实验室”，与全国液压气动标准化技术委员会建立“液压与气动标准化试验基地”，为行业共享研发与试验。具有“基于互联网＋的高端液压测试装备及服务平台”
哈尔滨工业大学	数字液压仿真领域基础研究	国内外的理工强校、航天名校，参加本项目团队具有“机器人技术与系统国家重点实验室”平台。参与过国家“工程机械用高压多路阀高端液压元件可靠性评估方法与寿命测试技术研究”与“数字液压元件关键共性技术研发及产业化”项目
上海交通大学	数字液压技术研究领域	我国历史最悠久、享誉海内外的著名高等学府。团队参与过“数字配流智能调速型摆线液压马达的开发与产业化”平台建设；参与过“数字配流与调速式低速大转矩液压马达的机理与特性研究”与“随机低转速驱动的数字配流径向柱塞恒流量泵的关键问题研究”等国家项目

（续）

单位	平台负责领域	数字液压方面优势
山河智能装备股份有限公司	工程机械研发和装机测试	全球工程机械50强、世界挖掘机制造20强企业。山河智能前瞻性地创立了先导式创新模式与体系，对数字液压工程机械研发和装机测试负责。参与过“大型机械能量回收与利用关键技术开发与应用”“土方机械疲劳可靠性关键技术研究”等国家项目
合肥长源液压股份有限公司	数字液压元件研发和标准制定	从事各类液压元件的研发、生产和销售业务的国家高新技术企业。公司先后有46项产品通过安徽省新产品新技术鉴定，主要技术指标处于国内领先（先进）水平，部分产品达国际水平。具有与山河智能、哈工大组成的“工程机械高端液压件及液压系统产业化协同工作平台”基础。参加过“高压液压缸技术改造项目”国家项目
广东富华重工制造有限公司	工程机械领域技术水平高，创新能力强，技术基础扎实	2016年与吉林大学车辆关键零部件先进设计制造研发团队（获“扬帆计划”创新创业团队认定）合作开发项目，此项目获得全国高校高科技交易会最佳交易奖。通过项目的实施提高我国汽车零部件制造与主机的数字化技术水平，带动国内整个汽车产业链的健康发展。参加过省级“整体驱动桥壳体挤压成型及自动化制造技术集成和产业化”项目

项目联合体由上述9个单位组成，通过强强联合、优势互补，在数字液压检测技术创新及试验检测产业技术基础公共服务领域具有得天独厚的优势，从数字液压元件生产、检测技术研究、检测平台搭建、装机测试、关键指标数据库建立，到信息化数字化云平台服务及推广，具有全面扎实的技术应用基础，项目经验丰富，检测资质齐全，综合服务能力强，具备支撑项目实施的能力。

本项目将依托分布于全国的联合体各个检验检测基地开展项目建设工作；同时，引进区块链应用、云服务架构等技术手段，实现试验数据的云平台共享及区块链数据处理，储存于云端的公链和私链上，为数字液压元件大数据的应用与推广提供支撑，并可为相关单位提供检测、计量、标准、咨询、知识产权、创新成果转化等一站式的全产业链服务，形成全方位技术服务模式。

49.5.2　平台现有基础条件

1. 重点实验室基础设施建设情况

广州广电计量检测股份有限公司与广州市新欧机械有限公司联合成立了“广电计量新欧工程机械液压检测联合实验室”。

目前，该联合实验室主测试功率可达315kW，测试压力为0～45MPa，测试流量为0～500L/min，检测精度可达A级；“十四五”期间，将投建数字液压系统

（元件 + 管路）的综合性验证平台。

2. 检验检测能力与工具条件

广电计量新欧工程机械液压检测联合实验室目前具有的主要检测能力见表 49-4。

上海交通大学试验台包括基于高速电磁开关阀的多缸位置/力协调控制系统试验台、数字配流径向柱塞/摆线液压马达试验台、数字配流低速轴向柱塞恒流量泵试验台等检测设备。

表 49-4　广电计量新欧工程机械液压检测联合实验室具有的主要检验检测能力

序号	设备名称	执行标准	主要参数	设备实物图片
1	液压泵/马达试验台	泵：GB/T 7936—2012，JB/T 7039—2006，JB/T 7041.2—2020，JB/T 7043—2006，GB/T 17491—2011 马达：JB/T 8728—2010，GB/T 7936—2012，GB/T 13853—2009，JB/T 10829—2008，GB/T 20421—2006，GB/T 17491—2011	最大功率：315kW 压力：0 ~ 45MPa 双通道流量：0 ~ 500L/min，0 ~ 500L/min 转速：0 ~ 3000r/min 最大转矩：50000N · m	
2	液压多路阀试验台	JB/T 8729—2013	功率：132kW 压力：0 ~ 40MPa 流量：0 ~ 200L/min	
3	常规阀试验台	GB/T 8104—1987，GB/T 8105—1987，GB/T 8106—1987，GB/T 8107—2012	功率：132kW 压力：0 ~ 40MPa 流量：0 ~ 200L/min	
4	电液伺服阀试验台	GB/T 15623.1—2018 GB/T 15623.2—2017 GB/T 15623.3—2022	功率：132kW 压力：0 ~ 31.5MPa 流量：0 ~ 200L/min	

（续）

序号	设备名称	执行标准	主要参数	设备实物图片
5	液压油缸试验台	GB/T 15622—2005 JB/T 10205—2010	功率：132kW 压力：0～50MPa 流量：0～200L/min	
6	疲劳脉冲试验台	GB/T 19934.1—2021 （ISO 10771.1：2015） （ISO10771.2：2008）	功率：132kW 压力：0～70MPa 流量：0～200L/min	
7	挖掘机液压泵试验台、液压泵阀综合试验台、军工液压泵试验台、功率可回收的液压马达试验台、液压泵摩擦副专项试验台、TBM 滚刀破岩试验机等			

3. 标准和技术规范制定情况

广州市新欧机械有限公司在电磁阀阀体疲劳脉冲寿命试验台研制中，采用了多项自主创新技术，试验原理如图 49-15 所示，使得此疲劳脉冲试验系统具有稳定可靠、功率回收、操作简捷方便等优点。

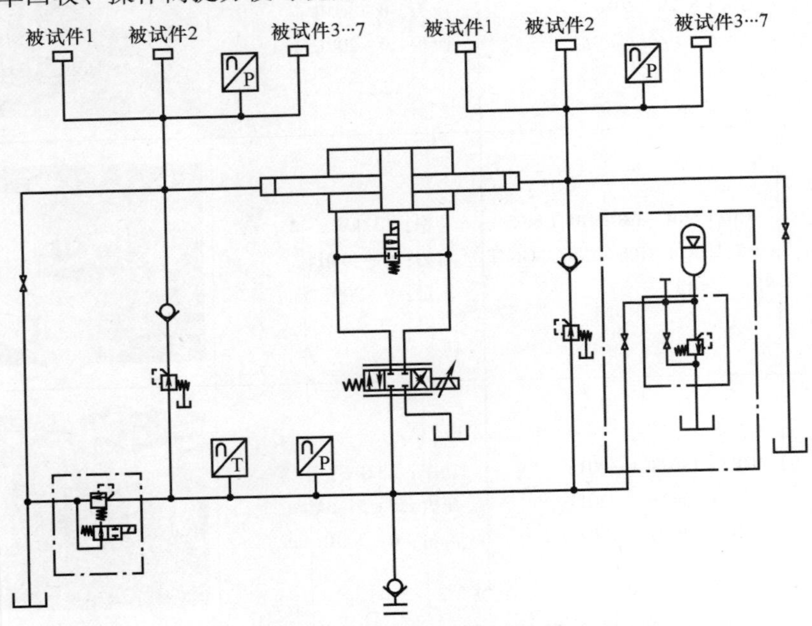

图 49-15 电磁阀阀体疲劳脉冲寿命试验台试验原理

目前，广电计量新欧工程机械液压检测联合实验室正在研制的“精密液压缸研发及可靠性综合试验台”，其液压缸试验系统应用了最新、最全面的加载和加速试验方法，如图49-16所示，以对液压缸的可靠性进行综合评估与验证。该试验系统将应用于高端工程机械、国防军工、航空航天等战略性关键行业工程应用的精密液压缸可靠性试验评估和研发。

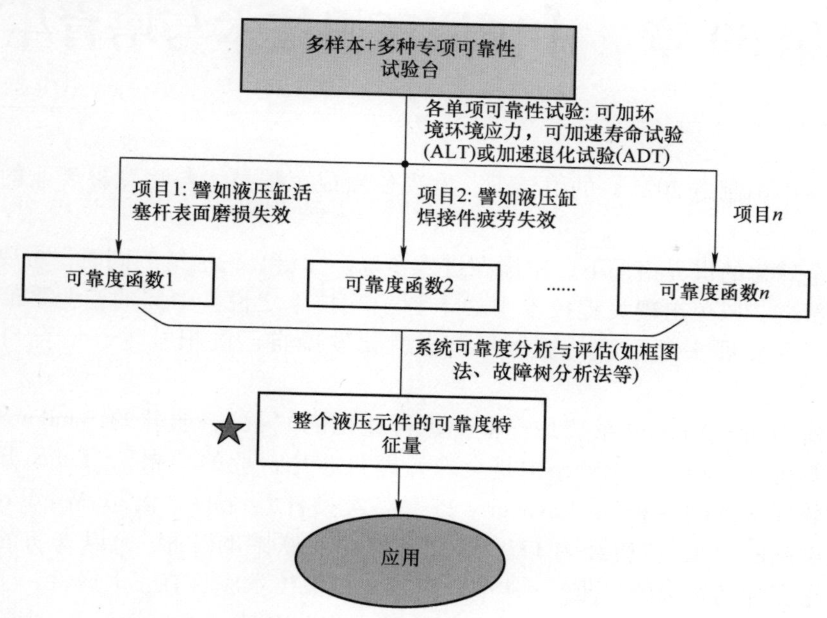

图49-16　精密液压缸加速试验与可靠性评估方法

第 50 章　中国液压根技术与培育生态

在《中国制造 2025》的引导下，发现创新成了根技术与培育根产业的又一个关注点。

在全球化的世界格局下，中国在进入全球产业链、价值链的同时，也要形成自己的创新链，以免出现关键技术中“卡脖子”技术之说。中国的产业不能只锁定在低端，要发展头部经济与躯干经济，就要发展自己的根技术，培育自己的根产业。

众所周知，Android 系统是安卓手机行业里的“根”，微软的 Windows 操作系统是计算机的“根”，ARM 架构是全球计算机芯片行业的“根”，Linux 开源体系是很多软件服务的“根”，Raspberry Pi 是各类硬件系统的“根”，WordPress 是很多个人网站的“根”，曾经的 13 台根服务器是互联网的“根”，以太坊的 ERC20 协议是很多加密货币的“根”。从中可以感知，根技术应具有三大属性：①原理深隐性，对于使用者并不认知，难分辨；②技术高分蘖性（增殖性），一个技术可以派生各种有差异的产品，同时对多个行业产生重大影响，但原理是不变的；③应用丰润性，所属产品可以应用横跨各行各业。由“根”技术产生的产业就是“根”产业。

50.1　中国液压的根技术

50.1.1　二维（2D）液压数字伺服阀

由图 50-1 所示的二维（2D）液压气动元件家谱体系可以看出，2D 液压气动技术符合“根”技术的属性。本手册第 1 卷第 14 章对此有较全面的介绍。

50.1.2　三维（3D）液压球形泵

图 50-2 所示为三维（3D）变容积机构理论体系的应用领域分类，可以看出该理论体系及其产品符合“根”技术的属性。具体介绍可以从本手册第 2 卷第 25 章独创的超微型液压球形泵与制冷压缩机中获得全面阐述。

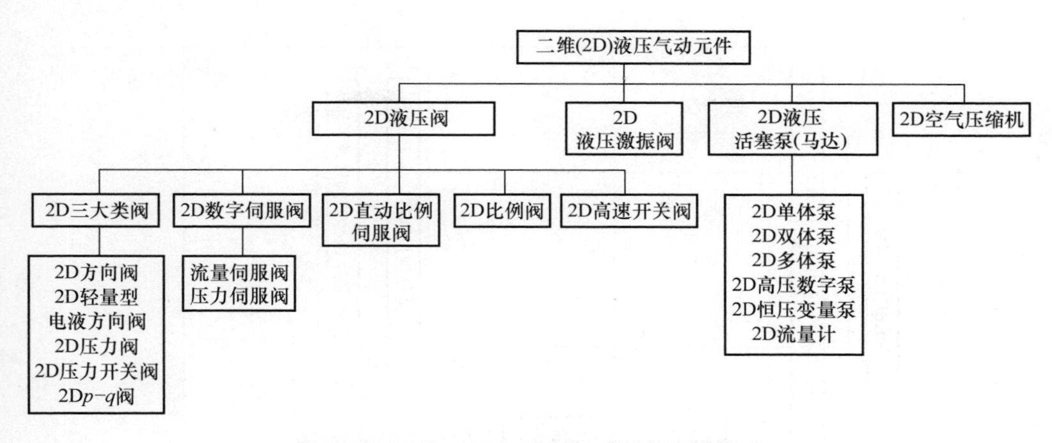

图 50-1　二维（2D）液压气动元件家谱体系

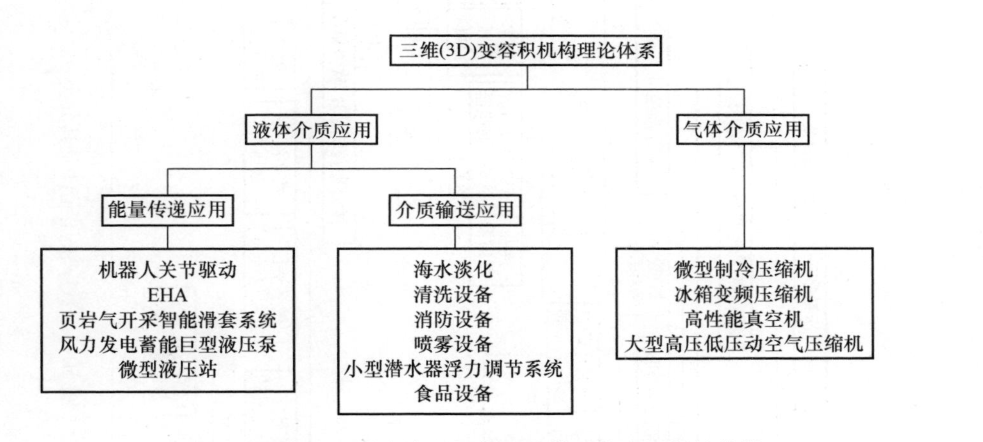

图 50-2　三维（3D）变容积机构理论体系的应用领域分类

50.2　数字液压阀知识产权分析

数字液压元件及其分类如图 50-3 所示，数字液压应该有功率类与控制元件类。在目前功率类一般采用直接连接使用，技术上的开拓没有显现。但是今后应该会有在结构与控制方面的专利，结构上就是电液一体泵，控制方面是将电液的控制融为一体。这方面目前没有得到关注，也未列入统计。

目前对液压数字控制元件的发展比较注目，专利也多。液压数字控制元件有三大类：增量式液压数字阀，以步进电动机或伺服电动机为主；直接式液压数字阀，以高速开关阀为代表；数字组合式（阵列式）液压泵或液压阀的排列组合所形成的泵岛或阀岛。增量式液压数字阀可以以日本计器的产品推出为先锋；高速开关

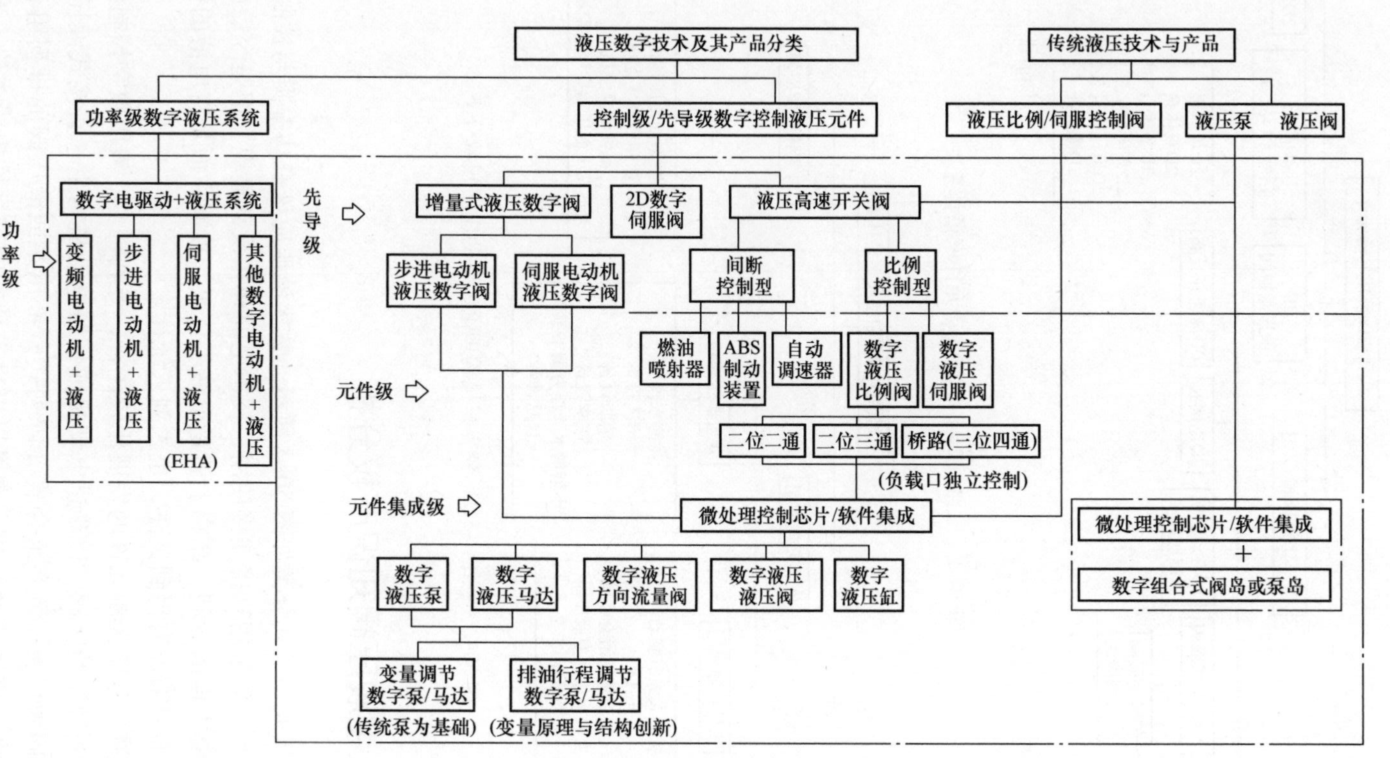

图50-3　数字液压元件及其分类

阀是欧美地区为代表的产品开发比较成功，但是最新以伺服电动机开发的伺服阀技盖群雄；阵列式阀岛被北欧地区推崇，独树一帜。我国在液压数字阀方面的发展是兼收并蓄，目前步进式数字阀方面比较突出。

以下对液压数字阀的专利情况进行分析，所有研究成果由工信部面向高端工程机械的数字液压技术创新及试验检测产业技术基础公共服务平台建设项目提供。

50.3　工业 4.0 时代背景下中国液压技术发展的生态环境

行业发展的深根是这个行业具有一个技术传播与发展的空间。我国液压技术发展得益于互联网技术的普及，包括液压气动行业的学术、技术与产品的传播，形成一个三维立体空间，如图 50-4 所示。

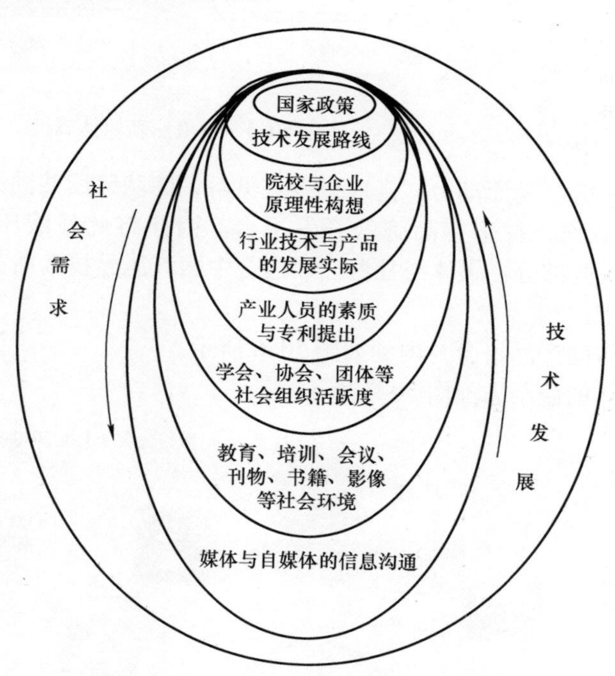

图 50-4　加速行业根技术产生的社会环境

由中国机械工程学会流体传动与控制分会举办的国际会议与各种学术会议及研讨会活动十分活跃，由中国液压气动密封件工业协会、中国机械通用零部件工业协会、汉诺威米兰展览（上海）有限公司、德国汉诺威展览有限公司共同主办的亚洲国际动力传动与控制技术展览会（PTC ASIA）每年如期举行且展商与观众云集。

1. 以互联网为依托的静液压新媒体

以互联网为依托的静液压新媒体（http：//www. ihydrostatics. com/）于 2014 年

由液压行业界新一代精英组织创办。既代表了新一代精英对行业发展的助力，更为行业在技术推广、媒体领域扩展功能赋予新的理念与实践，并在行业内体现了活力与创新的精神。网络关注人数达到超水平的10000人以上。

静液压新媒体的驱动力来自对行业问题的认知，即在传播专业技术与产品方面有三个问题：一是元件层面资讯少，缺乏资讯平台，没有行业杂志；二是专业性不强，液压专业人士集聚不足；三是滞后于全球步伐，信息滞后参考价值不高。为此，需要采取如下举措：更多关注元件级，技术分享是原动力；高质量专家见解，团队解读共同讨论；紧随全球步伐，与行家面对面，打造有品牌的开发平台。因此将此静液压新媒体的属性（见图50-5）分成两部分：媒体与社群。以迎合中国液压界技术精英在发展技术以及交流方面的需求。

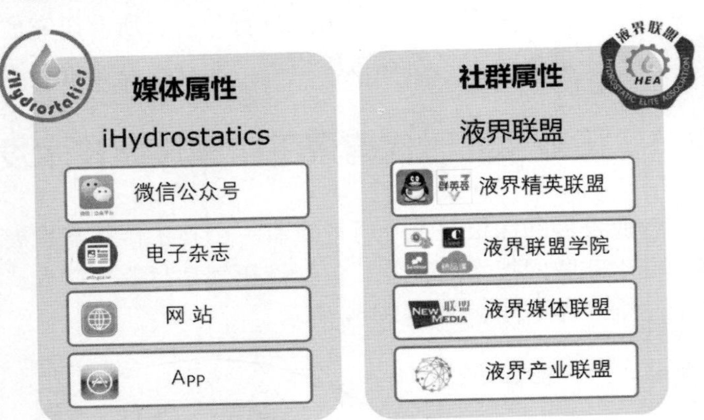

图50-5　静液压新媒体属性

静液压新媒体的产品组合与内涵如图50-6所示。

静液压新媒体的微杂志如图50-7所示。

图50-6　静液压新媒体的产品组合与内涵

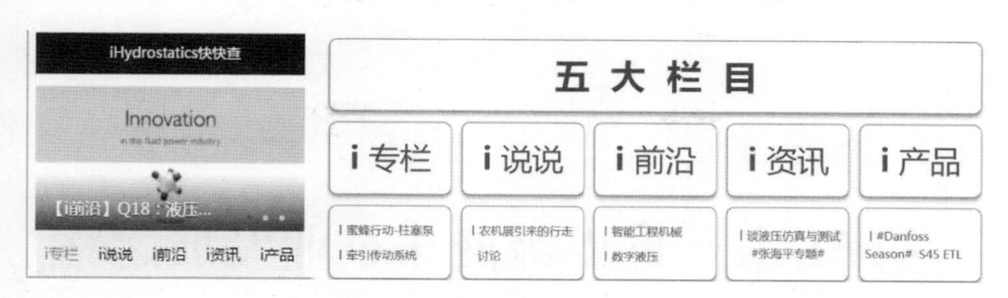

图 50-7　静液压新媒体的微杂志

2. 活跃在互联网的液压测试、售后与维修的精英高手

互联网活跃着一批液压专业测试、售后与维修的精英高手。在推广测试、售后与维修方面的数字化、网络化等方面非常活跃，在现场解决各种难题，并改变过去只凭经验解决现场问题的传统办法，而是采用数字化仪器来进行液压系统的故障诊断与调试。

其中“新液压”作为液压行业网络媒体多年来不断坚持，在推广液压检测与售后维修方面做了不少努力。

3. 液压专业的数字化、网络化、智能化教育

中国液压可以发展到强国水准的基础之一就是中国液压方面的人才培养居国际之首，世界范围内只要有液压研究的地方就可以看到国人的身影。

对于有近 60 年历史的液压专业教育而言，要从工业 4.0 时代要求出发，也要更新换代。首先统编教材基本是 20 世纪 70 年代末到 80 年代初的出版物，除了涉及的理论没有变化，其余大多数内容已经变化，如伺服比例、静液压传动、轴控制、驱动放大、数字阀等，这些新内容都需要变成专业教材主要内容，特别是实践环节的电液一体化更需要加强，加强电控动手能力。采用一些专业类课程的视频教育可以减少讲授时间，而对于新的控制与智能知识需求加强。对于研究生的选题要与网络化、智能化联系起来，仿真现在只是工具，对于开发训练必要，但重点应在软件编程，加强建模与算法。我国液压界研究与发展的重心需要前移。

第 51 章　世界级液压企业发展之路

我国液压行业建立接近 60 年，特别是改革开放以后，液压行业一直有一个痛点：行业“散”，表征是“小”与“差”，没有品牌企业。我国的液压行业是一个集中度低于 20% 的高度分散竞争的行业，对于行业集中度低的企业来说，价格是“品牌决定上限，成本决定下限”。

综合来看，因为存在规模效益，行业集中度上升是一个总的趋势。当今的液压产业，面对如此强劲的经济总体向上趋势，行业集中度上升是迟早的事情。因此值得受到行业内投资者、企业家与政策制定者的高度关注。对于投资者来说，集中度是投资“拨云见日”的一个途径；对政策制定者是把握行业发展的一个风向性指标；对创业者来说，集中度容易获得全局观，从而寻求突破口，在投资、技术、产品与市场之间寻求平衡点。

产业集中度的影响因素主要有经济发展、产业竞争、技术水平和政策环境等。

51.1　提高我国液压行业的集中度

1. 我国液压行业的集中度现状

行业集中度是指某行业的相关市场内前 N 家最大的企业所占市场份额（产值、产量、销售额、销售量、职工人数、资产总额等）的总和，CR4%/CR8% 都是常用的指标（见图 51-1）。

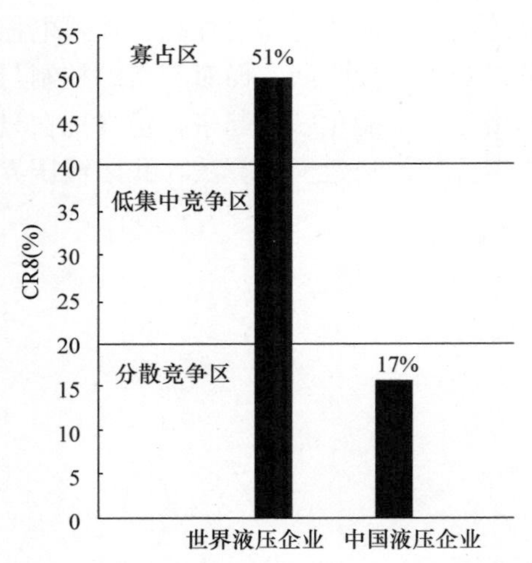

图 51-1　液压行业的集中度（2012 年数据）

尽管行业集中度在行业衰退、产业升级及用户趋同情况下都可能提高，但是对于液压行业来说，行业集中度的提高来自产业的升级与重视程度。液压装备的发展，在国家政策指导下，要求改变长期依赖进口的被动局面，更重要的是液压气动产品在工业 4.0

下迎来了更新换代的高峰期，又是一个机遇期，这就需要捕捉资本。捕捉资本的前提是行业发展走向足以吸引资本，在理念上要明确行业如何发展及如何符合社会总需求，另外也要抓住市场的切入点。

液压行业集中度在最近几年处于升级的过程，还在继续处于成长性最好的时机，究其原因如下。

1）首先来自于国民经济的总体发展。市场份额的增长，企业发展就有了支撑。由于规模效应的作用有利于集中度的增加，因为市场份额的提升有利于降低成本，提升利润率。

液压集中度的提高得益于国家总体经济发展，国内需求的总量增长，是产业快速发展的根本原因。我国巨大的国内需求也吸引了跨国公司开发中国市场，加剧了产业内的竞争，这是市场经济需要的，有利于我国液压产业的整体发展，也符合国家继续加大改革开放的国策。

2）液压工业4.0的到来。企业的成长另一方面来源于整体行业技术的不断进步，行业的集中度也可以推而广之到细分产品领域，液压的产品种类很多，液压元件产品的集中度会在细分领域得到体现。产品发展集中度与产品发展的饱和度与更新换代是有联系的，是一个周而复始的过程。所以集中后的市场份额大者也不是永恒的，“黑马”永远存在，行业与企业才会有不断的进步。

3）产业升级来源于用户需求品质的提升。需求提升的时候，提供不了高质量产品的公司会被挤出市场。而满足这种需求的产品开发需要有导入期、成长期、变革期、海外开拓期。对于液压行业的这个机遇是存在的，因为工业4.0的到来，数智化的发展带来数智液压产品的发展，但是目前市场层面还没有成熟，还处于导入期迈向成长期的过程，因此传统企业并不敏感，甚至包括现在的龙头企业也还在液压市场的开拓中。液压技术更新换代的机遇期是后发创业的好时机，一旦“无人化驾驶”与“无人化工厂”迅速推进时，先行者就容易占据先机。这时会导致行业集中度再次重组与提升，以及毛利率的大幅提高。可以预期液压行业的集中度仍然具备不断发展的内在因素。

4）在政策投资环境方面，得到了很大的改善。液压市场激烈的竞争会淘汰许多落后的企业，可以使产业集中度有一定程度的提高，企业之间的并购也可以促使产业集中度的提高，与此同时，已经形成规模的企业投入一定的资金用于技术研发，相关企业可建立某种形式的联盟，同样可以为提高产业集中度创造条件。

2. 集中度是投资界、创业者、政策制定者关注的指标

行业的集中度越高则说明市场的垄断性越强。在液压行业越来越多的企业上市，2021年就至少有邵阳液压（301079）与威博液压（871245）两家新上市的公司。行业集中度高的这些企业通常被称为“蓝筹股”，即议价能力强，盈利能力强，具有成本不敏感及盈利稳定的特点，这样对于这些企业的科研投入就可以增强，提升了行业的技术与产品的更新换代的能力，有助于整个行业的发展。但是也要认识到，具有强垄断特征的企业通常具有持续盈利的能力，但不一定具有最好的发展。对于行业集中度高的企业来说，壁垒是核心竞争力，不容有失。

集中度高的企业由于大规模生产，故生产成本低，对市场价格会形成垄断。

3. 蓝筹股企业要抓住核心竞争力

核心竞争力来自四个方面：规模壁垒、渠道壁垒、品牌壁垒、技术壁垒。这些壁垒最容易拉开与竞争对手的差距，进而实现较高的集中度。除此之外，具备网络效应的平台公司则是赢家通吃。

技术壁垒就是你能做别人根本做不了的，或者一个产品需要不停地研发迭代，领头公司可以通过自己的研发优势不断推出新品，这样形成技术壁垒，持续保持自己的优势。如果一个技术是停滞的，那总有一天会被追上，壁垒也就消失了。

决定行业集中度最为重要的因素在于产品本身的特性。成本敏感性的行业通常具有较低的行业集中度，因为原材料采购、销售渠道等一系列因素将会导致不同地区的产品成本有所差别，从而导致产品具有地域特性。但是集中度提高以后，规模效应使成本敏感性下降。

产品的功能性其实有很大的差别，但是有些产品具有多层次的销售需求，越能够满足这些需求的就越可以保持竞争力。

4. 集中度并非越高越好

无论行业集中度如何，凡是能够为社会创造价值的企业都是好企业。但是在一个市场竞争的时代，集中度提高有利于产业发展、投资、产品更新换代、企业业绩上升、管理水平提高等。目前我国液压行业的集中度太低，技术更新太慢，久而久之，我国的液压行业发展形势可能又会逐渐回到比国外“差一代”的境地，这时“技术引进”已经是不可能了，只有再次面临“卡脖子”的风险。

一个行业集中度最好的状态是，既有蓝筹股下技术与产品更新换代所产生的高利润，也需要让相当一部分中小企业有自己产品特色与服务的空间，有市场发展的空间，也不排除“黑马”产生的可能。这是液压产业最好的状态。目前世界上液压行业的集中度变化自21世纪以来一直在不断发生，说明液压产业的发展既面临很大的机遇，也派生了一些值得重视的问题。特别是最近液压行业的兼并发生在“巨无霸”之间，更值得关注。

51.2　我国液压产业及供应链的上市公司㊀

液压元件制造是我国装备制造体系的重要基础元件，也是智能制造的重要组成部分。目前，我国液压行业的上市公司数量在不断增加，也分布在各产业链环节。液压行业上游主要是圆钢、管材、密封、弹簧、过滤等原材料提供企业，随着液压

㊀ 液压上市公司数据来自“前瞻产业研究院”的公开资料。

工业 2.0 进入液压工业 4.0，关联的上游行业也在发生一些根本性的变化，中游主要是液压产品制造企业，下游涉及行业较多，包括挖掘机、船舶海洋设备、农用机械、机床工具和风能、太阳能设备等相关企业。

通过上市公司的汇总，可以全面了解液压行业的产业链、业绩与规划。表 51-1 列出了液压产业相关上市公司区域分布。

由表 51-1 可以看出，我国液压行业相关企业多集中我国东部地区，分布于华东地区，该地区制造业较为发达，液压元件需求量较大。液压上游行业多分布于华北、东北等资源丰富的地区，液压元件制造企业也多，液压行业的下游应用领域众多，相关企业多分布华东、华中、华南和西南等地区。

表 51-1　液压产业相关上市公司区域分布

所在地区（省/自治区/直辖市）	公司名称
辽宁省	凌源钢铁股份有限公司
河南省	中原内配集团股份有限公司
山西省	太原重工股份有限公司
陕西省	秦川机床工具集团股份公司
山东省	烟台艾迪精密机械股份有限公司 威海华东数控股份有限公司 山东天鹅棉业机械股份有限公司
江苏省	江苏常宝钢管股份有限公司 江苏沙钢股份有限公司 江苏恒立液压股份有限公司 徐工集团工程机械股份有限公司
浙江省	浙江金洲管道科技股份有限公司 宝鼎科技股份有限公司 宁波精达成形装备股份有限公司 宁波海天精工股份有限公司
福建省	厦门厦工机械股份有限公司
广东省	中山大洋电机股份有限公司 海信家电集团股份有限公司 美的集团股份有限公司 珠海格力电器股份有限公司
湖南省	中联重科股份有限公司 湘潭电机股份有限公司
贵州省	中航重机股份有限公司
湖北省	中石化石油机械股份有限公司

（续）

所在地区（省/自治区/直辖市）	公司名称
安徽省	合肥合锻智能制造股份有限公司 阳光电源股份有限公司
上海市	上海泰胜风能装备股份有限公司
宁夏回族自治区	宁夏银星能源股份有限公司
广西壮族自治区	广西柳工机械股份有限公司
内蒙古自治区	内蒙古包钢钢联股份有限公司

注：资料来源为前瞻产业研究院。

近年来，国家政策将发展经济的着力点放在实体经济之上，对高端制造和智能制造大力关注。“十四五”规划纲要中提出了要立足我国产业规模优势、配套优势和部分领域先发优势，打造新兴产业链，推动传统产业高端化、智能化、绿色化。在这一趋势下，我国液压元件制造行业的投资主要集中在加快研发、推动产品升级换代上。

51.3　全球兼并收购投资使液压行业集中度不断上升

我国液压行业在整个制造业中仍然处于一个非常中间的状态，如图51-2所示。这说明行业仍然具备着发展的空间。如果液压行业的产品与数智化结合，它在这个

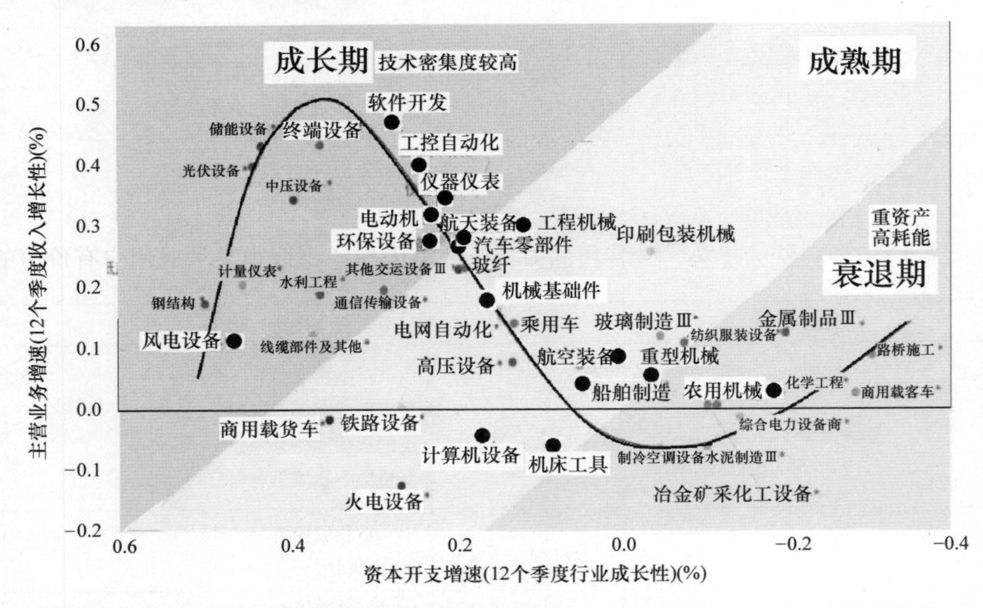

图51-2　我国液压行业在制造发展周期律中的发展状态（数据来源：天风证券研究所）

发展周期律的地位将会进入成长期。因此对于液压行业来讲是一个投资有效的行业。因此存在如何让液压行业进入快速的成长周期之中的问题。

兼并收购是企业发展战略的手段。收购是指一个公司通过产权交易取得其他公司一定程度的控制权，以实现一定经济目标的经济行为；并购是指两家或者更多的独立企业，公司合并组成一家企业，通常由一家占优势的公司吸收一家或者多家公司，并购一般是指兼并和收购。两者的区别在于：首先，收购属于并购的一种形式；其次，并购除了采用收购的方式，还可以采用兼并的方式，兼并又称吸收合并，是指两个独立的法人兼并和被兼并公司，通过并购的方式合二为一，被兼并公司的法人主体资格消亡，其财产和债权债务等权利义务概括转移于实施并购公司，实施兼并公司需要相应办理公司变更登记；最后，收购是收购者取得了目标公司的控制权，目标公司的法人主体资格并不因之而必然消亡，在收购者为公司时，体现为目标公司成为收购公司的子公司。

1. 企业发展战略与兼并收购的联系

企业在社会层面而言战略态势有两种：①竞争发展战略即成本领先、差异化与专特精路线，是常态；②紧缩放弃战略即转向、撤离与清算，这是无奈之举。

（1）成本领先战略　成本领先战略是液压行业中使用最为普遍的战略。企业在研究开发、生产、销售、服务和广告等领域把成本降到最低，从而获得竞争优势。一般需要具备以下条件：经济规模效应，有较高的市场占有率，严格控制产品定价和初始亏损，从而形成较高的市场份额，使单位平均成本降低；对传统技术的更新和新技术的研发，提高了生产率，降低生产成本；企业资源整合，增加活动或资源的共享性来获得协同效应；经营地点接近原料产地或需求所在地也是经营地点的选择优势。除此之外，适宜的投资环境也非常重要；通过提高价值链整体效益的方法来提高自己业务活动的效益，从而降低企业成本。所有这些都是企业管理带来的优势在市场竞争中的体现。

（2）差异化战略　通过提供与众不同的产品或服务，满足用户的特殊需求，从而形成一种独特的优势。专特精的差异化战略的核心是取得某种对用户有价值的独特性。中小企业与创新企业由于在产品或服务特色方面的弱势，这种差异化战略可以给企业带来很好的竞争优势。

要实施这种差异化战略，研究开发能力、研发团队、市场意识和创新眼光就非常重要。通过展示这种产品或服务上具有领先的基础，加上必要的内部协调性与外部市场营销能力可以得到竞争优势。这种差异化竞争在液压气动界正在发展。最容易成功的是产品更新换代，也可以通过产品质量与可靠性产生附加值、性能提升、品牌效益、互联网新型服务等，从液压行业发展看，今后更多的中小企业会倾向于这种竞争战略。

（3）集中战略　集中战略与成本领先战略和差异化战略不同的是，企业是面向某一特定的目标市场开展生产经营和服务活动，以期能比竞争对手更有效地为特定的目标用户群服务，从而形成一种集中的优势。

集中战略可以通过选择产品系列实施。江苏恒立液压股份有限公司是一个成功的范例，正确地选择工程机械液压缸的产品系列为企业的持续发展奠定了基础。

集中战略会是我国液压行业发展的重头戏，因为集中度的提高才会将行业在世界行业内的竞争格局与产品更新换代的发展带进来。在这个过程中，兼并收购是其中的一个组成部分。

通过细分市场选择重点用户实施集中战略，将经营重心放在不同需求的用户群上是这种方法的主要特点；这个过程可以是产品性，也可以是区域性，还可以是细分市场性的。

2. 兼并收购重组是企业战略发展的手段

液压行业面临着提高集中度的问题，一则集中度的提高有利于行业在世界竞争中的格局，另外也只有改变集中度的行业内，技术与产品的更新换代才具备一定的保证。当我国的液压行业成为世界首位以后，我国的兼并收购在液压行业的企业间或与投资者间发生，一直十分活跃。

兼并即吸收合并，通常由一家占优势的公司吸收一家或者多家公司，收购时用现金或者有价证券购买另一家企业的股票或者资产，以获得对该企业的全部资产或者某项资产的所有权，或对该企业的控制权。并购最基本的动机就是寻求企业的发展，这种办法与内部扩展相比，过程相对简单，效果容易体现。

在具体实务中，并购的动因主要有以下几类：

1）扩大生产经营规模，降低成本费用。企业规模得到扩大，能够形成有效的规模效应。规模效应能够带来资源的充分利用与整合，降低管理、原料、生产等各个环节的成本，从而降低总成本。

2）提高市场份额，提升行业战略地位。规模大的企业，伴随生产力的提高，销售网络的完善，市场份额将会有比较大的提高，从而确立企业在行业中的领导地位。

3）取得充足廉价的生产原料和劳动力，增强企业的竞争力。增强企业与上游厂商谈判能力，降低原料成本。同时，企业的知名度都有助于企业降低劳动力成本。从而提高企业的整体竞争力。

4）实施品牌经营战略，提高企业的知名度，以获取超额利润。名牌产品的价值远远高于普通产品，可以提高企业产品的附加值，获得更多的利润。

5）实现公司发展的战略。通过并购取得先进的生产技术、管理经验、经营网络、专业人才等各类资源，拓展企业的人力资源、管理资源、技术资源、销售资源等，有助于企业整体竞争力的根本提高，对公司发展战略的实现有很大帮助。

6）通过收购跨入新的行业，实施多元化战略，分散投资风险。这种情况出现在混合并购模式中，企业通过对其他行业的投资，扩大企业的经营范围，获取更广泛的市场和利润，而且能够分散因本行业竞争带来的风险。

根据并购的动因，并购有三种基本类型：横向并购，即企业在国际范围内的同行间横向一体化；纵向并购，在同一产业的上下游之间的并购，企业在市场整体范围内的纵向一体化；混合并购，发生在不同行业企业之间的并购，实现分散风险，寻求范围经济。横向并购在我国并购活动中的比例始终在 50% 左右，它对行业发展的影响最直接。混合并购在一定程度上也有所发展，主要发生在实力较强的企业中。纵向并购基本都在能源与基础工业行业之间，原料成本对行业效益有很大影响时，会成为企业强化业务的有效途径。

3. 兼并收购的效果

（1）协同效应“2 + 2 > 5”　并购可提高企业的整体效率，包括规模经济效应和范围经济效应，又可分为经营协同效应、管理协同效应、财务协同效应和多元化协同效应，如夺取核心资源、输出自己的管理能力、提高财务信誉而减少资金成本、降低税费、多元化发展以避免单一产业经营风险。横向、纵向、混合并购都能产生协同效应。

（2）节省交易费用　纵向并购可以将企业间的外部交易转变为企业内部行为，从而节约交易费用。通过并购减少竞争对手，提高市场占有率，从而获得更多的利润；而利润的获得又将增强企业的实力，为新一轮并购打下基础。市场势力一般采用产业集中度进行判断，如产业中前 4 家或前 8 家企业的市场占有率之和（CR4 或 CR8）超过 30% 为高度集中，15% ~ 30% 为中度集中，低于 15% 为低度集中。美国则采用赫芬达尔 - 赫希曼系数（市场占有率的平方之和）来表示产业集中度。该理论成为政府规制并购、反对垄断、促进竞争的依据。

（3）收购价值低估企业　公司的价值可以用“Q = 公司股票的市场价值/公司资产的重置成本”来衡量。当目标企业的价值被低估，即 Q < 1，且小得越多时，企业被并购的可能性越大。

（4）降低代理成本　现代企业的所有者与经营者之间存在委托 - 代理关系，企业不再单独追求利润最大化。并购是为了降低代理成本。金融经济学解释并购失效的三大原因：主并方过度支付并购溢价，其获得的并购收益远远低于被并方的收益；主并方的管理层常常因自大而并购，任何并购价格高于市场价格的企业并购都是一种错误；并购减少企业的自由现金流量，虽然可降低代理成本，但适度的债权更能降低代理成本，进而增加公司的价值。

（5）企业战略发展和调整　与内部扩充相比，外部收购可使企业更快地适应环境变化，有效降低进入新产业和新市场的壁垒，并且风险相对较小。处于导入期与成长期的新兴中小型企业，若有投资机会但缺少资金和管理能力，则可能会出卖给现金流充足的成熟产业中的大企业；处于成熟期的企业将试图通过横向并购来扩大规模、降低成本、运用价格战来扩大市场份额；而处于衰退期的企业为生存而进行业内并购以打垮竞争对手，还可能利用自己的资金、技术和管理优势，向新兴产业拓展，寻求新的利润增长点。

（6）其他企业并购动机 其他企业的并购动机一般包括利润动机、投机动机、竞争压力、预防和安全动机等。总而言之，并购的根本动机实际上是企业逐利的本性和迫于竞争压力，出于生存（倾向横向并购）、出于防范（多为纵向并购）、出于多元化（倾向混合并购）、出于扩张（倾向横向并购）和非利润动机（无固定模式）等。

4. 并购绩效与标准

一般被收购方股东获得显著的正超常收益；而收购方股东的收益则不确定，有正收益、微弱正收益及负收益三种结论。从并购后公司的盈利能力看，一般认为合并没有显著提高公司的盈利能力。并购双方实力是决定双方谈判地位的重要因素之一，双方谈判地位直接决定目标企业的最终成交价格。在并购支付方式上，国外主要采用现金，也有采用股权的；我国采用现金（目标企业方希望）支付方式较多，采用股权方式（主并方希望）的综合证券支付方式的较少。

并购成功标准看能否实现“2+2>5”的双赢。对主并方，能实现其发展战略、提高其核心竞争力和有效市场份额的并购就是成功的；由于主并方的目标是多元化、分时期和分层次的，只要当时符合自己的并购标准、符合天时、地利、人和的并购就是成功并购，不能用单一目标进行简单评判。总体来说，并购的利大于弊。目前，并购的成功率已提高到50%左右，种种的并购陷阱并没有阻碍并购浪潮，并购方不因害怕并购陷阱而不敢并购。并购要想成功，则天时、地利、人和三者缺一不可，但天时大于地利、地利大于人和。天时即国家政策、经济形势、市场需求和竞争情况、产业发展趋势等；地利即地理人文环境、开放度、区域经济布局、当地政策、各种资源供应等；人和即双方管理层的共识和信任关系、双方与当地政府的关系、双方企业文化融合程度、双方人力资源的趋同性与互补性等。

企业并购是一项复杂的系统工程。尽管难以解释为什么以股价变动、盈利能力等指标衡量并购的失败率高达60%～80%，而并购活动仍然风起云涌的现实。并购只是一种中性的工具，是一种交易行为，对并购的评价应将并购的目的与结果相比较而进行，只要结果达到主体当时的并购目的，就可认为具体并购行为是有效的。

以作者对液压行业的观察了解与亲身经历而言，国外液压行业的大公司并购，如几亿至几十亿美元的并购案一般都是成功的。例如，当时经历过美国威格士被伊顿收购，以效果而言是成功的。收购过程也非常有戏剧性，威格士以液压阀著称，开始希望在液压泵或工程机械方面寻求收购方，后来反而被伊顿收购。现在伊顿又被丹佛斯收购，也非常有戏剧性，因为丹佛斯最初部分液压元件业务是在欧洲作为美国公司的液压产品代理开始的，最后收购了美国的公司。甚至力士乐的收购也具有戏剧性，因为力士乐的母公司被英国电信公司收购后的出路产生了问题，是德国政府的政策保护下由博世收购，当今博世力士乐仍然是世界著名的德国液压跨国公司。任何收购也都会产生管理模式方面的变更与团队的再建设。另外派克的成长性非常快，在收购特色企业、目标企业方面从外部看十分有效，帮助了母企业的成长。

51.4 提高中国液压行业集中度的机遇与新模式

51.4.1 中国液压行业进入提高集中度的政策机遇期

随着国内外经济形势调整与工业4.0的发展，未来我国各行业的发展都将进入新阶段。近年来，根据公开资料，中国液压行业相关政策如图51-3与表51-2所示。

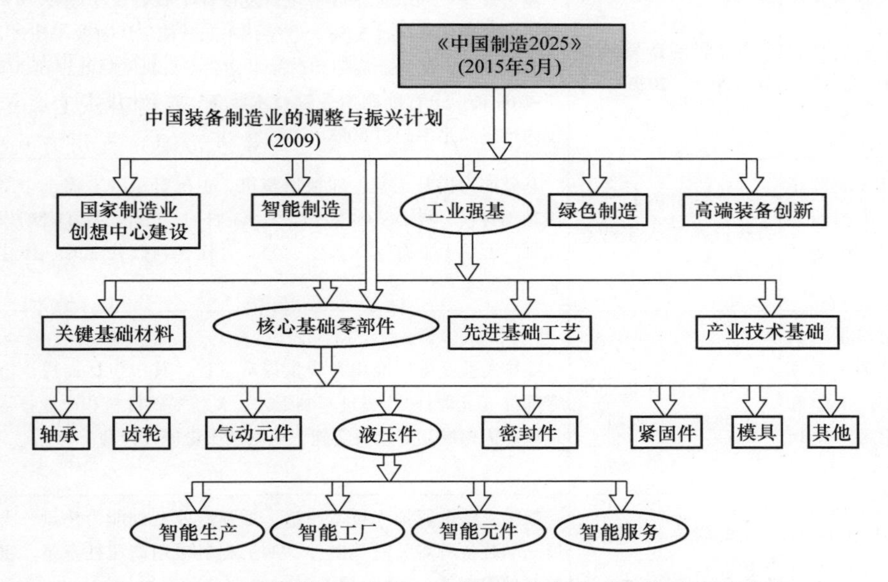

图51-3 在《中国制造2025》下液压工业的地位与智能化的方向

表51-2 关于液压行业发展的有关国家政策

颁布单位	政策名称	主要内容
国务院（2015年5月）	《中国制造2025》	致力于强化工业基础能力，我国核心基础零部件（元器件）先进基础工艺、关键基础材料和产业技术基础等工业基础能力薄弱，是制约我国制造业创新发展和质量提升的症结所在，要坚持问题导向、产需结合、协同创新、重点突破的原则，着力破解制约重点产业发展的瓶颈
国家制造强国建设战略咨询委员会	《工业“四基”发展目录（2016年版）》	将液压密封器件列入核心基础零部件（元器件）发展目录，将高压液压元件材料列入关键基础材料发展目录，将工程机械液压元件和系统协同工作平台列入产业技术基础发展目录
工业和信息化部（2013年2月）	《关于开展工业强基专项行动的通知》	启动实施“工业强基专项行动”，提升关键基础材料、核心基础零部件（元器件）、先进基础工艺和产业技术基础发展水平（简称“四基”）

（续）

颁布单位	政策名称	主要内容
国家发展改革委、工业和信息化部、科学技术部、财政部（2016年5月）	《工业强基工程实施指南（2016—2020年）》	经过5~10年的努力，部分核心基础零部件（元器件）、关键基础材料达到国际领先，产业技术基础体系较为完备，“四基”发展基本满足整机和系统的需求，形成整机牵引与基础支撑协调发展的产业格局，夯实制造强国建设基础
工业和信息化部、财政部	《智能制造发展规划（2016—2020年）》	制造业重点领域企业数字化研发设计工具普及率超过70%，关键工序数控化率超过50%，数字化车间智能工厂普及率超过20%，运营成本、产品研制周期和产品不良品率大幅度降低。到2020年，研制60种以上智能制造关键技术装备，达到国际同类产品水平，国内市场满足率超过50%
国家发展改革委、工业和信息化部（2016年5月）	《关于实施制造业升级改造重大工程包的通知》	基础能力提升工程，即根据整机、主机升级改造需求，制定关键基础材料、核心基础零部件（元器件）、先进基础工艺研发生产计划，形成上下游互融共生、分工合作、利益共享的一体化组织新模式
国家质量检验检疫总局、国家标准委、工业和信息化部（2016年8月）	《装备制造业标准化和质量提升规划》	实施工业基础标准化和质量提升工程，其中包括加快核心基础零部件（元器件）、先进基础工艺、关键基础材料和产业技术基础领域急需标准制定以及实施工业基础质量提升行动
工业和信息化部	《高端装备制造业“十二五”发展规划》	鼓励支持企业加大技术改造，加强产业基础能力建设，大力发展高端装备所需关键基础件，如工程机械用高压柱塞泵、密封件等基础零部件
中国工程机械工业协会（2016年3月）	《工程机械行业“十三五”发展规划》	提出了“十三五”期间的发展重点及主要任务，其中包括工程机械核心部件设计制造数字化升级（工程机械核心零部件主要有高端液压元件、行走系统等，大力开发数字化、智能化液压元件及其控制系统。提高高端高压柱塞型液压马达、液压泵设计制造技术，整体式多路阀设计制造技术）
中国液压气动密封件工业协会（2016年5月）	《液压行业“十三五”专业发展规划》	“十三五”期间，我国液压产品销售额年均增长不低于6%，60%以上的高端液压元件及系统实现自主保障，受制于人的局面逐步缓解，装备工业领域急需的液压元件及系统得到广泛推广和应用
国家发展改革委（2017年11月）	《增强制造业核心竞争力三年行动计划（2018—2020年）》	增强关键核心零部件供给能力。加快发动机、传动系统、电液控制系统、智能系统等核心零部件的研发与产业化

根据上述国家政策，说明我国液压行业迎来新的战略机遇期：“行业升级+进口替代”，为整个液压行业扩大成长空间。空间液压技术与元件属于基础零部件中基础薄弱的，而且与传动、电液控制及智能技术都密切相关，差距还比较大。因此

液压行业需要认清国家需求，打破“卡脖子”的威胁，尽快提升流体传动与控制的技术含量，以及液压行业的产品系列的功能、性能与质量，尽快实现数字化、总线网络化、芯片智能化、电气化与数字孪生化。

51.4.2 中国液压行业进入液压技术与产品“更新换代”的机遇期

《国家中长期科学和技术发展规划纲要（2006—2020年）》出台，随之颁布和推出的还有一系列促进自主创新的法律法规和政策措施。为了“营造激励自主创新的环境，推动企业成为技术创新的主体”，中央在科技投入、税收激励、金融支持、政府采购、引进消化吸收再创新、创造和保护知识产权、科技人才队伍建设、教育与科普、科技创新基地与平台、统筹协调等方面都提出了配套政策和具体要求。

2018年延续至今的中美贸易矛盾与摩擦包括了高端液压件。该事件充分告诫液压行业，尽管有国家政策支持，打破“引进依赖”不仅是首先解决产品依赖的问题，更是要去掉思想上的依赖；不仅要解决液压2.0技术与产品的依赖，也要防止到了液压4.0时又产生新的“依赖”。液压行业内部需要加紧动员更多人来充分讨论，打破引进依赖的同时要充分借鉴世界同行的发展与理念，形成自己行业的技术与产品的发展战略，形成各自的优势与特色。随着工业3.0信息化与计算机时代的技术发展，液压技术与产品的外部生态技术有了翻天覆地的进步，大大地开拓了液压元件更新换代的技术基础与空间。

在液压工业4.0下，对于液压技术与产品的发展，需要有6个思想上的“更新换代”：①打破传统纯液压思维，建立机电液软融合（芯片液压）的液压气动元件新形态；②打破硬件液压的思维，发展软件液压为目标（软件定义功能），促进新的智能元件的出现；③打破传统集中式产品技术发展，向分布集成式产品技术（EHA）转型；④打破经验维修，跳跃到数字孪生健康管理（数字孪生工业软件）的敢为人先的发展；⑤打破纯液压技术标准，发展液压生态技术标准体系的视野；⑥打破液压气动中小企业孤岛生产的传统模式，发展（云端化企业）企业总部模式与从大企业共同兼并收购模式。有了思想对液压技术与产品的“更新换代”，才会产生行业技术与产品的“更新换代”。

传统纯液压思维的典型表现是对液压技术发展固定在原有模式之内，认为液压是夕阳产业。首先要相信液压技术是三大传动与控制的一种，这种方式的特点与其他机械或者电动传动与控制是难以完全相互替代的，但是技术的进步一定会相互融合，发展出不同的形态与应用模式。今天的多电化、电静液作动器、电液泵（电动机定子+液压转子）、芯片嵌入式液压元件等，都是与液压2.0技术完完全全不一样的液压元件的形态与功能原理，所以在电动机功重比增加，不断蚕食液压传统的应用领域时，需要改变思维及时“拥抱”电动与电控，将它们融合而产生一种“更新换代”的新形态电液产品。

在拥抱电动与电控的潮流下，对液压的认知必须是抛弃传统的现在市场上还在使用的液压元件。在不久的未来，将有两个几乎是颠覆性的变化：

1）液压的电动化。液压元件与电动机的无缝结合，如电液泵、多路伺服阀，电动机直接取代液压；如EMA或挖掘机旋转直接用电动机取代现有液压旋转。另外，还可以另外开辟“战场”，现在液压的“战场”（商场）在运动型液压，也就是以工程机械为代表的液压控制之中，还有能动型液压（制能液压）、传动型液压(变速器)、微液压等。

2）“拥抱”电控。“芯片液压”是所有层次的业界人士都容易理解与易于接受的名称，可以避免陷入什么是“数字液压”之争。液压界对数字液压没有统一的概念，力量就难集中。“芯片液压”从根本上指出了数字液压的本质，液压4.0的元件必须是具有嵌入式芯片的液压元件，因为只有具有了嵌入式液压元件后才可能实现总线化、智能化。至于在芯片与液压执行元件之间的电液转换办法是否是数字性已经不是必要条件，也就是说，有了芯片控制的模拟式液压元件也可以纳入数字液压的范畴。

但是“芯片液压”是一个老少皆宜的理解“数字液压”的名词，并不能完全说明数智液压的整体状态，因为这里面有传感器、IoT技术、软件等。至于今后到底会采用什么名词来说明“数智液压”，有待世界液压专家们来凝聚共识。一般来说，哪个国家或公司的数智液压元件最具有市场占有率，哪个国家或公司提出的“数智液压”的定义就会最具有权威性。

用软件定义液压元件的功能是目前停留在液压2.0的业界还无法想象的，用软件定义液压元件的最基本动因就是世界的微处理器化，或者说芯片化，“芯片液压”这个词汇是笔者推广数字液压的过程中，为消除人们对“数字”有不同的解读而提出的，当真正数字化的产品放在面前时反而不知道是否是“数字”化了。因此，当人们追溯“数字”最初的含义时，发现是因为产生了计算机技术后，人们采用的一种最形象的描述。“数字”二字的“根”不是液压元件是否输入是数字还是输出是“离散”，它的“根”就在于微处理器存在于液压元件中。正因为有了微处理器与液压元件的结合，才有可能产生“总线化”“网络化”“智能化”以及“数字孪生化”等一系列在具有芯片的条件下所能产生的功能。而这个功能的来源就是微处理器根据传感器所得到的外界信息反馈，由微处理器进行运算处理，这就构成了由编程的软件来决定液压元件的功能。如果用压力传感器的信息反馈来处理系统中的压力控制，这个元件就是压力元件功能，对于同一个元件，如果用流量传感器的信息反馈，由微处理器进行运算处理，这就构成了流量控制元件。

电静液作动器尽管最初的动因来源于航空液压，但是今天这种技术的发展对液压具有“更新换代”的意义。这种分布式液压系统取代传统集中式液压系统，是用工业3.0的信息化技术中的总线技术或网络技术替代液压2.0时代采用管路连接的技术，因此可以认为是一种“更新换代”的技术发展。采用电静液作动器的控制器是以微处理器的运算功能为前提，这是今后液压系统提高效率的基本手段之一。它可以实现提供的能量与需要的功最接近的技术手段，这与“碳中和”的社会需求高度契合。因此这种高度集成化的液压系统总成，带来了对液压系统概念的新认知。

数字孪生是对于从事液压的业界比较陌生而不容易理解的新概念。业界非常熟悉的比较接近的名词是“故障诊断”。故障诊断的概念是液压系统中产生故障以后如何去判断的问题，而如何解决在没有发生故障诊断之前就可以知道系统运行中的状态，这个问题就是“健康管理”问题。数字孪生技术的目的是解决如何在系统实际运行过程中实时地判断系统运行中性能的健康问题，并且能够实时地进行处理的技术。这个技术更多要涉及液压系统的数学模型、性能参数的实时数据采集、数据的处理与判断、数据信息传递中的云端技术等。

目前为止解决这个问题有3个途径：①依赖数据的健康管理；②依赖模型的健康管理；③依赖专家知识的健康管理。过去的研究主要建立在依赖数据的健康管理，依赖设备（系统）的外部性能参数去判断内部的健康问题，涉及很多的大数据采集、大数据模型、故障描述与模型等，总之要利用统计学的数学知识从外部获得的性能参数来判断解决设备内部问题，难度很大，形成的模型代价也很大。但是由于物联网的形成，实时数据的传输成为一种常态后，有必要去寻求非常简便的数学模型概念来解决这个问题，本手册中介绍的“许氏液压大系统性能参数建模法”是一个可行的途径，然而还需要进一步去解决其中的一些技术难点与问题。数字孪生技术可以说是物联网中的核心技术，是使物联网形成“闭环”的技术。目前人类已经实现利用计算机虚拟世界去实现现实的物理世界，现在需要解决如何让现实的物理世界去修正计算机的虚拟世界，这个过程就是数字孪生的过程。由于计算机虚拟世界存在于物理活动的每一个阶段之中，因此数字孪生也存在于物理世界活动的每一个阶段，形成了一一对应的关系，故称为“数字孪生”，更确切地说应该是“数字-数据”反复迭代的孪生过程。只要牵涉数据，区块链的技术在这里也是适用的。

51.4.3 中国液压行业进入液压工业4.0发展的机遇期

工业4.0明确了整个社会，特别是工业生产制造与服务的智能化的方向，这就意味液压行业服务的主机行业装备一定是智能化装备，液压行业使用的装备也一定是智能化的。作为基础件行业的液压产业也必然生产智能化的产品，包括液压智能元件、液压智能集成系统与液压智能装置。液压技术发展路线图尽管十分系统全面地反映了当代液压技术的主要发展方向，但是对于智能化的发展方向，思想准备还是不足，需要国人去弥补真空，这是挑战更是机遇。

1）液压工业4.0时代断了仿制后路，必然加大企业研发的力度。今后液压工业4.0下的智能元件一定具有嵌入式软件，仅这一点足以断了仿制拷贝液压元件的后路，因为嵌入式软件无法打开源程序，无法获得软件的算法核心，也就无法得到硬件仿制后所需要的关键性能。原创开发才有主动权，为此，企业必然会在研发方面有越来越大的投入，以取得应有的回报。我国工业企业至今对软件类的产品应用没有强烈的意识与能力，这正是工业 4.0 需要液压行业填补的弱项。

2）加强液压工业 4.0 下的上下游供应链产品向智能化方向转型。智能液压元件将会在传统元件基础上发展，硬件的功能会采用软件方式加以提升，例如，负载敏感功能无须任何补偿而用软件办法实施，并增加传统的液压元件无法具有的功能，如元件的工况显示与性能预测等。这样智能元件硬件的结构难度会有所下降，电控方面的要求又会有所增加，制造难度也会有所下降。今后的智能数字元件是驱动、执行、控制、传感及程序作为一个整体来研究，传统的液压元件缺乏嵌入式传感元件、嵌入式控制芯片、嵌入式软件程序。目前上下游供应链还难以满足这些要求，因此在行业的供应链上就要求行业协同，保证行业智能化的实施。因此液压在向工业 4.0 智能化方向发展后会有质的变化，一些液压泵阀的功能与性能可以在 AI 的概念下加以筹划与创新。

3）液压元件智能化与主机装置智能化的分界线会部分融合，行业创新空间加大。目前智能化方兴未艾，液压元件的智能化与液压主机装置的智能化重点肯定是不同的，前者注重元件，后者注重系统。对于主机而言，主机智能化包括两大部分：一部分是对外部世界感知的智能化，如无人驾驶是最能理解的外部智能化，还有一部分是对内性能与健康感知的智能化，如性能自主调节与故障诊断是容易理解的内部智能化。然而，芯片进一步的微型化，主控与从控的系统神经网络化，主控与从控的置换化，元件与系统的控制互换的可能性在增加，这样控制系统的余度也会增加。这种技术的发展需要元件与系统结合才可能形成，因此可以说液压元件的智能化与今后主机装置的智能化的分界线可能会越来越模糊。

4）液压工业 4.0 给液压行业生产、服务与管理模式以脱胎换骨的生态系统。液压工业是一个非常适合实施工业 4.0 模式的行业，这是因为液压产品的品种看起来繁多、规格众多，实际上液压行业的产品可以按标准分类。从智能制造的角度看，自动化生产是工业 4.0 最基本的条件。如果不适宜进行自动化生产，现在从技术上也可以用增材制造的生产形式加以补充完成。因此对于液压企业，应该加速在市场上提升竞争力，一方面用智能制造提高产品稳定的质量，另一方面用工业 4.0 形成精益生产与全生命周期服务的理念。

从智能工厂的角度看，液压企业在实施的过程中会有利于企业的数字化与网络化的管理，充分利用网络发展带来的企业内部产生的大数据，通过针对本企业的云计算模型进行精益化管理、实时管理与决策化管理。

2015 年 7 月举办的“中国制造 2025 暨德国工业 4.0 峰会”上，博世力士乐中国产品管理总监施瑞德先生介绍了工业 4.0 的经验：通过软件切换生产 200 种不同型号的液压阀产品，实现少批量定制化生产，提升生产率 10%，减少 30% 的库存，实现人、机、加工工艺的最佳互联而荣获德国“工业 4.0 奖”。正推广到该公司在我国的各个工厂。我国液压企业需要加快实施智能制造，改造企业的生产方式与手段，保证对市场的影响是建立在长期可靠的基础之上，才有足够的能力一方面加大市场占有量与信任度，形成品牌效应；另一方面凝聚更多的具有特色的中小企业加盟，使我国液压行业的“小散差”有可以改观的契机。

5）智能液压将带给液压工业一个新的产业增长的突破口。液压技术发展路线图是高效高可靠性、节能、智能化、集成化、一体化、人机与环境友好。其中最核心的是智能化，因为智能化方向可以带动高效高可靠性与节能，并更容易实现人机与环境的友好。

因此，智能化是液压产业增长的新突破口，将会是液压企业新的产品更新换代的增长点。当今我国各行各业都在谋求产业的转型升级，尤其在人工智能、大数据、物联网等新一代信息技术的推动下，信息化、自动化、数字化、网络化、智能化已经成为工程机械企业发展的主要路径，电动化、网联化、智能化、共享化将是未来工程机械行业发展的重点，而智能化的普及更是重中之重。作为工程机械上游关键的基础件液压行业，必须寻求智能液压的突破口，达到一个工业 4.0 下的具有全新变化的液压数字智能元件。

可以预见，从整个社会的发展趋向与现有技术水平来看，对于今后液压行业的发展，智能化是一个非常明确的方向。

51.4.4 液压行业与下游端融成一体发展液压工业 4.0 的市场

工程机械行业与液压行业长期的发展，上下游行业本来是共同依存的，但现在的格局是都无法“抱团取暖”。国产液压元件无论是质量、可靠性，还是批量一致性，长期无法满足工程机械高端液压元件（液压泵与多路比例阀等）的要求。因此工程机械主机厂只有依赖进口高端液压元件及越来越多的自产高端液压元件。而液压行业的制造企业因为接不到下游行业的订单，对于中小液压企业又难以投入资金与人力去提高产品的质量与可靠性，越来越依靠价格战的手段来占领或吸引市场。价格战在占领市场之初有作用，但是价格战就是一把“双刃剑”。

站在液压工业 4.0 的角度，工程机械主机厂在国际竞争中或在国内市场上，都需要使工程机械尽快实现“无人化”，智能性的无人化是各国竞争的大趋势。目前工程机械无人驾驶技术主要是解决对外部的路面辨识与控制，对主机内部元件也有必要以智能性的液压元件来支撑，但是短期而言，智能液压元件还存在没有解决的问题，工程机械无人化的短期目标是采用控制器控制整个液压系统而不是每个液压元件的办法。但是长期而言，液压元件本身必须具有一定的智能性，无人驾驶的工程机械才是真正的“智能”主机，否则就是外部自动驾驶具有智能性，而内部控制的系统并不是真正的“智能性”，而是替代性智能。这个差别很大程度上取决于关键液压元件本身是否具有智能性，能否在网络环境下自我调节功能与性能，能否进行每个元件的自我健康管理，如图51-4所示。

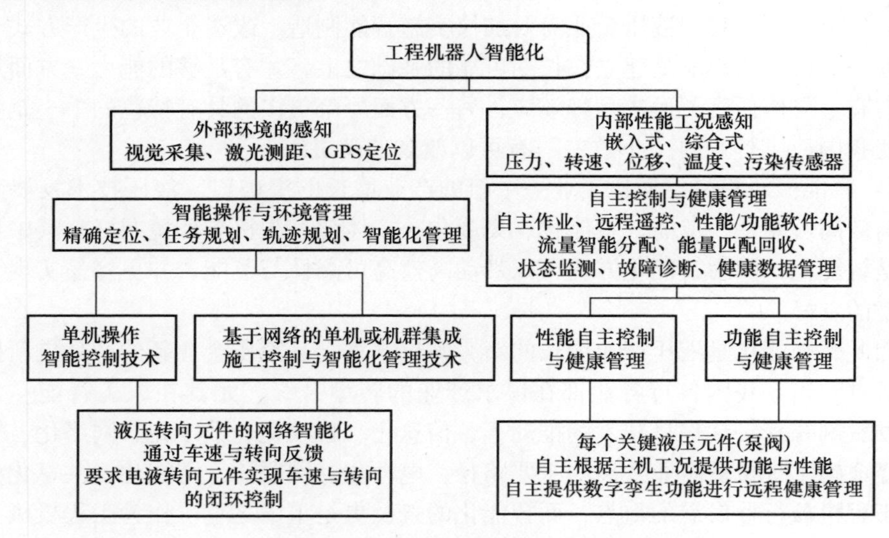

图51-4　工程机械无人化与液压元件智能化相互关联

工业液压也需要无人化工厂，情况与无人驾驶工程机械所需要的液压智能元件是一样的，只是没有移动性的问题。

当前在工信部建立了“面向高端工程机械的数字液压技术创新及试验检测产业技术基础公共服务平台”项目，不仅是院校与液压企业参加，还将液压企业与工程机械企业结合起来，是一个行业发展的示范，值得推广，为两个行业的发展带来促进效果。

51.4.5　按照中国特色发挥中国数智液压优势

当世界进入工业4.0后，进入了技术的加速发展轨道。包括液压行业在内，技术发展的环境给予行业发展越来越大的空间，社会的要求提出了与技术发展相联系的产品功能，无人化、多电化、数字孪生等都是近一段时间越来越热门的词汇，这似乎与跨国企业又换了一条赛道（见图51-5）。

1）打破引进依赖，发展我国的数智液压。从改革开放到世纪之交的这20余年中，我国液压行业引进了大量设备及技术。对外开放、吸引外资、进而“缩短同发达国家差距”。在这个过程中，我国企业的生产技术水平得到改善。尽管我们引进的并不是最先进的技术，但这一时期的技术引进对企业发展至今还在起作用。为我国后来加入世界贸易组织（WTO）之后更大规模出口及更快地融入全球经济体系创造了重要条件。作为微观经济主体的企业，投入产出、成本收益是影响其经营决策的最关键因素，与引进设备直接投产以获取利润相比，技术的自主研发与创新显然需要企业更多的投入，也会让企业面临更多的不确定性，至少在企业发展初

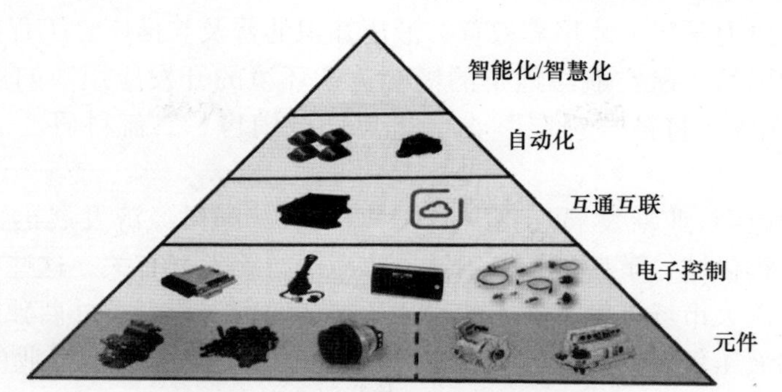

图51-5　中国液压在一个新的起跑线上

期，短期内可能获得的经济收益是企业更为关注的。在鼓励引进外资、鼓励出口、鼓励进口替代的政策背景下，相当一部分企业更乐于引进投入少、见效快的生产线或是装配技术，而并不在意是否掌握产品背后的核心技术与工艺。这种低附加值产品决定了中国企业在国际分工中的地位并不高。并不是所有的技术升级问题都可以通过引进来解决，在引进、模仿的同时，必须更加关注消化吸收及技术的自主研发与创新。

现在，行业又开始面临电液一体化方面的“隔代差距”，所以，对国外的技术“亦步亦趋”解决不好行业面临的新问题。

2）跨国液压企业资金与技术实力强，仍然值得合作。

美国、德国、欧洲和日本作为世界上最发达的制造强国或地区，孕育了世界上最具有竞争力的精密液压制造巨头，如德国博世力士乐、美国穆格、丹麦丹佛斯及日本川崎重工等，掌握着世界上最先进的液压制造技术。2021年，博世力士乐销售额约61.6亿欧元，丹佛斯液压产品收入约75.39亿欧元，派克达到143.5亿美元，川崎重工为143.5亿美元，穆格为28.85亿美元（2020财年），合计约占全球液压气动市场（393.57亿欧元，2020年）的一半左右（各公司只限液压气动部分计入）。

各跨国公司在工业4.0的时代背景下，基于各自的历史背景、技术底蕴、市场需求，以自己的方式在开发新产品。例如，日本率先开发了步进数字阀，博世力士乐在推行“互联液压”，丹佛斯的高速开关阀为先导的数字比例多路阀，伊顿开发的数控气动负载的模拟式比例多路阀，丹佛斯的数字液压泵，伊顿采用高速开关式的具有初步智能化的比例多路阀，多明（Domin）数字伺服阀采用伺服电动机打破了百年来伺服阀一成不变的传统。所有这些足以说明，现在液压4.0处于一个“创新”的井喷期，我国液压界应该学习先进经验，但决不能是今天世界范围内创新什么，科研项目就“亦步亦趋”。

我国已经具备成为世界液压强国的一些条件，包括生产制造、技术产品、发明创新、院校科研力量、人才培养教育、液压知识的普及与推广、工程机械与工业机械的应用、中国航天航空航海地下的极端复杂环境的开发应用。如果只知道“亦步亦趋”，中国液压将被“锁定”在“世界一流销售、二流科研、三流创新”的水平。

3）国内液压行业新发展。我国加入 WTO 后，国民经济发展迅速。基建发展很快，都与工程机械、重型货车、钢铁、水泥等行业发展有关，这些行业都是液压件需求大户，巨大市场催生了资本的投入，很多民营、合资、外商独资液压件生产企业及老牌的液压件生产企业也开始变革，这个时期我国液压行业的关键词是整改、上市、并购。

我国在工程机械行业应用液压的比例在增加，这也将促进我国液压技术向高端发展。2017 年，我国工业液压产品与工程机械液压产品销售额之比为 61.06%∶38.94%；到了 2021 年，我国工业液压与工程机械液压销售额之比提升到 48.30%∶51.70%。中国液压行走机械的比例大幅增长，今后这一趋势仍会持续，预测将高达 60% 以上。

51.4.6　企业总部经济新思维

数智液压在我国的发展，一方面要依靠国家政策与资金支持，在大企业实施，起到骨干作用；另一方面也需要依靠中小液压企业。我国液压（及气动）行业的特点是中小企业多，集中度低。但是在液压（及气动）技术与产品“更新换代”的时代，中小企业的活力与创新力有时又远远高于受体制掣肘的大企业，可能会极大促进我国数智液压产业超常发展。

我国中小企业创新创业者的特点是发展新技术与产品高度自觉与投入，但是又缺乏资源与资金，一旦接受资金又担心无法自主决策。投资方面也在寻求成长性高的企业给予投入，但是又担心“看不准”而无法受益。因此根据创新创业者的特点，以企业总部形成市场为导向，不寻求投资控股，但寻求市场的配套协调，企业总部经济架构如图 51-6 所示。

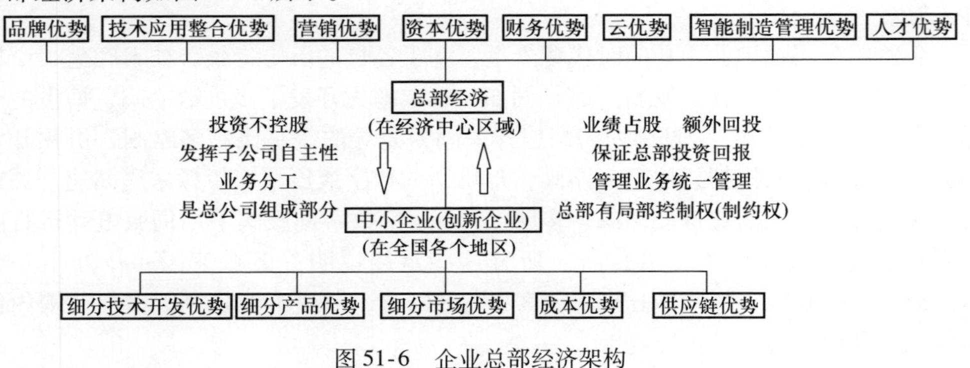

图 51-6　企业总部经济架构

（1）企业总部经济架构　当前已经形成的大企业，由于批量生产、体量大、产值高，要形成一个工业4.0下的创新型产品为主的企业，难度太大。所以不适宜立刻转型，但适宜投资一个转型企业，今后作为品牌的一部分。

现有中小企业急需扩展，解决资金、人员、设备、管理、试验、市场等一系列问题，一时难以在市场上短期成长。

以大企业为龙头，或者以投资公司为龙头，在具有投资资金、基本设备制造、市场支撑条件下，以中小企业带动大企业转型，带动自己的中小企业尽快成长。

用企业总部经济的方式，核心是总部以投资方式占股但不控股，但是承揽制造的发展权与市场控制权。被投资方具有自身的控股权，迎合市场需求，具有产品的发展权、知识产权与自身企业的管理权，保证原有的企业发展积极性。二者形成一种相互补充、相互依赖的关系。企业在总部也具有一定的股份，这一股份以业绩来换取。

企业总部要以市场需求寻求创新技术或产品进行组合，这样比单一企业的投资产生的市场效果与内部控制力要强。总部的目的还以整合上市作为投资回报。

（2）液压总部企业模式　企业总部具备一定资金、战略管理等优势，通过“总部运营—基地制造”的模式，以总部所在地的资源资本优势，带动生产制造基地发展，实现同一行业或同类型产品不同品种分工、开发协作、产品可以相互配套销售的一种企业生态，是提升企业价值链体系的模式。这种模式是国外跨国公司的模式以中国的特点在新形势、新条件下形成的。

具体说，总部企业资源优势应该包括资本、人力、信息、决策优势。通过总部服务的形式，其中包括供应链生产、研发、营销、管理等，以追求同类产品最大价值化为目标，将创意、决策、指挥等高端环节进行极化与聚化，颠覆行业“小散差”的松散经营模式，拉动同类型产品高速发展的经济模式。总部经济是能够使总部企业、生产加工基地“双方”利益都得到增进的经济形态。

（3）发展总部经济条件　首先需要有理解此模式优势的投资人，能够集聚同类产品的优势，能够做出正确决策。

拥有高素质战略决策层，能够整合总部内资金和科研资源，使总部以资本投入后能够尽快产生知识密集性价值产品与应用。

总部企业的服务与基地制造形成互补。总部是研发、决策、网络化、智能制造等的指挥机构。

总部企业具备专业化服务支撑体系，包括基础条件、商务设施、研发能力、专业服务、法律服务、政府服务和开放程度。管理决策、资金管理、采购、销售、物流、结算、研发、培训等服务的独立法人企业组织。

（4）总部企业的产生和发展　总部企业也相当于当今跨国企业的总部，按我国的实际情况形成。

总部企业就是决策总部、投资资本总部、战略总部、规划总部，具有市场前瞻性与投资战略规划。

总部具有企业价值链最高的区段，集中知识、研发、营销、资本运作、战略管理等。

总部按同类型产品供应链收益最大化原则布局产业空间结构。最大限度利用生产基地土地、劳动力、能源等要素优势，形成产业配套，最大限度地降低“更新换代”后元件的成本，特别是降低市场开发成本。

第 52 章　发展行走机械数智液压技术

当前，全球液压产业都在探索工业 4.0 阶段的液压技术与产品的发展途径，如图 52-1 所示。

图 52-1　液压行业面临的行业发展战略与战术问题

总的来看，人们对液压技术与产品数智化的必然趋势都无异议，但是各国在采用什么技术路线实现数智化上却大相径庭。这对液压产业是一个全新的挑战。

2021 年 10 月，亚洲国际动力传动与控制技术展览会（PTC）上，中国液压气动密封件工业协会（CHPSA）正式向行业宣布了我国液压气动行业的销售额为世界第一以后，其专家委员会提出了命题为“迎接中国液压的新时代”的报告，报告中提出了“以数字孪生为手段，实施产品迭代发展，助力电子控制软件生成，实现未来运动解耦类自动控制，以经济杠杆撬动产业”的发展战略。这给液压领域提出了中国方案。中国方案中强调了“用好 5G，创建云平台，让我国行走机械与其液压智能化 1.0 进入网络时代”的具体实施路线。中国方案立意高远，途径明确，技术目标具体，指出产业发展的动力源。对于几十年来习惯于“跟踪技术，跟随产品”的行业来说，有了产业发展主心骨。尽管具体内容与实施途径仍需探讨，但报告从中国视角针对液压产业技术的发展提出了见解，具有战略意义。

52.1　行走机械液压技术发展的主要方向

进入21世纪后，我国液压行业的主要市场已经发展到以工程机械主机的应用为主，最近几年我国液压产品的市场构成正在发生大的变化，行走液压占比在市场份额中的占比变化如图52-2所示。

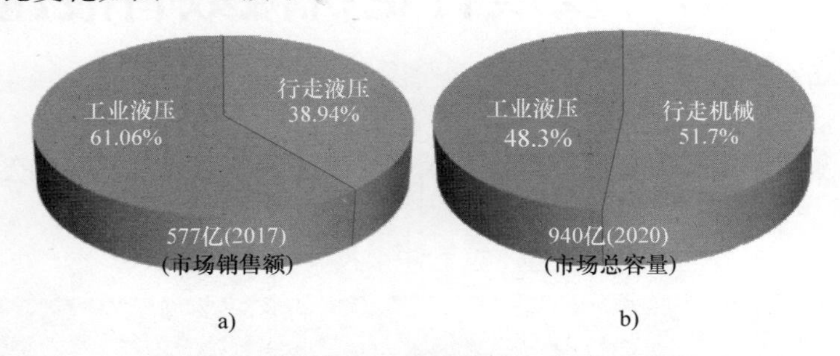

图52-2　行走液压占比在市场份额中的占比变化
a）2017年行走机械液压占比　b）2020年行走机械液压占比

2017年，我国液压市场还是以工业液压为主，即工业液压产值∶行走液压产值=6∶4；但是到了2020年后，我国液压市场就变为以行走液压为主的局面，即工业液压产值∶行走液压产值=4.8∶5.2，预计这一趋势还在继续。在世界工程机械行业里，我国的工程机械行业在世界市场的地位也在不断上升，过去我国的挖掘机技术与高端产品主要依靠国外进口，但是进入21世纪后，我国以挖掘机为代表的工程机械主机市场不断增长，2015年，我国挖掘机产量为9.2万台/年，到了2019年发展到26.6万台/年，其中出口占11%。

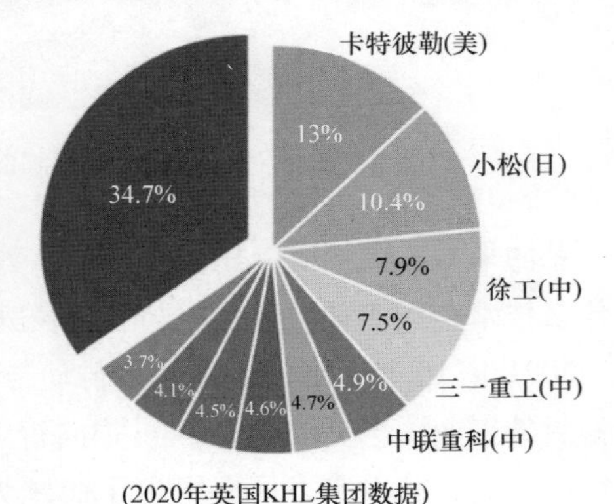

图52-3　我国挖掘机企业在国际市场的地位

从企业层面上看，我国挖掘机生产企业也从名不见经传的状态上升为世界排名前几名的大型企业，如图52-3所示。

从技术层面上看，工程机械液压由于应用在行走机械上，工况复杂、云控制下的运动控制难度更高，因此对行走液压产品的要求与挑战也会更高，例如，功重比的要求（在航天航空装置中）、频响的要求（行走机械下的控制可能性）、柔性的要求（仿人机器人）在行走液压主机的应用中矛盾更突出，而液压效率偏低、介质绿色、管路问题也都是行走机械急需解决的问题。更为可喜的是，无论是工程机械主机企业，还是作为其零部件供应商的企业，都试图要将更多的精力投入到更深层或更基础的技术研发上，虽然这些企业在销量上能迅速占领市场，但是还是要回过头去进行可靠性研究、核心零部件研发、基础材料研究、测试流程甚至螺栓连接等一些更深层、更基础的研究，这是液压产业面临的大好局面，因此用行走机械带动液压技术与产品的发展是一个值得重视的产业方向。

未来几年，工程机械的主机及其零部件行业（包括液压行业），在制造上没有弯道可以超车，而这些东西都是外资品牌企业经历过的，他们走过的路，统统都要走一遍，否则当前比较好看的市场占有率都是短暂的。

52.2　依靠数字孪生提升液压元件在行走机械上的产品性能

52.2.1　液压产业需要数字孪生

数字孪生的概念是在 21 世纪提出的，认为互联网是一个“信息物理系统（CPS）”，它是先进制造业的核心支撑技术。CPS 的目标是实现物理世界和信息世界的交互融合。2011 年，Michael Grieves 教授在《几乎完美：通过 PLM 驱动创新和精益产品》一书中给出了数字孪生的三个组成部分：物理空间的实体产品、虚拟空间的虚拟产品、物理空间和虚拟空间之间的数据和信息交互接口。在 2016 西门子工业论坛上，西门子认为数字孪生的组成包括产品数字化双胞胎、生产工艺流程数字化双胞胎、设备数字化双胞胎，数字孪生完整真实地再现了整个企业，以它的产品全生命周期管理系统（PLM）为基础，在制造企业推广它的数字孪生相关产品。北京理工大学庄存波、同济大学唐堂、北京航空航天大学陶飞等人都从产品的视角给出了数字孪生的主要组成，包括产品的设计数据、产品工艺数据、产品制造数据、产品服务数据及产品退役和报废数据等。无论是西门子还是庄存波等学者都是从产品的角度给出了数字孪生的组成。

数字孪生是一个物理产品（包括液压系统及其装备）的数字化表达（储存在计算机硬盘内），以便于能够在这个数字化产品上（如在计算机上呈现的液压主机图像）看到实际物理产品（制造出的主机）可能发生的情况，与此相关的技术包括增强现实（AR）和虚拟现实（VR）。数字主线（Digital Thread）在设计与生产的过程中，仿真分析模型的参数，可以传递到产品定义的全三维几何模型，再传递到数字化生产线加工成真实的物理产品，再通过在线的数字化检测/测量系统反映到产品定义模型中，进而又反馈到仿真分析模型中。依靠数字主线，所有数据模型都能够双向沟通，因此真实物理产品的状态和参数将通过与智能生产系统集成的 CPS 向数字化模型反馈，致使生命周期各个环节的数字化模型保持一致，从而能够实现动态、实时评估系统的当前及未来的功能和性能。而装备在运行的过程中，又通过传感器、机器的连接而收集的数据进行解释利用，可以将后期产品生产制造和运营维护的需求融入早期的产品设计过程中，形成设计改进的智能闭环。必须在生产中把所有真实制造尺寸反馈至模型，再用健康预测管理（PHM）实时搜集装备实际受力情况并反馈至模型，才有可能成为数字孪生，如图52-4所示。

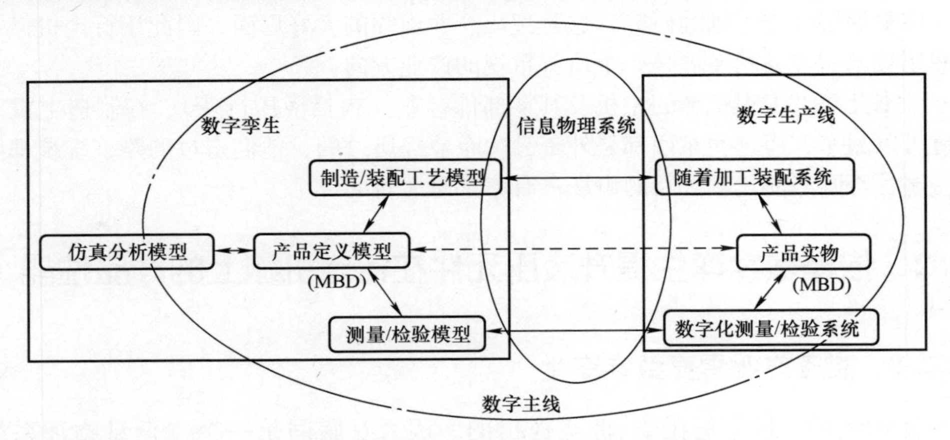

图52-4　数字孪生在产品全生命周期的体现

数字孪生描述的是通过数字主线连接的各具体环节的模型。可以说数字主线是把各环节集成，再配合智能的制造系统、数字化测量检验系统及信息物理系统融合的结果。通过数字主线集成了生命周期全过程的模型，这些模型与实际的智能制造系统和数字化测量检测系统进一步与嵌入式的信息物理系统进行无缝的集成和同步，从而能够在这个数字化产品上看到实际物理产品可能发生的情况，数字孪生、数字主线与产品制造之间的共存关系如图52-5所示。

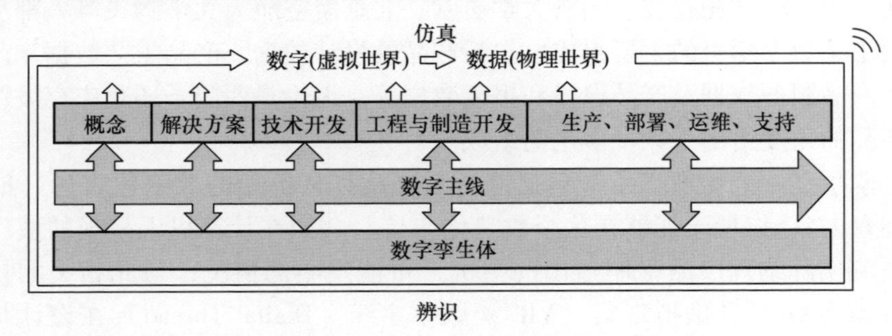

图52-5　数字孪生、数字主线与产品制造之间的共存关系

简单地说，数字主线贯穿了整个产品生命周期，尤其是从产品设计、生产、运维的无缝集成；而数字孪生更像是智能产品的概念，它强调的是从产品运维到产品设计的回馈。数字孪生是物理产品的数字化影子，通过与外界传感器的集成，反映对象从微观到宏观的所有特性，展示产品的生命周期的演进过程。当然，不止产品，生产产品的系统（包括生产设备、生产线）和使用维护中的系统也要按需建

立数字孪生。

52.2.2　主机厂迫切需要数字孪生中的远程维护功能

在数字孪生的基础上，像所有行业与产品一样，液压元件都会有自己的数字孪生软件在产品全生命周期中的每个阶段起作用。数字孪生的远程维护是工程机械主机应用数字孪生最具有价值的一环。目前在理论上有途径，但是把飞机与航天的方法用于民用领域基本无解。因此液压人今后仍需要寻求简单实用的方法。如果有了液压数字孪生的方法，就可以为设计提供决策的方向与量化的数据，可以迭代出更符合工况要求的定制化产品元件。从而实现液压迭代发展、系统调节优化、元件性能优化、实现整机动作优化、能力安全预测和控制、结构件薄弱环节改进等。今后在液压方面可以将仿真与辨识结合起来，达到液压所需要的数字孪生技术的目的。

52.2.3　数字孪生是液压产品迭代发展的重要手段

我国液压产业发展速猛，但是液压元件本身品种与性能的发展与迭代迟缓，液压主机产品的差距如图 52-6 所示。

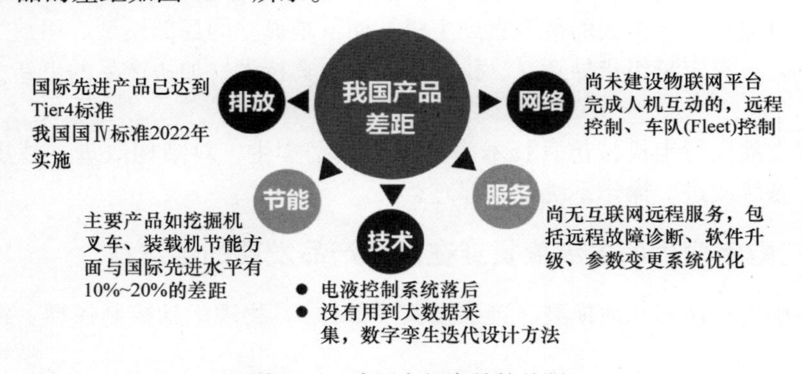

图 52-6　液压主机产品的差距

自从 20 世纪 80 年代引进技术后，产品的主流形态至今几乎没有任何变化。液压气动技术、国外产品的发展还是不断有各种变化，液压行业仍然在“技术跟踪与产品跟随”阶段，逆向工程是一个表现，可是现在已经到了无法追随的地步，因为数智化技术包含软件技术，这几乎是难以完全依靠“逆向”来实施的。实际上我国液压技术的发展通过各类项目与基金所展现的水平已经达到相当的高度，一些院校与院所的发展已经孕育着更新换代的水平，但是都难以通过产品固化，更难以通过市场的影响力对我国的液压技术与产品产生根本性影响。

未来使产品发展的一种技术手段就是数字孪生。过去产品迭代最重要的是了解产品在应用中的问题与痛点，然后通过技术人员的构想形成解决方案，但是其中的弱点与难点是技术人员很难完全掌握产品应用中的问题，只能从概念上判断后设计。采用数字孪生技术以后，产品在物理世界里产生的大量“数据”与虚拟世界内的所有“数字”可以进行相互的对比、判断与决策，可以不断地迭代现有的产品，达到“定制化”的程度，使每台主机装备的运行与其负载的状况相匹配。这就形成“实时性改进”（虚拟世界修正物理世界）及“阶段性迭代”（物理世界修正虚拟世界）。数字孪生技术的反馈数据可以使今后迭代有了设计的方向、数据的依据、量化的基础。

因此产品的迭代分成两个方向：实时性迭代是产品性能保证的迭代，阶段性迭代是产品升级的迭代。

52.2.4 数字孪生中的液压仿真需要向全局仿真发展

目前工业软件的液压仿真技术是传统的，只能做“虚拟”的“定向分析”，作为改进设计的参考，液压仿真还很难得到真实的动态参数变化。因此对于液压仿真应该提出两个要求：需要“连仿”液压、机械运动学、机械动力学、材料力学和理论力学结合的同步仿真，数字孪生可以为仿真加上辨识（从物理世界到虚拟世界），改变传统仿真很难得到实际使用的真实参数的现状；传统仿真建立的数学模型，无从考虑是否与实际系统相同（仿真建模水平），这样的仿真也需要同步建模，使仿真模型包含更大的范围直到主机，而不是孤立的局部模型。用数字孪生技术实现真实、有定量级指导意义、快捷迭代的仿真技术，加快产品的更新换代和自主创新。

持续发展以行走机械仿真技术为基础的数字孪生，对结构改进、液压系统改进、动力系统改进、操作系统改进都有意义。

52.2.5 数字孪生的多维度贯穿在液压产品发展的全过程

模型维度：使用几何模型（产品及其零部件）、物理运动控制模型。特别关注高精度。

连接维度：这是数字孪生的重点，用 IoP 实现 IoT。IoT 加上 AI 在制造业带来新的概念，即透过物物相连与人工智能控制，进一步做到物、人相连的技术概念，即 IoP。仿真与实际高度连接实时互动，模型建立、边界条件、虚拟现实可互动实现。跨界、跨平台、跨应用、跨领域，建模和辨识双功能。

使用维度：第一步虚拟 - 现实加快产品迭代发展；第二步促进电子软件创建与发展；第三步运动解耦控制，端云协同、控制合一。

物理维度：物理实体 - 虚拟仿真孪生、物理实体 - 物理实体孪生。

费用维度：可持续发展的收费。

安全维度：如何保证使用者数据安全、数据共享的范围控制。

采用测量数据离线的方法与数字孪生技术的联系。系统的仿真与辨识可以与数据的测量联系起来，这时的负载可能是给定的，以这种方法促进测量数据与仿真孪生的结合。这时测量点的拓扑设计、测量数据的辨识应用都需要进一步深化，以有助于优化系统。目前的PTC展示的测量技术有助于数字孪生的发展，如图52-7所示。

a)　　b)

图52-7　测量技术有助数字孪生发展

a）可视化泄漏检测技术及仪器（北京理工大学）　b）便携式液压有源测试方法及设备（燕山大学）

52.3　液压元件电子智能化

行走机械液压技术正在进入行走机械电子化阶段（数智化的又一种表达）。液压元件电子智能化将以液压阀与液压泵为两个立足点，液压缸的数智化是泵阀数智化执行面的体现。

52.3.1　液压阀的电子智能化

在所有液压阀元件品种中，平衡阀最难满足实际工况需要，调节好之后很容易受到某种干扰而使平衡性能受到影响。因此，在此以平衡阀为例，阐述液压阀性能提高的归宿为什么是电子智能化。

平衡阀作用主要是实现负负载平稳下降。工程机械中负载下降过程中易见的抖动现象，通常问题出在平衡阀上，它的结构性能与工作原理难以完全满足控制过程中负载变化时对元件性能的要求，平衡阀的控制功能分析如图52-8所示。

1. 平衡阀的结构因素是不能真正满足执行机构无抖动工作的原因

由图52-8可见，平衡阀的液流从A口至B口时为自由流动，主阀芯相当于单向阀被打开，让油液通过。液流从B口流向A口时，如果没有控制外力作用，先导单向阀被弹簧腔压力作用保持关闭状态，液流无法通过。然而，控制油口X的压力来自于液压缸上腔，会随上腔进入压力油而压力升高，直至大于设定的控制压力时（由弹簧设定），控制活塞右移，一旦此右移力超过了先导阀向左的力，先导阀打开，造成主阀芯被打开，使B口的油液通过A口流动。这时先导阀左腔力来自B口中的负载压力和弹簧腔内的弹簧力。之后，在控制活塞右移的作用下，先

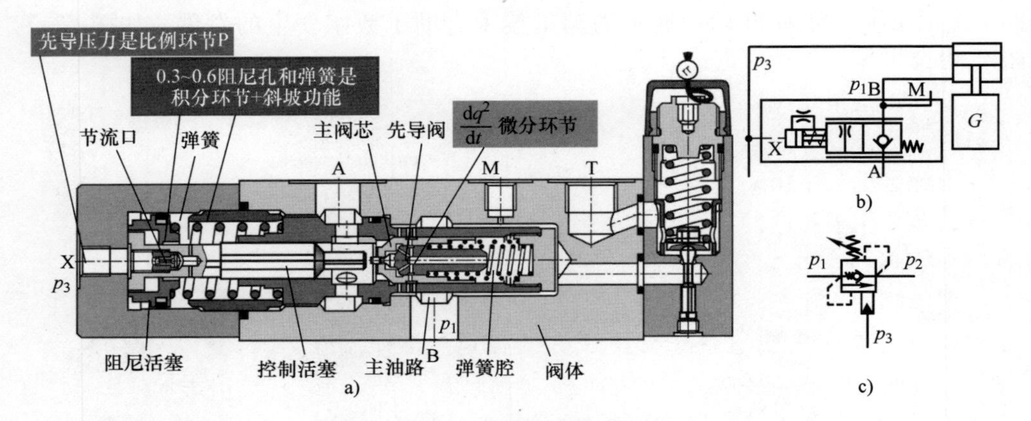

图 52-8　平衡阀的控制功能分析

a）平衡阀结构原理图　b）平衡阀系统原理图　c）平衡阀图形符号

导阀脱离锥阀座带动主阀芯打开，使弹簧腔中的油液经打开的油孔，通过 A 口与回油连接。

此时应该注意主阀芯的受控过程。即当液流从 B 口流向 A 口时，是因为液压缸上腔进压力油，通过控制油口 X 的压力使 B 口与 A 口保持相通。一旦 B 口与 A 口相通，液压缸的活塞受到上腔压力与负载下降重力的同时作用，成为“液压泵”的工况，这时负载会带动液压缸活塞产生加速下降，如果下降速度超过系统供油的速度后，液压缸上腔压力会急剧下降直至真空。于是控制油口 X 压力消失，先导阀关闭，造成主阀芯不得不关闭。当主阀芯关闭后，活塞运动会立即停止。运动一旦停止，液压缸上腔压力油恢复，再次通过 X 口使先导阀控制主阀芯打开，重复上一次的整个过程。这就造成了平衡阀主阀芯的不断开与关，形成负载的抖动现象。

要消除这个现象的关键是使活塞下降的速度不能超过液压缸上腔供油的速度，为此，液压缸下行时，随着主阀芯的右移开启，调节流量的开口面积逐渐增大(开口面积是由阀套中的径向孔和主阀芯开启时形成的)，开口面积、X 口控制压力和开口压差之间形成动态平衡关系，使通过 B 口到 A 口的流量基本不变。当负载 G 下行重力速度增加而速度增大时，液压缸下行加快，B 口压力升高，液压缸上腔压力随之降低，也就是 X 口压力降低，使控制活塞左移，随之主阀芯左移，主阀口关小，抑制流量的增加趋势，保持流量的基本恒定。主阀口关小也会使 X 口压力瞬间上升，又使主阀芯再次右移，从而实现平衡阀的恒调速功能，通过控制活塞的节流口和阻尼活塞的两端，进一步保证开启过程的缓冲，使平衡阀的控制显得比较平稳。

X 口控制压力与 B 口负载压力之比是由控制活塞 4 两端的面积比决定的，所以控制压力只需 B 口负载压力的几分之一或几十分之一，即可灵敏地打开主阀芯，使平衡阀内部的波动值更小，而不产生负载的明显抖动。

由此可见，平衡阀的这种随动状态是在结构因素固定的情况下去满足不固定的负载工况，是很难保证相互的匹配。只能近似匹配与满足使用要求，所以只要工况有新的变化或外界因素干扰，这种控制就不可能完全满足要求。

由此可见，平衡阀是液压元件设计中难以真正全面满足所有工况性能要求的元件。为此采用了不同的面积比，根据工况波动大小进行选择，以获得能近似满足工况的平衡阀。

平衡阀面积比是一个非常重要的结构参数。平衡阀面积比定义是：先导压力面积和溢流压力面积之比。“先导比”的定义是：当平衡阀弹簧设定某一固定值后，无先导油时打开它需要的压力与先导油单独打开它的压力之比。由于采用先导部分产生打开主阀芯的力与主阀芯自身打开的力是相同的。因此可用下式表达：

先导比 = 面积比 = 先导压力面积/溢流压力面积 = 溢流压力/先导压力

2. 改进平衡阀性能的分析

为了使平衡阀的性能满足主机上不产生抖动的要求，解决的办法是采用不同先导比的平衡阀，选择其中之一来满足该主机下的工况要求，如图 52-9a 所示。或者采用多个不同面积比的平衡阀并联来满足同一装备的不同工况，如图 52-9b、c 所示。这里需要说明的是，图 52-9b 与图 52-9c 并无关联，只是设计理念一致而已。

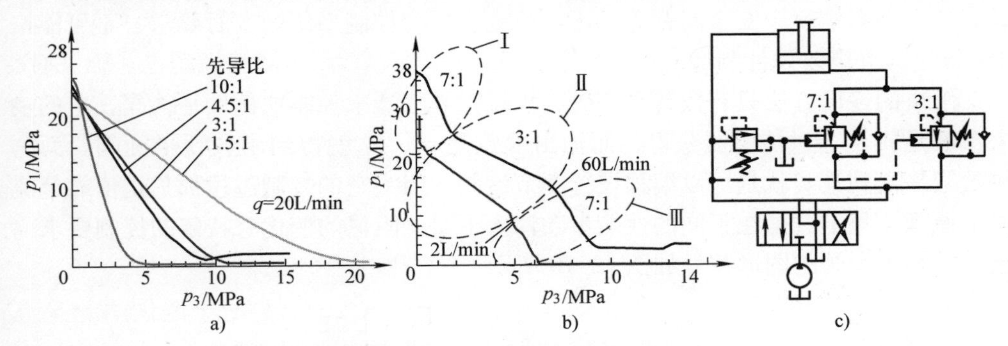

图 52-9　平衡阀性能改进的构想

a）平衡阀不同先导比的性能曲线　b）平衡代理想性能曲线　c）平衡阀使用改进方案

根据图 52-9a 所示的平衡阀性能曲线可知，先导比越大，需要的先导压力越低，说明平衡阀非常灵敏。这时会产生的负载压力变化越大，对于负负载变化的校正越及时，流量的变化越小，越接近恒流量，但是压力波动却更大。因此对平衡阀而言，不同先导比选择的结果是流量越平稳压力波动会越大。需要压力波动不大，流量的控制性能可能会比较差。在选择时只有根据负载的实际情况酌情选取。因此，不同的工作场合和环境下，对压力比的选择不一样，在负载简单、外界干扰小的情况下一般选用大的先导比，这样可以减小先导压力值，节能。在负载干扰大、易振动的场合一般选择较小的压力比，确保先导压力波动不会引起平衡阀阀芯频繁振动。或者说，先导比3∶1（标准配置）适用于负载变化较大的状况及工程机械负载的稳定状态；先导比10∶1适用于负载要求保持速度恒定的状态。

为此，对负载控制而言，希望启动与停止时压力比较平稳，而在正常工作阶段速度比较平稳，所以最好选取在启动与停止阶段平衡阀的先导比比较大，在正常运动或下降期间先导比比较小为好。可以采用图52-9c所示的平衡阀并联的方案。

52.3.2　提升平衡阀的数智化水平

从图52-8的平衡阀结构原理图可以看到，先导压力相当于平衡阀控制系统的输入与比例放大部分，随着先导压力的变化，平衡阀主阀芯起着转换为阀芯位移的作用，可以按比例控制环节来理解；而控制活塞就是积分环节；至于主阀芯的先导就相当于微分环节的作用，一旦打开的瞬间主阀芯开度会突然增大。因此平衡阀是一个具有自身PID调节功能的控制系统。平衡阀调节的最后控制量实际是平衡阀主阀芯的开度，即阻尼调节部分。

从以上讨论可知，采用液压性能参数直接控制平衡阀的性能是难以达到的。这是因为现在传统的平衡阀很难用自身一组参数（液压PID）满足所有变量参数。在平衡阀系统使用条件下，作为被控制的边界条件如油液温度（黏度）事先是不可知因素，在控制过程中增益需要变化（如以上所说的先导比变化）。系统频响、液动力值、静态精度、安全问题等都不可改变去适应控制系统的实时要求，不可能按“定制化”去修改设计制造。

解决的终极方法只有数智平衡阀，采用微处理器来控制比例性平衡阀，它的输入参数是p_3，通过传感器获得，而输出参数是p_1，这就得到了数智平衡阀。而这种数智平衡阀其实就是可以编程设置的节流阀，因为它的控制过程都只是依靠节流阻尼原理，只不过是在不同的性能参数输入下对此阻尼的变化有特定的控制要求而已。数智平衡阀的图形符号如图52-10所示。

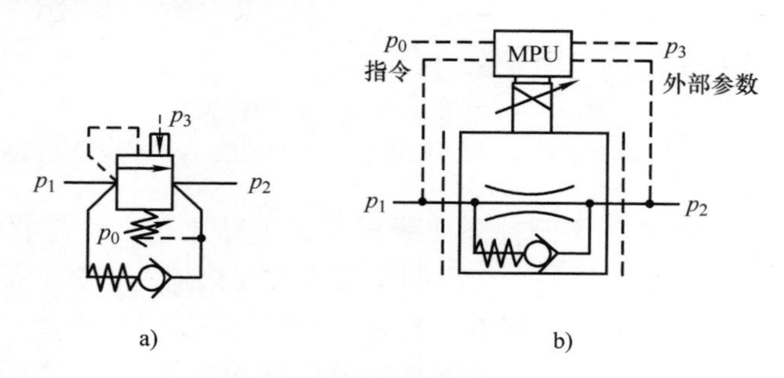

图52-10　数智平衡阀图形符号

a）传统平衡代图形符号　b）数智液压平衡阀图形符号

国际先进的平衡阀公司的解决方法就是数智化。平衡阀结构分三个档次：高端、中端、低端。当前我国主机厂根据价格选择低端为主，很难适应主机的要求。

对于数智平衡阀，它的输入参数是 p_1、p_2、p_3、p_0 为设定压力（给定值），当 $p_3 \leqslant p_0$ 时，$q(\tau)=0$；$p_3 \geqslant p_0$ 时，$q(\tau)=$恒定；$p_1 \leqslant p_2$ 时，τ 最大（可以取消单向阀）。

由此可见数智平衡阀是真正解决平衡阀控制问题的办法。其控制原理图如图 52-11所示。

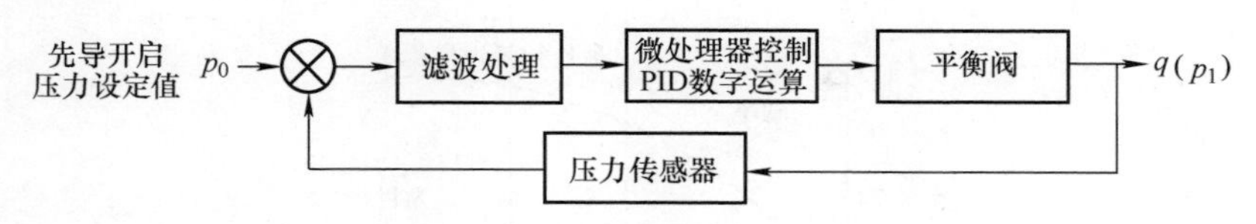

图 52-11　数智平衡阀的控制原理图

图 52-11 展示了数智平衡阀的控制原理图。其中可见由压力传感器发送来的反馈信号经过滤波处理后由压力控制的大闭环控制，通过微处理器的运算与优化，经过微处理器芯片的运算后处理平衡阀的开启、关闭、运动的稳定性等。

52.3.3　实现液压泵在四个象限工作的智能化

在工程机械的液压系统中，液压泵在功率损失方面的严重性值得高度关注（见图 52-12）。

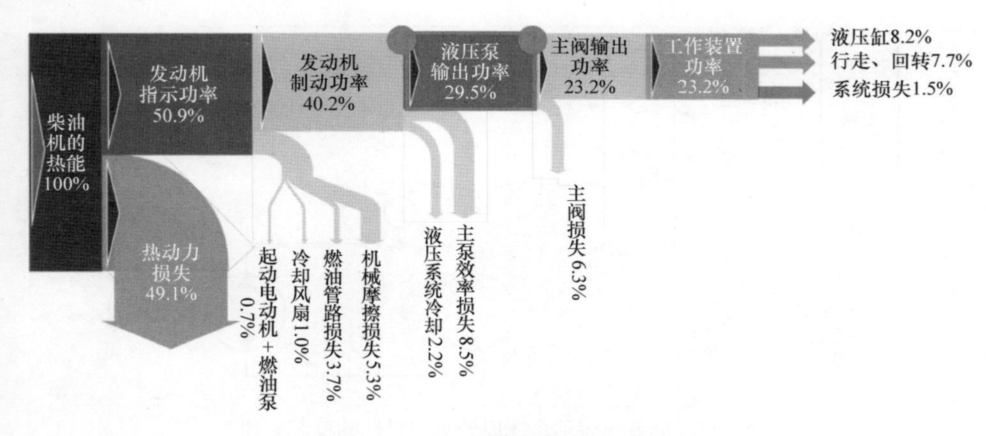

图 52-12　液压泵功率损失的严重性

解决液压泵的节能问题，在于让负载需要的功率与液压泵产生的功率尽可能相近，这个措施只有采用电子控制才能解决，由电子控制通过微处理器的运算获得期望的效果。从图 52-13 所示的发动机试验曲线可以发现，以最大转矩为目标时燃油率最低，即最节能。由此可以以转矩控制为主要目标进行控制，图 52-14 所示为静液压传动系统以转矩为目标的控制原理图。作为液压系统需要一个转矩控制器（TCU）根据传感器检测的结果进行转矩方面的模型优化，然后进行以转矩指令为目标的系统控制，这个控制的结果是获得燃油率最低的效果。

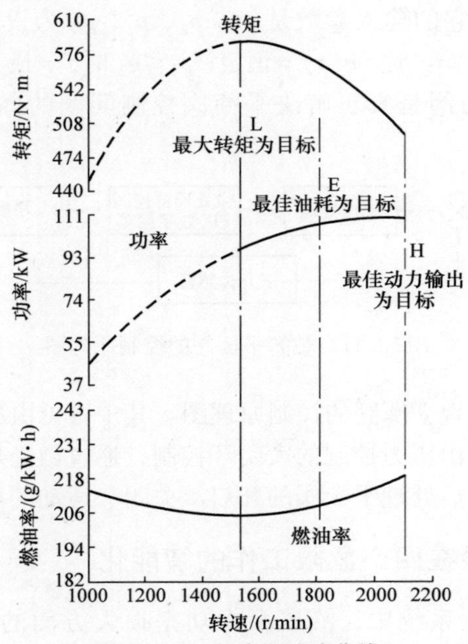

图 52-13　发动机试验曲线

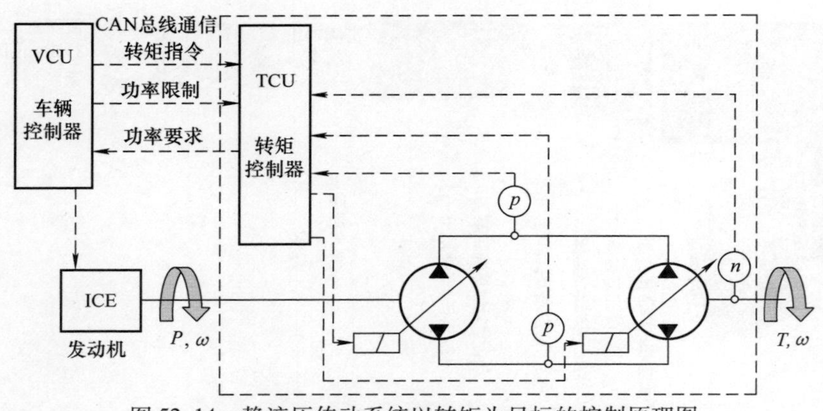

图 52-14　静液压传动系统以转矩为目标的控制原理图

提高液压泵的能效不仅仅是通过对液压泵的转矩控制，使发动机工作在最大转矩即燃油率最低的工况，以达到液压泵的泵变量与发动机工况以闭环的方式进行控制。与此同时还要考虑到液压泵可以在四个象限工作的能力，如图 52-15 所示，也就是可以利用装备外来的能量输入，以二次调速的方式实现能量的储存与释放，进一步通过储能的方

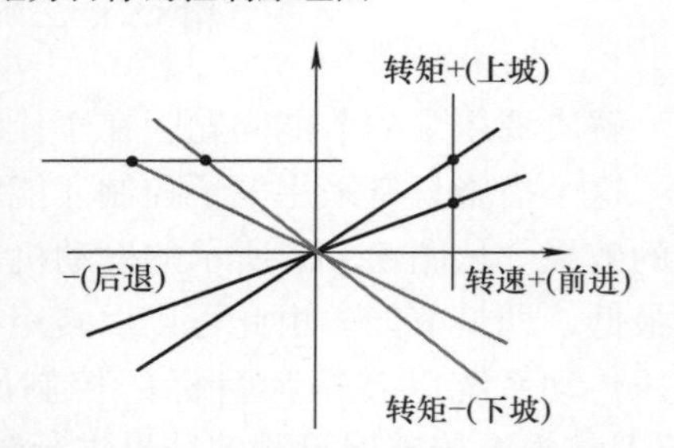

图 52-15　液压泵在四个象限工作

式降低燃油率。这种外来能量可以利用下坡、后退等工况产生并转换。

52.4　控制软件是行走机械液压电子智能化的核心之一

52.4.1　行走机械液压技术正在进入新阶段

世界行走机械液压技术正在进入新阶段的标志在于：①电子控制已完成产业化，软件定义工程机械车辆的时代正在到来，而我国尚未做到；②网络控制时代已经全面到来，尽管 5G 已入局，云时代已开始，但在行走机械液压中的应用尚未起步。图 52-16 所示为车辆控制器产品外形与电子控制概念。

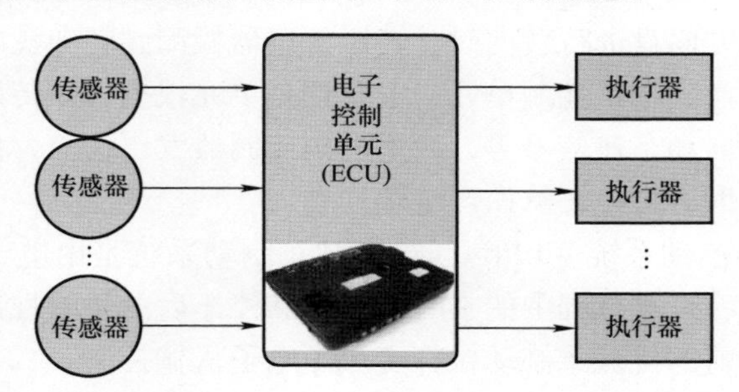

图 52-16　车辆控制器产品外形与电子控制概念

52.4.2　工程机械车辆电子控制与汽车电子控制的比较

行走机械的电子控制已经产业化，这是此行业进入工业 4.0 的重要标志之一，电子计算机控制的核心是微处理器的运算功能，可以根据传感器的信息反馈作为输入的一部分与要求的指令进行比较，得到所需要的控制目标指标。据悉，丹佛斯的控制软件 PLUS +1 就是一个我国业界知晓的例子，但是这还是在初级阶段，还需要进一步的发展。今后工程机械的主机液压控制（包括液压系统与元件的控制）都将集成在主机的控制器中，而液压元件也具有各种嵌入式控制部分，可以相互进行通信。工程机械主机控制器与日常所知的汽车控制器非常相近，但是作为工程机械车辆的控制器要更加复杂，要增加工作机构的电子控制。

工程机械车辆控制器分成三大部分：发动机控制系统、变速箱控制系统、底盘与车身控制系统。与液压关系密切的车辆控制器是车身控制，又称为车身计算机，在车辆工程中是指用于控制车身电器系统的电子控制单元，是车辆的重要组成部分之一。车辆控制器的重要任务是简化操作，减少操作人员的手动操作，以免分散操作人员的注意力。汽车车身控制系统包括车辆安全、舒适性控制和信息通信系统，主要是用于增强车辆的安全性、方便性和舒适性。对于工程机械车辆还要有工作单元的控制器，过去这些控制器是模拟性的，现在已经基本实现数字化。

1. 汽车车身控制器

（1）车身控制单元（BCM） 车身控制单元适合应用于12V和24V两种电压工作环境，可用于轿车、大客车和商用车的车身控制。输入模块通过采集电路采集各路开关量和模拟量信息输入，LIN总线接收模块接收控制手柄单元信号（灯光、雨刮、洗涤等信号），输出模块采用功率驱动和继电器驱动实现，有很高的性价比，CAN总线通信模块实现与其他汽车电子模块的信息交换。主要实现车身门控制，包括门锁、各种灯光、前后洗涤、前后雨刮、电动车窗等控制。在软件上实现了（CAN）网络管理（NM）、UDS诊断、CCP标定等功能，并通过设计验证（DV）试验。

（2）电动助力转向系统（EPS） 电动助力转向系统是提供辅助转向动力的系统。驾驶员在操纵方向盘进行转向时，转矩传感器检测到转向盘的转向及转矩的大小，将电压信号输送到电子控制单元，电子控制单元根据转矩传感器检测到的转矩电压信号、转动方向和车速信号等，向电动机控制器发出指令，使电动机输出相应大小和方向的转向助力转矩，从而产生辅助动力。

（3）电子驻车制动系统（EPB） 电子驻车制动系统是由电子控制方式实现停车制动的技术，它将行车过程中的临时性制动和停车后的长时性制动功能整合在一起，控制方式从之前的机械式制动拉杆变成了电子机械控制。

（4）电子稳定性系统（ESP） 车身电子稳定系统适用于纠正车辆产生的过度转向或转向不足的现象，主动干预确保车辆操纵的稳定性。

（5）电动助力转向系统电控单元 该电控单元适合应用于12V供电环境，可用于轿车和纯电动汽车的转向控制。主控MCU采用英飞凌（infineon）的XC2300系列单片机，通过采集发动机转速信号、车速信号、转矩传感器信号、点火信号等车辆状态信息，并送入到控制器ECU进行综合分析、判断和运算后输出电流信号控制EPS电动机。EPS电动机通过传动机构产生助力转矩，该助力转矩施加到转向轴上，从而辅助驾驶员完成转向操作。该系统低速时转向控制轻便，高速时转向助力小，操纵平稳。

2. 工程机械车辆工作机构电控单元

工程机械车辆的工作机构根据工程机械的不同种类有极大差别。但是总的来说是由分布式向集成化方向发展，也就是说车辆的电子电气架构（EEA）的集中化是将各ECU集成与融合，并产生了域控制器的概念，YZ18全液压压路机电子控制系统示意图如图52-17所示。

以特斯拉为代表的按区域划分控制域与以博世为代表的按照功能划分控制域形成了两条不同的技术路线，不管哪一种都将传统架构下的车身控制器由分散的ECU升级为车身控制域，分布式ECU向集中式控制域方向发展路线图如图52-18所示。

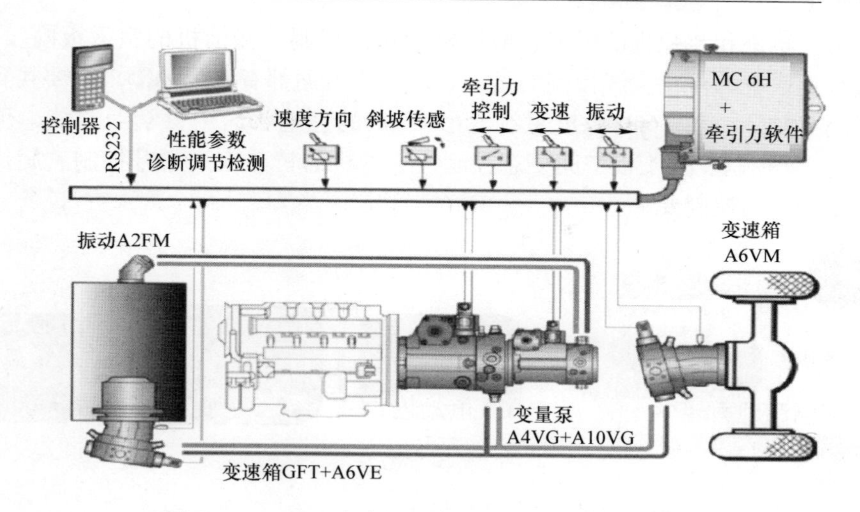

图 52-17　YZ18 全液压压路机电子控制系统示意图

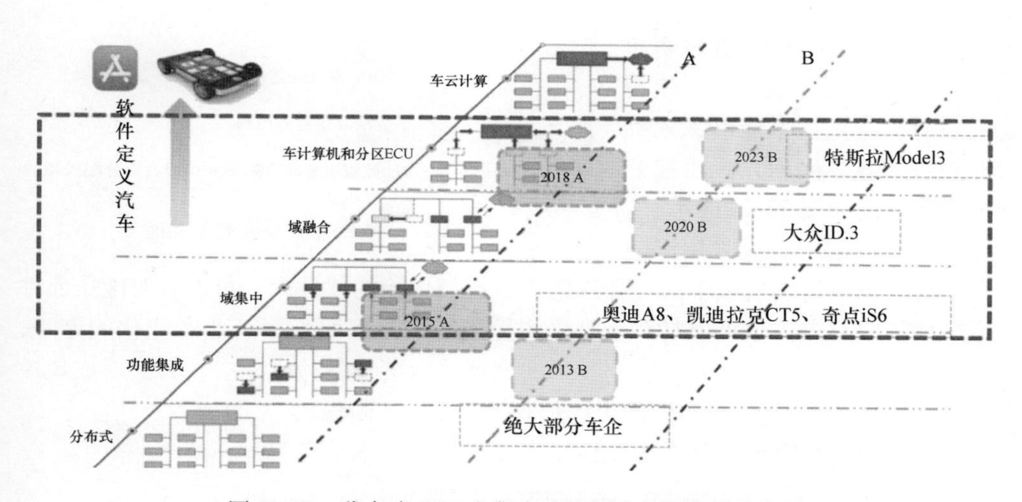

图 52-18　分布式 ECU 向集中式控制域方向发展路线图

3. 行走机械智能控制需要主机厂家与动力/控制厂家共同打造通用运动控制软件

行走机械智能控制由主机与液压控制整合实现（见图 52-19），行走机械的智能化与液压控制系统的智能化是一个整体的两个组成部分。在液压系统新的电子控制中要注重泵－马达压力闭环控制及多个液压缸的解耦控制，采用轴控的控制等。行走机械液压系统与工业液压系统相比容易出现刚度偏低、控制元件频响低、静态精度差。因此，如何完成闭环控制、利用软件编程的基本策略才能够有效地提升液压控制的性能，这对行走机械工作装置性能进一步提高有重要意义。充分利用电子控制的软件技术，依靠微处理器的运算算力，完成解耦控制，这些在挖掘机、装载机铲斗斗尖、正面吊的箱体位置、起重机吊钩的水平移动、臂架泵的智能展开、随车吊的吊装轨迹和装弹机的位置、拖拉机的犁深控制、摊铺机的熨烫板同步调节、履带式行走系统的行走直线控制的运动合成控制方面都有实际的需求。要找到最关键的核心“轴”，运用6自由度系统（6DOF）的理论、运用自学习功能，可以使挖掘机的2D控制、推土板空间姿态控制、装载机的铲斗水平举升控制、旋挖转的立桅控制都达到控制要求。

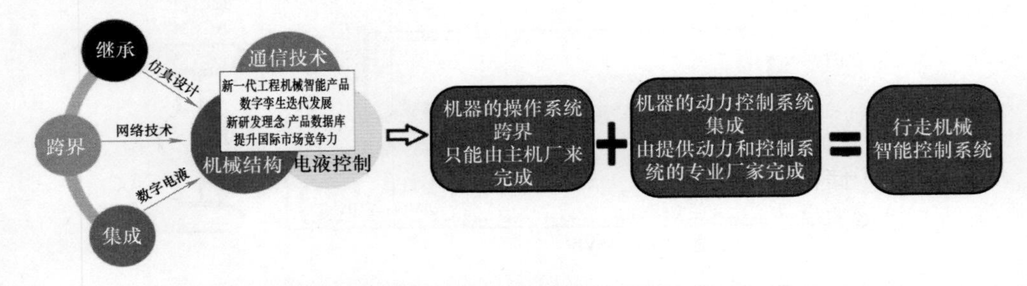

图52-19　行走机械智能控制由主机与液压控制整合实现

总之，今后的行走机械要建立在电子控制的基础之上，使行走机械的智能化技术能够深入到运动控制的方方面面，液压控制系统的新功能如图52-20所示。

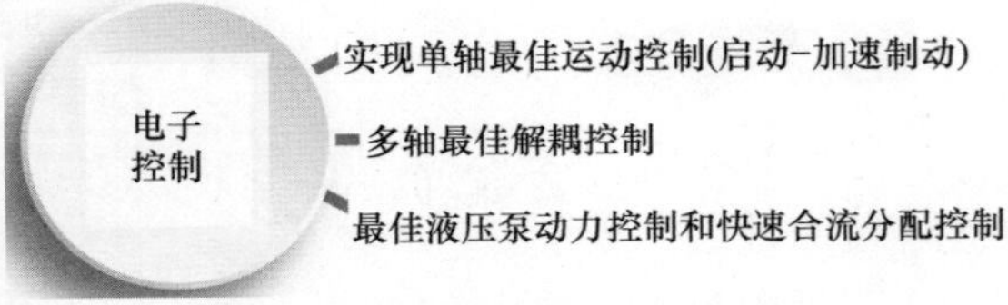

电子控制

实现单轴最佳运动控制(启动-加速制动)

多轴最佳解耦控制

最佳液压泵动力控制和快速合流分配控制

图52-20　液压控制系统的新功能

在电子控制中，应采用工业软件的模式解决行走机械中的各种问题，具有模块化的软件库，可以针对液压元件或系统的控制需求，也可以是对于解耦的控制需求，从而采用工业产业化的办法，而不是现在这种项目的模式，否则技术的发展会散落在各种应用中，无法形成规模化的经济解决方案，技术的进步也无法通过产品来“固化”。

工程机械运动控制软件功能化模块库如图52-21所示。

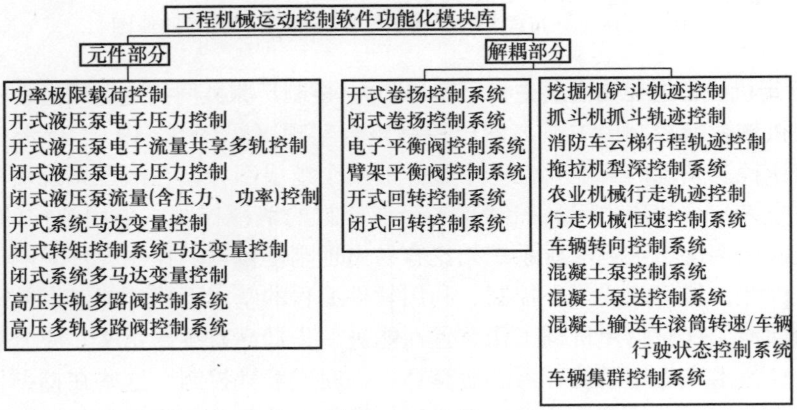

工程机械运动控制软件功能化模块库

元件部分
- 功率极限载荷控制
- 开式液压泵电子压力控制
- 开式液压泵电子流量共享多轨控制
- 闭式液压泵电子压力控制
- 闭式液压泵流量(含压力、功率)控制
- 开式系统马达变量控制
- 闭式转矩控制系统马达变量控制
- 闭式系统多马达变量控制
- 高压共轨多路阀控制系统
- 高压多轨多路阀控制系统

解耦部分
- 开式卷扬控制系统
- 闭式卷扬控制系统
- 电子平衡阀控制系统
- 臂架平衡阀控制系统
- 开式回转控制系统
- 闭式回转控制系统

- 挖掘机铲斗轨迹控制
- 抓斗机抓斗轨迹控制
- 消防车云梯行程轨迹控制
- 拖拉机犁深控制系统
- 农业机械行走轨迹控制
- 行走机械恒速控制系统
- 车辆转向控制系统
- 混凝土泵控制系统
- 混凝土泵送控制系统
- 混凝土输送车滚筒转速/车辆行驶状态控制系统
- 车辆集群控制系统

图52-21　工程机械运动控制软件功能化模块库

图52-21所示的运动控制软件功能化模块库，在应用中需要对软件进行系统配置、系统调试、参数设定、故障排除、软件升级等一系列软件形态的服务，实现行走机械所需要的运动轨迹控制和姿态控制，达到作业精准、位置精准、行走轨迹精准，实现诸如挖掘机铲斗的轨迹控制与推土机推土铲的姿态控制。这种按6自由度的控制模式，在国际上已成功进入了工业化和商品化的阶段。作为提供行走机械运动控制的液压元件与液压系统的供应商，应该以此开发所需要的液压元件、元件级控制系统或控制器，只有这样，行走机械与液压元件行业才有可能配合实现行走机械的智能化。

工业控制软件专业性强，应该满足各类行走机械的智能化需求，程序要求短小，数据便于储存，便于升级，当然必须与5G相容，与机器操作系统兼容，实时完成行走机械的电子控制与主机的功能。

52.5 急需突破实时云地同步技术

52.5.1 云地同步的概念

最近华为提出“端云协同控制归一”的概念，这对具有几十万台设备并分布世界各地的行走机械行业而言，无疑是一个极具吸引力的技术发展方向。云地同步试验成功范例与实施概念如图52-22所示。谁能够突破与解决这一个技术上的难点，谁就会成为这个行业的顶级企业，造福于所有用户。

实现“云地同步”的构想可以从图52-22的试验中得到启示，只要将目标对象的状态参数（如位置信息、速度信息等）通过上行的5G物联网通道传至云端，再通过云的边缘计算或者称为雾计算后，仍然通过下行的5G通道对目标对象输出控制数据，实现所要求的运动控制。

52.5.2 云地同步的OPC UA技术

在云地合一中的互联网通信要经过OPC UA。OPC是“OLE for Process Control”的缩写，中文意思是“用于过程控制的OLE”。而OLE是“Microsoft Object Linking&Embedding”的缩写即“微软对象链接和嵌入”。因此5G OPC UA的完整含义是采用具有链接与嵌入功能的对象，通过5G信息互联，对控制对象进行过程控制，从而达到云地同步的控制结果。简而言之，OPC是把对象链接和嵌入的过程控制OLE应用于工业控制领域。随着OLE 2的发行，其范围已远远超出了这个概念。现在的OLE包容了许多新的特征，如统一数据传输、结构化存储和自动化，已经成为独立于计算机语言、操作系统甚至硬件平台的一种规范，是面向对象程序设计概念的进一步推广。OPC建立于OLE规范之上，它为工业控制领域提供了一种标准的数据访问机制。OPC基金会创建的由13个独立的部分组成的OPC统一架

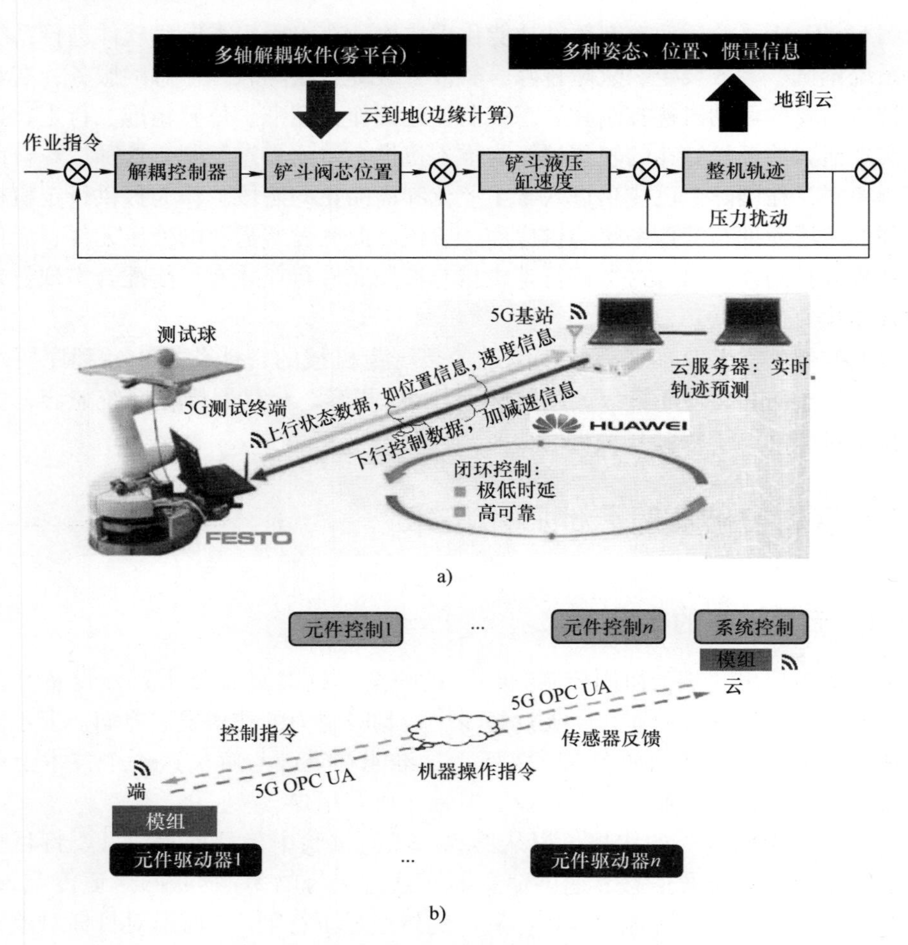

图 52-22　云地同步试验成功范例与实施概念

a）云地同步试验　b）云地同步概念

构（OPC UA）规范发布（2003 年），这就是 UA 的由来。2018 年，OPC UA V1.04 发布，总计发布 18 个配套规范，行业涉及能源自动化（基于 IEC 61850）、烟草、多现场总线、PackML 和 AutomationML，大约 20 个工作组为机械或更多行业开发 OPC UA 配套规范。OPC 基金会为遍布中国、欧洲、日本和北美地区的 600 多名会员提供支持。

OPC 的出现为基于 Windows 的应用程序和现场过程控制应用建立了桥梁。在过去，为了存取现场设备的数据信息，每一个应用软件开发商都需要编写专用的接口函数。由于现场设备的种类繁多，且产品不断升级，往往给用户和软件开发商带来了巨大的工作负担。通常这样也不能满足工作的实际需要，系统集成商和开发商急切需要一种具有高效性、可靠性、开放性、可互操作性的即插即用的设备驱动程序。在这种情况下，OPC 标准应运而生。OPC 标准以微软的 OLE 技术为基础，它的制定是通过提供一套标准的 OLE/COM 接口完成的，在 OPC 技术中使用的是 OLE 2 技术，OLE 标准允许多台微型计算机之间交换文档、图形等对象。

COM 是“Component Object Model”的缩写，中文意思是“部件对象模型”，是所有 OLE 机制的基础。COM 是一种为了实现与编程语言无关的对象而制定的标准，该标准将 Windows 下的对象定义为独立单元，可不受程序限制地访问这些单元。这种标准可以使两个应用程序通过对象化接口通信，而不需要知道对方是如何创建的。例如，用户可以使用 C ++ 语言创建一个 Windows 对象，它支持一个接口，通过该接口，用户可以访问该对象提供的各种功能，用户可以使用 Visual Basic、C、Pascal、Smalltalk 或其他语言编写对象访问程序。在 Windows NT4. 0 操作系统下，COM 规范扩展到可访问本机以外的其他对象，一个应用程序所使用的对象可分布在网络上，COM 的这个扩展被称为 DCOM（Distributed COM）。

通过 DCOM 技术和 OPC 标准，完全可以创建一个开放的、可互操作的控制系统软件。OPC 采用用户/服务器模式，把开发访问接口的任务放在硬件生产厂家或第三方厂家，以 OPC 服务器的形式提供给用户，解决了软、硬件厂商的矛盾，完成了系统的集成，提高了系统的开放性和可互操作性。

OPC 服务器通常支持两种类型的访问接口，它们分别为不同的编程语言环境提供访问机制。这两种接口是自动化接口（Automation interface）与自定义接口（Custom interface）。自动化接口通常是为基于脚本编程语言而定义的标准接口，可以使用 Visual、Basic、Delphi、PowerBuilder 等编程语言开发 OPC 服务器的用户应用。而自定义接口是专门为 C ++ 等高级编程语言而制定的标准接口。OPC 现已成为工业界系统互联的缺省方案，为工业监控编程带来了便利，用户不用为通信协议的难题而苦恼。任何一家自动化软件解决方案的提供者，如果它不能全方位地支持 OPC，则必将被历史淘汰。

由于在控制领域中，系统往往由分散的各子系统构成；并且各子系统往往采用不同厂家的设备和方案，用户需要将这些子系统集成，并架构统一地实时监控系统。这样的实时监控系统需要解决分散子系统间的数据共享，各子系统需要统一协调相应控制指令，再考虑实时监控系统需要升级和调整。另外，还需要各子系统具备统一的开放接口，OPC 规范正是这一思维的产物。OPC 基于 Microsoft 公司的 DNA 构架和 COM 技术，根据易于扩展性而设计的。OPC 规范定义了一个工业标准接口。OPC 是以 OLE/COM 机制作为应用程序的通信标准。OLE/COM 是一种用户/服务器模式，具有语言无关性、代码重用性、易于集成性等优点。OPC 规范了接口函数，不管现场设备以何种形式存在，用户都以统一的方式去访问，从而保证软件对用户的透明性，使得用户完全从底层的开发中脱离出来。OPC 定义了一个开放的接口，在这个接口上，基于计算机的软件组件能交换数据。它是基于 Windows

的 OLE、COM 和 DCOM 技术。因而，OPC 为自动化层的典型现场设备连接工业应用程序和办公室程序提供了一个理想的方法。

52.5.3　建立行走机械控制云平台与云控制

行走机械控制云平台功能模块如图 52-23 所示。

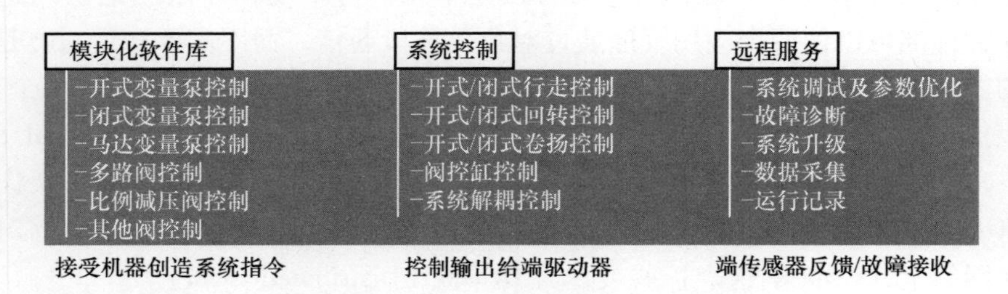

图 52-23　行走机械控制云平台功能模块

行走机械控制云平台具有下列作用：①云发往端的指令信号由云计算确定并排序发往端的相关驱动器；②如端使用中继控制器，控制器则用 CAN 与驱动器通信；③使用中继控制器，则端的驱动器也应有 CAN 接口。

主 OPC 服务平台和 OPC 网关需要自主开发，建立自己的行走机械控制云平台。这是因为：①国外原厂平台服务器软件价格高，面对项目不够灵活；②国内项目中众多子系统的不规范性、多样性难以提供云驱动，这里的云驱动是一种基于 Web 的服务，它在远程服务器上提供存储空间；③总包商难以投入大量的人力开发，总包项目在投标前后可能出现不一致，解决厂家和集成商的项目集成的烦恼，避免分散资源进行二次开发；④建立 OPC 平台和子系统的互通，自主 OPC 服务器追求稳定、实时、迅速；⑤平台和子系统需要兼容，为上下位的数据通信提供透明的通道。

52.5.4　通过云实现工程机械故障定位

CAN 总线通信基本工作原理如图 52-24 所示，常用于工业系统、车载场景等。在本手册第 1 卷的第 13 章等有关篇章已经较多介绍过 CAN 总线这种适用于局域网场景的通信。

相比于互联网的七层或四层网络通信协议，CAN 总线通信不需要 IP 地址，而且汽车的各个局部通信网络，可以有不同的通信速度，匹配了不同的通信需求。不同速度的 CAN 总线通信使用网关互相通信。网关还可以做中继器，放大信号，提升传输距离。

由于 CAN - bus 总线的可靠性和实时性，目前 CAN - bus 总线技术已广泛应用

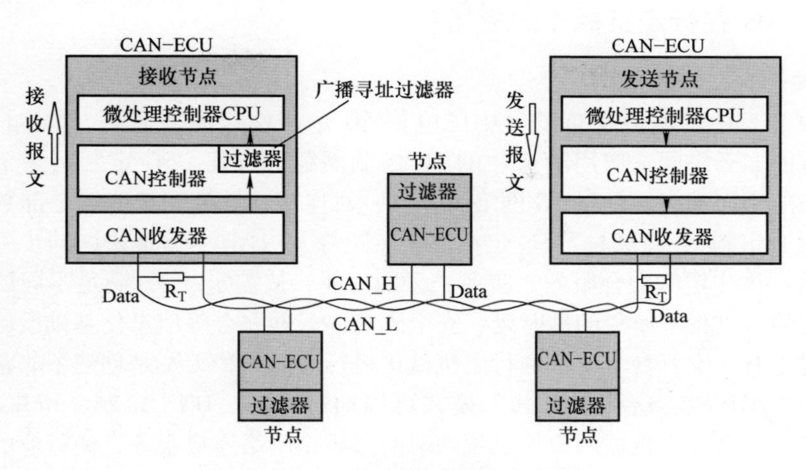

图52-24　CAN总线通信基本工作原理

于工程机械中，装备系统中大都以CAN数据总线为通讯基础，电子控制单元之间通过CAN数据总线实现数据传输，通过控制程序保证执行机构可靠有效的动作，实现工程机械安全、可靠、高效的运行。

随着工程机械电动化和无人化的推进，系统内部的CAN节点会变多，测试场景及故障排查难度会增加。为了更好的平台化管理及测试工程机械设备，CAN-bus数据上云的需求日益增强。针对工程机械行业内这种需求，提供ZWS-CAN针对CAN数据的云平台，配套相应产品即可实现CAN数据的远程透传。

工程机械上的CAN数据总线控制技术较为成熟，其控制软件应用层不易出现故障，其故障一般都是由CAN总线物理层及数据链路层出现问题引起。

工程机械装备系统内部CAN节点众多，若现场出现CAN通信故障，通常需要工程师携带诸如USBCAN卡等测试工具去现场进行排查。如果是常规的故障问题，工程师现场定位故障相对比较容易。倘若现场故障问题是偶发性的，工程师大多情况是需要一天，甚至一个月在现场去抓取并复现故障问题，随着工程机械装备向智能化、无人化方向发展，以这种方式去排查故障问题，只会周期更长、成本更高。

对故障进行合理的数据采集、分析和判断，才能有效排除故障，获得满意的排查结果。采用CANDTU软件产品，只需要将该产品挂入CAN网络中，即可将CAN总线上的数据在本地完整记录下来，工程师可以很方便地复现偶发故障，进而更快定位问题。另外，工程师也可以通过4G远程获取现场记录CAN数据复现故障情景，给故障排查带来极大的便利。ZWS-CAN云端能够获取CAN数据，也可以获取CAN网络通信的错误帧，便于工程师测试分析。工程师可以远程下达控制命令，降低了工程机械测试门槛。

52.5.5 5G在行走机械中的应用

1. 关于5G定制网

2020年，中国电信发布了《中国电信5G定制网产品手册》，提出了“网定制、边智能、云协同、应用随选”的5G定制网解决方案。5G定制网是企业信息基础设施的全面升级，是以5G网络为基础，对连接、计算和智能等全部数字化能力的“融合定制”，将通过“5G定制链接+边缘AI计算+云地协同同步+应用随选”打造一体化定制融合服务，实现“云网一体，按需定制”，满足不同层面的行业数字化转型过程中所需的低时延、安全隔离、云网融合等信息化基础设施需求。

这对于有几十万台套设备的行走机械主机行业而言，无疑是创建了非常符合应用需要的生态环境。这种“致远”模式可以通过QOS、DNN定制、切片等技术，面向广域优先型工程机械用户提供端到端的差异化网络连接服务，使行业的应用可以实现“端云协同控制归一”，使工程机械行业用户的数字化应用可以落实赋能。定制网可以建立地空一体、立体巡访、群控指挥的条件，也可以实现云化PLC和5G机器人的模式，极大降低现场核查的需求，这与行走机械的需求是高度吻合的，如图52-25所示。

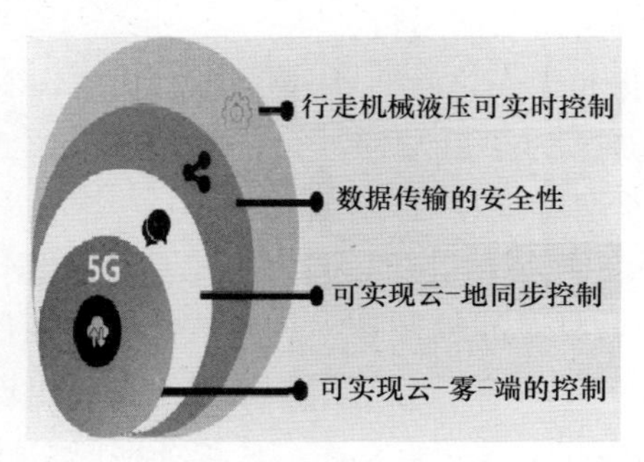

图52-25 国家发展战略下5G在行走机械的应用

2. 行走机械制造厂家与液压供应商之间的配合服务

行走机械制造厂家需要根据不同应用场景的需求，提出总体的架构与控制要求。这一要求与工作场景与具体的负载有密切联系。但是所有的运动控制有一定的规律，是可以跨品种、跨行业共享的，因此，液压今后实际是作为一个运动控制供应商对运动控制提供相应的运动控制软件，以产业化的方式来完成服务和升级换代，以达到最佳的控制效果。因此要组建一个共建、共享、共赢的工程机械技术发展共同体（见图52-26），通过“数字孪生”技术，形成主机厂家与液压运动控制厂家之间的密切共生共荣体。

这一切都必须具有“端云协同，控制归一”的理念与云地同步的实施手段与能力，从而达到未来行走机械行业组建技术发展共同体的目标。

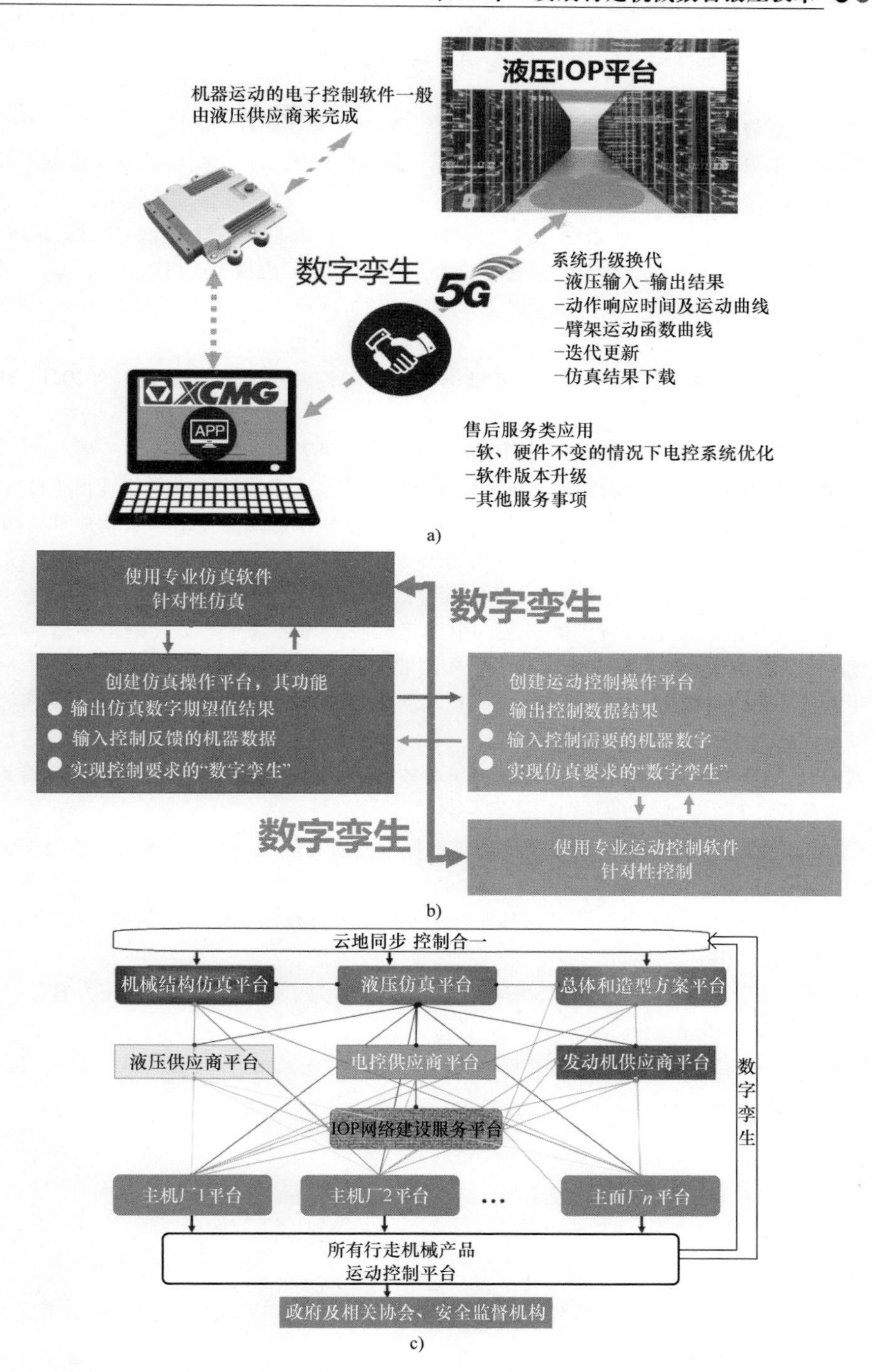

图 52-26　未来行走机械行业组建技术发展共同体

a）运动控制工业软件由液压供应商参与　b）主机与供应商之间数字孪生的共建共赢

c）行走机械行业技术发展共同体

参考文献

[1] 杨华勇，赵静一．汽车电液技术 [M]．北京：机械工业出版社，2012.

[2] 李耀文．中国战略性新兴产业研究与发展——高端液气密元件 [M]．北京：机械工业出版社，2021.

[3] 许仰曾．液压工业 4.0——数字化网络化智能化 [M]．北京：机械工业出版社，2019.

[4] 王少萍．液压系统故障诊断与健康管理技术 [M]．北京：机械工业出版社，2013.

[5] 许仰曾．液压工业 4.0 下液压技术发展方向及其数智液压 [J]．液压气动与密封，2022，42 (2)：1－7.

[6] 王长江．中国流体动力行业概况 亚洲国际动力与控制技术展览会报告（2021 CHPSA）[R]．[S.l.：s.n.]，2021.

[7] 宋学义．我国液压技术发展回顾 [J]．液压与气动，1987 (1)：17－19.

[8] 沙宝森．中国液压液力气动密封工业年鉴（2010 年）[M]．北京：化学工业出版社，2011.

[9] 李利．中国液压液力气动密封工业年鉴（2015 年）[M]．北京：机械工业出版社，2016.

[10] 杨强．液压元件的发展与装备制造业的振兴 [J]．现代机械，2010 (3)：1－3.

[11] STEFFEN HAACK. 博世力士乐对于未来工业液压技术的展望 [Z]. 2019.

[12] 国家制造强国建设战略咨询委员会，中国工程院战略咨询中心．《中国制造 2025》解读——省部级干部专题研讨班报告集 [M]．北京：电子工业出版社，2016.

[13] 明志茂．面向高端工程机械的数字液压技术创新及试验检测产业技术基础公共服务平台建设（工信部项目开题报告）[Z]. 2021.

[14] 刘越山．根技术与根产业亟待创新——访科技部研究员、中国科技发展战略研究院原副院长房汉廷 [J]．经济，2021 (11)：42－44.

[15] 王仲仁，苑世剑，曾元松，等．无模胀球的原理与研究进展 [J]．机械工程学报 1999，35 (4)：64－66.

[16] 王仲仁，苑世剑，滕步刚．无模液压胀球的原理与关键技术 [M]．哈尔滨：哈尔滨工业大学出版社，2014.

[17] 滕步刚，王长文，王仲仁．薄壁半球件无模液压胀形的实验研究 [J]．压力容器，2003，20 (5)：23－25.

[18] 睿旋．丹佛斯液压的发展历程 [EB/OL]．(2021－1－18) [2023－8－11]．http：//www.ihydrostatics.com/23805/.

液压工业智能制造

主　编　许仰曾

第53章　智能制造改变液压行业发展格局

作　　者　许仰曾
主　　审　尤凤翔

第54章　智能制造的基本概念与关键技术

作　　者　许仰曾
主　　审　尤凤翔

第55章　中国液压工业智能制造之路

作　　者　许仰曾
主　　审　尤凤翔

第56章　智能制造国家战略与液压工业实践

作　　者　许仰曾
主　　审　尤凤翔　朱宏国

第57章　智能制造中的数据链对液压工业的影响

作　　者　许仰曾
主　　审　尤凤翔

第58章　液压气动产业的数字化转型

作　　者　许仰曾
主　　审　尤凤翔　沙宝森

第53章 智能制造改变液压行业发展格局

53.1 我国液压产品与技术的现状

“中国制造2025”是国家从制造大国向制造强国迈进的战略决策，也是我国液压行业及其技术发展的基本依据。从液压行业的角度看，要用液压智能制造来生产液压智能元件，再用液压智能元件装备智能生产需要的无人化设备，形成良性循环。因此无论是高端液压智能化装备，还是液压智能元件，都是提升我国先进制造能力、推动产业结构迈向中高端的迫切需求，也是我国从制造大国向制造强国转变的重要组成部分。2021年，我国GDP总量是114万亿元，我国液压行业的市场容量为1000亿元，占比不到1%，国外达3%，但是它所影响的机械等行业的产值总和超过1:100，对国民经济的影响力在9%左右。因此，着力发展液压行业是业界共同的责任与担当。

我国液气密行业随着国家宏观经济的上升，2020年产值已经成为世界第一，详见表53-1。

表53-1 2020年各国液压产品在中国市场销售额 （单位：千欧元）

国家/地区	全世界	中国	美国	德国	日本	意大利
市场销售额	27910130	10058796	9382313	2607000	1684670	1423000
占比（%）	100	36.03	33.62	9.34	6.03	5.10

注：数据来自中国液压气动密封件工业协会。

但我国液压行业处于“大而不强”，高端液压元件在中美贸易战中是“卡脖子”的产品之一。我国液压行业不强表现在：①高端产品（高压大流量泵、伺服比例阀、伺服阀等）不能满足自给，行业总产值有30%来自进口，而进口元件利润是国产件的4倍，进口元件货期受人制约而被动；②国内产品在中低端靠价格战取胜，严重制约了国内企业的研发与可持续发展能力，品牌效应低，国际竞争力差；③企业“小、散、差”。“小”表现在各企业产值不高；“散”表现在我国整个液压行业产值不及国外几个大公司的产值总和；“差”表现在开发能力不强，近

30年液压元件产品靠“仿”，缺“创”，研发能力差；④最大的差距体现在对液压行业技术与产品发展思维停留在液压工业2.0时代，对于工业4.0趋势下尚未形成市场的数智液压发展踌躇不前。

在液压工业4.0的时代，由于技术的迭代，已经用软件来定义液压元件功能的发展，“抄作业”几乎是不可能的。我国液压主机厂面对国际市场竞争的压力，特别是无人化、碳中和、多电化、数字孪生等技术进步与产品迭代的压力，实际上我国工程机械主机厂的液压数智化发展要求十分强烈，但是得不到液压行业产品的有力支撑。而液压行业又因为没有“订单”满足要求，自身也在更新换代方面找不到“动力源”，形成一种双方“钳制”的状态。更有甚者，在液压向电子化、电动化发展过程中液压行业从企业家到工程技术人员受规模的限制，认为液压是“夕阳产业”，作为少。

我国液压技术在院校方面的研究能力很强，项目水准不低，对社会贡献大，但是产业的液压产品与技术仍然停留在过去“技术引进”的水平，没有将我国院校液压技术的进步与发展固化到产品中，缺少一种机制将科技成果形成真正的生产力与市场力。整体而言，目前产品的技术含量与国外比较，又产生了新的“代差”。国外的产品技术含量已经达到工业3.0成熟阶段，或者工业4.0初级阶段，我国仍然处在液压工业2.0阶段，所有的进步与姿态仍然是一种“追赶”而不是“超越”。行业目前具备了“超越”的基础，但仍是“迈不出步伐”。虽然国家经过几十年的发展，也产生了中国人的“根技术”（详见第50章的相关内容），在液压发展史上有了中国人的足迹，但仍应该特别重视与推动发展，超越已经不是“空穴来风”。

目前，我国液压行业还在液压工业2.0“补课”的台阶上，应在夯实液压工业2.0的基础上仰视液压工业4.0，借助工业4.0技术以“三步并两步”的措施尽快踏上液压工业4.0的台阶。这方面，德国工业4.0的发起企业之一的博世力士乐值得学习，相信中国液压也会不断发展，并有像博世力士乐、丹佛斯、穆格、川崎等一样的企业屹立在世界液压产业之林，我国的恒立液压已经崭露头角，今后会有更大的发展。

53.2 迎接液压智能制造时代

将液压工业的发展与整个工业革命对比，液压工业及其技术的发展非常机缘性地与整个工业革命同步，详见表53-2。

表53-2 液压工业及其技术的发展与整个工业革命发展同步

工业时代	年代	核心创新技术	工业效果	液压时代	年代	核心创新技术	行业效果
工业1.0 机械化	18世纪末	蒸汽机	机械化	液压工业1.0 低压水液压	1795年	水压机及 其低压元件	液压应 用于主机

（续）

工业时代	年代	核心创新技术	工业效果	液压时代	年代	核心创新技术	行业效果
工业2.0 电气自动化	20世纪初	电力	电气化形成的自动化	液压工业2.0 油液压	20世纪初	油介质 液压元件	油液压元件
工业3.0 信息自动化	20世纪 70年代	电子（计算机）与IT	机电一体化与信息化形成的自动化	液压工业3.0 液电一体化	20世纪 70年代	液电一体化、控制比例元件、数字元件	电液比例控制元件、高速开关等数字元件
工业4.0 工厂智能化	2011年后	物联网	由移动物联网、云计算和大数据形成的智能化生产与工厂	液压4.0 智液电机一体化	21世纪 00年代	总线控制元件系统、高压水液压元件	智能液压件生产、智能液压件工厂、智能液压元件

20世纪70年代开始，以电液一体化为特色的液压工业3.0是通过电－液转换元件及其比例阀的发展体现的。其大体经历了三个阶段：20世纪60年代末～70年代初期阶段，比例电磁铁代替了普通开关电磁铁，其工作频宽为1～5Hz，稳态滞环为4%～7%，用于开环控制。1975年～1980年间为第二阶段，采用各种内反馈原理的耐高压比例电磁铁和比例放大器，工作频宽已达5～15Hz，稳态滞环亦减小到3%左右，可应用于闭环控制。20世纪80年代初至工业4.0起始的第三阶段，采用了压力、流量、位移内反馈、动压反馈及电校正等手段，使阀的稳态精度、动态响应和稳定性都有了进一步的提高。德国博世在20世纪90年代更是推出了伺服比例阀（高频响比例阀），达到了伺服阀的性能。由于传感器和电子器件的小型化，出现了电液一体集成化的比例阀，形成了集成化的趋势。

液压工业3.0也是液压产品与信息自动化相联系的时代，发展的典型产品不仅是比例阀，还有电子泵、电液泵、数字阀、数字缸等。在这个时代由模拟式液压比例元件向以PWM为输入信号的液压数字元件发展。在液压工业4.0的阶段，比例元件已经在向模拟比例元件数控化、模拟元件数字化方向发展。前者保持电液转换的模拟性能，后者是电液转换直接数字化，即采用数字控制比例元件，今后还要向嵌入式的数字比例元件方向发展。

目前，工业4.0时代正在来到，博世与博世力士乐都是德国工业4.0最初的倡导者与践行者，也是工业4.0的排头兵与受益者。因此，智能化的液压技术与产品将会随工业4.0的发展而相互推动，表53-3列出了液压技术发展的新时代。

在这方面，我国液压行业已经滞后。需要把握第四次工业革命的机遇，改变技术与企业的发展思路与方向，以行业发展的新思维模式，摆脱中低端的困境，占领新高端阵地。图53-1所示为液压工业4.0的内涵与外部整体环境。

表 53-3　液压技术发展的新时代

工业时代	社会工业生产特征	液压时代特征	核心创新技术	我国行业状态
工业 3.0 信息自动化 20 世纪 70 年代	元件：机电一体化 系统：具有信息化的自动化	液压工业 3.0 电液一体化/液压电子化	电液比例元件 伺服比例元件 数字液压/比例元件	主要解决泵阀的品种、质量、品牌的问题，有所提升 电液元件仍是短板；数字元件有所创新，未形成生产力
工业 4.0 智能自动化 2015 年后	元件：物联网 + 移动通信 + 各行业 系统：具有云计算与大数据形成的智能化生产与工厂	液压工业 4.0 智液一体化/液压智能化	总线控制元件 互联液压控制元件 智能数字液压元件	我国的基础实力形成，缺乏品牌 国外智能数字液压已经进入市场，面向液压工业 4.0；国内缺乏意识与动力，也无明确行动目标，形成新的明显差距

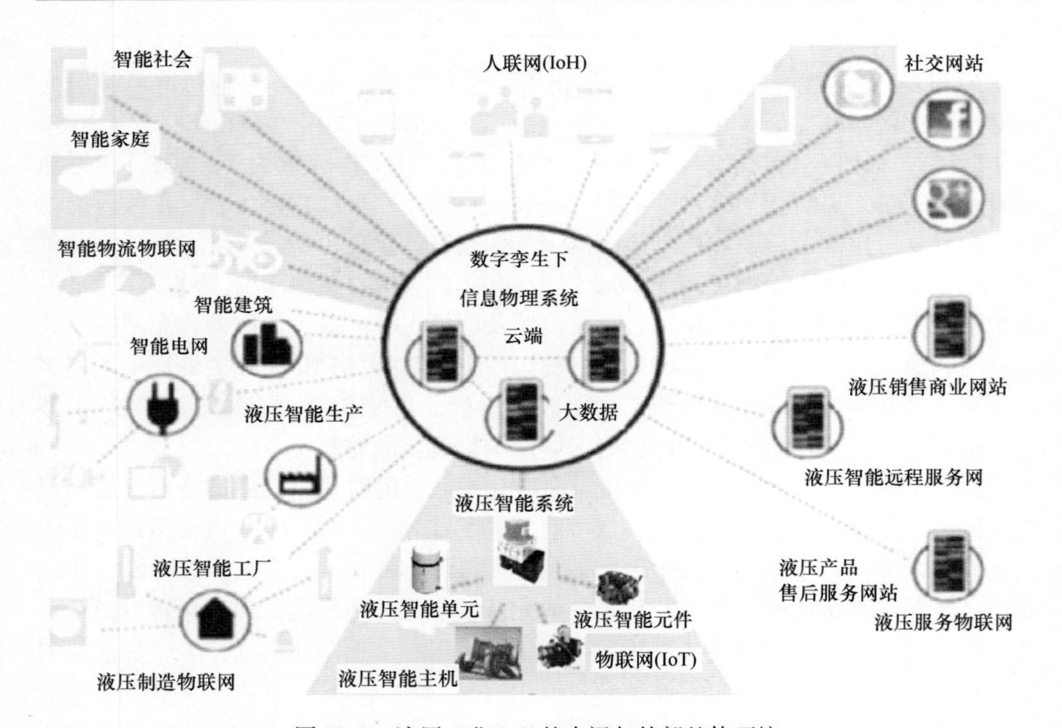

图 53-1　液压工业 4.0 的内涵与外部整体环境

液压工业 4.0 的范围在物联网（IoT）或工业物联网（IIoT）下，包括下列四个部分：①液压元件（泵阀缸附件）智能化生产（智能生产）；②液压企业智能化管理工厂（智能工厂）；③液压产品的性能智能化与全生命周期服务（智能元件）；④液压行业服务结合云端协同与大数据应用（智能服务）。这四个部分相互联系构成一个整体。作为整个行业要达到工业 4.0 的要求，必定要在这四个部分充分发展，并与市场的要求紧密结合。“中国制造 2025”下的液压工业地位与智能化方向如图 53-2 所示。

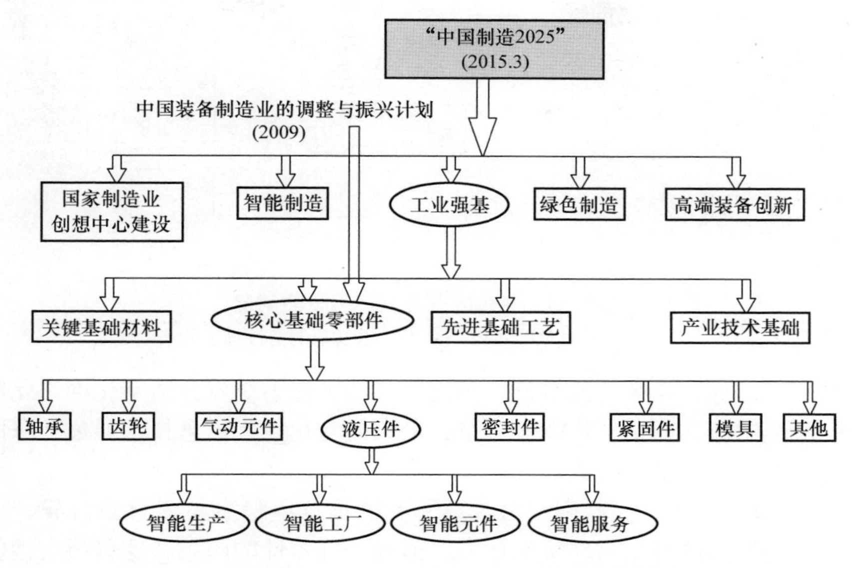

图 53-2　“中国制造 2025”下的液压工业地位与智能化方向

图 53-2 清晰地表达了“中国制造 2025”与液压行业的政策联系与实施内涵。应注意到，在这方面既有工业 4.0 的共有特征，也有作为精密制造的液压元件本身的特点与电液一体化甚至智液一体化发展的需求。需要二者结合才能使液压行业凭借“中国制造 2025”的机遇得到飞升，改变几十年来的一些难以解决的行业问题。

智能制造是一个大概念、大系统。智能制造是先进制造技术与新一代信息技术的深度融合，贯穿于产品、制造、服务全生命周期的整个环节及相应系统的优化集成，实现制造的数字化、网络化、智能化，不断提升企业产品质量、效益和制造的水平。

智能制造系统主要是由智能产品、智能生产和智能服务三大功能系统，以及智能制造云和工业互联网络两大支撑系统集成而成的。智能制造是贯穿产品全生命周期的一个大的创新系统，同时智能制造也是一个不断演进的大系统，它包含了智能制造三个基本范式：数字化制造是第一代智能制造；数字化网络制造或者“互联网+”制造是第二代智能制造；第三代智能制造也就是数字化、网络化、智能化制造，也称之为新一代智能制造，如图 53-3 所示。我国必须充分发挥后发优势，实行并联式的发展方式，也就是要采取数字化、网络化、智能化并行推进、融合发展的技术方针。

传统制造系统 = 人 + 物理系统，人是主导，物理系统（也就是机器）是主体。第二阶段的制造系统是数字化制造系统 = 人 + 信息 + 物理系统，称之为第一代智能

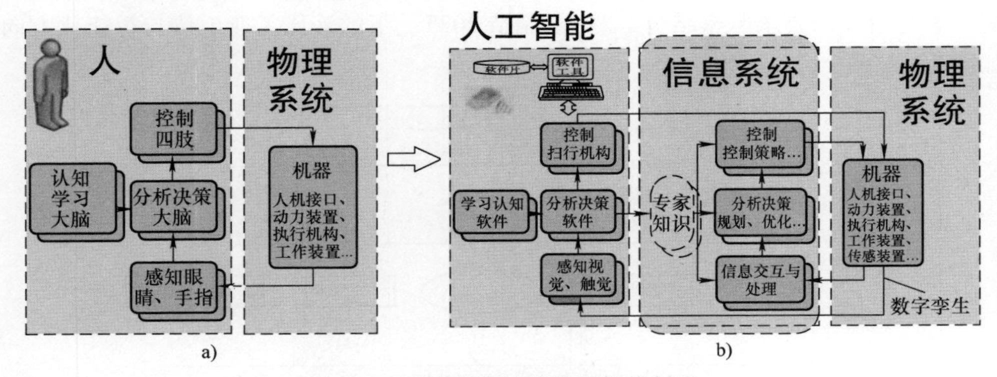

图 53-3　从传统制造发展到智能制造

a）传统制造过程　b）新一代智能制造过程

制造，是人、信息、物理三元系统。第三阶段的制造系统就是数字化网络化制造系统 = 互联网 + 制造，即第二代智能制造，最大的变化在于信息技术通过互联网和云平台成为智能制造的重要组成部分。

进入 21 世纪以来，互联网、云计算、大数据这些信息技术日新月异、飞速发展，并且极其迅速地转化为现实生产力，形成了群体性的跨越，这些历史性的技术进步集中汇聚在了新一代人工智能的战略性突破，新一代人工智能已经成为新一轮科技革命的核心技术，充分认识到新一代人工智能技术的发展，将深刻地改变人类社会生活、改变世界，国家制定了新一代人工智能的发展规划。新一代人工智能技术与先进制造技术的深度融合，就形成了新一代的智能制造技术。新一代智能制造系统 = 人工智能 + 互联网 + 数字化制造，它的最大变化是在系统当中增加了认知和学习的部分，因此，制造系统具备了认知和学习的能力，形成了真正意义上的人工智能。

纵观历史，每一次工业革命都是共性赋能技术和制造技术的深度融合，都有一种革命性的、共性的赋能技术，它能够赋能制造技术，和制造技术深度融合形成了新的工业技术，成为这次工业革命的核心技术。世界新一轮科技革命和产业变革与我国转变发展方式的历史交汇期，包括液压产业在内的所有产业都面临着千载难逢的历史机遇，又面临着差距拉大的严峻挑战。产业既可能同频共振，也可能是擦肩而过，所以新一轮工业革命对中国液压产业更是极大的挑战与机遇。中国制造业包括中国的液压气动产业，必须要抓住这一千载难逢的历史机遇，集中优势力量打一场战略决战，实现战略性的历史跨越，推动中国液气制造业由大变强，进入世界产业链的中高端，实现中国制造业跨越发展。

工业 4.0 称之为工业革命就在于生产方式和管理与传统完全不同，也必将对包括液气行业在内的中国制造产生深刻影响。液气行业要从根本上改变行业发展的格局，应做到“行业弃仿兴创，元件更新换代”，液压产业智能制造的实施内容如图 53-4所示。

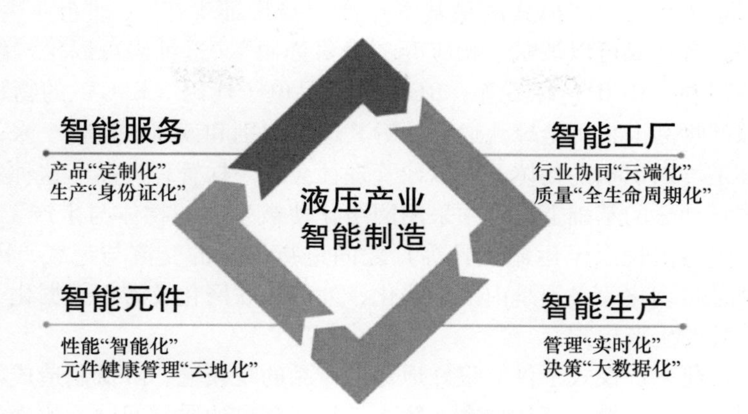

图53-4　液压产业智能制造的实施内容

为此，结合液压产业的发展，在工业4.0下，液压行业需要在下列方面注重发展：①智能服务，产品“定制化”，生产“身份证化”；②智能元件，性能“智能化”，元件健康管理“云地化”；③智能工厂，行业协同“云端化”，质量“全生命周期化”；④智能生产，管理“实时化”，决策“大数据化”。

53.3　液压智能制造将改变液压行业格局

53.3.1　改变竞争手段发展液压行业新格局

企业实施智能制造不仅是为了提高制造与管理水平，而且是为了摆脱液压工业2.0生产低效、管理容易混乱的羁绊，提高生产率，将更多的资源用于产品的发展与开发，在一条新的跑道上展开竞争，从早期的成本竞争尽早地转换为以质量为基础的产品技术含量的竞争。这样我国液压行业发展的格局才能从成本驱动的低端路线，逐步发展到以产品性能提高为主的竞争，并从各个品种、系列与规格产生提高甚至飞跃，与此同时使液压行业、企业更早进入自动化、规模化与定制化。

根据国情，企业的实力有限，可以从自动化开始，与现有的信息化结合，按照中国的特色迈出智能制造的第一步，然后有序开展。因此智能制造是促使产品性能提高基础上的成本下降，而不再是成本下降为唯一目的并带来负面影响的恶性竞争，从而改变液压行业发展格局（见图53-5）。

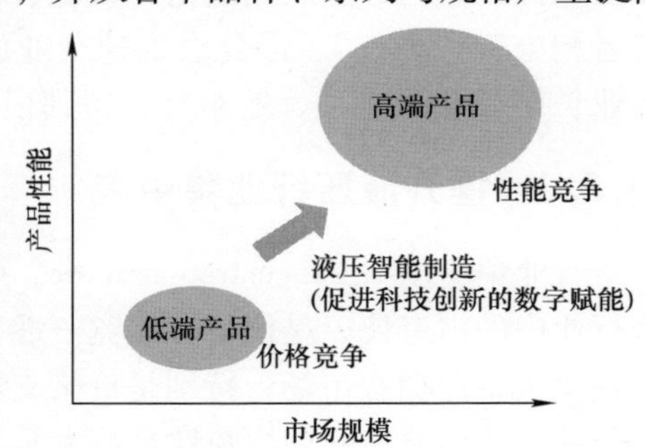

图53-5　改变液压行业发展格局

液压工业4.0的生产模式的最基本点是“身份证生产”，即企业生产的零件、部件、组件或者总成可以被赋予相应的“身份证码”，这种码可以是二维码、条形码或者射频识别（RFID）标签等。RFID是产品电子代码（EPC）的物理载体，附着于可跟踪的物品上，可全球流通，并对其进行识别和读写。这样一来，产品零件以至成品都是可以识别的物体，可以像管理社会人一样管理产品。这种生产模式必须是建立在自动化的基础上，必须采用网络化使被生产的物体与生产工具（机床、生产工具、组装流程以至运输工具等）之间进行信息的交流与记载，因此这种生产方式必须是自动化，必须是内部总线化、外部物联网化及管理数据化，从而从根本上改变传统的生产模式。

这种自动化生产模式不仅能很好地保证产品的规模化，降低制造成本，保证零件或成品制造的一致性，还从根本上解决了长期存在的质量问题。比之过去的自动化生产，又因为产品或加工零件的可识别，因而又可以赋予定制化生产。液压元件的规格很多，通过工业4.0的生产方式有利于推行模块化产品的设计。液压工业4.0生产方式不仅有助于产品质量的提升，也有助于工厂管理软实力的提升，向以数据为基础的智能化管理迈进，有助于管理能力与组织执行力的提高。可以预计，实行工业4.0的企业会更加吸引市场，加强企业的竞争力，并更有实力去回馈市场。因此从市场竞争的角度看，最先实施了液压工业4.0的企业就是抓住了机遇，以产品为目标，以管理为龙头，努力按工业4.0的要求发展企业，争取到了先机。在工业4.0发展的情况下，进入智能制造的企业将在解决产品的质量方面尽早进入领先的位置，有利于获得参与市场竞争的地位，更容易树立品牌形象，将企业的市场竞争力从低端推向更高层次。

生产液压高速开关阀与装置的宁波赛福汽车制动公司，企业管理用工业4.0的生产方式来倒逼工业2.0，或者说用工业4.0的生产发展模式促进解决工业2.0阶段难以解决的问题，使它们生产的摩托车液压制动装置敢于向世界龙头企业挑战，逐步提升了公司的市场占有率。

由于实施工业4.0的生产方式需要市场的支撑、资金的投入、人员的培训、产品工艺性的成熟、互联网通信的设施、范例的稀缺等，实施会有难度，但是抢占先机者相当于“卡位”，因此会加速行业的供应侧改革，带来行业“洗牌效应”，使行业长期存在的“小、散、差”得到根本性的改善。

53.3.2 提升液压行业集中度

行业集中度（Concentration Ratio，CR）是指规定数量的龙头企业的销售在整个行业中的占有比，是衡量产业竞争性和垄断性的最常用指标。较高的集中度表明少数龙头企业拥有市场，特别是价格支配力，而使市场的竞争性较低。在特定的市场条件下（如潜在的供给弹性足够大），集中度高并不意味着市场的竞争性弱，高集中度可能与激烈的竞争并存，尤其是在当今国际竞争的大环境下。我国液压行业

"小、散、差"说明我国的液压行业是个行业集中度很低的行业，竞争性强，是自主创新能力低的一个客观因素，是中国液压变强的不利因素。

世界上跨国液压企业存在的企业兼并重组是比较频繁发生的大概率事件，至今虽然完成了企业集中度的演化，仍然存在动态的千变万化。例如在21世纪到来之际的前后，德国博世（Bosch）兼并了力士乐（Rexroth）、美国伊顿（Eaton）兼并了威格斯（Vickers）、美国派克（Parker）兼并了丹尼逊（Danison）、丹佛斯（Danfoss）兼并了萨奥（Sauer），现在又兼并了伊顿等。可见世界液压产业继续朝着集团化与提高行业集中度的方向发展，而工业4.0的实施将会加速我国液压企业集中度的提升。

行业集中度体现了市场的竞争和垄断程度，是决定市场结构的最基本、最重要的因素。一般以5～10家最大企业的市场份额为衡量。图53-6所示为液压行业集中度。国际上，液压行业的集中度CR8接近51%，大于40%，属于寡占型行业，但是，我国液压行业的集中度CR8只有17%左右，小于40%（以2012年的各企业销售额为统计依据），属于分散竞争型，厂家综合实力普遍较弱，处于低水平竞争阶段，无力真正打造品牌，往往靠价格战、资源战等进行恶性竞争，在营销方法、营销手段、品牌诉求、品牌传播、终端促销上出现了严重的同质化。因此提高行业集中度，使液压行业进入规模经济是下一步的发展与选择，必将是液压行业结构调整的关注热点。

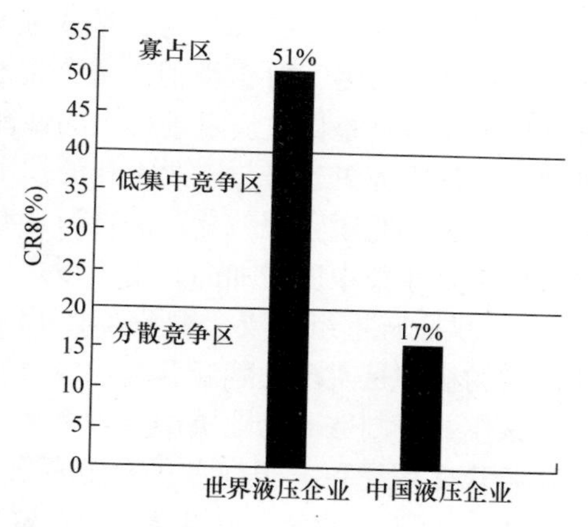

图53-6　液压行业集中度（2012年数据）

按照一般行业发展规律，行业市场热度下降或行业升级换代是提高行业集中度的时机。液压工业4.0的来到是一次难得的液压工业升级换代的机遇。尽管液压行业目前处于工业2.0的阶段，仍然在生产与管理上以提高产品的生产质量与一致性为主要目标，需要巩固市场提升品牌。根据对工业智造的理解，实施工业4.0与提升品牌、占领市场是一个互动的过程，在这个过程中先行者先得市场，先整合市场，一定会进一步聚集实力提高集中度。

目前我国液压行业集中度正在提高，市场的集聚效应趋向明显，恒立液压、潍柴等是一个"集中过程"企业的正面案例，而中川液压是提高集中度的负面案例，说明提高行业的集中度采用兼并比重砌炉灶的效果要更稳妥一些，而采用工业4.0的办法会更加有利于这个过程。

我国液压产业是个低产业集中度的产业，摆脱产业低集中度、打破各种壁垒可以有以下五个途径：

1）从世界范围来看，液压行业的兼并重组以形成规模经济从而提升效益是主流，形成一定的技术与产品的引领性与实力。除此而外，目前在资本不够充分的情况下，在缺乏能引领行业健康发展的大企业的情况下，从国家与行业的角度，工业协会作为行业内的协调者可以发挥作用，产生类似德国的弗劳恩霍夫协会那样的角色，可以对行业有战略性的指导与协调，鼓励资本有序进入产业，通过采用智能制造的新时代发展手段，使竞争向高层次方向发展，使资本投向产品创新型企业与具有智能制造发展基础的企业。

2）终端市场与用户应用方面的服务创新。服务对于产品性行业相对于服务性行业有完全不同的内涵。服务性行业依靠营销载体与营销工具，如软件或信息化工具（网络、直播、直销等）等，造成差异化的需求为手段。而对于产品性行业的服务要求要高得多，对于类似工业产品性行业的服务对象是下游企业，是应用需求，根本而言就是比较质量基础上的性能先进性，以及后续的服务跟进体系与反应机制，这种服务更新是与工业4.0的技术与产品发展密不可分的。例如，今后无人化的液压主机健康管理就是产品性行业必须考虑的服务创新方向。企业的服务创新将是促进企业集中度增加的技术手段之一。

3）供应链重组集成，水平式地互创价值是供应链的核心内容。集成供应链商业模式的核心是实现品牌经营和供应链管理的紧密结合，如美国沃尔玛、杭州贝发等。该模式由制造商企业资源管理系统、分销商资源管理系统、物流管理系统、集成资源管理系统和电子商务平台五部分组成，以“高位进入、多业态渗透、专业化团队、系统化运作”为指导思想，成了中国行业品牌供应商，达到“借力使力不费力”的效果。目前宁波奉化气动行业在实施类似的创新模式。

4）渠道变革，品牌与渠道是相辅相成的，品牌的提升依靠渠道的拓展，而且渠道的拓展又会促进与推动品牌的突围。品牌是渠道的“纲”与“魂”，在品牌思想的统帅下，渠道的拓展会变得更加顺利和有效。在统一品牌的指导下，进行渠道的变革和资源的有效组合。这里有两个关键措施，即具有严密的组织制度和体系保证，“承诺是金”，要“诚信”，坚守契约精神，做到“双赢”，具有合理的联销体利益分配机制。我国液压行业中也有类似的努力，如“液多多”品牌的营销模式。

5）模式创新，包括投资模式的创新。新的商业模式为合作者（用户、员工、合作伙伴、股东、创新企业、投资者）提供价值，形成企业竞争力与持续发展力。对于液压行业投资的“企业总部经济”模式应该适合在液压工业4.0下提供创新企业所有参与者发展成长的模式，对于液压元件这类精密机械产品+高度电子化高科技产品必须有成长的空间与过程，不要期望像一般民生行业的短期行为可以达到。“企业总部经济”模式实际上是“长尾理论”的一种思维发展，目前液压行业是同质化、低利润的“红海”，要鼓励进入差异化、低成本的“蓝海”，长尾理论就是通过抓住创新企业和充分利用网络优势，通过投资策略占股不控股，整合市场并打开创新生存领域，将创新技术与产品串联起来，进行个性化定制开拓市场，以

“汇小创为大应用，形成应用链，成就市场”的理念，创建新兴市场为导向，成就行业技术与产品的发展。这实际是在行业新经济与主机新经济之间寻求结合点。这样对各个创新企业的边际投入更小，边际利润更大，个性化产品生产的专注与应用市场的开拓，分工合作，这就是液压行业长尾理论的关键。实现这一目标的关键是必须依靠新技术，没有新技术支撑，就无法实现低成本的个性化定制。大规模定制理论的前提：通过数字化网络的“边际成本递减”这一低成本扩张特性，小批量创意产品的低成本化生产，取得类似“大规模”那样的成本优势成为可能。这就为个性化的小生产，提供了大规模应用的可能性。也就是说充分利用工业4.0时代的智能制造优势，生产是智能制造，销售是智能服务，形成一个新的行业发展的模态。

液压行业应该研究如何改变产业集中度的战略，这不仅限于投资者范围，技术创新者也应该关注，行业协会与学会都应该关注，没有行业产品高水平的技术发展就缺乏固化的载体。过去强调“产学研”合作，而产业集中度提高是“产学研”合作的具体体现之一。对中国工业产业集中度的研究表明，在改革开放过程中，我国工业产业集中度总体趋向更为分散，与其他国家和经济体比较发现，我国产业集中度也是比较低的。在工业4.0的时代背景下，规模经济对我国产业集中度的影响是正向的，市场规模对我国产业集中度的影响是负向的，壁垒我中国产业集中度的影响是正向的，进出口对我国产业集中度的影响是正向的，外商直接投资对我国产业集中度的影响是负向的，国有企业对我国产业集中度的影响是正向的。这些发现表明，中国工业产业结构总体上是健康的，变化趋势也是良性的。

从社会发展来看，每个行业发展都会走向寡头垄断，这个过程的周期因行业不同而异，决定这个周期长短的是企业在行业中的位置。在行业上端位置要看研发储备，技术是制高点，专利保护驱动型，具有高科技与应用属性，具有收购的能力。在行业中端位置是渠道驱动型，发展速度取决于渠道的宽度与深度，可以是技术型也可以是营销型，不一而足，其集中度的提升与其本身的社会联系能力有关，也与下游企业的运营或资金状态有关，特别是液压作为高端制造类，这方面的联系更紧密。处于行业下端位置的企业有两条路，一是专精特新的技术产品，二是营销驱动。处于下端位置的企业尽管很难撼动上端位置的企业，但是只要创新技术与产品有一定替代性，在具有一定市场力的情况下利用资本的力量来翻盘也不是没有商业案例的。

53.3.3　催生专精特新液压企业

随着工业4.0的发展，特别是智能制造的发展，企业集中度的增加使市场的稳定性增强，因此市场空间会向寡头的方向集中，即集中到大型的企业。特别是工业4.0的定制化的市场模式，更有利于大型液压企业应对市场多规格产品的生产及其管理。然而液压企业的高集中度，使中小企业的市场空间收窄，促使中小企业的生存空间更多要向创新方面去发展，因此中小液压企业在产品上必须更具有特色，更具有创新性，用技术创造企业生存空间的驱动力会更强。或者填补大中型企业生产或服务的不足；或者在产业链的延伸上发展。这样我国液压行业就容易形成“一条龙”式的产业，互补性更强。这也要求液压企业更在意市场上的战略定位研究。智能化给予了后来者这样的空间。液压行业需要将以技术决定市场替代为以成本决定市场的格局，这对于液压中小企业的特色创新产品有巨大的吸引力。

液压行业的“专精特新”指性能有高度、技术有深度、应用有特色及特点，或者适合特殊环境或场合、具备液压工业4.0下数字化、网络化、智能化、高效节能的绿色新型产品。这些企业需要突破关键核心技术，成为行业中的“小巨人”。作为高端装备制造业中的液压技术与产品，与一般行业相比，在“专业化、精细化、特色化、新颖化”方面有更高的要求与更高的科技含量。在“专精特新”企业的成长过程中，其中的佼佼者是隐形冠军，在一个细分领域中的市场占有率具有第一或第二的位置，但从员工数量和产值来说依然处在中小微企业状态，之所以称为“隐形”，是因为这类企业大多处于B2B领域，并不面向消费者，同时企业体量小，绝大部分企业没有上市，因此基本不为大众所知。这类企业是未来经济高质量发展的重要支撑力量。目前国家鼓励中小企业的发展，对于“专精特新”企业也给予“创业板”的位置，这类上市公司的市值普遍偏小。而从盈利能力来看，“专精特新”上市公司的整体盈利能力较强，同时净资产收益率（ROE）呈现出逐年抬升的趋势。以销售毛利率及ROE来衡量盈利能力，“专精特新”上市公司的销售毛利率在近几年始终维持在30%～35%的区间内，明显高于一般创业板企业的毛利率。“专精特新”上市公司的ROE则呈现出震荡上行的趋势，2021年上半年ROE为10.5%。从成长性来看，2018年以来，“专精特新”上市公司成长性也要高于A股市场整体。以归母净利润同比增速来衡量成长性，自2019年6月工信部公布第一批“专精特新”小巨人企业以来，“专精特新”上市公司的净利润增速明显高于A股其他板块上市公司，其高成长特点十分突出。从研发投入情况来看，“专精特新”上市公司研发投入强度相对更高。以研发费用/营业总收入来衡量研发投入强度情况，“专精特新”上市公司的研发费用/营业总收入的比率基本维持在5%左右，领先于创业板一般企业，研发投入强度明显更高，这与其专业化、精细化、特色化及创新性的特点十分相符。

专精特新企业的企业发展须重视知识产权、资本化、数字化。专精特新企业需要尽快理清自己的知识产权，它代表了企业的技术含量，而技术是决定它能走多远的最重要因素。目前国家有关部门推出了一套专精特新的认证标准，要做的第一件事就是帮助海量的中小企业去做专精特新的技术认证，帮助企业进行从市级、省级到国家级的技术认证，这是专精特新企业进入资本市场、获得更好更快发展的第一张名片。专精特新企业还要争取实现资本化，对于专精特新企业，无论是国家还是自身，如果希望进行股权融资，通过股权融资培训深入了解后，去对接很多风险资本（VC）、天使机构。专精特新企业更要拥抱数字化，数字化包含产品技术生产的数字化及企业管理的数字化，智能制造是数字化中最重要的一环，通过数字化来提升企业技术与产品的稳定、品质、品牌。

专精特新企业是需要认定的，通过智能制造的总体概念提升以下专、精、特、新、链、品六个方面指标。

① 专业化指标。企业从事特定细分市场时间达到 3 年以上，主营业务收入总额占营业收入总额比重不低于 70%，近 2 年主营业务收入平均增长率不低于 5%。

② 精细化指标。重视并实施长期发展战略，企业治理、信誉、社会责任，生产技术、工艺及产品质量性能国内领先，注重数字化、绿色化发展，在研发设计、生产制造、供应链管理等环节，有信息系统支撑。

③ 特色化指标。技术和产品有自身独特优势，细分市场占有率达到 10% 以上。

④ 创新能力指标。研发费用总额占营业收入总额比重均不低于 3% ~6%；研发人员占企业职工总数比重达 50% 以上；研发机构具有知识产权。如有国家级奖项可以直接认定。

⑤ 产业链配套指标。位于产业链关键环节，发挥补短板、锻长板、填空白等重要作用。

⑥ 主导产品属重点领域指标。属于制造业核心基础零部件、元器件、关键软件、先进基础工艺、关键基础材料和产业技术基础，或符合制造强国战略十大重点产业领域，或属于网络强国建设的信息基础设施、关键核心技术、网络安全、数据安全领域等产品。

工业 4.0 时代是充满机遇的时代，是液压行业“弃仿兴创”的时代，中小企业生存压力大，求新动力强，又是改变行业发展生态最强有力的群体，智能制造赋予中小企业一个有力的工具或手段，去更多实现定制化生产的目的，提高竞争手段。

53.4 中国液压工业的机遇

53.4.1 智能制造时代已经到来

第一次工业革命和第二次工业革命都是由动力革命而引起的工业革命；而第三次工业革命和第四次工业革命则是在数字化制造的基础上，由信息技术革命引起的工业革命。数字化、网络化、智能化技术如同蒸汽技术和电力技术一样，是典型的共性赋能技术，可以普遍应用于广泛的产品、生产和服务创新，引起产品的更新换代，具有大规模推广的可能性，可以推动制造业的根本性变革。

20 世纪 80 年代构想的智能制造是世界对工业制造发展的共识与确定的方向，也是各国占领工业制造制高点的目标。不论处于怎样的态势，我国都需要发挥自身的优势，从“中国制造大国”实现“中国制造之强”。《中国制造 2025》就是要求

“中国制造”发展为“中国智造”。从世界各国推动智能制造政策发展（见图 53-7）可以看到，我国在接受智能制造的概念上比发达国家稍有滞后，但是有众多人才与广大市场，又是世界制造门类最全的国家，能够克服难点，达到智能制造的先进之列。

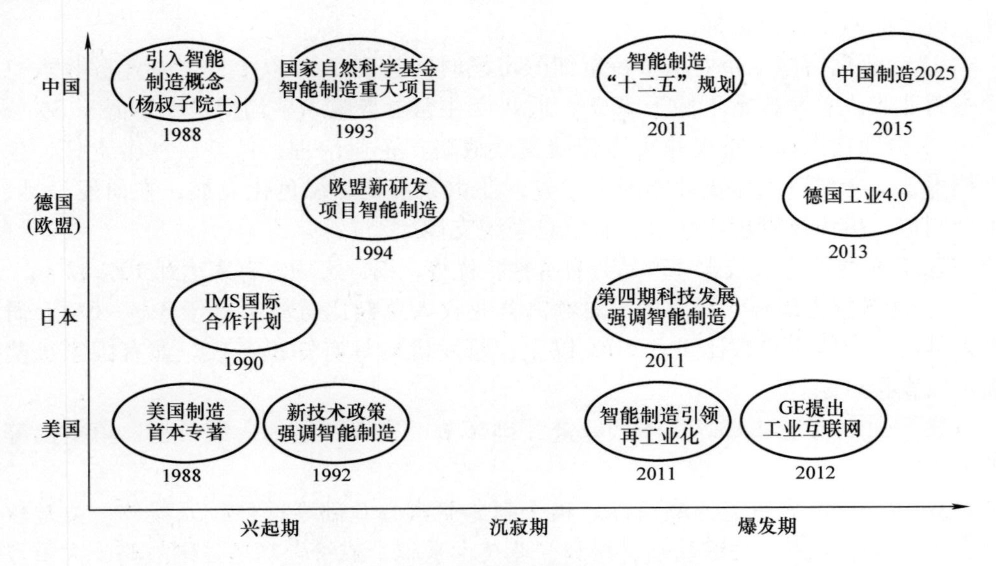

图 53-7　世界各国推动智能制造政策发展

智能制造贯穿制造业设计、生产、服务全价值链的每一个环节，以及相应系统的优化与集成，是制造业的新一轮工业革命，这将显著提高企业的产品质量、性能和服务水平，同时减少资源消耗，推动制造业创新、绿色、协调、开放、共享发展。智能制造是“物联网 + 制造业”下“工业化与互联化”的双化融合，是一种智能制造模式与业态。它是工业 3.0 信息化发展基础上的必然发展趋势，它的形成经过较长时间的政府顶层设计，如图 53-8a 所示，也经历了较长时间的技术发展历程，如图 53-8b 所示。在图 53-4 中已经表明，中国液压产业智能制造应该包括四大部分：智能生产、智能工厂、智能元件与智能服务。它们之间的关系在图 53-8中得到进一步的反映，其中智能生产是工业 4.0 的核心，智能工厂是制造业企业的目标。

智能制造即制造业的数字化、网络化、智能化，是先进制造技术和先进信息技术深度融合的产物。智能生产体现产品制造中采用了全部现代科技所形成的生产模式，这种生产模式是集智能设备、互联网与工业软件之大成进行生产。智能工厂是指整个智能制造的平台，它有相应的关键技术以及相应的软件技术体系，从而使企业的生产在“物联网 + 制造业”模式下进行。智能工厂更多属于智能资源整合的概念，它被要求在制造端、工程端、供应端与虚拟 - 物理物联网端实施企业统一的指挥，从而实现企业的目标，智能工厂的总体概念如图 53-9 所示。

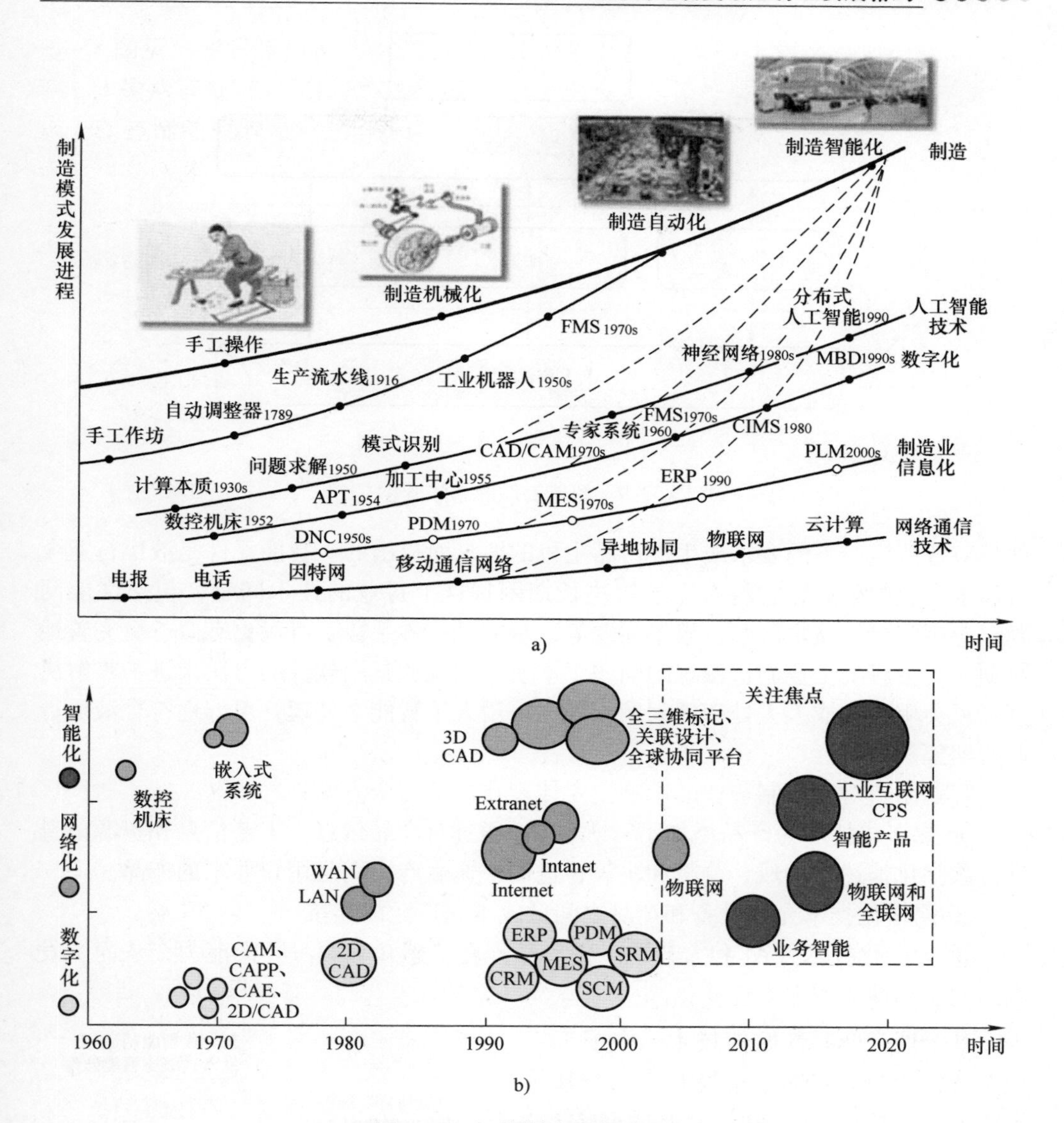

图 53-8　智能制造的发展历程

a）顶层设计　b）技术发展历程

智能服务是将企业的视野与能力在客户端体现，借助于物联网比传统服务模式有极大的拓展与延伸。至于智能元件的提法，是由液压行业本身产品（包括系统与元件）的实际应用提出的，因为对于智能制造中所涉及的智能设备与液压产品有很多的联系。液压行业主要生产液压元件，在推广应用元件的需求下，要为用户提供“解决方案”的理念，不仅仅是服务于用户需求，同时也获得液压元件自身提高与改进的动力，并可以发现新的应用领域，这个领域就是智能制造。而智能元

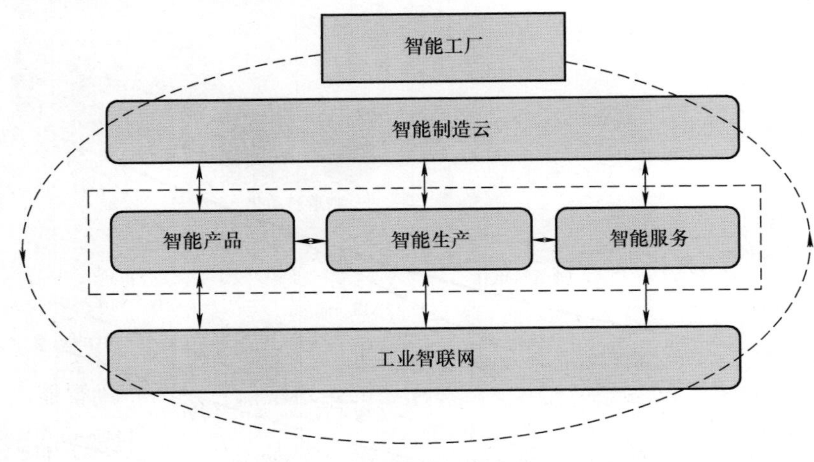

图 53-9　智能工厂的总体概念

件是应智能生产下的要求或生产产品主机的要求而提出的。智能元件是液压行业今后技术发展的重点，它将有助于解决长期困扰这个行业的技术问题，包括性能问题、应用问题、质量问题、效率问题等。智能是一种手段，可以更有效、更完善地帮助人类去解决工业制造领域的问题，本质上来说就是用软件的方法来进一步解决过去只会用硬件或人去处理的问题，现在采用人工智能来处理，更好地符合液压行业所期望的效果。

智能制造对现有制造业的影响主要体现在以下三个方面：

① 数字化技术为产品添加了“大脑”，通过对产品信息、工艺信息和资源信息进行数字化描述、集成、分析和决策，进而快速生产出满足用户要求的产品。

② 网络化技术允许设备和产品之间低成本且广泛的连接。

③ 智能化技术（AI 和大数据）使产品具有“感知和学习”的能力，从而引发产品功能和性能的根本性变化。

基于这三个共性赋能技术，中国工程院将智能制造归纳总结提升为三个基本范式，包括数字化制造、“互联网＋”制造（或称数字化网络化制造）和新一代智能制造，智能制造的发展阶段如图 53-10所示。数字化制造包含数字化技术，如数控技术、企业资源计划（ERP）、制造执行系统（MES）、供应链管理（SCM）等，属于第三次工业革命范畴。“互联网＋”制造在数字化制造基础上，推动制造技术和网络化技术

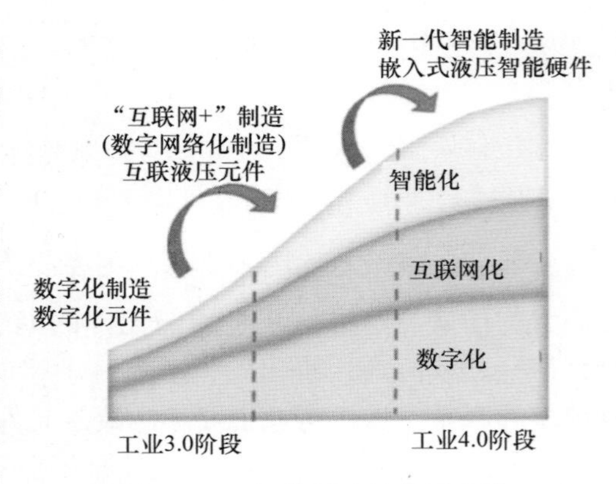

图 53-10　智能制造的发展阶段

融合，如电子商务、物联网、在线协作平台等。新一代智能制造是制造技术和数字化、网络化、智能化技术的深度融合，产品、生产和服务等具备认知学习能力，如处理复杂性、不确定性的系统模型，具备认知学习能力的预测性维护、远程运维平台，和谐的人机协同制造等。这种制造形式代表了未来智能制造发展的前景。

三个基本范式各有自身阶段的特点和需要重点解决的问题，体现了基本范式间的阶段性。数字化制造通过计算、通信、控制（3C）和其他数字化技术，使制造方式从模拟模式转为数字模式，准确可靠地提高制造质量、效率；“互联网 +”制造实现制造业产品、生产、服务各环节的低成本连通，实现了设备和设备，设备和系统，以致万物互联（IoE），催生了产品数据管理（PDM）、个性化定制等新模式，德国工业 4.0、美国工业互联网主要描述的是这个阶段；新一代智能制造在制造技术和大数据、云计算和 AI 等众多先进信息技术融合过程中，在感知、数据、计算、连接和 IoT 技术等很多方面相对于数字化制造和“互联网 +”制造都有突破性提高，但根本上 新一代智能制造使得制造系统具备“认知学习”的能力，制造业的知识产生和传承方式都将发生转变，这一革命性的特征在这一基本范式最为突出。

在技术上，数字化、网络化、智能化技术作为共性赋能技术，同时存在于三个基本范式中，体现着智能制造发展的融合性特征。例如，在数字化制造阶段，除了层出不穷的数字化技术，各种总线的连接、体现 AI 的专家系统，在不同的场合始终存在应用；在“互联网 +”制造阶段，由于网络便捷推动数据量几何级数增加和获取成本的降低，数字化技术的采集和交互更加普遍，初步的大数据分析等智能技术也在持续发展；而在未来的新一代智能制造范式中，作为一种新的制造范式，新一代智能制造具备“认知学习”和基于 AI 技术的优化决策能力，将数字化、网络化、智能化技术和制造技术集成，显著提高制造系统的建模能力，提高处理不确定性问题、复杂性问题的能力，显著提升企业的效率和效益。新一代智能制造范式中，数字化、网络化、智能化技术共同作用，缺一不可。

由图 53-10 可见，第一阶段的数字化制造范式由智能制造的三个共性赋能技术组成，但数字化技术占主导地位，在第二阶段，智能制造的数字化网络化范式特点是数字化和网络化技术深度融合，数字化网络化技术占据主导地位；在第三阶段，新一代智能制造范式的出现，融合了智能制造的三个共性赋能技术，智能化技术的作用显著增强，但这一范式仍处于萌芽状态，即使在西方工业发达国家，该范式的企业升级路径仍不清晰，如图 53-10 虚线所示。

德国发布《工业 4.0》《国家工业战略 2030》引导企业转型升级，采用的智能制造的技术升级路线是“制造业 + 互联网”，本质上属于数字化网络化制造，充分应用德国强大的制造技术能力和制造业基础，在数字化制造的基础上增加了网络化技术。由此可以理解博世力士乐以“互联液压”来表征液压元件的升级产品，互联液压产品系列突出了液压产品与互联网的联系，使液压行业界对目前在智能制造的大背景下德国液压界所作出的努力与达到的成果，详见第 30 章相关内容。从这个角度看，我国的液压行业与产品技术确实与当代博世力士乐的液压产品技术具有“代差”或者说“代沟”。

美国提出工业互联网则体现的是“互联网+制造业”的技术升级路线，本质上也属于数字化网络化制造。美国依托其强大的互联网技术水平和信息产业基础，实现以互联网技术为主，通过网络化平台等提升改进制造业模式。

但是我国企业面临的情况则大不相同，液压等行业与国外发展相比已经又产生了“代差”，但是在认清技术发展的趋势前提下，我国企业可以以智能制造为主攻方向，推动企业智能升级跨越发展，尽快追赶上领先者。因此，我国企业采用何种技术升级路线推动智能制造的发展，就成为迫切需要深入研究的重要问题。我国液气产业开始出现的“根技术”产品，应该得到非常积极的支持，应该给予极大的关注与投资强度，让这种属于“根技术”的技术体系迅速发展成为产品体系，成为中国人自己的液压产品系列，要从“低端”数字化产品的创新出发。我国“根技术”的普及要从应用端出发，才能发挥我国市场的优势，而完全不必“跟随”到“亦步亦趋”的地步。

53.4.2　适合中国国情的智能制造途径

新中国建立70余年特别是改革开放40余年的飞速发展，我国少数制造企业已经达到世界先进企业水平。同时，绝大多数企业还处于从第二次工业革命向数字化制造转型阶段，数字化制造水平差距很大。数字化制造始于20世纪50年代，而新一代智能制造才刚刚起步，从数字化制造到新一代智能制造经历了长达几十年的技术演进，中国企业要在更短的周期内迎头赶上行业领先企业，在一些制造业领域逐渐从“跟跑”向“并跑”甚至“领跑”转变，必须尽快跨越这些范式。因此，我国企业不太可能按照发达经济体企业已经采用的技术升级路线推动智能制造升级。如果像历史上一样，一个技术范式完成，再推动下一个技术范式升级，就会错过和西方发达国家缩小差距的机会，无法实现跨越发展。

进入21世纪以来，我国工业界紧紧抓住互联网发展的机遇，大力推进“互联网+”制造，制造业、互联网龙头企业纷纷布局，将工业互联网、云计算等新技术应用于制造领域。部分企业快速把握住了“互联网+”制造这一技术变革的机遇，充分应用网络化技术赋能制造业，利用网络化技术和制造业的融合给企业的产品、生产、服务各环节解决了很多过去解决不了的质量、效率、响应和模式问题，显著提高了企业的制造水平，部分企业甚至从机械化水平企业（几乎无数字化）跨越到了先进制造企业的行列。需求是我国企业技术改造的原动力，我国企业在“互联网+”制造的实践里形成了推进智能制造的几种技术升级路线。

智能制造的升级路径有三个基本转变路径：①对于少数先进企业，可以实现串联式升级过程，一批数字化制造基础较好的企业成功实现数字化、网络化转型，成为“互联网+”制造的示范，三一重工股份有限公司就是其中之一；②对于我国大多数企业，需要进行数字化补课，无论智能制造的升级路线怎么走，在所有技术范式中，数字化技术是基础，应该认识到数字化、网络化与智能化这三种技术可以并行使用，而数字化技术不一定是使用另外两种技术的先决条件，尽管一些企业的数字化技术基础有限，但在特定的环境下，它们可能能够跨越式地进入智能制造范式。同时，广大企业在推进“互联网 +”制造过程中，数字化制造的课也必须要补；③因企制宜，由系统集成商助推中小企业升级智能制造。

由于资金和制造能力的限制，中小企业难于掌握共性赋能技术，完成企业三个基本转变路径的转换。因此，由具备数字化、网络化、智能化共性赋能技术基础的第三方系统集成企业协同推进，将显著提高中小企业转型升级的成功概率。目前在我国，制造企业的技术水平处于机械化、电气化、数字化、网络化、智能化的并存状态。当前，新一代智能制造的发展刚刚起步，这给中国制造商制定升级路径带来了更多的复杂性。

1. 寻求适合我国的发展路线，并行推进融合发展

我国企业的发展程度不同，在推进“互联网 +”制造背景下，公司数字化网络化技术的起点也不同，但是在应用数字化网络化技术追求提质量、降成本、增效率的过程中，事实证明都取得了良好的效果。由于当前技术迭代速度提升，大数据、云计算、IoT、AI 集群突破，在比较我国一些企业智能制造技术升级路径时发现，因循西方发达国家技术升级路径串行发展不现实。在新技术方面，特别是新技术应用方面，我国和世界主要国家处于同一起跑线，我国虽然是后发国家，但不能等数字化补课完成再推动其他技术应用，这样就又造成新的落后，企业在推进智能制造时应采用务实的“并联式”升级。“并行推进融合发展”是适合中国国情的智能制造技术升级路径。

2. 企业在推动智能制造发展过程中要做到因企制宜

企业是实施智能制造的主体，推进智能制造发展要考虑自身的资源与产业特性、战略定位，制定总体规划，总结已经实施智能制造的一些企业的经验。智能制造是个系统工程，企业按照制定的技术升级路径务实推进，分步实施，才有可能成功。因企制宜的推进智能制造还表现为，企业要重点突破，如青岛酷特智能股份有限公司抓住 C2M 的个性化定制模式；浙江春风动力股份有限公司早期建立设计、物流、管理等单个模块后，再整合集成。企业要抓住需要解决的问题，有重点的突破，最终带动企业的全面升级。总的来说，企业应坚持“总体规划、分步实施、重点突破、全面推进”十六字方针。同时，我国企业必须坚持“创新引领”，有条件的企业，如三一重工股份有限公司、新疆金风科技股份有限公司等各行业的龙头企业，要积极拥抱互联网、大数据、AI 等最先进的技术，瞄准高端方向，加快研究、开发、推广、应用新一代智能制造技术，推进先进信息技术和制造技术的深度融合，走出一条推进智能制造的新路。

3. 数字化技术为智能制造的升级奠定了基础

企业推进智能制造，数字化制造是基础，应贯穿企业转型升级的全过程，并在和网络化技术、智能化技术融合的过程中，不断提升。中国企业应该认识到数字化技术的重要性，尽管这些技术有时并不被认为是最先进的。在一些案例中，尽管处于不同的阶段，但被研究企业在整个升级过程中都建立了特定的数字化技术基础，并将数字化技术与网络化、智能化技术相结合。否则，企业将会遇到关键的技术障碍，阻碍它们进入下一个升级阶段。从这个意义上说，中国企业可能不需要在最开始就建立完善的数字化技术基础，而是需要在升级的过程中做好数字化技术“补课”，这样才能最终实现智能制造的技术升级跨越发展。

我国制造企业的智能制造升级路径可能不会遵循传统的循序渐进的升级路径，而是会采取更加多样化的路径，以非线性的方式跨越数字化制造、“互联网+”制造和新一代智能制造，并根据企业的具体情况进行整合。其次，有必要制定智能制造标准，特别是在升级路径不规范的情况下。智能制造是一个复杂的系统技术概念，如果没有统一的制造技术标准，企业在制定升级路径时可能会感到困惑。例如，三一重工、金风科技和酷特智能在部署ERP和PLM等单个的数字化模块时都走了弯路，其中一个重要原因就是，当需要应用新技术升级时，出现接口、格式等不兼容问题，形成信息孤岛。这些技术需要更多的资源和更长的时间，尤其是在早期阶段，当时这些公司几乎没有经验。这样，由于缺乏智能制造标准，这些公司不得不进行升级的试点和试错。当前，我国智能制造技术种类繁多，正在大量制造企业中扩散，制造标准的缺乏将可能严重影响到这些企业的升级效果，为资源和技术能力有限的中小企业制造巨大的技术壁垒。这是一个需要进一步注意的问题。

需要注意的是，政策制定者习惯于自上而下地设计和实施产业政策，但是在实施智能制造过程中，自下而上的方法更适合于智能制造升级计划，因为自上而下的政策通常忽略了我国企业升级路径的异质性。因此，决策者在为处理与公共产品和外部性相关的一般问题（如通用技术、技术标准、校企合作等）提供援助时，应通过考虑企业自身的技术能力、资源基础和行业具体情况，让企业在制定自己的升级路径时具有更大的灵活性。从产业技术层面，对于政策制定者来说，政府在制定鼓励智能制造、企业转型升级的产业政策时，要坚持实事求是，按照企业需求推进。充分利用我国大力推进“互联网+”制造的成功实践所提供的重要启示和宝贵经验，鼓励企业根据自身发展的实际需要，采取先进的数字化网络化技术解决传统制造问题，不断加入AI、大数据等新技术，提高企业数字化网络化制造水平，扎扎实实地完成数字化“补课”，同时，迈向更高的智能制造水平。

在新一代智能制造来临的今天，“并行推进、融合发展”的技术升级路线适合于全球制造业。在世界范围内的智能制造技术浪潮中，并行而非串联的制造技术升级战略可以推广到其他发展中经济体。传统的研究是在发达经济体的背景下讨论智能制造的升级，这些国家的企业花费了几十年的时间来升级他们的制造技术。当前，发展中国家和发达国家同时面临着智能化技术的冲击，这为发展中经济体提供了一个快速追赶甚至超越发达经济体的机会。当前，尽管起点不同，但不论是我国还是欧美工业强国的制造业都没有完成数字化网络化，随着新一代 AI 突破和与制造业的融合，新一代智能制造已开始探索发展，我国和欧美工业强国都面临新一代智能制造和数字化网络化并行的阶段，对于全球制造业而言，不论是数字化、网络化、智能化的何种新技术，作为共性赋能技术，探索其适合制造业的应用，把新技术应用到制造业中去，都将推动全球制造业的转型升级。

53.4.3　智能制造是液压产业发展的制高点

从液压工业的角度看，工业 4.0 与以往三次工业革命有所不同的是：以前的工业革命对液压工业发展的影响是局部性的。例如，第一次工业革命的机械化是成功地产生液压的工程应用，第二次工业革命是促使了液压介质的改变，液压元件与系统在工业应用中得到成功的发展，第三次工业计算机信息技术的革命是对于电液控制产生了积极的发展，推动了液压比例阀的产生与更深入的应用。而工业 4.0 对液压行业发展的影响是全局性的，不仅对技术的影响要求电控、信息化高度融合的智能化，而且连生产的方式与管理的模式都发生极大的提升与飞跃。因此对于行业的管理者、技术人员不要将工业 4.0 仅仅看成是技术的进步，而是一次行业生产、管理、产品、服务的根本性飞升，是人类生产活动的又一次飞跃，是各个行业一次“换道超车”的机遇，液压行业也在其中。如果失去这次机遇，我国液压行业将很难有自己独立自主的液压产品与技术，虽然可以在国际范围内合作或兼并，这是一条可行的路。但是中美贸易摩擦唤醒了国人，没有自己的“核心技术”，永远有“被动挨打”的可能。世界永远在进步，尊重学习任何国外的技术发展与知识产权，但是更应该发挥中国人的聪明才智，与世界共同发展与进步，这样才能有自己的“立足之地”，这是为什么液压工业不能懈怠也不敢懈怠的原因。

目前，液压企业对中国液压工业 4.0 已经有所认识，但是整个行业对液压工业 4.0 仍然处于一种迷茫状态。2017 年底，中德智能化产业联盟年会暨智能制造企业践行日的成功举办可以看出行业还处于一种酝酿的阶段，尽管这个活动是在博世力士乐参与的基础上进行，距离液压行业最近，但是依然感到新的技术与生产模式距离很远。对于行业而言，这个距离体现在观念与组织的差距。为了解决观念问题，在此力图从企业的角度去诠释智能制造与智能工厂，难免有局限性。至于组织实施问题，工业界比较习惯等待政策措施，但是这只是“一条腿”，另“一条腿”是自身的动力与组织联盟，就像德国率先提出“工业 4.0”，是在德国工程院、弗劳恩霍夫协会、西门子等德国学术界和产业界的建议和推动下进行的，其目的是为了提高德国工业的竞争力，在新一轮工业革命中占领先机。后在政府支持下发展为国家战略，弗劳恩霍夫协会将在其下属 6 ~ 7 个生产领域的研究所引入工业 4.0 概念，西门子已经开始将这一概念引入其工业软件开发和生产控制系统中。因此我国的液压行业需要像弗劳恩霍夫协会这样的平台去发展“中国液压工业 4.0”，液压行业需要一个平台促进人类社会理想的工业制造模式。

从智能制造解决行业痛点的角度来讲，在制造企业提质、增效、降本、减耗等方面发挥积极作用，尤其是在数据积淀和技术迭代的过程中，智能制造居功至伟。发展智能制造是一次产业链颠覆式的机会，需要牢牢紧握大数据、人工智能、工业互联网等新技术，实现全产业链集聚发展，这样才能真真正正为液压产业的发展插上新一轮腾飞的“翅膀”。智能制造的本质，是工业软件的展现，在数字化、信息化、智能化的进程上，由软件收集和控制数据的流动，去解决产品的复杂性和不确定性。在这个阶段谁能紧跟潮流，谁就能真正完成生产关系的优化和重构，让企业及行业更加发展壮大。如果无法跟上步伐，即使行业看起来很大也会重新被追赶碾压。

53.5　智能制造及其成熟度评估标准

53.5.1　智能制造标准

国际电工委员会IEC/TC65（工业过程测量、控制和自动化）于2016年10月公布了用于投票的指导性标准，提出了技术规范文件《智能制造——工业4.0参考架构模型（RAMI4.0)》，对于工业4.0中的资产、组件、组件的管理和组件的形式等方面，给出了统一的系统架构国际标准。这是第一个针对智能制造的国际标准前导性文件，将对各国智能制造标准化产生重要的指导作用。我国也相应提出了智能制造标准化参考模型（见图53-11）和标准体系框架。该标准与国际标准模型相比在价值链上差异不大。但是国际标准中对于生产过程、现场设备、自动化系统、现场设备集成、现场总线通信、通信协议、工厂全生命周期等都已经有了明确的相应子标准。

从智能制造标准化模型可以看到智能制造已经不是可有可无的模式，而是今后世界范围内在工业制造领域的一种规范，从企业层面看必须向这个方向去靠拢。同时，要理解智能制造首先要理解以产品为中心的制造体系，因此要包括工厂制造到服务的全过程。不仅如此，这个系统还要包括管理的每一层架构，因此智能制造不仅仅是制造，还将工厂的管理囊括在内。至于价值链的一环，已经超出了企业的范畴，与企业的外在功能与价值有关，如对于总线通信的规范、对自动化控制系统安全的规范、对于数字工厂的自动化规范等，内在含义尚需要等待标准的进一步细化。

图53-11所示为中国智能制造标准化参考模型，其中给出了智能制造三个维度的方向：智能功能、系统层级与（产品）生命周期。要达到这个理想的智能制造境界，必须基于工业4.0的九大技术支柱（见图53-12)。

目前，人类认为虚拟现实是感知的革命；人工智能是认知的革命。做到这一点需要3D打印与工业机器人的两大硬件装备；还要工业网络安全与知识工作自动化的软件支持。最基础的是工业物联网、云计算与工业大数据的实施。

简单说，智能制造就是一个网络系统，服务于两个实体“智能工厂”与“智

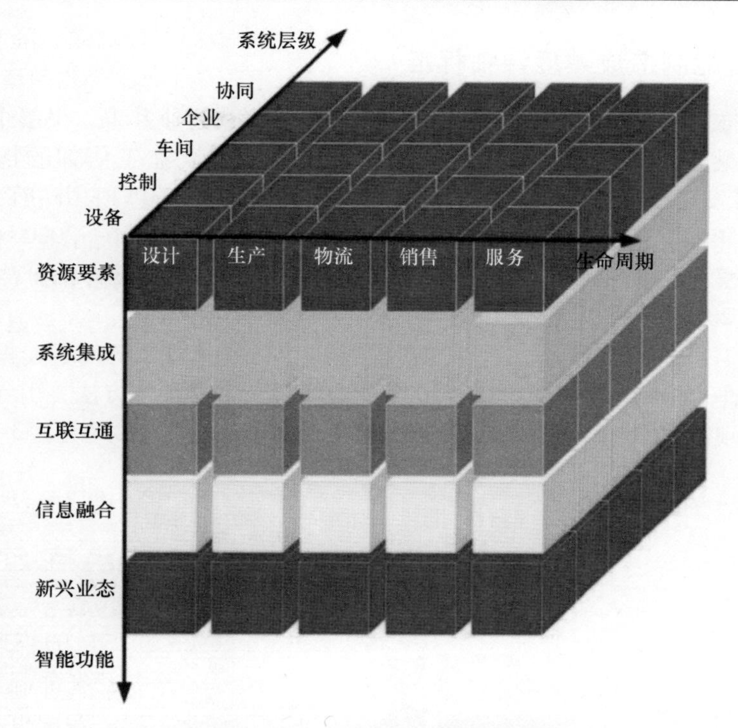

图53-11　中国智能制造标准化参考模型

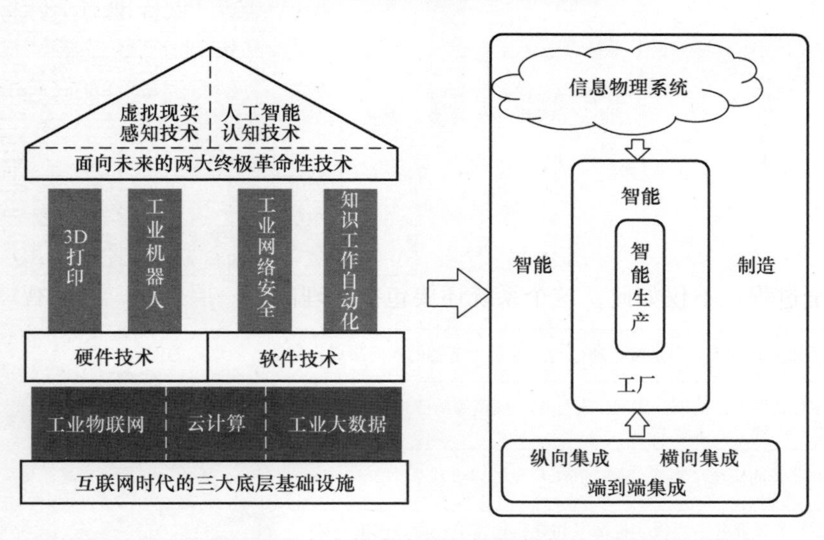

图53-12　工业4.0的九大技术支柱与智能制造的一网二智三集成

能生产”，实现三个集成，即横向集成（制造过程的集成），纵向集成（制造资源的集成），端到端的集成（每个通信实体的通信集成）。因此可以简单地认为智能制造就是在九大支柱技术基础上形成的一个系统、两个智能体、三个大集成。

53.5.2　智能制造成熟度评估标准

为有序推进我国智能制造快速发展，通过标准凝聚行业共识，引领企业向标准靠拢，降低融合发展风险，中国电子技术标准化研究院在工信部的指导下，于2016年9月发布了《智能制造能力成熟度模型白皮书（1.0）》，并在白皮书的基础上经过4年的完善优化和企业应用实践，形成了GB/T 39116—2020《智能制造能力成熟度模型》及GB/T 39117—2020《智能制造能力成熟度评估方法》两项国家标准，于2020年10月正式发布。

GB/T 39116—2020聚焦“企业如何提升智能制造能力”的问题，提出了智能制造发展的5个等级、4个能力域、20个能力子域及1套评估方法，引导制造企业基于现状合理制定目标，有规划、分步骤地实施智能制造工程，如图53-13所示。

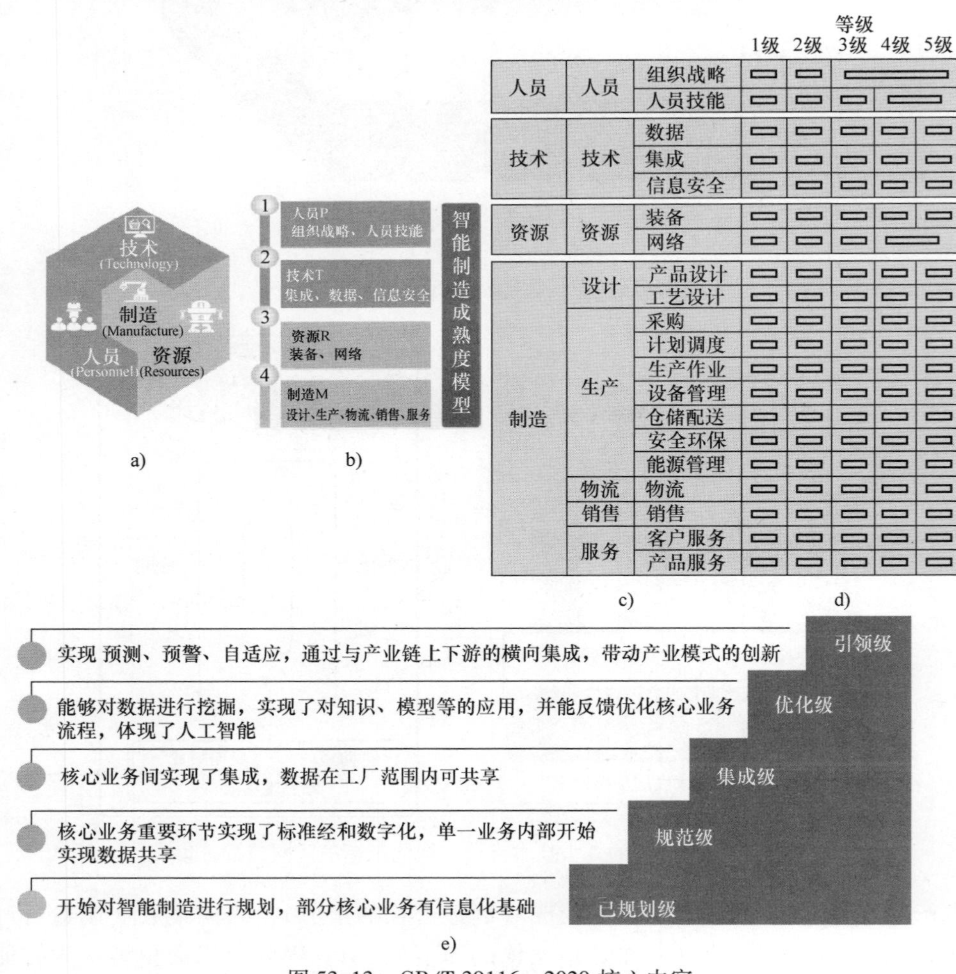

图53-13　GB/T 39116—2020核心内容

a）4个能力要素　b）4个能力域　c）20个能力子域　d）5个等级　e）5个作用

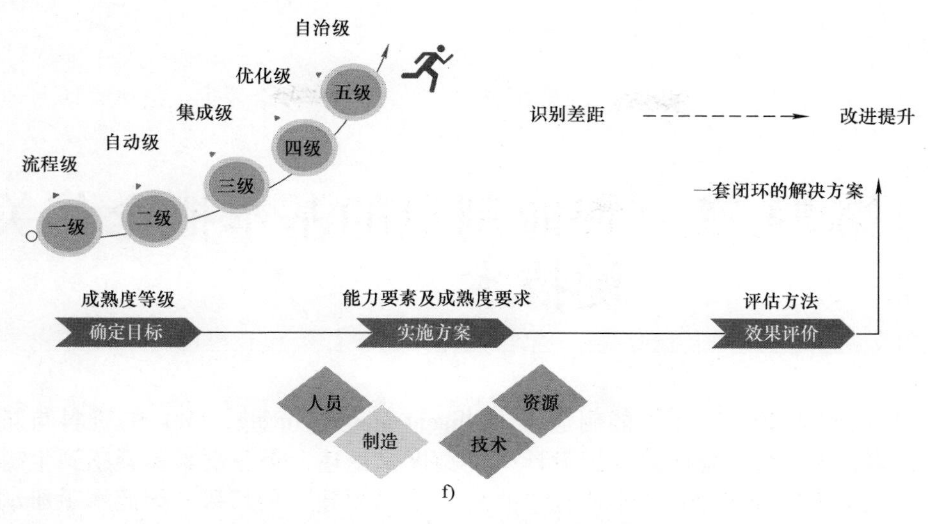

f)

图 53-13　GB/T 39116—2020 核心内容（续）

f）5 个功能

依据标准可对制造企业的智能制造能力水平进行客观评价，是制造企业识别智能制造现状、明确改进路径的有效工具，也是各级主管部门掌握智能制造产业发展情况的重要帮手。

此标准提出智能制造提升阶梯及要素的方法论，是评价智能制造当前状态的工具，也是建立智能制造战略目标和实施规划的框架，为企业持续提升智能制造核心能力提供参考，为评价智能制造水平的依据。因此这个智能制造成熟度模型为产业提供了产业规划的依据，为了解本行业关键指标的水平提供了依据；更为制造企业提供了了解自身智能制造能力的自诊断、识别现状、差距分析、找出短板并确定下一步计划的依据，也更明确了在智能制造中，各企业、解决方案供应商、咨询服务机构在人才培养上的依据。

第 54 章　智能制造的基本概念与关键技术

“中国制造 2025” 中智能制造（Intelligent Manufacturing，IM）的资料与新概念非常多，大多数又是从“顶层设计”的高度来论述，企业端难免会感到生疏与过于“高大上”而畏难，于是便有“曲高”则“和寡”的后果。为此本手册试图从企业端的角度进行诠释，梳理智能制造的众多概念，使其系统化、具体化与常识化，便于企业家与行业专家们更轻松理解。但这是一个正在发展与变革的技术，只能力图反映迄今为止最新的理念。

工业 4.0 的核心是智能制造，如图 54-1 所示。

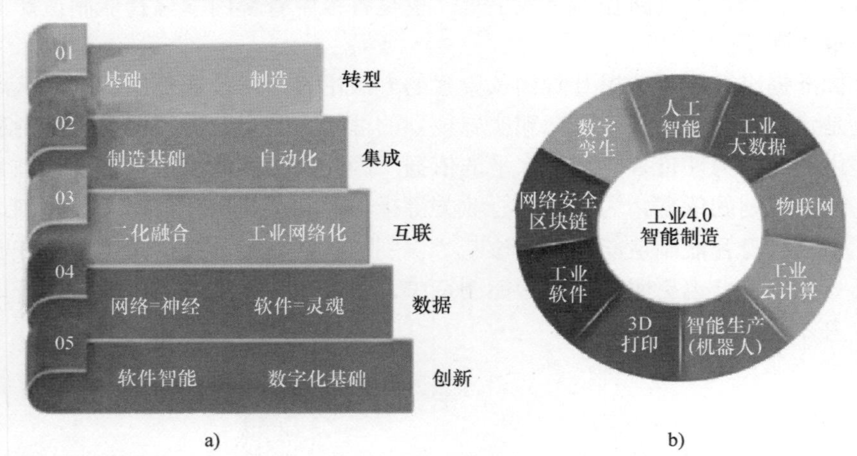

a)　　b)

图 54-1　智能制造

a）五个基本概念　b）九项技术支柱

智能制造有五个基本概念和九项关键技术。

智能制造的五个基本概念是：①智能制造的基础是制造；②智能制造必须建立在自动化基础之上；③智能制造是基于网络与信息技术的制造模式；④工业 4.0 的神经是网络，灵魂是软件；⑤智能制造以数字化为基础。

智能制造的九项关键技术是：①人工智能（AI）；②工业大数据（Big Data）；③物联网（CPS/IoT）；④工业云计算（Cloud Computing）；⑤智能生产（Intellectual Manufacture)；⑥3D 打印（3D Priting)；⑦工业软件（Industrial Software)；⑧网络安全区块链（Block Chain)；⑨数字孪生（Digital Twin)。

54.1　智能制造的基本概念

1. 智能制造的基础是制造

智能制造首先是制造，因此一切制造的基本要素与基本要求是不变的，要有良好的提供解决方案的设计能力、先进的产品性能、保证性能的制造工艺、到位的检测手段与制度、规范的集成组装、完善的产品质量保证体系等，这些基本因素必须具备。而智能制造是由智能机器和人类专家共同组成的人机一体化智能系统，它可以在制造过程中进行智能活动，诸如分析、推理、判断、构思和决策等。它把制造自动化的概念更新，扩展到定制柔性化、运行智能化和高度集成化。目前为止，制造的发展阶段分为工业 1.0 到工业 4.0。发达国家的工业水平已经解决了生产的质量问题，在进一步巩固与扩展品牌影响力。我国基本是在工业 2.0 的水平上，没有完全解决产品的质量、工艺、大规模生产的方式等问题。因此，需要利用工业 4.0 来把握“换道超车”的机遇，为世界制造业的发展做出贡献，而不要坐享几百年来西方国家发展的成果。

2. 智能制造建立在自动化基础之上

如图 54-2 所示，智能制造必须建立在自动化的基础之上，然后扩展到柔性化即“定制化”。从智能制造系统的本质特征出发，制造是在分布式制造网络环境中。根据分布式集成的基本思想，应用分布式人工智能中多智能体（Agent）系统的理论与方法，实现制造单元的柔性智能化，并与基于网络的制造系统柔性智能化集成。根据分布系统的同构特征，智能制造系统在本地实现的基础上，由于存在全球制造网络，它相当于全球智能制造系统的一部分。在智能制造中机器人是不可或缺的一环，在工作强度、运算速度和记忆功能方面可以超越人类，给智能生产带来新的方式。

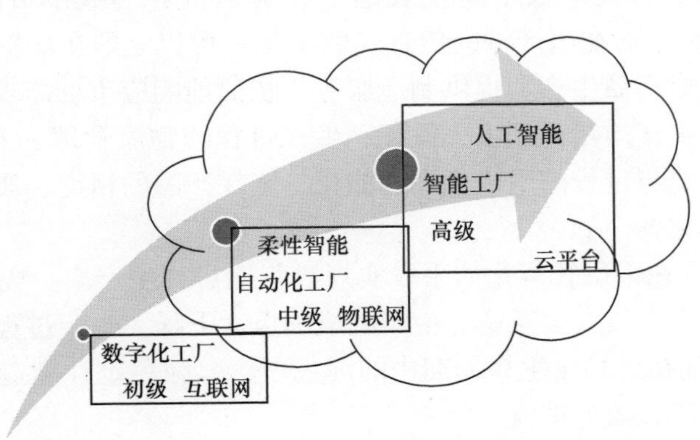

图 54-2　智能工厂的基础是数字化与自动化

3. 智能制造是基于网络与信息技术的制造模式

智能制造是基于网络与信息技术的发展上的新制造模式，面向液压元件产品智能生产的信息物理生产系统（CPPS）模式（数字孪生体）如图54-3所示。

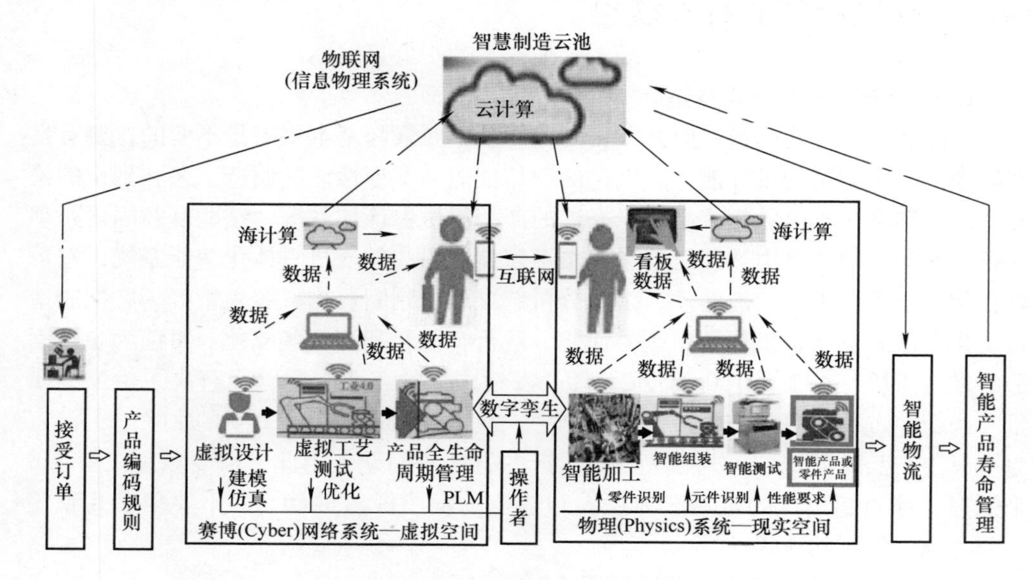

图54-3 面向液压元件产品智能生产的CPPS模式（数字孪生体）

这个模式展示了物联网的精髓概念，让生产中的现实空间与网络化后的虚拟空间结合起来。首先展示了智能生产系统的最终目的是生产需要的产品，而这个生产过程的智能化可以带来的效益可以用“迎合市场内外需求、优质、高效、低耗、绿色”的新含义来概括，在这里特别强调“迎合市场内外需求”，更体现了智能制造的优越性及底层的接受度。

智能制造构建数字孪生体（详见图54-3中的数字孪生表达），使生产率从各个方面都得到极大提高。数字孪生表达了在虚拟世界的数字可以立即在生产端（物理世界）体现，而在生产端的信息（数字化）可以立即在虚拟端得到，以最优的时间和节拍完成产品生产和提供制造服务，快捷地响应市场需求。

智能制造使生产质量得到极大保证，生产过程的物流管理、人机互动及3D技术等实现生产系统与过程的网络化和智能化，确保产品的精度、质量和可靠性，做到生产管理实时化。

“低耗”表现在采用智能化的手段实现过程能量、生产率、成本等的实时管理与优化，直接生产人员大大减少、生产的成本极大下降、生产过程节能效果好。

“绿色”表现在产品全生命周期中的绿色理念、绿色设计制造技术的应用，降能节材、清洁生产、减少排放。

定制化的产品不仅迎合市场的需求，还可以实现远程售后服务，实施产品全生命周期的健康管理。

生产过程产生的数据既可以便于实时管理，又可以帮助及时解决问题，对外还有利于售后的服务，对内有利于工厂与产品的决策。

4. 工业 4.0 的神经与灵魂分别是网络和软件

网络是工业 4.0 的神经，软件是工业 4.0 的灵魂。智能制造的数字化企业平台架构如图 54-4 所示，该图表明在面向液压元件的产品智能生产中，核心是 CPPS，可以理解为虚拟网络 - 现实生产的无缝数字孪生对接的产物。虚拟环境下的人类活动（设计、试验、管理等）直接可以通过计算机的网络融合到生产环节中，例如设计的图样可以直接译为加工设备的编码依据，从而使元件可以很快被加工出来，这就是数字孪生含义的其中一种理解。在这里人的干预会降低。这里一切的信息沟通依靠各个层级的网络通信。因此网络是整个智能生产 CPPS 的神经。但是企业一切真正需要的信息，又必须通过企业去开发出适合企业产品生产的相应软件才能够做到。目前工业 4.0 还处于“顶层设计”的构思并根据这个构思进行实践的过程中，为此而产生了大量与此相适应的供应链，包括传感器、网络商、建模仿真的软件商、各种应用需求的软件商等，一个新的产业将为此而形成。液压行业需要寻求与行业产品特点有联系的供应商，从局部做起。

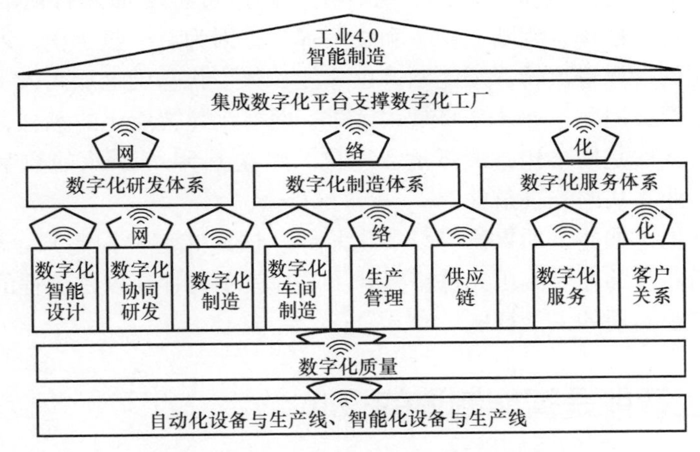

图 54-4　智能制造的数字化企业平台架构

在 CPPS 中，信息流是最活跃的因素，信息流产生大量的数据。这里有两点需要注意：一是在硬件方面必须有网络化的基础，另一个是“大数据”的问题，这是一个非常时髦的术语，但是在大数据的后面有一个如何利用大数据的问题。大数据有垃圾数据与价值数据，如果企业能够利用这个数据，它就是价值数据，否则就是垃圾数据。垃圾数据不仅是垃圾，它还要占用企业网络系统的内存与影响通信速度，是要为此付出成本代价的。所以企业如何利用数据需要通过软件来体现，例如通过元件产品的加工废品率的数据可以发现设备的故障所在，这个数据非常重要，于是企业就需要软件中有相应数据的存储与计算。为了防止数据泛滥，可以先在一定范围内进行数据的处理计算，这个可以称为在企业内部或小范围的“流计算”或“海计算”，如果这个计算量或者范围很大，可以将此“流计算”或“海计算”通过更大范围的“云计算”来处理。所有这一切也是通过软件来实施。因此可以说，软件是工业4.0的灵魂。

谈到网络化，不要理解为企业要去建立或者完善网络系统，而是去利用这个网络所传递的“大数据”信息，这才是网络化的“真谛”。而要利用网络化也不完全是利用“标准软件”去套住需要的信息，这只是一个方面，另一方面是要有结合企业自身需要的信息开发出所需的“企业软件”。当然这不排除利用“标准软件”的二次开发。

因此这就要求企业开始注意复合型专业人才，需要既懂专业知识又了解软件开发的工程师。智能时代的到来，将使专业性软件产业像雨后春笋般发展起来。

5. 智能制造以数字化为基础

没有数字化的实现就没有智能制造的实现。企业制造过程中的数字化就是利用计算机在其产品研发及其生产过程中进行数字化仿真、评估和优化的过程，并进一步扩展到整个产品生命周期，包括产品设计、制造、管理和服务之间的所有环节。智能制造是在数字化实现基础上的升级，是在制造过程中加入智能活动，实现感知、学习、分析、推理、判断、构思和决策等。正因为有了数字化，产品制造信息才能在网络化的世界里流转，智能制造也才能在数字化基础上加入人工智能技术形成智能制造生产。因此工业4.0将是数字化、网络化与智能化的融合，其首要基础便是数字化，其次是网络化，最终是智能化。建立图54-4所示的数字化企业平台架构是实现工业4.0的先决条件。

液压元件也是如此，如果没有数字化元件（嵌入式芯片控制），就不可能开发必须具有通信芯片的互联液压元件，离开了芯片就不再存在软件编程的需要，也不可能有依靠编程实现的人工智能。

54.2 人工智能是智能制造的核心

人工智能是智能制造的第一项关键技术。

图54-5所示为人工智能的发展阶段，从中可以帮助理解人工智能在智能制造中的作用。从中可见，人工智能经历60余年的发展后进入了智能工厂、智能设备、智能操作与智能机器人等方面，它们是云计算与大数据应用的支撑，是智能制造内部的推动力、基础与核心。

人工智能在智能制造中的体现如图54-6所示，通过图54-6可以看到，人工智能是一种算法，以编程的方法可以固化在硬件中。从外部获得数据，通过芯片程序中人工智能的算法，得到智能制造中需要的结果。

人工智能与液压工业4.0的关系如图54-7所示，图54-7表明了人工智能在行

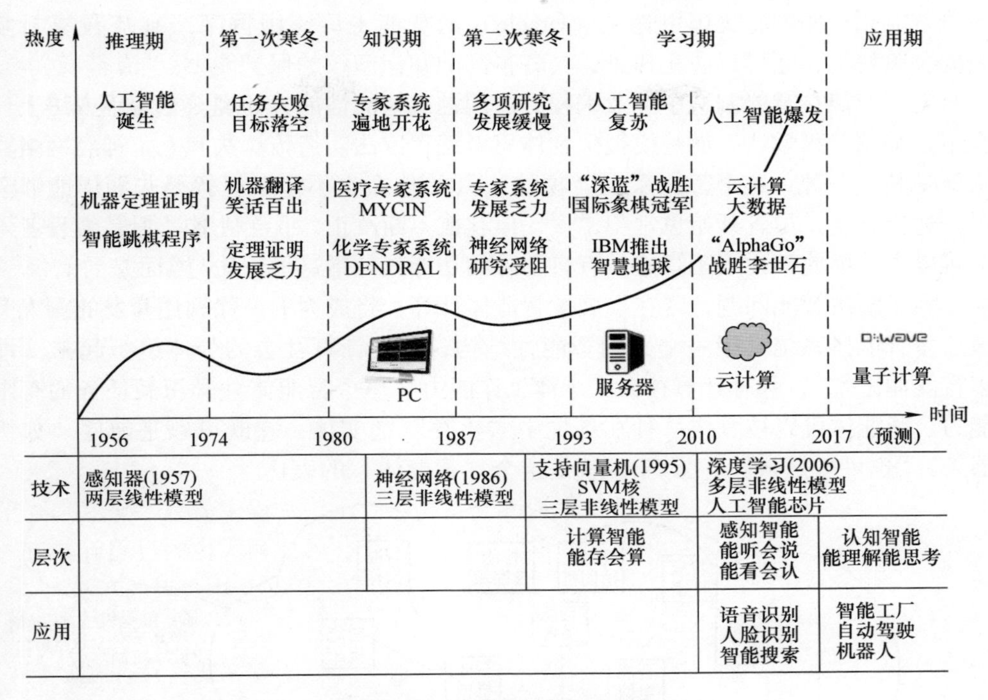

图 54-5　人工智能的发展阶段

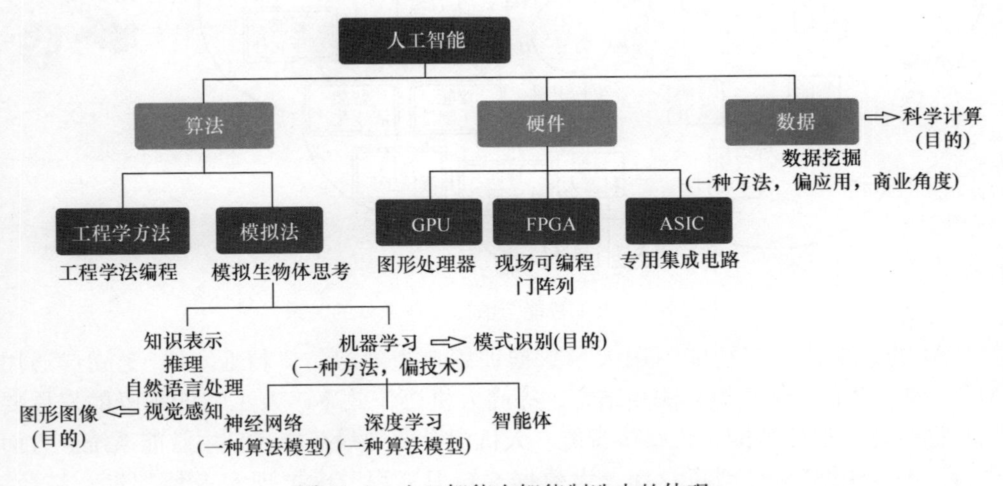

图 54-6　人工智能在智能制造中的体现

业的智能制造中如何通过物联网与用户建立联系，只要用户与智能制造建立任何方式的关联，都会与人工智能有关系。

从上述可知，人工智能是智能制造中的基本要素。使制造系统具备了智能体软件技术，实现感知、学习、分析、推理、判断、构思和决策的能力后，就是实现了制造智能化。例如，美国甲骨文（Oracle）的智能工厂应用程序，AI不仅支持复杂的决策科学，还可以防止拷贝，具备很高的知识产权的保护能力。

人工智能在智能制造中涉及编程方法问题及智能性能力问题。在编程方法上现在不是采用工程学法，而是模拟生物体思考编程方法。遗传算法和人工神经网络算法就是其中一种，这个智能系统（模块）开始什么也不懂，但像婴儿那样能够学习去适应环境，尽管开始也常犯错误，但它能不断改正，直至完善。但是编程者入门难度大。因此常说人工智能具有自学习的功能就是指这种算法与编程。

为了解决智能问题，现在发展了智能体计算，将成为下一代软件开发的重大突破。多智能体系统是指一个大的智能性结构，是把计算社会的个体组织起来（即多智能体系统），弥补计算社会中个体工作能力（单个智能体）学习新任务的有限能力。智能体可以被看作一种在环境中“生存”的实体，它既可以是硬件（如机器人），也可以是软件，图54-7就是这个“智能体”的表达。

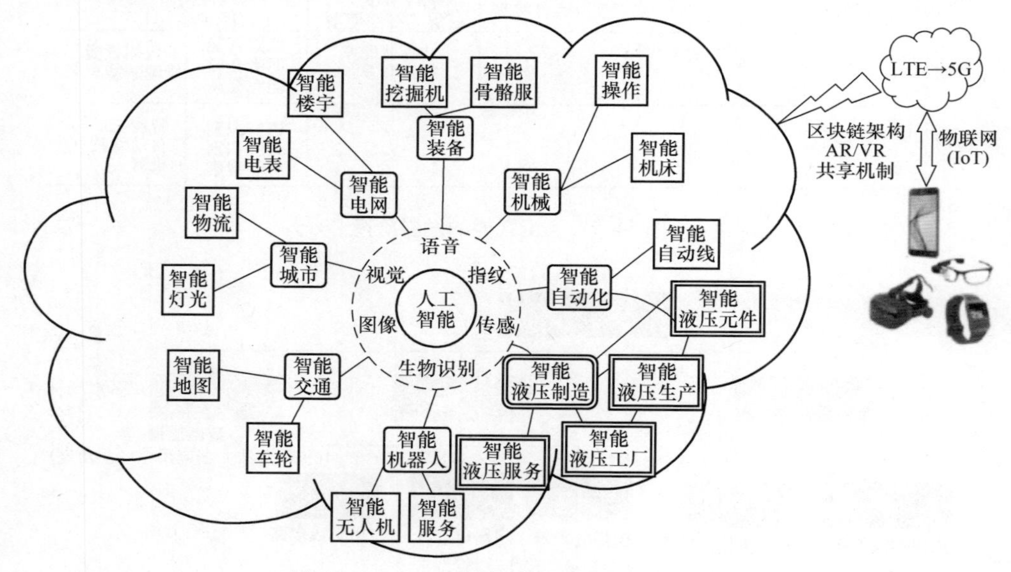

图54-7　人工智能与液压工业4.0的关系

AI的未来让人工智能不用大量数据训练自主学习，“行业AI”变成“通用AI”，脑科学和数学建模方法相结合，提高人机协作效率。人工智能本身的发展要从数据智能、群体智能、跨媒体智能、人机混合的增强智能和自主智能系统五方面进行。AI应用需要与创新设计、大数据、知识工程、虚拟现实及精准生产结合。在智能制造中，人工智能技术正在被不断地应用到图像识别、语音识别、智能机器人、智能驾驶/自动驾驶、故障诊断与预测性维护、质量监控等各个领域，覆盖从研发创新、生产管理、质量控制、故障诊断等多个方面。

智能制造产品研发设计中，利用人工智能对复杂过程进行智能化指引。工业设计软件在集成了人工智能模块后，可以理解设计师的需求，还可以与区域经济、社会舆情、社交媒体等多元化数据进行对接，由此形成的数据模型可向设计者智能化推荐相关的产品设计研发方案，甚至自主设计出多个初步的产品方案供设计者选择。

智能制造的生产制造管理利用人工智能创新生产模式，提高生产率和产品质量。人工智能技术通过物联网对生产过程、设备工况、工艺参数等信息进行实时采集；对产品质量、缺陷进行检测和统计；在离线状态下，利用机器学习技术挖掘产品缺陷与物联网历史数据之间的关系，形成控制规则；在在线状态下，通过增强学习技术和实时反馈，控制生产过程减少产品缺陷；同时集成专家经验，不断改进学习结果。

在智能制造的维护服务环节中，系统利用传感器对设备状态进行监测，通过机器学习建立设备故障的分析模型，在故障发生前，将可能发生故障的工件替换，从而保障设备的持续无故障运行。以数控机床为例，用机器学习算法模型和智能传感器等技术手段监测加工过程中的切削刀、主轴和进给电动机的功率、电流、电压等信息，辨识出刀具的受力、磨损、破损状态及机床加工的稳定性状态，并根据这些状态实时调整加工参数（主轴转速、进给速度）和加工指令，预判何时需要换刀，以提高加工精度、缩短产线停工时间并提高设备运行的安全性。

54.3 工业大数据分析是智能制造的驱动力

工业大数据是智能制造的第二项关键技术。

大数据（Big Data）是指无法在一定时间范围内用常规软件工具进行捕捉、管理和处理的数据集合，是需要新处理模式才能具有更强的决策力、洞察发现力和流程优化能力的海量、高增长率和多样化的信息资产。IBM 提出大数据具有“5V”特点：大量（Volume）、多样（Variety）、高速（Velocity）、可变（Variability）、真实（Veracity）、价值（Value），形成数据量巨大、来源多渠道的复杂性（Complexity）。

工业大数据是智能制造核心驱动力，是智能制造中的血液，数据来自生产人员与生产机器或装备。从智能工厂数据架构（见图54-8）可以看到，任何环节进行交流都会产生海量的数据。“过度信息化”会造成软件后台负担过重，运转速度变慢，存储量加大也会增加成本，管理也成为负担。智能数据平台应运而生，给软件减负，可以将相对固定的软件和数据植入芯片，让设备像人一样自我操作软件，自我学习，然后将关键控制的信息放到云平台上。

生产过程中，数据处理的传统方法是保留数据，整理数据，从数据中挖掘有用的信息（情报），提供有需求的方面去处理问题。在智能制造中产生海量的数据需要进行数据融合、数据管理、数据仓库、数据分析、数据安全、数据挖掘与数据应用。适用于大数据的技术包括大规模并行处理（MPP）数据库、数据挖掘、分布式文件系统、分布式数据库、云计算平台、互联网和可扩展的存储系统。

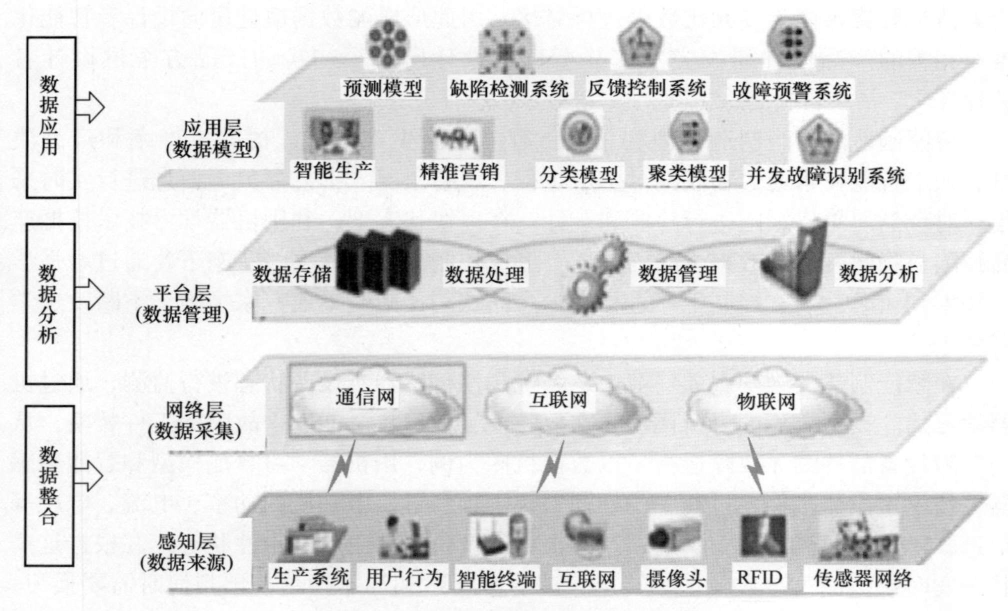

图 54-8 智能工厂数据架构（康拓普）

图 54-9 所示为智能工厂的大数据体系，它包括数据平台技术与数据分析技术。数据的处理有以下层次：收集数据→信息化→虚拟网络化管理→问题的识别与决策→装备的重组（如转化成芯片等）。这是一个分类、分割、分解、分析到分享的过程。在这里最关键的是分析需求，需求产生“模型”。模型分析后的数据才是“信息”，才会产生“价值”。因此，数据 + 模型 = 有服务价值的信息→大数据 + 智能模型 = 有智能型服务价值的信息。

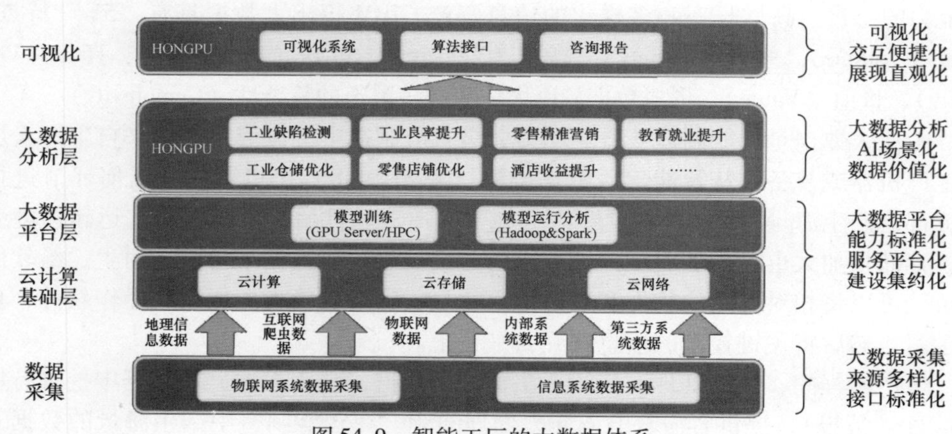

图 54-9 智能工厂的大数据体系

以工程机械的三一重工为例，该公司已经建成了 5000 多个维度、每天 2 亿条、超过 40TB 的大数据，可以及时监测每台机器的运转受损情况等，提前做好主动服务，大数据在液压装备或元件中的应用如图 54-10 所示。

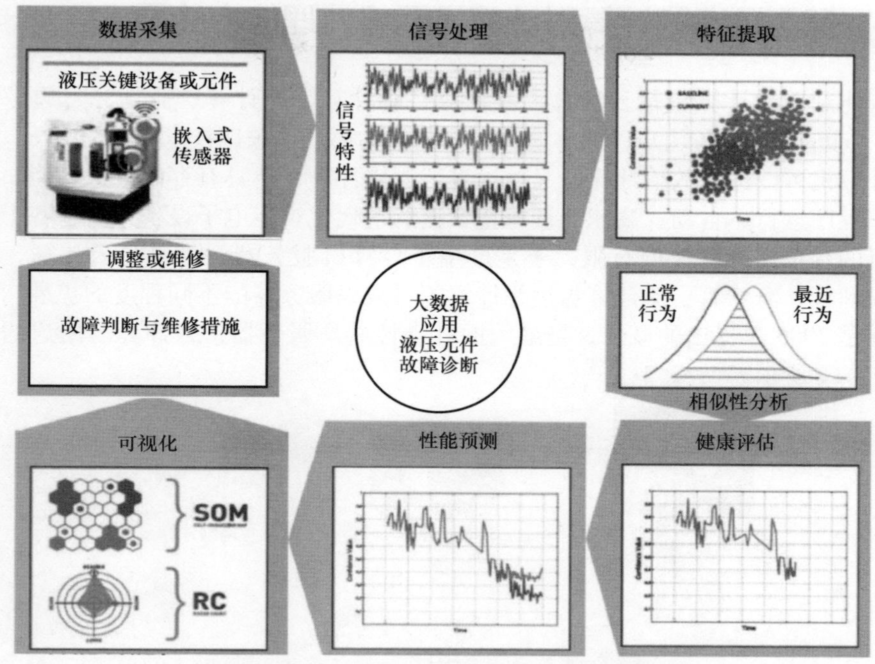

图 54-10　大数据在液压装备或元件中的应用

单单依靠该公司在我国的 20 万台设备，甚至可以成为我国宏观经济研判的重要依据。私人定制工厂青岛红领集团有限公司探索了私人定制的 C2M、M2B 等模式。对于工业企业来说，初级的大数据能让企业进行基础统计分析，这样对降本增效、新建业务模型有很大的好处。企业既可以做减法，依靠数据对标，减掉制造环节不必要的成本消耗；也可以做加法，如拓宽业务渠道。高级的工业大数据应用则可以让企业先知先觉，开始做乘法、除法，比如预先判断企业的生产运行状况，以及整合供应链等。

工业大数据分析是智能制造的基础，也是支撑未来制造智能化的重要方向。加强大数据方法论的研究，开发出可以用于制造过程分析的工具和使用软件，才能真正推动智能制造技术的进步。今后要加强“数据可视化”，让管理人更容易理解；还要加强“数据挖掘”，让机器更容易接收与处理问题。需要一系列的工具去解析、提取、分析数据，包括非结构化数据。

数据仓库是为了便于多维分析和多角度展示数据按特定模式进行存储所建立起来的关系型数据库。数据质量和数据管理是一些管理方面的最佳实践。通过标准化的流程和工具对数据进行处理可以保证一个预先定义好的高质量的分析结果。在智能制造系统的设计中，数据仓库的构建是智能制造系统的基础，承担对业务系统数据整合的任务，为智能制造系统提供数据抽取、转换和加载（ETL），并按主题对数据进行查询和访问，为联机数据分析和数据挖掘提供数据平台。

54.4　智能制造的计算对计算机网络处理能力的要求

智能制造的计算包括云计算、雾计算、霾计算、海计算、流计算、边缘计算（Edge Computing）与认知计算，这是智能制造的第三项关键技术。

计算机可以进行数值计算，又可以进行逻辑计算，还具有存储记忆功能，是能够按照程序运行，自动、高速处理海量数据的现代化智能电子设备。由于各个单台计算机的容量与计算速度有限，于是产生了计算机服务器。可以将云计算、雾计算、霾计算、海计算、流计算与边缘计算等看成是服务器的不同程度的扩展。其中云计算是2006年提出的概念，是最大的社会性共享服务器，云计算与用户的联系如图54-11所示。

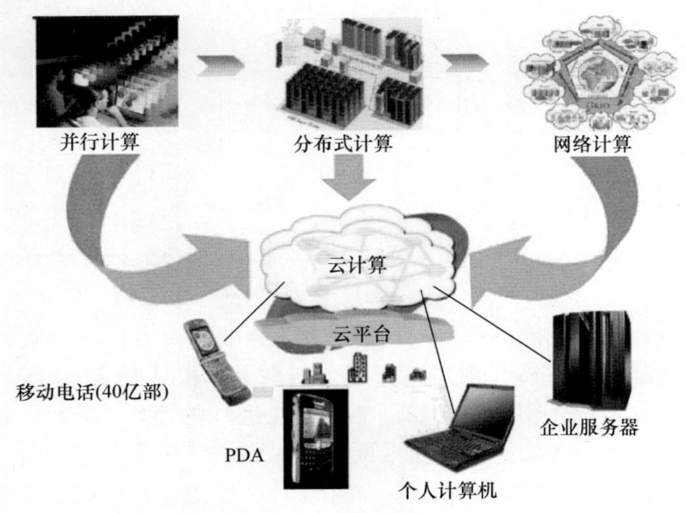

图54-11　云计算与用户的联系

云计算体量太大，传输距离太远，于是在计算机服务器与云计算之间增加一些中间环节，局部先计算处理一些数据，于是派生了雾计算、海计算、流计算与边缘计算等，全国规模企业云平台使用情况如图54-12所示。

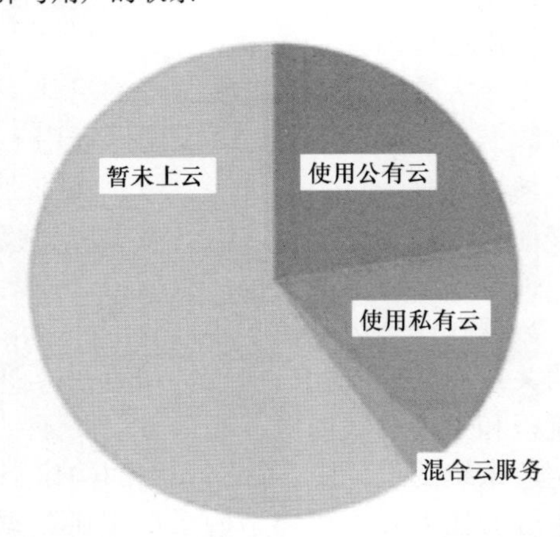

图54-12　全国规模企业云平台使用情况（2017年）

云计算是将传统的IT工作转为以网络为依托的云平台运行，是一种利用互联网实现随时随地、按需、便捷地使用共享计算设施、存储设备、应用程序等资源的计算模式。

云计算系统由云平台、云存储、

云终端、云安全四个基本部分组成。云平台作为提供云计算服务的基础，管理着数量巨大的 CPU、存储器、交换机等大量硬件资源，以虚拟化的技术整合一个数据中心或多个数据中心的资源，屏蔽不同底层设备的差异性，以一种透明的方式向用户提供计算环境、开发平台、软件应用等在内的多种服务。

通常情况下，云平台从用户的角度有四种部署方式：公有云、私有云、混合云和社区云，网络各种计算的关联与架构如图 54-13 所示。

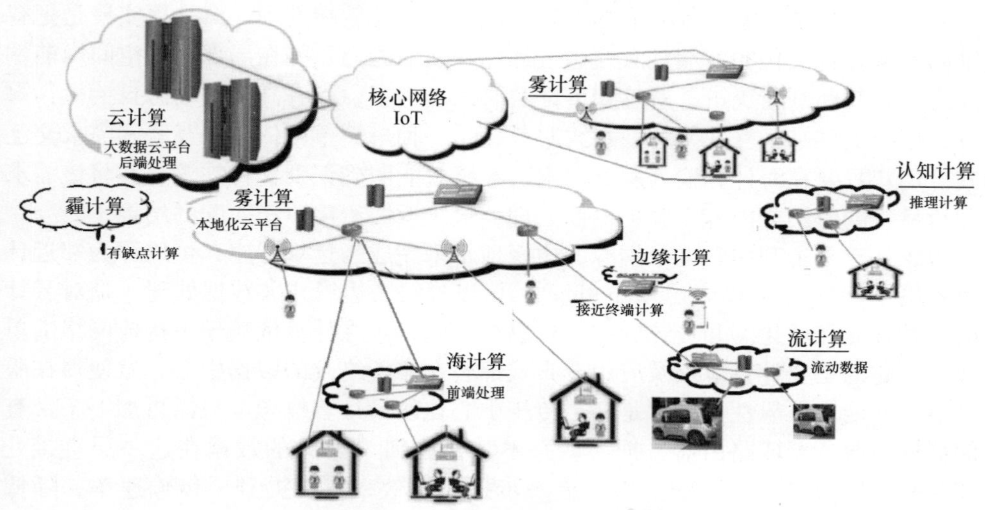

图 54-13　网络各种计算的关联与架构

公有云：第三方提供商为用户提供服务的云平台，用户可通过互联网访问公有云。

私有云：为一个用户单独使用而组建，对数据存储量、处理量、安全性要求高。

混合云：结合公有云和私有云的优点而组建。

社区云：由几个组织共享的云端基础设施，支持特定的社群，有共同的关切事项。

此外，还提供三种服务模式，即基础设施即服务（IaaS）、平台即服务（PaaS）和软件即服务（SaaS）。

图 54-13 将各种计算形态表达在同一张图上。雾计算介于云计算和个人计算之间，就是本地化的云计算，或者称为“分散式云计算”，相比于云计算要把所有数据集中运输到同一个中心，雾计算的模式是设置众多分散的中心节点，即所谓“雾节点”来处理。这样能够让运算处理速度更快，更高效得出运算结果。云计算重点放在研究计算的方式，雾计算是将物理上分散的计算机联合起来，形成较弱的计算能力，不过这样的计算能力对于中小型的数据中心完全够用了。因此雾计算更强调计算的位置，云计算与雾计算在网络拓扑中的位置不同。雾计算和云计算实际上是一致的：都基于虚拟化技术，把数据上传到远程中心进行分析、存储和处理；

从共享资源池中，为多用户提供资源服务等。

霾计算是指有缺点的云计算或雾计算。问题产生的原因，一是网络遭黑客攻击，隐私数据泄漏的安全问题，二是网络延迟或者中断服务都无法访问，三是带宽会耗费预算，使网络运营商按流量收费有时会超出预算，应用软件性能不够稳定、数据可能不值得放在云上、规模过大难以扩展及缺乏人力资本等都是造成霾计算的根源所在。

海计算指的是智能设备的前端处理，而云计算是后端处理。海计算实质是把智能推向前端。智能化的前端具有存储、计算和通信能力，能在局部场景空间内前端之间协同感知和判断决策，对感知事件及时做出响应，具有高度的动态自治性。海计算为用户提供基于互联网的一站式服务，是一种最简单可依赖的互联网需求交互模式。用户只要在海计算输入服务需求，系统就能明确识别这种需求，并将该需求分配给最优的应用或内容资源提供商处理，最终返回给用户相匹配的结果。

边缘计算是指利用靠近数据源的边缘地带来完成的运算程序，可以称为邻近计算或者接近计算（Proximity Computing），可以理解为边缘式大数据处理，是对云计算的一种补充和优化。和传统的中心化思维不同，边缘计算依赖于不构成网络的单独节点，它的主要计算节点及应用分布式部署在靠近终端的数据中心，这使得在服务的响应性能及可靠性方面都是高于传统中心化的云计算概念。只需再加一个带有存储器的小服务器或路由器，把一些并不需要放到“云”的数据在这一层直接处理和存储，以减少“云”的压力，进一步提高了效率，也提升了传输速率，降低了时延。边缘计算的运算可以在大型运算设备内完成，也可以在中小型运算设备、本地端网络内完成。用于边缘运算的设备既可以是智能手机这样的移动设备，也可以是 PC、智能家居等家用终端。

边缘计算优点很多，诸如分布式和低延时计算，聚焦实时、短周期数据的分析，能够更好地支撑本地业务的实时智能化处理与执行；距离用户更近，效率更高，在边缘节点处实现了对数据的过滤和分析；更加智能化，因为可以采用 AI + 边缘计算的组合出击让边缘计算不止于计算，更多了一份智能化；更加节能，让云计算和边缘计算结合，成本只有单独使用云计算的 39%；缓解流量压力，在进行云端传输时通过边缘节点进行一部分简单数据处理，进而能够缩短设备响应时间，减少从设备到云端的数据流量。

流计算其实是一种针对特定数据计算方法，它针对特定的数据而不关心计算的设备是聚集在一起的还是分离的，也不管计算设备性能如何，是一种非结构性数据的计算方法。流计算对大规模流动数据在不断变化的运动过程中实时地进行分析，捕捉到可能有用的信息，并把结果发送到下一计算节点。流形式的数据可源自结构化数据源或非结构化数据源，可能包含各种数字信号，针对流数据的实时分析，允许组织实时响应市场警报或事件。流计算可以通过过滤海量数据并识别丰富的高价值信息，从而支持更灵活且更敏捷的业务流程，实时关联和汇总数据，支持数据中心更快地做出响应。

认知计算是对于信息分析、自然语言处理和机器学习领域的技术创新计算，能够助力决策者从大量非结构化数据中揭示非凡的规律。认知系统能够以对人类而言更加自然的方式与人类交互，专门获取海量的不同类型的数据，根据信息进行推论。认知计算的一个目标是让计算机系统能够像人的大脑一样学习、思考，并做出正确的决策。人脑与计算机各有所长，认知计算系统可以成为一个很好的辅助性工具，配合人类进行工作，解决人脑所不擅长解决的一些问题。传统的计算技术是定量的，并着重于精度和序列等级，而认知计算则试图解决生物系统中的不精确、不确定和部分真实的问题，以实现不同程度的感知、记忆、学习、语言、思维和问题解决等过程。目前随着科学技术的发展及大数据时代的到来，如何实现类似人脑的认知与判断，发现新的关联和模式，从而做出正确的决策，显得尤为重要，这给认知计算技术的发展带来了新的机遇和挑战。

图 54-13 还形象地表达了上述各种网络计算之间的关系。目前而言，边缘计算最靠近实际应用，因此也最受关注。

54.5　物联网云平台是智能制造的神经系统

联物网云平台是智能制造的第四项关键技术。

54.5.1　物联网信息平台基础

物联网云平台与智能制造的关系如图 54-14 ~ 图 54-16 所示。

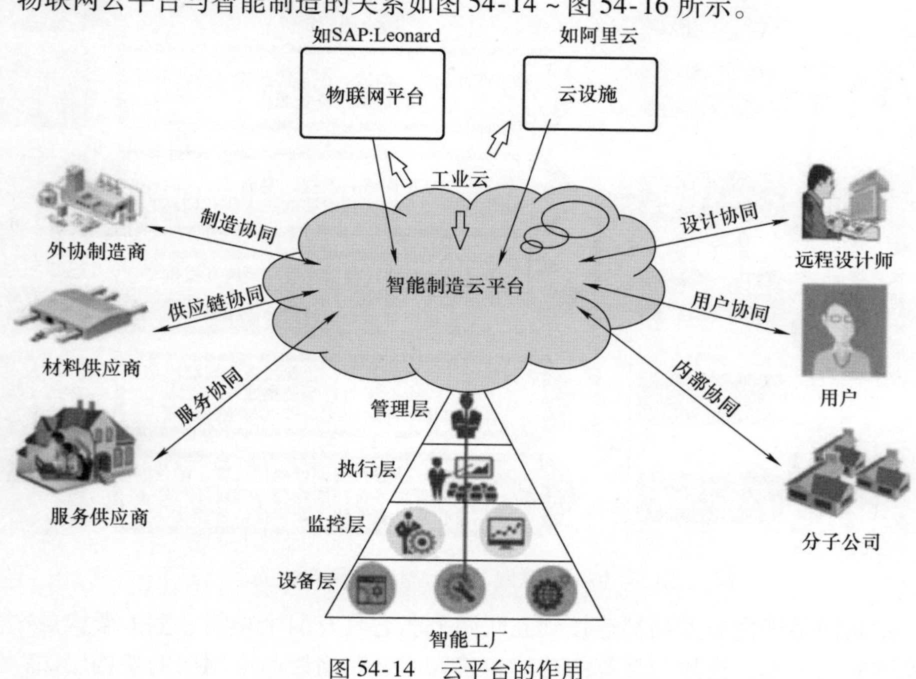

图 54-14　云平台的作用

从图 54-14 可以看到智能制造中有关方通过云进行连接。

图 54-15 所示为云平台的服务内容，可以提供 IaaS、PaaS 与 SaaS。

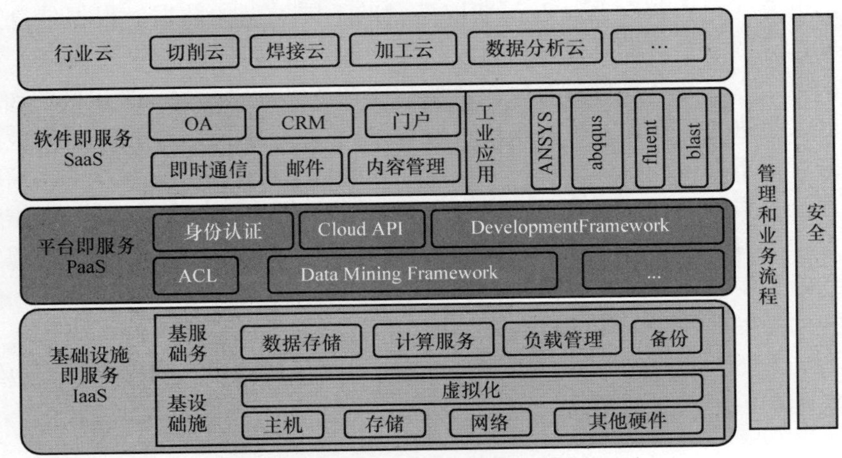

图 54-15　云平台的服务内容

图 54-16 所示为物联网云平台与智能生产的关系，从图 54-16 可以看到智能制造是在物联网云平台上实施的，通过大数据让整个智能制造可以在各个环境之间沟通，因此将物联网形容成智能制造的“神经系统”比较确切地描述了物联网在智能制造中的作用与地位。

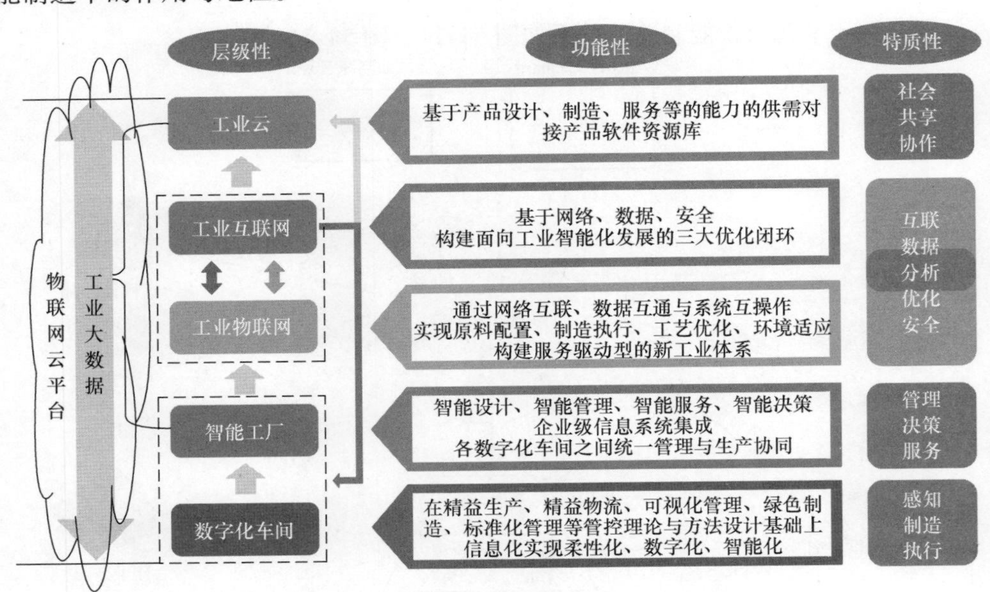

图 54-16　物联网云平台与智能生产的关系

物联网是把世界万物都连接到互联网上。它具有两个功能、三大架构层次与五大关键应用技术：连接与计算的功能；感知层、网络层与应用层的架构层次；射频识别技术（RFID）、传感器、智能技术、云计算与纳米技术的关键应用技术。必须指出的是，这些技术的更新换代快，新技术产生与迭代也快，因此需要及时跟紧加以采纳。

物联网首先是连接各个物体互相“通话”，连接技术有短距、中距和广域。后者包括 CPU、GPU（带图像处理的 CPU）、多媒体、图像、传感器、定位等这些在手机里的计算技术，将被转移技术应用到物联网。如果是局域网可以使用蓝牙、NFC、ZigBee 这种一两米范围的连接技术；如果是广域网的连接，可以使用蜂窝网络技术，即 3G、4G、正发展的 5G 技术，它是广域覆盖、全球范围内最成熟、部署最广泛的技术。2010 年 12 月 6 日，国际电信联盟把 LTE 正式称为 4G。过去的 3G 技术是指同一无线网络提供语音和数据通信，但到了 4G 时代则变成为全数据网络，LTE 估计最高下载速率 100Mbit/s 与上传 50Mbit/s 以上。LTE 系统网络架构更加扁平化、简单化，减少了网络节点和系统复杂度，从而减小了系统时延，也降低了网络部署和维护成本，并支持与其他 3G 系统互操作，物联网的基本传输概念如图 54-17 所示。

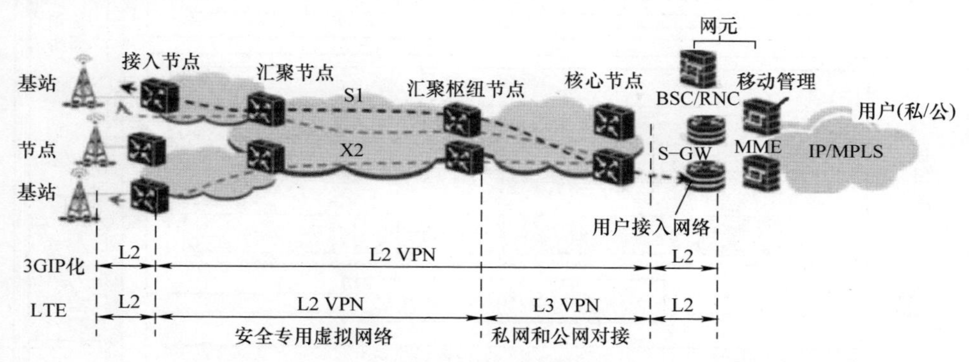

图 54-17　物联网的基本传输概念

注：IP—网际协议地址，MPLS—多协议标签交换，BSC—基站控制器，RNC—无线网络控制器，S-GW—服务网关，MME—多媒体环境，LTE—无线数据通信技术标准。

LTE 已经成为最容易获得且性能最容易保证的无线通信主流技术。然而技术的发展是如此之快，5G 很快要进入智能制造的体系中，如果说 4G 是为智能手机而生，5G 就是为物联网的时代而生，5G 技术的特点就是切片技术（Network Slicing），意味着将一个物理网络切割成多个虚拟端对端的网络，而每个虚拟网络之间是逻辑独立的，包括网络内的设备、接入、传输和核心网都是逻辑独立的。所以任何一个虚拟网络的故障都不会影响其他虚拟网络。网络切片的核心就是软件化、虚拟化与资源调度最优化，正在构建发展的 5G 网络切片技术框架如图 54-18 所示。

54.5.2　物联网三层技术架构

物联网的技术构架有感知层、网络层与应用层三层，如图 54-19 所示。

图 54-18 正在构建发展的5G 网络切片技术框架

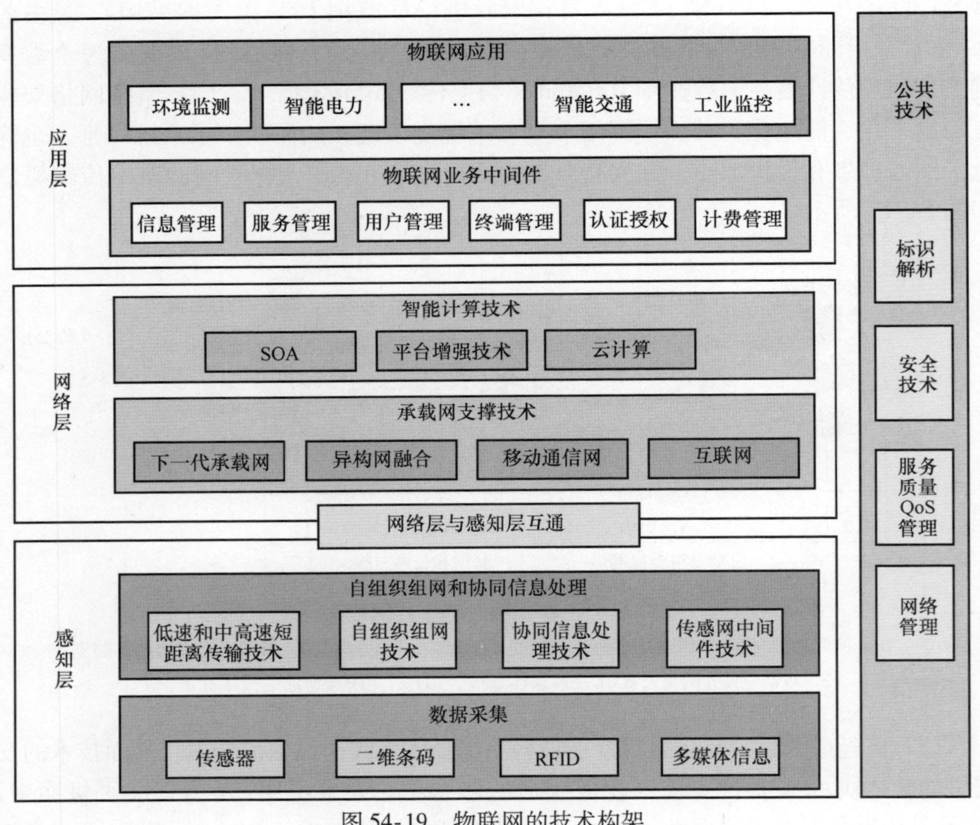

图 54-19 物联网的技术构架

感知层是用来感知与采集各种物体信息的仪器或元件，实现识别、定位等功能。涉及的常见技术有：RFID 读写、M2M 终端、二维条码、传感器网、摄像监控、定位授时、协同信息处理等。

网络层是将采集的数据传输到中枢神经系统处理或者输出反馈信息，传输协议与技术，实现的是承载网支撑和智能计算功能。它将感知层获得的数据，通过接入网络汇聚到互联网，同时实现智能计算功能。

应用层则是各种数据的计算、处理与分析，主要基于计算机软件技术，包含了物联网业务中间件和物联网应用，完成数据的管理与处理，并将其与具体行业应用需求结合。

54.5.3　物联网的五大关键技术

物联网在智能制造中有五个至关重要的应用技术，即 RFID、传感器、智能技术、云计算技术与纳米技术。

第一个关键技术是 RFID，是通过射频信号实现非接触式自动识别的技术，无须人工干预。它由三部分组成：①标签——由耦合元件和芯片组成，它附着在被识别物体上，具有唯一的电子编码，进入发射天线工作区时，此标签线圈被磁感应，产生 2V 左右电压被激活；②阅读器——读写标签信息，内有 8KB 的存储器，擦写能力超过 10 万次，保存大于 10 年；③天线——发射接收射频信号（13.56MHz）。由于其存储量大、无线无源、便携耐用等特点被广泛采用。在应用时的步骤为：签到读取身份信息→下载任务→显示数据→写入任务完成记录→提示下一个操作。

第二个关键技术是嵌入到 Web 的智能传感器，不仅仅是智能传感器，并与 Web（网）融合，提升监测、感知与处理的能力。这样的传感器就成了网络节点，在这个网络节点上由传感单元、处理单元、通信单元，甚至还有电源单元、定位单元、移动单元等共同组成。

第三个关键技术是智能技术，可以通过在物体中增加智能模块完成，智能制造就是利用这一点。

第四个关键技术是纳米技术，可以使用传感器探测到 0.1～100nm 范围内的材料特性。

第五个关键技术是云计算，前已述及。

需要进一步说明的是：IPv6（Internet Protocol Version 6）是互联网地址系统的“互联网协议”的缩写。IPv6 中最大地址个数为 2^{128}，它解决了网络地址资源数量的问题，允许每平方米拥有 7×10^{23} 个 IP 地址，号称可以为全世界的每一粒沙子编上一个网址。因此允许被识别物体上具有唯一的电子编码（二维码等）或电子代码（RFID）。2018 年 5 月，我国工信部发布《推进互联网协议第六版（IPv6）规模部署行动计划》，计划在 2025 年前助推中国互联网真正实现“IPv6 Only”，实现下一代互联网在经济社会各领域深度融合。我国的北斗卫星导航系统是物联网的重要组成部分，它极大地扩展了物联网在感知层、网络层与应用层中的功能与作用。

54.5.4　网络通信技术

智能制造的生产过程需要人－物、物－物及人－人之间的数据交流，非数据结构的交流（图像、语音等）所形成的通信。图 54-20 所示为多层协作的制造物联网通信拓扑架构，表达了在生产过程的通信方式与可能性。

计算机网络通信技术是通信技术与计算机技术相结合的产物。现代通信技术主要有：数字通信技术、程控交换技术、信息传输技术、通信网络技术、数据通信与

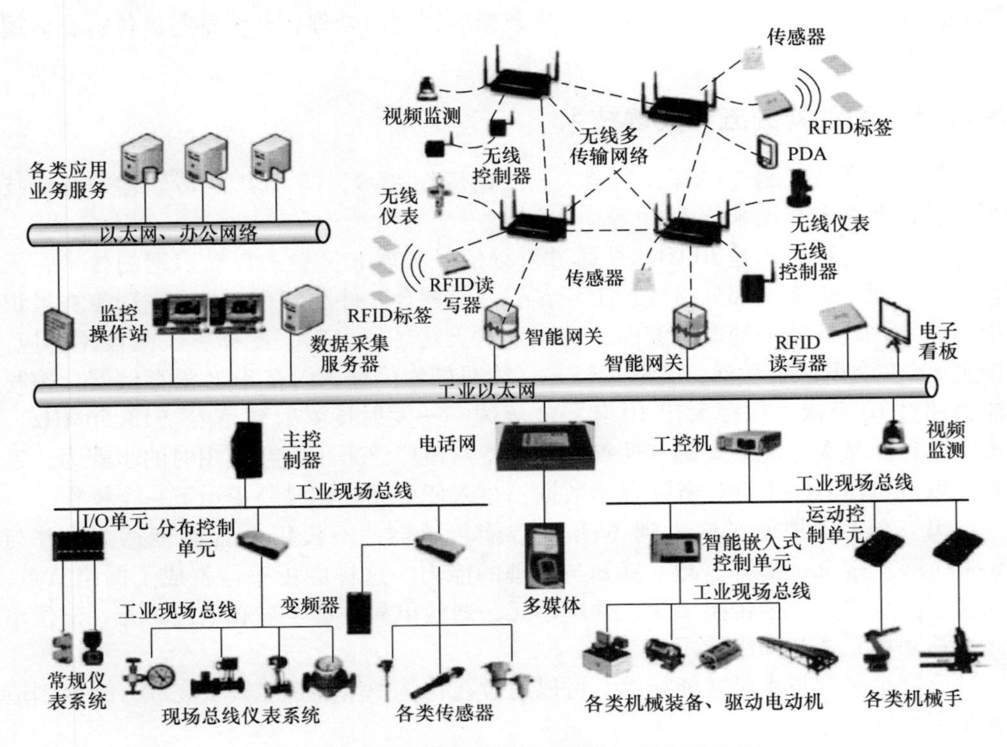

图54-20　多层协作的制造物联网通信拓扑架构

数据网、ISDN与ATM技术、宽带IP技术、接入网与接入技术、光纤通信、数字微波、卫星通信、图像通信以及M2M通信技术等。归纳笼统一点可以分为六个：网络通信技术、蓝牙通信技术、光纤通信技术、卫星通信技术、移动通信技术与M2M通信技术。

网络本身具有三种通信能力：①局域网（LAN），范围1km以内；②城域网（MAN），范围100km以内；③广域网（WAN），几万公里以内。将网络与通信设备联系起来的网络通信技术（Network Communication Technology，NCT）是指通过计算机和网络通信设备对图形和文字等形式的资料进行采集、存储、处理和传输等，使信息资源达到充分共享的技术。通信网是一种由通信端点、节（结）点和传输链路有机地相互连接起来，以实现在两个或更多的规定通信端点之间提供连接或非连接传输的通信体系，用户终端按其功能不同，可分为电话终端、非话终端（传真终端、计算机终端、数据终端等）及多媒体通信终端（可视电话、电视会议系统等）。传输系统是将用户终端与交换系统之间，以及交换系统相互之间连接起来，形成网路。传输系统按传输媒介的不同，可分为有线传输系统和无线传输系统两类。

未来以超大容量、超高速和超长距离为特征的光通信技术在加速应用，通信传输网络的 IP 化进程不断加快。电信网、计算机网、广电网融合趋势明显，将汇聚成多渠道、多媒体综合信息平台，信息网络将覆盖各类终端。

54.6 工业软件是智能制造的灵魂与运行的骨干

工业软件是智能制造的第五项关键技术。

54.6.1 工业 4.0 是软件定义机器的时代

国人一向重视硬件轻视软件，如建设工厂非常重视厂房设备，这是硬指标，管理规章可以再协调；再说互联网，比较重视计算机的容量、速度、性能，软件全部靠“进口”，几乎没有中国人的品牌与位置。到了物联网的时代，提出了“软件定义机器”的概念。过去买手机，其功能由厂家设定的功能来定义，苹果公司提出 iPhone 手机的功能是用户通过下载软件来设定，诺基亚公司因此失去市场。这是一种新的产业思维。“软件定义硬件”将是今后工业界的常态，它打破了当今硬件产品设备门槛低与同质化严重的问题，软件成为差异化的优势。

今后各种嵌入式软件与工程软件越来越价廉，软件产品的开发平台多，软件产品的升级与换代在云端容易实现。因此这一趋势将有助于厂商满足消费者需要，快速推出新产品、升级产品与得到远程服务。工业社会将会是软件服务化与产品个性化。软件服务化的内涵是，对于趋向标准化与模块化的工业产品，将以服务交替的方式替代过去产品的售卖方式；产品个性化就是定制化，然后通过远程软件进行维护与升级，甚至还有远程健康服务。

当前工业软件正在以工业 APP 的形式兴起，是一种核心竞争力，这是将工业技术“软件化”，把工业技术、工艺经验、制造知识和方法，以显性化、数字化和系统化的过程“固化”，将行业内核心技术、工艺流传下去。以波音公司为例，新机型研制过程涉及上万种软件，其中 7000 多个工业软件，是沉淀了企业核心技术的“独门秘籍”。目前我国仍然需要解决软件和信息技术服务业核心技术创新能力不强、生态构建能力较弱等“卡脖子”问题。工业 APP 分三大类：第一类为基础共性 APP，如 CAD 设计软件；第二类为行业通用的 APP，如电磁仿真软件等；第三类“企业专有 APP”，如波音、达索公司拥有的成千上万种“独门秘籍”，前两类为“可卖品”，最后一类则为专有产品。今后我国应该重点开发基于机器设备参数、结合工业场景、能解决企业实际痛点的工业 APP，如图 54-21 所示。

智能制造中的“新四基”分别是“一硬（自动控制和感知）”“一软（工业核心软件）”“一网（工业互联网）”“一平台（工业云和智能服务平台）”，“一软”是其中的关键问题之一。高端工业软件是我国从制造大国走向制造强国的重器之一，因为它控制着设计、制造和使用阶段的产品全生命周期数据，必然能够主导制造业的发展方向。我国高端工业软件市场 80% 的份额被国外垄断，中低端市场的

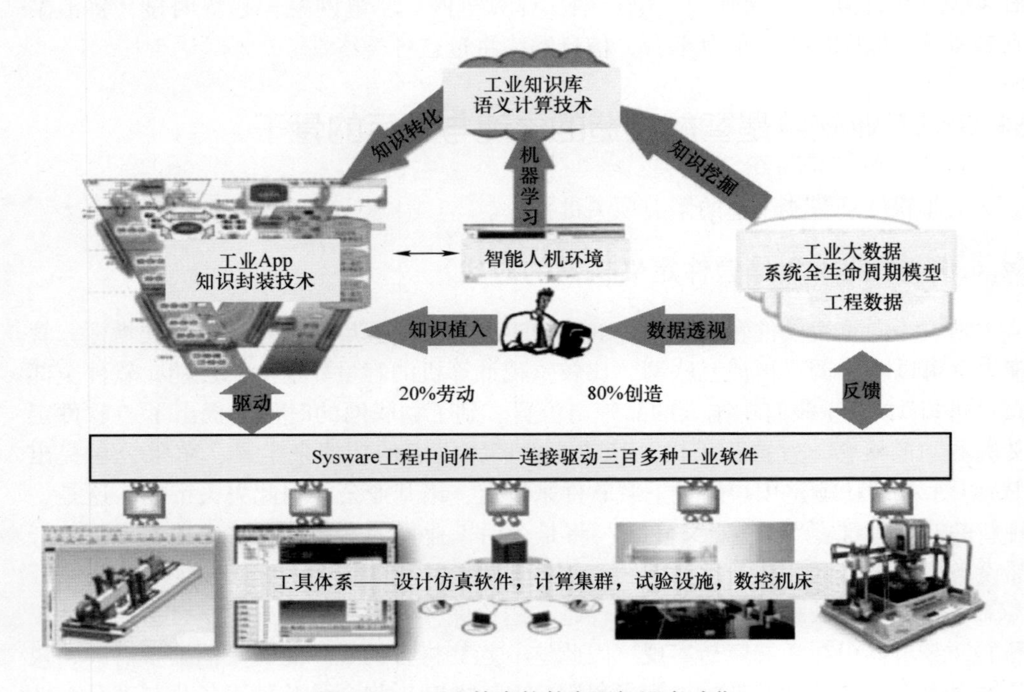

图 54-21 工业技术软件实现知识自动化

自主率也不超过50%。由于高端工业软件价格昂贵，大多中小企业难以承受，必然导致跟不上工业革命的步伐，而少数示范企业构不成真正的工业4.0社会，因此工业软件是我国工业4.0面临的重大问题之一。今后工业技术的软件化就要求企业也要通过软件来适应新时代发展，未来的工业企业必须是一家软件企业。目前我国应该开展工业技术软件化平台的建设及其标准制定，组件化的封装等。

54.6.2 工业软件支撑智能制造

工业4.0智能制造处处与软件技术相关联，此类软件归于工业软件。工业软件占据整个智能制造的流程，所以可以将工业软件看成是智能制造中的骨干，是智能化制造的支撑。传统的制造业生产仅仅是依靠硬件，如机器等生产设备；在工业4.0中的制造业硬件只是基础，还要依靠软件。在工业4.0中要利用工业软件在供应链管理、产品设计、生产管理与企业管理四个维度上提升“物理世界”中工厂/生产的效率，优化生产资源，生产具有智能化的产品或提供智能化服务，通过对信息的分析能够延长产品生命周期，缩短交货周期，满足用户“定制化”的需求及降低成本等效果。工业软件是人类在生产活动中，硬件已经达到一定水准后采用软件智能的办法，使工业生产又上了一个台阶。

在工业4.0时代，工业软件的重要范围与智能制造息息相关，目前最热门的是在CPS、云计算、大数据分析、IT系统安全、增材制造/3D打印、增强现实HMI与机器人/人形机器人等几大方面。但是对智能生产来说是生产最常用的普通工业软件。

普通工业软件分为两类：嵌入式软件与工程软件。

嵌入式软件是将软件植入到硬件产品或生产设备之中，达到自动化或智能化的扩展、监测、关联各种设备和系统运行的目的。这类软件可以包括操作系统、嵌入式数据库、开发工具和应用软件等。

工程软件是对生产制造进行业务管理与操作的专用软件，包括产品研发类、生产管理类与信息管理类等。首先是产品生命周期管理（PLM），此软件对于产品从研发、设计、生产、流通等各个环节进行管理；然后进行计算机辅助设计（CAD）、计算机辅助制造（CAM）、计算机辅助分析（CAE）、计算机辅助工艺过程设计（CAPP）、产品数据管理（PDM）及产业链管理（SCM），这些是目前数字化阶段已经不可缺少的，智能化阶段还需提升其智能性。

除此之外，还有一些非常重要的在仿真测试、安装调试、试验及其他方面的工业软件，也有广泛的使用。例如，在液压领域的编程软件LabVIEW是实验室虚拟仪器工程平台；系统仿真软件MATLAB用于算法开发、数据可视化、数据分析及数值计算；AMESim是机械、电子、液压等工程系统的仿真软件；ANSYS中的流固耦合模块、流场仿真软件Fluent等都经常使用。

54.6.3 我国工业软件的开发

工业软件在实施工业4.0的过程中是一个重点。为了形成我国工业软件技术标准与生态体系，需要突破部分关键核心技术，达到2020年在中低端市场占有率超过30%，2025年自主工业软件占有率超过50%；自主“云端”“终端”工业大数据平台与智慧工业云在重点行业的应用普及率在2020年超过40%，在2025年超过60%。工业软件开发的领域见表54-1。

表54-1 工业软件开发的领域

序号	开发领域	开发要求	开发内容
1	智慧工业云与制造业核心软件	研发物联网智慧工业云体系架构与标准体系	1）构建工业资源库（包括知识库、模型库、零件库、工艺库和标准库等） 2）重建产品生命周期管理（CAD/CAE/CAPP/CAM/PLM）、企业资源计划（ERP）、供应链管理（SCM）和客户关系管理（CRM）等 3）研制数据驱动的构件组合引擎 4）研制工业能源管理智能化软件与协同管控平台 5）构建物联网智慧工业云平台

（续）

序号	开发领域	开发要求	开发内容
2	云端、终端工业大数据平台	交换融合与智能协同	1）研制设备端的嵌入式数据管理平台与实时数据智能处理系统 2）开发云端具有海量处理能力的工业数据采集、存储、查询、分析、挖掘与应用的工业设计处理意见 3）构建覆盖产品全生命周期和制造全业务活动的工业大数据平台，支持企业内部与外部、结构化与非结构化、同步与异步、动态与静态、设备与业务、实时与历史证据的整合集成与统一访问，实现“数据驱动”
3	工业操作系统及其应用软件	衔接“核高基”等重大专项形成的成果，构建可裁剪的工业基础软件平台	1）面向数字化产品与智能化成套装备需求，研制高安全、高可信工业操作系统 2）实现主流控制设备、CPU与总线协议的适配；在此基础上研发一套嵌入式软件接口、组态语言与集成开发环境，形成嵌入式操作系统的安全性、可信性及性能的测评标准和规范 3）研制高端制造业嵌入式系统，在关键领域推广应用
4	具体软件		高可信服务器操作系统、安全桌面操作系统、高可靠高性能的大型通用数据库管理系统、网络资源调度管理系统和移动互联环境下跨终端操作系统、新型计算模式和网络应用环境下的安全可靠基础软件平台、新一代搜索引擎及浏览器、智能海量数据存储与管理系统、云计算平台等网络化关键软件、非结构化数据处理软件、开放源代码软件、计算机辅助设计和辅助制造（CAD/CAM）、制造执行系统（MES）管理、过程控制系统（PCS）、产品生命周期管理（PLM）、计算机集成制造系统（CIMS）、工业控制系统软件、回收再制造绿色制造软件、企业管理软件、销售服务软件、市场流通软件

54.6.4 虚拟制造技术是智能制造研发的捷径

虚拟制造技术是智能制造工业软件的产物，工业软件是智能制造的基础。

液压行业从习惯性“仿制”的思维中解脱出来的一个工具就是虚拟制造技术（Virtual Manufacturing Technology，VMT），如图54-22所示。它代表了一种全新的制造体系和模式，保证了产品开发的效率和质量，提高了企业的快速响应和市场开拓能力。

它是以计算机仿真技术为前提，对设计、制造等生产过程进行统一建模，在产品设计阶段，实时并行地模拟出产品未来制造全过程及其对产品设计的影响，预测产品性能、产品制造成本、产品的制造性，从而更经济地组织制造生产，使工厂和车间的资源得到合理配置，以达到产品的开发周期和成本的最小化，产品设计质量的最优化，生产率的最高化之目的。这样，可以在产品的设计阶段就模拟出产品及其性能和制造过程，以此来优化产品的设计质量和制造过程，优化生产管理和资源规划，以达到产品开发周期和成本的最小化，产品设计质量的最优化和生产率最高

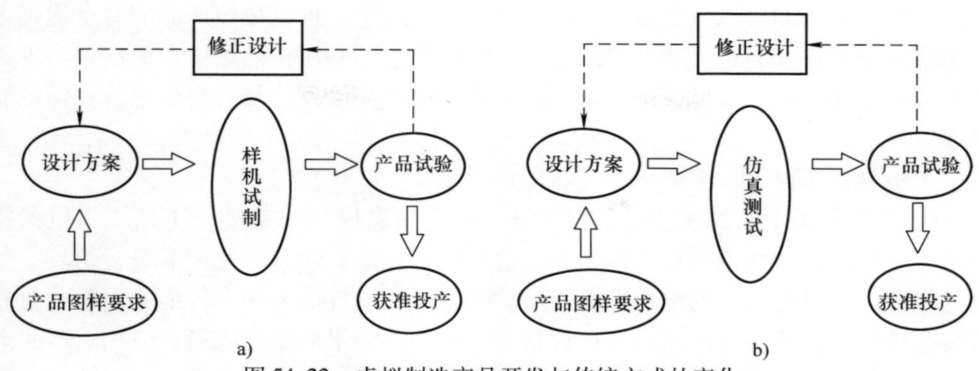

图 54-22　虚拟制造产品开发与传统方式的变化
a）传统产品开发　b）虚拟制造产品开发

化，从而形成企业的市场竞争优势，虚拟制造技术在智能生产中的作用与流程如图 54-23所示。

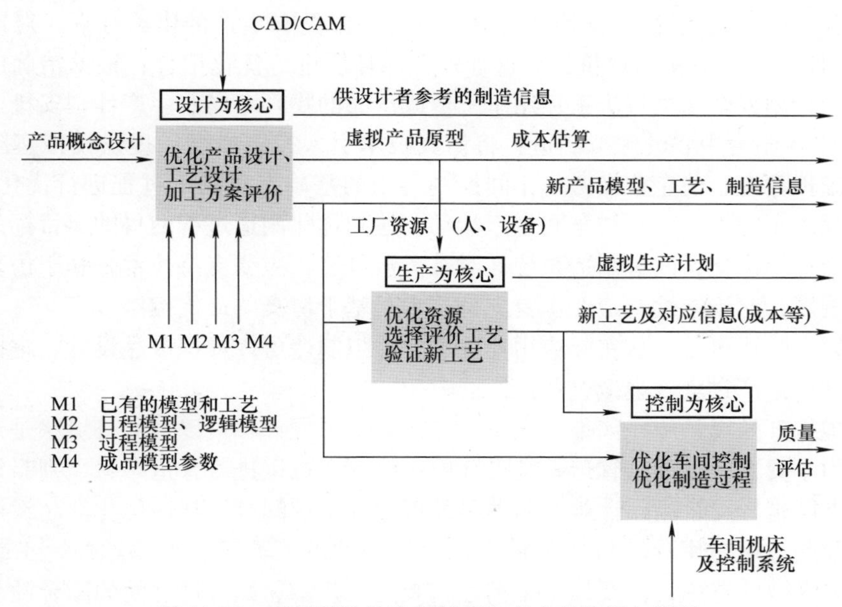

图 54-23　虚拟制造技术在智能生产中的作用与流程

以波音 777 为例，其整机设计、部件测试、整机装配及各种环境下的试飞均是在计算机上完成的，其开发周期从过去的 8 年缩短到 5 年；克莱斯勒（Chrycler）与 IBM 合作开发的虚拟制造环境用于其新型车的研制，在样车生产之前，即发现其他位系统及其他许多设计有缺陷，从而缩短了研制周期。尽管虚拟制造技术的出现只有短短的几年时间，但虚拟制造的应用将会对未来制造业的发展产生深远的影响。

虚拟制造技术的软件功能包括：①提供关键的设计和管理决策对生产成本、周期和能力的影响信息，以便正确处理产品性能与制造成本、生产进度和风险之间的平衡，做出正确的决策；②提高生产过程开发的效率，可以按照产品的特点优化生产系统的设计；③通过生产计划的仿真，优化资源的利用，缩短生产周期，实现柔性制造和敏捷制造；④可以根据用户的要求修改产品设计，及时提出报价和保证交货期。

虚拟制造可以划分为以下三类。

① 以设计为中心的虚拟制造：以统一制造信息模型为基础，主要技术包括特征造型、面向数学的模型设计以及加工过程仿真技术；对数字化产品进行仿真、分析与优化。要进行产品的结构性能、运动性能、动力性能与热力性能方面的分析和可装配性分析；获得对产品的数据评估与性能测试结果后做出决策；应用于产品造型设计、运动学分析、动力学分析、热力学分析与加工过程仿真等。

② 以生产为中心的虚拟制造：以企业资源为约束条件，对企业生产过程进行仿真，用不同的加工过程及其组合进行优化；主要技术包括虚拟现实技术与嵌入式仿真技术；检验新工艺流程的可信度、产品的生产率、资源的需求状况（包括购置新设备、征询盟友等），从而优化制造环境的配置和生产的供给计划。对产品的“可生产性”进行分析与评价，对这种资源和环境进行优化组合；根据精确成本信息对生产计划或调度进行决策；用于工厂或产品的物理布局及生产计划安排。

③ 以控制为中心的虚拟制造：将仿真技术引入控制模型，提供模拟实际生产过程的虚拟环境，使企业在考虑车间控制行为的基础上对制造过程进行优化控制；模拟实际的车间生产，评估车间生产活动，达到优化制造过程的目的。目标是对实际的生产过程优化，改进制造系统；对于离散制造，主要支持技术是基于仿真的实时动态调度；对于连续制造，主要支持技术是基于仿真的最优控制。

由以上叙述可见，从实际应用角度看，虚拟制造可以虚拟产品设计、虚拟产品制造、虚拟生产过程及虚拟企业。

在虚拟产品设计中，如果是飞机、汽车的外形设计，可以判断其形状是否符合空气动力学要求，在复杂管道系统设计中，设计者可以进行管道布置以判断是否发生干涉等。这样可提高设计效率，尽早发现设计中的问题，从而优化产品设计。在虚拟产品制造中应用计算机仿真技术，对零件的加工方法、工序顺序、工装的选用、工艺参数的选用，以及加工工艺性、装配工艺性、配合件之间的配合性、运行物件的运动性等均可建模仿真，提前发现加工缺陷和装配时出现的问题，从而优化制造过程。

54.7　区块链将重塑并引领未来智能制造

区块链是智能制造的第六项关键技术。

区块链是分布式数据存储、点对点传输、共识机制、加密算法等计算机技术的新型应用模式，本质上是一个去中心化的数据库，如图54-24所示。区块链的成功应用是作为比特币的底层技术而得到重视，它是一串使用密码学方法相关联产生的数据块，每一个数据块中包含了一次比特币网络交易的信息，用于验证其信息的有效性（防伪）和生成下一个区块。因此区块链三大特点是无须中介参与、过程高效透明、成本低与数据高度安全。因此只要在物联网上可以利用这三个特点的行业就有可能与区块链技术联系起来。

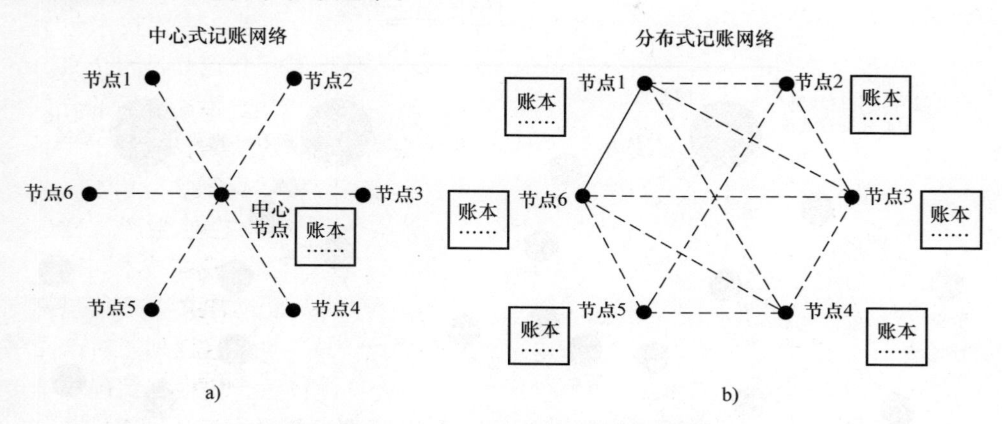

图 54-24　区块链去中心化的数据库存取方式

a）传统式数据库　b）区块链数据库

区块链可能重塑智能制造工业物联网与人工智能的思路如下所示。

1. 组建和管理工业物联网更安全、高效、低成本

组建高效、低成本的工业物联网，是构建智能制造网络基础设施的关键环节。在传统的组网模式下，所有设备之间的通信必须通过中心化的代理通信模式实现，设备之间的连接必须通过网络，这极大提高了组网成本，同时可扩展性、可维护性和稳定性差（见图 54-25 中的中心化连接）。

区块链技术利用 P2P 组网技术和混合通信协议，处理异构设备间的通信，将显著降低中心化数据中心的建设和维护成本，同时可以将计算和存储需求分散到组成物联网网络的各个设备中，有效阻止网络中的任何单一节点的失败，而避免整个网络崩溃的情况发生。另外，区块链中分布式账本的防篡改特性，能有效防止工业物联网中任何单节点设备被恶意攻击和控制后带来的信息泄露和恶意操控风险。最后，利用区块链技术组建和管理工业物联网，能及时、动态掌握网络中各种生产制造设备的状态，提高设备的利用率和维护效率，同时能提供精准、高效的供应链金融服务。区块链采用去中心化的“点对点通信模式”，高效处理设备间的大量交易信息，降低安装维护大型数据中心的成本，减少系统流通环节的特点，本身就是提高工作效率的一项技术。

2. 基于去中心化的特点改造工业云企业的布局

工业云平台之间的品牌差异将被逐渐打破，不同品牌之间或会主动地加速兼容；此外，公有云、私有云的概念将逐渐模糊，区块链技术本身而言就集信息透明与隐私保护于一身，突破了公有云、私有云需求环境不同的障碍。

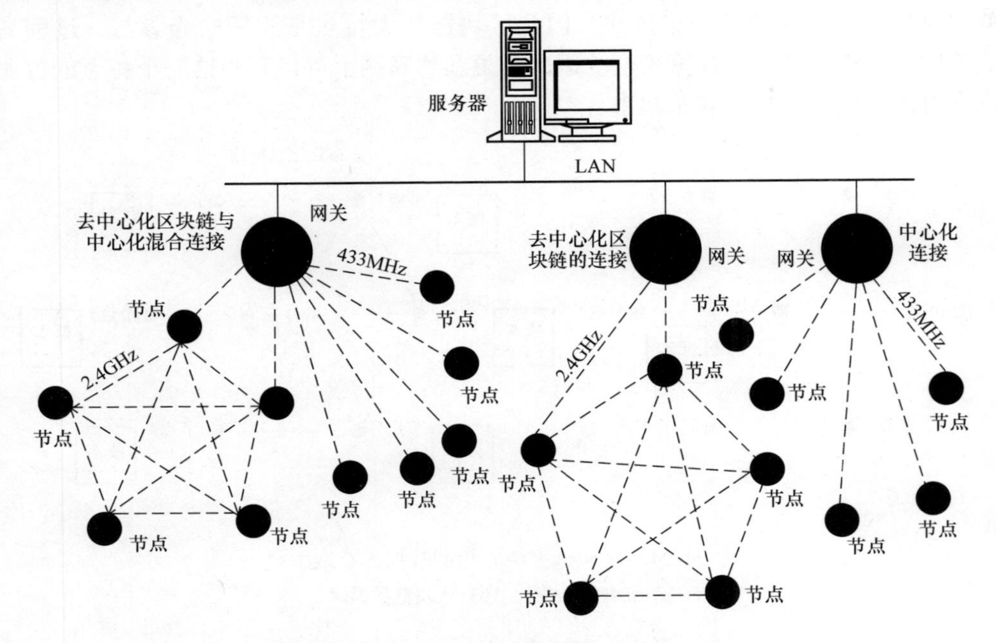

图 54-25　宁波某公司已经采用的区块链网络连接

3. 区块链技术无须中介参与

区块链技术无须中介参与的特点能够将制造企业中的传感器、控制模块和系统、通信网络、ERP等系统连接起来，并通过统一的账本基础设施，让企业、设备厂商和安全生产监管部门能够长期、持续地监督生产制造的各个环节，提高生产制造的安全性和可靠性。同时，区块链账本记录的可追溯性和不可篡改性也有利于企业审计工作的开展，便于发现问题、追踪问题、解决问题、优化系统，极大提高了生产制造过程的智能化管理水平。例如，通过传感器对产品特性进行感知以获取产品虚拟模型的信息时，利用区块链信息的高效透明与信息安全特点，可有效采集和分析原本各孤立的系统中存在的所有传感器和其他部件所产生的信息，能够更快速高效地建立所需要的模型。

4. 生产制造过程的智能化管理

区块链高效透明的特点使数据透明化，因而使研发审计、生产制造和流通更为有效，同时也为制造企业降低运营成本、提升良品率和降低制造成本，使企业具有更高的竞争优势。智能制造的价值之一就是重塑价值链，而区块链有助于提高价值链的透明度、灵活性，并能够更敏捷地应对生产、物流、仓储、营销、销售、售后等环节存在的问题。例如，可以在供应侧防伪以提高质量保证、供应商采信节省调研成本，以及减少系统流通环节提高工作效率。首先，由于区块链的可追溯性有利于产品防伪与数据关联（见图 54-26），此时供给侧在实体产品上的每个流通环节都可以自证其信，保证真实信息在流通之初就有效保障智能制造的实施。其次，基于区块链可信的特点，可省去诸如供应商背景调查、产品质量入货检测等基于不信任的多余工作。再次，区块链本身还具有去中介化的特点，基于电商的大型平台其实质仍然是一种平台、一个中介性质的单位，通过导入区块链技术，便可再次缩减诸如电商这样的中间环节，进一步降低实施智能制造的成本。最后，基于区块链的信息透明特点，使得企业能够在市场上采用最具成本优势的方案。在区块链定义的规则下，设备被授权搜索它们自己的软件升级，确认对方的可信度，并且为资源和服务进行支付。

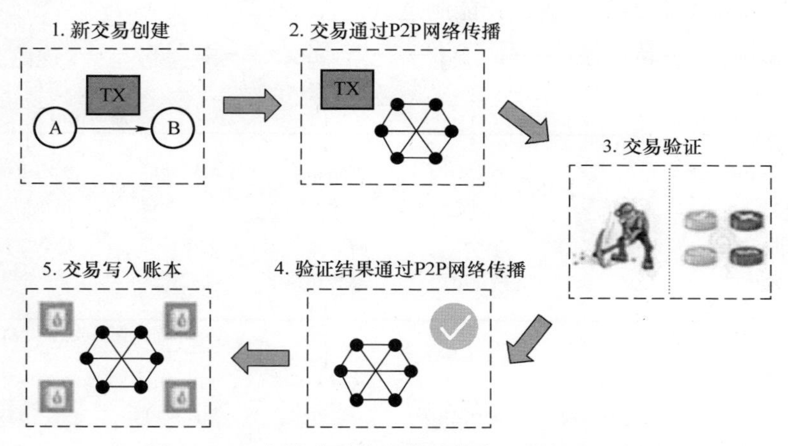

图 54-26　产品或零件防伪的去中心化保证机制

5. 区块链技术对于数字孪生的技术发展是一个利好

数字孪生作为数字双胞胎是一个包含实体产品全部信息的虚拟数字模型。区块链的信息传递趋向于携带交易产品的全部信息，且区块链会促使交易双方主动提供交易内容中涉及的全部信息，而这些信息正是构建数字孪生的基础。

6. 区块链和人工智能是两种技术趋势

虽然区块链和人工智能各自本身都具有开拓性，但是，它们在整合后将会有潜力变得更加具有革命性。两者都有助于提高对方的能力，同时也提供了更好的监督和问责的机会。它们之间在加密方法、点对点的传输及智能管理区块链，三方面结合可以提高二者的效益与功能。它们的结合可以表现在下列方面：

1）人工智能文件系统利用区块链中固有的加密技术，使私密性得到保护的同时又保留了价值与便利。区块链数据库以加密状态保存，这意味着只要私钥安全，链上的所有数据就安全。新兴的 AI 领域涉及构建算法，该算法能够在数据仍处于加密状态时处理数据。

2）区块链的点到点的传输可以帮助跟踪、理解和解释 AI 通过“学习”的决策，能对人工智能做出的决定破解以对这些决策进行审计。例如，企业将其所有门店的交易数据在区块链下输入到其人工智能系统中，人工智能系统负责决定哪些产品应该进货以及在哪里进货的记录无法被篡改，那么对决策进行审计就会简单得多。在区块链记录决策过程，可能是实现透明度和洞察机器人思维来获得公众信任的一个步骤。

3）AI 可以比人类（传统计算机）更有效地管理区块链。人工智能以一种更聪明、更深思熟虑的方式管理区块链面临的任务。

根据目前的发展，特别是互联网的发展从最初的 TCP/IP 协议的“数据互联网”，已经进入了 HTTP/HTTPS 协议的“信息互联网”，而且正在向以区块链为特征的 HTTP/2（febric）协议的”价值互联网”发展。因此可以想象未来以区块链数据库为基础的互联网所形成的智能制造（见图 54-27）。

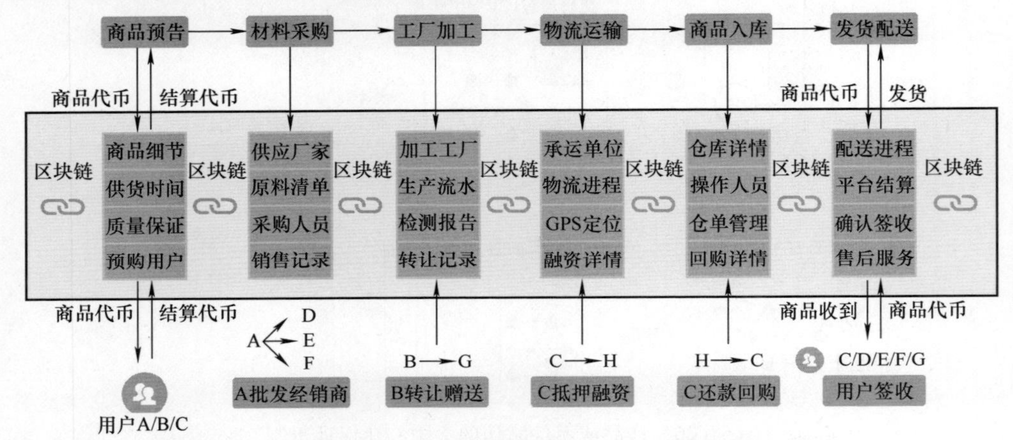

图 54-27 未来以区块链数据库为基础的互联网所形成的智能制造

因此，区块链的互联网会重塑甚至引领未来的智能制造。

54.8 液压智能生产

智能生产是智能制造的第七项关键技术，是智能制造整个环节中最重要、最核心的一环，是制造的直接体现。作为液压行业，要实现智能生产尽管有若干现实的条件所带来的困难，但是只要行业的平台与企业的融合便可能实现，液压企业在数字化转型基础上，将会有产业链的整合过程与价值链的形成。

54.8.1 智能生产与智能工厂的关系

图 54-28 所示为智能生产与智能工厂的关联性，该图清晰地表明了智能生产是智能工厂的一部分，是直接生产元件或装备的产品单元。因此，所有智能工厂的活动是以智能生产作为最重要的基础。智能数字化生产车间只是涉及产品生产过程，而智能工厂则包括了设计、管理、服务、集成等。

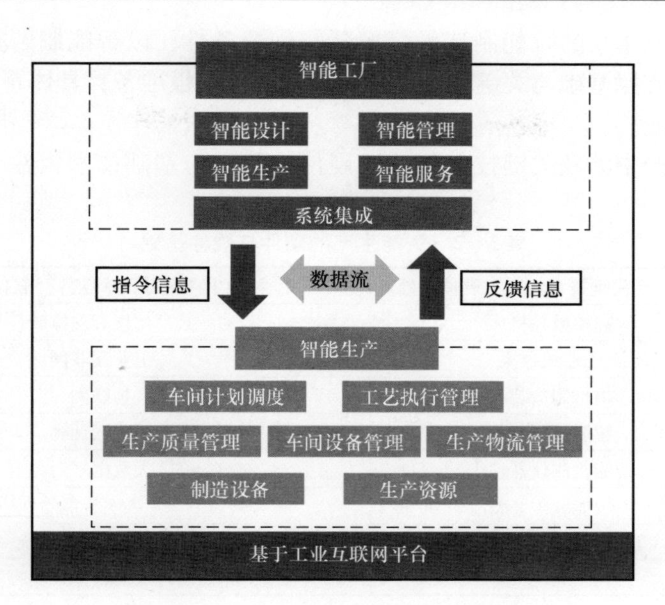

图 54-28　智能生产与智能工厂的关联性

智能生产与传统的生产是完全不同的概念。其中最重要的概念就是智能制造对于用户“定制化”要求的满足。要满足“定制化”需要做到以下几点。

1）智能生产的前提是产品生产自动化，但不要在落后的生产工艺基础上搞自动化。要实现产品的自动化生产，又有两个前提条件，一个是产品的种类相当集中，有一定的批量，液压元件种类不少、规格繁多，因此更要求液压元件的设计要注重模块化与标准化；同时要求产品有一定的市场占有量，这是对企业的要求；另一个前提条件是产品的工艺要求优化，要在优化工艺的基础上实施自动化，普通液压元件已经比较成熟，因此要在液压工业 2.0 阶段就优先在工艺上形成规范并注重工艺细节上下功夫，才能使生产元件的质量有保证与市场认可，这样的自动化才能发挥作用与效果。

2）尽管智能生产是制造中的加工环节，但在实施智能生产时不要在企业落后的管理基础上搞信息化，不然不是生产中的问题，而是管理的不顺畅，诸如缺乏必要的企业管理软件或配置信息不通畅、信息设备的配置有问题、数据的混乱与分析错位、部门间的纠缠抵消了信息化带来的效益，因此在液压工业 3.0 的阶段，要在现代管理理念的基础上实现信息化。

3）在实施液压工业 4.0 时，不要在不具备数字化、网络化的基础上搞智能化，要对生产过程的数字化有所投入，也要会投入，并不是要求一切设备推倒重来，只要掌握智能化的实质，有些设备可以加上必要的通信措施与识别系统，形成智能生产的能力。因此不要在不具备网络化、数字化的基础时搞智能化。现在谈智能化就是为了当前补上液压工业 2.0 阶段自动化的课，做好液压工业 3.0 的信息化普及，为推进液压工业4.0的智能制造做好准备与创造条件，以智能制造标准规范为指导，加强智能支撑基础与关键技术的学习、理解与积极准备，具体且有计划地成为智能制造的企业。

在智能生产中涉及关键技术装备（硬件基础）与基础技术软件（软件基础），详见表54-2。

表54-2　智能生产的硬件与软件基础

序号	智能生产关键技术装备（硬件基础）	智能生产基础技术软件（软件基础）
1	高端数控机床	数字化核心支撑软件
2	工业机器人	工业互联网
3	增材制造装备	物联网
4	智能控制装备	工业云计算
5	智能检测仪器仪表	大数据平台
6	智能装配装备	人工智能
7	智能物流与仓储装备	信息安全保障系统
8	其他	面向行业的整体解决方案

目前我国在智能制造方面尽管有不少长足的进步，但是仍面临关键技术的不足，诸如缺乏高端的关键技术装备、核心软件缺失、支撑基础薄弱、安全保障缺乏等。在智能生产方面可以有能力自主研制装备，自主开发软件技术，建立高效可靠的工业互联网基础和信息安全系统，“软硬并重”为智能生产提供扎实的支撑基础。液压行业的企业家与工程技术人员对硬件基础比较了解，软件基础薄弱，因此，本手册对软件技术进行了比较多的阐述。

54.8.2　智能生产的总体组成

智能生产的“无人操作”，需要自动识别、自动检测、自动运输与过程自动显示与跟踪等。这些功能是依靠硬件实现，但需要软件的支持。图54-29所示为智能生产中的工业互联网的运行与维护，比较完整地表达了软件支撑所涉及的布局，尽管具体企业在实施中会有很大的变化。

这个硬件系统与软件系统的集成实现了从云端的个性化定制、下单云监控等，到生产过程中所应用的各类自动化、信息化生产技术，展示了一个完整的基于工业互联网的智能制造模式，智能生产流程的整个体系中硬件与软件的融合如图54-30所示。

图54-30给出了智能生产全过程的清晰概念。也就是智能生产的基础在于生产设备生产产品的阶段，在这里主要是制造硬件即自动线的生产设备，还有与相关的工件在生产流程中所产生的元件搬运或转送所需要的输送单元或工具（如机器人等）。在这个阶段由“智能感知”“智能检测”与“智能运送”达到无人操作而生产的目的。这里可以注意到工件被“感知”是进入智能生产的第一个关卡。

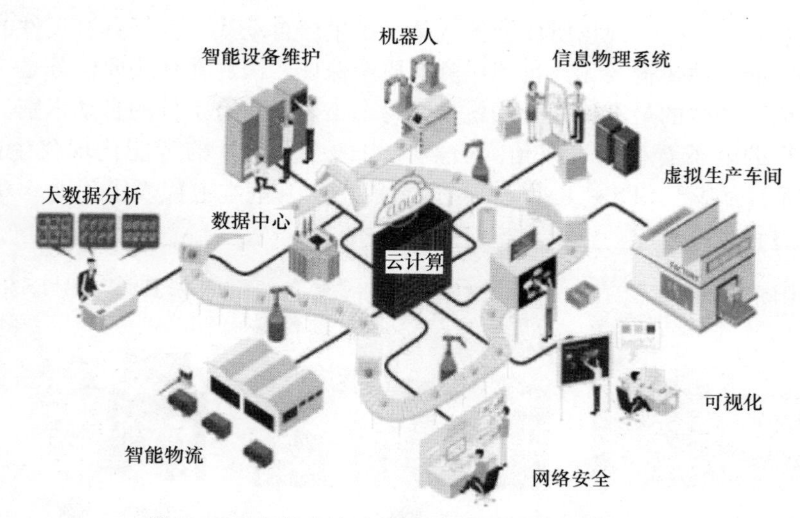

图 54-29　智能生产中的工业互联网的运行与维护

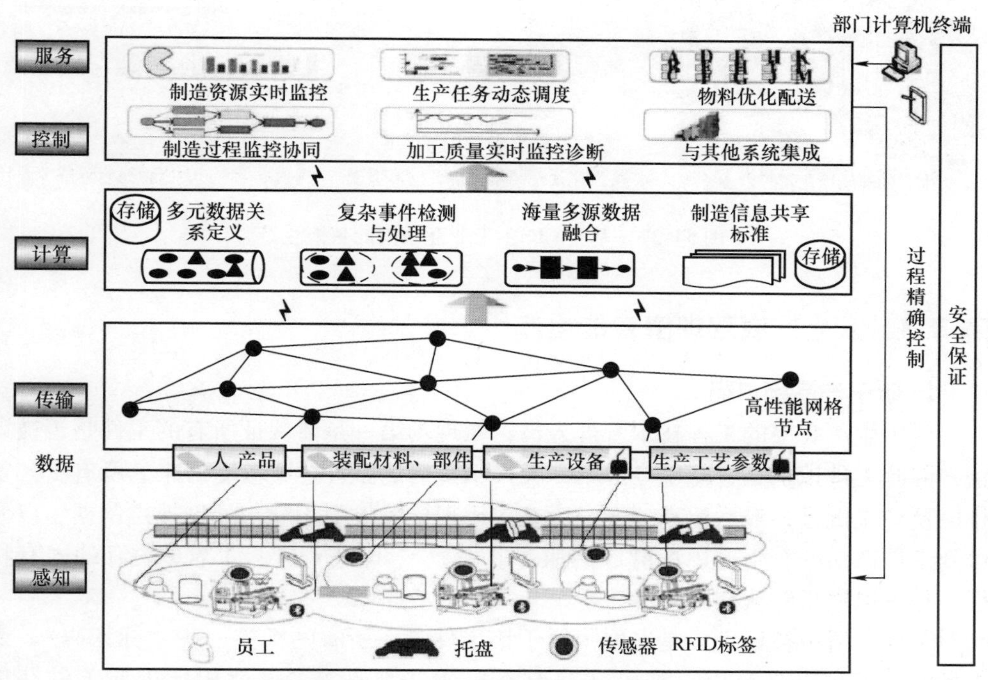

图 54-30　智能生产流程的整个体系中硬件与软件的融合（CPS）

在这个过程中产生的所有数据都将经过实时传输，进入数据中心并进行普适计算即云计算等各种类型的计算，将“大数据”经过软件处理分析得到需要的信息，提供给生产调度、进行监控、对于质量问题的诊断及有关过程的优化等服务性阶段，同时又在现场通过可视化的电子看板提供管理人员了解与跟踪处理。

这些在企业的生产现场所体现的就是一条生产自动线，但是具有工件的自动识别、机器人的工件传输及无人自动检测的质量保证。因此在现场要区分是一般自动线还是智能自动线的最直接的办法就是看每个工位是否有工件的自动识别。并且机器人及工厂的电子看板都可以给人有震撼力的工业4.0的智能化现代生产场景。图54-31所示为基于CPS+工业互联网的智能生产，基本上代表了工业4.0在小型元件加工过程中的景象。

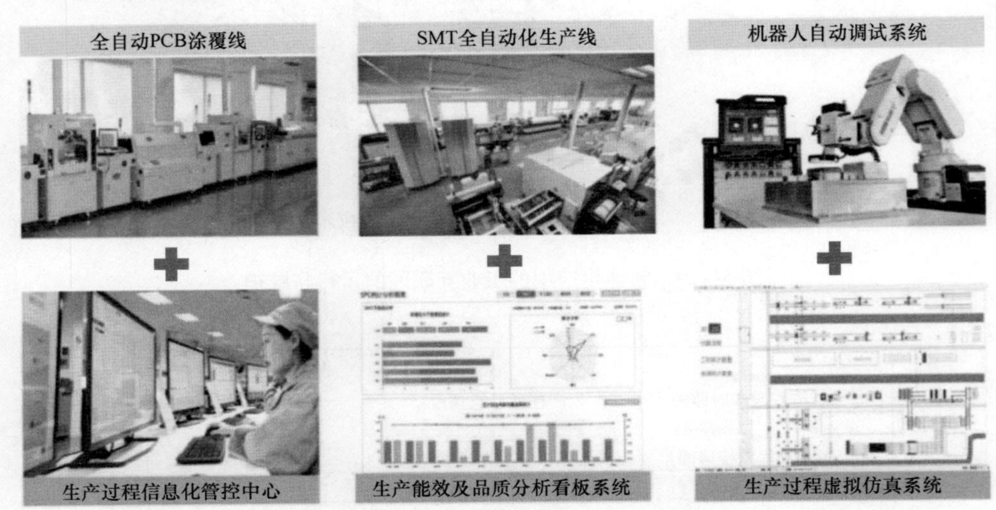

图54-31　基于CPS+工业互联网的智能生产

54.8.3　从生产底层理解智能生产

1. 赋予产品标识码

对于生产底层的工程技术管理人员，在现场第一是要保证所有的工件是否被识别，因此工件识别是智能生产的第一关。识别后的工件才会接受后来的所有工艺安排以及加工记录，最后留有档案，为在应用现场的故障诊断与处理提供依据。以便做到工件产品的全生命周期健康的服务。所以“识别”是工件本身附有的固有特征，是可以被跟踪认知的条件。

工件之所以被识别，是采取了属于该工件唯一所有的标签——“标识码”。最常见的“标识码”采用一维码（条形码）或二维码等，这就相当于该工件获得“身份证”一样。无论该工件处于何种情况，只要获知该标识码，就可以获知该工件经历的所有材料、加工或性能情况，就像人类社会的“身份证”用在工厂生产管理中。

智能自动生产线最突出的特点之一就是被生产的对象需要获得具有“身份证”作用的标识，这是智能生产线的第一关，如图54-32所示。当要求生产的工件在任何工位或各种情况下的搬运、测试或包装等都离不开对此工件的识别。通过识别不仅可以辨认此工件，而且可以随时记录此工件所有经历或有关参数。

图 54-32　智能生产第一关——贴标扫码

图 54-33 所示为产品具有的标识码，其中这个名片夹产品就是用带有智能生产的自动线生产的，每生产这样一个名片夹，其上都有自己的二维码/条形码“身份证”，这个“身份证”是被加工件或被装配件的“永久标志”。因此根据此身份证所记录的生产参数或性能参数都会记录在“云端”，在需要时可以调用出来，或者在使用场合通过此码来跟踪或识别。这也是这一产品“全生命周期”跟踪的基础。也就是说今天这个产品的原始生产记录可以在西门子的产品数据库内调取出来。

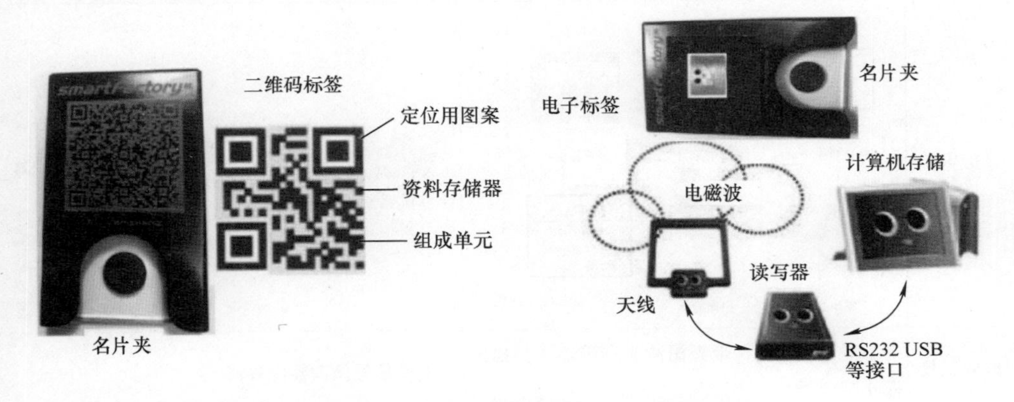

图 54-33　产品具有的标识码（二维码或电子标签）

因此具有“身份证”的产品就具有“全生命周期”性能跟踪、检测、远程调试与安全等记录或联系。这样一来不仅在工厂生产时可以被跟踪，而且在使用现场的情况也可以通信了解。因此，产品质量不仅生产时有保障，即使在使用时，生产厂家也可以直接了解甚至处理。后者也就又开辟了一种新服务——云端调试、监控、维修等元件健康服务的内容。

2. 各种类型标识码读写方式及其在生产中的应用

工件标识的方法很多，如传感器、RFID 及机器视觉等方法，以便在智能生产时可以自动识别工件或者产品。

最常用的标识码是条形码（一维码）、二维码及 RFID。二维码与一维码相比，具有数据存储量大，保密性好等特点，能够更好地与智能手机等移动终端相结合，形成了更好的互动性和用户体验。而与 RFID 相比较，二维码不仅成本优势凸显，用户体验和互动性也具有更好的应用前景。表 54-3 列出了常用的工件标识方法及其比较。

表 54-3　常用的工件标识方法及其比较

种类	一维码/二维码标识	RFID 标识
编码形式	一维码/二维码	电子代码
码制类型	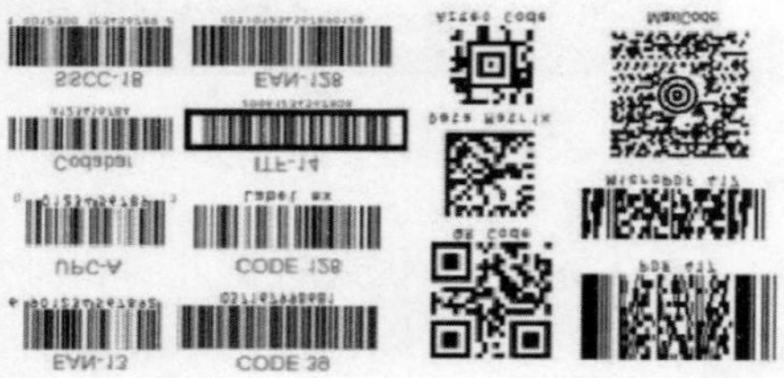 SSCC-18　EAN-128　Codabar　ITF-14　UPC-A　CODE 128　EAN-13　CODE 39	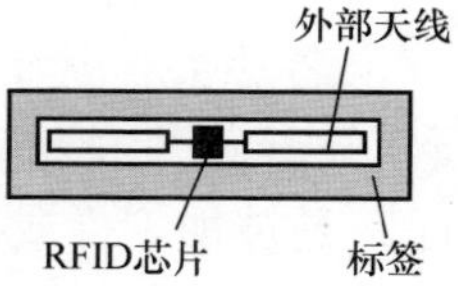 外部天线　RFID芯片　标签
工件携带方式	印刷、打印粘贴或激光打印等方法附在工件物体上	附于可跟踪物体上
读取方式	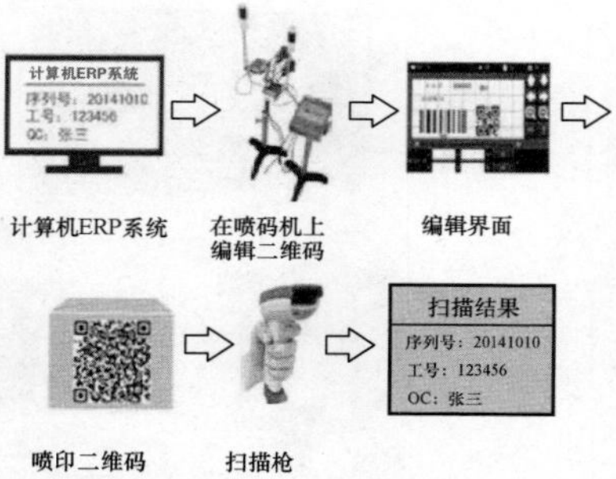 计算机ERP系统　在喷码机上编辑二维码　编辑界面　喷印二维码　扫描枪　扫描结果 序列号：20141010 工号：123456 QC：张三	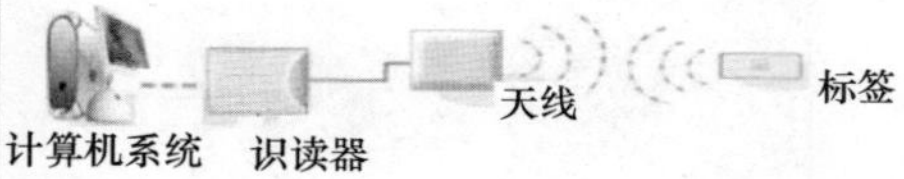 计算机系统　识读器　天线　标签
读取工具	工业级读码器，带光栅激光阅读器，扫描图像式阅读器	频率信号阅读器应答器
优点	容量大、纠错强、可靠性高、印刷要求不高、成本低	快速扫描、穿透性强和无屏障阅读、数据量大、安全性高

3. 标识码在生产流程中的作用

工件采用编码标识以后，在生产流程中起到被追踪的作用。基于制造物联的生产线的感知与网络传输数据过程如图 54-34 所示，在生产过程中的在制品状态就可以及时等到记录并且在制造执行系统（MES）得到动态的反映，与此同时可以在电子看板上显示，让生产第一线的管理人员及时了解生产的细节与进程。

由于工件的“身份证”是工件的标识，因此在管理上带来了极大的变化。可以跟踪产品的进展的细节与动态，并且任何的生产流程的进展都被记录，企业的最重要的生产大数据就可以进入大数据中心提供上一层网络传输到云端或云计算中，使管理层能够从这些数据中动态地了解生产效率与生产中产生的问题，为高一层的

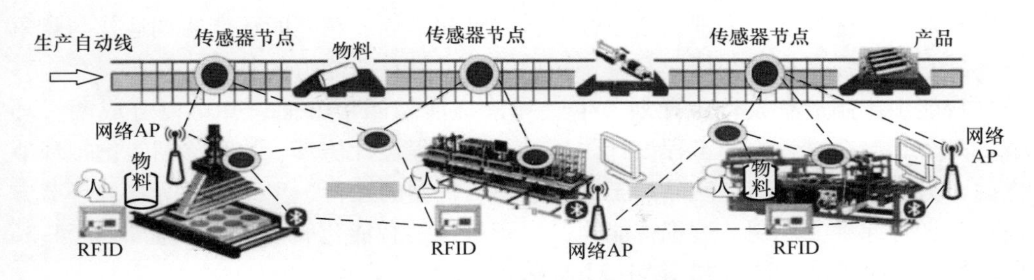

图 54-34　基于制造物联的生产线的感知与网络传输数据过程

决策提供依据。形成了智能制造最底层的也是最重要的数据，经过计算与分析将成为企业可贵的各种信息的基础之一。

可以从生产的底层来理解智能制造与传统制造，与工业 3.0 时自动线的自动化制造根本不同的一点就是智能制造产品的“身份证管理体系的制造”。在图 54-34 中可以看到每一个工位都需要对工件的感知过程，然后才可能记录有关的生产参数与检测结果，所有数据依靠网络通信传输到数据中心通过 MES 界面展现出来或者在数据中心存储起来，如图 54-35 所示。

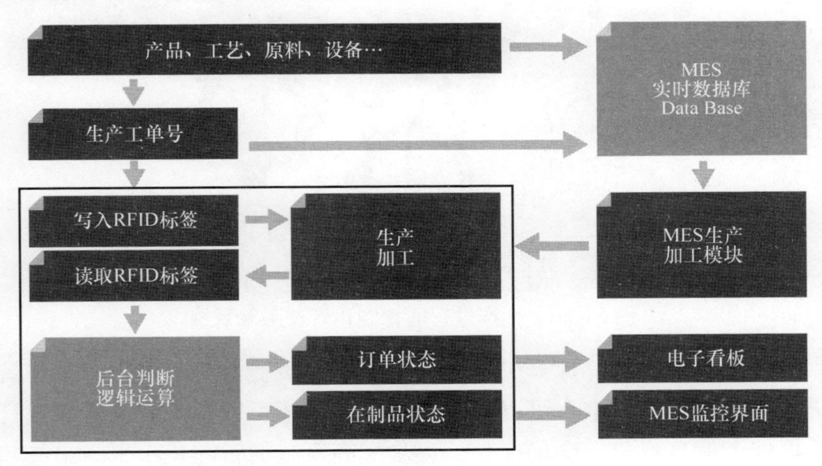

图 54-35　基于 RFID 的工件被追踪流程图

54.8.4　从顶层设计理解智能生产

智能生产制造就是采用智能机器的制造。在制造过程中，智能机器能在人的参与下，利用人工智能方法使该机器进而集成的机器群（系统）具有一定自我分析、推理、判断、构思和决策等混合智能能力。这样一来，制造自动化就扩展到柔性化、智能化和高度集成化，并成为制造自动化的发展方向。

“智能机器”是指在感知环境与自身信息，分析后具有判断和规划自身行为能力的机器，一定程度上表现出独立性、自主性和个性，相互间还能协调运作与竞争自律。它带有强有力的知识库和基于知识的模型是自律能力的基础。

智能生产制造有设计、计划、生产和系统活动四个方面，并可以分成两大环节，一个是制造过程中的工程设计仿真、工艺过程设计仿真、故障诊断等虚拟环节方面，另一个是涉及诸如产品加工参数选择、机器的运行、生产调度等物理环节方面；二者合起来实现制造过程智能化，生产过程的智能化管理引擎系统如图54-36所示，智能机器的智能性如图54-37所示。

图54-36　生产过程的智能化管理引擎系统

从广义概念上来理解，计算机集成制造系统、敏捷制造等都可以看作智能自动化的例子。除了制造过程本身可以实现智能化外，还可以逐步实现智能设计、智能管理等，再加上信息集成、全局优化，逐步提高系统的智能化水平，最终建立智能制造系统。这可能是实现智能制造的一种可行路径。这就是一条先采用智能机器，然后集成，再进一步智能设计，完善智能生产管理的路径，这样的智能化路径可能会适合我国目前的工业业态。

因此，对于智能生产最通俗的理解就是“智能设备＋物联网＋云平台”。

以上所有的生产制造的智能化实际上都涉及智能性的能力问题，正在发展的智能体计算将可能成为下一代软件开发的重大突破。多智能体系统（Multi－Agent）技术为解决产品设计、生产制造乃至产品的整个生命周期中的多领域间的协调合作提供了一种智能化的方法，也为系统集成、并行设计，以及实现智能生产制造提供了更有效的手段，这是下一个阶段发展所期待的。

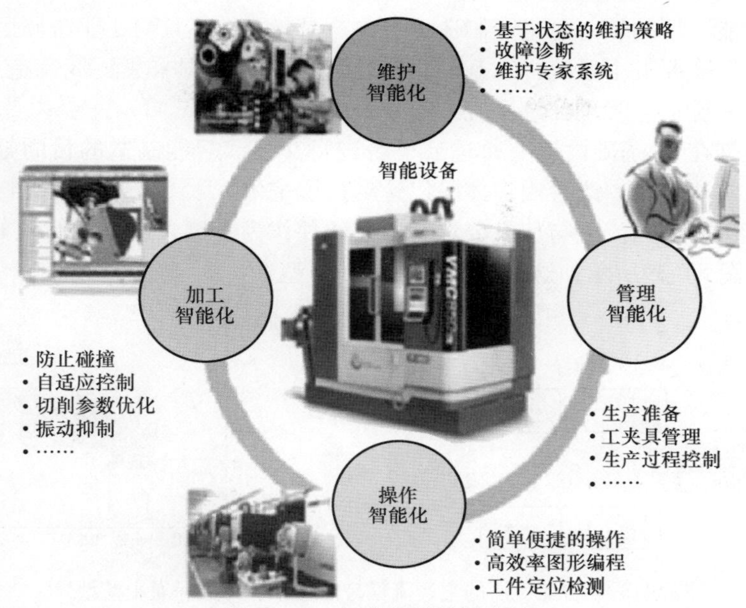

图 54-37 智能机器的智能性

54.8.5 液压智能工厂总概念

图 54-38 所示的建立智能制造中智能工厂的总蓝图，以宝钢为例将智能制造的总概念表达得相当清晰。

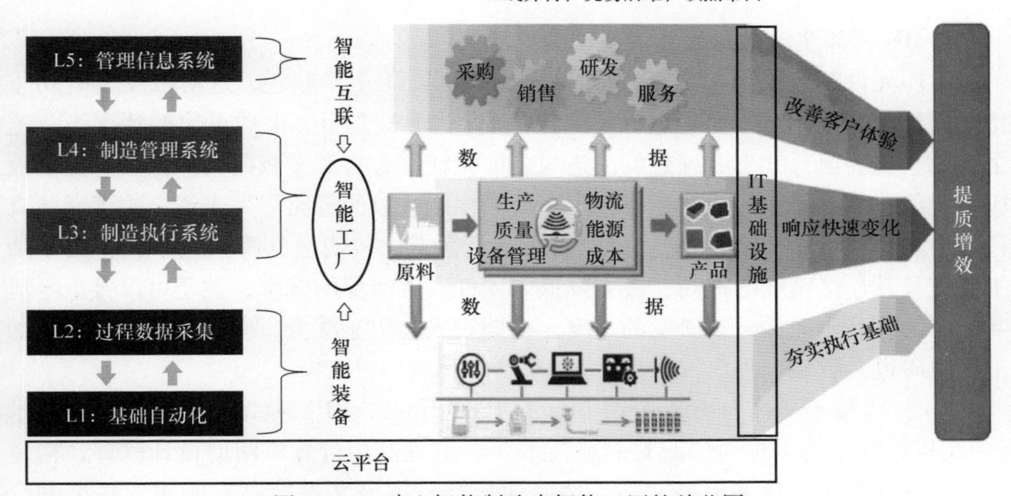

图 54-38 建立智能制造中智能工厂的总蓝图

智能制造包括下列概念：①智能工厂是智能制造总的体现载体，处于中心集成的位置；②智能工厂有两大实质性的基础，底层是建立智能装备，高层是具有智能互联；③智能工厂的核心是生产制造环节出产品。

智能工厂需要五个系统：①基础自动化；②过程数据采集；③制造执行系统；④制造管理系统；⑤管理信息系统。

所有数据在IT基础设施上通过云平台进行交换。智能制造的目的是夯实执行基础、响应快速变化、改善用户体验以达到提质增效。

智能工厂的生产流程与信息要求有工业软件作为支撑，最核心的是ERP、MES与PCS，如图54-39所示，这也是国际通用的模型。

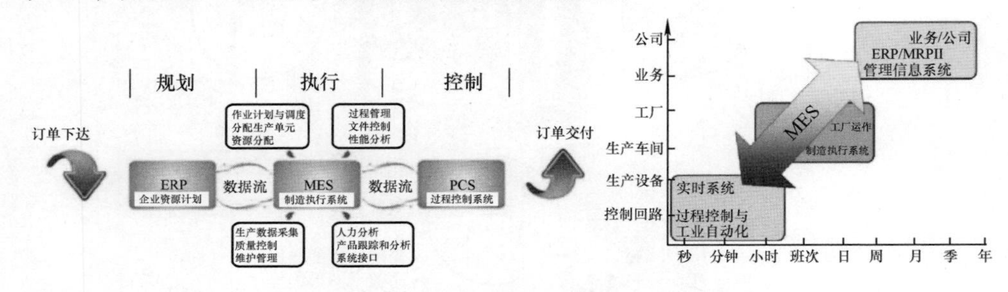

图54-39 智能工厂的生产流程与信息要求（国际通用模型）

54.9 3D打印技术与黏结剂金属喷射打印液压元件

数字化生产的3D打印技术是智能制造的第八项关键技术，本节将介绍3D打印技术相关内容并阐述液压元件批量生产的黏结剂金属喷射3D打印及其产业化实践。

1. 3D打印生产液压元件轻量化的优势

液压元件制造采用3D打印体现出下列优点：①重量减轻，这对液压具有功重比高的传动与控制技术而言是有利的，目前在EHA方面突出功重比的情况下，这个效果会更突出；②形成理想的流道与表面粗糙度，有利于减少管路损失，提高液压系统的效率，对于同样体积条件下不同的加工造成的管路损失来说，由于通流直径的增加，3D打印流动对流动损失的降低是会有比较明显的降低效果；③由于加工流道及其连接精度的提高，极大降低了元件产生泄漏的概率，甚至可以接近零泄漏；④加快液压元件更新研发的速度，初期投入会明显减少，研发过程由于批量加工的阻碍也会缓和。

3D打印技术又称为快速成型（Rapid Prototyping，RP）技术或者增材制造技术（传统机械加工技术称为“减材制造技术”）。它先利用计算机辅助设计软件，构建出零部件或物体的数字模型文件，然后让计算机按该文件控制打印机，将可黏合（融合）的粉末状材料以“逐点累积成面，逐面累积成体”的方式打印出零部件或物体。这就如同盖房子一样，只要按图样“自下而上、一层一层”地“码砖”，就能“堆积”出物体，因此3D打印的基本原理就是“离散—堆积”。

3D 打印技术具有的优异特点无疑是传统制造工艺难以实现的，并将会对传统的制造工艺带来强劲的冲击，甚至颠覆性的变化。至今，3D 打印技术尚无法完全替代传统制造工艺。从产业高度看，传统制造技术和 3D 打印技术是互补的。通过 3D 打印技术能够直接制造传统生产方式不能生产制造的个性化、高难度产品；即使是传统方式能够生产制造，但是由于投入成本太高，周期太长，通过 3D 打印技术可以实现快捷方便、缩短周期、降低成本的目的。3D 打印技术能够解决传统技术所不能解决的技术难题，对传统制造业的转型升级和结构性调整将起到积极的作用。3D 打印技术作为传统生产方式的一次重大变革，是传统生产方式有益的补充。

3D 打印技术在液压元件的生产制造方面有突出的作用。这是因为 3D 打印有利于液压元件的轻量化、小型化与集成化，从而可以减小转动惯量，加快动态响应，减少能源消耗，提高续航能力，进一步增强液压技术功重比高的优势。3D 打印技术在液压元件生产中应用最多的是液压阀块或者液压阀的阀体，通过增材设计与制造使具有复杂内腔结构的液压阀块或阀体能够比原型减重 40% ~80%。3D 打印使液压阀块或阀体轻量化、小型化与集成化实例见表 54-4。

表 54-4　3D 打印使液压阀块或阀体轻量化、小型化与集成化实例

类型	液压元件	液压阀块	EHA	Atlas 机器人腿部
3D 打印前原型		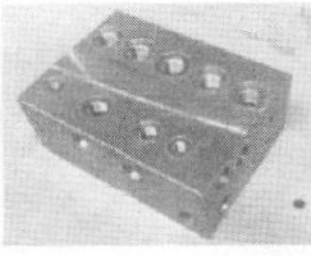	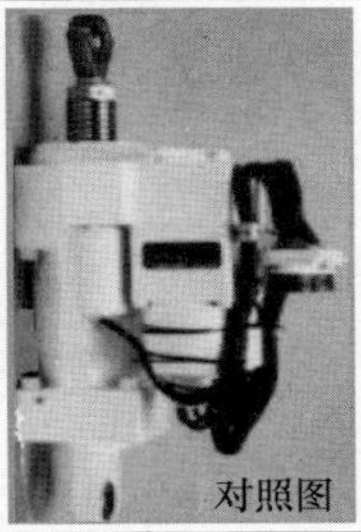 对照图	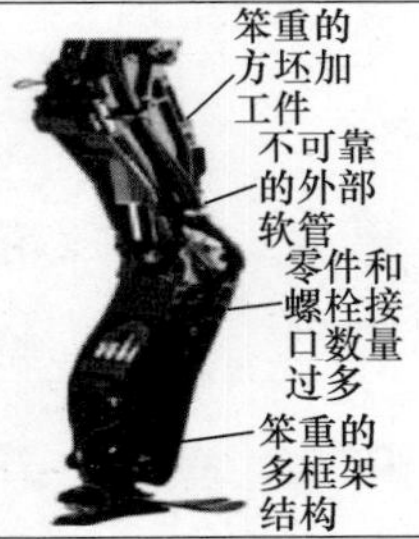 笨重的方坯加工件 不可靠的外部软管 零件和螺栓接口数量过多 笨重的多框架结构
3D 打印后轻型	 3D打印阀体 NG6比例伺服阀  3D打印阀体 NG10电磁方向阀		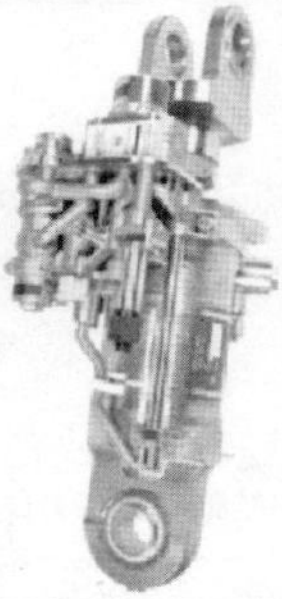	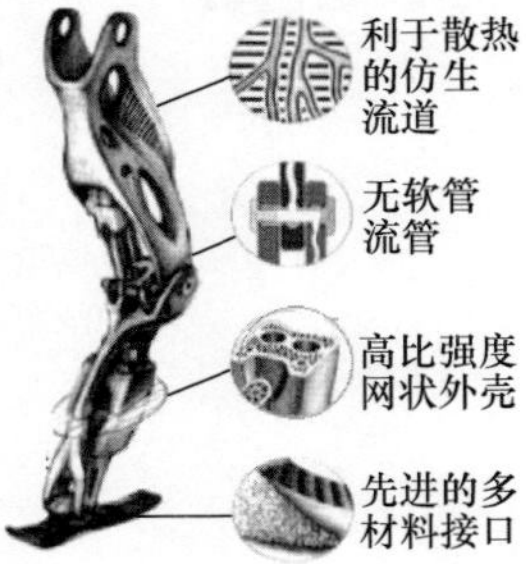 利于散热的仿生流道 无软管流管 高比强度网状外壳 先进的多材料接口
效果与作用	小型化，减重 40%，工作压力 35MPa	轻量化，减重 80%	多个元件得到简化，通过内部的流道实现整合	实现了传感、过滤、排污及动力于一体的高度集成，大幅提高了 Atlas 机器人的灵活性与爆发力
制作方	江西商蔚　武汉易制	浙江大学	德国利勃海尔	波士顿动力

2. 黏结剂喷射金属3D打印生产液压元件的技术与成本比较优势

目前有三类3D打印技术（见图54-40）比较适合液压产业选择：①激光打印生产液压元件技术（LOM、SLS、SLM、LSF等），通过激光束完成逐层熔化、烧结、分层、熔融等办法使金属材料堆砌来制造液压元件；②热熔融打印生产液压元件技术（如FDM）使材料沉积成液压元件；③黏结剂喷射金属打印生产液压元件技术使液压元件喷射成形等。从液压行业元件的打印实践来看，采用黏结剂喷射金属（BJ）生产液压元件与液压阀块，有一定的批量生产（高效）与其成本优势，图54-41所示为各种3D打印成本比较，可见黏结剂喷射金属的成本优势还是十分显著的，与EBM激光粉末融化相比，成本大幅度下降。BJ与PBF和DED技术相比，BJ技术存在独特的优点：低成本、材料体系广泛、表面质量良好和无须支撑结构等。

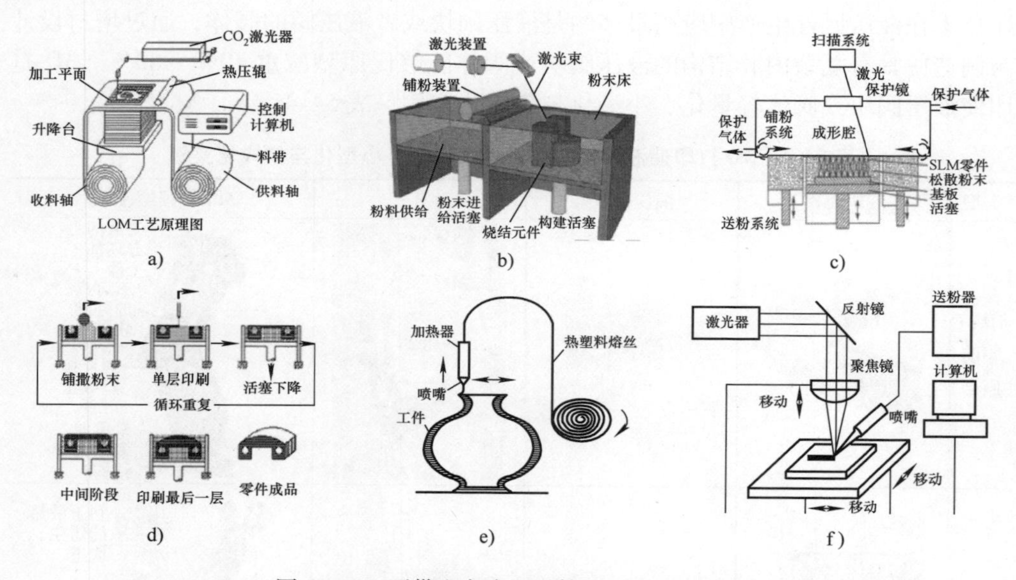

图54-40　可供生产液压元件的3D打印方法

a）分层实体制造（LOM）　b）激光选区烧结（SLS）　c）激光选区熔化（SLM）

d）黏结剂喷射（BJ）　e）熔丝沉积成形（FDM）　f）激光立体成形（LSF）

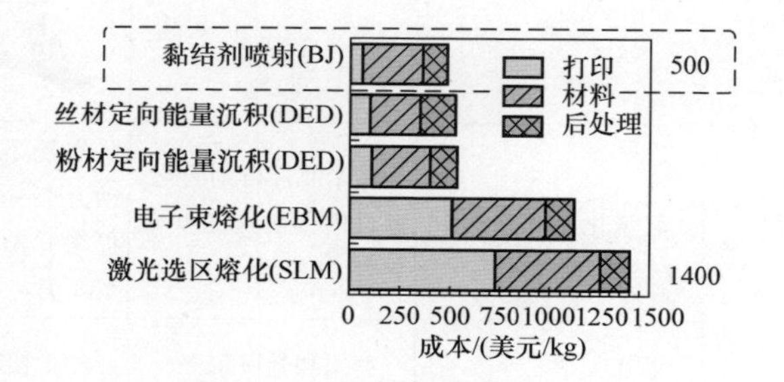

图54-41　各种3D打印成本比较

3. 黏结剂喷射金属 3D 打印生产液压元件的生产工艺

黏结剂喷射金属 3D 打印技术基于粉末床工艺，过程包括以下两个阶段：

1）通过喷墨打印头逐层喷射黏结剂选区沉积在粉末床上，黏结打印三维实体零件初坯，如图 54-42 所示。

2）零件由黏结剂喷射打印后，初坯很脆弱，无法直接使用。将打印的初坯置于均匀的热环境中进行脱脂和烧结，使其致密化并获得力学性能良好的零件，如图 54-43所示。根据熔炉温度和零件烧结时间，它们的致密度可以达到99%（与注塑成型的质量相同）或高达 60% 的孔隙率。孔隙率是某些应用所期望的效果。

整个工艺过程需要有 3D 打印机、干燥箱、粉末站、烧结炉等设备。

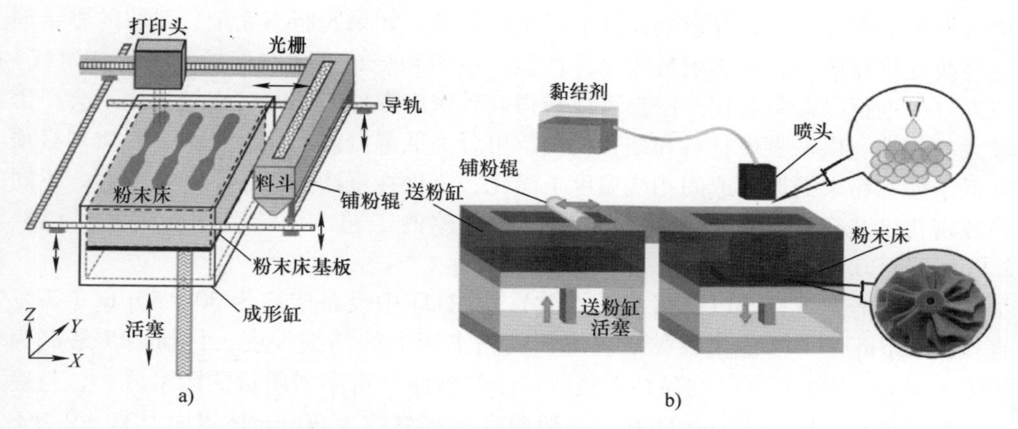

图 54-42　黏结剂喷射金属 3D 打印送粉技术

a）料斗式打印机　b）送粉缸

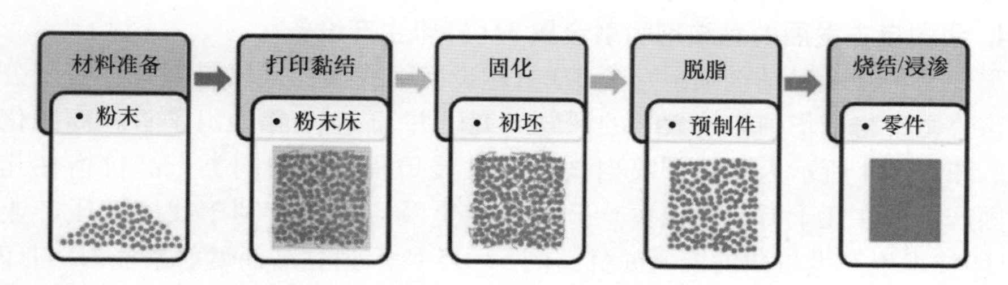

图 54-43　黏结剂喷射金属 3D 打印及其后处理

打印过程：①根据建模或扫描得到零件 3D 模型，将 CAD 模型转为可用于打印的 STL 文件；②在基板上铺展一定厚度的粉末；③喷射液态黏结剂到粉末层上，根据粉床密度计算黏结剂饱和度；④一层喷射结束后打印平台降低一层高度，通常为 50 ~ 200μm。铺粉辊将粉末从粉末供应源散布到粉末床上。粉末供应源通常有两种形式：重力进料式料斗（见图54-42a）或送粉缸（见图54-42b）。

固化和脱粉过程：打印全部完成后，需要进行后固化以干燥黏结剂，使初坯具有足够强度，加热直到黏结剂充分干燥后取出初坯。对于热固性树脂（如酚醛树脂或环氧树脂等）而言，通常可在烘箱中加热至180～200℃并保持一定的时间。

烧结或浸渗过程：为了获得较优的密度和力学性能，可以通过多种方法实现进一步的致密化，如烧结或浸渗等。在烧结之前还需要去除初坯中的黏结剂，即脱脂处理。烧结过程通常与脱脂在一个单一的热处理过程中完成。对于可原位交联黏结剂（质量百分数为75%三甘醇二甲基丙烯酸酯和质量百分数为25%的异丙醇）而言，可在低温（通常为250～630℃）下加热数小时，以完全烧尽黏结剂；然后实施高温烧结，烧结工艺跟金属材料密切相关；最后是烧结件冷却，该过程中零件可能会发生开裂和变形，并影响零件的组织和性能。如果脱脂不完全，残留的黏结剂也会改变材料成分，并影响最终零件性能。脱脂和烧结通常在保护气氛（如氩气）或真空中进行以避免氧化。浸渗可以获得高致密度零件，同时与烧结相比不会产生较大的收缩。根据零件材料和结合机制，可分为低温浸渗和高温浸渗。浸渗剂必须在低于松散粉末的熔点或固相线温度下熔化，零件在浸渗过程中不产生变形。不同的致密化工艺会有不同的结果，采用消除孔隙的工艺，烧结后的孔隙率可以从2.90%降至0.37%。

打印的分辨率是DPI（每英寸点数），在打印中设备层高为30～50μm（头发直径约70μm），DPI值代表黏结剂沉积到粉末床上的精细程度，目前DPI最高为8000×1600。DPI只是影响黏结剂喷射打印的整体分辨率和质量的因素之一，与确定零件精度有关联但无直接联系，一般而言分辨率约为30μm体素时具有±2.0%的尺寸公差。

打印参数和材料选择均针对特定零件几何形状、材料和所需密度进行调整，所以要遵循打印机制造商为获得最佳部件而开发的设置方案。

4. 我国自主发展的黏结剂喷射金属3D打印生产设备

国产M400Pro黏结剂喷射金属3D打印设备由我国的武汉易制科技有限公司生产，该公司参与了华中科技大学的课题研究，并于2017年推出了首款商务化打印设备。图54-44所示为黏结剂喷射技术的发展历程。国外同类产品价格在几百万元，国产价格在几十万元。该国产产品的问世及应用将有利于我国液压产业采用3D打印技术生产批量化的液压元件。图54-45所示为黏结剂喷射系统3D打印的燃油阀。

5. 黏结剂喷射金属3D打印的优缺点

黏结剂喷射优点：

1）有望主导各种制造领域，特别是金属注射成形领域，因为它们共享相同的材料和工艺，以及尺寸和几何细节（包括壁厚）。黏结剂喷射技术由于不需要激光器和精密光学器件，所以其机器成本较低。

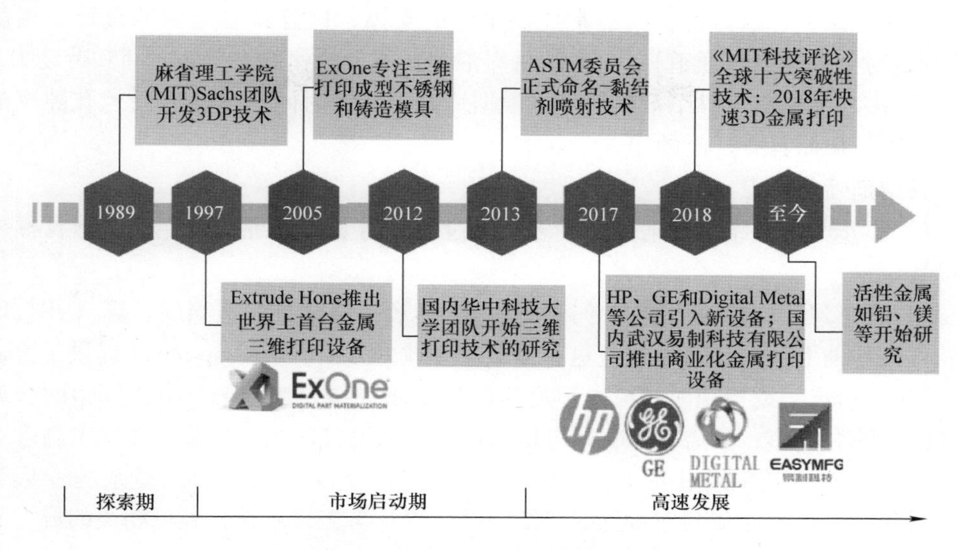

图 54-44　黏结剂喷射技术的发展历程

图 54-45　黏结剂喷射系统 3D 打印的燃油阀

2）金属材料选择广泛。黏结剂喷射与目前可用的各种粉末材料兼容，是所有增材制造工艺中材料选择范围最广泛的。有的生产系统可以使用 16 种不同的金属生产零件，包括不锈钢、铜、金、银和活性金属，甚至还提供其他材料选择。

3）冷加工。黏结剂喷射打印过程在室温下进行，避免了与热残余应力相关的问题，并使成形箱中零件周围的粉末高度可回收，从而节省了材料成本。

4）加工速度出色。黏结剂喷射速度快且生产率高，因此可以经济高效地生产大量零件。打印头通常比其他技术中使用的激光或电子束工作得更快。

5）大打印体积。黏结剂喷射能够将许多不同的零件嵌套到一次打印运行中。这种大批量生产能力使其成为想要打印大量复杂零件或原型版本的公司的理想选择。

6）没有支撑。对于通过黏结剂喷射生产的任何零件几何形状，对支撑结构的需求都显著减少，因为粉末床通常提供足够的支撑，这意味着更大的设计自由度（特别是对于创建内部通道）、更少的材料浪费及更少的移除支撑的时间和劳动力。

7）多功能输出。黏结剂喷射可以根据烧结温度和时间产生具有受控孔隙率的各种密度，从而具有广泛的用途。

黏结剂喷射缺点：

1）多步骤。黏结剂喷射是一个多步骤过程，需要后处理步骤，其中涉及额外的设备。

2）变形风险。烧结可能会导致几何形状变形，通过事先适当的计算（在打印机软件的帮助下）应该可以避免这种情况。在软件方面，Desktop Metal 提供了方便的“Live Sinter”模拟功能，可以预测并纠正使用黏结剂喷射技术 3D 打印的金属零件的收缩和变形，只需 20min 即可提供可烧结的可打印几何形状，并提供高度准确的最终零件结果。经过基于扫描的调整后，Live Sinter 能够校正复杂的变形效应，避免变形、翘曲和其他常见的烧结问题，以及与支撑或安装人员相关的成本和时间。

3）需要体力劳动。将零件从打印机移至后处理机器并对打印零件进行除粉通常是手动过程。根据零件的几何形状，可以实现一些除粉自动化。

4）最主要的缺点是后处理烧结或浸渗难以获得高致密度零件，与高能束增材制造金属零件相比，黏结剂喷射技术制造的金属零件力学性能略低，只能达到铸造水平。

今后黏结剂喷射金属 3D 打印还需要进一步提高与发展，包括优化铺展以提高表面均匀性和致密度，深入研究黏结剂和粉末的相互作用以掌握初坯的几何形状、强度及最终零件的质量，丰富和完善黏结剂体系以解决易堵塞、强度低、难脱除等突出问题，开发适合多类型金属打印的抗堵塞、强度高、易脱除甚至是无须脱除的新型黏结剂，研究复杂零件烧结收缩预测与补偿，以使黏结剂喷射打印复杂金属零件的精度可控，加强过程一体化解决操作烦琐且质量难控问题。为此，需要研究打印与固化一体化工艺与装备，实现打印、脱脂和烧结的同机化和智能化，简化操作流程，降低工艺门槛。

6. 液压元件采用黏结剂喷射金属 3D 打印实践

江西商蔚（SUNWAY）从 2022 年开始进行液压元件的 3D 打印化，从 3D 打印电磁方向控制阀阀体设计开始，阀体采用黏结剂喷射金属 3D 打印工艺制造，改进了内部设计并获得了更加高效的流道组合优化设计，优质材料改进了阀体的耐蚀性和力学性能，改进的环形内腔流动路径降低压降，轻量化设计减重至少 65%，加强了阀体刚性与外部结构。经测试，3D 打印电磁方向阀的工作压力可以达到 35MPa，耐压高达 140MPa。图 54-46 所示为采用黏结剂喷射金属 3D 打印的液压元件形态。

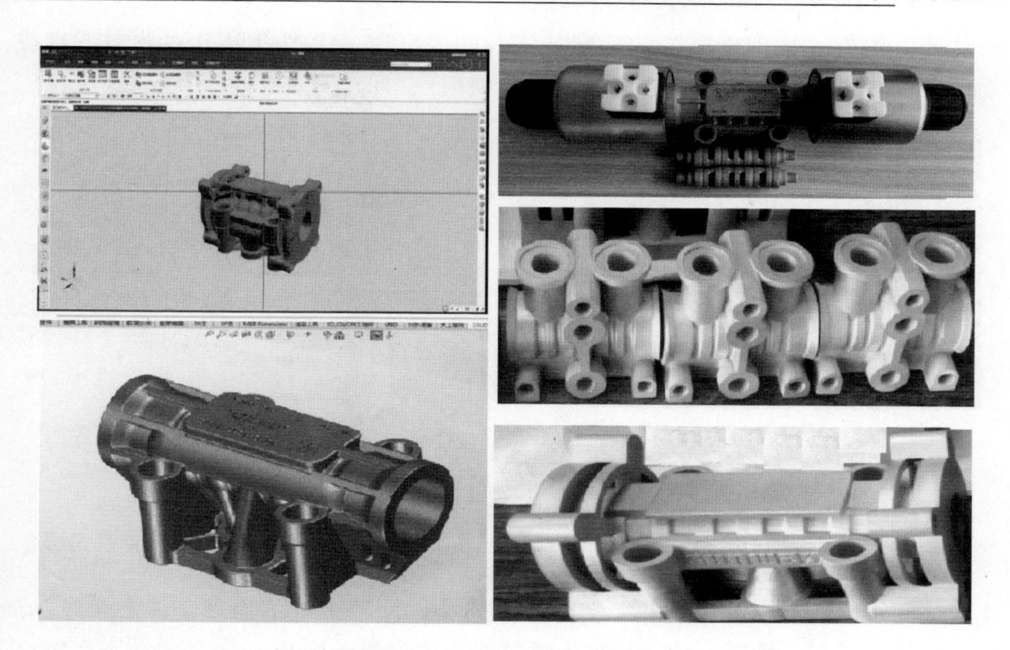

图 54-46　采用黏结剂喷射金属 3D 打印的液压元件形态（江西商蔚）

54.10　数字孪生是产品生命周期健康管理的技术

数字孪生是智能制造的第九项关键技术。至今而言，各界对数字孪生的定义、诠释、意义的见解差异很大，各自理解无一定论。这是因为一是本来就无明确定义，大家可以按初衷去理解演绎；二是互联网与 AI 发展太快，对数字孪生的理解基于现实需求的强烈推动而发生变化。但是无可争议的是，数字孪生是互联网作用的核心，是智能制造的核心。

54.10.1　数字孪生的概念与模型

数字孪生的定义：建立虚拟世界与物理世界在互联网中的闭环运作系统。这个定义包括三层含义：一是数字孪生是虚拟世界的数字与物理世界的数据形成一对映射的孪生体；二是数字与数据要形成运行中的闭环，相互支持相互校正以达到系统设置的目的；三是整个闭环系统的运行依靠互联网。所以结果是虚拟世界与物理世界达到全生命周期管理的理想境界。

催生数字孪生的起因在于产品全生命周期管理（Product Lifecycle Management, PLM）。PLM 是一种理念，即对产品从创建到使用，再到最终报废等全生命周期的产品数据信息进行管理的理念。PLM 最初就是 CAD/CAPP/CAM/CAE/PDM 的工业软件，这就是数字世界形成的“虚拟世界”。要有全生命周期管理，必须了解形成产品后，作为“物理世界”的实际运行，构成反馈。虚拟世界由“数字”组成，物理世界由“数据”组成，二者应该是“映射”，即“数字孪生”（见图54-47）。

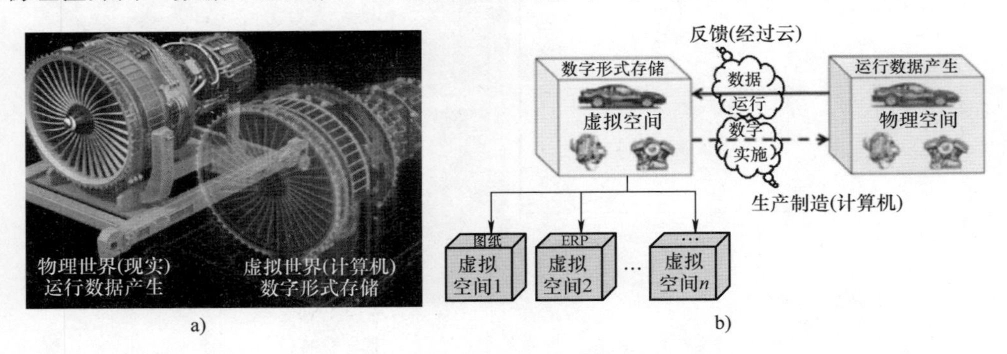

图54-47　数字孪生
a）互联网时代　b）数字孪生的内涵与联系

通过图54-47的形象化描述，可以理解对数字孪生的定义：数字孪生作为实现虚实之间双向映射、动态交互、实时连接的关键途径，可将物理实体和系统的属性、结构、状态、性能、功能和行为映射到虚拟世界，形成高保真的动态多维/多尺度/多物理量模型，为观察、认识、理解、控制、改造物理世界提供了一种有效手段。因此数字孪生有五维概念模型，如图54-48所示。

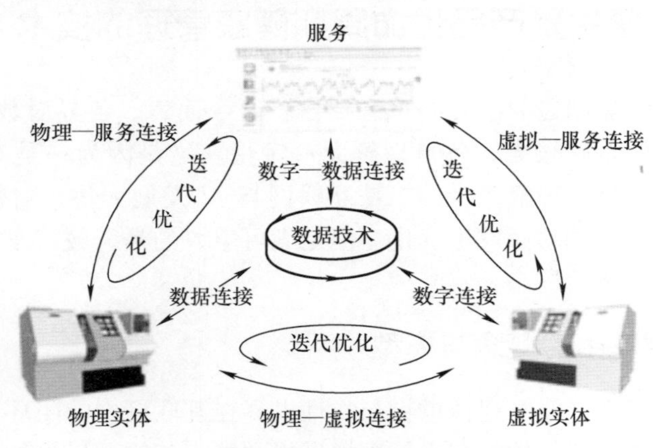

图54-48　数字孪生的五维概念模型

数字孪生的五维概念模型包括物理实体、虚拟实体、服务、数据技术与互连接五个要素。这是一个通用的参考架构，说明五维结构能与物联网、大数据、人工智能等新信息技术集成与融合，满足信息物理系统集成、信息物理数据融合、虚实双向连接与交互等需求。图54-48中突出了“服务”，说明数字孪生的反馈是有客观需求的存在。图54-49所示为数字孪生系统的通用参考架构。一个典型的数字孪生系统包括用户域、数字孪生体、测量与控制实体、现实物理域和跨域功能实体共五个层次。

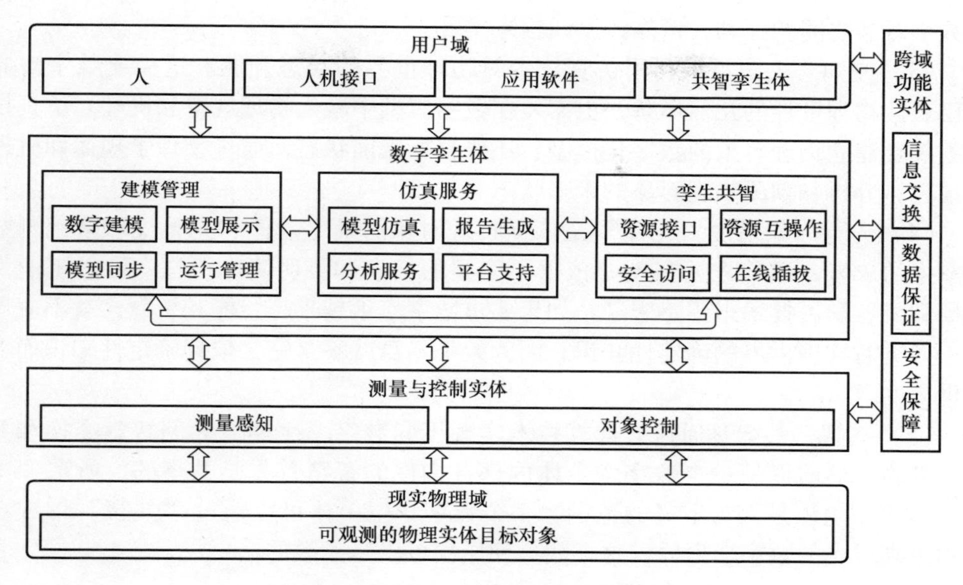

图 54-49　数字孪生系统的通用参考架构

数字孪生的成熟度模型（见图 54-50）。数字孪生不仅仅是物理世界的镜像，也要接受物理世界的实时信息，更要反过来实时驱动物理世界，而且进化为物理世界的先知、先觉甚至超体。这个演变过程称为成熟度进化，即数字孪生的生长发育将经历数化、互动、先知、先觉和共智等几个过程。

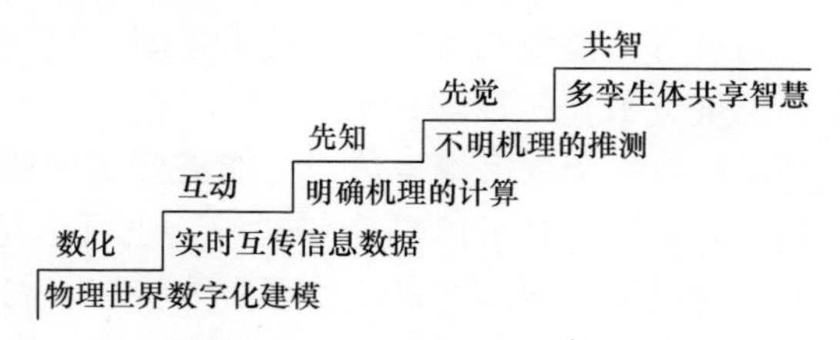

图 54-50　数字孪生成熟度模型

（1）数化　数化是对物理世界数字化的过程。这个过程需要将物理对象表达为计算机和网络所能识别的数字模型。建模技术是数字化的核心技术之一，例如测绘扫描、几何建模、网格建模、系统建模、流程建模、组织建模等技术。物联网是“数化”的另一项核心技术，将物理世界本身的状态变为可以被计算机和网络所感知、识别和分析。

（2）互动　互动主要是指数字对象及其物理对象之间的实时动态互动。物联网是实现虚实之间互动的核心技术。数字世界的责任之一是预测和优化，同时根据优化结果干预物理世界，所以需要将指令传递到物理世界。物理世界的新状态需要实时传导到数字世界，作为数字世界的新初始值和新边界条件。另外，这种互动包括数字对象之间的互动，依靠数字线程来实现。

（3）先知 先知是指利用仿真技术对物理世界的动态预测。这需要数字对象不仅表达物理世界的几何形状，更需要在数字模型中融入物理规律和机理。仿真技术不仅要建立物理对象的数字化模型，还要根据当前状态，通过物理学规律和机理来计算、分析和预测物理对象的未来状态。

（4）先觉 如果说“先知”是依据物理对象的确定规律和完整机理来预测数字孪生的未来，那“先觉”就是依据不完整的信息和不明确的机理，通过工业大数据和机器学习技术来预感未来。如果要求数字孪生越来越智能和智慧，就不应局限于人类对物理世界的确定性知识，因为人类本身就不是完全依赖确定性知识而领悟世界的。

（5）共智 共智是通过云计算技术实现不同数字孪生体之间的智慧交换和共享，其隐含的前提是单个数字孪生体内部各构件的智慧首先是共享的。所谓“单个”数字孪生体是人为定义的范围，多个数字孪生单体可以通过“共智”形成更大和更高层次的数字孪生体，这个数量和层次可以是无限的。

54.10.2 数字孪生的关键技术

建模、仿真、基于数据融合的数字线程与辨识是数字孪生的三项核心技术。

1. 建模

建模的目的是将人们对物理世界或问题的理解进行简化和模型化。数字孪生的目的或本质是通过数字化和模型化，消除各种物理实体、特别是复杂系统的不确定性。所以建立物理实体的数字化模型或信息建模技术是创建数字孪生、实现数字孪生的源头和核心技术，也是“数化”阶段的核心。

一个物理实体不是仅对应一个数字孪生体，可能需要多个从不同侧面或视角描述的数字孪生体。例如，一个液压泵可以是几何建模，也可以是应用的运动建模，还可以是热变形建模等，所以从不同角度描述物理实体将有不同的数字孪生体。即使是同一个角度建立的数字孪生体也会因为表达形式不同而不同。

将数字孪生建模归纳如下：通用工程技术仿真软件，如 ANSYS、MATLAB、Modelic 等；面向行业仿真软件，如可视化生产仿真、交通仿真等；基于知识图库的数字孪生，如物联网感知环境后的自动推理；国产类数字主线；制造业基于自动化横向纵向信息集成数字孪生；公有云图数据库分析引擎，如 Azure、AWS 智能空间图、阿里云等；可视化展示软件，如 GIS、BIS 等；基于 ChatGDP 的数字孪生，如聊天机器人等。

2. 仿真

仿真兴起于工业领域，作为必不可少的重要技术，已经被世界上众多企业广泛应用到工业各个领域中，是推动工业技术快速发展的核心技术，是工业 3.0 时代最重要的技术之一，在产品优化和创新活动中扮演不可或缺的角色。近年来，随着工业4.0、智能制造等新一轮工业革命的兴起，新技术与传统制造的结合催生了大量新型应用，工程仿真软件也开始与这些先进技术结合，在研发设计、生产制造、试验运维等各环节发挥更重要的作用。

随着仿真技术的发展，这种技术被越来越多的领域所采纳，逐渐发展出更多类型的仿真技术和软件。仿真包括产品仿真，如系统仿真、多体仿真、物理场仿真、虚拟试验等；制造仿真，如工艺仿真、装配仿真、数控加工仿真等；生产仿真，如离散制造工厂仿真、流程制造仿真等。图54-51所示为制造场景下的仿真示例。

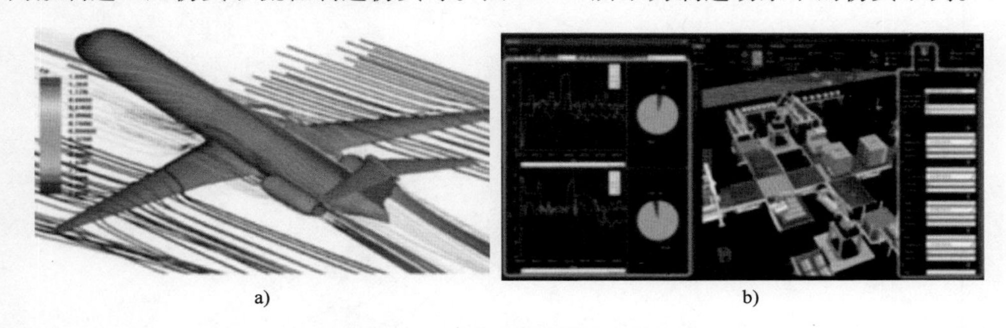

a)　　b)

图54-51　制造场景下的仿真示例

a）飞机气动仿真　b）工厂仿真

数字孪生是仿真应用新巅峰。在数字孪生成熟度的每个阶段，仿真都在扮演着不可或缺的角色："数化"的核心技术——建模总是和仿真联系在一起，或是仿真的一部分；"互动"是半实物仿真中司空见惯的场景；"先知"的核心技术本色就是仿真；很多学者将"先觉"中的核心技术——工业大数据视为一种新的仿真范式；"共智"需要通过不同孪生体之间的多学科耦合仿真才能让思想碰撞，产生智慧的火花。数字孪生也因为仿真在不同成熟度阶段中的存在而成为智能化和智慧化的源泉与核心。

3. 数字线程

面对数字孪生各个环节的模型及设计、制造、运维的大量数据如何产生、交换和流转？在相对独立的系统之间如何实现数据的无缝流动？如何在正确的时间把正确的信息用正确的方式连接到正确的地方？连接的过程如何可追溯？这些正是数字线程要解决的问题。

因此数字线程的特征如下。

1）数字线程通过先进的建模与仿真工具建立一种技术流程，提供访问、综合、分析系统全生命走起个阶段数据的能力。

2）数字线程的核心是实现孪生体多视图模型数据融合的机制或引擎。

3）数字线程的目标是在系统的全生命周期内实现在正确的时间、正确的地点把正确的信息传递给正确的数字孪生体，使各模型能实时进行关键数据的双向同步和沟通。

4）数字孪生是对象、模型和数据，数字线程是通道、链接和接口。

数字线程就是根据现实问题通过端到端的模型和流程来产生支撑的系统，图 54-52所示为数字线程的示意图。

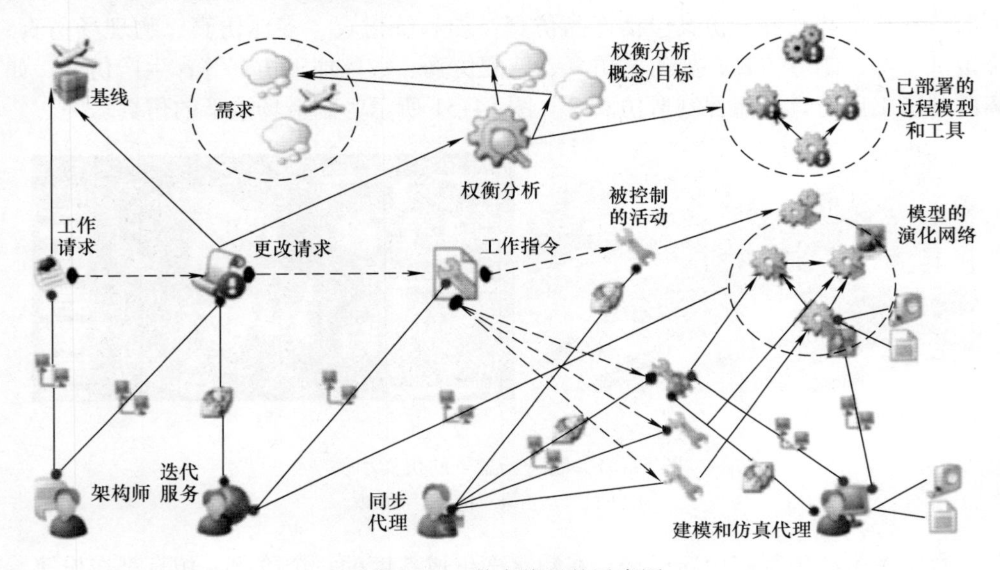

图 54-52　数字线程的示意图

数字线程是与某个或某类物理实体对应的若干数字孪生体之间的沟通桥梁，这些数字孪生体反映了该物理实体不同侧面的模型视图。数字线程必须在全生命周期中使用某种“共同语言”才能交互。例如，在概念设计阶段，就有必要由产品工程师与制造工程师共同创建能够共享的动态数字模型；据此模型生成加工制造和质量检验等生产过程所需可视化工艺、数控程序、验收规范等，不断优化产品和过程，并保持实时同步更新。数字线程能有效地评估系统在其生命周期中的当前和未来能力，在产品开发之前，通过仿真的方法及早发现系统性能缺陷，优化产品的可操作性、可制造性、质量控制，以及在整个生命周期中实现应用模型的可预测维护。

54.10.3　数字孪生在智能制造中的典型应用案例

对物理世界（如工业产业）实现虚拟化、模型化，帮助人们在虚拟世界与物理世界间建立关联，施加有效控制并适度融合的有效的解决方案。目前阶段较多还是利用物理模型的运行数据去纠正或调整虚拟世界中的数学模型，至少从实际应用来看符合数字孪生的目的，但是并不是数字孪生的技术，因为数字孪生技术必须包含通过互联网，让物理世界运行产生的数据自动纠正虚拟世界中数学模型的模型偏差。

1. 数字孪生用于系统运行预测性维护

（1）运行优化　评估虚拟试运营用于优化系统、提高效率，实现自动化和评估未来性能，并影响下一代设计。

（2）预测性维护　模型可以用来确定剩余使用寿命，确定检修或更换设备时间。

（3）异常检测　模型与产品并行运行，并会立即标记偏离预期（仿真）行为的运营行为。例如，可以流式采集持续运转的海上石油钻塔液压系统的传感器数据。数字孪生模型会寻找运营行为中的异常现象，以帮助避免灾难性破坏。

（4）故障隔离　异常可能触发一连串的仿真，以便隔离故障、识别根本原因，从而使工程师或系统能够采取适当措施。

2. 基于仿真软件的数字孪生

仿真界利用原有仿真软件，将物联网采集的数据反馈给仿真软件模型，让模型进行实时仿真以实现故障诊断、性能预测、控制优化。ANSYS 的 Twin Builder 工具就是用于数字孪生的仿真建模，如图 54-53 所示。

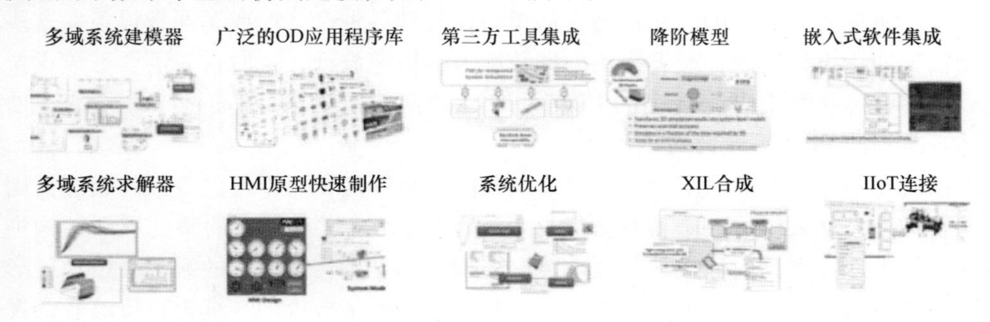

图 54-53　ANSYS 的数字孪生仿真建模工具 Twin Builder

通过 MATLAB 使用所连接产品的数据定义模型与 Simulink 中的多域建模工具创建基于物理实体的模型。数据驱动和基于物理实体的模型都可以使用来自运营产品的数据进行调整，以发挥数字孪生的作用。使用这些数字孪生进行预测、假设分析仿真、异常检测、故障隔离等。

MATLAB 中可用的数据驱动方法包括机器学习、深度学习、神经网络和系统辨识。可以使用一组数据来训练或提取模型，然后使用另外一组验证数据来验证或测试模型。借助 MATLAB 应用程序，探索这些建模方法，找到适合应用的最精确方法。

Simulink 中基于物理的建模涉及利用原理设计系统，模型可能包括机械、液压和电气组件。此外，模型也可能来自使用基于模型的设计与 Simulink 的上游设计工作。电网的 Simulink 数字孪生模型接收来自电网的测量数据并进行参数估计，然后运行数千个仿真方案来确定储能是否充足、电网控制器是否需要调整。

图 54-54 所示为 MATLAB 数字孪生的应用示例。

商用卡车
根据驾驶数据日志和数字孪生，用于验证和调整ABS系统

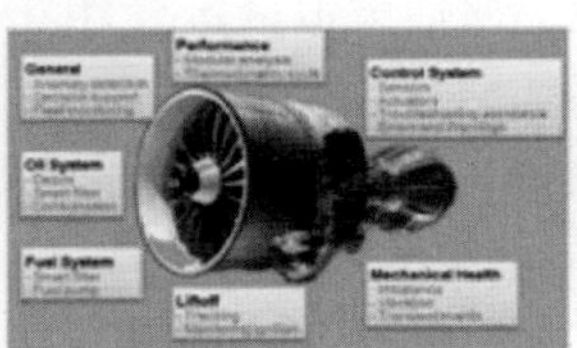

航空
把发动机的运营数据输入数字孪生模型中，就可以制定维修计划，提高可用性，降低故障时间

空间技术
把数字孪生上传到卫星，用于卫星喷气推进器发生故障降级时重新调整控制方式

工业自动化
根据采集的数据经常性更新数字孪生统计模型，在工厂未在最优范围内运行时通知运营人员

图 54-54 MATLAB 数字孪生的应用示例

3. 数字孪生用于高性能大型装配模型

工业机械行业需要的产品模型，从单台设备到各种产线级或车间级设备，这些模型需要非标设计试制，或者采用标准装配方案快速设计，这时首先需要形成虚拟化、数字化的装配模型。高端的 PLM 系统（如西门子的 NX/Teamcenter）装配处理体现了当前 PLM 系统的典型优势。

系统能够以数据库系统为依托对复杂装配进行管理，可以通过直接的装配占用空间管理处理超大模型（数量百万级以上的部件），通过对复杂的装配层级结构进行分层检索以实现高效导航和管理，装配结构可以支持自上而下的系统级设计，形成数字孪生模型，或称之为数字样机。并且能够在数字样机中继续进行机电联合设计，完善此装配模型，使之进行诸如运动包络、装配路径方面的评估仿真。

4. 数字孪生用于机构动态及其他动态（液压、气动）虚拟化模型

机电综合系统的动态行为、工艺功能及控制机制，通过数字孪生技术在机械构造上提供模型，而且要在机构运动学、动力学、系统驱动、系统控制乃至电子控制的软件程序行为上提供模型，进行仿真计算完成多学科综合设计决策。数字孪生技术，正是一种提供多学科、多专业数字化模型和信息的综合技术，可以实现产品系统化的结构、机械、电子、软件的集成设计决策和迭代管理。数字孪生系统模型提供了机构行为、动作轴、轴驱动、控制、耦合及时序等虚拟模型，并融入了数字化的量化仿真技术。

5. 数字孪生试验试制

在产品的开发试制调试阶段，试验条件有限的情况下，充分利用数字孪生技术进行虚拟运动学、动力学仿真，并纳入驱动和控制特性，是数字孪生技术的重要一环。数字孪生技术能够在虚拟的数字化环境中，构建一个伴生的数字化模型。这个模型除了在方案论证、评估和设计决策方面提供支持之外，更伴随着设计的成熟提前展开虚拟调试。随着设计的最终成熟，调试也随着从全虚拟状态逐步进行到软件入环（SIL）、硬件入环（HIL）阶段，直至最终实现全系统上电检测、单步运行及自动运行。由于这个陪伴式的数字孪生模型在整个系统的方案取舍、驱动方案、控制方案中完全同步的孪生仿真，可以提前将任何设计错误、人工疏漏纠正，使得整个产品的试验调试时间和费用得到极大的压缩。同时，对于所有设计中确定采购的控制方案、系统及元件，如果在这个虚拟孪生系统中采用能够提供虚拟化数据的可靠供应商，则工程的交付质量也会得到提升。

6. 东风汽车发动机生产线数字孪生系统（见图 54-55）

发动机生产线数字孪生系统，依托数字孪生技术，对实体生产线进行 1:1 还原 3D 数字化建模，结合数以千计的传感器和设备的即时数据，实现远程产线生产监控、低库预警、质量溯源等功能，进而提高生产过程的透明度并优化生产过程。

图 54-55　东风汽车发动机生产线数字孪生系统

（1）生产过程可视化　将参与生产的关键要素，如原材料、设备、工艺配方、工序要求以及人员，通过数字孪生技术 1:1 三维还原数字化建模，在虚拟的数字空间中实时联动实际生产活动，通过期间产生的大量孪生数据来分析和优化生产线。通过车间数字孪生系统逐级展示车间、产线及单机三个层级的总信息。车间层展示车间基本信息，包含产能、能耗和异常报警信息。产线层展示每条产线实际生产情况，包括设备温度、压力、流量、电量、设备开关状态。单机层展示各工位重点设备的生产状态及数据。

（2）设备资产维护　在三维数字孪生场景中，通过对接 MES/PLC 系统，能获取设备生产的实时运行状态（运行、异常、停止），数字孪生体还可以模拟关键设备何时需要维护，甚至可以用来预判整个生产线、工厂或工厂网络的健康状况。在以实体工厂为原型重建的三维虚拟数字空间中，对接现有的上位监控数据，既可以共享现有的数据库，又可以通过 OPC Server 方式获取现场生产数据，并通过交互联动将现场生产活动数据推送至数字孪生三维场景中，实时掌控和优化生产过程。生产数据展示样式有三维场景标签显示和二维界面显示。

（3）生产故障报警　当生产线在线报警时，数字孪生系统从 MES/PLC 系统中获取对应报警信号后，立即在系统界面以图标形式提示报警，并可以单击图标展开报警记录详情，进一步确定某一条报警记录，查看该报警信号的详细信息。如果该报警信号关联了三维模型，还可以查看该条报警信号所关联的三维模型，直接调用监控画面迅速定位报警点。在工厂数字孪生系统中，可以将生产的实时数据进行优化处理，并存储至数据库。同时还能结合已完成生产过程的历史数据，在数字孪生系统中进行溯源回放。在产品质量出现异常时，可以迅速定位至异常点。

在虚拟的数字空间中，不仅可以对设备、物料、人员等参与生产的关键要素进行展示和管理，还可以对生产进度、生产节拍、生产数据、质量信息等生产过程信息进行监控和优化，为降本增效提供依据。

在三维数字孪生场景中，不仅能对生产线或者某项设备出现的异常情况进行警告，还可以实时联动生产数据。根据良品率对生产过程中的非良品进行提醒、销毁，帮助企业进行产线资源优化配置，提示良品率。

7. 数字孪生技术在液压设计中的应用

由于液压的设计复杂性等原因，在液压全生命周期中引入数字孪生技术，形成液压系统设计、仿真、校核、测试、运维等全流程的可视化、带检测反馈的闭环系统，通过采集与仿真的数据，对系统的运行进行故障诊断与维护，可减少传统液压设计所带来的弊端。

液压系统数字孪生模型集成了多层次的模型，不同结构层次的物理实体在虚拟空间均需建立相对应的数字孪生模型，如动力源、执行器、控制阀、液压辅件等基础模型，系统运行数据库模型，含基础模型的材料强度、刚度等特性的校验模型等。将 Creo/SolidWorks 作为液压系统模型搭建的设计软件，在模型搭建的基础上添加数据融合，实现虚实间的交互、数据双向互通，从而促使数字孪生与真实空间中物理实体信息和数据进行连接及交互，实现全生命周期数据的统一集中管理，达到最终的实时监测。液压设计数字孪生模型的搭建架构如图 54-56 所示。

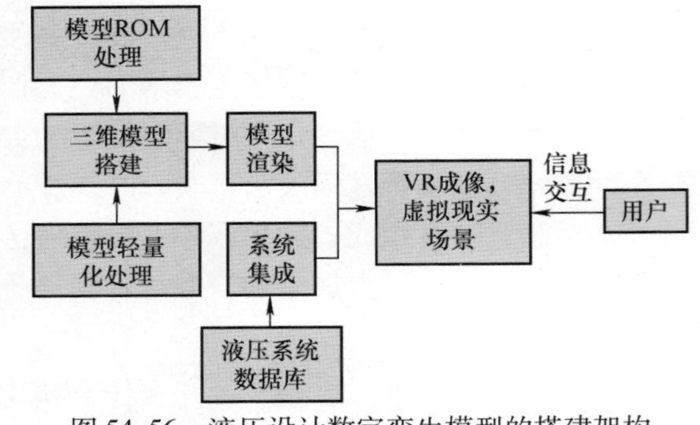

图 54-56　液压设计数字孪生模型的搭建架构

模型设计过程可用如下方法进行：

（1）模型轻量化处理　液压系统模型搭建过程中，高精度建模和仿真数据较多，同时还需考虑动力源、执行器、控制阀、液压辅件及液压工作介质间的相互影响，众多因素影响下，导致模型三维可视化效果实现复杂，因而可对液压模型进行轻量化处理，对模型的几何信息进行简化和压缩，并对尺寸、属性、参数等信息进行简化提取。

（2）ROM 降阶处理　在保留模型的主要特性，尤其是全 3D 仿真对应物理域特性的前提下，对模型进行 ROM 降阶处理，可加快 3D 仿真、高精度系统数据仿真分析的速度。

（3）3R 技术　为保证虚实模型间的真实性，将 3R（VR、AR、MR）技术引入液压模型搭建过程中，用户通过使用虚拟交互设备，像在真实环境中一样对各设备系统进行体验，验证设计的合理性，从而对设计提出改进意见，并且由于建模修改的便捷性，这个过程可以迭代多次，确保各系统的适应性。

54.10.4　数字孪生未来发展趋势

结合当前数字孪生的发展现状，未来数字孪生将向生成式人工智能方向突破，也同时向拟实化、全生命周期化和集成化三个方向发展。

1. 生成式人工智能的 ChatGPT

2022 年 11 月 30 日，OpenAI 发布了颠覆性创新的 ChatGPT 聊天机器人，这是人工智能驱动的自然语言处理工具，能够通过学习和理解人类的语言来进行对话，是生成式的人工智能。ChatGPT 开创了“生成式人工智能（Generative Artificial Intelligent，GAI）”的时代，而传统的人工智能可以看作“分析式人工智能（Analytical Artificial Intelligent，AAI）”。现代人工智能都跟数据有很大关系，传统的分析式人工智能根据已有的数据进行分析、判断和预测，生成式人工智能学习数据中的联合概率分布，并基于历史场景进行模仿式、创新式生成全新的内容。分析式人工智能在解决确定问题时比较有效，广泛应用于推荐系统、计算机视觉、自然语言处理等；生成式人工智能对需要创造性工作的场景比较有效，甚至是目前已知的技术路径，数字孪生是其中之一。表 54-5 列出了分析式人工智能与生成式人工智能的作用对比。

表 54-5　分析式人工智能与生成式人工智能的作用对比

对比项目	分析式人工智能	生成式人工智能	工业 4.0 研究院评价
技术方法	根据已知数据分析，输出分类标签，据此进行归类判别	分析归纳已有数据，根据后反馈创作新的内容，逐步跟反馈对象（如人）想法接近	基于数字孪生场景，融入生成式人工智能，将解决大规模的体系级问题
确定性	结果应是确定的	结果不确定，需要创造性	确定性 vs. 不确定性
产业化情况	技术非常成熟，应用非常广泛，能够提高非创造性工作效率	2015 年开始探索，2018 年较为确定，2022 年底开始爆发	将恢复人们对新一代人工智能的信心

（续）

对比项目	分析式人工智能	生成式人工智能	工业4.0研究院评价
典型应用	推荐系统、风控系统等	内容创造、人机交互、智能助理等国防及工业领域	数字孪生战场平台
产品案例	人脸识别、语音识别、精准广告推送、金融用户评级等	文案写作、视频配音、代码生成、人机交互、智能助理等	工业4.0研究院计划在数字孪生战场平台生成100+场景

注：内容来源工业4.0研究院。

数字孪生是生成式人工智能的典型应用之一。

2. 拟实化——多物理建模

数字孪生是物理实体在虚拟空间的真实反映，数字孪生在工业领域应用的成功程度取决于数字孪生的逼真程度，即拟实化程度。产品的每个物理特性都有其特定的模型，包括计算流体动力学模型、结构动力学模型、热力学模型、应力分析模型、疲劳损伤模型及材料状态演化模型。如何将这些基于不同物理属性的模型关联在一起，是建立数字孪生，继而充分发挥数字孪生模拟、诊断、预测和控制作用的关键。基于多物理集成模型的仿真结果能够更加精确地反映和镜像物理实体在现实环境中的真实状态和行为，使得在虚拟环境中优化产品的功能和性能并最终替代物理样机成为可能，同时还能够解决基于传统方法预测产品健康状况和剩余寿命所存在的时序和几何尺度等问题。多物理建模将是提高数字孪生拟实化程度、充分发挥数字孪生作用的重要技术手段。

3. 全生命周期化——从产品设计和服务阶段向产品制造阶段延伸

基于物联网、工业互联网、移动互联等新一代信息与通信技术，实时采集和处理生产现场产生的过程数据，并将这些过程数据与生产线数字孪生进行关联映射和匹配，能够在线实现对产品制造过程的精细化管控；同时结合智能云平台及动态贝叶斯网络、神经网络等数据挖掘和机器学习算法，实现对生产线、制造单元、生产进度、物流、质量的实时动态优化与调整。

4. 集成化——与其他技术融合

数字线程技术作为数字孪生的使能技术，用于实现数字孪生全生命周期各阶段模型和关键数据的双向交互，是实现单一产品数据源和产品全生命周期各阶段高效协同的基础。美国国防部将数字线程技术作为数字制造最重要的基础技术，工业互联网产业联盟也将数字线程作为其需要着重解决的关键性技术。当前，产品设计、工艺设计、制造、检验、使用等各个环节之间仍然存在断点，并未完全实现数字量的连续流动；基于模型的定义（Model Based Definition，MBD）技术的出现虽然加强和规范了基于产品三维模型的制造信息描述，但仍主要停留在产品设计阶段和工艺设计阶段，需要向产品制造/装配、检验、使用等阶段延伸；而且现阶段的数字量流动是单向的，需要数字线程技术实现双向流动。因此，融合数字线程和数字孪生是未来的发展趋势。

第 55 章　中国液压工业智能制造之路

55.1　液压工业已进入制造业发展的成熟期

图 51-2 反映了中国制造行业发展的周期性统计规律，从中可以看出，任何制造行业都有生命周期的四个阶段：萌芽期、成长期、成熟期与衰退期。液压行业属于机械基础件行业，总体处于成熟期。

制造业发展周期律的特点见表 55-1。

表 55-1　制造业发展周期律的特点

发展时期	萌芽期	成长期	成熟期（包括液压行业）	衰退期
特点	大量投入缺少产出和盈利	收入高速成长，继续大量投入占据市场份额	竞争格局稳定，投入和收入增长开始趋缓，由于基础件强国政策进入成长期和成熟期	市场需求收缩，投入负增长，收入维持低增速水平
行业发展态势	科学概念孵化为技术后，催生创业。初期研发费用较高，技术也不成熟，市场对产品缺乏了解，市场需求小，销售收入低，规模不经济。盈利有风险，甚至会有较大亏损	竞争风险大，投资厂商大量增加，进入激烈的价格竞争阶段。激烈的行业竞争使得企业破产率与被兼并率非常高，优胜劣汰后行业集中度大幅提升，之后稳定在一定水平。由于市场需求趋于饱和，行业收入增速开始下降，企业的成长性开始放缓，整个行业开始进入成熟期	竞争格局在相当长的时期内处于稳定状态，行业利润由于一定程度的垄断达到了较高水平，风险却因为市场结构稳定、新企业难以进入而降低。成熟后期，部分行业开始进入衰退。基础件是未来成为制造强国的关键，液压将有一轮新的发展机遇，包括数智创新、产业投资、智能制造、人才培养等	大量的行业衰而不亡，甚至会长期共存。一般而言，高科技行业的衰退期持续时间较短，而公用事业行业的衰退期持续时间较长。进入衰退期时，会出现短期产能过剩。市场收缩，企业数目减少，收入和利润水平停滞，或下降进入萧条

（续）

发展时期	萌芽期	成长期	成熟期（包括液压行业）	衰退期
行业出路	大公司收购；风险投资；其他商业支撑手段	成长后期，企业不仅依靠扩大产量和提高市场份额获得竞争优势，还需要不断提高技术水平、降低成本、研发新产品，从而战胜或紧跟竞争对手，维持企业生存	企业竞争手段从成长期的打价格战转向非价格手段，比如提高质量、改善性能、加强服务。某些行业也可能由于技术创新、产业政策或者全球化等各种原因又迎来新的高速成长。液压行业的出路是与电气、电子、网络融合，形成新一代的电液软元件时代	部分企业开始向更有利可图的行业积极转型
发展机会	成功后会获得丰厚的回报	具有核心竞争力的企业将脱颖而出 创新需要持续的试错，高强度的研发不能保障成功，但至少是保证竞争性的前提。所以，具备较强的创新能力、保持高研发投入、商业模式清晰、符合产业发展趋势的企业最终成功的可能性更大，这一类企业能够创造长期价值	优胜劣汰后竞争格局稳定，行业利润由于一定程度的垄断达到了较高水平，而竞争风险较低，规模优势强、毛利高的行业龙头企业一般会有不错的分红表现。“弃仿兴创”是保证竞争性的新动力，具备一定的创新能力、保持高研发投入、商业模式清晰、符合产业发展趋势的企业最终成功是代表一定行业集中度的企业，这一类企业能够创造长期价值	提高产能利用率和运营效率，可持续性的行业即使在衰退期依然会有不错的盈利表现
上游行业	锂，5G，量子，深度学习，人工智能，核聚变等	新兴材料，光刻机，内嵌式传感器，锂电池，新原理电动机等	材料，热处理，3D打印，软件开发，电动机，传感器，网络通信，人工智能，工业控制自动化，机械基础件等	材料，机械基础件（部分淘汰技术）等
下游行业	能源，通信，智能产业等	新兴装备制造业，基础件制造业（液压）等	传统装备制造业，工程机械，储能设备等	其他淘汰型制造业与装备业等

我国半个世纪以来的液压气动工业与技术的发展有目共睹，我国液压行业从无到有、从小到大、从弱到强，可在世界上占据第一位的发展已经是不争的事实。然而，我国的液压行业市场销售量虽大，但产品只是中低端，如何改变这种局面是所有行业人需要思考的，现在面临“中国制造2025”的机遇，在此大环境下，使液压工业在十至十五年左右能发展成为世界液压的强国是业内人士的任务。“中国制造2025”有六大工程，最热的是智能制造工程，最冷的是强基工程，最难的是创新工程，还有需要进一步开展的绿色工程、高端装备工程与质量和品牌工程。液压

是强基工程的重点行业之一，又是高端装备工程的供应方，需要提高集中度和品牌效应。液压行业已经处于新的发展机遇期。

目前处于成熟期的液压行业正在从成长期的打价格战转向非价格手段竞争，如加强制造能力与水平，提高增强质量的检测手段，不断开发国产化新产品以提高性能，在服务方面也有许多创新。既有来自行业成熟期在市场、技术与产品存在的问题，又有成熟期内企业家们采取的新步骤和把握市场、技术、产品与政策的机遇。液压行业完全有可能通过技术创新、产业政策或者全球化等各种原因又迎来新的高速成长阶段，这个阶段就是智能液压、水液压、能动型液压、运动型液压与传动型液压。特别是液压智能元件，这个智能元件会为行业带来许多新的理念、概念、思路、方案、措施、投资、效益，各企业的企业主、各院校的学者不要再等“答案”，自主开发创新已经不是口号，是每个中国企业家们不得不面对的新的现实了。

从图51-2可见，作为机械基础件的液压行业，上游行业都处于成熟期，下游行业基本属于成熟期，而与液压行业有关的上游行业几乎都处于成熟期，如3D打印、软件开发、电动机、传感器、网络通信、人工智能、工业控制自动化等，液压行业必须与这些行业的技术与产品结合，才能得到更快的发展，因为上游行业已经为液压行业的发展提供了环境与必要的条件。现在提出液压行业生态技术标准体系的目的之一就是尽早将液压技术与产品的新发展，与上游行业的技术挂钩，避免像螺纹插装阀那样，形成规模后再统一标准，造成了阻力大与不理想的后果。

尽管今后整个机械基础件投资融资空间会在20%左右，但这是对于液压行业而言，整体形势仍然很好。液压行业成长与市场表现从近期看，尽管有不及气动行业与密封行业的地方，但是作为机械基础件最重要、占有比例最大的液压行业，在投融资与市场成长方面还是留有不错的空间。作为行业发展的预期是正成长，更大的增长是可以期待的。

55.2 中国液压工业处于发展的机遇期

作为装备制造业基础的液压气动产业，正逢发展良好机遇。目前液压智能制造有两个大方向：①从生产制造来看，包括网络制造、3D打印、生产过程智能化、机器人等行走机械智能装备等；②从技术基础与基础件产品来看，包括产品智能化、多电化、介质绿色与数字孪生。二者相互促进、共生共长。二者的共同特点是要求液压必须与电气电子融合。电气融合产生电液泵，电子融合产生嵌入式电控的液压元件。面对技术与产品的创新时代，现有产品的技术必须用现代技术更新换代。现在发展的是液压工业4.0下的互联液压和智能液压，要摒弃脱离电气电子的液压工业2.0下的纯液压。不过必须利用传统液压的基石发展高端液压。数智化是液压技术发展的新机遇，主动开发应用场景，利用下游的动力与更新换代的动力发展，诸如微型液压等，以液压数智元件的新概念打造新一代液压产品。

技术是发展产业最重要的基础之一，但是必须提高管理技术的技术才能真正将技术转化为生产力。要做到这一点就是实现网络化制造工厂，进而发展智能工厂，我国的液压企业必须重视这一点才能事半功倍。

我国液压技术经历了近60年的发展，液压元附件的原理、结构、功能、性能、配套等已基本成熟，行业销售额已经超过美国成为世界第一。但是整个行业的产品仍然在液压工业2.0的传统水平，电液一体化技术与产品已经与国外产品有了“代差”，国外产品目前已发展到液压工业4.0水平，一些跨国企业发展互联液压，有的跨国企业在发展新一代的数智化液压元件。这方面，我国目前停滞不前，尚没有摆脱跟踪跟随的思维惯性。因此整个液气行业应该把握好这个数字经济时代的机遇期，数字经济协同制造模式主体概念如图55-1所示。

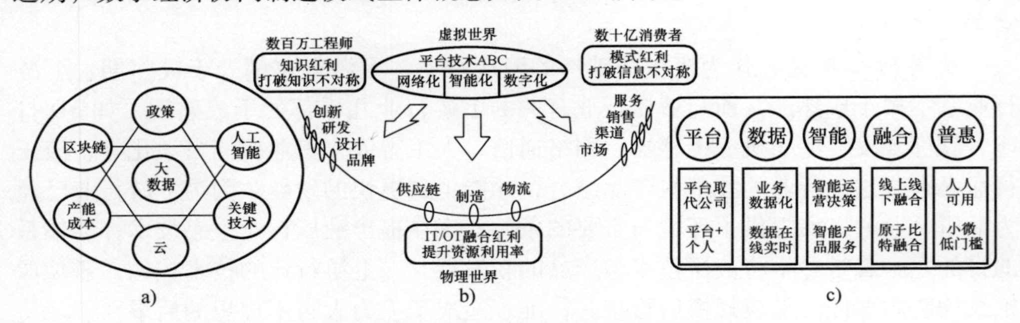

图55-1 数字经济协同制造模式主体概念

a）液压进入数字经济时代 b）工业互联网构建的增强型微笑曲线

c）数字经济下协同制造模式的五个关键词

“中国制造2025”工程推进以来，迄今成效很大，其中最大的改变就是数字经济。实际上就是信息技术的驱动，信息技术的驱动力由原来的人工智能、区块链、云计算、大数据，又增加了边缘计算、5G（最热的通信）与物联网。

互联网世界就把物理世界、虚拟世界和心理世界联系在一起。知识的红利，创新、开发、设计平台，消费端的服务，消费的心理、销售渠道，通过制造、物流、供应链连在一起，中间就是平台技术。目前智能制造（Intelligent Manufacturing 或 Smart Manufacturing）就在推广工业互联网的网络化制造集成平台。

在数字经济大趋势下，任何行业一定会建立起采用工业互联网的数智生态。这时的“平台、数据、智能、融合、普惠”代表了在智能制造下的手段、技术、方式与目的。

数字经济下的设计、制造、生产会出现平台公司，通过平台使各企业能够更快完成智能制造大生产的格局，工业网络化制造的“云”平台将会逐渐成为企业运营不可或缺的一部分。甚至可以想象工业互联网技术下生产方式的改变，例如工业软件开发者可以在家里工作，就像现在的网商成为产业链上有效的一部分一样，以

“平台+个人”的形式出现；生产制造中也会更多采用个性化3D打印，成为互联网制造（Made in Internet）的一部分，甚至可以在线做好设计，数据从网上下载，随之3D打印制造出来。今后工业互联网将会改变生产制造的概念，使企业端的成本、质量、效率在一个新的角度上发展，会有生产方式的许多大转变。

“大数据”是宝。企业管理通过“大数据”可以在以下四个层面受益：

1）内部资源管理，如基于工业互联网的大数据，通过对设备的管理、生产过程管控、工艺流程的把控及对研发的管控等数据了解以后，企业可以下决心重新配置资源，提高企业内部管理的效能，从而获得管理带来的效益。

2）充分积累在设计制造的数据，沉淀数据变成信息，信息变成知识，知识再总结，最后真正变成有用的竞争力。

3）生产过程的智能化和使用过程的智能化，设备的健康管理、售后服务是数据管理重要的一部分。其中产品的远程服务与跟踪参与全生命周期管理的“数字孪生将是使企业与用户保持长期关系并产生新的效益的一部分。

4）客户关系管理、财务人力管理、安全生产和金融服务等。目前从数据的角度来看，事实上是实际研发的数据交换不多，首先数据有时要沉淀有时要实时，还要有算法、算力才能将“数据”转化为“知识”“财富”与“决策”。现在都知道数据重要，但事实上将近一半的数据没有存下来，存下来的数据基本上都是“坏数据”，都不是实时的，不是24h随处可调用的，真正可用的商业数据现在只有1%。所以数据的种类和数量非常大，而现在计算能力不足，工业沉积少，到处是数据孤岛，需要打通。所以对“大数据”的处理要强调“云”平台、硬件深度融合、业务深度整合，要将“大数据”变成有用的“数据”，甚至变成形象化的“图形化”，以便快速决策。这将是工业网络化制造中一个大课题和很好的发展机会。

55.2.1 中国液压工业向智能制造发展的理念与展望

1. 液压企业发展需要抓住机遇

1）世界的视野，即由大到强，技术与经济高度结合是立足点

两个外部驱动：社会发展需求（碳中和、绿色）；技术发展趋势（无人化、多电化、数智化、数字孪生）。

两个内部动力：“做大做强”即集中度提高（提高竞争与创新能力）；“效益丰厚”即性价比提高（市场永恒规律）。

2）中国的视角，即抓住工业4.0与5G新生态进行互联智能换道、原理性创新，重视中国根技术。

企业是载体，技术是工具，效益是目的，资本才是控制力，不断进行模式创新，达到产业发展目的。创新必须有资本实力与企业作为载体，搭建社会必要平台，个人才智才能有展现的机会与空间。采取更紧密、更灵活的产学研形式，更多的海内外兼并与合作。

3）思路决定出路。在投资上，挖掘上下游潜力，加强产业链。我国要有整合性很好的中小企业基础上的跨国企业。以OEM派生的液压企业既有资金又有市场。我国的液压工业必须与主机行业联合，需要适合中国人价值观的企业联合融合模式，如“总部经济”。

在产品技术上应做到以下方面：

① 要改变传统纯液压元件思维，建立液气元件的新形态即机电液软“融合”。

② 要改变液压性能只依靠硬件的思维，依靠软件定义液压功能。

③ 要改变集中式液压系统形态，建立分布式系统形态（如EHA)。

④ 要改变液压故障诊断依靠经验的概念，建立液压元件数字孪生工业软件健康管理数据技术。

⑤ 要改变液压技术标准局限于液压性能的现状，扩展液压生态技术标准体系。

⑥ 要改变液压企业传统孤岛生产模式，建立云地合一的生产模式（云端化智能制造企业)。

⑦ 要改变液压创业自身循环，发展自然生态，建立创新企业总部市场整合框架，发展总部企业经济。

⑧ 要改变液压回路碎片化理论体系，建立液压回路性能参数法体系。

此外，还要提升中国企业家精神。企业家是企业的灵魂，企业成功首先是企业家具备三大要素：境界视野、韧性毅力、能力魄力。

2. 智能液压不是终极液压

目前盛传一种看法，认为世界进入终极技术：量子、人工智能、核聚变。量子代表信息，人工智能代表人的智慧，核聚变代表能源。因为人类对下一步的技术发展空间好像开始受到局限，于是开始将视野转向宇宙空间。

是否存在终极液压？水液压与智能液压是否是终极液压？难以凭一己之力看穿，难有结论。当然任何“终极”的想法都不符合客观发展规律，因为世界与技术发展都不存在“终极”。液压智能制造不是终极，液压智能元件也不是终极。只因为目前这几十年的进步如此之快，就像半导体行业的“摩尔定律”使人们也提出有没有底线的疑问，摩尔定律会怎么发展应拭目以待，但相信社会总会用另一种新生的方式来替代旧方式。液压的发展是多方面的，数智液压只是最重要的一部分，液压无论从介质、结构原理、控制方式、应用对策等方面的发展空间都是无穷尽的。现有元件在其结构、性能与集成的改革将永无止境，除非有新的原理性、颠覆性的“根技术”产生。

3. 液压工业的均衡发展

高端层面要占领技术制高点才能强，目前是数字化、网络化、智能化，还有水液压。

中端层面要技术增值才能使产品卖出好价钱，才能有积累去开发。中层技术指电液一体化的阶段，仍会持续一个历史时期。

底层要保持量与价的优势，契合市场应用，有嵌入数智技术，再加以技术服务与引导提高。

55.2.2　中国液压行业由大变强的标志

中国液压工业变强的标志如下所示：

1）液压企业具备与下游企业共同开发技术先进的综合性应用能力，形成市场接受的新产品。

2）行业集中度 R8 达到 50%，逐步达到我国有与世界最知名的液压厂家体量相当的跨国公司及一批具有国际认可品牌的液压产品专业厂。其中有的专业厂总产值在 70 亿～100 亿人民币以上，这个指标在 2020 年左右就已实现。

3）骨干工厂生产达到智能工厂的要求，实现智能制造的工业水准。

4）具备生产与开发世界最高端液压产品的能力，如高压大流量泵、高频响大流量伺服阀、液压智能或数字泵/马达/阀，不受制于人。

5）在液压技术的新发展上有主动权，而不是技术跟踪，产品跟随，亦步亦趋。

6）液压行业依靠强有力的行业协会或联盟平台，具有行动力去促进及推动行业的发展。

55.3　液压行业智能制造之路

55.3.1　智能制造概貌

图 55-2 所示为理想的智能制造工厂概貌与内涵。

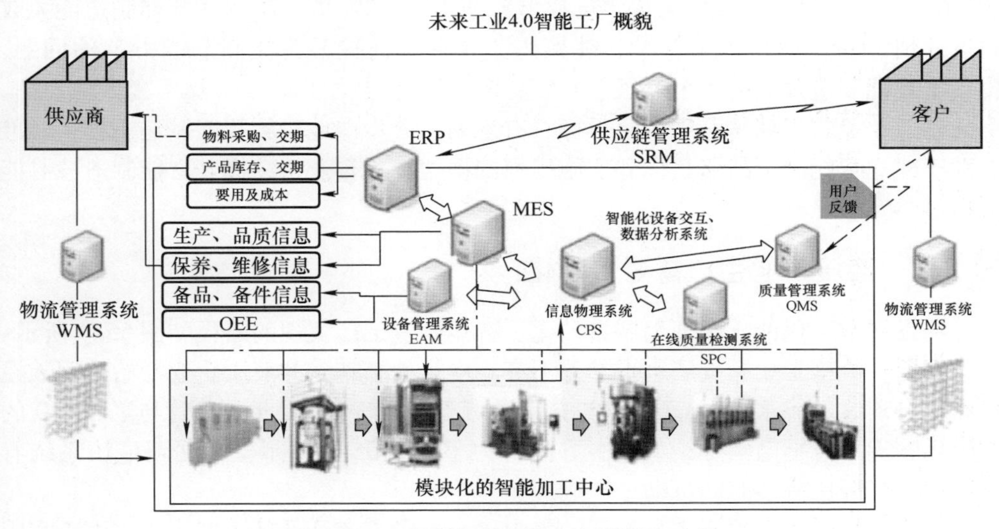

图 55-2　理想的智能制造工厂概貌与内涵

一般而言，智能制造之路（见图55-3）是自动化、数字化、网络化，最后是智能化。图55-2展示了企业各个功能的联系。可以按照这个架构实施。

液压行业应该重视国内专家提出的推进智能制造“三必须三不要”原则：

1）不要在落后的工艺基础上搞自动化。在工业2.0阶段，必须优先解决工艺优化问题，实现自动化。

2）不要在落后的管理基础上搞信息化。在工业3.0阶段，必须首先解决在现代管理理念基础上实现信息化问题。

3）不要在不具备数字化、网络化基础时搞智能化。要实现工业4.0，必须先解决好制造技术和制作过程的数字化、网络化问题。

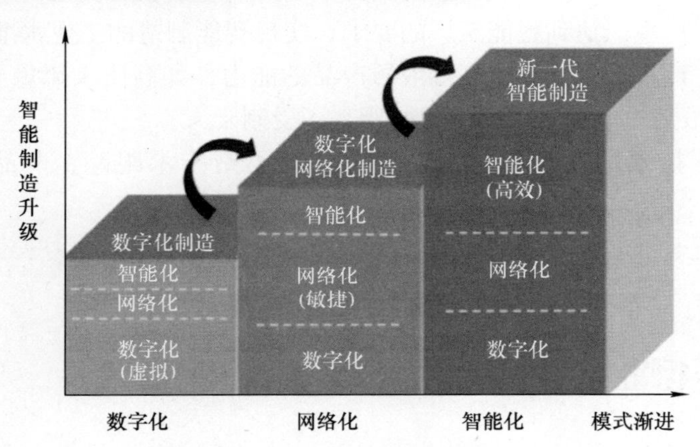

图55-3 智能制造之路

我国发布的《智能制造能力成熟度模型白皮书（1.0）》，形成了GB/T 39116—2020《智能制造能力成熟度模型》及GB/T 39117—2020《智能制造能力成熟度评估方法》两份国家标准，就聚焦“企业如何提升智能制造能力”的问题，提出了智能制造发展的5个等级、4个要素、20个能力子域，以及1套评估方法，引导制造企业基于现状合理制定目标，有规划、分步骤地实施智能制造工程。标准有助于建立智能制造战略目标和实施规划的框架，为企业持续提升智能制造核心能力提供参考。

55.3.2 液压工业生产需要自动化

在发展数字化前，必须发展自动化，智能制造工厂实现的路径如图55-4所示。

当前，液压工业的发展水平参差不齐。但是越来越多的液压企业开始采用数控机床、自动线、流水线、3D打印与自动导引车（AGV）。因此，尽管与工业4.0的差距比较远，但是已经开始朝这一方向努力了。图55-5所示上海诺玛液压系统有限公司生产的比例多路阀自动生产线。

生产的自动化必须要产品经营的集中化，或者是产品品种的模块化。由于我国

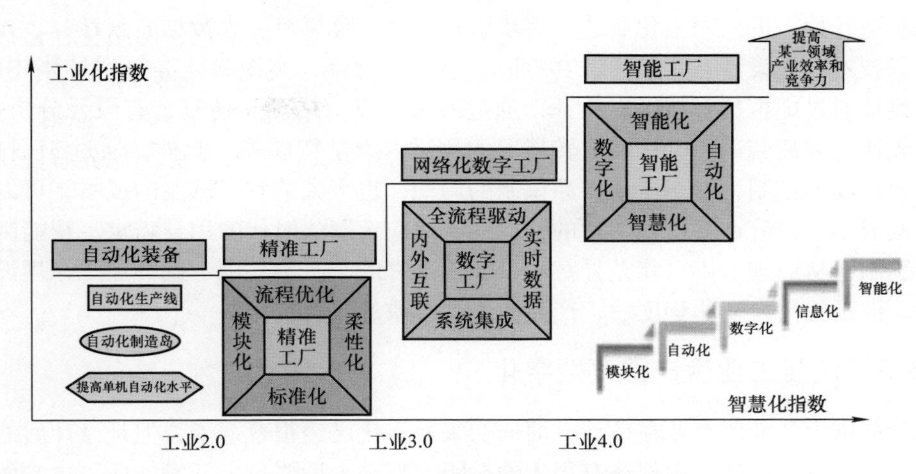

图 55-4　智能制造工厂实现的路径

图 55-5　比例多路阀自动生产线

的液压企业规模比较小，产品集中度提高相对难度大一些。因此，减少产品品种，达到产品集中度相对集中提高是一条途径。智能化液压元件有利于减少液压元件的品种与模块化的数量，达到有利于产品生产集中度提高的目的，从而有利于液压元件智能制造的发展。二者形成了液压元件技术发展与生产发展互补互利的局面。因此走出一条采用智能液压元件减少液压元件品种的道路，以增加液压元件生产的集中度，这既是促进智能制造发展的需求，也是一种良性循环。

中国液压制造业现状是不少企业尚处于自动化初期，应抓好基础，提高设计水平，摆脱模仿阶段上升到自主创新阶段，从粗犷式生产到精工细作，逐步引入中高端制造设备；并切实做好产品优化设计，严格控制成本，提升质量，逐步提升液压整体制造业水平。液压制造业不存在空心化问题，尽管不少液气企业生产设备已经不比国外同类企业差，但不要过于看高设备，5 ~ 10 年后才能见分晓。现在就从自动化制造开始，进入网络化制造，逐步引入网络、计算机、大数据、云计算、人工智能等技术，在设计、工艺、仿真验证、生产、物流、实物验证等得到具体体现，优化设计通过虚拟仿真技术以验证，通过疲劳仿真、运动学仿真、有限元分析等，可以较快完成疲劳试验、产品运转情况的测试、力学特性等。此外，通过3D打印等完成产品的试制，缩短了新产品试制的周期，也大大节省了试制的成本，可以达到降低成本、提升产品性能的目的，以快速适应定制化时代的用户需求。智能制造与传统制造从原理上讲可能差异甚小，如零部件的车、磨、刨、铣等加工原理没有不同，但是提高自动化程度后，产品质量会有质的飞跃。

55.3.3　液压工业生产需要数字化

目前国内各液压企业在设计方面的初级数字化已经很普遍了，但是设计后的仿真、工艺与测试的数字虚拟还有很大的差距。但是今后要自主开发的话，这方面的资金投入，特别是适用人才的培养会是难点。

然而，对于数字化设备方面的投入，企业比较容易做到。对于企业而言，企业数字化时设计、制造都需要有“数字孪生”的概念，数字化工厂的概念如图55-6所示。

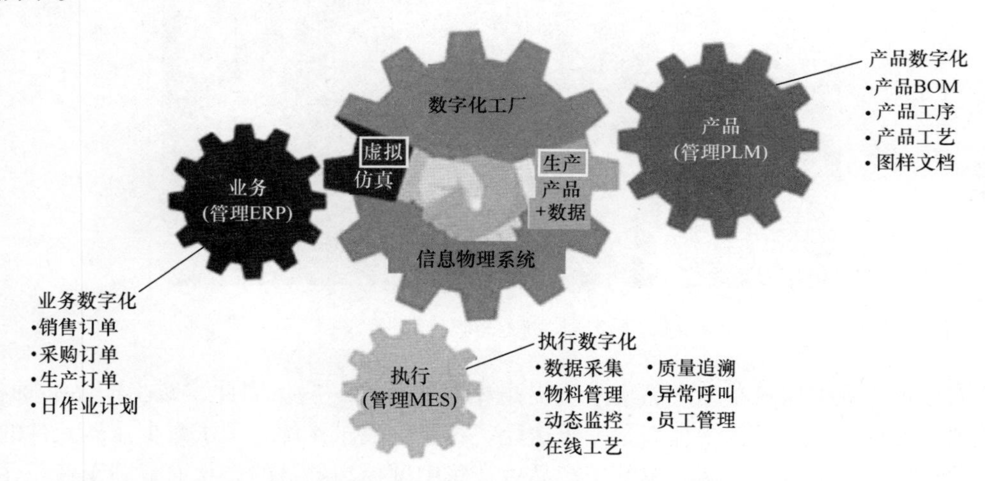

图55-6　数字化工厂的概念（生产产品与产品数据）

数字化工厂有两个概念：①不仅生产产品还要生产“产品数据”；②要在虚拟环境（计算机上）先设计后仿真，确认设计与工艺后再生产。其中仿真的意义在于对整个生产过程进行仿真、评估和优化，使实际生产中的试错大量减少，降低开发成本，提高开发的效率与质量。因此，数字仿真是产品设计和产品制造之间的桥梁。数字化工厂的产品既要有“制造意义上的真实产品”（给外部用户），也要有“虚拟世界（计算机+网络）中的产品数字”（给公司内部用户），后者也是产生的大数据的一部分。计算机的内部“数字”与物理真实世界的“数据”可以相互

“沟通反馈”，相互“衍射”形成“闭环”，可以简单地理解这就是工业制造中“数字孪生”的含义。

图 55-7 所示为数字化工厂的流程与内涵。数字化工厂需要两个数字化基础设施：虚拟世界里的数字化软件与生产世界里的数字化设备。前者包括已经在使用的一些设计软件，它们是 CAD/PDM/CAPP/CAM，以及 ERP/MES/PLM/WMS 等；后者是企业家与工程技术人员熟悉的 CNC/AGV/3D Printer/CIMS 等。

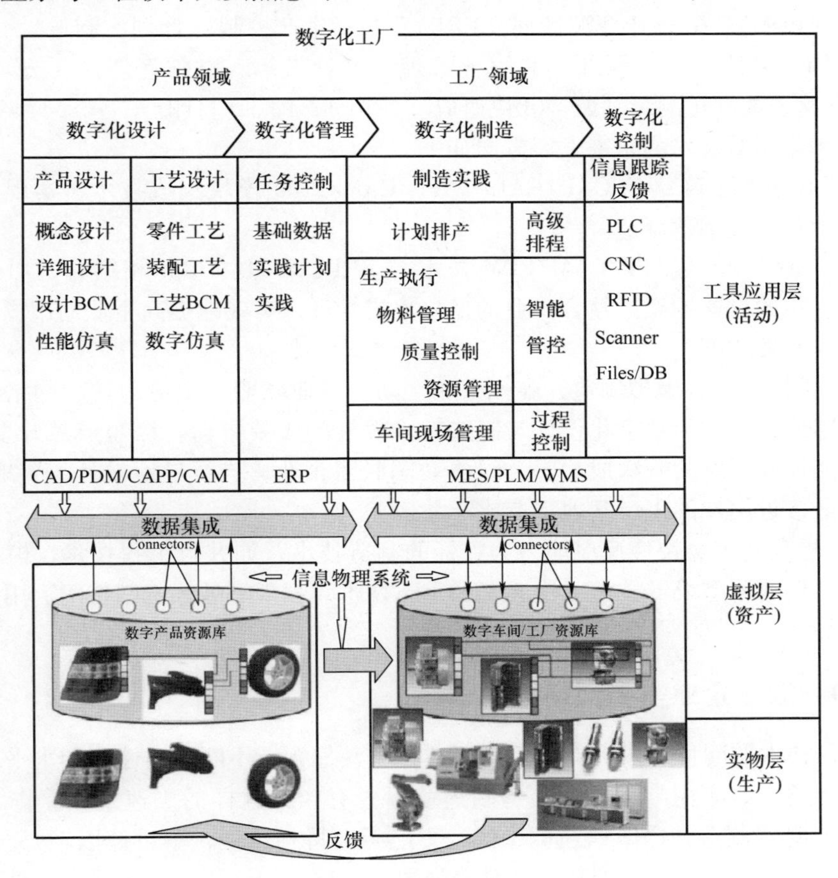

图 55-7　数字化工厂的流程与内涵

数字化工厂利用数字设备生产产品，还要利用信息物理系统生成产品数字，这些数字包括数字化建模、虚拟仿真、虚拟现实/增强现实（VR/AR）等。产品数字用来沟通以至进行生产实时管理、产品设计、生产规划与生产执行。具体讲需要一整套数字化技术软件去构成这些产品数据的体系，这些软件与制造技术融合，并在虚拟现实、计算机网络、快速原型、数据库和多媒体等技术的支持下，根据用户的需求，迅速收集资源信息，对产品信息、工艺信息和资源信息进行分析、规划和重组，实现对产品设计和功能的仿真及原型制造，进而快速生产出达到用户所需性能的产品。

数字化制造就是产品设计环节（三维建模是基础）、生产规划环节（工艺仿真是关键）、生产执行环节（数据采集实时通信是保证），其包涵了设计、控制与管理三个层面。

数字化制造的内涵是：①计算机辅助设计（CAD）；②计算机辅助工程（CAE）；③计算机辅助制造（CAM）；④计算机辅助工艺规划（CAPP）；⑤产品数据管理（PDM）；⑥企业资源计划（ERP），包括生产控制（计划、制造）、物流管理（分销、采购、库存管理）和财务管理（会计核算、财务管理）；⑦逆向工程（RE），属于数字化测量领域；⑧快速成型（RP），即3D打印。

数字化制造技术的未来发展方向如下。

1）利用基于网络的CAD/CAE/CAPP/CAM/PDM模块集成技术，实现产品无图样设计和全数字化制造。

2）CAD/CAE/CAPP/CAM/PDM技术与ERP、SCM、CRM相结合，形成制造企业信息化的总体构架。整合企业的信息集成管理，有效地提高企业的市场反应速度和产品开发速度。

3）虚拟设计、虚拟制造、虚拟企业、动态企业联盟、敏捷制造、网络制造及制造全球化，将成为数字化设计与制造技术发展的重要方向。缩短产品开发周期，提高产品设计开发的一次成功率。组建动态联盟企业，进行异地设计、异地制造，然后在最接近用户的生产基地制造成产品。

4）提高对市场快速反应能力为目标的制造技术，如并行工程技术、模块化设计技术、快速原型成形技术、快速资源重组技术、大规模远程定制技术、用户化生产方式等。

55.3.4 液压企业需要网络化

液压技术的问世与发展促使装备制造业及其他领域不断提高性能和水平，如果没有液压技术的应用与发展，装备制造业不会有今天这样的飞速发展。作为“制造大国”向“制造强国”跨越的中国，更应予以特别重视，不可掉以轻心。因此，我国要成为全球范围内名副其实的制造强国，必须成为液压产业的强国。这是我国装备制造业包括液压产业在内的发展机遇和挑战。为了应对这样的挑战，必须克服长期以来液压行业存在“小、散、差”的问题，尽管行业发展过程中的集中度一定会增加，但是各个企业的研发实力都有局限性，会对行业的整体水平上升速度产生很多不利影响。其中有力措施就是积极实施网络化智能制造，既符合互联网与5G的国情，也符合液压产业的行情，尽快通过网络化制造提升我国液压企业的管理水平。

网络化制造系统可以将分散的产学研或企业之间联系起来，在空间和功能上，各企业之间仍然是分散的，只是通过敏捷制造网络集成平台，建立液压公共服务平台，特别是对液压高端产品、创新产品提供公共服务，激发带有共性的生产与市场方面的需求，利用互联网实现基于网络的信息资源共享和设计制造过程的集成，将有关企业和高校、研究所和研究中心等结合成一体，成立面向广大中小型企业的先进制造技术数据中心、虚拟服务中心和培训中心，开展网上商务等。网络化制造涉及协同、设计、服务、销售和装配等。

网络化制造对企业而言更容易产生效益。利用企业内部局域网，负责企业的一切生产活动，包括加工生产、检测测量、安装调试、用户现场维护等；建立网络化制造工程的框架结构，包括基于内联网（Intranet）的制造环境内部网络化和基于因特网（Internet）的制造业与外界联系的网络化。也可以以此进行有关商务与售后服务活动等。

1. 发展液压产业网络化制造的构架与效益

图 55-8 所示为液压产业网络化制造的构架，简洁表达了液压传统制造业走向智能制造的发展思路与实现的目标。

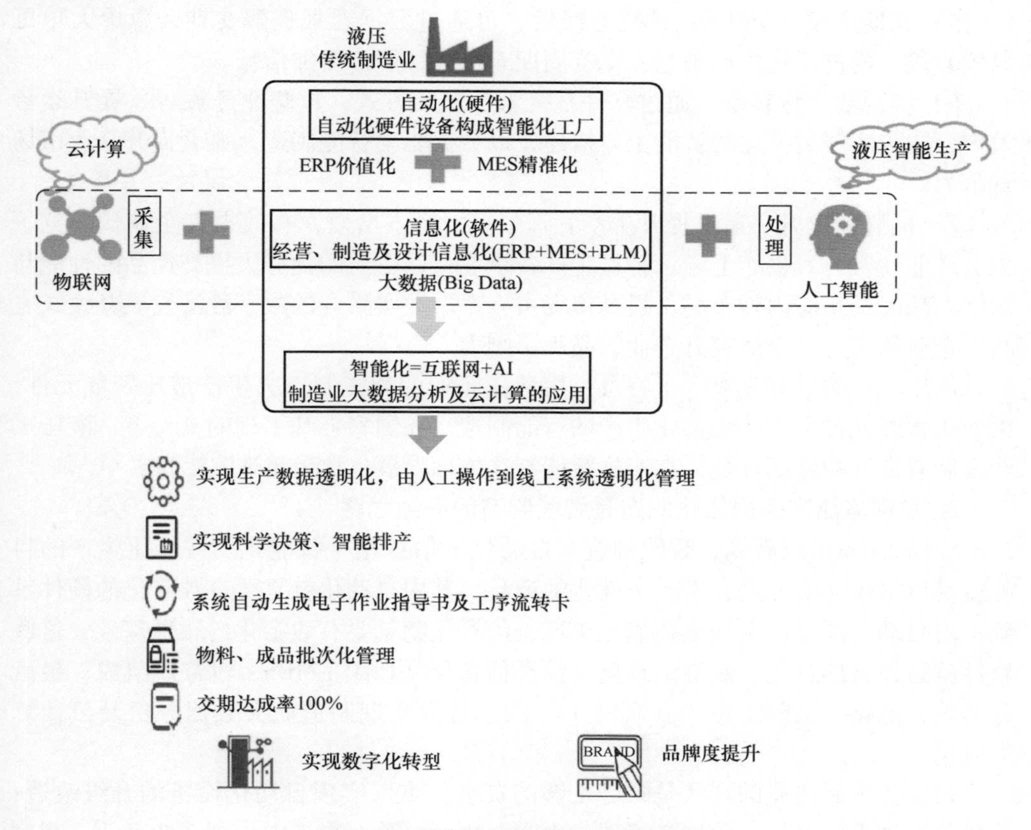

图 55-8　液压产业网络化制造的构架

具体实施上述目标，还需要做到以下几方面。

1）实现生产数据透明化，由人工操作到线上系统透明化管理。产品零件物料信息、生产路线、生产进度清晰可控，大大减少工单的传递数量，保证信息传递的准确性。

2）实现科学决策，智能排产。物料计划功能可进行工单物料齐套检查，解决了设备空等原材料及零部件问题，各种配料配件物料采购更加及时；智能生产计划一键排产，安排更合理，大幅提升工厂整体产能。比传统手工排产更加智能高效。

3）系统自动生成电子作业指导书及工序流转卡。可降低手工出错频率，简化业务流程，提升工作效率。

4）物料、成品批次化管理。通过物料、零部件管理模块对物料、零部件及成品进行出入库管理，记录货物批次，供应商信息等，实现货物精确化管理；对物品入库、存放、发货等环节进行精准管控，保证入库有数、储备有序、发料有据；生产时间、生产原材料、零部件信息均可通过成品追溯功能快速查询，不再查无依据。

5）交期达成率100%。系统上线后，可通过数据看板提醒交期，急单大单可以放心接，通过系统提前预判，交货周期有保障，用户更加信赖。

6）实现数字化转型。通过软件系统管生产的方式，重塑业务流程、提升运营效率，初步实现数字化的智能工厂搭建，以数据驱动智能制造，显著提升企业市场竞争力。

7）品牌度提升。通过提升生产管理效率，降本增效，有效提高企业核心竞争力、产业硬实力。生产上云、精益生产，企业将以更大的优势去提高产品的性能与功能，从而开拓海内外市场，提高市场占有率。数实融合的数字经济发展新模式也凸显企业软实力。全面提升企业的品牌影响力。

液压工业的智能化有一个特点：用液压企业的智能制造去生产液压智能元件，用液压智能元件去支持无人化生产的智能制造。在国家强基工程的支持下，液压工业发展有良好的外部环境，在实施智能制造方面发展也比较迅速。

2. 发展液压产业网络化制造是智能制造的必经之路

由图55-8可以看到，智能制造＝自动化＋信息化＋智能化。智能化生产的目的就是用批量化的方式，生产个性化的产品。其中自动化就是要有数字化的硬件基础，由自动化硬件设备构成智能化工厂；信息化就是要有数字化的软件基础，这些软件就是经营信息化、制造信息化及设计信息化（ERP＋MES＋PLM）组成。最后是实现智能化，这就是在“互联网＋”的基础上实现制造业大数据分析及云计算的应用。

目前传统制造业的现状是缺乏足够的资金，难以实现自动化设备的升级改造；信息化管理不完善，企业生产流程、生产线比较混乱；很多中小制造业企业，利润尽管足够，但是不会急于选择变革。总之，立足未来必须转型，但是智能制造投入成本过高，特别是自动化设备，且不稳定因素大。在这种情况下，就要先从信息化方面入手，先把精益化的管道做好，后期再投入自动化，最后再软硬结合，让设备智能化，使得网络化制造结合中国实际国情来实施。

对于传统的中小制造业来说，现阶段信息化软件和服务比自动化价值更高。这也是企业转型智能制造的基础，因为 ERP 是实现企业管理价值化，而 MES 是实现企业生产精益化。这是任何制造业都必须面对的管理大课题。

对于企业家而言，首先考虑的是企业靠什么盈利，除技术与产品外，企业内部就是价值化管理。因为企业中的每一个动作都是成本，将数量和时间都转化成价值，同时将价值偏差落实到责任人。做到从数量管理进阶到价值管理，通过管理让工厂利润最大化。企业间的竞争最终是价值的竞争，所以采用 ERP 价值化这一步不可或缺。因此网络化制造与企业的需求是合拍的。

要在 ERP 基础上创造更高的价值，应选择均衡生产。均衡生产的难题是批次跟踪，因为涉及材料、毛坯、半成品、组装、试验、质量，要实现准时交货。MES 是帮助解决这个问题的工具。大部分制造业即使没什么自动化设备，也可以构建出一个智能化的系统。因为管理系统是自动化的，先实现系统智能化，接下来再实现自动化，最终实现智能化。这样一步步从人工走向自动化。

有了价值管理的自动化及精益生产的自动化，整个企业的一切运行过程就有了可以依赖的数据，根据数据可以寻找企业的优势与弱点，提供企业的决策机制，这就是再下一步所谈的智能化。这些还在发展的过程之中，需要先做好自动化基础上的网络化制造，真正完全的智能制造就很近了。

3. 液压行业发展网络化制造对于未来智能化发展有深远意义

液压机械作为智能制造装备，本身就需要具备网络化控制特征，需要加强网络化控制软件、具有传感器的检测信息、可以连接远程监控与故障诊断技术的网络功能等，在这个基础上还要实现自身的智能制造与智能服务。智能服务将会是液压领域的下一个研究热点。

尽管中国液压在航天中的应用达到世界一流水平，各种液压应用项目上也堪称前列，但是中国液压技术与产品与国外产品相比仍有明显的“代差”。液压智能装备产业在低端市场刚刚开始创新发展，高端市场占有率较低，基础工艺与算法关键技术方面几乎还未引起注意；还存在着创新能力薄弱、市场规模小、产业基础不牢等问题。目前国产化液压数智产品主要集中在中低端（AGV、喷涂机器人、中低档机床等）。为此首先需要加强网络化制造，这样也才能支撑液压产品本身的发展。

液压行业虽然非常重要，但是在国内生产总值中所占比例不算高，因此只能跟随网络化制造的大气候发展。这个大气候是热度高、控度低，如智能控制系统方面处于国际大型企业垄断的状态，欧美企业占据了全球前 50 强的 74%，而美国企业更是占据前 10 位中的 50%；我国 90% 以上的高档数控机床控制系统市场被国外产品占据。传感器等检测设施、控制设备、核心零部件等重要工业设施的关键技术方面存在短板。这方面相关产品的研发较多地追随国外技术方向，先进性和前瞻性方面的差距较为明显。此外，专业生产水平不高、忽视个性化服务等问题也成为制约工业网络化发展的因素。另一方面，智能化、网联化的发展趋势将促进装备的协同智能演进，液压网络装备智能装备是这个协同环境的一部分。这个协同优化需要单点增强，会促进液压设备与第五代移动通信（5G）技术的结合，与AI芯片智能的结合，以满足以自动驾驶为代表的诸多领域。这些都是与液压技术与产品相关的装备，因此液压元件产品与液压生产制造都需要加强网络化这一关。

过去液压与电子控制看起来是一家（一体化产品），实际上是完全分割的技术与产品，只不过在形态上融合在一起。正因为这个问题，我国液压工业3.0的电液一体化很不成功，目前的高端比例伺服阀还没有具有影响力的产品，就是因为电液两张“皮”的问题。随着网络化生产与网络化控制的深入，特别是嵌入式控制液压元件的产生，今后液压元件在性能与研发中必须与电子控制融合，特别是软件的编程应将这二者更紧密地结合起来，液压元件的性能将融合电子控制、工业网络、工业传感器、工业软件等多类产品与技术，来解决液压智能元件感知、控制、传输等性能问题，需要解决与支持实现运营与维护健康管理技术层面的智能能力。我国目前只能部分实现国产化产品替代，但关键市场与技术的把控力仍然不强，核心产品与标准仍由国际企业主导。液压元件产业处于边缘环节，应该打破固化的低端格局，尽快改变液压元件的这种“代差”。着眼未来，在现代网络化制造的总趋势下，液压元件将会在新型算法支撑下发生产品形态和功能的变革，自动化与云计算企业将联合推动液压工业自动化向边缘智能发展。在产业层面则应顺应技术发展趋势，由具备自动化、网络化开发能力的企业牵头投资并整合AI研发，通过液压产品智能化与网络化制造升级来巩固市场地位。

55.4 建设网络化制造平台与配套工业软件

制造引入网络的效果就是敏捷，因此被称为“制造系统的敏捷基础设施”，目的是提高企业的快速反应能力与竞争能力。作为敏捷制造的基础设施，它也由两部分组成：网络化制造集成平台和软件工具。

55.4.1 网络化制造的市场条件已经成熟

液压工业的企业正在发展网络化制造，液压生产自动线的制造企业产品已经比较抢手，实施智能制造的企业日益增加。网络化的发展与智能制造已经成为行业活动不可或缺的一部分。但是总的来看，我国制造业企业包括液压企业对网络化制造还比较陌生。我国制造业网络应用发展如图55-9所示，采用5G的工业制造企业的行业渗透率只有5%左右。我国的5G技术能够可以更好地推进工业制造企业数字化、网络化、智能化转型，但是目前应用并不热，所以5G技术既需要推广，也需要有实际效益来促进。

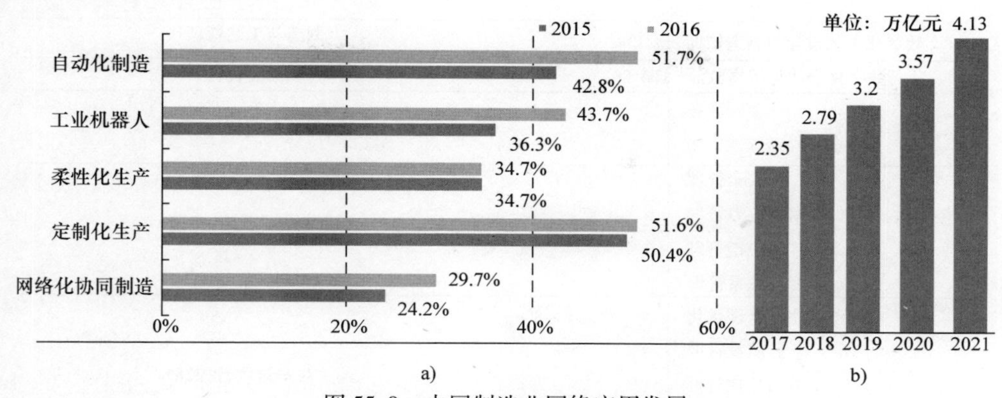

图 55-9　中国制造业网络应用发展

a）中国企业互联网络应用状况调查（中国互联网络信息中心，2016. 12）

b）工业互联网产业值（中国工业互联网研究院）

由图 55-9 可见，2021 年工业互联网产业值达到 4. 13 万亿元，占国内生产总值（GDP）的比重达到 3. 51%。根据通用电气（GE）预测，到 2030 年，工业互联网将给全球带来 15. 3 万亿美元的 GDP 增量，至少给中国带来 3 万亿美元左右的 GDP 增量。国际标准组织 3GPP 在 2020 年宣布 R16 标准冻结，这预示着工业互联网将迎来加速发展期，将有利于中国 5G + 工业互联网加快发展。

当前世界制造产业都在变革，工业 4. 0 的概念逐步兴起，企业运营也面临着成本亟须降低、产品质量和价值有待提升、社会对制造业中的碳中和与绿色环境要求更迫切等问题，使制造业高质量发展离不开下一步的智能化变革，必须将工业制造与信息技术（IT）融合程度趋于深化，强化互联基础、加速云计算应用创新、促进人工智能（AI）的价值挖掘、开源开放助推生态构建。通过这些措施，各国在抢占新一轮工业变革制高点。我国将信息技术与工业制造融合作为发展重点，发布了《智能制造发展规划（2016—2020 年）》《国务院关于深化“互联网 + 先进制造业”发展工业互联网的指导意见》等文件，将智能制造作为国家先进制造产业的重点突破方向，以工业互联网为网络化平台，推动工业制造向数字化、智能化转型升级。本手册第 30 章阐述的“互联液压”也有助于液压行业深入了解与应用工业 4. 0 技术。

信息技术加速渗透引起制造业发展模式变革。制造业网络化制造推进数字化升级，制造企业依托物联网大量采集来自于设备和生产线且类型多样的数据，基于云计算方式获得灵活便捷的软件应用环境、可靠且低价的数据存储能力，利用 AI 来加强数据挖掘能力。制造企业利用互联网平台能够快速响应市场需求、高效整合资源组织生产经营，进而推动产生网络化协同、特色化定制等新的模式。信息与制造技术的融合发展，促使新经济模式在包括液压工业在内的领域中的渗透革新。

工业互联网制造平台的本质是工业数据，核心技术是数据化。图 55-10 所示为

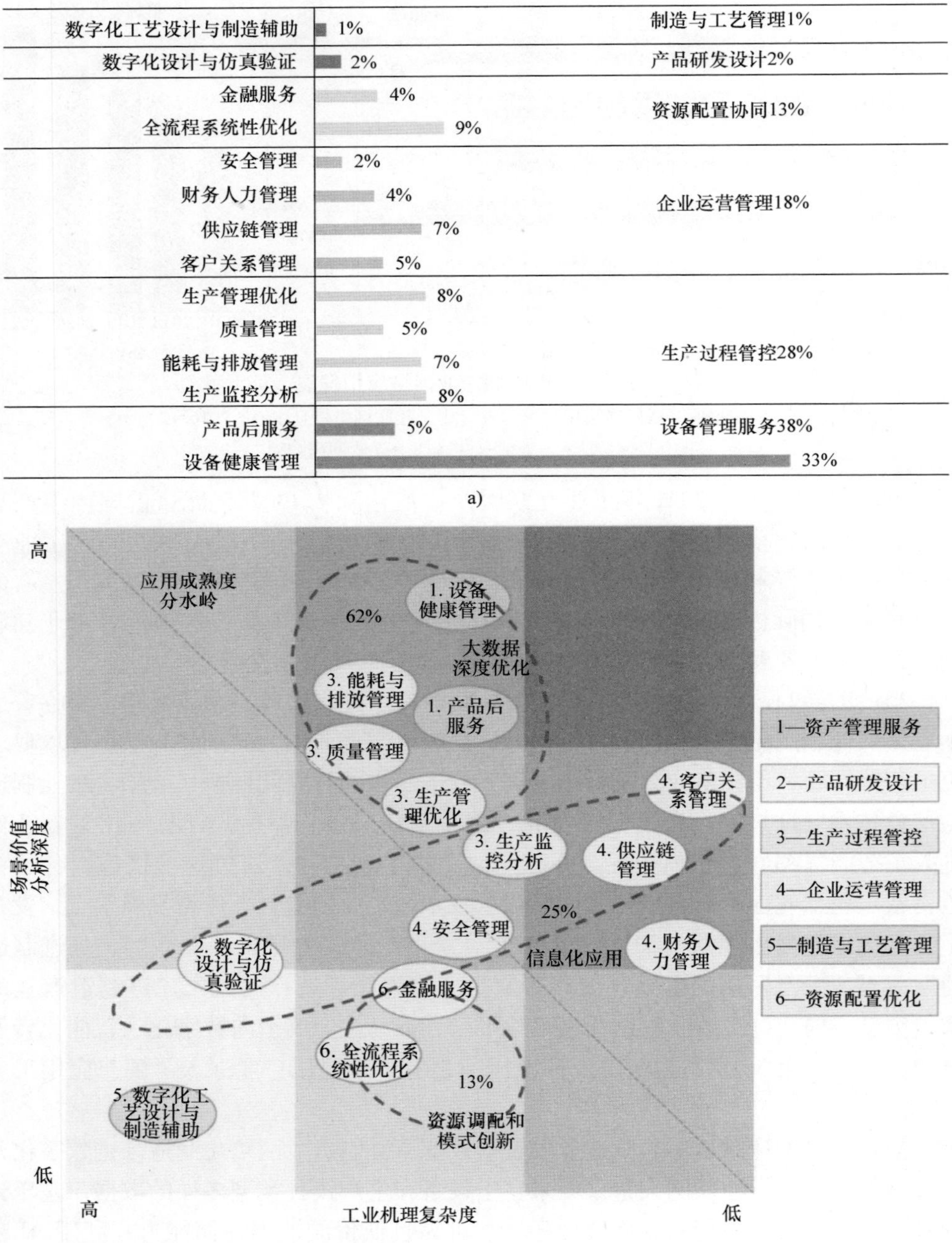

应用场景	占比	类别
数字化工艺设计与制造辅助	1%	制造与工艺管理1%
数字化设计与仿真验证	2%	产品研发设计2%
金融服务	4%	资源配置协同13%
全流程系统性优化	9%	
安全管理	2%	企业运营管理18%
财务人力管理	4%	
供应链管理	7%	
客户关系管理	5%	
生产管理优化	8%	生产过程管控28%
质量管理	5%	
能耗与排放管理	7%	
生产监控分析	8%	
产品后服务	5%	设备管理服务38%
设备健康管理	33%	

a)

高
应用成熟度
分水岭
62%
1. 设备
健康管理
大数据
深度优化
3. 能耗与
排放管理
1. 产品后
服务
3. 质量管理
3. 生产管
理优化
3. 生产监
控分析
4. 客户关
系管理
4. 供应链
管理
25%
4. 安全管理
信息化应用
4. 财务人
力管理
2. 数字化
设计与仿
真验证
6. 金融服务
6. 全流程系
统性优化
13%
资源调配和
模式创新
5. 数字化工
艺设计与
制造辅助
低
场景价值
分析深度
高
工业机理复杂度
低
1—资产管理服务
2—产品研发设计
3—生产过程管控
4—企业运营管理
5—制造与工艺管理
6—资源配置优化

b)

图 55-10　工业互联网平台应用现状

a）工业互联网应用场景　b）工业互联网应用成熟度中复杂度与深度的关系

工业互联网平台应用现状，数据来自《工业互联网平台白皮书（2019）》，反映了互联网制造平台对参与工业数据开发与管理、工业数据智能应用开发、工业复杂关系数据分析的影响。所以企业的 ERP 首先应该要做起来，通过硬件、服务器、软件的升级，将内部与外部供应链各类数据整合起来，做好工艺流程设计，落实到车间，流程数据化，这些是 IT 专业人员没法做到的。采集数据清晰后再交给 IT 算法专业人员，对挖掘出来的数据进行统一与规范应用。然后顶层设计就是做好组件、开发 APP，将企业的数据流程总结并利用。

55.4.2 逐步建立智能制造和工业互联网产业体系

智能制造往往会涉及信息的自感知和自决策，它包括智能研发、智能装备、智能生产、智能服务、智能工厂、智能产品等，这些对企业还有相当距离。人工智能目前是数字化发展的目标，但是从市场来看，相应的工业软件与控制软件都没有达到这个水平，还在发展的过程中。但是现在的客观条件是互联网已经成熟，我国的 5G 技术十分先进，应先从生态条件好的技术入手，将网络化制造做起来，下一步才会进入智能化。现在需要的是实干，这样才能使网络制造进入并达到智能制造。当前我国液压智能工厂的智能制造要发展的是网络化制造。

网络化制造包括三个网络空间与一项相关技术。

（1）制造系统的敏捷基础设施网络（Agile Infrastructure for Manufacturing System，AIMSNet） AIMSNet 包括预成员和预资格论证、供应商信息、资源和伙伴选择、合同与协议服务、虚拟企业运作支持和工作小组合作支持等。AIMSNet 是一个开放网络，任何企业都可在其上提供服务，而且这个网络是无缝隙的，因为通过它，企业从内部和外部获得服务没有任何区别。通过 AIMSNet 可以减少生产准备时间，使当前的生产更加流畅，并可开辟企业从事生产活动的新途径。利用 AIMSNet 可把能力互补的大、中、小企业连接起来，形成供应链网络。企业不再是“大而全”“小而全”，而是更加强调自己的核心专长。通过相互合作，能有效地处理任何不可预测的市场变化。

（2）CAM 网络（CAMNet） CAMNet 通过因特网提供多种制造支撑服务，如产品设计的可制造性、加工过程仿真及产品的试验等，使得集成企业的成员能够快速连接和共享制造信息。建立敏捷制造的支撑环境在网络上协调工作，将企业中各种以数据库文本图形和数据文件存储的分布信息通过使能器集成起来以供合作伙伴共享，为各合作企业的过程集成提供支持。

（3）企业集成网络（Enterprise Integration Net） 企业集成网络提供各种增值的服务，包括目录服务、安全性服务和电子汇款服务等。目录服务帮助用户在电子市场或企业内部寻找信息、服务和人员。安全性服务通过用户权限为网络安全提供保障。电子汇款服务支持在整个网络上进行商业往来。通过这些服务，用户能够快速地确定所需要的信息，安全地进行各种业务，以及方便地处理财务事务。

（4）网络化制造模式下的 CAPP 技术　CAPP 是联系设计和制造的桥梁和纽带，所以网络化制造系统的实施必须获得工艺设计理论及其应用系统的支持。因此，在继承传统的 CAPP 系统研究成果的基础上，进一步探索网络化制造模式下的集成化、工具化 CAPP 系统是当前网络化制造系统研究和开发的前沿领域。它包括基于因特网的工具化零件信息输入机制建立，基于因特网的派生式工艺设计方法，基于因特网的创成式工艺设计方法等。

智能制造以工业互联网为基础平台支撑，应用于设计、生产、制造、管理、服务等诸多环节，具有高效精准决策、实时动态优化、敏捷灵活响应等特征。工业互联网依托“人/机/物”的互联互通，打通产业要素、产业链和价值链，推动建立工业生产制造与服务新体系，奠定了全新工业生态和新型应用模式的关键基础。智能制造、工业互联网的实质均是数据驱动的智能化，二者融合发展相得益彰。面向未来，可形成以网络互联为基础、以工业互联网平台为核心的信息制造体系，打造制造业新生态，这对中国制造业发展将产生深远的影响。智能制造和工业互联网推动传统产业的重点领域出现新兴裂变和升级演进，芯片、基础软件（开源）、算法与机理模型等基础能力有望拓展范围，逐步建立智能制造和工业互联网产业体系，该产业体系的耦合关系与架构如图 55-11 所示。在这个体系中，智能制造与工业互联网产业是支撑未来新型工业制造能力体系的重要方面，又可细分为高端智能装备、工业自动化、工业软件与应用、工业互联网平台四部分。

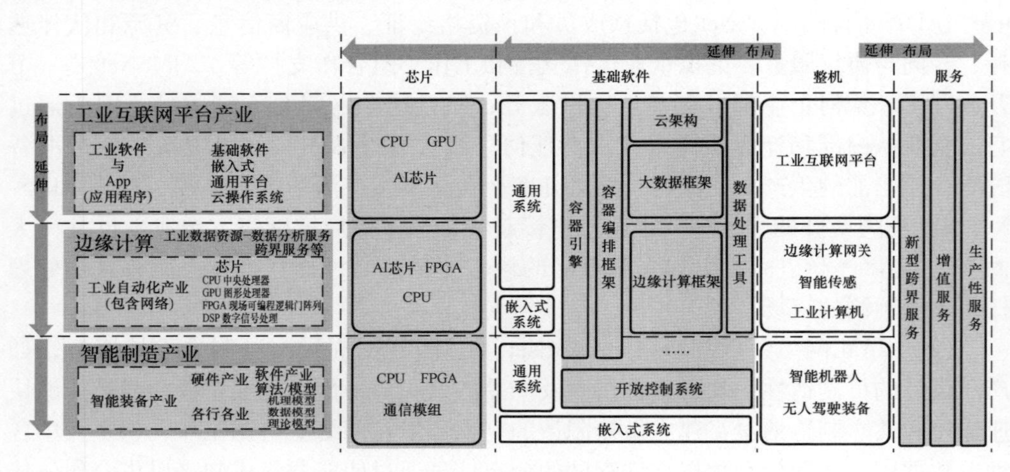

图 55-11　智能制造与工业互联网产业体系的耦合关系与架构

随着智能制造产业逐渐成熟、工业互联网市场竞争趋于加剧，由“专用芯片、专业算法知识封闭，龙头厂商垄断”的传统产业链格局，加速向“芯片、开源操作系统、算法与机理模型、基于数据的新型服务这四大重点环节成为未来产业主导权关键”的新兴产业链格局转变，促进整个产业体系演进升级，主导权分散于多个重点环节。

传统产业链围绕工业软件、工业网络、工业控制、工业传感、装备产品等细分领域，构建以元器件/基础技术 + 操作系统 + 数据库/嵌入式系统组成的产业链上游、整机/软件组成的产业链中游、集成 + 服务组成的产业链下游的产业格局。随着 AI、云计算、大数据、边缘计算等信息技术的发展应用，新兴产业链由“工业软件 + 工业自动化 + 装备产品”朝着“工业互联网平台 + 边缘计算 + 智能装备产品”这一新型产业格局转变。新兴产业链聚焦中游整机发展，推动信息技术的延伸布局，如产业上游的芯片、基础软件企业，产业下游的服务企业等。AI 芯片、FPGA、CPU 等作为底层硬件基础，支撑工业领域的算力需求，成为新兴产业的关键和通用要素。

55.4.3　网络化制造系统平台架构

网络化制造系统平台的制造系统结构如图 55-12 所示。

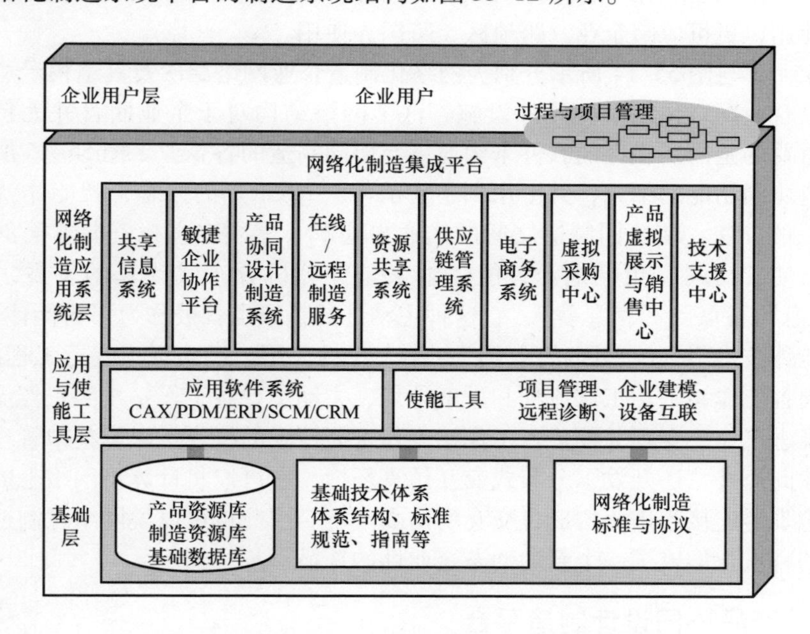

图 55-12　网络化制造系统平台的制造系统结构

图 55-12 清晰地显示了网络化制造集成平台所涉及的各组成部分，这个平台基本是由各种软件工具作为主体而存在。

网络化制造有效地实现研究、设计、生产和销售等各种资源的重组，从而实现提高企业的市场快速反应和竞争能力的新模式。实现企业间的协同和各种社会资源的共享与集成，高速度、高质量、低成本地为市场提供所需的产品和服务。网络化制造集成平台就是利用网络信息技术提供参加产品开发与制造的合作者或企业之间在网络上生产协同，此时各产学研之间的信息集成、过程集成、资源共享，相互之间可以互操作，建立敏捷制造的支撑环境，摆脱距离、时间、计算机平台和工具的影响，可以在网络上获取重要的设计和制造信息。整个体系分为四层：基础层（基础数据库与通信协议）、应用与使能工具层（应用软件与工具）、网络化制造应用系统层（实施功能）与企业用户层。网络化制造的层次如图55-13所示。因此网络化制造不仅是企业内部使用，更可以跨企业、跨地区、跨国界使用。

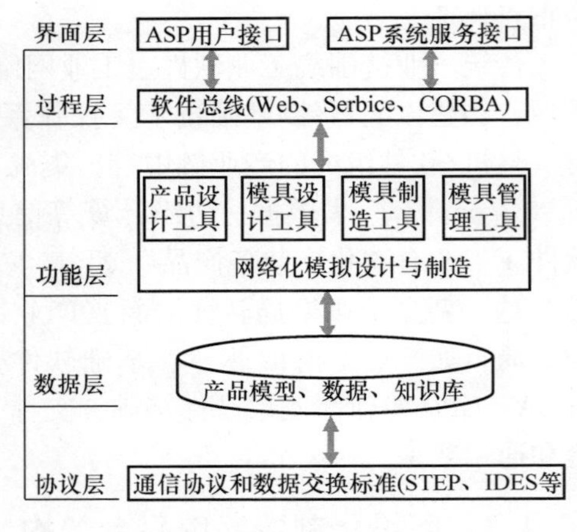

图55-13　网络化制造的层次

图55-13与图55-14所示分别为网络化制造企业网络层次及其结构示意图。

这是企业网络化的基础硬件设施。这个网络结构对于企业而言并无特殊，因此，更重要的是需要相应的软件来沟通参与协同制造的各企业。图55-15所示为网络化制造协同功能的细化，其中用到了智能体（Agent）的概念，智能体就是“信息找人”的办法，使协同制造之间的沟通更通顺，无须在查找资源方面消耗过多的精力，使“协同”更畅通。智能体本来是计算机分布式计算的发展，将过去“人找信息”发展到“信息找人”，这种主动性的特征也就被称为“智能体”。

智能体技术不仅改善因特网“信息找人”的应用，还实现了并行工程的思想，它能够向各工作站下达工作流程和进度计划，主动引导各工作站按照工作流程和进度计划推进工作，受理并评价各工作站工作进展情况的报告，以及集中管理各类数据等。除此而外，还开发了分布式交互仿真环境，它可以将计算机网络上的若干工作站的仿真器连接起来，构成可交互的仿真环境。因此也可以说网络化制造是利用了软件的特点，形成了一个新的动态企业性的环境。

55.4.4　产品协同设计制造平台

图55-16所示的网络化产品协同设计制造平台系统是整个网络化制造系统集成平台架构中的灵魂，企业的核心是制造，制造的核心在设计，因此网络化产品协同设计制造平台系统是整个系统中最值得关注的。这个平台系统的功能就是加快设计与制造的协调，从技术上有极大的发展空间，让设计端与制造端无缝对接一直是智能制造发展的功能之一。另外设计需要与用户及市场保持密切联系，以提高设计水平并更符合市场的需求。

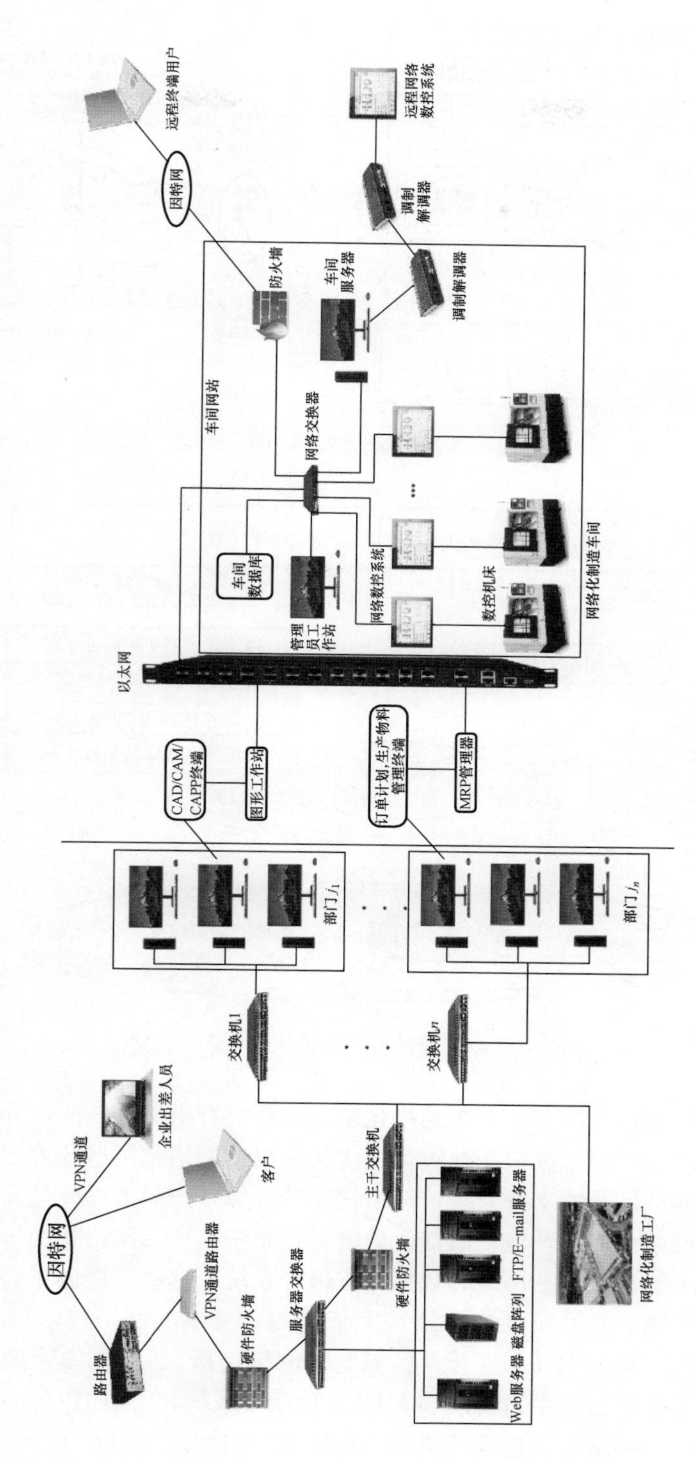

图 55-14　网络化制造企业网络结构示意图

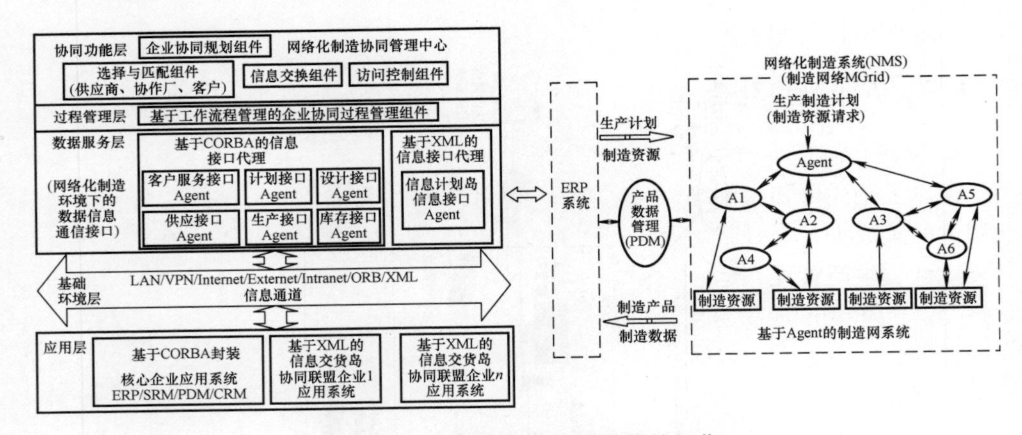

图 55-15　网络化制造协同功能的细化

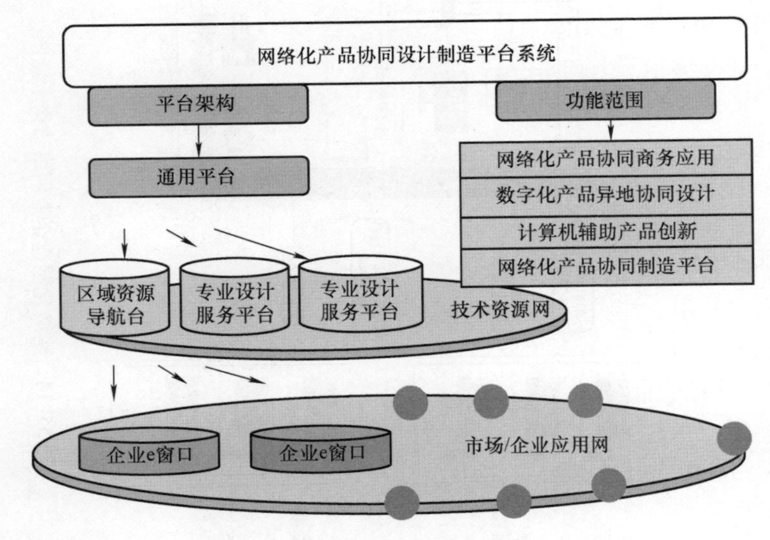

图 55-16　网络化产品协同设计制造平台系统

在设计制造平台系统中，要与网络化制造分系统有机结合。制造分系统构成包括网络化企业动态联盟和虚拟企业组建的优化系统；网络化制造环境下项目管理系统；网络化协同产品开发支持系统；网络化制造环境下产品数据管理及设计制造集成支持系统；网络化制造环境下敏捷供应链管理系统；产品网络化销售与定制的开发与运行支持系统；相应的网络和数据库支撑分系统。这些功能分系统既能集成运行，也能单独应用。在系统层次由下往上依次为：基本的网络传输层（系统可以使用因特网连接、企业内外网连接及区域宽带网络连接）、数据库管理系统、搜索和分析的基础通信平台、项目管理和PDM（功能分系统）、面向用户的应用系统和服务。由此可见，网络化制造系统集成平台构架的内涵运作需要十分专业的产业来发展，并非由任何制造厂商就可以全部承揽。

55.4.5　克服网络化制造平台的工业软件软肋

1. 网络化制造平台中工业软件的现状与难点

由以上阐述可知，网络化制造集成平台的运转主要依靠软件工具在进行。网络化制造的集成平台是骨架，软件才是灵魂与血液！工业软件是指在工业场景下进行研发设计、生产管理、运营管理的各类软件。工业软件正从复杂系统软件向便捷平台转变，工业App成为工业软件的新形态。工业App基于平台，承载工业知识和经验，运行在各类工业终端，以处理某类业务问题或面向某类业务场景为主，具有轻量化特征。

当前，我国工业软件研发设计产品缺失，市场规模小，但增速较高，关键技术积累缺乏。根据公开数据整理发现，我国市场上的CAE软件，前10名几乎属于国外厂商。2015年，我国占全球工业应用软件市场的份额为3.5%，但10.2%的增速远高于全球整体情况（0.47%）。

在生产控制软件领域，德国企业依然占据明显优势，基于产品生命周期管理（PLM）架构提出了全集成性数字化解决方案，打通了制造工厂的多层次信息交互。在电力、钢铁冶金和石化行业等国家重点领域，国内企业占据一席之地，除此之外，包括液压在内的运动仿真软件、控制软件、平台软件等几乎缺失。在技术方面，我国企业基本不具备CAE有限元算法和CAD核心几何内核算法，只能通过授权经营的方式使用；相关行业模型积累薄弱，仅能实现基本功能，但专业性、灵活性等存在不足。

传统上，通过工业知识和经验来验证工艺仿真流程与设备控制，进而促进工业生产过程优化。在网络制造中，工业知识与经验必须通过软件来体现，并且自动实施在整个网络化制造过程中。工艺仿真的算法、机理模型与设备产品的关系如图55-17所示。

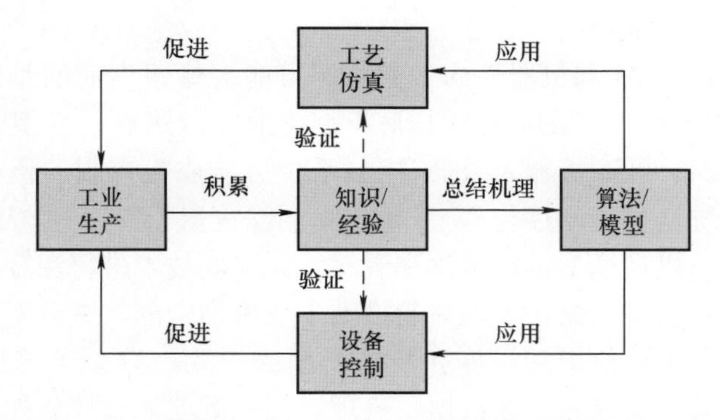

图55-17　工艺仿真的算法、机理模型与设备产品的关系

算法与模型是知识与经验的总结，并以软件编程表现出来，然后在网络化制造中实施。这是工业互联网制造的灵魂。我国目前处于“缺芯少魂”的状况，“缺芯”目前只有依靠国家来解决，“少魂”必须依靠各个行业自己解决，没有替代方案。但是现实的困难是既有专业知识经验又兼具将这个经验通过软件编程写入程序的人才难得，由两个方面的人才整合又远远不是“1+1=2”那么简单，这样一来形成工业软件的难度就不是短期可以解决的。当前，算法和工业机理研究集中在仿真软件和底层设备，工艺仿真方面的算法和机理模型固化于产品之中，工业装备方面的运动和控制算法多集成于整机之中。形成完整有效的算法和机理模型是工业知识与经验固化的成果。这是目前工业软件处于“困境”的原因之一。

通常算法和工业机理集成于整机，难以解耦和抽象，换个角度说就是“无法复制”，逆向工程已经很难走通。因此，国外公司对高端算法与机理模型拥有自主知识产权，并与旗下产品紧密耦合，形成了事实上的技术垄断。国内企业难以接触核心算法与机理模型，较少拥有自主知识产权的关键算法，使得中国的仿真、控制等核心算法在各个行业特别是高端产品行业（如燃气轮机与航空发动机、复合材料加工等）的高价值工业机理模型研发水平、创新创造、人才培养等方面体现出了明显的差距。

2. 解决工业软件软肋的技术方案

基础软件受制于人，网络化制造的开展也就受制于人。解决的办法是采用开源方案，这是破局的关键。现阶段基础软件领域中，开源正在成为构建基础软件的重要方式和支撑生态。随着开源模式的迅速成熟，开源在智能制造、工业互联网领域得到拓展应用。以容器、微服务、计算框架为代表的三类核心开源技术，已经成为变革传统基础软件生态、实施功能解耦再集成的关键。

目前，容器引擎与编排工具两类核心项目由国外公司主导，微服务核心工具与新型架构、主流计算框架均由国外公司或基金主导。在基础工业软件领域，我国对开源技术的自主可控与话语权有待提升，三类核心开源方向尚无自主项目，我国企业在相关领域发展基本空白。

面向未来，针对AI和机器人的工业开源可能会颠覆当前的基础软件格局。一方面，AI等信息技术新兴领域成为工业开源技术探索热点，有望为基础软件带来新突破；另一方面，开源机器人/机床控制系统可能成为控制的核心，有望打破工业控制系统的传统格局。通过与AI等新技术的深度融合，算法与机理模型有望构建新产业。算法与机理模型进行解耦和沉淀，并与新技术进行深度融合，深刻影响了新兴产业领域：新型数据科学的兴起推动工业机理中的数据分析应用，工业互联网平台的建立有利于加快机理模型和数据模型的积淀。AI成为未来产业焦点，工业互联网平台成为重要媒介。在数据、机理、知识沉淀和软件功能进一步解耦的基础上，海量的第三方开发者将显著加快工业App的开发与交付，推动模型的快速迭代和应用创新。

着眼未来发展，通过软件架构的优化来推进工业APP将成为新形态，软件全面云化将促进电子电液控制形式脱颖而出。软件架构技术将体现出微服务化、容器化过程、方法与系统（DevOPS）等形式和理念，管理、仿真设计、生产控制等各类工业软件的全面云化即将来临。

3. 通过新型服务形式发展网络化集成平台

工业互联网的持续发展，推动了跨界服务、增值服务、生产性服务等新型服务的迅猛发展。现代服务体系日益丰富，传统服务形式的不足逐渐由新型服务的优势所弥补。传统服务形式利润空间小，易受上游环节的把控：传统自动化集成厂商行业壁垒低，企业数量众多而利润偏低；传统信息化集成产品服务模式单一，极易受到上游牵制。而工业互联网催生的新型服务形式，以数据分析为驱动，以工业互联网平台、大数据软件为载体，已经成为产业生态中不可或缺的环节：大型装备企业在设备融资租赁与保险领域跨界布局，工业互联网平台成为主要服务媒介；基于用户个性化需求的增值服务发展迅速，家电、汽车等领域成为主要突破口；生产性服务逐步聚焦供需对接平台和专业化咨询服务，助力工业制造企业资源与解决方案的共享。伴随着工业互联网研究的逐步深入，有望衍生出更多的新型服务模式，持续充实和补强新型服务体系；加速工业领域的数字化、智能化转型升级，促进传统产业生态的重大变革。

针对智能制造行业的共性需求，在研发技术解决方案之后，通过“试验田”、首台（套）保险等形式的资金对国产产品应用提供支持，注重商业运行的可持续性。对于中小企业的个性化需求，在提出竞标项目时提供详细的技术方案，开展包含商业分析在内的多方位评估，通过商业推广平台来为中小企业提供更低成本拓展市场的条件。

4. 工业软件软肋的产业解决方案

从中国工业互联网产业体系整体来看，可采取“大力发展工业互联网新兴领域，布局规划智能制造的关键上游环节，逐渐追赶传统部分”的分类施策原则。由图55-18可见，目前工业互联网产业可以分成四个区域：①巨头垄断区域，多为中国长期薄弱的产品领域，相关的技术和市场在短时间内难以突破；②替代可控区域，我国具有一定基础，但在高端市场与国际领先水平还存在差距；③新兴机遇区域，我国与国际保持同步，有关技术和市场的竞争格局尚未锁定，处于产业壮大的机遇期，相关技术也可辐射至其他领域；④核心必争区域，包含芯片、基础软件/开源、算法与机理模型，以及基于数据的新型服务，这是未来产业发展的关键技术，也是其他领域智能化革新的共性基础。

（1）突破工业互联网核心必争领域　加强多学科、多领域、跨界协同的技术研发与应用创新，持续积累优质代码、高端算法与机理模型。

1）聚焦面向工业智能等特定领域的芯片设计，在芯片制造方面稳步缩小差距。

替代可控	巨头垄断	新兴机遇	核心必争
工业机器人 IPC ERP DCS 数据机床 SCADA CRM MES 工业网络 SCM	工业传感器 PLC PLM CAE CAD CAM CAPP	智能装备产品 工业互联网平台 工业大数据 边缘计算 工业App 工业智能	芯片 基础软件/开源 算法与机理模型 基于数据的 新型服务
我国相关领域具备一定基础，但在高端市场与国际领先水平还存在差距	我国长期薄弱，短时间内在技术与市场方面难以突破	技术与市场格局尚未形成，我国与国际同步兴起	加强多学科、多领域、跨界协同的技术研发应用创新

图55-18 工业互联网产业发展施策区域

IPC—工业计算机 ERP—企业资源计划 DCS—分布式控制系统 SCADA—数据采集与监控系统
CRM—客户关系管理 MES—制造企业生产过程执行管理系统 SCM—供应链管理
CAM—计算机辅助制造 CAPP—计算机辅助工艺过程设计

2）加强开源框架和架构方面的研发力度，通过市场优选出由中国企业主导的底层框架与架构；深化微服务与容器技术的工业应用，及时布局OT开源技术。

3）持续积累有关智能制造的关键零部件数字化模型、高端装备和流程行业工艺机理模型，掌握运动控制与仿真等核心算法。

4）引导企业深化工业数据的挖掘利用，围绕产品、资产、生产与供应链开展数据增值业务，着力创新供应链金融、融资租赁等产融联合服务。

（2）抢占工业互联网的战略新兴领域 推动传统产品与新技术的融合，提出面向特定工业场景的解决方案。

1）智能装备产品方面加快5G、AI等技术应用，提升装备的人机协作、智能优化功能。

2）加强工业互联网平台的开源技术自主研发能力，以龙头企业为主体构建开发者生态，注重工业APP开发，探索形成平台自主造血的商业模式。

3）开发适应智能化管控与决策要求的通用工业智能算法与模型，提出面向工业实际场景的特定解决方案，匹配工业大数据与工业智能实际应用需求。

4）开发具有计算模块的工业控制计算机、智能网关等边缘计算产品，丰富边缘计算的适用场景和解决方案。

（3）追平替代可控领域 重点行业持续提升装备、工业自动化、工业软件的国产化率，改进和优化产品性能参数、稳定性与可靠性。

1）打造高稳定性、高可靠性的国产工业机器人与数控机床产品，努力提升高端型号的技术参数并拓展场景适用范围。

2）进一步提升DCS/SCADA在能源电力、大型石化等高端领域的市场份额。

3）对于MES，丰富面向特定行业的解决方案，形成若干具有市场竞争优势的品牌产品。

4）鼓励企业积极布局基于服务的跨平台解决方案（OPUUA）等新型工业网络协议，提升领域话语权。

5）提升 ERP、SCM、CRM 等经营管理类软件产品的数据分析挖掘与商业智能决策能力，提供更高水平的数据增值服务能力。

（4）追赶巨头垄断领域　把握新兴领域对于传统产品、解决方案的颠覆与革新趋势，设立自主产品的应用“试验田”，通过扎实研究来改良性能并缩小与国外产品的差距。

1）提升工业传感器高端产品的性能指标，重视敏感材料研发，能够做到替代可控。

2）研究开源、边缘计算等对于 PLC 产品的影响，及早布局颠覆性技术应用。

3）研发设计类工业软件覆盖 PLM、CAD、CAE、CAM、CAPP 等方向，积累航空、航天、船舶、石化、材料等领域的模型、仿真算法和分析经验；设立国产工业软件“试验田”，开展国内外软件产品的应用比较分析研究。

5. 加强智能制造和工业互联网融合的技术攻关

着眼于企业技术需求这一出发点，既包括针对特定场景的单点式“小”突破，也涉及重大领域、重大技术方向的集中式“大”突破，如图 55-19 所示。

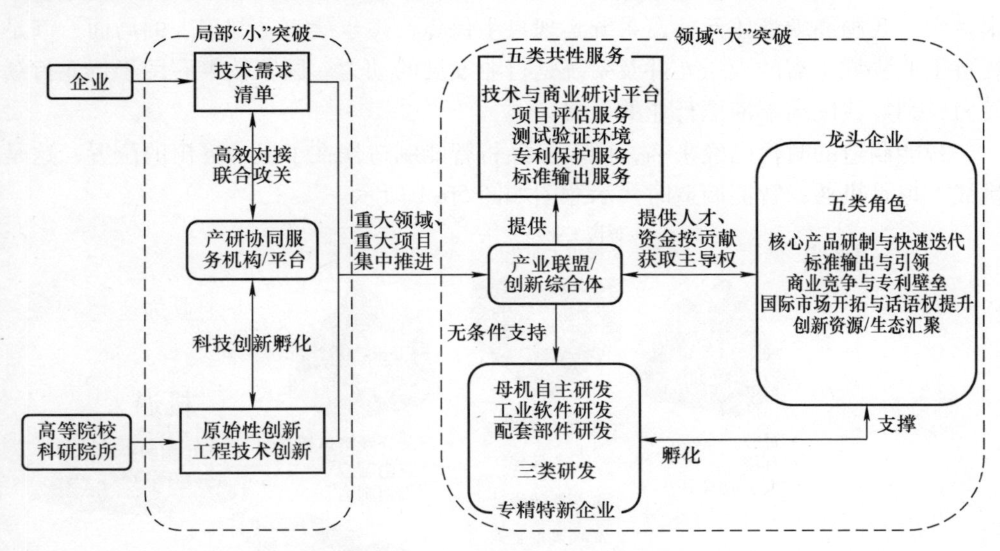

图 55-19　技术攻关突破模式

前者借助“产学研”协同的服务机构/平台，建立企业与高等院校、科研院所之间联合的精干技术团队；后者应构建龙头企业牵头的联盟/创新综合体，集中开展技术攻关。以共性服务、“专精特新”企业培训作为实施技术突破的关键支撑，可由政府投资撬动并以企业资源为主体。

第 56 章　智能制造国家战略与液压工业实践

56.1　国家智能制造转型对液压行业的影响

2015 年，国家发布《中国制造 2025》战略规划，近年来又相继发布《“十四五”智能制造发展规划》，重点突出中国集中优势、提高产品质量、加快替代高端进口产品步伐和智能化进程。液压行业是装备制造业的基础配套性产业，蕴含着装备制造业的核心技术，是我国从制造业大国向强国迈进的标志性产业。但我国液压行业大而不强，自主创新能力相对较弱，核心技术缺失，无法适应高端主机配套要求。为了我国高端液压元件及系统实现自主保障，逐步缓解受制于人的局面，满足装备工业领域急需的液压元件及系统是行业发展的动力。国家政策有助于行业持续发力，利好我国高端液压行业的发展。

智能制造的时代已经来临，国家已经将智能制造摆在了极为突出的位置，这是挑战，也是机遇，智能制造时代示意图如图 56-1 所示。

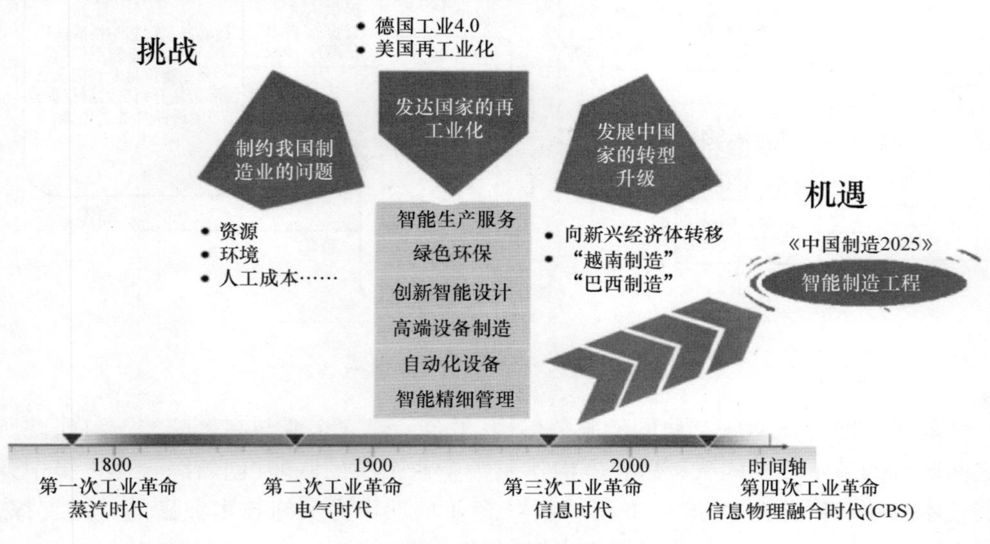

图 56-1　智能制造时代示意图

整个智能制造的全局概念如图 56-2 所示。

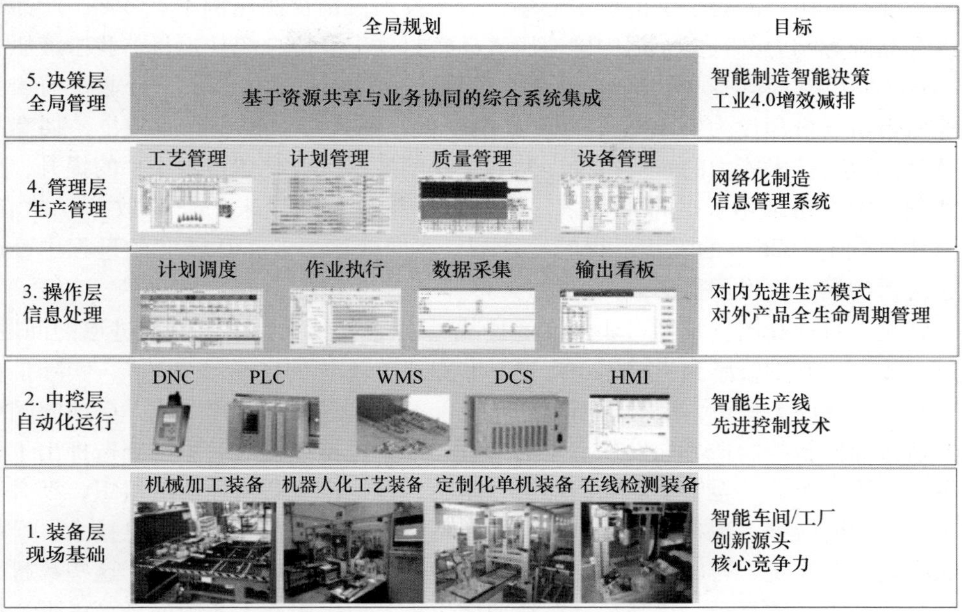

	全局规划	目标
5. 决策层 全局管理	基于资源共享与业务协同的综合系统集成	智能制造智能决策 工业4.0增效减排
4. 管理层 生产管理	工艺管理　计划管理　质量管理　设备管理	网络化制造 信息管理系统
3. 操作层 信息处理	计划调度　作业执行　数据采集　输出看板	对内先进生产模式 对外产品全生命周期管理
2. 中控层 自动化运行	DNC　PLC　WMS　DCS　HMI	智能生产线 先进控制技术
1. 装备层 现场基础	机械加工装备　机器人化工艺装备　定制化单机装备　在线检测装备	智能车间/工厂 创新源头 核心竞争力

图 56-2　整个智能制造的全局概念

56.1.1　智能制造对液压产业是机遇也是挑战

中国制造业是国民经济的战略性基础产业。当前，全球经济正处于以信息技术为核心的新一轮科技革命和产业变革前期，制造业正在孕育着制造技术体系、生产模式、产业形态和价值链的巨大变革，智能制造已在发展。云计算、物联网、移动互联网、大数据、人工智能等新兴信息技术正在全球范围内引发一场新的科技革命和产业革命。智能制造将贯穿产品创新、技术创新、模式创新。

智能制造的核心思想是以人工智能、信息通信技术、自动化技术与制造技术交叉融合作为技术基础，以信息的泛在感知、自动实时处理、智能优化决策为核心，实现跨企业产品价值网络的横向集成，增强生产制造过程的自动化、柔性化、智能化及快速响应市场能力，促进制造业向产业价值链高端迈进。大力发展智能制造，为破解我国制造业发展困局，加速产业结构调整，转变发展方式，实现从要素驱动向创新驱动发展转变提供了前所未有的机遇。以智能机器人、3D 打印和数字化制造技术为核心的智能制造技术，以基于信息物理系统、工业物联网和工业互联网为主的“工业 4.0”计划已开始实施，制造业智能、高效、协同、绿色、安全发展趋势明显，信息技术与制造业的融合正在使企业的产品设计、工艺制造、经营管理等制造模式发生深刻变革。

我国液压行业长期以来产业集中度较低，大多数企业规模小、自主创新能力不足，大部分液压产品处于价值链中低端，研发投入占销售额比例不足3%，产品集中度和品牌影响力都较弱。据中国液压气动密封件工业协会统计，目前我国液压企业超过1000家，其中规模以上企业300多家，主要企业100多家，行业中前4家企业所占市场份额仅为约10%，行业集中度低，绝大多数企业产能较小，拥有高端产品和较高技术能力的企业很少，制约了我国液压行业整体技术水平的提升，也无法满足国内迅猛增长的市场需求。我国液压行业长期以来的“小散差”状态，在《中国制造2025》的强基工程的促进下，在向液压工业4.0转向的过程中，迎来了难得的又一次发展机遇。

转型是目前我国传统制造业面临的挑战，也是摆在所有企业面前进退的问题。前进一步是迷雾围绕感到不确定，后退一步是风光不再的“传统制造”，实际是在工业4.0的发展大势下，因循守旧不进则退，退缩已经没有生存空间，必须向网络化制造进而向智能制造方向发展。总的来看，国家可持续战略对中国制造提出了新的要求，液压企业以至整个产业的协会、学会，包括产业联盟性质的组织，都必须乘势而上及时转型。现在产业转型、企业转型、产品转型都离不开信息技术，产品的数字化、互联化、智能化正在提升液压气动基础件的性能，作为生产这些数智元件的企业，也必须真正为提高装备制造业做贡献，不仅服务于我国的经济民生，提高资源和技术应用能力，让中国制造真正进入高端，使我国成为液压制造强国，未来可期。广东科达液压技术有限公司（简称：科达液压）专注于我国创新发展35项“卡脖子”技术之一的高压柱塞泵领域，2022年获得佛山市“工业互联网应用标杆”就是一个明证。智能制造在液压产业的发展如图56-3所示。

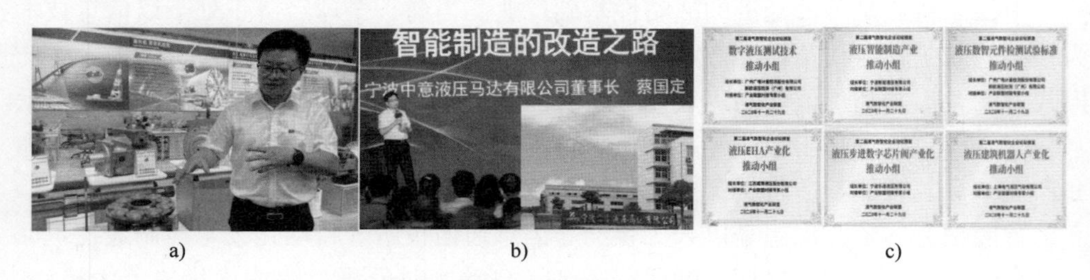

a) b) c)

图56-3 智能制造在液压产业的发展

a）科达液压打造佛山制造业数字化转型样本（2022年8月9日）

b）中意液压为宁波市专新特精小巨人（2022年6月27日）

c）第二届液压气动数智化企业论坛（2020年11月28－29日宁波）

很多企业都想实施智能制造，但是心中无数，规划更是无从下手。智能制造是一个转型的工程，不是自动化与信息化的简单叠加或者是机器人换人就可以成功的；也不只是信息化的ERP系统和MES的简单叠加就可以解决问题的，这里需要有战略思考，有战术的安排。尽管智能制造的概念推出时间不算长，但是这方面国内的进步还是明显的，包括液压行业在内的各行业都有比较成功且发展比较快的企业，这些企业的战略思维、实践经验已经可以为后来者提供生动的参考与借鉴。

我国液压行业实施工业4.0的道路必定有自身的特点。液压行业中的中小型企业多，但即使产品处于中低端也应该紧跟工业4.0的理念，一定要明确工业4.0要为企业带来的效益而作为。为此，液压行业可以借机提高自动化水平，向柔性自动生产线（FMC、FMS、FML、FA）的方向发展。它以工艺设计为先导，以数控技术为核心，是自动化地完成企业多品种、多批量的加工、制造、装配、检测等过程的先进生产技术。它涉及计算机、网络、控制、信息、监测、生产系统仿真、质量控制与生产管理等技术。许多大举措看起来十分困难，真正做起来也不是想象中的难以逾越，甚至对于小排量齿轮泵智能生产自动线而言，投资可能在几百万元以内。

一般来说，柔性自动生产线产量越大成本越低，产品质量会明显提高。因此可以预测液压行业自动化程度的提高会促进产品集中度的提高，产品集中度的提高又会促进自动化程度的提高，以至行业的投资与股份的模式也会产生变化，从而进一步促使行业集中度的提高，所以液压行业洗牌的因素会增加。这样可能促使生产型与技术型产业分化，促使产业与技术企业分别在品牌上发力，一方面走批量与质量融合的道路，一方面产生更多“专特精”的企业。

还有一个观点必须强调：智能制造是一个手段，不是目的。智能制造只是服务企业达到自身战略的工具，企业具有自己的核心竞争力才是根本。智能制造必须为企业提高竞争力服务，不要当成目的。

56.1.2　发展产业智能制造的指导思想与原则

1. 发展产业智能制造的指导思想

我国虽然已成为第一制造业大国，但仍面临着资源环境刚性约束加强、产品质量不高、创新能力和核心竞争力不足的问题，实现智能制造的目的就是“提高生产率、降低能耗和排放，改造提升传统产业”。智能制造通过“机器换人”，能够大幅度提升生产率、提高产品质量、增强产品创新程度，有效应对由于我国制造业要素成本上升、人口红利消失带来的中低端产业向新兴发展中国家转移的挑战。因此发展产业智能制造是破解我国制造业发展所面临主要问题的最佳途径。智能制造符合我国制造业的发展趋势，是破解我国制造业发展瓶颈的重要出路。

目前实施智能制造是实现网络协同制造和智能车间/工厂技术，可实现科研、设计、工程、生产、经营和决策的一体化，可对物料和能源供应和消耗进行模拟和协同平衡，实现全局优化。智能工厂技术在石化生产过程中的应用，可基于智能决策系统对工艺参数进行在线优化，显著提高产品质量和生产率，而这个技术也可以作为离散型生产的参考，加以发展与按需采纳。

智能制造为战略性新兴产业发展提供全面支撑，构建现代产业体系。引领智能装备产业发展，如智能机器人、3D打印、重大成套装备产品；也可对现代服务业提供发展机遇，建立创新创意设计产业、制造服务业、智能制造基础与保障产业等；也是落实创新驱动发展战略的具体抓手，实现制造方式新的转变，例如在制造中首创采用互联网模式开发手机操作系统 App、发烧友有可能参与开发改进的模式。我国歼－10、ARJ－21、运－20 等国产飞机研发设计全面采用三维数字设计和并行工程，实现了大部段的对接一次成功，试飞一次成功，推进了航空工业的跨越式发展。智能制造贯穿产品创新、技术创新、模式创新不可小觑（见图 56-4）。

a)　　　　　　　　b)

图 56-4　智能制造贯穿产品创新、技术创新、模式创新

a）首创用互联网模式开发手机工业操作系统　b）成功采用三维数字设计和并行工程设计国产飞机

2. 智能制造的目的与原则

智能制造要以实现制造业的智能、高效、协同、绿色、安全发展为总体目标，力争通过 2～3 个五年规划的努力，形成较完整的智能制造协同创新的技术体系和现代产业体系，总体技术水平迈入国际先进行列，部分产品取得原始创新，满足国民经济重点领域和国家重大工程建设的需求，为我国转型升级、创新发展和制造强国梦提供强大支撑。由于液压行业与其他大多数制造行业有类似之处，需要坚持“有所为有所不为”与“需求牵引、技术推动”双驱动原则，积极探索信息技术为核心的科技革命背景下和互联网经济环境下，制造业发展的新体系和新模式，重点打造支撑我国工业核心能力提升的新一代智能装备和智能产品，夯实我国液压制造业可持续发展的技术与产业基础，构筑液气制造业自主安全的保障体系。这方面，推广是手段，转型是目的，创新是基点，突破是关键，智能制造的实施如图 56-5 所示。

图 56-5　智能制造的实施

56.1.3　智能制造总体发展框架

智能制造的总体发展框架如图56-6所示。

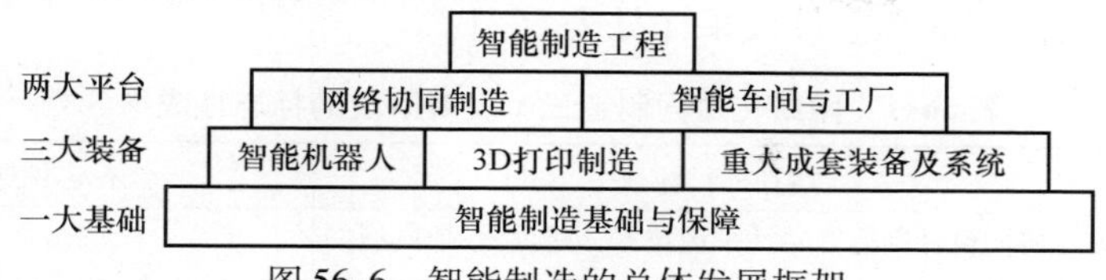

图56-6　智能制造的总体发展框架

1. 网络协同制造

网络协同制造是在工业互联网环境下，快速响应用户个性化需求，实施跨企业、跨领域、跨地域制造资源组织、配置与优化的现代制造模式和体系，其中由信息化应用推广工程、两化深度融合工程与企业自主探索而创建的工程三部分组成。在信息化应用推广工程中，CAD工程、CIMS工程和制造业信息化科技工程等已实施，大幅提升了CAD、PDM、ERP等应用水平。两化深度融合工程是推进信息化与工业化深度融合战略，为发展网络制造奠定了坚实基础。企业自主探索而创建所需工程一般以精益制造、柔性制造、敏捷制造为代表的数字化、智能化生产模式。

目前，网络协同制造的状态是制造业与互联网技术结合不足，基本处于工业2.0水平，制造企业对互联网下新型管理模式的认识有差距，由于要处理当前大量的企业运营、技术、产品、营销、服务等商务，也缺乏思考的空间与余地。对于液压行业而言，基本在液压2.0的基础上向质量、批量、品牌方向拼搏，整个行业的产品数字化、智能化、网络化程度都很低。尽管国外的产品已经完成了液压3.0向液压4.0发展的进步，但是在液压2.0产品充斥市场的情况下，工程机械无人化的新需求还没有上升到主导地位的时候，新产品的市场销路有相当大的阻力，市场开发也需要一个过程，也就是说个性化消费需求还没有发展起来。很多中小企业的企业家们也已经在思考如何提高企业技术水平，由于处于制造业的中低端，各方面的条件都有局限性，难以拔高。至于服务型制造模式创新更不足，一些企业在努力寻求电商、远程服务发展空间，有成功的经验更有艰难的经历，因此制造与服务业融合发展仍然薄弱；支持网络协同制造的核心工业软件处于价值链中低端，尚未形成完整的技术体系和标准体系。

因此网络协同制造面临的任务是模式需要继续推广，促进开展个性化定制、创客与众包设计、敏捷生产、精准供应链、工业电子商务等模式的探索。网络制造共性与基础技术的范围包括攻克设计与制造协同、制造资源全域优化、工业大数据集成等技术。而平台研发与服务是指研发产品创意创新设计平台、云制造服务平台、工业大数据决策支持平台。推广及产业化应用对于国家而言是制定指导意见，开展大中小企业应用示范，重点是大企业为标志的行业试点，平台推广应用等；对于产业本身而言，现在必须发挥协会的作用，发挥企业联盟这类组织的作用，不是

“等靠要”，而是既要由国家调动总体的积极性，也要由各产业自身调动内在的积极性。形成中国特色的智能制造发展模式。

对于产业而言，网络化协同制造会跟随国家的总体目标发展，有三个发展阶段。这三个发展阶段的标志性成果详见表56-1。

表56-1　网络化协同制造三个发展阶段的标志性成果

发展阶段	达到的目标	标志性成果
第一个阶段	攻克协同设计制造等共性关键技术，建设30个典型网络协同制造平台，30%以上的大型制造企业建立网络协同制造系统，制造服务的收入比重提高20%左右	在航空航天、轨道交通、钢铁、石化等行业培育多家规模超过100亿元的龙头企业
第二个阶段	攻克智能决策、服务集成等关键技术，50%以上的大型制造企业建立网络协同制造系统，云制造、众包、大规模定制生产、服务协同等业务模式应用广泛	面向制造业的第三方服务业态成为我国现代产业体系的重要形态
第三个阶段	掌握信息物理融合系统等关键技术，80%以上的大型制造企业建立网络协同制造系统，形成网络协同制造标准体系和产品制造服务体系	逐步形成我国网络制造发展的生态系统和生态链

2. 智能车间与工厂

智能车间与工厂的任务内涵是要将智能车间与工厂作为未来制造的生产组织模式，在深度信息感知和生产装备全网络互联的基础上，通过制造信息系统和制造设备信息物理系统的高度同步融合，优化配置生产要素，并快速建立定制化、自动化的生产模式，实现高效优化的生产制造。

国内现有基础是我国大多数骨干企业在车间级数字化、网络化方面有较好的基础；已形成较为成熟的MES解决方案及基础自动化方案。基本能够实现生产过程控制、工厂级管理及供应链业务管理。

存在的问题与差距是核心部件和系统的智能化和网络化水平较低，国产化率较低；一体化管控软硬件平台产品主要依赖国外；国际标准和体系构建的主动权掌握在欧美国家手中；智能车间顶层设计与解决方案信息物理融合研究滞后，缺乏原创性研究成果。

智能车间与工厂今后的主要任务是要继续发展新一代物联网络技术与装备，如研发信息采集设备、控制器、IP化工业网络设备等；要发展智能制造关键技术研究，如智能测控装置与系统、质量监控装置、物联化及互操作技术；要发展CPS监控管平台，如研发智能信息处理、过程优化与控制等技术及平台开发等；继续应用示范及产业化推广，在钢铁、石化等流程行业与航空航天、工程机械等离散行业构建一批智能车间与工厂，智能车间概念框架示意图如图56-7所示。

对于产业而言，智能车间与工厂在国家的总体目标发展下，也有三个发展阶段。这三个发展阶段的标志性成果详见表56-2。

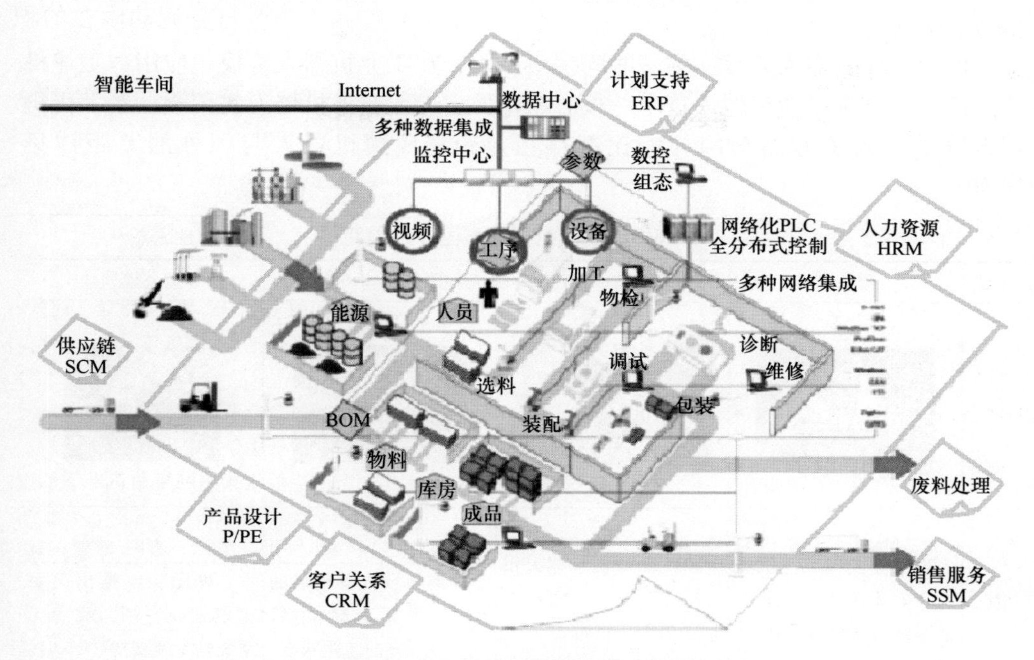

图 56-7　智能车间概念框架示意图

表 56-2　智能车间与工厂三个发展阶段的标志性成果

发展阶段	达到的目标	标志性成果
第一个阶段	建成智能示范生产线和示范数字车间，提升效率，降低能耗	离散制造业批量建设智能车间与工厂，实现批量定制的新模式
第二个阶段	构建基于工业大数据的监控管平台，显著提升智能化程度	流程行业批量建设智能车间与工厂，显著提升产品技术水平和质量，降低能耗
第三个阶段	形成完善的智能车间与工厂技术与产品体系，构建自主产业链	形成自主的智能车间与工厂技术产品体系，构建智能车间/工厂创新产业链，产业规模达百亿级

3. 智能机器人

智能机器人是未来制造业的主体智能装备，是服务于国家重大战略需求及千家万户的高端智能产品，是智能制造技术研发、集成与创新的制高点。我国已有一批产品如弧焊机器人、水下机器人、地面移动机器人、飞行机器人系统等，在海洋资源勘察、极地科考、核电维护、救灾救援等领域开展实际应用。已有近 100 万台清洁服务机器人走进家庭。我国也有一批技术成果，如已经研制出医疗、助老助残等机器人试验样机，在新材料、新机构、环境感知与认知、生机电融合等方面取得了多项创新成果。我国也有一批基地与人才，建立起一批国家重点实验室、国家工程技术研究中心、国家级企业技术中心等研发基地，培养出一大批长期从事机器人技术研发的人才。

但是工业机器人还存在的一些问题与差距，在工业机器人规模化应用、工业机器人产业、常规工业机器人技术、核心零部件、专业服务机器人实用化、新一代机器人技术与系统方面与国外相比都存在差距。我国机器人与国外的差距详见表56-3。

表56-3 我国机器人与国外的差距

领域	装机量	国产销售占比	控制精度与可靠性	国家规划
机器人				
情况	2012年我国工业机器人装机量10万台，装机密度只是德国的1/10	2013年我国机器人销售约3.7万台，国产约0.95万台，仅占25%	2013年进口机器人用于焊接领域占总销量的50%，主要在高精度、高可靠性方面差距明显	美国、德国/欧盟、日本、韩国相继推出国家级规划或专项，我国无系统性专项支持

今后主要任务是进行核心技术攻关，包括开展智能机器人基础理论、应用技术、产业瓶颈技术及下一代机器人核心技术研究；对关键零部件要加强研发，包括伺服电动机、精密减速器、伺服驱动器、末端执行器；机器人产品的研制向具有自主知识产权的工业机器人、特种机器人及服务机器人产品及系统批量化；在汽车、民爆、制药、电子等典型行业批量化应用，促进产业化发展。

对于机器人产业而言，在国家的总体目标发展下，也有三个发展阶段。这三个发展阶段的标志性成果见表56-4。

表56-4 机器人产业三个发展阶段的标志性成果

发展阶段	达到的目标	标志性成果
第一个阶段	攻克关键基础零部件技术，初步实现产品化和产业化，国产比例超过40%。创建2~3个国际知名品牌	典型行业机器人密度和国产工业机器人的比例显著提高 特种机器人实现实用化和批量化应用，家用服务机器人产业实现规模化增长，成为地方经济的新增长点
第二个阶段	关键基础部件和国产工业机器人的产业化；密度达到中等发达国家水平，国产比例超过60%。培育2~3家国际龙头企业	
第三个阶段	密度接近发达国家水平，国产比例超过80%；特种、服务机器人产业走向成熟	

4. 3D 打印制造

3D 打印（增材制造）是在数字和网络环境下的一种新型制造装备和制造模式，是实现创新设计、个性化产品定制、网络协同生产及服务的重要方式，将对传统制造业的产品研发、材料制备、成形装备、制造工艺、相关工业标准、制造模式等带来全面深刻的变革，3D 打印产业的原理、设备与成品详见表 56-5。

表 56-5　3D 打印产业的原理、设备与成品

领域	详　　情
工作原理	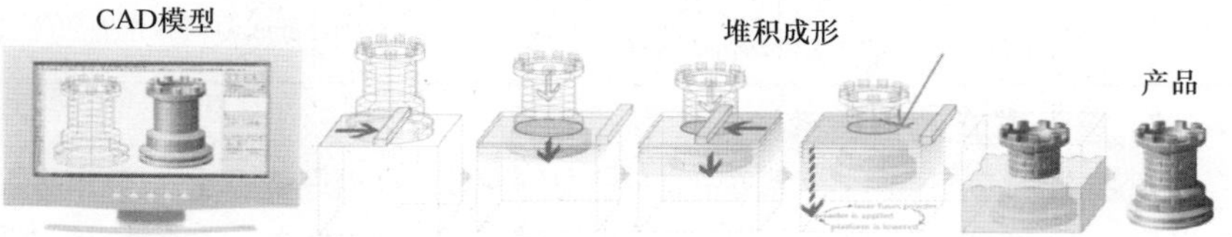 CAD模型　堆积成形　产品
3D 打印设备	 金属大型3D打印设备 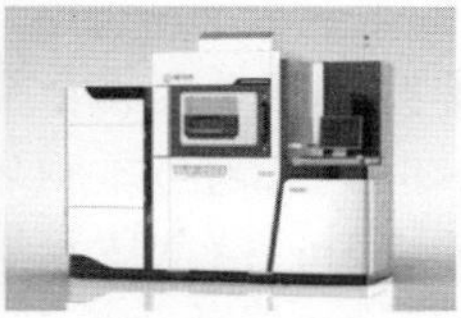　金属精密3D打印设备 　光固化3D打印设备
3D 打印成品	  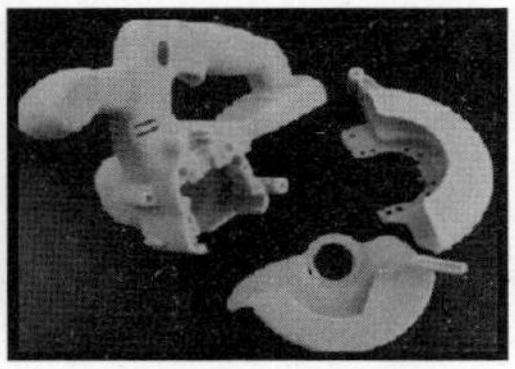

国内现有基础是在金属直接成型领域达到国际领先水平，体系结构基本完整的技术研发体系，多种类型的 3D 打印装备初步应用，几十家 3D 打印设备制造与服务企业，3D 打印技术服务中心服务于创新设计。

当前存在的问题与差距表现在大量基础理论和关键技术尚待突破；装备可靠性差，核心器件依赖进口；产业化程度低，产业市场份额占全球不足 1/15；尚未建立起完整的增材制造标准体系。

今后的主要任务是加强产业化基础技术，包括研究专用材料、工艺规律与控制、分析检测与质量控制、多材料复合制造等技术；3D 打印装备要加强研制整机系统、关键元器件、专用软件等；要加强示范应用与产业化推广，开展航空航天关键结构件制造、医疗个性化应用服务、改造传统产业应用、3D 打印高效信息处理服务、创意设计及软件研发服务等应用与产业化。

对于产业而言，3D 打印在国家的总体目标发展下，也有三个发展阶段。这三

个发展阶段的标志性成果见表56-6。

表56-6　3D打印产业三个发展阶段的标志性成果

发展阶段	达到的目标	标志性成果
第一个阶段	掌握增材制造专用材料等重要环节关键核心技术，自主装备、核心器件及成形材料基本满足国内需求	激光器、振镜和送粉器等关键元器件及3D打印专用软件立足国内解决；形成3D打印专用金属合金系列牌号；显著提升航空航天高端装备的减重和功能效果；2～3种金属高端3D打印装备成为世界先进品牌
第二个阶段	形成8～10家具有较强国际竞争力的增材制造企业，打造产业化示范基地，产业市场份额占全球15%以上	
第三个阶段	完全掌握增材制造核心技术，自主装备等具有国际竞争力，产业市场份额占全球30%以上	

5. 重大成套装备及系统

发展重大成套装备及系统的任务内涵是面向国民经济重大需求及战略性新兴产业发展，通过多功能单元与装备高度集成，形成高智能、高附加值的制造系统，是国家工业能力的重要体现。

国内现有基础能够掌握部分重大成套装备及系统核心技术；能够自主研发一系列智能成套装备及系统。但是问题与差距表现在：关键工艺、核心技术受制于人，装备及系统基础部件依赖进口；信息技术与装备产品融合水平不高，数字化、网络化、智能化技术集成不够。

今后的主要任务是加强数字化、网络化、智能化关键技术的突破：研发系统单元控制技术、成线技术、物理信息融合技术的装备；在关键工艺与正向创新设计技术方面取得进展，研究建模和性能仿真、虚拟样机、虚拟加工技术、创新设计工具等；建设成套设备集成与生产线，研制生产一体化集成制造装备，激光、高能等多功能复合加工装备、成套工艺生产线等；在应用及产业化方面取得进展，在航空航天、海洋工程、环保、电子信息等领域开展应用，实现产业化，重大成套装备及系统状况见表56-7。

表56-7　重大成套装备及系统状况

已有成果	 钛合金飞机结构件激光增材成形工艺与装备	 汽车零部件加工成套自动化生产线	 大型盾构成套装备	 大型自由锻造水压机/油压机
存在差距	 高端关键工艺核心技术受制于人	 成套装备基础部件仍依赖进口	 信息与装备产品融合水平不高	 数字化网络化智能化技术集成不够

对于产业而言，重大成套装备及系统在国家的总体目标发展下，也有三个发展阶段。这三个发展阶段的标志性成果详见表 56-8。

表 56-8　重大成套装备及系统的三个发展阶段的标志性成果

发展阶段	达到的目标	标志性成果
第一个阶段	研发智能化制造装备、检测设备及关键工艺装备，形成行业整体解决方案，技术水平与国外垄断厂商基本持平	自主核心技术和国产成套能力达到 80% 以上，逐步替代进口 生产率提高 30%，能耗降低 30% 2 ~ 3 个具有国际竞争力的企业进入行业 10 强
第二个阶段	传统领域制造装备与发达国家的差距明显缩小，新兴产业制造装备在国际市场占有稳定份额，推动产业转型升级	
第三个阶段	建立重大成套装备及系统技术创新体系和产业体系，完全掌握重大成套装备及系统核心关键技术	

6. 智能制造基础与保障

智能制造基础与保障是制约我国制造业跨越发展的主要瓶颈，是构建智能制造技术体系的核心基础，是确保智能制造系统安全可控的关键支撑，更是发展智能制造的产业根基。

国内现有基础零部件方面，如重要基础件、基础工艺、先进传感器和仪器仪表达到或接近国际先进水平；2MW 及以下风电齿轮箱、煤矿液压支架、汽车轴承、大型铸锻件、搅拌摩擦焊等基本立足国内；已建立一批高水平、专业化的基础制造工艺中心，初步形成一批基础件产业化基地。但是还存在的问题与较大差距是高端基础件领域未能掌握核心关键技术，主要依赖进口；共性技术研究体系缺失；先进基础制造工艺普及程度不高；智能化技术带来了更多安全隐患；标准化成为智能制造技术发展的瓶颈问题。智能制造基础与保障的各领域如图 56-8 所示。

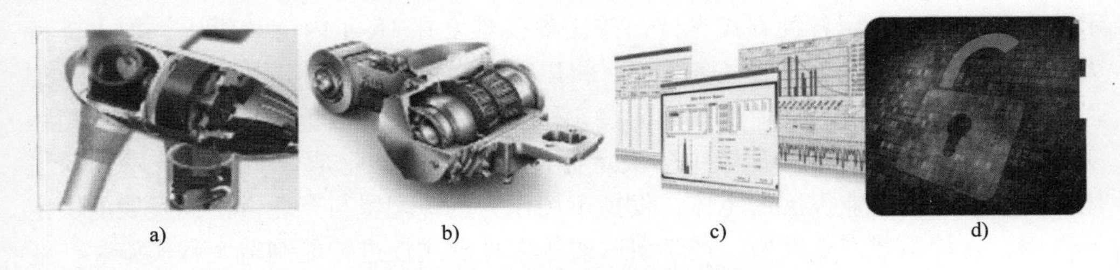

a)　　b)　　c)　　d)

图 56-8　智能制造基础与保障的各领域

a）基础零部件　b）齿轮传动　c）工业基础软件　d）工艺仿真软件

今后的主要任务要加强基础零部件研制与应用，在轴承、液压与密封件、传动装置等领域攻克一批高端基础部件的制造应用；对基础工艺研发与应用方面，要攻克铸造、热处理与表面处理、清洁切削等一批先进的基础制造工艺；在智能仪器仪表研发与应用方面，要研制一批涉及民生的环境、医疗和食品/药品安全用检测仪器仪表的高端传感器、仪器仪表等；还要构建智能制造标准体系，包括共性技术、关键产品、软件接口、安全保障与等级评估等标准规范；构建智能制造安全体系，包括研究安全体系、安全保障核心技术、安防设备与产品。

对于产业而言，智能制造基础与保障在国家的总体目标发展下，也有三个发展阶段。这三个发展阶段的标志性成果详见表56-9。

表56-9 智能制造基础与保障的三个发展阶段的标志性成果

发展阶段	达到的目标	标志性成果
第一个阶段	攻克高端基础部件关键技术和基础工艺，大幅提升产品质量，提高自主化率；研发20类以上自主安全设备，实现工程应用；完成40项智能制造标准草案的制订	2~3家轴承制造企业、2~3家齿轮制造企业和1~2家仪器仪表企业进入各自领域的世界10强；我国关键生产环节90%以上应用自主安全系统；形成完善的、与国际接轨的智能制造标准体系
第二个阶段	实现重大工程和重大装备产品70%左右核心基础零部件的自主化；研发40类自主关键安全产品，实现行业大面积应用；完成100项标准草案制订，提出15项以上国际标准	
第三个阶段	高端基础件、基础工艺满足重大装备与重大工程的需求，形成国际竞争力；实现我国关键生产的自主安全可控；形成完善的、与国际接轨的智能制造标准体系	

56.1.4 智能制造的产出效果与经济社会价值

深刻影响我国31个制造行业的“一个支撑”“两个提升”“三个带动”：支撑我国制造业转方式、调结构的发展，应对我国经济社会发展新常态；提升我国制造业的创新能力，提升我国制造业的核心竞争力；带动我国战略性新兴产业的发展，带动高新技术产品群和产业的发展，带动智能制造产业向万亿级产业发展。

发展的投入及组织方式应该是以上述6项任务为核心，在关键核心技术研发与示范方面，国家会用各种方式支持，按任务及难度在15年内持续投入，加大支持力度。应用推广这6项核心任务方面，将以市场为主，政府辅以引导和支持。既加强政府科研管理部门与产业部门的衔接，科技部会同发展改革委、工信部共同组织实施，也发挥市场在资源配置中的决定性作用，坚持企业是智能制造技术创新主体、是智能制造产业发展的主体，发挥市场作为资源配置与产业链协同发展的决定性作用，支持组建产业联盟、产学研联盟等多种形式促进智能制造工程实施和产业发展。

智能制造是当前破解我国制造业发展瓶颈、应对发达国家再工业化和发展中国家承接产业转移的必然要求。实施“231”发展战略将引领我国制造业向网络协同制造、智能化无人工厂等先进制造模式转变，打造智能机器人、3D打印、智能成套装备及系统等高端装备，夯实工业基础能力与素质，确保智能生产过程安全可控，促进我国制造业协同创新体系和现代产业体系的建立，对加快推动我国制造业转型升级、落实创新驱动发展战略和实现制造强国梦具有重要意义。

56.2　智能制造助力液压元件绿色铸造制造水平提升

我国液压行业有种经典说法："得铸造者得液压，得液压者得天下"。以江苏恒立液压股份有限公司（简称：恒立液压）为代表的国内企业正快速缩短与全球领先技术的差距，实现高端液压泵阀产品的突破，在高精密液压铸件绿色铸造项目上首先实施智能工厂的突破，获得显著效益，恒立液压智能工厂效果报道如图 56-9所示。

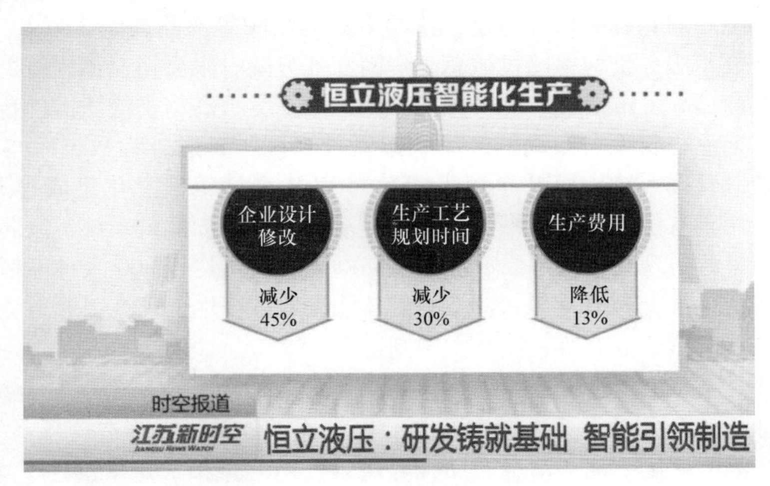

图 56-9　恒立液压智能工厂效果报道

56.2.1　恒立液压绿色铸造智能工厂项目目的

恒立液压是一家集高压液压缸、液压泵阀、液压马达、液压系统和高精密液压铸件等系列产品的研发、生产和销售为一体的国家高新技术企业、中国智能制造百强企业、中国绿色铸造企业、工信部强基工程项目示范企业、江苏省两化深度融合示范企业、国家和行业标准制定单位。近年来，恒立液压发展极快，已经冲向百亿产值，成为我国液压行业的龙头企业。

恒立液压是我国较早实现规模化生产挖掘机专用液压缸的自主品牌企业，2010 年"恒立牌"液压缸被评为江苏省名牌产品；2012 年，恒立液压被江苏省经济和信息化委员会纳入"江苏省信息化与工业化融合试点企业"。2015 年以来，恒立液压的"挖掘机专用高压液压缸生产车间""高精密液压铸件生产车间""液压泵阀智能生产车间"等车间先后被江苏省经济和信息化委员会认定为"江苏省示范智能车间"。"恒立牌"液压产品已销往全球 20 多个国家和地区，遍及工程机械、港口机械、船舶海事、新能源发电、特种车辆、盾构、水泥等诸多领域，服务于全球各领域1200多家企业。公司客户包括三一重工、柳工、徐工等国内主机一线品牌，同时服务于包括卡特彼勒、神钢、久保田、日立、TTS、麦基嘉、国民油井等多家500强国际企业。

国内高端装备用高压柱塞泵与液压多路阀高端产品市场基本由德国博世力士乐、日本川崎等企业垄断。恒立液压已成功开发40t以下挖掘机用柱塞泵与液压多路阀，并在徐工、三一重工等企业批量配套，实现进口替代。但作为高压液压元件的基础材料，液压铸件产品品质一致性差、成品率低、生产率低，影响高端液压件的精度、性能及产量。基于上述原因，2018年，恒立液压在现有年产2.5万t高精密液压铸件工厂的基础上扩产新建，新增多路高压阀等产品产能3万t，依托江苏省智能制造领军服务机构中国机械总院集团江苏分院有限公司、德国铸造智能化控制系统供应商Zorc Cybernetics GmbH等单位，重点突破高精密液压铸件智能工厂整体设计、工艺流程与设备布局、产品数据管理系统、铸造过程数据采集与分析系统、设备能源管理系统、ERP系统、MES与PLM系统等信息化集成等关键技术，全面集成应用具有国际先进水平的全自动浇注机、智能加配料系统、制芯立体库等智能制造装备，实现高压柱塞泵、液压多路阀、液压马达等200余种高精密液压铸件高效高质量生产，打造世界一流水平的智能制造标杆性工厂，引领行业示范，助推中国高端装备制造业升级，践行中国制造2025。

该项目高精密液压铸件绿色制造智能工厂综合运用增材制造、合金绿色熔炼、精确喂丝球化、全自动化浇注等先进技术与装备，全面集成铸造信息系统、PLM、MES、ERP等信息化系统，实现产品合金熔炼、制芯造型、定量浇注、柔性清理、砂再生处理等制造全流程智能化生产与信息化管控。该智能工厂建立以客户关系管理为出发点的PLM系统，实现产品设计、工艺数据等与客户服务、客户关系管理相结合，形成企业智力资产的集散中心；建立起自动配料与定量熔炼系统、全自动造型与浇注系统、高效柔性清洁打磨系统、型砂回收再利用系统等，通过以太网等技术实现设施高度互联，基于铸造信息数据库、工艺控制系统等建立MES，结合人工智能技术，实现产品智能生产、物流自动运转、数据在线实时监测、质量可追溯；实现PLM、MES与ERP系统互联互通，并利用云服务平台，实现生产车间远程监控、指令实时调整，科学配置资源。

56.2.2 高精密液压铸件绿色铸造智能工厂项目内容

高精密液压铸件绿色铸造智能工厂项目总投资5亿元，固定资产投资4.5亿元，采用低能耗、少污染的绿色铸造工艺、智能制造装备、信息化系统等技术，通过联合国内外知名智能制造供应商实现“产学研用”合作开发，突破以精密液压铸件为代表的轻量化设计、绿色铸造、智能制造、清洁后处理、在线检测与分析、信息化系统集成等关键技术，建立多品种精密液压铸件智能工厂，大幅度降低能耗、材耗，减少污染物产生、降低污染物排放，同时全面提高产品质量，提升生产率、工艺出品率以及产品合格率等关键指标，打通生产制造数据流、产品数据流、供应链数据流，形成自下而上的数据自动流动，实现横跨企业内部的纵向集成，打造世界一流水平的智能制造标杆性工厂，实现年产5.5万t高精密液压铸件生产能力，智能工厂整体系统架构如图56-10所示。

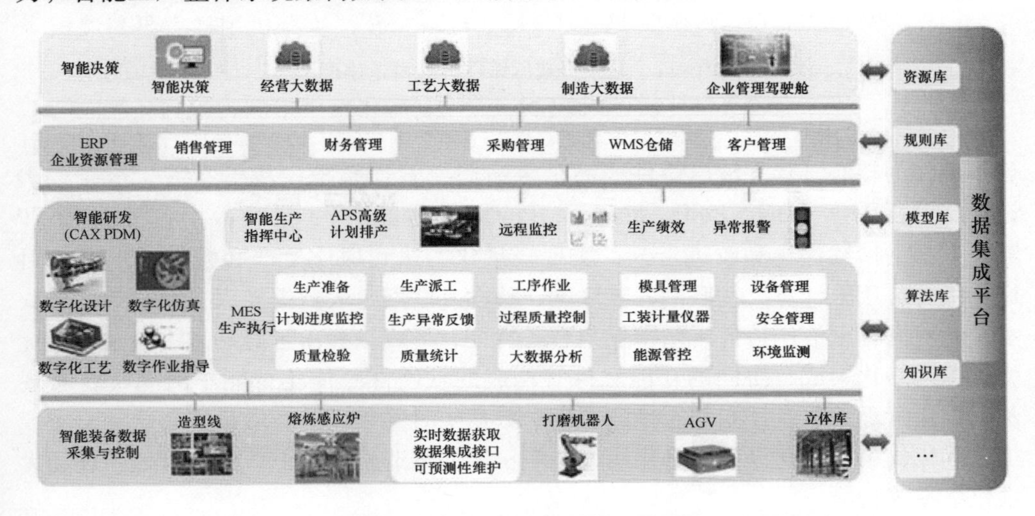

图56-10　恒立液压高精密液压铸件绿色铸造智能工厂整体系统架构

恒立液压高精密液压铸件绿色铸造智能工厂整体系统架构中，分为设备层、控制层、执行层、企业计划层、决策层。以底层端到端的数据流为基础，无缝集成ERP、MES、PLM、MDC系统，打通生产执行数据流、产品数据流、供应链数据流，形成自下而上的数据自动流动，实现横跨企业内部的纵向集成。智能工厂主要建设内容如下。

1. 高精密液压铸件铸造生产线建设

该项目智能工厂设备核心是3条高精密液压铸件智能铸造生产线，如图56-11所示，包括全自动浇注系统、智能加配料系统、水平无箱造型线/静压造型线、砂处理回收利用系统、高精密打磨专机、余热回收系统、废气自动化处理系统等装备，根据液压铸件铸造生产工艺流程，采用虚拟现实技术，建立装备数字化模型，合理布局生产线及设备，实现工艺优化、流程模拟、装备运行、过程验证的有机集成。设备之间互联采用专用协议局域网，实现智能设备之间的通信协作，提高工业装备的智能化水平，同时基于信息物理系统，将物理设备联网，使之具备感知、通信、计算、远程控制、自我管理的功能，实现人、产品、设备、网络之间的互动关系，进一步提升智能工厂设备互联的智能化水平。

2. 搭建PLM系统、MES等信息管理系统

搭建PLM系统、MES等信息管理系统，并与现有ERP系统互联，以PDM管

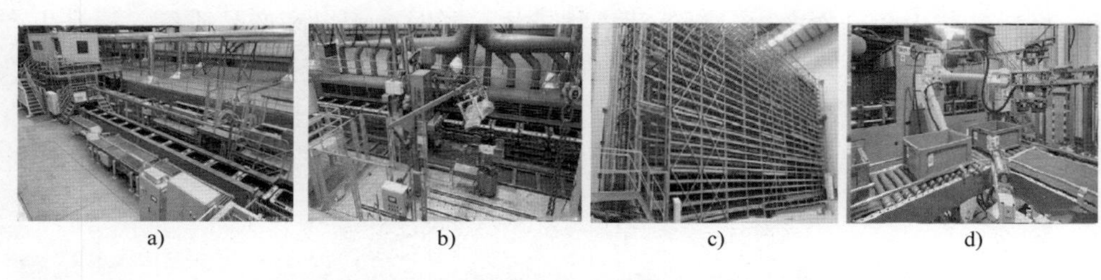

a)　b)　c)　d)

图56-11　高精密液压铸件智能铸造生产线
a）造型线　b）全自动浇注系统　c）传送带立体库　d）制芯机

理系统作为核心，建立液压铸件产品全生命周期管理系统，基于二维、三维CAD设计与分析平台（UG、ProE、Magma、ProCAST等软件），采用数字化工艺CAPP解决方案，持续优化和改进工艺，实现轻量化，达到保质生产和数据可追溯的目标。综合应用云计算、物联网、互联网、移动互联网、大数据及人工智能等信息技术，针对高精密液压铸件工艺特点与装备特征，形成一套由智能制造终端及支持优势资源网络化集成、协同的功能软件等构成的软硬件一体化智能车间MES，实现基础数据管理、生产计划动态排产、生产数据实时采集、生产质量实时监控、生产工艺优化决策、车间设备网络化运维和液压铸件铸造生产知识一体化管理、现场无纸化终端等功能。

3. 建设信息化控制室与可视化驾驶舱

信息化控制室与可视化驾驶舱是面向液压铸件智能制造生产系统的控制器，为管理者提供车间可视化监控、生产状态与信息监控、工业大数据分析、KPI报表统计分析、关键设备运行信息、动态决策、集成化控制等。通过可视化驾驶舱，企业管理者可以远程、实时在线对液压铸件铸造车间生产系统的运行情况进行监控、分析、诊断、仿真、优化，从而实时、有效地驾驭车间生产系统的运行情况。通过可视化驾驶舱控制参量实现车间管理者与系统软硬件的人机结合，车间的精益化、透明化、实时化和集成化的管控，通过定义关键信息的交互，实现对现场的指挥和决策，由Web服务器，为公司决策层提供关键信息，开发对应工业App，即时处理公司决策层的执行指令，并实现对MES的操作，从而达到资源的有效利用，形成动态生产与运营管理能力。

车间大屏是该项目创新性地采用人工智能技术，在铸造信息系统中，通过人工智能对高精度液压铸件铸造过程进行智能化指引，基于大数据的在线采集与处理技术，对高精密液压铸件熔炼与浇注生产过程质量监控、生产设备运行监控、关键位置监测等，对数据库和数据相关性进行人工智能分析，形成智能化控制与决策功能。

4. 项目实施效果

智能工厂采用大量国产高端核心智能制造装备及信息化软件系统，形成高精密液压铸件协同设计、柔性定制、智能制造一体化解决方案，促进国产装备及软件的推广应用，引领行业制造水平提升，发挥行业龙头企业智能制造领域的带头作用。

通过智能制造装备应用、信息化系统搭建，完成多品种精密液压铸件智能工厂建设，实现高精密液压铸件高效、稳定智能生产，产品柔性制造能力提升50%，企业生产率提高33.3%，能源利用率提升15%，单位制造成本降低24%，产品不良品率降低33.3%，为本行业智能化水平提升提供技术支撑与典型示范。

1）突破精密液压件绿色设计技术，实现短流程、节能节材减排设计开发。基于工业生态设计要求，在高精密液压件制造工艺技术取得重大突破的基础上，全面贯彻绿色设计理念，突破液压件轻量化设计、制造短流程精确模拟与数字化设计技术，建立绿色生产工艺设计专家系统；建立多品种产品个性化定制工艺路线，制造周期缩短50%；综合应用轻量化设计、数字化铸造模拟分析系统，基于温度场分析、应力场分析建模，持续优化设计浇口、冒口和浇道，合理设计和布置铸型结构，减少缺陷的产生，减少25%的浇冒口、浇道等材料。

2）综合运用无模铸造、增材制造、精密砂芯均质化制备、合金绿色熔炼浇注等先进工艺，实现多品种复杂精密液压件绿色、柔性制造。结合精密无模铸造、增材制造技术及自动化成套装备的技术基础，开展高精密液压件批量生产的适应性研究，实现多品种产品的快速短流程、柔性化生产，降低劳动强度，提高生产率，减少物料消耗。节约30%的型砂、模具等工艺材料消耗，综合提升产品工艺出品率5%以上，降低产品废品率。突破高性能铸造合金熔炼和定量化浇注技术，实现原材料化学成分设计、熔炼工艺及金属液处理技术的融会贯通，通过光谱仪、热分析仪等实时检测铁液成分、温度等参数，并反馈到球铁/蠕铁专业分析与导航软件Navigator中，通过Navigator生成喂丝球化处理工艺，实现对增碳剂、孕育剂、合金元素、稀土等添加剂的定量精度全自动控制，提高废钢用量，合金元素质量分数波动范围控制在0.05%，并降低5%的产品成本；突破精准喂丝球化技术，实现全自动化控制，精确定量控制镁合金含量，整个过程密闭处理，镁光及烟尘污染集中处理，球化质量稳定可靠，球化级别1级（球化率≥95%），碳化物质量分数≤1%，降低材料成本5%以上。

3）掌握精密液压件铸造过程废砂废气处理技术，实现循环利用，减少污染物排放。基于气流清砂技术，研究高压、旋式气流处理工艺，改造开发自动化成套设备，实现高端液压铸件内腔、流道的快速有效清理，避免盐浴或高压水射流等其他清理方法带来的损伤或污染，效率提高20%。改造采用烘芯炉废气治理技术，以组合工艺方式替代单一吸附方式，实现烘芯炉高温废气全部回收利用，废气排放减少40%。

4）综合运用能源管理系统、设备管理系统、信息管理系统等信息化技术，提高产品生产率与能源利用率，减少污染物排放。搭建设备管理系统、能源管理系统等信息化系统，提升设备能源利用率与运行效率。精密液压件生产过程涉及水、电、气、砂等大量资源消耗，涉及熔化工部、砂处理工部、制芯工部、造型工部、清理工部五大单元百余台套设备，原有车间缺乏有效的能量计量与设备控制优化管理方法，导致生产过程中大量无效能源的消耗，造成不必要的生产成本和环境资源成本的浪费。本项目结合智能传感、工业互联等智能网络技术的应用，搭建能源管理系统，提升能源使用效率，减少设备空载率，能源利用率提升15%以上。恒立液压的高精密液压铸件绿色铸造智能工厂项目联合各方集中优势资源，全力推进核心技术研发与应用示范工作，确保智能工厂建设达到世界一流水平，在行业内形成示范效应，项目建设完成积累了大量经验，形成系列标准文件，为本领域企业智能工厂建设提供标准化参考依据，有利于助推国内液压件产品向高端化迈进。

56.3　打造高精密铸造数字化智能制造车间

56.3.1　高精密铸造数字化车间项目目标与实施原则

本节以常林铸业高精密铸造数字化车间项目为例进行说明。

山东常林铸业有限公司（简称：常林铸业）占地面积40000m^2，以生产铸铁、球墨铸铁为主，产品为汽车、发动机、工程机械、液压、气动元件及各种泵类、阀类等配件，年生产能力为20万t。

近年来，公司利用信息技术改造传统产业，高精密绿色铸造的数字化车间项目是其中之一。高精密绿色铸造的数字化车间项目规划是以“智能制造”为核心，立足信息化应用，规划并开发双面压实智能控制系统、智能转运系统、定量浇注系统、冷却控制系统、自动清整系统、铸件缺陷检测及质量评定系统、能效监控系统、物流跟踪及生产决策管理系统等方面的数字化应用，研制并应用自动投料、铸件清理、缺陷检测装置、立体仓库、物流小车及能效实时监控、中央集成控制等应用系统，实现从砂箱造型、冶炼、铸件表面清整、检测全过程数字化控制和生产。

高精密铸造数字化车间项目按照“整体规划、分步实施”原则，基于高精密绿色铸造的数字化车间项目按业务逻辑划分产品设计工艺管理、企业资源计划、生产过程数据采集与分析及车间制造执行四个环节，具体规划为产品设计、工艺系统、ERP管控系统、生产过程数据采集与分析系统及车间制造执行系统。

规划高精密绿色铸造数字化车间项目是在整合产品设计及工艺数字化的基础上，特别是在实施Solid Edge和Pro/E（现CREO）等三维设计软件及产品全生命周期管理、企业资源计划系统及车间制造执行系统基础上的信息化综合项目，是企业不断推进技术进步，利用信息技术及数字的设备，改造传统方式，打造数字化车间，实现智能制造的有效途径，其整体业务流程规划如图56-12所示。

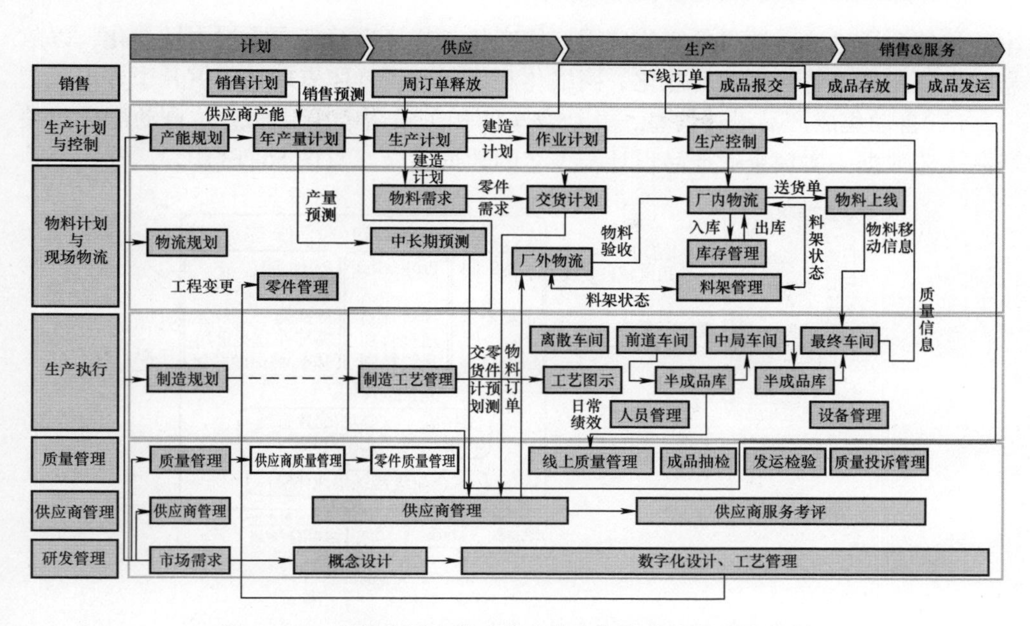

图 56-12　高精密绿色铸造数字化车间整体业务流程规划

56.3.2　高精密铸造数字化车间项目的产品数字化设计与工艺管理

1. 产品数字化设计方面

产品数字化设计软件的选择非常重要，选择国际知名三维设计软件对产品设计及系统数据集成至关重要。将产品的三维数字化定义为制造业信息化的源头，不仅为新产品和工装模具的数控加工提供了几何模型，而且为应用 CAE 技术创造了条件，应用各种计算机辅助工程分析软件，对开发的新产品进行强度分析与优化设计、机构运行学分析、机构动力学分析、液压控制系统仿真、加工过程仿真、可靠性分析等，从而保证新产品的设计质量。而 CAM 的应用，可以优化生产工艺过程，达到提高生产率和保证加工质量的目的。通过信息技术推广应用，企业在提高产品质量、节约成本、提高生产率和实现三化水平（标准化、通用化、系列化）等方面将会取得显著成效。

2. 产品数字化工艺管理

工艺数字化项目就是充分利用企业内、外部资源优势，建立企业在项目计划控制、产品设计、工艺设计、生产管理、物料、质量控制、用户服务等业务过程中的有机统一。建立健全配套的管理规范、制度和操作控制手册，实现工艺制造数字化、信息集成化、过程敏捷化，进一步加强企业核心竞争力，建立快速响应市场需求的业务管理、控制机制，赢得产品在质量、成本、交货期、经营效益等各方面的竞争优势，从而进一步实现加强企业生产成本控制、增加盈利空间和提高市场占有率的目的。通过这一项目的实施应用，使产品工艺过程管理发生根本性变化，以信息化手段实现工艺管理的智能化、网络化和可视化，具体表现在以下几个方面。

1）自动集成产品设计信息，并结合车间相关设备、模具信息，自动形成相关产品工艺数据，实现企业产品设计与工艺的数据整合（见图56-13）。

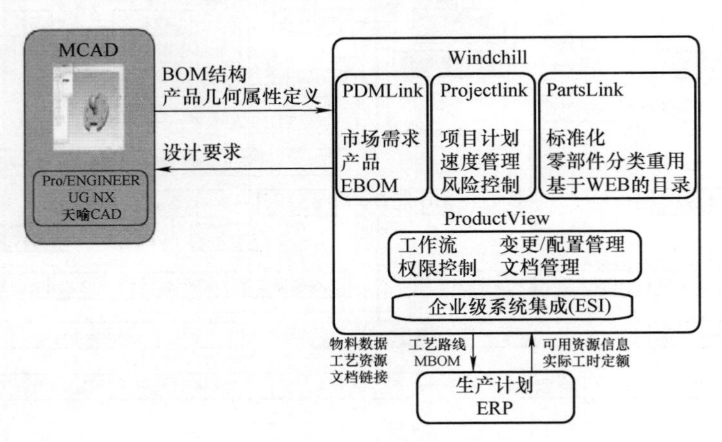

图56-13 设计与工艺的数据整合

2）借助软件系统实施，实现对企业各业务职能部门在产品研发、工艺制定过程中产生的电子数据进行统一控制和管理，保证这些数据版本的正确性和权威性。建立存放设计、工艺、工装、制造等数据的集中产品知识库，并通过数据之间的关联对产品知识库中的数据进行合理的组织和管理，确保对产品在结构设计、工艺制定等业务过程中的文档及时进行归档，改善部门之间并行的工作效率，缩短产品研发周期，提高工艺技术人员的工作效率。

3）在图文档的存储和组织方面，系统引入了“容器”的概念及关联检索功能。将产品专用数据和企业共用数据分别存放在产品库容器。产品专用数据主要是指和产品密切相关的三维模型/二维图样、设计说明文档、明细表、工艺及工装等数据，在系统中，通过建立相应的图文档与图文档之间的关联关系，实现以图文档之间的关联关系作为导航进行图文档数据的快速查找，并且在图文档发生更改时，方便地定位出更改的影响范围。

4）图文档权限管理。在系统中对公司的图文档数据进行严格的权限控制，以使得用户在权限许可范围内对图文档进行相应的操作，确保图文档的安全性。

5）系统通过ProductView提供了良好的剖切功能，实现图文档的可视化。它不仅能够提供单一的剖面，还能通过游标拖动的方式进行剖切面的平移，而且能够进行交叉面的剖切。并在剖切的基础上提供测量和批注功能，从而简化用户的测量和查看步骤，提高对模型的查看能力。

6）在数据发放及归档管理方面，实现数据批准发布以后，及早传递到正确的人员以进行相应的工作，并对数据发放过程中的信息进行记录和管理，如发放的人员和部门、纸质文件的发放数量。为便于进行数据的电子存档，以确保电子数据以后的重新利用，并将审签信息填写到图文档的内容上，系统将数据统一转成 PDF 和 TIFF 的格式进行电子文档存储。

7）产品结构与配置管理。系统通过以产品结构为核心的产品数据模型，将产品的装配层级关系、装配件间的采用关系、装配数量与各级装配、零部件相关的技术规格文件、3D/2D 工程图样等技术文档进行关联，而各类清单则通过系统根据条件自动输出，形成产品工艺 BOM 数据来源。具体包括产品零部件定义、使用情况查询、标准件/通用件管理、产品结构创建、展开、批注、比较、BOM 输出、多视图管理等功能。产品结构为核心的产品数据模型如图 56-14 所示。

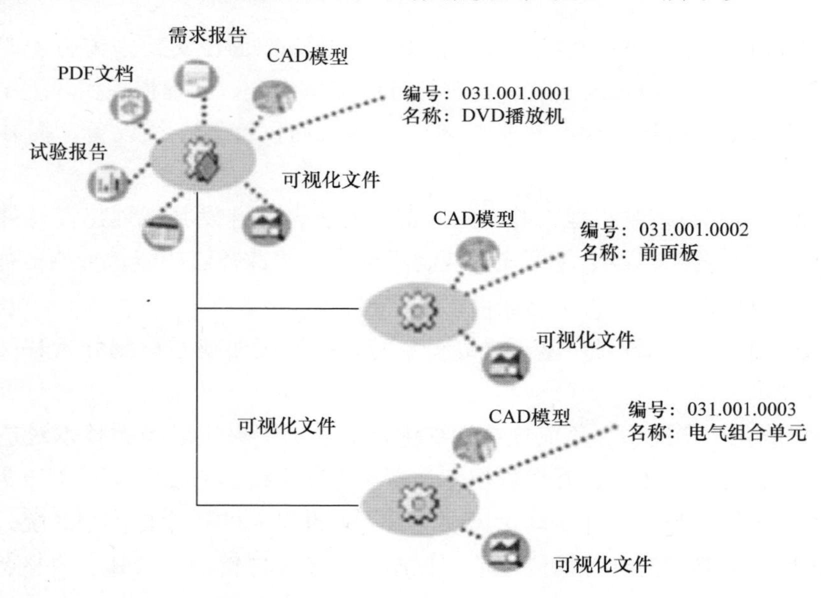

图 56-14　产品结构为核心的产品数据模型

8）工作流程的建立。在系统中建立工作流程实际上是对现有的业务流程进行梳理、规范、固化并电子化的过程。其主要内容包括确定业务流程中各个活动的先后次序，确定完成各个活动中使用的工具、参与的人员，确定流程中各个活动的输入/输出信息的过程。

9）工程变更管理。通过预先规定的工作程序，完成对设计、工艺数据的更改工作，能够根据数据与数据之间的关联关系自动搜索某项更改所涉及的范围，及时给有关人员发送通知提醒，使其关注某项更改可能会造成的影响。工程更改将与产品零部件的版本管理与产品的技术状态管理结合起来，有助于确定产品零部件之间的借用关系，评估更改影响，提供一个完整的产品信息管理解决方案。系统中工程更改的实现是通过和更改管理器、生命周期和工作流管理器等相互结合而共同完成的。同时，使用强大的版本控制和工作流管理功能，根据企业或行业标准（如CMII）对更改问题的描述、更改单成立、执行更改、更改发布有续控制，保证更改的正确性、及时性和完成性。

56.3.3　关键技术装备及生产过程数据采集

在关键技术装备及自动化数据采集、检测设备配置方面，规划建设双面压实有箱造型机、翻箱机、合箱机、全自动下芯专用机器人等造型设备，中频电炉、冲天炉等熔炼设备，以及砂处理系统、清理机、起重运输设备等辅助设备，实现从砂箱造型、冶炼、铸件表面清整、检测全过程数字化控制和生产，具体表现在以下几个方面。

1）双面压实精密铸造线优化及虚拟设计。建立双面压实精密铸造生产线整线设备的模型库，利用虚拟现实技术实现铸件的虚拟生产，在虚拟现实环境中采用碰撞检测技术以及实时运动仿真模拟技术，合理布局生产线在线设备，提升产品生产率。

2）铸造生产线清整机器人等智能设备开发。自主开发并规划建设铸件表面清整机器人，具有自动切换工作模式及控制系统误差柔性补偿功能，支持多种铸件柔性清理，实现铸件自动化识别与表面柔性清整。

3）自动检测技术开发。基于机器视觉的零部件表面缺陷检测分析及尺寸精度自动检测技术。

4）智能化生产线中央集成控制系统优化。采用中央集成控制技术对造型线各单元及工序进行集中监控，开发数据库和专家管理系统，开发定量落砂压实、铸件定量浇注、铸件冷却、铸件自动化识别清整等关键单元的智能化控制系统，完成砂箱自动转运、下芯和清理等智能化造型控制，以及零件铸造、冷却、清整、检测的智能化控制。

5）基于物联网的设备、能耗、环境监控技术。建立以实时数据库为核心的管理中心，将自成体系的分散监控系统以分层、分级的方式进行集中管理和监控，并为上一级的MES、ERP系统提供实时数据及历史数据。

6）智能化生产线可靠性、安全性研究。通过研究生产线关键设备控制系统抗干扰、设备运行异常报警、系统安全互锁、设备冗余控制，工艺数据在线调整等技术，开发基于中央控制的远程诊断及故障报警系统，通过研究智能生产线产品质量体系，制定企业标准，有效保证造型线安全可靠运行。

7）数字化车间建设。采用与中央集成控制进行实时数据交换的智能化决策管理系统和物联网系统，建设双面压实造型单元、冶炼与铸造单元、铸件表面清整单元、物流配送线、成品库等，打造高精度绿色铸造数字化车间。

56.3.4　车间制造执行系统

通过规划并建设车间制造执行系统（MES），借助现场数据采集，有效管理企业的生产制造流程，解决生产过程中的数据瓶颈，做到数据的实时采集与共享，为企业决策提供支持。同时定制化相关统计报表及业务单据，减少生产现场业务人员工作量，提高生产制造执行效率，缩短产品加工周期，最终实现降低产品生产成本，提高产品质量及市场竞争力。生产过程数据采集如图 56-15 所示。

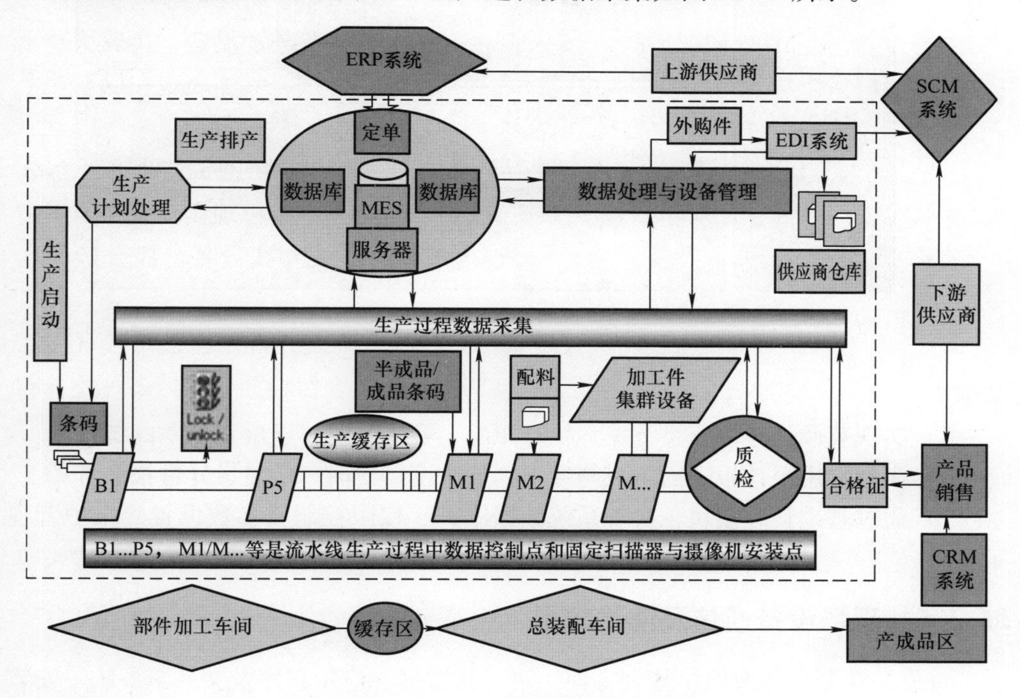

图 56-15　生产过程数据采集

具体表现为以下几个方面。

1）集成产品工艺、设计数据，实现 CAPP、PDM 系统产品 BOM 数据与制造 BOM 及变更信息的同步，并实现现场电子图样、资料预览。

2）实现供应链协同管理（见图 56-16），缩短采购及供货周期、降低采购成本，在信息相互协同的基础上加强采购过程调度一致。

3）与企业 ERP 集团管控系统集成，实现生产任务单分解、物料领配料作业同步，实现物料状态的跟踪与查询分析控制。

4）通过电子化数据采集系统，及时获取车间现场加工状态、设备信息等数据，实现对加工过程收集、进度更新以及围绕加工产生的工时、效率的统计；提供计算机桌面展示或车间电子看板功能，实施跟踪并展示车间加工状态并反馈相关异

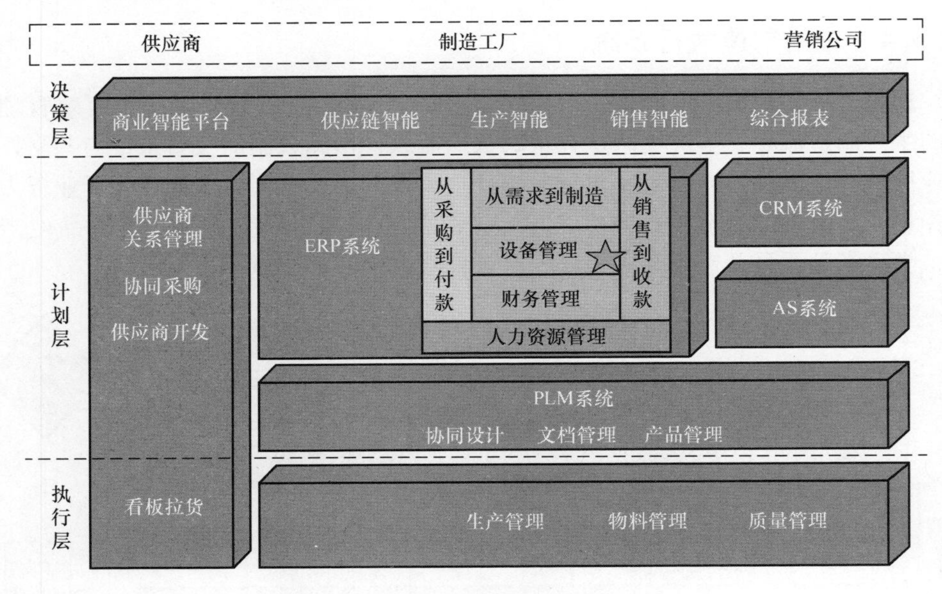

图56-16　供应链协同管理

常信息。

5）实现装调任务的分类下发、执行跟踪，实现工时、进度及成本的统计。

6）实现常用统计报表的生成与导出，如进度、工时、质量、异常报表等。

7）通过基础管理模块，实现系统数据维护、权限控制及参数设置等维护管理工作。

56.3.5　现场设备通信及网络部署

首先，在服务器及网络规划方面，可以将数据、应用程序及文件服务统一安装在一台服务器上。内部网络通过交换机访问服务器；外部网络需通过虚拟专用网络（VPN）专线或光纤专线（带宽不低于10Mbit/s，访问服务器延迟时间不低于30ms）连接到服务器。

MES与ERP系统的信息交互通过中间数据库完成。浪潮ERP系统将MES所需数据发送到中间库，MES在中间库中读取数据并进行处理，如图56-17所示。

其次，在车间采集终端通信设备部署及设备数据集成、传输规划建设方面，在车间及库房现场配置相关无线接入点（AP）设备，与企业核心设备互联。

最后，在车间加工现场层面，部署相关自动采集设备或与现有设备通信端口集成，实现对现场数据的适时采集，确保系统数据的时效性和准确性。

56.3.6　效益分析

通过实施推进基于数字化应用高精密绿色铸造项目，特别是通过整合现有信息

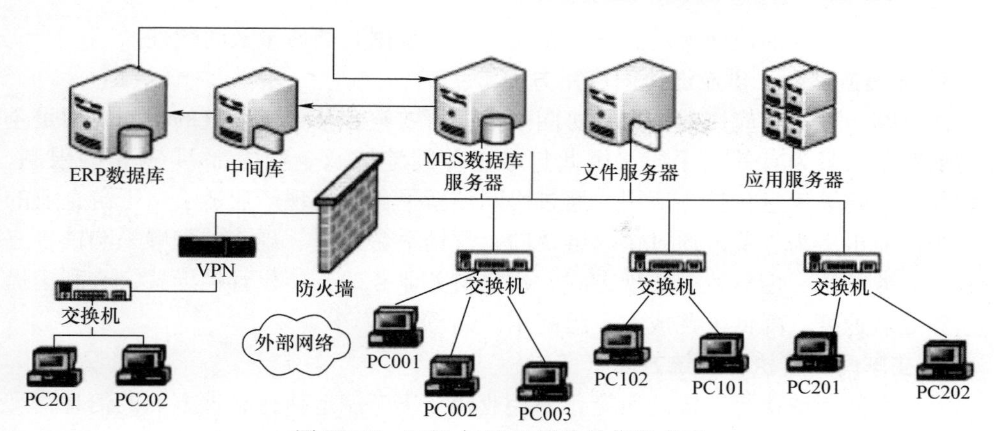

图56-17 MES与ERP系统的信息交互

化平台、集成相关信息化应用系统，借助现有资源和优势，规划并建立企业智能化生产的信息网络体系，开展产品数字化设计、公司精细化管控、供应链高效协同、物流智能化应用等关键技术、关键项目的开发与使用，建立企业对内精细化管理、智能化制造和对外整合并协同产业链上下游资源、形成紧密协作的双重管控体系，这对于不断提升企业信息化管理水平来说非常重要，具体表现在以下几个方面。

1. 在产品数字化设计方面

通过项目的实施推进，可使产品开发周期缩短1/5~1/2（平均缩短1/3）；制造周期缩短了25%，关键零件的废品率降低90%，大大降低了新产品性能试验和可靠性试验费用。在缩短新产品开发周期、提高市场反应速度的同时，对提高企业产品市场占有率及提高产品三化（标准化、通用化、系列化）方面都发挥了重要作用。通过对员工进行软件操作技能培训活动，提高了职工的业务素质，造就了一支掌握先进设计、制造技术的职工队伍。

2. 在产品数字化工艺管理方面

首先，通过实施数字化工艺过程管理项目，在企业范围内建立了统一的产品电子化数据共享知识库，实现对产品所有相关的设计、工艺、工装、模具、生产制造、质量、计划等数据的存放和管理，建立了相关信息共享策略和应用，提高了信息的可用度并方便用户统一查询、快速检索。建立异构文档可视化机制，改善信息获取、共享、查看、批注与反馈效率，利用统一工具实现各种文件的在线圈阅和批准，消除前期产品研发过程中的协作障碍。

其次，借助协同信息化门户建设，建立基于PLM系统的企业数据集成平台，各信息化系统得到有效整合、各种应用工具之间进行有效集成。并在此基础上引入了产品多视图管理机制，在产品功能分解结构的基础上，增加按照工艺进行分解的制造结构，确保设计、工艺制造数据的有效衔接，减少产品制造过程中的质量问题，降低产品开发和试制成本。实现电子化的工作流程管理，确保设计、校对、审核、批准、发放等工作都能够基于网络进行，充分发挥网络效应，实现并行操作，保证产品电子数据的快速流转、有效发放，提高数据归档质量及时效性。

3. 在渠道整合、供应链协同应用方面

建立基于互联网应用的供应链协同平台，有效整合基于供应链的协同应用是企业增加竞争力最为有效的手段。因此打破企业间地域及企业内部 IT 壁垒的限制，规划并建设相关信息化核心应用，通过协同创新平台，实现产业链上、下游企业的业务协同显得更为重要。通过供应链及网上营销平台建设、规范并理顺采购销售三包服务业务关系、创新业务实现方式、建立财务业务的一体化管控模式，有利于提高业务处理速度、降低采购成本、提高用户满意度。

4. 在车间制造执行系统方面

通过车间制造执行系统的实施，为企业建立生产制造执行管理方面的信息化平台，使相关生产制造人员适时、适地进行生产现场监控，实时发现问题，及时处理问题，实现生产管理信息化、可视化、透明化，保证生产的稳定和效率。

基于数字化应用高精密绿色铸造项目，特别是其系统集成的先进性及内部业务流程优化的科学性，必将在本行业起到率先示范作用，促进整个行业的管理创新与技术起步，实现信息化与工业化的有效融合，促进企业和社会共同进步。

项目的成功推广及实施，必将促进企业从梳理内部管控策略、精简业务流程、降低整体供应链库存水平、减少存货资金占用、加快资金流动、提升和供应商的战略性合作关系等方面进行优化改善，有助于创新企业合作模式、拓宽合作领域，建立新型的企业关系，最大限度地实现企业双赢。

56.3.7　企业智能制造的未来发展规划

企业智能制造的未来发展规划如下。

1）结合公司特点，借鉴产品生命周期协同管理理念及规范，构建适合公司产品设计、满足产品全过程管理的工程管控平台及管理体系。

2）利用公司和山东浪潮集团的战略合作关系，充分借鉴浪潮在行业的管理经验和在 ERP 系统的最佳实践，继续做好公司 ERP 管控系统的应用集成工作。

3）在产品制造装备数字化方面，继续做好生产制造执行系统的推广和应用。

4）在企业物流智能化系统应用建设方面，配合项目合作单位，借助物联网技术及供应链管理理念，通过条码、射频识别、全球定位系统、激光扫描器、3D 打印等信息传感设备，实现企业物资生产制造、供应、配送、装配、验货、三包服务等业务过程管理，实现相关环节物品身份认证及信息交换和通信的有效集成。

56.4　集团行业性全业务域智能制造实践

潍柴动力股份有限公司（简称：潍柴动力）全业务域智能制造场景如图 56-18 所示。

图 56-18　潍柴动力全业务域智能制造场景

56.4.1　潍柴动力智能制造亮点

潍柴动力成立于 2002 年，2018 年实现营业收入 1592.56 亿元、净利润 86.58 亿元。潍柴动力致力于打造品质、技术和成本三大核心竞争力的产品，成功构筑起了动力总成（发动机、变速器、车桥、液压）、汽车业务、工程机械、智能物流、豪华游艇、金融与服务等产业板块协同发展的格局，拥有“潍柴动力发动机”“法士特变速器”“汉德车桥”“陕汽重卡”“林德液压”等品牌。潍柴动力拥有内燃机可靠性国家重点实验室、国家商用汽车动力系统总成工程技术研究中心、国家商用汽车及工程机械新能源动力系统产业创新战略联盟、国家专业化众创空间等研发平台，设有“院士工作站”“博士后工作站”等研究基地，建有国家智能制造示范基地。在中国潍坊、上海、西安、重庆、扬州等地建立研发中心，并在美国、德国、日本设立前沿技术创新中心，搭建起了全球协同研发平台，确保企业技术水平始终紧跟世界前沿。潍柴动力生产的发动机涉及客车、重型货车、工程机械、发电设备等机械装备，产品包含 600 余个零部件、5000 多个订货号。公司业务覆盖发动机研发、生产、供应链、销售和服务等全生命周期，其中，生产过程涉及加工、装配、成套、试车等环节，工艺流程复杂多变，生产线具有大批量、多品种柔性混线生产特征。

潍柴动力从 2014 年流程信息化项目开始，通过实施智能制造整体战略布局，实现业务与 IT 的高度融合，创造了以下智能制造方面的亮点。

（1）打造精益化智能工厂　打造基于潍柴动力特色的 WPS 生产管理体系，梳理指标 70 余项，覆盖分厂、生产线、班组、工序等管理层级，直观展示生产运行情况，实现生产过程透明化，管理可视化、移动化、云化，形成以精益为导向的智能生产系统。通过物联网技术，实现设备互联互通，现场设备状态数据统一收集，消除设备信息“孤岛”，同时进行大数据应用，开展设备健康监测及预防性维护；通过增加传感器、设备改造等方式实现生产过程中153项数据的实时采集与可视化展示，并进行实时的动态监控，实现2D/3D可视化。基于数据基础，通过实施WPS精益管理，提升了车间生产线效率，降低了设备维护成本。

（2）构建数字化智慧研发平台　运用数字化快速建模设计、虚拟开发仿真和基于物联网的智能测控系统，建立以PDM为核心的智能研发平台，打造端到端的智慧研发体系，实现设计、仿真、试验一体化，支撑潍柴集团六国十二地研发机构高效协同，通过“数字化、信息化、智能化”技术应用使新产品开发平均周期大幅缩短，提高了产品竞争力。

（3）建立基于智慧仓储的物流体系　通过建立先进的自动化立体仓库，实现从采购入库、存拣一体到拉动出库的全过程物料流转自动化，采用大数据分析技术实现仓储数据动态可视化，优化仓库布局、分拣规则、人员配置等，提升配送执行效率，准确率达到100%，形成高效的智能仓储配送体系，有效支持企业大规模定制和柔性化生产。

（4）实现服务型制造转型　建设发动机的车联网——潍柴智慧云平台，实现“人、车、平台”三位一体，打通采购、供应链、生产、营销、服务等各环节壁垒，通过大数据分析实现故障预警、远程智能化主动服务，目前已接入重型货车、公交车、校车、工程机械等多种车辆，持续提升用户体验。开展营销服务管理，支撑企业开启商业模式转变。

56.4.2　潍柴动力智能制造的项目实施路径

1. 行业背景

柴油发动机作为中间件，广泛配套在汽车、农业机械、工程机械、船舶和备用电站装备等产品中。面对复杂多变的服役工况和日益增加的个性化定制需求，以潍柴动力为代表的发动机行业企业迫切需要提升运营质量和效益，加快企业向产品服务化、智能化转型升级。

2. 行业问题

发动机行业整体智能制造能力过于薄弱，距离流程性行业尚有一定差距，具体表现在以下几个方面。

（1）企业高层认识不足　智能制造是企业战略级任务，是典型的“一把手”工程，需要培养全员的智能制造意识，建立和完善推进机制。

（2）缺乏业务与信息化统筹　面对各业务的信息化建设需求，信息化部门通常优先满足最迫切和最核心的业务，从而忽略了业务的完整性。

（3）系统集成能力不足　企业开展智能制造往往起始于“烟囱式”的信息化系统建设，众多的信息化系统导致大量重复建设、数据难以共享等问题。

（4）重产品轻服务　企业考核通常以产品的产量和销量作为重要的衡量指标，

缺乏对智能服务类指标的考核，导致企业仍然只重视产品，阻碍了从产品到服务的转型。

3. 发展目标

智能制造项目的发展目标如下。

1）形成全员参与的氛围，从高层领导到普通员工，都要具备智能制造的意识，主动参与智能制造建设。

2）IT 与业务流程融合，以业务需求为导向，建立四级业务流程，重视 IT 对业务的覆盖程度和支持能力，提高全业务域信息化水平。

3）实现业务协同，积极推进全集团一盘棋，打通研发、生产、供应链、销售和服务等各环节。

4. 实施路径

（1）战略规划　潍柴动力将打造“产品竞争力、成本竞争力、品质竞争力”三个核心竞争力作为企业的核心战略举措，并长期围绕产品交付的质量、服务及用户体验为目标，依托良好的品牌形象去构建潍柴动力的商业模式。潍柴动力智能制造总体目标如图 56-19 所示。

图 56-19　潍柴动力智能制造总体目标

潍柴动力智能制造的总体目标是以整车整机为龙头，以动力系统为核心，成为全球领先、拥有核心技术、可持续发展的国际化工业装备企业集团。

近期目标：未来5年提升发动机板块的运营精细化和管控协同能力，并将其作为集团内的管理高地。

中期目标：实现集团内产业链上下游管控协同，降成本、提效率、增强产品匹配性与缩短研发周期。

远期目标：将潍柴集团的产业链模式在全产业链推广示范，提升全产业链协同增效。

（2）人员组织设置　自国家推行信息化与工业化深度融合以来，企业成立了由企业最高管理者直接负责管理的智能制造战略推进委员会，同时负责企业两化融合及智能制造工作，重要职责是把握工作推进关键环节，指导部署重大决策。企业管理与信息化部作为企业智能制造战略的落地执行部门，负责推进企业IT规划项目，以保证企业信息化建设及智能制造的方针、目标等与企业战略保持一致，同时推进企业各个环节的业务流程优化，提升信息化对各业务环节的支持力度。潍柴动力智能制造组织架构如图56-20所示。

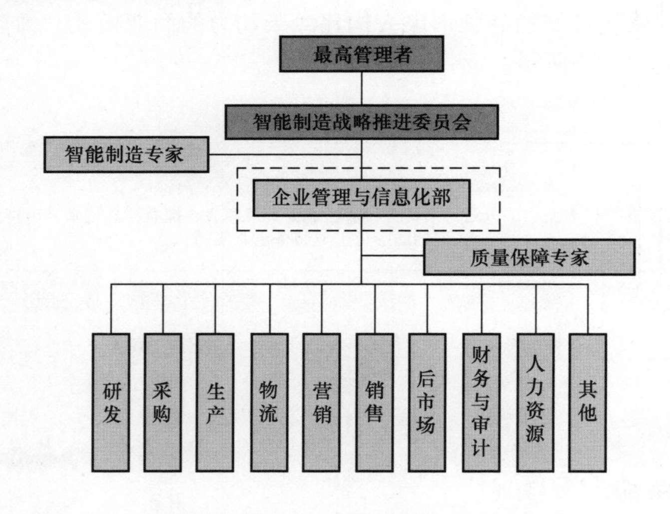

图56-20　潍柴动力智能制造组织架构

（3）需求分析　潍柴动力最近几年高速发展，成为世界级的发动机生产企业，但是在发动机全生命周期管理过程中面临一系列问题，急需解决。一是各研发环节衔接难，急需构建一体化的协同研发生态圈，打破“烟囱式”系统建设模式，实现研发知识共享，实现全球协同研发。二是产品生产、质量数据目前对设计、工艺指导能力不足，急需通过产品全生命周期中研发到生产过程数据的集成，提升产品设计能力及生产过程控制水平。三是当前产品运维成本过高、便捷度低，急需提高远程运维水平，提高用户满意度。四是产品增值服务不够，急需开展服务化延伸业务，为用户提供更优质的增值服务。

（4）总体规划　总体规划选取潍柴动力一号工厂作为智能制造示范场所，利用信息物理融合、云计算、大数据等新一代信息技术，建立以工业通信网络为基础、以装备智能化为核心的智能车间，研发以 ECU 为核心的系列智能产品；建设全球智能协同云制造平台、智能管理与决策分析平台、智能故障诊断与服务平台，培育以网络协同、柔性敏捷制造、智能服务等为特征的智能制造新模式；探索智能制造新业态，“低成本、高效率、高质量”地满足个性化定制需求，为用户创造超预期的价值。潍柴动力智能制造总体规划框架如图 56-21 所示。

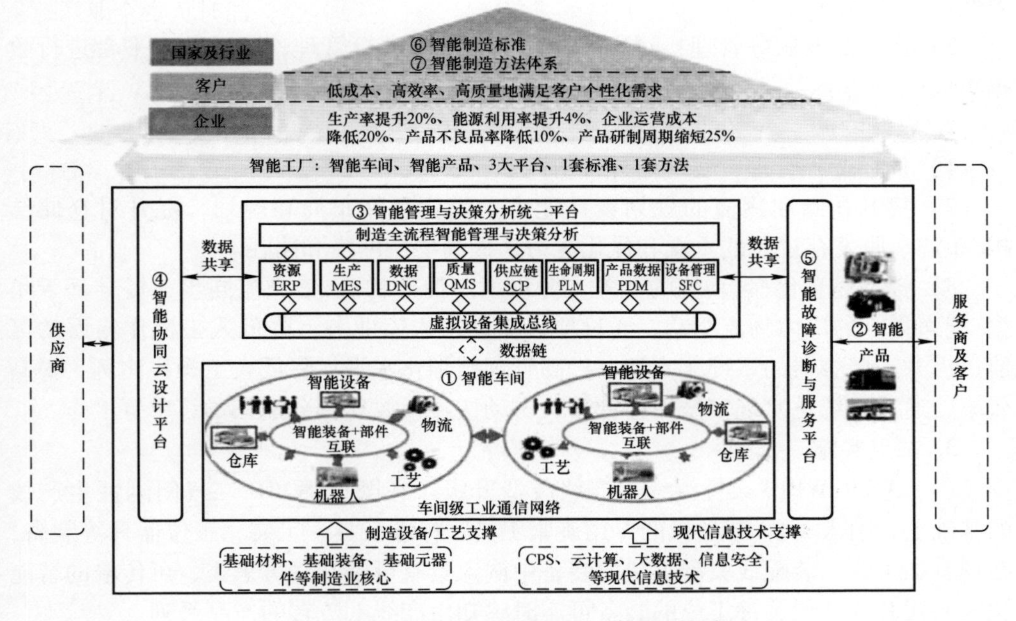

图 56-21　潍柴动力智能制造总体规划框架

56.4.3　潍柴动力智能制造的项目实施内容与试点

1. 生产制造

（1）制造战略

1）制造战略的制定：明确制造战略和业务分析，制定产能规划和资本战略。

2）生产网络与供应链网络：实现灵活的产能配置与生产网络的灵活性、合理性。

3）采购与外包决策：制定明确的采购策略，协同生产计划。

（2）制造运作及管理

1）质量管理：通过六西格玛的应用，对质量进行控制，实现运营与管理数据的整合持续改进；明确持续改进的战略、流程及应用领域，识别问题，完善改进流程。

2）生产资产维护：对数据资产、库存资产及设备资产的管理，制定预防性策略。

3）数据、指标的绩效管理：对数据进行获取、统计、分析及应用，整合数据系统，实现制造的灵活性。

（3）制造执行

1）生产排程：整合生产计划，实现动态排产。

2）管理生产流程：管理生产计划、生产流程规划、生产过程，确保生产的有效性。

3）产成品及服务管理：对产品及其相关材料进行管理，通过共享平台进行数据集成。

2. 仓储物流

1）加强过程管理，实现内外部协同。

2）提升仓储和物流的规划设计能力。优化仓储布局和规划，提升对仓储结构/布局、收发存过程的重视和优化能力；提高物流网络和路径。

3）提高信息化/自动化的业务支持程度。提升物流/信息流同步；提升基于单据/配送指令的厂内物流驱动，通过单据驱动出入库业务，降低人工操作错误的可能；提升工装容器的系统化支持，提高管理精细化水平；降低人工操作比例，提高效率，通过系统化实现安全库存计算、自动按照投放比例分配采购订单等工作。

3. 试点实施

（1）WP9/WP10 柔性混线生产线改造升级　在既有 WP10 二气门刚性生产线的基础上，引入 WP9 柴油机的专用旋紧工具、标准工具、工装、工位器具等装备，在现有加工线、装配线关键工位的装备中嵌入具有可感知、可采集、可传输的智能化嵌入式芯片，使关键工位的装备可实时感知生产线上流转的产品系列。

（2）数据互联互通网络系统建设　为保证工业大数据采集及传输的实时、准确和高效，进而为基于大数据的企业综合管控平台提供数据基础，建设了智能工厂底层装备信息数据采集互联互通网络系统。

1）工业大数据采集及设备互联互通升级建设。研发智能网关设备，通过提供制造业现场生产设备的信息集成与协议转换能力，实现不同设备或者管理控制系统的联通，构建现场通信协议仓库，提高工业大数据采集和设备互联互通能力。

2）工业互联网升级建设。对现有工业互联网进行智能化升级改造，具体包括工业 PON 网络的建设和架设园区 LTE 网络等。

（3）搭建工业大数据综合分析决策平台　建立企业级统一的大数据存储、建模、分析、决策平台，各业务环节均可在此平台通过大数据和云计算等技术，将采集的数据进行大数据分析、建模；该平台同时可与现有信息系统集成应用。

4. 效果验证

（1）生产装备/生产线智能化升级改造　通过新增智能化装备，改造现有装备，实现了生产线的柔性化升级。生产线可根据生产的产品型号自动更换工艺设备和工艺参数，同时通过质量检测装备的升级改造，对产品制造的全过程实施质量监控，提高了产品质量一致性。除此之外，通过对设备的监控，也实现了设备的预防性维护，减少不必要的维护费用。

（2）工业云服务平台建设　潍柴工业云服务平台由供应商协同研发平台、发动机智慧云平台和大数据分析决策平台三部分组成，实现了企业级统一的大数据云平台，为开展智能制造系统建设提供了数据支撑。

（3）关键短板装备研究　利用实时数据采集、数据统计及数据可视化等技术，对发动机生产过程中使用的数控机床、工业机器人、自动化生产线、装配线、线上线下检测、整机测试等关键设备进行了信息化升级改造。

5. 实施成效

通过智能制造的实施，企业各项指标均有明显提升。整体实施成效详见表 56-10。

表 56-10　整体实施成效

序号	指标名称	计算公式	整体成效
1	装备联网率	SCADA 或 DCS 等控制层相连的装备台数/装备总台数	36.90%
2	应用工业机器人、数控机床、自动化单元的（装置）数占生产设备总数的比例	—	70%
3	库存周转率	（该期间的出库总金额/该期间的平均库存金额）×100%	17.50%
4	产品不良率	（试车返工降低率×0.2＋零公里故障降低率×0.1＋产品质量提升率×0.7）×100%	0.315%
5	设备可动率	[（每班次实际开机时数－设备异常时间）/每班次实际开机时数]×100%	99.38%
6	产品研制周期缩短率	（1－建设后产品研制周期/建设前产品研制周期）×100%	25%
7	车间生产运营成本降低率	产品单台设计成本降低率×0.75＋储备资金占有率×0.2＋百元销售收入质量成本降低率×0.05	37.26%
8	人均生产率提高率	（订单及时交付提升率＋计划预排产时间提升率＋产品在线时间降低率＋生产节拍降低率）/4	41.33%

6. 经验复制推广与体验

（1）经验复制推广　潍柴动力利用本埠信息化优势，对重庆、扬州等分/子公司进行云制造部署。分/子公司无须购买任何软硬件产品，也不需要部署信息化平台，其可利用本埠的信息平台来满足所有业务需求。后续，潍柴动力通过租赁等方式进行收费，降低其他公司信息化投入，帮助企业节约成本。支撑百万级产品的个性化定制需求。在潍柴动力现有产品运营能力的基础上，扩展远程运维水平，借助潍柴动力在发动机市场的地位，并借助多家关联的整车企业，为公共安全和与远程运维提供云服务。潍柴动力搭建了“互联网+”协同制造云服务架构，通过改造完善潍柴动力现有的信息化系统，并利用本埠信息化优势，面向企业内部和产业链形成了四个云服务体系，在集团内部和产业链范围推广。

（2）要始终坚持如下三大原则

1）“一把手”工程原则：面对变革所带来的改变，上至决策层，下到普通一线工人都面临着调整和重新适应的危机。针对如此大的挑战，高层管理者首先要做到以身作则，亲自参与，带头接受智能制造的思想理念和管理应用；其次对智能制造相关项目重点调度，确保项目顺利推广；最后对智能制造这一新事物，在“高标准、严要求”的原则下给予宽松的实施环境，允许实施过程中的错误，给予不断改进、不断提升的机会。

2）战略一致性原则：智能制造的开展意在支撑企业集团化、国际化的发展战略，推进精益理念，打造潍柴集团“产品竞争力、成本竞争力、品质竞争力”三个核心竞争力，助推企业由制造型企业向服务型制造企业转型。在推进智能制造工作的伊始，潍柴集团就将该工作提升到战略高度，作为潍柴集团每年都需要打赢的硬仗之一大力推动。

3）全员参与原则：集团上下所有员工统一了对智能制造的认识，在智能制造推进工作中要求全员参与，将该工作作为企业全体员工的事而不仅是信息化部门的事来对待，做到每位责任者不管职位高低，凡是涉及自己的就要积极对待，主动推动。同时，将集团的信息化工作绩效纳入企业内部年度考核进行管理，有力推动了集团信息化的发展。面对新形势、新科技、新要求，提出要打造“自主创新+开放创新+工匠创新+基础研究创新”四位一体新科技创新体系，尤其是利用新技术来加快创新速度，挖掘数字化创新应用。为此，集团建立创新管理机制，持续开展智能制造相关技术创新和管理创新，定期召开科技创新奖励大会，评选并重金奖励优秀科技创新项目及管理创新项目，调动员工的创新积极性，营造“万马奔腾”的创新生态。

（3）体验　重视行业标准建设，编制出台国家商用车备件编码、ECU传输通信协议标准、发动机制造关键技术装备通信协议标准等行业专用标准，夯实行业智能制造发展基础。

重视产业链协同发展，建立由龙头企业牵头的行业智能制造创新联盟，打造全球网络化协同制造平台，形成行业示范，带动行业网络协同制造发展。

对接国家重大战略，主动对接“一带一路”等国家重大倡议，逐步实现产业有序转移和梯次发展，推动企业“走出去”，扩大国际影响。

56.5　“专精特新”液压企业实施工业 4.0 智能制造的经验

56.5.1　液压高速开关阀控制的 ABS 通过智能制造与博世比肩

宁波赛福汽车制动有限公司成立于 2014 年 12 月，是一家致力于汽车、摩托车、电动摩托车等车辆主动安全制动系统的研发、制造、销售与技术服务的国家高新技术企业。该公司立足于技术领先型企业发展路线，拥有制动防抱死系统（ABS）、车辆电子稳定系统（ESC）等自主知识产权产品，成为“国内第一例”。具备高频液压调节器和控制器的设计及先进制造能力。该公司的宗旨是与民族品牌车企共同发展和壮大，依托高起点、高效率的制动系统，逐步成长为业内领先的世界级企业。其中摩托车制动系统（ABS）产品已于 2015 年 8 月正式通过欧Ⅳ认证（卢森堡 ATEEL，国内首家通过该认证），于 2015 年 11 月通过了 EMC 认证；2017 年 12 月，IATF16949 体系通过德国 TUV 公司审核；并与贝纳利、比亚乔、SWM、隆鑫、力帆、钱江、宏佳腾、宗申、轻骑大韩等国内外多家摩企展开了战略合作；在 2019 年，赛福通过 TATC（中国台湾制动公司，赛福 ABS 在中国台湾及东南亚代理商），成功进入中国台湾及东南亚市场。

宁波赛福汽车制动有限公司是自主开发与生产液压高速开关阀为控制主阀的 ABS 汽车制动液压装置的公司。公司产品优势主要体现在：高智能化，高信息化，高集成度，具备自诊断功能；基于模型控制，代码自动生成；离线匹配和实车相结合匹配技术，降低匹配成本；精益生产及柔性制造系统，成熟而精湛的工艺水平；产品已拥有全部核心专利技术。

为了与博世的同类型产品具有竞争优势，能生产出与博世产品质量相比的液压装置，自 2014 年 12 月建立了工业 4.0 标准的智能生产线，很早就实施了自动化、数字化的生产与管理，使产品的质量控制达到六西格玛水平。年生产量可达几十万台套。图 56-22 与图 56-23 所示分别为该公司液压高速开关阀控制制动装置智能生产线与液压高速开关阀为控制主阀的 ABS 汽车制动液压装置。

图 56-22　液压高速开关阀控制制动装置智能生产线

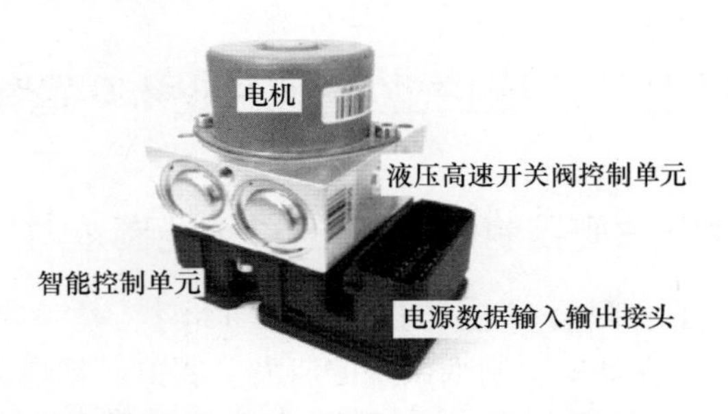

图 56-23　液压高速开关阀为控制主阀的 ABS 汽车制动液压装置

56.5.2　液压马达“小巨人”探索智能化改造之路

宁波中意液压马达有限公司（简称：中意液压）有宁波和安徽两大生产基地，在太原设有研究所，是国内最大的生产摆线马达专业厂家，建有浙江省级博士后工作站与高级高新技术研发中心，与中科院宁波材料技术与工程研究所共建液压马达耐磨材料研发中心。产品生产占有率在国内名列前茅，是徐工集团、三一重工的战略合作伙伴。产品远销英、德、法、美等 80 多个国家，2021 年入选工信部第一批“小巨人”企业名单。中意液压长期致力于管理创新与模式创新，探索智能化改造之路。2017 年受被参观的意大利有关跨国公司生产车间的自动化生产和加工单元启发，经反复研究论证，决定投资 5000 万元对年产 40 万台的液压马达车间进行智能化改造。首先引进一批国内外一流的液压马达生产关键智能化设备，导入 PLM、MES、ERP、DNC 的信息化系统，于 2019 年底初步实现了生产自动化、管理信息化。2020 年，在新冠疫情冲击下，年销售于年利润同比仍快速增长，公司销售与利润不减反增。

首个数字化车间的成功建设和良好运行为公司培养了一支专业团队，产品质量更稳定，产品更加受到用户欢迎，订单量大幅增加以至供不应求。公司为了进一步加强产品交货及时性、质量稳定性、加工过程可追溯性，2020 年再次加大智能制造改造力度，斥资 1.2 亿元全面启动“基于 5G 工业互联网的液压马达智能工厂”建设，新增柔性加工数字化车间、自动装配数字化车间、自动喷涂车间、智能立体仓储，并于 2021 年完工验收使用，成为液压行业首个从机械加工、装配到喷涂的全自动化工厂。

自动化生产线的投入，实现 24h 无停机运行，提高了生产率；实现了各工序之间流转的再制品为零，降低了运营成本；由原来离散多工序加工改为流水线加工，缩短了产品研发周期；产线实现了自动检测功能，可对质量波动及时进行补正，降低了产品不良率。

在政府政策的引导与倡导优惠的激励下，2021 年公司继续加大投入，打造年产 100 万台液压马达的自动化生产线，进一步推动各项业务模式的升级，使即将为公司增效减排的物流、生产、检测自动化和数据采集的生产线投入应用，成为国内液压生态引领企业，是液压行业的提升与发展的一支有生力量。

56.5.3　“未来工厂”的意宁液压

“为什么要加码智能制造？其实理由很简单。”意宁液压股份有限公司（简称：意宁液压）董事长胡世璇坦言，“首先，随着新一轮技术革命与产业变革的加速融合，智能制造已是大势所趋。再者，随着招工难度的不断加大，意宁液压已出现有订单却无人生产的尴尬局面。尽管不是最早开展自动化、智能化改造的企业，但一定是决心最大的企业之一。”

2020 年意宁液压累计投入 7100 万元对春晓基地进行改造，筹建了 8 条自动线和 1 条柔性生产线，自动化生产线采用六关节机器人，自动完成上下料，利用三维可视化控制系统、3D 视觉定位技术、机器人激光校准技术、在线检测、自动补刀、自动快速切换，实现少人化甚至无人化。同时，运用人工智能、大数据、5G 和数字孪生技术，实现人、机、信息互联互通，可实时追踪生产现况，强化数据分析。2021 年 12 月，这个项目被列为浙江省数字化车间项目。

当前已发生了翻天覆地的变化。经自动化、智能化改造后，机器人正在逐渐替代人工。仓储零部件不仅有了固定的摆放空间，而且每个产品、每个托盘都有固定的二维码，员工能精准地为生产线提供所需的零部件，不仅省去了大量的人工，也让企业生产率大幅提升。在机械加工环节，六轴的机械臂已成为该车间最忙碌的“工人”。安装上履带后，该机械臂能够一次性管理 10 台设备的上下料。当某台设备完成加工时，机械臂能及时从导轨的远处抓起新的毛坯并迅速移动到该设备处更换毛坯。员工已不再需要三班倒。正常下班前，员工只需提前备好夜间生产所需的零部件即可。夜间生产已实现无人化生产。通过 ERP、MES 与 DNC 系统的集成，意宁液压已实现车间内加工程序的自动调用以及加工过程数据全程监控，意宁液压无人化车间如图 56-24 所示。

图 56-24　意宁液压无人化车间

尽管意宁液压的智能化刚刚起步，但智能化成效已初步显现。销售额与利润同比增长达到 25% ~27%。意宁液压的产品丰富，智能制造能满足未来的柔性化生产。

下一步，意宁液压将加速向智能化迈进，自动化生产线由8条增加到15条，新增6条数字装配线，总投资1.3亿元。意宁液压年产1万台液压马达，数字化车间项目建设完成后，产量将直接翻倍。企业在此基础上打造的“未来工厂”也即将竣工。今后占地面积60000m^{2}的仓储基地内，AGV成为零部件搬运的主力军。当接到系统发出的指令后，AGV便会及时将各类复杂的零部件运送至指定地点。沿着固定轨道行驶的AGV缓缓举起自己的“手臂”，扫码、确认、搬运，一气呵成。今后还将通过数据的收集与应用，加速打造更具特色的“未来工厂”。

56.6 液压工业4.0企业智能制造继往开来

56.6.1 2015—2016年中航力源工业4.0智能制造

2015年，中航力源液压股份有限公司（简称：中航力源）成为全国首批智能制造示范试点单位，“液压泵零件制造智能车间示范项目”获国家认可。这是在经过50多年的发展，已经成为大型的液压泵与马达科研生产专业化骨干制造企业的基础上，充分发挥公司在国内液压泵、马达的研制生产的专业化优势，针对液压泵核心零件制造过程，以军、民两种系列的高压柱塞液压泵智能制造生产线为载体，以设备的数字化、智能化升级为切入点，在公司已有信息系统基础之上，形成以传感器、物联网为通信和信息传输网络，具有全制造过程数字化建模与分析、智能化工艺决策、智能化现场运营管控、设备智能化与自主管理、资源可视化监测、实时数据采集与分析、精益化生产管理等特征的智能化车间。中航力源液压泵壳体智能制造生产线的总体特征详见表56-11。

表56-11 中航力源液压泵壳体智能制造生产线的总体特征

项目	内容
目的	具备“状态感知、自主分析、智能决策、精确执行”特征的智能化生产线，建设国际水平的液压泵核心零件智能制造生产线，同时为公司其他车间的智能化建设奠定坚实的技术基础
建立方法	实现生产线物流、信息流的智能化管控，以及产品从毛坯到成品全生产链信息、物理资源的智能管理与调度，提高零件质量一致性和全局设备效率
生产对象	以液压泵的主轴、转子、分油盘、斜盘等核心零件为依托对象，构建以车、铣、磨为主的精加工生产线，重点关注信息与资源管理、智能调度与排产、自动化物流、在线检测、机器人去毛刺等智能化生产的内容
建设内容	基于工艺知识库模型，根据状态感知系统传递的信息（如：待加工零件状况、刀具磨损状况、环境温湿度等），利用工艺模型选择合适的工艺参数，发出指令传递至执行层；同时利用数据挖掘系统根据工序制造前的输入、工序制造结果及其对产品整体性能的影响进行数据挖掘、优化工艺参数并反馈至工艺模型系统进行验证、优化，逐步逼近最优值

（续）

项目	内　容
建设过程 1	智能制造生产线整体布局与仿真优化 通过车间生产线的设施规划布局、物流、生产节拍及生产线运行仿真，获得生产设备的利用率、产品的生产与等待时间及生产线效率等生产线的性能参数，对瓶颈设备和生产线能力进行评估，为生产线规划布局及生产调度计划的制订提供可靠的科学依据。按照一定的拓扑关系规划布局车间生产线的加工设备、运输工具、工人等资源模型，形成车间生产线布局图，并以此车间布局图为基准，在生产系统建模仿真工具中实现仿真模型的构建。根据不同布局及物流规划方案下的生产线系统仿真结果，进行参数优化，逐步获得最优的生产线设计方案
建设过程 2	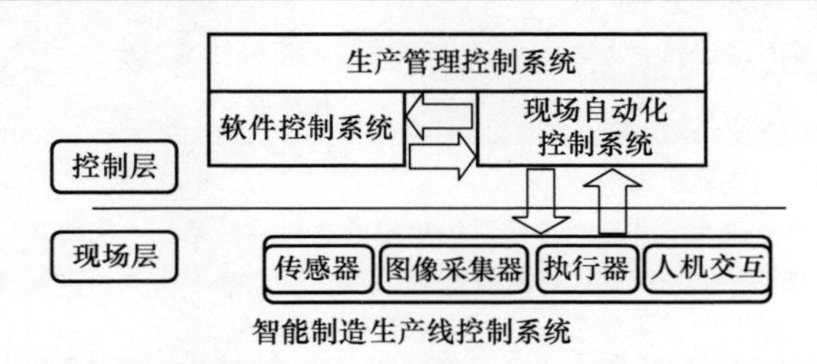 智能制造生产线控制系统 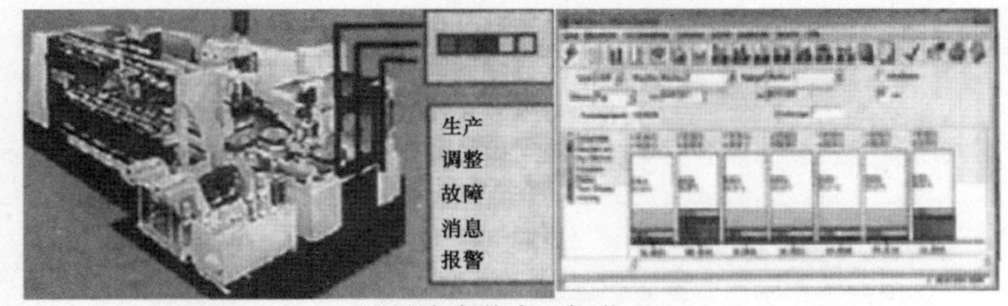 现场生产状态可视化 智能制造生产线控制系统的着手点： 1）智能制造生产线中的控制中枢就是控制系统，控制系统分为自动化控制与软件控制两个部分，其中自动化控制系统主要负责现场所有信号、状态等信息的采集与现场所有机构的动作控制，软件控制系统负责数据处理、分析等，自动化控制系统及软件控制系统同时向上与MES进行数据交互 2）研究基于制造工艺知识的智能排产技术，搭建面向准时生产的智能排产系统。在基于订单计划、优先级排产的同时，通过生产现场实时数据采集技术及车间物联感控网络环境实时监控现场状态，实现智能化动态调整，实现零件生产计划最优、物料刀具配送及时，实现生产线高效运行 3）基于分布式网络技术，利用机床在线测量测头等测试设备，通过在线测量与监控技术，建立全工艺流程的关键要素状态感知、测量及分析控制。同时根据实测值统计与分析，建立生产过程参数、设备状态、工量具状态安全生产控制域，实现异常预警，提高产品质量控制 4）实现过程中的生产信息随时跟踪查看，并在现场设置电子看板等可视化终端，以三维图形化方式显示当前各类生产信息。①通过生产任务跟踪，各级管理人员能实时获得当前生产任务的完成情况、所在设备/工作站、质量反馈数据等信息，再通过设备/工作站查看，可实时获得当前设备正在加工的产品、待加工产品等信息；②通过机床数据采集分析功能，可实时获知机床的运行状况、故障状态、生产进度情况等；③通过对资源（包括工件、夹具、托盘、刀具、辅助工具等）进行管理，可实时、准确地知道资源库存、流转等各类情况，提前做好生产过程的资源准备；④工艺文件、工量具清单等作业文件智能分发；⑤在现场配有操作终端，显示当前工件的操作信息，并可以用图片、模型、视频等方式对操作过程进行指导

（续）

项目	内　容
建设过程3	 物料仓储及自动转运系统 搭建与物料管理系统和智能排产系统集成的物料配送系统，能感知物料库存状态并结合生产计划，实现物料的精准配送；通过配送小车或生产流水线及托板化夹具系统，由工业机器人实现配送系统与数控机床系统的智能化协同及柔性生产 鉴于零件尺寸和重量均比较小，因此零件的传送主要通过传送带式传送系统实现，传送系统按照控制系统指令把零件运送至下一工步设备/工位处。对于研磨机、磨床等设备数量较少并无法使用快换系统的设备均配备上下料轨道机器人。对于数控车床、数控加工中心等易于实现快速换装的设备，在一个生产单元内配备桁架式机器人来实现一个单元的上下料
建设过程4	快速装夹系统 采用模块化快换工装夹具系统，该系统基于零点定位系统，可以通过具有拉紧定位功能的定位器实现不同规格类型产品、不同工序工装的快速更换，其更换过程可以从以前的半小时甚至更长缩短至3min之内，同时工装更换后其加工零点无须重新找正，实现工装夹具的快速定位更换，减少加工辅助时间。工装夹具的更换、定位、拉紧均通过气动或者液压机构按照中央控制系统的指令自动实现

2016年8月18日，中航力源液压泵壳体智能制造生产线交付使用，该项目直接促使制造工艺模式的变革，将原有基于通用设备、专用工装、依赖操作人员个人技能、大量钳工手工修磨的加工方式，升级为向具有“基于智能生产调度、大量采用自动化智能设备、大量采用高精度快换工装、自动装夹、自动物流配送、工序集中、智能加工”方式转换，实现高效高精信息化、智能化的智能制造模式。该项目的完成可以大幅提升产品加工效率、合格率、提高产品一致性、降低产品制造成本。

56.6.2　2017年开始的徐工液压智能制造试点示范和工业互联网试点示范

1. 战略领先

“要主动拥抱智能制造，若失之交臂，错失的不仅是互联网+，更将迷失产业位置与未来。”这是徐工王民董事长对智能制造的要求。围绕《中国制造2025》发展战略，结合徐工旗下各单位产业特点，构造顶层设计，发布了《徐工集团智能制造实施方案（2017—2020)》，该方案总体围绕10大建设任务、25个子课题，重点聚焦数字化研发、MES优化提升、设备互联互通、中央集控指挥中心、数字化车间建设等方面先行先试。在实施过程中，秉持“一厂一策、共性先立、急用先行”的原则，在徐工重型、徐工铲运、徐工挖机、徐工道路、徐工汽车等单位成立智能制造项目组，发挥优势，共和竞争，扎实推进智能制造工程。近几年，徐工先后被授予国家级智能制造试点示范、国家服务型制造试点示范等称号。徐工重型、徐工挖机、徐工道路、徐工塔机等共计获得9个省级示范智能车间称号。徐工液压于2021年又获得“江苏省工业互联网发展示范企业”。已经取得的成绩，正成为徐工加快智能制造下一步发展的强劲动力。

徐工通过打造徐工智能制造“2+2”新模式，抓住国家智能制造重大战略机遇，即“以离散型智能制造和远程运维服务为主，兼顾大规模个性化定制和网络协同制造”。通过打造“一软、一硬、一网、一平台”，来具体推动徐工的智能制造发展。简单来讲可以归纳为“221”，两个基础，数字化研发和MES优化提升是基础；两个关键，设备互联互通和数字化车间改造是关键；一个核心目标，打造“技术领先、用不毁”的智能产品，将徐工智能制造各环节有机集成到一起，真正打通数据壁垒，实现互联互通。

在徐工集团总体安排下，徐工液压把“智能化”列入了“行动清单”，开展多个技改项目，进行智能化改造。围绕徐工推进智能制造“一硬、一软、一网、一平台”的“四轮驱动”方案，液压事业部从“自动化、信息化、智能化”层面“破题”，大量应用包括数控、焊接机器人、智能化物流系统等自动化、智能化装备对原有生产制造流程进行改造，并充分利用信息物理融合CPS、工业互联网、人工智能等新型信息技术，推进了信息化和工业化的深度融合。2017年，第十九届中国国际工业博览会（上海）举行，“国家智能制造试点示范和工业互联网试点示范”展示区的中心位置是徐工液压件公司展台，作为行业唯一同时获得“智能制造试点示范”和“工业互联网应用试点示范”两项国家级荣誉的单位，以“让智造更懂你”为主题，重点展示了徐工产品全生命周期的智能服务乃至产业链协同的最新实力。徐工智能制造试点示范了“一硬、一软、一网、一平台”四个方面的内容。徐工“液压件阀智能生产车间”如图56-25所示。

“一硬”是在高端液压流体控制与执行元件智能工厂总体框架下的智能制造单元。600余台的智能装备分布在12条智能化生产线，组成智能化液压缸、智能化液压阀、智能化电镀、智能化仓储物流系统5个智能化车间。2019年徐工液压事业部“高端液压缸智能制造能力提升”“高端液压阀智能制造及产业化”两大项目同时上马。核心智能装备全部实现互联互通，数控化率达到90%，国产化率达到80%。企业生产率提高了32.5%，万元产值能耗降低22.2%。企业运营成本降低

图 56-25 徐工“液压件阀智能生产车间”

34.3%。研发周期缩短42.3%，产品不良率降低33.3%。高端液压阀体智能制造单元就是其中一项，徐工液压负载敏感多路阀的产品制造已经实现了机器人化，产品完全替代了进口产品，使核心技术牢牢掌握在自己手中，单台成本从原来进口时的3万元降低至1万元。同时，通过改造提升，实现多品种、小批量、个性化定制生产，将交付周期从原来6个月缩短至4周，产品质量一致性、稳定性提升50%以上；形成智能化产品，使每一个核心零部件都有一个数字化双胞胎，交付给用户的零部件在工厂备份一个完全一致的“样板”，形成远程可控，产品完全可追溯，支撑起了徐工工业互联网大数据平台。为夯实工业基础，徐工液压事业部新组建了生产准备中心，承担产品原材料加工任务，所拥有的全亚洲最大6000kN全液压预应力冷拔机、国内最长20m移动退火炉、首创开发大吨位两辊校直机及先进的酸洗磷化处理等设备，不仅填补了我国冷拔管领域的行业空白，也使得我国大长薄壁类液压缸的制造真正成为一种可能，对整个行业的发展产生了不可估量的影响。依托FMS柔性生产线、AGV、立体仓库、关节机器人、自动在线检测等前沿的智能设施，徐工液压已先后建成高端液压缸、液压阀两大智能制造产业化项目，形成年产70t以上起重机械、港口机械、盾构机械等“三高一大”特种液压缸和液压阀等高端核心零部件的制造能力。

“一软”是智能制造的核心，也就是通常所说的生产智能化管理系统（MES）。在生产智能化管理系统基础上，5台便携式微型计算机通过5面大屏幕，分别显示设备互联与远程运维、废气废水在线监控、订单生产管理、阀体实施管理、液压缸故障实时监控的情况。徐工基于多年在工业化与信息化融合领域的持续实践，已经打造出一支在工程机械行业中精通信息化的队伍，所以徐工自主研发的新一代云MES，是横向集成供应链协同、纵向到达工序工位及设备、打造数字化双胞胎支撑产业链发展的“三位一体”的MES。如今，徐工液压通过企业服务总线（ESB），打通了各系统间存在的壁垒，实现了不同系统之间的互联互通，让各类生产数据得以实时收集、分析、传输，大幅提升了管理效率。在“一软”方面，徐工具有自己的特色，具体体现在三个方面：一是融合了 Handle 标识解析技术打造的 MES，可以完成异地、异主、异构的生产全流程信息化管控与追溯；实现供应商与核心零部件厂、核心零部件与主机之间的数据共享。二是新一代 MES 实现数据驱动的柔性制造，它以生产现场为核心，外延供应链与物流协同，内涵企业生产排程、设备联网互联互通。通过 MES 贯通徐工的数字化研发、智能化生产、网络化协同制造，实现了个性化定制、准时化配送和精益化改善。三是可视化与监管监测。

“一网”是徐工 MES 通过设备联网平台实现了设备泛在连接与可视化，帮助设备“开口讲话”，将制造数据转换为可执行的生产指令，实现人与设备、设备与设备的对话。同时，还开发了环境监测系统，实现废气、废水的监测与预防，真正实现绿色制造。

“一平台”是工业互联网大数据平台。徐工的这个平台已经接入了 40 多万台设备，包括起重机械、铲运机械、挖掘机械等，屏幕上显示各个省份在线设备的数量和不同类型设备的构成比例。基于每个单车工作情况信息的采集，在线的徐工单车工况信息展露无遗。该平台每天回传的数据超过 10 万条，通过这些工况大数据的记录与联合分析，有针对性地改进产品性能参数、提升工艺质量、分析车间工况，倍数增加生产率。徐工向用户提供的设备运营管理系统，记录液压缸、阀产品的维修保养情况。通过该系统，用户可以实现机群管理、在线报修、保养提醒、健康分析等应用。建成事前提醒、事中记录、事后回访的全流程服务体系，不断拓展后服务市场。通过制造过程质量管控 SPC 平台，能监测产品生产全过程的质量控制与追溯，实现生产各个工序环节数据的自动化采集及信息共享，确保企业及时准确地掌握生产线真实数据，实现基于大数据分析的质量管控。

针对行业暂时的困境，徐工通过深化研发、升级产品、持续推进徐工特色智能制造水平来解决。通过四个方面的工作，即“三高一大”（即高端、高附加值、高可靠性、大吨位）战略迈进中高端领域。

“三高一大”的突破体现在王牌产品之一的百吨级以上超级起重机的发展上。徐工的产品完全替代进口产品并打破跨国公司的垄断，使中国成为继德国、美国之后，世界上第三个能够自主研发制造千吨级超级移动起重机的国家。不仅如此，徐工还创造并保持了全球第一吊 4000 吨级大型履带起重机、2000 吨级大型全地面起重机的世界纪录。这些技术创新有接近 6000 项的授权专利，其中有 1000 项是发明专利，其中包括数十项国际专利，难得的是还有智能制造不可或缺的软件专利。

与此同时，在动力、液压、传动、智能控制、行走这五大工程机械关键零部件系统中也取得突破。除动力系统由技术联盟联合攻关外，其他四大系统徐工都做了全面自主布局，徐工三大海外研发中心之一的德国研发中心，其重中之重的攻关任务即是基（础）关（键）重（要）件。以液压系统中技术难度最高的高端液压阀为例，徐工在并购德国、荷兰两家液压件企业的基础上，攻关突破的挖掘机液压多路阀，累计装机保供量将超过千台套，70～110t 起重机主阀实现国产化完全替代，并使瑞士某品牌同类主阀价格应声下降42%，徐工旗下荷兰 AMAC 液压阀公司的中国工厂已落地徐州，正在加快形成高端液压阀国产化保供产能。

2. 战术保证

以智能制造贯通全生命周期。徐工加强智能制造顶层设计，制定并颁布了《“互联网+”融合行动方案》《徐工集团智能制造实施方案（2017—2020）》等，以打造“技术领先、用不毁”的智能化产品为目标，推动“产业多样化、产品智能化、制造服务化”变革发展，真正打造具有徐工特色的智能制造新模式。

数字化研发：要想真正实现智能制造，实现数字化、网络化和智能化，首先要看产品的研发过程，包括设计和工艺，是否由数字化的模型导出，这是智能制造的基础，也是源头。

1）MES 优化提升：MES 是企业资源计划（ERP）与底层控制系统（FCS）、设备层之间的信息纽带，是工厂实现智能生产的核心。虽然在大型制造企业 MES 的应用早已普及，但新旧几代系统之差，会给企业的生产管理带来截然不同的效果，徐工的 MES 在升级后能够从生产、物流、计划排程、质量管理、三维工艺展示、系统集成等多维度支撑工厂的智能生产。

2）设备互联互通：传统的制造车间，主要依赖人工主动管理，设备不会“开口说话”，而智能化车间，就是要解决“哑设备”的问题。借助数据采集与监视控制系统（SCADA）平台，实现对现场设备的数据采集、监视和控制、测量、参数调节及各类信号报警等功能，形成一张可视的数据网络。

3）数字化车间改造：要想让设备“说话”，必须要对产线/单元进行智能化的改造与提升，引入新型的生产线，高精尖的数控设备，为作业自动化、数据采集、互联互通等提供坚强的硬件保障。

4）中央集控指挥中心：研发、制造、服务等大型制造企业各个价值链环节采集的数据，经过统计、分析后都将直观地呈现在指挥中心的看板上，支撑企业的经营决策和生产管理。在这里，未来徐工的发展目标是当用户来到现场时，不再需要到处参观，只要到集控中心看一下，就可以全方位了解徐工产品的研发、制造、服务等过程，对产品的质量和售后保障等一目了然。

秉承着“零部件要突破‘卡脖子’、突破成本、突破技术，围绕提升主机竞争力上狠下功夫”的指导思想，徐工以液压阀产品为主线，在2022年，徐工制造出首台自研液压泵产品，实现泵产业从“0”到“1”的重大突破。

实施“1+5+1”智能制造模式，是围绕设计、制造到服务的核心业务，首先建立一套中央控制系统，通过数据集成平台，将生产数据、现场实时监控、质量数据、工艺数据、设备数据、能源数据、环保监控、售后服务等十类信息实时展示与分析，各类监控数据能根据要求即时提取，为管理人员提供决策依据，实现生产过程的实时化、透明化、可控化、科学化管理。同时搭建设计、计划、供应量、制造、销售与服务在内的五个全流程协同平台，以及建立包括数控加工、焊接、电镀、装配、涂装与智能物流在内的一个智能工厂，彼此互联互通，就能实现全流程协同。

让未来全生命周期的智能服务和产业链协同的智能制造解决方案呼之欲出，徐工工业互联网大数据平台、智能硬件、全流程信息化管控及联网集成的实际应用，打通研发和智造的脉络，努力把零部件产业发展成为工程机械占据行业核心技术和差异化竞争制高点的优势板块，助推中国装备走在产业竞逐的最前沿。

3. 试验居先

徐工液压事业部核心零部件试验中心一台台功能各异的试验设备，正在开展基础研究、应用基础研究，为我国工程机械高端液压元件的发展严重滞后于主机行业“解忧排难”，国内针对液压元件产品的专项试验研究较少，实验室更不多，这些装备正是发挥创新和提升可靠性的理想“排头兵”，基于这些专用的研发试验平台，开展工程机械液压元件基础技术、共性技术和产品质量控制等层面的研究，去改变装备制造业高端液压元件存在着长期依赖进口的局面。

本着核心零部件要实现“技术领先、用不毁”，做成工艺品的产品理念，要建立基于产品型谱的全生命周期验证体系，徐工率先达标去支撑主机装备的升级发展。在这样的指导思想下要建立全生命周期的验证体系，实现对全系列液压元件的测试研究，徐工液压事业部整合试验设备，进行仿真工况试验台架的自主研究，相继完成了镀层磨损、软硬管脉冲等基础试验设备和自卸车液压缸系统仿真试验、平衡阀试验、大吨位伸臂缸臂销试验、垂直液压缸高压试验等专项试验设备，同时丰富了压力、位移及流量测试设备和整套应力、振动及噪声测试等测试设备，实现了真实工况下性能测试和实时曲线获取能力。

在5560m^2的试验中心内，既有涉及材料、密封的基础研究实验室，也有电镀、焊接等共性技术专项研究实验室，而户外大型仿真工况试验场，更是让产品全生命周期的数据采集分析成为可能。随着试验中心内数据研究中心（DMC）和可靠性研究中心（RRC）挂牌，液压元件“大数据”研究应用体系的框架逐渐明晰：RRC主要开展试验验证，而在DMC的监控室中，可将试验状况尽收眼底，并应用到产品数据分析的重要环节。正是基于数字化研发试验平台，才得以为核心零部件全生命周期赋予“灵魂”体系。

徐工液压试验中心成立至今，已先后完成了重点产品关键指标分解和可靠性指标建立，收集可靠性数据，建立失效模式库，形成技术储备，并先后通过了徐州市工程机械液压元件可靠性研究工程实验室、重点实验室，江苏省工程机械液压元件可靠性工程研究中心、工程技术研究中心等多项认证。后期试验中心将通过加大对试验装备的投入，以及产品研发、制造及试验验证人员的培养，打造国家级液压元件重点实验室，在破解液压元件技术研究和生产试验难题的同时，也为同行业提供一流的试验基地，从而推动我国液压元件技术快速发展。

从另一个层面而言，现场是最有价值的产品验证场所。徐工液压智能制造技术改造项目正基于这一理念，对产品、设备可以进行远程操作，可视化的操作系统将实时数据及情况反馈给使用者或维护厂商。这是全生命周期智能服务的又一内容。为此项目围绕70t以上起重机械、港口机械、盾构机械等“三高一大”特种液压缸和液压阀等高端核心零部件，对生产线进行一系列的改造升级，通过应用大量前沿信息技术，实现设备自动化、人员高效化、管理信息化。以新建成的智能化绿色新型电镀线、涂装线为例，其所具备的智能温控、自动化上下料、运行参数实时监控、远程控制等特点，打破了工序瓶颈，开启高危作业的无人化新模式，彰显出徐工液压国家级“绿色工厂”的实力，针对智能硬件、全流程信息化管控及联网集成的实际应用给出了徐工核心零部件的新范本蓝图。

56.6.3　2021年液压智能制造的强劲发展——长源液压、中联重科、联诚精密

1. 投资23亿元的长源液压成功落户含山经济开发区

2021年，合肥长源液压股份有限公司（简称：长源液压）投资的液压装备智能制造生产基地项目成功落户含山经济开发区。

该项目总规划用地约20万m^2，总投资约23亿元，新建生产厂房及配套设施约20万m^2。该项目投产后，新增年产5万t液压铸件铸造、360万套齿轮毛坯锻造及相应铸件、锻件加工和涂装能力，预计可实现销售额15亿元，贡献税收达6000万元。

作为我国基础件行业的重点骨干企业，长源液压是国家定点制造液压元件的企业之一，具有强大的制造能力、研发能力和创新能力。长源液压的业务涵盖了液压系统的动力元件、控制元件和执行元件，具备较强的成套供货、服务能力。该项目的成功落户，对完善相应区域配套产业链条和提高装备智能加工水平具有重要意义。

2. 打造关键零部件智造标杆的中联重科中高端液压缸智能制造园开工

中联重科股份有限公司（简称：中联重科）中高端液压缸智能制造园是公司引领工程机械智能制造理念、全面实施中高端液压缸智能制造的重大关键项目，开工仪式如图56-26所示。

图56-26　中联重科中高端液压缸智能制造园开工仪式

项目投产后将具备年产液压缸 150 万支的能力，可实现年产值 100 亿元，年创税达 6 亿元以上，提供就业岗位 1500 个。该项目将成为液压行业先进的柔性生产线的应用范例，实现液压缸制造全工艺过程的智能化，并通过工业互联网技术的深度应用，打造智能化、国际化、生态化的液压缸生产国际标杆园区。

液压缸是液压系统关键零部件之一。在装备制造业快速发展的带动下，液压缸行业整体保持了高速增长势头。随着我国液压工业的不断发展，我国液压缸行业的市场供求关系已从长期以来的“普遍短缺”转变为“结构性短缺”，即工业液压用液压缸有供过于求的趋势，而大型机械所急需的技术含量要求高、附加值高的高端液压缸产品不能满足国内市场需求，高端产品研发成为液压缸的发展方向。

中联重科中高端液压缸智能制造园将通过全工艺过程的智能化，实现高端液压系统成套设备柔性化、自动化、智能化生产，产品达到国际一流水平，为中联重科及工程机械提供关键零部件保障，将其打造为液压缸领域新标杆，助推中联重科智能化、绿色化、数字化转型升级，助力中联重科始终引领行业发展。

3. 联诚精密拟投资液压零部件智能制造项目

山东联诚精密制造股份有限公司（简称：联诚精密）拟发行股票的募集资金总额不超过 4.24 亿元，募集资金将用于建设精密液压零部件智能制造项目、补充营运资金及偿还贷款。本次项目的实施将有利于解决产能瓶颈，优化产品结构，提升技术装备水平，促进技术水平优化升级，满足公司的战略布局要求。

精密液压零部件智能制造项目由联诚精密负责实施，项目总投资额预计达 3.64 亿元，计划建设期为 36 个月。该项目的主要建设内容为在公司现有土地上，通过新建生产厂房，购置并安装高精度加工中心、检测设备和环保设备，并配套信息化生产管理系统，实现公司精密零部件生产能力和技术管理水平的提升。

项目达产后，将以液压精密零部件产品为主，同时兼顾其他高端精密零部件，形成新增年产 26430t 精密零部件的生产能力，使公司精密零部件的生产规模进一步提升。此项举措有助于公司丰富产品类别，提升产品质量，提高公司的综合服务制造能力和盈利能力，联诚精密投资项目产品如图 56-27 所示。

联诚精密成立于 1999 年，专注于各种精密机械零部件的研发设计和生产制造，生产工艺包括有色及黑色金属铸造、精密铸造、高压压铸、重力铸造。联诚精密的零部件产品覆盖工程机械、乘用车、商用车、农业机械、压缩机、环保/水处理、光热发电等众多下游领域，在包括液压零部件在内的不同类型机械零部件产品的生产制造方面积累了较为丰富的经验。

56.6.4　2022 年产生的液压制造业数字化转型样本

2022 年，佛山市工业互联网标杆示范项目评审出的“工业互联网应用标杆”中广东科达液压技术有限公司（简称：科达液压）位列其中，如图 56-28 所示。

科达液压累计有数万台自主研发的大排量高压柱塞泵和斜轴柱塞马达，应用于

图 56-27 联诚精密投资项目产品

a) b) c)

图 56-28 “工业互联网应用标杆”的科达液压

a）数控加工 b）自动化装配 c）数字化工厂看板

各行业龙头企业和国家重大工程，成功替代进口，目前世界上最长的跨海大桥——港珠澳大桥、上海国际航运中心的深水港区——洋山港、三峡大坝及“南水北调”水利工程等均有应用，科达高端伺服泵还批量应用于出口欧洲的 10 艘豪华邮轮。“高压柱塞泵”核心技术也实现批量国产化与应用，成为我国高端高压柱塞泵重点企业。科达液压已经实现从传统制造到智能制造的转型升级，数字工厂也让科达液压登上新高度。科达液压为液压行业中小制造企业树立了一个标杆样本。当前随着国内高品质柱塞泵的国产化进程正在加快，该公司的高端液压泵也已经成功打入欧洲市场，跻身全球顶尖船舶、海工装备和盾构机配套行列。数智化转型成功的科达液压，在数字化、智能化基础上打造高端制造型企业行稳致远。

科达液压携手美云智数科技有限公司进行数字化转型升级，相继引进 FMS 数字智能高效柔性黑灯产线、智能数控可追溯柔性装配线等先进产线，实现从研发到库存、财务全流程的企业信息一体化管理，给科达液压带来了市场、研发与制造一体化高效协同。数字赋能自动产线后，科达液压的新产品推出周期缩短 1/3；工厂零部件加工合格率提升 3%，生产计划完成率达 95% 以上，库存准确率达 99.3%，同时车间生产人员减少了 60%。

“工业互联网应用标杆”中的智能数控可追溯柔性装配线是个亮点，工人可以有条不紊地装配高压柱塞泵。作为高精密心脏件，高压柱塞泵组装涉及上百个零件，零部件盒子已经实现智能化，每个盒子前面都有相应的信号灯和传感器，装配到某一步，则该步对应的盒子的信号灯便会亮起。工人从亮灯的盒子取出相应的零部件，按照显示屏显示流程安装，未亮灯则无法取件，自动化设计杜绝了由人为因素带来的“漏装和错装”失误。经此智能化升级后，所需工人人数减少了一半以上，3名工人便能完成全部装配和检测工作。其FMS数字智能高效柔性黑灯生产线已经全部自动化，全程只需要2名上下料操作员即可实现多种型号工件加工的快速切换，生产线24h运转，年产量大幅提升到20000台左右。过去3年对于数字化升级，科达液压累计投入超过6000万元。2021年主营产品销售收入是1.5亿元，净利润2100万元。如此大手笔且坚定地投入做转型，最直接的原因是来自于用户对高端产品的需求。“数字化转型、数字化工厂是一个必选题，给企业带来竞争力的提升。”据公司总经理杨军介绍，当前科达液压的人均产销值接近欧洲水平，年销值递增30%、净利润率12.7%、复合增长率20%。一线工人占比降低至32%，研发人员占比提高到33%，泵产能同比上年从335台/月提高到1000多台/月。

56.6.5　2022年重型液压支架、结构件、液压缸智能制造项目起航

大同机电装备有限公司重型液压支架智能制造项目、结构件智能制造项目、液压缸智能制造。该公司位于大同经济技术开发区，建筑面积30000m^2，于2022年6月通过招标寻求到工程监理，将开始又一个有规模的液压行业智能制造项目。

56.7　具有液压元件研发生产能力的上游行业智能制造企业

56.7.1　三一重工智能制造实践

面对数字化、智能化革命和第三次新能源革命，三一重工股份有限公司（简称：三一重工）大力推动数字化、国际化、电动化转型，并启动“灯塔工厂”计划，以灯塔工厂建设为基础，全面推进智能制造，打造全国工程机械行业第一批“5G+智能制造”灯塔示范工厂。为应对重工行业市场的周期性波动、多品种小批量（263个品类）及重型部件生产的挑战，18号工厂充分利用柔性自动化生产、人工智能和规模化的工业物联网，建立了一个数字化柔性的重型设备制造系统。前期对18号工厂进行实地考察的麦肯锡灯塔工厂专家团一致认为，三一重工18号工厂在最难的领域，在没有先例的情况下，用创造性思维打通了核心技术，非常难能可贵，被《华尔街日报》誉为“这里藏有中国未来工业的蓝图”。2019年起，三一重工投资上百亿元，在全球启动46座“灯塔工厂”建设改造项目，覆盖长沙、北京、昆山、上海、沈阳、西安、印尼等全球各地的三一重工产业园。目前，三一重工已建成投产22个“灯塔工厂”，成功诞生了全球重工行业的两家“世界灯塔

工厂”——北京桩机工厂、长沙 18 号工厂，以及中国工程机械行业首座海外“灯塔工厂”——印尼工厂，成为真正引领制造业的“灯塔”。位于长沙经济开发区的三一重工 18 号工厂如图 56-29 所示。

a)　b)　c)　d)

图 56-29　位于长沙经济开发区的三一重工 18 号工厂
a）工业和信息化部智能制造示范车间　b）世界级智能制造标杆工厂
c）三一重工 18 号工厂外貌　d）三一重工 18 号工厂内部

值得提及的是，18 号工厂也是工程机械行业首个用数字化手段实时采集、核算碳排放的工厂。

2022 年 10 月 11 日，世界经济论坛发布新一期 11 家全球制造业领域灯塔工厂名单，三一重工长沙 18 号工厂入选。这是继博世长沙工厂 2022 年 3 月获评世界经济论坛全球“灯塔工厂”后，湖南省第二家获此殊荣的企业。灯塔工厂，被誉为“世界上最先进的工厂”，代表全球制造业领域智能制造和数字化最高水平。世界经济论坛官网这样介绍三一重工 18 号工厂：为应对重工行业市场的周期性波动、多品种小批量及重型部件生产挑战，三一重工充分利用柔性自动化生产、人工智能和规模化的工业物联网，建立数字化柔性的重型设备制造系统，可生产多达 263 种机型。实现工厂产能扩大 123%，生产率提高 98%，单位制造成本降低 29%。2021 年，18 号工厂的人均产值达 1471.13 万元，每平方米效益为 15.4 万元，两项核心数据均为全球重工行业的“灯塔标杆”。另外，18 号工厂生产的泵车、拖泵、车载泵等产品的全球市占率连续多年稳居第一。三一重工在生产率上有了跨越式进步。

18 号工厂面积达 10 万 m^2，是工信部首批智能制造试点示范工厂。2018 年，三一重工以“要么翻身，要么翻船”，以及“凡是计算机能做的事，决不允许人来做”的决心，推动数字化转型，18 号工厂最先启动灯塔工厂项目。在投入 5 亿元，突破 55 项关键技术，攻克上千项难题后，18 号工厂项目于 2020 年顺利达产。从 2019 年开始，三一重工投入百亿级资金，依托树根互联工业互联网操作系统——根云平台，开启二十多个工厂的智能化升级，全部 9 项工艺、32 个典型场景都已实现“聪明作业”。

56.7.2　三一重工智能制造的特色

1. 在智能制造的“高原”由“无路”走出路来

离散制造行业被称为“钢铁裁缝”，产品及工序相对复杂，而 18 号工厂在进行数字化改造时，市场上还没成熟的解决方案，仅凭技术堆砌无法解决问题，如何将系统打通、将技术融合应用是当时面临的难题。

想要打通系统必须实现两方面要求，一方面是每一个工艺都要单独攻克自己的核心能力，在攻克各自核心能力的基础上，另一方面要彼此间能够串联得起来。于是 18 号工厂的每一个数字化项目组都是多学科融合，研发、工艺、生产和物流的人员都参与其中，再联合树根互联股份有限公司（简称：树根互联）等合作伙伴一起摸索前进，共同实现技术攻关。

2. 创新、创造、创奇

在 18 号工厂，每台泵车从原材料起就有一张专属“身份证”，由制造运营管理（MOM）“工厂大脑”全程智能调度，实现“一张钢板进，一台泵车出”的智能制造全要素落地。三一重工智能制造工厂的工艺生产与产品如图 56-30 所示。

图 56-30　三一重工智能制造工厂的工艺生产与产品

a）离散制造下生产机器人操作　b）18 号工厂智能制造车间

c）三一泵车产品　d）三一重型货车产品

钢板的切割和分拣完全交给了拥有3D视觉的AI机器人，将精度提升至1mm的同时，周期缩短60%，材料浪费减少了近一半。

火花四溅的焊接中心基本不见工人身影。依托电弧跟踪技术，长3.7m，重达2.6t的泵车转台在行业内首次实现了“无夹具抓取与焊接”。

在装配中心，三一重工“老师傅们”所拥有的专业技能，被参数化、软件化为机器人程序，大到70m长的臂架，小到2cm的螺钉等均实现自动化装配完成，效率实现指数级提升。

可以混合生产163种阀块的机械加工中心是工厂“关灯式”柔性生产的示范单元。

在数字孪生技术的赋能下，三一重工品质原本仅0.1mm的精度误差，被刷新至10μm级。

端到端的物流系统可以实现101320种不同类型零件的自动搬运和上下料，准时交货率高达99.2%，是18号工厂高效运作的“毛细血管”。

技术工人凭借一台计算机就可以为每个工位提供物料和零部件提取、配送服务；加入了视觉识别模块的智能焊接机器人不仅可以自动接收物料进行焊接，还能识别气孔、偏焊、焊穿等缺陷。

3. 由生产的工艺创新到产品的创新

十年间，三一重工还推出全球首台5G挖掘机（见图56-31）、全球首台纯电动无人搅拌车、纯电动无人宽体矿车、全球首台5G电动智能重型货车等拥有自主知识产权的智能产品，将远程遥控、无人驾驶、智能作业等场景照进了现实。

图56-31　全球首台5G挖掘机亮相上海（2018年）

在内部流程中，三一重工将设计、研发、生产、销售、服务等核心业务“搬家线上”，实施“三现”数据、设备互联、营销信息化（CRM）、产销存一体化（SCM）、研发信息化（PLM）等一批数字化项目并取得积极进展。

外部服务也在数智化升级。通过对70多万台海量设备工况等状态参数进行数据分析，2021年，三一重工已实现了5万台挖掘机预测性维护式的健康管理，将故障遏制在“摇篮”之中。

4. 从单工位数字化到产线数字化进而实现高度柔性生产

以 2020 年项目组攻关焊接定位技术为例，在焊接工艺，对长达几米的大零件进行机器人焊接，位置要精确到毫米级。最初，三一重工尝试了很多方法，由图形识别到高精度工装识别，尝试了几个月后，最终将这些方法融合在一起，采用焊枪定位的方法才实现了大型零件的精准定位。项目组通过机器人将焊枪触碰大型零件的各个点位，再通过空间坐标进行融合计算，逐渐修正零件定位，最终通过技术创新与工程实践结合实现工艺数字化。

基于根云工业互联网操作，三一重工完成了下料、焊接、机械加工等九大工艺的数字化，使重工行业第一座“灯塔工厂”落地。为此整体交期缩短了 50%，整体产量提升 70%。

工厂左侧是驾驶舱焊装区，4500 个焊点均由机器人焊接，真正实现了无人焊接。

5. 创新的三维物流

在重型货车的总装区，首次采用大型立体库，三个超大型立体库存储着车架、车桥、发动机、变速器，最高可堆至七层。

这是三一重工重型货车工厂最“酷炫”的创新应用，当属引领行业的“三维一体”无人化智慧物流系统。物流体系打通了空中、地面、地下三维空间，实现空间利用效率最大化：工厂上空，变速器、车桥、驾驶舱头等关键设备有序流转；地面上，AGV 自动运输车灵活穿梭，在系统牵引下行进单台配送，保障整车“0”错漏装；侧旁围栏下，还能看到地下区域，轮胎、油箱等零部件在这里井然有序地调度行进。因此三维物流的规划设计周期要远长于实施建设周期。

以地面物流为例，地上每两米就有一个二维码标识，既是一个命令点，也是一个“十字路口”。AGV 到了十字路口，根据上位系统派发的指令，实现前进、后退和横移，同一个目的地，会有多种路径选择，具有很强的路线灵活性。在地面高频次配送的情况下，不会出现因设备调度而导致的物料配送不及时。

6. 根云工业互联网操作系统支撑产业龙头全价值链数字化转型

在 18 号工厂和重型货车工厂的背后，是根云工业互联网操作系统的基座支撑，助力三一重工实现由“数字化升级”到“全面数字化”进阶。遍布 18 号工厂的 1540 个传感器和 200 台全联网机器人每天能产生超过 30TB 的大数据，相当于一座 20 万人口的县城一天产生的手机网络流量。通过树根互联提供的数据中台及工业应用，工厂实时运行数据映射到虚拟工厂，让海量数字资产从“摸清楚、管起来”到“用起来”。18 号工厂智能生产流程看板如图 56-32 所示。

三一重工“灯塔工厂”依托根云工业互联网操作系统，实现了工厂生产制造要素全连接，通过万物互联，可以看到工厂从生产到物流的实时情况，所有的数据都建立起数字双胞胎，或者说数字孪生，帮助企业更透彻地了解设备和系统，更快

图 56-32　18 号工厂智能生产流程看板

速发现和解决问题。另外，根云工业互联网操作系统支持工业应用的快速研发和部署，帮助企业全面数字化转型升级。

不仅如此，作为三一重工核心数字化转型服务商，树根互联还助力三一重工实现从“研发、生产、物流、营销到后市场服务”的全价值链数字化转型，并在“平台 + 工厂”领域持续发力。

截至目前，树根互联已成功赋能制造企业打造了多家标杆工厂：助力三一重工打造了三一桩机“灯塔工厂”；赋能新天钢集团打造了“5G + 智能工厂”示范标杆；联合艾迪精密推进液压机械工厂数字化，并荣获第三届高端制造业“数字化工厂综合实力卓越奖”；联合苏州金龙打造的智能示范车间，荣获亿欧“2021 世界创新奖”……

未来，树根互联将依托根云工业互联网操作系统，联合产业伙伴打造更多的标杆工厂、灯塔工厂，为产业数字化转型提供“新基座”，为中国制造业高质量发展贡献“根”的力量。

7. 第一家用数字化手段实时采集核算碳排放的工程机械工厂

三一重工 18 号工厂是工程机械行业首个用数字化手段实时采集、核算碳排放的工厂。工厂中央有一块碳监测大屏。大屏上方，可以清楚地看到本年度和上一年度的碳减排总量、碳排放总量、碳排放强度对比。借助树根互联“基于工业区块链的智慧碳排放管理平台（iCEP）”大屏显示，如图 56-33 所示。目前 18 号工厂的碳排放强

图 56-33　18 号工厂碳排放测试监测平台显示屏

度是每万元产值不到 0.015t，实现碳排放总量降低 8%，根据《2020 年世界 500 强中国企业碳排放强度》报告，在制造业居于领先水平。

基于树根互联 IoT 和工业区块链技术，18 号工厂基于 3 万多台设备的水、电、油、气能耗数据采集的基础，建设了一套碳监测管理系统，能够监控每一度电、每一滴水、每一方气的去向，让碳排放量可被测量、管控。

厂房的屋顶装有光伏发电设备，通过 IoT 采集光伏发电设备的电表，通过区块链每天存证了光伏的发电量，目前光伏发电已占 18 号工厂用电量的 30% 以上。除了光伏发电，18 号工厂的碳减排措施还包括工艺优化、设备更换，产生的碳减排量也实时呈现在大屏上。

8. 三一重工智能制造的未来

三一重工的智能制造已经使智能制造达到一个新的高度，一连串的数字使人们看到智能制造所带来的工业 4.0 的新境界。列举几个数字便可窥探深浅。①“76%”，18 号工厂的整体自动化率达到 76%，人机比由 157:1 提升至 3:1，全面提升工厂自动化、智能化水准；②“1030 项”，在投入 5 亿元资金，突破 55 项关键技术，攻克 1030 项难题后，18 号工厂项目于 2020 年圆满达产，成为三一重工第一个落地达产的灯塔工厂；③“10μ”，在 18 号工厂机械加工中心，依托数字孪生技术，阀块机械加工作业的精度误差由 0.1mm 刷新至 10μm 级；④“2mm”，装配中心中大到 72m 长的臂架，小到 2mm 的螺钉等，全部由机器人自动化装配完成；⑤“101320 种”，智能物流系统可实现 101320 种不同类型零件的自动搬运和上下料，准时交货率高达 99.2%；⑥“ 46 座”，三一重工拥有 46 座数字化转型工厂。

根据三一重工董事长向文波介绍，目前三一重工的 46 座数字化转型工厂正在借助第四次工业革命的前沿技术，打造智慧工厂蓝图，将智能制造拓展到产业链上下游环节。未来通过全球灯塔工厂网络技术扩展和经验分享，三一重工将致力于智能产品、智能制造、智能运营的数智化转型，成为全球工程机械行业智能制造标杆。

56.8 博世力士乐智能制造的经验与实践

德国博世力士乐对原有的洪堡液压阀生产线进行工业 4.0 改造就是其中的范例，改造后的生产线能够零切换生产六大产品家族的 2000 种不同产品，并且实现小批量定制化生产，甚至是单一产品生产，在生产率提升 10% 的同时，减少 30% 的库存。此生产线因实现了人、机器、物体与 IT 系统的最佳互联而被德国知名行业杂志授予“工业 4.0 奖”。

作为工业 4.0 供应商，可以为国内业界提供工业 4.0 解决方案。根据用户的个性化需求，提供从项目咨询到软硬件定制化解决方案，帮助用户提高竞争力以至助力中国实现《中国制造2025》。它所具有的特色如下：

1）基于博世生产系统（BPS）提供价值流设计与优化能力。根据用户自动化水平首先帮助实现精益生产，这是工业4.0的精髓。

2）具有全自动化生产系统所生产的产品内置芯片，信息在生产传输工程中可以读取。

3）各独立的加工站根据读取的信息自主判断执行必要工序；执行轴元件参数可直接通过智能设备在控制单元中优化；并且集成了远程诊断调试App。

4）从上料到成品的智能制造所体现的工业4.0已经切实可行。

洪堡工厂的工业4.0生产线与原有生产线相比，生产方式截然不同。这条生产线不再由中央SAP系统控制，取而代之的是机器在车间通过车间软件解决方案自行控制。这种分散式生产计划能够及时报告自身的可用情况、是否需要保养或者发生故障等信息。此外，洪堡工厂生产线还搭载了智能动态生产管理系统（Active-Cockpit），这个生产信息及控制系统采用可灵活扩展的App进行工作，能把工业4.0生产过程中所需要的全部数据实时可视化和高效沟通，快速并且及时有效地解决生产过程中遇到的问题。当然，最终的决策权仍然掌握在人的手中，决策人员能获得包含所有及时可用信息在内的支持文件，以此为依据做出正确决定。

洪堡工厂工业4.0生产线以提高生产基地竞争力为目标，更好地应对市场变化，以更低的成本产生更高的产品多样性，代表未来发展的工业4.0解决方案。这条工业4.0生产线为下一个发展步骤做好了准备：这就是把供应商和用户都结合到流程当中，并把产品的智能传递给用户，为用户提供增值和服务利益。简而言之，就是开发新的业务模式。

通过分散式的组织结构。博世力士乐设想通过一个云计算平台提供所有的信息和数据供全球的工厂使用，并由主导工厂进行控制。

由于生产数据的高度数字化，洪堡工厂的工业4.0生产线具有更高的安全性，能够做到工序出错和质量偏离预警管理。生产线加入多种避免操作者出错的防错设计，降低次品率、解放劳动力。同时，生产线出现故障的时间也能够被尽可能缩短，因为系统能够及早获得部件发出的信号提示，在需要进行保养工作之前，备件的准备工作已经启动。

智能工厂的概念仍然在发展中变化，在变化中发展。因此不宜把国内外的工业4.0样板看成是一个不变的模式。2017年，博世力士乐首次提出了全新的智能工厂概念，称为“数字价值流（Digital Value Stream）”，其制造过程通过信息技术和互联网从现实世界映射到虚拟世界。它可以通过实时数据了解工厂整体效绩，帮助企业实现质量信息透明化，准确定位生产瓶颈，合理处理突发订单，并可通过设备有效利用率，提供预防性维护，最终提升企业生产效能。根据笔者估计，从“数字价值流”的信息中可以判断，已经将去中心化的区块链概念开始应用于工业生产之中。

56.9 博世力士乐转型为工业4.0供应商的实践

总投资10亿元的埃斯顿自动化机器人智能工厂于2018年1月投产，如图56-34所示。由人工装配生产模式改为产品的自动化、柔性化、精益化的智能制造。该智能工厂实现了机器人本体生产的自动化、信息化，实现在装配、搬运、检测等工艺环节用机器人生产机器人，使用MES、仓储管理系统（WMS）、云数据、过程控制系统（PCS）、生产管理系统（PMS）等信息化手段实现机器人本体生产的智能化，保证机器人产品的品质和过程监控，使得国产机器人的工程化和产业化水平迈上新的台阶，赶超国际先进水平。现在实现产能提高8倍，制造周期缩短60%，直接人工成本下降50%。

图56-34 埃斯顿自动化机器人智能工厂

该工厂由博世力士乐与埃斯顿合作设计与建设，其中三条智能装配线由博世力士乐提供了定制化交钥匙解决方案。以精益生产价值流咨询为基础的智能工厂设计（博世精益生产系统）包括以下内容。

（1）质量 产品质量零缺陷。

（2）成本 100%增值的价值创造过程。

（3）交付 100%交付率，按用户要求将正确的产品以正确的数量交付至正确的地点。

（4）单件流 产品从用户下单到最后送达用户手中的整个增值过程中不存在缓冲库存，以最大的灵活度和最高的效率满足用户期望。

3条机器人部件智能装配线，应用了博世力士乐3种关键的工业4.0产品/技术。3条生产线均采用“智能化工作站+标准化作业”模式，可实现混线生产，从而保证埃斯顿随时都能够以高成本效益和高竞争力的方式来满足用户不断变化的需求。

（5）工业拧紧应用的智能数据解决方案　确保所有批次规模的成本效益和可靠的拧紧流程，即使一个批次只有1件产品；并且将所有处理参数归档进行数字生命周期管理。

（6）智能手工工作站　准确识别工件，正确指引员工，100%确保加工质量。

（7）智能动态生产管理系统　实时显示所有生产数据，进行快速决策和有效沟通。

成功建设这一复杂项目的关键在于实现工厂全价值链的精益生产与管理，而博世力士乐精益生产系统经过自身全球270多个工厂成功实践，今后还可以提供符合中国特色的融合物理流和信息流的工业4.0交钥匙解决方案。

56.10　哈威KAUFBAUREN工厂为液压工业4.0企业

2017年，哈威新建的KAUFBAUREN工厂被德国机械工程协会（VDMA）认定为液压行业工业4.0的样板工厂。哈威产品的特点：全钢制造、耐高压设计、结构紧凑、零泄漏、模块组合、有特殊应用领域的认证资质、定制的解决方案。

1. 模块化——工厂的生产单元

工业3.0流水线靠提高节拍来提高工业效率。工业4.0的核心是模块化、数字化、自动化、智能化，要求工厂内所有单体设备是智能的，设施与资源（机器、物流、原材料、产品等）实现互通互联，以满足智能生产和智能物流的要求。

工业4.0的要求就是高度的灵活性，快速的生产转换。从该工厂的布局上就可以看出，不再是流水线的纵向铺开，而是将工厂的各个加工过程变成了功能块。既可以实现从原材料预处理到安装成品的流程作业，也可以按照需求实现流程的自由组合。这里可以看到实际上这样的工厂大布局，各个加工模块之间距离基本相当，可以非常灵活地从一个工序到另一个工序，而不需要每个工序进行一遍，这是完全按照用户的要求。而对于工厂内的加工设备不是单一的设备组合，而是按照加工过程实现不同的生产单元。

在车间中可以看到大量这种无人生产线、安装线，如自动磨削加工岛、自动阀体加工中心、自动组装中心、自动螺堵安装中心。模块化生产的目的是为用户提供个性化批量产品。

2. 智能化——生产岛及在线检测

以阀块加工生产单元为例，分析如何实现智能化生产、在线检测及质量监控。

1）双轴同步加工中心：阀块三面同时加工，一次装夹加工完成；每次可同时装夹8个阀块，双轴加工；在线检测切削力保证刀具无瑕疵；刀具库内备有备用刀具，可随时更换。

2）机械手装夹系统：自动装夹；自动吹扫；平面自动去毛刺；孔道自动去毛刺；三坐标在线检测自动装夹。

3）三坐标在线自动检测：自动检测并与标准数据对比；每 4 个加工件检测一件（25% 在线检测）。

4）自主设计液压系统：节能设计（相比传统液压泵站节能最高可达 90%）。

3. 自动化——物流

既然是模块化，重要的是物流怎么传输这些产品。传统的生产中采用叉车。现在采用物流车，它的小控制箱自动将这些产品物件传送到下一步加工单元当中。

以做阀块的加工单元为例，刀具本身是受到监控的，实时监控所有的数据，而阀块本身只是信息物理系统的一个物理量，阀块本身的数据提醒系统，现在需要进行怎样的加工，刀具要做怎样的准备，包括刀具本身的检测，同时当从一步转到另一步时，机械手会进行去毛刺，清洗干净后放到下一个工位上，而加工本身也是三面一起加工，加工完成后，外面一层是实时进行检测，当然，实时检测并不是 100% 的实时检测，它是 4 个工件检测一次。

另外一个例子是液压系统，德国机床的液压系统大部分都是采用哈威的液压系统，因为它更节能。我国一般都是通过电控系统来节能，哈威则是充分利用它的不泄漏技术来节能。

4. 数字化——组装产品

所有加工出来的物料，本身是带有二维码信息的，称为信息物理系统。而二维码在组装的时候更为重要。安装工人扫描二维码后即在屏幕上显示出需要安装产品的最终代码及安装步骤。而这一安装步骤同时被传输到安装工具之中，包括安装转矩等信息直接是调整好的，工人只需要按照步骤来执行即可。当然如果工人未按步骤执行，或者漏掉了一步，下一个步骤将无法进行，直到工人按照正确的步骤工作。这样降低了工人的劳动强度，也减少了人为产生误差的可能。产品组装完成以后，交送检测及数据调整（如压力参数等）。其流程也和组装线上相似，扫描二维码，根据码上显示信息，逐一检测及调整，直至完成。

5. 检测

产品生产出来以后进行测试，所有的产品都会进行测试，包括扫描以后，需要的测试项目都会显示在显示屏上，然后检测及调整好的信息又同时录入这个阀组的二维码中。为今后的查询提供信息。同时用户也可以利用这个二维码调整自己的产品。例如，比例阀中的最大/最小电流在检测中已经给出，用户可以通过扫描二维码，将这一信息直接录入到主机设备的控制器中。

这就是带有“信息”的原材料。这样的液压阀组既可以解决单件小批量的个性化需求，同时也可以满足用户大批量的及时供货。当然对于主机的使用者来说，设备不同机型参数的微小变化都可以在这里轻松体现出来，达到系统的最佳匹配。所有的用户产品都会检测，所有的检测曲线及数据将被储存。

现在推广的总线和平衡阀也都在这个工厂生产，而这些产品对工程机械来说，是很好的一个开发平台。作为负载反馈系统，它可以做压力控制，可以做流量控制，所以对于一个系统来说，基本可以涵盖所有应用。所以在我国销售的主要是这种产品。这个系统等同于物理信息系统，好处是从研发开始就很快。来了一个用户需求，马上把需求信息共享到产品的生产中，而产品生产的信息又会马上响应到设备上，设备进行物理的联系，然后这种物理联系、这些生产参数可以被使用者很快地利用起来。所以基于条码系统，即二维码扫描系统，可以生产出充分满足用户需求的个性化产品。

第57章　智能制造中的数据链对液压工业的影响

57.1　智能制造中的数据链——大数据、区块链与数字孪生

智能制造中的数据链由大数据、区块链、数字孪生组成。

1. 智能制造中数据链的作用

数据是智能制造的“血液”。世界上的一切事务没有“定量”的概念便失去“定性”的依据。

图57-1所示为数据在智能制造中形成的“数据链”。作为智能制造基础，大数据是数据产生的源泉，作为工具在使用的过程中，必须保证数据的真实性，因此产生了区块链，作为应用价值的体现是数字孪生，而在应用的过程中离不开人工智能（AI）。因此数字孪生与人工智能是智能制造中的牵引性技术。

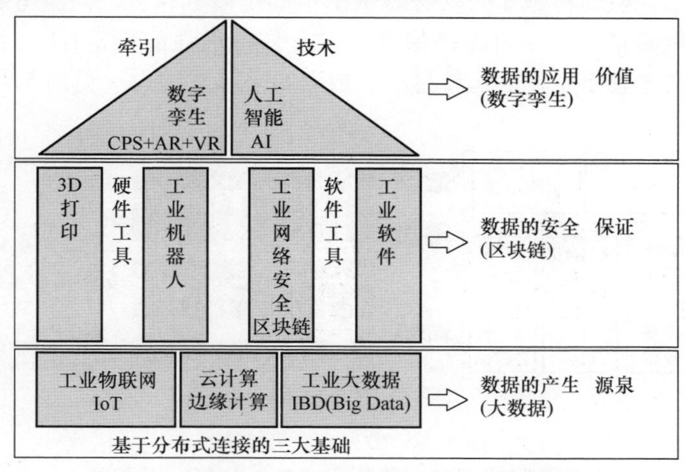

图57-1　数据在智能制造中形成的“数据链”

制造企业在推进智能制造的过程中主要着手于两个方面：系统和数据。系统是将标准化的高效业务流程进行固化，将业务人员的操作流程化，保证数据采集和数据联通。数据是将业务逻辑标准化后，利用系统作为管理工具对业务进行不同维度

的数据采集、呈现和利用。对于企业来说，使用系统不是目的，企业的目标应该是将业务流程标准化、固化，而系统在这个过程中仅仅是一个工具，而所有的业务人员都按照之前梳理好的业务流程，在系统中进行操作，保证业务一致性。数据资产是企业很重要的一笔资产，利用企业的制造过程数据，将为企业带来很多的利益。从简单的业务分析到智能化的经营决策，数据利用将是企业升级的一个重要方向。

要做好智能制造，管理者必须重视数据。而各种信息及传感器都在帮助企业整合各个流程上的数据，让制造链变得更加智能。以书店代表库房为例说明数据的作用：用户在书店下单，书店会对用户的购买倾向做智能分析，筛选出来后把信息传送到仓库，让仓库里的无人搬运车自动调配产品。即使没有人下单，这些无人搬运车仍在仓库里不断运转，预判哪些书应该放在快要出货的区域，哪些书最不可能有人买，就搬到仓库的深处。这些无人搬运车一天24h持续运行，不停地在做这些自动搬运的工作，全部来自于智能分析。所以智能制造的第一要素就是取得数据，只有先取得数据，才能继续做智能分析，由此产生一个智能制造的排序，或者说是智能制造的工作方法，再实时送回现场处理工作问题。

2. 数据的来源

智能制造就是要取得数据，并利用数据做智能分析。数据来源一是各种信息，包括企业外部信息、企业内部信息与互联网信息。数据来源二是传感器，传感器降低了智能制造中数据取得的门槛。通过制造设备中的传感器，企业可以采集供应链上每一个点的数据，传感器可以让工业机器人更精确、更灵活，通过收集、管理和传输数据，借此实现更高效的机器控制。例如，机器在运转中会出现一定的损耗，会用智能算法预计机器再跑多久就需要做基本的维修和保养。对工业机器人来说，传感器必须提供高精度、更可靠的信息，以及具备很强的稳定性。对一个企业而言，其数据来自于整个企业的运转过程，数据的来源与结构（见图57-2）、数据应用等非常繁杂。

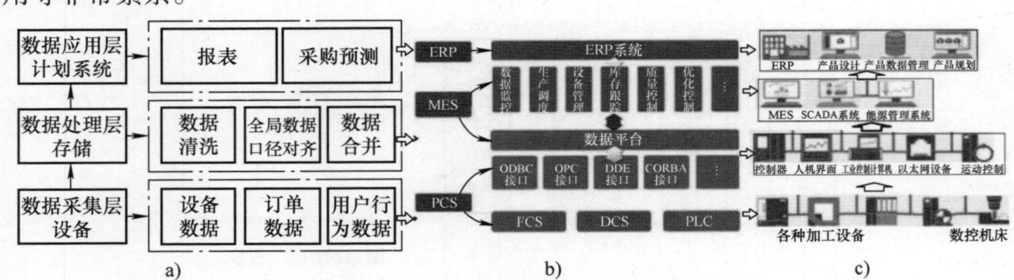

图57-2　数据来源与结构

a）数据平台构架　b）数据平台系统　c）数据平台体现

3. 数据的时间性与成本要求

数据融合带来“数据同频”概念，一方面带来了人和设备、设备和设备之间的“数据同频”，即制造业的物理世界和数字世界的同频；另一方面带来了业务系统之间的数据同频连通。数据产生时间与处理如图 57-3 所示。尽管后者是各行业一直以来的痛点所在，因为制造企业中常见的设备维修、生产决策、产线优化、货物流转等场景的优化、提速，都需要生产、经营数据的同频。数据的同频可以让生产线工人和企业管理人员在生产、经营过程中依据实时数据不断调优。

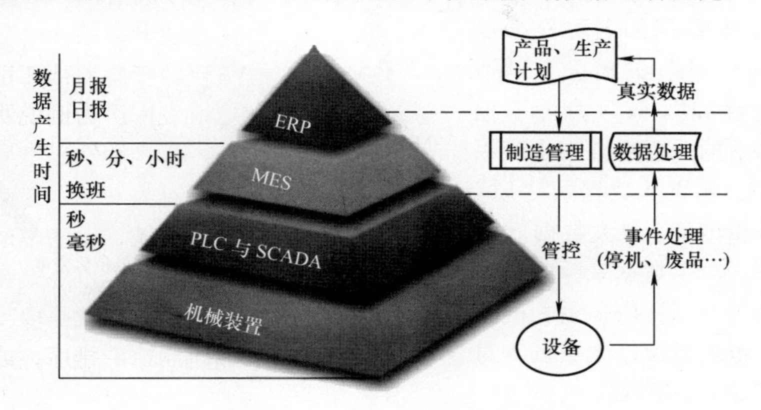

图 57-3　数据产生时间与处理

制造行业追求实用性，数字化建设需要兼顾普惠、个性、低成本，数字技术服务实体经济要讲究实用性。现在应从对生产状况影响最大的人和设备着手，让设备数据、成本数据实时呈现。现在也有相应的平台软件，此类软件产品实现了人与设备的连接，每一台设备都是一个特定账号，管理人员可在此平台上查看设备运行状况。这些反映设备状态、生产进度的实时数据，将成为生产计划、业务创新的依据。同时，任何设备故障都可以通过平台自动通知到人，让风险在第一时间被发现、处理。

以二维码为主线的“码上制造”，将逐步构建起行业主数据平台，为生态伙伴和用户提供效率更高的数码基础能力，连接深入行业的数码伙伴，让更多类似“码上制造”、计件日结的数字化创新出现在此类行业主数据平台上，提供更优质的基础平台能力，“码上制造”为专属的行业基础，通过生产码、库位码、报工码、物料码四个生产环节的二维码，解决制造企业最核心的进（采购）、销（销售）、存（仓储）、生产环节“数据同频”的难题，为行业提供业务数字化的基础能力。

57.2　工业大数据的获取与利用

57.2.1　工业大数据概念

1. 大数据特征

随着传感器的普及，以及数据采集、存储技术的飞速发展，制造业数据同样呈现出了大数据的五大基本特性(5V)：规模性（Volume）、高速性（Velocity）、多样性（Variety）、低价值密度（Value）与可靠准确性（Veracity）。大数据的名称充分反映了数据的“量”的概念，制造业大数据特性如图57-4所示。但整个智能制造的过程中会产生难以计数的数据，如果从数据的“质”这一角度分析的话，“大数据”会有三大问题：产生数据来源的错与对；数据是否有用；数据是否准确或者失真。也就是说，大数据本身就有个“质量”的问题。

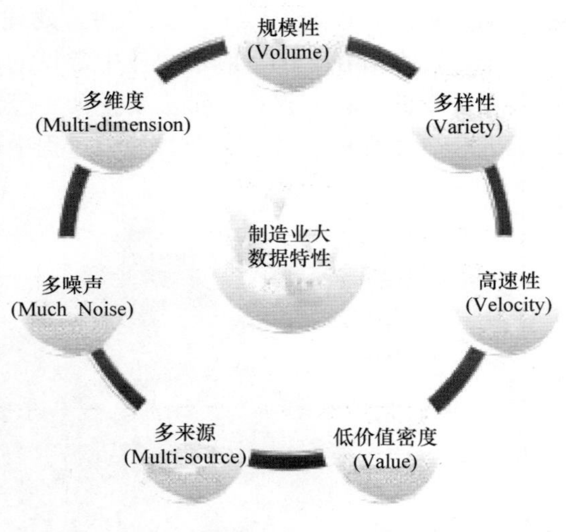

图57-4　制造业大数据特性

产生数据来源对错会有管理、存储、黑客等问题，因此产生了数据仓库与数据安全；数据存储后存在有无价值的问题，因此产生了数据分析与数据挖掘；数据来自动态网络也会有失真的问题，因此产生了数据保存与恢复等问题。于是产生了数据仓库、安全、分析与挖掘的商务业态，也产生随之而来的数据仓库、数据安全、数据分析、数据挖掘等等围绕大数据的商业价值的开发，并逐渐成为行业人士争相追捧的利润焦点。随着大数据时代的来临，大数据分析也应运而生。

可见“大数据”不仅是智能制造必需的，对它的分析与开发也会对行业的业态具有影响。

工业大数据（Industrial Big Data，IBD）是将大数据理念应用于工业领域，为使设备数据、活动数据、环境数据、服务数据、经营数据、市场数据和上下游产业链数据等原本孤立、海量、多样性的数据相互连接，实现人与人、物与物、人与物之间的连接，尤其是实现终端用户与制造、服务过程的连接，通过新的处理模式，根据业务场景对实时性的要求，实现数据、信息与知识的相互转换，使其具有更强的决策力、洞察发现力和流程优化能力。

相比其他领域的大数据，工业大数据具有更强的专业性、关联性、流程性、时序性和解析性等特点。制造工业大数据具有“3M”特性：多来源（Multi－source）、多维度（Multi－dimension）、多噪声（Much Noise）。多噪声说明所取得数据的准确性。

2. 数据的来源、类型与作用

数据是制造业提高核心能力、整合产业链的核心手段，也是实现从要素驱动向创新驱动转型的有力手段。数据所带来的核心价值在于可以真实地反映和描述生产制造过程，这也就为制造过程的分析和优化提供了全新的手段与方法。因此，数据驱动也可以说是实现智能制造的关键步骤。

传统的分析和优化过程基于模型，而数据分析可以弥补模型精度不足。

制造业数据泛指在工业领域中，围绕典型智能制造模式，从用户需求到销售、订单、计划、研发、设计、工艺、制造、采购、供应、库存、发货和交付、售后服务、运维、报废或回收再制造等整个产品全生命周期各个环节所产生的各类数据及相关技术和应用的总称。

制造业数据的来源主要包括三个方面：企业内部信息系统、物联网信息及企业外部信息。企业内部信息系统是指企业运营管理相关的业务数据，包括企业资源计划（ERP）、产品全生命周期管理（PLM）、供应链管理（SCM）、客户关系管理（CRM）和能耗管理系统（EMS）等。这些系统中包含了企业生产、研发、物流、用户服务等数据，存在于企业或者产业链内部。物联网信息包含了制造过程中的数据，主要是指工业生产过程中，装备、物料及产品加工过程的工况状态参数、环境参数等生产情况数据，通过制造执行系统（MES）实时传递。企业外部信息则是指产品售出之后的使用、运营情况的数据，同时还包括大量用户名单、供应商名单、外部的互联网等数据。其中产品运营数据亦可来自物联网系统。

规模性是指制造业数据体量比较大，大量机器设备的高频数据和互联网数据持续涌入，大型工业企业的数据集将达到 PB 级甚至 EB 级别。以半导体制造为例，单片晶圆质量检测时，每个站点能生成几 MB 数据。一台快速自动检测设备每年就可以收集到将近 2TB 的数据；多样性是指数据类型多样和来源广泛，制造业数据分布广泛，数据来源于机器设备、工业产品、管理系统、互联网等各个环节，并且结构复杂，既有结构化和半结构化的传感数据，也有非结构化数据。

多来源是指制造业数据来源广泛。数据覆盖了整个产品全生命周期各个环节。同样以晶圆生产为例，晶圆制造车间的产品订单信息、产品工艺信息、制造过程信息、制造设备信息分别来源于排产与派工系统、产品数据管理系统、制造执行系统和制造数据采集系统、数据采集与监控系统和良品率管理系统等；多维度是指同一个体具有多个维度的特征属性，不同属性直接存在复杂的关联或者耦合关系，并共同影响当前个体状态。

制造业数据类型繁多，根据不同的分类标准，数据的类型也不尽相同。

从数据来源来看，制造业数据可以分为研发数据域（研发设计数据、开发测试数据等）、生产数据域（控制信息、工况状态、工艺参数、系统日志等）、运维数据域（物流数据、产品运行状态数据、产品售后服务数据等）、管理数据域（系统设备资产信息、用户与产品信息、产品供应链数据、业务统计数据等）、外部数据域（与其他主体共享的数据等）。

从数据形式来看，制造业数据可以分为结构化数据、半结构化数据和非结构化数据。结构化数据由二维表结构来逻辑表达和实现的数据，严格地遵循数据格式与长度规范，主要通过关系型数据库进行存储和管理，企业的 ERP、财务系统都属于典型的结构化数据；半结构化数据并不符合关系型数据库或其他数据表的形式关联起来的数据模型结构，但包含相关标记，用来分隔语义元素并对记录和字段进行分层，如不同工人的个人信息就是典型的半结构化数据；非结构化数据是数据结构不规则或不完整，没有预定义的数据模型，不方便用数据库二维逻辑表来表现的数据，包括所有格式的办公文档、文本、图片、XML、HTML、各类报表、图像和音频、视频信息等。

从数据处理的角度来看，制造业数据可以分为原始数据与衍生数据。原始数据是指来自上游系统的，没有做过任何加工的数据；衍生数据是指通过对原始数据进行加工处理后产生的数据。衍生数据包括各种数据集市、汇总层、数据分析和挖掘结果等。虽然会从原始数据中产生大量衍生数据，但还是会保留一份未作任何修改的原始数据，一旦衍生数据发生问题，可以随时从原始数据重新计算。

57.2.2　大数据获取与处理技术

1. 大数据的获取

数据的采集是获得有效数据的重要途径，同时也是工业大数据分析和应用的基础。数据采集与治理的目标是从企业内部和外部等数据源获取各种类型的数据，并围绕数据的使用，建立数据标准规范和管理机制流程，保证数据质量，提高数据管控水平。在智能制造中，数据分析往往需要更精细化的数据，因此对数据采集能力有着较高的要求。例如，高速旋转设备的故障诊断需要分析高达每秒千次采样的数据，要求无损全时采集数据。通过故障容错和高可用架构，即使在部分网络、机器故障的情况下，仍保证数据的完整性，杜绝数据丢失。同时还需要在数据采集过程中自动进行数据实时处理，如校验数据类型和格式，异常数据分类隔离、提取和告警等。

常用的数据获取技术以传感器为主，结合RFID、条码扫描器、生产和监测设备、PDA、人机交互、智能终端等手段实现生产过程中的信息获取。并通过互联网或现场总线等技术实现原始数据的实时准确传输。

传感器属于一种被动检测装置，可以将检测到的信息按照一定规律变化成电信号或者其他形式的信息输出，从而满足信息传输、处理、存储和控制等需求，主要包括了光电、热敏、气敏、力敏、磁敏、声敏、湿敏等不同类别的传感器。

RFID是一种自动识别技术，通过无线射频方式进行非接触双向数据通信，利用无线射频方式对记录媒体（电子标签或射频卡）进行读写，从而达到识别目标和数据交换的目的。RFID具有适用性广、稳定性强、安全性高、使用成本低等特点，在产品的生产和流通过程中有着广泛的应用。物流仓储是RFID最有潜力的应用领域之一。

条码扫描器也称为条码扫描枪/阅读器，是用于读取条码所包含信息的设备。由光源发出的光线经过光学系统照射到条码符号上面，并反射到扫描枪等光学仪器上，通过光电转换，经译码器解释为计算机可以直接接受的数字信号。条码技术具有准确性高、速度快、标识制作成本低等优点，因此在智能制造中有着广泛的应用前景。

2. 大数据处理技术

数据处理是为了更好地利用数据。数据处理是智能制造的关键技术之一，其目的是从大量的、杂乱无章的、难以理解的数据中抽取并推导出对于某些特定群体来说有价值、有意义的数据。常见的数据处理流程主要包括数据清洗、数据融合、数据分析及数据存储，如图 57-5 所示。

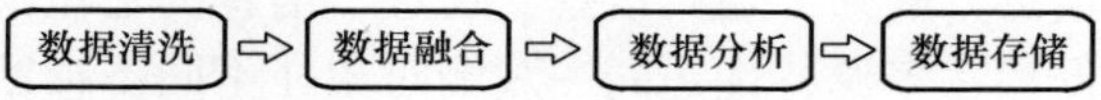

数据清洗 ⇨ 数据融合 ⇨ 数据分析 ⇨ 数据存储

图 57-5　数据处理流程

（1）数据清洗　数据清洗也称为数据预处理，是指对所收集数据进行分析前的审核、筛选等必要的处理，并对存在问题的数据进行处理。从而将原始的低质量数据转化为方便分析的高质量数据，确保数据的完整性、一致性、唯一性和合理性。考虑到制造业数据具有的高噪声特性，原始数据往往难以直接用于分析，无法为智能制造提供决策依据。因此，数据清洗是实现智能制造、智能分析的重要环节之一。

数据清洗主要包含三部分内容：数据清理、数据变换及数据归约。

1）数据清理是指通过人工或者某些特定的规则对数据中存在的缺失值、噪声、异常值等影响数据质量的因素进行筛选，并通过一系列方法对数据进行修补，从而提高数据质量。缺失值是指在数据采集过程中，因为人为失误、传感器异常等原因造成的某一段数据丢失或不完整。常用的处理缺失值的方法包括人工填补、均值填补、回归填补、热平台填补、期望最大化填补、聚类填补及回归填补等方法。近年来，随着人工智能方法的兴起，基于人工智能算法的缺失值处理方法逐渐受到关注，如利用人工神经网络、贝叶斯网络对缺失的部分进行预测等。噪声是指数据在收集、传输过程中受到环境、设备等因素的干扰，产生了某种波动。常用的去噪方法包括平滑去噪、回归去噪、滤波去噪等。异常值是指样本中的个别值，其数据明显偏离其余的观测值。然而，在数据预处理时，异常值是否需要处理需要视情况而定，因为有一些异常值真的是因为生产过程中出现了异常导致，这些数据往往包含了更多有用的信息。常用的异常值检测方法包括了人工界定、3σ 原则、箱型图分析、格拉布斯检验法等。

2）数据变换是指通过平滑聚集、数据概化、规范化等方式将数据转换成适合数据挖掘的形式。制造业数据种类繁多、来源多样，来自不同系统、不同类别的数据往往具备不同的表达形式，通过数据变换将所有的数据统一成标准化、规范化、适合数据挖掘的表达形式。

3）数据归约是指在尽可能保持数据原貌的前提下，最大限度地精简数据量。制造业数据具有海量特性，大大增加了数据分析和存储的成本。通过数据归约可以有效地降低数据体量、减少运算和存储成本，同时提高数据分析效率。常见的数据归约方法包括特征归约（特征重组或者删除不相关特征）、样本归约（从样本中筛选出具有代表性的样本子集）、特征值归约（通过特征值离散化简化数据描述）等。

（2）数据融合　数据融合是指将各种传感器在空间和时间上的互补与冗余信息依据某种优化准则或算法组合，产生对观测对象的一致性解释和描述。其目标是基于各传感器检测信息分解人工观测信息。通过对信息的优化组合来导出更多的有效信息。制造业数据存在多源特性，同一观测对象在不同传感器、不同系统下，存在着多种观测数据。通过数据融合可以有效地形成各个维度之间的互补，从而获得更有价值的信息。常用的数据融合方法可以分为数据层融合、特征层融合及决策层融合。这里需要明确，数据归约是针对单一维度进行的数据约减，而数据融合则是针对不同维度之间的数据进行的。

（3）数据分析　数据分析是指用适当的统计分析方法对收集来的大量数据进行分析，将它们加以汇总和理解并消化，以求最大化地开发数据的功能，发挥数据的作用。数据分析是为了提取有用信息和形成结论而对数据加以详细研究和概括总结的过程。数据分析是智能制造中的重要环节之一，与其他领域的数据分析不同，制造业数据分析需要融合生产过程中的机理模型，以“数据驱动＋机理驱动”的双驱动模式来进行数据分析，从而建立高精度、高可靠性的模型来真正解决实际的工业问题。

现有的数据分析技术依据分析目的可以分为探索性数据分析和定性数据分析，根据实时性可以划分为离线数据分析和在线数据分析。

探索性数据分析是指通过作图、列表，用各种形式的方程拟合，计算某些特征量等手段探索规律性的可能形式，从而寻找和揭示隐含在数据中的规律。定性数据分析则是在探索性分析的基础上提出一类或几类可能的模型，然后通过进一步的分析从中挑选一定的模型。

离线数据分析用于计算复杂度较高、时效性要求较低的应用场景，分析结果具有一定的滞后性。而在线数据分析则是直接对数据进行在线处理，实时性相对较高，并且能够随时根据数据变化修改分析结果。

常见的数据分析方法包括列表法、作图法、时间序列分析、聚类分析、回归分析等。

1）列表法按一定规律用列表方式将数据表达出来，是记录和处理最常用的方法。表格的设计要求对应关系清楚、简单明了，有利于发现相关量之间的关系；此外还要求在标题栏中注明各个量的名称、符号、数量级和单位等。根据需要还可以列出除原始数据以外的计算栏目和统计栏目等。

2）作图法可以醒目地表达各个数据之间的变化关系。从图线上可以简便地求出需要的某些结果，还可以通过一定的变换用图形把某些复杂的函数关系表示出来。

3）时间序列分析方法可以用来描述某一对象随着时间发展而变化的规律，并根据有限长度的观察数据，建立能够比较精确地反映序列中所包含的动态依存关系的数学模型，并借以对系统的未来进行预报。例如，通过对数控机床电压的时间序列数据进行分析，可以实现机床的运行状态预测，从而实现预防性维护。常用的时间序列分析方法包括平滑法、趋势拟合法、自回归（AR）模型、移动平均（MA）模型、自回归移动平均（ARMA）模型及差分整合移动平均自回归（ARIMA）模型等。

4）聚类分析是指将物理或抽象对象的集合分组为由类似的对象组成的多个类的分析过程，其目标是在相似的基础上收集数据来分类。聚类分析在产品的全生命周期有着广泛的应用，例如，通过聚类分析可以提高各个零部件之间的一致性，从而提高产品的稳定性。常见的聚类分析方法包括基于划分的聚类方法（K－means，K－medoids）、基于层次的聚类方法（DIANA）及基于密度的聚类方法（谱聚类、DBSAN）等。

5）回归分析是指通过定量分析确定两种或两种以上变量之间的相互依赖关系。回归分析按照涉及的变量多少，分为一元回归分析和多元回归分析；按照因变量的多少，可分为简单回归分析和多重回归分析；按照自变量和因变量之间的关系类型，可分为线性回归分析和非线性回归分析。常用的回归分析方法主要包括线性回归、逻辑回归、多项式回归、逐步回归、岭回归及Lasso回归等。近年来，随着人工智能的飞速发展，除了上述方法外，以深度学习为代表的神经网络，以及以支持向量机为代表的统计学习开始逐渐受到关注。

在制造业中，数据处理通常基于常用的数据分析和机器学习技术。

工业大数据平台是制造业数据处理的主要载体，也是未来推动制造业大数据深度应用，提升产业发展的重要基石。以GE、IBM为首的国际知名企业都已在工业大数据平台上取得了不错的应用效果，目前我国部分企业已经具备自主研制的工业大数据平台，在工业大数据平台的工业大数据采集、工业大数据存储管理、工业大数据分析关键支撑技术上也已经有所突破。

3. 企业数据获取与处理的未来发展趋势

（1）行业或企业测试中心将成为产品性能数据处理中心　在工业2.0的传统模式下，测试中心的目的是管理行业或企业的产品质量，流程是按取样抽检产品进行试验，决定产品是否符合标准，然后决定此批产品是否合格。这种方式如果发生在行业端，则容易产生的问题是建设周期长（要建设各种行业性的测试试验台）、监管过程长（要求各生产企业制造后送检）、监管片断性（只管样机是否合格，与生产真实性有脱节）、管理难度大（企业有各种办法应对监管）、行业管理与企业的质量管理有对立的倾向（一个是审查，一个是被抽查）。

在工业3.0的检测模式下就需要按时代发展，测试中心无须自行抽检，只要将企业端生产所用的测试数据由计算机测试系统进行数据采集，然后将采集的数据通过物联网传送到测试中心，甚至可以监测到每一台产品的性能数据，这些数据可以以第三方的服务机构提供给用户使用或查核。因此这时行业的检测中心就成为行业产品性能数据的处理中心。这时测试中心的任务应该是帮助企业分析产品的质量与问题，这样一来行业测试中心与企业质量管理的关系，从审查与审核变成了依赖与服务的关系。

在工业4.0时代，测试中心已经是数据管理模式，这时测试中心对大数据并不仅仅是进行数据管理，还可以对企业的性能数据进行分析，找出问题，还可以按要求提供对标服务分析。测试中心可以针对数据进行历史对比，与外企业质量对比，数据的长期管理留存进行技术层次的提高，由一个测试中心提升到数据管理加分析的数据管理中心。测试中心在测试方面有三点深入：①从行业角度提供企业自身很难进行的测试试验，如环境试验、寿命试验、超高压试验等；②加强试验台控制数据采集技术的标准化、自动化的技术，加强网络数据传送技术的研究；③智能化数据分析与智能化数据管理工作。

（2）数据来自数字孪生　在智能制造中，数据起到了至关重要的作用。数据对于整个生产全生命周期的覆盖程度，数据的质量及分析结果的好坏将会直接影响最终的生产率与产品价值。目前，现有的数据获取与处理都是基于现实中的真实数据进行的。随着数字孪生技术的发展，通过构建虚拟生产环境，进而获取虚拟数据，可以为数据的分析与利用提供更加广阔的思路和途径。通过虚构环境的模拟可以有效地提高数据的覆盖程度，并对数据的分析结果进行有效验证，从而更好地反馈实际生产。

（3）5G技术加速实时通信　5G，即第五代移动通信技术，也就是用于无线的、可移动设备上的第五代通信技术。根据国际电信联盟（ITU）发布的5G标准草案，5G链接密度将达到每平方公里100万台设备，这也就意味着在5G时代，大量的物品可以通过5G网络接入，从而构建真正意义上的万物互联。与此同时，5G技术具有超高的传输速率及超低的传输延迟。在实际使用环境下，5G技术能够达到1.8Gbit/s的下载速率，理论延迟最大不超过4ms。

作为新一代移动通信技术，5G技术切合了传统制造企业智能制造转型对无线网络的应用需求，能满足工业环境下设备互联和远程交互的应用需求，数据通信现场控制设备如图57-6所示。在物联网、工业自动化控制、物流追踪、工业AR、机器人等工业应用领域，5G技术起着支撑作用。同时给数据的传输、存储、在线分析提供了全新的途径，让以前受限于通信速度和带宽的大规模数据分析技术有了用武之地。

（4）数据安全愈发重要　数据在给制造业带来巨大利益的同时，其自身的安

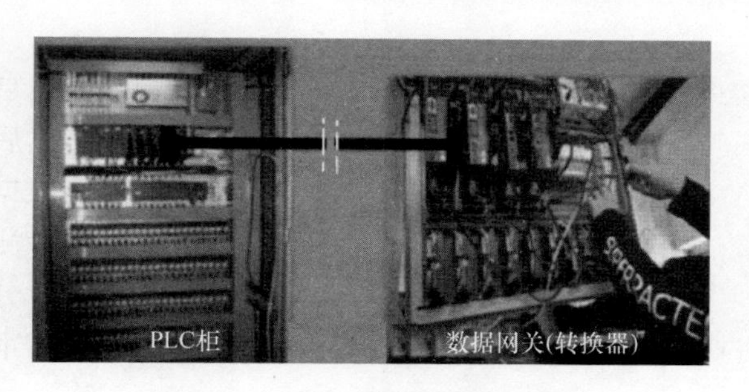

图 57-6　数据通信现场控制设备

全也让企业面临着巨大的风险。如果数据中所包含的敏感信息和关键参数遭到泄露，将会直接使企业产生巨大的损失。同时，通过恶意篡改数据，影响正常生产从而造成重大损失，甚至危及人员生命安全的案例也时有发生。数据的安全漏洞主要是由于工业控制系统的协议多采用明文形式，工业环境多采用通用操作系统且不及时更新，从业人员的网络安全意识不强，再加上工业数据的来源多样，具有不同的格式和标准所导致。所以，在工业应用环境中，应对数据安全有着更高的要求，任何信息安全事件的发生都有可能威胁工业生产运行安全、人员生命安全甚至国家安全等。因此，研究制造业数据的安全管理，加强对数据的安全保护变得尤为重要。

57.2.3　智能制造中的基础数据管理

在离散制造企业中，接受订单进行技术设计首先会有设计图样，在设计图样上的 BOM 和工艺路线等基础数据类型复杂，准备周期长。“智能制造基础数据管理系统”可以缩短基础数据准备周期，在处理订单进行设计后，对设计后的 BOM 清单中的各项数据由计算机软件直接进行处理。满足多品种、小批量环境下的用户快速交付需求，为及时交付赢得时间。

对比传统工艺编制方面，基于统一数据模型和工艺知识库的快速工艺编制可以使效率提高 20%，并且其工艺路线和 BOM 信息直接传递到生产计划编制模块，为电子工单的快速发放提供数据基础，避免数据重复录入，避免过程中的其他人为错误。

1. 工艺 BOM 管理

设计 BOM 可以通过接口从 PDM 系统导入，同时支持通过提取 Excel、图样建立设计 BOM。

导入设计 BOM，在设计 BOM 基础上，生成工艺 BOM，并对工艺 BOM 编制：支持 BOM 调整层级（复制、剪切、拖拽），支持零部件过滤和分类，支持 BOM 层次编辑，支持对零部件进行工艺类型划分；支持 BOM 状态管理，对 BOM 不同的版本的停用、启用和置为当前版本等。工艺 BOM 管理如图 57-7 所示。

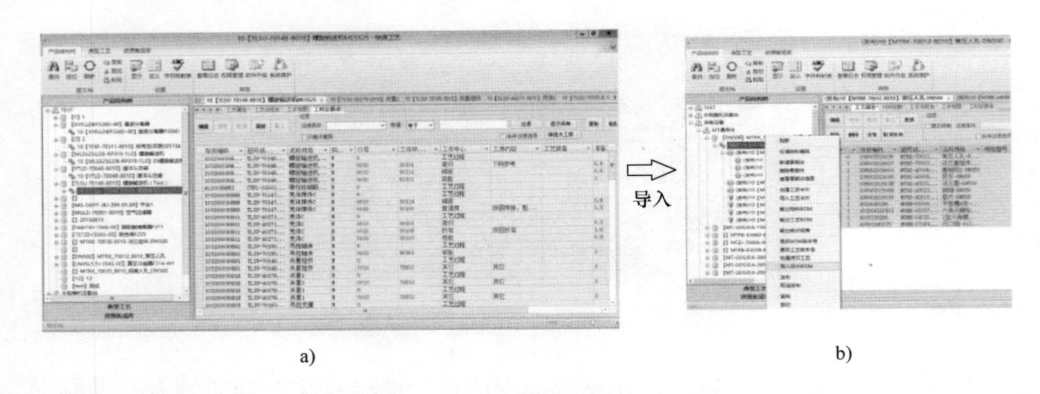

图 57-7 工艺 BOM 管理
a）设计 BOM b）导入为工艺 BOM

2. 快速工艺编制（见图 57-8）

快速工艺编制模块从工艺路线管理材料定额管理、工时定额管理、定义典型工艺库等方面入手，提升工艺编制效率。

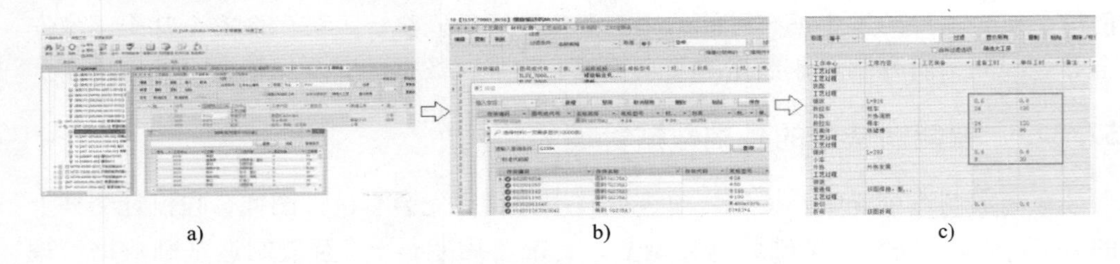

图 57-8 快速工艺编制
a）工艺路线定义 b）材料定额编制 c）工时定额编制

工艺路线管理：支持工艺路线的快速定义，编制界面友好，提升编制效率；支持工艺路线版本管理，可以设置工艺零件的当前有效工艺版本。新增工艺版本时，自动带出上个版本的工艺路线，并可以修改。

定额管理：支持材料定额、工艺流程、工时定额的快速编制，并可以单独授权，将串行的工作并行化，提高效率。

典型工艺管理：支持典型工艺的定义。维护企业常用的工艺路线，在编制工艺时可以直接调用典型工艺库，实现工艺路线的快速编制。

3. 物料管理到材料定额（见图 57-9）

物料管理：支持物料编码规则自定义，企业根据自身规则定义编码。

支持编码自动生成，根据规则生成新物料编码并维护审核，对不用的视图单独授权、单独维护，提高效率。

编码维护系统：编码系统与工艺管理系统有效集成，可以筛选、反填和校验物料属性。

支持物料编码与 PDM 系统、ERP 系统集成管理，支持物料编码一键查询匹配，支持批量填写 CAD 中的编码属性等。

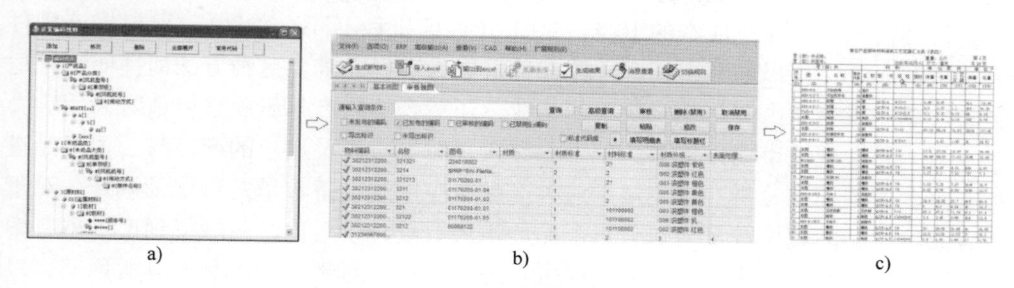

图 57-9　物料管理到材料定额

a）定义编码规则　b）编码维护管理　c）材料定额报表

4. 支持各类报表与输出报表

报表定义界面可及时生成各类格式报表，并提供接口将工艺数据传输到制造执行系统。

支持输出 BOM 表、工艺定额汇总表、工艺路线 BOM 表、工艺卡及标准件明细表、材料定额表等各种统计报表。

提供接口，将工艺数据传到制造执行系统，为后续的计划、生产提供基础的数据。

支持自定义工艺资源库管理，工艺定义过程中直接调用工艺资源库；支持将工艺资源库动态关联到 ERP 系统的物料、设备、价格或企业原有的 CAPP 系统知识库，保持基础数据统一。

基础数据准备系统承接来自 PDM 系统的设计信息，为企业管理基础的 BOM 信息、工艺路线、材料定额、工时定额等信息，为后续的制造执行系统提供数据来源，是车间生产信息化建设过程中不可忽略的环节。

57.3　大数据在液压工业与企业中的应用

57.3.1　液压工业上下游的市场分析

这里所提的市场分析是基于液压行业内部企业层面的方法，不包括行业发展的市场分析所涉及的方方面面。

液压企业对于市场分析所见有两种方法。一种是宏观性市场分析方法；另一种是微观性市场分析方法。以笔者所见，我国液压企业用宏观性市场分析居多，而国外一些液压企业会采用微观性市场分析方法，或者两种方法兼而有之。

宏观性市场分析方法一般是用公开性的行业市场销售数据加上对市场所掌握的数据作为基础，再加以经验的判断，最终得到基本的判断。例如，对于液压件销售的增长预期，可以从液压件在工程机械中销售总额中的占比来估算，一般而言液压件销售额占工程机械总成本的10%～30%（根据机种不同而变化），再根据液压件大类中的分类，可以估算出相应种类元件可能的市场需求。这种方法简捷明了，适合品种单一或市场占有量相对稳定的企业，还适合一些产学研项目申请时采用。

另一种微观性市场分析方法就十分深入，对于所涉及用户的产品与公司产品进行有重合度的细致分析。首先对于这种产品所应用的设备数量进行记录调查，对于现有竞争产品的使用数量与本公司产品的销售数量进行对比，然后得到市场占有率的结论。从技术、销售、服务的角度可以进行分析，对于市场占有率有所预期，以及对于公司的战略层面或者具体营销策略进行调整。这种方法适合类似跨国公司产品多、数量大、竞争者多与用户要求复杂等状况，使公司决策者可以从微观来思考宏观，有助于公司各部门的配合与合作。

但是由于数据非常具体，需要很大的工作量，往往需要技术、服务、销售等部门的配合，许多涉及历史数据，往往是“虎头蛇尾”草草结束，理想与现实由于技术手段与信息来源欲求而不达。

大数据时代将可以完全改变这种情况。由于许多的数据处于云端，在必要的权限下，这些数据完全可以通过“大数据分析”的方法得到，只要有自身的输入（如品种、型号、产地、公司等）通过一定的商业软件平台就可以得到。这种商业软件并不复杂，不可能由企业自身去组织，一般需要第三方平台，由商业机构进行也难以被接受，这时就需要有第三方资格的平台去组织。

推而广之，这种市场分析的方法也可以用于行业与行业之间的合作与发展。对于行业的预测及行业的新需求可以采用这种大数据方法来开拓。

57.3.2 市场价格体系的性价比分析

在大数据时代，价格的概念会产生微妙的变化。因为在大数据的统计下，价格的比较比当前更容易得到。

价格体系中也分为两种：直销体系与分销体系。直销体系比较直接简单，有散户与原始设备制造商（OEM）之分；在分销体系中价格的价格体系会维持一定的分配比例，为了维持价格秩序，利用大数据分析各企业可以减少价格竞争的弊端。

价格是企业核心中的核心，因为企业的盈利与价格密不可分。根据当今的概念，液压行业在国内外的可接受价格所含利润空间在30%左右，特别是对于机械基础件这样的比较成熟的行业。但是对于价格的概念国人应该有所改变，不应该单一性的按低价格思维，应该反其道而行，努力去提高“价格”，打开利润空间。但是前提是用户对于这种高价格认可。要做到这一点就需要品牌与创新。

价格是一把“双刃剑”，在当今的工业4.0时代，大家要在有一定差距的起跑线上达到同样的目的地，就需要创新，创新就需要资金代价，因此再因循守旧，采用过去的价格概念是难以做到的。因为创新有投入成本。要允许创新产品的高价格，让用户在使用上获益并得到补偿。

当然，液压行业进口价格、出口价格以及国内价格仍存在差距。由于这方面的信息不对称，因此品牌就是唯一关键价格影响因素。在行业的大数据分析得到充分发展的情况下，这种情况会产生微妙的变化。所谓微妙是因为大数据并不是就价格论价格，还包括产品的服务诸如故障率、退回率、使用场合等综合信息，使用户对产品有更全面的了解。因此是否有利于我国液压企业不在于这个信息是否更加透明，而在于企业产品的性价比。这对于我国企业既是机遇又是考验。因此价格一定限度的透明化会促使企业从纯价格竞争走向性价比的竞争。任何企业也就需要将智能制造的需求放到日程上以提前应对。

大数据分析得到充分发展的情况下，价格体系未必会公开，但是透明度肯定会增加，这也需要有序的管理，并在不损害企业直接利益的前提下进行。

57.3.3　营销体系的网络化

目前智能制造方兴未艾，许多新的技术仍然在发展，有一些还需要接受的环境与过程。营销体系的网络化可能是企业的下一个受益点。

区块链技术已经在向企业走来。区块链对于交易的信用度有所提升。企业间的合同、项目、应收款、预付款都将会通过这种方式，因此行业可以利用区块链来保证交易的公正性与安全性。这种方式简单安全，就像目前已经使用的支付宝与微信付款，将会被扩展到企业商务中来。区块链是企业之间交易的技术与保证，可以增加第三方的监管与获知，使得国内的商业环境得到治理与提高。

大数据方法论用于带来警报的预测性欺诈倾向模型，将确保在被实时威胁检测流程触发后能够及时做出响应，并自动发出警报和做出相应的处理。数据管理及高效和透明的欺诈事件报告机制将有助于改进欺诈风险管理流程。高效的数据和分析能力将确保最佳的欺诈预防水平，提升整个企业机构的安全。威慑需要建立有效的机制，以便企业快速检测并预测欺诈活动，同时识别和跟踪肇事者。

对整个行业或企业的数据进行集成和关联可以提供统一的跨越不同业务线、产品和交易的欺诈视图。多类型分析和数据基础可以提供更准确的欺诈趋势分析和预测，并预测未来的潜在操作方式，确定欺诈审计和调查中的漏洞。

另外对于许多企业来说，库存是当前资产类别中最大的一个项目——库存过多或不足都会直接影响企业的直接成本和盈利能力。通过数据和分析，能够以最低的成本确保不间断的生产、销售和/或用户服务水平，从而改善库存管理水平。数据和分析能够提供目前和计划中的库存情况信息，以及有关库存高度、组成和位置的信息，并能够帮助确定库存战略，并做出相应决策。用户期待获得相关的无缝体验，并让企业得知他们的活动。

57.3.4　打通企业协同体系的网络化制造

网络化制造是在大数据的驱动下生成的一种协同性制造模式。

如今企业面临着越来越大的竞争压力，它们不仅需要获取用户，还要了解用户的需求，以便提升用户体验，并发展长久的关系。用户通过分享数据与降低数据使用的隐私级别，对企业能够了解更多信息，形成相应的互动，并在所有的接触点提供无缝体验。网络化制造是解决这个问题的一个途径。

网络化制造将产学研用联系起来，共享一个大数据源，使产品的开发、应用、服务形成一体，整合传统数据源和数字数据源。企业也可以为用户提供情境相关的实时体验。而且这个联系纽带既可以通过必要的云服务及相关的共识建立，也可以随着项目的结束而关闭。

通过这种平台，一方面推动企业、用户、第三方在用户需求基础上的相互沟通、交互与产生新的思路与方案；另一方面，端对端的网络有利形成团队的竞争力，立即进行施工化的服务，加快产品、项目与技术的发展与融合。

57.3.5　企业形态的多元化

今后行业将会形成对行业集中度有影响力的大企业、以行业协会为中心的企业联盟与以企业按需求形成的动态联盟等，甚至还有一种更进一步的“通证型企业”及跨液压的以工业4.0技术为依托的企业。行业的形态会比现在丰富得多。行业应该顺应这个发展并促进这个发展。

（1）动态型企业　采用网络化协同制造的方式，形成动态型企业，该方式特别适合中小企业。

（2）通证型企业　由于区块链技术的发展，企业可以通过“通证”（区块链中的“Token”，可以称为令牌、代币等）来进行权益的交易。“通证”有三个特点：以数字形式体现的权益证明；可以加密并得到保护；可以流通交易与兑换。这种权益可以是任何权益，如股权、债权、著作权、资产权等任何可以经过价值交互的权益。它的本质是资产代币化，融入今天的共享经济之中。这种形式实用易行，进行利益链接，有利于解决中小企业的融资难问题，对于应收应付款也是一种帮助与促进。这种代币化的权益转换可以在全球流通，它改变了人与人之间的合作，形成一种新的利益分配方式，并且可以通过网络的数字形式达到契约性的效果；加强了资产的流道性，体现了公平与效率结合的优点，改变了生产关系。

这种区块链技术已经并还在发展，这种方式的信息安全性是非常重要的，需要有一定的标准认可。但是这种去中心化的技术发展是今后值得关注采纳的。

这种企业形态已经与现有的企业形态与制度大不相同，至于会如何形成尚有待发展。

(3) 世界的液压行业在转型　应该注意到国外的跨国液压企业在向跨液压但与液压发展有一定联系的方向发展，或者说转型。例如，博世力士乐、派克、伊顿、丹佛斯及穆格等公司都或多或少地跨出了这一步。

当初我国刚建立液压行业时，由于液压技术落后，靠液压行业联合设计的途径解决了泵阀的设计生产问题，但是由于效率太低而且继续按这个方法越来越不可行时，采用了以市场换技术的方法，去引进世界范围内优秀企业的各类液压元件生产图样。但是基于图样仿制产品的质量过不了关时，开始着重投资，首先在硬件上追赶国外生产条件，但是这时软件的差距又被忽视了。等要发展到世界级跨国公司水平时，国外跨国公司从理念上又进入了智能制造与工业 4.0 阶段。

在工业 4.0 时代，世界液压行业领头羊已经从液压产品向工业 4.0 的承包商方向迈进，而且生产及工业 4.0 及液压应用有联系、有需要的不同行业领域的网络总线高端轴控制器及传感器，小到元器件如芯片，大到设备像智能动力站等。一个将电、机、软件、网络、智能等集成的产品被纳入下一步企业发展的战略规划中。工业 4.0 提供了企业转型提高的良机。

57.4　液压行业离散型企业决策所用的大数据平台建设与应用

1. 企业数据平台的“挖矿”作用

大数据最核心的作用是转化为信息（见图 57-10），信息是整个决策的基础。决策要依靠知识的判断与未来的估计，然后转化为新一代的编程内容，周而复始，通过不断的迭代达到装置应用的完美，或者通过不断的迭代去适应更多的场景应用。

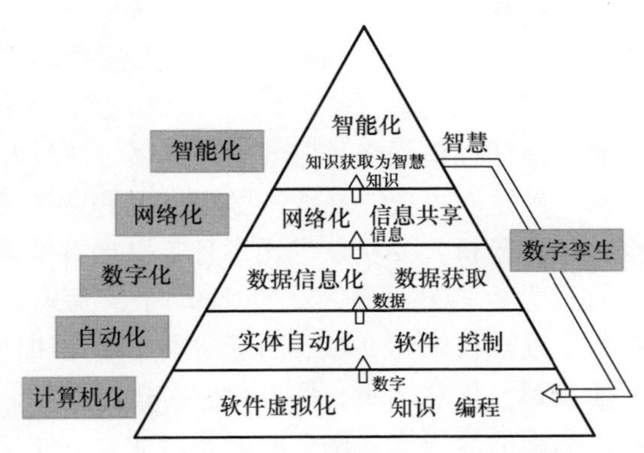

图 57-10　大数据的核心作用是转化为信息

现在以机床零件加工的检测过程为例，说明数据在决策过程中的作用。一个液压泵的主轴的外径为30mm，公差为0～0.005mm。经过检测，这一批次100个主轴零件的尺寸公差为-0.001～0.0045mm，20%的零件尺寸小于要求，得到了100个数据，每个数据本身只是代表每个零件的尺寸。这就是得到的“数据”。这些数据经过程序设置中的指令值可以得到两个信息，即有20%零件不合格、尺寸小于要求的值。这就是得到的“信息”。作为自动线的措施即程序的设置就是剔除这20%的零件，以保证产品零件的质量。这就是得到的“决策”。

此时由于废品率很高，在程序里也会设置是否产生“警告”还是“停机”的选择。作为由数据转化成的信息被程序获知后，就需要判断原因，并做出决策：是继续加工还是停止加工，防止此机床的零件加工继续产生如此高比例的废品。这就需要用知识来判断并产生决断。决断可以是机床自己做出或者需要机床管理人员的干预。这一过程需要最简单、最低级的人工智能判断，并发出相应的信号或措施。这整个体系就是DIKW体系（Data - Information - Knowledge - Wisdom），是关于数据、信息、知识及智慧的体系。DIKW体系的例证见表57-1。

表57-1 DIKW体系的例证

例证	数据	信息	知识	智慧	决策
100个零件尺寸	100个尺寸数据	20个不合格	废品剔除	刀具问题？机床振动？	继续加工或停机

因此数据平台就是将智能车间/工厂的所有数据集中处理，采用一些大数据的处理方法，得到企业所需要的处置与提高企业运转效能的措施，如在工艺优化、质量提升、产线故障等方面的加强。这就是这个平台的作用，大数据的处理过程如图57-11所示。通过这个平台系统能够对数据进行收集、汇总、解析、排序、分析、预测、决策、分发等流程化处理，具有对工业数据进行流水线实时分析的能力，并在分析的过程中充分考虑其机理逻辑、流程关系、活动目标、商业活动等特征和要求，因此，数据平台是工业大数据分析中智能化体系的核心。

智能制造大数据分为结构化数据、半结构化数据和非结构化数据，所以目前的数据采集既有基于Hadoop的日日采集，也有来自网络数据的采集，如网络爬虫技术，还有来自物联网的智能终端传输过来的数据。从数据存储来说，云存储是通过网络和分布式的系统将分散的存储设备连接整合成一个高效、便捷、可靠的系统，通过某种应用软件共同一致地对外提供在线的数据存储和业务访问。

智能制造中数据处理和分析，要从杂乱无章且难以理解的大量数据中抽取出有价值和意义的数据，有批量数据处理技术，如Hadoop、流式数据处理技术、交互式数据处理技术、图数据处理技术。在数据分析方面，美国提出了5S方法论，主要包括数据连接、智能分析、信息同步、标准化、可持续等。

智能制造中工业大数据的应用主要用在政府和行业、企业层面。政府应用大数据，能够整合资源，提升监管水平，提高服务能力。行业应用大数据，能够科学决策、提高业务敏捷度、获取商业价值。通过大数据的应用平台，企业预期的收益主要包含产品层面、智能设计与优化、销售层面等。

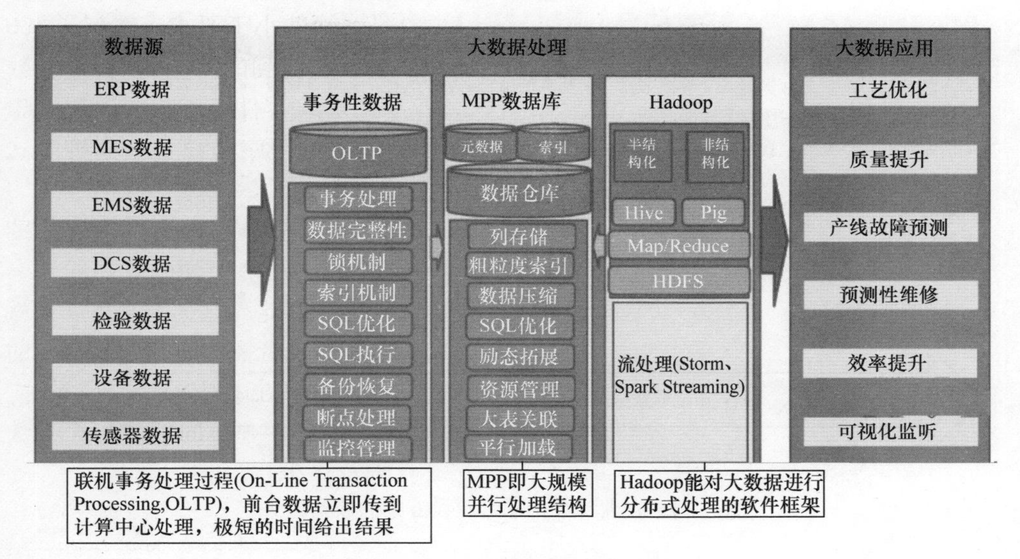

图 57-11　大数据的处理过程

2. 企业大数据平台流程

企业智慧工厂大数据平台建设需要包括下列几个过程或部分，才能在平台基础上处理或解决企业的问题，企业大数据平台建设构架与流程如图 57-12 所示。

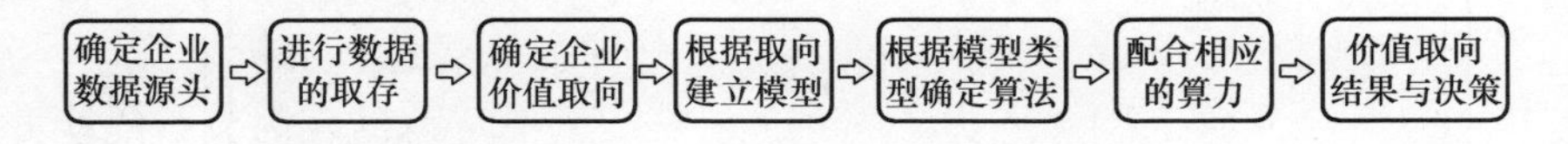

图 57-12　企业大数据平台建设构架与流程

图 57-13 列出了企业大数据平台建设方案的数据源头。作为企业，重要的是建设大数据平台的目的是什么？因此需要去发现数据产生什么价值取向。目的是使人员的行为、信息系统的要求与生产线的运行达到各自的行为取向，企业建设大数据平台的价值取向如图 57-14 所示。根据此企业一般的价值取向目标见表 57-2。

在企业提出自己的价值取向需求后就是对这些价值进行建模、采用一定的算法，然后通过软件的运算可以得到所需要的结果。因此就是要建立价值取向所需要的模型，这种模型一般需要采用人工智能与深度神经网络学习算法来解决。在解决的过程中还要考虑是实时性还是需要历史数据来强化模型。通过强化模型来处理企业提出的价值取向领域。表 57-3 列出了企业大数据平台的数据建模与处理方法，从而取得所需要的结果。

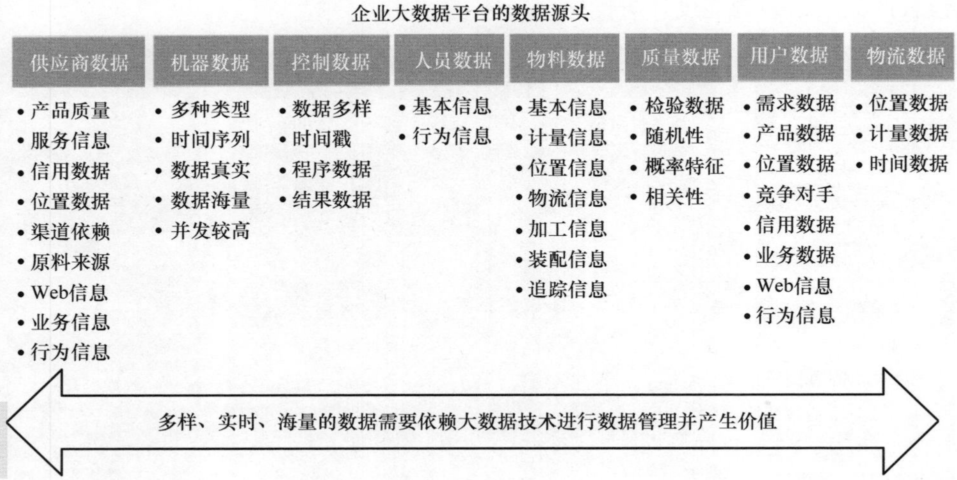

企业大数据平台的数据源头
供应商数据
机器数据
控制数据
人员数据
物料数据
质量数据
用户数据
物流数据
• 产品质量
• 服务信息
• 信用数据
• 位置数据
• 渠道依赖
• 原料来源
• Web信息
• 业务信息
• 行为信息
• 多种类型
• 时间序列
• 数据真实
• 数据海量
• 并发较高
• 数据多样
• 时间戳
• 程序数据
• 结果数据
• 基本信息
• 行为信息
• 基本信息
• 计量信息
• 位置信息
• 物流信息
• 加工信息
• 装配信息
• 追踪信息
• 检验数据
• 随机性
• 概率特征
• 相关性
• 需求数据
• 产品数据
• 位置数据
• 竞争对手
• 信用数据
• 业务数据
• Web信息
• 行为信息
• 位置数据
• 计量数据
• 时间数据
多样、实时、海量的数据需要依赖大数据技术进行数据管理并产生价值

图 57-13 企业大数据平台建设方案的数据源头

数据湖与价值发现
其他数据
信息系统
设备
传感器
信息管理
数据工厂
数据分类
事件处理
大数据存储
数据湖
SQL
数据仓库
机器学习/数据分析
机器学习
基于数据湖分析
HADOOP/Spark
技术
流处理
智能化
知识库
产线建模
流程优化
数据可视化
自劣式BI
人员
ERP
MES
EMS
信息系统
生产线
数据
信息
行为

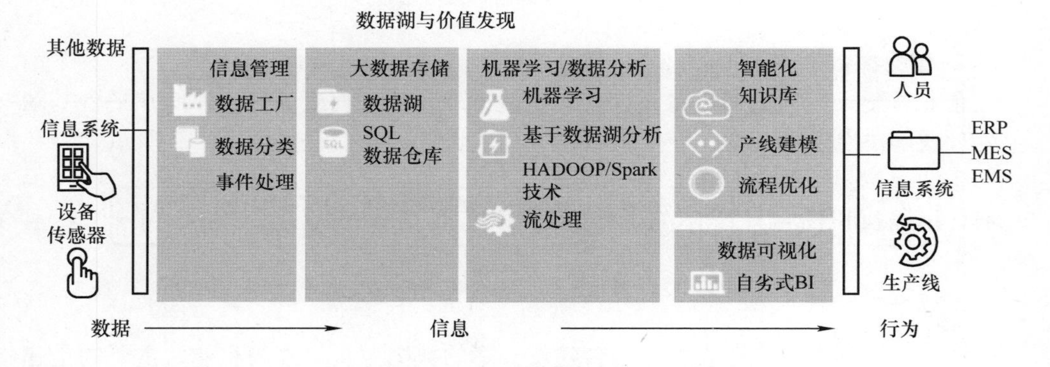

图 57-14 企业建设大数据平台的价值取向

表 57-2 企业大数据平台的价值取向目标

序	制造价值提升	供应商管理提升	用户需求管理提升	运营价值提升
1	原因分析的工艺优化	风险预测分析	用户需求挖掘	资产管理提升
2	设备预测性维修	交付时间与路径优化	个性化产品定价	合理的资源管理
3	产线异常监控	供应商评价信用管理	预测性保养免修	避免人为错误
4	产品质量管理		更好的产品体验	推荐技术工具
5				增强用户便捷

表 57-3　企业大数据平台的数据建模与处理方法

产线数据建模（机器学习）	神经网络识别	人工智能模型算法 DDN	强化模型
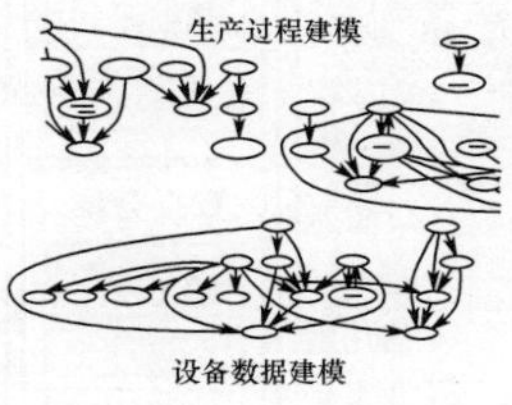 生产过程建模 设备数据建模	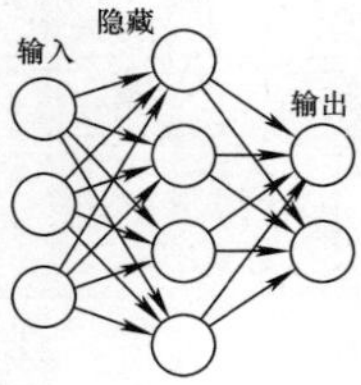 输入 隐藏 输出	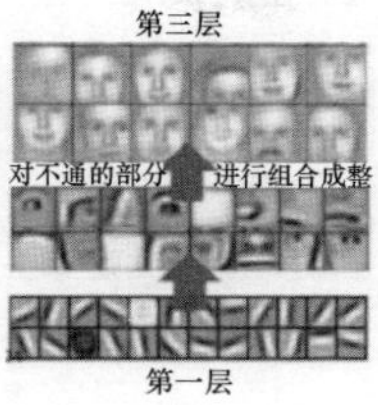 第三层 对不通的部分 进行组合成整 第一层	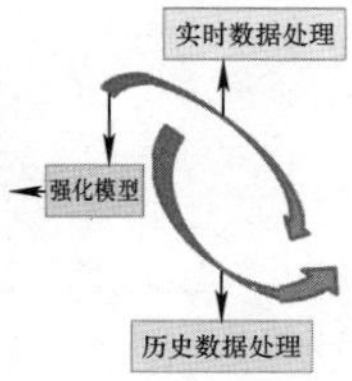 实时数据处理 强化模型 历史数据处理
上图显示的机器学习算法，多级算法分析引擎可以根据工厂已安装设备的数据采集盒工艺流程，自动绘制内在的逻辑关系，并显示哪个工艺流程和数据流之间直接或间接的相互关系，以及这种关系存在的原因。这种深层和独特的分析提供了一个高等级的平台来侦测异常，通过行为和运营表现来标记质量与效率，并进行微观辩证性根源问题分析	神经网络是一组模拟人脑进行模式识别的算法组合，通过聚类或者标记原始数据进行数据感知，它可以识别真实世界包含在向量中的数据，如图片、声音、文本等	深度神经网络（DDN）是人工智能。与单层神经网络的区别是数据通过了多步模式识别的隐藏层处理，传统的神经网络机器学习算法依赖于一个输入、一个输出和一个隐藏的浅层神经网络学习，而深度神经网络是在一个以上的隐藏层学习	模型分析实时数据检测设备状态、预防设备故障、优化生产过程、提升产品质量、能效增强、人机协同 通过对历史数据清洗整合，进行模型的训练、优化模型参数，进行更加有效的生产和运营

3. 企业大数据平台的应用与实施

企业大数据平台是企业管理平台之一，负责采集企业的所有数据，经过处理供企业计划与决策所用。企业大数据平台如图 57-15 所示，其在企业中的作用如图 57-16所示。

大数据平台共分为三层：数据采集层（适配器）、数据支持层（Gards）、数据应用层（FIDIS 应用系统）。

数据采集层提供 BIOP－EG 智能网关接入设备和 BIOP 的接入接口软件，支持各类工厂系统（DCS、PLC、SCADA 等）、业务系统（ERP、MES、EAM、MRO 等）、工厂设备和工厂产品的接入。全结构化工厂数据的智能感知采集技术，实现系统、设备、产品级等多种数据源接入，多种协议的智能解析（OPC、TCP/IP、Modbus、PROFIBUS、CAN 等），提供 GB 级、TB 级到 PB 级的智能数据采集。实现数据加密传输和加密存储功能，满足企业对数据安全的需求。

数据支持层的 BIOP 平台提供可扩展的工厂云操作系统，能够实现对硬件资源和开发工具的接入、控制和管理，为应用开发提供必要的存储计算、分析、挖掘、工具资源等支持，包括分布式存储、分布式计算、数据质量及安全、数据分析、数据挖掘、数据可视化等功能模块。

数据应用层通过云化软件和专用 APP 平台（支持第三方开发）应用架构，面

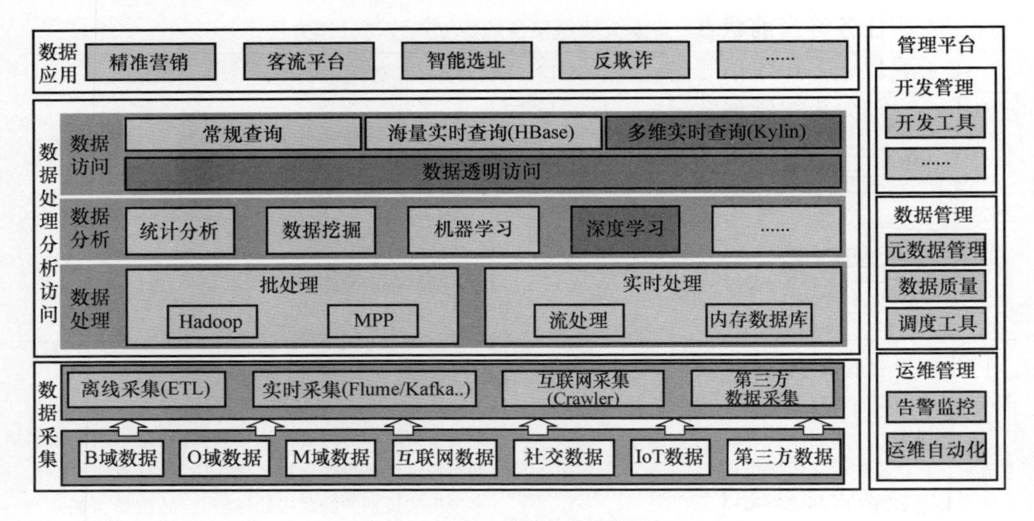

图 57-15　企业大数据平台

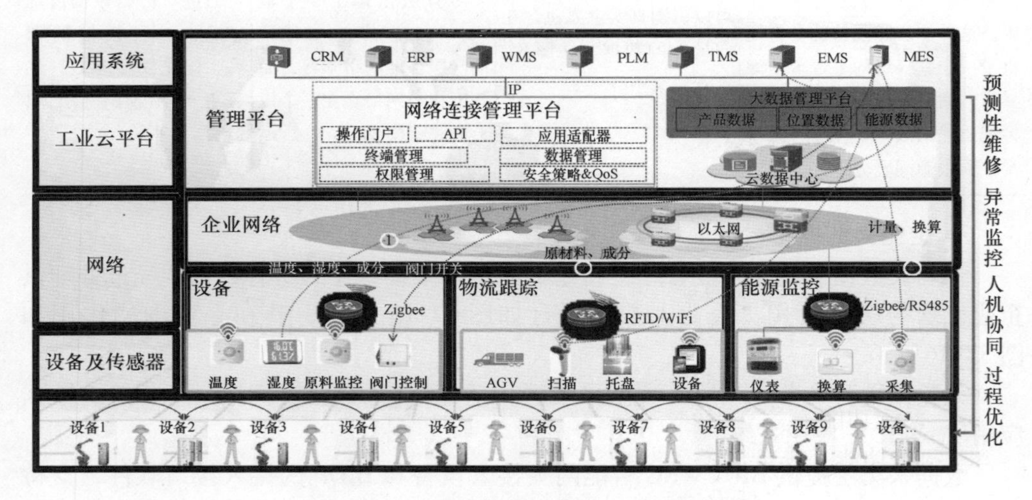

图 57-16　企业大数据平台在企业中的作用

向企业用户提供各类软件和应用服务。对第三方开发者提供开发环境和开发工具，且封装了大量的工厂技术原理、行业知识、基础模拟，以微服务组件方式为开发者提供调用，从而开发更多面向用户的创造性应用。BIOP 平台提供经营管理、能源管理、安全管理、环保管理、资金流管理及物资流管理、资产全生命周期管理及预测性维护（PHM）等应用服务，帮助用户优化企业资源配置，提高企业资源利用率，提升企业的管理能力、营销能力和资源整合能力，推动企业向智能制造迈进。大数据平台包括以下基本部分。

（1）数据采集系统　通过数据采集系统，实现随时随地的自动化监控与获取设备、生产任务等当前状态，及时将这些数据保存到数据库，将异常信息通过警示灯、电子看板、手机短信等方式通知相关人员，从而实现自动采集、即时监控、随时预警、自动分析等管理效果，如图 57-17 所示。

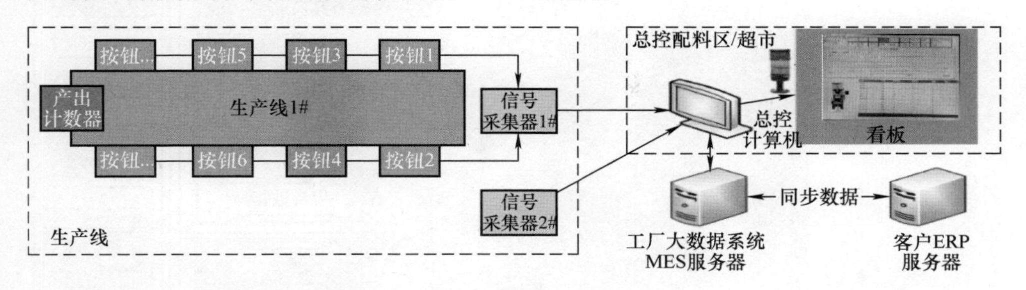

图 57-17　数据采集系统

（2）设备管理系统（见图 57-18）

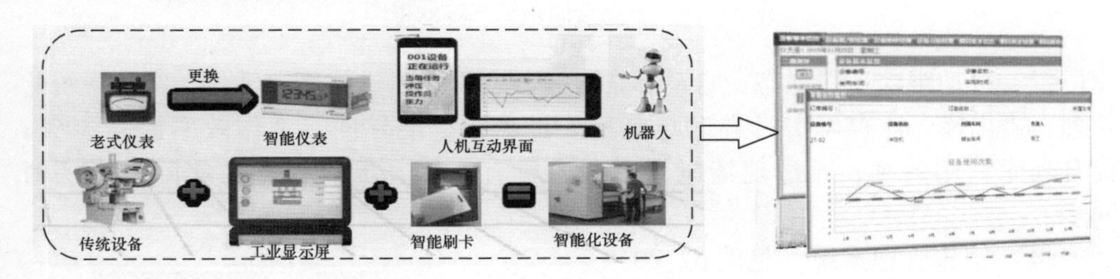

图 57-18　设备管理系统

1）管理难点：设备自动化程度不高；设备之间各自为战，没有做到互通互联，生产调度无法统一管控；设备管理薄弱，难以保障生产正常运行；缺乏设备与人的交互能力，设备利用不充分。

2）系统功能：建立设备档案管理，分析设备信息；设立设备维护、保养、维修自动预警功能；统计设备生产能力。

3）实施效益：降低设备停机时间和维护成本；提升设备生命周期管理；通过运营状况的可视化提升设备效率和生产力；降低 39% 的停机时间，提升 10% 的生产率。

（3）智能仓储系统（见图 57-19）

1）管理难点：仓库物料种类繁杂，无法掌握精确的仓库数据；通过仓库单据，记录仓库物料。无法追踪动态仓库物料；仓库库位管理不明确，管理员需花费大量时间来确认物料位置；仓库采用原始架构，无法充分利用仓库空间资源。

2）系统功能：条码化流程操作；缺料提醒；先进先出管控；库存自动、实时更新。物料出入库异常告警，数据采集及时，过程精准管理。

3）实施效益：实现库区、库位、货架号等仓库信息的精确管理，自动调节入

图57-19　智能仓储系统三维效果图

库位置。自动跟踪备料状态，自动异常告警，实现物料进出库自动化，实现系统化管理，进出库、库存可实时查询与监控。自动化智能导向，工作效率提高30%；提升仓库利用效率；通过现场电子看板，所有入库、出库状态与实际情况实时同步。

（4）销售管理系统（见图57-20）

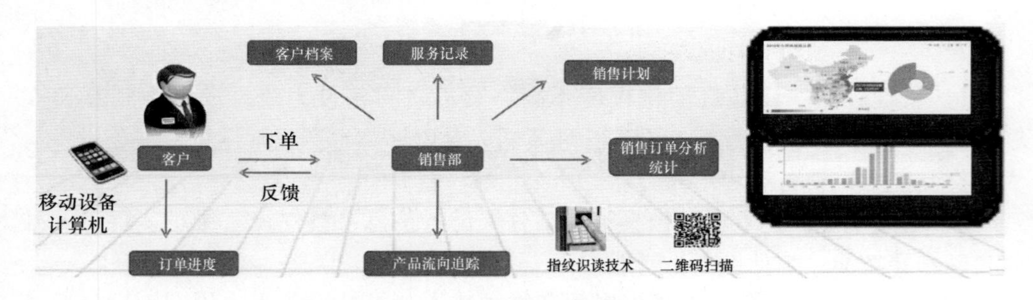

图57-20　大数据平台的销售管理系统

1）管理难度：根据用户需求自动生成销售订单；实时跟踪自动进度。

2）系统功能：自动分析行业订单数据，预估未来订单信息；追踪用户服务满意度；可视化销售管理销售计划，订单信息通过各类表单来管理；缺少销售分析，订单预测能力；可以为工厂减少多个专门为流程卡拍照及存储的人员。

3）实施效益：实现销售信息化流程化管理，全面提升销售业绩。

（5）采购管理系统（见图57-21）　实施效益：增加物料控制节点，实现分步确认，提高对采购物料的控制能力；

按照订单信息自动生成采购计划信息；

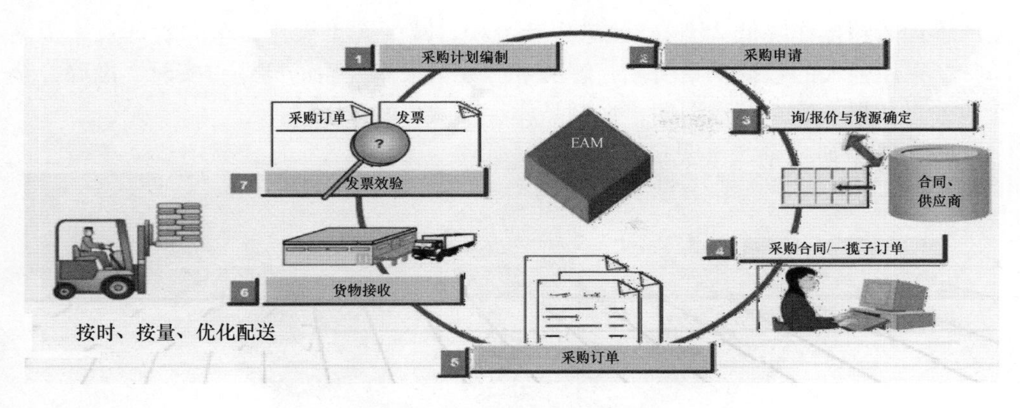

图 57-21 大数据平台的采购管理系统

能够按照采购计划节点控制，自动形成采购提前预警，并通知相关人员；

根据采购订单，自动生成付款计划，并实时跟踪提醒付款状态；

能够追踪整个采购过程。

（6）制造执行系统（见图 57-22）

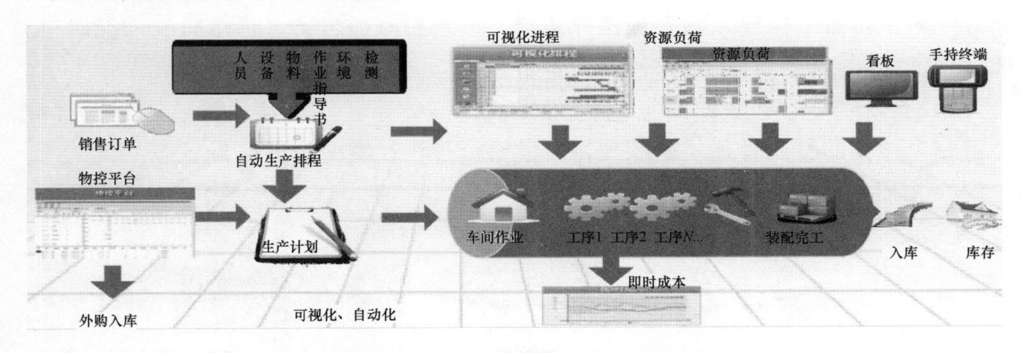

图 57-22 大数据平台的制造执行系统

1）管理难点：生产计划编制效率低，无法有效应对频繁的需求变更；车间现场管控业务烦琐，问题百出；生产排程工作量大，效率低；生产信息无法及时获取，难以实现有效的生产管控；生产数据采集量大，处理复杂；生产调度难度大，销售订单交付不及时；工作协同困难，生产涉及的物料、设备、模具、作业指导书等资源，分布在不同地方且状态变化频繁。

2）系统功能：生产自动排产，灵活调整优先级调度；多种手段实时采集数据，随时掌握生产进度；自动发现异常信息，及时跟踪处理；生产过程精细化管理，跟踪每一道生产工序进度。

3）实施效益：加强生产现场的管控，有效遏制生产问题的出现；实现车间生产计划调度，大大缩短计划编制工作，人力成本节省 30%；生产过程实时监控，生产管理暗箱操作降低 25%；改进生产流程，减少人工操作，车间管理效率提高 20%；采用强大的数据采集引擎，解决生产数据录入之后的问题，实时、准确、全面地采集数据；缩短制造周期，在制品库存削减 10%。

（7）项目研发系统（见图 57-23）

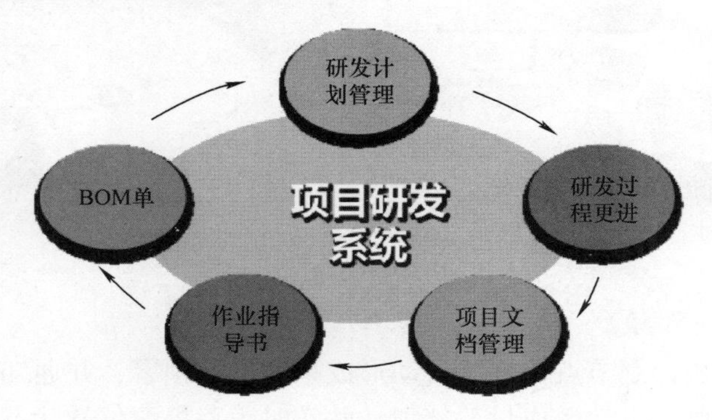

图 57-23　大数据平台的项目研发系统

1）管理难点：没有专门的研发系统，工艺、作业指导书等技术文件不规范；研发流程不规范、层次不清、操作性不强，严重影响研发进度；项目管理薄弱，总体计划缺乏完整性，计划衔接性差，不规范。

2）系统功能：建立产品工艺、BOM 的标准体系；实现从设计、方案、报价、评审整个过程的整体管理；追踪项目研发整个过程；实时反馈研发状态。

（8）质量管理系统（见图 57-24）

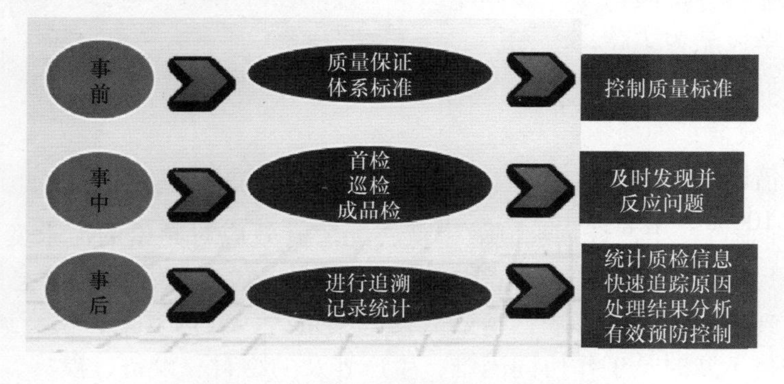

图 57-24　大数据平台的质量管理系统

1）管理难点：缺乏质检规范体系，质检方式单一，致使质检效率低下；通过质检单，记录质检信息；缺少质检参考信息，高效的质检工具；缺乏产品质量追溯能力，无法统计分析质量问题因素。

2）系统功能：建立标准的质量规范体系与追溯系统；实时控制质量情况；实现质量检验记录跟踪；实现战略检验信息分析，提高质量控制能力。

3）实施效益：通过传感器现场检验数据采集，减少了人为因素，提高了质量管理效率与水平；产品合格率提高 20%。

（9）生产物流系统（见图 57-25）

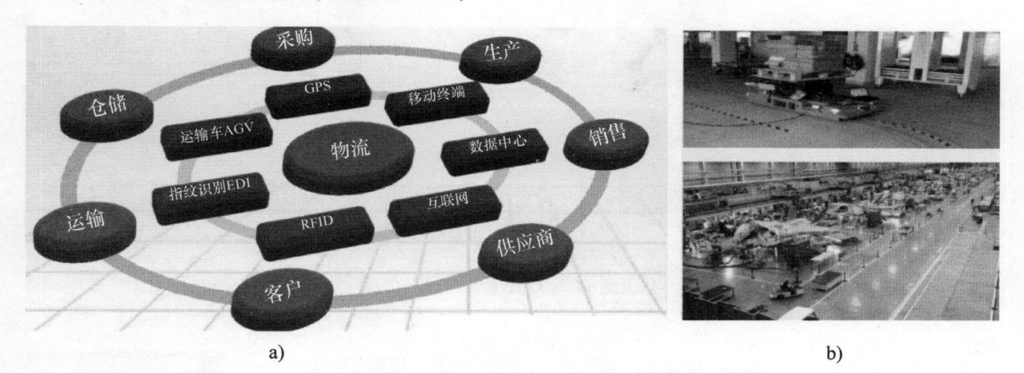

a)　　b)

图 57-25　大数据平台的生产物流系统

a）物流系统数据采集与处理　b）现场物料的场景

1）管理难点：生产物流采用原始的人力运输，耗费大量人力成本；生产工位存在停工待料情况，影响生产进度，降低了设备和人员利用率；物流信息无法实时获取，到货时间不能确定。

2）系统功能：应用条形码、二维码等技术追踪物流的实时流向；增加生产物流看板，实时展示生产物流需求状况；实现现场工位物料实时呼叫和信息传达；增加物流自动配送，按照物流计划配送计划自动派送；应用 RFID 物联网技术，实现车间物料、半成品各工位周转的自动识别和跟踪。基于物联网技术，建设“人－车－物”互联智能液压环境。

3）实施效益：加速物料流动，提高运转效率，节约物流空间；物流配送的及时率提高 5 倍以上；减少装配中的物流取用时间，生产率提高 20%；物流配送的准确率可达 100%；节省人工计算和信息传达成本 10 倍以上。

（10）生产看板系统（见图 57-26）

1）看板显示内容：订单执行度看板、车间生产进度看板、车间生产周计划看板、车间生产日计划看板、备料状态看板、原材料仓库看板、成品仓库看板、生产设备看板、设备实时监控看板、质量检验看板、不合格统计看板。

2）看板效果：根据采集的生产数据，实时更新生产进度；实时显示设备运行状态，提高设备利用率；实时显示派工、排产及产品生产状况，实现可视化管理；及时将生产数据反馈给管理者，让管理者及时对生产过程进行调控。

（11）生产监控中心（见图 57-27）

1）系统功能：通过现场计算机终端、电子看板、移动终端，实时显示生产线及各工段运行状态；实时显示制造过程的生产、质量、设备、物料等信息；动态提

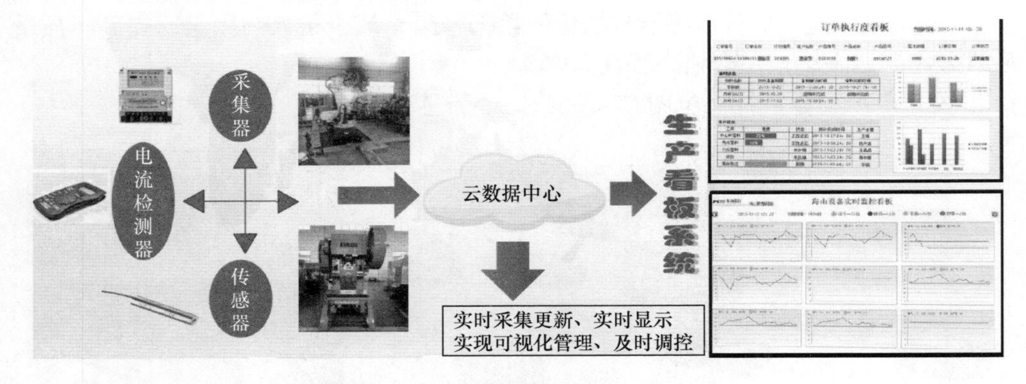

图 57-26　企业大数据平台的生产看板系统

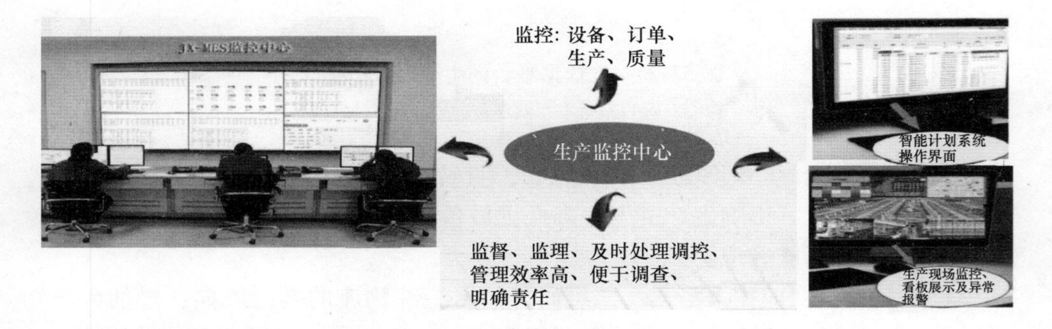

图 57-27　企业大数据平台的生产监控中心

示各种生产与现场的异常信息；实现生产现场的透明化管理。

2）实施效益：监控生产制造的每一个环节，及时排除潜在隐患；可视化指令发送与业务指导；现场生产实时数据驱动三维虚拟工厂环境展示；生产现场历史回放；实现透明化、可视化管理，提高管理效率。

（12）异常告警系统（见图 57-28）

1）告警情况：生产延期告警、备料延期告警、库存异常告警、采购延期告警、质量异常告警、设备故障告警、研发延期告警。

2）实施效益：拉动管理人员快速响应现场；促进团队高效解决问题；最大限度降低故障发生的次数；生产质量提高 20% ~30%；有效合理利用仓库，利用率提高 20%。

（13）统计分析系统（见图 57-29）

1）统计类型：订单、设备利用率、设备故障、设备产能、不合格品、不合格类型、仓库流量与库存、人工生产力统计等。

2）实施效益：系统参与生产每一环节，可抓取生产过程所有数据并进行智能分析；为企业生产提供可靠依据；使企业信息分析与解决更具有针对性；统计当前

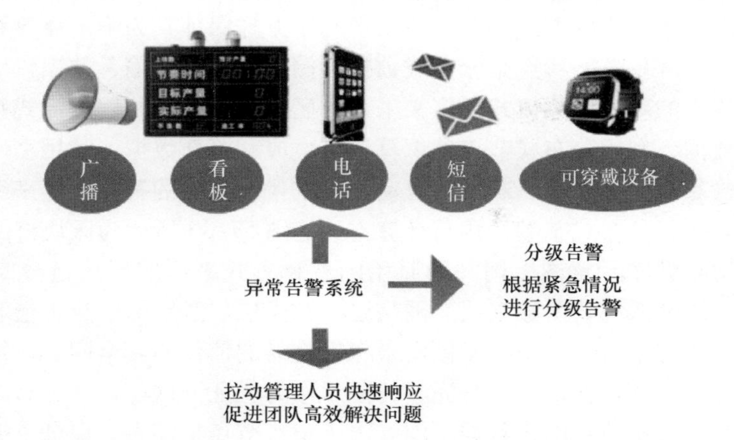

图 57-28　企业大数据平台的异常告警系统

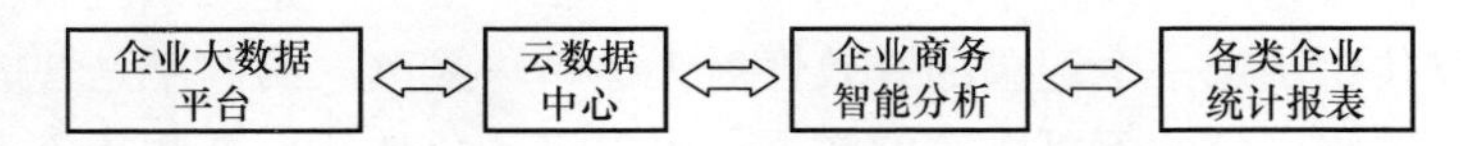

图 57-29　企业大数据平台的统计分析系统

数据，为今后的生产与计划发现问题指明方向并做出预测。

57.5　区块链在液压工业的应用

工厂信息安全是将信息安全理念应用于工业领域，实现对工厂及产品使用维护环节所涵盖的系统及终端的安全防护。所涉及的终端设备及系统包括工业以太网、数据采集与监控（SCADA）、分布式控制系统（DCS）、过程控制系统（PCS）、可编程控制器（PLC）、远程监控系统等网络设备及工业控制系统的运行安全，确保工业以太网及工业系统不被未经授权的访问、使用、泄露、中断、修改和破坏，为企业正常生产和产品正常使用提供信息服务。

57.5.1　区块链的概念

“区块链”是互联网领域中具有革命性的发展，因为它使互联数从数字互联、信息互联迈向最核心的价值互联，所以区块链可以改变世界。一般认为“人工智能彻底解决生产力，区块链将彻底解放生产关系”，可见区块链的重要性。区块链也成为人工智能全球应用的最底层技术。它的作用已经从最初解决比特币交易的信任和安全问题发展到解决分布式社会的信任和安全问题。因此它的潜力还在发展过程之中。

区块链本质上是一个去中心化的链式数据结构的数据库，是一种按照时间顺序将数据区块以顺序相连的方式组合，并以密码学方式保证其为不可篡改和不可伪造的分布式账本。区块链的特点是分布式数据存储、点对点传输、共识机制、加密算法等计算机技术的新型应用模式。广义来讲，区块链技术是利用块链式数据结构来验证与存储数据、利用分布式节点共识算法来生成和更新数据、利用密码学的方式保证数据传输和访问的安全、利用由自动化脚本代码组成的智能合约来编程和操作数据的一种全新的分布式基础架构与计算方式。图57-30所示为区块链的去中心化链式数据结构数据库示意图，用一种原始的解释方式来理解区块链分布式记账方式，互联网区块链系统要由数据层、网络层、共识层、激励层、合约层和应用层六部分组成。区块链采用了四个技术创新来保证交易的信任和安全问题。第一个是分布式账本，每一个节点都记录的是完整的账目作为凭证，这与传统分布式存储通过中心节点向其他备份节点同步数据不同。由于记账节点足够多，保证了账目数据的安全性与无法篡改的可靠性。第二个是非对称加密和授权技术，交易信息公开、账户身份加密、授权访问，保证了数据的安全与隐私。第三个是共识机制，所有记账节点之间达成共识认定一个记录的有效性后无法单一篡改。第四个是智能合约，智能合约是基于这些可信的不可篡改的数据，可以自动化地执行一些预先定义好的规则和条款。

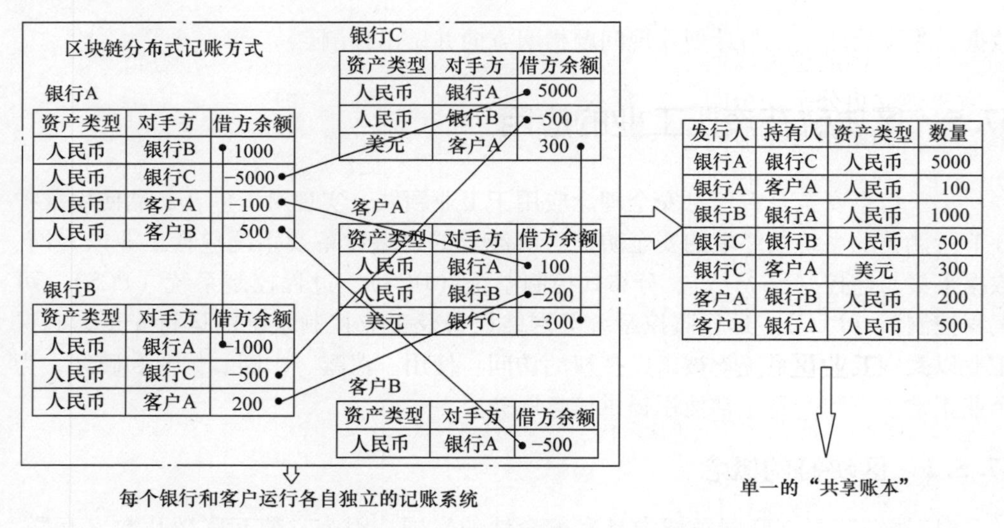

图57-30　区块链的去中心化链式数据结构数据库示意图

表57-4列出了区块链去中心化的技术功能。

表57-4　区块链去中心化的技术功能

中心化记账方式	区块链设计理念
交易信息、资金均掌控在第三方中介机构（如银行、支付宝等）	信息分布式地存储于所有在网节点，所有在网节点均有加密备份

（续）

中心化记账方式	区块链设计理念
数据、工作流只有第三方机构有全部查看权限	工作流透明
一旦第三方节点被攻击，所有信息将暴露	必须攻破超过 51% 的在网节点才能窃取所需信息
交易信息在第三方可见	仅网络中公、私钥一一对应者知道彼此身份

区块链的五个特征在于：①去中心化，体系不存在中心化的硬件或管理机构；②开放性，除了交易各方的私有信息被加密外，区块链的数据对所有人公开，信息高度透明；③自治性，算法透明，规范性和协议性使得对“人”的信任改成了对机器的信任，任何人为的干预不起作用；④信息不可篡改，单个节点上对数据库的修改无效，数据稳定性和可靠性极高；⑤匿名性，固定的算法使其数据交互是无须信任的。

区块链是解决数据库信任与安全的问题，因此区块链的应用一般都与此有关，如用于财务核算、物流与供应链、采购问题、质量问题等生产活动中。区块链技术被广泛认为是降低成本、提高速度和显示交易透明度的革命性手段。

不过，区块链之所以可以使世界产生改变，是因为它实现了最核心的功能——价值互联。因此也可以使工业生产产生改变，并帮助企业实现迫切需要的更好解决方案来建立更公平安全的社会契约式合作。区块链是很好的工具，使政府、金融机构、非营利组织与企业间形成彼此的信任与安全。这种生产关系基于区块链分布式社会理念基础之上会促进工业的发展具备更好的环境，实现无摩擦生产。近期由 IBM、思爱普（SAP）、纳斯达克（NASDAQ）、勤业众信等共同成立的区块链研究所，就介绍过富士康如何利用区块链的加密技术和去中心化网络打造与供应商、合作伙伴、工厂与用户的新型合作关系。

57.5.2　工业区块链分布式智能生产网络

“工业云”依赖于中心化系统及其中介通信模型，也就是熟知的服务器/客户端（server/clinet）模型。拥有巨大计算能力和存储空间的云服务器与被标记和验证的设备相连。设备间只能通过互联网连接，即使近在咫尺。“工业云”的基础设施和维护费用会相当高，因为需要中心化的云服务、大规模的服务器集群和网络设备来支撑，它们的运营成本，包括通信量也是很高的，而且一个故障点有可能会导致整个网络的崩溃。同时，不同的生产单元间存在多样化的所有权，各自支持的云服务架构多元化使它们之间的通信非常困难，这带来了互操作性和兼容性的困难。

设想如果设计者、开发者、终端用户和工业生产者均以平等节点的身份接入网络，数据可在任意节点间进行点对点传输，信息实时交互，那么可以实现研发、设计、生产、制造、销售、服务等全过程的数据流动自动化。为此分布式智能生产网络被设计成一个云链混合的生产网络，大部分采用中心化的工业云技术，效率更高、响应更快、能耗更低。而生产中的跨组织数据互信全部通过区块链来完成，订单信息、操作信息和历史事务等全部记录在链上，分布式存储、不可篡改，所有产品的溯源和管理将更加安全便捷。

分布式智能生产网络中整个供应链上的交易流程全部由智能合约自动执行，可以解决工业生产中的账期不可控等问题，大幅提高经济运行效率。同时，通过区块链技术与数字化工厂技术的结合，可以为每一个物理世界的工业资产生成虚拟世界的"数字化双胞胎"，并进行确权和流转，完成工业资产的数字化，帮助重资产的制造企业实现轻资产扩张。

智能合约工业范式涵盖了该种生产模式下生产、制造、销售全环节的各智能合约构架。链上提供的多种智能合约范式可满足绝大多数生产模式的价值流转需求，各生产环节的制造者仅需对号入座，大幅降低使用者接入并使用生产网络的难度。目前已经开发完成了买卖合同、询价合同和竞标合同三种合约范式。

这种全新的分布式制造模式，以用户创造为中心，使人人都有能力进行制造，参与到产品全生命周期当中，彻底改变传统制造业模式。分布式智能生产网络使产品设计、生产制造由原来的以生产商为主导逐渐转向以消费者为主导，消费者能够更早、更准确地参与到产品设计和制造过程中，并通过庞大的分布式网络对产品不断完善，使企业的产品更容易适应市场需求，并获得利润上的保证，企业的创新能力与研发实力均能获得大幅度提升，创新边界得以延伸。

链上生产，是一种分布式、开放的生产模式，各环节的交易量、利润都是公开的，资本可以直接看到利润集中的产业位置，并向这些高利润环节聚集，这将极大提高社会生产率，促进生产资源的合理配置。生产数据、销售数据本应为社会的公共资源，为任何人所用，整个社会第一次有了宏观量级和微观颗粒度兼备的，可直接分析生产的大数据集合，系统将提供丰富的数据接口，以供大数据技术使用。同时，由于链上交易依赖于公钥基础设施（PKI）体系，具备良好匿名性的同时，在必要时又可以通过出示签名证明数据的归属。一方面避免事务数据被审查的可能，另一方面可以提供数据证明，例如，企业融资时，可以证明企业利润、交易量等数据的真实性。

生产合约最终的支付条件是产品交付，在物流交付阶段，以用户的电子签名，替代现有物流系统签字签收的方式，将进一步提升物流送达率。例如，将生产合约相关信息以二维码的形式附在交付货物上，物流签收时以APP扫描，并以用户私钥签名后，APP以用户签名的消息通知生产合约，交易完成即完成资金划转，产品各环节按照合约树中各自声明的利润要求分润。由于物流也处于产品的合约树之中，其有动机保证用户电子签名的有效性，即交付的有效性。

分布式智能生产网络中可组织几乎所有生产要素，使得全生产流程跟踪成为可能。以物流为线索，对各个生产环节的场景进行信息提取、处理、上链都将是非常有价值的创新方向。以分布式智能生产网络为基础，可以构建富有经济价值的建设－经营－转让（BoT）。

分布式智能生产网络用工厂端"数字制造与设计"快速响应需求端创造的碎片化市场需求，以"市场4.0"倒逼"工业4.0"升级。在"品牌驱动的规模经济"向"IP驱动的范围经济"迁移的社会生产大趋势下，分布式智能生产网络工业区块链将帮助互联网更好地对接工业以太网，解决工业生产的智能合约构建、价值流转和数据互信问题，以分布式智能生产方式让区块链技术真正融合于工业制造和社会生产，将会为实体经济的转型升级创造价值。

当前区块链推进计划工业组的主要应用方向集中在工业安全、提升制造效率、服务型制造升级及共享和监管科技四大领域。

首先，物联网有大量的设备、人和物体在交互，因此需要用区块链技术来解决工业设备的可信身份、设备的注册管理、设备的访问控制与设备的状态监控，从而保证工业的安全。

其次，工业生产"云化"，新的工业流程体系其实是由许多家公司共同完成的，通过引入区块链分布式系统这种可信、安全的技术，可以帮助工业制造的供应链体系提高生产率，并提升协同效率。

再次，生产定制化就是向服务型制造升级，未来制造业的企业在制造、销售的时候，不单是在出售硬件产品，而是会越来越多地提供类似供应链金融、融资租赁、二手交易、工业品回收等服务，从而实现向服务型制造的方向升级。

最后，越是网络化的生产，越是大协作，越需要柔性监管。在区块链技术之上，可以给产业生态内多个参与方创造一个协作平台，大家可以在保留自身隐私与不愿共享的知识的同时，在协作平台上与参与方共享流程、规则及隐私保护下的数据。

57.5.3　行业区块链

行业区块链（Consortium Block Chains）是由行业群体内部利益共同体参与，指定的节点为记账人，每个块的生成由所有的预选节点共同决定（预选节点参与共识过程），其他接入节点可以参与交易，但不过问记账过程（本质上还是托管记账；只是变成分布式记账，预选节点的多少，如何决定每个块的记账者成为该区块链的主要风险点），其他任何人可以通过该区块链开放的应用程序接口（API）进行限定查询。这为行业性、联盟性等的项目型合作或协作建立了基础。

57.5.4　供应链

供应链领域被认为是区块链中一个很有前景的应用方向。

供应链往往涉及诸多实体，包括物流、资金流、信息流等，这些实体之间存在大量复杂的协作和沟通。传统模式下，不同实体各自保存各自的供应链信息，严重缺乏透明度，造成了较高的时间成本和金钱成本，而且一旦出现问题（冒领、货物假冒等）难以追查和处理。

通过区块链各方可以获得一个透明可靠的统一信息平台，可以实时查看状态，降低物流成本，追溯物品生产和运送的整个过程，从而提高供应链管理的效率。当发生纠纷时，举证和追查也变得更加清晰和容易。

在制造企业的供应链管理中，区块链技术可以帮助制造企业解决原料的公信问题。在初始的原材料供应商选择上，通过构建基于互联网的联盟链，可以帮助企业检测假冒伪劣原材料，以及一些引起市场反感的原材料来源。例如，通过区块链的分布式存储，确定制造业用来生产的原材料模块，并跟踪这些模块的去向。捕捉所有权归属、近乎实时的位置，甚至这些模块的运输条件等信息，并进行共享和存储。传统检测过程不仅需要耗费人力和时间，而且很难保证不出纰漏。利用区块链技术，供应链能有效消除各种潜在的信任危机，且不需要花费过多的成本，能有效形成行业威慑力。例如，运送方通过扫描二维码来证明货物到达指定区域，并自动收取提前约定的费用，可以参考区块链如何变革供应链金融，使区块链给供应链带来透明。这种基于区块链的新型供应链解决方案，实现商品流与资金流的同步，同时缓解假货问题。

57.5.5 生产过程管理、资源跟踪与质量跟踪

区块链的价值在于无法删除或修改，让使用者可以确保这些信息是最原始的资料。区块链有助于杜绝假冒行为，能用来打击仿冒、验证共享档案，以及追踪供应链上的产品等。目前，相关的监管机构已经开始与制造企业合作开发基于区块链的监管合作方案。因为除了制造业自身对原材料采购、供应链追溯及产品防伪有着必然的需求之外，监管部门也需要利用区块链来强化对市场产品的监管。可以预计，随着区块链技术发展的成熟，未来将有更多的制造业场景开始应用区块链技术。目前可以列举如下。

1）质量控制管理：防止随意修改 BOM 清单、流程信息、机床加工程序；支持小批量个性化制造；打通管理子系统间的数据交换；帮助发现流程管理隐性漏洞。

2）质量统计管理：保证统计完整性与数据真实性。

3）质量追溯系统：数据在链上则可追溯；保证质量数据真实性；质量结果触发智能合约立即兑现激励机制。

4）工装设备管理：同设备厂信息互信共享；厂商服务保证界限鉴定；完全掌握设备使用情况；防止私自外用，鼓励租用。

5）生产数据采集：了解实时生产情况；保证报表数据的准确性；为后期数据分析提供高质量数据源。

6）物料管理：物料全流程事后追溯；物料全流程实时质检/认证，供应商/劣

质品的发现和智能合约追责；防止工业物料的“偷跑冒漏”；实时追踪物料流转信息；智慧合约执行实时付款、赔偿。

7）生产管理：生产问责制；人员管理责任级细分；在线跟踪实际生产情况；及时直观了解生产现场运行情况；打通多套控制系统；有效避免单点的工业流程程序遭到恶意篡改而造成的工业制造安全问题。

8）全生命周期管理：产品全生命周期服务模式改变、报废产品追溯。

57.5.6　区块链技术应用于液压测试设备

1. 具有区块链技术的液压测试设备工作原理图

在对液压元件进行性能测试试验时，就是获取液压元件在测试过程中产生的大量数据，数据可以在试验装置的存储单元存储起来。与此同时，具有区块链存储功能的液压试验台可以通过网络模块，将数据传输到云端的服务平台，并与区块链的节点服务器联系，形成不可修改的数据记录。具有区块链技术的液压试验装置原理如图 57-31 所示。

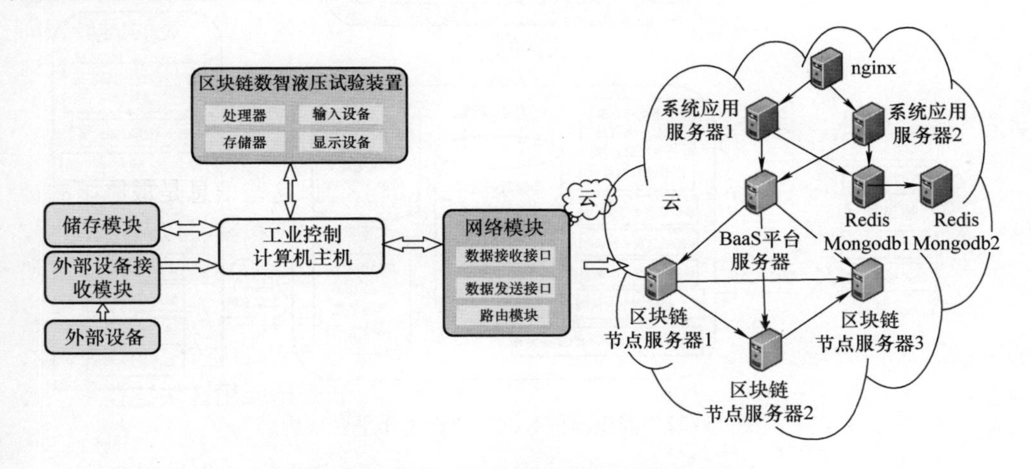

图 57-31　具有区块链技术的液压试验装置原理

这时液压试验装置的数据进入了具有区块链技术的云端存储以后，可以做到：①基于区块链的检测应用存证验证、可信操作与面向液压行业及工程领域的互信；②基于区块链的检测机构存证验证；③基于区块链的技术监督执行与质检资质、监理资质的存证验证。

当此数据存储以后，对于数据可以有下列作用：①具有区块链存储数据的在测设备的数据不可人为篡改，数据可溯源，报告可验证，实现数据完全可靠；②当这个数据用于液压公共服务平台（机构）时，这个公共服务平台（机构）所提供的数据具有行业性的可信度，具有“工业信用”，这个数据可以共享；共享用于技术、销售与售后服务等场景；③当区块链用在第三方实验室时，实施可信数据共享。

这时共享的试验数据需要具备以下的要求：①区块链保障下测试方法的一致性与精度的可控性；②实施互联智能控制下液压检测的标准算法；③可以用于基于大数据的故障预测；④其他使用范围，如包括基于可信数据的行业信息咨询报告等。

液压行业的数据体系具有区块链后，对于行业的发展具有以下重要意义：①液压行业区块链公共服务平台跨地域、跨行业、跨产业链的互认与可信保障；②构建液压行业区块链公共服务基础平台，基于区块链的跨研、产、检、监、用的全链条协同保障；③可以借此平台扩展功能，除对于数据的可信性保证外，还可以用于商业用途，如产品的品质估计、供应商品质考核、产品合格性的数据提供与分析服务等。

如果将行业性区块链以联盟形式服务（联盟链），其工作平台架构如图57-32。

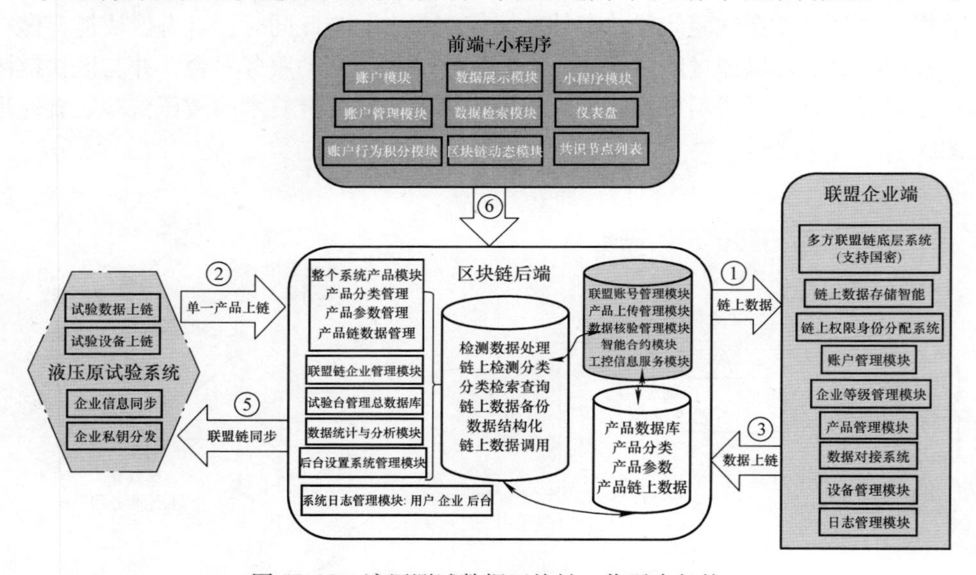

图57-32　液压测试数据区块链工作平台架构

2. 行业联盟性液压区块链公共服务平台的实施

液压测试数据区块链工作平台架构如图57-32所示。在此工作原理下，区块链中数据节点的联系如图57-33所示。对于实施点而言，这个行业联盟性数字液压区块链实时首页与网页展示图分别如图57-34、图57-35所示。图57-36所示为行业联盟区块链的后台管理与存储证明。

实施了区块链的测试数据存储在各节点中，因此实现了区块链的功能并显示了其优越性，具体的优越性阐述如下。

1）去中心化：没有中心服务器，数据分布式存储，多方维护。

2）历史可追溯：数据被加盖时间戳，按照时间顺序构成区块链。

3）数据不可篡改：修改数据必须修改多数节点；数据结构与数据内容直接相关；修改历史数据会影响链式结构。

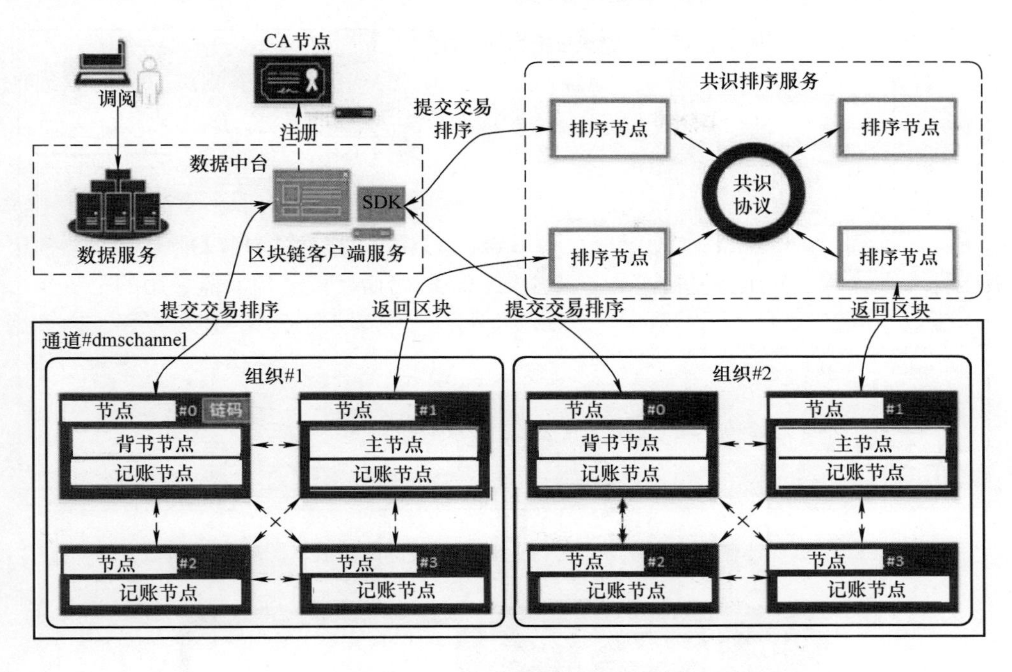

图 57-33　具有行业联盟性区块链数据节点的联系

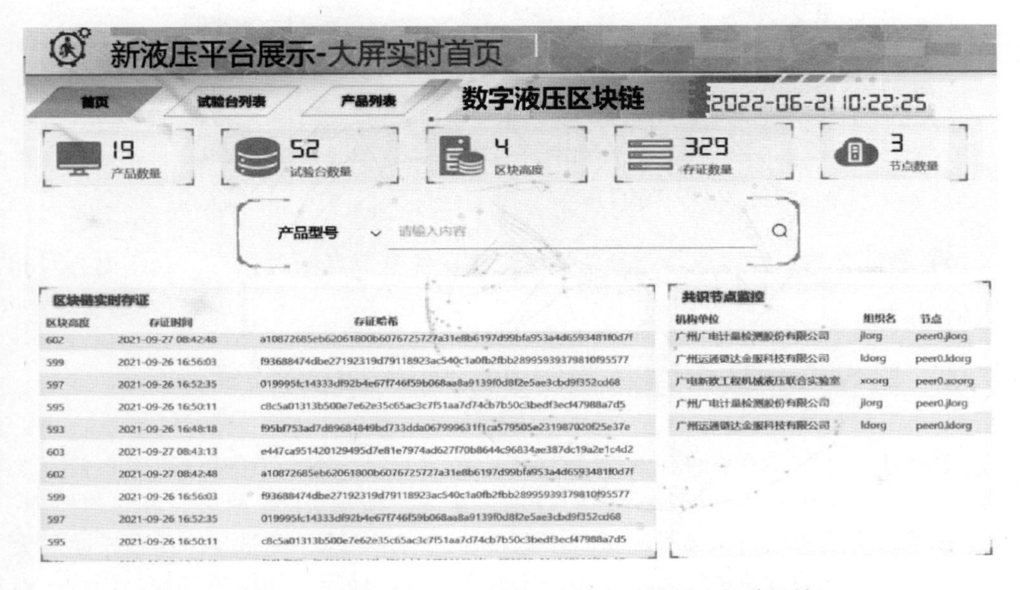

图 57-34　行业联盟性数字液压区块链实时首页（新欧机械）

4）数据透明：数据对所有相关方透明；数据执行规则对所有相关方透明。

5）安全可靠：单一节点故障不影响系统服务；密码学原理保护数据安全。

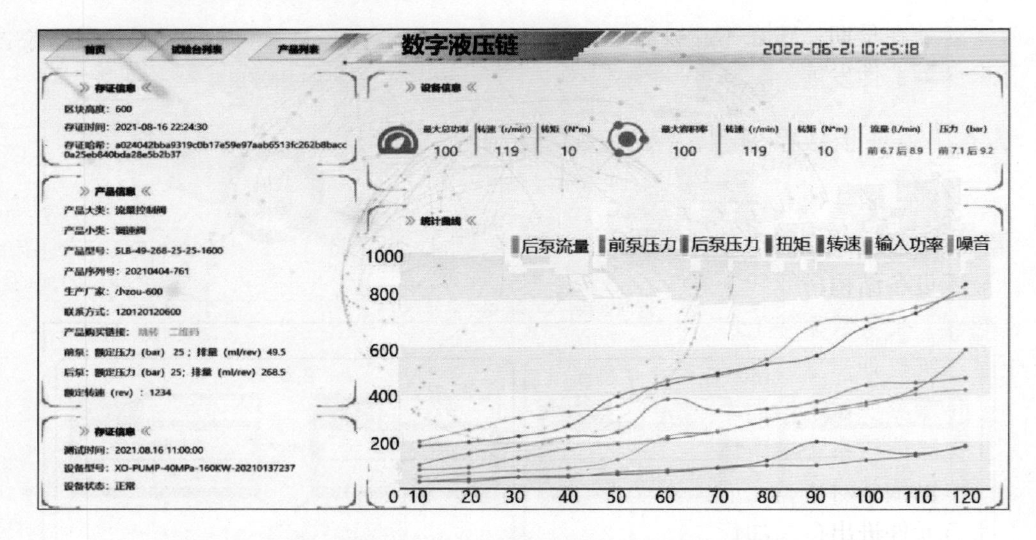

图 57-35　具有公共服务平台的行业联盟区块链网页展示图（新欧机械）

图 57-36　行业联盟区块链的后台管理与存储证明（新欧机械）

6）智能合约：程序执行业务条款；交易在各个节点同时执行；合约内容对相关方公开。

57.6　数字孪生技术在液压行业中的应用案例

数字孪生技术是互联网未来发展的核心技术之一，是智能制造的核心技术之一。它是产品全生命周期健康管理的技术，在本手册第 54 章对它的概念与模型、关键技术、应用领域与未来发展进行了概括性的阐述。本节将数字孪生所产生的大数据在液压与气动行业中的应用做进一步的介绍，以使行业能够更好地利用这一新兴技术更快发展，形成我国行业技术发展中的有力支撑点。

在利用数字孪生技术时必须记住，数字孪生是在工业互联网技术基础之上发展而来的，数字模型是这个技术的基础，它的表现形式是利用“数据”来提供“服务”，以互联网“闭环”的技术内涵来保证产品的全生命周期健康管理。另外这一技术还处在早期，还在不断发展，需要通过案例启发思维，也需要去伪存真，促进技术的创造性发展。

57.6.1　基于数字孪生的液压运行维护系统

目前，希望建立一种以数字孪生技术为基础，构建运维机理模型加数据驱动的液压运维系统。在液压运维系统的总体设计、系统功能和系统实现基础上，参照实际液压设备结构搭建线上液压系统，作为数字孪生体。在实体液压系统中安装少量传感器，采集数据并上传。构建物理系统与数字系统的孪生体映射，剩余节点参数通过运维机理模型计算得到，由此实现液压系统的实时监控和智能运维。

传统液压系统的运维方式一般是定期检修、故障维修模式，这种定期运维模式用于保障液压系统健康运行，具有严重的延迟性，可靠性一般。对液压系统的高效运维可以依托对所有元件节点信息的有效监控，但这个方法的经济性会是个问题，在所有元件进出口添加传感器不仅会使成本提高，部分传感器（如流量计）体积较大安装也不方便。为此液压运维系统借助于数字孪生技术，搭建一套线上液压系统作为数字孪生体，然后在实物液压系统安装少量传感器采集测点数据上传，构建物理系统与数字系统的孪生体映射，通过线上液压系统计算剩余测点的数据，最终实现液压系统的实时监控和智能运维。

1. 液压运维系统数字孪生技术路线与液压元件库

液压运维系统技术路线如图 57-37 所示。根据物理系统中的实体液压元件构建通用液压元件库，基于实体液压系统运行原理，利用液压元件库搭建线上液压系统作为数字孪生体，并按照实体液压系统的元件参数为线上液压系统定义属性。选取实体液压系统的关键节点安装传感器，将传感器数据采集上传，与线上液压系统对

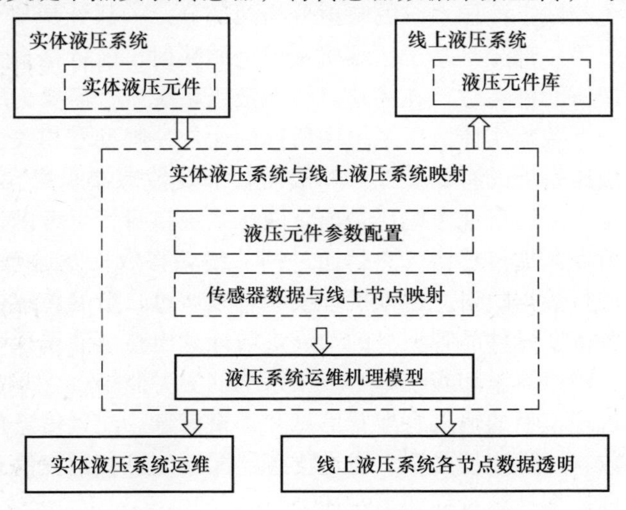

图 57-37　液压运维系统技术路线

应节点进行映射配置。以实际数据驱动线上液压系统运行，运维机理模型以配置的元件参数和实际传感器参数为基础，计算出实体液压系统所有节点的数据，实现液压系统的实时监控和智能运维。

液压元件库包含绘制线上液压系统需要的所有元件，每个元件均是对应实体液压元件的孪生体。液压元件库包含液压元件、机械元件、传感器元件，均为矢量图标。元件的标准预设参数对应实体液压元件的物理参数，元件的物理计算式对应实体运行逻辑。液压元件和机械元件的标准预设参数基于实际对应零部件的品牌型号获取，需预先录入元件的品牌型号和对应的标准参数，一部分标准参数由供应商直接提供，一部分随工况变化，需要进行试验标定。物理计算式指根据标准预设参数和输入信号计算输出信号的机理公式，主要用于运维机理模型中元件的内部计算。

以液压元件单向定量液压泵为例介绍物理计算式的构建。单向定量液压泵模型构建如图57-38所示，1口压力为p_1，流量为q_1；2口压力为p_2，流量为q_2；3口转矩为T_3，转速为n_3；4口压力为p_4，流量为q_4。预设的配置信息包括排量V_g、转动惯量J、机械效率η_{hm}、容积效率η_V、总效率η_t、最大压力p_{max}、最大转速n_{max}。

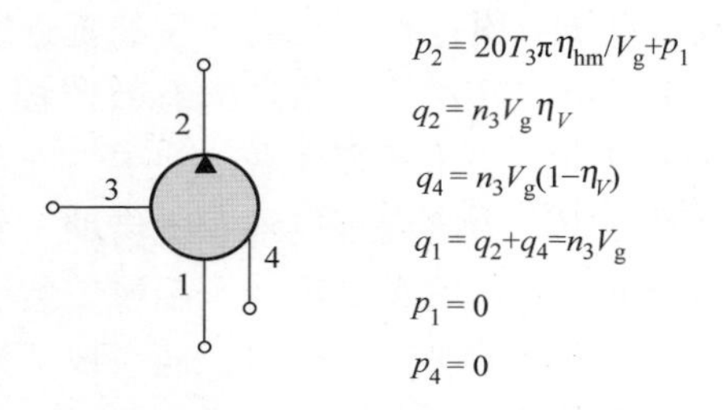

图57-38　单向定量液压泵模型构建

由物理计算式可见，计算的输入为预设的配置信息，以及通过传感器采集到的计算参数或者组成液压系统后相邻元件传递的计算参数。

2. 实体液压系统与线上液压系统映射的机理模型

实体液压系统与线上液压系统的映射分为两部分，一部分是基于液压元件参数和传感器的映射，另一部分是基于运维机理模型的映射，前者是直接映射，后者是间接映射。对于液压元件参数，在搭建好线上液压系统后，需要为所有用到的元件配置参数，配置的参数与实体液压系统中所选的元件品牌型号相关。对于传感器数据，为了实现对液压系统的有效监控，一般需要加装传感器采集元件接口的数据。根据分析，无论是出于经济性考虑还是出于液压系统自身特点考虑，设计运维方案时一般只在关键节点添加传感器，然后通过网关终端将数据发送至线上液压系统，与线上对应节点进行数据映射。运维机理模型可以通过映射的传感器数据、元件的物理计算式，以及依托元件品牌型号的预设参数计算出整个液压系统所有节点的数据，由此通过少量传感器添加实现整个液压系统的实时监控。

由此，运维机理模型的输入有配置信息和采集信息。配置信息包括系统基本信息、元件预设参数、元件连接关系、通道传感器配置信息；采集信息为传感器采集的数据。运维机理模型计算过程如下所述。

① 读取传感器采集的数据和通道传感器配置信息，根据通道传感器的绑定关

系进行数据解析，将传感器数据赋值给对应的元件参数。

② 获取各元件物理计算式，元件内部将配置信息和传感器赋值的参数作为输入，进行内部计算，已经完成赋值的参数不再根据物理计算式计算，分别记录已计算出的参数和未计算出的参数。

③ 获取元件连接关系，相连元件按照连接关系进行压力、流量、转速、位移等信息的传递，更新各元件已计算出的参数和未计算出的参数。

④ 根据更新的元件参数重复步骤②、③，直至液压系统所有元件参数都被计算出来，完成一次计算过程。通过运维机理模型计算过程，实现液压系统所有元件物理世界与数字世界的映射。

3. 液压运维数字孪生系统及其功能

1）系统功能结构。液压运维系统包含液压元件库、设计模块、运维模块、配置模块。在标准液压元件库中，每个元件包含标准图形、默认预设参数、物理计算式。使用时，工程人员在系统设计页面新建系统图样，拖拽液压元件库中的标准元件，通过管道连接形成液压系统图。按照液压元件的实际选型为元件配置具体参数，形成与实体液压系统对应的线上图样。液压系统实物侧在关键节点安装传感器，通过网关终端将数据上传至液压运维平台数据解析模块，进行数据解析存储。系统运维时，将线上液压系统中的传感器元件与实物传感器相互映射，实物侧采集的数据经过解析导入运维机理模型，运维机理模型即可根据元件的配置信息和传感器数据进行计算，以此监控液压系统的实时数据和运行趋势，实现液压系统的运维。液压运维系统功能的结构如图 57-39 所示。

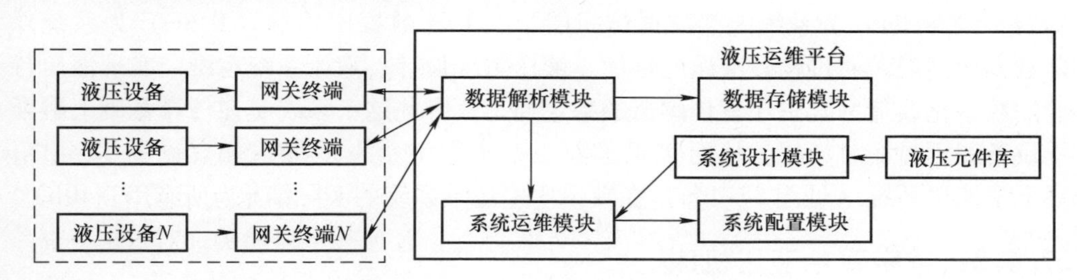

图 57-39 液压运维系统功能的结构

2）设计模块。设计模块支持可拖拽方式绘制液压系统图样，用户根据实际液压原理从液压元件库中选取相应元件，通过管道将元件接口与接口相连，组成基础液压系统图。为每个元件预选对应的品牌型号，明确元件的预设参数。绘制液压系统图后，需要对提交的液压系统图验证可行性。验证时，遵循运维机理模型进行计算，如果可行性验证不通过，那么会给出输出参数无法计算的元件，提示液压系统设计不合理或相关元件参数配置不合理，用户需要返回修改液压系统图样或配置信息。

3）配置模块。配置模块主要实现以下两个功能。

第一个功能是线上液压系统与实体液压系统的绑定。液压系统实物侧在关键节点安装传感器，通过网关终端将传感器数据上传至液压运维平台。实物传感器与线上液压系统中的传感器是一一对应的，配置模块负责将线上液压系统图样中的传感器与实物传感器进行配置，这样运维计算时就可以将数据正确地传递至对应元件参与计算。

第二个功能是运维机理模型计算结果与前端的通信配置。液压运维系统支持多台设备同时运维，出于系统效率的考虑，运维机理模型根据液压系统图样的配置信息、连接关系及传感器数据计算输出液压系统中所有元件的参数。运维机理模型计算结果输出至前端展示，由配置模块实现。运维机理模型的计算结果通过WebSocket推送至前端，运维机理模型与前端通信的WebSocket地址事先注册至配置模块，由配置模块统一管理。

4）运维模块。液压系统设计完成后，可以按照液压系统图样搭建实体液压系统，并加装传感器。网关按照一定采样频率通过数据传输协议进行数据上传，支持批量上传数据或一次只上传一组数据。循环调用运维机理模型的所有参数，计算结果在液压运维系统图样上实时展示，同时还可以查看任意参数的实时曲线。

运维模块对元件的关键参数设置了阈值报警逻辑，对运维机理模型输出的计算结果会进行判断报警，并在运维监控页面实时显示报警提示，向运维人员推送报警信息。

4. 系统实现

液压运维系统采用浏览器/服务器架构进行设计，以Spring Framework为核心容器，以MyBatis为系统内部数据访问层，以Java数据库连接（JDBC）为系统外部数据访问层。通过构建液压元件库、液压系统设计、液压系统运维，实现液压行业的数字化改造，其中还有传感器的绑定通道，因此这个系统是在仿真基础上融合了设备的运行实时数据，从而实现了液压系统数字孪生运维系统（见图57-40），展示了液压系统（见图57-40a）在数字孪生运维系统的实际结果（见图57-40b）。

57.6.2　数字孪生液压机床

机床是制造业中的重要设备。随着用户对产品质量要求的提高，机床也面临着提高加工精度、减少次品率、降低能耗等严苛的要求。

在欧盟领导的欧洲研究和创新计划项目中，研究人员开发了机床的数字孪生体，以优化和控制机床的加工过程（见图57-41）。除了常规的基于模型的仿真和评估之外，研究人员使用开发的工具监控机床加工过程，并进行直接控制。采用基于模型的评估，结合监视数据，改进制造过程的性能。通过控制部件的优化来维护操作、提高能源效率、修改工艺参数，从而提高生产率，确保机床重要部件在下次维修之前都保持良好状态。

在建立机床的数字孪生体时，利用CAD和CAE技术建立了机床动力学模型

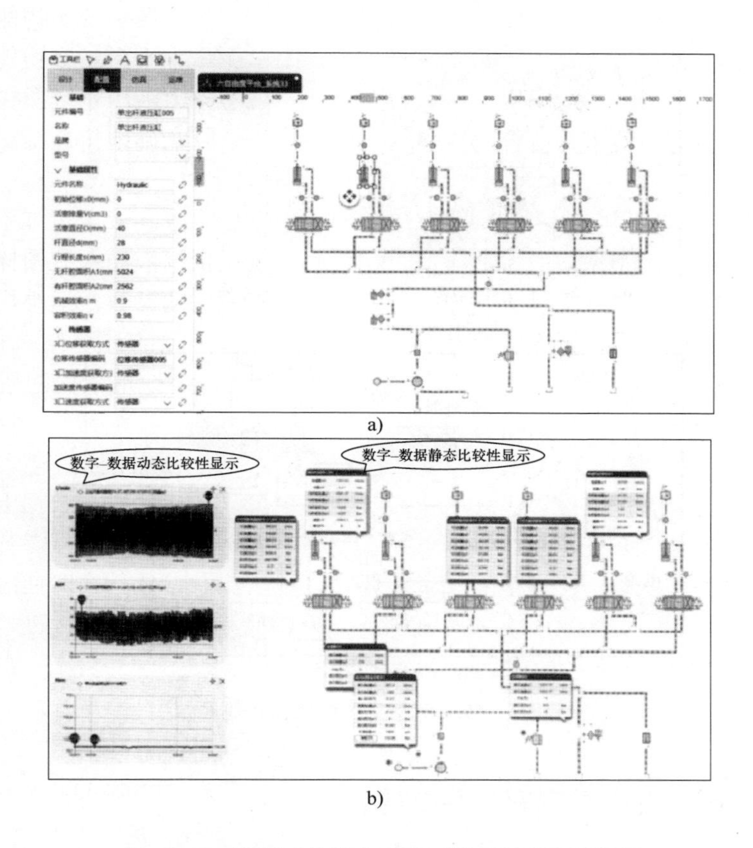

图 57-40　液压系统数字孪生运维系统的实际结果

a）液压数字孪生健康管理系统页面　b）液压数字孪生健康管理系统运维页面

(见图 57-42)、加工工程模拟、能源效率模型和关键部件寿命模型。这些模型能够计算材料去除率和毛边的厚度变化，以及预测道具破坏的情况。除了优化道具加工过程中的切削力外，还可以模拟道具的稳定性，允许对加工过程进行优化。此外，模型还预测了表面粗糙度和热误差。机床数字孪生体能把这些模型和测量数据实时连接起来，为控制机床的操作提供辅助决策。机床的监控系统部署在本地系统中，同时将数据上传至云端的数据管理平台，在云平台上管理并运行这些数据。

图 57-41　数字孪生机床

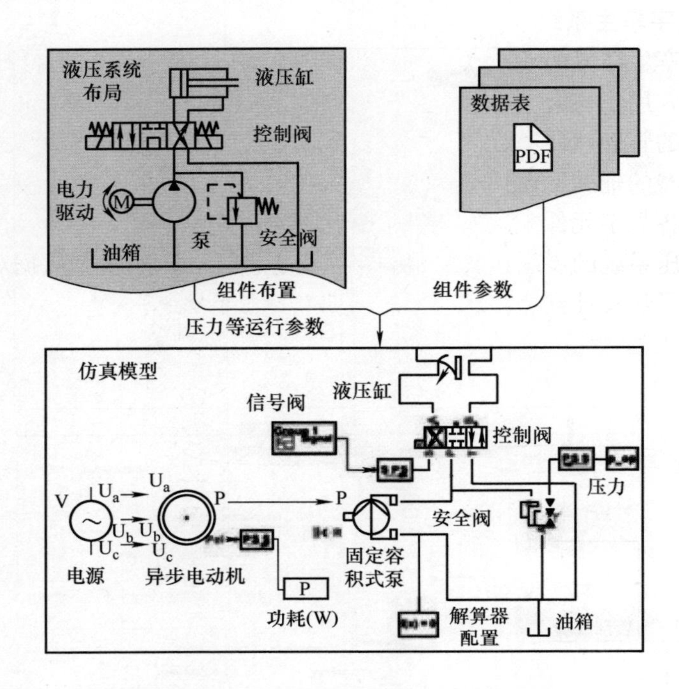

图57-42　数字孪生机床的液压控制系统

57.6.3　液压系统中数字孪生系统的设计

1. 创立液压数字孪生系统的必要性

工程机械液压系统作为工程机械的核心驱动系统，从其设计、使用、检修和报废的全生命周期的情况进行数字孪生的互动互联，直接关乎工程机械制作商和终端客户的经济效益。目前，液压系统的监测技术情况不尽人意：

1）仅仅将液压系统监测点的传感器数据上传给云端，由云端进行存储与分析，这种方式没有通用性，每一个新的系统都需要重新从硬件和软件代码方面设计制作，工作量巨大。

2）将液压系统设计和定义都在云端完成，工作量大而复杂，由云端进行分析和控制，没有考虑到工程机械的现场工况复杂性。

3）云端仅仅根据数据点进行简单分析，提示监测人员对故障进行提前排查。

4）国内的工程机械中，设计仿真主要基于国外数学软件，元件选型与设计是分离的，导致仿真系统与实际系统偏差较大；在设计后，现场试验也只是对运行记录进行事后分析，无法对现有设计和后期全生命周期的调整做出贡献。

可见，在目前的技术中，均无法对液压系统进行真正的数字孪生，无法从设计到报废的全生命周期对液压系统的状况进行监测。

2. 液压数字孪生系统的组成

利用数字孪生技术的液压系统有三大部分（见图 57-43），包括液压系统数字孪生管理终端、用于与液压系统连接的边缘侧检测器及云端。通过液压系统数字孪生管理终端上的管理软件对数字元件进行设计、对数字液压系统模型进行搭建，并在边缘侧检测器的辅助下对数字元件模型的关键参数进行计算，边缘侧检测器根据关键参数计算各数字元件模型的实测数据，云端对数字液压系统模型进行存储和管理、对数字液压系统的展示运行及根据来自边缘侧检测器的实测数据对液压系统进行监测，实现了从设计到报废的全生命周期对液压系统状况的监测。

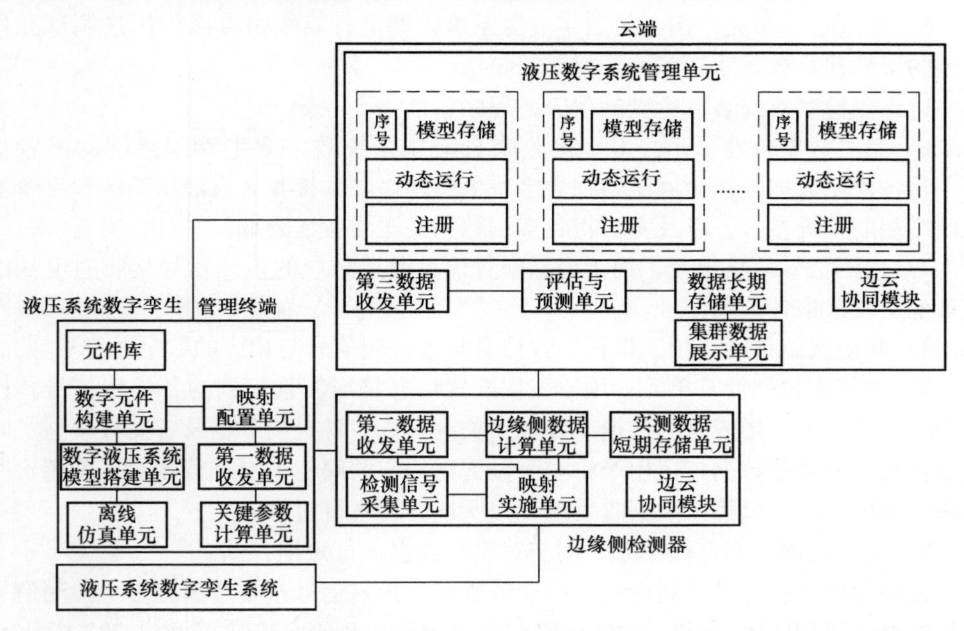

图 57-43　对液压系统进行数字孪生的系统（上海电气液压气动有限公司发明专利）

此为上海电气液压气动有限公司发明专利申请，申请号为 202011262121. 5。

采用液压系统数字孪生管理终端，具有与液压系统连接的边缘侧检测器及液压系统数字孪生云端，终端、边缘检测器、云端三者互联。

管理终端安装有液压系统数字孪生管理软件，软件包括：

1）数字元件构建单元，用于供用户从预设的元件库选取元件模型，并对该元件模型的属性和参数进行设置，元件包括基本液压元件（包括电动机元件、液压缸元件、液压泵/马达元件、负载元件、液压阀元件、液压辅件元件、传感器元件及环境变量）、传感器元件及智能装置元件。

2）数字液压系统模型搭建单元，用于通过由数字元件构建单元构建的数字元件搭建数字液压系统模型。

3）映射配置单元，用于供用户配置信息，诸如实际元件与数字元件的一一对应关系和逻辑、实际元件在液压系统中的位置、传感器信号与实际值的对应关系及检测信号与边缘侧检测器的检测信号接收通道的一一对应关系，所述检测信号包括传感器信号及总线信号。

4）第一数据收发单元，用于将搭建的数字液压系统模型和配置信息发送给边缘侧检测器、接收来自边缘侧检测器的检测数据、将关键参数发送给边缘侧检测器，以及将数字液压系统模型、配置信息和关键参数发送给云端。

5）关键参数计算单元，用于根据来自边缘侧检测器的检测数据对数字液压系统模型各元件模型的关键参数进行计算。

6）离线仿真单元，用于对数字液压系统模型进行离线仿真以供用户调试元件模型的属性和参数。

边缘侧检测器安装有边缘侧程序，程序包括：

1）第二数据收发单元，用于接收来自液压系统数字孪生管理终端的配置信息、将各检测数据发送给液压系统数字孪生管理终端、接收来自液压系统数字孪生管理终端的关键参数，以及实时将各实测数据发送给所述云端。

2）检测信号采集单元，用于根据配置信息通过相应的检测信号接收通道从液压系统实时采集各检测信号。

3）映射实施单元，用于根据配置信息将各检测信号与相应的数字元件对应。

4）边缘侧数据计算单元，用于根据配置信息将当前采集到的各检测信号转换为相应的实际值，形成检测数据，并根据关键参数、各检测数据及各元件模型实时算出各元件的实测数据；还用于将实测数据与相应的阈值范围进行比对，若超出所述阈值范围，则通过第二数据收发单元向所述云端进行报警。

5）实测数据短期存储单元，用于对实测数据进行短期存储。

边缘侧检测器包括控制模块、用于形成多个检测信号接收通道的多个检测信号接收模块（采用 ADC 模块、I/O 模块、总线模块、RS485 模块以及 RS232 模块）、数据存储模块、网络模块及调试模块，控制模块与多个检测信号接收模块、数据存储模块 、网络模块及调试模块连接，多个检测信号接收模块及网络模块均与数据存储模块连接。

云端安装有云端管理程序，程序包括：

1）第三数据收发单元，用于接收来自液压系统数字孪生管理终端的数字液压系统模型、配置信息和关键参数，以及用于实时接收来自所述边缘侧检测器的各实测数据。

2）液压数字系统管理单元，用于存储数字液压系统模型，配置信息和关键参数，对相应的液压系统进行云端注册，以及动态运行数字液压系统；还用于按照序号对各数字液压系统进行管理。

3）评估与预测单元，用于根据各实测数据对相应液压系统的运行状况进行评估，以及对相应液压系统的寿命进行预测。

4）数据长期存储单元，用于对评估与预测单元获得的结果进行长期存储。

5）集群数据展示单元，用于根据数据长期存储单元存储的数据进行数据统计、动态展示及大数据分析。

6）边缘侧程序及云端管理程序均还包括边云协同模块，用于对边缘侧程序进行更新。

数字液压系统模型的设计和搭建都在液压系统数字孪生管理终端上进行，在云端只需对液压系统进行注册，就可以自动运行数字液压系统，无须在云端设计和定义。云端可以根据实测数据对液压系统的运行状况进行评估，对液压系统的寿命进行预测。此外，元件库基于液压系统设计可避免目前数字液压系统与实际系统产生较大偏差的问题。

3. 液压数字孪生系统的工作过程

（1）系统设计阶段

1）在管理软件中，用户通过液压系统数字孪生管理软件从元件库选取元件模型，并对该元件模型的属性和参数进行设置。

2）通过各数字元件搭建数字液压系统模型。

3）对搭建完成的数字液压系统模型进行离线仿真，对元件模型的属性和参数进行调试，直到系统模型仿真达到理想结果，即仿真数据满足设计要求。

4）在系统模型中确定监测点并插入数字传感器。

（2）系统测试阶段

1）将实际液压系统上的各传感器和智能装置与边缘侧检测器连接，将边缘侧检测器与液压系统数字孪生管理终端连接，边缘侧检测器通过配置信息将检测数据接收通道与相应的数字元件一一映射。

2）边缘侧检测器先从液压数字孪生系统采集若干组检测信号，形成检测数据，液压系统数字孪生管理终端上的液压系统数字孪生管理软件根据来自边缘侧检测器的检测数据对数字液压系统模型各元件模型的关键参数进行计算。

（3）系统使用阶段

1）液压系统数字孪生管理终端将数字液压系统模型、配置信息和关键参数发送给云端。

2）云端对数字液压系统模型、配置信息和关键参数进行存储，对相应的液压系统进行云端注册，并动态运行数字液压系统。

3）边缘侧检测器实时采集检测信号，形成检测数据，并根据关键参数、各检测数据及各元件模型实时算出各元件的实测数据，将实测数据实时发送给云端。

4）云端根据得到的实测数据对相应液压系统的运行状况进行评估、对相应液压系统的寿命进行预测，并可结合集群数据进行数据统计、动态展示及大数据分析。

（4）系统报废阶段　云端对某液压系统的运行状况进行评估，确定为报废系统后，会对该报废系统进行标记并封存，停止相应的评估和预测，这些数据将作为下一代液压系统设计的数据基础。

4. 数字孪生技术在液压集成块中的具体实施

本方法结合液压设计的特点，提出了数字孪生模型下的液压虚实融合设计，同时以数字孪生在液压集成块的设计为例，分析了液压集成块数字孪生模型的流程设计（见图57-44a）。通过采用数字孪生下的液压设计，减少传统设计弊端，使液压技术的集成变得更加容易，能有效提高液压系统设计的准确度、精细度等。

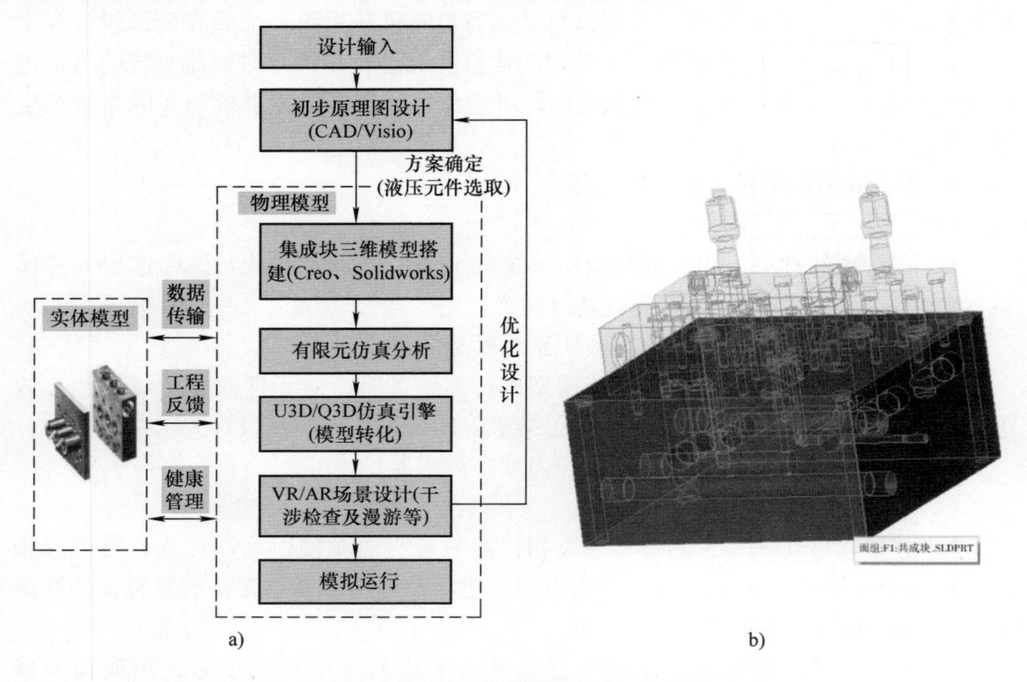

图57-44　数字孪生在液压集成块中采用VR开发模式

a）数字孪生在集成块设计中的流程　b）VR环境下集成块模型开发模式

首先借助三维软件建模，完成孔道布局设计，搭建集成块模型，实现力学等有限元分析。同时对搭建的模型进行转换，以工程实际中的阀组信息为基础，使用U3D/Q3D仿真引擎软件对模型进行交互式开发，建立虚拟现实（VR/AR）环境，实现模型可视化、沉浸感。VR环境下，集成块模型可以开发不同的模式。例如，在沙盒模式下，液压设计人员对集成块模型进行不同角度及方位的观察。漫游模式下，设计人员通过使用HTC VIVE Pro头显等设备直接进入集成块内部孔道进行查看，观察各孔道之间连通区域是否存在干涉，确定孔深及干涉处的调整量，达到人机交互模式下的验证工作。布置模式下，借助前期搭建的资源设备库模型，设计人员利用VR手柄/Noitom Hi5动捕手套，选取需要放置的液压阀，将其放置在集成块模型上，进行虚拟布局等，VR环境下集成块模型开发模式如图57-44b所示。当然在布置模式下，通过将液压阀放置在未开孔的集成块上，虚拟平台可以智能算出最优的布孔方案（包含孔深、孔径、孔壁等），实时生成集成块孔道图，实现虚拟设计等。人因模式下，实时连接液压泵站系统中的运行数据并反馈在虚拟模型上，实现同步运行等。

5. 基于数字孪生的液压系统融合型故障诊断预测方法

图 57-45 所示为液压系统融合型故障诊断数字孪生预测方法，此为山东大学 2020 年发明专利（申请号为 202010687382.5）。

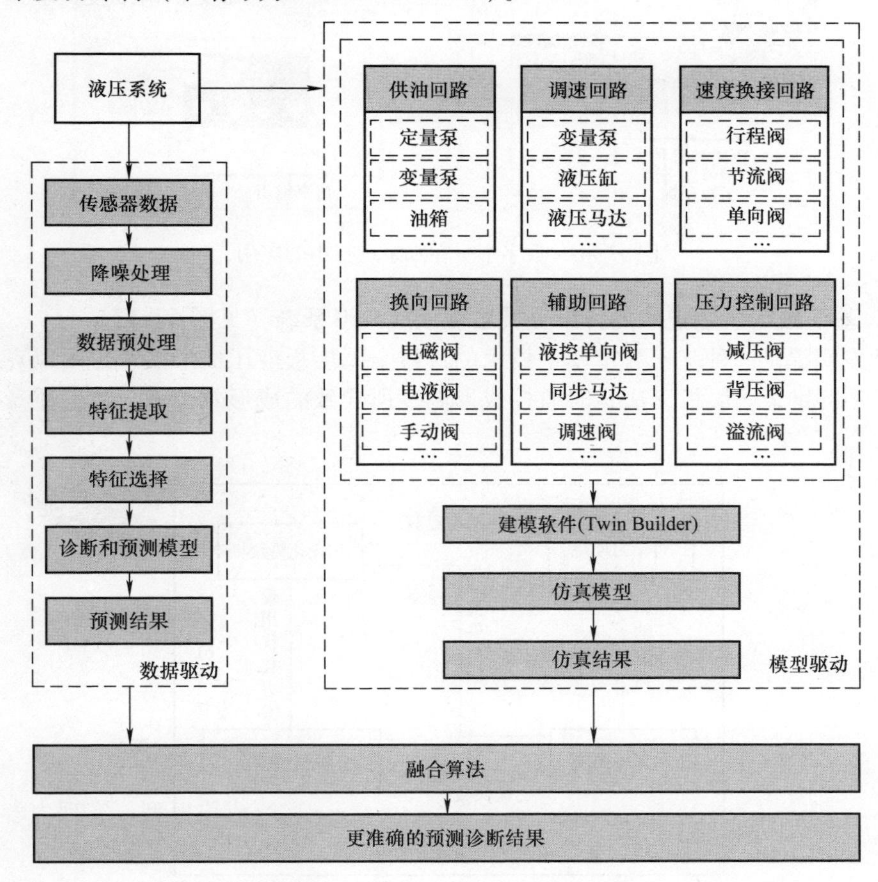

图 57-45　液压系统融合型故障诊断数字孪生预测方法（山东大学发明专利）

此发明涉及基于数字孪生模型驱动与数据驱动融合的液压系统故障诊断方法，将基于数字孪生模型驱动的液压系统故障诊断预测方法的结果和基于数据驱动的液压系统故障诊断预测方法的结果输入到初始化的融合算法中，利用融合算法进行剩余使用寿命和概率密度的计算，得到所需要的液压系统剩余使用寿命，此发明的方法预诊断预测结果更加精确，可靠性高。

6. 数字孪生在水泵运行中的应用（见图 57-46）

由于运行中来流条件的改变，水泵有可能发生气蚀现象，气蚀会导致水泵叶片损坏，从而过早报废。为应对这一挑战，PTC和ANSYS建立了水泵的数字孪生。

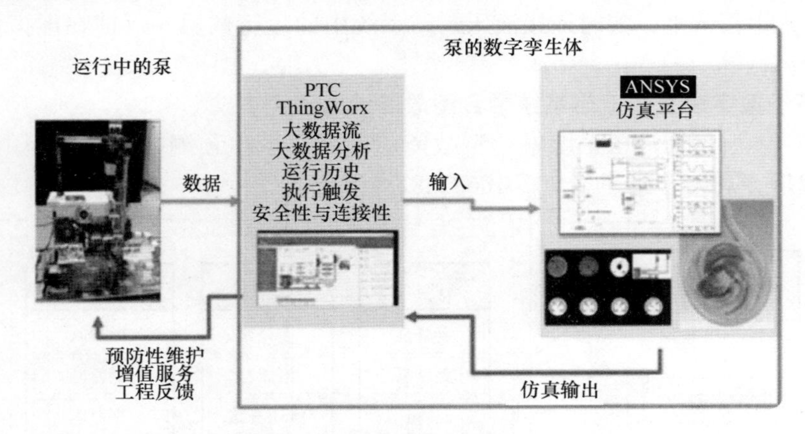

图57-46 数字孪生在水泵运行中的应用

7. 基于数字孪生技术的纤维金属层板液压成形系统（见图57-47）

此发明提供一种基于数字孪生技术的纤维金属层板液压成形系统，用以克服现有技术中纤维金属层板无法实时监控成形温度所导致的成形效率低、成形质量差的问题。

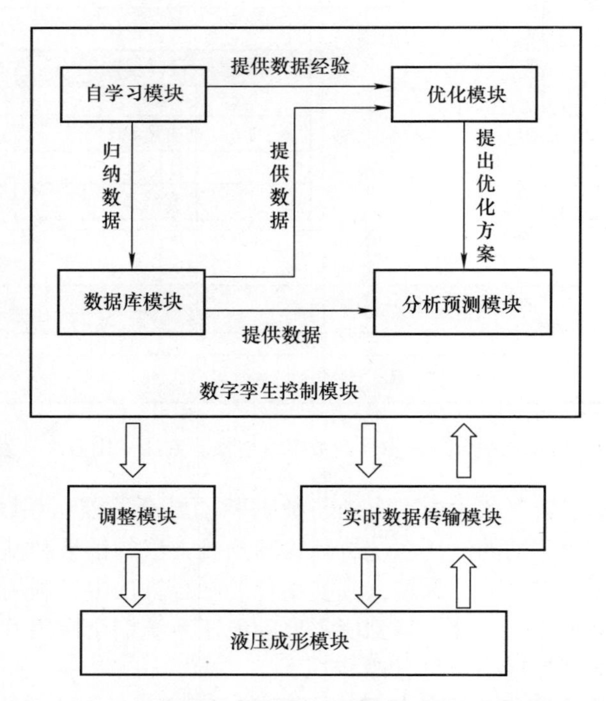

图57-47 基于数字孪生技术的纤维金属层板液压成形系统

第 58 章　液压气动产业的数字化转型

58.1　工业云的基本概念与常用词汇

58.1.1　工业云基本概念

信息技术（IT）是工业 3.0 时代信息化的代名词，取而代之的是工业 4.0 的数字孪生（DT），在数字孪生中的核心是云（Cloud）。云是工业 4.0 物联网（CPS）+ 大数据（BD）+人工智能（AI）的代名词。工业革命的发展过程如图 58-1 所示。

第1次工业革命
18世纪
蒸汽机为基础的
机器生产

第2次工业革命
19—20世纪
电力为基础的
大批量自动化生产

第3次工业革命
20世纪后期
计算机与互联网为
基础的知识产业

第4次工业革命
21世纪初期
人工智能+信息技术
(AI+BD/IoT/Cloud)

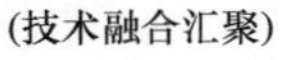

图 58-1　工业革命的发展过程

云的本质是 IT 的外包服务。因此云的核心是“软件服务”，工业云生态如图 58-2所示。

所以“云”的真正功能就是“软件即服务（SaaS）”。随着工业应用的发展，这个服务模式也正从供应商服务走向被服务者的自身参与，就形成了“云化”。现在的互联网云化就是“面向边缘时代的网络和安全的综合云化”，其中的“边缘”是指“边缘计算”。

作为“云”的技术与服务的发展也在向“云端一体”与“云地合一”方面提高。这里的“端”泛指工业应用 App，“地”是指应用场景或应用现场。

工业云是工业互联网平台的基础，如图 58-3 所示。

由于工业 4.0 时代的发展，工业云提供了各种使能技术，因此将是推进智能制造的使能技术，也是推动自动控制的使能技术，因此对于类似液压气动行业具有双

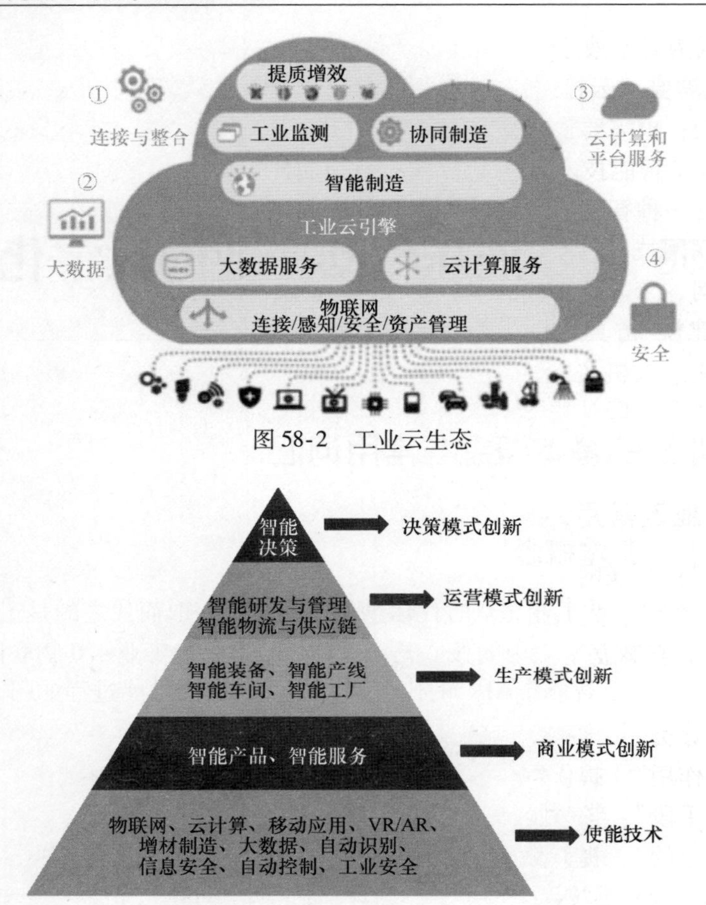

图58-2　工业云生态

a)

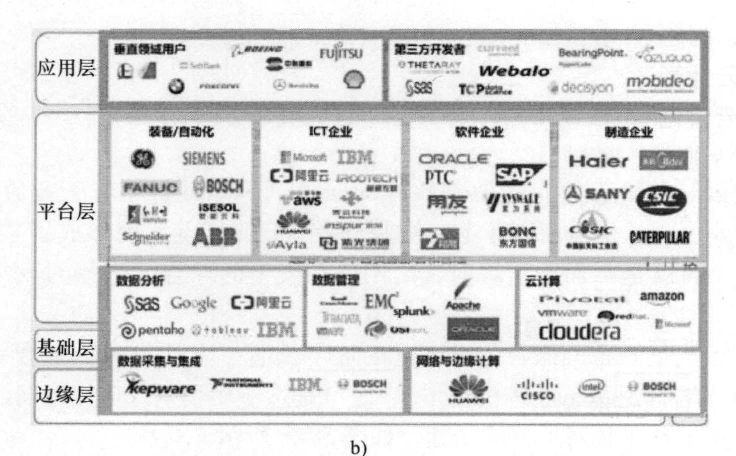

b)

图58-3　工业云是工业互联网时代创新的基础

a）工业云是推进智能制造的使能技术　b）工业云是工业互联网平台的基础

重的作用，因为对于液压气动这样的流体动力与控制的学科所涉及的产业，既需要“云制造”又需要“云控制”，也就是说既需要智能制造的更新换代对我国“弯道超车”的帮助；也需要云控制，实现对液压主机的运动控制与运维。

新一代人工智能技术引领下的智能制造系统，是“互联网+大数据+人工智能+”时代的一种智能制造新模式、新手段和新业态。这个时代的核心技术，主要包括新互联网技术（传统的互联网、物联网、车联网、移动互联网、卫星网、天地一体化网、未来互联网等）、新信息通信技术（如云计算、大数据、5G、高性能计算、建模/仿真、量子计算等技术）与新人工智能技术（基于大数据智能、群体智能、人机混合智能、跨媒体推理、自主智能等技术）的飞速发展，正引发国民经济、国计民生和国家安全等领域新模式、新手段和新生态系统的重大变革。

58.1.2　工业云常用词及其简介

“工业云”：互联网+工业 = 云计算的算力。

“工业云平台”：“互联网+工业”的纽带 =工业物联网的分支。

“工业云平台组成”：虚拟服务器（硬件）+工业软件（软件），虚拟服务器无特定场所。

“工业云分类”：虚拟服务器（硬件）+ 该分类领域的工业软件（软件）。

“工业云作用”：提供该领域的工业软件服务。

“工业云手段”：该领域工业软件资源共享，节省成本。

“工业云目的”：提升企业竞争力（企业角度），掌握产业生态的制高点（行业或国家角度），以先进技术为手段，资源配置提效率，用智能制造提升工业制造业经济效率（技术经济角度）。

“工业云问题”：企业担心数据泄漏（数据安全性）。

“工业云计算”：云计算+雾计算+边缘计算（服务端与用户的亲近程度）。

“工业云云化”：云“计算”化，即按新的架构和模式开发，在云端建立可动态演化的数字模型，通过对模型的仿真实现对物理设备的管理和优化。这是设备上云的高级水准与理想境界。

“工业云内容”：传统制造业内容+先进信息技术（数据库、算法库、模型库、大数据平台、计算能力）。

58.1.3　工业云计算的类型与服务形式

1. 工业云计算的类型

工业云计算的类型分为公有云与私有云，其区别详见表58-1。

表 58-1　公有云与私有云的区别

类型	用户	业务场景	技术构架	兼容性	安全性	定制	成本	运维
公有云	政府 大企业	对外互联网业务	自研构架 分布集群	自我修改适配	主机端 隔离	不可	初期低，业务增加后会高	服务商
私有云	中小企业 个人	对内业务	开源 灵活可用	主动兼容	网络层隔离	灵活定制	初期高，业务增加后会低	自主

此外，还有社区云与混合云，是上述公有云与私有云的特点混合。

2. 云服务的分层架构

云的本质是IT的外包服务，由于外包的程度不同就有不同程度的服务，云分层服务架构如图58-4所示。

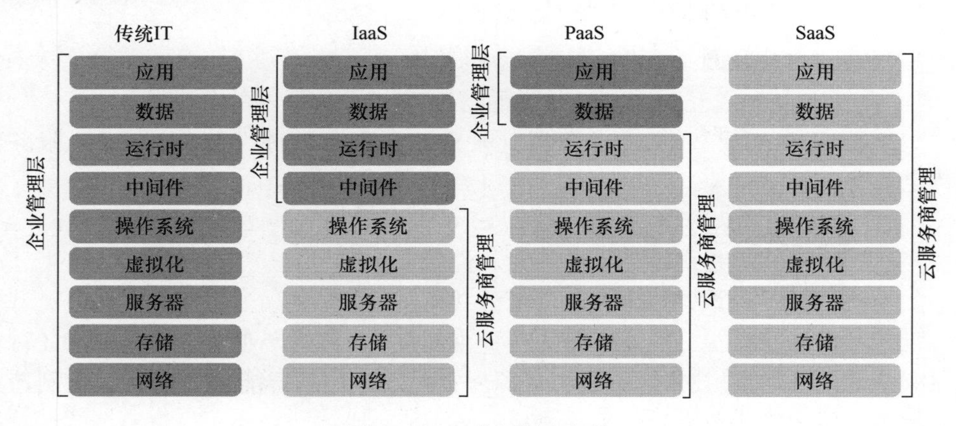

图58-4　云分层服务架构

基础设施即服务（IaaS）：企业应用时将抛弃传统IT时代全部自行处理信息所需要的硬件（服务器）与软件（工业软件），由云提供服务器与操作系统的服务。可以租用IaaS公司提供的场外服务器，存储和网络硬件，节省了维护成本和办公场地。

平台即服务（PaaS）：PaaS公司在网上提供各种开发和分发应用的解决方案，如虚拟服务器和操作系统，还有网页应用管理、应用设计、应用虚拟主机、存储、安全及应用开发工具等。这节省了企业在硬件上的费用，也让分散的工作室之间的合作变得更加容易。

软件即服务（SaaS）：企业所有信息处理交给SaaS云服务，使用付费。

3. 工业云应用领域

工业云应用领域详见表58-2，工业云引擎运营平台如图58-5所示。

表 58-2　工业云应用领域

序号	应用领域	应用要点
1	云设计	二维/三维 CAD 服务，工程分析计算服务
2	云制造	数据编程服务，制造资源协同，数据设备联网和运维监控服务
3	云协同	协同营销服务，数据管理服务
4	云资源	计算资源，存储资源，零部件库，专业应用构件，产品，模型，设计标准和手册，电子产品目录
5	云社区	工业设计服务，3D 打印服务，三维扫描服务，采购服务，培训服务

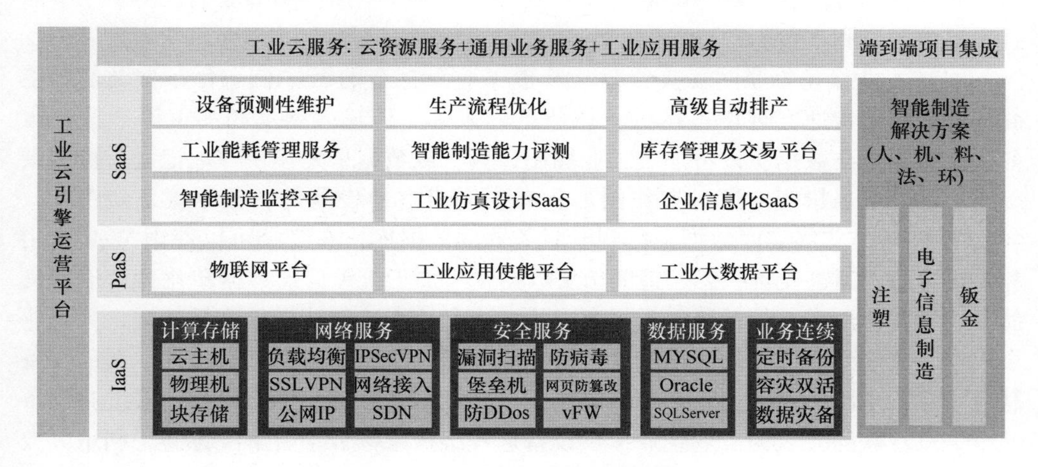

图 58-5　工业云引擎运营平台

真正实现制造业的生产设备网络化、生产数据可视化、生产过程透明化、生产现场无人化，做到纵向、横向和端到端的集成。基于工业云引擎平台的开放与整合能力，可以应用于众多工业生产制造细分场景，形成典型场景化的智能制造和工业云服务解决方案，包括如下领域。

（1）智能制造能力测评　为企业智能制造转型过程提供针对企业智能制造核心能力的测评。测评针对大量企业核心能力进行深度洞察并针对大量最佳实践而进行研发，可以为企业提供专业的能力评估与改善建议，帮助企业走向工业 4.0 智能制造制定最优发展路径。通过线上测评能够切实地了解到目前企业在各个业务领域所处的阶段和层次、企业自身与行业先进企业间的比较差距，以及未来可能提升的方向和优化的路径。通过智能制造企业核心能力模型与云端 SaaS 平台的支撑，线上测评能够让企业以最高的效率和最小的代价完成工业 4.0 和智能制造转型的第一步，避免走入为了智能制造而智能制造的歧途，而将聚焦点重新回到企业核心的战略和竞争力发展的关键之处。

（2）智能制造监测解决方案　面向协同制造、柔性制造或离散型制造，通过大数据、物联网、云计算等IT技术支撑，实现智能制造新模式，完成生产过程智能化、协同制造与个性化定制两大主题方案的探索与实践。通过智能制造监测平台，实现智能设备管理、智能监控管理、智能生产管理、智能物流管理、智能质量管理和智能交付管理；实现企业研发、试制加工、外包加工厂量产等多个重要环节的全面数字化和可视化；实现产品生产过程的可管理与可控制，确保产品质量可靠，并实现多区域协作生产模式升级，可以及时响应用户需求。

（3）工业生产能源大数据监测解决方案　智慧能源管理解决方案可以为节能形势分析和预警调控提供数据支持，为调整产业结构和优化能源结构提供决策依据，为企业和公众提供延伸的节能服务能力，为倡导全面参与节能，提高全民节能意识提供窗口和平台。

（4）工业设备物联网解决方案　基于工业云打造的云中控平台，为设备制造商和设备用户快速实现设备运行状态数据的采集、传输、展示和加工等一揽子服务，企业用户在数据源设备加装工业控制计算机或数据采集模块，标记设备控制系统或传感器等采集点，通过操作图形化界面完成本地设备的数据采集，经由3G、4G、WiFi等方式将实时数据上传到云服务器的数据库。在终端可以使用Web应用和手机App，浏览设备状态，追溯历史数据，将加工统计后的数据转化为产能、良品率、设备使用率、能耗等各类报表，为生产和运维的优化提供决策依据，为企业小成本、短周期、低风险实现工业设备物联和制造服务业转型创造条件。帮助装备制造企业实现服务化转型，结合物联网、云计算、大数据和AR技术，将工业设备健康信息互联网化。为工业企业提供设备远程维护维修云平台解决方案，利用大数据模型实现设备的预测性维护。

（5）工业设备预测性维护方案　基于工业物联网平台，将工业设备、边缘计算、物联网、大数据及云计算等先进技术创造性地紧密结合在一起，为工业企业提供从传感器数据采集、实时数据存储和转换、设备远程监控和告警，到工业大数据的深度处理和分析等多维度的服务，为用户提供包括故障诊断、故障分析和预测、可靠性分析、产线优化乃至产能提升等全方位的解决方案。新三华技术有限公司联合生态合作伙伴寄云科技发布了面向工业的云管理平台和云应用开发平台，可支持应用的定制开发，极大地降低了用户数字化转型的成本，帮助用户快速实现信息技术和操作技术的融合。

（6）库存交易和管理方案　工业云引擎库存管理和交易基于为企业解决工业辅料库存积压的问题，提供高性价比的工业材料。同时提供企业私有库存管理软件，帮助企业理清库存，并快速通过交易平台进行库存交易。帮助企业解决库存积压、找不到材料、质量及信用无保障等问题。询价、采购、处理库存等操作更简单快捷，并及时地获得交易、物流、金融等信息；同时帮助政府加强工业管理和助力工业企业转型升级，提高政府和企业决策的精确性，优化企业的资源配置，解决企业产能过剩、产业结构失调、资源生态危机、库存积压等一系列问题。

4. 全球云计算厂商 AI 技术布局及构架

全球云计算厂商 AI 技术布局及构架详见表 58-3，说明了在工业云应用方面 AI 是制高点。

表 58-3　全球云计算厂商 AI 技术布局及构架

全球云计算厂商 AI 技术布局及构架			
构架	技术及应用		厂商及服务
服务层（SaaS）	认知计算（API）	计算机视觉（人脸识别、图像识别等）	AWS、微软 Azure、谷歌云、IBM 云、Oracle 云、Saleforce、百度智能云、阿里云、腾讯云、京东云、华为云、金山云、天翼云、移动云、沃云、浪潮、UCloud、平安云、用友云
		智能语音（语音识别、语音合成等）	
		自然语间处理（语音交互、机器翻译等）	
		对话式 AI 或虚拟助手（聊天机器人）	AWS Lex、微软 Azure Bot Service、谷歌云 Dialogflow、IBM 云 Conversation/Watson Virtual Agent、百度智能云 ABC Robot 等
平台层（PaaS）	托管式机器学习平台（AutoML、AutoDL）		AWS SegeMaker、微软 Azure Machine Learning Studio、谷歌云 AutoML、百度智能云 EasyDL、阿里云 PAI、腾讯云 TI MAtrix 等
基础层（laaS）	机器学习框架（AI 开放平台）		AWS Machine Learning、微软 Azure Machine Learning、谷歌云 Machine Learning Engine、IBM 云 Watson Machine Learning、百度智能云飞桨（PaddlePaddle）、腾讯云 Ti－ML、华为云 HiAI 等

58.1.4　工业云的“云化”

1. 工业云的“云化”

“云”概念以云计算、大数据、人工智能为代表，是新一代网信技术体系。但是“云”的概念不断扩大，“云”的技术不断发展和演变，从最初单一的资源管控（信息产业 1.0）到现在将 AI 平台、大数据平台、区块链、物联网、移动互联网等一系列创新技术都纳入进来，“云”已经成为新一代网信技术体系的关键基础底座（信息产业 2.0）。

新一代网信技术为新的业务场景赋能，开启的创新应用也愈发丰富，“云化”

已经成为企业数字化转型和智能化发展的首要任务，也重新定义着人类的存在方式、工作方式、生活方式、学习方式及思维方式，为全人类的发展带来了颠覆性的革新。

信息产业2.0时代的特点就是，信息架构从过去“传统的集中式”（1.0版）演变成当今“新型的分布式”（2.0版），架构体系也从1.0时代的“硬件、基础软件和应用软件”变成了当前2.0时代的“基础资源、基础平台和应用服务”。具体来说，2.0时代的“基础资源”包括传统的硬件如服务器、网络，还包括感知物联网和广泛的数据资源等；“基础平台”包括云、大数据、人工智能等多种新兴技术平台的综合体，很多人习惯将这部分泛称为“云”；“应用服务”让用户未来可以不用购买服务器等硬件设备，以租赁的方式享受应用带来的业务处理服务。

新一代网信技术体系的核心特点，一是从原来的“以流程为中心”变成了现在的“以数据为中心”，二是从原来的“以计算机为基础”变成了现在的“以网络为基础”。“数据是核心”要求企业认识到“我所拥有的资源和数据能够允许我做什么”，而是要首先考虑“我与其他人连接能够产生什么效果，与别人协同能够产生什么效果”，人们面对的也不是单一的设备，而是一个非常复杂的网络，依赖的也是以网络所连接起来的各种资源。

目前，云围绕“以网络为基础、以数据为核心”的关键特点，形成了面向数据全生命周期的完整产品体系，并在国际上率先提出“数据定义网络”的全新技术理念。作为我国在网信领域的核心技术突破之一，并深入到许多涉及国家安全的重要领域，成为解决当前复杂网络环境下保障网络可靠畅通及广域分布式协同的关键核心产品。例如，奕云大数据平台、云数据库入选科技部国家级重点创新产品，已融入北斗、国家电网、中央部委、电信金融核心企业等关键信息基础设施领域，成为有效解决当前多源异构数据高效融合问题的关键核心产品。

云化概念就是云计算化，云化是一种资源的服务模式，该模式可以实现随时随地、便捷地从可配置计算资源共享池中获取所需的资源（如网络、服务器、存储、数据库，运行时的环境、应用及服务），资源能够快速供应并释放，大大减少资源管理工作开销。

随着政策的推动和市场应用的落地，云计算作为数字化转型的核心正在逐渐被传统企业所接受。

云计算最大的优势就在于架构的转变带来效率的提升和创新的可能。不同于传统IT架构，企业级互联网架构基于服务化架构理念进行构建，重点满足未来大规模分布式服务框架、高性能异步能力、高可靠容错能力、敏捷更新创新能力、应用级线性扩展能力和数字化运营能力。包含从“用户界面、集中流程”到“移动化、社交化、互动化”；从“重复开发”到“共享沉淀服务化能力”；从“垂直系统、数据孤岛”到“大数据、智能商业决策”等核心IT能力的转变。敏捷、持续交付并灵活支持上层应用创新。

未来基于云计算之上，大数据与人工智能的发展将进一步带动企业数字化转型，为企业带来了无限的想象空间。企业一定要重视数据的价值，将内外部数据打通，逐步建成企业级的数据管理大中台，向下汇集全业务线的原始数据，内部通过数据智能平台对数据进行智能化的处理与价值挖掘，最终向上驱动企业层面的业务创新。

“上云”是企业数字化转型落地的关键。“上云”就是将企业信息全面云化，包括网络云化、业务云化、IT 云化，解决数据处理和数据交换的瓶颈，并通过“用数”和“赋智”，实现企业效率提升、用户体验提升、业务模式创新。

2. 从传统上云到云化上云

面对云制造，企业上云要考虑如何选择的问题：为什么上云？上什么样的云？如何上云？上云能够取得什么样的成效？图 58-6 所示为企业传统上云的步骤与节奏。但是上什么样的云，现在仍然是一个发展中的问题。目前：当代的云制造开始出现云边协同智能制造系统的功能与作用。

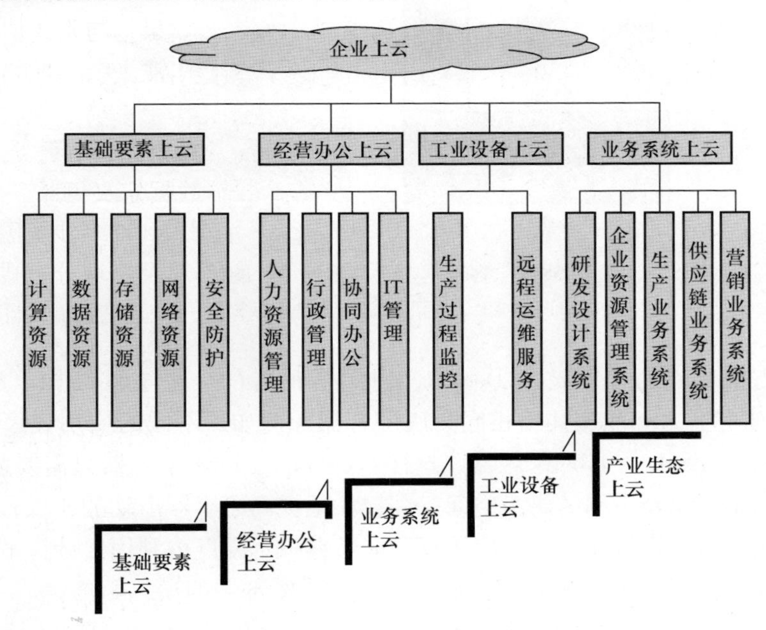

图 58-6　企业传统上云的步骤与节奏

“云化”将传统的应用程序迁移上云，是实现应用程序现代化的一种途径。根据现有经验可以有三个方法进行“云化上云”，这要根据不同的条件，按许可情况实施。

（1）搬家法　把 App 从用户的数据中心迁移到云计算数据中心，将应用程序及其运行环境设置在虚拟机 VM 里，然后搬到云上。这有两个作用，一是规模化能够提升效率，降低一点成本；二是企业可以通过最小的努力来验证企业上云的概念和可行性，熟悉云计算的管理运营模式，为后续的进一步云化积累经验。

（2）容器化 相比虚拟机VM，用容器来封装应用程序更轻量，能更好地发挥云计算平台节省成本、加速创新的优势。

图58-7所示为容器化上云与传统上云的比较，除了主机操作系统之外，每个VM都需要封装了一个额外的客机操作系统。而容器本身只封装应用程序及其运行所需要的所有二进制文件和依赖库，容器之间共享宿主主机操作系统——Linux操作系统的内核。就此一项的改进就能指数级地降低容器占用的磁盘的空间（MB vs GB）。进而，使工程师能够更轻易、快速而高效地在不同环境之间创建，移动和运行App。

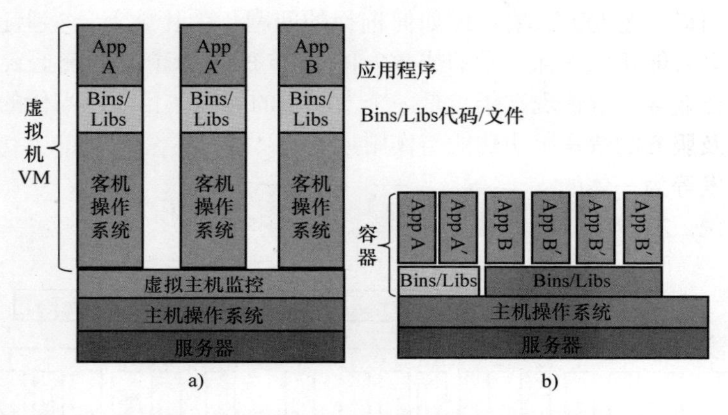

图58-7 容器化上云与传统上云的比较
a）传统上云构架 b）容器法上云构架

现在占据主流的容器技术Docker，使用了独特的分层文件结构（Union File System），使容器之间能够共用相同的底层容器。例如，不同的应用程序容器可以共享相同的WebSphere Liberty容器，这样WebSphere Liberty容器只需要装载一遍。这进一步缩小了容器占用的磁盘空间，并极大地提高了容器启动的速度，减少了运行时需要的资源。容器化之后，应用程序能够在一定限度内利用云计算平台的一些特性，如弹性伸缩、DevOps服务、持续集成、持续部署的模式等。

（3）微服务化 微服务化就是应用程序模块化，彻底改变目前传统的整体开发模式中小问题大修改所导致的连锁反应式代码大调整，使开发到上线的效率周期缩短，效率提升。微服务化把应用程序拆分成独立模块后，开发、测试、运行高效，产品更稳定、容错性更好、服务更稳定，而且激发出云计算潜力——促进创新，成为行业的颠覆者。因为每一个服务都能够独立的运营，所以团队能够把新想法更快速地推向市场，进行试验，快速获得市场的反馈，然后持续迭代产品，持续地满足用户需要。

运营商也好、企业也好，要真正实现数字化转型、数字化运营，“系统云化”

是目前可见的最有效的手段和技术支撑。数字化转型是一个持久的过程，影响十分广泛，而数字化转型中的系统云化也将开辟全新的市场。系统云化是整个数字化过程中非常重要的一个核心，因为未来所有的业务都会基于服务的方式来提供，云化将成为新常态。

58.1.5　云端一体、边缘计算与云地同步

1. 关于云端一体

“端”是云的应用端，“端”可以是企业，也可以是设备或者 App。“云端一体”是云化的一个客户端体验。

“云端一体”就是要实现从终端应用到云端服务的无缝连接，通过多样化的通信网络连接以智能手机为代表的海量移动智能终端，并为各类终端提供个性、适用、差异的云业务，这成为通信企业发展面临的难题。“云端一体”是集云端基础设施的搭建及服务的快速建立与维护，智能终端的硬件设计、操作系统定制、特色应用定制开发等为一体的端到端解决方案，实现了从终端应用到云端服务的无缝连接。也就是说，“云端一体”中的“云”保证海量数据的存储、运算能力；“端”涵盖硬件设计、操作系统定制、特色应用定制等开发；使用的移动消息中间件是基于传统“中间件”进行设计，既能保证传统互联网数据传输，也能提供面向移动终端的无线数据传输，图 58-8 所示为智能交通云中的“云端一体”场景。

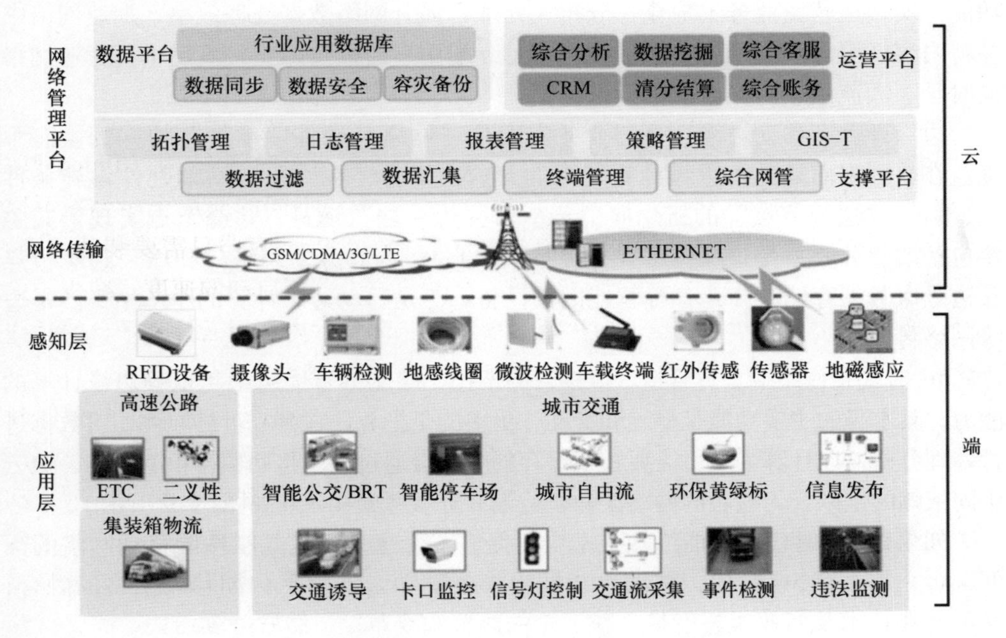

图 58-8　智能交通云中的“云端一体”场景

形成了“云 - 管 - 端”一体化的格局，既有开放的服务能力面向自有应用服

务和第三方应用服务如即时通信服务、流媒体服务等；也有开放的建设能力，去提供开放的系统建设平台，企业自身和第三方只需要专注业务内容，便可以以插件方式快速完成业务服务的建设。

基于“云端一体”并结合互联网、移动互联网、物联网的发展趋势提炼汇总。它既保证了行业服务的完整性，也为新一代行业服务提供拓展思路。云对企业在内的各领域提供全方位服务，形成“社会服务体系”，面向个人、企业、社会提供多样化服务；还将服务单位和消费者紧密相连，打造产业利益链条。另外，作为服务提供商，在面向终端消费者收取服务费用的同时，还能协助服务单位完成能力整合及利益共享。移动应用云服务势必将成为移动互联网产业链中的重要环节，营造互惠互利、共创共赢的产业生态。

2. 关于边缘计算的“计算”

全球将有超过500亿（2020年）的终端和设备联网，其中超过50%的数据需要在网络边缘侧进行存储、处理和分析。所谓边缘计算，是指在靠近物或数据源头的一侧，采用网络、计算、存储、应用核心能力为一体的开放平台，就近提供服务。边缘计算与云计算的区别在于，前者将计算能力下沉，后者将计算能力集中在云端。

移动边缘计算（MEC）作为5G演进的关键技术之一，是把无线网络和互联网技术有效融合在一起，在无线边缘网络就近部署计算、存储、分流、大数据分析等功能，实现运营商业务本地化、分布式处理，提升网络数据处理效率，加速网络中各项内容、服务及应用的快速下载，满足终端用户的极致体验，满足垂直行业网络低时延、大流量、高安全性等诉求。

边缘计算、移动边缘计算的业务实现是“网络－硬件－软件”协同的生态系统。在软件层面是具备边缘计算能力的开放式平台，在网络及基础硬件设施条件上，引入“边缘节点”的概念向“云－管－边－端”演进。边缘节点实现形式主要包括四部分：一是边缘机房（边缘数据中心）、内容分发网络（CDN）边缘节点及边缘服务器存储；二是各种智能网关设备；三是移动边缘计算的小基站；四是边缘网络传输。

5G时代是瘦终端、宽管道、渲染云的架构，终端的智能越来越依赖边缘计算的能力，其本身的主要功能是显示和交互，更多的是把算法送到靠近终端侧，对数据进行处理分析，以计算为主，需要长期保存的数据会通过网络传回数据中心保存，边云协同依赖的是以云为核心的网络架构，边缘计算参考架构3.0如图58-9所示。

如果说4G时代的智能终端技术全面促进了传统计算机互联网同移动网络的深度融合，那么在5G时代，移动边缘技术将会推动云计算平台同移动网络的融合，并可能在技术及商业生态上带来新一轮的颠覆和变革。

3. 关于云控制技术中的“云端同步”与“云地同步”

工业互联网不仅仅是生产企业控制与管理深度融合的重要技术设施，也是云控

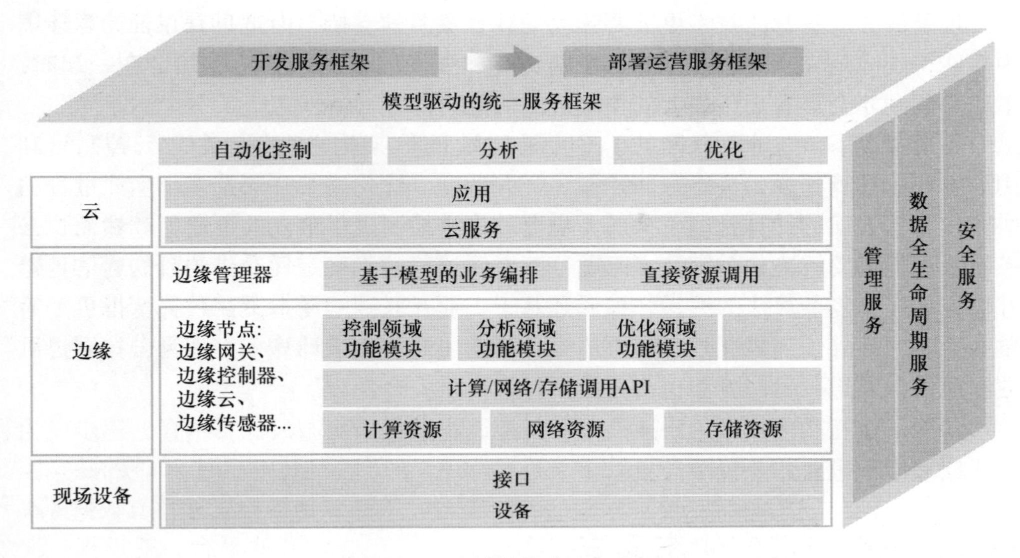

图 58-9　边缘计算参考架构 3.0

制的重要技术设施。云控制将逐步成为工业领域中最重要的一种生产技术，是工业互联网连接机器社会的重要手段，通过数据采集和控制，实现对机器的实时控制。“云控制”的名词对工业生产端而言有三个含义：一是云通过数据采集和控制，实现对固定机器的实时控制，这就是有助于“无人工厂”实现，工厂设备的一切控制可借用“云计算”功能来实现；二是云通过数据采集和控制，实现对移动装置的实时控制，这就是有助于“无人驾驶”“无人操纵”的实现，移动设备的一切控制可借用“云计算”功能实现；三是云对自身信息数据的控制功能，保证数据的安全。

本来云端只能够监管上传及下载的过程，但是云端同步却可以实时监测本地数据的更新及修改，这时才能发现本地数据更新完成或者修改过后可以自动同步到云端，这种不需要特意人工操作的自动同步方式就叫云端同步，其特点如下。

1）云端同步文件保存更方便：使用企业网盘可以为文件提供同步保存的操作，避免文件丢失。

2）云端同步提高文件的安全。

3）云端同步自动更新文件内容：可以让文件获得自动更新的操作，永远保存最新的文件。

云同步也可以指在云平台上基于云计算、云设备与服务器之间的数据同步，或者以个人为中心的不同设备之间的数据共享。

云控制技术是工业互联网另外一项很重要的功能。工业互联网中的云平台能够综合更多的数据，它不仅可以对企业的管理过程提供重要的决策，而且还可以对机器的控制过程提供更优的指令。云机器人和能源互联网都属于云控制的典型应用。

现阶段，人工智能技术更需要强大的计算资源的支持，而这只有在云计算环境中才能得到满足。只有当强大的云控制功能和强大的数据采集功能结合在一起时，工业互联网才会具有真正强大的支配机器的能力。

一般情况下，工业互联网的云平台是按照 PaaS 架构进行设计的。云控制可利用这方面的计算资源，进行智能控制、资源调度、优化决策，以及多个生产过程的协同作业等方面的计算处理，从而为机器的先进控制提供最优的设定值。然而，云控制也面临需要解决的关键技术问题：互联网通信的不确定性造成的数据通信延迟补偿，如何让复杂算法的编辑、编译和基于工业互联网的动态调试过程变得更加简单和直观？另外，云控制技术需要边缘计算的协同，边缘计算一方面为云控制提供数据通信的通道，另一方面也为云控制过程提供安全保障。

随着工业互联网技术的快速发展，云控制将数据采集与云计算结合，逐步成为工业领域中最重要的一种生产技术。

58.2 智能制造的生态系统

1. 云制造及其架构是智能制造生态系统的重要内容

工业云中的云制造同样是指利用信息技术实现制造资源的高度共享，建立共享制造资源的公共服务平台，将巨大的社会制造资源池连接在一起，提供各种制造服务，实现制造资源与服务的开放协作、社会资源的高度共享。企业用户无须再投入高昂的成本购买加工设备等资源，而可以通过咨询公共平台来购买或租赁制造设备等资源。

云制造是大数据、云计算、互联网、智能制造和物联网等技术运用于工业制造领域，并进一步向物流、商务等领域拓展的产物。作为一种新的生产模式，云制造的出现不仅能够实现资源跨地区、跨空间的大规模配置，满足各种制造任务需求；其专业化的平台还可以实现制造资源的匹配和检索。在制造业的进一步发展过程中，云制造服务模式具备全方位满足网络化协同制造模式发展的优势。

2. 云制造的应用方向

云制造的应用方向表现在以下方面。

1）建立面向复杂产品研发设计服务平台，为集团内部各下属企业提供技术能力、软件应用和数据服务。

2）建立面向区域的加工资源共享与服务平台，实现区域内加工制造资源的高效共享与优化配置，促进区域制造业发展。

3）建立制造服务化支持平台，支持制造企业从单一的产品供应商向整体解决方案提供商及系统集成商转变。

4）建立面向中小企业的公共服务平台，为其提供产品设计、工艺、制造、采购和营销业务服务，提供信息化知识、产品、解决方案、应用案例等资源。

5）建立物流拉动的现代制造服务平台，为制造业整机制造企业、零部件制造企业和物流企业协作提供服务。

3. 云制造发展趋势

我国工信部在 2013 年深入实施“工业云创新行动计划”，并在 2016 年利用工业转型升级专项资金支持工业云公共服务平台建设。政府的支持，将是云制造发展的一大助力。

2013 年，我国的云计算市场整体规模 218.4 亿元，到 2018 年，云计算市场整体规模达到了 1030.8 亿元，年均复合增长率高达 50%。2019 年，我国云计算市场整体规模达到了 1382.9 亿元，同比增长了 34.16%。与此同时，根据相关数据分析可以预计，到 2024 年全球云制造市场规模将增长至 1190 亿美元，2026 年全球云制造产业规模在 1605.3 亿美元左右。从数据来看，云制造的发展趋势是很不错的。

工业 4.0 时代带来了技术的更新换代及产品的更新换代，也必然带来一个行业生态的更新换代。图 58-10 所示为基于云的智能制造构架。图 58-11 与图 58-12 所示分别为智能制造中的硬件条件与软件条件。

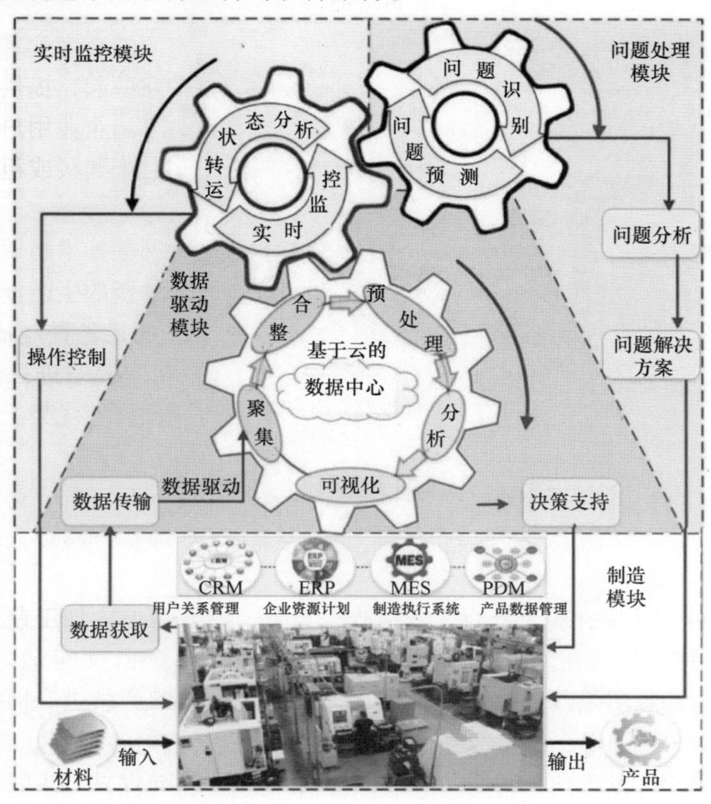

图 58-10　基于云的智能制造构架

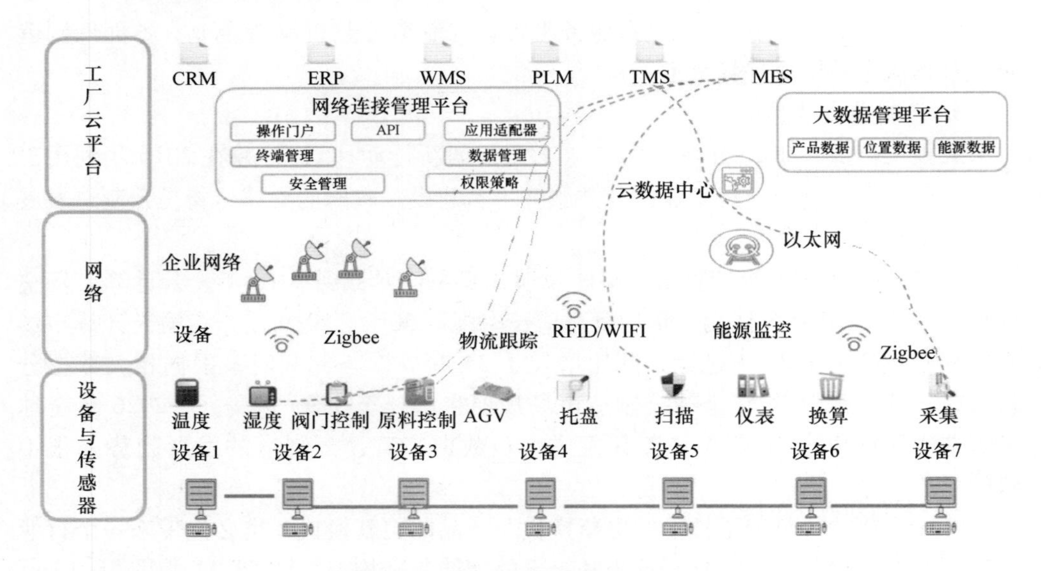

图58-11　智能制造中的硬件条件

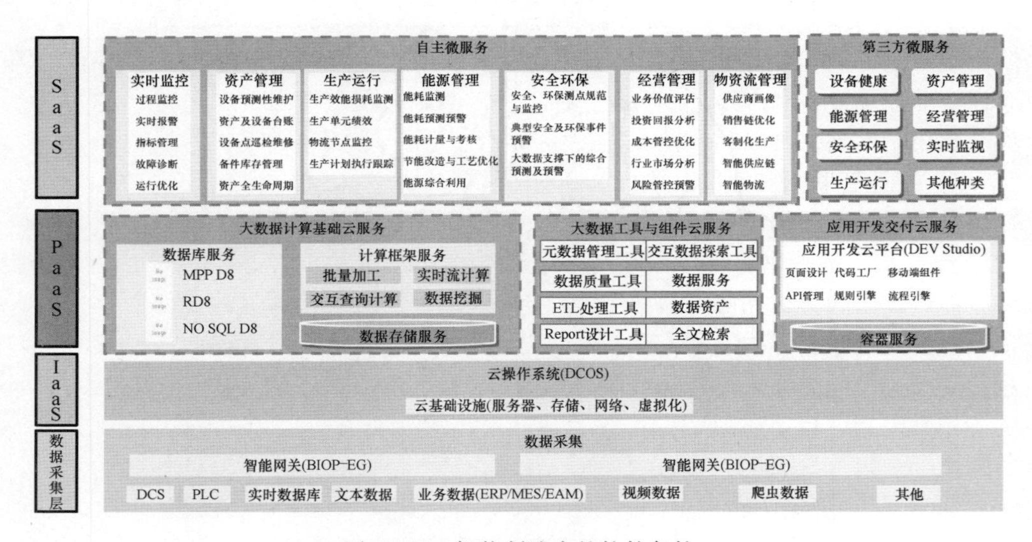

图58-12　智能制造中的软件条件

在图58-10所示的基于云的智能制造构架中，数据的传输要依靠工业云平台，以保证智能制造中生产正常运转所必需的数据流动。由图58-11可知，工厂云平台是智能制造的基础实施，用来提供与管理生产所用设备的数据，通过网络层进行数据管理。在图58-12中，可以看到云服务的内容，通过云对智能制造的过程进行协同与信息沟通。可以看到，智能制造是在云技术基础上构建的，离开云也就很难再发展智能制造。

58.3　云边协同的智能制造系统

58.3.1　智能制造系统面临的挑战

工业智联网和智能制造云的构建及其高效协同是智能制造系统得以稳定运行的关键。当前智能制造系统在下述几个方面面临巨大的挑战。

1）智能制造云构建关键技术有待进一步突破。智能制造云是将制造资源/制造能力虚拟化和服务化的产物，是物理制造系统的虚拟化映射，在智能制造系统的稳定运行及其优化中发挥着至关重要的作用。然而，目前的研究主要针对软制造资源和简单硬制造资源开展虚拟化和服务化研究，复杂异构多样的硬制造资源的虚拟化和服务化技术尚待进一步突破。

2）工业智联网构建存在诸多挑战。构建工业智联网是实现智能制造的前提和基础。工业智联网的目的是要将分布式产线的各种要素通过各种网络互联，实现在网络边缘侧互联互通、智能感知和数据预处理等。当前工业智联网构建面临着一系列数字化、网络化挑战，例如，工业设备数字化程度有待提高，缺少开放接口，设备间缺少统一的互联互通标准；工业现场设备异构多样，协议复杂，互联互通困难；工业现场设备和产线无法实现全面、智能感知，关键数据无法获取；可采集到的数据质量不高，难以利用。

3）工业智联网和智能制造云的集成和协同有待深入研究。工业智联网和智能制造云互为支撑，构成了一个规模巨大的信息物理系统（CPS，其中“C”是智能制造云，“P”是工业智联网），保证智能制造系统的稳定、优化运行。工业智联网和智能制造云的集成和协同是构建集成统一的智能制造系统的关键。然而，由于智能制造系统分布、异构、规模巨大的特点，两者的集成和协同面临着巨大挑战。特别是在云边协同方面，需要垂直打通制造生命周期的各个环节，并处理大量动态、不确定性因素。目前还缺乏针对智能制造系统的有效云边协同总体框架、机制和技术。

4）电子商务云平台与智能制造云平台的融合存在鸿沟。智能制造将催生制造业新模式、新业态，包括从大规模流水线转向规模化定制生产，以及从生产型制造向服务型制造转变等。然而，目前智能制造的发展主要是技术驱动的，缺乏可持续的商业模式。过去 20 年，我国在电子商务模式的创新实践方面积累了丰富经验，这对于智能制造商业模式的探索具有重要参考价值；另一方面，电子商务的发展也呈现出向生产环节延伸的趋势。电子商务和智能制造结合将成为今后的发展方向，也将对制造模式产生深刻的影响。但由于在发展理念、服务对象、产业特点等方面的差别，两者的融合存在较大鸿沟。

5）制造系统的安全可信问题面临更大挑战。安全可信问题一直是影响企业在云端开展业务（特别是核心业务）的关键因素之一。在智能制造中，企业通过工业智联网将资源接入智能制造云平台，信息系统安全和物理系统安全相互影响，使整个制造系统的安全和信任问题变得更加复杂。云平台、边缘系统及设备端需要统筹考虑，商务流通安全、数据信息安全、设备运行安全需要协同管理。

58.3.2 云边协同的必要性与内涵

1. 云边协同的必要性

云计算技术以低价且大量的计算服务器提供了强大的计算能力，可以为用户和应用提供按需访问的丰富计算资源和存储资源。但云计算并不适合要求低时延、实时操作和高服务质量（QoS）的应用，并且无法支持无缝移动和无处不在的计算覆盖，数据安全性和用户的隐私也不能得到有效保障。

边缘计算接近终端用户且地理位置分散，可以支持低时延、位置感知、高移动性和高 QoS 的应用服务。但边缘计算单元通常没有充足的计算资源、存储资源来满足海量数据的计算和存储，并且受边缘节点低功耗、异构性和功能单一等条件的约束，服务的质量与可靠性还会受到影响。

作为两种典型的计算范式，云计算和边缘计算各有所长又各有所短，单独依靠云计算或边缘计算都不足以实现物联网和5G 通信愿景。因此，需要通过合适的网络架构和控制机制充分发挥云计算和边缘计算的优势，实现计算协同。

2. 云边协同的内涵

云边协同即实现边缘计算与云计算的协同联动，共同释放数据价值。传统的云边协同方式主要是指，当终端设备产生数据或任务请求后，通过边缘网络将数据上传至边缘服务器，由位于边缘计算中心的边缘服务器执行计算任务。计算量较大、复杂度较高的计算任务将由边缘计算中心向上通过核心网迁移至云计算中心，待云计算中心完成大数据分析后，再将结果和数据存储至云计算中心或将计算结果、优化输出的业务规则及模型通过核心网下发至边缘计算中心，由边缘计算中心向下通过边缘网络将计算结果传输至终端设备，边缘计算根据云计算下发的新业务规则进行业务执行和优化处理，由此实现云边协同。云边协同的内涵如图58-13所示。

云边协同的能力与内涵主要体现在 IaaS、PaaS 和 SaaS 三个层面，实现资源、管理和应用服务这三个领域的全面协同。

（1）资源协同　边缘计算 IaaS（EC－IaaS）与云端 IaaS 主要是对网络底层基础设施和各类资源的协同（包括计算、存储、网络和虚拟化资源）。

（2）管理协同　边缘计算 PaaS（EC－PaaS）与云端 PaaS 主要是边缘侧和云端侧计算平台服务中的数据分析、业务编排、应用部署和开放等的协同，可实现数据、智能、应用管理和业务管理协同。

（3）应用服务协同　边缘计算 SaaS（EC－SaaS）与云端 SaaS 主要是用户应用层面的服务质量、服务能效等的协同，可实现应用服务协同。

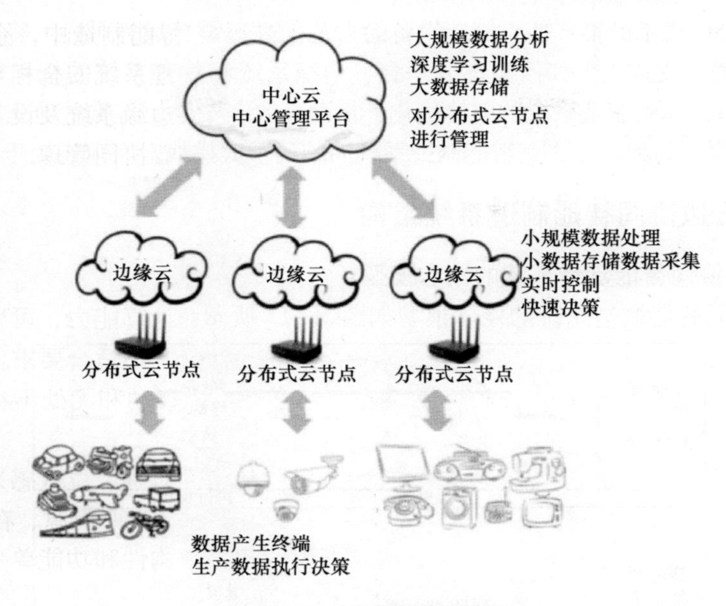

图 58-13 云边协同的内涵

基于工业现场实时分析和控制，以及安全和隐私等方面需求的驱动，在智能制造系统中引入边缘计算成为一种趋势（见图 58-14）。

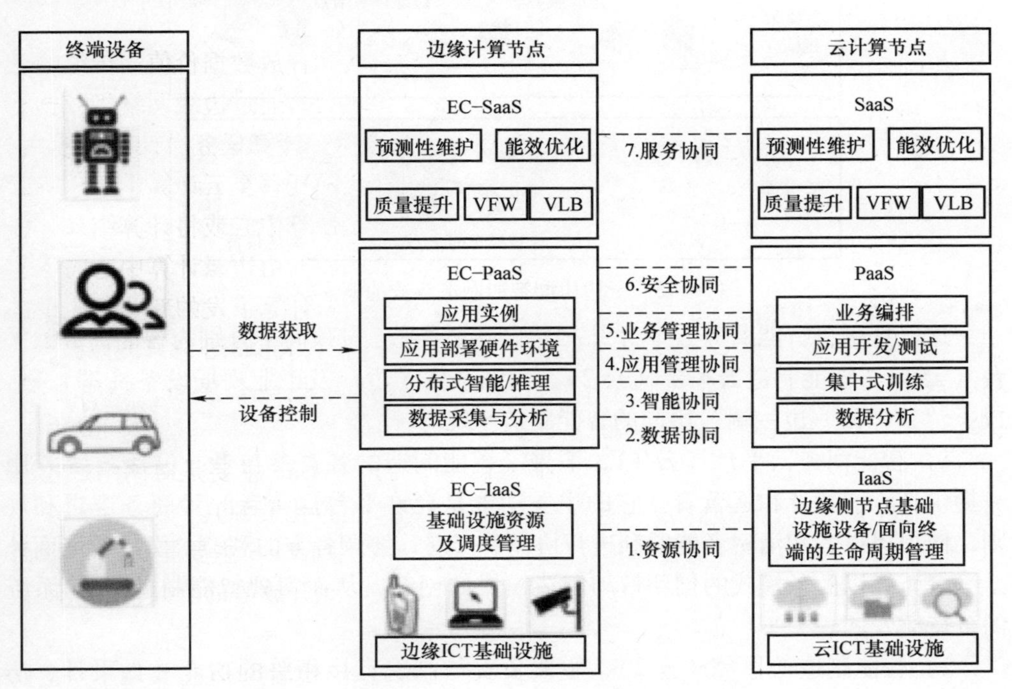

图 58-14 智能制造中引入边缘计算

尤其是5G技术的推广使得制造设备的大范围高速链接成为可能，将为工业互联网提供强有力的支撑。但如何实现云平台、边缘系统和物理系统的相互协同（简称“云边协同”），达到制造系统的整体优化，从而高效、安全、高质量地完成制造全生命周期的各项活动和任务，是智能制造系统面临的重大挑战，当前还处于发展阶段。

58.3.3　云边协同智能制造系统架构

1. 云边协同智能制造系统的概念模型

云边协同智能制造系统的概念模型如图58-15所示。

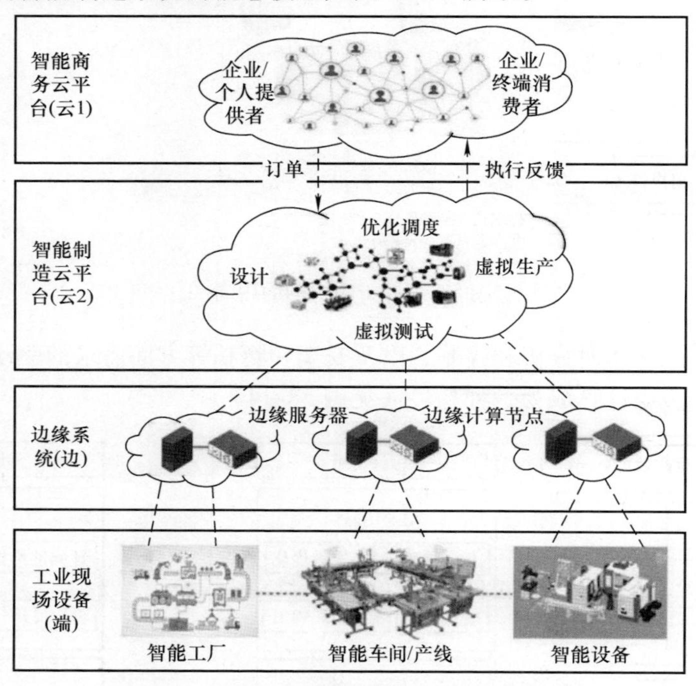

图58-15　云边协同智能制造系统的概念模型

这里特别将智能商务云平台引入智能制造系统。自顶向下分别为智能商务云平台（云1）、智能制造云平台（云2）、边缘系统（边）及工业现场设备（端），形成了“云－云－边－端”协同的智能制造系统。

1）智能商务云平台（云1），汇聚了智能制造的各类参与者，包括产品/服务提供者、消费者和运营者。它的主要功能是允许平台运营者配置商务逻辑和规则，使得提供者和消费者能顺利进行协商和交易，协调各方的利益。引入智能商务云平台，能以商务模式的创新带动制造模式的创新，从而实现智能制造平台/系统的可持续发展。

2）智能制造云平台（云2），主要负责与制造直接相关的功能（如设计、仿真、生产、测试等）。需要借助于大数据、区块链、人工智能等技术，充分利用智能商务云平台的用户资源，为产品全生命周期涉及的各类用户提供丰富的制造服务应用，形成以电商为龙头的新型智能制造模式，实现真正意义上的个性化制造和社会化制造。

3）边缘系统（边），主要分布在云平台和制造设备之间，特别是靠近制造设备的地方执行设备协议转换、数据采集、存储分析、在线仿真、实时控制等功能，同时与智能制造云进行高效通信和协同。

4）工业现场设备（端），主要包括分布式智能工厂、智能车间、智能产线中包含的各类异构制造设备。设备之间通过物联网进行连接，并与边缘系统和云平台实时协同，采集和发送数据，同时接收相应的指令。

2. 云边协同智能制造系统功能架构

云边协同智能制造系统功能架构如图 58-16 所示。

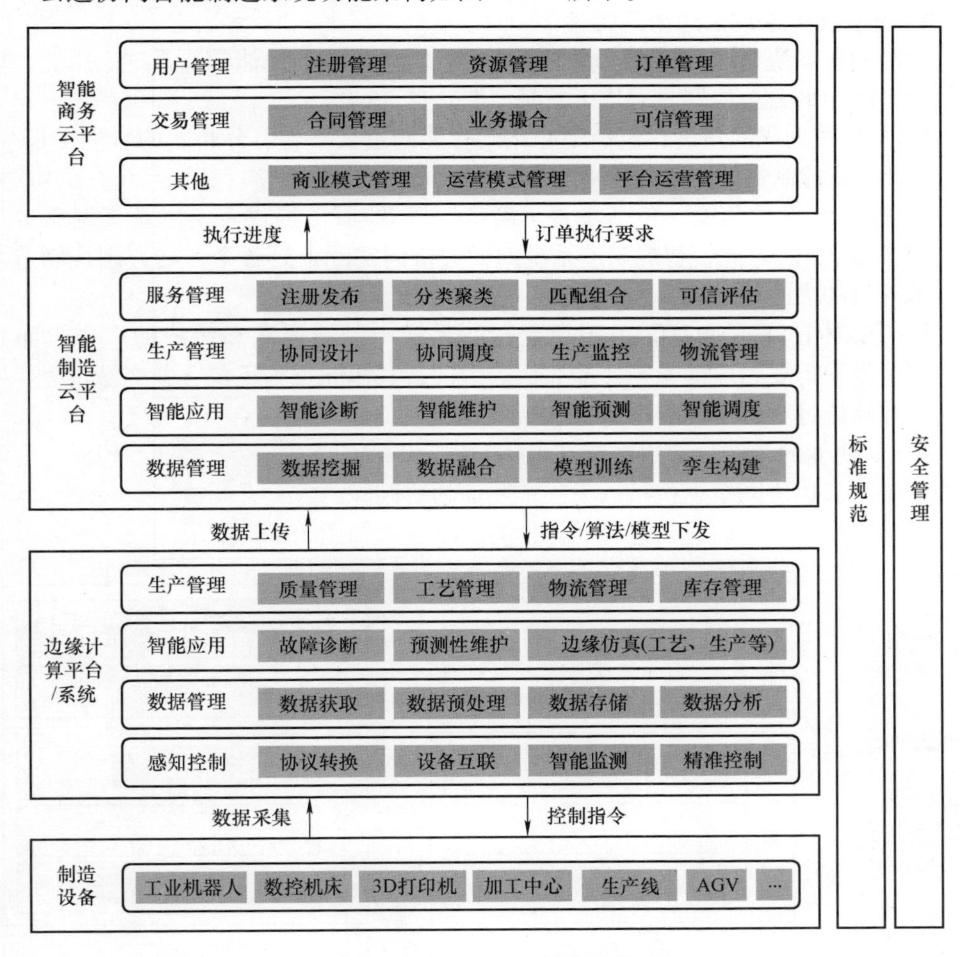

图 58-16　云边协同智能制造系统功能架构

智能商务云平台主要负责商务相关的功能，包括用户管理、订单管理、合同管理、业务撮合、交易管理、可信认证，以及其他的管理功能；智能制造云平台主要负责与制造相关的功能，包括制造任务分解、多学科协同云设计、制造服务匹配与组合、制造服务可信评估与保障、云排产与调度、制造资源云管理、生产过程云管理、数据分析与预测、孪生模型构建与仿真、智能应用，以及制造业务相关的其他功能；边缘计算平台/系统主要负责制造资源智能感知、边缘实时监测与控制、多源数据处理与分析、故障检测、边缘快速仿真、生产执行实时管理等功能；底层的制造设备层包括各类分布异构的制造设备，如典型的工业机器人、数控机床、3D打印机、加工中心、生产线、AGV等，这些设备或系统通过物联网连接，形成智能化生产系统。标准化和安全管理贯穿各个层次。各层之间的功能相互依赖和影响，需要高度协同才能顺利完成制造任务。

3. 智能制造系统云边协同特性

智能制造系统是广域分布、参与者众多、功能复杂的智能制造系统。因此，智能制造系统中的云边协同具有以下特征。

1）从系统构成的角度，包括中心化的智能制造云平台、分布式的智能工厂/产线。因此，智能制造系统的云边协同是一种一（云平台）对多（边缘系统）的协同。

2）从参与者的角度，包括平台运营者、资源/服务提供者，以及资源服务用户（即消费者）。因此，智能制造系统的云边协同实际上是各个参与方围绕制造业务需求开展的多主体协同。

3）从协同过程的角度，由于智能制造系统中制造资源和用户的广域分布特性，制造过程需要物流的参与才能完成。因此，其协同过程还包含着交易过程、生产过程和物流过程的协同。

4）从功能的角度，云边系统都包括IaaS、PaaS和SaaS三个层次。因此，智能制造系统的云边协同至少包括以上三个层面的协同。

面向功能的智能制造云边协同包括的三个层次如图58-17所示。

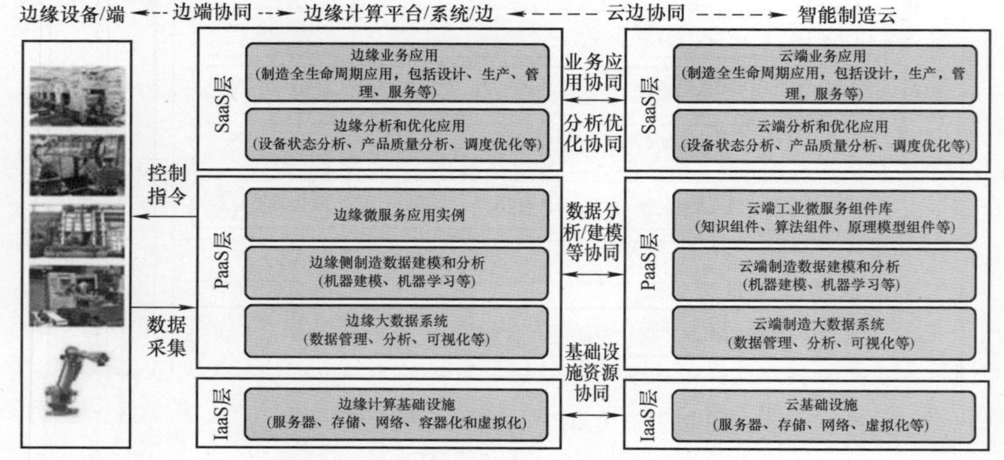

图58-17　智能制造系统云边协同的三个层次

云边 IaaS 层的协同主要是基础设置资源之间的协同，云边 PaaS 层的协同主要是数据分析/建模之间的协同，而云边 SaaS 层的协同主要是业务和分析优化之间的协同。底层的协同支撑了高层协同的实现。通过以上三个层次的云边协同，才能实现全面有效的云边协同。

58.3.4　智能制造系统云边协同关键技术

由图 58-15 和图 58-16 可知，一个制造任务是通过商务云、制造云、边缘系统和制造设备等各部分相互协作共同完成的，要保证这样一个复杂的系统能协调运行，除了各部分的通用技术之外，还需要一系列面向协同的关键技术作为保障。这些技术大致可以分为六类。

1. 数据协同处理技术

通过各类传感器可以采集到制造设备和环境的海量数据，特别是 5G 技术的应用，使得连接和传输更加方便和快速，制造数据的种类和数量都会大幅增长。如何对这些数据进行有效的管理和利用，将变得更加困难。而如果能根据云平台中或边缘节点相关制造活动的需求，有目的、有选择地进行精准采集，则可以大幅减少数据处理和管理的负担，并更好地服务于制造任务。目前这方面的研究还比较欠缺。对数据的分析和处理也需要云端和边缘端相互配合。根据数据的特点和用途将数据进行分类，分别在边缘端和云端进行处理，云端处理好的数据，或建立的模型，再返回边缘系统进行应用。通常，边缘节点更多处理对实时性、安全性有更高要求的数据，而云平台处理结构更加复杂、使用周期长、对计算资源要求较高的数据。

2. 协同建模与仿真技术

建模仿真技术在制造系统中的应用涉及产品的全生命周期，贯穿于整个制造系统，可以在制造活动实施之前进行分析、预测和优化，并提供决策支持，是提高制造系统效率、缩短研发和生产周期、降低成本、提高质量的关键。

因此，无论在商务云平台、制造云平台，还是边缘系统，甚至是制造装备或生产现场，都有建模仿真活动，用于创新设计、工艺规划、生产调度、现场培训、故障预测等各种场合。近年来，在制造领域广受关注的基于模型的系统工程（MBSE）、模型工程、数字孪生等理念和技术，进一步推动了建模仿真在智能制造系统中的应用。贯穿于设计、生产、维护全过程的一体化、全系统、云边端协同建模仿真是当前研究重点，内容涉及一体化建模语言、混合系统建模、模型协同验证与评估、高效能模型解算、分布式仿真引擎、跨媒体智能可视化等。

3. 制造服务可信评估和保障技术

制造云服务可信问题是目前影响制造用户上云的瓶颈之一。由于云平台上服务数量众多，供需双方选择范围扩大，同时建立交易关系较快且成本较低，交易双方的信任问题变得更加突出。而由于制造服务大多包含物理资源，云边协同过程牵涉因素众多，协同过程及制造云服务运营过程中难免出现信息被篡改、响应不及时、功能不正确、性能不稳定、系统不鲁棒等情形，都将影响制造云服务的可信性。因此仅从云服务在平台中的外部表现和宏观信息来判断和保证可信性是不够的，还需要从构成云服务的各类资源，特别是边缘侧的物理资源，以及云边协同的过程（即从微观的角度）来考察和保证云服务的可信性。云边协同智能制造中的可信性通常包括用户/企业服务信息可信、用户/企业制造资源可信、云平台服务可信，以及服务从生成到应用的全生命周期可信等。需要突破的关键技术包括制造服务多维可信评估指标体系，主观客观相结合的可信动态评估技术，孪生模型定量校核、验证与确认（VV&A）技术，基于制造大数据的服务行为识别技术，基于区块链的可信机制构建与可信保障技术等。

4. 云边协同调度技术

调度是高效完成制造任务的关键，也是制造领域的一个传统的研究方向。在云边协同环境下，云端、边缘端和车间/设备端都存在服务或资源的调度问题，每个层面的调度具有不同的特点和要求。云平台中的服务调度本质上是开放、动态、不确定环境下，海量社会制造资源广域范围内跨组织优化配置过程，而边缘和车间/设备端则处在相对封闭的环境中，对调度的实时性、可靠性要求非常高。这几个层次的制造活动必须高度配合，并在时间和空间上保持协调一致，才能顺利完成一个复杂的制造任务。由于云边端各层面均存在不同程度的不确定性，在调度过程中需要实时感知物理制造资源的状态，并对动态发生的异常和干扰事件做出快速反应，这使得调度变得十分复杂，需要采用高效、智能和自适应的调度方法。所涉及的关键技术包括任务需求和服务特征智能感知技术，订单分解、服务动态匹配与组合技术，分层协同排产与调度技术，基于机器学习的动态自适应调度技术等。

5. 生产过程云边协同管控技术

云边协同智能制造的生产过程是分布式、网络化、广域协作的过程，业务流程复杂、不确定性强。而整个生产过程的管控对自动化和智能化的要求更高，用户的个性化需求可以更好地在生产过程中得到体现，用户还可以通过云平台跟踪甚至参与生产过程。为此所需要研发的关键技术包括云边协同的制造执行管理技术、沉浸式虚拟孪生技术、边缘控制技术、跨企业业务流程管理技术、智能装备技术、智能化柔性生产技术等。

6. 安全管控技术

在云上开展的业务越多、程度越深，涉及供需双方的核心数据就越多，泄露企业技术机密的可能性就会越大。而在云边协同的制造系统中，信息系统与物理系统成为一个有机的整体，传统意义上的信息安全（security）和物理安全（safety）的界限变得模糊。信息安全问题不仅可以造成数据的丢失、软件系统的瘫痪，黑客还可以通过云端的信息系统漏洞直接攻击物理系统，造成财产甚至人员的损失或伤亡。因此，云边协同的制造系统对安全管控提出了更大的挑战。涉及的关键技术包括云边协同安全架构技术、身份识别与认证技术、制造数据防扩散技术、软硬件接口保护技术、信号防泄漏和干扰技术、标识识别与认证技术等。

58.3.5　智能制造云边协同调度方案

下面结合智能制造系统的特点，针对云边协同的调度问题给出解决方案。

1. 智能制造云边协同调度需求分析

智能制造系统是一个规模巨大、广域分布的制造系统，而且参与企业通常是自主的且利益分散的。企业对于将资源/系统/数据接入智能制造云平台通常会有安全性方面的顾虑。一种比较可行的调度方案是根据安全性等级和任务特点，将制造任务在云端和边缘端进行合理分配，以保证企业对核心数据和技术的控制，然后进行分层调度，即智能制造云平台负责全局的调度；而边缘系统负责企业/工厂内部的局部调度，通过全局调度和局部调度的协同来实现用户个性化需求和海量资源服务的调度，从而同时满足提供者、用户甚至平台运营者的需求。这样既能在一定程度上保证制造系统的安全性，又能极大地提高调度的效率和效果。

2. 智能制造云边协同调度方案

智能制造系统云边协同调度工作关系图与工作流程图分别如图 58-18 与图 58-19所示。

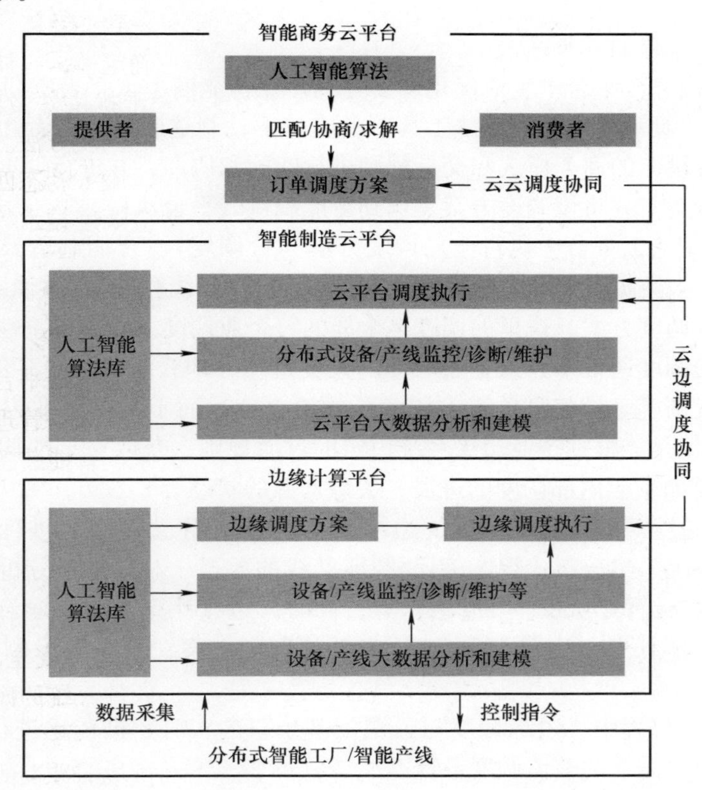

图 58-18　智能制造云边协同调度工作关系图

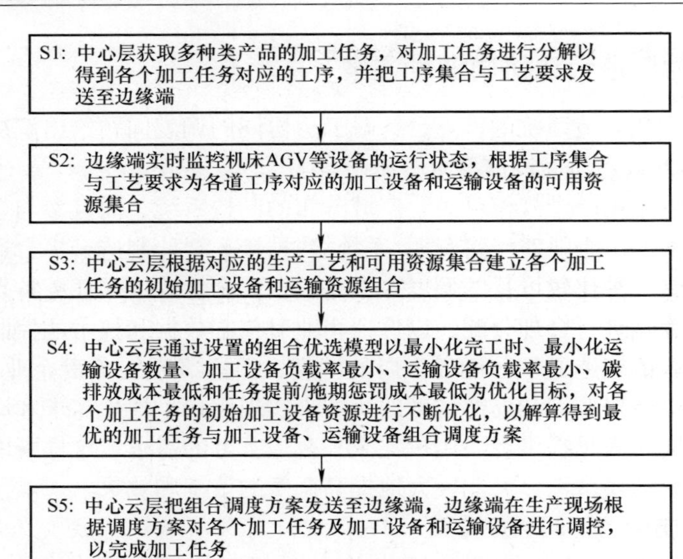

图 58-19　智能制造云边协同调度工作流程图

总体调度流程如下所述。

1）智能商务云平台中生成优化调度方案。在智能商务云平台提供的各种工具（如智能匹配工具和人工智能算法工具）的支持下，制造服务消费者和提供者按照云平台运营者设定的商务模式和交易规则进行匹配和协商，并进行调度求解，得到优化的调度方案，并将该调度方案发送到智能制造云平台执行。

2）智能制造云平台中执行全局调度方案（云调度）。智能制造云平台在人工智能算法库、大数据分析和建模模块、分布式设备/产线智能监控/诊断/维护模块的支持下执行调度方案。这里的调度是全局的跨企业调度。出于自主性和安全等考虑，云端全局调度通常不介入企业内部的调度过程，即云端调度更多的是在企业/工厂层面开展调度（即将订单需求任务分配给企业，而不关注企业内部如何进行生产调度），但是能根据企业边缘系统设定的过滤规则，获取对云端调度比较重要的一些数据（如企业内部调度的进展、关键资源的状态等）。

3）基于边缘系统的局部调度（边缘调度）。借助于边缘系统进行企业内部的调度。边缘系统采集分布式智能工厂/智能产线的数据，对其进行分析和建模，并对设备/产线进行智能监控/诊断/维护等；同时，边缘计算系统根据云平台调度过程中下发的总体任务，生成企业/工厂内部的调度方案，并在边缘侧执行该调度方案。

4）在执行过程中，边缘调度与云调度基于双向实时数据传输进行实时协同，从而使面向用户需求的整体调度最优。

云边协同的智能制造系统将电子商务模式引入智能制造系统，从系统构成、参与者、功能和协同过程四个角度提出了一个智能制造系统云边协同调度方案。可以从以下几个方面努力：①加快构建和完善智能制造系统的两大关键基础设施——智能制造云和工业智联网，形成可以良性发展的商业模式；②结合典型工业应用场景（如航空航天、电子、高端装备等）构建更具体、更具可行性的云边协同实施框架和方案；③研究突破云边协同智能制造系统的共性理论、方法和关键技术；④开发具有完全自主知识产权的支撑工具和应用。

云制造系统 3.0 体系架构分六层，分别是新智能资源/能力/产品层、新智能感知/接入/通信层、新智能边缘处理平台层、新智能制造系统云端服务平台层、新智能制造云服务应用层、新人/组织层，每一层都有新的标准和安全管理。

这样的体系架构适用于系统纵向范围、横向范围和端对端连接。这个体系架构以新一代人工智能技术为引领，具有以下五大特色：边缘云端协同制造新架构；云计算、人工智能、大数据、新互联网等为代表的新通信技术和新制造技术融合；感知接入通信层虚拟化、服务化，进而全系统实现虚拟化、服务化；每一层具有新时代新的内涵和内容；以用户为中心的具有新智能制造资源、产品、能力的智慧共享服务。

58.3.6　智能制造 MES 云

企业智能制造业务框架中有三大核心内容，包括企业运营协同层，工厂智能化与执行层，工厂连接自动化层，三层包括六类智能化指标，如图 58-20 所示。

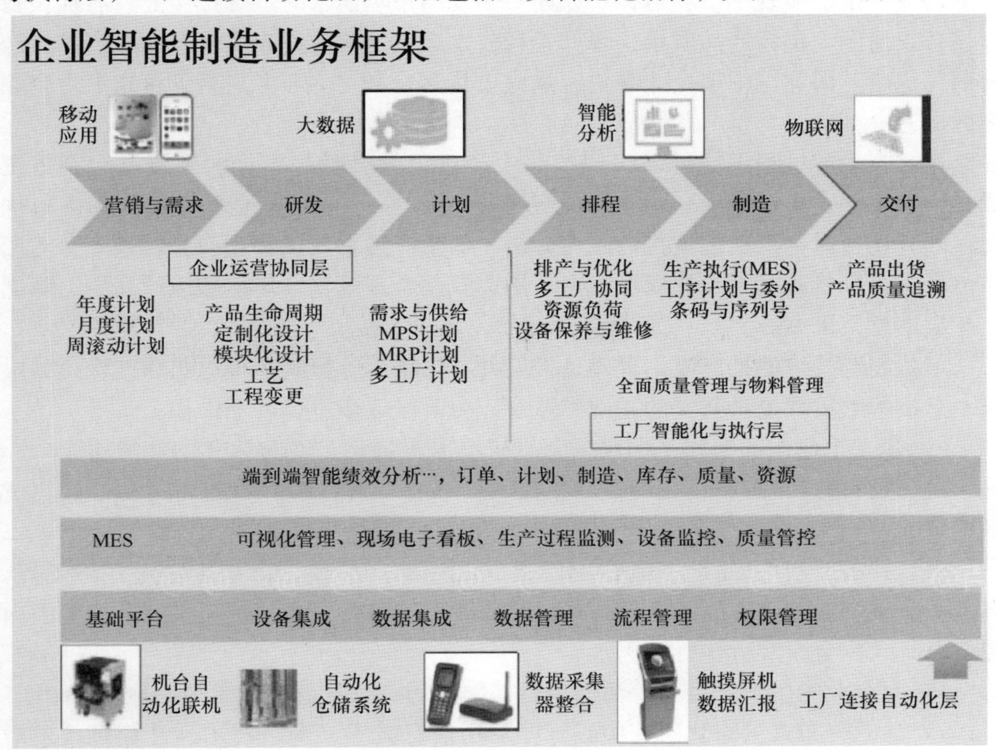

图 58-20　企业智能制造业务框架

基础平台核心是提供一致性管理，实现协同间数据集成和设备自动化。

移动应用、大数据、智能分析及物联网等先进技术与企业价值链上不同流程，支持实时智能工厂运转。

58.4 虚拟企业与虚拟生产

虚拟企业与虚拟生产是工业云平台下的企业形态新模式。

虚拟企业，是指分布在不同地区的多个企业利用工业云平台，为快速响应市场需求而组成的动态联盟，是组织、人力、技术、信息等资源在完善的网络组织结构基础上的有效集成。虚拟企业根据市场需求动态组建，并迅速地在各种构成企业间达到协调，强调在最短时间内以最适合的性能价格比开发市场需求的产品。当市场机遇不复存在，虚拟企业随即解体。虚拟企业的企业成员间在逻辑上是一个完整的企业实体，在组织上根据各自企业特点的经济效益而联合，这种虚拟企业是具有集成性和实效性两大特点的经济实体。例如美国的 UltraComm 公司，在美国各地有 60 多家数以千计雇员企业组成的虚拟电子集团，虽然公司本身只有几名雇员，但是该公司采用分散设计和制造方式，不同产品选用不同企业，依靠网络技术组成的经济实体，依然实现了市场目标。在面对多变的市场需求时，虚拟企业具有加快新产品开发速度、提高产品质量、降低生产成本、快速响应用户需求、缩短产品生产周期等优点。因此，虚拟企业是快速响应市场需求的“部队”，能在商战中为企业把握机遇。

在虚拟生产过程中，可以实现产品生产过程的合理制定，人力资源、制造资源、物料库存、生产调度、生产系统的规划设计等，均可通过计算机仿真进行优化，同时还可对生产系统进行可靠性分析，对生产过程的资金进行分析预测，对产品市场进行分析预测等，从而对人力及制造资源合理配置，对缩短生产周期、降低生产成本意义重大。

虚拟制造技术的推广应用首先是推广并行工程、敏捷制造等思想和技术，为虚拟制造技术的实现提供坚实的基础。然后应分阶段逐步进行以下操作：

1）建立企业内部网和工程数据库，初步实现 CAD、CAM 和 CAPP 的功能。

2）进行信息集成，推行特征建模技术，形成一个 CAD、CAM 和 CAPP 的集成系统。

3）首先在设计、工艺、制造部门建立统一的产品模型，初步实现并行工程，再进一步将企业管理方面的软件与 CAD/CAM 系统进行集成，进而实现企业范围内的信息集成，全面实行并行工程。

4）对企业的生产、经营等活动进行建模、仿真，从而实现虚拟制造。

5）建立分布式网络化研究中心，即利用信息技术、网络技术、计算机技术对现实研究活动中的人流、物流、信息流及研究过程进行全面的集成。利用不同地区的现有生产资源，把它们迅速组合成一种没有围墙的、超越空间约束的、靠电子手段联系的、统一指挥的经营实体，以便快速推出高质量、低成本的新产品。

58.5　行业工业云是“互联网＋各行业”发展的新引擎新生态

传统产业与互联网的跨界融合使得每一个传统企业都面临互联网转型的挑战，也带来不少新的活力与深刻的变化。“互联网＋液气产业”的发展为液气产业的各个企业带来新的发展契机，必将孕育新的产业形态，如图 58-21 所示。

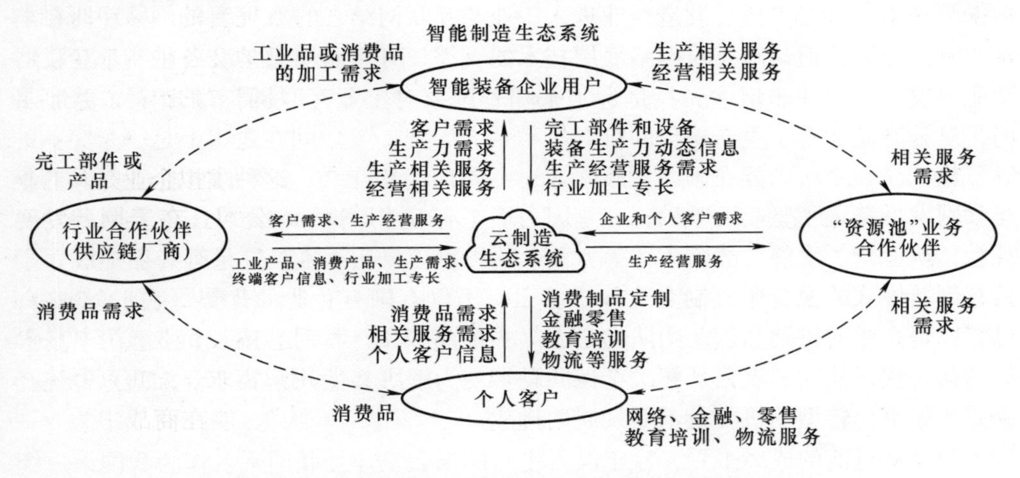

图 58-21　“互联网＋液气产业”的数字化转型生态

徐工汉云技术股份有限公司（简称：徐工汉云）的发展思路与途径更值得借鉴。

58.5.1　跨行业跨领域的工业互联网平台——徐工汉云

工业互联网已成为传统企业数字化转型的关键技术手段。而工业互联网不仅仅是一项技术，它更是一种思维方式，它的革新将为企业的研发、生产、管理、销售提供了新的发展路径，催生新的商业模式和消费模式。但是如何发挥工业互联网的力量解决数字化转型难题，2014 年面向工业互联网而专门成立的江苏徐工信息技术股份有限公司（简称：徐工信息），既是这一波新兴力量中“胆大心细”的探路者，更是在摸爬滚打中积累了诸多实战经验的“实干家”。徐工汉云也给出了自己的解决之道，徐工汉云既是数字化转型赛道上成功的转型者，更是优秀的赋能者。作为双重身份的代表，近几年来不断更新迭代自身的数字化解决方案，先后推出了设备画像、汉云 MOM、配件协同、车联网、智能仓储等产品，并在建筑施工、有色金属、高端装备制造、核心零部件、新能源等 80 多个行业有了成功的应用。

1. 徐工汉云的超预期成长

徐工汉云成立于2014年，是由传统制造企业孵化出来的工业互联网企业。其在人员、技术、经验等极其匮乏的条件下，经过一年多时间的探索，最终于2016年发布了我国首个自主知识产权的汉云工业互联网平台。

徐工汉云成立的初衷是伴随着徐工业务的扩张，首先需要改变从管理层到用户服务层原有的“人管人”的模式；其次，需要快速地将内部流程管理经验在国外的工厂进行复制推广；再者，徐工在智能制造方面有丰富的经验，希望通过自身成功的经验为广大中小型企业赋能。最初想法是尝试怎么用机器代替人，之后才是用数据驱动生产。对于传统制造企业进入工业与互联网结合的新兴领域，尽管拥有丰富的制造经验，但却缺乏对网络底层技术的支撑，可想而知徐工汉云在工业互联网产业的发展道路并非坦途。只是近年来随着国家对工业互联网标准和定义更加明确，汉云产品才有了更新迭代的机会。

徐工汉云之所以能在国内树旗立业，一是因为徐工70多年的制造经验为工业互联网发展奠定了坚实的基础；二是因为徐工有着浓厚性、前瞻性工业互联网发展观念，从运营、发展、战略人才等方面，均以徐工汉云为主；三是因为徐工成立了具有创新模式的混合所有制企业徐工汉云，不仅有国有企业的优势（占股60%），也有民营企业的拼劲和创业团队的心态（占股40%）。最后还有一个秘籍在于技术的创新迭代，使徐工汉云从解决个性问题转变为解决共性问题的平台，助力传统产业完成数字化转型的机会及不断发展的挑战。

但是从目前的成绩来看，徐工汉云主打的汉云工业互联网平台作为我国第一个自主研发的工业互联网平台，于2019年、2020年连续两年被评为双跨平台，并成功赋能了80多个行业及20个行业的子平台，服务企业超20000家。在2022年连续四年入选工信部十大跨行业跨领域工业互联网平台，位居前三，如图58-22所示。

图58-22　工业互联网平台“国家队”前三的徐工汉云（2022年）

2. 徐工汉云的发展

万物互联的大数据时代，徐工汉云也积极布局后市场数字生态，运用网络信息优势，打造“线上 + 线下”一站式服务新体系。为了拉好“体系马车”，2016 年从零到一研发的我国第一个工业互联网平台——汉云工业互联网平台正式上线。经历过多个应用场景、多个测试环境的数重检验，无论是平台能力还是产品技术应用实力，均得到业内专家和市场的广泛认可。这个平台的建成，是依托智网互联技术，二次开发微信平台，将公众账号“媒体型营销先锋”与“信息化售后服务助手”双轮驱动平台，建立与用户一对一的互动与沟通，并将用户数据接入企业客户关系管理（CRM）系统，由系统进行促销、推广、宣传、售后等一条龙服务。同时在线下持续完善服务体系，建立 14 个省份的 20 余家服务站点，从而优化后市场建设，推动液压核心零部件高质量发展。

2021 年徐工液压又获得“江苏省工业互联网发展示范企业”，这是以“高端液压阀生产线”为依托，建立了以工业通信网络为基础、装备智能化、云数据平台为核心的智能工厂，研发以高端液压阀为核心的系列产品，将整个企业各运营环节进行一体化集成管理，使管理效率提高、研发效率提高、产品可靠性提高、生产过程智能化水平提高、成本竞争能力加强、供应链管理水平提升，从而有效完善离散型智能制造新模式。并以“低成本、高效率、高质量”满足企业与用户的需求。不仅如此，徐工液压作为国内液气密行业领军企业，已经为中国液气密企业探索核心零部件智能制造新业态提供了很好的借鉴，提高了我国液气密行业制造的智能化水平，从而提升整体国产高端液压阀在国际市场的竞争能力。

2022 年，徐工汉云通过由中国软件行业协会指导、中科院软件中心评测验证的工业互联网标识解析与服务能力成熟度等级评估，斩获业内第一张四级能力证书，这是标识解析与服务机构服务能力成熟度的证明。标识解析二级节点即为综合型应用服务平台，如图 58-23 所示。

早在 2016 年，徐工汉云已启动标识解析相关研究工作。2019 年，徐工汉云成为首批接入顶级节点的综合型二级节点。2021 年，汉云标识解析综合平台正式上线（3.0 版本），总标识注册总量超 100 亿个，主动标识数量部署超 12 万个，迄今为止，行业认可度稳居前列。

徐工汉云的应用实例如下：

1）徐工汉云凭借对工艺流程的研究及技术攻坚的追求，在缺乏可参考经验的情况下，为铜冶炼智能工厂打造了国内第一套智能化始极片剥片机组，验证了始极片自动化剥片的技术可行性、企业应用价值，在业内得到充分认可。

2）2021 年，徐工汉云成为国内首家工业互联网领域“1 + X”培训组织单位，积极推进试点院校工作，并结合企业人才需求痛点，围绕“岗、证、赛、课、培”提出产教融合综合方案，为工业互联网行业持续输出优质人才。截至目前，徐工汉云已服务百余个院校，与 8 个院校开展了科研项目，编制教材 5 本，录制微课 57

ISCA

标识解析与服务机构服务能力成熟度

Identity Service of Identity Provider Capability

证书

Certificate

按照中国软件行业协会团体标准《工业互联网标识解析二级节点服务能力成熟度第1部分：模型》(T/SIA023.1-2021)《工业互联网标识解析二级节点服务能力成熟度第2部分：评估方法》(T/SIA023.2-2021)，经评测验证，徐工汉云技术股份有限公司达到 二级 节点 四级 服务能力，特发此证书。

证书编号：

发证日期：二〇二二年二月二十一日

有效期至：二〇二五年二月二十日

扫码有效查询

2023年审记录	2024年审记录

评估机构：北京中科院软件中心有限公司

发证机构：中国软件行业协会

图 58-23 徐工汉云的标识解析与服务机构服务能力成熟度证书

节，发布操作视频51个。

3）在与江铜贵冶的合作过程中，为确保始极片分类的精准度，徐工汉云工艺研发团队为江铜贵冶研发自动检测系统，通过3D视觉，实现始极片垂直度自动检测，突破始极片检测难题，属于行业首创。

4）作为国内最早构建5G+工业互联网工程机械行业试点平台的企业，徐工汉云联合江苏联通在徐工搭建了国内首个基于5GSA组网架构+MEC端到端的专网，打造了涵盖研发管理、生产管理、工业安全、工厂大数据等5G全连接智能工厂，将工程设备维护时间从7天减少到0.5天，远端调测/功能扩展时间从7天减少到1天。

5）“第一”也是“唯一”，加速中国工业互联网“走出去”。近年来，徐工汉云工业互联网平台不仅连接国内，还连接到“一带一路”沿线国家。目前，平台海外连接设备超4万台，覆盖“一带一路”沿线80个国家和地区，持续推动中国工业互联网走向国际。没有辜负习近平总书记2017年12月12日亲临徐工考察调研工业互联网平台时的期望，将汉云工业互联网平台打造成为“世界最具价值的工业互联网平台”。

3. 徐工汉云转型成功要领

1）需求第一，应用场景才是推动技术进步和工业互联网快速发展的原动力。

相关数据表明，2017 年全国规模以上工业有效发明专利数达到 93.4 万件，一些技术已经从过去的“跟跑”到“并跑”，甚至向“领跑”迈进。而工业互联网发展在这一进程中，要融合其中为企业降本增效提质的需求，通过其与制造业的融合来检验与发展。因此徐工汉云 1.0 产品聚焦于完善基础 IaaS 平台、设备采集管理平台和大数据处理分析平台，汉云 1.0 出来后就在徐工的各种机械设备、各种应用场景上进行了大量的试验，并取得了非常好的反馈。通过用户的需求更新才能带动新产品的孵化。

徐工汉云在发展工业互联网和用户的需求方面，经历了螺旋式上升的过程。通过广泛的城市布局先使一些用户快速地连接到平台上，然后根据用户需求不断地优化和提升。从目前来看，这个效果还是不错的。

2）数字化转型不固守于单一产品的发明，而着眼于为不同场景赋能，形成新的发展生态。自主打造的汉云工业互联网平台已赋能于工程机械、装备制造、智慧城市、有色金属、建筑施工、教育、新能源汽车、石油化工、能源等 70 多个行业，如图 58-24 所示。

图 58-24　汉云在不同场景赋能的工业互联网生态

场景应用固然重要，差异化服务也是当前企业面临的重要课题。作为工业大国，行业门类复杂多变、要求各异、转型艰难。以电子制造业等各行业转型为例，其产品附加值偏低，经济效益低，原材料涨价用户易流失；另外还有产品同质化、利润越来越低及融资难、回款难等转型难题。在这一形势下，定制化、差异化服务成了大多数工业互联网企业的重点研究方向。

针对这类问题，徐工汉云反常道而行之，坚持推动在应用场景要致力于解决共性问题，通过包容应用场景的管理能力来推动企业管理的提升，从而推动工业互联网平台快速发展。因此可以达到快速交付能力和低成本模式来满足用户的个性化需求，而后把项目中共性的部分抽取到整个标准化产品中去，让该产品中包含更多可配置化的内容。例如，MES 是徐工汉云最早的标准化产品，最初产品中有 20% 是标准的，80% 是需要定制化开发的。而现在伴随着研发的不断深化，标准率已达到 80%。今后有望达到 90%。标准化的目的是让企业花费最低的成本获得便捷的服务，取得更大的经济效益。

徐工汉云研发的设备画像产品已经完全实现了标准化，其涉及产品设计、生产制造、仓储物流、采购供应、企业管理、运营管理、产品服务等；能够帮助用户实现快速设备上云，提高设备利用率，减少设备异常损失，优化生产过程及售后服务效率。目前，设备画像产品已在不少企业成功应用，设备利用率平均提高超3.6%，实现了生产过程透明化。

3）加强工业互联网赋能的力度。数字化转型的企业中有数字原生程度低与程度高两类，不仅需要为成功转型者做榜样，更需要让共同成长者成为优秀的赋能者，在自身数字化发展没有停止的基础上，同时兼具转型者和赋能者双重身份，转型和赋能交替发展。通过调查发现，传统企业积极运用数字化手段改变了以前粗放型的管理模式，虽然仍有许多不足，但都初步实现了智能化车间的管理目标，提高了企业的经济效益和市场竞争力。

从赋能的角度出发，面对不断加速的数字化转型进程，未来团队将和工业企业进一步深度合作，致力于打通工业数字化转型的“最后一公里”；加快国内市场布局，成立更多的子公司，形成覆盖全国的营销和服务网络；以产教融合的方式，和高校合作培养更多既懂信息技术又懂制造技术的复合型人才，为企业输送高质量的专业人才，壮大现有数字化转型团队的力量；提高工业互联网技术研发水平，未来将在5G、AR、AI、标识解析、区块链等新技术领域进行深入的场景化应用研究；开拓更多新的应用场景和模式，用以租代售的模式代替现有的模式进军国际市场，目前徐工汉云已经连接了“一带一路”沿线30个国家，未来还将扩大国际市场，致力于将中国工业互联网推向世界舞台。

4. 汉云平台及其工业App

工业转型升级必然涉及“人机料法环”等多要素的互联和信息整合。

最初徐工信息上线的工业互联网平台汉云，打造了“3+6”应用场景，其中“3”是指智能仓储、智能物流、智能服务；“6”是指研发设计优化、智能应用链、云备件、产业链协同、生产优化和设备管理。汉云工业互联网平台所用应用界面如图58-25所示。

目前，汉云平台针对细分场景，将微服务组件灵活集成为工业App，在云端进行项目任务的无码化开发，基于汉云打造1∶1的数字孪生，通过解耦、软件化、简单化、平台化定制为工业带来更多的创新，并聚集众多合作伙伴的力量一起打造徐工信息的工业互联网生态。

目前汉云平台上已生长出1542个工业App，横跨产品设计、运营管理、产品服务、采购供应、生产制造、企业管理、仓储物流等场景，服务1000余家企业。其中，设备画像App、智能网联App、云MES、云SCADA、云备件等高流量App已广泛应用在多行业多领域之中。

目前徐工汉云致力于用户布局的三大主线：垂直行业、灯塔用户、区域发展。

图 58-25　汉云工业互联网平台所用应用界面

也就是围绕着垂直行业，围绕着大客户，围绕着区域开始布局，这个布局思路对于他们而言是非常重要的。

在具体垂直行业的选择方面，不管是纺织、建筑施工等离散制造，还是其他的行业，徐工信息都要将自己打造成这个行业的专家。

在公司内部，徐工信息将用户分为灯塔用户和标杆用户。比如要做某行业，首先选择可以带动工业互联网创新转型的龙头企业，帮助这些大客户提升创新能力，并作为灯塔用户，以这个灯塔用户的模式在这个行业中推广。通过“灯塔”的指引作用，把不同的标杆用户发展起来。

徐工信息尽管发源于江苏省徐州市，但在短短几年已经将此平台延伸到北京、上海、河北、山东、安徽、湖北、四川、福建、广东、广西、云南等地区，通过引进高端人才，以此打开工业互联网信息技术的瓶颈，从地方的各个分部快速地响应用户，提供端到端的解决方案。利用平台来解决用户的痛点和难点问题，真正推动工业互联网的进步。

汉云平台已赋能于建筑施工、有色金属、高端装备制造、核心零部件、新能源等 70 多个行业。徐工汉云的效果广联租赁平台界面如图 58-26 所示。

徐工汉云通过引进互联网、物联网、大数据、AI 等技术打造一个综合性租赁管理平台，为工程机械租赁商提供信息发布、交易管理、合同执行、设备运维、金融服务等一体化解决方案。

而智慧渣土车监管平台，是渣土车管理和执法监管结合的管理系统。基于智能终端的源头数据，打造数据实时精准、安全可视化、管理高效化的渣土智能管理系统。用于解决渣土车违规倾倒、车辆超载、抛洒滴漏等带来的城市污染问题，规范

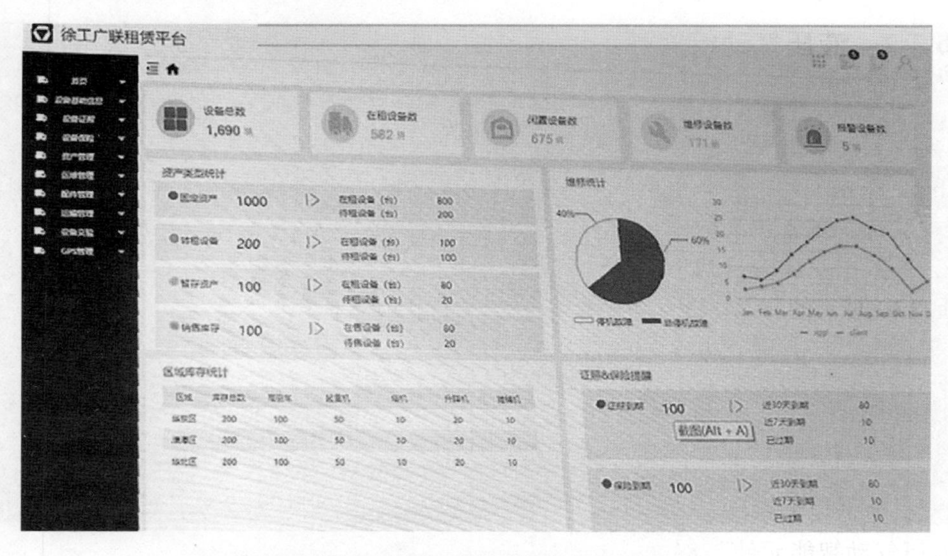

图 58-26　徐工汉云的效果广联租赁平台界面

渣土车在城市中的行车路线和驾驶员的驾驶行为等。

谈及工业设备连接到平台后产生了很多不同的数据，徐工信息有数学、统计学、专业设备领域的专家在继续开发数据处理，可以解决诸如发动机喷油如何控制油耗、发动机的转速控制与液压的控制等问题。

在商用车的应用场景中，他们还通过分析驾驶人员的紧急制动或紧急加速的行为习惯，最终和保险公司联动确定保险费用的高低。

在5G + 工业互联网方面，基于5G通信网络去做远程控制和调试，甚至是远程施工，更大限度地在山体滑坡、洪水灾害等场景通过机器人去处理危险工作，从而保护人员的生命安全。

徐工汉云在工业互联网的应用中，通过长年积累，在各个场景的落地应用中有了自己的强项与特色，汉云工业互联网平台的四大特点如图 58-27 所示。

汉云工业互联网平台四大特点

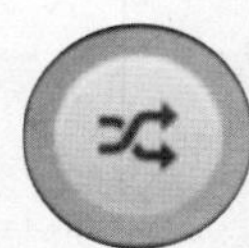

领先的设备接入能力

广泛适配多种数据制式
移动设备的快速大批量接入
固定设备的自动化改造及快速接入

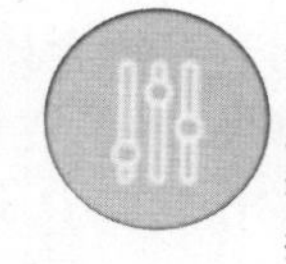

卓越的设备管理能力

从状态监测、故障诊断、远程运维、预测性维护、能耗优化等方面为设备赋能，提升设备的管理、运营能力

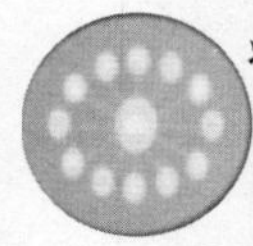

将Handle标识解析与工业互联网融合

打造工业互联的关键底层基础设施
为每个设备提供唯一身份证
异地异主异构数据互联互通

沉淀丰富的机理模型

生长于制造业的土壤，带有制造业的天然基因沉淀了大量通用化，标准化工业机理模型，可提供给用户或者合作伙伴使用

图 58-27　汉云工业互联网平台的四大特点

58.5.2　液压气动行业工业云平台的需求

行业就是指所有从事相同技术与产品的企业集合，它们的代表就是自己的工业协会或工业联盟等。在这个信息与智能时代，行业的生态系统更新换代就是要从传统的“信息统计”行政式方式转变为“数据流动”建立“工业4.0平台”的服务方式。行业需要“大数据”实时流动的信息，“流”就是“互联”，“动”就是沟通，由数据变成信息就需要“算法”。行业工作也就是要从“等数据”的方式变成“促长数据”的方式，从“等数据”变成“促长数据”需要工作平台的转变，这个平台就是“行业工业云”。

也就是说行业要改变过去的发展模式，以工业云物联网为物质基础、以大数据为资源来驱动中国工业各行业的发展。此处“大数据”与“物联网”就是液压行业的新生态。然而这个生态需要通过“云端”平台去营造，我国各行业包括液压气动行业需要利用“云端”平台，才能更快地实现打造“智能制造”行业环境与“液压气动智能元件”市场空间的目的。

在工业4.0时代以前，液压气动行业内企业包括上下游企业以“仿制”走捷径、“廉价”为道，这时企业之间、上下游之间数据流动率很低，相互的竞争大于合作。现在这种格局已经无法持续，工业4.0的智能化产品由于软件嵌入，也带来了“复制难”“底气薄”等新形势下的新问题。行业将从“廉价竞争”走向“合作竞争”与“创新竞争”的局面，兼并重组、合作开发、市场细化、价格合理化等方面都会比过去有所提升甚至很大变化。但是一个封闭的行业无法形成这个生态，行业需要依靠一个共同发展的平台，让需要的信息沟通流动、让共同的利益通过一个共同发展的平台分享，这就是“互联网+各行业”，对于它而言，非常重要的载体就是“行业工业云平台”。各行业，包括液压行业工业云的重点是实施行业的网络化制造，以及联合起来以利益共享为基础的开发，联盟是为了让我国的“智能元件产品”尽早出世。行业云以智能工厂为核心，以产业互联和大数据驱动为手段，打通作业控制层到战略决策层的各系统，让企业的研发设计、生产装备、运营管理、产品流通、营销渠道、大数据分析等各个环节的应用实现信息与制造融合。

现在以液压工业4.0智能制造云（液压云）为例说明各行业在云时代的建设与发展，液压云的构想如图58-28所示。

工业云需要一个所有企业信任的第三方来组织，一般可以是自身的协会、联盟及其他第三方机构（如公共服务平台等）。这个云需要参与的企业，以它们中的利益共同体来分享各部分组成形成的效益，这是今后我国液压行业可选的发展途径，也是走向世界高端液压舞台的最快途径。

为了改变中国液压企业集中度低的局面，行业云是一个途径，以“互联网”互联方式，打通企业协同体系的网络化制造，使企业转向“智能制造”所需要的

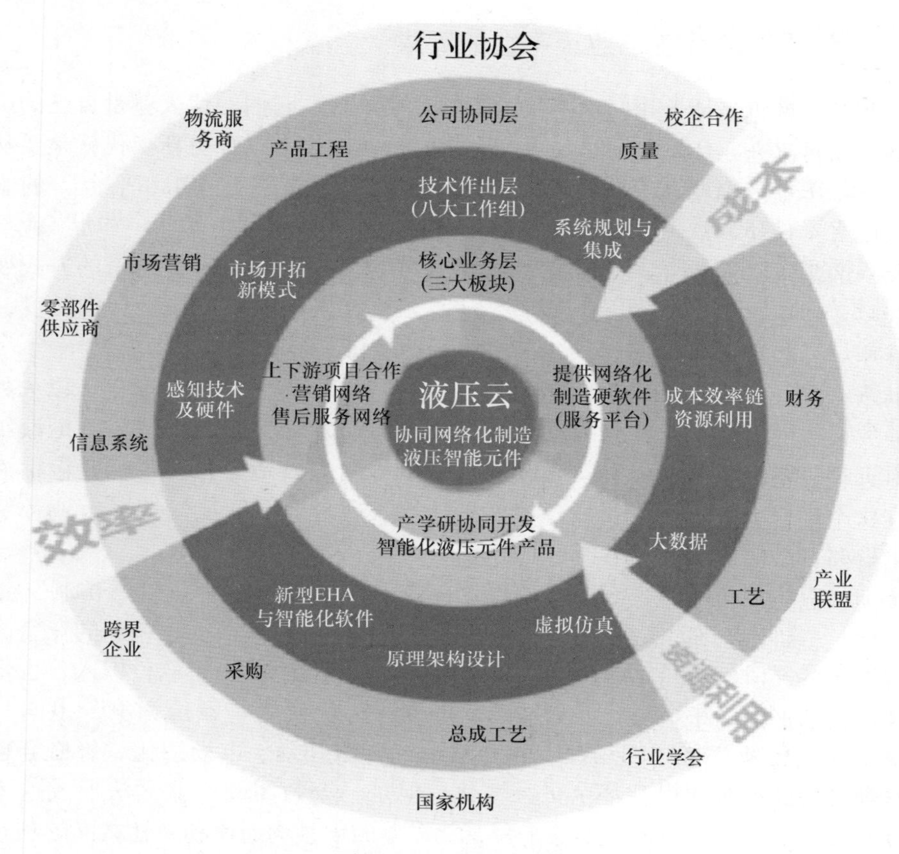

图 58-28 液压云的构想

硬件软件，通过“液压云”沟通起来。液压云是一个产生智能制造的设计云，提供智能制造硬件与软件的营销云，可以为智能制造提供服务或租用的服务云，也是可以相互交流使用、提供解决问题的专家云。这就使液压行业的中小企业在花费能力范围内的尽可能低的成本下，走上工业智能制造的渐进途径。“液压云”的实现需要利益攸关的代表方，代表方能够代表液压企业的需求是根本，同时代表方又有组织的各种资源与经营的能力。

行业云（液压云）实施有许多有利因素。一是不需要中小企业用较大资金去实施智能制造；可以组织协同智能化元件产品的规划与设计的能力，并且帮助行业形成行业的网络生态环境；有利于液压网络化元件标准的形成与推广；将液压分散的制造资源有效集成，有助于企业跨越地域差距，有利于使国内企业向跨国公司的方向发展；技术作为最重要的制造资源的网络化将促进基于网络的制造业信息化技术咨询服务和中介机构的发展。二是有助于为我国液压制造产业进行产业升级，发挥后发优势，实现跨越式发展的低成本、高效率且切实可行的技术途径；通过行业网络化制造平台，与工程机械等下游联合形成动态产业联盟；网络化制造将产学研用联系起来，共享一个大数据源，使产品的开发、应用、服务形成一体，整合传统数据源和数字数据源来相互理解。三是企业也可以提供给用户情境相关的实时体验；通过这种平台一方面推动企业、用户、第三方相互的在用户需求基础上的沟通、交互产生新的思路与方案，端对端的网络有利形成团队的竞争力，立即进行施工化的服务，加快产品、项目与技术的发展与融合；如今企业不仅需要获取用户，了解用户的需求，还要提升用户体验，并发展长久的关系，用户通过云分享数据对企业能够了解更多，并形成相应的互动，并在所有的接触点提供无缝体验。

液压产品的智能化与液压系统的智能化与下游行业密切相关，在技术发展上有一定的重合度。因此我国液压行业应该努力建设开发协作式制造集成网络基础结构与开放式系统的集成平台，基于网络的制造系统将实现远程数据处理、远程资源调用和对远程设备的操作、控制、加工过程检测，网上信息交流、共享与服务等问题，在这个平台上得到体现。然后我国液压行业应该面向下游行业，将这个网络化制造平台与下游诸如工程机械行业联合起来，开发新的定制化产品，增强合作企业的竞争力，同时加快液压行业本身的发展，这条途径可以使液压有关企业与有关参与的诸如工程机械企业对接起来，达到快速设计、快速制造、快速检测、快速响应和快速重组。

液压云的形成与生存条件基本具备，探索网络智能生产与行业发展大数据网联平台的条件也具备。液压行业进入网络智能发展新时代。世界液压行业的各大厂商也在默默进行转型改造，如派克在发展纯电控、丹佛斯收购电动机制造厂等。我国也必须有所作为，迫切需要一个进取的平台，应发展中国液压行业自己的特色思路并团结上下游结成联盟。

总而言之，液压云是属于社会化服务型制造的一种形式，除了提供协同性网络化制造与协同性开发液压智能化元件的主要功能外，还可以达到下列四个方面的目的：①运用工业互联网发展监测维护、售后服务等实现产品全生命周期服务；②发展智能物流、电子商务扩大市场占有率；③发展用户参与的“众筹、众投、众创、众包”等新业态；④提供研发设计、信息软件、绿色环保等为社会服务，为用户提供整体解决方案。

58.5.3　我国液压气动行业互联网平台

1. “工星人”气动元件 App

“工星人” App 是主营工业设备元器件产品的手机采购平台，如图58-29 所示。

该平台涵盖气源处理元件、传感控制元件、真空元器件等多种类型的元器件产品，可以通过类型分类或者关键字快速找到自己需要的产品，一键下单，直邮到家；便捷的定制服务，根据用户需求进行产品的定制生产，所有的商品都有具体的价格，还有专业的客服提供线上服务。作为行业服务平台，从供应链端保证了产品品质，元器件产品的质量都有相当的水准，并具有完善的售后服务。

“工星人”App由星宇工业互联网（宁波）有限公司率先推出，是国内首家流体控制产业集群工业平台，于2020年5月正式发布上线，如图58-30所示。

它的推出是基于年产值达60亿的400余家奉化气动企业，这些企业从业人数超1万人，占全国市场份额的三分之一以上，占全国出口份额的一半以上。同时，涌现出了亚德克、佳尔灵、索诺、亿太诺、星宇等行业龙头，为国防装备、国产高铁、工业机器人提供了替代进口的关键零部件。为了解决气动流体控制产业同质化、产品杂、价格乱、账期长、规模小、集群散、管理弱等痛点，气动行业B2B平台“工星人”着眼于打造面向未来的供应链，通过平台大数据分析，为用户提供完整的解决方案，为生产者了解需求方需求，降低原料和产品的库存，提高资金周转率，既是供给侧改革的一部分，也将加速气动之乡的数字化转型。

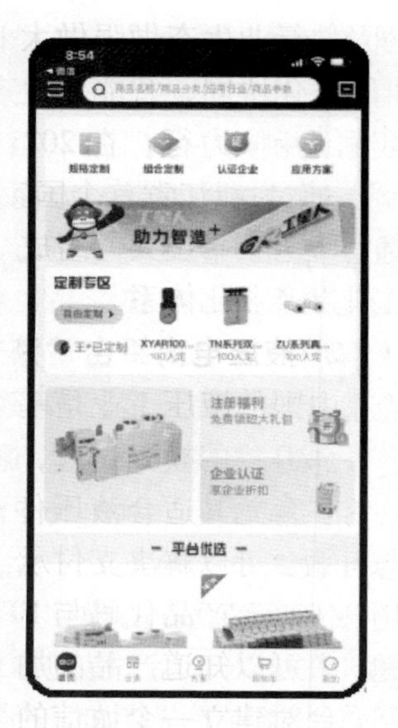

图58-29　“工星人”气动元件App

图58-30　“工星人”工业互联平台

“工星人”着力整合产业链中的优势资源，以增加产业创新供给为重点，构建“1+6”服务模式。“1”即是“1+N”工业互联网平台，将着力汇集国内气动流体产业优质资源，打造上下游产业链“共同体”，实现市场、产业、信息、数据的有机互联，并在五年内孵化若干个子平台；“6”即是包括产品金融中心、产业互联服务中心、产业智能云仓、工星人学院、星宇云科技中心、数字工厂，实现产业流、信息流、金融流、智物流、知识流、人才流的相互协同，实现“线上+线下”的全链条式服务平台。通过交易数据锁定每笔交易的真实性，银行便可以放心提供信贷支持；通过星宇多年的行业技术沉淀可以为同行提供技术方案；通过人才培养优化奉化产业生态；通过开放平台资源吸引更多的合作伙伴加入进来，将奉化的气动元件行业生态做强做大。对于“工星人”平台的未来，创始人坦言将继续专注于网络化协同、智能化生产、服务化延伸、数字化管理等模式新业态的发展；与此同时还身体力行，在 2021 年启动“关键零部件领域创新成果产业化公共服务平台”。作为浙江省首个国家级产业技术基础公共服务平台项目，该平台由星宇电子牵头，七家单位共同组成，并依托宁波市气动产业的优势，建立以需求为导向的创新成果产业化体系。

2. 液压电商平台“液多多” App

中国的液压工业是基础件工业，类同原料工业，必须走电商平台。由线上到线下（O2O）的模式做起，就是上网注册一个账号，订货交货付款由一套程序完成。电商平台尤其适合液压件企业做后市场备品备件业务，为 OEM 主机配套服务的，电商平台可以解决支付承诺，这些承诺有法律、律师，第三方给予公证，而且通过用户代码、产品代码与 ERP 连接起来，企业、产品、销售的信息都是透明的，订货的人可以知道产品的加工进展、试验数据，甚至账务、死合同都可以有统计，这个平台对建立一个诚信的行业非常重要。

随着互联网电商的发展，在液气行业电商的企业有所增加。但是过去企业网站中采用竞价提升排名的商业模式会有收益期望、诚信度问题，致使难以为继。到了 2015 年前后，电商方式演化为进入大型综合电商平台，借用更大平台；或是打造液压行业的垂直电商平台，开展电子商务公司的液压商城。集中展示行业供销信息，将交易双方精准集中一体，保障双方交易并有第三方平台作为担保方，支持在线交易，解决行业货款先后的难题，还通过了可信网站认证、品牌官网认证，可信度得以提升。提升行业交易双方信任度，同时保证双方利益，可以针对性地解决行业弊端问题。液压行业虽不大，但是整个电商年交易额却也是以亿为单位的，也是有规模可观的商机。

“液多多” App 是液压元件的手机购物软件，采用在线下单，以最快的速度发货的商务模式。这一模式是 2016 年由从事 30 多年液压行业的资深企业团队发起，联合全国液压行业 20 余家生产企业及铸件企业南通华东共同出资成立了杭州栎鑫网络科技有限公司，创建了“液多多”平台，2020 年入选浙江第二批省级供应链创新与应用试点企业。“液多多”平台是基于互联网思维整合液压气动行业资源，打造集研、产、融、销、云为一体的液压气动产业链服务平台，软件界面如图 58-31所示。

平台以液压气动产业链 F2B2C 模式为主导，以上游智能液压元件研发生产基地为核心，以下游中心仓加盟商为渠道，以供应链集供集采和供应链金融服务为双轮驱动，打造液压气动行业供应链生态闭环，以“产业集聚 + 平台支撑 + 技术创新 + 服务共享 + 协同制造”推动液压气动供应链生态系统。

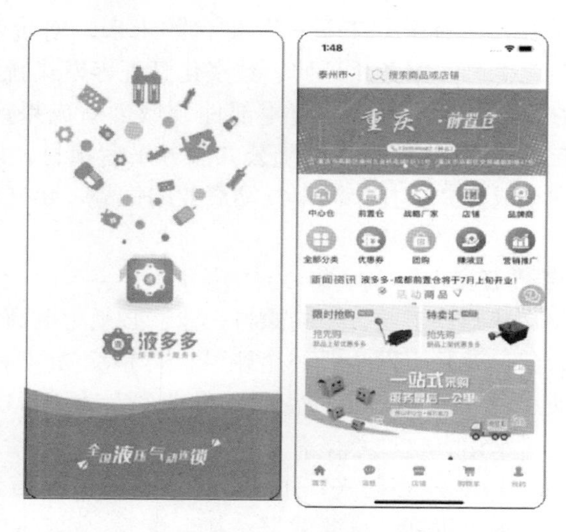

图58-31　“液多多”App液压购物软件界面

58.5.4　以互联网为依托的液压气动新媒体与培训教育

传统的液压气动媒体，特别是杂志，具有很强的科技引领与促进作用。但在传播专业技术与产品方面有三个问题：一是元件层面资讯少，缺乏资讯平台，对于企业的直接帮助缺乏时代感，信息不及时；二是专业性不够强，缺乏针对液压气动专业人士与产业人士的技术与产品发展需求的信息，或者有关信息集聚不足；三是滞后全球步伐，信息滞后参考价值降低。

应对上述问题的举措是：更多关注元件级，技术分享是原动力；高质量专家见解，团队解读共同讨论；紧随全球步伐，与行家面对面，打造有品牌的开发平台。但是作为产业而言，互联网为依托的液压气动新媒体可以弥补这一空间。

以互联网为依托的“静液压（iHydrostatics）”(http：//www.ihydrostatics.com/）是致力于此的新媒体之一。“静液压”于2014年由液压行业界新一代精英组织创办，既代表了新一代对液压气动行业发展的注力，更为行业在技术推广、媒体领域扩展功能赋予新的理念与实践，并在行业内体现了活力与创新的精神。秉持工程化解读最前沿液压技术的创办理念，致力打造一个联通液界精英人才、优秀企业，构建开放、共享、共学、共创商业价值的液界协同平台。

“静液压”新媒体下设六大媒体平台：门户网站、微信公众号、电子杂志、抖音号、头条号和Newsletter。通过为有效信息服务，为高效工作赋能，共同构建液界信用价值体系，助力行业信息、技术、资源的整合与对接，共同实现“协同赋能，价值互联”的理念与追求，“静液压”新媒体的产品组合与内涵如图58-32所示。

“静液压”作为上海液压气动密封行业协会的指定媒体，参与组织了由上海液

图 58-32　“静液压”新媒体的产品组合与内涵

压气动密封行业协会举办的“液压气动‘数智化’产业论坛”（2019 年淮安/2020 年宁波/2022 年海门－上海），并常年组织网上讲座以和专题课程，累计网上学员人数也达到超水平的上万人，“静液压”新媒体线上学院如图 58-33 所示。

图 58-33　“静液压”新媒体线上学院

此外，活跃在互联网的液压行业测试、售后与维修的精英高手，通过线上线下在推广测试、售后与维修方面的数字化、网络化等方面非常活跃，并在现场解决各种难题。向行业推广各种采用数字化仪器进行液压系统故障诊断与调试的方法，以改变过去完全依靠眼手及经验解决现场问题的传统办法。

我国流体传动与控制学科的教育深度与广度是世界强国水平，人才培养居国际之首，世界范围内只要有液压研究或行业发展的地方就可以看到国人的身影，我国液气产业向液气 4.0 的发展对液气专业的科研与教育有直接的推动与引领作用。

58.6　工业云控制

58.6.1　网络化协同云控制系统概念

云控制系统（CCS）结合了网络化控制系统和云计算技术的优点，通过各种传感器感知、汇聚海量数据，并将大数据储存于云端，在云端利用深度学习等智能算法，实现系统的在线辨识与建模，结合网络化预测控制、数据驱动控制等先进控制方法实现系统的自主智能控制。

云控制还处于雏形，提出的网络化协同云控制系统也是控制理论的一个新领域。

物联网通过局部网络或互联网等通信技术来实现物物互联、互通、互控，进而建立了高度交互和实时响应的网络环境。网络化控制可以通过传感器技术，检测对象物理状态的变化，获取各种测量值，最终产生需要进行控制的海量数据，控制系统处理这些海量数据，产生需要的运动控制。

云控制的海量数据将会增加网络的通信负担和系统的计算负担，传统的网络化控制技术难以满足高品质和实时控制的要求。在网络化协同云控制系统中利用云计算来保证控制的实时性，各种传感器感知的大数据储存在云端，在云端利用深度学习等智能算法，实现系统的在线辨识与建模，结合网络化预测控制、数据驱动控制等先进控制方法实现云控制系统的自主智能控制，网络化协同云控制系统的构架如图 58-34 所示。

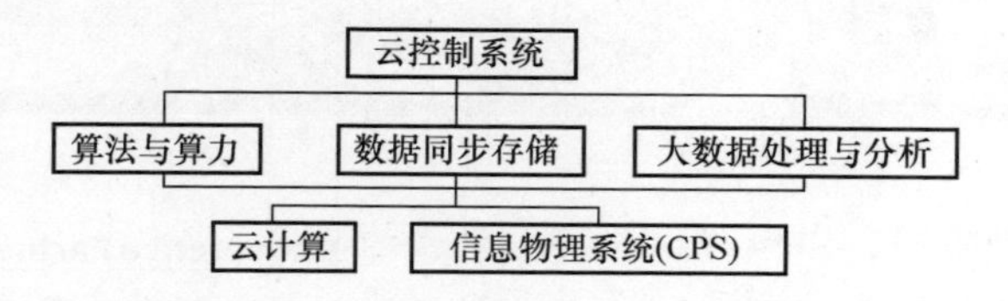

图 58-34　网络化协同云控制系统的构架

58.6.2　网络化协同云控制系统的架构

为了保证云控制系统的控制功能，云控制系统最好采用分布式的执行架构，可以达到分层控制的效果，加速控制所需要的时间，云控制系统工作架构如图 58-35 所示。

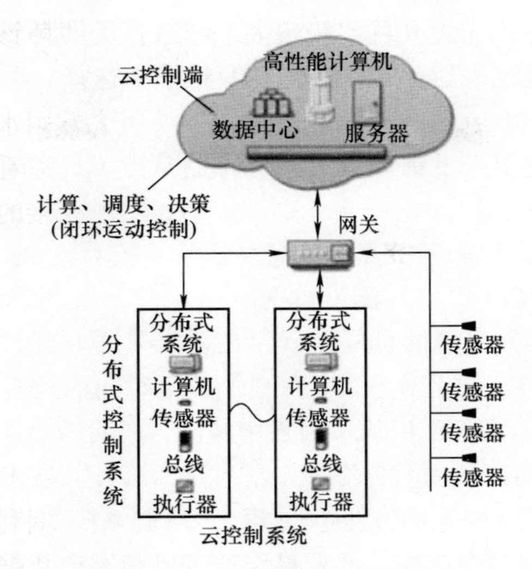

图 58-35　云控制系统工作架构

在此云控制系统中，由于采用了分布式系统，由此可以分层控制，由执行机构的内部控制加上总的系统与云控制端的网络控制，从而加快控制的响应速度。

云控制过程也设想分为两个阶段：网络化控制阶段和云控制阶段。云控制数据传输模式如图 58-36 所示。

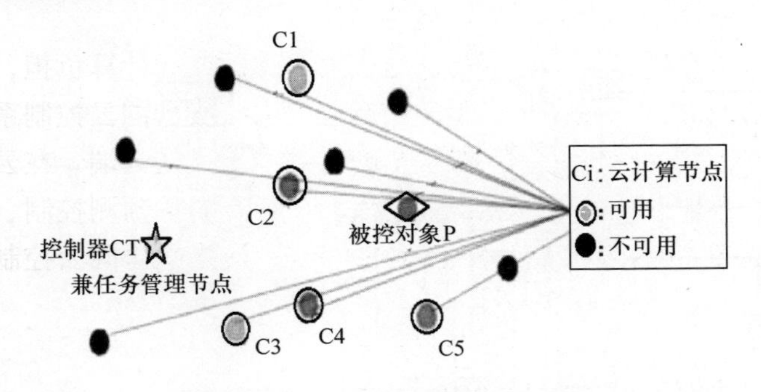

图 58-36　云控制数据传输模式

在网络化控制阶段，由控制器接收来自被控对象的测量数据，根据基于模型的网络化预测控制算法，生成控制变量。在此初始阶段，云控制系统在预先定义的广播域中仅仅包含两个节点；形式上实际上是一个网络化控制系统。任何一个云控制任务都从初始阶段开始；在初始阶段，控制系统被初始化为一个网络化控制系统，包含控制器 CT 和被控对象 P 两个节点。然后开始云控制，其过程可以表达为：

1）初始阶段，CT 利用预先设定的控制算法，生成操作变量，并将封装好的预测控制信号发送给被控对象；在自身管理范围内，持续广播控制需求，寻找可利用的节点，替代自己完成控制任务。

2）评价云节点的优先级（优先级越大，越适合提供服务）。

3）建立完优先级列表后，控制节点 CT 将从中选择一些优先级高的节点，发送确认信息。

4）当某个或某些节点反馈确认以后，控制节点 CT 将向其发送控制任务描述（控制算法等）。

5）同时，CT 也会将服务节点的信息发送给被控对象 P；P 接收到信息后，将开始向服务云节点发送（历史）测量数据。

6）为了保持云控制系统的良好运行，在每个采样时刻，所有活动的云控制节点向节点 CT 发送反馈，如果节点 CT 在一个预定时间内没有收到某个云控制节点的反馈，那么这个云控制节点应该从列表中移除，并且节点 CT 将指示所有闲置意愿节点中的第一个节点来代替移除节点。

7）与此同时，将这种替换告知节点 P。云控制系统的管理是一个动态的过程，节点 CT 不断寻找意愿节点，删除并替换失效节点和发送当前云控制节点的信息到节点 P。节点 P 可以接收来自不同云控制节点的控制信号数据包，补偿器选择最新的控制输入作为被控对象的实际输入。

考虑到单个意愿节点的实际运算能力是有限的，同时为了缩短云端服务时间，在实际的控制实践中，协同云控制系统将会变得非常有意义。在协同云控制系统中，控制任务将由多个意愿节点协同完成。图 58-37 所示为协同云控制系统的简单示意图。

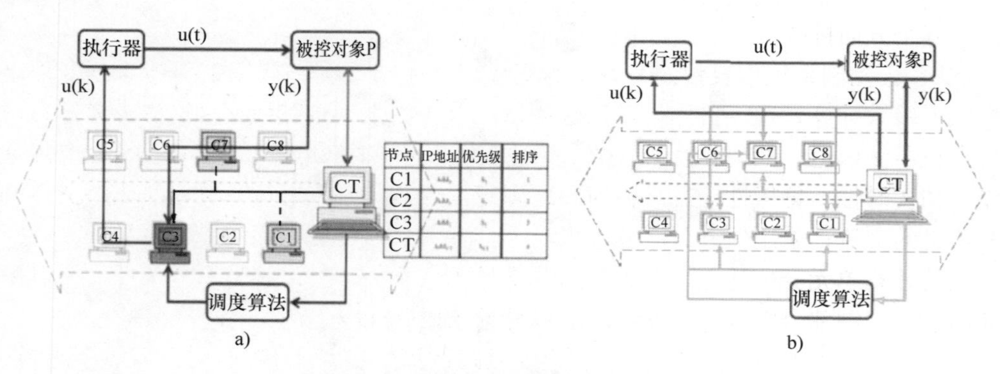

图 58-37　协同云控制系统简单示意图

a）云控制的控制流程　b）协同云控制系统结构

58.6.3　云控制系统的优势与问题

云控制系统与传统的网络化控制系统相比，具有以下六大优势。

1）系统硬件可靠性可以提高，采用硬件（硬盘、主板、电源、网卡等）全冗余的环境（电源、网络、盘阵等）。当发生意外的硬件损坏时，可以自动切换解决故障问题。云存储将系统映射到不同的服务器，解决了这个潜在的硬件损坏难题。

2）系统设备升级不会导致服务中断。系统升级导致的停机指传统系统升级时，需要把旧系统停机，换上新的设备，这会导致服务的停止。云控制并不单独依赖某一台服务器，因此，服务器硬件的更新、升级并不会影响服务的提供。

3）不受物理硬件的限制，及时提供性能的扩展。考虑到功能和算法复杂度的增长，可能导致提前采购的浪费。当采用云控制时，可以根据具体需求动态调整硬件和运行环境配置，避免不必要的浪费，节约用户资金。

4）发挥系统的最大效能。实际应用中，常常出现工作量过度集中，而用户没有能力或者比较难于进行工作量分配，造成系统整体负载不均的现象，有些系统没有在使用，有些则承受过量负载，这会导致整体系统效能受限；云控制系统可以充分利用云计算按需分配的能力，突破这一难题。

5）减少 IT 支持。对于控制工程师，更多关注于整个系统的控制性能指标，而对系统的安全防护和 IT 管理规则较为陌生，但这些却是保证控制系统正常运行的基础。云控制系统的引入可以较好地调配人力资源，最大限度上提升控制工程师的效率。

6）有利于共享与协作。由于控制系统对于相同的控制对象具有较大的相似度，云控制系统的引入为控制工程师提供了一个交换控制算法与经验的平台。当遇到较为复杂的控制任务时，云控制平台也可以完成使用者之间的协作。

尽管云控制系统具有很多优势，但云控制系统还处在起始发展阶段，主要还有以下五个方面挑战。

1）云控制系统信息传输与处理的挑战。云控制系统将其控制部分有选择地整合而采用云计算处理。首先是如何有效地获取、传输、存储和处理这些大数据；由于存在通信延迟，如何保证控制质量和闭环系统的稳定性，同时如何保证控制性能，如实时性、鲁棒性等；采用何种原则对本地控制部分进行分拆；与云端进行哪些信息的交流；采用何种云计算方式，云计算中如何合理利用分布式计算单元，合理地给计算单元分配适当的任务。这些都是不同于一般信息物理系统的问题，其中如何进行控制部分整合和云端计算是设计的关键。

2）基于物理、通信和计算机理建立云控制系统模型的挑战。控制系统设计的首要问题是建立合理的模型，云控制系统是计算、通信与控制的融合，计算模式、通信网络的复杂性，以及数据的混杂性等为云控制系统的建模工作带来了前所未有的挑战。尤其是云计算作为控制系统的一部分，与传统网络化控制系统中控制器的形式有很大不同，如何构建云计算、物理对象、（计算）软件与（通信）网络的综合模型，以及如何应用基于模型的现有控制理论是一大挑战。在建模过程中，计算模型和通信模型需要包含物理概念，如时间；而建立物理对象的模型需要提取包含平台的不确定性，如网络延时、有限字节长度、舍入误差等。同时需要为描述物理过程、计算和通信逻辑的异质模型及其模型语言的合成发展新的设计方法。

3）基于数据或知识的云控制系统分析与综合的挑战。云控制系统除了包含云计算、网络化控制、信息物理系统和复杂大系统控制的一般通性，还有自身的特性。针对这些特性，需要探究和创建合适的控制理论。云控制系统作为复杂系统，其模型建立困难，或者所建模型与实际相差过大，需要探究不依靠模型而基于数据或知识的控制方法。同时，云控制系统必然存在一定的性能指标，合理提炼并进行指标分析和优化，对于设计和理解云控制系统具有指导意义。

4）优化云控制系统成本的挑战。将云服务运用于控制系统可以减少硬件和软件的花费。但是与此同时也需要增加花费。例如，在云计算过程中会进行控制任务的分配与调度，本地部分功能会向云端虚拟服务器迁移，以及云控制系统的维护与维持等。因此，如何优化云控制系统的成本是一个更为复杂的问题。

5）保证云控制系统安全性的挑战。云控制安全是最重要的问题。针对云控制系统的攻击形式多种多样，除了针对传输网络的拒绝服务（DOS）攻击，还有攻击控制信号和传感信号本身的欺骗式攻击和重放攻击等。对于云控制系统而言，设计的目标不仅仅要抵御物理层的随机干扰和不确定性，更要抵御网络层有策略、有目的的攻击。因此，对云控制系统的安全性提出了更高的要求，研究者需要综合控制、通信和云计算研究。目前的网络化控制系统要求控制算法和硬件结构具有更好的“自适应性”和“弹性”，以便适应复杂的网络环境。云控制系统的架构具有更好的分布性和冗余性，因此能够更好地适应现代网络化控制系统安全性的需要。

58.6.4　云控制在液压机器人等移动装备上的应用

1. 行走机器人的云控制

云控制框架可以帮助机器人实现相互学习和知识共享，解决单个机器自我学习的局限性。未来液压行走机器人控制云如图58-38所示。

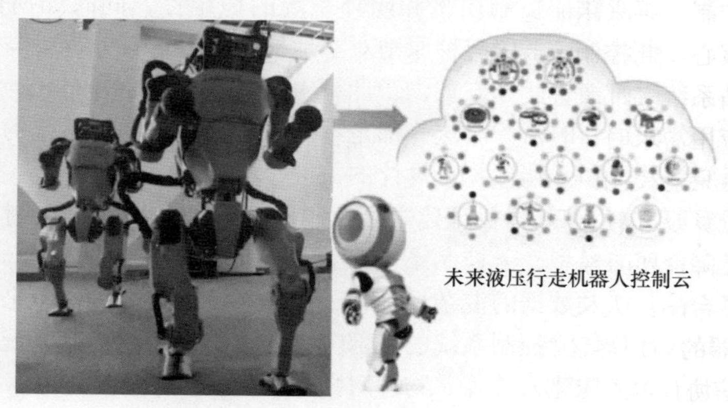

图58-38　未来液压行走机器人控制云

2. 智能制造用机器人的云控制

在智能制造柔性生产环节，自主移动机器人是关键力量，智能制造用机器人的云控制如图 58-39 所示。

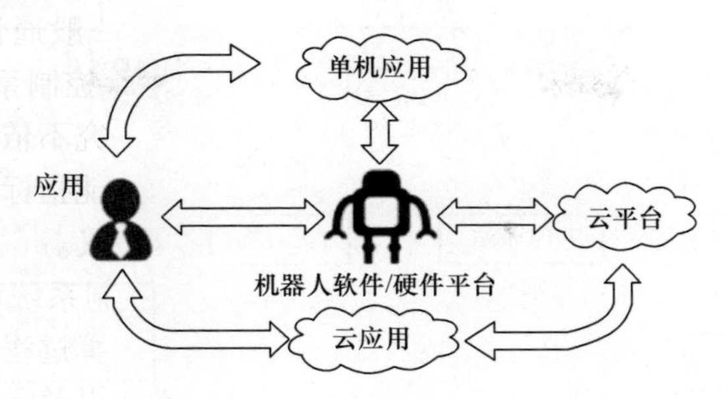

图 58-39　智能制造用机器人的云控制

在生产过程中需要机器人之间及机器人与人之间的相互协同和无碰撞安全作业，所以自主移动机器人之间就需要实时进行数据交换来满足这一需求，而这就带来了机器人对云技术的需求。

和传统机器人相比，云技术机器人需要通过网络连接到云端的控制中心，用超高计算能力的平台，并通过大数据和人工智能对生产制造过程进行实时运算控制。自主移动机器人可以基于 4G/5G 网络实现快速部署，无须部署 WiFi 网络，即可接入云调度系统，与 MES、WMS 进行对接，针对 3C 工厂、机械加工、维修厂（计算机、手机、汽车等）实际场景进行专项研究。

自主移动平台能将大量运算功能和数据存储功能移动到云端，大大降低机器人本身的硬件成本和消耗。并且为了满足柔性制造的要求，机器人需要自由移动，因此在机器人云技术使用的过程中，需要智能工厂具有 5G 通信能力。

3. 无人机的云控制

无人机控制主要采用无人机地面控制站，其包含软件和硬件两部分，是无人机控制系统的核心。此控制站具有航迹规划、无人机飞行状态实时监测等功能，目前大型的地面站系统多部署在专用计算机上，便携性差，系统维护成本高，当计算能力不能满足应用需求时，只能单纯地依靠提高硬件成本来解决。普通的地面站设备在同一时间内只能控制一架无人机，不便于多架无人机的协同作业。

随着云计算及互联网技术的发展，许多对计算能力有较高要求的应用已迁移至云平台，不但降低了系统的硬件成本，也满足了不同任务场景对计算能力的动态需求。基于云平台的无人机智能控制系统，将传统地面站软件迁移至云平台，提供基于 Web 服务器的用户界面进行操作，控制无人机飞行。其中办法之一是可以采用 MAVLink 通信协议结合开源飞控软件 PX4 和机器人操作系统（ROS）去开发无人机应用程序，实现云平台对无人机的控制。无人机的三种工作原理如图 58-40 所示。

当无人机控制是地面控制站时，无人机与外界［如计算机地面站，手机 App，实时动态定位（RTK）基站］进行数据传输通信都需要依靠数传电台。数传电台

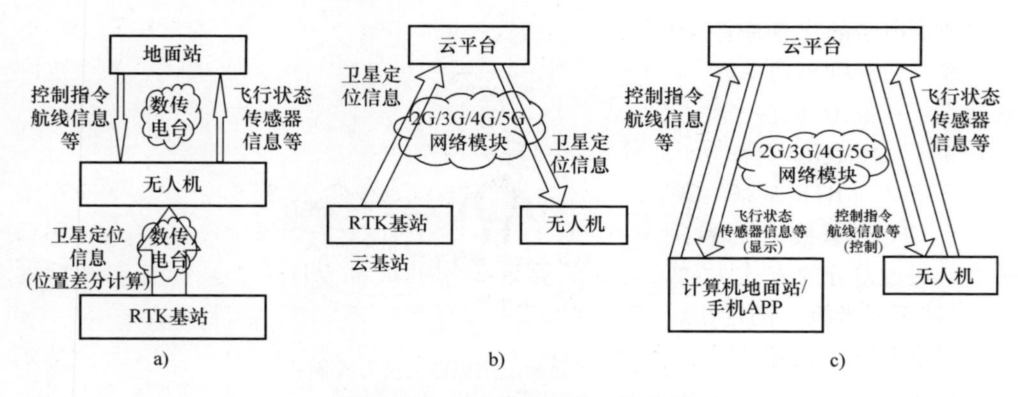

图 58-40 无人机的三种工作原理

a）基于数传电台的工作原理 b）基于云基站的工作原理 c）基于云控制的工作原理

也叫作“无线数传电台”或者“无线数传模块”，是指利用数字信号处理（DSP）技术和软件无线电技术实现的高性能专业数据传输电台，如图 58-41 所示。

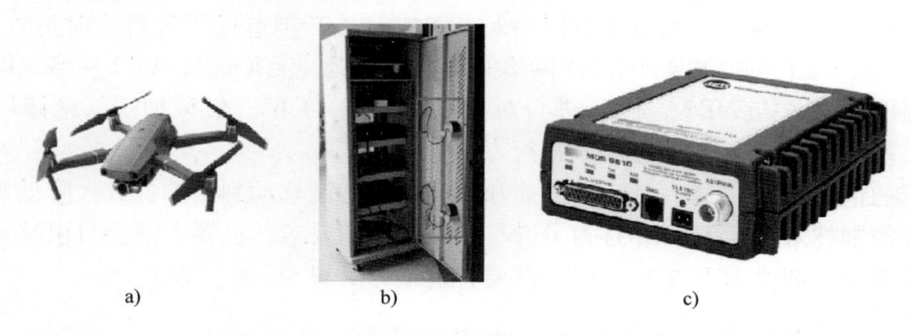

图 58-41 无人机、RTK 云基站与数传电台

a）无人机 b）RTK 云基站 c）数传电台

数传电台的功能是作为一种通信媒介，具有一定的应用范围，如光纤、微波、裸线等。数传电台最基本的功能是在不改变原有通信程序和连接方式的情况下，实现数据的传输和数据的透明传输。具体指标包括传输距离、传输和接收频率等，数传电台的传输距离从几百米到几十公里不等，通信频率一般为 228～323MHz。在一定的特殊条件下，可以在专用网络中提供实时、可靠的监测信号数据传输，具有成本低、安装维护方便、衍射能力强、组网结构灵活、覆盖范围广等特点，适用于多点、零星场合，可连接 PLC、RTU、雨量计、液位计等复杂地理环境等场合的数据终端。无线数传电台具有优越的数字电话兼容性和实时传输数据稳定性高的特点。

随着集成电路的发展，开发出专用处理芯片器（DSP 技术），无线数传电台已采用数字处理技术，实时或“在线”进行数字信号处理，被称为数字电台。作为中高端产品的数字电台控制精度更高，没有与模拟量元件有关的误差问题，功耗更低，实时性与稳定性更高。

数传电台的优点是有效距离范围内数据传输稳定、实时传输。数传电台的缺点是一般千元级别小功率数传电台的传输距离基本在 2km 左右，很难满足无人机的发展需求；数传具有一定的辐射性。

为了克服数传电台的不足，云基站与云控制技术正在兴起。

云基站即 RTK 基站与云平台和蜂窝通信技术有机结合。RTK 技术的关键在于使用了 GPS 的载波相位观测量，并利用了参考站和移动站之间观测误差的空间相关性，通过差分的方式去除移动站观测数据中的大部分误差，从而实现高精度（分米甚至厘米级）的定位。

网络 RTK≠云基站。网络 RTK 是参考站组成的 GPS 网络，用于估计一个地区的 GPS 误差模型，并为网络覆盖地区的用户提供校正数据。而用户收到的也不是某个实际参考站的观测数据，而是一个虚拟参考站的数据，和距离自己位置较近的某个参考网格的校正数据，因此网络 RTK 技术又被称为虚拟参考站技术，我国有相关格式产品与应用。

无人机云控制即将无人机、云平台、蜂窝网络技术有机结合而实现超视距控制。

云控制的优点是有网环境下，控制无距离限制；使用场景广泛（无人机物流、电力巡检、飞防植保等）。云控制的缺点是由于移动网的覆盖限制，高空移动信号薄弱，使得云控制无法适应高空环境（100m 以上高空移动信号将出现不稳定或无法使用的情况）；云控制一般会有 2s 左右的控制延迟（不影响正常使用）。

云控制技术实际应用是在 2016 年开始的，我国已经成功将该技术应用在物流无人机及电力巡检无人机中。

58.6.5　云控制在行走液压方面的应用前景

未来的液压元件要做以下六大控制。

1）动力控制：混合动力、功率匹配和再生。

2）逻辑控制：大型分散控制系统，新型总线技术。

3）运动控制：速度、位置和加速度三环控制。

4）解耦控制：解耦控制、空间轨迹控制。

5）信息控制：北斗导航、人机互动、数据云技术。

6）健康控制：元件与系统健康管理、元件与系统故障预防。

作为液压技术与装备的应用，今后液压行走机械的发展会更加优先，不仅仅指工程机械，也包括农业机械、军用车辆、重型卡车，更要重视拖拉机等农业机械与液压元件的问题。工业 3.0 和工业 4.0 在工业控制上的差别就在于工业 3.0 主要是以硬件为主的自动控制，例如要具有以硬件为主的总线系统，硬件上要有 PROFIBUS 或 CAN 总线芯片等。但是到了工业 4.0 时代，它的这些功能是以软件实现的，就会在行走机械上以云控制解决。

1）使用了云计算，解决了机械设备需要大型电子控制的难题，不再需要把计算机、总线模块搬上机械设备，而是由云来承担这些功能，云计算可使用规模更大的海量数据，使机器控制的功能更多、更准确、更实时；使用“云”有优越的通用性，某些通用性很强的元器件程序可成为App。

2）用云控制调度行走机械需要集群控制系统，使用互联网+集群控制，行走液压机械的云集群控制协同作业如图58-42所示。

图58-42　行走液压机械的云集群控制协同作业

行走机械的云控制除控制功能外，其控制性能也得到提升，在精度、实时性等方面都有提高。另外还有更多的信息，比如需要的地理状态信息、地质信息、天气信息、作业信息、集群控制计划完成信息、GPS位置信息、轨迹、恒速控制精度信息、作业效果以至用户信息、液压系统健康信息等。这些信息都可以存储在“黑盒子”里。未来的行走机械需要这样的云控制平台与管理效果。

3）行走机械需要存储大量实时运转大数据。生产信息、远程控制、远程产品运维控制的产品数据都齐全，最后都是改进产品设计的依据。

4）行走机械需要大负载、高精度的运动控制和解耦控制。例如，过去的V2.0以IEC 61131协议为主的控制要升级到V4.0以PROFINET（新一代基于工业以太网技术的自动化总线标准）和802.11B协议（无线局域网协议）为主的网络控制程序系统等。

云控制将会是对液压元件的关键考验。因为要实现云控制，必须要求液压元件实现“双D、双E、双I、双A”，即液压元件必须实现动态性好（Dynamic）、数字芯片（Digital）、电子控制（Electronic）、电液转换（Electric）、互联网（Internet）、智能化（Intellectual）、高精度（Accuracy）、软件化手机应用（App）。

参考文献

[1] LINJAMA M. DIGITAL FLUID POWER - STATE OF THE ART [C] //The Twelfth Scandinavian International Conference on Fluid Power. Tampere: [s. n.], 2011.

[2] 张海平. 液压螺纹插装阀 [M]. 北京: 机械工业出版社, 2012.

[3] 陶永, 蒋昕昊, 刘默, 等. 智能制造和工业互联网融合发展初探 [J]. 中国工程科学, 2020, 22 (4): 24-33.

[4] 李贤容, 孙宁. 工业大数据实践: 工业 4.0 时代大数据分析技术与实践案例 [M]. 向阳, 刘让龙, 寇晶琪, 译. 北京: 电子工业出版社, 2017.

[5] 孟繁科. 走出徐工特色智能制造发展道路——访徐工机械总裁陆川 [J]. 中国工业评论, 2017 (11): 64-71.

[6] 高楠, 陈钊, 刘全东, 等. 数字孪生技术在液压设计中的应用探讨 [J]. 现代计算机, 2021, 27 (26): 27-31, 37.

[7] 李培根, 高亮. 智能制造概论 [M]. 北京: 清华大学出版社, 2021.

[8] 吕伟. 基于数字孪生的液压运维系统 [J]. 机械制造, 2022, 60 (6): 40-44.

[9] 周济. 智能制造是第四次工业革命的核心技术 [J]. 智能制造, 2021 (3): 25-26.

[10] 中华人民共和国工业和信息化部. 智能制造能力成熟度模型: GB/T 39116—2020 [S]. 北京: 中国标准出版社, 2021.

[11] 中华人民共和国工业和信息化部. 智能制造能力成熟度评估方法: GB/T 39117—2020 [S]. 北京: 中国标准出版社, 2021.

[12] 杨华勇, 邹俊. 液压技术轻量化与智能化发展的一些探索 [J]. 液压气动与密封, 2021, 41 (1): 1-3.

[13] 夏元清. 云控制与决策理论及其应用 [M]. 北京: 科学出版社, 2021.

[14] 杨华勇. 智能制造与智能液压件的一些探索 [J]. 液压与气动, 2020 (1): 1-9.